A. Remane · V. Storch · U. Welsch

Systematische Zoologie

Systematische Zoologie

Begründet von

Adolf Remane · Volker Storch · Ulrich Welsch

Fortgeführt von

Volker Storch und Ulrich Welsch

3., bearbeitete Auflage

Mit 442 Abbildungen

Gustav Fischer Verlag · Stuttgart · New York · 1986

Anschriften der Autoren:

Prof. Dr. Volker Storch
Zoologisches Institut der Universität
Im Neuenheimer Feld 230, 6900 Heidelberg

Prof. Dr. Dr. Ulrich Welsch
Anatomische Anstalt der Universität
Pettenkoferstr. 11, 8000 München

Spanische Ausgabe 1980 (Ediciones Omega, Barcelona)

CIP-Kurztitelaufnahme der Deutschen Bibliothek

Remane, Adolf: Systematische Zoologie / begr. von Adolf Remane ; Volker Storch ; Ulrich Welsch. Fortgef. von Volker Storch u. Ulrich Welsch. – 3., bearb. Aufl. – Stuttgart ; New York : Fischer, 1986.
ISBN 3-437-20339-8 kart.
ISBN 3-437-20340-1 Kunststoff
NE: Storch, Volker:; Welsch, Ulrich:

Satz: Fotosatz Jovanović, Neuhaus-Vornbach
Druck und Einband: Passavia, Passau
Printed in Germany

ISBN 3-437-20339-8 kart.
ISBN 3-437-20340-1 geb.

Vorwort zur 3. Auflage

Seit dem Erscheinen der zweiten Auflage dieses Buches sind im Bereich der Systematischen Zoologie wiederum zahlreiche Arbeiten erschienen, die den raschen Fortschritt auf diesem Feld der biologischen Wissenschaften widerspiegeln. Es wurden neue Befunde erarbeitet und bisher unbekannte Zusammenhänge erkannt. Eine große Zahl neuer Taxa wurde beschrieben, vor allem Arten, aber auch solche höheren Niveaus. Am interessantesten ist wohl die Entdeckung der Loricifera und der Remipedia. Besonders viele Beiträge haben Forscher der Fachgebiete Ultrastrukturforschung und Ökologie geliefert. Zahlreiche Tierarten wurden im Rahmen spezieller Programme bearbeitet, weil sie dem Menschen Schaden zufügen (Parasiten, Schädlinge) oder weil man sich von ihnen besondere Vorteile für die Ernährung von Menschen und Haustieren erhofft (z.B. Tiere in der Aquakultur und auch der Krill). Nicht wenige Tierarten wurden ausgerottet oder sind von diesem Schicksal bedroht. Eine stetig wachsende Zahl von Zoologen arbeitet mit großer Energie über Möglichkeiten zur Erhaltung von Arten und Lebensräumen. Paläontologen und Paläozoologen haben in den letzten Jahren über viele wichtige Neuentdeckungen berichtet, und auch aus Physiologie und Biochemie kamen wesentliche Beiträge für die Systematische Zoologie.

Aus dem skizzierten weiten Gebiet zoologischer Wissenschaften haben wir uns wichtig und interessant erscheinende Fakten und Zusammenhänge ausgewählt und in die dritte Auflage eingearbeitet. Hunderte von Textstellen und etwa 50 Abbildungen wurden umgestaltet. Weitere 30 Abbildungen sind vollständig neu. Im Rahmen dieser Aktualisierung haben wir uns bemüht, in verstärktem Maße die Wechselbeziehungen zwischen Mensch und Tierwelt herauszuarbeiten. Etwa 20 Seiten des alten Textes wurden gestrichen, 30 neue eingefügt.

Schließlich haben wir für diese Auflage eine ganze Reihe von Veröffentlichungen durchgearbeitet, die einem Grenzbereich von Biologie und Geisteswissenschaften entstammen und lange bekannte Tatsachen in einem neuen Licht und unter Verwendung einer neuen Nomenklatur betrachten. Es handelt sich dabei vor allem um veränderte Darstellungen von Problemen der Phylogenese. Viele dieser Erörterungen geraten stark ins Theoretische, sind oft widersprüchlich und dogmatisch und damit noch nicht lehrbuchreif.

Freundlicherweise wurden mehrere Kapitel der dritten Auflage von Fachkollegen durchgesehen. Besonders dankbar sind wir Privatdozent Dr. G. Alberti (Heidelberg), Dr. E. Dickler (Biologische Bundesanstalt, Dossenheim), Prof. Dr. K. Hausmann (Berlin), Dr. T. Holstein (München), Prof. Dr. J. Niethammer (Bonn), cand. biol. A. Schreiber (Heidelberg) und Prof. Dr. W. Tischler (Kiel). Dr. G. Rilling (Bundesforschungsanstalt für Rebenzüchtung, Siebeldingen), Prof. Dr. E. Schmidt (Bonn) und Prof. Dr. B. Weischer (Biologische Bundesanstalt, Münster) stellten für diese Auflage bisher unpublizierte Originalzeichnungen zur Verfügung.

Die neuen Abbildungen wurden von Frau I. Ranker-Abel (Heidelberg) und von Frau cand. med B. Hiller (München) hergestellt.

Den genannten Personen, aber auch allen anderen, die uns mit Rat und Tat zur Seite standen, sei an dieser Stelle nochmals herzlich gedankt.

Dem Gustav Fischer Verlag Stuttgart sind wir für die anhaltend gute Zusammenarbeit zu großem Dank verpflichtet.

Heidelberg, Iloilo (Philippinen) und München

Volker Storch und Ulrich Welsch

Vorwort zur 1. Auflage

Biologie ist nicht nur die Wissenschaft von den allgemeinen Lebensvorgängen, sondern auch von den Lebewesen. Deren große Mannigfaltigkeit kann nur in einer übersichtlichen Ordnung erfaßt werden, also in einem System. Diese Aufgabe ist in der Zoologie noch schwieriger zu lösen als in der Botanik, da Tiere die Pflanzen an Artenzahl weit übertreffen und eine erheblich kompliziertere Organisation erreicht haben als diese.

Wir haben uns bemüht, den riesigen Stoff in gestraffter Form darzustellen. Für jede größere Systemeinheit wurde zunächst eine Übersicht gegeben, sie sollte der Studierende zuerst lesen. Von kleineren Systemeinheiten konnten nur die wichtigsten aufgeführt werden, dabei wurden je nach Bedarf Parasiten und andere Schadorganismen, die für den Menschen bedeutungsvoll sind, oder phylogenetisch wichtige einschließlich der fossilen Formen bevorzugt. Über 1000 bildlich dargestellte Tierformen sollen das Eindringen in die Systematik erleichtern helfen.

Während der jahrelangen Arbeit an diesem Buch stellten Frau G. Kleber, Fräulein W. Röhe-Hansen, Frau L. Trappe und Herr M. Langer mit Geduld und Geschick einen Großteil der Abbildungen her, die für das Verständnis unabdingbar sind. Wir sind ihnen dafür sehr dankbar.

Kiel, im Herbst 1975

Adolf Remane · Volker Storch · Ulrich Welsch

Einleitung

Weit über 1 Million Tierarten sind bisher beschrieben worden. Jährlich kommen neue hinzu. Groß ist auch die Zahl der ausgestorbenen Arten, die sich ebenfalls durch neue Funde dauernd erhöht. Diese Fülle fordert eine Gliederung, die eine Übersicht ermöglicht. Sie zu erarbeiten ist Aufgabe der Systematischen Zoologie. In ihrem Rahmen werden Klassifizierungen vorgenommen, die heute nach bestimmten, international üblichen Prinzipien erfolgen (Taxonomie).

Auf zwei Wegen hat man sich um Gliederungen bemüht: 1. Gruppenbildung durch Wahl auffälliger, leicht feststellbarer Merkmale, z.B. bei J. Ray: Tiere mit Beinen, Tiere ohne Beine usw. Solche Klassifikationen gibt es sehr viele, da die Wahl der Merkmale für große und für kleine Gruppen von Forscher zu Forscher verschieden sein kann. Ein zweiter Weg führt zu einem «Natürlichen System». Ihn beschritt schon Linné, als er die Wale von den Fischen entfernte und sie trotz ihrer äußeren Fischähnlichkeit zu den Säugetieren stellte.

Das Natürliche System basiert auf Homologien. Verwandte Formen stimmen in einer Fülle von Charakteren überein. Diese hohe Korrelation von homologen Strukturen gestattet eine Fülle zutreffender Voraussagen. Wenn von einer neuen, noch unbeschriebenen Art nur das Chitinskelet vorliegt und beispielsweise der Gattung *Dytiscus* im Natürlichen System eingereiht werden kann, so lassen sich zahlreiche Voraussagen über nicht erhaltene Strukturen machen, z.B. das Nervensystem, bestehend aus Komplexgehirn und Bauchganglienkette, und das dorsale Herz mit Ostien usw. Auch die Entwicklung kann vorausgesagt werden (dotterreiche Eier mit superfizieller Furchung, Larve mit hohlen Mandibelzangen usw.).

Das Natürliche System ist Zeugnis und Produkt der phylogenetischen Entwicklung und wird am besten in Form eines Stammbaumes (Dendrogramm) dargestellt. Die logische Forderung, Gruppen von Beginn ihrer Verzweigung zu klassifizieren, kann oft nicht erfüllt werden. Arten nahe der Gabelstelle zweier Klassen sind meist so ähnlich wie zwei Arten einer Gattung oder nahe verwandte Gattungen. Dann ist die Zugehörigkeit zú der einen oder anderen Klasse kaum festzustellen, besonders bei Fossilien. So werden ähnliche Formen nahe der Basis, auch wenn sie vielleicht zu verschiedenen Stammlinien gehören, meist als Basis- oder Primitivgruppen zusammengefaßt. Logisch wäre ferner, die Gruppen unabhängig von ihrer Artenzahl und Entfaltung zu klassifizieren. Dann wären die Vögel keine Klasse, sondern vielleicht eine Ordnung der Reptilien, speziell der Archosaurier, und würden mit Krokodilen in einer Gruppe stehen.

Man bewertet also artenreiche, entfaltete Gruppen höher als artenarme. Die Klärung der Zugehörigkeit einer Gruppe hängt von den Materialien ab, die zur Verfügung stehen. Ganz isolierte Gruppen, wie z.B. die Chaetognathen, sind in ihrer Beurteilung unsicher, und so weist ein gebotenes System manche Stelle der Unsicherheit auf, die vielleicht später geklärt wird.

Die Art (Species) wird seit Linné mit 2 Namen belegt. Der erste ist der Name der Gattung (Genus), zu ihr gehören eine oder mehrere verwandte Arten, der zweite ist Name der Art. Hinter dem Artnamen wird in wissenschaftlichen Veröffentlichungen meist der Name des Autors angeführt, der die Art zuerst beschrieben hat. Ist seit der Erstbeschreibung der Gattungsname geändert worden, so wird der Autorenname in Klammern gesetzt. Oft werden Arten in Unterarten (Subspecies) gegliedert, dann schließt sich an Gattungs- und Artnamen eine weitere Bezeichnung an.

Leider werden die Namen oft geändert: Artnamen, wenn noch eine ältere Beschreibung gefunden wird, Gattungsnamen, wenn die Gattung nicht näher verwandte Arten enthielt.

Oft ist aber die Aufspaltung von Gattungen eine Sucht, die unnötige Komplikationen schafft. Die Schaffung von Untergattungen, die ja nicht im Namen der Art erscheinen müssen, würde oft genügen.

Gattungen werden – allerdings nicht in einheitlicher Weise – in Familien, diese in Ordnungen, weiterhin in Klassen, Stämme usw. eingeordnet. Da die Aufspaltungen, die zu den heutigen Arten führten, sehr zahlreich sind, verwendet man oft Zwischenkategorien, z.B. Unterfamilien, Überfamilien usw. Unterfamilien enden mit ihrem Namen meist mit -inae, Familien mit -idae, Überfamilien mit -oidea. Im einzelnen können folgende Kategorien über dem Artniveau unterschieden werden: Gattung (Genus), Sippe (Tribus), Familie (Familia), Ordnung (Ordo), Klasse (Classis), Stamm (Phylum), Abteilung (Divisio), Reich (Regnum). Durch Vorsilben (Super-, Sub-) können weitere Unterteilungen geschaffen werden, denen jedoch keine verbindlichen Definitionen zugrundeliegen. Sie wurden daher im folgenden Text nur angewendet, wenn konventionsgemäß weitgehende Übereinstimmung herrscht.

Die Art ist die Grundeinheit der Systematik. Sie ist eine natürliche Fortpflanzungsgemeinschaft, also ein Diffusionsbezirk für die einzelnen Gene. Sie ist aber nicht genetisch völlig einheitlich. Wohl bei allen zweigeschlechtlich sich fortpflanzenden Arten sind die Individuen in einem oder vielen Genen verschieden. Genetisch einheitliches Material (= Biotypen) ist dann nur bei eineiigen Zwillingen oder Mehrlingen vorhanden sowie bei allen vegetativ oder parthenogenetisch aus einem Individuum entstandenen Gruppen (Klonen).

Es gibt ganze Bezirke, in denen es nur parthenogenetische Vermehrung von Weibchen gibt (z.B. Bdelloidea unter den Rotatorien). Hier versagt die übliche Artdefinition. Gleichwohl beschreibt man hier Arten. Sie werden als Agamospecies bezeichnet und v.a. nach strukturellen Merkmalen beschrieben (Morphospecies).

Innerhalb der Arten gibt es meist regional auf bestimmte Gebiete beschränkt Subspecies (Unterarten). Sie können graduell ineinander übergehen oder relativ scharf getrennt sein.

Außer geographischen Subspecies gibt es auch ökologische, wenn auch nicht in dem Umfang wie im Pflanzenreich.

Weit von der Norm auftretende Individuen (Aberrationen) kommen vereinzelt oder gehäuft vor, z.B. Albinos, melanistische Formen, Individuen mit Verdoppelungen von Strukturen oder Defekten. Sie entsprechen den Groß-Mutationen der Genetik und wurden bei vielen Haustieren gezüchtet.

Inhalt

1. Unterreich: Protozoa (Einzeller)

Als Protozoen werden alle einzelligen Tiere zusammengefaßt. Sie können solitär (als Einzelzellen) oder in Verbänden (Kolonien) leben.

Bau. Entsprechend der Vielfalt an Leistungen ist die Protozoenzelle meist differenzierter als Metazoenzellen, entspricht diesen aber im Bau grundsätzlich. Sie wird außen von einer Zellmembran (Plasmalemm) begrenzt, der eine Glykocalyx aufgelagert ist, enthält ein, zwei oder mehrere Kerne und Cytoplasma mit Organellen und verschiedenen Einschlüssen.

Oft ist das Cytoplasma in eine Außenschicht (Ectoplasma) und einen inneren Bereich (Endoplasma) differenziert. Kennzeichen des Ectoplasmas vieler Amöben sind die erhöhte Zähigkeit, hyalines Aussehen im Lichtmikroskop und der Mangel an Einschlüssen.

Das Endoplasma ist oft in strömender Bewegung, es enthält die Zellorganellen und zahlreiche Einschlüsse. Oft, z.B. bei vielen Amöben, kann sich das Endoplasma jederzeit in Ectoplasma umwandeln. Im elektronenmikroskopischen Bild gehen Endo- und Ectoplasma kontinuierlich ineinander über.

Bei manchen schwebenden Protozoen, z.B. Radiolarien und Heliozoen (Abb. 1, 15, 16) ist die Außenschicht mit Vakuolen durchsetzt (Rindenschicht der Heliozoen, extrakapsuläres Cytoplasma der Radiolarien).

Bei vielen Arten mit konstanter Form, wie wir sie z.B. bei Flagellaten, Sporozoen und Ciliaten finden, ist die Zellperipherie komplizierter aufgebaut. Man spricht dann von Pellicula oder Zellrinde (Cortex). Bei den Ciliaten wird die

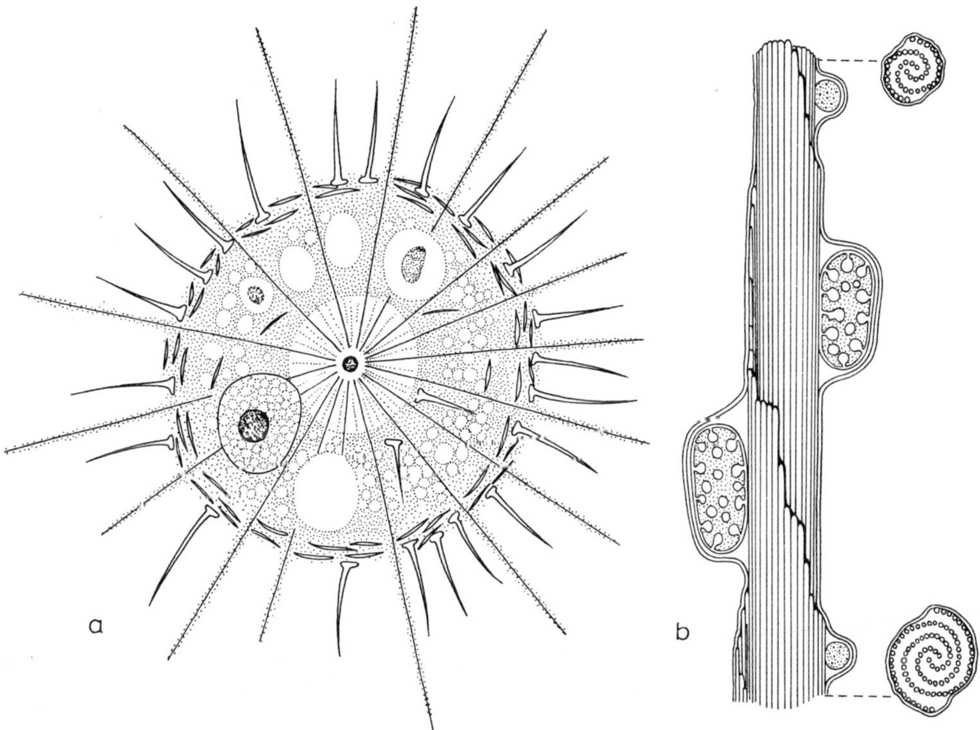

Abb. 1: a. *Acanthocystis* (Heliozoa). Die Achsenfäden der Axopodien enden an einem Zentralkorn. Außer den Pseudopodien ragen Kieselnadeln über die Oberfläche. b. Axopodium von *Echinosphaerium* (Heliozoa) nach elektronenmikroskopischen Befunden. Zwischen Zellmembran und zentralen Mikrotubuli werden Grundcytoplasma, Mitochondrien und verschiedene Einschlüsse transportiert; rechts Querschnitte, die die Anordnung der Mikrotubuli zeigen. Nach Porter, Stern, Tilney

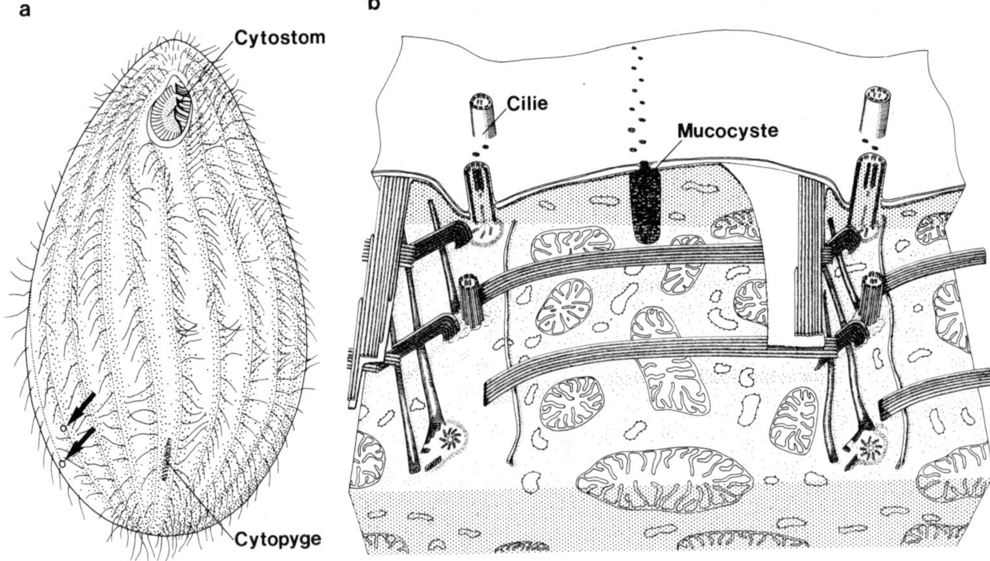

Abb. 2: *Tetrahymena.* a. Gesamtansicht; die Pfeile weisen auf die Öffnungen der pulsierenden Vakuolen. b. Blockdiagrammatische Darstellung des Zellcortex mit Cilien, Mucocysten, verschiedenen Filament- und Mikrotubulussystemen, Mitochondrien und endoplasmatischem Reticulum. Nach Allen

Zelle nicht nur von einer Zellmembran begrenzt, sondern unter dem äußeren Plasmalemm liegen membranbegrenzte Säcke (Abb. 2b). Auch Gregarinen werden von mehreren Membranen begrenzt. Viele Protozoen legen sich zeitweise eine Hülle zu, in der sie Trockenperioden überleben können. Diese Cysten sind z.B. die Verbreitungsstadien vieler Einzeller des Süßwassers und von Parasiten.

Im Cytoplasma der Protozoenzelle treten verschiedene Organellen auf, die denen der Metazoenzellen entsprechen, jedoch manchmal anders benannt wurden; außerdem kommen weitgehend auf Protozoen beschränkte Strukturen vor (kontraktile [pulsierende] Vakuolen u.a.).

Der Zellkern kann in Ein- oder Mehrzahl vorkommen. Bei Dinoflagellaten, Euglenoidinen und einigen Polymastiginen kann man in ihm auch in der Interphase Chromosomen sehen. Die Mitose der Protozoen ist vielgestaltiger als die höherer Organismen. Die Meiose erfolgt zu unterschiedlichen Zeitpunkten. Sie kann haploide und diploide Generationen trennen (intermediäre Meiose; heterophasischer Generationswechsel; Foraminiferen), direkt auf die Zygotenbildung folgen (zygotische Meiose; Sporozoen, einige Polymastiginen) oder bei der Bildung der Gameten stattfinden (gametische Meiose; einige Heliozoen und Polymastiginen sowie Ciliaten). Die niedrigsten Chromosomenzahlen sind $n = 2$ (*Plasmodium*) und $n = 3$ (*Trypanosoma, Leishmania*). Über die höchsten Chromosomenzahlen gehen die Angaben weit auseinander, sie liegen im Bereich von Hunderten.

Kerndualismus (generativer Kern, somatischer Kern) kommt bei Foraminiferen und Ciliaten vor. Der generative Kern (Mikronucleus) der meisten Ciliaten ist diploid und fortpflanzungsfähig (Abb. 3a, 7), der somatische Kern (Makronucleus) weist einen erhöhten DNA-Gehalt auf; er wird bei Geschlechtsvorgängen abgebaut. Der Makronucleus ist stoffwechselphysiologisch aktiv; wird er entfernt, ist die Zelle nicht mehr lebensfähig. Entfernt man dagegen den Mikronucleus, treten keine wesentlichen Schäden auf; Tiere können jahrelang durch Teilung vermehrt werden, konjugieren aber nicht.

Golgi-Apparate können in großer Zahl ausgebildet sein, dann sind sie besonders klein, oder in geringer Zahl, dann sind sie oft schon lichtmikroskopisch deutlich sichtbar. Spezialisierte

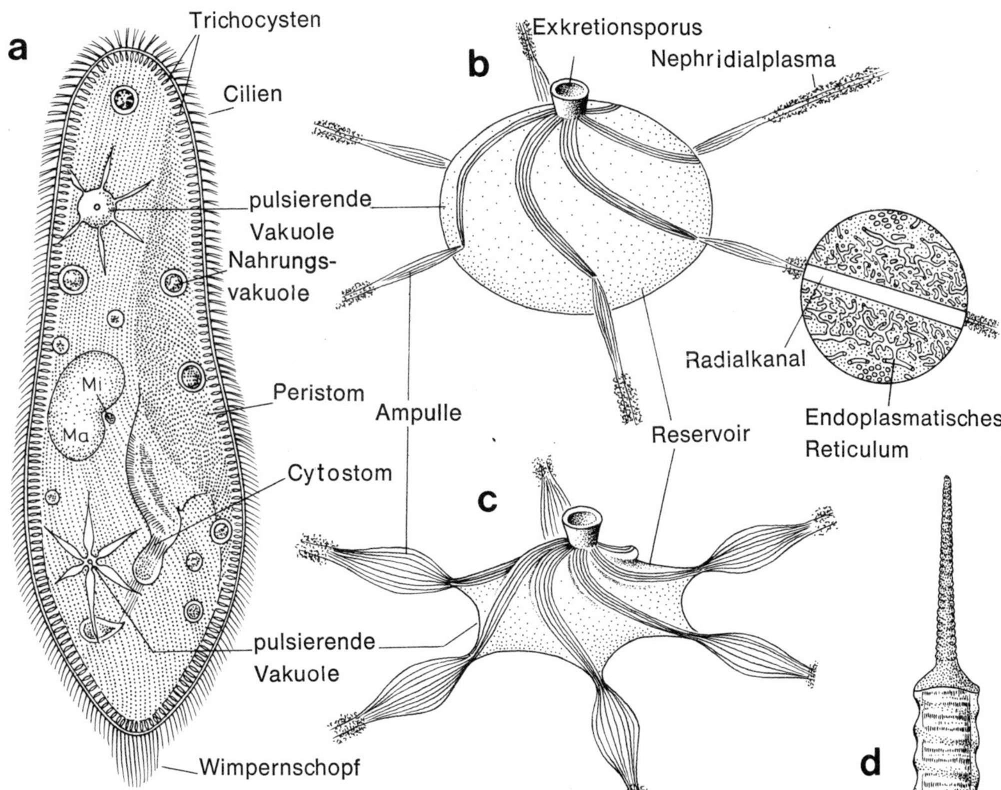

Abb. 3: *Paramecium* (Pantoffeltierchen). a. Gesamtansicht. b, c. Pulsierende Vakuole in Diastole (b) und Systole (c). Beachte den unterschiedlichen Umfang von zentraler Blase (Reservoir) und Ampullen der Radialkanäle (Zuführungskanäle). Im Kreis von b Vergrößerung von Radialkanal und umliegendem Cytoplasma. d. Trichocystenspitze (elektronenmikroskopisch). Nach Kükenthal, Schneider, Selman

Golgi-Apparate sind die Parabasalkörper der Polymastiginen, in deren unmittelbarer Umgebung regelmäßig eine lange Proteinfaser liegt.

Die Mitochondrien der Protozoen gehören meist dem Tubulus-Typ an, seltener sind Cristae und Sacculi ausgebildet. Bei einigen anaerob lebenden Formen können sie fehlen. Kinetoplasten nennt man bestimmte Abschnitte langgestreckter Mitochondrien mit DNA, die stets in der Nähe des Basalkörpers von Geißeln liegen. Sie kommen bei den Flagellatenfamilien der Bodonidae und Trypanosomatidae (Kinetoplastida) in Einzahl vor. Elektronenmikroskopische Analysen haben gezeigt, daß die Kinetoplasten zur Artcharakterisierung herangezogen werden können.

Eine besondere Entfaltung haben bei Protozoen Filamente und Mikrotubuli erfahren. Filamente bilden oft ein intrazelluläres Gerüstwerk, das peripher konzentriert sein kann oder im gesamten Cytoplasma auftritt. Oft sind sie an Kontraktionsvorgängen beteiligt, man spricht dann von Myonemen. Sie ermöglichen vielfältige Formveränderungen. Bei Ophryoscoleciden ziehen sie als Retractoren das Vorderende in den Panzer hinein. Die Myoneme der Acantharia, Myophrisken genannt, sind kurze Stränge, die in der Nähe der Austrittsstellen der Stacheln liegen und durch Kontraktion die Oberfläche des Tieres anspannen und so das Volumen vergrößern. Bei Peritrichen bauen kontraktile Systeme die Spasmoneme auf (Abb. 4). Die Fähigkeit zur Verkürzung kann beachtliche Ausmaße annehmen: *Spirostomum* (Abb. 22d) kann sich auf die Hälfte, *Stentor* (Abb. 22e) auf ein Drittel verkürzen.

Mikrotubuli übernehmen häufig Skeletfunk-

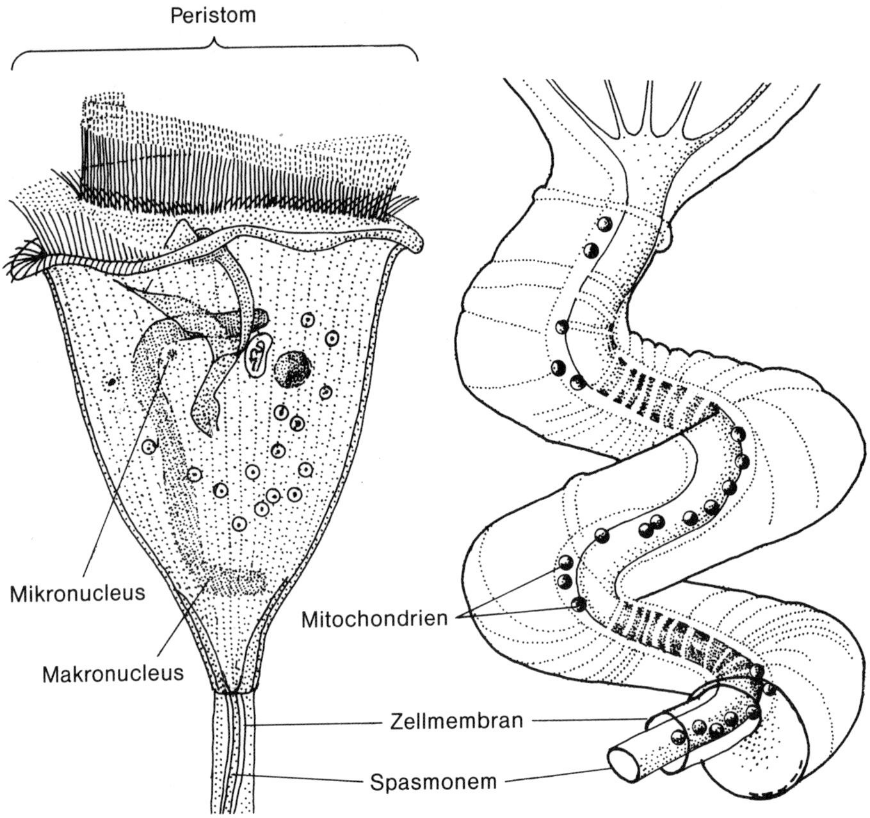

Abb. 4: *Vorticella* (Glockentierchen). a. Gesamtansicht (lichtmikroskopisch). b. Kontrahierter Stiel (elektronenmikroskopisch), bestehend aus Zellausläufer mit Spasmonem und Mitochondrien sowie extrazellulärer Hülle. Nach Amos, Bütschli, Precht

tion, bauen beispielsweise die Achsenfäden in den Axopodien auf (Abb. 1) und sind Bauelemente des Mundapparates von Ciliaten. Auch sie sind an Bewegungsvorgängen beteiligt.

Protozoen bilden als Extremitäten Pseudopodien und Cilien (Geißeln und Wimpern) aus. Diese dienen der Fortbewegung, aber auch der Nahrungsaufnahme und bisweilen der Festheftung.

1. Pseudopodien sind Plasmaausstülpungen, die in ihrer Gestalt stark veränderlich sind und leicht wieder eingezogen und abermals aufgebaut werden können. Nach dem Bau ergeben sich vier Pseudopodien-Typen:

a) Lobopodien: Diese lappenförmigen Pseudopodien enthalten Endoplasma, das normalerweise vom Ectoplasma umgeben wird (Abb. 11 a). Eine eigenartige Variante dieser Lobopodien sind die Bruchsackpseudopodien mancher Amöben. Flüssiges Endoplasma quillt durch einen «Bruch» der Ectoplasmawand plötzlich hervor und bildet einen vorspringenden Buckel, der an seiner Oberfläche eine neue Ectoplasmaschicht bildet, während die Reste der ehemaligen Ectoplasmaschicht verschwinden. Die Zellmembran wird bei diesem Vorgang nicht durchbrochen. Rasch aufeinanderfolgende Bruchsackpseudopodienbildung kann die Amöbe relativ rasch vorwärts befördern. Lobopodien sind für die Amoebina charakteristisch, kommen aber auch bei mehreren Flagellaten *(Cercomonas, Chromulina)* und vereinzelt bei Sporozoen vor.

b) Filopodien. Diese fadenartigen Pseudopodien bestehen überwiegend aus durchsichtigem, hyalinem Ectoplasma; sie sind um ihre Basis bewegbar, bisweilen sind sie verzweigt.

Kennzeichnend für manche beschalte Amöben (Testacea) wie *Euglypha* (Abb. 5d).

c) Axopodien. Bei den stabförmigen Axopodien der Heliozoen und Radiolarien bildet strömendes Cytoplasma einen Außenmantel. Es kann Stoffe von den Axopodien in den Körper und umgekehrt transportieren, ohne daß das Axopodium eingezogen werden muß. Die Innenachse der Axopodien ist fest. Sie stellt einen Achsenstab dar (Axonem), der sich nach innen in den Körper fortsetzen und frei im Cytoplasma *(Actinosphaerium)*, am Zellkern *(Actinophrys)* oder einem Zentralkorn *(Acanthocystis)* endigen kann. Das Axonem besteht aus kennzeichnend angeordneten Mikrotubuli (Abb. 1), deren Zahl zur Spitze der Pseudopodien hin abnimmt.

Die Axopodien dienen in erster Linie dem Beutefang, sie sind Fangtentakel, an denen Nahrungsteile festkleben; gelegentlich dienen sie der Festheftung. Sie sind formbeständiger als die Lobo- und Filopodien, können jedoch auch rückgebildet und schnell wieder aufgebaut werden. Sie sind charakteristisch für die Heliozoen, treten aber auch bei Radiolarien auf.

d) Rhizopodien (= Reticulopodien). Die feinen und langen Rhizopodien der Foraminiferen stimmen durch ihre oberflächliche Körnchenströmung mit den Axopodien überein, auch Mikrotubuli sind vorhanden. Im Unterschied zu den Axopodien neigen sie zu Verästelungen und Anastomosenbildung. Sie dienen dem Nahrungsfang und der Fortbewegung und bilden um das Tier ein Fangnetz. Um festgeklebte Beutetiere kann sich eine Plasmamasse ansammeln und die aufgearbeiteten Nahrungsteile durch Strömung auf den Rhizopodien dem Zelleib zuleiten. Rhizopodien sind typisch für Foraminiferen und kommen auch bei Radiolarien und vereinzelt bei Flagellaten vor.

Der Mechanismus der Pseudopodienbewegung ist nicht vollständig geklärt. Die neueren Vorstellungen gehen von Kontraktionsvorgängen aus. So beruhen z.B. die Bewegungen der Amöben auf der Interaktion von Actin- und Myosinfilamenten.

Im Anschluß an die Pseudopodien seien die Fang- und Saugtentakel der Suctorien erwähnt. Sie sitzen in der Zahl von 1 bis 100 dem Zelleib an (Abb. 23a). In ihrem Aussehen ähneln sie den Axopodien, in ihrem Innern werden sie von Mikrotubuli durchzogen. Für die fressenden Saugtentakel gilt allerdings, daß durch eine zentrale röhrenförmige Einsenkung das Plasma des Beutetieres in den Leib gezogen wird. Wo basal die Mikrotubuli enden, schnürt sich eine Nahrungsvakuole ab.

Der erste dauerhafte Kontakt zwischen Suctor und Beutetier wird durch Haptocysten hergestellt (S. 6), besonders kleine Extrusome, die distal an den Saugtentakeln stehen und die Zellhülle des Beutetieres durchschlagen.

2. Cilien – Geißeln (Flagellen) und Wimpern – sind fadenförmige Zellfortsätze, die durch verschiedene Bewegungen den Körper vorwärtstreiben oder einen Wasserstrom erzeugen. Sie werden von einer Membran begrenzt und enthalten in ihrem Innern längsverlaufende Mikrotubulus-Systeme (Abb. 2b). In dem Teil der Cilie, der über die Zelloberfläche hinausragt, dem Cilienschaft, liegen peripher neun Mikrotubuluspaare (Doubletten) und zentral zwei Mikrotubuli, die durch einen schmalen Zwischenraum voneinander getrennt sind (9 + 2-Muster, 9 × 2 + 2-Muster). Die zentralen Tubuli enden häufig in Höhe der Zelloberfläche an einem Axialkorn (Axosom, Abb. 2b) oder an einer Basalplatte. Die peripheren Tubuli ziehen dagegen über eine kurze Distanz in das Cytoplasma und bilden hier den Basalkörper (Basalkorn). Am Übergang von Schaft und Basalkörper tritt zu jedem Tubuluspaar oft ein weiterer Mikrotubulus hinzu, so daß die Wand des Basalkörpers dann aus Dreiereinheiten aufgebaut ist.

Der Unterschied zwischen Geißeln und Wimpern liegt in der großen Länge der Geißeln (länger als die Zelle) und ihrer geringen Zahl (meist 1–4), während die Wimpern als kurzes, dichtes «Haarkleid» meist den ganzen Körper oder doch wenigstens große Partien desselben bedecken (Länge i.a. 10 bis 20 µm, Anzahl bei *Prorodon:* 12000 pro Zelle). Außerdem haben beide ein unterschiedliches Schlagverhalten.

Geißeln kommen außer bei Flagellaten vereinzelt auch bei Rhizopoden (Schwärmer der Radiolarien, Gameten vieler Foraminiferen) und Sporozoen (Mikrogameten der Coccidien) vor. Sie können distal in einen schmalen Endfaden ausgezogen sein, oberflächlich einen Härchenbesatz (Mastigonemen) tragen, als Schleppgeißel nach hinten gerichtet und als Bandgeißel abgeplattet sein. Als undulierende Membranen bezeichnet man Geißeln, die lose mit dem Zellkörper verbunden sind (Abb. 9c–e).

Haptonemen sind schlauchförmige Zellausläufer, in die eine ER-Zisterne und mehrere Mikrotubuli hineinziehen.

Geißeln führen meist Schlängelbewegungen aus, entweder in einer Ebene (uniplanar) oder in Schraubenbahnen (helicoidal).

Wimpern sind für Ciliaten typisch. Ihre Bewegung setzt sich aus einem Vorschlag und einer Rückschwingung zusammen. Gewöhnlich bewegt sich die gestreckte Wimper während des vortreibenden Schlags rasch um einen großen Winkel und schwingt dabei um einen Krümmungsabschnitt nahe der Basis des Cilienschaftes. Sie durchstreicht einen großen Wasserkörper. Beim Zurückschwingen ist sie stark gekrümmt und durchstreicht einen kleinen Wasserkörper. Eine Wimper kann 100mal in der Sekunde schlagen. Die Schlagrichtung der Cilien kann umgekehrt werden, diese Umkehr ist mit Veränderungen der Potentialdifferenz der Zellmembran verbunden. In Cilienverbänden stimmen Schlagfrequenz und Wellencharakteristik der einzelnen Wimpern normalerweise überein, der Schlag einer Cilienreihe ist gegenüber dem der anschließenden Reihe zeitlich etwas verschoben. Daraus resultiert die Metachronie, eine Schlagfolge, die am sinnfälligsten mit einem Kornfeld verglichen wird, über das der Wind streicht.

Oft sind zahlreiche Wimpern zu funktionellen Komplexen zusammengefaßt. Werden 1 oder 2 Reihen hintereinander stehender Cilien miteinander funktionell verbunden, so entstehen umfangreiche bewegbare «Membranen», die bei vielen Ciliaten neben dem Mundfeld stehen (Spirotricha) oder hier ein großes Fangsegel bilden (Hymenostomata); bei den Peritricha besteht eine der Wimperspiralen des Vorderendes aus einer solchen Membran. Die funktionelle Verbindung nur weniger und kurzer Wimperreihen führt zu dreieckigen, kräftig schlagenden Platten, den Membranellen. Sie bilden bei den Spirotricha die große strudelnde Wimperspirale. Die Cirren schließlich ähneln den Membranellen und sind durch strukturelle Übergangsformen mit ihnen verbunden (Oligotricha). Die typischen Cirren – wie wir sie bei den Hypotricha finden – sind im Querschnitt rundlich oder polygonal und dienen als Laufbeine. In wechselnder Zahl sitzen sie der platten Unterseite an; bei der Fortbewegung werden sie als Hebel auf die Unterlage aufgesetzt.

Vor allem Flagellaten und Ciliaten bilden im Cytoplasma Strukturen aus, die direkt unter der Zelloberfläche in bestimmter Ordnung aufgestellt und bei Reizung ausgestoßen werden (Extrusome). Unter diesen Extrusomen – die im einzelnen verschieden aufgebaut sind – sind vor allem die Trichocysten der Flagellaten und Ciliaten bekannt. Besonders bei holotrichen Ciliaten können sie als stabförmige Gebilde regelmäßig unter der ganzen Zelloberfläche stehen (Abb. 3a). Bei *Paramecium* bestehen sie aus einem langen Schaft und einer Spitze, die von einer Kappe umhüllt wird. Auf Reizung verlängert sich die Trichocyste in Bruchteilen einer Sekunde um das 8fache, die Spitze bleibt unverändert (Abb. 3d). Die Trichocysten von *Paramecium* stellen wohl Verteidigungswaffen dar. Mucocysten sind sackförmige Gebilde im Bereich der Pellicula einiger Flagellaten, Rhizopoden und Ciliaten, die bei Reizung geöffnet werden und ihren Inhalt abgeben (Abb. 2b). Dieser Vorgang entspricht wohl einer Quellung und erstreckt sich über mehrere Sekunden. Mucocysten sind am Bau der Hüllen von Dauerstadien (Cysten) beteiligt.

Toxicysten der Mundregion räuberischer Ciliaten sind Angriffswaffen und vermögen Beutetiere zu lähmen oder zu töten. Beim Abschießen entlassen sie durch einen Schlauch, der in die Beute getrieben wird, Gift.

Ebenfalls beim Beutefang werden die Haptocysten der Suctorien eingesetzt. Sie erreichen nur eine Länge von 0,3–0,4 µm, die kleinsten Trichocysten sind etwa 10mal so lang.

Ernährung. Protozoen können – wie wohl sehr viele wasserlebende Tiere – gelöste Stoffe durch die Oberfläche aufnehmen. Ihre Zellmembran ist selektiv permeabel, der Stofftransport erfolgt z. T. aktiv, d. h. er verbraucht Energie. Fast alle Protozoen, mit Ausnahme zahlreicher Parasiten, leben vorwiegend von geformter Nahrung. Im einfachsten Fall wird die Nahrung von der Plasmaoberfläche an beliebiger Stelle einfach umflossen. Aufnahme fester Teile wird als Phagocytose bezeichnet (Abb. 11a). Werden kleine Areale, die Flüssigkeit enthalten, umflossen und dann in den Zellleib transportiert, spricht man von Pinocytose. Beide Vorgänge sind nicht immer scharf zu trennen. In jedem Fall schnürt sich von der Zellmembran eine Vakuole ab (Endocytose) und wandert zentralwärts (s. u.).

Ein konstanter Zellmund (Cytostom) ist bei Arten mit fester Körperform und Pellicula vorhanden. Er läßt verschiedene Komplikationsstufen erkennen. Ausgangspunkt ist eine Region in der Pellicula, durch die die Nahrung sofort in eine Plasmalemmeinstülpung aufgenommen werden kann. Dieser Zustand ist bei Flagellaten mehrfach vorhanden. Meist wird aber im Anschluß an den Zellmund ein ins Innere führendes Rohr (Cytopharynx) gebildet. Seine Wand ist oft mit stab- oder reusenförmigen Differenzierungen versehen (Reusenstäbe, Trichiten). Wenn das Cytostom erweiterungsfähig ist, können die betreffenden Ciliaten, z.B. *Dileptus* und *Didinium*, größere Beute verschlingen. Bei den sich strudelnd ernährenden Ciliaten wird durch Ausbildung von Membranellenreihen und Membranen ein Mundfeld (= Peristom) um den äußeren Zellmund an der Körperoberfläche abgegrenzt, das sich nun oft taschenartig einwärts senkt; besonders der innerste Peristomabschnitt ist mit dem Cytostom oft noch trichterartig vertieft (= Vestibulum).

Ein vollkommen entwickelter Darmkanal kommt bei Protozoen nicht zur Ausbildung. Stets werden nur zeitweise Vakuolen, jeweils für den einzelnen Nahrungsaufnahmeakt, gebildet. Diese verschmelzen letztlich mit Lysosomen. Die Zahl der gleichzeitig vorhandenen Nahrungsvakuolen kann groß sein, bei den Ciliaten durchlaufen sie während der Verdauung des Inhaltes einen bestimmten Wanderweg im Endoplasma (Cyclose).

Die unverwertbaren Reste der Nahrung werden ausgestoßen, indem sich die Nahrungsvakuolen an der Körperoberfläche öffnen (bisweilen nach Vereinigung mehrerer Vakuolen zu einer Defäkationsvakuole, Exocytose). Auch dieses kann an beliebiger Stelle geschehen oder an einem bestimmten Zellafter (Cytopyge).

Ein Zellafter tritt bei vielen Flagellaten und Ciliaten auf; er ist oft wegen seiner geringen Ausdehnung nur während der Kotabgabe festzustellen. Lage von Cytostom und Cytopyge sind von Gruppe zu Gruppe verschieden. Bei manchen Ciliaten und vielen Flagellaten mit vorn entspringenden Geißeln liegt das Cytostom am Vorderende, bei der Mehrzahl der Ciliaten dagegen seitlich. Die Cytopyge liegt oft am Hinterende. Wie der After bei festsitzenden Metazoen wird auch die Cytopyge bei festsitzenden Ciliaten und Flagellaten oft nach vorn verlagert, besonders wenn der Rumpf von einem Gehäuse umschlossen ist.

Osmoregulation, Exkretion. Ein charakteristisches Organell der Protozoen ist die rhythmisch sich füllende und leerende pulsierende (kontraktile) Vakuole (Abb. 3). Sie entleert Flüssigkeit an der Körperoberfläche und dient vorwiegend der Osmoregulation. Gleichzeitig führt sie wohl Exkretstoffe und CO_2 aus dem Körper. Bei vielen marinen und parasitischen Arten fehlt sie.

Im einfachsten Fall entstehen die pulsierenden Vakuolen im Cytoplasma durch Zusammenfließen kleiner Vesikel. Sie wandern an die Zelloberfläche, entleeren dort ihre Flüssigkeit und beschließen ihre Existenz. Derartige vergängliche Vakuolen treten in großer Zahl bei manchen Amöben *(Pelomyxa, Amoeba plurivesiculata)*, in geringer bei Heliozoen auf. Bei anderen Rhizopoden aber bleibt das die Vakuolen bildende Exkretionsplasma konstant, so daß die gleiche Cytoplasmaregion mehrfach hintereinander eine Vakuole bildet und entleert. Das kann auf zwei Wegen geschehen: a) Das Exkretionsplasma bildet fortlaufend Vakuolen, deren größte jeweils entleert wird. Auch feste Mündungskanäle in der Pellicula können hier bereits vorhanden sein. b) Die Blase kann mit ihrer Wandung bestehen bleiben und füllt und entleert sich zu wiederholten Malen. Erst dieses Stadium ist eine echte pulsierende oder kontraktile Vakuole im engsten Wortsinne.

Abgesehen von konstanten Mündungsporen treten als Komplikation einer solchen Blase Zuführungsblasen oder -kanäle auf, die kranzartig die zentrale Sammelblase umgeben und ihre Flüssigkeit in sie entleeren. Solche komplizierten Vakuolensysteme haben sich bei Ciliaten entwickelt. Die zuführenden Kanäle (Radialkanäle) übernehmen dann die Abscheidung der Flüssigkeit. In ihrer Umgebung liegen tubuläre Membranstrukturen, die mit den Radialkanälen nicht in offene Verbindung treten. Im Extremfall können die Zuführungskanäle den ganzen Körper durchziehen (*Spirostomum*, Abb. 22d, *Stentor*, Abb. 22e).

Die Radialkanäle bilden oft je eine blasenartige Erweiterung, die Ampulle, von der aus ein enger Kanal, der Einspritzungsgang, die Flüssigkeit in die zentrale Blase, das Reservoir, entleert.

Zahl und Lage der pulsierenden Vakuolen wechseln von Art zu Art beträchtlich, selbst innerhalb einer Gattung.

Vielfach werden Exkrete auch in fester Form

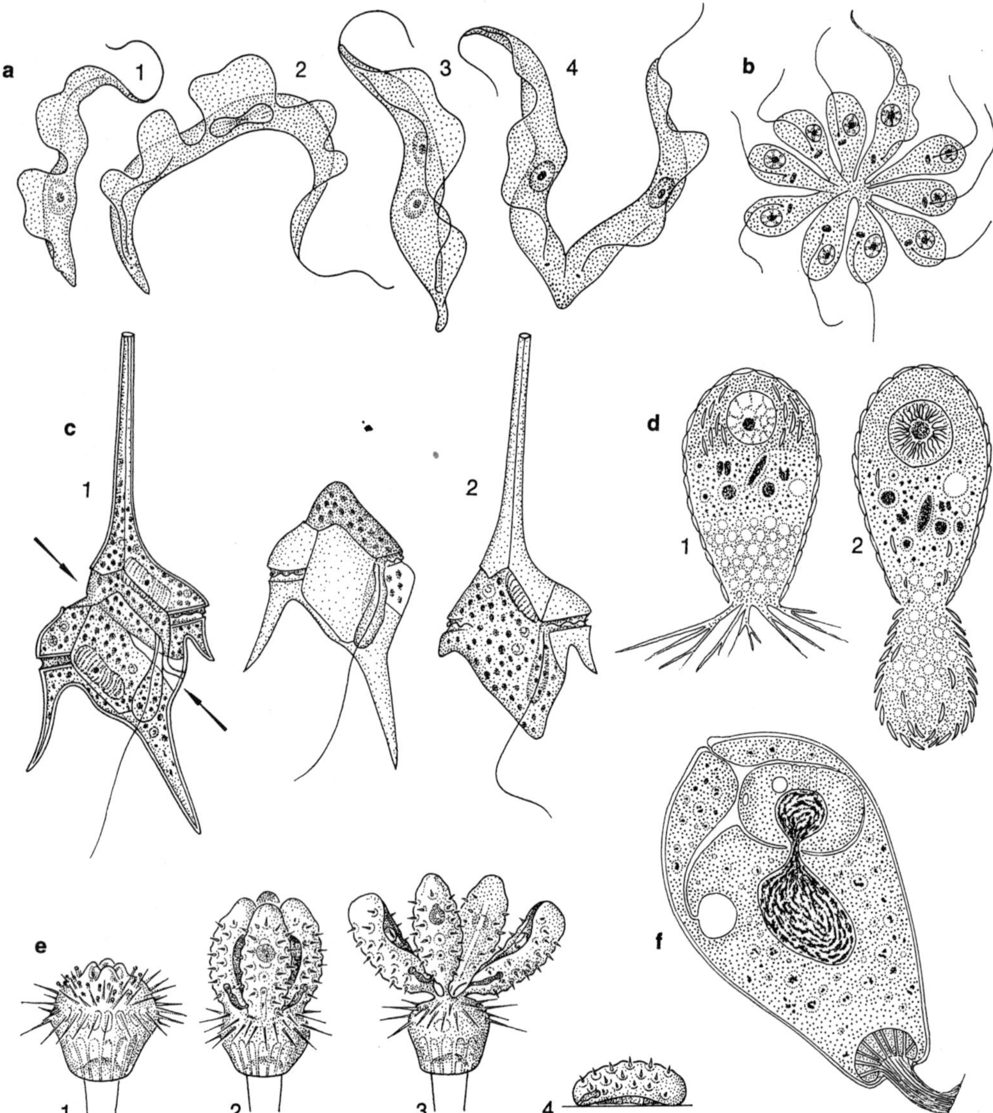

Abb. 5: Teilung von Einzellern. a. *Trypanosoma brucei*, Zweiteilung in verschiedenen Stadien (1–4). b. *Trypanosoma lewisi* (Vielteilung). c. *Ceratium hirundinella* (schräge Zweiteilung); 1: Pfeile zeigen die Teilungsebene. 2: ungleiche Tochterzellen. d. *Euglypha alveolata;* 1: Individuum in Ruhe (mit Zellkern, der von Reserveplättchen für die Schale umgeben wird); 2: Tier in Teilung. e. *Ephelota gemmipara*, Knospenbildung (1–3) am Substrat und festgesetzte Knospe (4). f. *Tokophrya actinostyla*. Knospung im Zelluterus. Nach Collin, Grell, Hawes, Schewiakoff, v. Schuckmann

im Cytoplasma abgelagert. Oft sind, wie auch sonst im Tierreich, diese Exkrete pigmentiert, so bilden sie bei manchen Radiolarien (Tripylea) einen Pigmentkörper neben dem Kern, das Phaeodium (das vielleicht mit dem Silikatstoffwechsel zu tun hat), bei Malariaerregern sammeln sich die Abbauprodukte des Haemoglobins des befallenen Blutkörperchens in Form eines zentralen Pigmentkörpers, der bei der Teilung im Restkörper bleibt und so abgestoßen wird. Oft werden Exkrete kristallin abgelagert.

Teilung. Aus einem Protozoon können zwei

gleichgroße (aequale Teilung) oder zwei ungleiche Tochterzellen (inaequale Teilung, Knospung) hervorgehen oder – nach Vielteilung – zahlreiche Tochterzellen. Unkompliziert erscheint der äußere Ablauf der Zweiteilung von Amöben. Nach erfolgter Kernteilung ziehen Pseudopodien gleichgroße Zellteile in entgegengesetzter Richtung auseinander.

Bei den meisten Protozoen steht die Teilungsrichtung in einem bestimmten Winkel zur Körperachse. Bei Flagellaten erfolgt meist Längsteilung (bei Dinoflagellaten und Hypermastiginen Querteilung), für die meisten Ciliaten ist Querteilung typisch (Peritricha teilen sich längs).

Komplikationen treten vor allem bei Protozoen mit Panzer oder Schale auf. Folgende Möglichkeiten sind realisiert:

a) Der Panzer oder die Schale werden in zwei Hälften geteilt. Das ist z.B. der Fall bei Dinoflagellaten, Thekamöben mit weicher Schale *(Pamphagus hyalinus)*, bei Radiolarien und Ciliaten *(Coleps)*. Die Teilungsebene ist unterschiedlich, bei manchen Dinoflagellaten verläuft sie schräg zur Längsrichtung (Abb. 5c).

b) Nur eins der Tochtertiere erhält die ganze Schale, das andere baut eine neue auf. Das gilt für Thekamöben mit fester Schale *(Euglypha, Difflugia, Arcella)*. Dabei können schon vor der Teilung Bausteine der neuen Schale im Cytoplasma gebildet werden (*Euglypha*, Abb. 5d).

Bei der Knospung sind die beiden Tochtertiere in der Größe sehr stark unterschieden; eines bleibt umfangreich und behält seine Organisation bei, das andere (die Knospe) ist zunächst klein. Knospung ist bei sessilen Protozoen verbreitet (Peritricha, Chonotricha, Suctoria). Da die Knospe häufig Wimpern ausbildet und umherschwimmt, entspricht sie den Larven der Vielzeller. Das freischwimmende Stadium bezeichnet man als Schwärmer.

Bei Suctorien wölbt sich die Knospe entweder von der Körperoberfläche nach außen vor (exogene Knospung, Abb. 5e) oder entsteht in einer beutelförmigen Einstülpung der Mutterzelle (Zelluterus), die sie durch einen Geburtskanal verläßt («endogene», besser: versenkte Knospung, Abb. 5f). Bei einigen parasitischen Ciliaten (Astomata) kommt endständige Knospung mit Kettenbildung vor.

Bei der Vielteilung (multiplen Teilung) zerfällt die Zelle gleichzeitig in zahlreiche kleinere Tochterzellen. Diesem Vorgang geht eine Kernvermehrung voraus, so daß ein Plasmodium entsteht. Der Kern hat dabei mehrere Zweiteilungen durchgeführt. Bei Sporozoen, z.B. *Plasmodium*, ist eine solche Vielteilung häufig (Abb. 19). In seltenen Fällen kann auch der Kern (Primärkern) gleichzeitig in viele Teilkerne (Sekundärkerne) zerfallen (Radiolarien).

Die Vielteilung ist weit verbreitet, sie kann neben der Zweiteilung auftreten, z.B. bei *Trypanosoma, Noctiluca, Actinosphaerium*. Einige parasitische Amöben machen multiple Teilungen im encystierten Zustand durch *(Entamoeba)*, bei Foraminiferen pflanzen sich Gamonten und Agamonten (s.u.) durch Vielteilung fort, bei Sporozoen Schizonten, Gamonten und Sporonten (Abb. 19). Bisweilen bleibt ein Teil der Mutterzelle als Restkörper bei der Vielteilung zurück.

Die Vielteilung ist mit der normalen Zweiteilung durch jene Fälle verbunden, bei denen sich ein Ruhestadium der Zelle durch rasch folgende Zweiteilungen in einen Haufen kleinerer Zellen verwandelt, die dann gleichzeitig aus der Cyste schlüpfen, z.B. bei manchen Dinoflagellaten und Ciliaten *(Ichthyophthirius)*.

Bei der Plasmotomie zerfallen vielkernige Plasmodien in mehrkernige Tochtertiere oder schnüren solche ab (Cnidosporidia).

Sexualität. Bei den Einzellern existiert eine Vielfalt von Befruchtungsformen, die es uns ermöglicht, den Werdegang der Sexualität zu rekonstruieren (Abb. 6). Befruchtungsvorgänge sind bei Sporozoen und Ciliaten allgemein verbreitet, bei Flagellaten und Rhizopoden nur bei einem Teil nachgewiesen.

1. Stufe: Hologamie. Ein Unterschied zwischen Normalindividuen, die sich durch Teilung vermehren, und Gameten, die kopulieren, besteht in Größe und Form nicht. Jedes Normalindividuum kann zum Gameten werden. Hier ist die Befruchtung noch klar das Gegenteil der Vermehrung. In einer wachsenden, sich durch Teilung vermehrenden Population fehlt die Befruchtung; setzt diese ein, so vermindert sich die Zahl der Individuen durch die Verschmelzung zweier bei der Befruchtung. Meist tritt nachher eine Phase der Teilungsruhe auf. Beispiele: manche Flagellaten *(Chlamydomonas, Polytoma, Dunaliella)*. Die Befruchtungsbereitschaft wird durch Außenbedingungen induziert.

2. Stufe: Merogamie. Die Gameten unter-

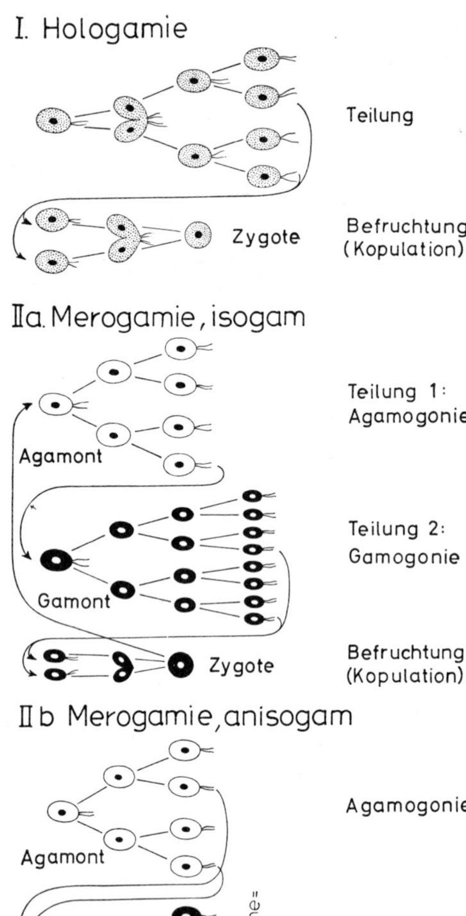

Abb. 6: Schematische Darstellung von Holo- und Merogamie (Erläuterungen im Text). Aus Remane, Storch, Welsch

scheiden sich in Größe und Form von den Normalindividuen. Fast stets sind sie kleiner als diese. Die Gameten entstehen aus einer Gametenmutterzelle (Gamont) durch eine besondere Zellteilungsfolge, die als Zwei- oder Vielteilung abläuft. Das Normalindividuum wird jetzt als Agamont bezeichnet. Es gibt also zwei Zellteilungsfolgen:

1. Teilung der Agamonten, die Normalindividuen liefert = Agamogonie. 2. Teilungen der Gamonten, die Gameten liefern = Gamogonie (Gametogonie). Nur Gameten können kopulieren. In dieser Stufe sind zwei Kategorien unterscheidbar, die allerdings durch zahlreiche Übergänge verbunden sind. a) Die Gameten beiderlei Geschlechts sind gleichgroß und gleichgestaltet = isogame Merogamie. b) Die Gameten sind der Größe nach in große (= Makrogameten) und kleinere (= Mikrogameten) gesondert (anisogame Merogamie); im Extremfalle sind bewegungslose große und begeißelte kleine Gameten ausgebildet (Oogamie). Beiderlei Gameten können von verschiedenen Gamonten gebildet werden (Getrenntgeschlechtigkeit, Diözie), aber auch von ein und demselben (Gemischtgeschlechtigkeit, Monözie).

Wenn die von demselben Gamonten erzeugten Gameten oder Gametenkerne miteinander kopulieren, spricht man von Autogamie (bei einigen Heliozoen und Foraminiferen). Die sexuelle Differenzierung kann geno- oder phaenotypisch erfolgen.

Mit der anisogamen Merogamie ist das Stadium erreicht, das alle vielzelligen Tiere kennzeichnet. Die Agamogonie entspricht dabei allen Zellteilungen der Eizelle (Zygote). Während die Zellen sich aber bei den Protozoen voneinander trennen und isoliert leben, bleiben sie bei Metazoen während der Furchung zusammen und bilden nach Arbeitsteilung den Körper. Die Gamonten sind die Urkeimzellen, der Gamogonie entspricht die Ei- und Samenbildung, die hier im Körper stattfindet.

Bei den bisher abgehandelten Fällen kopulieren freischwimmende Gameten; dieser Modus ist bei Protozoen verbreitet und wird als Gametogamie bezeichnet.

Abgesehen von der Stufenfolge von der Hologamie zur Merogamie finden wir bei den Protozoen eine Fülle von Variationen der Sexualvorgänge und der Entwicklung. Wir nennen folgende:

1. Lage der Reduktionsteilung. Während bei den Metazoen die Reduktionsteilung stets vor der Befruchtung liegt, so daß nur die Keimzellen haploid und die Körperzellen diploid sind (= gametische Meiose), kann bei manchen Protozoen die Reduktionsteilung nach der Befruchtung erfolgen, so daß nur die

Zygote diploid ist (= zygotische Meiose). Das ist der Fall bei vielen Flagellaten und den Sporozoen. Aber selbst innerhalb einer speziellen Gruppe können beide Fälle verwirklicht sein; so finden wir bei den Polymastiginen (Flagellaten) Gattungen mit gametischer und solche mit zygotischer Meiose.

2. Gamontogamie. Bisher erfolgte eine Vereinigung zweier Zellen nur auf dem Gametenstadium (= Gametogamie), sie kann aber vorverlegt werden und schon durch die Gamonten erfolgen (Gamontogamie). Zwei oder manchmal mehr Gamonten legen sich aneinander und führen dann jeder für sich die Gamogonie durch. Die fertigen Gameten können dann sofort die Kopulation vollziehen.

Die Gamonten können es bei der Gamontogamie bei einer Aneinanderlagerung belassen und – selbst wenn sie sich mit einer gemeinsamen Hülle (Gamocyste) umgeben – in getrennten Kammern die Ausbildung der Makro- und Mikrogameten vollziehen (z.B. Gregarinen, Abb. 18).

Diese Gamontogamie mit Gametenbildung kommt z.B. bei manchen Foraminiferen in Gattungen vor, die auch Arten mit Gametogamie einschließen *(Discorbis)*. Die Gamonten können aber auch verschmelzen (Polymastiginen). Auch die Konjugation der Ciliaten beruht auf einer Gamontogamie (s.u.). Ein Verschiedenwerden der Partner, wie wir es bei der Kopulation durch Ausbildung von Makro- und Mikrogamet bzw. Ei und Spermium kennengelernt haben, kann auch bei Gamonten auftreten. Meist sind beide Partner strukturell gleich (Isogamonten). Bei Ciliaten kommt es aber zu starken Verschiedenheiten der Gamonten (Anisogamonten). Bei den festsitzenden Glockentierchen *(Vorticella)* bleibt der eine Gamont auf dem Stiel sitzen (Makrogamont), während der andere (Mikrogamont) sich vom Stiel löst, auf den anderen zuschwimmt und mit ihm verschmilzt. Bei der Anisogamontie kommt es nur im Makrogamonten zur Ausbildung eines Synkaryons, der Mikrogamont wird während der Paarung resorbiert.

3. Vereinfachung der Gamogonie. Ursprünglich besteht die Gamogonie in einer Folge von mehreren bis vielen Kern- und Zellteilungen, die von einem Gamonten, der strukturell von den Agamonten deutlich unterschieden sein kann, ausgehen und schließlich zu den Gameten führen.

Bei vielen Protozoen wird nun die Zahl der Teilungen in der Gamogonie vermindert, mehrfach findet nur eine Teilung des Gamontenkerns statt. Ist diese Teilung eine Reduk-

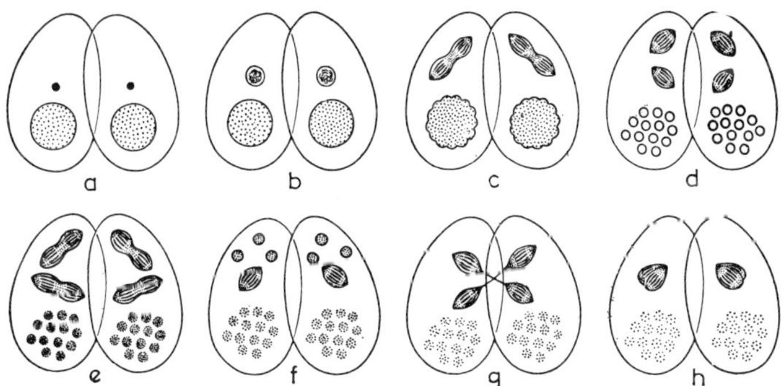

Abb. 7: Schema der Konjugation (Isogamontie) bei Ciliaten. Die Konjuganten sind zunächst äußerlich nicht voneinander zu unterscheiden (a). Die ersten Veränderungen bestehen in einer Vergrößerung der diploiden Mikronuclei (b). Während dieser Größenzunahme laufen in den Chromosomen die Vorgänge ab, die der meiotischen Prophase entsprechen. Jeder Mikronucleus teilt sich rasch hintereinander (c–e). Verbunden damit ist die Chromosomenreduktion. So entstehen vier haploide Tochterkerne, von denen drei resorbiert werden (f). Der übriggebliebene Kern teilt sich abermals (f). Durch diese sog. postmeiotische Teilung entstehen die beiden Gametenkerne. Der eine Gametenkern bleibt im ursprünglichen Konjuganten liegen (Stationärkern), der andere wandert in den Partner hinüber (Wanderkern) (g). In jeder Zelle verschmelzen dann Stationär- und Wanderkern miteinander zu einem Synkaryon (h). Es findet also eine Wechselbefruchtung statt, anschließend trennen sich die Partner; das Synkaryon teilt sich mitotisch in zwei Tochterkerne, von denen der eine zum Mikronucleus, der andere zum Makronucleus wird. Der alte Makronucleus löst sich im Laufe der Konjugation auf und wird resorbiert. Nach Grell

tionsteilung, so spricht man von einer Einschrittmeiose. Schließlich kann der Gamont ohne jede Kernteilung direkt zum Gameten werden; das ist z.B. bei dem Makrogamonten der Malariaparasiten *(Plasmodium)* der Fall. Eine andere Vereinfachung der Gamogonie tritt ein, wenn nur Kernteilungen, aber zunächst keine Zellteilungen eintreten. Dann entwickeln sich oft nur einige Kerne zu Gametenkernen, eine Reihe geht zugrunde. Deutlich ist dieser Kernverlust bei der Konjugation der Ciliaten sichtbar. Hier gehen von den 4 Kernen, die der Mikronucleus zunächst liefert, drei zugrunde, nur einer teilt sich weiterhin in stationären (♀) und wandernden (♂) Kern. Schon mehrfach wurde angedeutet, daß die Konjugation der Ciliaten ein abgeleiteter Befruchtungsvorgang ist. Ihre Entstehung ist wohl folgende: Das zeitweise Aneinanderlegen zweier Tiere ist eine Gamontogamie. Die Gametenbildung in ihnen ist extrem reduziert. Zwar setzen einige Kernteilungen des Mikronucleus ein, aber wie auch in anderen Fällen der Gamogonie gehen die Kerne bis auf einen zugrunde. Dieser liefert nur zwei haploide Gametenkerne, einen weiblichen (stationären Kern) und einen männlichen (Wanderkern). Es unterbleibt aber die Ausbildung freier Gameten; nur die Wanderkerne werden zwischen den konjugierenden Gamonten ausgetauscht, so daß diese sich nach der Vereinigung der Kerne direkt in Zygoten umwandeln (Abb. 7).

Generationswechsel. Bei vielen Protozoen wechseln ungeschlechtliche und geschlechtliche Fortpflanzung einander ab. Wenn sich beide Generationen in der gleichen Kernphase befinden, spricht man von einem homophasischen, ist eine Generation diploid, die andere haploid, von einem heterophasischen Generationswechsel.

Bei Sporozoen ist nur die Zygote diploid, alle anderen Stadien sind haploid, bei Heliozoen und Ciliaten sind nur die Gameten haploid, alle anderen Stadien diploid.

Beim heterophasischen Generationswechsel ist der Agamont diploid, der Gamont haploid (Foraminiferen).

Ökologie und Vorkommen. Protozoen haben sämtliche Lebensräume, die hinreichend Wasser enthalten, besiedelt: Man findet sie im Meer, im Süßwasser – selbst in kleinsten Wasseransammlungen in Vegetationsschicht und Boden – und als Bewohner anderer Organismen. Encystierte Stadien können über große Entfernungen durch die Luft transportiert werden, weswegen viele Süßwasserformen und manche Parasiten über die ganze Erde verbreitet sind.

Bei der Neubildung von Böden gehören Flagellaten, Amöben, Thekamöben und Ciliaten zu den tierischen Erstbesiedlern, sie leben oft von Bakterien, Pilzen und Algen.

Die freilebenden Protozoen des Meeres treten mit einigen Gruppen im Plankton auf (Radiolarien, Tintinniden), mit anderen vorwiegend am Boden (Foraminiferen).

Viele Protozoen (z.B. Foraminiferen und Ciliaten) beherbergen einzellige Algen. Der rezente Nummulit *Heterostegina depressa* ernährt sich über seine symbiontischen, schalenlosen Diatomeen. Er nimmt keine Nahrungspartikel auf.

Die Parasiten unter den Protozoen rufen z.T. schwere Krankheiten der Menschen, Nutztiere und Nutzpflanzen hervor. So haben Malaria und Schlafkrankheit die Besiedlung weiter Gebiete der Tropen durch den Menschen zunächst stark behindert. Parasitisch sind sämtliche Sporozoen und Cnidosporidia, wichtige Parasiten des Menschen finden sich auch unter den Flagellaten, Rhizopoden und Ciliaten.

Groß ist auch die Zahl der Protozoen, die vergesellschaftet mit anderen Organismen lebt, ohne Parasit zu sein. Viele Ciliaten (Peritricha, Chonotricha, Suctoria) leben auf Wassertieren (Symphorismus) oder lassen sich in deren Darmkanal nieder (Entökie). Besonders bekannt sind die Polymastiginen (Flagellaten), die im Darm von Termiten von Holz leben. Sie können Cellulose spalten. Ohne diese Symbionten können holzfressende Termiten nicht bestehen. Groß ist auch die Zahl der Entodiniomorpha, die im Pansen von Wiederkäuern leben (in einem Kubikzentimeter Panseninhalt des Schafes 1 Million). Sie ernähren sich von verschiedenen pflanzlichen Bestandteilen; einige Arten können Cellulose aufschließen, vielleicht mit Hilfe von Bakterien. Künstlich von den Entodiniomorpha befreite Ziegen gediehen nicht anders als solche mit Ciliaten.

System. Ein befriedigendes System der Protozoen existiert bisher nicht. Einige der hier aufgeführten Gruppen sind sicher nicht natürlich. Man unterscheidet über 40000 rezente Arten, von denen etwa 10000 parasitisch leben. Die Zahl der beschriebenen fossilen Arten liegt noch wesentlich höher.

1. Klasse: Flagellata (Mastigophora, Geißeltierchen)

Durch die Klasse der Flagellata läuft die Grenze zwischen Tier- und Pflanzenreich. Sind sie zu Photosynthese befähigt (autotrophe Ernährung), ordnet man sie den Pflanzen zu (Phytoflagellata), ernähren sie sich heterotroph, rechnet man sie zu den Tieren (Zooflagellata). Wir kennen zahlreiche Linien, die von Phyto- zu Zooflagellaten führen. Beispiele finden sich unter den Chrysomonadina, Euglenoidina, Phytomonadina, Cryptomonadina und Dinoflagellata, die im folgenden daher mit in das System aufgenommen wurden, obwohl sie zum Teil Pflanzen umfassen. Um den Zusammenhang aller einzelligen Eukaryota zu betonen, faßt man alle auch als Protista zusammen.

Die Flagellaten tragen meist eine oder wenige Geißeln und sind in der Regel sehr klein, selten länger als 50 µm. Die Fortpflanzung erfolgt meist durch Längsteilung, Geschlechtsvorgänge sind nur von wenigen Zooflagellaten bekannt.

Ordnung Chrysomonadina: Meist mit Plastiden, mit 1–2 Geißeln. Manche Formen *(Rhizochrysis, Chrysarachnion)* teilen sich bisweilen so, daß ein Nachkomme chloroplastenfrei bleibt. Limnisch und marin. *Chromulina*, auf der Oberfläche von Waldtümpeln; *Dinobryon*, Kolonien mit tütenartigen Einzelgehäusen. Im Meer sind die schalentragenden Coccolithophoridae verbreitet, die wichtige Leitfossilien darstellen. In Form der Schreibkreide nutzen wir ihre Gehäuse.

Ordnung Euglenoidina: Oft mit Plastiden, meist mit zwei Geißeln, die in Einbuchtung am Vorderende entspringen (Abb. 8), eine kann sehr kurz sein. Eine Geißel mit basaler Schwellung, im benachbarten Cytoplasma findet sich dann ein Pigmentfleck (Stigma, «Augenfleck»). Zellhülle oft mit schraubig verlaufenden Profilen. Vorwiegend im Süßwasser. Mit Plastiden: *Euglena* (Abb. 8a), *Phacus*, *Eutreptia*, *Trachelomonas*. Ohne Plastiden: *Peranema*, *Anisonema*, *Petalomonas* (Abb. 8b), *Astasia*.

Ordnung Phytomonadina: Meist mit Plastiden, im allgemeinen zweigeißelig. *Dunaliella*, in stark salzhaltigen Gewässern (Totes Meer, Salinen). *Chlamydomonas*, *Polytoma*. Teilweise koloniebildend (*Pandorina*, *Volvox* u. a.).

Ordnung Cryptomonadina: Oft mit Plastiden, zweigeißelig, mit speziellen Extrusomen (Ejectisomen). *Chilomonas*, saprozoisch.

Ordnung Dinoflagellata: Oft mit Plastiden, 2 Geißeln: Längs- und Ring- (= Quer)geißeln (Abb. 5c). Häufig mit Cellulosepanzer, Chromosomen im Interphasekern sichtbar, Kerne mit geringem Histongehalt, Chromatiden während der Kernteilung mit Kernhülle verbunden, nicht mit Spindel-Mikrotubuli. Marin und limnisch. *Prorocentrum*, *Exuviaella*, *Gymnodinium*, *Gyrodinium*, *Polykrikos* (vielkernig), *Amphidinium*, *Dissodinium*, *Noctiluca* (Abb. 8d): kleine Geißel, Tentakel zum Beutefang, ruft Meeresleuchten hervor. *Peridinium*, *Ceratium* (Abb. 5c). *Leptodiscus* und *Craspedotella* (Abb. 8c) medusenähnlich. Dinoflagellata sind wesentlich an der Primärproduktion der Ozeane beteiligt. Als Zooxanthellen leben sie symbiontisch z. B. in Foraminiferen und Korallen. Massenvermehrungen von *Gymnodinium*, *Goniaulax* u. a. rufen Rote Tide (red tide) hervor, eine rötliche Wasserblüte, in deren Verlauf es zu Fisch-, Krebs- und Muschelsterben sowie zu Vergiftungen der Menschen (z. B. nach Muschelmahlzeiten) kommen kann. *Gambierdiscus* ist im Bereich von Indopazifik und Karibik Ursache zahlreicher Vergiftungen (Ciguatera) von Menschen nach Verzehr von Fischen, die diese Dinoflagellaten gefressen haben. *Oodinium* parasitiert an Fischen und ruft Hauttrübung hervor (Korallenfischkrankheit, Samtkrankheit).

Die folgenden Ordnungen umfassen nur Zooflagellaten:

1. Ordnung: Protomonadina

Farblos, 1 oder 2 Geißeln. Unter ihnen stehen die Choanoflagellaten (Abb. 8f, g), die am Vorderende einen Kragen aus engstehenden Mikrovilli (Collare) tragen, der Wurzel der Metazoen vielleicht besonders nahe (vgl. Choanocyten der Schwämme, Abb. 26). Das mag in besonderem Maße für die koloniebildenden Formen gelten (z. B. *Proterospongia*, bis 100 Zellen werden von einer Gallerte zusammengehalten). Die folgenden Trypanosomatiden und Bodoniden werden auch als Kinetoplastida zusammengefaßt.

Die Trypanosomatidae sind Parasiten. Die Gattungen *Leptomonas*, *Herpetomonas*, *Cri-*

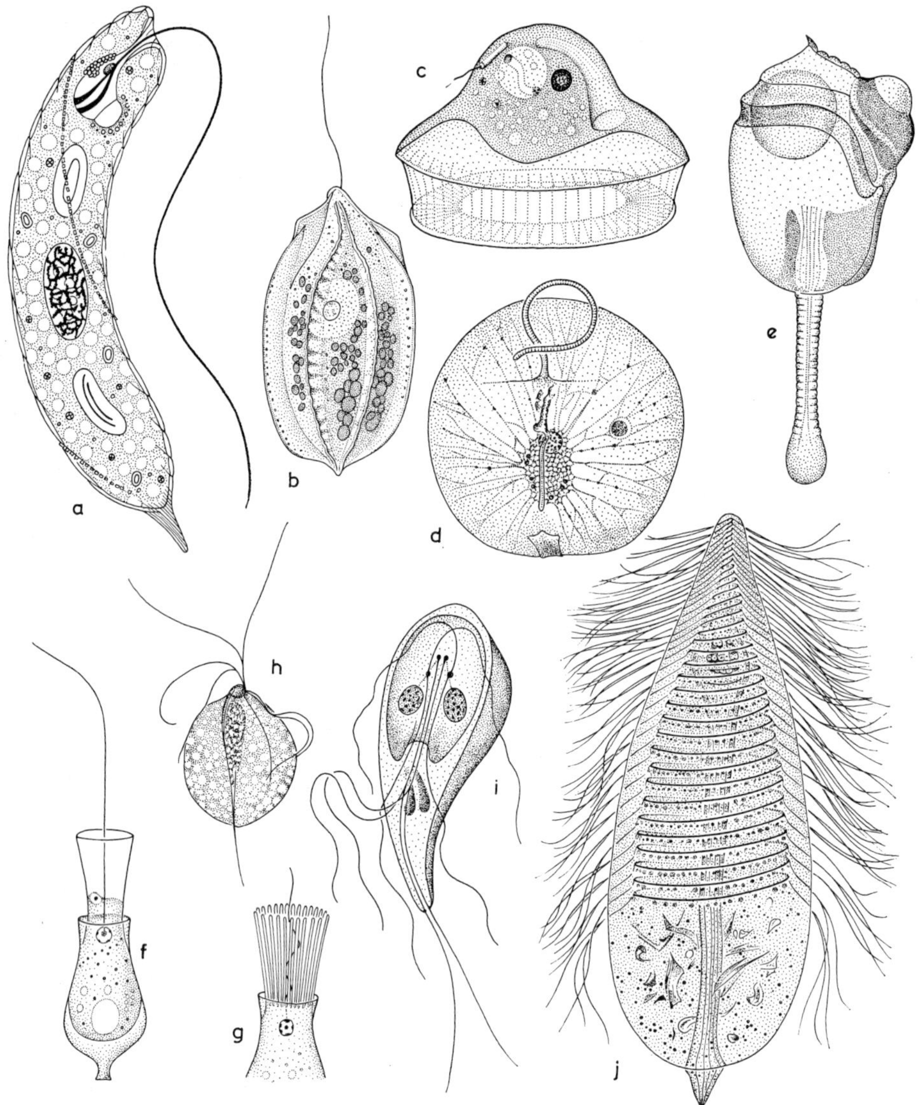

Abb. 8: Flagellaten-Formen. a. *Euglena spirogyra.* b. *Petalomonas hovassei*, c. *Craspedotella pileolus*, d. *Noctiluca miliaris*, e. *Erythropsis pavillardi*, f, g. *Salpingoeca amphoroideum*, f. licht-, g. elektronenmikroskopische Darstellung des Kragens (Collare), h. *Trichomonas vaginalis*, i. *Giardia lamblia (Lamblia intestinalis)*, j. *Spirotrichonympha bispira.* Nach Burck, Cleveland, Grell, Kofoid, Leedale, Meeuse, Mignot, Pratje, Pringsheim, Rodenwaldt, Swezy, Westphal

thidia u.a. leben vorwiegend im Darm von Insekten, *Phytomonas* in Sukkulenten (Übertragung durch Hemiptera).

Wichtige Parasiten des Menschen mit Stadien in Insekten sind *Trypanosoma* und *Leishmania*, die durch Polymorphismus ausgezeichnet sind. In folgenden Modifikationen können sie auftreten (Abb. 9):

1. amastigotes bzw. kryptomastigotes Stadium, geißellos bzw. mit sehr kurzer, versenkter Geißel; Zelle kugelig;

2. promastigotes Stadium, Geißel am Vorderende entspringend, Zelle wie bei den folgenden Formen langgestreckt;

3. epimastigotes Stadium, Geißel entspringt in der Zellmitte, bis zum Vorderende ist sie

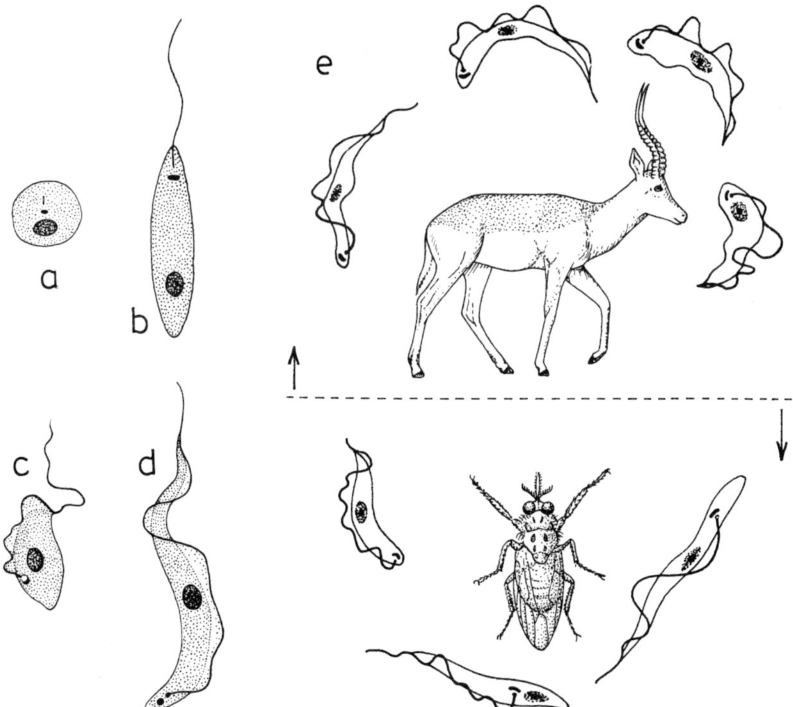

Abb. 9: Trypanosomatidae. a–d. Modifikationen. a. amastigotes Stadium, b. promastigotes Stadium, c. epimastigotes Stadium, d. trypomastigotes Stadium. e. Kreislauf von *Trypanosoma brucei* zwischen Gazelle (Impala) und *Glossina*. Beachte den Formwandel: Die schlanksten Formen treten nach der Aufnahme der Trypanosomen durch die Fliegen in deren Magen auf. Die aus den Speicheldrüsen stammenden und beim Stechen übertragenen Formen dagegen gleichen jenen, die auch im Säugerblut auftreten. Nach Frank, Grell, Hoare

über eine undulierende Membran mit dem Zellkörper verbunden;

4. trypomastigotes Stadium, Geißel entspringt am Hinterende und ist bis zum Vorderende mit dem Zellkörper über eine undulierende Membran verbunden.

Promastigotes und epimastigotes Stadium werden vorwiegend in Wirbellosen ausgebildet, das trypomastigote Stadium in Wirbeltieren. Das amastigote Stadium kommt bei Wirbeltieren intrazellulär, bei Wirbellosen extrazellulär vor.

Leishmania-Arten werden von Schmetterlingsmücken (*Phlebotomus*, Abb. 224) auf den Menschen übertragen, wo sie als amastigotes Stadium im Makrophagensystem auftreten. Bei Insekten lebt das promastigote Stadium im Darmlumen.

Beim Menschen rufen *Leishmania*-Arten 3 wichtige Krankheiten hervor: Kala-Azar (= Eingeweideleishmaniose, tropische Milzvergrößerung), Orientbeule und Schleimhautleishmaniose (Espundia). Weltweit gibt es etwa 12 Millionen Fälle. Jährlich rechnet man mit etwa 400000 Neuinfektionen.

Leishmania donovani, der Erreger der Eingeweideleishmaniose, ist in der Alten Welt (Mittelmeerländer, mehrere Gebiete des tropischen und subtropischen Afrikas und Asiens) verbreitet und kommt auch in Südamerika vor. Hauptkennzeichen des Befalls sind eine starke Vergrößerung der Milz, Anämie sowie Verminderung der Leukocytenzahl, dunkle Pigmentierung der Haut sowie unregelmäßige Fieberschübe. In Indien wurden Gebiete durch *L. donovani* entvölkert (Mortalitätsquote um 90%). Heilung möglich bei frühzeitiger Behandlung mit Chemotherapeutica.

Leishmania tropica ruft beulenförmige Hautgeschwüre hervor, die als Orientbeule bekannt sind. Diese Art lebt in den Endothelzellen der Hautcapillaren und bleibt auf die Infektionsstellen beschränkt. Äußerlich sind bei den befallenen Personen kleine Bläschen an den Stich-

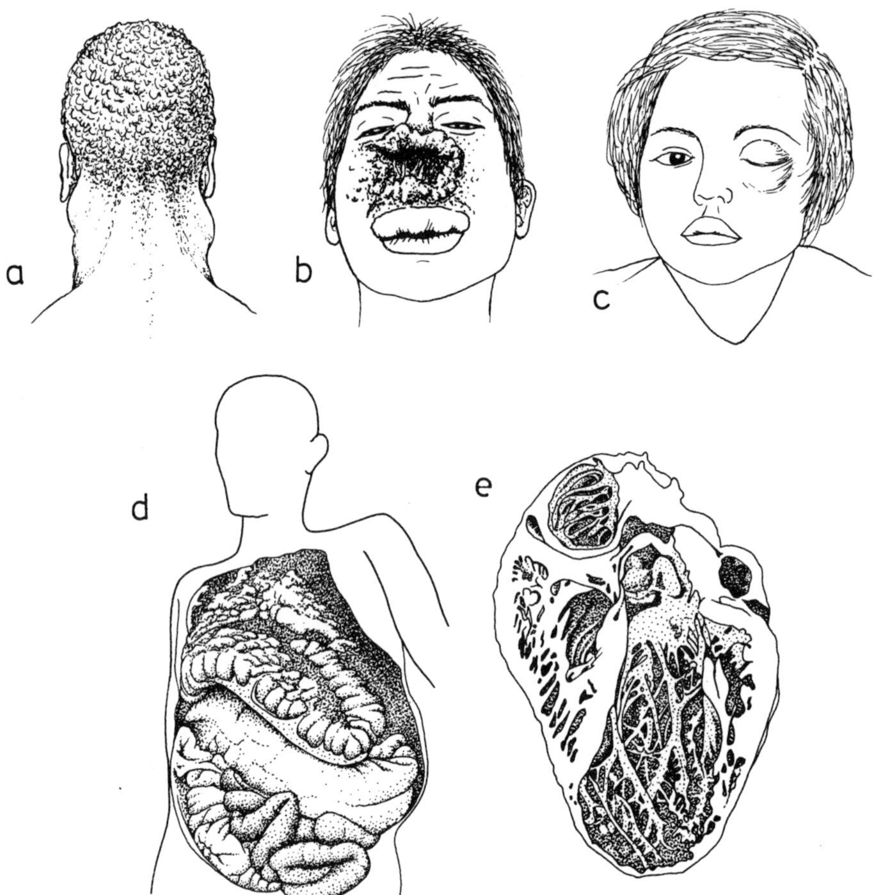

Abb. 10: Auswirkung verschiedener Flagellaten-Infektionen auf den Menschen. a. Schlafkranker mit Nackenschwellung, b. Großflächige Zerstörung im Gesicht durch *Leishmania brasiliensis*, c. Lid-Ödem (Romana-Zeichen), frische Infektion mit *Trypanosoma cruzi*, d. Megabildungen des Verdauungstraktes (Chagas-Krankheit), e. Chagas-Herz mit verdünnter Ventrikelmuskulatur. Nach Bayer, Frank, Köberle, Kretschmar, Venzmer

stellen zu sehen. Unter eitriger Füllung und Platzen der Haut wird daraus ein Geschwür, das einige cm Durchmesser erreichen und monatelang bestehen kann. Die Erkrankung ist harmlos; nach der Infektion verbleibt eine Narbe, die in manchen Regionen des Vorderen Orients als Schönheitsmal gilt. Verbreitung: Mittelmeergebiet, Westafrika, Vorderer Orient bis Indien.

Nicht so harmlos verläuft eine Infektion mit *Leishmania brasiliensis*, die auf Lateinamerika beschränkt ist und Haut- oder Schleimhautleishmaniose hervorruft. Sie lebt vorwiegend in Schleimhäuten von Nase, Mund, Rachen und Luftröhre. Für befallene Personen ist starker Speichelfluß typisch. Gewebeveränderungen führen im Gesicht zu entstellender Narbenbildung (Abb. 10b). Im Unterschied zur Orientbeule kann sich der Krankheitsverlauf der südamerikanischen Leishmaniose über Jahre erstrecken und sogar die Nasenbeine zerstören. Außer beim Menschen lebt *Leishmania* in den meisten Regionen auch in Säugetieren (vorwiegend Hunden und Ratten), die daher Reservoire dieses Krankheitserregers darstellen.

Mehrere wichtige Parasiten des Menschen und der Haustiere gehören zur Gattung *Trypanosoma*. Im Wirbeltier lebt das trypomastigote Stadium meist im Blut, im wirbellosen Wirt amastigotes, promastigotes und epimastigotes Stadium im Darm. Trypanosomen können sich im hinteren Bereich des Insektendarmes entwickeln und führen dann mit Faeces ausgeschieden zur Infektion des Wirbeltierwirtes (Artengruppe Stercoraria, z.B. *T. cruzi*) oder im Vorderdarm und Speicheldrüsen, dann erfolgt eine Infektion über Stich (Artengruppe Salivaria, z.B. *T. brucei*, *T. gambiense* und *T. rhodesiense*).

Die Übertragung von *Trypanosoma rhodesiense* und *T. gambiense* auf den Menschen erfolgt durch die Tsetse-Fliege (*Glossina*, Abb. 224). Beide rufen im tropischen Afrika die Schlafkrankheit hervor. Sie werden auch als Unterarten von *T. brucei* geführt und dann *T. brucei rhodesiense* und *T. brucei gambiense* genannt. Sie leben in Blut, Lymphe und Liquor cerebrospinalis. Der Krankheitsverlauf kann sich über Jahre erstrecken, er ist durch drei Phasen gekennzeichnet: Zunächst leben die Parasiten im Blut, dann im Lymph- und schließlich im Nervensystem. Nach Lymphknotenschwellungen vorwiegend im Nacken der Patienten (Abb. 10a) stellen sich zunehmend schwerere Symptome ein. Schwere Fieberanfälle nehmen zu, Tobsuchtsanfälle können auftreten, schließlich folgt eine apathische Phase, die mit geistigem und körperlichem Verfall einhergeht und mit dem Tod endet. Die Schlafkrankheit hat die Entfaltung der Menschen im tropischen Afrika stark beeinflußt. Noch in den 30er Jahren galten in manchen Gebieten mehr als 50% der Bevölkerung als schlafkrank. Die Zahl der Todesfälle ist in den letzten Jahrzehnten stark zurückgegangen. Während 1895–1905 z.B. im Kongogebiet eine halbe Million Menschen starb, wurden in den 60er Jahren aus Nigeria, Afrikas bevölkerungsstärkstem Land, nur 2000 Krankheitsfälle pro Jahr gemeldet. *T. rhodesiense* ruft eine akut verlaufende Form der Schlafkrankheit hervor, die sich über 6–9 Monate erstreckt, eine *T. gambiense*-Infektion verläuft langsamer (2–6 Jahre). Behandlung möglich. Wichtig ist die Fähigkeit der Trypanosomen, sich immer wieder der Wirtsreaktion (z.B. Antikörpern) zu entziehen, da sie in der Lage sind, die Glykocalyx an ihrer Zelloberfläche, die Träger der antigenen Eigenschaften ist, immer wieder zu verändern. Dies geschieht im Rahmen eines Membranflusses, in dessen Verlauf neue Gene zur Glykoproteinbildung der Glykocalyx aktiviert werden. Wenn der Wirt dann gegen die neuen Glykoproteine Antikörper gebildet hat, hat die Genaktivität abermals gewechselt. Bisher kennt man etwa 20 solcher Typenwechsel (V.A.T. = variable Antigentypen). Da bei der Erneuerung der Plasmamembran deren Komponenten auch in Membranen von Wirtzellen, z.B. Blutzellen, eingebaut werden können, besteht sogar die Gefahr, daß sich die Antikörper gegen wirtseigene Zellen richten und diese schädigen.

Reservoir für die Erreger der Schlafkrankheit sind einige Antilopen und Schweine.

Trypanosoma cruzi ist auf Lateinamerika beschränkt. Sie ruft die nach einem brasilianischen Wissenschaftler benannte Chagas-Krankheit hervor. Übertragung durch Kot infizierter Raubwanzen (*Triatoma*, Abb. 224), der auf Augen gelangt oder eingekratzt wird. Vermehrung der Parasiten im Makrophagensystem; Tochterzellen setzen sich in verschiedenen Organen fest, bevorzugt wird die Herzmuskulatur. Weiterentwicklung der intrazellulären amastigoten in andere Formen. Als trypomastigote Stadien treten sie im peripheren Blut auf. Diese können durch Wanzen aufgenommen werden. Lymphknoten-, Milz-, Darm- und Lebervergrößerungen (sog. Mega-Bildungen, Abb. 10d), Ödeme (z.B. Lid-Ödem, Abb. 10c); Fieber; Befall vor allem von Kindern, die zu 10–20% sterben. Wird die erste Krankheitsphase überstanden, so können die Parasiten weitere 10–20 Jahre im Menschen verbleiben. Schweres Siechtum führt später meist zum Herztod (Verdünnung und Einreißen des Myocards, Abb. 10e). Die Chagas-Krankheit ist in Lateinamerika weiter verbreitet als früher angenommen wurde (15 Millionen Menschen sollen befallen sein, weitere 35 Millionen sind dem Infektionsrisiko ausgesetzt). Haustiere sind Erregerreservoire Übertragung auch durch Bluttransfusion. Chemotherapie möglich. Infektionen des Menschen mit *T. rangeli* dagegen – ebenfalls in Lateinamerika vorkommend und von Wanzen übertragen – bleiben symptomlos.

Verschiedene *Trypanosoma*-Arten rufen oft zum Tode führende Viehseuchen hervor. Sie werden zumeist durch Fliegen (*Glossina*, *Stomoxys*, *Tabanus*) übertragen.

T. brucei u.a. sind Erreger der Nagana, einer Pferde- und Rinderseuche (Fieber, Abmagerung, Lähmungen), die in weiten Gebieten Afrikas eine intensive landwirtschaftliche Nutzung verhindert.

T. equinum ist Erreger der Kreuzlähme (Mal de Caderas) von Pferden in Lateinamerika.

Übertragung dieser Formen durch verschiedene Fliegen und blutsaugende Fledermäuse (Desmodontidae).

T. evansi ist in Asien, Afrika und Lateinamerika verbreitet und ruft die Surra der Pferde, Elefanten und Kamele hervor (Fieber, Ödeme, Abmagerung).

T. equiperdum wird beim Geschlechtsakt von Pferden und Eseln übertragen und ruft die Beschälseuche hervor (Schwellung der Genitalien, Abmagerung, Lähmung).

Verwandt mit den Trypanosomatidae sind die im Boden weit verbreiteten, meist zweigeißeligen Bodonidae, die auch im Darm oder im Blut leben (*Cryptobia* in Fischen) und dann von Hirudineen übertragen werden. *Costia (Ichthyobodo)*: an der Haut von Fischen.

2. Ordnung: Diplomonadina

Bilateralsymmetrische Doppelindividuen (Kerne und Geißelapparat in Zweizahl). Meist mit 8 Geißeln. Darmbewohner, Übertragung durch Cysten.

Giardia (Lamblia), flache «Ventralseite» vorn mit kompliziertem Saugnapf, an dessen Aufbau Mikrotubuli beteiligt sind.

Giardia lamblia (Lamblia intestinalis, Abb. 8i) kommt bei 10 % der Bevölkerung vor, häufigster Darmflagellat (Duodenum, Jejunum) des Menschen, besonders bei Kindern. Bei starkem Befall Darmentzündungen. Kann mit verschmutztem Trinkwasser übertragen werden.

Hexamita im Darm verschiedener Wirbeltiere und Insekten.

3. Ordnung: Polymastigina

Mit vier oder mehr Geißeln, oft mit Axostyl und Parabasalkörper. Meist im Darm von Arthropoden und Wirbeltieren. Zwei Gruppen besonders wichtig:

a) Trichomonadida. Einkernig, 4–6 Geißeln, davon eine als Schleppgeißel nach hinten gerichtet. *Trichomonas* in Darm und Geschlechtstrakt verschiedener Säugetiere. *T. fecalis* und *T. hominis* in Dick- und Blinddarm des Menschen, *T. tenax* im Mund, *T. vaginalis* (Abb. 8h) vorwiegend in Vagina, seltener in Urethra und Prostata, in den letzten Jahren in Mitteleuropa häufiger geworden. Befall hat Beschwerden vorwiegend im weiblichen Geschlecht zur Folge und kann zu Unfruchtbarkeit führen. *T. gallinae (= T. columbae)* in Tauben und Hühnern, *T. gallinarum* in Hühnern, *Tritrichomonas foetus* lebt in Geschlechtsorganen von Rindern und führt oft zu Fortpflanzungsstörungen. Bei einigen Arten erfolgt die Verbreitung durch Cysten, bei anderen direkt (z.B. *T. vaginalis* durch Geschlechtsverkehr).

In die Verwandtschaft der Trichomonaden gehören nach elektronenmikroskopischen Untersuchungen auch die Rhizomastigida (Amöboflagellata), die Pseudopodien und Flagellen besitzen und bisweilen den Rhizopoden zugeordnet werden.

Histomonas meleagridis lebt in Lumen und Mucosa des Darmes sowie in der Leber von Hühnervögeln. Weltweit verbreitet. Übertragung in den Eiern des parasitischen Nematoden *Heterakis gallinae*. Die geißellose *Dientamoeba fragilis* kommt beim Menschen in Colon und Caecum vor; sie soll durch *Enterobius* übertragen werden können.

b) Hypermastigida. Einkernig, zahlreiche Geißeln; die am stärksten differenzierten Zooflagellaten. Oft in großer Menge (bis zur Hälfte des Wirtsgewichtes) im Darm von Termiten und Schaben; leben von Holzstückchen, die am Hinterende aufgenommen wurden.

Lophomonas (in *Blatta orientalis*), *Spirotrichonympha* (Abb. 8j, in Termiten), *Trichonympha* (in Schaben).

4. Ordnung: Opalinina

Die ganze Zelloberfläche ist mit Cilien besetzt, die in Schrägreihen angeordnet sind. Wegen ihres Schlagmodus bezeichnet man die Fortbewegungsorganellen als Flagellen. Kern in Zwei- oder Mehrzahl. Fortpflanzung durch schräge Zweiteilung. Vorwiegend im Enddarm von Amphibien, wo die Nahrung endocytotisch aufgenommen wird.

Protopalina (in Teleosteern), *Zelleriella* (in Kröten), beide zweikernig, *Opalina ranarum* (in Fröschen) vielkernig.

2. Klasse: Rhizopoda (Wurzelfüßler)

Rhizopoden sind durch Pseudopodien gekennzeichnet. Sie haben sich mehrfach aus Flagellaten entwickelt, manche Stadien besitzen noch Geißeln.

1. Ordnung: Amoebina

Keine feste Gestalt, Cytoplasma vielfach in Ecto- und Endoplasma gesondert. Oft mehrere Zellkerne. Beim Eintreten ungünstiger Umweltbedingungen Encystierung. Pseudopodien meist Lobopodien. Manche Amöben des feuchten Bodens schließen sich vor der Encystierung oft zu komplizierten Aggregaten zusammen (Abb. 11). Zwei- oder Vielteilung.

Limnisch: *Amoeba proteus* (Abb. 11 a), *Hartmannella*, *Naegleria*, *Pelomyxa* (vielkernig). Marin: *Paramoeba*, *Stereomyxa*, *Corallomyxa*, *Pontifex*. In feuchtem Boden lebt die große, vorwiegend räuberisch sich ernährende *Amoeba terricola*, die andere Amöben, aber auch Metazoen (Rotatorien, Nematoden, Tardigraden) überwältigt.

Acrasina (kollektive Amöben) im feuchten Boden, bilden mehrzellige Aggregate aus Sporenträger und Sporen (Cysten): *Actyostelium*, *Dictyostelium* (Abb. 11 b-d), *Polyspondylium*.

Zahlreiche Arten leben im Darmkanal höherer Tiere und des Menschen, meist als Commensalen. Während die meisten Arten im Menschen harmlos sind (*Entamoeba coli* im

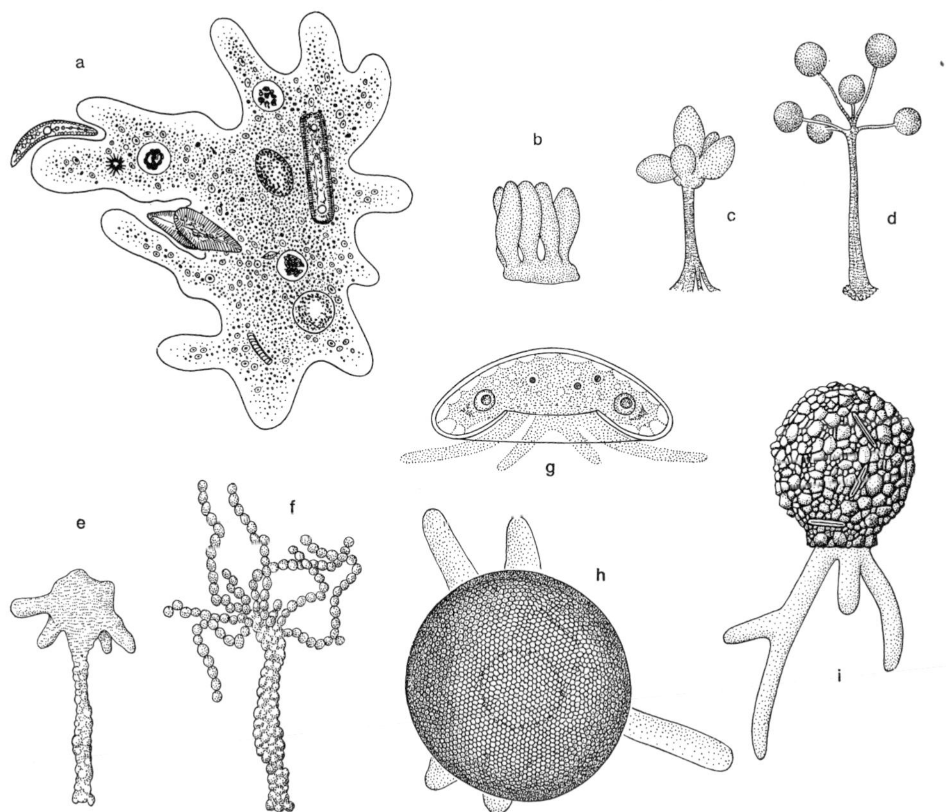

Abb. 11: Amoebina und Testacea. a. *Amoeba proteus*, die links gerade Diatomeen phagocytiert; b–d. *Dictyostelium polycephalum*, Ausbildung des Sporenträgers; e.f. *Acrasis rosea*, bildet vor der Encystierung gestieltes Aggregat; g.h. *Arcella vulgaris*, Schnitt und Aufsicht, i. *Difflugia urceolata*. Nach Grell, Kühn, Schmeil, Verhorn

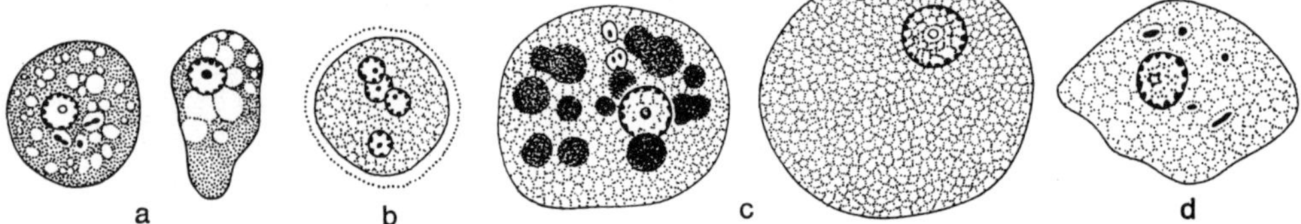

Abb. 12: *Entamoeba histolytica*. a. Minuta-Form, b. Vierkernige Cyste, c. Gewebsform, d. Kulturform. Nach Grell, Reichenow

Dickdarm, *E. gingivalis* im Belag der Zähne), kann *Entamoeba histolytica* (Abb. 12) zu einem gefährlichen Krankheitserreger werden (Amöbenruhr). Normalerweise tritt sie als ungefährliche Minuta- oder Darmlumen-Form (Durchmesser 10–20 µm) im Darm auf und ernährt sich von Bakterien und unverdauten Nahrungsresten. Sie kann Cysten (Durchmesser 12 µm) bilden, die mit dem Stuhl abgegeben werden und der Verbreitung dienen. Infektion erfolgt dementsprechend über Salat, ungewaschenes Obst und dergleichen. Die vierkernigen Cysten entwickeln sich zu einer Amöbe, die Kernteilungen durchmacht und dann in acht einkernige Individuen zerfällt.

Die Cysten können mit heißem Wasser getötet werden, nicht jedoch mit wässriger Lösung von Kaliumpermanganat, die oft in tropischen Ländern zum «Desinfizieren» von Salaten und Früchten Anwendung findet. Bei beeinträchtigter Resistenz des Wirtes entsteht die pathogene Magna- oder Gewebsform (Durchmesser 20 bis 30 µm), die in die Darmwand eindringt und in Mucosa und Submucosa Erythrocyten aufnimmt. Die entstehende Krankheit (Amöbenruhr) ist in warmen Ländern verbreitet. Sie äußert sich in dünnbreiigem, schleimig-blutigem Stuhl (akute Form). Durchfall kann auch mit Verstopfung wechseln (chronische Form). Bekämpfung mit verschiedenen Chemotherapeutica.

Besonders gefährlich ist der Befall anderer Organe über die Blutbahn (vor allem Leber); hier können Abszesse hervorgerufen werden, die manchmal nur chirurgisch zu entfernen sind. Nimmt man *E. histolytica* in Kultur, so entsteht eine weitere, aus Organismen nicht bekannte Modifikation (Kultur-Form, Abb. 12).

Einige meist freilebende Amöben («Limax-Amöben») können fakultativ parasitisch werden und beim Menschen tödlich verlaufende Krankheiten hervorrufen. Sie vermögen mit begeißelten Stadien über die Nasenschleimhaut in das Gehirn einzudringen und bewirken eine akut verlaufende Meningoencephalitis, die innerhalb einer Woche zum Tod führt. Als Erreger gilt u. a. *Naegleria*, Infektionsquellen sind Schwimmbäder.

2. Ordnung: Testacea (Thekamöben)

Beschalte Amöben mit ungekammerter organischer Schale, die mit anorganischen Bestandteilen verbunden sein kann. Vorwiegend limnische Detritusfresser, oft in *Sphagnum*-Polstern. *Arcella* (Abb. 11 g, h), *Difflugia* (Abb. 11 i), *Chlamydophrys*, *Pamphagus*, *Euglypha* (Abb. 5 d), *Nebela*.

3. Ordnung: Foraminifera

Schale bei einem Teil der Arten von Poren durchsetzt, besteht aus organischer Grundsubstanz und Kalk- oder Siliciumdioxid-Auflagerungen. Fossil sind sie gut erhalten, haben zu Sedimentbildung beigetragen und sind wichtig für die geologische Stratigraphie (Mikropalaeontologie, Erdölprospektion). Aus einkammerigen (Monothalamia) haben sich vielkammerige Arten gebildet (Polythalamia), die bis über 10 cm Durchmesser erreichen (*Nummulites*, Tertiär). Die Vielfalt der Polythalamia-Gehäuse, die selbst die der Schnecken übertrifft, kann man folgendermaßen ordnen (Abb. 14): Die Kammern liegen geradlinig in einer Reihe hintereinander (*Nodosaria*-Typ) oder in zwei Reihen (*Textularia*-Typ), sind spiralig angeordnet (planspiraler *Rotalia*-Typ) oder schraubig (trochospiraler *Rotalia*-Typ) oder in konzentrischen Kreisen (*Planorbulina*-Typ).

Aus den Schalen treten Reticulopodien (Rhizopodien) heraus und bilden ein Netz für den

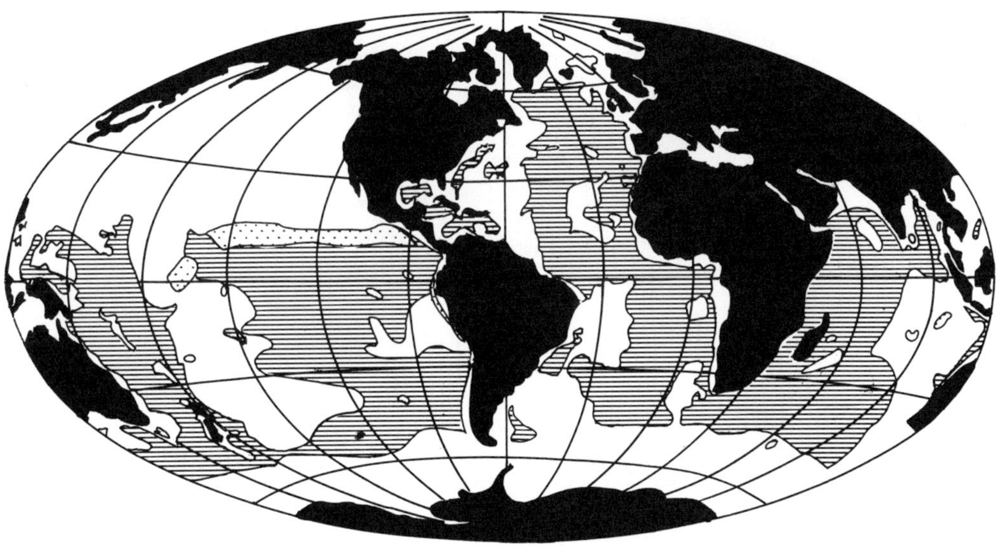

Abb. 13: Heutige Verbreitung von Globigerinenschlamm (Raster: gestreift) und Radiolarienschlamm (Raster: punktiert). Nach Hillmer, Lehmann

Beutefang (vor allem werden Diatomeen und Bakterien aufgenommen). Alle untersuchten Arten mit antithetischem (heterophasischem) Generationswechsel.

Die ungeschlechtlich entstandene Generation nennt man megalosphärisch, weil ihre Anfangskammer (Proloculus) meist besonders groß ist, die sexuell entstandene mikrosphärisch. Die Größe der adulten Gehäuse verhält sich jeweils umgekehrt. Unter den rezenten Foraminiferen findet man mehr megalosphärische als mikrosphärische Gehäuse.

Foraminieren beherbergen zahlreiche, vermutlich wirtsspezifische Symbionten, z. B. Dinoflagellaten, Chlorophyceen, Rhodophyceen und Diatomeen.

Marin, vorwiegend benthisch (am Boden). Globigerinidae, Globorotalidae und Hastigerinidae leben mit nur 40 Arten, aber in riesigen Individuenzahlen, im Plankton. Sie fressen Plankton und überwältigen selbst Heteropoden und Chaetognathen. Ihre Gehäuse sind in weiten Meeresgebieten sedimentbildend (Abb. 13). Zu den Foraminiferen gehören wichtige Leitfossilien, so die Fusulinen (Ordovicium–Trias) und die im Alttertiär besonders häufigen Nummuliten. Nummulitenkalke wurden für den Bau ägyptischer Pyramiden verwendet.

4. Ordnung: Radiolaria

Die Radiolarien sind meist kugelige Plankter warmer Meere mit in alle Richtungen ausgestreckten, schlanken Pseudopodien. Kieselskelete mit enormer Formenfülle (Haeckel: Kunstformen der Natur). Radiolarien besitzen eine Zentralkapsel, durch deren Poren ein kernhaltiger Zentralraum mit einem peripheren Areal (Extracapsularium) verbunden ist. Das Skelet besteht im einfachsten Fall aus tangential angeordneten Nadeln, sonst aus durchbrochenen Kugelschalen (Abb. 15). Vielteilung verbreitet.

Radiolariengehäuse bilden marine Sedimente (Abb. 13).

a) Peripylea (Spumellaria). Zentralkapsel kugelig, allseitig mit Poren. *Heliosphaera*, *Hexacontium* (Abb. 15 a), *Thalassicola* (Abb. 15 b) und *Collozoum* (Abb. 15 d, ohne Skelet).

b) Monopylea (Nassellaria). Zentralkapsel nur mit einer Öffnung. *Cystidium*, *Cyrtocalpis* (Abb. 15 e).

c) Tripylea (Phaeodaria). Zentralkapsel mit 1 Haupt- (Astropyle) und 2 Nebenöffnungen (Parapylen). *Aulacantha*.

d) Acantharia. Skelet aus Strontiumsulfat, in der Regel mit 20 Stacheln. *Acanthometron*, *Amphilonche* (Abb. 15 c).

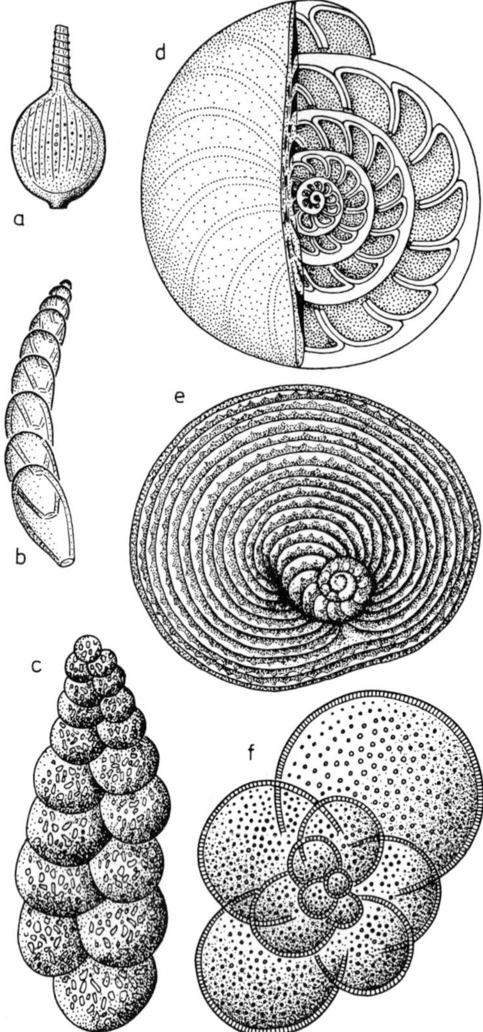

Abb. 14: Foraminiferen-Gehäuse. a. *Lagena*, b. *Nodosaria*, c. *Textularia*, d. *Nummulites*, e. *Orbitolites*, f. *Globigerina*. Nach Kühn

5. Ordnung: Heliozoa (Sonnentierchen)

Kugelig, den Radiolarien ähnlich, aber ohne Kapsel; meist limnisch. Dichtes Endoplasma vom grobvakuolären Ectoplasma geschieden. Manche Arten mit Skeletnadeln (Abb. 1). Heliozoen liegen dem Boden auf, treiben im Wasser in Bodennähe oder sind mit einem Stiel am Substrat befestigt (*Clathrulina*, Abb. 16c).

Viele Heliozoen können mit Artgenossen fusionieren und gemeinsam große Beuteobjekte überwältigen und verdauen. Anschließend trennen sie sich wieder.

Actinophrys (Abb. 16b), *Actinosphaerium* (Abb. 16a), *Acanthocystis* (Abb. 1).

3. Klasse: Sporozoa (Sporentierchen)

Alle Sporozoen sind Endoparasiten und daher in ihrer Verwandtschaft schwer zu beurteilen. Die Telosporidia – sie umfassen die Ordnungen Gregarinida und Coccidia – werden als natürliche Verwandtschaftsgruppe angesehen und bisweilen als Sporozoa im engeren Sinne bezeichnet. Nach elektronenmikroskopischen Befunden an den in die Wirtszellen eindringenden Stadien nennt man sie auch **Apicomplexa,** da diese charakteristische apikale Strukturen besitzen (Abb. 17): Polring, Conoid, Rhoptrien, Mikronemen (= Toxonemen) u. a. Diese Merkmale treten besonders deutlich bei den beweglichen Infektionsstadien (Sporo- und Merozoiten) hervor. Polringe sind Verdickungen des inneren pelliculären Membrankomplexes an Vorder- und Hinterende. Ein vermutlich der Penetration dienendes Organell ist das Conoid am Vorderpol. Beim Eindringen in die Zelle helfen die Rhoptrien, die wahrscheinlich lytische Substanzen entlassen. Die Mikronemen sind langgestreckte Gebilde unbekannter Funktion, die mit Rhoptrien in Verbindung stehen.

Sporozoa machen einen Generationswechsel durch, bei dem geschlechtliche Fortpflanzung (Gametogonie) und an die Zygotenbildung anschließende Vielteilung (Sporogonie) einander abwechseln. Oft ist noch eine weitere Vielteilung (Schizogonie) eingeschaltet. Die durch die Sporogonie entstehenden Cysten (Sporen) werden auf einen anderen Wirt übertragen. Cilien kommen nur bei Mikrogameten einiger Gattungen vor.

Telosporidia stellen die Mehrzahl der Sporozoa-Arten. Sie alle sind vermutlich vorwiegend haploid, die Meiose findet direkt nach der Zygotenbildung statt.

1. Ordnung: Gregarinida

Die Gregarinen leben vorwiegend extrazellulär in Darm und Leibeshöhle von Anneliden

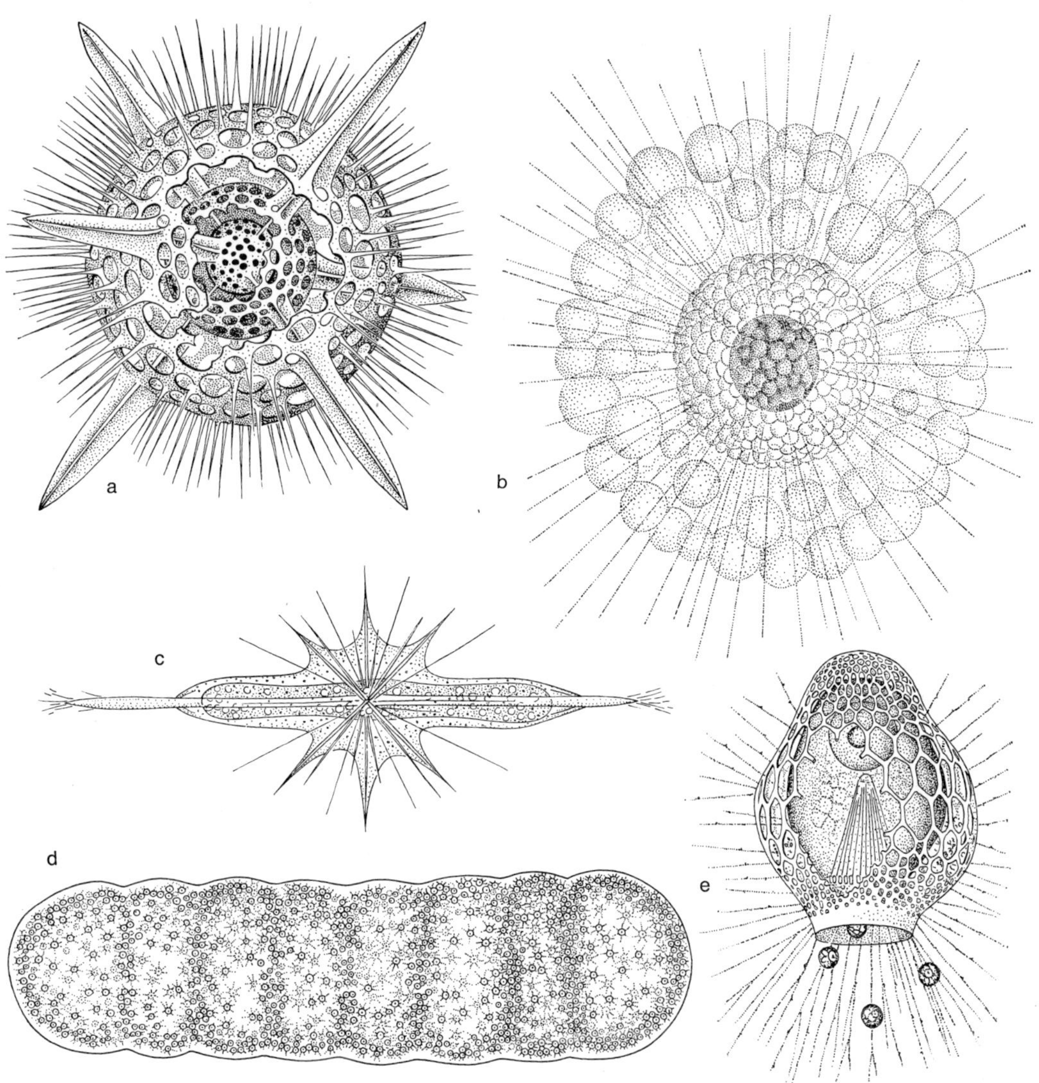

Abb. 15: Radiolarien. a. *Hexacontium asteracanthion* (die beiden äußeren Schalen aufgebrochen), b. *Thalassicola nucleata*, c. *Amphilonche elongata*, d. *Collozoum inerme* (Kolonie), e. *Cyrtocalpis urceolus* (mit geöffneter Schale). Nach Brandt, Haeckel, Huth, Schewiakoff

und Arthropoden. Ihre Gamonten bringen durch Vielteilung männliche und weibliche Gameten hervor. Es findet Gamontogamie statt, wobei sich beide Gamonten mit einer gemeinsamen Hülle umgeben, in der die Gameten kopulieren (Syzygie). Die entstandenen Zygoten verwandeln sich direkt in Sporen, in denen die Sporogonie stattfindet, und die direkt übertragen werden. Schizogonie fehlt bei den vor allem extrazellulär lebenden Gregarinida, ist aber bei Schizogregarinida vorhanden. Gregarinen mit Schizogonie sind im allgemeinen pathogen. Der Körper kann gegliedert sein in Proto- und Deutomerit (Abb. 18), der Protomerit kann vorn zu einer Haftstruktur verlängert sein (Epimerit), mit der eine Verankerung an Zellen möglich ist. Fortbewegung durch undulierende Bewegungen der Pelliculafalten oder vermittels Sekretabgabe. Die Lokomotion kann gleitend oder durch Schlängeln erfolgen.

Gregarina (z. B. im Darm von Mehlwürmern und Schaben), *Schistocystis* (im Darm von

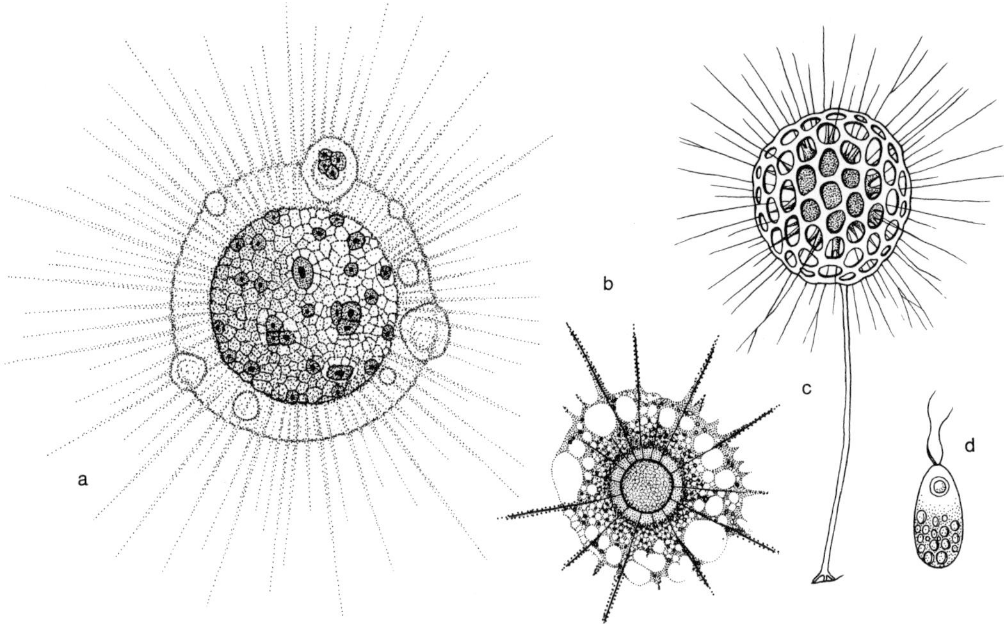

Abb. 16: Heliozoen. a. *Actinosphaerium*, b. *Actinophrys*, c.d. *Clathrulina*, c. festsitzend, d. Schwärmer. Nach Hertwig

Ceratopogoniden-Larven), *Lipocystis* und *Mattesia* im Fettkörper von Insekten, *Monocystis* (Abb. 18a) in Samenblasen von Regenwürmern.

2. Ordnung: Coccidia

Männlicher Gamont (Mikrogamont) führt Vielteilung durch, die meist zu begeißelten Mikrogameten führt, weiblicher Gamont (Makrogamont) wandelt sich in unbeweglichen Makrogameten um. Überwiegend intrazellulär. Hierher gehören sehr wichtige Parasiten der Haustiere und des Menschen: *Eimeria*, *Isospora*, *Toxoplasma*, *Sarcocystis* und *Plasmodium*.

Eimeria-Arten leben im Gewebe von Darm und Leber und rufen bei verschiedenen Haustieren vielfach tödlich endende Krankheiten hervor, die als Coccidiosen bezeichnet werden. Die Infektion erfolgt stets durch orale Aufnahme von Oocysten. *E. stiedai* u.a. rufen bei Kaninchen Auftreibung des Bauches hervor. Mehrere *Eimeria*-Arten sind Erreger der »Roten Ruhr« des Rindes, es werden vorwiegend Kälber befallen (Durchfall, blutiger Kot). Entsprechende Krankheitssymptome werden durch *Eimeria*-Arten bei Schweinen, Pferden, Hunden, Katzen, Hühnervögeln, Gänsen und Enten hervorgerufen. In den Nieren von Gänsen lebt *E. truncata* und tötet das befallene Tier in wenigen Tagen.

Isospora-Arten finden sich in Geweben des Darmes von Caniden und insektenfressenden Vögeln (Singvögel), rufen blutige Darmentzündung hervor und bewirken meist den Tod. *I. belli* im Menschen; ungefährlich.

Lange umstritten betreffs der systematischen Einordnung war *Toxoplasma gondii* (Abb. 20b). Weltweit verbreitet, ruft diese Art bei Menschen und Wirbeltieren (vor allem Säugern und Vögeln) Toxoplasmose hervor. Der ältere Teil der Bevölkerung Europas und Nordamerikas (und wohl der ganzen Erde) hat zum größten Teil *Toxoplasma*-Infektionen durchgemacht. Normalerweise treten keine besonderen Symptome auf, mitunter aber ganz unterschiedliche (Fieber, Lymphknotenschwellung, Bronchitis, Durchfälle u.v.a.). Die Zahl der unerkannten Fälle ist groß. Todesfälle selten. Infektion von schwangeren Frauen führt bei transplacentarer Infektion des Keimes zu Fehl- oder Totgeburten und verschiedenen Mißbildungen, vor allem des Gehirns und der Retina. Auch bei latent infizierten Frauen können Toxoplasmen die

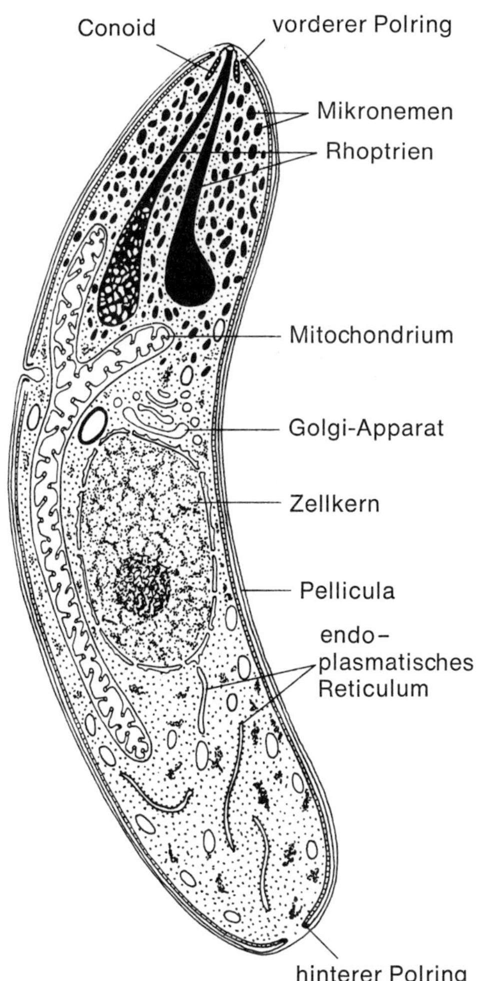

Abb. 17: Halbschematische Darstellung eines Sporozoons (Merozoit) aufgrund elektronenmikroskopischer Befunde. Nach Scholtyseck

Placenta durchdringen. In Versuchen mit Mäusen wurde festgestellt, daß *Toxoplasma*-Befall Lernvermögen und Gedächtnis wesentlich beeinträchtigt.

Der Mensch infiziert sich beim Essen von Fleisch und durch Aufnahme von Oocysten, die Katzen mit ihrem Kot abgeben. Lediglich in Katzen wird nach dem heutigen Kenntnisstand der gesamte Zyklus mit Gamo-, Sporo- und Schizogonie durchlaufen. Andere Tiere sind Zwischenwirte. Im ersten Stadium der Infektion des Menschen (Zwischenwirt!) dringen die Toxoplasmen in Makrophagen ein, wo sie sich so lange teilen, bis die Zelle von ihnen ausgefüllt ist (Pseudocysten, Abb. 20b). Dann platzt die Wirtszelle und entläßt die Parasiten, die andere Zellen befallen. In dieser Phase stirbt der Wirtsorganismus oder gebietet der Ausbreitung durch Antikörper Einhalt. Selten werden alle Toxoplasmen abgetötet, meist bilden sie in verschiedenen Geweben Cysten, vor allem in Nervengewebe, Muskeln und Lungen, in denen sie von Antikörpern nicht erreicht werden.

Sarcocystis hat einen obligat zweiwirtigen Entwicklungszyklus. 70–100 % pflanzenfressender Haustiere (Wiederkäuer, Pferd, Schwein) sind mit diesem Parasiten infiziert, der in der Muskulatur in langgestreckten Cysten (Mieschersehen Schläuchen) lebt (Abb. 20a). Verzehr von infiziertem Rind- und vor allem Schweinefleisch kann beim Menschen Erbrechen, Bauchschmerzen, Schwindelgefühl und Mattigkeit hervorrufen. Neben dem Menschen können Hund und Katze Hauptwirt sein.

Eine der wichtigsten und am weitesten verbreiteten Krankheiten, die durch Einzeller hervorgerufen wird, ist die Malaria. Erreger ist *Plasmodium*, ein Blutkörperparasit mit obligatorischem Wirtswechsel (Mücke *Anopheles* [S. 320, Abb. 224] – Wirbeltier). Die Malaria-Erreger liegen nicht frei im Cytoplasma, sondern bewirken beim Zellkontakt eine Eindellung der Zellmembran. Dieser Vorgang setzt sich fort, bis der Erreger in einer «parasitophoren Vakuole» liegt (Abb. 19) und damit für Abwehrmechanismen des Wirtes kaum angreifbar ist. Es kommt also bei Malaria-Infektionen nur zu einer langsamen Antikörperbildung, so daß lediglich in Gebieten mit hoher Erkrankungsdichte allmählich Immunvorgänge eingeleitet werden. Man unterscheidet vier humanpathogene Arten: *Plasmodium vivax* und *P. ovale* (Erreger der Tertiana), *P. malariae* (Quartana), *P. falciparum* (Tropica). Allen gemeinsam ist der Entwicklungszyklus (Abb. 19). Schizogonie findet im Menschen statt, geschlechtliche Fortpflanzung wird im Menschen eingeleitet und in *Anopheles* fortgesetzt (Gametogonie), wo auch die Sporogonie abläuft.

Mit dem Stich einer infizierten weiblichen Mücke gelangen Sporozoiten in die Blutbahn des Menschen. Sie vermehren sich zunächst in Leber und Endothelzellen (extraerythrocytäre Schizogonie). Die Merozoiten befallen Erythrocyten, in denen die erythrocytäre Schizogonie stattfindet. Die daraus entstehenden Merozoiten

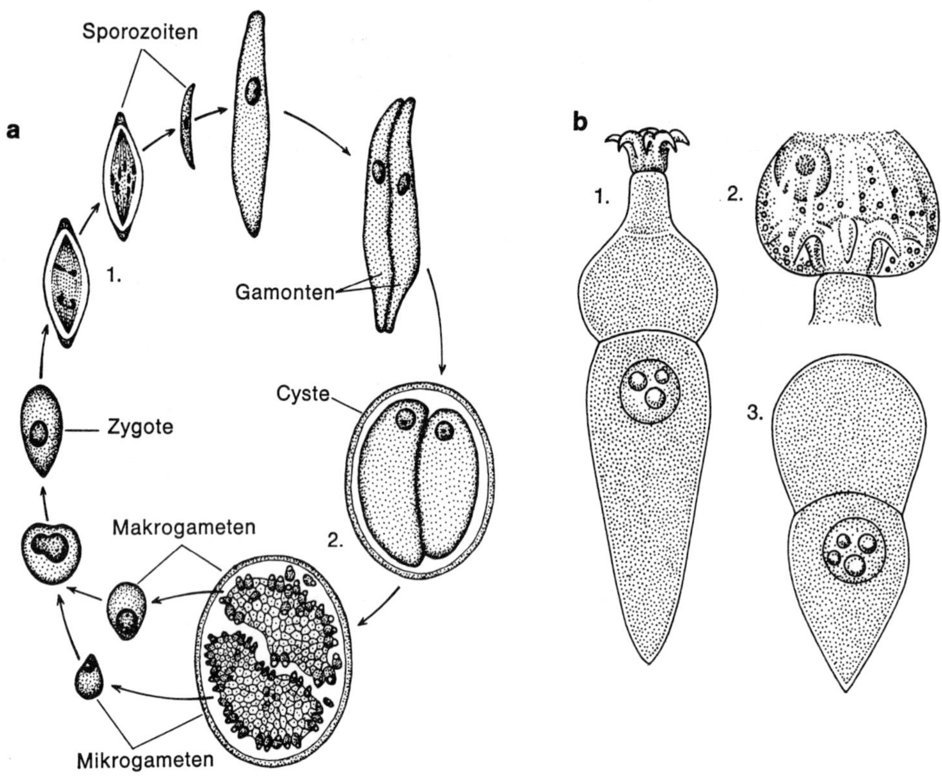

Abb. 18: Gregarinen. a. Entwicklungsgang der Gregarine *Monocystis* (einzelne Stadien unterschiedlich vergrößert). 1: Sporogonie, 2: Gametogonie, b. *Corycella armata.* 1: Gamont, 2: Epimerit, in der Wirtszelle befestigt, 3: Gamont nach Verlust des Epimeriten. Nach Brandt, Cuenot, Grell, Leger

infizieren weitere Erythrocyten. Sie lassen einen Restkörper zurück. Mit der Schizogonie in den roten Blutzellen kommt es zum Fieberanfall. Schließlich können bei einer Infektion 10 % der Erythrocyten (500000/mm^3) befallen sein. Einzelne Merozoiten wachsen zu Gamonten heran, die sich nur in *Anopheles* weiterentwickeln. Die Übertragung erfolgt unter genauer Zeitabstimmung; ein bestimmtes Reifestadium und die Stechaktivität der weiblichen Mücken fallen nachts zusammen. In den Insekten kommt es zur Befruchtung (aus einem weiblichen Gamonten wird ein Gamet, aus einem männlichen Gamonten 8 Gameten). Die bewegliche Zygote (Ookinet) begibt sich in die Wandung des Mückendarmes und wächst zur Oocyste heran. Diese zerfällt in zahlreiche Sporozoiten, die u. a. auch die Speicheldrüsen erreichen und nun übertragungsfähig sind.

Die genannten Arten des Menschen sind strukturell (Abb. 19) und durch die Schizogonie-Zyklen deutlich unterschieden.

Bei der Quartana tritt alle 72 Stunden Fieber auf, bei den anderen Arten alle 48 Stunden. In der ersten Zeit einer Infektion kann Fieber täglich auftreten, erst später wird die typische Synchronisation der Schizogonie-Zyklen erreicht. Etwa 50 % der Malaria-Infektionen gehen auf *P. falciparum* zurück, den Erreger der Tropica, über 40 % auf *P. vivax* (Tertiana) und unter 10 % auf *P. malariae* (Quartana), den kleinsten Anteil hat *P. ovale* (Tertiana).

Tertiana herrscht in gemäßigten und subtropischen Regionen vor. Sie war auch in Küstengebieten Mittel- und Westeuropas verbreitet (Marschenfieber). Nach einigen Jahren normalerweise Ausheilung. Quartana ist ähnlich, kann 40 Jahre in unbehandelten Personen leben. Die Tropica, auf tropische und subtropische Regionen beschränkt, ruft bis 24 Stunden lange Fieberanfälle hervor; die fieberfreie Zeit alle zwei Tage kann recht kurz sein. Mit dem Fieber können schwere Geistesstörungen verbunden sein. Durch die massenhafte Zer-

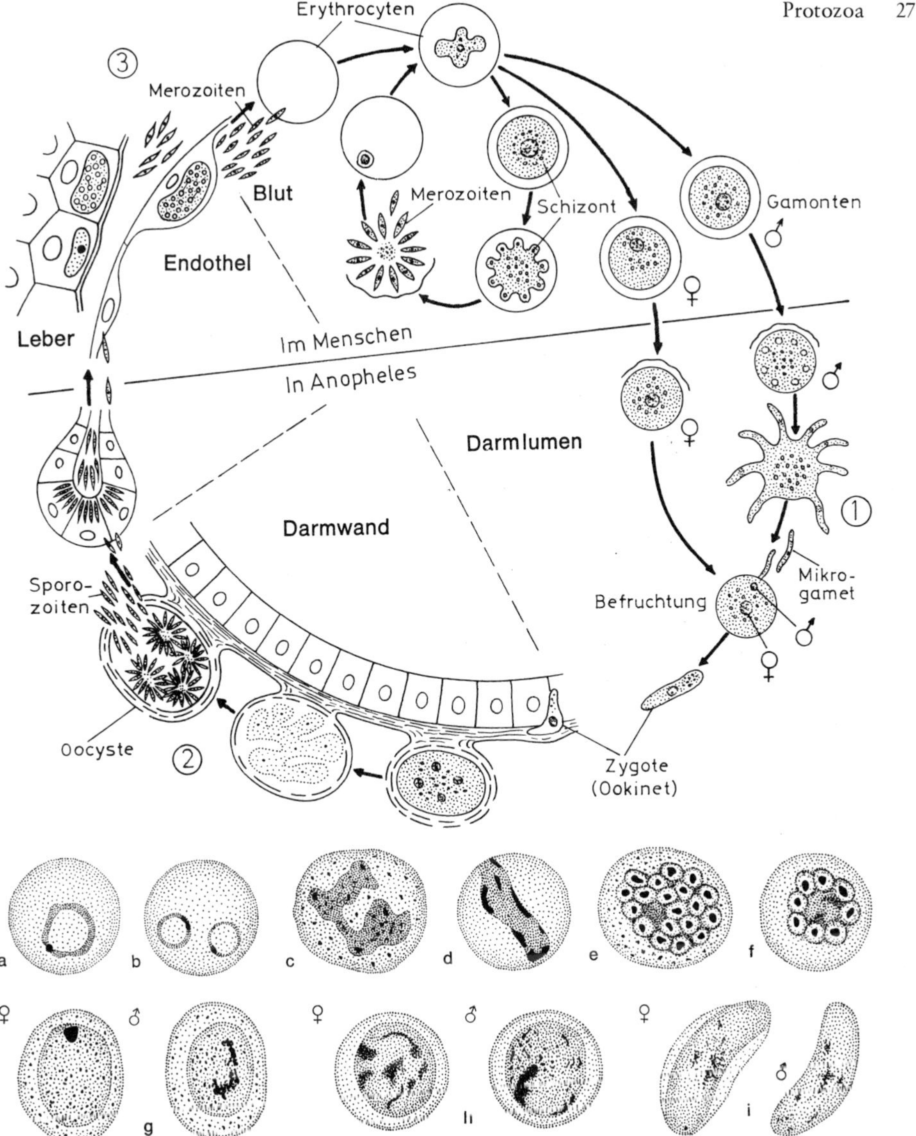

Abb. 19: Malaria. Oben: Entwicklung von *Plasmodium* mit Wirts- und Generationswechsel. Im Blut des Menschen gebildete Gamonten, die hier mehrere Wochen am Leben bleiben können, müssen von der Mücke *Anopheles* aufgenommen werden, in deren Darm sie zu Mikro- und Makrogameten werden, die zur beweglichen Zygote (Ookinet) verschmelzen (Gametogonie, 1). Diese durchbohrt die Darmwand, rundet sich ab, wächst zur Oocyste heran und bildet durch Teilung Sichelkeime (Sporozoiten, Sporogonie, 2). Diese werden nach etwa 2 Wochen frei und gelangen dann v. a. in die Speicheldrüsen von *Anopheles.* Wenn der infektiöse Speichel einer *Anopheles* beim Stechen in den Menschen dringt, werden die Sporozoiten auf ihn übertragen. Hier dringen sie in das Leberparenchym ein und vermehren sich durch Schizogonie (3) (sog. exoerythrocytäre Stadien). Die hier gebildeten Merozoiten begeben sich in die Blutbahn und infizieren die Erythrocyten, wo sie in eine parasitophore Vakuole eingeschlossen werden und sich abermals durch Schizogonie vermehren. Bei Zerfall der Erythrocyten bleiben Restkörper zurück, die die Fieberanfälle hervorrufen sollen.
Unten: *Plasmodium*-Stadien im Blut des Menschen nach histologischen Präparaten. a–f. Schizonten; a, b. junge Schizonten; a. *P. vivax* (bzw. *P. malariae*); b. *P. falciparum*; c, d. mittlere Schizonten; c. *P. vivax*; d. *P. malariae*; e, f. reife Schizonten bei Merozoitenbildung; e. *P. vivax*; f. *P. malariae*; g–i. Gamonten; g. *P. vivax*, h. *P. malariae*; i. *P. falciparum*. Nach Grell, Kühn, Tischler

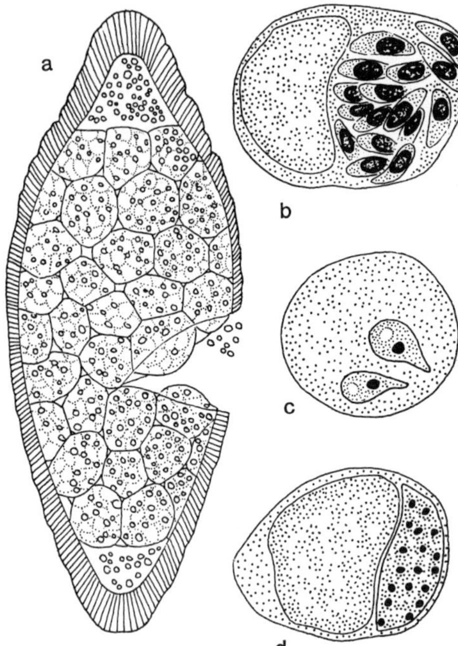

Abb. 20: a. *Sarcocystis*, aus einer Muskelfaser herauspräparierte Cyste (Miescherscher Schlauch); an der rechten Seite ist die radiär gestreifte Hülle eröffnet. Derartige Cysten können über 1 cm Länge erreichen. b. *Toxoplasma gondii*. Pseudocyste in Makrophagen. c. *Babesia*, zwei aus Teilung hervorgegangene Formen in Erythrocyte; d. *Theileria*, Schizont in Lymphocyte. Nach Baker, Doflein, Reichenow, Schuberg

störung von Erythrocyten wird so viel Haemoglobin frei, daß der Urin dunkel gefärbt wird. Mortalitätsquote bis 50 %. Die natürliche Abwehr der Plasmodien geht mit Veränderungen im Makrophagensystem einher; vor allem die Milz wird vergrößert. Die tödliche Wirkung von *P. falciparum* wird vorwiegend auf Blockade von Capillaren zurückgeführt. Als Gegenmittel wurde in Europa zunächst die Chinarinde (aus Peru) bekannt, heute ist Resochin ein verbreitetes Präparat, das in den Tropen prophylaktisch genommen werden sollte. Einnahme von Tabletten muß noch einige Wochen nach der Rückkehr aus dem Malariagebiet erfolgen. Seit einigen Jahren gibt es resochinresistente Malaria-Stämme.

Malaria ist auch heute noch eine weit verbreitete Tropenkrankheit. Man rechnet derzeit mit 300 Millionen infizierten Menschen. Es sterben etwa 3 Millionen pro Jahr, vor einigen Jahrzehnten waren es allein in Indien 4–5 Millionen jährlich. Aufgrund der Resistenz der Plasmodien und der Mücken gegen Bekämpfungsmittel ist die Tendenz der Malaria-Fälle allerdings wieder steigend.

Die **Piroplasmida** scheinen den Malaria-Erregern nahezustehen. Ihr Lebenszyklus ist noch nicht vollständig bekannt. Sexuelle Vorgänge wurden beschrieben, transovarielle Infektion kommt bei großen Milben (z. B. Zecken) vor. Es handelt sich um oft birnenförmige Parasiten (Name!), die vorwiegend in Erythrocyten von Wirbeltieren leben und – soweit bekannt – von Milben (Ixodidae = Zecken, Argasidae) übertragen werden. Man unterscheidet drei Familien, unter denen die Dactylosomidae der poikilothermen Vertebraten besonders wenig bekannt sind. Die Babesiidae hingegen sind wichtige Krankheitserreger vieler Haustiere (Abb. 20c). Infektionen mit pathogenen *Babesia*-Arten sind normalerweise mit Anämie, Fieber, Vergrößerung der Milz und Auflösung von Erythrocyten sowie Blutharn verbunden (Haemoglobinurie). Selten werden auch Menschen befallen. Theileriidae kommen in Erythrocyten und Lymphocyten vor, wo sie sich teilen (Abb. 20d). Sie sind wohl auf Wiederkäuer beschränkt und rufen nur in warmen Gebieten schwere Krankheiten mit hohen Mortalitätsraten hervor (Mittelmeerfieber: bis 75 %; Ostküstenfieber: bis 95 %; beides bei Rindern).

In die Verwandtschaft der Sporozoen gehören weiterhin beispielsweise die **Haplosporidia,** Parasiten von Wirbellosen, Fischen u. a.

Vielleicht ist auch *Pneumocystis carinii* hier einzuordnen; von manchen Autoren wird dieser Lungenparasit von Menschen, Hunden u. a. als Pilz angesehen.

4. Klasse: Cnidosporidia

Diese Gruppe parasitischer Einzeller wurde lange den Sporozoen zugeordnet; ihrer Sonderstellung wird oft durch Errichtung einer eigenen Klasse Rechnung getragen. Kennzeichnend ist die Ausbildung einer dickwandigen Cyste (Spore), die einen oder mehrere schraubig aufgewundene Polfäden enthält (Abb. 21), die bei der Übertragung auf ein anderes Wirtstier ausgestoßen werden. Die Cyste enthält zudem mehrere amöboide Keime

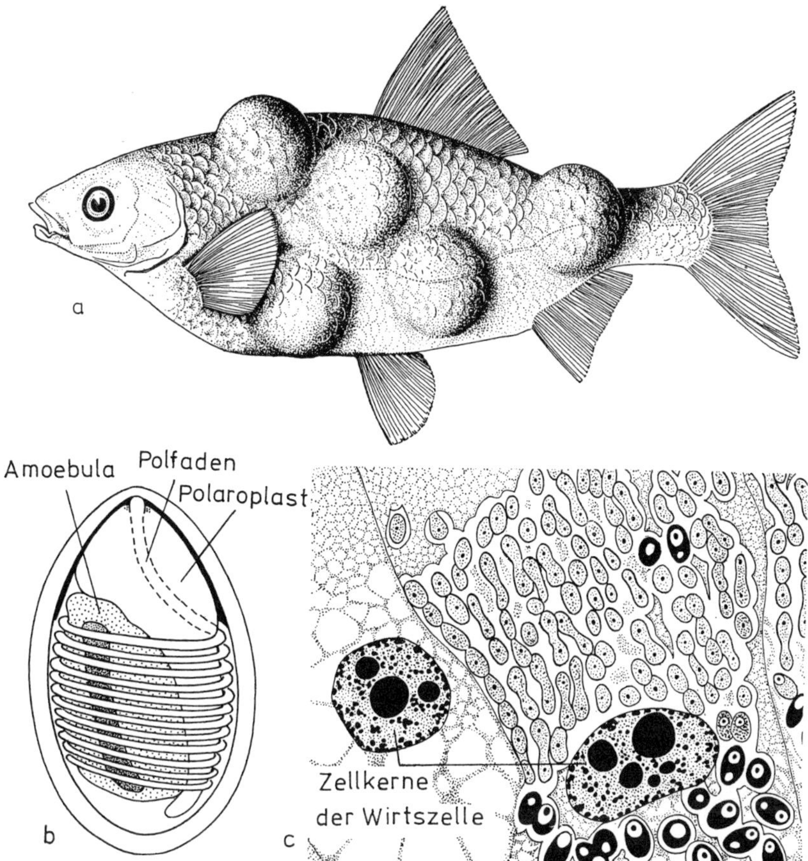

Abb. 21: Cnidosporidia. a. Plötze, mit *Myxobolus* infiziert, b. Spore von *Thelohania californica*; der Polaroplast ist wohl am Ausschleudern des Polfadens beteiligt. c. *Nosema bombycis*; die sich stark vermehrenden Parasiten füllen die Darmepithelzelle des Seidenspinners weitgehend aus. Schwarz: Sporen. Nach Daniels, Kudo, Poisson, Stempell

(Amoebulae), die im Laufe der Entwicklung mehrkernig werden. In diesen Plasmodien (die oft makroskopisch sichtbar sind) werden die Sporen gebildet. Cilien fehlen.

a) **Myxosporidia.** Spore vielzellig und kompliziert strukturiert. Neben den seltenen Actinomyxida (in Anneliden und Sipunculiden) und Helicosporida (in Arthropoden) die Myxosporida mit zahlreichen Fischparasiten, die in Körperhöhlen und interzellulär in Geweben vorkommen. Entwicklungsgang nicht vollständig bekannt. Infektion durch Sporen, die über den Darm aufgenommen werden.

Myxosoma cerebralis: in Knorpel und Perichondrium von Lachsfischen (Drehkrankheit).

Sphaerospora tincae: kann den Bauch von Schleien auftreiben, bis die Bauchwand zerreißt.

Myxobolus pfeifferi: Erreger der Beulenkrankheit von Karpfenfischen (Abb. 21 a).

b) **Microsporidia.** Spore einzellig. Vorwiegend Parasiten in Arthropoden und Wirbeltieren. Amoebula pflanzt sich intrazellulär durch Zwei- oder Vielteilung fort, bis Wirtszelle ausgefüllt ist. Oft vergrößert sich diese dabei stark.

Nosema apis: in Darmepithelzellen der Honigbiene (Bienenruhr), *Nosema bombycis:* in Seidenspinnerraupen (Fleckenkrankheit, Pébrine), *N. cuniculi (Encephalitozoon)* im Gehirn von Nagern und Hasen, *Glugea anomala* im Stichling, *Plistophora* in der Skeletmuskulatur von Fischen und Amphibien.

5. Klasse: Ciliata (Wimpertierchen, Wimperinfusorien)

Die Ciliaten sind durch zwei Merkmale gekennzeichnet: 1. durch die zwei Zellkernarten (Kerndualismus), den somatischen Makronucleus mit erhöhtem DNA-Gehalt und den generativen Mikronucleus, der diploid ist, und 2. durch die Konjugation, bei der die Befruchtung nicht durch Gameten, sondern durch Austausch eines Wanderkerns gepaarter Individuen erfolgt.

Die Ciliaten sind meist mit zahlreichen Wimpern besetzt, diese können zu büschelförmigen Cirren oder flächenhaften Membranellen assoziieren. Cortex und Mundapparat sind besonders differenziert. Die meist sessilen Suctorien sind abgeleitete Formen.

Ciliaten stammen von Flagellaten ab. Sie sind relativ groß (meist 50–200 µm lang), die größten bis 3 mm. Praktische Bedeutung haben sie bei der Beurteilung der Qualität limnischer Gewässer erlangt (Wassergüteklassifizierung).

1. Ordnung: Holotricha

Körper meist vollständig und gleichmäßig bewimpert. Schlinger (Gymnostomata), Strudler (Trichostomata, Hymenostomata), Parasiten (Astomata, Apostomea, Thigmotricha).

a) **Gymnostomata.** Cytostom oberflächlich; *Prorodon*, *Coleps*, *Lacrymaria*, *Didinium*, *Loxodes*, *Dileptus*, *Chilodonella*, *Nassula*. Meer und Süßwasser.

b) **Trichostomata.** Cytostom versenkt, Strudler mit speziellen Wimperreihen. *Colpoda* (Abb. 22c), im Süßwasser; *Isotricha* (im Pansen von Wiederkäuern), *Balantidium coli*, einziges Wimperinfusor von medizinischer Bedeutung. Außer im Menschen leben Balantidien im Darm vieler Wirbeltiere.

B. coli lebt u.a. in Colon und Caecum von Mensch, anderen Primaten und Schweinen. Cystenbildung. Infektion des Menschen insgesamt selten, vor allem auf dem Lande (durch Schweine). *B. coli* dringt beim Menschen in die Darmwand ein – ähnlich wie *Entamoeba histolytica* – und ruft Balantidienruhr hervor. Beim Schwein bleibt *B. coli* normalerweise im Darmlumen.

c) **Hymenostomata.** Cytostom versenkt, Wimpern in Mundbucht in Reihen. *Tetrahymena* (Abb. 2) mit freilebenden und parasitischen Arten, *Paramecium* (Abb. 3), beide im Süßwasser. *Ichthyophthirius*, parasitiert an Fischen (Weißpunktkrankheit).

d) **Astomata.** Cytostom fehlt. Vorwiegend in Darm und Leibeshöhle von Oligochaeten.

e) **Apostomea** (auf Krebsen) und **f) Thigmotricha** (auf und in Muscheln). Marine Formen, die durch Parasitismus stark abgewandelt sind.

2. Ordnung: Peritricha

Meist festsitzende Formen des Süßwassers und des Meeres, oft auf Tieren. Ihr Vorderende ist zu einem scheibenförmigen Peristom erweitert, auf dem zwei linksgewundene, schraubig angeordnete Wimpersegel zum Cytostom führen. Strudler. *Vorticella* (Glockentierchen) einzellebend (Abb. 4), *Carchesium* und *Zoothamnium* koloniebildend, alle mit kontraktilem Stiel. *Epistylis* koloniebildend, Stiel nicht kontraktil. Süßwasser und Meer. *Vaginicola* mit Gehäuse, *Trichodina* (Abb. 22f) auf der Haut von Fischen und Süßwasserpolypen *(T. pediculus*, Polypenlaus).

3. Ordnung: Spirotricha

Membranellenband zieht in rechtsläufiger Schraube zum Cytostom.

a) **Heterotricha.** Gesamte Körperoberfläche bewimpert. *Spirostomum* (Abb. 22d), eins der größten Protozoen, bis 3 mm lang. *Stentor* (Trompetentierchen, Abb. 22e) festsitzend, kann aber auch schwimmen; *Metafolliculina*, *Eufolliculina*, im Gehäuse, mit zwei Peristomflügeln. In Meer und Süßwasser, mit Schwärmern, die sich zum sessilen Tier umwandeln.

b) **Hypotricha.** Körper abgeflacht, Fortbewegung mit Cirren auf der abgeflachten Seite. *Stylonychia* (Abb. 22g), *Euplotes*. Süßwasser und Meer.

c) **Oligotricha.** Bewimperung reduziert. *Strombidium* (Abb. 22i); *Halteria;* Tintinniden vorwiegend im Meer pelagisch, in Gehäusen, *Tintinnopsis* (Abb. 22j); *Saprodinium* im Faulschlamm (Abb. 22k).

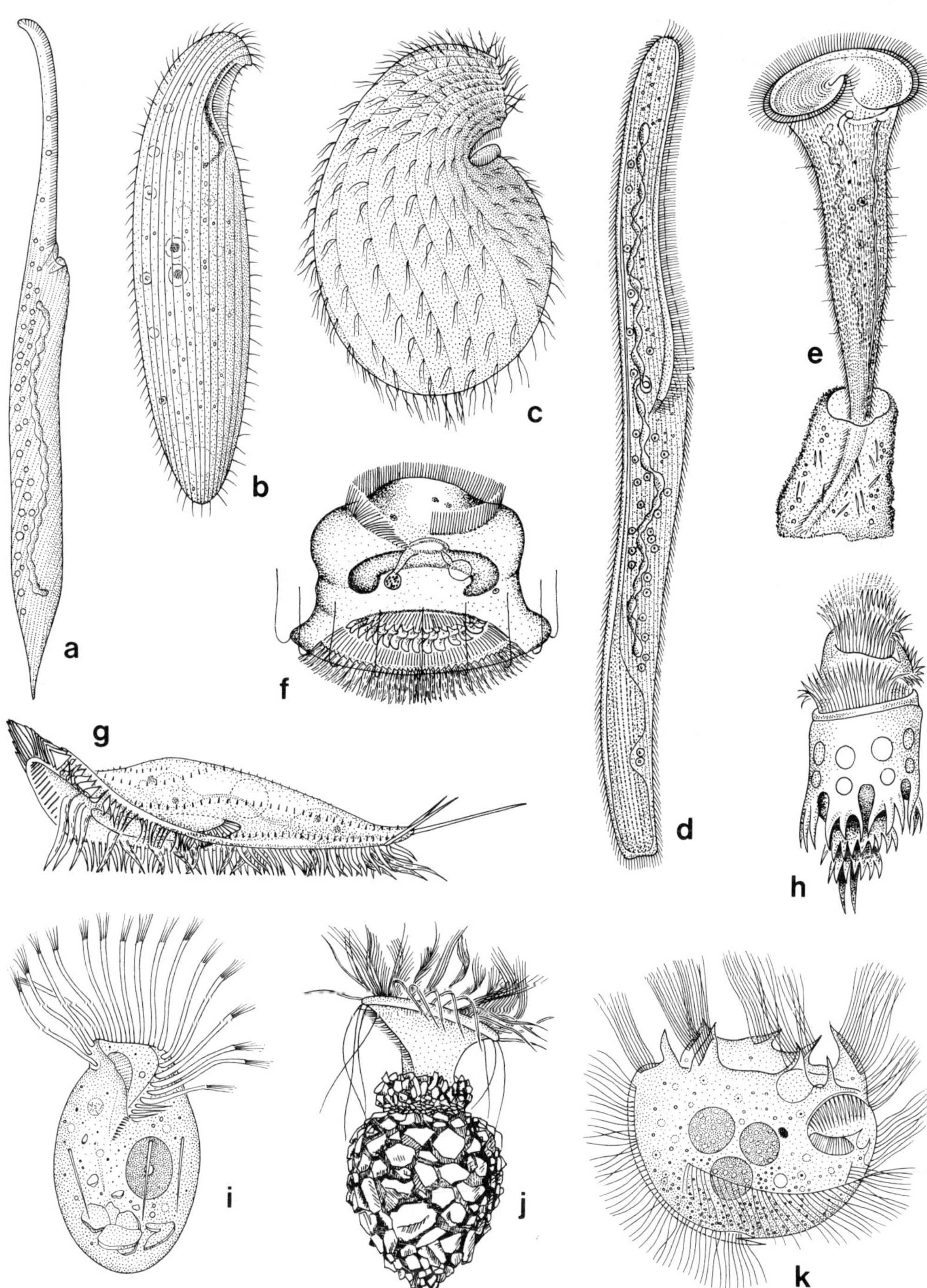

Abb. 22: Ciliaten I. a. *Dileptus anser*, b. *Loxodes rostrum*, c. *Colpoda cucullus*, d. *Spirostomum ambiguum*, e. *Stentor roeseli*, f. *Trichodina myicola*, g. *Stylonychia mytilus*, h. *Ophryoscolex purkinjei*, i. *Strombidium arenicola*, j. *Tintinnopsis ventricosa*, k. *Saprodinium dentatum*. Nach Bütschli, Corliss, Dragesco, Grell, Hawes, Machemer, Mackinnon, Stein

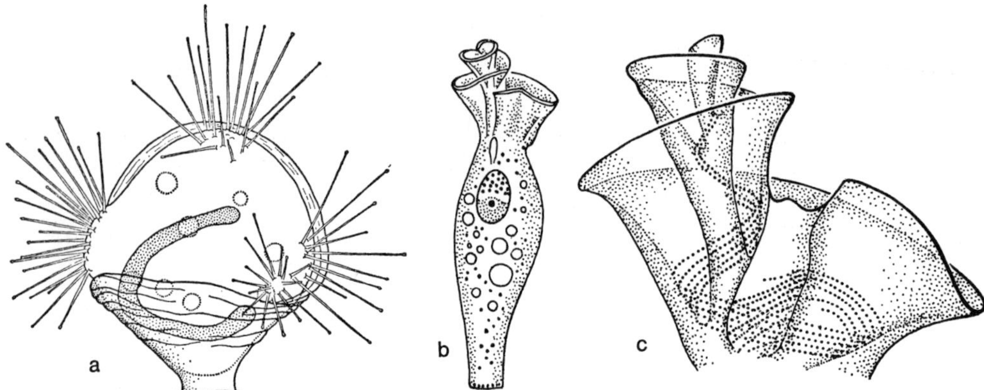

Abb. 23: Ciliaten II. a. *Discophrya stammeri* (gehäusebildendes Suktor), b. *Spirochona gemmipara* (Chonotricha), c. Kragen von *Spirochona* mit Reihen von Basalkörpern. Nach Guilcher, Hertwig, Matthes

d) **Entodiniomorpha.** Bewimperung stark reduziert. *Entodinium* und *Ophryoscolex* (Abb. 22h) im Pansen von Wiederkäuern, *Cyclopothium* in Blind- und Dickdarm von Pferden.

4. Ordnung: Chonotricha

Sessil, Vorderende zu einem trichterförmigen Strudelapparat umgestaltet, Zellkörper ansonsten unbewimpert. Vermehrung erfolgt über bewimperte Knospen. Vorwiegend auf marinen Krebsen, träger- und körperteilspezifisch. *Chilodochona*, *Spirochona* (Abb. 23b, c) auf *Gammarus* im Süßwasser.

5. Ordnung: Suctoria

Sessil; Mundöffnung und Cilien fehlen bei ausgewachsenen Tieren. Die Aufnahme der Nahrung (Einzeller) erfolgt mit Saugtentakeln. Knospung außen oder in einem «Zelluterus»; freischwimmende, meist bewimperte Schwärmer oder wurmförmige, unbewimperte, sich spannerraupenartig fortbewegende Stadien. Einige Arten nur auf bestimmten Körperregionen einer Tierart (meist Wasserkäfer und -wanzen sowie Krebse) als Symphorionten. *Ephelota* (Abb. 5e), *Tokophrya* (Abb. 5f), *Acineta*, *Dendrosoma*, *Dendrocometes*, *Discophrya* (Abb. 23a). Limnisch und marin.

2. Unterreich: Metazoa (Vielzeller)

Vielzellige Tiere sind offenbar nur einmal entstanden, so daß alle Metazoen als natürliche Einheit zusammengefaßt werden können. Da unter den Protozoen mehrere Gruppen Kolonien bilden, wird man unter diesen die Ahnen der Metazoen suchen. Koloniebildner sind peritriche Ciliaten, Radiolarien und Choanoflagellaten. Die Ciliaten kommen wegen ihrer abweichenden Befruchtung (Konjugation) als Ahnen der Metazoen nicht in Frage; die Radiolarien, die nur vereinzelt locker verbundene Kolonien bilden, fallen wegen ihrer zahlreichen Sonderbildungen gleichfalls aus; es verbleiben also die Choanoflagellaten, die weitgehend mit den Kragengeißelzellen (S. 35) übereinstimmen. Sie bilden baumförmige, festsitzende und kugelige, schwimmende Kolonien. Die marine pelagische *Proterospongia* trägt in einer gallertigen Masse außen Kragengeißelzellen und innen amöboide Zellen, ist also schon durch eine Differenzierung in zwei Zelltypen ausgezeichnet.

Während bei Pflanzen mehrere Formenreihen von Ein- zu Vielzellern führen, ist bei Tieren kaum etwas von dem Übergangsfeld zwischen Proto- und Metazoen bekannt.

Hierher gehört beispielsweise *Trichoplax adhaerens*, ein kleiner mariner Organismus (Mittelmeer, Indopazifik), der eine von einem Epithel umschlossene Platte darstellt, die dorsal von Plattenepithel (Ectoderm) und ventral von einem Zylinderepithel (Entoderm) bekleidet ist. Der Binnenraum enthält in seiner Höhle (primäre Leibeshöhle) sternförmige Zellen. *Trichoplax* bewegt sich gleitend durch die Tätigkeit seiner Geißeln oder auch «amöboid» fort. Vermehrung durch Teilung, Produktion von begeißelten Knospen (Schwärmern) und durch Eier. Für diese Art wurde auch ein eigener Tierstamm (**Placozoa**) errichtet.

Eine einfache Metazoen-Form ist auch *Xenoturbella*, die auf Schlammböden des Meeres lebt. Sie ist einige cm lang und blattförmig. Ein Wimperring umgibt den Körper etwa in der Mitte, zwei Längsfurchen liegen am Vorderkörper. Der ventrale einfache Mund führt in einen sackförmigen Darm. Zwischen Epidermis und Darm liegt eine Bindegewebsschicht mit einem Längsmuskelschlauch und Muskelzellen im Mesenchym. Hier erfolgt auch diffus die Bildung der Eier und Spermien. Die Eier gelangen über Darm und Mund nach außen; die Spermien gleichen denen verschiedener primitiver Metazoen mit äußerer Befruchtung. In der hohen Epidermis liegt basal ein Nervengeflecht. Am Vorderende findet sich eine Statocyste. Die Stellung von *Xenoturbella* ist unsicher.

Zwischen Proto- und Metazoen werden auch oft die Mesozoa gestellt. Sie sind Parasiten in Meerestieren und als solche vermutlich reduzierte Formen (S. 107).

Da die Entwicklung vom Protozoon zum Metazoon nicht fossil und kaum durch rezente Zwischenformen belegt ist, sind wir bei der Rekonstruktion dieser Etappe auf die Ontogenie der Metazoen angewiesen.

Die Gastraea-Theorie geht von der Tatsache aus, daß viele primitive Metazoen des Meeres folgende Entwicklungsstadien durchlaufen: Die Furchungszellen (Blastomeren) bilden eine Hohlkugel (Blastula) mit einschichtiger Wand (Blastoderm). Aus ihr entwickelt sich ein zweischichtiger Keim (Gastrula) durch Einfaltung (Invagination) am vegetativen Pol. Die so entstandene Innenschicht ist das Entoderm, der Hohlraum die Urdarmhöhle (Gastrocoel, Archenteron), seine Öffnung an der Einfaltungsstelle der Urmund (Blastoporus), die Außenschicht ist das Ectoderm. Dementsprechend fordert die Gastraea-Theorie ein bewimpertes Kugelstadium (Blastaea) und eine zweischichtige Gastraea mit Urmund am Beginn der Metazoen.

Nur wenig unterscheidet sich hiervon die Placula-Theorie. Für sie ist eine doppelschichtige Scheibe Ausgangspunkt. Durch Biegung wurde sie zu einer zweischichtigen Gastraea, die primäre Leibeshöhle entstand erst später. *Trichoplax* entspricht einer Placula.

Sicher war die Gastraea nicht eine einzelne Art, sondern in zahlreiche Species mit unterschiedlicher Lebensweise gespalten, bodenlebende und freischwimmende. Freischwimmende Gastraeen hatten wohl eine Scheitelplatte mit Sinneszellen am aboralen Pol entwickelt, und von solchen lassen sich die Ctenophoren ableiten, andere waren kriechende Bodentiere mit Ansatz zur Bilateralität (Gastraea bilateralis

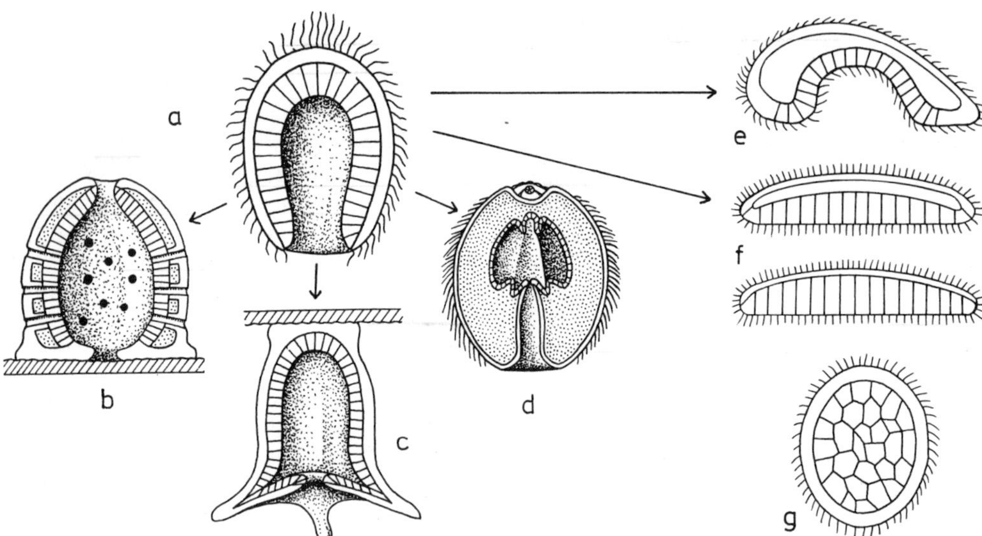

Abb. 24: Die freischwimmende, zweischichtige Gastraea (a) und verschiedene Ableitungen; b. Schwamm (mit oralem Pol festgeheftet), c. Cnidarier (mit aboralem Pol festgeheftet), d. Ctenophore (meist freischwimmend), e. Bilaterogastraea, f. Placula; g. Parenchymella. Nach Grell, Haeckel, Remane

repens, Bilaterogastraea), solche führen wohl zu den Cnidariern.

Eine andere gedankliche Verknüpfung geht von einer Form aus, die außen eine Schicht bewimperter oder begeißelter Zellen trägt, innen eine Masse amöboider Zellen. An solche Formen (Parenchymella, Phagocytella, [Abb. 24]) wurden dann acoele Turbellarien und die übrigen Bilateria angeschlossen. Diese Hypothese fordert die mehrfache Entstehung des Darmepithels aus einem mesenchymalen Zellhaufen, die mehrfache Enstehung äußerer Befruchtung aus innerer und ist daher wenig wahrscheinlich.

Die niedrigsten Vielzeller sind bereits zweischichtig gebaut. Sie bestehen aus Ecto- und Entoderm, die am Mund-After, dem Blastoporus, ineinander übergehen. Dieses einfache Schema wird in drei Hauptstämmen der Metazoen – den Schwämmen (Porifera), Nesseltieren (Cnidaria) und Rippenquallen (Ctenophora) – nur verhältnismäßig wenig abgewandelt. Der vierte Hauptstamm (Bilateria = Coelomata) hat dagegen eine organisatorische Höherentwicklung durchgemacht, er umfaßt alle Tiere von den «Würmern» bis zu den Säugetieren. Die drei ersten Hauptstämme werden oft als Hohltiere (Coelenterata) zusammengefaßt, wobei allerdings die Porifera meist außerhalb dieser Gruppe bleiben.

A. Porifera (Schwämme)

Die Schwämme stellen eine Gruppe von ungefähr 5000 festsitzenden Arten von 1 cm bis 2 m Länge dar, die in Gewässern der ganzen Erde auftreten. Ihr Körper ist schlauch-, becher- oder pilzförmig, oft bildet er unregelmäßige Krusten. Die freischwimmende Wimperlarve setzt sich mit der Urmundregion fest, der Urmund schließt sich, er wird durch Tausende von Poren der Körperoberfläche ersetzt, die in ein Kanalsystem führen, das zugleich Funktionen bei Atmung, Ernährung, Exkretion und z.T. als Geschlechtsgang erfüllt. Kragengeißelzellen bewirken einen dauernden Wasserdurchstrom. Ursprünglich kleiden sie einen zentralen Raum (Darmhöhle) aus, meist stehen sie aber in kleinen Kammern (Geißelkammern). Ausgeleitet wird der Wasserstrom durch große Öffnungen (Oscula) in Ein- oder Vielzahl. Im Unterschied zu anderen Metazoen haben Schwämme keine Organe ausgebildet, ihre Zellen zeichnen sich durch einen besonders hohen Grad an Plastizität aus.

Bau. Der Schwammkörper läßt eine Gliederung in drei Schichten erkennen, deren Zellen zum Teil einem ständigen Ortswechsel unterworfen sind.

1. Die Epidermis (= Ectoderm, Pinakoderm, Deckschicht) besteht aus flachen, meist unbe-

wimperten Zellen (Pinakocyten), die sich rasch voneinander zu lösen und mit anderen Zellen neue Bindungen einzugehen vermögen. Bei Süßwasserschwämmen besitzen sie kontraktile Vakuolen, die sonst nur von Protozoen bekannt sind. In der Deckschicht liegen die Poren des Kanalsystems, die oft von einer ringförmigen, kontraktilen Zelle (Porocyte) umgeben werden.

Entsprechend ihrer Lage und Gestalt gliedert man Pinakocyten folgendermaßen: Exopinakocyten bedecken den größten Teil des Schwammkörpers. Sie sind oft T-förmig, das Perikaryon ist in das unterlagernde Bindegewebe versenkt. Endopinakocyten kleiden die Kanäle aus und sind meist flach. Basopinakocyten bauen das basale Epithel des Schwammes auf, z.T. haben sie Filopodien. Letztere scheiden Kollagen und Polysaccharide ab und befestigen den Schwammkörper so am Substrat.

Bei Spongilliden steht die äußere Haut vom weichen Innenkörper ab. Sie wird von aus dem Inneren kommenden Hauptzügen des Skelets gestützt und umgibt so die Mesogloea wie ein Zelt. Unter ihr entsteht der Subdermalraum.

2. Die Gastrodermis (= Entoderm, Choanoderm, Gastrallager) besteht aus Kragengeißelzellen (Choanocyten, Abb. 26). Diese tragen eine lange Geißel und um deren Basis einen Ring von Mikrovilli, die den Kragen bilden. Sie ähneln den Choanoflagellaten (S. 13) und sind zu Phagocytose und Pinocytose befähigt.

Der Darmhohlraum ist ursprünglich einheitlich (Ascon-Typ, Abb. 25a), dann erreicht der Körper nur einen Durchmesser von etwa 2 mm. Beim wenige cm langen Sycon-Typ bildet er zahlreiche Taschen (Radialtuben), deren Wand Choanocyten auskleiden, während der zentrale Hohlraum von Pinakocyten begrenzt wird (Abb. 25b). Meist ist der Darmhohlraum jedoch in zahlreiche Geißelkammern zerlegt, deren Zahl Millionen betragen kann. Dieser Leukon-Typ (Abb. 25c) kann 2 m Durchmesser erreichen. Das Kanalsystem führt bei ihm von den Poren der Außenfläche über zuführende Kanäle durch eine Eintrittsstelle (Prosopyle) in die Geißelkammern und verläßt diese durch eine Austrittspforte (Apopyle), um durch abführende Kanäle in den Binnenraum zu münden, der durch das Osculum Wasser ausführt. Als Nahrung dienen Kleinorganismen und Detritus. Die Partikel werden von mobilen Archaeocyten (s.u.), die an Einstromkanälen liegen, oder Choanocyten aufgenommen. Letztere geben die Nahrungspartikel bei den meisten Schwämmen an Archaeocyten weiter, in denen intrazelluläre Verdauung abläuft. Bei vielen Calcarea erfolgt die Verdauung in den hier besonders großen Kragengeißelzellen.

3. Mesogloea. Zwischen den Epithelien liegt eine bindegewebige Mittelschicht (= Mesogloea), die bei manchen jungen Schwämmen nur wenig Raum einnimmt, bei *Oscarella* sogar zunächst noch fehlt, die aber meist die Haupt-

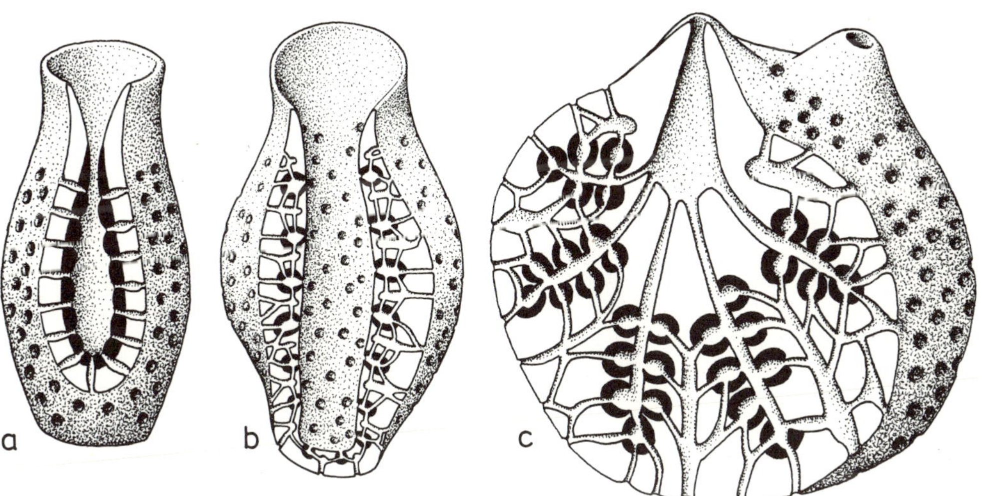

Abb. 25: Baupläne der Schwämme, Gastrodermis (Entoderm) dick schwarz. a. Ascon-Typ, b. Sycon-Typ, c. Leucon-Typ. Nach Kilian

masse des Körpers stellt. In einer Grundsubstanz, die z.B. Kollagenfasern enthält, liegen und wandern verschiedene Zellen, deren Klassifikation und Genese nicht ganz geklärt sind: Archaeocyten (bewegliche und phagocytierende Zellen, aus denen zeitweise alle anderen Zellen neugebildet werden können), Collencyten (produzieren Kollagen, von dem sie oft eingehüllt werden), Lophocyten (bilden ebenfalls Kollagen, das jedoch schwanzartig hinter der wandernden Zelle hergezogen wird), Spongocyten (bringen zu mehreren in Gruppen zusammenliegend Spongin hervor, eine dem Kollagen ähnliche Substanz, die bis 14% Jod enthält), Sklerocyten (bringen Spiculae hervor und zerfallen anschließend), Myocyten (enthalten Mikrotubuli und Filamente; sind kontraktil), Trophocyten (nehmen Nahrung von Choanocyten auf und geben sie durch Exocytose weiter), Thesocyten (Speicherzellen) und Geschlechtszellen.

Über die Existenz von Nervenzellen gibt es widersprüchliche Angaben. Es wurde ein sogenanntes Integrationssystem licht- und elektronenmikroskopisch sowie histochemisch mehrfach beschrieben. Seine Zellen können bi- oder multipolar sein und besitzen z.B. 5-Hydroxytryptamin, Adrenalin, Noradrenalin, Monoaminoxidase oder Acetylcholin-Esterase.

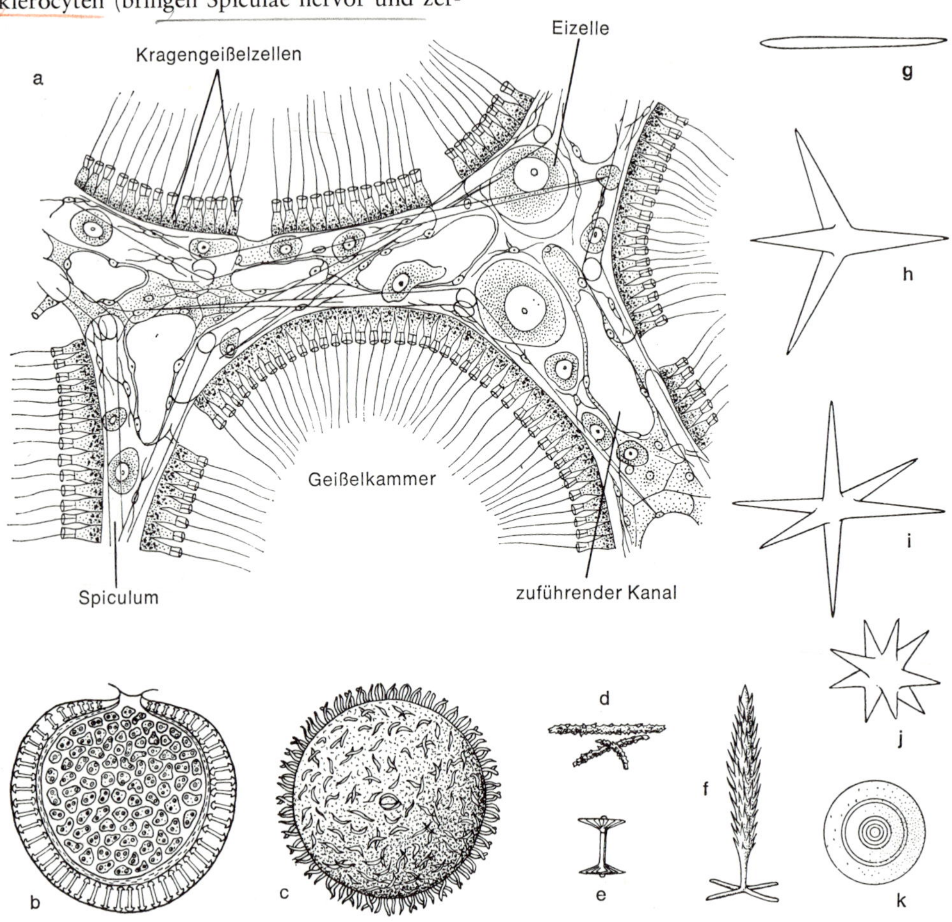

Abb. 26: a. Gewebeausschnitt mit vier Geißelkammern von *Sycon raphanus*. Die Lücken zwischen den Kragengeißelzellen entsprechen Kammerporen, über die zuführende Kanäle in die Kammern einmünden. Der Kragen der Choanocyten besteht nach elektronenmikroskopischen Befunden aus einzelnen Mikrovilli (vgl. Abb. 8g). b. Gemmula von *Ephydatia* im Schnitt, außen ein Mantel von Amphidisken. c. Gemmula von *Spongilla* in Aufsicht. d, e. Spiculae aus Gemmulae. f–k. verschiedene Spiculae. f. Pinulus, g. monaxone, h. tetraxone, i. triaxone Nadel, j. Astere, k. Sphäre. Nach Brohmer, Hennig, Rauff, Schulze

In der Mesogloea wird das Skelet gebildet. Es besteht aus Hartkörpern (Spicula(e), Sklere(n), die überwiegend aus Kalk (Kalkschwämme) oder Kieselsäure (Kieselschwämme) aufgebaut sind. Bei Kieselschwämmen kann ein Spongin-(Spongiolin)gerüst hinzukommen oder das Kieselskelet sogar ersetzen. Die Spicula sind Produkte der Sklerocyten. Ihre Gestalt ist für die Systematik und die Einordnung fossiler Schwämme wichtig. Man kennt z. B. einfache Stäbchen (monaxon), dreistrahlige Spicula (triaxon), deren Strahlen sich im Winkel von 90° treffen, vierstrahlige (tetraxon), deren Strahlen im Winkel von 120° zusammentreffen, und komplizierte Gebilde wie Doppelanker (Amphidisken), Bäumchen (Pinuli), Sterne (Asteren), Kugeln (Sphaeren) usw. Einige sind auf Abb. 26 zusammengestellt. Die Gerüst- oder Stütznadeln (Megaskleren) bilden das sog. Primärskelet, das für die Gestalt des Schwammes verantwortlich ist, sie ragen oft aus dem Körper heraus und können einen Kranz um das Osculum bilden (Abb. 28b) oder den Körper im Boden verankern (Abb. 28c). Die Fleischnadeln (Mikroskleren) liegen gruppenweise oder einzeln zwischen den Megaskleren und bleiben im Körper. Ihre Strahlen sind oft verzweigt und bilden spezielle Formen. Die Nadeln können durch aufgelagerte Substanzen zu einem festen Gerüst verbunden werden. Jede Art enthält ein bestimmtes Muster von Nadeltypen, das für die Artbestimmung wichtig ist. Über den Feinbau der Spicula herrscht keine einhellige Anschauung. Um einen organischen Axialfaden legt sich wohl ein Mantel von rein anorganischen Substanzen. Bei Kalkschwämmen steht Calciumcarbonat mit 80–90% an der Spitze (hinzu kommen z. B. Magnesium (bis 3%), Eisenoxid, Na, Li, Sr, Mn und als Anion Sulfat), bei Kieselschwämmen macht Siliciumdioxid über 90% aus, hinzu kommen mehrere Prozent Wasser und Spuren von Mg, K, Na u. a.

Die Schwammnadeln können in manchen Fällen beim Menschen Hautentzündungen hervorrufen. Als besonders unangenehm wird die amazonische Art *Drulia (Parmula) browni* geschildert, aus deren trockenfallender Kolonie Teile mit dem Wind verbreitet werden und Reizungen von Nase- und Augenregion verursachen. In anderen Gebieten werden getrocknete Schwämme *(Lubomirskia baicalensis)* zum Polieren von Metallgegenständen gebraucht; aus der Mode ist bekannt, daß junge Frauen aus Rußland Schwämme als Ersatz für Rouge benutzten: Schwammpulver in die Haut eingerieben, ruft mit seinen Nadeln Rötung hervor.

Epidermis und Mesogloea werden bisweilen zusammen als Dermalschicht (Dermallager) bezeichnet.

Gonaden, Fortpflanzung, Entwicklung. Schwämme sind getrenntgeschlechtlich oder zwittrig. Keimzellen entstehen diffus in der Mesogloea. Die Eizellen werden von Archaeocyten gebildet. Sie sind amöboid beweglich, umfließen andere Zellen und phagocytieren diese. Die Eier werden nur bei manchen Schwämmen durch das Osculum entleert, meist entwickeln sie sich im Innern des Körpers zu Larven, die ins Wasser gelangen. Die begeißelten Spermien bilden sich in eingehüllten Räumen, Spermiogenese und Spermien sind vom gleichen Typ wie die vieler anderer Metazoen. Eigenartig ist die Befruchtung: Die Spermien werden eingestrudelt, von Choanocyten oder Archaeocyten aufgenommen und in diesen eingekapselt zur Eizelle transportiert. Die Larve ist nur selten eine einfache Wimperlarve mit Blastoderm und

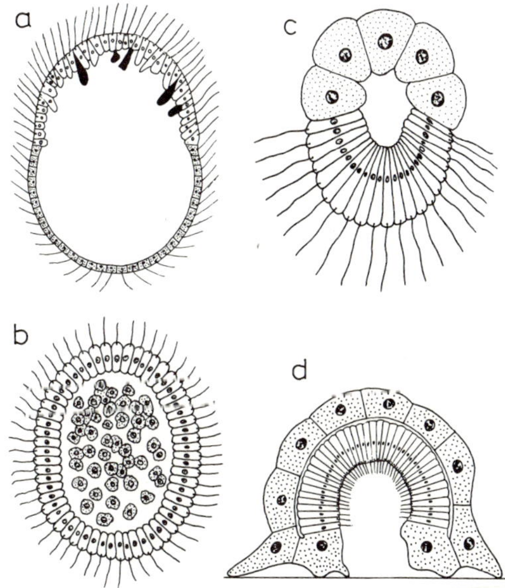

Abb. 27: Entwicklung von Schwämmen. a. Schwimmlarve von *Oscarella* (Vorderpol unten, einwandernde Mesenchymzellen schwarz); b. Parenchymula von *Leucosolenia;* c. Amphiblastula von *Sycon;* d. Festsetzen der Larve von *Sycon* mit gegen das Substrat gerichtetem Blastoporus. Nach Heider, Maas

Blastocöl, die bei der Festsetzung durch Invagination das Entoderm bildet *(Oscarella, Plakina,* Abb. 27a). Komplikationen sind durch folgende Vorgänge bedingt: Schon die Blastula (Amphiblastula) bildet einen vorderen begeißelten Teil (späteres Entoderm) und einen unbegeißelten Teil aus größeren Zellen (späteres Ectoderm). Der begeißelte Teil besorgt die Fortbewegung. Bei vielen Formen breitet er sich über die Oberfläche aus, das Ectoderm wird dadurch ans Hinterende oder ins Innere gedrängt, wo es sich bereits differenziert und Skeletnadeln bilden kann. Diese Parenchymula-Larve (= Parenchymella, Abb. 27b) ähnelt der Planula der Nesseltiere (Abb. 36), doch bestehen zwei wichtige Unterschiede: 1. Die Parenchymula-Larve schwimmt mit dem oralen Pol voraus und setzt sich mit diesem fest, die Planula-Larve mit dem aboralen. 2. Das Innengewebe der Planula ist das Entoderm, das der Parenchymula das Ectoderm oder Ectoderm und Mesogloea. Infolgedessen müssen bei der Festsetzung der Larve Umlagerungen stattfinden. Die Innenzellen brechen nach außen durch, die Geißelzellen der Oberfläche geraten ins Innere und bauen hier die Geißelzellenschicht auf. In extremen Fällen werden die äußeren Geißelzellen abgestoßen oder phagocytiert, bleiben also Larvenzellen (Spongillidae). Die Geißelkammern werden von Archaeocyten im Inneren neu aufgebaut.

Der junge festgeheftete Schwamm mit geschlossener Urmundregion und zentralem Hohlraum mit Osculum wird bei Kalkschwämmen Olynthus, bei Kieselschwämmen Rhagon genannt. Siedeln mehrere Jungschwämme dicht beieinander, so können sie zu einem Schwammkörper zusammenwachsen.

Dauerstadien, Knospen. Schwämme haben die Fähigkeit, Dauerstadien zu bilden, die ungünstige Perioden überdauern und nachher das stehengebliebene Skelet wieder besiedeln können. Im einfachsten Falle sind es kleine Restkörper (Reduktien) mit verschiedenen Zellen, besonders Archaeocyten. Spezieller sind die etwa 0,5 mm messenden Gemmulae. Viele einkernige (= primäre) Archaeocyten unserer Süßwasserschwämme werden mit Spongin und besonderen Nadeln umhüllt (Abb. 26b, c). Sobald diese Schale aufgebaut ist, werden die Archaeocyten zweikernig (sekundäre A.). In diesem Stadium überdauern sie.

Die Gemmulae müssen eine Diapause durchmachen, die eine bis mehrere Wochen währen kann. Dann schlüpfen die Archaeocyten bei günstigen Bedingungen aus und bilden einen neuen Schwammkörper. Die Archaeocyten werden im Frühjahr vielkernig und zerfallen in einkernige Zellen. Sie sind bei Süßwasserschwämmen, aber auch bei einer Reihe von Meeresschwämmen *(Suberites, Cliona vastifica)* vorhanden. Da die Gemmulae losgelöst und abtransportiert werden können, dienen sie auch der Verbreitung und Vermehrung. Gemmulae werden bei ungüstigen Jahreszeiten gebildet, in den Tropen vor der Trockenheit, in gemäßigten Zonen im Herbst. Vegetative Vermehrung durch Knospen kommt bei *Tethya* u.a. vor. Die hohe Regenerationskraft der Schwämme zeigt die Tatsache, daß eine durch ein feines Netz gepreßte *Spongilla* einen neuen Körper aufbauen kann, wenn Minimalbedingungen erfüllt sind: eine Geißelkammer sowie Archaeo- und Pinakocyten müssen erhalten bleiben.

Lebensraum, Lebensweise. Die meisten Arten sind marin, nur die Spongillidae sind mit zahlreichen Arten in das Süßwasser vorgedrungen und wachsen hier an Schilfstengeln, Steinen oder ins Wasser ragenden Ästen oder Wurzeln. Sie bevorzugen nahrungsreiches, bewegtes Wasser. Außer den Spongillidae gibt es noch Schwämme aus einigen kleinen Familien im Süßwasser (Potamolepidae [Afrika], Lubomirskiidae, Adocidae [Baikalsee]).

Auch die marinen Schwämme sind meist an Festkörpern festgewachsen, sie bilden auf Felsboden dichte Überzüge, leben aber auch an Algen, auf Muscheln, Schnecken, oft an den Schneckenschalen von Einsiedlerkrebsen *(Ficulina [Suberites])*. Einige dienen Einsiedlerkrebsen als Behausung. Sie lösen das vom Krebs ursprünglich bevorzugte Schneckenhaus auf und schützen den Krebs.

Die Bohrschwämme *(Cliona)* bohren in Kalkstein oder Molluscenschalen netzförmige Gänge. Sie sprengen dabei kleine Kalkkörper vom Substrat ab, die sie durch ihren Körper über das Osculum nach außen befördern. Auch auf Schlammböden leben im Meer Schwämme. Sie sind durch große Nadeln im Boden verankert (bei *Monorhaphis* bis 3 m lang).

Als spezielle Anpassung an Lebensweisen mit besonders ausgeprägtem Wechsel der Lebensbedingungen gelten die Ausbildung der Gemmulae (vorwiegend im Süßwasser) und die asexuelle Fortpflanzung in Larvenstadien (Eulitoral).

Alle Schwämme sind Suspensionsfresser. Als innere Strudler filtrieren sie täglich große Wassermengen, ein Badeschwamm von 500 ccm Größe z. B. 2 Liter pro Minute. In flachen Meeresbuchten kann das ganze Wasser durch Schwämme in quellende Bewegung gebracht werden. Die Pumprate vieler Schwämme kann durch sog. Zentralzellen beeinflußt werden. Diese liegen in Geißelkammern und nehmen in ihren Oberflächeneinbuchtungen die Choanocytengeißeln auf.

Teile des Körpers können sich kontrahieren und strecken, besonders die dünnhäutigen Röhren und das Osculum. Die Deckzellen der Außen- und Innenwand sind hier kontraktionsfähig.

Vielfach leben in den Gängen des Schwammkörpers andere Tiere (vor allem Polychaeten und Krebse), häufig ist Symbiose mit einzelligen Algen, in einzelnen Fällen, z. B. bei *Verongia* (Abb. 28k) und Verwandten, nehmen Bakterien und Cyanophyceen einen großen Teil der Mesogloea ein.

Schon in Kambrium und Silur waren Schwämme am Aufbau von Riffen beteiligt; sie sollen damals an Biomasse alle anderen bodenlebenden Organismen übertroffen haben; vor allem im Erdmittelalter (Trias, Jura) waren sie gesteinsbildend (z. B. in Fränkischer und Schwäbischer Alb). Ein wichtiger Bestandteil kambrischer Riffe waren die Archaeocyatha (Abb. 28f), von denen nur das Kalkskelet bekannt ist, das meist die Gestalt eines doppelwandigen, siebartig durchlöcherten Kelches hat. Die Zugehörigkeit dieser Gruppe zu den Schwämmen ist allerdings ungewiß, sie war im Frühkambrium verbreitet und starb im mittleren Kambrium aus.

Wirtschaftliche Bedeutung. Schwämme sind in den letzten Jahren intensiv auf ihre Stoffzusammensetzung untersucht worden. Unter anderem isolierte man aus *Tethya* antivirale Substanzen. Vor allem im Mittelmeer und in der Karibik werden Schwämme gesammelt. Über die Hälfte des Weltjahresertrages von 130 Tonnen entfallen auf Tunesien, wo v. a. *Hippospongia communis* und *Euspongia officinalis* angelandet werden. Als Badeschwamm kommt besonders der letztere in den Handel; *Hippospongia* wird für Industriezwecke gebraucht.

1. Klasse: Calcarea (Calcispongiae, Kalkschwämme)

Meist röhren- oder tonnenförmige Schwämme mit Kalknadeln von ein-, drei- oder vierstrahligem Typ. Keine Trennung der Nadeln in Mega- und Mikrosklere. Ascon- bis Leucon-Typ. Nur im Meer, überwiegend Flachwasserbewohner. Homocoela: Gastralraum einheitlich (Ascontyp), Heterocoela: Kragengeißelzellen in Radialtuben oder Geißelkammern.

Leucosolenia (Abb. 28a), *Sycon* (Abb. 28b), in Nord- und Ostsee; *Leucandra*, *Clathrina*.

2. Klasse: Silicea (Silicospongiae, Kieselschwämme)

Keine Kalkspiculae, meist Kieselskelet. Leucon-Typ. Systematische Gliederung unklar.

a) **Sclerospongiae.** Skelet zusammengesetzt aus basaler Kalklage und Kiesel- sowie Spongingerüst. In neuerer Zeit wird auf die große Ähnlichkeit mit den Stromatoporoidea hingewiesen, die vom Kambrium bis zum Ende des Mesozoikums Riffe aufbauten.

b) **Triaxonida (Hexactinellida, Glasschwämme)**, becher- oder röhrenförmig. Nadelstrahlen treffen sich unter 90° (triaxon). Geißelkammern fingerhutförmig, nur in einer Lage. Rein marin, in größeren Tiefen, meist auf Schlamm. Vor allem elektronenmikroskopische Untersuchungen haben Zweifel aufkommen lassen, ob es sich bei dieser weitgehend aus Syncytien aufgebauten Tiergruppe um Schwämme handelt. *Hyalonema* (pilzförmig), *Euplectella* (Gießkannenschwamm), *Caulophagus*, *Monorhaphis*.

Die folgenden beiden Gruppen, die 95% der rezenten Schwammarten umfassen, werden auch als **Demospongiae** zusammengefaßt:

c) **Tetraxonida (Tetractinellida**, Anker-, Rinden- oder Strahlschwämme). Kieselnadeln monaxon oder tetraxon. Häufig mit Nadeln dicht besetzte Rinde. Meeresbewohner, vorwiegend in flacherem Wasser. *Tethya*, *Suberites*, *Ficulina*, *Polymastia*, *Cliona*, *Geodia*, *Chondrosia*. *Oscarella*, mit Wimpern auf der Oberfläche und in den Kanälen, ohne Skelet, Entwicklung einfach (für diese Gattung wird auch die Ordnung Myxospongida aufgestellt).

d) **Cornacuspongiae** (Hornfaser-, Netzfaserschwämme). Netzartiges Spongingerüst und Kieselskelet gleichzeitig vorhanden, selten nur eines dieser Skelete. Gerüstnadeln monaxon. Unter der Oberfläche umfangreiche Hohlräume (Subdermalräume). Meer und Süßwasser. *Euspongia (Spongia)*, Badeschwamm, ohne Nadeln, wird in wärmeren Meeren gesammelt und wirtschaftlich genutzt. Der Gebrauchswert des Badeschwammes beruht auf seiner großen Oberfläche (bis 34 qm bei einem Schwammskelet von 4 g); er kann das 50fache seines Gewichtes an Wasser aufsaugen. *Hippospongia*, Pferdeschwamm, auch ohne Nadeln, aber mit Sandkörnern im Spongingerüst. *Halichondria*, klumpenförmig, häufig in Nord- und Ostsee (Abb. 28 i), *Haliclona*, *Verongia (Aplysina*, Abb. 28 k), *Chalina*, geweihartig. Hierher gehören auch die Spongillidae mit *Spongilla* (Abb. 28 e) und *Ephydatia*. *Halisarca*, dünne schleimige Überzüge auf Steinen, Molluscenschalen und Tangen bildend (auch zu Tetraxonida gestellt oder in eigener Ordnung (**Dendroceratida**) untergebracht.

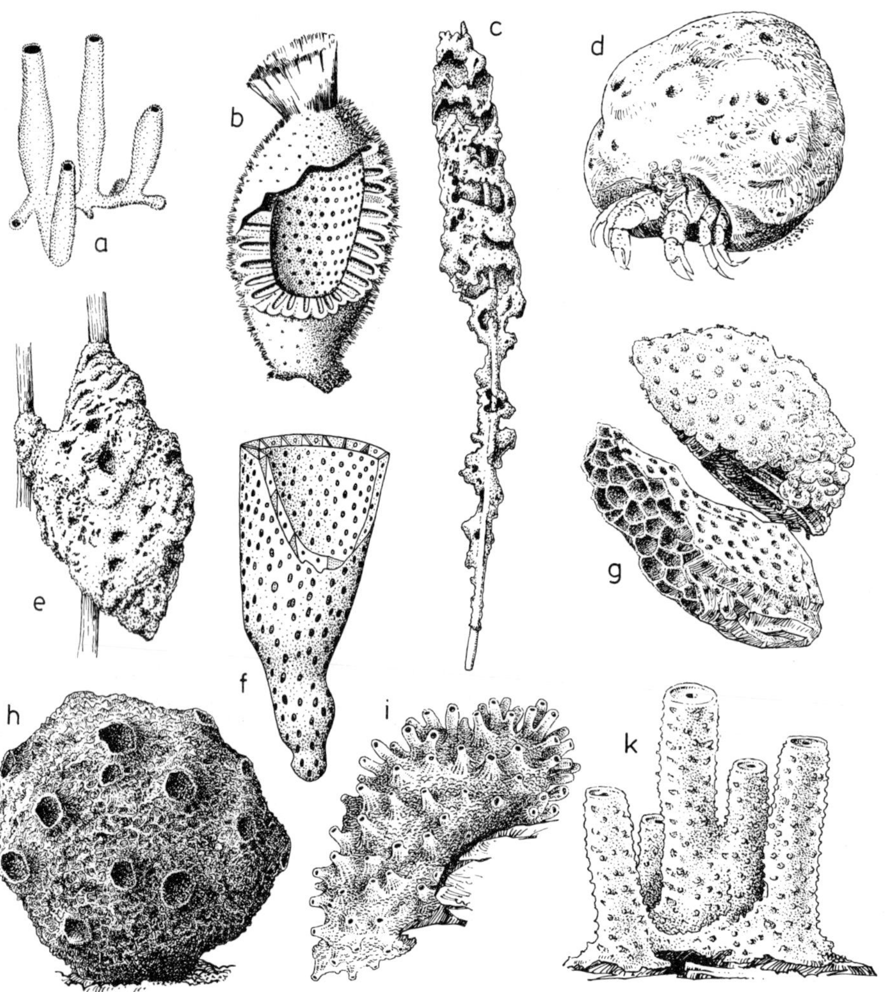

Abb. 28: Schwämme. a. *Leucosolenia*, b. *Sycon* (mit eröffneter Zentralhöhle), c. *Monoraphis*, d. *Suberites* (schließt einen Einsiedlerkrebs ein), e. *Spongilla*, f. *Archaeocyathus* (Mittelkambrium), g. *Cliona*; jedes Loch in der unten abgebildeten Molluscenschale entspricht einer Ausstromöffnung. In einem späteren Stadium vermag der Bohrschwamm auch die Oberfläche zu überziehen (oben). h. *Euspongia*, i. *Halichondria*, k. *Verongia*. Nach Arndt, Brohmer, de Haas, Jammes, Kilian, Knorr, Pfurtscheller, Schulze

B. Cnidaria (Nesseltiere)

Die Nesseltiere besiedeln mit nahezu 10000 Arten vorwiegend das Meer.

Bau. Wie die Schwämme behalten die Cnidaria als erwachsene Tiere die larvale Hauptachse des Körpers bei, die vegetativen (Mund) und animalen Pol (Scheitelplatte) verbindet. Die Organe sind oft radial in gerader Zahl um diese Achse geordnet. Zwei Epithelien (Epidermis = Ectoderm und Gastrodermis = Entoderm) bauen den Körper auf; zu ihnen kommt als verbindende Schicht noch eine Mesogloea, Mesoderm fehlt. Der Urmund bleibt als einzige Öffnung des Darmhohlraumes erhalten und ist gleichzeitig Mund, After und oft Geschlechtsöffnung. Der Darmhohlraum (Gastrocoel, Coelenteron) dient der Verdauung und der Verteilung der Nahrungsstoffe, übernimmt also Funktionen, die bei Coelomaten von Darm und Gefäßsystem erfüllt werden. Man spricht daher auch vom Gastrovaskularsystem. Die Cnidarier sind mit Medusen, Korallen und anderen Polypen die «Blumentiere» des Meeres. Charakterisiert sind sie durch die dominierende Rolle der Epithelmuskelzellen und durch Nesselkapseln.

Epithelmuskelzellen sind durch basale Ausläufer gekennzeichnet, in denen Muskelfilamente ausgebildet sind. Die Ausläufer bilden oft im Ectoderm eine geschlossene Längs-, im Entoderm eine Ringmuskelschicht (Abb. 29). Sie treten auch in anderen Tierstämmen auf.

Cniden (Nesselkapseln, Nematocysten) entstehen als komplizierte Sekretionsprodukte in Golgi-Apparaten bestimmter Zellen, den Cnidoblasten oder Cnidocyten (Abb. 30), die auf interstitielle (I-Zellen) zurückgehen können. Cniden sind doppelwandige Blasen, die einen hohen Binnendruck aufweisen können. Ihre äußere Wand hat eine Öffnung, die durch einen Deckel (Operculum) oder durch drei Klappen verschlossen ist. Die innere Wand setzt sich

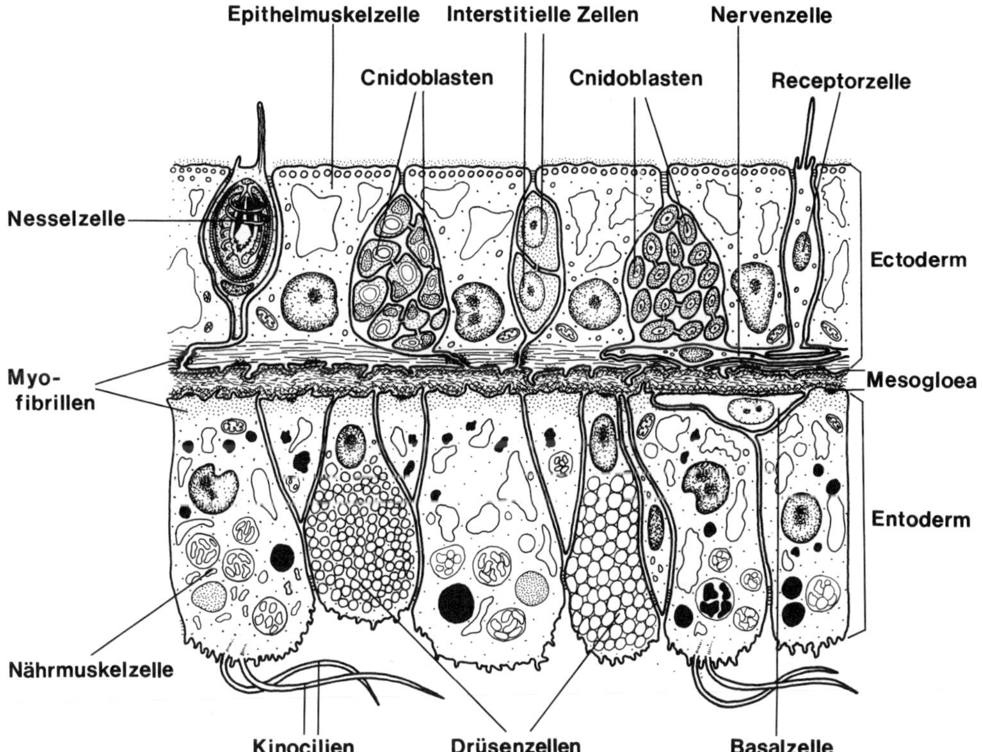

Abb. 29: Zellulärer Aufbau der Körperwand von *Hydra attenuata*. Querschnitt. Beachte die Interzellularbrücken zwischen den Cnidoblasten und interstitiellen Zellen

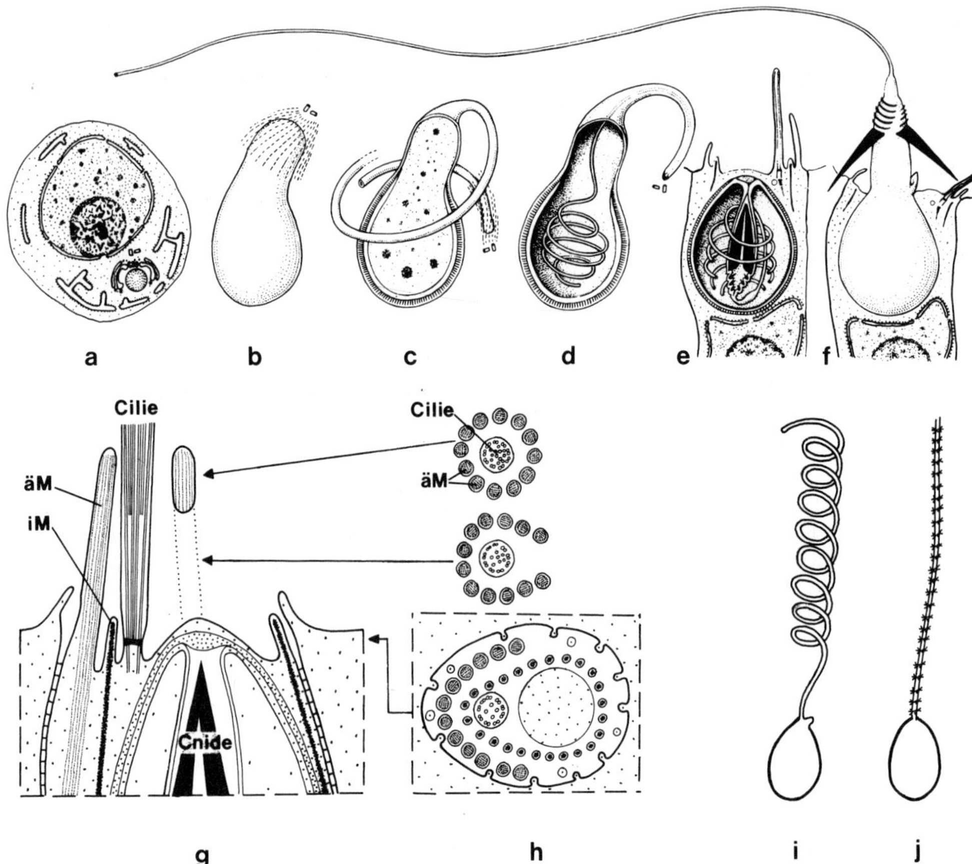

Abb. 30: Nesselzellen und -kapseln. a–f. Morphogenese einer Penetrante. a. Junge Cnidocyte mit Zellkern, endoplasmatischem Reticulum, Centriolen und Golgi-Apparat, in dessen Bereich die kugelige Nesselkapselanlage schon zu sehen ist. b. Die Cnidenanlage hat birnenförmige Gestalt angenommen. Von den beiden Centriolen geht eine formgebende Mikrotubulus-Kappe aus. c. Aus der Cnidenanlage ist ein langer Schlauch ausgewachsen. d. Der Schlauch wird eingestülpt. e. Die Cnide ist ausdifferenziert, der Schlauch hat an seiner Innenseite Stilette gebildet. f. Nach Reizung und Druckanstieg in der Cnide wurde der Schlauch der Nesselkapsel ausgestoßen: Dieser Vorgang benötigt bei *Hydra* bis zum völligen Ausstoß des 500 µm langen Schlauches weniger als 3 msec. Mit einer Beschleunigung von 40000 g werden die Stilette auf die Beute geschleudert. Dieser Vorgang ist einer der schnellsten in der belebten Welt. g, h. Rekonstruktion des Cnidocil-Cniden-Komplexes der Süßwassermeduse *Craspedacusta* im Längs- (g) und in drei (Pfeile!) Querschnitten (h). Der Komplex zeigt eine ausgeprägte Bilateralsymmetrie. äM = äußere Mikrovilli, iM = innere Mikrovilli. i. Astomocnide; der ausgeschleuderte Schlauch besitzt keine terminale Öffnung, aus der Cnideninhalt austreten kann, j. Glutinante. Nach Hausmann, Holstein

nahe der Öffnung nach innen in einen Schlauch fort, der sich bei Reizung der Zelle sehr schnell handschuhfingerartig ausstülpt und mehrere mm Länge erreichen kann. Reizung erfolgt über eine Cilie, die von einem Ring von Mikrovilli umgeben wird (Abb. 30g, h). Lichtmikroskopisch ist dieser Apparat als kleiner Stift sichtbar, der Cnidocil genannt wird. Mehrere Cnidocyten sind über ihren basalen Anteil mit einer Epithelmuskelzelle verbunden. Dieser Komplex wird innerviert.

Nach der Beschaffenheit der Fäden differenziert man Cniden in zwei Gruppen: Astomocniden besitzen einen hohlen, geschlossenen, Stomocniden dagegen einen distal offenen Faden. Aus der Öffnung kann Kapselinhalt austreten. In die erste Gruppe gehören Desmonemen mit schraubig gewundenem Faden

(Volventen), in die zweite die Haplonemen mit einfachem Faden (Glutinanten) und die Heteronemen mit abgesetztem Schaft am Faden, der Stilette tragen kann (Penetranten, Abb. 30).

Nach einer anderen Einteilung gliedert man in Spiro- und Nematocysten. Bei ersteren wird ein zentraler Strang von einem schraubigen Klebfaden umgeben, bei den Nematocysten ist der ausgestülpte Faden mit Dörnchen besetzt.

Insgesamt unterscheidet man etwa 20 verschiedene Cnidenformen.

Da jede Nesselkapsel nur einmal explodieren kann, müssen dauernd neue nachgeliefert werden. Oft liegen die I-Zellen in bestimmten Regionen am Rumpf oder an der Basis der Tentakel und wandern von hier zwischen den übrigen Zellen zu den Verbrauchsorten.

Die Cniden dienen vorwiegend dem Beutefang und der Lähmung von Tieren. Cniden einiger Arten (vor allem Milleporiden, Siphonophoren, Cubozoen und einige Semaeostomeae) können Menschen starke Hautreizungen zufügen oder sogar tödlich wirken. Manche Cubomedusen zählen zu den giftigsten Meerestieren (S. 56). Ihre Cniden können die gesamte Epidermis des Menschen durchschlagen.

Die meisten Arten tragen mehrere Cniden-Typen, die das für die Bestimmung wichtige «Cnidom» ausmachen.

Wenn Cniden außerhalb der Cnidaria vorkommen, entstammen sie der (Nesseltier-)Nahrung dieser Tiere, so bei Nudibranchiern, Turbellarien und Ctenophoren. Man nennt sie Kleptocniden.

Das Nervensystem besteht aus Ganglienzellen, die basal zwischen den Epithelzellen von Ento- und Ectoderm liegen. Ihre Ausläufer bilden ein Netz, das bisweilen eine Schicht von Nervengewebe im Ectodermepithel aufbaut und lokal verstärkt sein kann. Primäre und sekundäre Sinneszellen kommen bei Polypen vor, Medusen können komplexere Sinnesorgane tragen. Drüsenzellen liegen im Ectodermepithel zerstreut, gehäuft an der Fußscheibe von Polypen. Sie sind stark an der Skeletbildung beteiligt und bilden auch die Gasdrüse der Siphonophoren.

Das Entoderm ist, wie erwähnt, primär dem Ectoderm sehr ähnlich, bisweilen fehlen ihm die Nesselkapseln, bisweilen die Nerven- und Sinneszellen, dafür ist es im allgemeinen mit Cilien besetzt, Drüsenzellen sind häufig. Resorbierende Zellen mit zahlreichen Vakuolen dominieren. In den Tentakeln kann das Entoderm zu einem Stützgewebe umgeformt sein: Die vakuolenreichen Zellen bilden eine Achse aus einer oder mehreren Zellreihen.

Die Schicht zwischen den Epithelien, die Mesogloea, ist bei den Cnidariern vielgestaltig.

Eine umfangreiche Mesogloea fehlt vielen Hydrozoen und einigen anderen kleinen Formen. Hier stoßen Ectoderm und Entoderm im Innern der Körperwand mit ihren Basallaminae zusammen, die so eine Stützlamelle bilden. Schon bei den Hydromedusen ist die Stützlamelle durch eine umfangreiche, aber zellfreie Gallerte ersetzt. Bei Scyphomedusen und Anthozoen wandern meist Zellen in die Gallerte ein und formen diese in die zell- und fibrillenhaltige Mesogloea um. Die Zellen dürften überwiegend aus dem Ectoderm stammen, sind amöboid, sekretorisch aktiv und können als Skleroblasten beim Aufbau des Innenskelets tätig sein.

Generationswechsel. Die Cnidaria treten in zwei Formen auf, als festsitzender Polyp und als freischwimmende Meduse (Qualle). Der Polyp erzeugt vegetativ durch Knospung die Meduse, aus den Eiern der Meduse geht über eine Planula-Larve wieder der Polyp hervor. Es herrscht also Generationswechsel (Metagenese). Die Medusengeneration fehlt primär den Anthozoen, sekundär vielen Hydrozoen, z.B. *Hydra*. Seltener ist die Polypengeneration rückgebildet, z.B. bei den Trachylina, *Pelagia* u.a.

a. *Polyp* (Abb. 31, 32, 40). Der Polyp ist ein doppelwandiger Schlauch, der aus folgenden Anteilen besteht: basaler Fuß- oder Haftscheibe, distalem Mundfeld (Mundscheibe, Peristom) und röhrenförmigem Mauerblatt, das beide verbindet. Zwischen Mundfeld und Mauerblatt sind fast immer Fangtentakel ausgebildet. Die Körperwand besteht aus zwei Epithelien, Ecto- und Entoderm (Abb. 40a). Oft ist der Oberteil becherartig erweitert (Hydranth), der mittlere und untere Körperteil stielartig verschmälert (Hydrocaulus) und die Fußscheibe durch wurzelartige Ausläufer verankert (Hydrorhiza). Die Tentakeln sind sehr dehnbare, fädige, bisweilen gefiederte Arme, die in Kränzen oder unregelmäßig verteilt vom Vorderkörper ausstrahlen. An ihnen kleben Beutetiere fest, werden durch Nesselkapseln gelähmt und durch starke Kontraktion in Mundnähe gebracht. Das Entoderm zieht in die

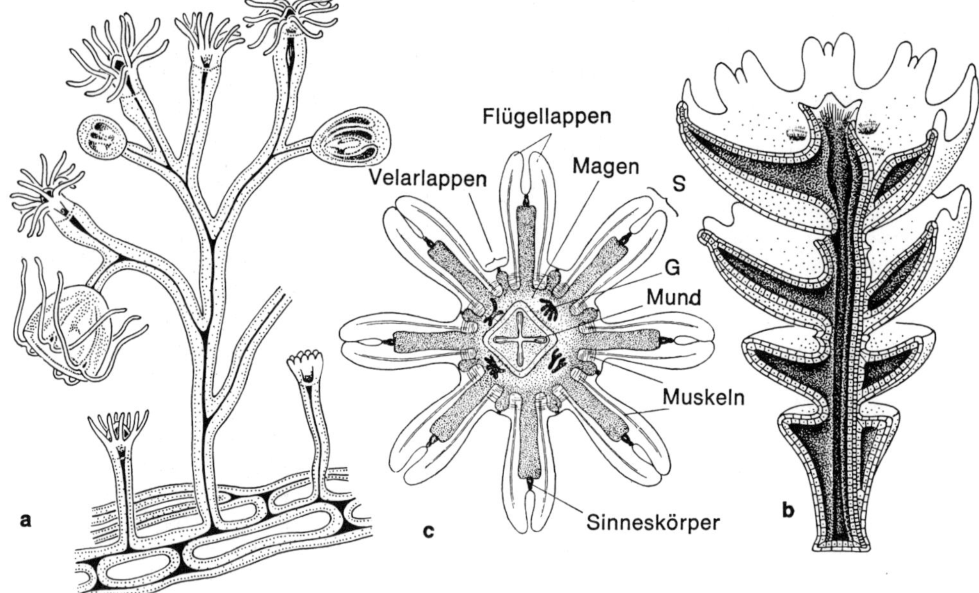

Abb. 31: Generationswechsel. a. Hydrorhizale Kolonie des Hydrozoons *Bougainvillia* mit knospenden Medusen. b. Strobila von *Aurelia*. c. Ephyra (Jugendstadium) von *Aurelia*. Zwischen den acht Stammlappen (S), die distal in zwei kleine Flügellappen ausgezogen sind, entstehen später acht Velarlappen, die dieselbe Länge wie die Stammlappen erreichen. G: Gastralfilamente. Nach Allmann, Claus, Friedmann, Remane

Tentakel entweder als hohler Schlauch oder als mehr oder minder solider Strang von Zellen hinein.

Neben diesen gemeinsamen Merkmalen weisen die Polypen der drei großen Cnidaria-Klassen Hydrozoa (Hydropolyp), Scyphozoa (Scyphopolyp) und Anthozoa (Anthopolyp) beträchtliche Unterschiede auf (Abb. 32).

Der Mund liegt oft inmitten der Mundscheibe. Bei den Anthozoen wird er durch Ausbildung eines ectodermalen Schlundrohres in die Tiefe versenkt. Dadurch entsteht ein neuer «äußerer» Mund. Das Schlundrohr ist seitlich zusammengedrückt; in einem oder beiden Winkeln kann eine bewimperte Rinne (Siphonoglyphe) Wasser in den Magenhohlraum strudeln. Dieser ist bei Hydro- und Cubopolypen ein einfacher Innenraum, dessen entodermale Auskleidung (Gastrodermis) sich überall der Außenwand anlegt. Bei Scyphopolypen und Anthozoen (Abb. 33) ist er durch vorspringende Septen in einen zentralen Magenraum und radiär gestellte Taschen (Gastraltaschen) zerteilt. Diese Septen sind bei Scyphopolypen und Anthozoen verschieden. Im Scyphopolypen sind vier Septen ausgebildet, die jeweils von Muskeln ectodermalen Ursprungs durchzogen werden (Abb. 32). Diese setzen an Einsenkungen der Mundscheibe (Septaltrichter) an. Anthozoen haben oft sehr viele Septen. Ihre Funktion besteht in der Verbindung von Fußscheibe, Schlundrohr und Körperseiten, so daß große, bis über 1 m Durchmesser erreichende, zylindrische Körper entstehen können (Actiniaria). In ihrem Inneren herrscht ein geringer Überdruck gegenüber der Umgebung. Die Septenmuskulatur besteht aus entodermalen Epithelmuskelzellen, die das Septum einseitig bandartig vorwölben und als Muskelfahnen bezeichnet werden. Der freie Rand der Septen bildet Mesenterialfilamente, das sind fädige Anhänge mit vielen Sekretions- und Resorptionszellen sowie an der Spitze mit Nesselzellen, die bei Beutefang und Verdauung aktiv sind. Bei einigen Aktinien tragen die Septenränder besonders lange Wehrfäden (Akontien), die dicht mit Nesselkapseln besetzt sind. Bei der raschen Kontraktion des Tieres geraten sie durch den Mund oder kleine Öffnungen der Körperwand (Cincliden) nach außen und bilden ein Netz von Schutzfäden über dem zusammengezogenen Tier. Bei Anthozoen tragen die Septen auch die Gonaden, die in den

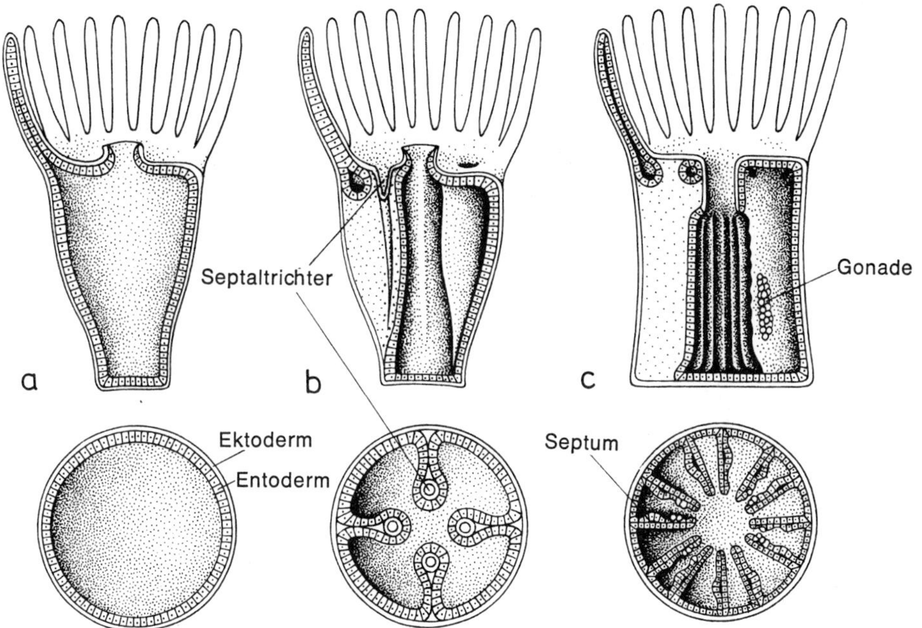

Abb. 32: Schematisch dargestellter Aufbau von Hydro- bzw. Cubo- (a), Scypho- (b) und Anthozoenpolyp (c). Oben: Längs-, unten: Querschnitte. Nach Remane

Septen hinter den Mesenterialfilamenten liegen (Hexacorallia) oder traubenartig in den Gastralraum hängen (Octocorallia). Sie stammen bei Anthozoen aus dem Entoderm und wandern in die Mesogloea. Nahe der Mundscheibe können durch 1 oder 2 Löcher in den Septen (= Septalstoma) benachbarte Magentaschen verbunden sein.

Die meisten Polypen, besonders viele Anthozoen, bilden ein umfangreiches Skelet. Es wird entweder vom Ectoderm nach außen abgeschieden (Exoskelet) oder von mesogloealen Zellen im Inneren des Polypen aufgebaut (Endoskelet). Da diese Mesogloea-Zellen vom Ectoderm nach innen gewandert sind, ist der Unterschied zwischen Exo- und Endoskelet nicht immer scharf. Als Substanzen treten auf: chitinige Abscheidungen nach außen, hornige Abscheidungen aus Gorgonin im Inneren, Kalk als Calcit oder als Aragonit. Der Kalk kann massiv nach außen oder in Form von zahlreichen knorrigen Körperchen (Skleriten) im Inneren abgeschieden werden.

Ein Außenskelet wird häufig nur an der Fußscheibe des Polypen abgeschieden, es bildet dann einen Sockel, auf dem der Polyp oder die Polypenkolonie sitzen. Ein solches basales Außenskelet bilden besonders die Steinkorallen (Abb. 33b). Sein Bau kann kompliziert werden, da die Kalkabscheidung ungleichartig ist und so Erhebungen emporwachsen, die die abscheidenden Fußscheiben nach oben drängen. So entstehen unter dem Polypen radiale Kalkleisten (Sklerosepten), die zwischen die aus Entoderm und Mesogloea bestehenden Septen (= Sarcosepten) ragen, eine zentrale Säule (Columella) und ein Ringwall (Theca).

Die Kalkbildung erfolgt nicht kontinuierlich, die Fußscheibe löst sich von Zeit zu Zeit z.T. vom Skelet und bildet neue Querlamellen als Basis (Zwischenböden). So gewinnt das basale Außenskelet eine große Mannigfaltigkeit, die für die Systematik wichtig ist (Abb. 45).

Vielfach, besonders bei Hydropolypen, bildet das ganze Ectoderm außen eine chitinige Cuticula (= Periderm). Diese löst sich stellenweise von der Epidermis und bildet um den Polypenkopf einen Becher (Hydrotheca = Theca, Abb. 40), in den sich der Polypenkopf (Hydranth) zurückziehen kann. Die Cuticula kann verkalken, bei den sog. Hydrokorallen bilden Peridermröhren korallenartige Stöcke.

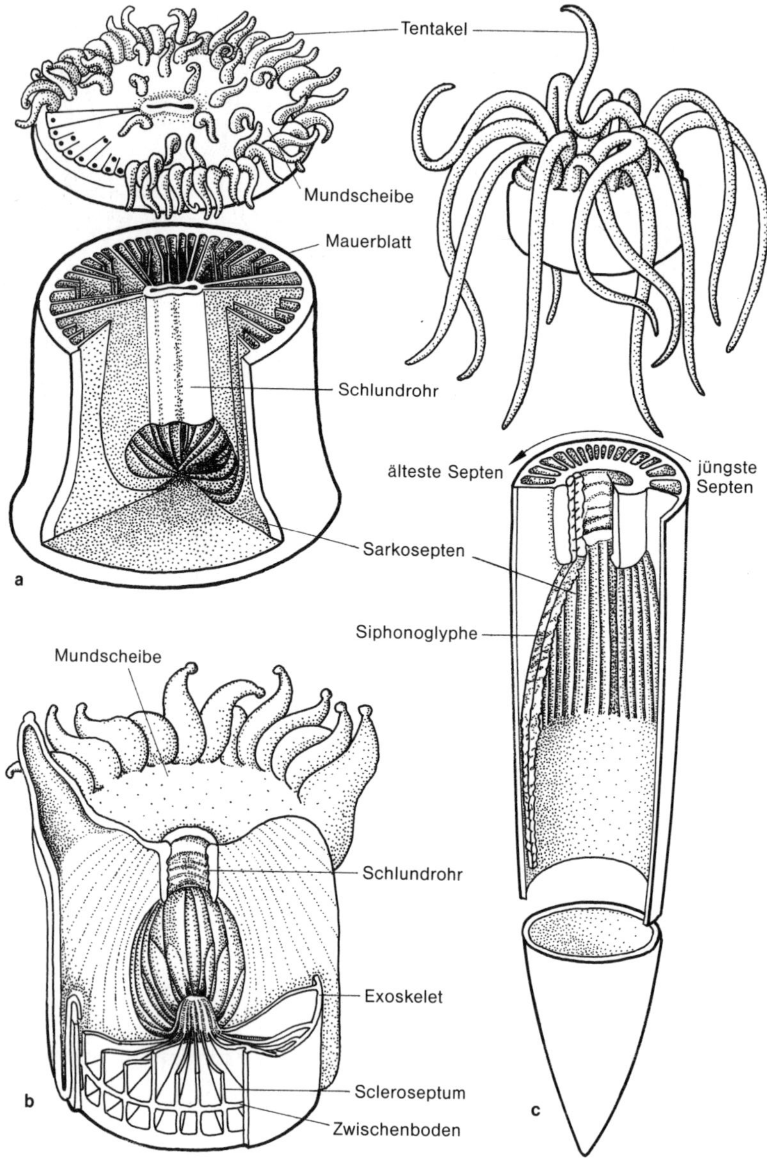

Abb. 33: Blockdiagramme verschiedener Hexacorallia. a. Actiniaria. Die Septen treten paarweise und in zwei Formen auf: als vollständige Septen (das Schlundrohr erreichend) und als unvollständige (Mund- und Fußscheibe sowie Mauerblatt verspannend), b. Scleractinia. Beachte das basale Exoskelet. c. Ceriantharia. Alle Septen verbinden Schlundrohr und Mauerblatt. Nach Graßhoff

Ein Innenskelet bauen die Octocorallia auf (Abb. 34). In der Mesogloea bilden Zellen Kalksklerite, die durch weitere Kalkabscheidungen zu festen Massen verkittet werden können. So entstehen bei Orgelkorallen Skeletröhren in der Mesogloea der Polypen, bei anderen solide Skeletachsen im Inneren der Kolonie, z.B. bei der Edelkoralle. Eine innere Skeletachse der Kolonie kann auch durch direkte Abscheidung einer hornigen Substanz (Gorgonin) entstehen, z.B. bei den Gorgonaria. In diese kann wieder Kalk eingelagert werden, bei man-

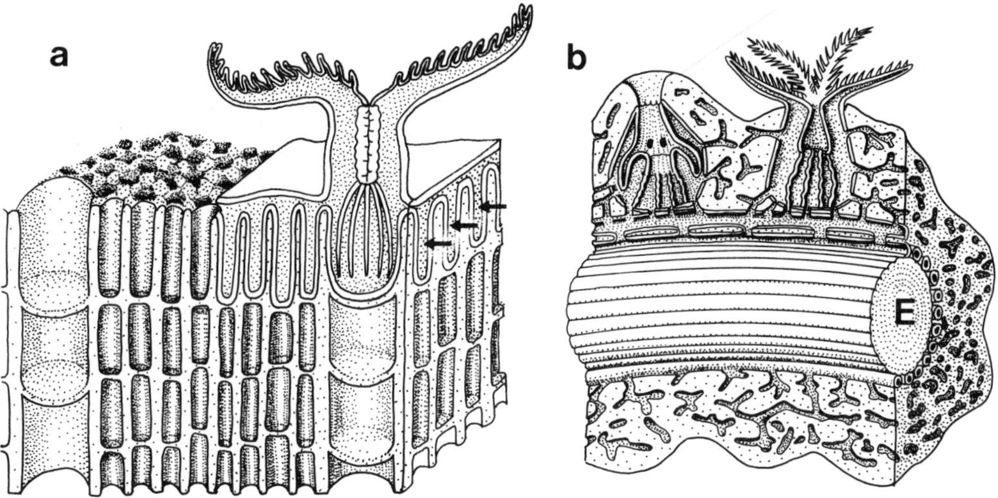

Abb. 34: Blockdiagramme von Octocorallia. a. *Heliopora coerulea* (Coenothecalia). Links wurde das lebende Gewebe entfernt, um die Oberfläche des Skeletes zu zeigen. Polyp und Coenenchym mit Blindschläuchen (Pfeile) scheiden Kalk nach unten aus und ziehen von Zeit zu Zeit Zwischenböden ein. b. *Corallium rubrum* (Gorgonaria) mit Endoskelet (E), das von parallelen Coenenchymkanälen umhüllt wird. Ansonsten wird das Coenenchym von unregelmäßig verlaufenden Kanälen durchzogen. Links eingezogener, rechts entfalteter Polyp. Nach Graßhoff, Lacaze-Duthiers

chen Gattungen sogar in regelmäßigem Wechsel mit Gorgonin, so daß die Achse zu einer Art beweglicher «Wirbelsäule» wird *(Isis)*.

Der Bau der Polypen kann durch Skelet- und Koloniebildung stark kompliziert werden. Kolonien oder Tierstöcke entstehen dadurch, daß sich aus dem Stammpolypen Knospen bilden, die sich aber nicht lösen, sondern am Stammpolypen bleiben. Durch wiederholte Knospung können so Tierstöcke mit Tausenden von Individuen entstehen. An der Knospenbildung beteiligen sich Ecto- und Entoderm, so daß die Magenhohlräume aller entstehenden Tiere im Zusammenhang bleiben.

Der äußeren Form nach lassen sich drei Kolonieformen unterscheiden: 1. Stolonenkolonie. 2. Schichtkolonie. 3. Massenkolonie. Die Grundlage der Stolonenkolonie bildet ein Geflecht von Stolonen, also eine umfangreiche Hydrorhiza, das die Kolonie am oder im Substrat befestigt (Abb. 31a). Aus ihm sprossen die Polypenköpfchen hervor *(Clythia, Clava)*. Entstehen am Stiel der Köpfchen, also am Hydrocaulus, noch weitere Knospen, so entstehen Buschkolonien, wie z.B. bei *Campanularia* und *Cordylophora*. Dabei kann die jeweils jüngste Knospe ihre «Mutter» überwachsen, so daß der älteste Polyp an der Basis steht (sympodialer Wuchs), oder der älteste Polyp bildet den langen Hauptstamm, die späteren nur kurze Seitenäste (monopodialer Wuchs). Komplikationen treten noch auf, wenn mehrere Stiele einen Sammelstamm bilden oder das Hydrorhizageflecht säulenartig emporwächst und so einen komplexen Stamm bildet.

Schichtkolonien entstehen, wenn die Einzelpolypen durch eine Schicht miteinander basal verbunden sind und das Skelet von dieser Schicht nach unten abgeschieden wird, so daß der lebende Teil der Kolonie eine dünne Schicht über dem massigen Außenskelet bildet (Madreporaria).

Dieser Fall leitet über zu den Massenkolonien, bei denen das Skelet innen liegt und die gesamte Kolonie vom Ectoderm überzogen ist. Das verbindende Gewebe zwischen den Polypenköpfen (= Coenenchym, Coenosark) ist außen von Ectoderm überzogen und enthält innen eine Mesogloea, die von Entodermkanälen (Solenia, Coenenchymkanäle) durchzogen wird. Diese Kanäle stellen die Verbindung zwischen den Magenhohlräumen der Polypen her. Das Wachstum der Kolonie erfolgt, indem aus dem Coenenchym neue Polypenköpfe hervorsprossen (extratentakuläre Knospung) oder

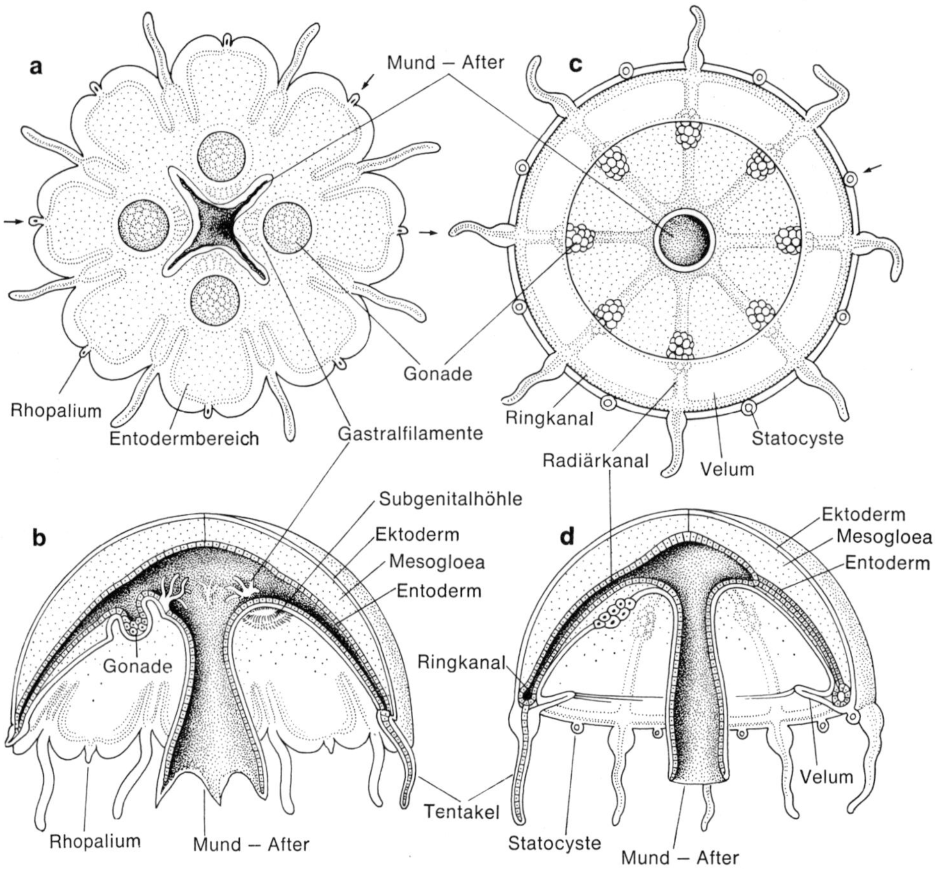

Abb. 35: Organisation der Medusen. a, b. Scyphomeduse, c, d. Hydromeduse. Nach Remane

durch Längsteilung der Polypen (intratentakuläre Knospung). Dabei streckt sich die Mundscheibe in einer Richtung, Mund- und Schlundrohr teilen sich in meist zwei Münder, es folgt die Teilung von Mundscheibe und Tentakelkranz. Unterbleibt die Teilung, so kann aus der ursprünglichen Mundscheibe ein langes, gewundenes Band werden mit vielen Mündern und Tausenden von Tentakeln, z.B. bei Mäanderkorallen (Neptunsgehirne, Abb. 45b). Die äußere Form der Kolonien ist sehr vielgestaltig.

Arbeitsteilung unter den Polypen tritt bei einer Anzahl von Arten auf. Recht selten und geringfügig ist sie bei den Korallen. Neben den Normalpolypen (Autozoide) sind kleine tentakellose Polypen mit großer Schlundrinne vorhanden (Siphonozoide), die die Wasserfüllung der Entodermräume besorgen. Eine der beiden Formen trägt die Gonaden. Reicher ist die Arbeitsteilung bei den Hydrozoa. Die Normalpolypen (= Nährpolypen, Trophozoide) behalten Tentakel und Mund. Die Fähigkeit, die Geschlechtsgeneration (Medusen, Medusoide usw.) zu bilden, wird auf bestimmte Polypen beschränkt, deren Tentakel verkürzt sind und denen oft der Mund fehlt (= Fruchtpolypen, Blastostyle, Gonozoide). Bei den Thecata sind sie oft langgestreckt (Abb. 40), desgleichen ihre Theca (= Gonothek). Das Blastostyl mitsamt der an ihm sprossenden Geschlechtsgeneration wird als Blastozoid bezeichnet. Verbreitet sind kleinere Polypen ohne Mund und meist ohne Tentakel, die an ihrem Vorderende zahlreiche Nesselkapseln tragen und meist sehr dehnbar sind. Sie werden als Wehrpolypen, Dactylozoide oder Nematophoren bezeichnet. Sie helfen z.T. beim Nahrungsfang, aber wohl auch bei der

Abwehr anderer Tiere. Bezüglich dieses Polymorphismus übertreffen die Cnidaria alle anderen Tiere.

b. Meduse. Medusen kommen bei Hydrozoen (Hydromeduse), Cubozoen (Cubomeduse) und Scyphozoen (Scyphomeduse) vor. Sie sind komplizierter organisiert als Polypen (Abb. 35), das hängt mit ihrer freischwimmenden Lebensweise zusammen. Als Schwimmorgan ist eine Glocke (Umbrella) entwickelt, die durch rhythmisches Zusammenziehen das Tier stoßweise fortbewegt. Am Glockenrand sind z. T. komplizierte Sinnesorgane ausgebildet, und das Nervensystem ist entsprechend differenziert. Auch der Gastralraum ist komplizierter als bei Polypen. Im Prinzip stimmen Polyp und Meduse jedoch überein. Die Meduse kann als abgeplatteter Polyp beschrieben werden, ihr Rand trägt wie der Mundscheibenrand Tentakel. Der Mund ist zu einem meist langen und mit Lappen versehenen Magenschlauch (Manubrium) ausgezogen; andeutungsweise zeigt dies auch der bei Polypen nicht selten auftretende Mundkegel. Bei diesem Vergleich ergibt sich, daß die Meduse eigentlich rückwärts schwimmt und die Oberseite ihrer Glocke (Exumbrella) der Basis- und Seitenfläche des Polypen (= Fußscheibe und Mauerblatt) entspricht; dessen Mundscheibe entspricht dagegen der anderen Seite (Subumbrella).

Unter den Besonderheiten der Meduse fällt zunächst die umfangreiche Mesogloea auf, die den Großteil der Meduse ausmacht; sie besteht zu über 95 % aus Wasser, weniger als 1 % ist organische Substanz. In sie können Zellen einwandern. Der Magenhohlraum erstreckt sich nicht durch die gesamte Glocke, das periphere Gebiet wird nur von einzelnen Radiärkanälen durchzogen, die von einem Zentralmagen ausgehen und am Glockenrand meist durch einen Ringkanal verbunden sind. Das Gastrovaskularsystem besteht dementsprechend aus Mund, Innenraum des Manubrium, Zentralmagen, Radiärkanälen und Ringkanal. Gelegentlich führen vom Zentralmagen ein Aboralporus oder vom Ringkanal Gänge nach außen. Die Tentakel sind im Prinzip wie bei Polypen aufgebaut, sie erreichen mehrere Meter Länge, die Nesselkapseln können auf ihnen in dichten «Batterien» stehen. Am Schirmrand finden sich Statocysten und Augen. Bei Scyphomedusen sind die Statoreceptoren mit Chemo- und Photoreceptoren zu komplexen Sinnesorganen vereint, die als Rhopalien bezeichnet werden. Ansonsten treten Lichtsinnesorgane bei Anthomedusen unter den Hydrozoen an der Basis der Tentakeln auf.

Das Nervensystem bildet in der Nähe der Sinnesorgane dichte Komplexe und ist am Schirmrand zu Ringsträngen angeordnet. Die Muskeln (oft quergestreift) sind auf der Subumbrellaseite besonders stark entwickelt. Sie bewirken das Zusammenziehen der Glocke. Als Antagonist wirkt die Gallerte mit ihrer Elastizität.

Hydro- und Scyphomedusen weisen deutliche Unterschiede auf. Hydromedusen tragen am Rande der Glocke einen nach innen vorspringenden Ringsaum (Velum, Craspedon), der aus zwei Ectodermlamellen besteht und die Glokkenöffnung verkleinert. Der Glockenrand der Scyphomedusen wird von vorspringenden Randlappen (meist 8) eingenommen. Ferner haben die Scyphomedusen Septaltrichter. Entsprechend der Gestalt der Meduse stellen sie vier flache Höhlungen der Subumbrella dar (Subgenitalhöhlen). Die Scyphomedusen sind außerdem durch fingerförmige Vorsprünge am Magenrand (Gastralfilamente) ausgezeichnet. Wichtig ist auch die verschiedene Lage der Gonaden: Bei den Hydromedusen liegen sie im Ectoderm oder zwischen diesem und Mesogloea (Entleerung der Geschlechtszellen durch die Körperoberfläche), bei den Scyphomedusen in der Mesogloea (Entleerung durch den Mund).

Der tiefgreifendste Unterschied zwischen Hydro- und Scyphomedusen besteht in ihrer Entstehung aus dem Polypen. Bei den Scyphozoen wandelt sich der obere Teil des Polypen direkt in die junge Meduse um, eine Ringfurche schnürt diesen medusenbildenden Teil ab. Es kann sich zunächst nur eine Meduse bilden (monodiske Strobila), meist werden jedoch gleichzeitig mehrere übereinander gebildet (polydiske Strobila). Diese scheibenartige Zerlegung des Polypen in Medusen wird als Strobilation bezeichnet (Abb. 31). Bei den Cubozoen – bis vor kurzem allgemein zu den Scyphozoen gestellt – entsteht die Meduse durch Metamorphose aus dem Polypen.

Bei Hydrozoen bilden sich die Medusen aus Anlagen, die seitlich an einem Polypenköpfchen am Stiel oder auch an der Hydrorhiza entstehen (laterale Knospung). Hier wölbt sich die Wand des Polypen mit Ectoderm und Entoderm zu einer kolbenförmigen, hohlen Knospe vor.

Medusen sind im Gegensatz zu Polypen fast stets einzellebend. Wenige Arten haben die Fähigkeit, durch Sprossung an Glockenrand oder Magenstiel neue Medusen zu erzeugen, zu einer Stockbildung kommt es nicht.

Die Staatsquallen (Siphonophora) sind komplizierte Stockbildungen mit hochentwickelter Arbeitsteilung, an denen Medusen beteiligt sind (Abb. 41). Die Achse einer solchen Staatsqualle wird von einem faden- bis pilzförmigen Stamm gebildet, der in seinem Bau einem schlauchförmigen, tentakellosen Polypen gleicht. Am aboralen Teil trägt er meist eine komplizierte Schwimmblase, die durch Einstülpung von der Oberfläche entsteht. Das Ectoderm der Blaseninnenwand wird zur Gasdrüse. An dem Stamm sitzen meist einseitig (der Stamm ist dann schraubig gedreht) zahlreiche verschiedene Tiere, Medusen ohne Magenstiel und Tentakel, die als Schwimmorgane dienen und daher als Schwimmglocken bezeichnet werden, schlauchartige Tiere mit Mund, medusenbildende Blastostyle, Wehrpolypen, knorpelige Deckstücke usw. Das Einzeltier wird hier nur zum Funktionsteil eines höheren Ganzen, die Staatsquallen stellen also Individuen höherer Ordnung dar. Dem äußeren Ansehen nach besteht dieser Tierverband aus Polypen (Stamm, Blastostyl) und Medusen (Schwimmglocken, Deckstücke). Damit stimmt überein, daß der Stamm (Zentralpolyp) direkt aus Ei und Larve hervorgeht. Es wird aber auch die Auffassung vertreten, daß hier nur ein Medusenstock vorliege.

Der Generationswechsel der Hydrozoa und Scyphozoa wird oft zurückgebildet. Sowohl die Polypen- als auch die Medusengeneration kann verschwinden. Im ersten Fall entwickelt sich aus Ei und Larve direkt die Meduse, z.B. bei den meisten Trachylina unter den Hydrozoen, unter den Scyphozoa bei *Pelagia* und bei den Lucernarida, wenn man diese als festsitzende Medusen auffaßt. Die Rückbildung der Medusengeneration weist eine Fülle von Reduktionsformen auf (Abb. 36). Wir finden sie bei zahlreichen Hydrozoen:

1. Eumedusoide. Die Glocke ist noch weitgehend entwickelt und von Radiärkanälen durchzogen; es fehlen Sinnesorgane, Glockengallerte und Mund, meist auch die Tentakel. Das Manubrium ist noch erhalten, wenn es die Gonaden trägt. 2. Kryptomedusoide. Die Glocke ist noch vorhanden, aber nur von einer einfachen Entodermlamelle durchzogen. Der Glockenhohlraum ist stark verkleinert. 3. He-

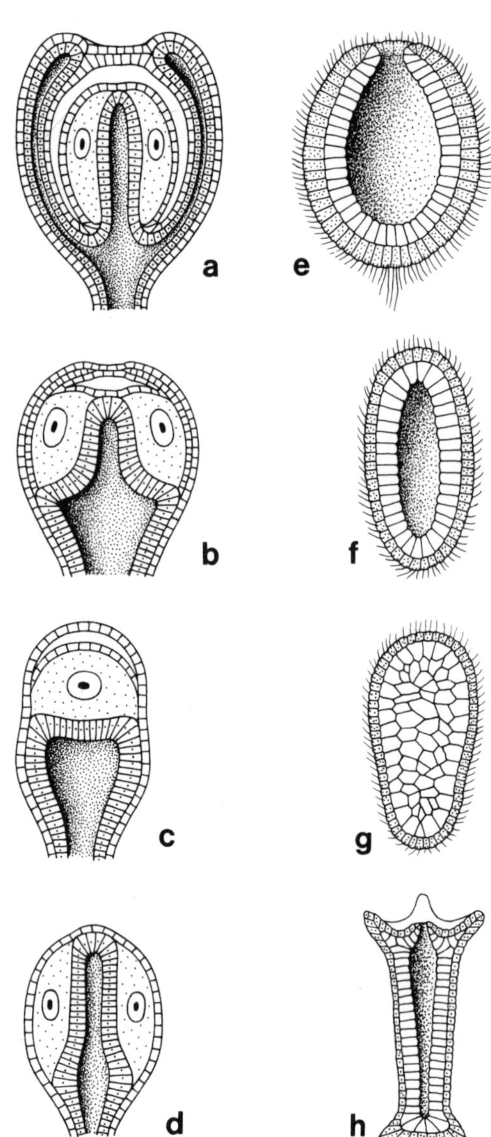

Abb. 36: a–d. Rückbildungsstadien der Medusengeneration (sessile Gonophoren); e–h. Planula-Larven und Jugendstadium von Cnidariern.
a. Eumedusoid, b. Kryptomedusoid, c. Heteromedusoid, d. Styloid, e. Planula-Larve mit Urmund und Urdarm (kommt bei vielen Actiniaria vor), f. Larve mit verschlossenem Urmund, g. Planula mit solider Entodermmasse, h. Larve nach der Festheftung während der Umwandlung zum Polypen. Nach Kühn, Remane

teromedusoide. Nur eine kleine Glockenhöhle, die außen und innen von einer Ectodermschicht begrenzt wird, ist das letzte Anzeichen einer Medusengeneration. 4. Styloide. Sie bestehen nur noch aus einem Kolben, der außen vom Ectoderm überzogen ist, innen Entoderm und zwischen beiden Schichten die Gonaden enthält. An sie schließt sich dann die direkte Gonadenbildung am Polypen an.

Entwicklung. Die Cnidaria sind meist getrenntgeschlechtig. Die Befruchtung kann im Mutterkörper oder im freien Wasser erfolgen. Auffallend verschiedenartig ist die Bildung der Keimblätter. Manche Arten (*Aurelia*, Aktinien) zeigen eine echte Invagination durch Einstülpung des Ectoderms, oft – besonders bei den Hydrozoen – erfolgt aber eine Einwanderung von Zellen, die ein massiges Entoderm aufbauen, das erst später Urmund und Urdarm bildet. Auch Entodermbildung durch Delamination tritt auf. Das so entstandene Gastrulastadium ist bewimpert und freischwimmend, es wird als Planulalarve bezeichnet (Abb. 36).

Entsprechend der verschiedenen Entodermbildung zeigt die Planula manche Verschiedenheiten, meist ist sie mundlos, bei anderen aber mit einem Mund und bei Aktinien z.T. mit Gastraltaschen versehen. Die Bewimperung ist nicht immer überall gleichmäßig, bisweilen tritt ein aboraler Wimperschopf auf, oder sie ist auf einen Querring oder Längsstreifen beschränkt (Sempersche Larven der Zoantharia). In der Regel geht diese Planulalarve zur festsitzenden Lebensweise über, indem sie sich mit dem aboralen Pol – also anders als die Schwammlarve – festsetzt und hier eine Haftscheibe bildet. Dann bricht – falls die Planula mundlos war – der Mund durch, anschließend entstehen die Tentakel. Damit ist die Umwandlung zum Polypen abgeschlossen. Bei mehreren Familien erfolgt aber der Übergang zum Bodenleben später. Es sprossen dann schon während des pelagischen Lebens Tentakel, die als Schwebefortsätze dienen. So entstehen bei den Hydrozoen die Actinulalarve (bei *Tubularia*) und bei den Anthozoen die Arachnactis-Larve (Ceriantharia), die einem freischwimmenden Polypen ohne Stiel entsprechen. Die Anthozoenlarven haben auf diesem Stadium schon Gastraltaschen und Septen entwickelt, die häufig in der 8-Zahl auftreten (Edwardsia-Stadium). Die Medusen ohne Generationswechsel durchlaufen bisweilen gleichfalls ein actinulaähnliches Stadium, oder aber die Planula plattet sich an ihrer Mundfläche ab, der Rand der platten Region wird dann zum Glockenrand.

Beim Süßwasserpolypen (*Hydra*) fällt wie bei vielen limnischen Tieren die Larve fort; aus dem mit einer Embryonalschale umgebenen «Ei» schlüpft sofort ein kleiner Polyp.

Wie die Stockbildung zeigt, ist ungeschlechtliche Vermehrung weit verbreitet, besonders bei Polypen. Am häufigsten tritt sie als Sprossung und Knospung auf, indem am Polypen oder an den von ihm ausgehenden Schlauchfortsätzen (Stolonen) neue Polypen entstehen. Bei den Medusen tritt Knospung viel seltener auf, sie erfolgt hier an Glockenrand oder Manubrium. Die erste Anlage des neuen Tieres bildet eine Vorstülpung aus Ectoderm und Entoderm, doch kann die Bildung auch allein vom Ectoderm aus erfolgen. Ungeschlechtliche Vermehrung durch Teilung ist selten. Längsteilung tritt mehrfach bei Anthozoen, vereinzelt auch bei Hydromedusen (*Gastroblasta*) auf, Querteilung kommt bei *Protohydra*, *Gonactinia* u.a. vor. Abweichende ungeschlechtliche Vermehrungsformen sind die Frustel- und Schizosporenbildung. Frusteln sind periderm- und tentakellose Knospen, die am Körper solitärer Polypen gebildet werden und davonkriechen (*Gonionemus*, *Craspedacusta*). Schizosporen sind Endteile von Stolonen mit Periderm, die sich ablösen und in neue Polypen umwandeln (bei Thecata). Regenerations- und Regulationsfähigkeit sind bei den Cnidariern hoch entwickelt, besonders bei Polypen (ein Teilstück von $^1/_{200}$ Körpermasse kann bei *Hydra* noch ein volles Tier ergeben), weniger bei Medusen. Unter ungünstigen Lebensbedingungen können Polypen ihren Körper weitgehend abbauen und Reduktionsmassen bilden, die später wieder zu normalen Polypen heranwachsen.

Ökologie und Lebensweise. Die Cnidaria sind überwiegend Meerestiere, nur ein geringer Bruchteil dringt ins Süßwasser ein, zu ihnen gehören *Hydra*, *Pelmatohydra* und *Craspedacusta*. Das Brackwasser enthält eine Anzahl spezifischer Arten, so den Keulenpolypen *Cordylophora* (vereinzelt im Süßwasser) und die Moerisiidae.

Der Polyp bewohnt als festsitzender Organismus das Bodengebiet des Wassers (Benthal), oft die Bewuchszone (Phytal), die Meduse den freien Wasserraum (Pelagial). Von diesem Grundsatz gibt es einige Ausnahmen. Einzelne Polypen

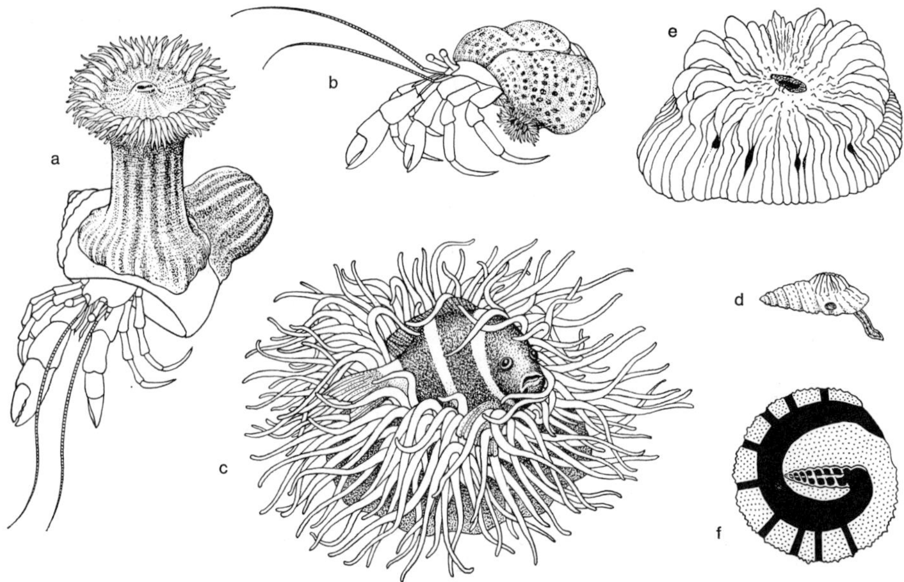

Abb. 37: Symbiosen von Anthozoen mit anderen Tieren. a. *Calliactis (= Sagartia, Adamsia)* mit Einsiedlerkrebs, b. *Adamsia (= Actinia)* mit Einsiedlerkrebs, c. Aktinie mit *Amphiprion*, d–f. Zusammenleben von Steinkoralle und Sipunculide. d. Junge Koralle hat sich auf Schneckenschale niedergelassen, die von einem Sipunculiden bewohnt wird. e. Größere Koralle mit seitlichen Öffnungen des Sipunculiden. f. Koralle, Schliffpräparat; die Koralle hat die Schneckenschale umwachsen; in ihr bleibt der Sipunculiden-Gang (schwarz) frei. Nach Abraham, de Haas, Feustel, Knorr

(z.B. *Pelagohydra*, *Margelopsis* unter den Hydrozoen) leben pelagisch, wobei ihre Tentakel als Schwebeorgane dienen, einige Medusen kriechen am Boden oder an Pflanzen *(Cladonema, Eleutheria)* oder leben schwimmend zwischen den Sandkörnern im Meeressand (die winzige *Halammohydra*, Abb. 40). Diese Medusen bilden ihre Glocke zurück. Parasitismus ist selten, er findet sich meist auch nur bei einer Generation oder im Jugendstadium, das gilt für die Trachymeduse *Cunina* mit ihren polypenähnlichen, sich rege ungeschlechtlich vermehrenden Generationen und für die Larve der Aktinie *Peachia*. Beide kommen an bzw. in anderen Medusen vor. An Fischeiern lebt im Süßwasser der Polyp *Polypodium*. Verbreitet ist das Zusammenleben mit Formen anderer Tierstämme. Besonders bekannt ist die Symbiose bestimmter Aktinien *(Adamsia, Calliactis)* mit Einsiedlerkrebsen (Abb. 37a). Der Einsiedlerkrebs nimmt die Aktinie beim Umzug in ein anderes Schneckenhaus mit, *Adamsia palliata* umwächst die Mündung des Gehäuses und vergrößert hier durch hornige Abscheidung den Wohnraum des Krebses. Manche Krabben tragen Aktinien an ihren Scheren. Auch Hydroidpolypen *(Hydractinia)* leben auf Schneckenschalen, besonders solche, die von Einsiedlerkrebsen bewohnt werden. In enger Beziehung stehen einige Fische (vorwiegend Pomacentriden [*Amphiprion*, Abb. 37]) mit Aktinien *(Stoichactis, Radianthus* u.a.). Sie bedecken ihre Oberfläche mit von der Aktinie gebildeten Sekreten und erlangen so Schutz. Im Gegensatz zu anderen Fischen werden sie nicht genesselt, sondern können sich zwischen die Tentakel der Aktinie flüchten. Hatten sie mit der Aktinie längere Zeit keinen Kontakt, werden sie jedoch zunächst genesselt.

Besonders eng ist das Zusammenleben des Sipunculiden *Aspidosiphon* mit den solitären Steinkorallen der Gattungen *Heterocyathus* und *Heteropsammia* (Abb. 37d–f). Der junge Sipunculide lebt in einer leeren Schneckenschale. Auf dieser siedelt sich eine Korallenlarve an, die zu einem Polypen auswächst, welcher die Schneckenschale umhüllt. In dem Kalkskelet der Koralle hält sich *Aspidosiphon* einen Gang frei. Man nimmt an, daß er durch die Koralle Schutz erhält, die Koralle wird von ihm umher-

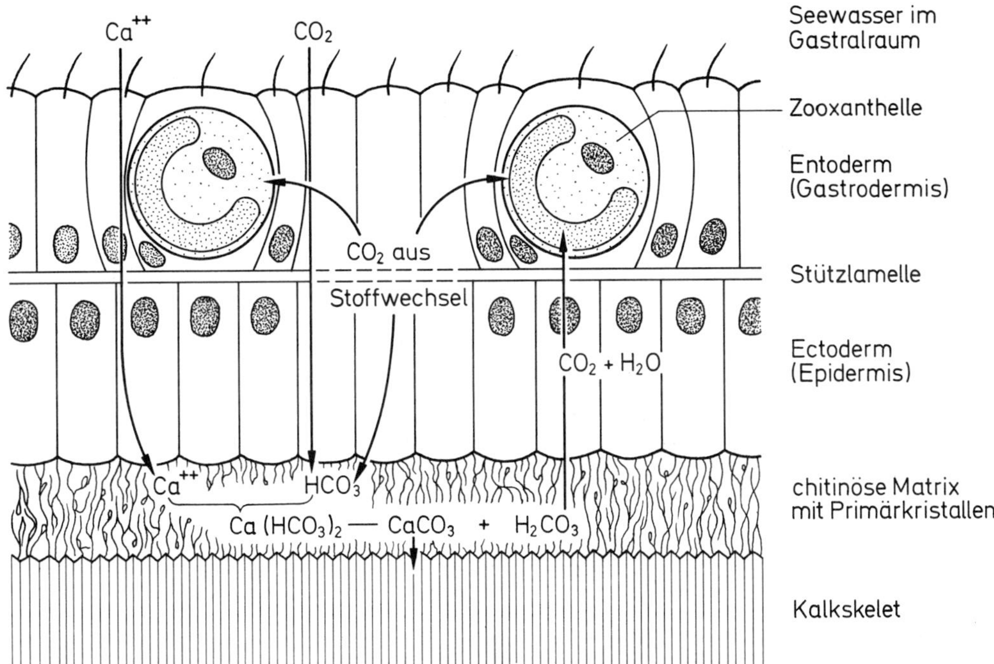

Abb. 38: Schematische Darstellung der Skeletbildung der Madreporaria, Querschnitt durch die Körperwand eines Korallenpolypen. Nach Goreau

getragen. Ein seltsamer Fall also, wo ein sessiler Organismus durch einen anderen wieder vagil wird. Zwischen den Tentakeln zahlreicher Medusen und Siphonophoren leben junge Fische (Abb. 41).

Die meisten Cnidaria sind Tentakelfänger. Die Beute kann dabei, je nach der Größe des Nesseltieres, vom Plankter bis zum Fisch reichen. Bei einigen Anthozoen spielen bewimperte Bezirke des Ectoderms eine Rolle beim Nahrungsfang, da durch den gerichteten Schlag ihrer Wimpern Nahrungsteile, die auf die Körperoberfläche gelangen, in den Mund befördert werden.

Viele Cnidaria leben mit einzelligen Algen in Symbiose. Als Zoochlorellen sind sie von Süßwasserpolypen *(Hydra viridissima)* bekannt, denen sie die grüne Farbe verleihen. Im Meer sind es besonders die gelb-braunen Zooxanthellen, die zahlreiche Hydro- und Anthopolypen, aber auch manche Medusen besiedeln. Im Entoderm von Korallenpolypen wurden etwa 1 Million Algenzellen *(Gymnodinium)* pro cm^2 gezählt; diese versorgen die Polypen mit Assimilationsprodukten und profitieren andererseits von deren Kohlendioxid sowie von stickstoffhaltigen Exkreten. Die CO_2-Aufnahme durch die Algen ist weiterhin von großer Bedeutung für die Kalkbildungsrate der Korallen; diese liegt bei Korallen mit Symbionten um das Zehnfache höher als bei solchen ohne Algen (Abb. 38). Nur Zooxanthellen enthaltende Formen bauen daher die tropischen Riffe auf (hermatypische oder riffbildende Korallen).

Die Bewegungsfähigkeit der Cnidaria ist gering. Die Mehrzahl der Polypen ist festgewachsen, die Arten, die zu einer Ortsbewegung fähig sind, zeigen allerdings einen Reichtum an Bewegungsformen (Abb. 39). *Hydra* und einige Aktinien können durch abwechselndes Festheften von Fußscheibe und Mundfeld spannerraupenartig kriechen oder sogar radschlagen, Aktinien kriechen durch lappenartiges Vorschieben von Teilen der Fußscheibe ähnlich einer Amöbe, *Lucernaria* kriecht unter Mithilfe der Tentakel auf der Mundseite, im Schlamm lebende Arten können peristaltische Bohrbewegungen ausführen *(Cerianthus)*. Medusen bewegen sich durch das Auspressen von Wasser aus der Glockenhöhle fort, gelegentlich

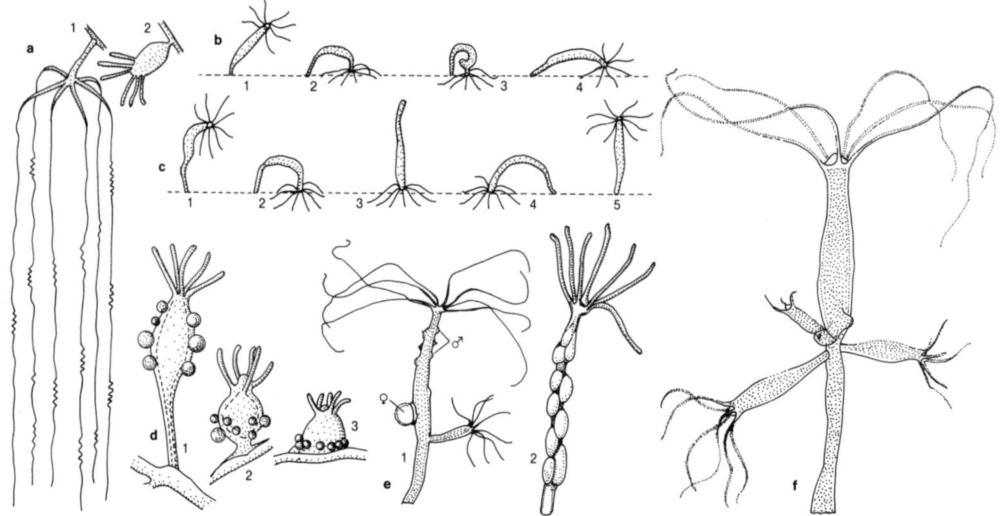

Abb. 39: Süßwasserpolypen. a. *Hydra (Pelmatohydra) oligactis* im gestreckten (1) und zusammengezogenen Zustand (2). b. Spannerkriechen einer *Hydra.* c. Fortbewegung von *Hydra* durch «Purzelbaumschlagen». d. *Hydra oligactis,* sich kontrahierend (1–3) und im Kreis um sich Eier ablegend (3). e. Tiere mit Gonaden; 1: *Hydra (Chlorohydra) viridissima,* 2: *Hydra oligactis* mit schraubiger Anordnung der Hoden. f. *Hydra oligactis* in Knospung. Nach Brien, Holstein, Krapfenbauer, Laurent, Reniers-Decoen, Schulze, Trembley

helfen Tentakel mit, *Halammohydra* bewegt sich durch Wimperschlag fort.

1. Klasse: Hydrozoa

Polypen meist koloniebildend, mit einheitlichem, nicht durch Septen zerteilten Gastralraum; Medusen mit Velum und zwei Ringnerven; Mesogloea zellfrei. Gonaden im Ectoderm oder zwischen Ecto- und Entoderm. Die Medusen entstehen durch seitliche Knospung am Polypen. Beide haben oft unterschiedliche wissenschaftliche Namen.

1. Ordnung: Hydroidea. Polypen stets vorhanden. Meduse oft zu Medusoiden oder anderen Rückbildungsstadien reduziert oder ganz fehlend.

Wegen ihrer außerordentlich großen Empfindlichkeit gegenüber bestimmten Schadstoffen (z.B. Cadmium) eignen sich Hydroidpolypen als Testorganismen für Schwermetallverunreinigungen.

a. Thecata (Thecophorae, Leptomedusae). Das Periderm bildet eine Hülle (Theca) um die Polypenköpfchen, die Geschlechtsgeneration wird stets an besonderen Polypen (Blastostylen) mit langen Theken (Gonotheken) gebildet. Medusen meist mit flacher Glocke, ectodermalen Statocysten, Gonaden in der Region der Radiärkanäle. Polypen: *Campanularia* (Abb. 40c), *Laomedea, Campanulina, Sertularia* (Abb. 40g), *Hydrallmania* (Abb. 40f), *Plumularia, Aglaophenia.* Medusen: *Phialidium, Eutonina* (Abb. 40i), *Obelia, Meliartum.*

b. Athecata (Anthomedusae). Das Periderm umkleidet höchstens den Polypenstiel und bildet keine Theca. Medusen meist hochgewölbt mit Augenflecken, Gonaden am Magenstiel. Polypen: *Clava* (Abb. 40h), *Cordylophora, Hydractinia, Coryne, Pennaria, Millepora, Stylaster, Tubularia, Branchiocerianthus, Hydra* (Abb. 39), *Protohydra.* Medusen: *Sarsia* (Abb. 40e), *Tiara, Halitholus, Bougainvillia, Cladonema.* Hierher gehören auch die bislang zu den Staatsquallen gezählten *Velella* (Abb. 41a) und *Porpita,* von denen man Medusen entdeckt hat. Die Polypenstöcke leben an der Meeresoberfläche (Neuston).

2. Ordnung: Trachylina. Polypengeneration fehlt meist, kleine Polypen ohne Theca noch bei *Craspedacusta* (Polyp *Microhydra*) und *Gonionemus* (Polyp *Haleremita*). Medusen mit direkter Entwicklung, am Glockenrand tentakuläre Statocysten, Gonaden am Manubrium oder an den Radiärkanälen.

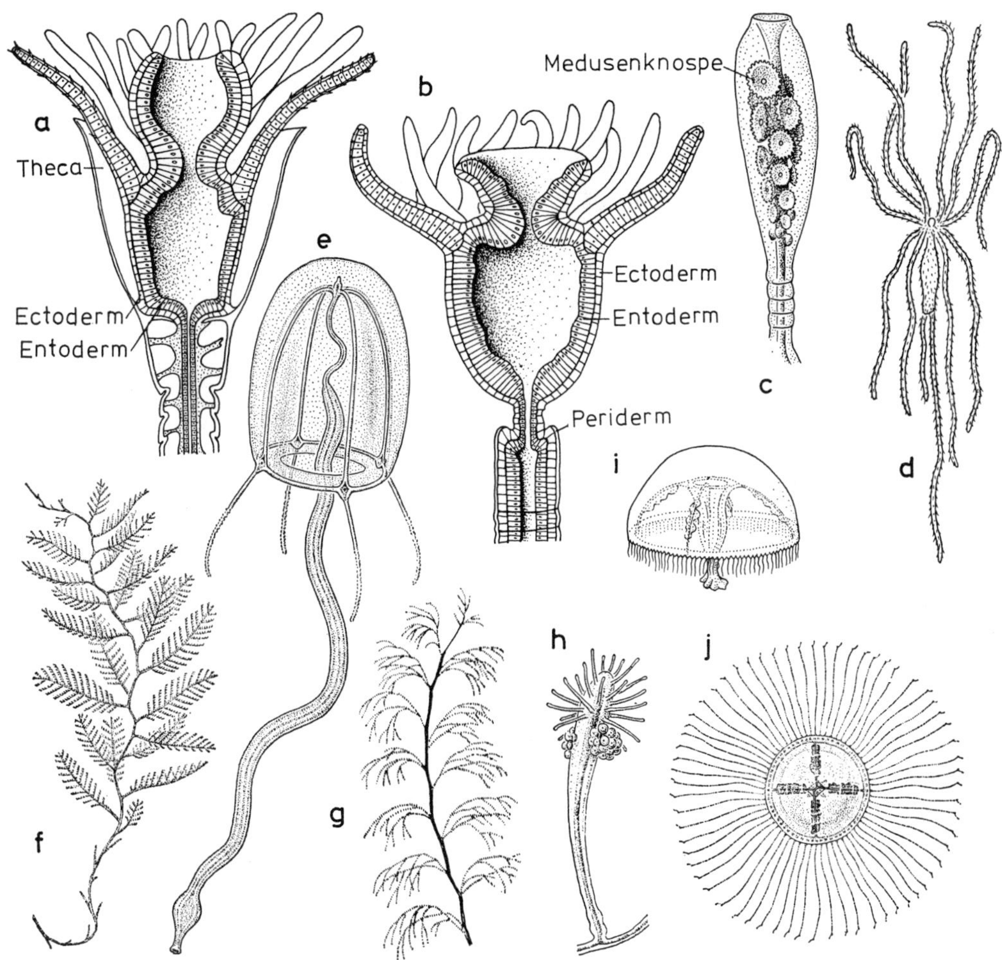

Abb. 40: Hydrozoen. a, b. Längsschnitte von Polypen. a. *Laomedea*, b. *Eudendrium*, c. Blastostyl mit Medusenknospen von *Campanularia*, d. *Halammohydra*, e. *Sarsia*, f. *Hydrallmania*, g. *Sertularia*, h. *Clava*, i. *Eutonina*, j. *Gonionemus*. Nach Hertwig, Miner, Remane

a. Trachymedusae. Tentakel meist am Glockenrand, Gonaden an den Radiärkanälen. *Craspedacusta*, *Gonionemus* (Abb. 40j), *Rhopalonema*, *Liriope*, *Geryonia*.

b. Narcomedusae. Tentakel meist auf der Glockenaußenseite oder Glocke ganz fehlend. Gonaden an der Magenregion. *Aegina*, *Cunina*, *Halammohydra* (Abb. 40d), bodenbewohnend, gleitet zwischen Sandkörnern hindurch.

3. Ordnung: Siphonophora (Staatsquallen, Abb. 41). Freischwimmende Stöcke mit starker Differenzierung der Einzeltiere in Schwimmglocken, Deckstücke, Taster, Magenschläuche usw., Gonaden am Manubrium von Medusoiden oder sich loslösenden Medusen, die aber ohne Mund und Randsinnesorgane bleiben und höchstens geringe Tentakelanlagen aufweisen. *a.* Calycophora. Kein Luftbehälter, Schwimmglocken vorhanden, Individuen am Stamm in gleichartigen Gruppen (Cormidien) sitzend. *Monophyes*, *Diphyes* (Abb. 41d), *Hippopodius*. – *b.* Physophora. Am aboralen Stammteil ein bisweilen kompliziert gekammerter Luftbehälter (Pneumatophor), neben dem noch Schwimmglocken vorhanden sein können. *Physophora* (Abb. 41e), *Physalia* (Abb. 41c).

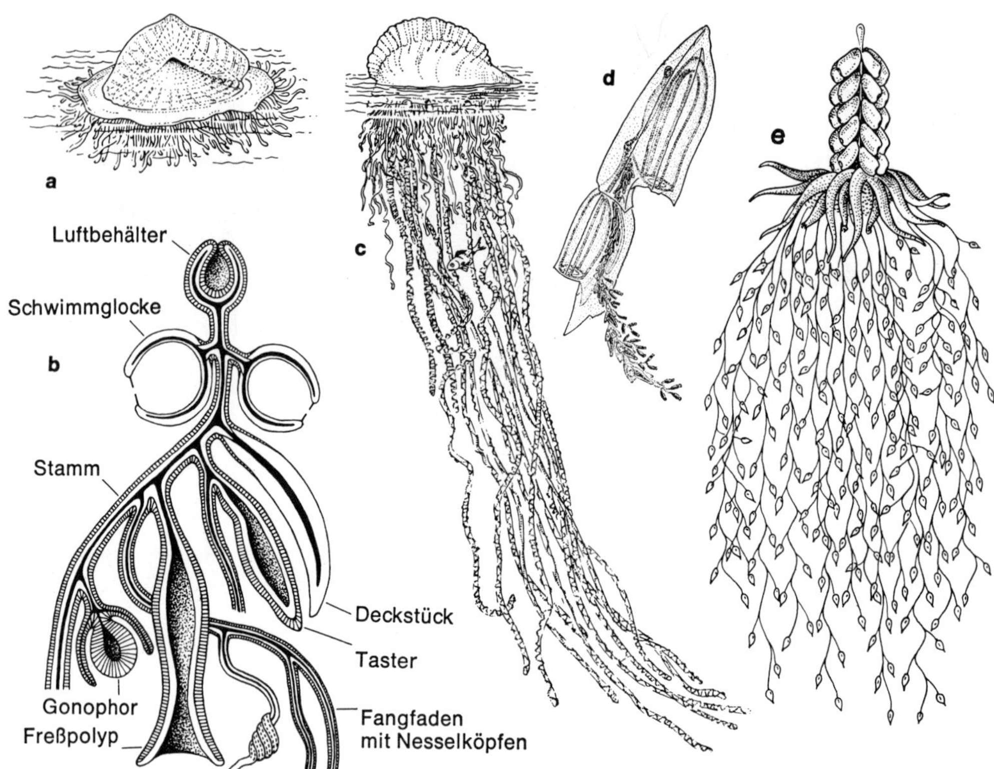

Abb. 41: a. *Velella* (Hydroidea; lange zu den Siphonophora gestellt) und Siphonophora (b–e), b. Schematische Darstellung einer physophoren Staatsqualle, c. *Physalia physalis*, mit Fisch *(Nomeus)* zwischen den Tentakeln, d. *Diphyes bipartita*, e. *Physophora hydrostatica.* Nach de Haas, Hertwig, Knorr, Miner

2. Klasse: Cubozoa

Seit der Entdeckung der Polypen dieser kleinen Gruppe erscheint es notwendig, sie von den Scyphozoa abzutrennen, zu denen sie bisher als Cubomedusen (Würfelquallen) gezählt wurden. Die solitären Polypen sind 1–3 mm lang, besitzen einen ecto- und einen entodermalen Nervenring, einen mehrschichtigen Zylinder aus Muskelzellen, einen Ring- und 4 Radiärkanäle und einen einheitlichen Gastralraum. Ihre Nesselzellen sind an den Tentakelspitzen konzentriert. Die Bildung der tetraradialen Meduse erfolgt durch vollständige Metamorphose des Polypen. Ihr Schirm ist nahezu würfelförmig. In den Subumbrellarraum springt eine velumartige Struktur vor (Velarium). Die Cubozoa sind nur aus warmen Meeren bekannt und kommen vorwiegend in Küstennähe vor. Sie bewegen sich rasch fort; mit ihren Tentakeln können sie Fische greifen, die größer sind als sie selbst. Im Mittelmeer kommt *Carybdea* (*Charybdea*, Abb. 42a) vor, die stark nesselt. Einige Arten des indo-australischen Bereiches gehören zu den gefährlichsten Meerestieren: *Chironex fleckeri* und *Chiropsalmus quadrigatus* können einen Menschen innerhalb von wenigen Minuten töten. Ihre Nematocysten durchschlagen die Epidermis. Manche Cubomedusen kommen in Ostasien in Essig gelegt auf den Markt.

3. Klasse: Scyphozoa

Verhältnismäßig kleine Gruppe (200 Arten). Polyp mit vier Gastraltaschen und Septen (Täniolen) mit Septaltrichtern, meist einzellebend. Medusen mit Randlappen, Gastralfilamenten und entodermalen Gonaden. Medusen entstehen durch Strobilation. Hierher gehören die großen Medusen unserer Meere.

1. **Stauromedusae** (Lucernarida, Stielqual-

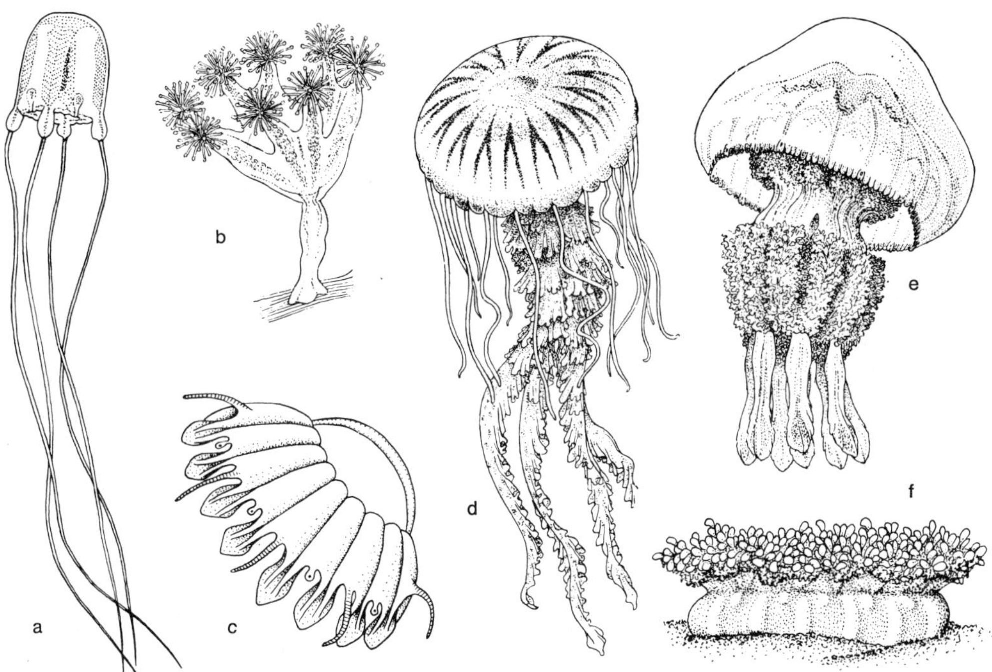

Abb. 42: Cubozoa (a) und Scyphozoa (b–f). a. *Carybdea*, b. *Lucernaria*, c. *Nausithoe*, d. *Chrysaora*, e. *Rhizostoma*, f. *Cassiopea*. Nach Cleland, de Haas, Mayer, Knorr, Southcott, Storch

len). Festsitzend, Stiel polypenartig, Oberteil an Meduse erinnernd (Abb. 42b), ohne Generationswechsel. 8 «Arme» mit Büscheln kurzer Tentakel. Mesogloea schwach entwickelt. Gastralraum mit vier Septen mit Septaltrichtern. In der Färbung entsprechen die Stielquallen oft ihrem Substrat (Algen). Mit den Tentakeln werden kleine Nahrungstiere aufgenommen. In der Nordsee *Lucernaria*, *Haliclystus*, *Craterolophus*: 3–7 cm lang.

2. Coronata (Tiefseequallen). Exumbrella der Meduse durch Ringfurche geteilt (Abb. 42 c). Polypen können Stöcke bilden, leben meist in Peridermröhre *(Nausithoë)*. Bei dieser Gruppe handelt es sich offenbar um lebende Fossilien. Ihre Polypen *(Stephanoscyphus)* weisen große Ähnlichkeit mit den fossilen Conulata (Kambrium-Trias) auf, welche Gehäuse ausschieden, die durch vier Klappen verschließbar waren. Diese Klappen gibt es bei den rezenten Polypen nicht, aber ihr tetraradialer Bau mit vier Septaltrichtern und Rückziehmuskeln dürfte Reminiszenz dieser Konstruktion sein. Conulata werden auch an die Basis der Scyphozoa und sogar der Cnidaria gestellt.

3. Semaeostomeae (Fahnenquallen). Die vier Zipfel des Mundrohres der Meduse in lange, faltenreiche «Fahnen» ausgezogen. Oft große Formen (bis 2 m Durchmesser, Länge der Tentakel bis über 30 m). *Pelagia noctiluca* (Leuchtqualle), Durchmesser 7 cm, gehört zu den Erzeugern von Meeresleuchten (Hochseetiere). *Chrysaora hysoscella* (Kompaßqualle), Durchmesser 30 cm, protandrischer Zwitter (Abb. 42d). *Cyanea* (Haarqualle), «Feuerqualle» der Nord- und Ostsee. *C. capillata* (rötlichgelb), *C. lamarcki* (blau), meist etwa 30 cm Durchmesser. *C. capillata* erreicht in arktischen Gebieten 2 m im Durchmesser. *Aurelia aurita* (Ohrenqualle), 40 cm Durchmesser, häufigste Scyphomeduse der Ostsee, mit hufeisenförmigen Gonaden. Im Spätsommer in der westlichen Ostsee oft in dichten Ansammlungen.

4. Rhizostomeae (Wurzelmundquallen). Tentakellos, Schirm pilzförmig, Mundlappen miteinander zu gefaltetem, wurzelstockähnlichem Gebilde verwachsen. Keine zentrale Mundöffnung, diese wird durch zahlreiche Poren ersetzt. *Rhizostoma* (Blumenkohlqualle, Abb. 42 e) auch in der Nordsee, Durchmesser bis 60 cm. *Cotylorhiza* (Knollenqualle) im Mittelmeer. *Cassiopea* schwimmt in der Jugendzeit umher, später legt sie sich in Lagunen auf die Exumbrella («Mangrovenqualle», Abb. 42f).

Verschiedene Arten, v.a. *Rhopilema esculenta*, werden in Ost- und Südostasien gegessen. Allein Japan importiert jährlich viele tausend Tonnen dieser Medusen, die meist gesalzen oder in Gestalt trockener Scheiben verkauft werden. Letztere werden aufgeweicht, in Streifen geschnitten, gewürzt und verspeist.

4. Klasse: Anthozoa

Nur Polypen, Septen oft bilateral angelegt (Abb. 32, 33), mit ectodermalem Schlundrohr. Gonaden in den Septen. Sehr formen- und artenreich; oft in Kolonien und skeletbildend.

Außenhandelsstatistiken aus dem letzten Jahrzehnt haben gezeigt, daß der Handel mit Anthozoa rapide zugenommen hat, das gilt für Produkte der Edelkorallenindustrie wie für den Vertrieb von großen Scleractinia-Blöcken. Manche Gebiete sind derart in Mitleidenschaft gezogen worden, daß die ersten Länder Exportverbote verhängt haben. Besonders betroffen sind Gorgonacea *(Corallium)*, Antipatharia («Schwarze Koralle») und Scleractinia.

a. Octocorallia. 8 Septen und 8 gefiederte Tentakel. Koloniebildend, die Gastralräume der Einzeltiere durch Röhren (Solenia) mit-

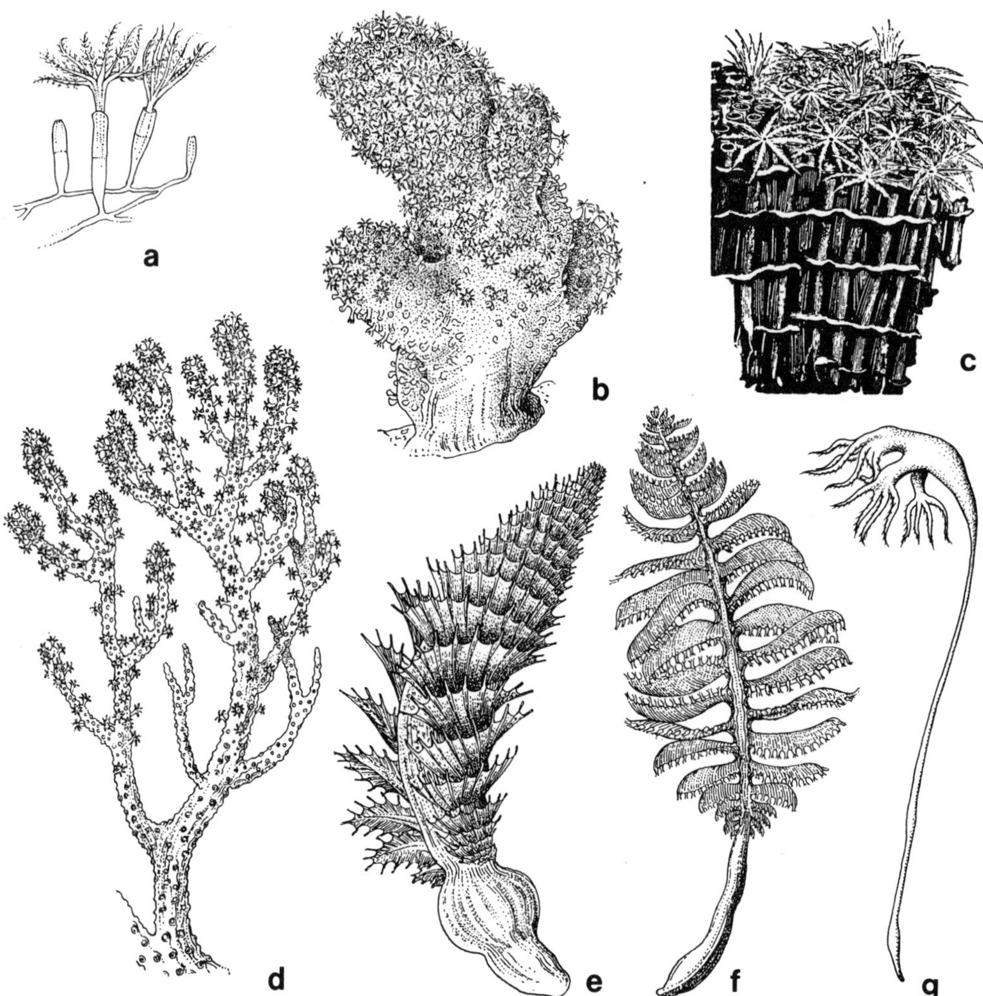

Abb. 43: Octocorallia. a. *Cornularia*, b. *Alcyonium*, c. *Tubipora*, d. *Paramuricea*, e. *Pteroeides*, f. *Pennatula*, g. *Umbellula*. Nach Bourne, de Haas, Graßhoff, Haeckel, Knorr

einander verbunden. Gonaden am Septenrand. Häufig mit mesogloealem Innenskelet, bestehend aus Kalkskleriten und Hornsubstanz. Nur 1 Cnidentyp. Bis 3 m lang (Gorgonien).

1. Coenothecalia (Helioporida). Coenothecalia waren zunächst nur fossil bekannt. Einzige rezente Art ist *Heliopora coerulea*, die Blaue Koralle des Indopazifik. Sie bildet bis $^1/_2$ m^3 große Blöcke (Abb. 34); ihr Skelet wird zu Schmuck verarbeitet (z.B. auf den Philippinen), es handelt sich um ein Außenskelet.

2. *Alcyonaria* (Lederkorallen). Skelet aus einzelnen Skleriten, die z.T. verschmolzen sein können. *Cornularia* mit Stolonengeflecht, das eine Cuticula abscheidet (Abb. 43a). Mittelmeer. *Tubipora* (Orgelkoralle) mit sehr langen Polypen, die in mehreren Stockwerken durch Röhren miteinander verbunden sind (Abb. 43c). Indopazifik. *Alcyonium* (Korkpolyp, Tote Mannshand, Abb. 43b), z.B. in der Nordsee, massige Kolonien, die regelmäßig Wasser aufnehmen (durch Siphonozoide) und wieder abgeben, auf Steinen oder Muschelschalen festgewachsen. Vor allem im Indowestpazifik bilden die Lederkorallen z.T. umfangreiche Bestände in küstennahen Zonen (*Sarcophyton*, *Lobophyton* u.a.).

3. *Gorgonaria*. Verzweigte Stöcke, vor allem in warmen Gewässern des indowestpazifischen Raumes, meist in Küstennähe. Bis 3 m, *Paragorgia* in norwegischen Fjorden bis 2 m hoch. Außer Einzelskleriten eine feste Achse im Innern, die bisweilen als Schmuckgegenstand verwendet wird, so die 20–40 cm hohe Edelkoralle *Corallium rubrum* im Mittelmeer (Abb. 34b). Die Bestände im Mittelmeer wurden stark übernutzt. In der letzten Zeit werden vorwiegend durch Taiwan und Japan pazifische *Corallium*-Arten dezimiert. Die rote Achse von *Corallium* besteht vorwiegend aus Kalk, die von *Isis* abwechselnd aus Horn und Kalk («Perlenkette», «Wirbelsäule»), die anderer Gorgonien, deren Zweige im allgemeinen peitschenartig sind, vorwiegend aus einem Protein (Gorgonin), dem Kalk eingelagert sein kann. Derartige Skelete sind biegsam. *Primnoa*, *Eunicella*, *Paramuricea*, *Rhipidogorgia* (Venusfächer), *Euplexaura* (Schwarze Koralle).

4. Pennatularia (Seefedern). Die Seefedern sind hemisessil. Ihre Hauptachse ist in den

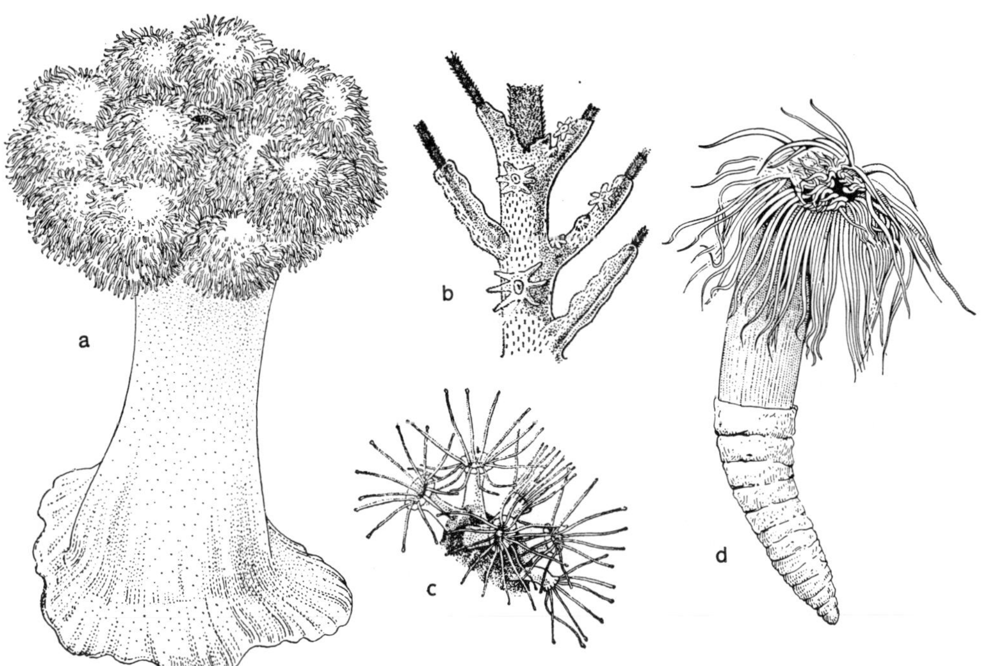

Abb. 44: Hexacorallia. a. *Metridium*, b. *Antipathes*, c. *Epizoanthus*, d. *Cerianthus*. Nach de Haas, Grassé, Knorr, Riedl

Boden eingepfählt. Sie entspricht einem vergrößerten Gründungspolypen. Die Hauptachse enthält eine starke Mesogloea mit Skleriten und einem System von Entodermkanälen, sowie basal einen Achsenstab. Manche Arten mit Leuchtvermögen. *Veretillum*, *Funiculina*, *Pennatula* (Abb. 43f), *Pteroeides* (Abb. 43e), *Renilla*, *Virgularia*, *Umbellula* (Abb. 43g): am Ende eines Stiels 1–mehrere Polypenköpfe.

b. Hexacorallia. Gruppe solitärer und stockbildender Anthozoen, deren Septen oft in Sechszahl oder einem Vielfachen davon auftreten, bei Larven (Edwardsia-Stadium) 8 Septen. Tentakel fast immer ungefiedert. Gonaden flächig.

1. Actiniaria (Aktinien, «Seerosen», «Seeanemonen»). Meist solitär, halbsessil, ohne Skelet. Septen meist in Paaren (Abb. 33), Septenvermehrung in allen Gastraltaschen. Mundrohr gewöhnlich mit zwei Wimperrinnen. Die oft großen Actiniaria sitzen im allgemeinen mit einer Fußscheibe auf dem Substrat und können sich fortbewegen. In Nord- und westlicher Ostsee zahlreiche Arten. *Actinia equina* kann bei Ebbe stundenlanges Trockenfallen vertragen; *Tealia*, *Metridium*, *Halcampa* und *Sagartia* (die letzten beiden eingebohrt im Meeresschlamm) dringen bis in die Kieler- und Lübecker Bucht vor. Alle Actiniaria sind carnivor, entweder verschlingen sie größere, durch Cnidengift gelähmte Beutetiere *(Actinia, Anemonia, Tealia)* oder transportieren kleine Partikel mit Wimperschlag zur Mundöffnung *(Metridium*, Abb. 44a, *Halcampa, Sagartia).*

Einige Actiniaria leben planktisch. Ihre Fußscheibe bildet einen Gasbehälter *(Minyas).*

Mit Tieren verschiedener Stämme leben Aktinien in Symbiose (Abb. 37).

2. Madreporaria (Scleractinia) Steinkorallen. Steinkorallen sind meist koloniebildende Formen, deren Fußscheibenectoderm Kalk sezerniert und so ein kennzeichnendes Skelet aufbaut. Ansonsten sind sie im Bau den Actiniaria ähnlich, mit denen sie eng verwandt sind. Sie bedecken über 600000 km^2 Meeresboden, das entspricht 15% der Flachseeböden zwischen 0 und 30 m, und sind am Aufbau der artenreichsten Lebensgemeinschaften beteiligt (Abb. 46).

Die Polypen der stockbildenden Arten sind klein, ihre Muskulatur ist schwach. Eine vom jungen Polypen sezernierte Basalplatte, vorwiegend aus Calciumcarbonat (Aragonit), wird von radiären Sklerosepten verdickt. Auf ihnen schiebt sich die Fußscheibe in den Gastralraum vor. In mehreren Schüben können so Garnituren von Sklerosepten entstehen, zudem ein Ringwall (Theca), der die Sklerosepten nahe der Peripherie verbindet (Abb. 33b), und im Zentrum eine Säule (Columella). Nach bestimmten Zeitabschnitten werden Querböden sezerniert. Da viele derartig auf ihrem Skelet in

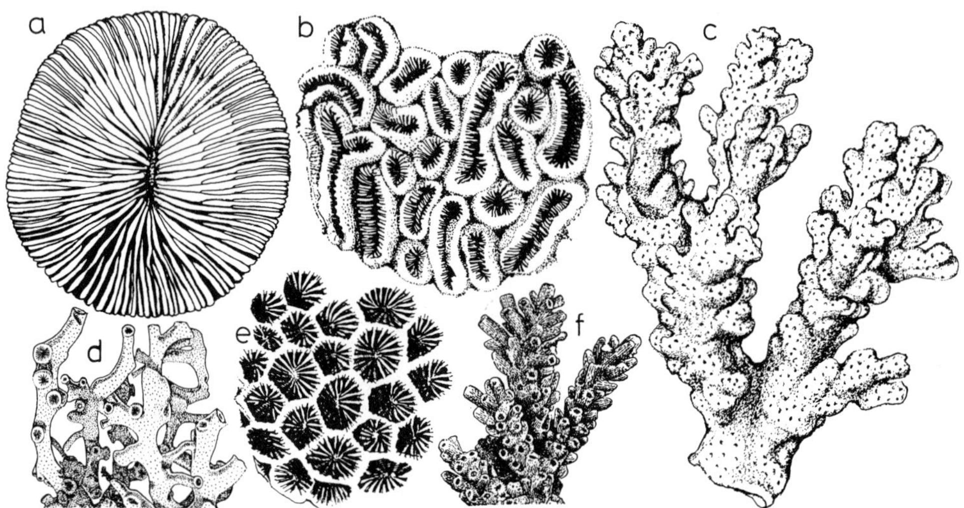

Abb. 45: Scleractinia. a. *Fungia*, b. *Dichocoenia*, c. *Pocillopora*, d. *Lophelia*, e. *Favites*, f. *Acropora*. Nach Klunzinger, Riedl, Trappe

die Höhe wachsende Polypen miteinander verbunden in einer Kolonie leben, können Madreporaria-Stöcke schnell in die Höhe wachsen. Die Wachstumsgeschwindigkeit verschiedener Gattungen ist sehr unterschiedlich. Besonders schnell wachsen z. B. *Acropora* (Abb. 45f) und *Pocillopora* (Abb. 45c), die heute einen beträchtlichen Teil der tropischen Korallenriffe aufbauen. Diese beiden Gattungen sind erst seit dem Tertiär bekannt und haben andere Korallen mit geringerer Stoffwechselaktivität aus der dominierenden Rolle verdrängt.

Madreporaria kommen in allen Meeren vor, vorwiegend an Felsküsten. Am Schelfabfall Nord- und Westeuropas bilden die Kolonien von *Lophelia* und *Amphelia* umfangreiche Riffe in Tiefen von 60–2000 m. Der überwiegende Teil der Riffkorallen jedoch lebt in den lichtdurchfluteten küstennahen Zonen der Tropen und Subtropen. Die 20 °C-Isochryme (Linie gleicher winterlicher Temperaturmittelwerte) umschreibt etwa das Vorkommen dieser Riffe. Da der warme nördliche und südliche Äquatorialstrom westwärts verlaufen und dementsprechend von den Ostseiten der Kontinente nach Norden bzw. Süden abgelenkt werden, finden wir tropische Korallenriffe außer im Äquatorialbereich an den Ostküsten der Landfesten, dagegen fehlen sie fast vollständig an den Westseiten, an denen kalte Meeresströme von Norden und Süden nachgezogen werden. Wegen ihrer Symbiose mit Zooxanthellen (Abb. 38) sind die tropischen Riffkorallen nicht in größeren Tiefen als etwa 50 m anzutreffen. Ein weiterer begrenzender Faktor stellt zudem eine hohe Sedimentation dar (so fehlen Riffe in der Umgebung der Amazonasmündung).

Tropische Korallenriffe sind häufig ringförmig und umschließen eine zentrale Lagune (Abb. 46). Derartige Riffe werden Atolle genannt, sie kommen auf unterschiedliche Art zustande. Viele Riffe der Südsee haben saumartig vulkanische Inseln umgeben, die langsam

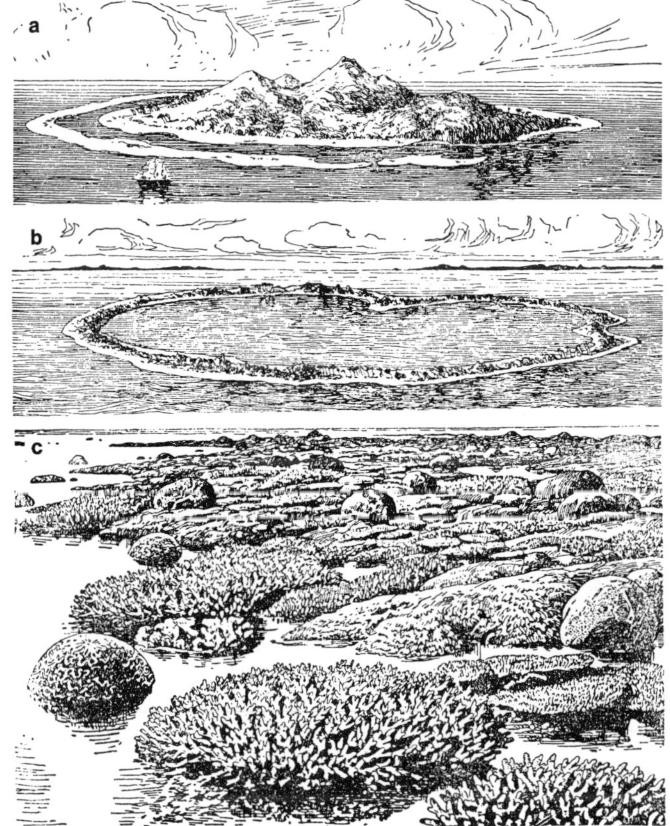

Abb. 46: Steinkorallenriffe. a. Insel, die von Lagune und durchbrochenem Riffring umgeben wird; b. Atoll, c. Ausschnitt aus einem trockengefallenen Riff. Nach de Lima

abgesunken sind, während die Korallen in gleicher Geschwindigkeit emporwuchsen. An der meerwärts gelegenen Seite wuchsen die Korallen besser als inselwärts, wo sie sogar verödeten, so daß zwischen Insel und Saumriff eine immer breiter werdende Lagune entstand. Stürme trieben Sand und Korallenschutt auf die Riffe und bauten so eine ringförmige Insel auf. Die erste Besiedlung derartiger Korallenriffe erfolgt beispielsweise durch Palmen *(Cocos)* und Schraubenpalmen *(Pandanus)* sowie junge Landtiere wie Einsiedlerkrebse *(Coenobita)* und Krabben *(Ocypode)*. Die Mehrzahl der Atolle entsteht jedoch nicht an absinkenden Vulkaninseln. Wegen des hohen Sauerstoffbedarfs der Korallen ist ihr Wachstum oft auf die Brandungszone beschränkt. Die inneren Teile eines Korallenblocks sterben und sinken ab, die Kolonien wachsen an einer Kreisperipherie weiter. Zerstören Stürme derartige Riffringe teilweise, so kann sauerstoffreiches Wasser in die Lagune einströmen und das Wachstum neuer Korallenblöcke und kleiner Atolle ermöglichen. Auf diese Weise sind große Inselsysteme mit ineinandergeschachtelten Atollen entstanden (z.B. Malediven). Der am weitesten verbreitete Rifftyp ist das Saumriff, der in unmittelbarer Nachbarschaft parallel zur Küstenlinie verläuft.

Barriereriffe entstehen dagegen weit vor der Küste. Es ist der Hebung des Meeresspiegels bzw. der Senkung des Untergrundes zuzuschreiben, daß sie sich bisweilen zu riesigen Ausmaßen entwickelt haben. Das Große Barriereriff Australiens ist mit 2000 km Länge die größte von Tieren aufgebaute Formation der Erde. Sehr umfangreich ist die Riffbildung auch in früheren Erdepochen gewesen: Reste palaeozoischer und mesozoischer Riffe bauen z.B. die Dolomiten auf.

Man kennt etwa 2500 rezente Madreporaria und etwa doppelt so viele fossile. Einzellebend z.B. *Caryophyllia* (Atlantik) und *Fungia* (Tropenmeere, Abb. 45a). Weit verbreitete Gattungen in tropischen Riffen sind z.B. *Acropora (Madrepora*, Abb. 45f), *Porites*, *Goniastrea*, *Manicina (Maeandra)*.

Ähnlichkeiten im Bau, Übergangsformen und zeitliche Abfolge (Abb. 47) machen wahrscheinlich, daß die Scleractinia von Pterocorallia (= Rugosa = Tetracorallia) abstammen. Deren Septen sind in Fiederstellung in vier Quadranten angeordnet. Die Außenwand ist oft durch Querrunzeln (Rugae) gekennzeichnet. Die meist solitären Pterocorallia wurden Ende des Palaeozoikum durch Scleractinia ersetzt. Weitere palaeozoische Korallen sind Heterocorallia und Tabulata.

3. *Corallimorpharia:* Weichkörper dem der Scleractinia sehr ähnlich, Skelet fehlt. Vor allem in kalten Meeren. *Discosoma*.

4. *Antipatharia* (Dornkorallen). Koloniebildende Formen (Abb. 44b) mit einem schwarzen, hornartigen, nicht verkalkten Skelet ectodermaler Herkunft, das mit typischem Dörnchenbesatz ausgestattet ist (Abb. 44b), und kleinen Polypen, die auf ihrer selbstgeschaffenen Unterlage festgewachsen sind und oft stark in die Breite wachsen, ihre Zylinderform also aufgeben. Mehr als hundert Arten vorwiegend in tropischen Gewässern. Stöcke fächer-, federoder buschähnlich. Das schwarze und unter Hitzeeinwirkung verformbare Skelet («schwarze Korallen») wird in vielen Tropenländern in der Schmuckindustrie verwendet. *Antipathes* (Abb. 44b).

5. *Ceriantharia* (Zylinderrosen). Solitäre Formen ohne Skelet, die in mit Sekret (großenteils Cniden) austapezierten Röhren im Meeresboden leben und äußerlich Aktinien ähneln (Abb. 44d). Doppelter Tentakelkranz aus Labial- und Marginaltentakeln, der oft dem Boden aufliegt (Klebefalle) oder wenig über diesen erhoben wird. Neue Mesenterien entstehen lediglich in dem Gastralfach, das der Siphonoglyphe gegenüberliegt. Alle Septen erreichen das Schlundrohr, jedoch nicht die spitz ausgezogene Fußspitze (Abb. 33c). Septen nicht gepaart.

Ceriantharia können sich sehr schnell in ihre Wohnröhren zurückziehen (starke ectodermale Längsmuskulatur), daher hat man zunächst ihre dichten Bestände – z.B. in der Nordsee – übersehen. Die Larven können monatelang im Plankton leben, zunächst als Planula, dann mit Mesenterien und Tentakeln. Zwitter. *Cerianthus*, bis 1 m lang (Abb. 44d).

6. *Zoantharia* (Krustenanemonen). Solitär oder koloniebildend (Abb. 44c), Einlagerung von Fremdkörpern in die stark entwickelte Mesogloea. Die Neubildung von Mesenterien erfolgt in zwei Zwischenfächern. *Zoanthus* und *Palythoa* sind an Kanten von Korallenriffen weit verbreitet. Der leuchtend gelbe *Parazoanthus* kleidet im Mittelmeer Höhlen aus. *Epizoanthus* (Abb. 44c).

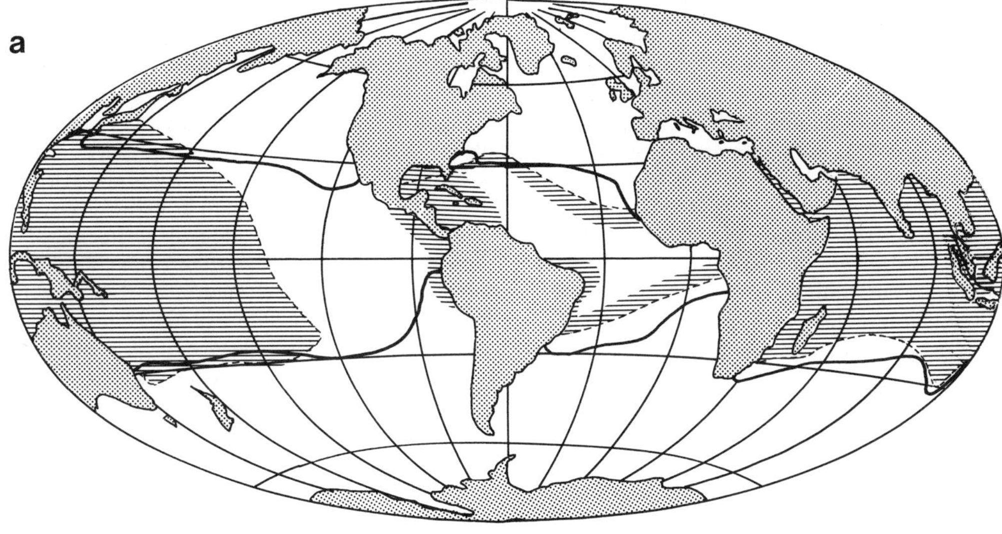

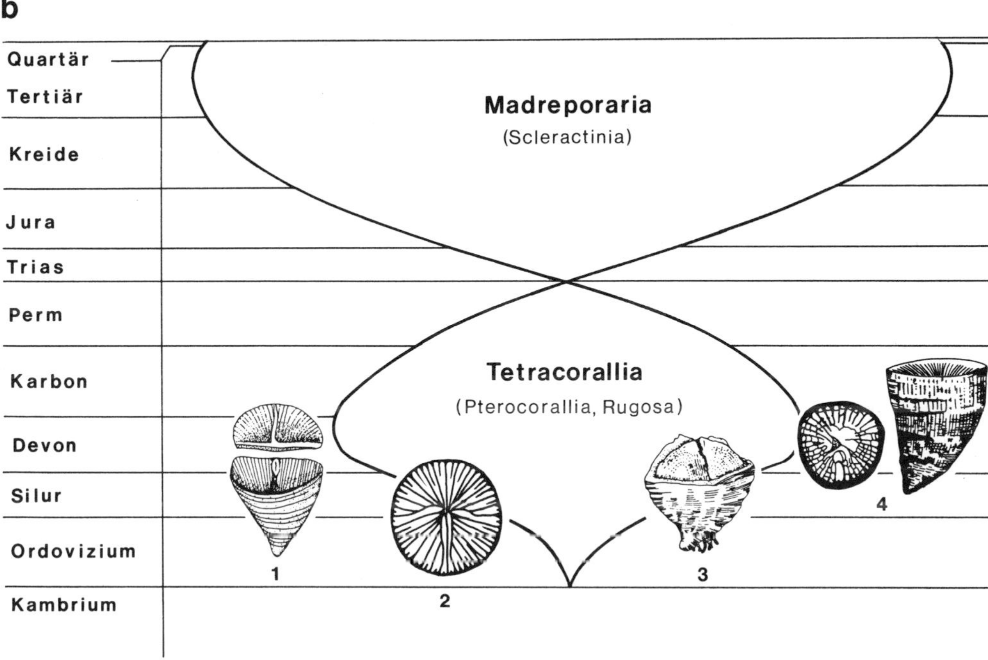

Abb. 47: a. Verbreitungsgebiete (gestreift) rezenter Korallenriffe. Die schwarze Linie bezeichnet die 20 °C-Isochryme. b. Zeitliche Verbreitung der Madreporaria, welche die heutigen Riffe aufbauen, und der Tetracorallia, die im Palaeozoikum dominierten. 1: *Calceola* (Devon; Solitärkoralle mit halbkreisförmigem Deckel), 2. *Lambeophyllum* (Ordovicium-Perm; älteste bekannte Gattung der Tetracorallia), 3. *Goniophyllum* (Silur; Solitärkoralle mit vierteiligem Deckel), 4. *Zaphrentis* (Devon; mit solitären und koloniebildenden Formen). Nach Hillmer, Lehmann, Rasmussen

C. Ctenophora (Rippenquallen)

Die Ctenophoren sind eine kleine marine Gruppe, die durch ihre Durchsichtigkeit sowie die Fangtentakel an Medusen erinnert. Sie unterscheiden sich aber in Bau und Entwicklung tiefgreifend von diesen. Den Ctenophoren fehlen Generationswechsel, Nessel- und Epithelmuskelzellen. Sie sind mit Klebzellen versehen, tragen nur vom Ectoderm und von Muskulatur gebildete Tentakel und besitzen ein Gastrovascularsystem. Die Organe sind disymmetrisch angeordnet.

Bau (Abb. 48). Die Ctenophoren sind dreischichtig gebaut. Die Epidermis (Ectoderm) bekleidet die Außenfläche und das Schlundrohr, die Gastrodermis (Entoderm) das innere Röhrensystem, zwischen beiden liegt eine umfangreiche Mesogloea. Diese besteht aus einem Gerüst von extrazellulären Fasern und glatten Muskelzellen, das Basallamina von Epidermis und Gastrodermis verbindet, und einer gallertigen Grundsubstanz. Die Epidermis unterscheidet sich von der der Cnidaria zunächst durch negative Kennzeichen: Die Nesselzellen fehlen ebenso wie Epithelmuskelzellen. Die positiven Kennzeichen sind die Klebzellen (Kolloblasten) und die Wimperplättchen. Die Klebzellen sitzen auf den beiden Fangtentakeln sowie an den Mundlappen der Lobata. Ihr distaler Teil wird von einem mit Sekrettropfen versehenen Kopf gebildet. Dieser ist durch einen geraden Stiel, der den Zellkern enthält, und einen schraubig um diesen gewundenen Zellanteil, der aus einer Cilie hervorgegangen ist, mit der Basallamina verbunden (Abb. 49). Mit dem Sekret werden Beutetiere angeleimt. Bevor das Beutetier getötet ist, wird durch seine Befreiungsversuche die Klebzelle scheinbar aus dem Epithelverband herausgerissen; der Stiel der Zelle wird dabei gestreckt, hält jedoch die Zelle fest und zieht sogar Zellkopf und Beutetier immer wieder an den Körper heran. Die Tentakel, die Träger der Kolloblasten, sind meist gefiedert; sie enthalten innen Nervenfasern und einen Muskelstrang, das Entoderm zieht nicht in sie hinein. Es sind nur zwei Tentakel vorhanden, die sich etwa in der Körpermitte in der sog. Tentakelebene gegenüberstehen. Ihre Ansatzstelle liegt in einer Tasche, in die die Tentakel vollständig zurückgezogen werden können. Die Wimperplättchen entstehen durch Verkittung zahlreicher nebeneinander stehender Wimpern. Diese Plättchen sind die Hauptschwimmorgane, sie sind am Körper fast stets in 8 meridional verlaufenden Reihen angeordnet, den sog. Rippen, in deren Bereich die Epidermis aus hochprismatischen Polsterzellen besteht, die jeweils bis zu 50 Kinocilien tragen und basal mit Nervenendigungen synaptisch verknüpft sind.

Die Epidermis enthält zerstreut Sinneszellen, die z.T. mit Sekretzellen in direktem synaptischen Kontakt stehen, an einer Stelle bilden sie einen komplizierten Sinnesapparat. Dieser

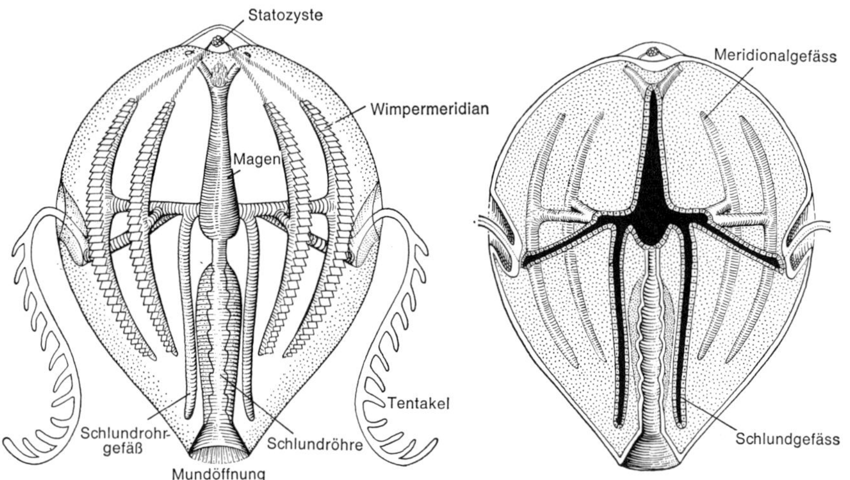

Abb. 48: Organisationsschema der Ctenophoren; links Seitenansicht, rechts Schnitt durch die Tentakelebene. Aus Remane, Storch, Welsch

liegt dem Mund gegenüber und besteht zur Hauptsache aus einer Statocyste. Der Statolith ist an vier gebogenen Wimperbüscheln befestigt. Diese stehen am Ende von vier Wimperreihen, die, sich gabelnd, zu den acht Rippen verlaufen. Der so auf der Körperoberfläche ruhende statische Apparat wird von einer dünnen Haube überdacht, die wiederum aus verwachsenen Wimpern gebildet wird. Neben der Statocyste liegen noch zwei größere bewimperte Felder, die Polfelder; sie werden gleichfalls als Sinnesorgane angesprochen. An der Basis der Statocyste kommen Zellen vor, deren Feinstruktur der von Photoreceptoren ähnelt. Obwohl die Statocyste durch die Überdachung bereits eine geschlossene Blase ist, wird sie bei bodenlebenden Arten doch noch in die Tiefe verlagert, bleibt aber durch einen Kanal mit der Oberfläche verbunden.

Das Nervensystem besteht aus einem unter

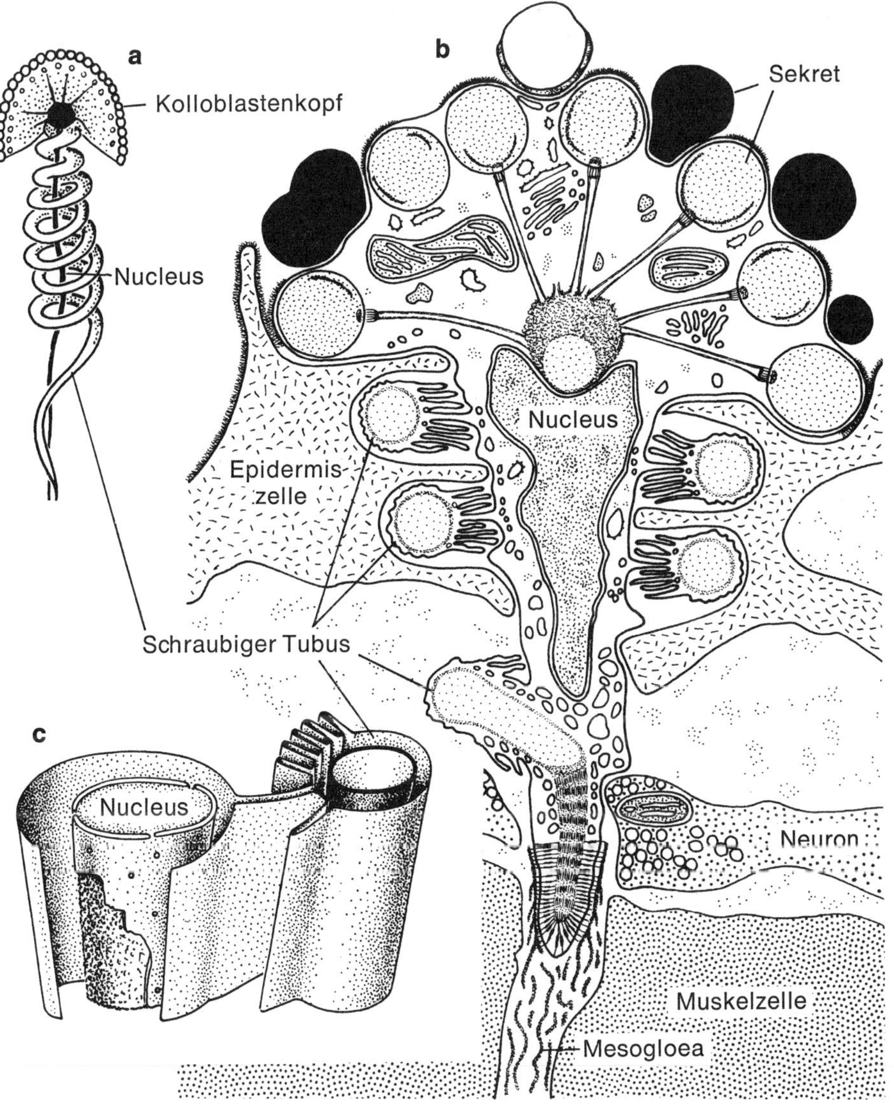

Abb. 49: Schematische Darstellung von Kolloblasten. a. Lichtmikroskopische Darstellung; b. Längsschnitt nach elektronenmikroskopischen Befunden; c. Blockdiagramm der kopfnahen Stielregion, Zellkern (Nucleus) mit teilweise aufgelöster Kernhülle. Nach Benwitz, Komai, Lehnert-Moritz, Storch

der Epidermis gelegenen Nervennetz, das eine höhere Organisationsstufe erreicht als bei den Cnidariern. In bestimmten Regionen ordnen sich die Nervenzellen zu kompakten Strängen. Derartige Stränge liegen unter den 8 Wimperplättchenreihen, und zwar unter jeder Reihe ein durch zahlreiche Querbrücken verbundener Doppelstrang. Von ihnen geht ein Einfluß auf die Tätigkeit der Wimperplatten aus. Auch der Mund wird von einem dichteren Nervenring umgeben. Das Nervensystem beeinflußt das Leuchtvermögen vieler Ctenophoren.

Der Darmkanal bildet ein reich verzweigtes Röhrensystem ohne After. Er beginnt mit dem Mund, der an einem Pol der meist birnförmig geformten Ctenophoren liegt. Er führt zunächst in ein bewimpertes, ectodermales Schlundrohr, das in sich wieder in eine Mundhöhle, einen mit stärkerer Muskulatur versehenen Pharynx und einen dünnen Ösophagus differenziert ist. Dieser führt in den etwa in der Körpermitte gelegenen entodermalen Zentralmagen, von dem mehrere periphere Kanäle abgehen. Zunächst verlängert sich der Zentralmagen in der Körperachse, gabelt sich hier nahe dem Sinnespol in 4 kleine Schläuche und mündet mit mehreren Poren (sog. Exkretionsporen) aus. Seitlich geht vom Magen in der Tentakelebene jederseits ein Radiärkanal aus, der sich zweimal gabelt. Die so entstehenden 8 Radiärkanäle münden in lange, oben und unten blind endigende Schläuche, die nahe der Oberfläche unter den Rippen liegen (Meridionalgefäße). Schließlich geht von den Radiärkanälen noch je ein Ast zur Tentakelbasis und je einer am Schlundrohr entlang. Am Bauplan dieses eigenartigen Kanalsystems wird mit großer Zähigkeit festgehalten; er kann durch Verzweigungen und Anastomosen kompliziert werden, läßt dann aber noch in Teilbezirken und in der Entwicklung den Grundplan erkennen. Das Darmsystem sorgt als echtes Gastrovascularsystem gleichzeitig für Verarbeitung und Verteilung der Nahrung, die Verdauung erfolgt z. T. im Darmhohlraum durch Enzyme; es kann schon eine Vorverdauung im Schlund eintreten, die Endverdauung wird intrazellulär von den Darmzellen geleistet. An einzelnen Stellen bestehen zwischen dem Lumen des Gastrovascularsystems und der Mesogloea offene Verbindungen, die vermutlich dem Stoffaustausch der Mesogloea dienen und durch besondere, bewimperte Zellrosetten gekennzeichnet sind.

Fortpflanzung und Entwicklung. Die Ctenophoren sind Zwitter. Die Gonaden liegen unter dem Entoderm der Rippengefäße, und zwar in jedem Gefäß gegenüber Hoden und Ovarien; an benachbarten Gefäßen sind die gleichartigen Gonaden einander zugekehrt. Die Entleerung der Fortpflanzungszellen erfolgt normalerweise durch den Mund. Von diesem typischen Verhalten gibt es jedoch einige Abweichungen. Bei *Coeloplana* und *Ctenoplana* isolieren sich die Hoden als abgegrenzte Hodenfollikel, von denen aus kurze Samenleiter nach außen führen. Bei *Coeloplana* und wohl auch *Tjalfiella* werden einzelne von außen eingesenkte Bläschen mit Spermien gefüllt (Receptacula seminis).

Die Entwicklung erfolgt im freien Wasser, nur selten findet Brutpflege statt (*Coeloplana* bedeckt die Eier, *Tjalfiella* bildet Bruttaschen aus). Die Entwicklung verläuft direkt. Die Furchung ist total und führt zunächst zu 8 schalenartig nebeneinander liegenden Zellen. Von diesen werden dann kleine Zellen abgeschnürt, die sich rege vermehren und die großen, sich langsamer vermehrenden Zellen umwachsen. So entsteht eine Umwachsungsgastrula (epibolische Gastrula). Die kleinen Zellen bilden das Ectoderm, die großen das Entoderm. Von letzteren werden dann noch nach innen kleinere Entodermzellen abgegeben. Der Darmhohlraum ist erst einfach, dann bildet er vier Gastraltaschen aus, die unter Gabelung zu den 8 Rippenkanälen werden. Die Mesogloea entsteht durch Einwanderung von Ectodermzellen. Alle Ctenophoren durchlaufen ein vierteilig-radiäres Stadium. In der weiteren Entwicklung tritt das Cydippe-Stadium auf, dessen Gestalt bei den Cydippida beibehalten wird, während die anderen Formen noch auffallende Gestaltveränderungen durchmachen. Merkwürdig ist, daß Ctenophoren sich bereits im frühen Jugendstadium fortpflanzen können, um dann nach einer sterilen Periode nochmals als ausgewachsene Tiere geschlechtsreif zu werden (Dissogonie).

Lebensweise. Die artenarme Gruppe enthält etwa 100 Arten und bewohnt ausschließlich das Meer; einzelne Arten *(Pleurobrachia pileus)* dringen ins Brackwasser vor. Im Meer ist das freie Wasser (Pelagial) ihr Hauptlebensraum. Einige Arten sind zum Bodenleben übergegangen; so kriechen die platten *Coeloplana* und *Ctenoplana* am Boden, besonders auf

Korallen, denen sie in ihrer Farbe täuschend ähneln. Die Tiefseeform *Tjalfiella* sitzt sogar mit ihrer Mundscheibe am Boden fest. Auch eine parasitische Form fehlt nicht: *Gastrodes* dringt in Salpen ein.

Die Fortbewegung leisten die Wimperplättchen, deren Effektivschlag nach aboral gerichtet ist; daneben können zwei Ruderflossen ausgebildet sein und beim Schwimmen mitwirken. Normalerweise ist beim Schwimmen der Mund nach vorn gerichtet. Die bodenlebenden Formen besitzen eine bewimperte Kriechsohle, die z. T. aus dem bewimperten Mundfeld entstanden ist. Die Ernährung erfolgt durch die Tentakel, die im voll ausgestreckten Zustand ein Vielfaches der Körperlänge erreichen (bei der meist 1–2 cm großen *Pleurobrachia* bis über 50 cm) und an denen Beutetiere verschiedener Größe festkleben. Die Tentakel werden dann zum Mund gebracht, wo die Beute abgeflimmert wird (vor allem Larven zahlreicher Meerestiere und Copepoden). Tentakellose Arten erfassen ihre Nahrung – meist Ctenophoren – direkt mit dem Mund (z.B. *Beroë*). Dabei können sog. Sichelcilien behilflich sein, die aus zahlreichen Cilien zusammengesetzt sind, aber nur von einem gemeinsamen Plasmalemm begrenzt werden. Die *Beroë*-Arten der Nordsee sind sehr spezialisiert: *Beroë gracilis* frißt *Pleurobrachia pileus*, *B. cucumis* dagegen *Bolinopsis infundibulum*. Auch sehr kleine *Beroë*-Individuen leben von anderen Ctenophoren. Von größeren Tieren trennen sie Gewebestücke ab. Die weit verbreitete *Haeckelia* (früher: *Euchlora*) ist auf Medusen spezialisiert, deren Cniden sie in ihren Tentakeln deponiert (Kleptocniden).

Phylogenie, Systematik. Die Ctenophoren nehmen in ihrer Organisationshöhe eine Mittelstellung zwischen Cnidariern und Coelomaten ein. Mit jenen teilen sie den Besitz des Gastrovascularsystems ohne After sowie das Fehlen eines dritten Keimblatts (Mesoderm) und eines Gehirns, mit diesen das ausschließlich ectodermale Nervensystem sowie die Muskelzellen. Trotz dieser Mittelstellung sind die phylogenetischen Verknüpfungen nach beiden Seiten hin nicht faßbar. Die Ähnlichkeit zwischen Ctenophoren *(Coeloplana)* und Turbellarien (Polyclada) ist zwar auffällig, doch legt die unterschiedliche Entwicklung beider Gruppen nahe, diese Ähnlichkeiten als Konvergenzen aufzufassen. Immerhin bleibt wahrscheinlich, daß die Ctenophoren bei der Stammesentwicklung oberhalb der Cnidaria-Stufe noch eine Etappe mit den höheren Metazoen gemeinsam gegangen sind. Innerhalb der Ctenophoren stehen die Normalformen wie *Cydippe* der Urform am nächsten.

1. Klasse: **Tentaculifera** (Tentaculata). Mit Tentakeln. 1. Ordnung: Cydippida. Ei- bis birnförmig. Darm ohne Anastomosen. Pela-

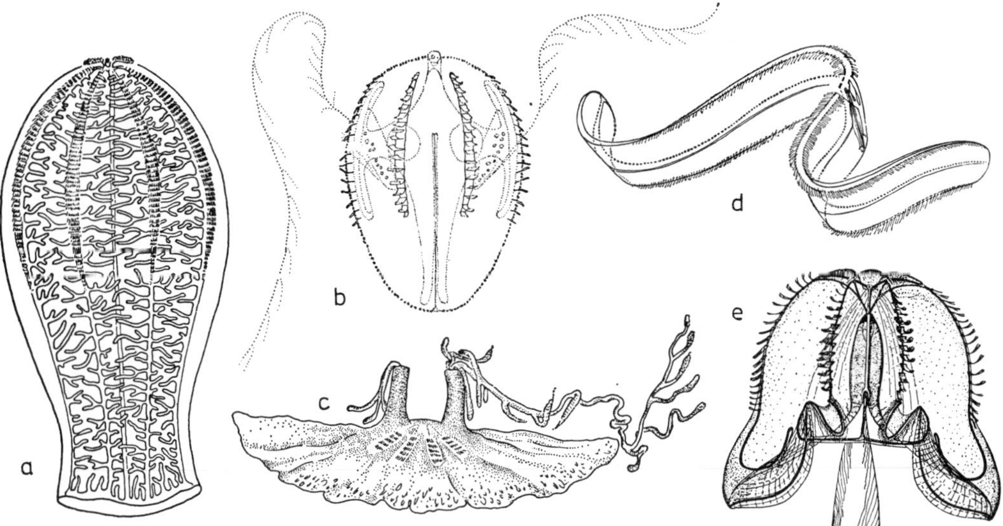

Abb. 50: Ctenophoren-Formen. a. *Beroë*, b. *Pleurobrachia*, c. *Ctenoplana*, d. *Cestus*, e. *Bolinopsis*. Nach Chun, Dawydoff, Riedl

gisch. *Pleurobrachia* (Abb. 50b), *Cydippe*, *Callianira*. – 2. Ordnung: Thalassocalycida. Medusenähnlich, Sargassosee. *Thalassocalyce*. 3. Ordnung: Tjalfiellida. Festsitzend. *Tjalfiella*. – 4. Ordnung: Lobata. Mit 2 Schwimmlappen. Pelagisch *Bolinopsis* (Abb. 50e), *Mnemiopsis*. – 5. Ordnung: Cestida. Lang, bandförmig. Pelagisch. *Cestus* (Venusgürtel, Abb. 50d), – 6. Ordnung: Platyctenida. Scheibenförmig, am Boden kriechend. *Coeloplana*, *Ctenoplana* (Abb. 50c).

2. Klasse: **Atentaculata** (Nuda). Ohne Tentakel. Pelagisch. Ordnung: Beroida. *Beroë* (Abb. 50a).

D. Bilateria (Coelomata)

Die Bilateria umfassen alle Tiere von den Würmern bis zu den Insekten und Wirbeltieren. Ihre Grundorganisation zeigt folgende Merkmale:

1. After. Durch die Ausbildung eines Afters wird der Darmsack zum Darmkanal umgebildet. Er ermöglicht die successive Verarbeitung der Nahrung mechanisch (Kiefer, Kaumagen) und chemisch in aufeinanderfolgenden Etappen.

2. Mesoderm. Schon im Embryo sondern sich Zellen (meist vom Entoderm) ab, die als drittes Keimblatt (Mesoderm) wichtige Gewebe und Organe bilden, z.B. Bindegewebe, Knorpel, Knochen, den größten Teil der Muskulatur, die Blutgefäße, Nieren usw.

3. Coelom. Zwischen Darm und Körperwand liegen flüssigkeitserfüllte Hohlräume, die von einem eigenen mesodermalen Wandepithel ausgekleidet sind (= sekundäre Leibeshöhle, Coelom). Das Coelomepithel legt sich mit einer Schicht der Körperwand an (somatisches oder parietales Blatt) und bildet hier den Hauptteil des Hautmuskelschlauches, mit einer anderen Schicht umschließt es den Darm (splanchnisches oder viscerales Blatt) und bildet hier die Darmmuskulatur. Treffen Coelomwände der beiden Seiten über oder unter dem Darm zusammen, so entstehen Mesenterien, hintereinander liegende Epithelien bilden zusammen eine doppelwandige Querwand (Septum oder Dissepiment). Im Coelomepithel liegen ursprünglich die Gonaden. Die Keimzellen fallen zunächst in das Coelom.

4. Blutgefäßsystem. Es entsteht zwischen den Epithelien, besonders des Coeloms. Seine Wandungen werden aber von der Coelomwand, die dabei ihre Basisfläche dem Blutraum zukehrt, bzw. vom Mesoderm geliefert.

5. Gehirn: Das Nervensystem bildet ein zentrales Organ der Informationsverarbeitung und Koordination.

6. Nephridialorgane. Sie treten in 2 Typen auf:

a. Metanephridien (oft kurz Nephridien genannt). Sie beginnen mit einem Wimpertrichter, der von der Coelomwand gebildet wird. Es folgt ein meist bewimperter Ausführungsgang, an dessen Bildung sich das Ectoderm beteiligt. Nephridien sind oft in Vielzahl vorhanden, bei segmentierten Arten meist ein Paar pro Segment. Sie werden daher auch Segmentalorgane genannt. Sie sind wohl ursprünglich Geschlechtsleiter und Exkretionsorgane, also ein Urogenitalorgan.

b. Protonephridien. Sie bestehen aus einem innen blind geschlossenen Kanalsystem, das von der Haut in den Körper zieht, und sind oft verzweigt. An den Endstellen sitzen Wimperzellen (Cyrtocyten), auch Terminalorgane genannt (Abb. 64). Beide Nephridialorgane können in der gleichen Gruppe auftreten. Sie können sogar in einem Organ vereint sein (Mixonephridien), sei es, daß sich ein Wimpertrichter mit einem Protonephridium vereinigt oder daß sich aus der Wand eines Nephridiums Auswüchse von protonephridialem Bau entwickeln. Dann bilden die Wimperkolben oft Büschel röhrenförmiger Zellen (Solenocyten).

Über die Entstehung dieser Organe bestehen verschiedene Auffassungen. Mund und After sind wahrscheinlich durch Teilung des Urmundes entstanden. In der Entwicklung entstehen beide Öffnungen durch Zerteilung des Urmundes, und bei vielen Tieren entstehen Mund und After nahe beieinander in einem Urmundfeld, auch wenn sie später an den entgegengesetzten Körperenden liegen. Daß bei einem Teil der Bilateria – den Protostomiern – der Urmund zum definitiven Mund wurde und der After sekundär durchbrach, während bei anderen Gruppen (Deuterostomier) der Urmund zum After wurde und der Mund neu entstand, ist weniger wahrscheinlich. Das Gehirn entstand in seinem wesentlichen Teil aus der aboralen Scheitelplatte. Sehr umstritten ist die Herkunft des Coeloms. Am wahrscheinlichsten ist seine Herleitung aus Gastraltaschen, wie sie bei niederen Metazoen verbreitet sind. Dafür sprechen die epitheliale Auskleidung des Coeloms, die oft ein echtes Wimperepithel ist, und die primäre Lage der Gonaden in der Coelomwand wie in den Gastraltaschen sowie die ontogenetische Entstehung aus Urdarmtaschen gerade bei primitiven Formen.

Die Nephridien sind vielleicht aus bewimperten Öffnungen des Coeloms (Coelomporen) entstanden, die Protonephridien teils als Einstülpung des Ectoderms, z.T. wohl auch durch Reduktion aus Nephridien bzw. Nephromixien (Mixonephridien).

Eine Vorstellung vom Grundtyp der Bilaterien mag Abb. 51 vermitteln. Es sind 3 Coelombezirke angenommen, weil diese bei vielen primitiven Bilateria (auch Echinodermata) erkennbar sind. Diese Bezirke sind: 1. Protocoel (= Axocoel), im Vorderende vor dem Mund, oft unpaar; 2. Mesocoel (= Hydrocoel), paarig im Anschluß an die Mundregion; 3. Metacoel (= Somatocoel), paarig im Rumpf. Sind diesen Coelomräumen entsprechend Körperregionen abgegrenzt, so werden sie als Protosoma (= Prosoma, Prostomium, Acron, Kopflappen), Mesosoma (= Kragen), Metasoma (= Rumpf) bezeichnet.

Die zahlreichen Stämme der Coelomata lassen sich in zwei Linien anordnen, Protostomia und Deuterostomia, die sich basal nahestehen (Abb. 52). Diese basalen Gruppen werden auch als Archicoelomata zusammengefaßt, aus ihnen sind Spiralia und Chordata abzuleiten (Abb. 52). Die Archicoelomata sind trimere Organismen, d.h. es sind 3 Cölomsackgarnituren ausgebildet. Nach dem Archicoelomaten-Konzept lassen sich Sipunculiden und Anneliden eng an die trimeren Organismen anschließen. In die Tentakel der ersteren und die mundnahen Anhänge mancher sedentärer Polychaeten ziehen Coelomausläufer hinein, die wenigstens teilweise dem Mesosoma der Archicoelomaten entsprechen.

Die beiden Einteilungen stehen nicht im Widerspruch zueinander, sondern stellen unterschiedliche Merkmale (Mund-After-Entwicklung; Coelomgliederung) in den Vordergrund.

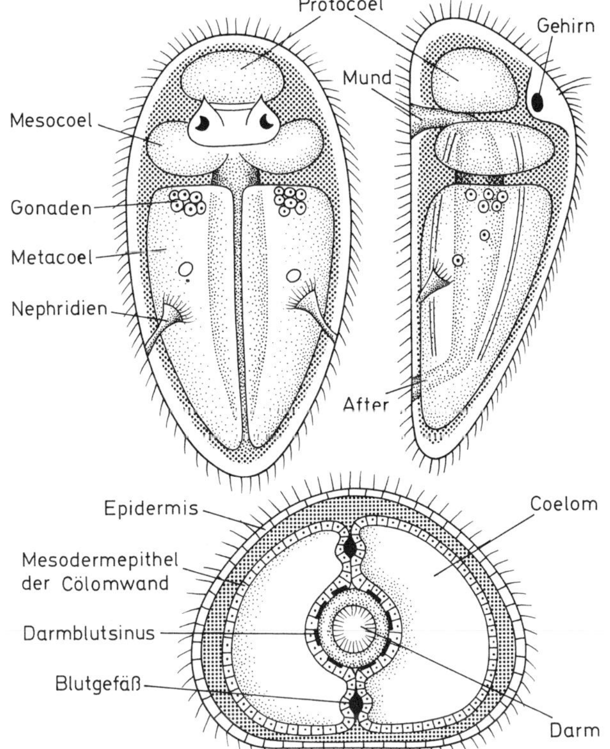

Abb. 51: Grundform der Bilateria (Coelomata) in Aufsicht, Seitenansicht und im Querschnitt (unten). Nach Remane

Neben ihnen existieren weitere Versuche der Großeinteilung der Bilateria.

a. Linie Protostomia

In der Ontogenie wird der Urmund oft zum definitiven Mund. Das Nervensystem ist vorwiegend ventral entwickelt (dorsale Nerven fehlen fast stets). Als Larve ist vielfach eine Trochophoralarve vorhanden, vor allem bei marinen Gruppen.

I. Tentaculata

Die Tentaculaten sind meist festsitzende oder halbfestsitzende Meeresbewohner. Sie umfassen etwa 5000 rezente Arten. Ihr Körper zeigt eine Dreigliederung in

1) Protosoma: kleiner Fortsatz oberhalb des Mundes (Oberlippe, Epistom), der öfter noch einen Coelomraum enthält.

2) Mesosoma: mit eigenem Coelom ausgestatteter Kragenbereich, von dem 2 gebogene bis spiralig aufgerollte Arme (Lophophore) ausgehen, deren Ränder dicht mit bewimperten Tentakeln besetzt sind; an seinem Vorderrand liegt der Mund.

3) Metasoma: Rumpf mit umfangreicher Coelomhöhle und den Hauptorganen, wird meist von einer festen Hülle oder Schalenklappen umgeben. Die Gonaden liegen in der Coelomwand des Rumpfes, die Ausleitung der Keimzellen erfolgt oft noch über ein oder zwei Paar echter Nephridien; der Darm ist außer an Dorsal- und Ventralmesenterium ursprünglich noch an 2 Lateralmesenterien aufgehängt. Bei primitiven Formen besitzt die Larve deutliche Übereinstimmung mit der Trochophoralarve.

Einige Merkmale der Tentaculaten ähneln solchen der Anneliden. Es fehlen jedoch die Tritometamerie und Urmesodermzellen. Das Coelom der Tentaculaten entsteht durch seitliche Abfaltung oder Auswanderung zahlreicher Zellen aus dem Urdarmbereich. Diese Tatsache, die Dreigliederung des Körpers und die Lophophore weisen auf enge Beziehungen zu den Pterobranchiern (Hemichordaten).

Von den drei Klassen der Tentaculaten besitzen Phoroniden und Brachiopoden viele ursprüngliche Merkmale, während die Bryozoen sekundär vereinfacht sind.

1. Klasse: Phoronidea

Die artenarme Gruppe der Phoronidea ist durch einen 3–5 cm langen schlauchförmigen Rumpf (Abb. 53) gekennzeichnet, dessen Epidermis eine chitinige, oft mit Fremdkörpern besetzte Hülle abscheidet. Das Prosoma bildet über dem Mund eine gewölbte Oberlippe (Epistom), die eine Coelomhöhle besitzt. Diesem Körperabschnitt gehören auch die paarigen Lophophororgane an, deren Gestalt von Wim-

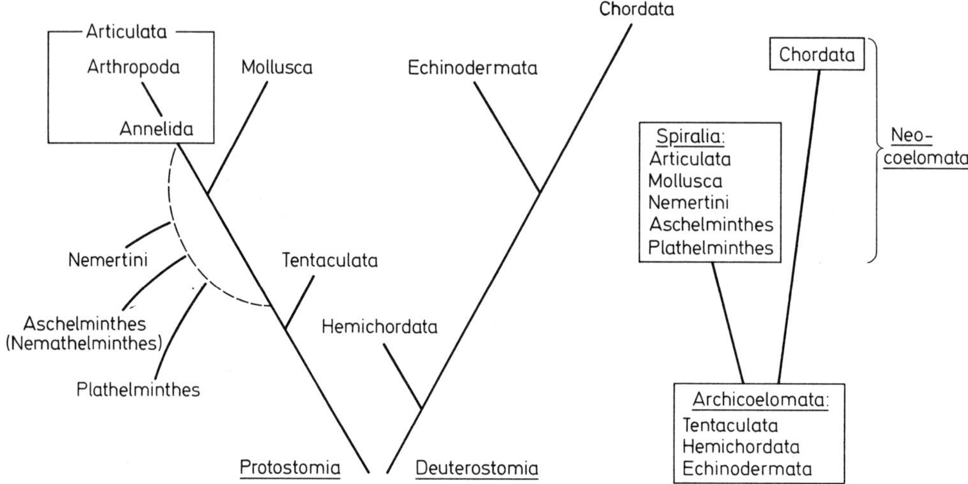

Abb. 52: Die wichtigsten Stämme der Bilateria (Coelomata) in ihren gegenseitigen Beziehungen. Links: Gliederung nach der Ausbildung des Urmundes in Proto- und Deuterostomia. Rechts: Gliederung nach den Coelomverhältnissen in Archi- und Neocoelomata, stark vereinfacht

pergruben bis zu lappenartigen, gefalteten Fortsätzen variiert und die parallel zur Gonadenreifung zyklische Veränderungen durchmachen. Arten, bei denen sich die Embryonen zunächst im Schutz der Tentakelkrone entwickeln, besitzen neben den Lophophororganen noch Drüsenfelder, deren Sekret die frühen Embryonen am Elterntier befestigt. Das Mesosoma bildet die hufeisenförmig angeordneten Lophophore (Arme), die in unterschiedlichem Ausmaß distal spiralig aufgerollt sind und die eine Doppelreihe von ca. 25 bis über 1500 Tentakeln tragen. Die Tentakeln des linken und rechten Armes gehen im Bereich des Mundes ineinander über, so daß dieser von Tentakeln umstellt ist. Das Metasoma bildet den Rumpf, der terminal erweitert ist (Ampulle). Sinnesorgane fehlen, in der Epidermis finden sich jedoch zahlreiche in Gruppen angeordnete Sinneszellen. Das Nervensystem liegt in der Epidermis und besteht aus einem locker verteilten Körperplexus, einem flachen Cerebralganglion (Gehirn) hinter dem Epistom, von dem Fasern zu den Tentakelreihen und dem Lophophororgan ausgehen, einem Oesophagusring und 1 oder 2 lateroventralen Riesenfasern, die an den Ansatzstellen der lateralen Mesenterien entlanglaufen. Die Riesenfasern (Durchmesser bis 80 µm) vermitteln schnelle Rückziehbewegungen. Nahrungsbestandteile, oft Planktonorganismen, werden mit den Cilien der Tentakel in den Mundbereich getrieben; oft werden sie in Schleim eingebettet. Der einfach gebaute Verdauungstrakt (mit Vormagen und Magen) ist U-förmig gebogen und besitzt keine Mitteldarmdrüsen. Er ist innerviert und besitzt eine

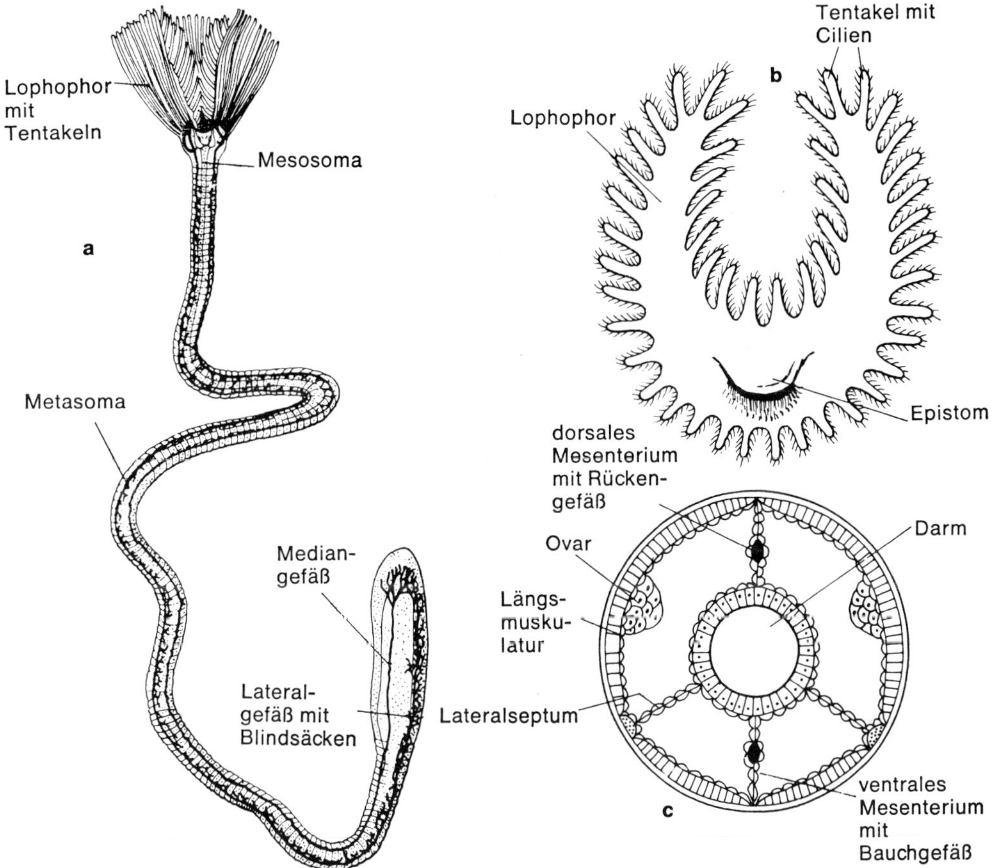

Abb. 53: a. *Phoronis* außerhalb der Wohnröhre. b. Aufsicht auf das Vorderende eines Tentaculaten, c. Querschnitt durch den Tentaculaten-Rumpf. Vereinfachte Darstellung des Darmes, der infolge U-förmigen Verlaufes im Querschnitt meist zweimal angetroffen wird. Nach Cori, Remane

Längsmuskelschicht, außerdem ist er mit medialen und lateralen Mesenterien an der Körperwand befestigt. Die seitlichen Mesenterien verlaufen unsymmetrisch, weil sich das rechte dem absteigenden, das linke dem aufsteigenden Darmschenkel anheftet. Der After mündet mit einer Papille zwischen den Lophophoren. Das Coelom ist in Meso- und Metasoma umfangreich und besteht hier aus je einem Paar Kammern. Die Außenwände des Coeloms bilden einen einheitlichen Hautmuskelschlauch, in dem Längsmuskulatur stark hervortritt. Das geschlossene Blutgefäßsystem enthält im Blutplasma haemoglobinhaltige, scheibenförmige Erythrocyten. Es bildet einen kompliziert gebauten Gefäßring mit venösem und arteriellem Anteil in den Lophophoren und einen venösen dorsalen und einen arteriellen lateralen Längsstrang, die sich hinten in einem Darmblutsinus vereinigen. Das laterale Gefäß, in dem das Blut aus dem Vorderende nach hinten strömt, ist als verlagertes Ventralgefäß aufzufassen. Vor allem am lateralen Gefäß entspringen zahlreiche blindendigende Schläuche, die z.T. von nährstoffspeicherndem Gewebe umgeben sind, und in deren Nähe sich im Coelomepithel die Gonaden entwickeln. Das Coelomepithel kann in Myoepithelzellen und Podocyten differenziert sein.

Einige Arten sind zwittrig; deren Gonaden

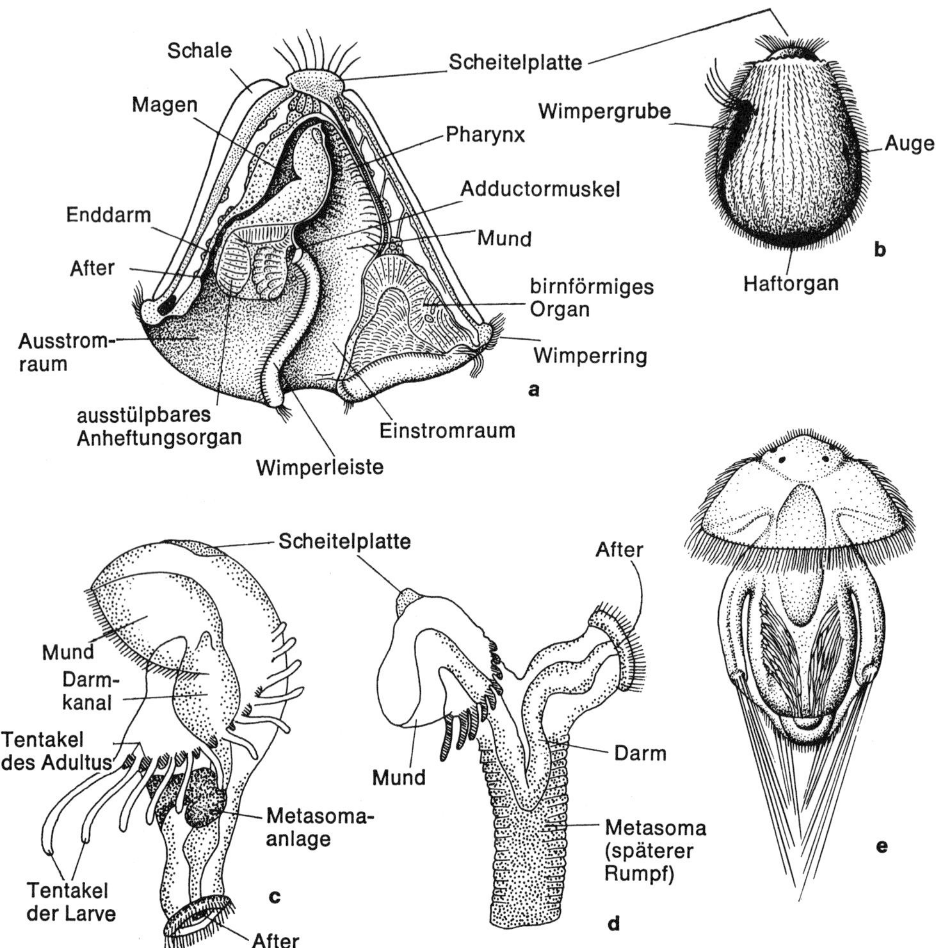

Abb. 54: Tentaculatenlarven. a, b. Bryozoen; c, d. Phoroniden; e. Brachiopoden. a. Cyphonauteslarve von *Membranipora;* b. Larve von *Bugula;* c. Actinotrochalarve von *Phoronis;* d. mittleres Metamorphosestadium der Umwandlung einer Actinotrocha zum adulten Tier; e. Schwimmlarve von *Argyrotheca.* Nach Calvet, Lynch, Prouho

bilden zunächst Spermien und anschließend Eier, die ins Coelom entleert werden. Von dort gelangen sie durch ein Paar vorn im Rumpf gelegener Metanephridien, die z.T. sehr lange Lippen an den Wimpertrichtern besitzen, nach außen. Die Nephridien sind sehr vielgestaltig und besitzen bei einigen Arten zwei Wimpertrichter. Die Nephridialöffnungen liegen dicht neben der Afterpapille. Die Eier bleiben oft an den Tentakeln haften und entwickeln sich zunächst hier. Die Furchung ist total, meist aequal und radiär. Gelegentlich wurden Anklänge an die Spiralfurchung beschrieben. Anders als bei den typischen Trochophoralarven erfolgt die Mesodermbildung durch viele vom Urdarm auswandernde Zellen, deren Zusammenschluß die Coelomwände bildet. Die weitere Entwicklung führt zu einer freischwimmenden Trochophoralarve (Actinotrocha [Abb. 54]): Sie besitzt Scheitelplatte, Wimperringe und Protonephridien. Äußerlich erkennt man eine Zweiteilung in Episphäre und Hyposphäre, das Coelom ist dreigliedrig. Die Fortbewegung erfolgt durch einen Tentakelkranz und den hinteren Wimperring, den Telotroch. Der Mund liegt unter der Episphäre, der After terminal inmitten des Telotroch. Der Magen ist in einen Vor- und Hauptmagen gegliedert, am Mageneingang sind 2 Darmdivertikel zu finden. Eigenartig ist die Bildung des Rumpfes der erwachsenen Tiere. Sie erfolgt derart, daß zuerst an der Bauchfläche der Larve eine schlauchförmige Einstülpung ins Innere entsteht (Metasomadivertikel). Außerdem bilden sich Adulttentakel und 1–2 Blutkörperbildungszentren nahe den Nephridien. Der Adultus entsteht durch eine schnell ablaufende Metamorphose (*Phoronis mülleri*: 15 Minuten, *Phoronis psammophila:* 30 Minuten): Der Metasomadivertikel wird ausgestülpt und zieht den Darmkanal mit, der jetzt U förmig wird. Wenig später werden Episphäre und larvale Tentakel verschlungen. Der Telotroch wird meistens in den Enddarm hineingezogen und resorbiert. Das Regenerationsvermögen der Phoroniden ist sehr groß, so daß nach dem Durchtrennen von Tieren mehrere Individuen entstehen können.

Die weltweit verbreiteten Phoroniden (nur wenige Arten, 2 Gattungen: *Phoronis*, *Phoronopsis*) leben oft in dichten Beständen im Meeresboden, sowohl im Schlamm als auch im Sand und eingebohrt in Gestein oder Molluscenschalen.

2. Klasse: Bryozoa (Polyzoa, Moostiere)

Die Bryozoen existieren rezent in ca. 4000 und fossil mit ca. 16000 Arten. Sie zeigen als Einzeltiere einen stark vereinfachten Bau, erfahren aber durch Koloniebildung eine reiche Entwicklung und z.T. recht hohe Komplikation. Die Kolonien (Zoarien) zeigen zahlreiche Wuchsformen: Krusten-, Klumpen-, Scheiben-, Strauch- und Rasenbildung und besiedeln in großer Zahl Pflanzen und Festkörper des Meeres, nur wenige Arten sind ins Süßwasser vorgedrungen.

Bau des Einzeltieres (Zooids): Die primäre Dreigliederung des Körpers ist oft nur noch schwer zu erkennen. Das Prosoma ist nur noch bei manchen Arten als Oberlippe (Epistom) nachweisbar (Abb. 55), dem Mesosoma fehlen bei den meisten Arten die typischen Lophophorarme, so daß sein Bereich nur durch einen Kranz bewimperter Tentakel, die den Mund umstehen, gekennzeichnet ist. Das Metasoma ist umfangreich und enthält u.a. Gonaden und Darmschlinge. Im Gesamtkörper hat sich eine neue, tiefgreifende Zweiteilung vollzogen. Der Hinterkörper (Cystid) ist von einer kapselartigen Cuticula umschlossen. Sie ist im einfachsten Falle gallertig bis chitinig und besteht vor allem aus Protein und zu einem geringen Teil aus Kohlenhydraten. Die Cuticula kann durch starke Einlagerung von Calciumsalzen verdickt und zu einem Panzer verfestigt werden (Abb. 57), so daß manche Stöcke ein korallenähnliches Aussehen gewinnen *(Hornera)*. $CaCO_3$ wird in der Matrix in Form von Calcit- oder Aragonitkristallen abgelagert. Das Kalkgehäuse, das auch beträchtliche Mengen von Magnesium und Strontium enthält, kann durch Ausbildung von Stacheln und durch Einschieben von Kalkwänden ins Innere (Kryptocystenbildung) kompliziert werden. Das Gehäuse des Einzeltiers heißt auch Zoecium.

Der Vorderkörper mitsamt der Tentakelkrone (Polypid) bleibt dünnhäutig und wird bei Störung in das Hinterende eingezogen (Abb. 56). Dieser Vorgang erfolgt so, daß die Tentakelkrone einfach eingezogen, die vordere Rumpfwand aber z.T. umgestülpt wird und in diesem Zustand die Tentakel als Tentakelscheide (Kamptoderm) umhüllt. An der Einstülpungsstelle werden vielgestaltige Verschlußapparate ausgebildet; bei den Cyclostomen ist der apikale Teil der Körperwand nicht verhärtet und zentral zum Atrium eingefaltet. Bei Gefahr wird die Tentakelkrone eingezogen und das Atrium geschlossen (bei *Crisia* und anderen durch einen Sphinkter). Bei den Ctenostomen umgibt den Vorderrumpf ein membranöser Kragen, der sich über dem eingezogenen Vorderende zusammenfaltet; die Cheilostomen können die Einstülpungsöffnung mit einem Deckel (Operculum) verschließen (Abb. 56). Das Ausstülpen des Polypids erfolgt meist durch Auspressen infolge Erhöhung des Binnendrucks, der durch Muskelkontraktion hervorgerufen wird. Kompliziert wird dieser Vorgang bei stark verkalkten, starren Gehäusen. In diesem Fall bleibt ein Wandteil des Gehäuses dünn und biegsam, so daß dieser Teil einwärts gezogen werden kann (Abb. 56), oder es bildet sich von der Wand aus eine sackförmige, dünne Hauteinstülpung (Ascus, Wassersack; Abb. 56), die durch Muskelzug erweitert werden kann, wobei die Leibeshöhle unter Druck gesetzt wird.

Das Nervensystem besteht aus einem unter der Epidermis gelegenen Cerebralganglion, das

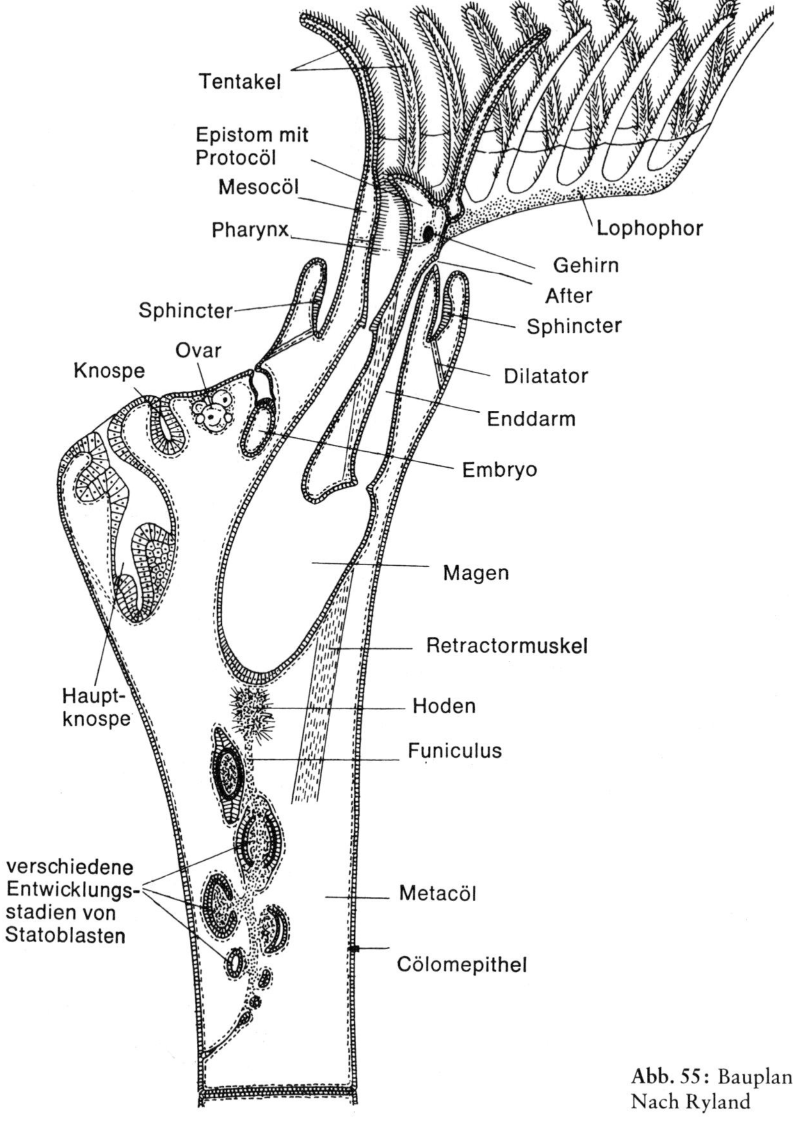

Abb. 55: Bauplan der Phylactolaemata. Nach Ryland

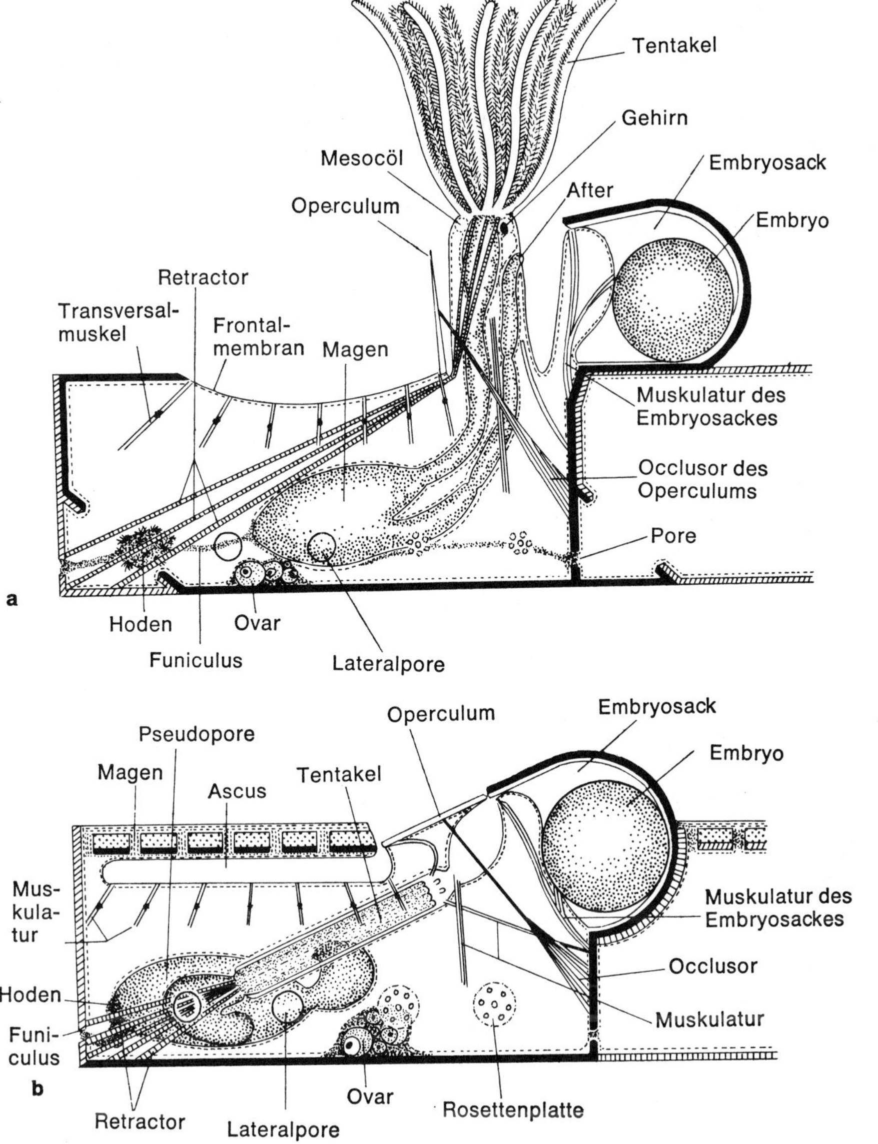

Abb. 56: Bauplan der Cheilostomata. a. Form ohne Ascus (Anasca), b. Form mit Ascus (Ascophora). a. mit ausgestülptem, b. mit zurückgezogenem Polypid. Embryosack = Ooecium = Ovicelle. Nach Ryland

bei Phylactolaemata einen Hohlraum aufweist, und einem meist schwach ausgebildeten Hautplexus. Das Ganglion liegt dorsal vom Mund und ist der auffälligste Teil eines um den Mund verlaufenden Nervenringes, von dem aus je ein Paar motorischer und sensorischer Fasern in die Tentakel ziehen, andere Fasern ziehen zur Tentakelscheide und zum Darmkanal. Bei einigen Bryozoen sind Nervenzellen beobachtet worden, die eine Koordination der Einzeltiere einer Kolonie bewirken. Für einzelne Arten ist eine Koordination von Vibracularbewegungen und Polypidretraktionen bei Gefahr nachgewiesen worden. Die Epidermis, vor allem die der Tentakel, enthält Reihen von Sinneszellen, Sinnesorgane fehlen bis auf die Augenflecken der Larven. Nahrungspartikel werden mit dem Cilienschlag der einen Trichter bildende Tentakel oder durch Tentakelbewegungen in den Mund befördert. Von manchen Arten ist ein feines Diskriminierungsvermögen hinsichtlich der Partikelgröße bekannt. Ungeeignete Partikel können mittels verschiedener Mechanismen zurückgewiesen werden.

Der U-förmige, z.T. bewimperte Darm besitzt einen muskulösen Pharynx mit intraepithelialen Myofilamenten und bildet in seinem mittleren Teil einen Blindsack (Magensack); bisweilen findet sich im absteigenden Darmschenkel ein muskulöser, mit Cuticulaplatten versehener Kaumagen, der After liegt dorsal zwischen Tentakelkrone und Cystidrand. Hauptort der extracellulären Verdauung und Resorption ist wie bei Phoroniden der Magenbereich, der einen pH-Wert von 6,5–7,0 aufweist. Fortbewegung des Nahrungsbreies erfolgt durch Muskulatur und Cilien. Diese formen im hinteren Darmkanal einen Nährstoffstrang, der sich sehr rasch rotierend bewegt und sich meist vom Magenausgang bis zum After erstreckt. Das Coelom ist gut entwickelt. Ein Protocoel kommt noch im Epistom der Phylactolaemata vor (Abb. 55), es steht in offener Verbindung mit dem Mesocoel. Dieses bildet einen Ring um den Mund, von dem bei den Phylactolaemata Kanäle in Lophophoren und Tentakel ziehen. Bei dieser Bryozoengruppe werden die 3 hinter dem Epistom gelegenen mediodorsalen Tentakel durch 2 besondere Mesocoelkanäle mit Wimpertrichtern versorgt, die um das Epistom herumlaufen, sich zu einer Blase vereinigen und dann in die Tentakel ziehen. Sie wurden manchmal als Nephridien angesehen. Das Metacoel ist eine einheitliche Höhle, Mesenterien fehlen; nur ein vom Magen zur Körperwand ziehender, flüssigkeitsgefüllter Schlauch, der Funiculus (Abb. 55, 56), kann als Mesenterienrest angesehen werden. Er ist wie Blutgefäße anderer Coelomaten aufgebaut und kann eine Kontinuität zwischen verschiedenen Zooiden herstellen. Bei den Cyclostomata löst sich das Mesodermepithel im Metasomabereich von der Epidermis, so daß im Cystid zwei Körperhöhlen entstehen: das Metacoel um Darm und Funiculus sowie – v. a. im hinteren Cystidabschnitt – ein Spaltraum zwischen Coelomwand und Epidermis. Exkretionsfunktion wird von Darm- und Körperwandepithelien übernommen. Die Darmwand kann mit Exkreten beladen zusammen mit dem Polypid zugrunde gehen und einen sog. braunen Körper bilden. Die Körperwand des Cystids bringt dann ein neues Polypid mit Darm hervor. Der braune Körper kann dann ausgestoßen werden oder im Metacoel liegen bleiben. Atmung erfolgt durch die Körperwand; bei Formen mit festem Gehäuse kann der Gasaustausch durch nicht verkalkte Aussparungen (Pseudoporen bei Cyclostomata und Cheilostomata) oder durch den Wassersack (Ascus mancher Cheilostomata) erfolgen.

Die Gonaden der meist zwittrigen Bryozoen liegen in der Wand des Metacoels oder am Funiculus. Spermien reifen bei vielen Arten im Zusammenhang mit einem Cytophor. Bei *Electra*, *Schizoporella* und *Zoobothryon* werden Tausende von Spermien durch feine Poren der 2 am weitesten dorsal gelegenen Tentakel nach außen abgegeben. Mit dem Wasserstrom können sie benachbarte Tiere erreichen. Eier, die einen sehr unterschiedlichen Dottergehalt haben können, werden durch eine im Tentakelbereich gelegene Coelomöffnung, die oft auf einem röhrenförmigen Fortsatz liegt, abgegeben (Intertentakularorgan).

Brutpflege kann an verschiedenen Stellen des Körpers erfolgen. Bei den Cyclostomata wächst das Tier, das das Ei produziert hat, selbst zu einem großen tonnenförmigen Brutbehälter (Gonozoid) heran. Der Embryo zerfällt auf frühen Entwicklungsstadien in sekundäre Embryonen, die sich wieder in tertiäre teilen können (Polyembryonie).

Bei den Phylactolaemata entwickelt sich das Ei in einem inneren Brutsack (Uterus), bei vielen Cheilostomata existiert ein äußerer Brutbehälter (Abb. 56), in dem 2 schalen- oder blasenförmige Auswüchse eine äußere Brutkammer umschließen (Ooecium, Ovicelle), in die die Eier hineingelegt werden. Bei *Tendra* entwickeln sich die Eier unter Rippen über der apikalen Körperwand (Frontalmembran). Die totale (trotz z.T. beträchtlicher Dottermengen) Furchung führt zu einer Wimperlarve, die manche Übereinstimmung mit der Trochophoralarve aufweist; sie besitzt eine Scheitelplatte und einen Wimperring (Corona), der den Larvenkörper in eine vordere Episphäre und eine hintere Hyposphäre teilt. Die Hyposphäre ist oft eingeebnet, so daß Mund und After nahe beieinander an der Hinterfläche liegen (wohl ein ursprüngliches Merkmal). Manche Larven (*Bugula*, Abb. 54) besitzen einen Augenfleck. Die äußere Gestalt der Larve

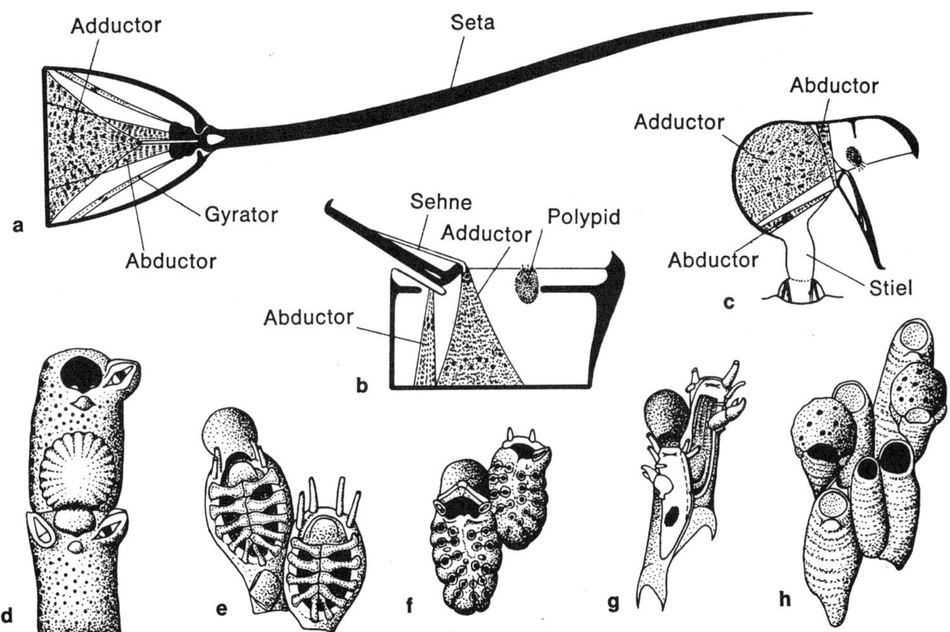

Abb. 57: a. Vibracularium, b. sessiles Avicularium, c. gestieltes Avicularium, d–h. Cystide von Cheilostomata, d. *Schizoporella*, e. *Callopora*, f. *Cribrilina*, g. *Bugula*, h. *Hippothoa*. Nach Markus, Ryland

ist recht verschieden, bald dreieckig, mützenförmig mit starker seitlicher Zusammenpressung (Cyphonautes), bald halbkugel- bis walzenförmig. Bei Cyphonautes wird der größte Teil der Seitenwände von schalenförmigen Abschnitten gebildet, die durch einen Adduktormuskel zusammengehalten werden und die eine recht große Mantelhöhle umschließen. Diese wird durch bewimperte Leisten in 2 Räume zerlegt: Ein- und Ausstromkammer. Apikal geht der Einstromraum in einen bewimperten Pharynx über, der die Nahrung in den Mitteldarm führt (Abb. 54). Das Hinterende trägt ein eingesenktes Haftorgan, das beim Festheften der Larve vorgestülpt wird. Vor dem Mund liegt das birnenförmige Organ, ein Komplex aus Drüsen- und Sinneszellen, der durch einen Nerven- und Muskelstrang mit der Scheitelplatte verbunden ist. Das birnenförmige Organ dient vermutlich der Untersuchung des Substrates vor der Festheftung.

Gegenüber der Actinotrochalarve zeigen die Bryozoenlarven manche Rückbildungen: Nephridien fehlen stets, ein funktionierender Darm ist nur selten vorhanden (Cyphonautes z. B. von *Electra*); meistens wird das larvale Entoderm bald wieder rückgebildet. Bei den Phylactolaemata ähnelt die Larve einem bewimperten Sack mit ecto- und mesodermaler Wand, die vorne zu einem Hohlkanal eingestülpt ist, an dem bereits die Knospen der ersten Tiere der Kolonie entstehen. So wandelt sich also die Larve nicht nur in ein einzelnes Tier um, sondern bildet oft eine Primärkolonie mit zwei bis mehreren Polypiden.

Knospung, Koloniebildung. Mit Festheftung der Larve beginnt die Ausbildung der Kolonie (Zoarium). Mit dem regelmäßigen Wechsel von geschlechtlicher und ungeschlechtlicher Fortpflanzung gibt es also bei den Bryozoen eine typische Metagenese. Nur ein Teil der Larve – Haft- und Seitenflächen – geht in das erste Tier der Kolonie (Ancestrula) über. Der gesamte Darmtrakt und das Vorderende (Polypid) entstehen durch Knospung neu. Dabei gehen diese Teile, wie bei jeder späteren Knospung, nur aus Ecto- und Mesoderm hervor, ohne Beteiligung des Entoderms. Durch weitere Knospungen entstehen die oft umfangreichen Kolonien. Die jeweilige Neubildung der Darmanlage aus der Körperwand bedingt, daß die Einzeltiere nicht wie bei Cnidarierkolonien über ihr Darmsystem zusammenhängen.

Bei Bryozoen sind die Tiere durch meso- und ectodermale Gewebsstränge verbunden, die durch Poren (= Rosettenplatten) in den Gehäusewänden hindurchziehen. Bei den Phylactolaemata sind oft die Scheidewände zwischen den Einzeltieren rückgebildet, so daß die Coelomhöhlen frei miteinander kommunizieren.

Innerhalb der Kolonie tritt bei vielen Arten eine Differenzierung der Einzeltiere ein. Oft besteht eine Sonderung in sterile Nährtiere und

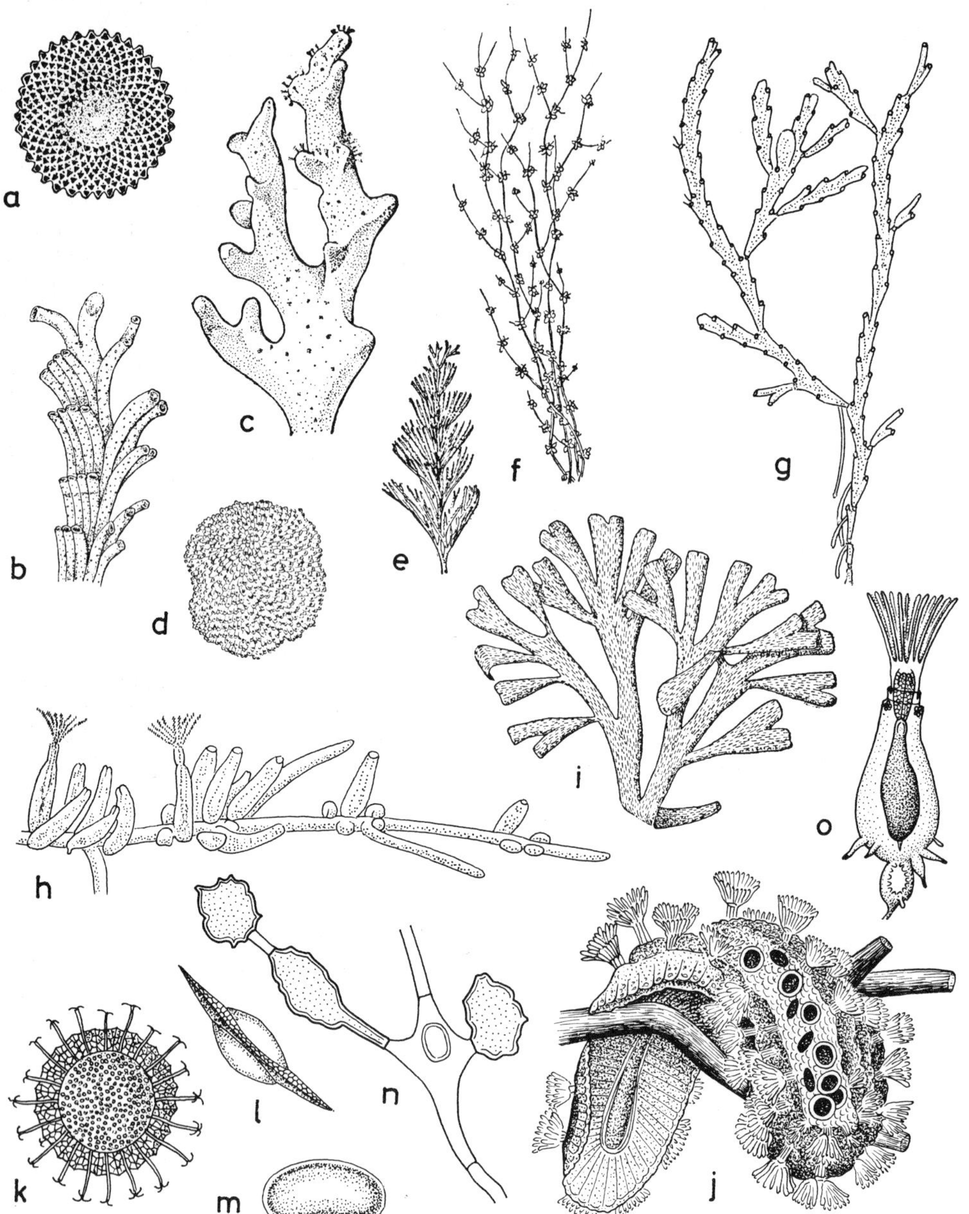

Abb. 58: Bryozoenformen und Dauerstadien. a. *Cupuladria*, b. *Idomonea*, c. *Alcyonidium*, d. *Cribrilina*, e. *Bugula*, f. *Valkeria*, g. *Crisia*, h. *Bowerbankia*, i. *Flustra*, j. *Cristatella*, k. Statoblast von *Cristatella*, l. Statoblast von *Lophopus*, m. Statoblast von *Fredericella*, n. Hibernacula von *Victorella*, o. *Monobryozoon*. In unterschiedlichen Maßstäben. Nach Braem, Perrier, Remane, Riedl, Ryland

in größere Geschlechtstiere (Gonozoide). Bei vielen Cheilostomata treten Avicularien auf (Abb. 57b, c), deren Name sich von ihrer vogelkopfartigen Gestalt herleitet, sie können gestielt *(Bugula)* oder sessil sein. Kopf und Oberschnabel entsprechen einem Cystid, der Unterschnabel einem Verschlußdeckel; Tentakel und Darm fehlen diesen Tieren, dem reduzierten Polypid entspricht der sinneszellenbesetzte sog. Fühlknopf. Die Avicularien führen schnappende Bewegungen aus. Bei den selteneren Vibracularien (Abb. 57a, Cheilostomata), die sich aus Avicularien herleiten, ist der Verschlußdeckel zu einem langen beweglichen Stab (Seta) umgewandelt. Beide Individuenarten verhindern vermutlich die Festsetzung anderer sessiler Tiere auf der Kolonie; bei Formen, die dem Sand aufliegen, dienen die Vibracularien auch der Verankerung der Kolonie *(Cupuladria)*. Gonozoide, Avicularien und Vibracularien werden als Heterozoide bezeichnet; hierher gehören auch die Nanozoide (kleine Formen mit nur einem Tentakel) mancher Cyclostomata. Noch stärker rückgebildet sind die Kenozoide, einfache Kästchen, die Stielglieder, Ranken oder Wurzelfäden (Rhizoide, z.B. bei *Crisia*) bilden. Viele Autoren sehen auch in den Dornen rückgebildete Individuen. Normale Tiere werden als Autozoide bezeichnet.

Der Überwinterung und Verbreitung dienen bei den Phylactolaemata die Statoblasten (Abb. 58); es handelt sich um vielgestaltige Dauerknospen, die in Ein- oder Mehrzahl *(Plumatella)* im Funiculus aus dotterhaltigen Meso- und eingewanderten Ectodermzellen entstehen, welche von einer Kapsel umgeben werden. Diese kann Hakenfortsätze und einen luftgefüllten Schwimmring tragen. Viele Ctenostomata bilden unter ungünstigen Bedingungen äußere Dauerknospen (Hibernacula) aus.

Lebensweise. Die Bryozoen sind festsitzend, nur das im Meeressand lebende *Monobryozoon* (Abb. 58) und die im Süßwasser verbreitete *Cristatella* sowie einige marine Arten haben geringe Beweglichkeit, *Monobryozoon* als Einzeltier, letztere als Kolonie. Auch *Monobryozoon* entspricht eigentlich einer reduzierten Kolonie, da die Haftfortsätze durch ein Septum vom Hauptkörper getrennt sind und sich in ein Polypid umwandeln können. Die festsitzenden Arten sind meist mit dem Substrat verwachsen, selten liegen sie dem Boden – auch Schlamm – auf *(Kinetoskias)*. *Spathipora*, *Penetrantia* und *Immergentia* (Ctenostomata) bohren sich mit Hilfe von Phosphorsäure, die am Ende von Stolonen abgeschieden wird, in Kalkschalen ein. *Bulbella* ist holzbohrend. Die festsitzende Lebensweise bindet die Bryozoen an festen Untergrund (auch an Schiffen und bisweilen in Abwasserrohren), wo sie rasenartige Bestände bilden. Manche leben epizoisch und als Commensalen (z.B. *Hippoporidra* und *Triticella*) auf Schnecken, in Polychaetenröhren und an anderen Tieren. Die scheiben- oder kegelförmigen Kolonien (Durchmesser 1–2 cm) der Warmwasserart *Cupuladria canariensis*, die dem Sand einfach aufliegen, bilden oft Bestände von 2000 bis 3000 Kolonien pro m^2. Auf Pflanzen können sie Krusten oder Lianen bilden *(Valkeria)*. Die große Mehrzahl der Arten lebt im Meer in der lichtdurchfluteten Zone von 20–80 m, einige Arten kommen auch in der Tiefsee (bis 8000 m) vor (Cellularioidea). Im Süßwasser sind nur die Phylactolaemata sowie einige Ctenostomata (Hislopiidae, *Paludicella*) verbreitet. Für das Brackwasser (z.B. Ostsee, Schwarzes Meer, Kaspisches Meer) sind *Victorella*, *Conopeum* und *Electra*-Arten kennzeichnend. Manche Arten vertragen weite Schwankungen des Salzgehaltes.

Ihre Nahrung nehmen die Bryozoen als Strudler auf. Die Cilien der Tentakel befördern Partikel, die in ihrer Größe von reinstem Detritus bis zu Diatomeen reichen, zum Mund. Infolge ihrer harten Skelete und ihrer Wuchsform dienen die Bryozoen nur wenigen Tieren, z.B. Seeigeln, Chitonen, Nacktschnecken und *Pycnogonum*-Arten als Nahrung.

System

1. Phylactolaemata (= Lophopoda, Abb. 55). Primitive Merkmale: Lophophorarme, Epistom mit Protocoel, Körperwand mit Muskulatur; abgeleitete Merkmale: Reduktion der Scheidewände zwischen den Tieren, stark abgewandelte Larve. Keine Heterozoide. Süßwassertiere, besonders in langsam fließenden Gewässern. Statoblasten. 12 Gattungen; *Cristatella* (Abb. 58j), *Fredericella*, *Lophopodella*, *Lophopus*, *Pectinatella*, *Plumatella*.

Die beiden folgenden Gruppen (Stenolaemata, Gymnolaemata) gehören enger zusammen, was z.B. dadurch dokumentiert wird, daß sie analwärts wachsen, während die Phylactolaemata oralwärts wachsen.

2. Stenolaemata. 550 Gattungen; Palaeozoikum bis rezent. Unterordnungen: Cystoporata (Palaeozoikum), Trepostomata (Palaeozoikum), Cryptostomata (Palaeozoikum), Cyclostomata (Palaeozoikum bis rezent (Abb. 58)); Cystide lang, zylindrisch, hinten zugespitzt, kein spezieller Verschlußapparat der kreisförmigen Öffnung der Cystide; offene Poren zwischen Nachbartieren; keine Muskulatur in der Körperwand; Eier entwickeln sich meist in Gonozoiden; Polyembryonie.

Crisia (Abb. 58g), *Crisella* (baumförmig), *Lichenopora*, *Tubulipora* (plattenartig), *Hornera* (korallenartig), *Idomonea* (Abb. 58b).

3. Gymnolaemata. Cystide meist kasten- oder füllhornförmig; Tiere der Kolonie durch Scheidewände mit Poren, die von Gewebe ausgefüllt sind, getrennt. Körperwand ohne Muskulatur, Palaeozoikum bis rezent; ca. 650 Gattungen.

a. Ctenostomata. Wände membranös oder gelatinös, keine Ooecien, keine Avicularien, Cystidverschluß durch Faltung eines membranösen Halskragens (Collare). Einzeltiere weitgehend isoliert, oft mit Stolonen und Gallerte verbunden. Palaeozoikum bis rezent.

Benedenipora, *Hislopia*, *Flustrellidra*, *Alcyonidium* (Abb. 58 c), *Victorella*, *Bulbella*, *Bowerbankia* (Abb. 58h), *Vesicularia*, *Buskia*, *Penetrantia*, *Paludicella*, *Valkeria* (Abb. 58f), *Mimosella*, *Triticella*, *Nolella*, *Arachnidium*, *Monobryozoon* (Abb. 58o).

b. Cheilostomata (Abb. 56). Cystid mit Deckelverschluß, Cystidwände verkalkt; häufig Heterozoide (z.B. Avicularien), Embryonenentwicklung oft in Brutkammern (Ooecien = Ovicellen); Tiere bilden meist aneinanderschließende Kästen in einer verkalkten Kolonie; ca. 600 Gattungen, Mesozoikum bis rezent.

Electra, *Aetea*, *Scruparia*, *Membranipora*, *Flustra* (Abb. 58i), *Bugula* (Abb. 58e), *Cupuladria* (Abb. 58a), *Cellaria*, *Cribrilina* (Abb. 58d), *Umbonula*, *Hippothoa*, *Porella*, *Sertella*.

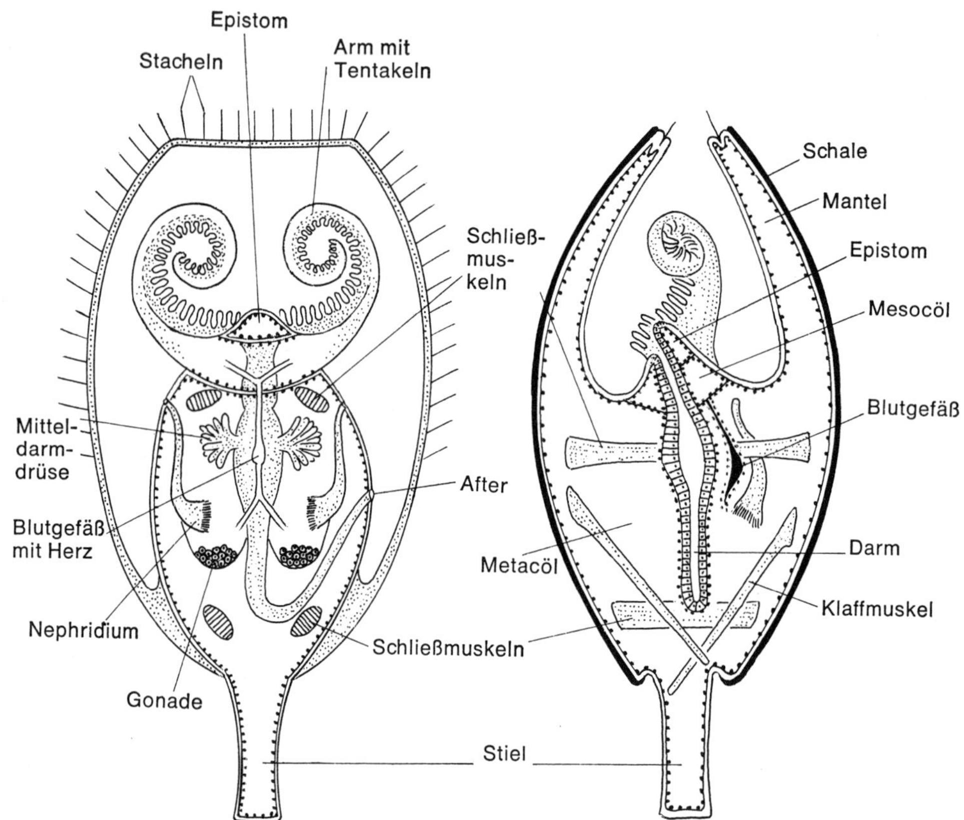

Abb. 59: Bauplan von *Lingula*. Nach Remane

3. Klasse: Brachiopoda (Armfüßer)

Infolge ihrer zweiklappigen Schale ähneln die Brachiopoden äußerlich den Muscheln. Ihre Schalenklappen liegen aber nicht rechts und links wie bei diesen, sondern auf Rücken- und Bauchfläche, das Schalenschloß liegt bei Muscheln auf der Rückseite, bei Brachiopoden am Hinterende; der Strudelapparat wird bei Muscheln von Kiemen, bei Brachiopoden von den Armen (Lophophoren) mit ihren Tentakeln gebildet.

Innerhalb der Tentaculaten unterscheiden sich Brachiopoden von Phoroniden und Bryozoen durch den Besitz von Schalenklappen (Schilden) und Mitteldarmdrüsen, durch die Lage des Afters (der allerdings fehlen kann) an der Körperseite und die Entwicklung.

Die Schalengröße reicht meist von etwa 1 mm (im Sandlückensystem) bis ca. 8 cm (der fossile *Gigantoproductus (Productus) giganteus* erreichte ca. 30 cm), *Lingula* (Abb. 60a, b) erreicht einschließlich des muskulösen Stiels ca. 20 cm Länge.

Der Vorderkörper (Prosoma, Abb. 59) ist als Oberlippe (Epistom) ausgebildet, der Mittelkörper (Mesosoma) trägt den Mund und die stark entwickelten Arme (Lophophore), die vielfältig gewunden und aufgerollt sein können und bewimperte Tentakel besitzen. Am Metasoma entspringen ein ventraler und ein dorsaler Kragenlappen (= Mantel); beide tragen an ihren Außenseiten die Schalen. Der Hinterrumpf ist zu einem als Bohr- oder Haftorgan dienenden Stiel verlängert, der zwischen den Schalen hervortritt und bei primitiven Formen lang und beweglich ist. Bei der Tiefseeform *Chlidonophora* (Abb. 60f) trägt er sogar wurzelförmige Fortsätze, die der Verankerung im Meeresschlamm dienen. Bei anderen Arten ist er kurz und besitzt keine eigene Muskulatur, bei Craniiden (Abb. 60e), Thecideiden und manchen fossilen Arten fehlt er. Die Schalen wechseln in Umriß und Struktur beträchtlich. Die Bauchschale ist oft größer als die Rückenschale, ihr Hinterende ist bisweilen in einen schnabelartigen Fortsatz ausgezogen. Am Hinterrand entsteht in mehreren Linien ein Schalenschloß, das ähnlich dem der Muscheln aus Höckern (Zähnen), Gruben und Leisten besteht, welche die sichere Führung der Schalen beim Öffnen und Schließen gewährleisten. Der Stiel tritt durch einen Schlitz (Delthyrium) in der Bauchschale (seltener auch in der Rückenschale) aus. Dieser Schlitz wird oft bis auf das Stielloch durch vom Schalenrand vorwachsende Platten eingeengt. Bei manchen Strophomeniden (*Richthofenia*, Karbon; Parallele zu den Rudisten unter den Muscheln) bildet die dorsale Schale einen Deckel für die kegelförmige, ventrale Schale, die mit ihrer Spitze am Substrat festgewachsen war. Bei den Craniiden verwächst die flache, scheibenförmige, ventrale Schale mit dem Substrat, die kegelförmige, dorsale bildet ähnlich wie bei *Patella* ein Gehäuse über dem Tier. An der hinteren Innenfläche der Rückenschale entwickelt sich bei den meisten Arten ein kompliziert gebautes, ectodermales Skeletgerüst für die Arme (Abb. 60i). Primitiven Formen, z.B. *Lingula*, fehlt dieses verkalkte Armskelet; hier sind die Arme noch stark muskulös und beweglich und werden von knorpelähnlichem Gewebe gestützt. Einige fossile Formen (Strophomeniden) besaßen eine reduzierte, kleine, dorsale Schale, die ins Innere der trichterförmigen, ventralen Schale verlagert wurde und vermutlich das Armgerüst ersetzte. Der Aufbau der Schale ist in den einzelnen Gruppen recht verschieden. Im einfachsten Falle besteht sie aus wechselnd angeordneten Chitinlamellen und Lagen aus Calciumphosphat *(Lingula)* oder aus ungeordnetem Chitin und Calciumphosphat (Discinidea). Außen befindet sich ein organisches Periostracum.

Die Mehrzahl der Arten besitzt verkalkte Schalen (Calciumcarbonat in Form von Calcit) ohne Chitinanteil. Diese Schalen sind außen wieder von einem organischen Periostracum bedeckt. Darunter liegt eine dünne äußere Primärschicht aus meist feingranulärem Calcit. Nach innen folgt die Sekundärschicht (= Faserschicht), die aus schmalen, meist faserartig angeordneten Calcitkristallen besteht, zwischen denen Proteinlamellen auftreten. Die einzelnen «Calcitfasern» und die dazugehörenden Proteinstreifen werden von je einer Epithelzelle am Innenrand der Schale abgeschieden. Manche Gruppen, z.B. die Spiriferiden, besitzen noch eine dritte Prismenschicht, die aus äußeren Calcitkristallen besteht.

Auch der Stiel scheidet eine chitinige Cuticula ab, die in die der Schalen übergeht. Bei vielen Arten dringen vom äußeren Mantelepithel aus kleine Blindschläuche (Caeca) in die Schale ein, deren Oberfläche sie aber nicht durchbrechen. Sie bilden hier sogenannte Punctae, zylinderförmige Hohlräume. Solche «punktierten» Schalen sind mehrfach parallel entstanden. Am Mantelrand befinden sich Borsten, die wie bei Anneliden, Pogonophoren und z.T. auch Cephalopoden in einer Epidermistasche von einer Bildungszelle abgeschieden werden. Sie fehlen einigen Gruppen. Bei *Lingula* bilden sie 2 Ingestions- und 1 zentralen Egestionssipho, die über die Oberfläche des Substrats reichen (Abb. 60b). Der Mantel besitzt eine äußere Kante, die mit der Schale verwachsen ist, und eine innere Falte, die vermutlich Sinneszellen trägt. Zwischen diesen beiden Strukturen befindet sich die Mantelgrube, von der das Wachstum des Mantel- und Schalenrandes ausgeht. Im Bindegewebe des Mantels treten Blutgefäße, der Atmung dienende Kanäle des Rumpfcoeloms und gelegentlich Kalkplatten und Kalkspiculae auf (Innenskelet).

Das Nervensystem liegt meistens in der Basis der Epidermis. Die Hauptzentren sind das oberhalb des Mundeingangs gelegene Cerebral- (fehlt gelegentlich) und das viel größere Unterschlundganglion. Beide sind durch einen Schlundring verbunden, und von beiden ziehen Nerven in die Lophophoren. Seitliche Rumpfnerven entspringen dem Unterschlundganglion, Mantel und Stiel werden von eigenen Nerven versorgt.

Sinnesorgane fehlen, abgesehen von Statocysten und Augenflecken bei Larven und von Statocysten bei einzelnen *Lingula*-Arten. Einzeln treten jedoch vor allem am Mantelrand Receptorzellen auf. Vermutlich ist ein dermatoptischer Sinn entwickelt, da die Tiere auf unterschiedliche Belichtung reagieren. Auch taktile und chemische Reize können Reaktionen auslösen. Möglicherweise sind auch die Borsten sensible Strukturen. Der Darmkanal ist einfach. Ein bewimperter Oesophagus führt in einen Magen, in den zwei oder mehr Mitteldarmdrüsen einmünden, in deren Bereich intrazelluläre Verdauung stattfindet. Das Nährstoffmaterial wird durch rhythmische Bewegungen in die Drüsenlumina eingesogen und aus ihnen wieder ausgestoßen. Der Hinterdarm (Intestinum und Rectum) mündet bei den Lingulidae an der rechten Seite aus, bei den Craniidae nach einer Schlingenbildung am Hinterende. Den übrigen Brachiopoden, d.h. der großen Mehrzahl der Arten, fehlen Enddarm und After. In den Blutgefäßen kommen hämerythrinhaltige Erythrocyten vor. Das Coelom des Epistoms ist bei den Lingulidae (Abb. 59) als unpaarer Hohlraum (Protocoel) ausgebildet, bei den übrigen Formen ist es in ein bindegewebeähnliches Maschengewebe umgewandelt. Meso- und Metacoel sind gut entwickelt, mit z.T. durchbrochenen Mesenterien und Dissepimenten. Die Lateralmesenterien werden durch die Gastroparietal- und Ileoparietalbänder repräsentiert. In den Armen befindet sich außer dem Armkanal, der sich bis in die Tentakel erstreckt, eine abgeschlossene kanalartige Nebenhöhle. Das Metacoel entsendet in die Mantellappen oft verästelte Schläuche, bei den Lingulidae auch in den Stiel.

Das Coelomepithel bildet Darm- und Körpermuskulatur. Diese besteht aus kräftigen Einzelmuskeln. Die Schalenklappen werden durch 2 Paar Dorsoventralmuskeln verbunden; das vordere oder beide Paare fungieren als Schalenschließer. Längsmuskeln ziehen von den Schalen zum Stiel. Die Schalenöffnung erfolgt nicht wie bei den Muscheln durch ein Schloßband, sondern durch den hinteren Dorsoventralmuskel, Längsmuskeln oder einen Hautmuskel, der den Binnendruck erhöht und so die Schalen trennt. Stiel und Arme können besondere Muskeln enthalten. Das Blutgefäßsystem enthält in seinem Rückengefäß dorsal vom Darm ein kontraktiles Herz (bei *Crania* mehrere Herzbläschen), von dem aus nach vorn 2 Gefäße in den Mantellappen ziehen.

Im Metasoma tritt ein Paar (bei Rhynchonellidae zwei Paar) Nephridien mit großem Wimpertrichter und seitlicher Ausmündung auf, durch die exkretbeladene Coelomocyten nach außen befördert werden. Die meisten Brachiopoden sind getrenntgeschlechtig, wenige zwittrig *(Platidia, Pumilus)*. Die Gonaden liegen in der Coelomwand im Bereich der lateralen Mesenterien (Lingulidae), in den Coelomtaschen des Mantels oder an beiden Stellen *(Crania)*. Die Ausleitung der Keimzellen erfolgt über die Nephridien, wo bereits die Befruchtung erfolgen kann, die sonst im freien Wasser stattfindet. Manche Arten betreiben eine Brutpflege in Bruttaschen.

Die Entwicklung zeigt bei den einzelnen Arten Unterschiede. Die Furchung ist total, der Urdarm entsteht durch Invagination, der Urmund schließt sich teilweise völlig. Coelombildung erfolgt oft durch typische Abfaltung

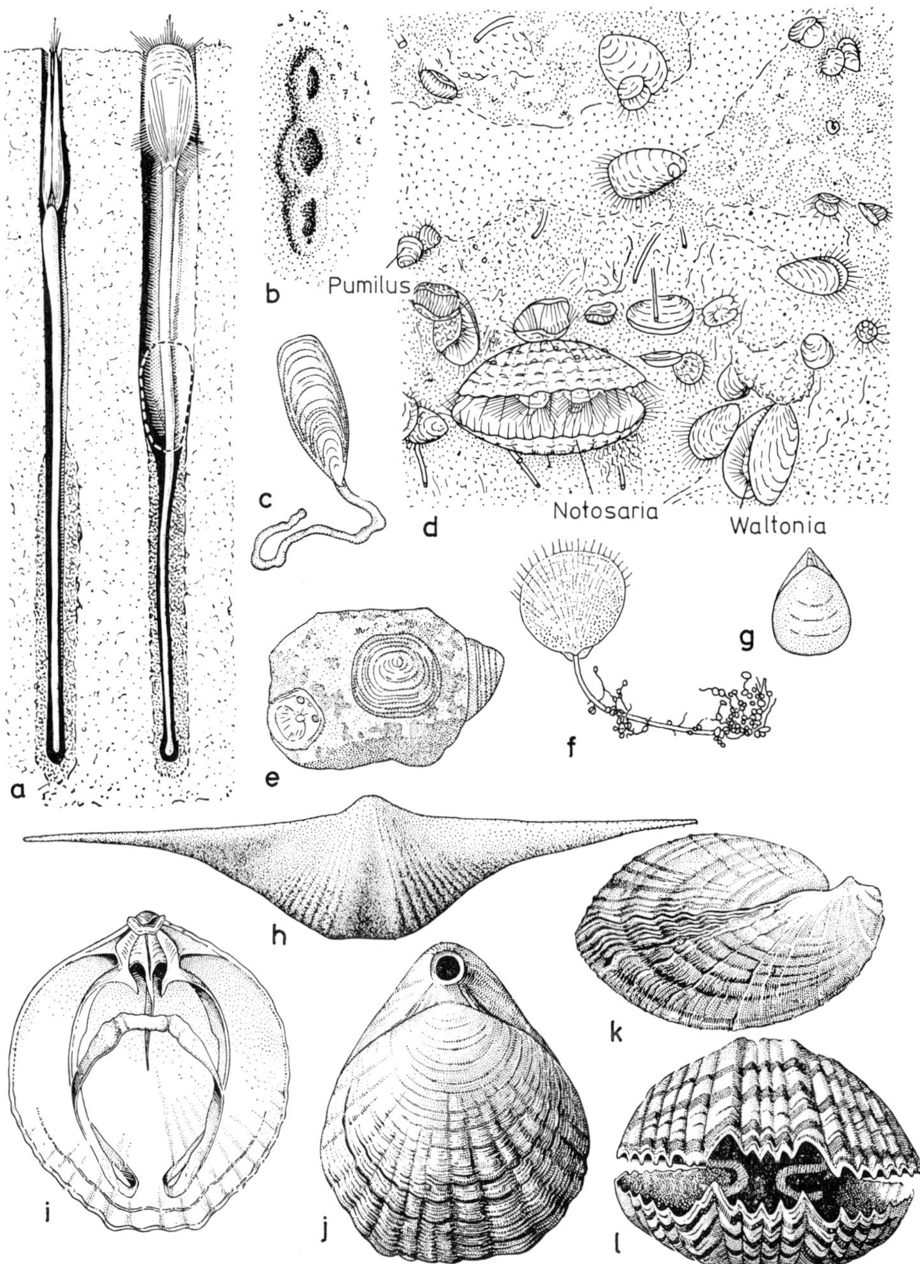

Abb. 60: Brachiopoden-Formen. a. *Lingula* im Substrat, links Seiten-, rechts Dorsalansicht; gestrichelt: Lage des Körpers bei kontrahiertem Stiel; b. Aufsicht auf die drei Öffnungen der Wohnröhre von *Lingula;* c. *Glottidia;* d. verschiedene Brachiopoden an der Oberfläche eines Felsens, *Pumilus* und *Waltonia:* Terebratulida, *Notosaria:* Rhynchonellida; e. *Crania*, links Innenansicht der festgewachsenen Ventralschale, Mitte: Aufsicht auf die Dorsalschale, rechts: Seitenansicht; f. *Chlidonophora*, Tiefseeterebratulide mit verzweigtem Stiel; g. *Atretia* (Rhynchonellida); h. *Eleutherokomma*, devonischer Spiriferide mit ausgedehnter Schloßregion; i–l. Schale von *Magellania* (Terebratulida); i. Innenansicht der Ventralschale mit Armskelet; j. Innenansicht der Ventralschale mit Öffnung für den Stiel; k. Seitenansicht; l. Vorderansicht mit geöffneten Schalen. Nach Chun, Crickmay, Davidson, François, Miner, Rudwick

vom Urdarm. Die verschiedengestaltigen pelagischen Larven (Abb. 54) tragen eine Scheitelplatte, z. T. auch 4 Augenflecken und – wie bei Muschellarven – paarige Statocysten. Die Festheftung erfolgt meist mit einem Fortsatz des Hinterendes.

Brachiopoden sind Strudler (Mikrophagen) und leben ausnahmslos im Meer. Die Cilien auf den Tentakeln der Arme erzeugen einen Wasserstrom, aus dem Partikel in eine Rinne an der Oberfläche der Arme befördert werden, die zum Mund führt. Sie kommen von der Gezeitenzone (Lingulidae) bis in die Tiefsee vor. In weicheren Böden leben sie in Röhren und mit dem Stiel verankert (Lingulidae, Abb. 60a), oder mit langen Schalenstacheln im Schlamm verwurzelt (manche Strophomeniden, z. B. Productacea), an Felsen sind sie mit dem Stiel festgewachsen. Diese festgewachsenen Formen (die große Mehrzahl der Arten) können auf der Bauch- oder Rückenseite liegen oder sind mit der Ventralschale am Substrat festgewachsen. In diesem Falle ist der Stiel i. a. rückgebildet *(Crania)*. Von manchen fossilen Formen wird vermutet, daß sie frei auf dem Substrat lagen. Diese besaßen oft sehr lange, laterale Schalenfortsätze. Eine winzige, rezente Art tritt im Sandlückensystem auf *(Gwynia capsula)*. Einige Fossilformen konnten möglicherweise wie *Pecten* schwimmen *(Chonetes)*.

Den etwa 260 rezenten Arten stehen Tausende von fossilen gegenüber, die besonders im Palaeozoikum reich entwickelt waren und mit zu den ältesten Fossilien (Unteres Kambrium) zählen. Die rezente Gattung *Lingula* war schon im Palaeozoikum vorhanden. Der Rückgang der Brachiopoden setzte bereits im Palaeozoikum ein, Rhynchonelliden und Terebratuliden hatten noch einen Höhepunkt im Mesozoikum; letztere bilden heute die vorherrschende Gruppe.

Das System der Brachiopoden weist noch viele Unsicherheiten auf; meist werden primitive Gruppen nicht näher verwandter Formen nur aufgrund des fehlenden Schalenschlosses zusammengefaßt (Inarticulata) und den Formen mit Schalenschloß (Articulata) gegenübergestellt. Dabei ist noch ungeklärt, ob nicht das Schalenschloß mehrfach parallel entstand.

1. Unterklasse: Inarticulata (= Ecardines). Kein Schalenschloß, Schalen recht ähnlich, After vorhanden; umfaßt drei primitive Gruppen:

Ordnung: Lingulida. Langstielige Formen in schlammigen Böden von tropischen und subtropischen Küsten bis in die Gezeitenzone. Seit Kambrium; *Lingula* (Abb. 60a, b), *Glottidia* (Abb. 60c).

Ordnung: Discinacea. Rundliche Schalen mit kurzem Stiel am Substrat festgewachsen; *Discinisca*, *Discina*, *Pelagodiscus*.

Ordnung: Craniacea. Mit ventraler Schale am Substrat befestigt, *Crania* (Abb. 60e).

2. Unterklasse: Articulata (Testicardines). Mit Schalenschloß, After fehlt, Stiel nicht kontraktil. Ventrale Schale meist größer als dorsale. Neben einigen fossilen Ordnungen (Orthida, Pentamerida, Atrypida, Spiriferida, Abb. 60h) 3 Ordnungen mit rezenten Formen: Strophomenida, vorwiegend fossil mit vielen Arten; rezent *Lacazella*, *Thecidellina*. Rhynchonellida, *Atretia* (Abb. 60g), *Hemithyris*, *Hispanorhynchia;* Terebratulida, *Terebratulina*, *Pumilus*, *Terebratalia*, *Dallina*, *Terebratella*, *Magellania* (Abb. 60 i–l).

Spiralia

Die zahlreichen Stämme der Protostomia oberhalb der Tentaculaten sind großenteils durch eine spezielle Art der Eifurchung, die Spiralfurchung, geeint, und werden bisweilen als Spiralia zusammengefaßt. Das Mesoderm entstammt der Zelle 4d, die eine oder einige Urmesodermzellen liefert. Das aus diesem hervorgehende Mesoderm bzw. Coelom entspricht nur dem Metacoel. Das Proto- und Mesocoel, denen anlagemäßig die Zellen 4a (Protocoel), 4b, 4c (Mesocoel) entsprechen, entwickeln sich nicht mehr. Höchstens das Mesocoel existiert noch bei einzelnen Formen (Sipunculiden). Die Spiralfurchung findet sich am reinsten bei Anneliden, Molluscen, Nemertinen und unter den Plathelminthen bei den Polycladen. Obwohl ihre Entwicklung nur noch selten Andeutung an die Spiralfurchung aufweist, müssen aber auch die Arthropoden den Spiraliern zugeordnet werden, da sie mit den Anneliden zusammen die natürliche Gruppe der Articulaten bilden. Gleichfalls aus Gründen der Morphologie dürfen auch die Aschelminthen angeschlossen werden, so daß die Spiralia eine Gruppe von enormem Umfang darstellen.

II. Sipunculida

Sucht man innerhalb der Spiralia nach primitiven Formen, so zeigen die Sipunculiden Merkmale, die an die Tentaculaten oder an die in Abb. 51 konstruierte Urform der Coelomaten erinnert. Die Sipunculiden (Abb. 61) sind eine 320 Arten umfassende Gruppe bodenbewohnender Meereswürmer, die keine Segmentierung erkennen lassen. Der walzenförmige Körper trägt am Vorderende den Mund. Dieser ist meist von einem Kranz bewimperter Tentakel umstellt, die die Nahrungszufuhr besorgen und gleichzeitig Sinnesorgane sind. Der Vorderkörper, der oft mit Haken besetzt ist, kann ein- und ausgestülpt werden. Das Nervensystem zeigt Ähnlichkeit mit dem Nervensystem der Anneliden. Es besteht aus einem Cerebralganglion, einem Schlundring und einem Bauchstrang mit Seitennerven. Im Bauchmark kann ein sog. Regenerationsstrang liegen, der bei Verletzungen zu neuen Organen auswächst. Außer Sinnesknospen in der Haut ist noch eine unpaare Sinnestasche erwähnenswert, die von der Dorsalseite an die Gehirnwand reicht. Der gewundene Darm ist mit feinen Mesenterialfäden an der Leibeswand aufgehängt. Die Afteröffnung liegt dorsal im Vorderkörper, eine Erscheinung, die mit der halbsessilen Lebensweise zusammenhängt. Die Leibeshöhle ist ein umfangreiches Coelom, von dem aus ein Kanalsystem in die unteren Hautschichten dringt. Ein eigenes Hohlraumsystem umgibt die Mundregion, dringt in die Tentakel und ragt mit großen Blasen (Polischen Blasen) in das Coelom. Wahrscheinlich handelt es sich um das Mesocoel. Vom Blutgefäßsystem ist nur ein Darmnetz erhalten. Im Vorderkörper sind ein bis mehrere große, schlauchförmige Nephridien ausgebildet, die auch als Geschlechtsgänge fungieren. Wie isolierte Wimpertrichter sehen die Urnen aus, die an der Coelomwand entstehen, sich meist aber von dieser lösen und frei in der Leibeshöhle schwimmen. Die Gonaden liegen in der Coelomwand an den ventralen Retraktormuskeln. Die Geschlechter sind meist getrennt. Die Entwicklung zeigt echte Spiralfurchung und eine Trochophora-Larve, der Protonephridien fehlen. Eine Segmentierung der Urmesodermstreifen kommt vereinzelt vor. Die Sipunculiden leben in Spalten, Schalen oder Wohnröhren im Meeresboden, selten im nur zeitweise überschwemmten Boden von Mangrove-Wäldern Südostasiens *(Physcosoma [Phascolosoma] lurco).*

Sipunculus (Abb. 61), *Physcosoma*, *Phascolosoma*, *Phascolion*, *Aspidosiphon* (Abb. 37).

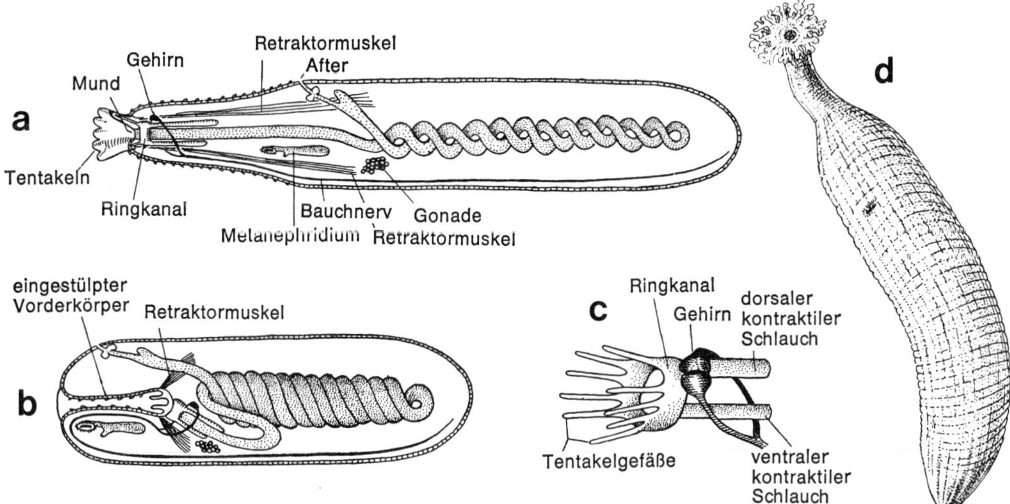

Abb. 61: Sipunculida. a, b. Bauplan, a. Vorderkörper ausgestülpt, b. Vorderkörper eingezogen, c. Coelomräume und Nervensystem des Vorderendes, d. *Sipunculus nudus*. Nach Délage, de Haas, Hérouard, Knorr

III. Scolecida («Niedere Würmer»)

Innerhalb der Spiralia bereiten die Verwandtschaftsbeziehungen einer Reihe einfach organisierter «Würmer» dem Verständnis noch große Schwierigkeiten. Nach dem Bau der Leibeshöhle werden die Gruppen der Plathelminthen und Nemertinen als Schizocoelia zusammengefaßt (der Raum zwischen Darm und Körperwand ist bis auf Spalträume mit Muskeln und Bindegewebe ausgefüllt), die Gruppen der Rotatorien, Acanthocephalen, Gastrotrichen und Nematoden als Pseudocoelia (sie besitzen eine Leibeshöhle, die nicht von einem Epithel ausgekleidet, jedoch als Coelomderivat interpretiert wird). Elektronenmikroskopischen Beobachtungen hat die Gliederung Schizocoel-Pseudocoel-Coelom nicht standgehalten, so daß darauf ein System nicht mehr errichtet werden sollte.

Wenn wir zu den Hauptgruppen der Spiralia übergehen, so beginnen wir mit abweichenden Formen, die bisher meist als niedere Würmer zusammengefaßt wurden. Es handelt sich um drei deutlich getrennte Taxa, die Plathelminthes (Plattwürmer), Nemertini (Schnurwürmer) und Aschelminthes (Nemathelminthes, Rundwürmer). Eine engere Verwandtschaft zwischen ihnen ist nicht nachweisbar, aber auch nicht zu widerlegen. Gemeinsam sind ihnen besonders negative Charaktere.

1. Plathelminthes (Plattwürmer)

Die Plattwürmer enthalten neben freilebenden Arten zahlreiche Parasiten. Aufgrund ihrer einfachen Organisation wurden sie oft an den Beginn der Bilateria gestellt: Ihnen fehlen Blutgefäßsystem, Enddarm und After, Coelom, Metanephridien und Segmentierung. Das Mesoderm bildet Muskulatur und mesenchymatisches (parenchymatöses) Bindegewebe zwischen den Organen (daher auch parenchymatöse Würmer oder Parenchymia genannt).

Das Nervensystem ist ein Netz mit oft rechteckigen Maschen unter der Epidermis, das sehr verschieden ausgebildete Gehirn liegt im Vorderkörper, Protonephridien sind reich entwickelt. Im Gegensatz zur sonstigen einfachen Organisation steht der komplizierte Genitalapparat. Das Ovar ist meist in Keimstock und

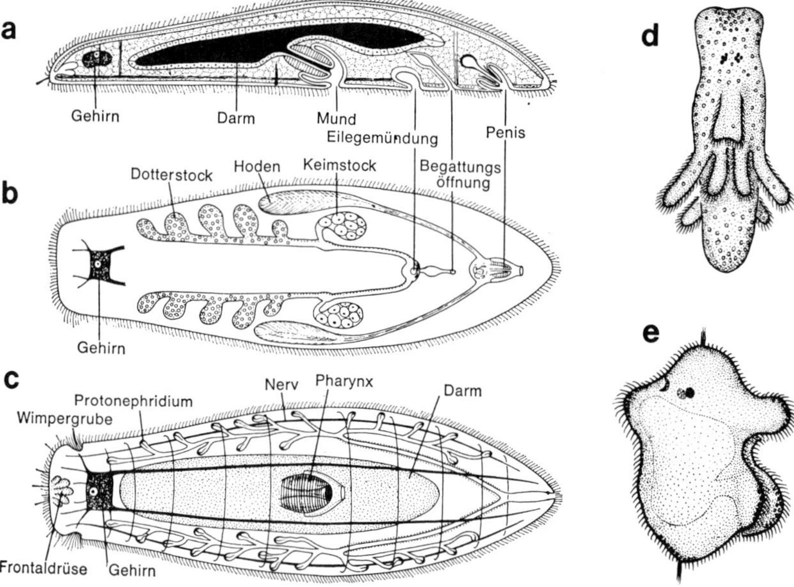

Abb. 62: Bauplan eines Turbellars (a–c) und Polycladen-Larven (d, e). a. Sagittalschnitt, b. Dorsalansicht mit Genitaltrakt, c. Dorsalansicht mit Darmkanal, Nervensystem und Protonephridien. d. Müllersche Larve (Ventralansicht), e. Göttesche Larve (Lateralansicht). Nach Lang, Remane, Ruppert

Dotterstock gegliedert. Die Tiere sind fast ausnahmslos Zwitter. Die Lage der Organe bietet eine Merkwürdigkeit: Während in den Bauplänen anderer Tiergruppen gleichwertige Organe auch meist die gleiche Lage einnehmen, wird diese Regel bei den Plathelminthen durchbrochen. Verbreitet ist eine Aufteilung in drei Klassen: Turbellaria (meist freilebend), Trematoda (Parasiten), Cestoda (Parasiten).

Bau (Abb. 62). Plattwürmer erreichen eine Länge von etwa 1 mm bis viele Meter (Bandwürmer), ihr Körper ist blatt-, faden- oder bandförmig, meist ohne Gliederung; nur die Bandwürmer bilden hinter ihrem Vorderende dauernd zahlreiche, nach hinten an Größe zunehmende Glieder (Proglottiden), deren jedes 1 oder 2 vollständige Genitalapparate trägt. Diese Glieder werden am Hinterende einzeln oder gruppenweise abgestoßen. Trotz äußerlicher Ähnlichkeit ist diese Gliederung nicht der Segmentierung der Ringelwürmer gleichzusetzen, es handelt sich um eine Art der Erhöhung der Eiproduktion, die ja bei Parasiten allgemein auftritt. Äußere Körperanhänge, seien es Bewegungsorgane, Kiemen oder Tentakel, treten bei den Plattwürmern zurück, nur Haftorgane sind bei den parasitischen Arten reich entwickelt: Hakenkränze, einziehbare Hakenrüssel, Haftlappen und Saugnäpfe besetzen in bunter Mannigfaltigkeit das Vorderende (Bandwürmer) oder Vorder- und Hinterkörper oder die Bauchfläche (Trematoden).

Die Körperoberfläche der Turbellarien ist mit einem Wimperepithel bekleidet, das aber hauptsächlich zur Fortbewegung, nicht zum Heranstrudeln von Nahrungspartikeln dient. Bisweilen liegen die zellkernhaltigen Teile im unterlagernden Bindegewebe oder der Muskulatur. Ein derartiger Epitheltyp (versenktes Epithel, Abb. 63) ist für Trematoden und Cestoden typisch. Bei ihnen ist die Epidermis ein Syncytium, das als Anpassung an den Parasitismus angesehen wird. Es ist funktionell ein Transportepithel und vermag seine apikale Plasmamembran bei adversen Umwelteinflüssen rasch zu erneuern. Blutparasiten von Wirbeltieren wie *Schistosoma* scheiden außen eine Schicht ab, die mit der Zellwand gramnegativer Bakterien verglichen wird. Da das beschriebene

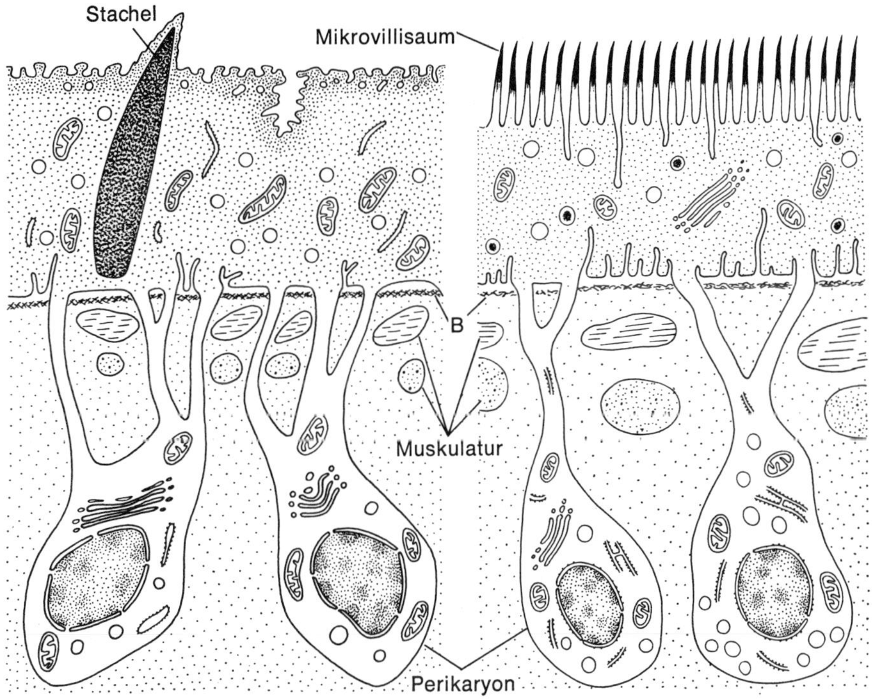

Abb. 63: Elektronenmikroskopische Darstellung der Epidermis von Plathelminthen. Links: *Fasciola* (Trematoda); rechts *Abothrium* (Cestoda) B: Basallamina. Nach Storch, Threadgold, Welsch

Oberflächenepithel der Trematoda und Cestoda von Neoblasten des Körperinneren abstammt, welche die Larvalepidermis ersetzen, spricht man auch von einer Neodermis. Die Haut enthält Drüsen, die besonders am Vorderende gehäuft ausmünden (Frontalorgan). Manche Hautdrüsen enthalten bei Turbellarien stäbchenförmige Sekrete (Rhabditen), die bei Verteidigung und Angriff ausgeschleudert werden können und vielleicht bei der Fortbewegung beteiligt sind.

Das Gehirn liegt stets im Vorderkörper dorsal vom Vorderdarm, meist von der Epidermis losgelöst im Parenchym. Sein Aufbau kann sehr verschiedene Ausbildungshöhe zeigen, von ganz einfachen Strukturen (Acöle) bis zu komplizierten Gebilden mit verschiedenen Gangliengruppen und umhüllender Kapsel. Die Nerven bilden ein Gittersystem von mehreren starken Längssträngen und diese verbindenden Kommissuren. Dieses wegen der Rechtwinkligkeit seiner Maschen als Orthogon bezeichnete Hauptstrangsystem geht in wechselndem Maße in ein unregelmäßiges Netzwerk über, das sich als feiner Nervenplexus unter der Körperoberfläche entlangzieht. Innerhalb des Orthogons sind oft ventrale Längsstämme besonders kräftig ausgebildet.

Sinnesorgane sind nur in geringem Maße entwickelt. Abgesehen von verschiedenartigen Sinneszellen in der Haut treten Wimpergruben nahe dem Vorderende, einfache Augen und Statocysten auf. Die Statocyste ist ein unpaares Bläschen, das am oder im Gehirn liegt und dem Tier positiv geotaktische Reaktionen (schnelles Einbohren senkrecht in den Untergrund) gestattet. Die Augen bestehen aus einer oder vielen Sinneszellen, die ihren Receptorpol in einen von Pigmentzellen gebildeten Becher stecken (invertierte Pigmentbecherocellen). Sie liegen oft am oder im Gehirn oder in großer Zahl am Körperrand. Bei Parasiten sind diese größeren Sinnesorgane reduziert und treten meist nur im Larvalleben auf, aber sie fehlen auch vielen freilebenden Turbellarien.

Ein Gastrovascularsystem besorgt Aufnahme und Verteilung der Nahrung. Der Mund kann, wie erwähnt, im Bereich vom Vorder- bis zum Hinterende liegen. Der an ihn anschließende Vorderdarm ist im einfachsten Falle ein kurzes, bewimpertes Rohr, das durch locker angeordnete Muskulatur des anliegenden Parenchyms stark erweitert werden kann (Pharynx simplex); oft bildet sich aber aus ihm ein kompliziertes Greif- oder Saugorgan. Es geschieht dies 1. durch scharfe Abgrenzung einer speziellen Pharynxmuskulatur aus dem umgebenden Parenchym und 2. durch Ausbildung einer sich einstülpenden Ringfalte im Mundgebiet (Pharynxtasche), die den Pharynx als zapfen-, lappen- oder fingerartiges Organ von seiner Umgebung isoliert und durch Umstülpung ein Hervorschnellen des muskulösen Pharynx aus der Mundöffnung gestattet. Die Gestalt des Mitteldarms ist überaus mannigfaltig. Die primitivste Form ist wohl die eines bewimperten Sackes, wie wir sie bei den Macrostomida vorfinden. Histologisch geht die Abänderung in der Weise vor sich, daß bald die Bewimperung verschwindet, schließlich wachsen die Zellen darmlumenwärts vor, bis bei den Acoela der Darm eine hohlraumlose Gewebsmasse bildet. Gleichzeitig mit dieser Umwandlung tritt die intrazelluläre Verdauung ganz in den Vordergrund. In der äußeren Form ändert sich der Darm oft durch Gabelung (Trematoden), Dreispaltung (Tricladen) und Ausbildung von blindendigenden Seitenästen, die den Körper in dichter Lage bis zur Körperwand durchziehen. Diese Verästelung tritt vorwiegend bei großen Formen auf. Bei der zunehmenden Körpergröße wächst ja das Volumen stärker als die Oberfläche; folglich ergibt sich die Notwendigkeit der Vergrößerung der resorbierenden Oberfläche; ferner wird mit zunehmender Größe die Versorgung der Gewebe durch direkten Stofftransport von Zelle zu Zelle erschwert, falls nicht Leitungsbahnen – hier also Darmäste – die Entfernungen verkürzen. After und Enddarm fehlen den Plattwürmern. Dies gilt jedoch nicht ohne Ausnahme. Bei manchen Trematoden ist ein echter After vorhanden, der entweder mit den Protonephridien gemeinsam oder von ihnen getrennt am Hinterende ausmündet.

Bei den parasitischen Formen tritt eine Reduktion des Darmes ein. Bandwürmer sind als erwachsene Tiere stets darmlos. Die Nahrungsaufnahme erfolgt bei ihnen durch die äußere Körperoberfläche (parenterale Ernährung). Die Trematoden dagegen behalten trotz parasitischer Lebensweise ihren Darm, der Sporocysten-Generation fehlt er allerdings.

Ein eigenartiges Beutefangorgan bilden manche Turbellarien (Kalyptorhynchia) aus. Hier entsteht völlig unabhängig vom Darm und dem ventral gelegenen Mund ein einziehbarer, muskulöser und mit Drüsen besetzter Rüssel, der schließlich zu hakenbewehrten Greifzangen oder zahnbesetzten Kiefern wird.

Das Mesoderm füllt als ein ziemlich kompaktes Bindegewebe (Parenchym) den Raum zwischen der Körperoberfläche und dem Darm aus. Es bildet auch die Muskulatur, die unter der Körperoberfläche einen Hautmuskelschlauch mit Ring-, Längs- und Diagonalschichten bildet. Ferner durchziehen Dorsoventralmuskeln den Körper von der Rücken- zur Bauchfläche, und zu einzelnen Organen ziehen Spezialmuskeln; auch die Pharynxmuskulatur wird vom Mesoderm geliefert.

Die Protonephridien erfahren bei den Plattwürmern ihre höchste Entwicklung (Abb. 64). Abgesehen von den acoelen Turbellarien sind sie stets vorhanden und durchziehen den Körper als reich verästeltes Kanalsystem, das meist mit vielen Hunderten von Wimperkölbchen im Körper beginnt. Die Ausmündungen sind paarig oder unpaar, gelegentlich vielzählig, sie liegen ventral oder am Hinterende.

Im Gegensatz zu der übrigen einfachen Organisation steht die Entwicklung des Genitalapparates, der zu den kompliziertesten gehört, die wir kennen. Die Tiere sind mit wenigen Ausnahmen Zwitter. Hoden wie Ovarien können unpaar oder in eine Vielzahl von Einzelorganen aufgelöst sein, die überall im Parenchym zerstreut liegen. Zwischen beiden Extremen stehen vielfach gelappte Gonaden. Eine besondere Entwicklung erfahren die Ovarien. Ursprünglich bilden sie nur Eier, die in ihrem Innern selbst Dotter aufbauen (endolecithale Eier). Dieses einfache Ovar findet sich nur bei manchen Turbellarien (Polyclada, Macrostomida, Acoela z. T.). Auf der nächsten Stufe werden bestimmte Eizellen, die hüllenartig um die definitiven Eizellen gelagert sein können, zu Nährzellen. Bei der Mehrzahl der Plattwürmer führt die Entwicklung bis zur Bildung von Dotterstöcken. Diese sind abgegliederte Teile des Ovars, deren Zellen nicht Eizellen werden, sondern als Dotterzellen dem Ei bei der Ablage mitgegeben werden. Dadurch wird das Ovar in einen Keimstock (Germarium) mit echten Eizellen und in einen Dotterstock (Vitellarium) geteilt.

Beide Organe können sich räumlich entfernen und durch Gänge (Eileiter bzw. Dottergang) ihre Zellen zu einem Raum (Ootyp) führen, in dem um eine Eizelle mitsamt einer Portion Dotterzellen eine Kapsel gebildet wird, die dann als Ei bzw. Kokon abgelegt wird. Dieses Verhalten ist für Trematoden und Cestoden die Norm (Abb. 65).

An weiblichen Kanälen sind bei Plathelminthen meist zwei vorhanden, ein Begattungskanal (Vagina) und ein Eilegegang (Ovidukt), der häufig in dichten Massen die Eikapseln enthält und in diesem Falle als Uterus bezeichnet wird. Diese beiden Kanäle sind bei den Cestoden klar ausgebildet, nur ist der Ovidukt bzw. Uterus bei den höheren Arten, zu denen auch unsere bekannten Bandwürmer der Gattung *Taenia*

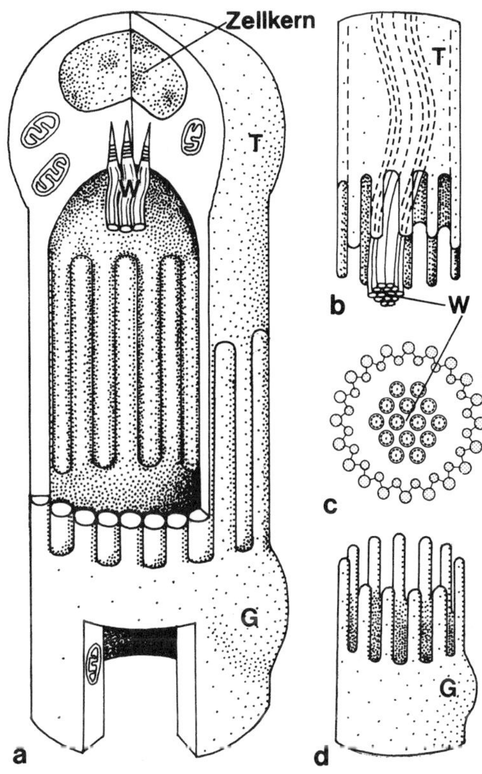

Abb. 64: Ultrastruktur eines Protonephridiums. Jedes Protonephridium enthält eine Terminalzelle (T) mit einem Wimperschopf (W). Letzterer schlägt in einem Hohlraum, der von Terminalzelle und anschließender Gangzelle (G) gebildet wird. Diese beiden Zellen sind über zahlreiche Mikrovilli miteinander verzahnt. Bei b und d wurden Terminalzelle (T) und Gangzelle (G) getrennt, c zeigt einen Querschnitt durch die Mikrovilli-Region, in der wohl über Glykocalyx-Anteile zwischen den Zellausläufern eine Ultrafiltration abläuft. Im Zentrum schlägt der Wimperschopf (W). Nach Dingle, Ehlers

gehören, nach außen blind geschlossen (Abb. 74), so daß hier die Eikapseln nicht «gelegt» werden, sondern beim Zerfall des ausgestoßenen Gliedes frei werden. Auch bei den Trematoden sind beide Gänge (die Vagina z.T. verdoppelt) ausgebildet; allerdings wird hier die Begattung meist durch die Oviduktöffnung vollzogen; die Vagina, nunmehr als Laurerscher Gang bezeichnet, wird funktionslos oder übernimmt Nebenfunktionen. Derartige Funktionswandlungen erschweren oft die Homologisierung.

Der Begattungskanal endet meist in einer Blase, der Bursa, von der aus die Spermien ins Parenchym entlassen oder durch Spermagänge direkt zu den Eiern hingeführt werden. Die Bursa kann aber auch überschüssiges Sperma durch einen Verbindungsgang mit dem Darm (Ductus genito-intestinalis) in diesen überleiten. In Einzelfällen (besonders bei Acölen) werden die Eier nicht durch einen Gang, sondern durch Bruch der Körperwand oder durch Darm und Mund nach außen befördert, bei *Breslauilla* entwickeln sich sogar die Embryonen im Darm.

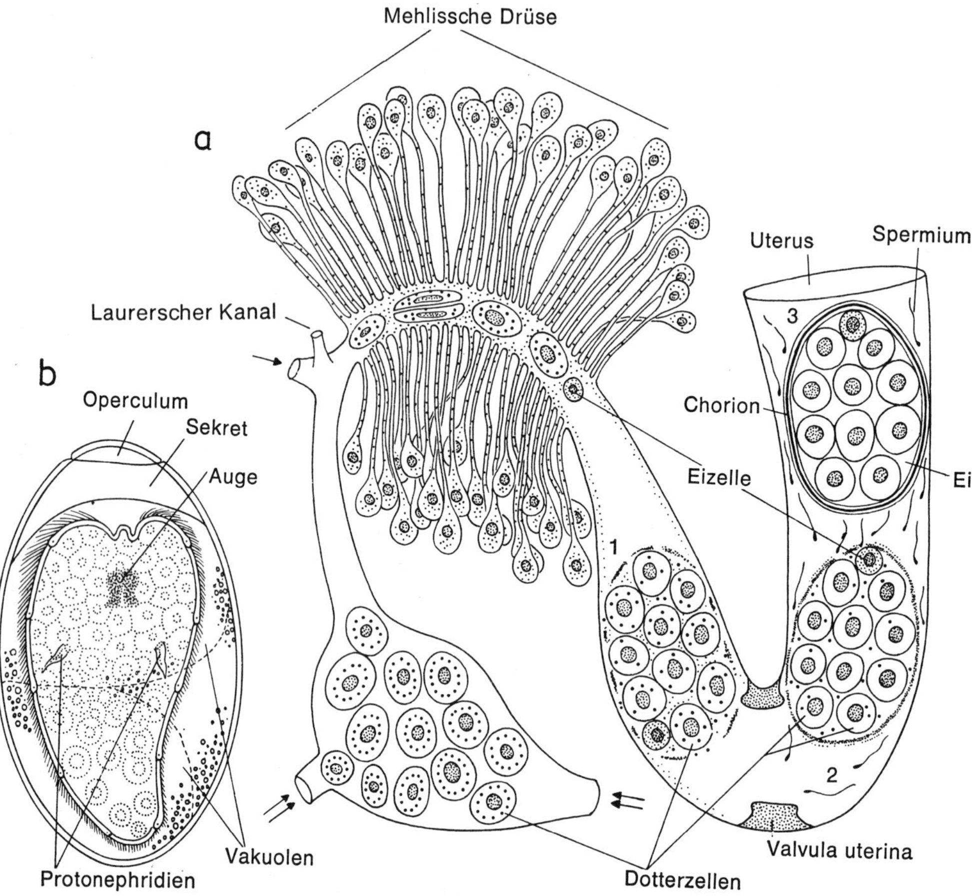

Abb. 65: a. Region des Geschlechtstraktes des digenen Trematoden *Fasciola*, in der das Ei aufgebaut wird (vgl. Abb. 72b). Über die Dottergänge (Doppelpfeile) kommen Dotterzellen, über den Eileiter (einfacher Pfeil) Eizellen in einen Kanalabschnitt, in den die Mehlissche Drüse mündet (Ootyp). Hier findet die Formation der Eier statt: Mit einer Eizelle kommen etwa 30 Dotterzellen zusammen, die Material abgeben (1, 2, 3), aus der die Hülle (Chorion) des zusammengesetzten Eies gebildet wird. Der Mehlisschen Drüse werden verschiedene Funktionen zugeschrieben (z.B. Bildung von Gleitsubstanz für Uterus, Bildung von Gamonen). b. Embryoniertes Ei von *Fasciola* mit Deckel (Operculum), der aufklappt, wenn das Miracidium schlüpft. Nach Clegg, Smyth

Die Spermien sind oft bei Turbellarien, bisweilen auch bei Trematoden mehr- oder zweigeißelig *(Fasciola, Dicrocoelium)*, die der Cestoden eingeißelig. Die Kopulationsorgane sind bisweilen mit zahlreichen Stacheln und Stäben bewehrt und dienen in manchen Fällen auch als Angriffs- und Verteidigungsorgan *(Gyratrix, Prorhynchus)*. Manchmal sind sie in Mehrzahl vorhanden.

Fortpflanzung, Entwicklung. Aus dem Bau des Geschlechtsapparates geht hervor, daß das Sperma vor der Befruchtung ins Innere des Körpers gelangt. Die Begattung ist meist wechselseitig, doch kommt bei einigen Turbellarien und Monogenea auch Einstich-Begattung vor, bei der der Penis an irgendeiner Stelle die Körperoberfläche durchbohrt und das Sperma ins Bindegewebe entleert. Gelegentlich, besonders bei Parasiten, kommt Selbstbegattung vor, bei dem Süßwasserturbellar *Mesostoma ehrenbergii* werden in Frühjahr und Sommer, bevor überhaupt das Kopulationsorgan voll entwickelt ist, durch Selbstbefruchtung kleine dünnschalige «Subitaneier» gebildet, die sich innerhalb des Mutterkörpers schnell entwickeln, erst später bilden die Tiere festschalige, große, nach Fremdbefruchtung entstehende Dauereier. Wir finden hier also wie bei vielen anderen Süßwasserbewohnern Subitan- und Dauereier, die aber im Gegensatz zu anderen Tiergruppen vom selben Individuum, nicht von verschiedenen Generationen gebildet werden. Die Herbsttiere produzieren nur Dauereier. Bei Trematoden wird mehrfach Fremdbefruchtung durch biologische Eigenarten gesichert. Am bekanntesten ist der Fall des *Diplozoon*, jenes Fischparasiten, bei dem zwei jugendliche Tiere kreuzweise derartig verwachsen, daß sogar die Genitalgänge in das andere Tier überführt werden und so eine dauernde Wechselbefruchtung eintreten kann. Bei anderen Trematoden (Didymozoonidae) liegen je zwei Tiere in gemeinsamer Cyste, und hier bildet sich durch besondere Entwicklung eines der Genitalapparate eine Geschlechtstrennung in Männchen und Weibchen aus. Diese ist bei den Blutparasiten der Familie Schistosomidae vollendet. Das Männchen trägt hier in einer Längsfalte des Bauches das schlankere Weibchen (Abb. 72a).

Parthenogenese kommt mehrfach vor, besonders bei manchen Generationen der Trematoden (S. 95), ungeschlechtliche Vermehrung bei einer Reihe von Turbellarien. Manche Planarien teilen sich quer, andere (z.B. *Microstomum*) bilden sogar infolge solcher Teilungsvorgänge Tierketten, da neue Teilungsvorgänge bereits beginnen, bevor die früheren vollendet sind. Auch die Larvenstadien (Finnen) mancher Bandwürmer vermehren sich ungeschlechtlich (Abb. 76a).

Die Keimblätterbildung ist stark verwischt. Die Abwandlung der Entwicklungsgeschichte ist wohl vorwiegend durch zwei Faktoren bedingt: 1. durch die Dotterzellen, deren Verarbeitung der Embryo zu leisten hat, 2. durch den Parasitismus. Die letzteren Erscheinungen sollen bei den Einzelgruppen besprochen werden. Ursprüngliche Verhältnisse werden wir also bei freilebenden Arten ohne Dotterstock erwarten können. Hier finden wir besonders klar bei den Polycladen eine echte Spiralfurchung. Vom 4-Zellen-Stadium ab werden von den vier Grundzellen (Macromeren) Vierergruppen (Quartette) gebildet, die abwechselnd halb rechts und halb links gerichtet sind. Die Gastrulation erfolgt durch Umwachsung, die Urmesodermzellen werden von der Zelle 4d geliefert, daneben liefern noch die ersten Quartette ein Ectomesoderm. Dieser Entwicklungstyp ist wichtig, weil er in ganz ähnlicher Weise auch bei anderen Tiergruppen vorkommt (S. 84). Bei den Dotterzellen enthaltenden Eikapseln kann es innerhalb der Dottermasse zu einer völligen Trennung der Furchungszellen kommen, die sich dann sekundär erst wieder zu einer Hohlkugel zusammenordnen. Diese liegt an der Oberfläche des Dotters, der dann dem Embryo einverleibt ist, oder im Innern des Dotters. Im letzteren Fall wird dann bei Tricladen ein provisorisches Schluckorgan, der Embryonalpharynx, ausgebildet, der den äußeren Dotter in den Embryo aufsaugt. Die Entwicklung ist bei den freilebenden Turbellarien meist direkt. Nur bei einigen Polycladen finden sich freischwimmende Larven mit 8 (Müllersche Larve) oder 4 (Göttesche Larve) bewimperten Lappen (Abb. 62), die vielleicht eine ursprüngliche Larve darstellen (Protrochula). Sekundäre Larven entstehen bei den parasitischen Trematoden und Cestoden. Zu ihnen gehören das Miracidium und die Cercarie der Trematoden (S. 96) sowie die Finne der Bandwürmer (S. 103). Selten bilden sich sekundäre Larven bei freilebenden Arten, wie etwa die Luthersche Larve bei dem Süßwasserturbellar *Rhynchoscolex*.

Phylogenie. Die Mischung einfacher und

komplizierter Organisationsmerkmale erschwert die stammesgeschichtliche Einordnung. Vielfach werden sie als besonders primitive Bilateria angesehen, von denen direkte Verbindungen zu den Ctenophoren (Polycladen – *Coeloplana* – *Ctenoplana*) oder zur Planula-Larve der Cnidaria (Acoela – Planula) führen. Ein anderer Gedankenansatz geht davon aus, daß manche der einfachen Organisationszüge durch Rückbildung entstanden sind, so z.B. das Fehlen von Enddarm, After und Coelom. Das Vorkommen einer echten Spiralfurchung bei Polycladen zeigt, daß die Plathelminthen mit Anneliden, Nemertinen und Molluscen nähere Verwandschaft besitzen. Eine phylogenetische Ableitung aus irgendeiner der rezenten Gruppen ist z.Z. nicht möglich, ebensowenig können sie als Ahnen einer dieser Gruppen betrachtet werden. Innerhalb der Plathelminthen sind die Turbellarien die Stammgruppe, aus der sich die parasitischen Trematoden und Cestoden entwickelt haben. Wie die enge Bindung dieser Parasiten an Wirbeltiere zeigt, dürfte ihre Entfaltung erst mit diesen erfolgt sein.

1. Klasse: Turbellaria (Strudelwürmer)

Die Strudelwürmer sind eine artenreiche Gruppe, die Meer, Süßwasser und feuchte Landgebiete besiedelt. Am artenreichsten ist das Meer, doch sind sie auch im Süßwasser häufig (Planarien). Am Land wird vorwiegend die Bodenschicht der Laubwälder, besonders in den Tropen, von ihnen besiedelt, auch Grundwasser und Höhlengewässer beherbergen nicht wenige Turbellarien. Vielfach sind die Arten auf spezielle Lebensräume (Moore, Fließgewässer usw.) beschränkt, so daß sie gut zur Charakterisierung von Biozönosen verwendet werden können (z.B. Otoplanenzone des Meeresstrandes). Fast stets sind die Turbellarien an die Boden- und Pflanzenzone der Gewässer gebunden; dem Plankton gehören nur sehr wenige Formen an (im Meere *Alaurina*, die geschlechtsreif gewordene Polycladenlarve *Graffizoon* u.a.).

Das ursprüngliche Fortbewegungsorgan der Turbellarien ist das Wimperkleid, das kleinen Arten sowohl lebhaftes Schwimmen im freien Wasser als auch schnelles Kriechen auf einer Unterlage gestattet. Bei größeren Formen wird in zunehmendem Maße die Fortbewegung durch die Muskulatur der Körperwand geleistet. Durch Kontraktion und Streckung kleiner Muskelbezirke der Bauchwand wird ein gleitendes Kriechen ähnlich dem von Schnecken bewirkt, daneben kommen spannerartiges Kriechen und Schwimmen durch Einschlagen und Strecken des Körpers (manche Polycladen) vor.

Die Turbellarien sind vorwiegend Raubtiere, die mit ihrem Pharynx lebende oder abgestorbene Tiere erfassen, in den Darm befördern oder aussaugen. Beim Beutefang können noch andere Organe mitwirken, wie der bisweilen mit Kiefern und Zähnen bewehrte Rüssel der Kalyptorhynchier oder Stacheln des Begattungsapparates *(Gyratrix)*. Von manchen Süßwasserplanarien und *Mesostoma* wird angegeben, daß die schleimigen Fäden ihrer Hautdrüsen eine Art Fangnetz für Wasserflöhe, Flohkrebse usw. bilden. Pflanzliche Nahrung tritt ganz zurück, nur bei kleinen Turbellarien des Meeres (besonders Acölen) sind Kieselalgen die Hauptnahrung. Symbiose mit Zoochlorellen und Zooxanthellen ist nicht selten. Im Meer finden wir sie besonders bei der Gattung *Convoluta*, in der manche Arten nach Infektion mit den Symbionten sogar den Mund verlieren, im Süßwasser sind sie bei *Dalyellia*, *Typhloplana* u.a. vorhanden. Sie besiedeln die Darmzellen oder das Parenchym. Einzelne Arten sind Kommensalen oder Parasiten. An den Beinen der Xiphosuren sitzen die weißen Tricladen der Gattung *Bdelloura* und beteiligen sich an den Mahlzeiten ihrer Wirte, andere (z.B. *Monocelis*, Temnocephalen) leben ähnlich auf Krebsen, Schnecken, Schildkröten. Echte Parasiten kommen nur im Meer vor, als Endoparasiten leben sie besonders in Stachelhäutern *(Syndesmis)*, Krebsen und Muscheln.

Das System der Turbellarien ist noch stark im Fluß und wird sehr unterschiedlich beurteilt.

1. Ordnung: Nemertodermatida. Artenarme Gruppe, kein Darmlumen, Statocyste mit 2 Statolithen, Spermien uniflagellat. *Meara* parasitisch in Holothurien.

2. Ordnung: Acoela. Kleine, bis einige mm große Turbellarien. Ihr Darm besteht meist aus einem zentralen Syncytium, das durch Zellen gegen andere Gewebe abgegrenzt wird. In Einzelfällen wird das Syncytium wohl erst im Laufe der Verdauung gebildet und dann ausgeschieden, so daß ein zentraler Hohlraum zurückbleibt. Diese Darmkonstruktion ist einzigartig im Tierreich. Mund einfach, Pharynx einfach oder fehlend, Gehirn mit Statocyste, Gonaden nicht durch Hülle vom Parenchym abgegrenzt, kein Dotterstock, keine Protonephridien, Eiablage durch Körperoberfläche oder Darm und Mund. Meeresbewohner. *Convoluta*, *Proporus*.

3. Ordnung: Catenulida (Notandropora). Artenarme Gruppe von kleinen Süßwasserturbellarien mit einfacher, sackförmiger, oft bewimperter Darmhöhle und einfachem Pharynx. Kein Dotterstock, keine weiblichen Ausführgänge, Eiablage durch Körperwand. Männliche Geschlechtsöffnung auf der vorderen Rückenfläche. Fortpflanzung meist ungeschlechtlich durch Querteilung, die zur Bildung von Tierketten führt. Protonephridien mit unpaarem, dorsalem Stamm, Statocyste z.B. bei Jugendform (Luthersche Larve) von *Rhynchoscolex*. Hierher *Stenostomum*, *Catenula* u.a.

4. Ordnung: Macrostomida (Opisthandropora). Kleine Turbellarien mit sackförmiger, bewimperter Darmhöhle und einfachem Pharynx; Ovarien paarig oder unpaar, ohne Dotterstock, mit Ausführgang. Männliche Geschlechtsöffnung bauchständig. Süßwasser und Meer. *Macrostomum*, *Microstomum*.

5. Ordnung: Polycladida. Meist große, blattförmige, marine Turbellarien mit reich verästeltem Darm und hochentwickeltem, gefaltetem Pharynx. Gehirn von einer Kapsel umschlossen, ohne Statocyste. Gonaden in großer Zahl im Parenchym zerstreut, Ovarien ohne Dotterstock; Uterus, Ovidukt, Bursa, voll entwickelte Samenleiter usw. vorhanden. Entwicklung oft über freischwimmende Larve (Müllersche Larve, Protrochula). Zahlreiche, oft farbenprächtige Arten. *Leptoplana*, *Planocera*, *Eurylepta*, *Stylochoplana*. Einige Arten leben als Kommensalen auf marinen Wirbellosen, z.B. *Stylochus zebra* in Gehäusen von Einsiedlerkrebsen. Andere *Stylochus*-Arten können auf Austernbänken Schaden anrichten. *Thysanozoon* (Abb. 66e).

6. Ordnung: Alloeocoela (einschl. Tricladida). Eine im Meer und Süßwasser sowie auf dem Land verbreitete Gruppe mit starker Verschiedenartigkeit der einzelnen Organe (Darm; Gonaden teils mit, teils ohne Dotterstock), so daß eine kurze Diagnose nicht zu geben ist. Vier Unterordnungen: **Archoophora; Lecithoepitheliata** (Dotterzellen follikelartig um die Eier) mit *Prorhynchus;* **Cumulata; Seriata.** Zu der letzten Unterordnung gehören auch die im Süßwasser *(Planaria, Dendrocoelum)* und auf dem Land *(Rhynchodemus, Bipalium)* verbreiteten Tricladen.

7. Ordnung: Rhabdocoela (Neorhabdocoela). Gleichfalls sehr vielgestaltige Gruppe, jedoch stets mit Sonderung des Ovars in Dotter- und Keimstock. Darm stabförmig. In Süßwasser und Meer verbreitet. 3 Unterordnungen: **Dalyelloidea, Typhloplanoidea, Kalyptorhynchia.** *Mesostoma:* im Süßwasser verbreitet, durch-

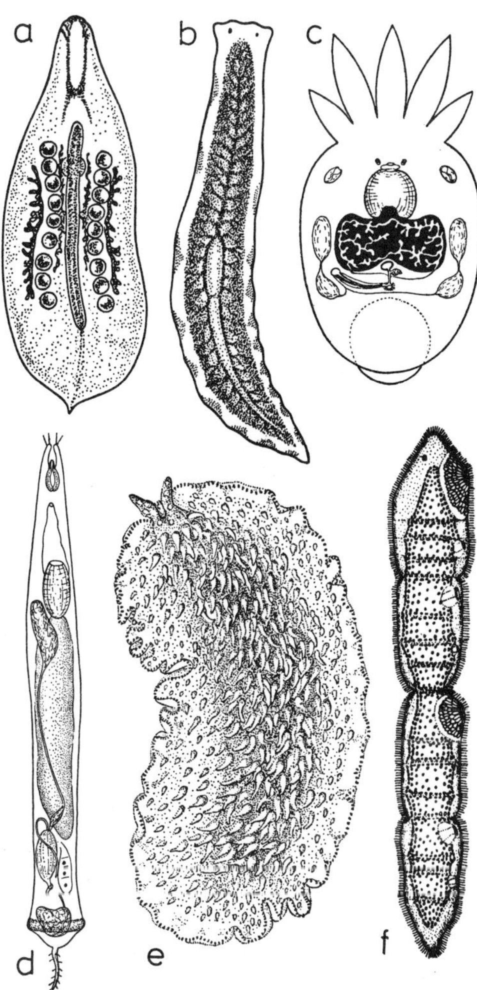

Abb. 66: Turbellarien-Formen: a. *Mesostoma* (Rhabdocoela), Länge: 15 mm; b. *Dendrocoelum* (Alloeocoela), Länge: 25 mm; c. *Temnocephalus* (Temnocephalida), Länge: 4 mm; d. *Cheliplanilla* (Rhabdocoela, Kalyptorhynchia), Länge: 1 mm; e. *Thysanozoon* (Polycladida), Länge: 5 cm; f. *Microstomum* (Macrostomida), in Teilung, Länge: 7 mm. Nach Ax, Engelhardt, v. Graff, Merton, Riedl

zieht Wasser mit Fangfäden aus Schleim. Jüngere Tiere mit Selbstbefruchtung (Ablage von Subitaneiern), ältere Tiere mit gegenseitiger Begattung (Produktion von hartschaligen Dauereiern). *Cheliplanilla* (Abb. 66d).

8. Ordnung: Temnocephalida. Als Epizoen, selten als Parasiten auf anderen Tieren lebende Süßwasserturbellarien, die sich in ihrer Organisation ganz eng an die Rhabdocoela (Dalyelloidea) anschließen. Körperdecke ganz oder größtenteils unbewimpert, Hinterende mit Haftorganen, Vorderende meist mit tentakelähnlichen Fortsätzen (Abb. 66c). Vorwiegend in den Tropen, besonders Australien.

2. Klasse: Trematoda (Saugwürmer)

Die ausnahmslos parasitischen Trematoden unterscheiden sich von den Turbellarien durch die unbewimperte, oft Stacheln enthaltende, versenkte Epidermis (Abb. 63), von den Cestoden durch den meist am Vorderende gelegenen Mund, den Pharynx und den meist gabelig verzweigten Darm (Abb. 67). Glieder werden nicht gebildet. Vom Gehirn ziehen durch Querkommissuren verbundene Längsnervenpaare nach hinten. Genitalapparat viel gleichmäßiger gebaut als bei den Turbellarien. Eierstock stets und vollkommen in Dotterstöcke und Keimstock gegliedert, Keimstock unpaar (Abb. 65, 68). Am Körper hochentwickelte Haftorgane (Saugnäpfe und «Cuticula»haken).

Die sehr artenreiche Gruppe (ca. 6000 Arten) der Trematoden wird fast ausschließlich in Wirbeltieren geschlechtsreif. Hier besiedeln sie aber die verschiedensten Organe. Ectoparasiten an Fischen sind viele Monogenea, sie befallen besonders die Kiemen und können bei Massenauftreten (*Gyrodactylus* und *Dactylogyrus* an Karpfenfischen, *Discocotyle* an Lachsfischen) die Fischwirtschaft schädigen. Von den Endoparasiten werden am häufigsten der Darm und seine Seitengänge (Lebergänge) bewohnt, doch leben auch zahlreiche Arten in lufterfüllten Hohlräumen, so in der Lunge *(Paragonimus westermani* beim Menschen), in Nasen- und Rachenhöhle, in Luftsäcken der Vögel, wieder andere bewohnen die Leibeshöhle, die Blutgefäße (*Schistosoma*, auch beim Menschen), sogar im Eileiter von Vögeln leben Trematoden *(Prosthogonimus)* und bewirken das Legen von defekten Eiern. Wieder andere Arten bilden Cysten im Gewebe, in denen die Tiere oft paarweise leben.

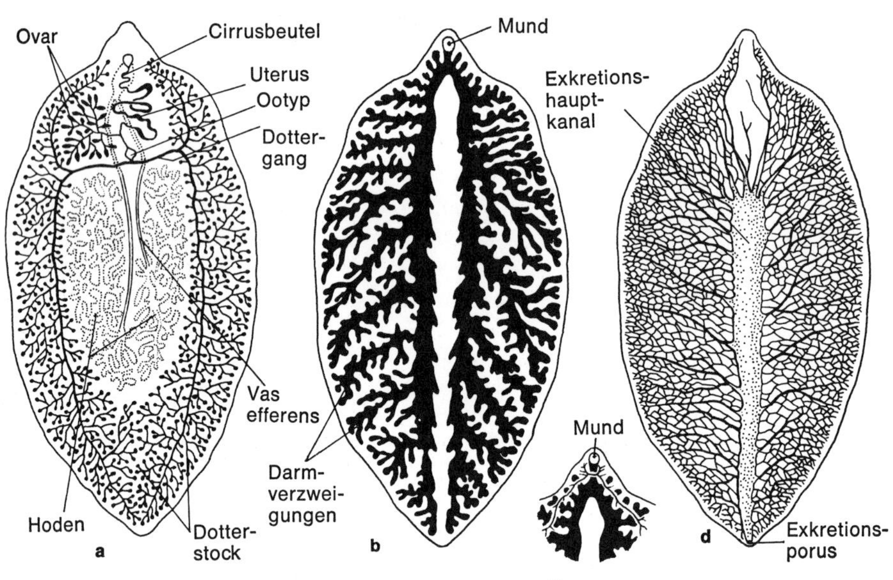

Abb. 67: Verschiedene Organsysteme von *Fasciola*. a. Genitalsystem, b. Gastrovascularsystem, c. Zentralnervensystem (feine, fadenförmige Strukturen) des Vorderendes mit Schlundring, der den Vorderarm umfaßt, d. Exkretionssystem. Nach Jammes

Die Ernährung erfolgt durch Mund und Darm sowie oft in großem Umfang durch die Körperoberfläche.

Wie bei vielen anderen Parasiten bilden sich auch bei den Trematoden Komplikationen im Entwicklungsgang, die mit Wirts- und Generationswechsel verbunden sind. Einfache Verhältnisse treffen wir noch bei den Monogenea: Wirts- und Generationswechsel fehlen, aus den mit Deckel und fadenförmigen Anhängen versehenen Eikapseln schlüpft eine freilebende Larve, die ganz oder teilweise bewimpert ist und auch noch Sinnesorgane (Augen) besitzen kann, die dem erwachsenen Tier fehlen. Diese Larve sucht dann das Wirtstier auf und wird nach Abstoßen des Wimperkleides Parasit.

Parthenogenetische Entwicklung, verbunden mit Lebendgebären, kommt bei *Gyrodactylus* vor, dabei sondern sich die Keimzellen schon auf sehr frühen Entwicklungsstadien ab und beginnen die Bildung der neuen Generation; so kommt es, daß 3–4 Generationen ineinander eingeschachtelt liegen (Abb. 70b).

Bei den Digenea ist Generationswechsel vorhanden. Im allgemeinen treten dabei drei aufeinanderfolgende Generationen auf, die sowohl in ihrem Bau als auch in ihrer Entwicklung und Lebensweise verschieden sind. Der Entwicklungsgang dieser Generation ist normalerweise folgender (Abb. 69): Aus dem befruchteten, mit einer gedeckelten Schale versehenen Ei schlüpft eine Wimperlarve (Miracidium), die im Wasser umherschwimmt. An ihrem Vorder-

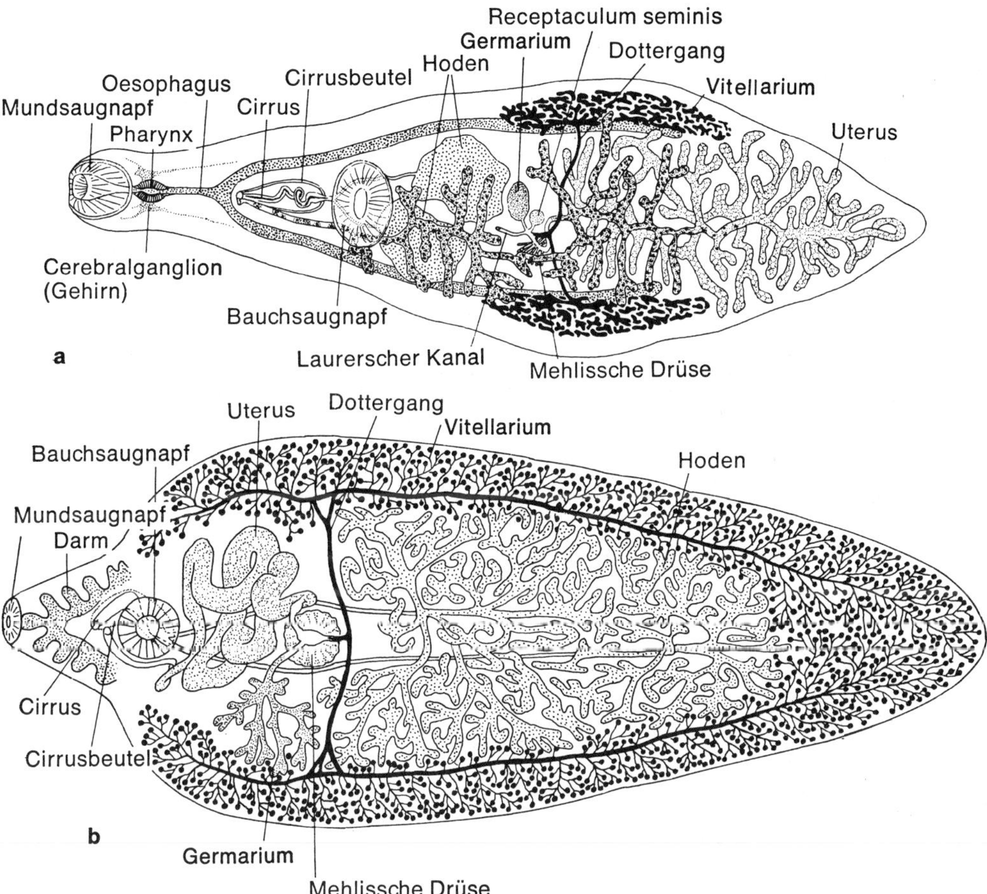

Abb. 68: a. Kleiner Leberegel *(Dicrocoelium dendriticum)*, b. Großer Leberegel *(Fasciola hepatica)*. Nach Kükenthal, Storer

ende münden große Drüsen (Frontaldrüsen), am Gehirn liegen Augenflecken, die paarigen Protonephridien sind einfach, im Innern entwickeln sich bereits die Keimzellen. Dieses Miracidium dringt in andere Tiere, und zwar fast stets Molluscen (besonders Wasserschnecken) ein und entwickelt sich hier unter Degeneration der meisten Organe in das erwachsene Tier der 1. Generation: die Sporocyste (Länge: wenige mm bis 2,5 cm). Sie ist ein unregelmäßig geformtes sack- oder schlauchförmiges Tier, das in seinem Innern in großer Zahl Embryonen enthält. Aus diesen Embryonen entsteht die zweite Generation (Redie). Sie gelangt nicht ins Freie, sondern bleibt in demselben Wirt, den die Sporocyste besiedelte. In ihrer Organisation ist sie höher entwickelt als diese, sie besitzt einen stabförmigen Darm und einen Pharynx, Protonephridien und meist auch eine Geburtsöffnung nahe dem Vorderende. Durch die Entstehung der Redien wird eine Massenvermehrung der Art in einem befallenen Wirt hervorgerufen. In den Redien entwickeln sich wiederum aus unbefruchteten Keimzellen Embryonen. Sie ergeben die freilebenden Larven der 3. Generation, die Cercarien. Äußerlich sind diese durch den schwanzartigen Hinterkörper gekennzeichnet, der die Tiere mit schlagenden Bewegungen durch das Wasser treibt. Der Vorderkörper ähnelt bereits weitgehend dem fertigen Saugwurm: Mund- und Bauchsaugnapf sowie gegabelter Darm sind vorhanden, oft schon die Anlagen der Geschlechtsorgane. Als Sonderbildungen sind außer dem Schwanz große Kopfdrüsen (Frontaldrüsen), deren Sekret beim Eindringen in ein neues Wirtstier mitwirkt, und Seitendrüsen vorhanden, die eine Hülle abscheiden. Auf folgende Weise kann das Jugendstadium des fertigen Saugwurms (= Distomum) in den Endwirt gelangen: a) Beim großen Leberegel *(Fasciola hepatica)* kapselt es sich an Pflanzen am Rande des Gewässers ein (Metacercarie), wird dann vom Vieh beim Fressen aufgenommen und entwickelt sich hier zum Leberegel. b) Meist dringt die Cercarie aktiv in ein anderes Tier, den zweiten Zwischenwirt, ein, in dem sie sich zu einem Ruhestadium (Agamodistomum oder Metacercarie) einkapselt, das sich erst in dem Endwirt, der den zweiten Zwischenwirt verzehrt, zum fertigen Saugwurm umbildet. Dieser zweite Zwischenwirt kann sehr verschiedenen Tiergruppen angehören, er kann Wurm, Krebs oder Insekt sein (beim Eileitersaugwurm der Hühner z.B. eine Libelle). c) In manchen Fällen gelangt die Cercarie direkt vom ersten Wirt, in dem Sporocyste und Redie leben, mit der Nahrung in den Endwirt. In diesem Fall fehlt der Cercarie meist der Schwanz (Cercariaeum). So gelangt z.B. die Cercarie des Vogelparasiten *Leucochloridium*, die hier bereits in der Sporocyste entsteht, direkt aus dem Fühler der Bernsteinschnecke *(Succinea)* in den Vogel. In diesen Fühler entsendet die Sporocyste einen buntgeringelten Schlauch, der den Fühler besonders auffällig macht. d) Schließlich kann die Cercarie aktiv in den Endwirt eindringen *(Schistosoma)*.

In diesem letzten Fall findet wenige Minuten nach dem Eindringen in den Endwirt eine Reihe physiologischer Umstellungen statt. Die in dieser kurzen Zeit entstandenen Schistosomulae sind bewegungslos, werden in Wasser getötet (während Cercarien in Blutserum getötet werden), sind aber in physiologischer Kochsalzlösung zu halten (die für Cercarien toxisch ist). Schistosomulae können von Makrophagen abgetötet werden. Allerdings wird nur eine Resistenz gegen Überinfektion entwickelt, während die Parasiten, welche die Primärinfektion hervorgerufen haben, meist persistieren.

Der oben geschilderte Entwicklungsgang kann in mannigfaltiger Weise abgeändert werden. Sowohl die Sporocysten- als auch die Rediengeneration kann wiederholt hintereinander auftreten, auch kann sich die Sporocyste ungeschlechtlich durch Teilung vermehren. Es kann aber auch die Rediengeneration ausfallen, sehr selten geschieht dies mit der Sporocyste, es entwickelt sich dann aus dem Miracidium direkt eine Redie.

1. Monogenea. Meist kleine (0,5–10 mm, selten bis 3 cm lange) Arten, Vorderende meist mit paarigen Haftorganen (Drüsen oder Saugnäpfe). Hinterende mit kompliziertem Haftapparat, dem außer mehreren Saugnäpfen auch Cutikulahaken angehören können. Mündung der Protonephridien paarig, dorsal nahe dem Vorderende. Kein Generationswechsel. Ectoparasitisch an Flossen, in Kiemen-, Mund- und Nasenhöhlen, seltener in der Harnblase bei Fischen, Amphibien und Reptilien, vereinzelt auch an Crustaceen, Cephalopoden und Wassersäugern. Eine besondere Rolle spielen die Monogenea als Parasiten an Fischen, an denen

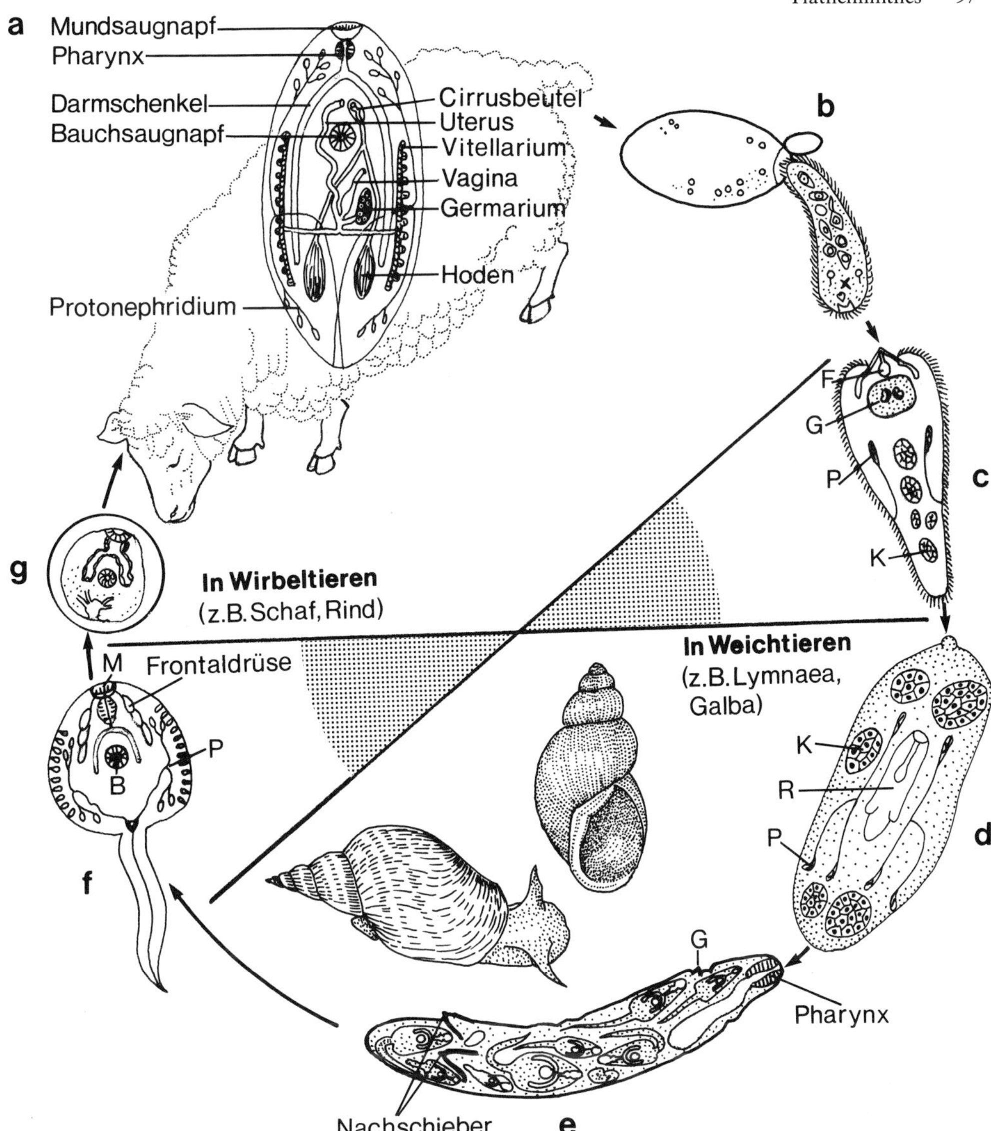

Abb. 69: Generelles Schema des Lebenszyklus digener Trematoden, drei Generationen umfassend, von denen zwei eine indirekte Entwicklung durchlaufen: Distomum (a; Larve: Cercarie, f, g), Sporocyste (d; Larve: Miracidium, b, c) und Redie (e). Das Distomum parasitiert in Wirbeltieren, Sporocyste und Redie in Weichtieren, Miracidium und Cercarie leben in limnischen Gewässern (Punkteraster). Das aus einem gedeckelten Ei schlüpfende Miracidium (b, c) ist vollständig bewimpert, enthält vorn einen Penetrationsapparat mit Frontaldrüsen (F), ein Gehirn (G) mit Augen, Protonephridien (P) und Keimballen (K) und dringt in eine Süßwasserschnecke ein. Hier verliert es Wimperkleid und Augen, behält aber die Protonephridien (P) und wächst zu der einfach organisierten Sporocyste (d) heran. Aus den Keimballen (K) werden Redien (R), welche später die Sporocyste verlassen. Die Redie (e) besitzt Mund, Darm, Speicheldrüsen, komplizierteres Zentralnervensystem, Protonephridien, Geburtsöffnung (G) und Nachschieber. Redien wandern in die Mitteldarmdrüse der Schnecke, nehmen hier an Größe zu und produzieren Cercarien in großer Zahl. Die Cercarie (f) besitzt schon weitgehend die Organisation des Distomum, allerdings fehlen noch die Geschlechtsorgane. M: Mundsaugnapf, B: Bauchsaugnapf, P: Protonephridium. Nach kurzer Zeit des Umherschwimmens encystieren sich die Cercarien an Pflanzen und werden zu Metacercarien (g). Werden diese von Wirbeltieren aufgenommen, entwickeln sie sich zu adulten Distoma. Nach Kershaw, Remane, Storch, Welsch

sie mit etwa 1500 Arten vorkommen. Unter Hälterungsbedingungen neigen einige Arten zu Massenvermehrung.

Gyrodactylus (Abb. 70b) lebt auf der Haut von Karpfenfischen. Bevor die Embryonen dieses viviparen Trematoden entlassen werden, entwickeln sich in ihnen weitere «Generationen». Man faßt diese Erscheinung als Polyembryonie auf; es bleiben pluripotente Furchungszellen übrig, die ihre Entwicklung später beginnen. Auf diese Weise können vier verschiedene Altersgruppen in einem Tier beherbergt werden (vielleicht handelt es sich auch um einen Generationswechsel mit besonders früher Keimzellenbildung).

Dactylogyrus lebt vorwiegend an Kiemen von Fischen und kann deren Erstickungstod bewirken. Diese Gattung ist im Unterschied zur vorherigen ovipar.

Polystoma (Abb. 70a) lebt in der Harnblase von Fröschen und entläßt seine Eier, wenn das Wirtstier zur Kopulation ins Wasser geht. Aus den Eiern können neotenische Formen entstehen, die sich abermals stark vermehren. Erst

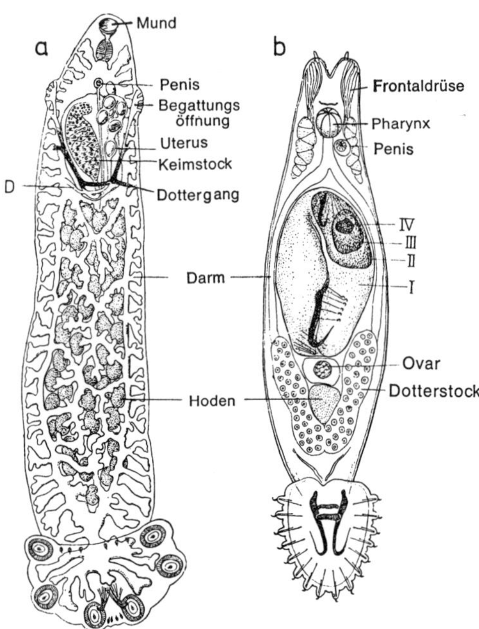

Abb. 70: Monogenea. a. *Polystoma integerrimum* (Länge ca. 1 cm). D: Ductus genito-intestinalis. b. *Gyrodactylus elegans* (Länge ca. 1 mm). Im Uterus liegen ineinandergeschachtelt vier Altersstadien bzw. Generationen (I–IV). Beide Formen sind am Hinterende mit Haftapparaten (Saugnäpfen, Haken) ausgestattet. Nach Fuhrmann, Kaestner

diese Generation befällt dann ältere Kaulquappen und wandert bei der Metamorphose in die Harnblase der adulten Tiere ein.

Diplozoon kommt auf Kiemen von Süßwasserfischen vor; Partner verwachsen in Begattungsstellung.

Die auffälligste Gattung im europäischen Atlantik ist *Diclidophora* (auf Kiemen von Dorschartigen; lokale Befallsraten bis über 50%).

2. Aspidogastrea. Diese kleine Gruppe enthält nur eine Familie und wird oft zwischen Mono- und Digenea gestellt. Es handelt sich vorwiegend um Endoparasiten von Poikilothermen (v. a. Molluscen, Elasmobranchiern, Teleosteern und Schildkröten).

Auffallendstes äußeres Merkmal ist der sehr umfangreiche Haftapparat (Abb. 71), der fast die gesamte Ventralseite einnimmt. Er besteht aus zahlreichen Kompartimenten, die als Saugnäpfe fungieren. Der Binnenraum des Körpers wird durch ein Septum in eine dorsale und eine ventrale Kammer gegliedert; die obere enthält Verdauungstrakt, Vitellaria und distale Teile des Genitalsystems, das untere Germarium, Ovidukt, Ootyp und Hoden. Der Darm ist sackförmig, das Protonephridialsystem kompliziert. Der Lebenszyklus ist wenig bekannt. *Aspidogaster*.

3. Digenea. Länge 0,5–80 mm, eine Art *(Nematobothrium)* bis 6 m. Ein Mund- und ein Bauch- oder Endsaugnapf bilden die Haftorgane. Mündung der Protonephridien meist am Hinterende, unpaar. Generationswechsel vorhanden. Meist endoparasitisch in Wirbeltieren, selten in Molluscen. Zahlreiche Arten. Wichtig sind: *Fasciola hepatica* (Großer Leberegel, Abb. 68b), bis 4 cm lang, Zwischenwirt *Lymnaea truncatula*, Erreger der «Leberfäule», in den Gallengängen besonders der Wiederkäuer, aber auch anderer Säugetiere, seltener beim Menschen. Infektion erfolgt über Nahrung (Gras, Sauerampfer, Brunnenkresse, Fallobst u. dgl.), an der die Metacercarien encystiert leben. Sie wandern durch Darmwand und Leibeshöhle zur Leber, der junge Leberegel frißt in der Leber Hepatocyten und Blut. Auch die Adulten, die im Gallengang leben, nehmen Blut und andere Gewebe auf. Leberegelbefall verursacht für die Landwirtschaft durch verworfene Lebern, Gewichtsverluste, Aufwendungen für Bekämpfung u. dgl. hohe Verluste (Bundesrepublik: bis 150 Millionen DM/Jahr, Großbritannien: fast die doppelte Summe).

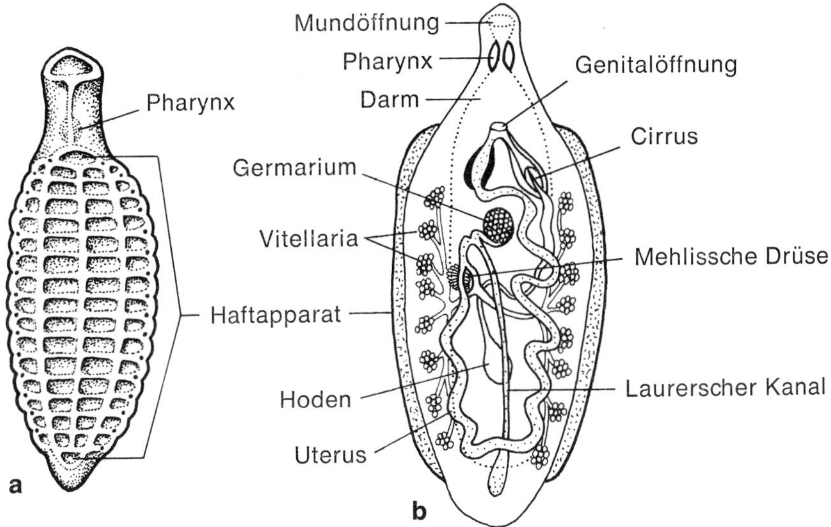

Abb. 71: Aspidogastrea, a. Ventralansicht mit großflächigem, gefeldertem Saugnapf, b. Innere Anatomie. Nach Lankester, Monticelli

Bis 7 cm Länge erreicht *Fasciola gigantica*, eine Art, die vorwiegend in Kamelen und Rindern Afrikas und Asiens vorkommt. Die sogar 10 cm lange *Fasciolopsis magna* befällt in Nordamerika Hirsche und Rinder und wurde mit Wapiti-Hirschen nach Europa eingeschleppt.

Dicrocoelium dendriticum (*D. lanceolatum*, Kleiner Leberegel, Abb. 68a), 1 cm lang, zwei Zwischenwirte. Das Miracidium schlüpft erst in einer Landschnecke (z.B. *Helicella*), die die Eier beim Fressen aufgenommen hat. In ihrer Atemhöhle sammeln sich später von ihrem eigenen und dem Sekret der Schnecke umhüllte Cercarien an, die abgegeben und von Ameisen *(Formica)* aufgenommen werden. Während die meisten Cercarien in die Leibeshöhle der Ameise eindringen, wandert eine in das Unterschlundganglion und ruft wie auch andere Ameisenparasiten einen Mandibelkrampf hervor. Die infizierten Ameisen beißen sich an der Pflanze fest und können so besonders leicht von Schafen – den Endwirten – aufgenommen werden.

Ein wirtschaftlich bedeutsamer Blutparasit bei Fischen, v.a. Karpfen, ist *Sanguinicola*. Die Miracidien verlassen den Wirt über die Kiemen, Neuinfektion erfolgt über sich einbohrende Cercarien.

Diplostomum lebt in Wassergeflügel, seine Metacercarien schädigen Linse und Glaskörper von Fischen, v.a. Silberkarpfen und Maränen *(Coregonus)*.

Leucochloridium macrostomum (Abb. 72c, d) lebt als Distomum im Enddarm von Vögeln. Freilebende Miracidien und Redien fehlen. Die Miracidien enthaltenden Eier werden von Bernsteinschnecken *(Succinea)* aufgenommen, in

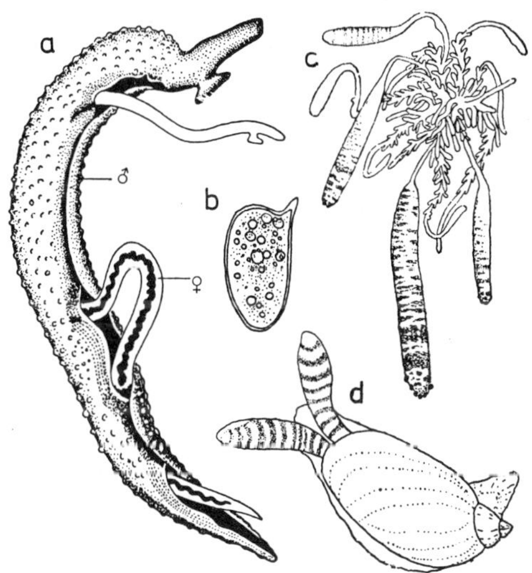

Abb. 72: Digenea. a. *Schistosoma mansoni*. Das größere Männchen trägt sein Weibchen in einer Bauchfalte (Canalis gynaecophorus). b. Bestacheltes Ei. c. Sporocyste von *Leucochloridium macrostomum*. d. Bernsteinschnecke *(Succinea putris)*, mit *Leucochloridium*-Sporocyste infiziert, die Ausläufer in die Schneckenfühler geschoben hat. Nach Gönnert, Zeller

denen sich verzweigte Sporocysten entwickeln, in welchen bis 300 schwanzlose Cercarien bzw. junge Distoma entstehen. Teile der Sporocyste dringen in die Schneckenfühler ein und führen dort rhythmische Bewegungen aus. Für Vögel (die optisch orientierten Endwirte) werden sie so besonders auffällig.

Eine Reihe von digenen Trematoden parasitiert im Menschen: *Fasciolopsis buski* (Großer Darmegel) lebt im Dünndarm von Mensch und Schwein, bis 7 cm lang. Die Sporocyste erzeugt nur eine Redie, die zur Mitteldarmdrüse des Zwischenwirtes (Tellerschnecken, Planorbidae) wandert und Tochterredien oder Cercarien erzeugt. Infektion des Menschen per os durch infektionsfähige Metacercarien, die sich an Wasserpflanzen (z. B. Wassernuß, *Trapa natans*) encystieren. Süd-, Südost- und Ostasien. Verschiedene Beschwerden, bei Massenbefall bisweilen Tod des Parasitenträgers.

Ebenfalls in Ostasien sind *Echinostoma ilocanum* und *E. lindoensis* («Kleiner Darmegel») heimisch. Sie haben zwei Molluscen-Zwischenwirte. Der Mensch infiziert sich durch Essen von ungekochtem Schnecken- und Muschelfleisch, das Metacercarien enthält. Größere klinische Bedeutung kommt diesen nur 3–7 mm langen Parasiten wie auch weiteren Darmtrematoden des Menschen nicht zu.

Bei vielen Vögeln und Säugern einschließlich Mensch kann der Zwergdarmegel *(Heterophyes)* vorkommen. Seine Metacercarien finden sich in der Muskulatur von Süßwasserfischen warmer Klimate.

Clonorchis sinensis (Opisthorchis s.), der Chinesische Leberegel, lebt in Gallengängen, Pankreas und Duodenum des Menschen und einiger Säuger; bis 2 cm lang; zwei Zwischenwirte (Schnecke, Fisch). Cercarie dringt in Karpfenfisch ein und encystiert sich in Bindegewebe oder Muskulatur. Infektion des Menschen per os durch metacercarienhaltiges, rohes Fleisch von Karpfenfischen. Verbreitet in Ostasien, man schätzt die Anzahl der infizierten Menschen auf 20 Millionen. Magen-Darm-Beschwerden, Anämie, Gelbsucht, blutiger Durchfall, bei Massenbefall bisweilen Tod.

O. felineus (O. tenuicollis), der Katzenleberegel, bis 12 mm lang, ebenfalls mit zwei Zwischenwirten, v. a. in Osteuropa und Ostasien Parasit des Menschen.

Die verwandte Art *O. viverrini* ist in Südostasien verbreitet. Lokal sollen bis 45 % der Bevölkerung befallen sein, insgesamt etwa 3 Millionen.

Paragonimus westermanni (Lungenegel) lebt in der Lunge des Menschen; wird 16 mm lang; zwei Zwischenwirte. Als zweiter Zwischenwirt sind einige Krebsarten bekannt, in die sich die Cercarien einbohren, um sich hier zu encystieren. Infektion der Endwirte (neben Mensch Raubtiere einschließlich Hund und Katze sowie Schwein) durch infiziertes Krebsfleisch per os. Die im Darm geschlüpften Distoma wandern durch die Darmwand zur Bauchwand (in der sie bis 10 Tage bleiben) und dann über Bauchhöhle und Zwerchfell zur Lunge, wo sie geschlechtsreif werden. Vorkommen: Ost- und Südostasien. Klinisches Symptom: Bluthusten, schwere Komplikation: Festsetzen der Lungenegel in Gehirn und Rückenmark. Die Zahl der Lungenegel in einem Menschen überschreitet selten 10.

P. kellicotti ist aus Amerika bekannt, *P. africanus* aus dem tropischen Afrika. Letzterer lebt in Schleichkatzen, kommt aber in Kamerun auch in Menschen vor, v. a. bei Frauen, die bevorzugt Krabben *(Sudanonautes)* roh oder ungenügend erhitzt verzehren.

Schistosoma (Pärchenegel) lebt in Blutgefäßen, frißt Blut und ruft eine der am weitesten verbreiteten Tropenkrankheiten hervor, die Bilharziose, von der schätzungsweise 250 Millionen Menschen befallen sind. In schweren Fällen führt sie zum Tode, generell beeinträchtigt sie Gesundheit und Arbeitsfähigkeit des Wurmträgers.

Schistosoma ist getrenntgeschlechtig, das Männchen trägt das Weibchen in einer Bauchfalte (Canalis gynaecophorus, Abb. 72a). In dieser engen Gemeinschaft kommt es zum Glucose- und Proteintransfer vom Männchen zum Weibchen. Die Eier durchbohren Gefäßwände und gelangen mit Stuhl oder Urin ins Freie. Die Eier von *Schistosoma* sind gegenüber denen der meisten Trematoden dadurch ausgezeichnet, daß sie keinen Deckel tragen, aber oft einen Stachel (Abb. 72b). Infektion des Menschen erfolgt durch Cercarien, die sich aktiv durch die Haut bohren. Gefährdet sind also Personen, die mit Süßwasser in Berührung kommen.

S. haematobium ruft die Blasenbilharziose hervor; meist paarweise vereint lebt diese Art im Venensystem des Menschen. Das abgeflachte Männchen wird etwa 15 mm lang, das zylinderförmige Weibchen etwas länger. Nach der Begattung wandern die Weibchen in die Gefäße der Harnwege, wo sie ihre Eier ablegen. Diese gelangen in die Blase und werden mit dem Urin abgegeben. Weiterentwicklung in Schnecken *(Bulimus)*. Vorwiegend in Afrika und dem Vorderen Orient. Symptome und Erkrankung: Blutharnen, Schädigung der Harnwege (Harnblasen-Carcinome bilden in Ägypten 20% aller Krebsfälle).

Schistosoma mansoni (Darmpärchenegel); Größe ähnlich vorigem; erreicht Geschlechtsreife in Pfortader oder deren Zuflüssen; Zwischenwirt: Planorbiden. Wohl afrikanischen Ursprungs, wurde durch den Sklavenhandel nach Südamerika und in den Vorderen Orient verschleppt.

Schistosoma japonicum (Japanischer Pärchenegel), etwas kleiner als die beiden anderen Arten, im Venensystem und in Lungenarterien. Ost- und Südostasien. Zwischenwirt: *Oncomelania* (Prosobranchia).

Bei der Bekämpfung der Bilharziose ist nach Angaben aus Ägypten Anfang der 70er Jahre ein beachtlicher Erfolg erzielt worden: Nach Abtötung der Schnecken in einem großen, aber übersichtlichen Areal (Oase El Fayum) wurde ein bilharziosefreies Gebiet geschaffen. Bei weltweit steigender Zahl der Infektionsrate, die mit vermehrtem Wasserreisanbau zusammenhängt, ist der größte Erfolg wohl aus Japan zu vermelden, wo *S. japanicum* stark zurückgedrängt wurde (Einsatz von Pflanzmaschinen).

3. Klasse: Cestoda (Bandwürmer)

Alle Bandwürmer sind Endoparasiten; sie sind darmlos und nehmen ihre Nahrung durch die Körperoberfläche auf. Diese wird wie bei den Trematoden von einem versenkten Epithel gebildet (Abb. 63). Wie bei anderen resorbierenden Epithelien ist die Oberfläche als dichter Mikrovillisaum entwickelt, in dessen Bereich das Enzym alkalische Phosphatase nachgewiesen werden kann. Von den Trematoden unterscheiden sich die Cestoden durch das Fehlen von Mund und Darm sowie die Gliederbildung (Proglottiden), die allerdings in manchen Fällen fehlt *(Archigetes, Amphilina, Caryophyllaeus)*. Innere Begrenzungen zwischen den äußerlich sichtbaren Proglottiden existieren nicht, so daß diese Gliederung nicht mit der Segmentierung, z.B. der Anneliden (S. 185), verwechselt werden darf. Der Bandwurmkörper besteht aus Kopf (Scolex), Hals und einer Gliederkette (Strobila). Mit dem Kopf ist der Bandwurm an der Darmwand seines Wirtstiers verankert, er trägt daher mannigfache Haftorgane (Abb. 73). Ziemlich einfach gebaut sind die schlitzartigen Sauggruben (Bothrien), wie sie der Fischbandwurm des Menschen trägt. Sie treten in 2- oder 4-Zahl auf. Sehr verbreitet sind muskulöse Saugnäpfe (Acetabula), von denen 4 kranzartig das Vorderende umsäumen. Sie sind bei manchen Arten gestielt, am Rande krausenartig gefaltet usw. (Bothridien, Abb. 73).

Vielfach dienen noch «Cuticula»haken der Befestigung. Bei den typischen Bandwürmern bilden sie vor den Saugnäpfen am Scheitel einen Hakenkranz, bei anderen sitzen Haken an den Saugnäpfen oder besitzen vier einstülpbare rüsselartige Schläuche (Tetrarhynchidae). Manchmal ist der Scolex rückgebildet (Scolex deformatus von *Parabothrium gadipolachi*), selten fehlt er *(Spathobothrium)*.

Die Glieder (Proglottiden, Abb. 74) sind an ihrer Sprossungsstelle am Hals sehr klein und werden beim Wachstum mit der Ausbildung der Genitalapparate länger und breiter. Sie werden meist einzeln oder gruppenweise nach

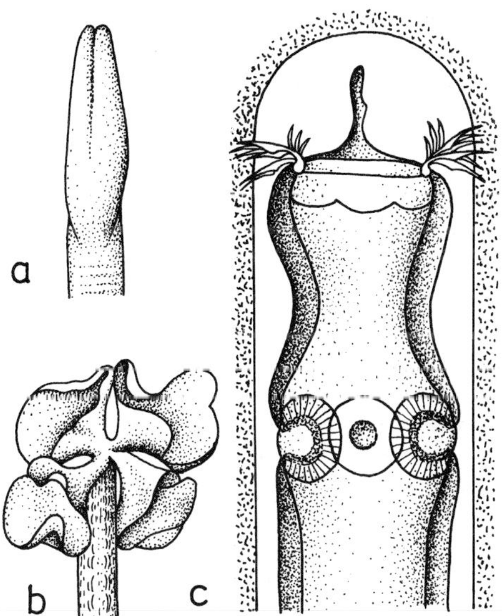

Abb. 73: Köpfe von Cestoden. a. *Diphyllobothrium*, b. *Anthobothrium*, c. *Echinococcus*, Scolex in Lieberkühnscher Krypte des Duodenums eines Hundes. Nach Fretter, Graham, Hennig, Smyth

oder seltener vor Erlangung der Geschlechtsreife abgestoßen und gelangen ins Freie, wo sie sich noch fortbewegen können und wo dann die Eier bzw. Embryonen bei Zersetzung der Gewebe frei werden. Nur bei manchen Gattungen *(Ligula, Diphyllobothrium)* werden die Eier durch eine Uterusöffnung (= Oviductöffnung) abgelegt. Die wenigen Arten ohne Gliederbildung sind offenbar geschlechtsreif gewordene Larven. Jedes Glied enthält einen, selten zwei vollständige Genitalapparate. Diese bestehen aus einem Keimstock und einem oft in zahlreiche Bläschen aufgeteilten Dotterstock. Bei den Pseudophyllidea und Tetraphyllidea sind die Dotterstöcke umfangreich und produzieren – wie die der Trematoden – neben Dotter die Eischale, bei den Cyclophyllidea sind sie klein und bilden vorwiegend Dotter, selten fehlen sie *(Stilesia, Avitellina)*.

Die Gänge von Keim- und Dotterstock vereinigen sich zu einem Ootyp, in den die Mehlisschen Drüsen (sog. Schalendrüsen)

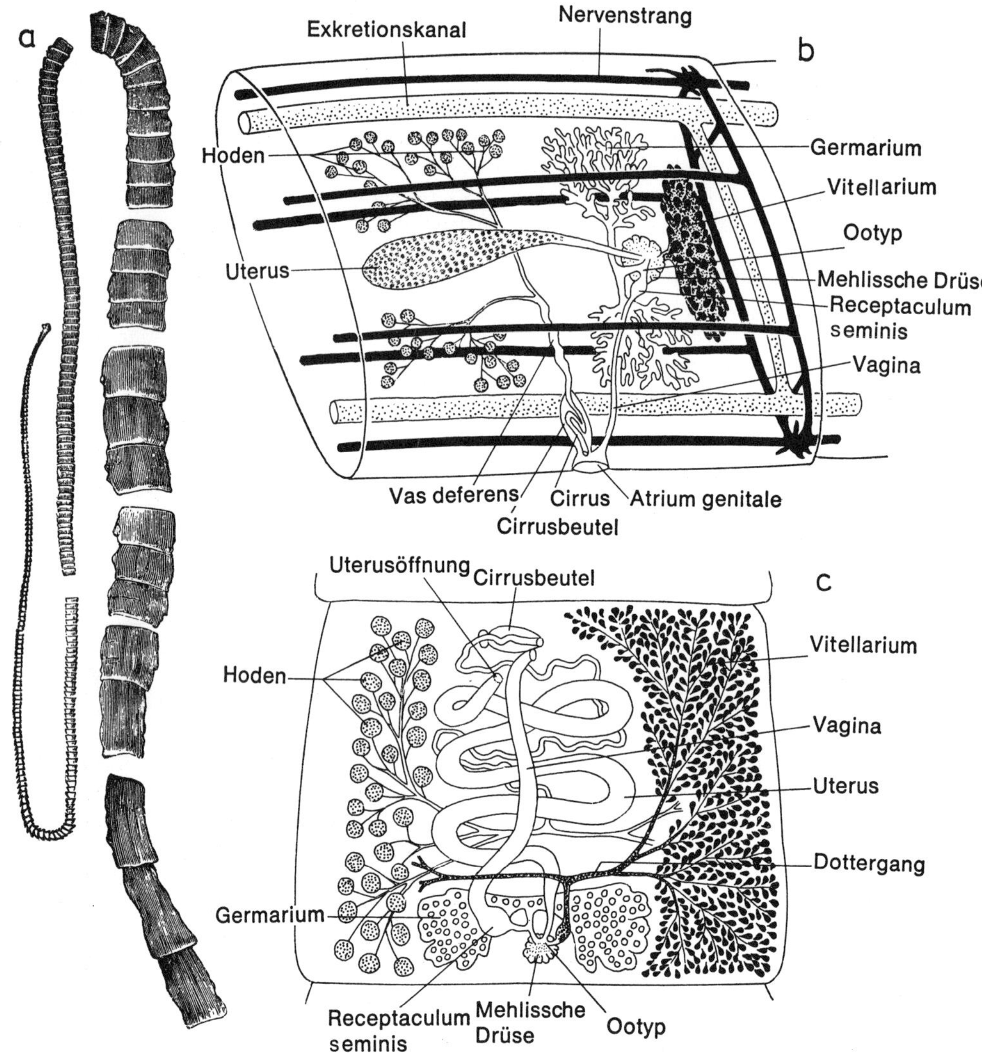

Abb. 74: a. *Taenia saginata* (Rinderbandwurm), an den unterbrochenen Stellen sind lange Körperabschnitte nicht gezeichnet. b. Proglottis von *Taenia* (Blockdiagramm). c. Genitalsystem einer Proglottis von *Diphyllobothrium*, rechts sind die Hoden, links das Vitellarium nicht eingezeichnet. Nach Fuhrmann, Leuckart, Storer

einmünden. Vom Ootyp gehen 2 Gänge aus, der eine enthält die eingekapselten Eier (sog. Uterus) und öffnet sich nur bei manchen Arten nach außen, der andere dient zur Aufnahme des Spermas (Vagina) und mündet oft seitlich. Die Eier werden unterschiedlich umhüllt: bei einigen Cyclophyllidea von einer Keratin- , bei den Pseudophyllidea von einer Sklerotinkapsel. Der Sklerotisierungsprozeß benötigt Sauerstoff.

Die Mehlisschen Drüsen enthalten mucöse und seröse Zellen. Da letztere bei den Taeniidae (deren Eier keine Sklerotinkapseln aufweisen), fehlen, aber bei den Pseudophyllidea stark entwickelt sind, bringt man sie mit der Sklerotinbildung in Zusammenhang.

Die Bandwurmeier sind bisweilen sehr stark auf den Zwischenwirt, der sie aufnehmen muß, abgestimmt: Die Eier von *Hymenolepis megalops*, die von bodenlebenden Ostracoden gefressen werden müssen, sinken auf den Boden, die von *Hymenolepis furcifera* schweben im Wasser, sie werden von freischwimmenden Copepoden und Ostracoden aufgenommen.

Die Hoden sind massive Organe *(Hymenolepis)* oder liegen in großer Zahl im Parenchym *(Taenia)*, die Ausführgänge münden in einem vorstülpbaren Kopulationsorgan (Cirrus), der meist neben der Öffnung der Vagina liegt. Selbstbegattung, sei es innerhalb eines Gliedes oder zwischen verschiedenen Gliedern eines Tieres, ist verbreitet.

Die zu einem Ring verbundenen Gehirnganglien im Scolex entsenden bis zu 10 Längsnerven nach hinten, von denen die beiden seitlichen am stärksten sind.

Die paarigen Protonephridien, die durch Querkanäle miteinander verbunden sind, münden am Hinterende. Bei den Pseudophyllidea treten 16 Längskanäle und ein im Bindegewebe liegendes Netzwerk auf; die Terminalzellen können in allen Organen vorkommen, auch im Nervensystem.

Die Bandwürmer sind als geschlechtsreife Tiere fast ausnahmslos Darmparasiten der Wirbeltiere. Einige Cestoden leben im Gallengang *(Stilesia* und *Thysanosoma* in Schafen, *Porogynia* in Hühnervögeln, *Hymenolepis microstoma* in Nagern*)*, in Gallengang, Gallenblase und Leber *(Progamotaenia* und *Hepatotaenia* in Marsupialiern) oder im Pankreasgang *(Atriotaenia* im Nasenbären).

Außer einem gewissen Sauerstoffgehalt (ohne den die meisten Cestoden wohl nicht entwicklungsfähig sind) ist eine verhältnismäßig hohe Kohlendioxid-Konzentration für die darmbewohnenden Bandwürmer notwendig. Sauerstoff ist z.B. für Sklerotisierung (Pseudophyllidea) und Strobilation *(Echinococcus)* unerläßlich. CO_2 wird von Cestoden fixiert, d.h. zum Aufbau von organischen Molekülen verwendet. Gallenflüssigkeit ist wichtiger Auslöser für die Entwicklung vieler Darmparasiten. Offensichtlich sind Cestoden auf Kohlenhydrate sehr stark angewiesen. Werden diese dem Wirt nicht gegeben, so nimmt *Hymenolepis diminuta* an Größe ab und verringert die Zahl der Proglottiden. Im Verhältnis zu anderen Tieren ist der Kohlenhydratgehalt (Glykogen) der Cestoden sehr hoch (bei Plerocercoiden von *Ligula* und *Diphyllobothrium* bis über 50% des Trockengewichts). Glykogenbildung wird durch erhöhte CO_2-Konzentration stark gefördert.

In Wirbellosen, und zwar in der Leibeshöhle von Oligochaeten, lebt *Archigetes*, der aber ebenso wie einige in der Leibeshöhle niederer Wirbeltiere lebende Arten eine geschlechtsreif gewordene Larve ist. Die Larven leben in allen möglichen Organen. Ein Generationswechsel, wie er die meisten Trematoden kennzeichnet, fehlt den Bandwürmern; wenn bei einigen Arten durch ungeschlechtliche Vermehrung des Finnenstadiums *(Echinococcus)* sich eine Art Generationswechsel herausbildet, so handelt es sich hier um eine Metagenese und nicht um Heterogonie.

Die Entwicklung ist fast stets mit einem Wirtswechsel verbunden. In den Eikapseln entwickeln sich die Embryonen, aus deren Zellmaterial zunächst zwei Embryonalhüllen gebildet werden (Abb. 75). Die äußere trägt bei manchen Larven (Coracidium) ein Wimperkleid, die innere ist meist radiär gestreift. Das innere Gewebe des Embryos entwickelt sich zu einer mit 6 (Oncosphaera) oder 10 Haken (Lycophora) besetzten Larve. Die weitere Entwicklung ist recht verschiedenartig. Bei *Taenia* gelangt die in der Schale liegende Oncosphaera passiv durch den Mund in den Darmkanal, hier wird sie frei, durchbohrt die Darmwand und wandelt sich in den Geweben dieses Zwischenwirtes zum Blasenwurm (Finne, Cysticercus). Dieser besteht aus einer festwandigen, hohlen Blase, von deren Wand an einer Stelle ein

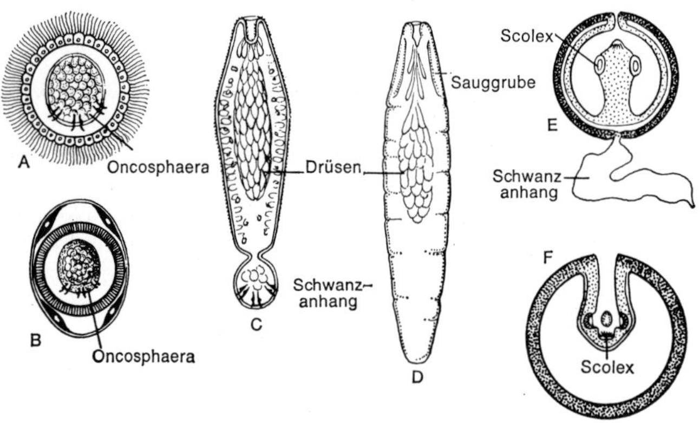

Abb. 75: Larvenstadien von Bandwürmern. A. Coracidium (Wimperlarve) mit eingeschlossener Oncosphaera (Hakenlarve). B. Oncosphaera von *Taenia* in Embryonalhüllen. C. Procercoid von *Diphyllobothrium*. D. Plerocercoid von *Diphyllobothrium*. E. Cysticercoid. F. Cysticercus («echte» Finne). Nach Remane

Zapfen nach innen ragt. Dieser Zapfen trägt den vollkommen eingestülpten Kopf des Bandwurmes mit Saugnäpfen usw. Die Finne lebt in verschiedenen Geweben (Muskulatur, Gehirn usw.) des Zwischenwirts, der verschiedenen Tiergruppen angehören kann (oft pflanzenfressende Wirbeltiere, aber auch Insekten). Mit der Nahrung gelangt die Finne passiv in den Hauptwirt, in seinem Darmkanal stülpt sich der Scolex um, die Blase wird abgeworfen, und die Produktion der Glieder beginnt.

Gegenüber dieser Norm gibt es Komplikationen und Vereinfachungen. Die Komplikationen bestehen im Vorhandensein zweier Zwischenwirte und dreier Larven. Dieses Verhalten zeigen gerade ursprüngliche Cestodengruppen. Als Beispiel sei der Breite Bandwurm (= Fischbandwurm) des Menschen *(Diphyllobothrium latum)* angeführt. Aus der Eihülle schlüpft im Wasser eine mit einem bewimperten Epithel umgebene Oncosphaera (Coracidium), diese wird von einem Copepoden gefressen, in ihm wirft sie die Wimperhülle ab und verwandelt sich in der Leibeshöhle in die zweite Larve, das Procercoid. An einem wurmförmigen Körper mit großen Kopfdrüsen und eingesenktem Scheitelfeld sitzt ein kleiner, runder Schwanzanhang, der die Haken der Oncosphaera trägt. Mit dem Copepoden als Nahrung gelangt das Procercoid in einen Fisch, in dessen Leibeshöhle es zu dem wurmförmigen Plerocercoid umgebildet wird. Durch Verzehren roher oder ungenügend zubereiteter Fische gelangt dann das Plerocercoid in den Menschen oder andere Säugetiere, wo es sich zum geschlechtsreifen Bandwurm entwickelt.

Das Plerocercoid entspricht trotz seines ganz anderen Baues dem Finnenstadium. Das wird durch eine Reihe Zwischenformen deutlich. Es gibt Plerocercoide, deren Hinterkörper blasenförmig aufgetrieben ist, es gibt ferner Finnen, die einen Schwanzanhang mit den Haken der Oncosphaera tragen und deren Hinterrumpf in wechselndem Maß zu einer Hüllblase geworden ist, in die sich der Kopf (Scolex) zurückziehen kann (Cysticercoid).

Eine andere Komplikation des Entwicklungsganges entsteht durch die bereits erwähnte ungeschlechtliche Vermehrung des Finnenstadiums, das bei *Echinococcus* bis kopfgroß wird. An der Blasenwand können nach außen und innen neue Tochterblasen auswachsen, und schließlich sprossen von ihr zahlreiche Brutkapseln nach innen, die je 10–30 Scolices erzeugen (Abb. 76a). Diese können im Endwirt je einen Bandwurm hervorbringen. Werden sie jedoch im Zwischenwirt verschwemmt, wird jeder Kopf zu einer neuen Finnenblase. Eine einzige reife Finnenblase kann über 2 Millionen Bandwurmköpfe enthalten. Nicht so stark ist die vegetative Vermehrung bei *Multiceps*, dem Quesenbandwurm (Abb. 76c).

Eine Vereinfachung des Entwicklungsganges tritt bei manchen *Hymenolepis*-Arten durch Fortfall des Wirtswechsels ein. Aus der Oncosphaera bildet sich in der Darmwand eine Finne, die im Darm des gleichen Wirtes zum geschlechtsreifen Bandwurm wird.

System. Die zahlreichen Arten werden auf zwei Unterklassen verteilt:

1. Cestodaria. Meist blattförmig, ohne Proglottiden. Geschlechtsapparat einfach. Oncosphaera mit 10 Haken (Lycophora). Nur wenige Gattungen *(Amphilina, Gyrocotyle)* in Leibeshöhle und Darm von Fischen.

2. Eucestoda. Genitalapparat meist vervielfacht. Oncosphaera mit 6 Haken. Über 1500 Arten, die in mehrere Ordnungen gegliedert werden, von denen zwei (Pseudophyllidea, Cyclophyllidea) wichtige Parasiten des Menschen enthalten.

Pseudophyllidea: Scolex meist mit zwei länglichen Sauggruben (Abb. 73). Zwei oder drei Wirte. Viele Arten.

Diphyllobothrium latum (Breiter Bandwurm, Fischbandwurm). Bei Menschen und Raubtieren. Erreger der *Diphyllobothrium*-Anämie. Verbreitet in Gegenden, in denen Fische roh gegessen werden. Bis 15 m lang, bildet über 4000 Glieder. Procercoid in Copepoden, Plerocercoid in Fischen (s. o.).

Plerocercoide von *Ligula intestinalis* (in Karpfenfischen) und *Schistocephalus* (in Stichlingen) werden in Fischen fast geschlechtsreif. Endwirt: fischfressende Wasservögel, dort verweilen sie nur kurz. Bei anderen vollständige Neotenie, so bei den auch in eigener Ordnung (Caryophyllidea) geführten Gattungen *Archigetes* (in *Tubifex;* mit 1 Paar Geschlechtsorganen), *Caryophyllaeus* und *Khawia*. Die letzten beiden Gattungen stellen wichtige Fischparasiten, Zwischenwirte sind Oligochaeten.

Auch *Triaenophorus* ruft Bandwurmseuchen bei Süßwasserfischen hervor, Zwischenwirte sind Copepoden und Fische, Endwirte vor allem Hechte.

Cyclophyllidea: Scolex mit vier eingesenkten Saugnäpfen, oft mit einem vorn gelegenen Rostellum (Rostrum), das einen Hakenkranz trägt (Abb. 73). Die Oncosphaera wird schon im Uterus gebildet, bleibt aber in der Eikapsel. 2 Wirte. Vorwiegend in Vögeln und Säugern.

Taenia solium (Schweinebandwurm, Abb. 77): Geschlechtsreifes Tier nur im Menschen. Erreicht 2–4, selten bis 8 m Länge und bildet bis 1000 Proglottiden aus. Der Schweinebandwurm ist in Mitteleuropa selten, aber besonders gefährlich.

Der Mensch infiziert sich mit rohem, finnigem Schweinefleisch. Die Bandwurmerkrankung (Taeniose) kann unterschiedliche Folgen haben, z. B. Appetitlosigkeit, Heißhunger, Übelkeit, ruhrartige Störungen u. a. Am beunruhigendsten sind vorwiegend bei Kindern auftretende epileptiforme und hysteriforme

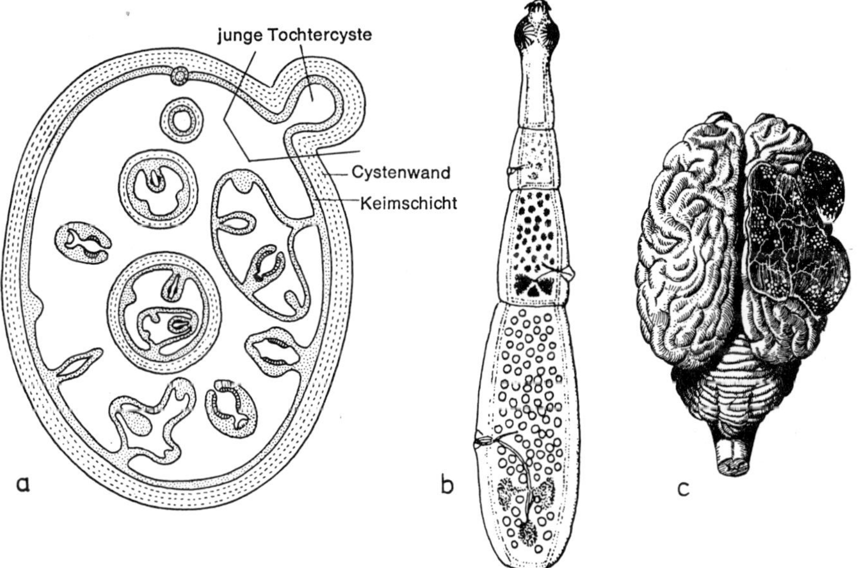

Abb. 76: Bandwürmer mit Vermehrung im Finnenstadium. a. Schnitt durch eine Finne von *Echinococcus* mit Knospenbildung. Von der Keimschicht entstehen Brutkapseln, die auf den Grund der mit einer wasserklaren Flüssigkeit gefüllten Blase fallen («Hydatidensand») *(E. granulosus)*. Außerdem können junge Tochtercysten nach außen abgegeben werden *(E. multilocularis)*. b. Adulter *Echinococcus granulosus*. c. Gehirn eines Schafes; rechts eröffnet, um die zahlreichen Finnen von *Multiceps (= Taenia) multiceps* (Quesenbandwurm) zu zeigen. Nach Brumpt, Schmeil, Wurmbach

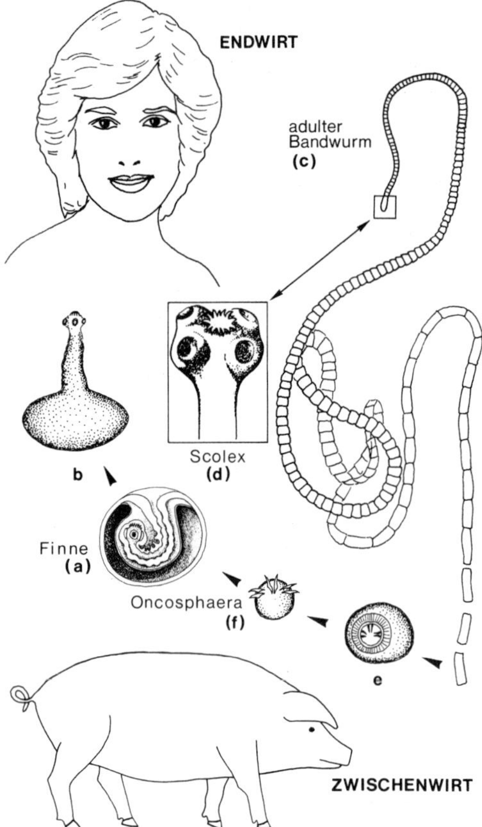

Abb. 77: Zyklus des Schweinebandwurms *(Taenia solium)*. Die Finnen (a) leben in der Muskulatur des Schweins und werden vom Menschen, dem Endwirt, aufgenommen. Im Darm wächst der Bandwurm heran (b, c); mit Saugnäpfen und Haken (d) hält er sich in der Dünndarmschleimhaut fest. Die Eier gelangen durch Auflösung der mit dem Stuhl abgegebenen Proglottiden ins Freie. In ihnen ist das erste Larvenstadium schon ausgebildet (e). Im Zwischenwirt (Schwein) schlüpft die Oncosphaera (Hakenlarve, f); ihr Durchmesser beträgt 20 µm. Sie durchbohrt die Darmwand und gelangt über Gefäße in Muskulatur, wo sie sich zum Cysticercus (Finne) entwickelt, der eine Länge von 15 mm und eine Breite von 7–8 mm hat. Nach Storch, Vsiansky

Anfälle; gefährlich ist Erbrechen, weil eine Selbstinfektion möglich ist: Die 20 µm Durchmesser erreichenden Oncosphaeren entwickeln sich zu einem Cysticercus von 6–20 mm Durchmesser, der vorwiegend in Augen und Nervensystem auftritt (Cysticercose) und 20 Jahre alt werden kann.

Taenia saginata (Rinderbandwurm). Etwa 99% der *Taenia*-Infektionen in Europa gehen auf diese Art zurück, die nicht selten ist. Länge: 4–10 m, bis 2000 Proglottiden. Die reifen Proglottiden lösen sich einzeln ab und können sich peristaltisch fortbewegen und den Darm unabhängig von der Stuhlentleerung verlassen. Cysticercus vorzugsweise in Fettgewebe, das die Herzmuskulatur umgibt, ferner in Kaumuskeln, Schlund, Zwerchfell und Zungenmuskulatur des Rindes. Finnen werden wegen Ähnlichkeit mit Fett nur schwer gefunden, Durchmesser 7–9 mm.

Beide Taenien können im Menschen 10–14 Jahre alt werden.

Multiceps (= Taenia) multiceps: Quesenbandwurm, im Darm von Hunden, bis 1 m lang. Finne im Gehirn von Schafen, wird in 6 Monaten hühnereigroß und bildet zahlreiche Scolices. Die befallenen Tiere führen Zwangsbewegungen aus (Drehkrankheit), viele sterben.

Echinococcus granulosus (Hundebandwurm) lebt im Hundedarm. Er ist weltweit verbreitet, in Mitteleuropa aber selten. Rinder, Schafe, Pferde und Schweine sind Finnenträger, ihre Innereien werden von Hunden gefressen, in denen sich der nur 3–4 mm lange Bandwurm entwickelt. Über die Hunde infiziert sich auch der Mensch, in dessen Leber (60%), Lunge (20%) oder anderen Organen (20%) blasenartige Finnen entstehen, die einen Durchmesser von 40 cm erreichen können und Tochterfinnen erzeugen (Abb. 76). Gefährdet sind vorwiegend Kinder, die mit Hunden in engen Kontakt kommen. Aufgrund der starken vegetativen Vermehrung der Finnen beherbergen infizierte Hunde diesen Cestoden im allgemeinen in großer Zahl. Auf Island war wegen einer *Echinococcus*-Plage längere Zeit Hundehaltung verboten. Die Finnen von *Echinococcus granulosus* lassen sich operativ aus dem Körper herausschälen; die prall mit Flüssigkeit gefüllte Blase darf dabei jedoch nicht beschädigt werden (Ausschütten von Tochtercysten und Scolices).

Der verwandte *E. multilocularis* wird nur 2 mm lang; er hat eine vielkammerige Finne, die in der Leber wuchert und operativ kaum zu entfernen ist, er ist der gefährlichste Wurmparasit des Menschen. Zwischenwirte sind normalerweise Mäuse, Endwirte Fuchs, Katze und selten Hund.

Hymenolepis nana (Zwergbandwurm), etwa 4 cm lang, vor allem in wärmeren Ländern. Er befällt besonders Kinder, die sich von After zu Mund selbst infizieren können. Die Finne lebt in den Dünndarmzotten und gelangt von dort in das Darmlumen.

Dipylidium caninum (Gurkenkernbandwurm), in Katzen und Hunden sehr häufig. Finne in Flöhen und Haarlingen. Selten infizieren sich Menschen, in deren Darmkanal dann irgendwie ein Floh oder ein Mallophage geraten sein muß.

Neben Insekten können auch andere Wirbellose, z. B. Milben, als Zwischenwirte von Cestoden fungieren, über die sich dann auch z. B. Pferde, Schafe und Kaninchen infizieren, die mit Pflanzenkost diese Zwischenwirte aufnehmen. Hühner werden über Schnecken, Regenwürmer und Insekten infiziert, Enten und Gänse über Kleinkrebse.

2. Mesozoa

Die Mesozoen sind einfach gebaute, kleine (30 µm–7 mm) Parasiten in Meerestieren, die meist nur aus 20–30 Zellen bestehen. Neben der parasitischen kommt auch eine freilebende Generation vor. Sie sind aus einer mindestens in einzelnen Stadien bewimperten Außenschicht (Somatoderm) und einer bis vielen inneren Zellen aufgebaut (Abb. 78).

Die **Dicyemida** sind Parasiten in der Niere von Tintenfischen. Sie sind hier länglich und bewimpert (vermiformes Stadium). Ihre Innenschicht besteht aus einer Axialzelle mit polyploidem Kern. Diese beherbergt in Einsenkungen sehr kleine Zellen (Axoblasten), die sich in zwei Richtungen entwickeln können: Es kann zu einer vegetativen Vermehrung (Bildung eines neuen vermiformen Stadiums) oder zu einer sexuellen Fortpflanzung mit Differenzierung zu Ei und Spermienzellen kommen. Die vegetative Fortpflanzung dient der raschen Vermehrung im Parasiten. Zu sexueller Fortpflanzung kommt es, wenn die Nierenorgane der Cephalopoden mit Parasiten überfüllt sind. In diesem Fall entstehen im Organismus mehrere gonadenförmige Komplexe mit zentral gelegenen Spermien und peripheren Eizellen. Nach der Befruchtung entstehen noch im Muttertier Larven (infusoriforme Larve), die die Tintenfische verlassen. Sie sind Verbreitungs- und Infektionsstadien, die nach Aufenthalt im freien Meer auf noch unbekannte Weise erneut in Tintenfische eindringen. *Dicyema, Conocyema, Pseudocyema* (Abb. 78a).

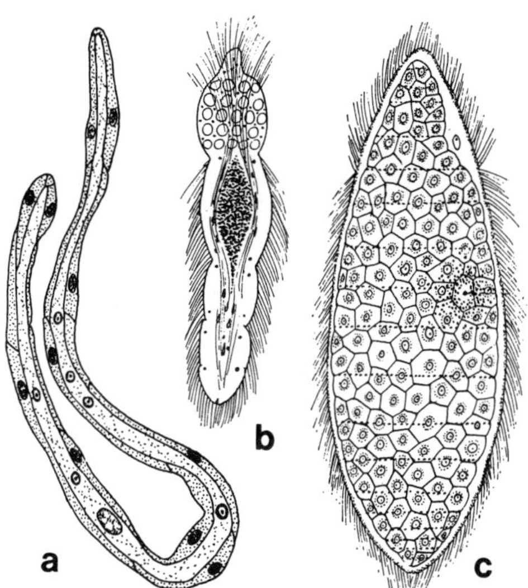

Abb. 78: Mesozoa. a. *Pseudocyema* (Dicyemida), junges Tier; innen große Axialzelle und kleinere Keimzellen; b, c. *Rhopalura* (Orthonectida); b. Männchen, c. Weibchen, mit Eiern ausgefüllt. Nach Caullery

Die **Orthonectida** leben in verschiedenen Meerestieren. Als Parasiten bilden sie ein vielkerniges Plasmodium, das Organe der Wirtstiere infiltriert und dabei Ovarien funktionsuntüchtig machen kann. Das Plasmodium entspricht wohl der Axialzelle der Dicyemiden. In ihm bilden sich Zellhaufen heraus, aus denen Männchen (0,1 mm) und Weibchen (0,2–0,3 mm) hervorgehen. Bei *Stoecharthrum* entstehen Zwitter. Die Tiere werden frei, es kommt zur Begattung. Die entstehenden Larven infizieren wieder ihre Wirtstiere. *Rhopalura* (Abb. 78b, c), *Stoecharthrum, Pelmatosphaera.*

Die Mesozoa werden als Formen aus dem Übergangsfeld zwischen Proto und Metazoa oder als stark degenerierte Abkömmlinge der Plathelminthes angesehen. Mit Ciliaten haben sie einen auffällig geringen Guanin-Cytosin-Anteil (23 %) im Bestand ihrer DNA-Basen gemeinsam. Auch die Speicherung von Inositphosphat als Reservestoff erinnert an Protozoen.

3. Gnathostomulida

Die Gnathostomuliden sind bis etwa 3 mm lange Würmer des Meeressandes mit einem

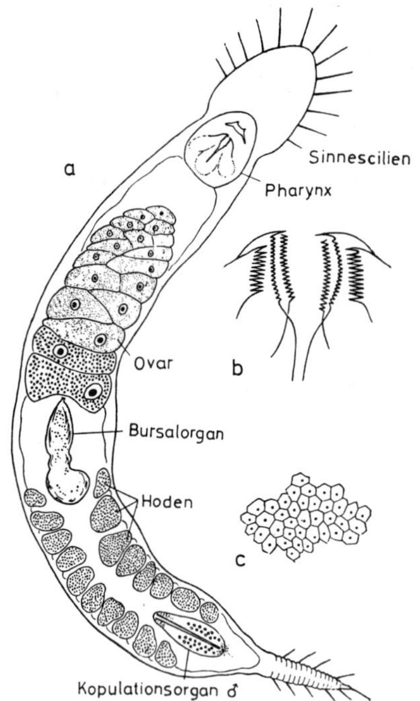

Abb. 79: Gnathostomulida. a. *Gnathostomula paradoxa*, b. Kiefer, c. Flächenschnitt durch die Epidermis (in jeder Zelle liegt ein Basalkörper). Nach Ax

Geißelepithel an der Körperoberfläche, quergestreifter Muskulatur, einem mit Kiefern bewehrten, bilateralsymmetrischen Pharynx, einem zwittrigen Genitalapparat mit unpaarem Ovar, zwei Reihen kleiner Hodenfollikel und einem Bursalorgan, das Spermien enthält. Die Befruchtung erfolgt innerlich, die Spermien sind sehr verschieden, z.T. filiforme Flagellospermien, z.T. geißellos. After und Enddarm fehlen anscheinend oft (Abb. 79). Die Entwicklung ist direkt. Spiralfurchung. *Gnathostomula*.

4. Nemertini (Schnurwürmer)

Die vorwiegend im Meere lebenden Nemertinen stehen in ihrer Organisationshöhe etwa zwischen den Plathelminthen und den Anneliden. An erstere erinnern der Mangel echter Gliederung, das Parenchym und die bewimperte Epidermis, die bisweilen rhabditenähnliche Sekrete bildet; die komplexere Organisation zeigt sich im Besitz eines Blutgefäßsystems, Afters und eines typischen Organs der Nemertinen, des Rüsselapparates. Nemertinen sind oft kräftig gefärbt: vielfach einfarbig rot, braun, gelb oder grün, seltener verschiedenfarbig.

Bau. Die 2 mm bis angeblich 30 m (!) langen Nemertinen sind meist fadenförmig. Anhangsgebilde fehlen fast stets. Der Körper ist ungegliedert, einige Organe treten allerdings in Vielzahl auf (Gonaden, Darmtaschen, bisweilen Exkretionsorgane), doch ist noch unklar, ob es sich um Spuren echter Metamerie handelt.

Die Körperdecke wird von einer bewimperten, drüsen- und sinneszellreichen Epidermis gebildet, die von einer Cutis und einem Hautmuskelschlauch unterlagert ist. Das Gehirn liegt nahe dem Vorderende und besteht aus vier großen Ganglien (zwei dorsalen und zwei ventralen), die durch Kommissuren zu einem die Rüsselbasis umgürtenden Ring verbunden sind. Von den ventralen Ganglien gehen als Hauptnerven ein Paar Seitenstränge aus, die mit Ganglienzellen belegt sind und so den Charakter von Marksträngen erhalten. Ein schwächerer Nerv verläuft noch dorsomedian, selten ist auch ein Ventralnerv vorhanden. Kleinere Nerven treten an die Sinnesorgane heran und ziehen in größerer Zahl (etwa 10) um den Rüssel. Nicht streng regelmäßige Ringkommissuren verbinden die Längsnerven. Innerhalb der Körperwand nimmt das Nervensystem eine ganz verschiedene Lage ein, es kann in der Epidermis liegen, im Muskelschlauch oder im Körperparenchym. Sinneszellen (Receptorneurone) sind in der Haut verbreitet, komplexe Sinnesorgane liegen besonders im Kopf: an der Kopfspitze das unpaare Frontalorgan, ein meist vorstülpbares Wimpergrübchen, in dessen Bereich umfangreiche Drüsen münden, an den Kopfseiten die Kopfspalten und die recht verschieden gebauten Cerebralorgane, ein Paar oft tiefer Säcke, die bis ans Gehirn reichen können und die neben Sinnes- auch Drüsenzellen enthalten. Kleine einstülpbare Sinnesorgane können auch am Rumpf liegen (Seitenorgane). Über die Funktion all dieser Organe ist nichts Sicheres bekannt. Lichtsinnesorgane kommen in wechselnder Zahl vor; ihr Bau ähnelt denen der Plathelminthen (invertierte Pigmentbecherocellen). Statocysten sind für *Ototyphlonemertes* nachgewiesen.

Aus einer Einstülpung der Körperwand ist der eigenartige Rüssel entstanden. Er ist also kein Darmabschnitt, höchstens Mund und Rüsselöffnung sind gemeinsam. Er durchzieht als lan-

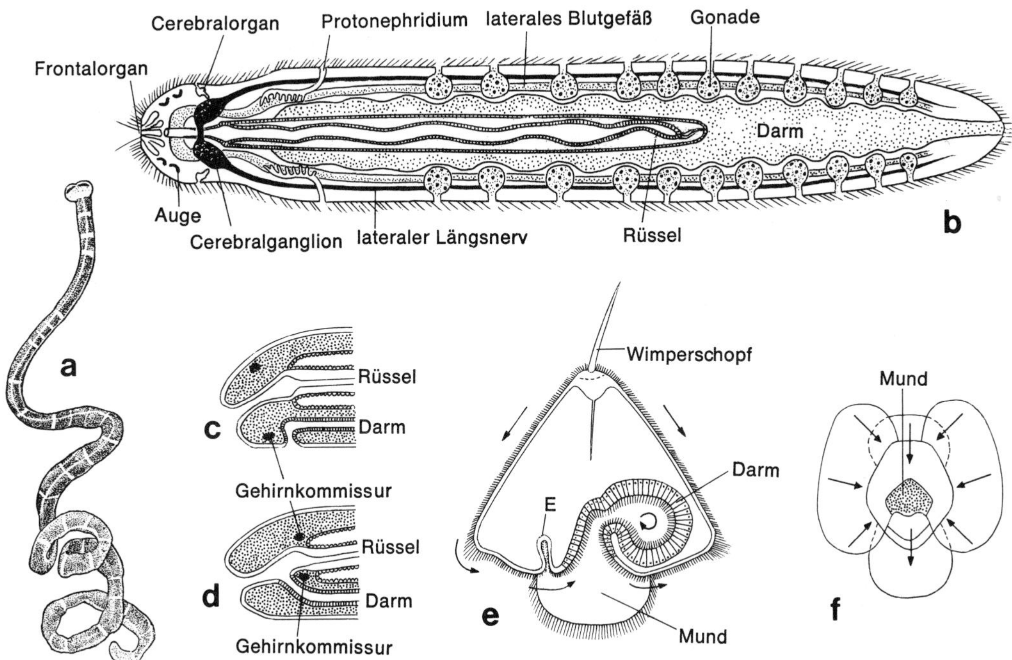

Abb. 80: Nemertini. a. *Tubulanus*, b. Organisationsschema; c, d. Sagittalschnitte durch Vorderenden, c. Anopla, d. Enopla. Beachte, daß der Rüssel von einem umfangreichen Coelom (= Rhynchocoel) umgeben wird. An seinem hinteren Ende entspringt der Rüssel-Retraktor (in b eingezeichnet). e, f. Pilidium-Larve; die Pfeile zeigen den Weg der Nahrungspartikel, e. Seitenansicht, E: Ectodermeinstülpung; f. Ansicht von Oralseite. Nach Cantell, Remane, Riedl

ger muskulärer Schlauch den Hauptteil des Körpers dorsal vom Darm; er wird bei Gebrauch nach außen umgestülpt und dient als Angriffs- wie als Verteidigungswaffe, bisweilen auch zur Fortbewegung. Die Mündung dieses Organs liegt am Vorderende, sie führt zunächst in einen kurzen Abschnitt (Rhynchodaeum), der seinem Bau nach durchaus der Körperwand entspricht und auch nicht umgestülpt wird. Erst anschließend beginnt der eigentliche Rüssel, der hinten über einen Retraktormuskel an der Rüsselscheide inseriert. Der Rüssel enthält Papillen und Drüsen, bei den Hoplonemertinen trägt er in seinem hinteren Teil auf einer Querwand (Diaphragma) 1 oder mehrere nadelförmige Stilette; in benachbarten Taschen befinden sich Reservestilette. Distal der Stilette sondert das drüsige Epithel des Rüssels Giftstoffe ab, die die Beute schädigen. Am ausgestülpten Rüssel bildet das Stilett die Rüsselspitze. Eingestülpt wird der Rüssel von einem flüssigkeitsgefüllten Hohlraum umschlossen, der durch eine epitheliale Auskleidung an ein Coelom erinnert und daher auch als Rhynchocoel bezeichnet wird. Seine Wand (Rüsselscheide) bildet eine kräftige Muskulatur, deren Druck den Rüssel vorpreßt. Dies kann bei *Lineus* je nach dem Verhalten des Beutetieres blitzartig schnell oder langsamer erfolgen.

Der bewimperte Darm ist meist ein gerades Rohr; der Mund liegt i.a. ventral nahe dem Vorderende, bei den Enopla mit der Rüsselmündung vereinigt. Obwohl mehrere Abschnitte unterschieden werden, ist der Darm wenig differenziert; verbreitet sind seitliche Ausbuchtungen. Mundhöhle, Ösophagus und Magen werden als Vorderdarm zusammengefaßt, der Mitteldarm entspringt an ihm besonders bei den Hoplonemertinen nicht terminal, sondern dorsal. Der After liegt am Hinterende.

Die Leibeshöhle ist kompliziert und schwierig zu beurteilen. Zwischen den Organen liegt ein Parenchym, in dem zwei Hohlraumsysteme vorhanden sind, das eine ist das bereits erwähnte Rhynchocöl, das andere ein Blutgefäßsystem. Seine Hauptstämme sind seitliche Längsgefäße, die am Vorderende durch eine Lakune oder eine Gefäßschlinge kommunizieren und ventral vom After ineinander übergehen. Komplizierungen können durch Hinzutreten eines Rückengefäßes sowie durch Aufspaltung der Hauptgefäße erfolgen. Die großen Gefäße sind endothelausgekleidet und kontraktil, allerdings kommt i. a. keine gerichtete Zirkulation zustande. Bei der Bewegung des meist farblosen Blutes spielt auch die Körpermuskulatur eine Rolle. Bei manchen Arten treten rote oder anders pigmentierte Blutkörperchen auf. Es ist fraglich, ob dieses Blutgefäßsystem dem primären Blutgefäßsystem der Coelomaten homolog ist; vieles spricht dafür, daß es sich bei ihm um ein abgewandeltes Coelom handelt, dem auch das Rhynchocoel zuzurechnen ist.

Die Muskulatur bildet einen Hautmuskelschlauch, der aus verschiedenen, von Gruppe zu Gruppe wechselnden Schichten besteht. Die Exkretionsorgane liegen meist in einem Paar im Vorderkörper, es handelt sich wohl allgemein um Protonephridien, deren Wimperkolben in die Blutgefäße hineinragen oder im Körper zerstreut liegen. Den pelagischen Hoplonemertinen fehlen sie.

Die Geschlechter sind meist getrennt (zwittrig sind z.B. *Geonemertes* und *Prostoma*), ihre Gonaden sind von sehr ähnlichem und überaus einfachem Bau. Jederseits liegen sie als Säckchen in größerer Zahl hintereinander. Die Wandung der Säckchen wird vom Keimepithel gebildet, die Keimzellen werden durch einen einfachen kurzen Gang aus jedem Säckchen nach außen befördert.

Fortpflanzung und Entwicklung. Ungeschlechtliche Vermehrung kommt vereinzelt vor. Die Tiere zerfallen dabei in eine Anzahl Teilstücke, die regenerieren. Die Befruchtung erfolgt innerhalb oder außerhalb des Mutterkörpers, die befruchteten Eier liegen meist in einem gallertigen Laich. Die Furchung ist eine typische Spiralfurchung. Die weitere Entwicklung verläuft recht verschiedenartig. Bei Heteronemertinen tritt eine pelagische Larve auf, die Pilidiumlarve (Abb. 80). Sie ist etwa hutförmig, mit einer bewimperten Scheitelplatte am Gipfel und zwei seitlichen Lappen. Zwischen diesen liegt der weite Mund, der in einen afterlosen Darm führt.

Aus der Pilidium-Larve entwickelt sich der Wurm nicht direkt, sondern ähnlich wie bei den höheren Insekten durch Imaginalscheiben. So bezeichnet man abgegrenzte Gewebebezirke der Oberfläche, die sich unter Hüllenbildung in die Tiefe senken und von getrennten Stellen aus allmählich zusammenwachsend den Nemertinenkörper um den Larvendarm aufbauen. Der junge Nemertine liegt dann in der Larve, aus der er schlüpft. Diese Entwicklung durch Imaginalscheiben ist auch bei Entwicklung ohne freie Larve beibehalten: a) Desorsche Larve, ernährt sich vom eigenen Dotter, b) Schmidtsche Larve, ernährt sich von entwicklungsgehemmten Geschwistern; beide verbleiben in der Eihülle; bei anderen verläuft die Entwicklung direkt. Manche Arten sind lebendgebärend, z.B. die Brackwassernemertine *Prostoma obscurum.*

Ökologie und Lebensweise. Die Nemertinen sind vorwiegend Meeresbewohner, nur wenige Arten besiedeln das Süßwasser (z.B. *Paralineus*, *Potamonemertes*, *Prostoma)*; in den Tropen gibt es auch Landnemertinen *(Geonemertes).* Der Hauptlebensraum ist die Bewuchszone, doch sind sie auch im Schlamm und Sandboden nicht selten, einige Gattungen leben pelagisch *(Chuniella*, *Pelagonemertes*, *Planktonemertes)*, wenige kommensalisch und z.T. wohl auch parasitisch *(Carcinonemertes* auf Krabben, *Malacobdella* in Muscheln, *Nemertopsis* auf Cirripediern, *Tetrastemma*, *Wononemertes* in Tunicaten). Die Hauptbewegung ist ein gleichmäßiges Kriechen, bewirkt durch den Wimperschlag der Epidermis und Schleimabscheidung. Bei Reizung treten starke peristaltische Kontraktionswellen auf. Neben Schlängel- kommen Schwimmbewegungen und egelartiges Kriechen bei Nemertinen vor. Tiefseeformen schwimmen stets, ihr Parenchym ist gallertig. Viele Arten sind Räuber, die große Beutetiere, bisweilen größer als sie selbst, verschlingen. Andere saugen ihre Opfer aus, *Malacobdella* ist microphag.

Phylogenie und System. Die Nemertinen werden meist in die Nähe der Plathelminthen gestellt oder ihnen sogar zugereiht. In vielen Merkmalen zeigen sie aber einen anderen Organisationsplan. Sie scheinen ein isolierter Zweig aus der Gruppe primitiver Coelomaten mit Spiralfurchung zu sein. Das System enthält 4 Ordnungen, die in 2 Unterklassen gruppiert werden. Ca. 850 Arten.

1. Anopla. Rüssel ohne Giftstachel. Mund hinter oder unter dem Gehirn. Zentralnervensystem in der Epidermis oder außerhalb der

Muskelschicht. a. Palaeonemertini. Muskelschicht außen mit Ringmuskulatur, eine Längsmuskelschicht. Nerven meist in der Haut gelegen. *Tubulanus*, *Cephalothrix* – b. Heteronemertini. Muskelschicht außen mit zwei Längsmuskelschichten, Nerven in der äußeren Längsschicht. *Lineus*, *Cerebratulus*.

2. Enopla. Rüssel fast immer mit Giftstachel. Mund vor dem Gehirn. Zentralnervensystem im Parenchym. – a. Hoplonemertini. Darm gerade. *Amphiporus*, *Prostoma*. – Bdellonemertini. Rüssel ohne Stilett und Rhynchodaeum. Darm gewunden; Hinterende mit Saugnapf. Hierher die in Meeresmuscheln lebende *Malacobdella*.

5. Aschelminthes (Nemathelminthes, Rundwürmer)

Die Aschelminthes umfassen einfach gebaute, unsegmentierte Würmer ohne Blutgefäßsystem. Ein durchgehender Darmkanal ist oft vorhanden. Die Pharynxmuskulatur wird häufig nicht vom Mesoderm, sondern von den Pharynxepithelzellen gebildet. Der Raum zwischen Darm und Körperwand wird meist von einer flüssigkeitsgefüllten Leibeshöhle eingenommen, die bei Gastrotricha und Nematoda als Coelom angesehen wird. Protonephridien sind oft vorhanden. Die Entwicklung ist direkt, nur bei Parasiten oder festsitzenden Arten treten sekundäre Larven auf; die Keimblätterbildung ist stark verwischt. Spiralfurchung ist für Acanthocephalen nachgewiesen. Die Rundwürmer zeigen eine starke Neigung zur Ausbildung von Zell- bzw. Kernkonstanz (Eutelie), d.h. die Tiere einer Art sind aus der gleichen Zahl von Zellen aufgebaut, die für jedes Organsystem aufgezählt werden kann. In einer gewissen Entwicklungsphase hören dabei die Zellteilungen auf. Dementsprechend ist das Regenerationsvermögen eingeschränkt auf Zellteile bzw. kernlose Gewebsbezirke, ungeschlechtliche Vermehrung fehlt in der Gruppe völlig. Ferner zeigen die Rundwürmer eine Neigung zu Zellverschmelzungen, viele Organe sind daher nicht aus getrennten Zellen, sondern aus vielkernigen Plasmamassen (Syncytien) aufgebaut. Der Bau der einzelnen Klassen ist so verschiedenartig, daß er bei diesen geschildert werden soll. Zu den Rundwürmern gehören Rädertiere (Rotatoria) und Kratzer (Acanthocephala), Gastrotricha, Fadenwürmer (Nematoda) und Saitenwürmer (Nematomorpha), Kinorhyncha, Priapulida und Loricifera.

1. Klasse Rotatoria (Rädertiere)

Die Rädertiere sind mikroskopische Würmer (Länge 0,04 bis ca. 2 mm), die in großer Artenund Individuenzahl limnische Gewässer und feuchte Moose besiedeln, sie fehlen aber auch im Meer nicht. Sie sind durch die ein Räderorgan bildende Kopfbewimperung, den zu einem komplizierten Kau- und Greifapparat (Mastax) ausgebildeten Pharynx, den Besitz von Magendrüsen sowie die dorsale Kloake, in die After, Gonaden und paarige Protonephridien einmünden, gekennzeichnet (Abb. 81).

Bau. Das Räderorgan, das der Gruppe den Namen gegeben hat, besteht aus meist langen Wimpern, die den Mund umgeben (Mund- oder Bukkalfeld) und als Ringband (Circumapicalband) das Vorderende umgürten. Durch verschiedene Ausbildung dieser beiden Grundelemente entsteht eine große Mannigfaltigkeit der Räderorgane.

Das Mundfeld kann tentakelartige Fortsätze tragen, die z.B. die «Krone» von *Stephanoceros* und *Collotheca* (Abb. 82d) aufbauen; auch das Ringband kann Wimperlappen ausbilden, die dem Vorderende ein blumenartiges Aussehen geben (*Floscularia*, Abb. 82e). Das Räderorgan dient der Fortbewegung und dem Nahrungserwerb. Die Epidermis ist größtenteils syncytial und enthält eine im Cytoplasma gelegene Verdichtung («Cuticula» der Lichtmikroskopie), die zu einem dornenbesetzten Panzer verstärkt sein kann (Abb. 83), in den oft das Vorderende und der zu einem Fuß verschmälerte Hinterkörper einziehbar sind. Die Epidermis ist im Bereich des Räderorgans verdickt und enthält hier Grenzen zwischen mehrkernigen Zellen. Am Hinterende münden Klebdrüsen auf einer Haftscheibe oder zwei beweglichen Zehen. Mit ihnen heftet sich das Tier an Pflanzen und andere Gegenstände. Ursprünglich trug auch das Vorderende Klebdrüsen, die aber vielfach unter Funktionswechsel zum Retrocerebralsack wurden. Dieser und oft paarige Subcerebraldrüsen bauen den sog. Retrocerebralkomplex (Retrocerebralorgan), der meist hinter dem Cerebralganglion liegt, auf. Seine Funktion ist nicht sicher bekannt. Das Nervensystem ist ziemlich hoch entwickelt. Das Gehirn liegt

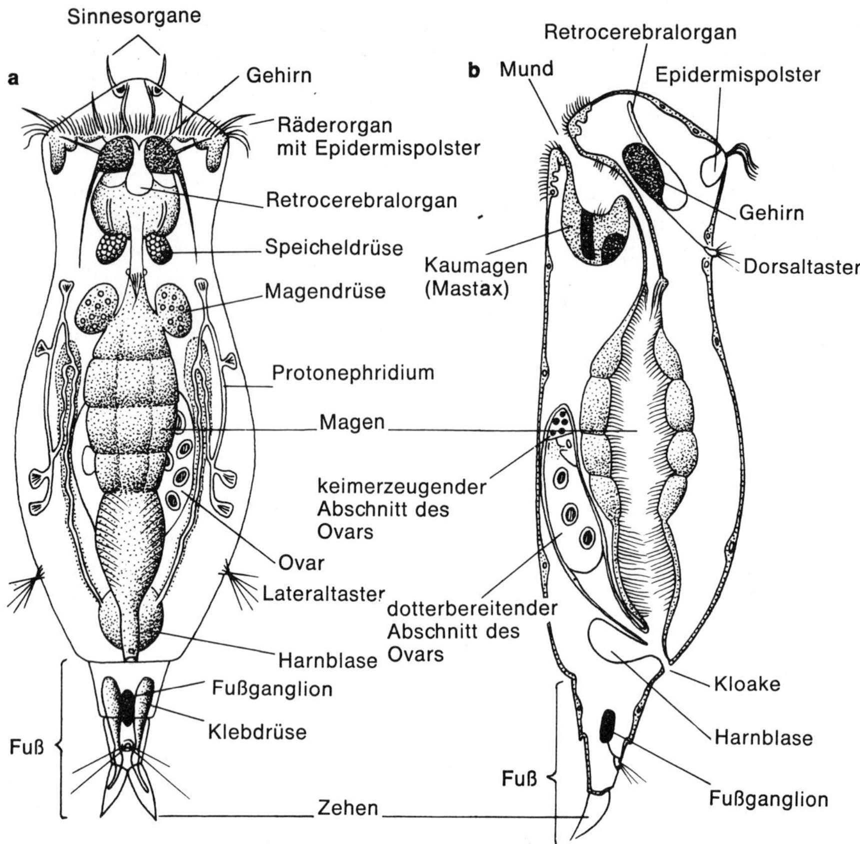

Abb. 81: Bauplan eines weiblichen monogononten Rotators. a. Dorsalansicht, b. Sagittalschnitt. Nach Remane

dorsal über dem Vorderdarm, von ihm strahlen zahlreiche Nerven aus, unter denen zwei ventrolaterale die Hauptstränge bilden, die mit Ganglienzellgruppen besetzt bis in den Fuß reichen und hier ein Fußganglion bilden. Im Pharynx liegt ferner ein Mastaxganglion. Die Sinnesorgane sind einfach, häufig sind einzelne Sinneszellen. Tastzellen und Wimpergrübchen sind reichlich im Gebiet des Räderorgans vorhanden. Augen, deren Pigmentbecher und Linse von der Sinneszelle selbst gebildet werden, liegen an gleicher Stelle oder im Gehirn. Am Rumpf liegen ein paariger oder unpaarer Rückentaster sowie paarige Seitentaster, auf dem Fuß ein Caudaltaster; die genauere Funktion aller dieser Sinnesorgane ist noch unbekannt.

Der Darmkanal ist kompliziert, er besteht aus Schlundrohr, Pharynx (Kaumagen, Mastax), Oesophagus, Magendrüsen, Magen und Enddarm. Der Pharynx bildet ein hochkompliziertes Platten- und Stabgerüst (Trophi), dessen Teile durch die von der Pharynxwand gebildeten Muskeln gegeneinander bewegt werden. Dieser Kauapparat kann Mahlbewegungen ausführen, er kann aber auch in verschiedener Weise Kiefer ausbilden, mit denen Beutetiere ergriffen und zerrissen werden. Gleichzeitig wirkt der Pharynx meist als Saugpumpe; in ihn münden mehrere Speicheldrüsen. Der schmale Oesophagus führt in den großzelligen, meist bewimperten Magen, der an seinem Vorderende zwei oder mehr Magendrüsen trägt. Der After liegt dorsal, er ist in seltenen Fällen *(Asplanchna)* mitsamt dem Enddarm rückgebildet. Die Körpermuskulatur besteht aus Einzelmuskeln. Die Längsmuskeln sind dabei vorwiegend Rückzieher (Retraktoren) des Vorder- und Hinterendes; Ringmuskeln, die den Körper strecken, treten in Abständen auf. Die Pro-

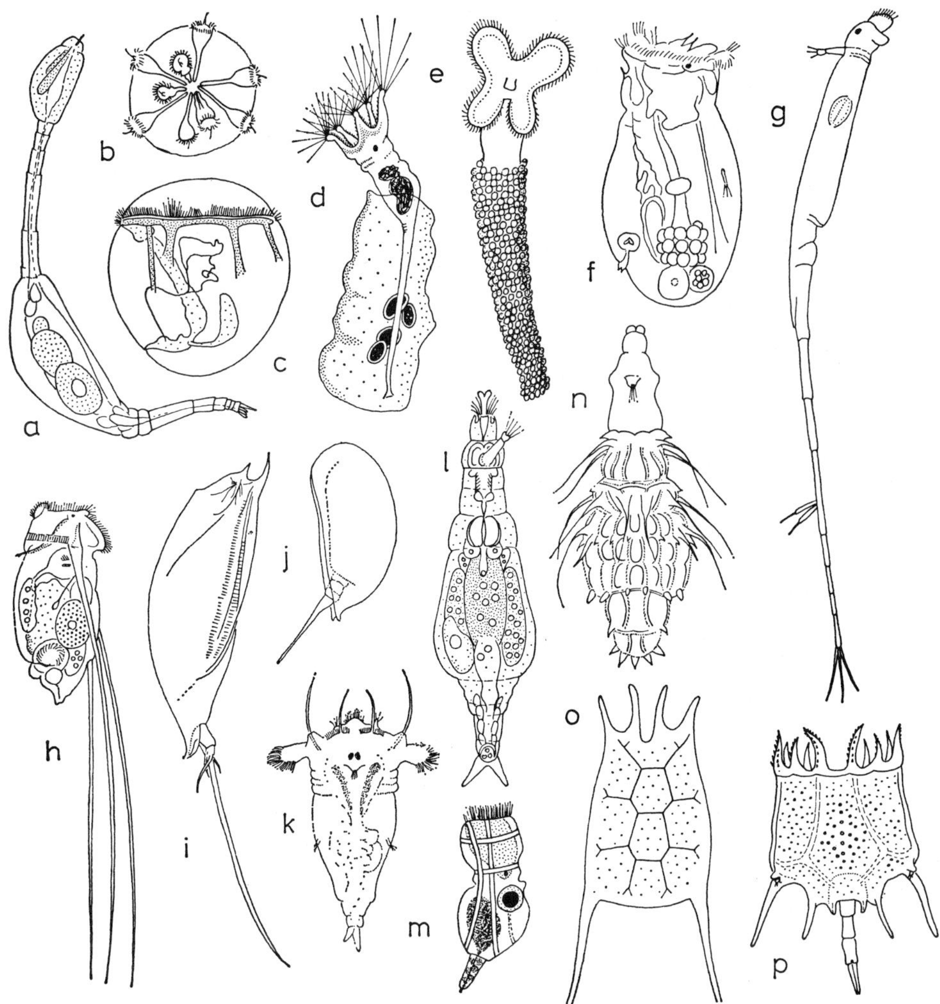

Abb. 82: Rotatorien-Formen. a. *Seison*, Ectokommensale auf *Nebalia*, b. *Conochilus*, planktische Kolonie, c. *Trochosphaera*, kugeliger Plankter, d. *Collotheca*, sessil in Schleimhülle, e. *Floscularia*, sessil, baut Röhre aus in Wimpergrube gedrehten Pillen, f. *Asplanchna*, planktisch, ohne Enddarm, g. *Rotaria*, mit langem, teleskopartig einziehbarem Fuß, h. *Filinia*, Plankter mit langen Schwebeborsten, i. *Trichocerca*, asymmetrisches Rotator, j. *Colurella*, mit zweikappigem Panzer, k. *Synchaeta*, Plankter, l. *Habrotrocha*, m. Zwergmännchen von *Keratella*, n. *Macrotrachela*, o. *Keratella*, Weibchen, p. *Brachionus*. a. Seisonidea, g, l, n. Bdelloidea, sonst Monogononta. Aus Remane, Storch, Welsch

tonephridien sind paarig, vom gleichen Bautyp wie die der Plattwürmer, aber von geringerer Ausdehnung, meist gehören ihnen nur 4–5 Wimperkolben an. Die Terminalzellen tragen mehrere Cilien. Eine Harnblase wird bald vom Endgebiet der Protonephridien, bald von der Kloake gebildet. Neben dem Pharynx zeigt der Genitalapparat besonders wichtige Eigenarten. Die Gonaden sind paarig oder unpaar. An sie schließt sich meist ein einfacher Ausführgang an, der in die Kloake mündet. Beim Männchen münden in ihn Drüsen (sog. Prostata), und das Mündungsgebiet wird bei den Monogononta durch Umstülpung oder zapfenförmige Verlängerung zu einem Begattungsglied. Mit Ausnahme der Seisonidea teilt sich das Ovar in einen Keimbezirk, der die jungen Oocyten enthält, und einen Nährbezirk, der Dottermaterial bildet. Geschwisterzellen der Oocyten verschmelzen hier zu einem Syncytium, das den vorbeigleitenden Oocyten Nährmaterial übermittelt. Die Geschlechter sind getrennt, jedoch zeigt sich eine weitgehende Reduktion der Männchen. Nur bei den marinen Seisonidea sind sie von gleicher Größe und gleicher Organisationshöhe wie die Weibchen, bei den Monogononta werden sie unter Verlust des Darmkanals zu kleinen Zwergmännchen, bei den Bdelloidea schließlich fehlen die Männchen, so daß die Vermehrung ausschließlich durch unbefruchtete Eier erfolgt. Die Spermien tragen eine Geißel, die ähnlich angelegt ist wie die undulierende Membran mancher Protozoen. Bei den Monogononta steht die Ausbildung von Zwergmännchen mit Generationswechsel (Heterogonie) in Zusammenhang (Abb. 84). Aus den hartschaligen Dauereiern schlüpfen nur Weibchen, die dünnschalige, mit diploidem Chromosomensatz versehene Eier (Subitaneier) produzieren. Diese Eier entwickeln sich ohne Befruchtung im Wasser oder bereits im Eileiter wiederum zu Weibchen. Diese Weibchen mit diploiden Eiern werden als amiktisch bezeichnet. Nach einer Reihe solcher Weibchengenerationen treten andere Weibchen auf, die miktischen. In ihrem Bau unterscheiden sich diese nur ausnahmsweise von den amiktischen; die Eier, die sie bilden, machen Reduktionsteilungen durch. Aus ihnen gehen, wenn keine Befruchtung erfolgt, haploide Männchen hervor. Werden die Eier jedoch befruchtet, so werden sie zu den hartschaligen Dauereiern.

Die Entwicklung zeigt z.B. durch die Ausbildung von Vierergruppen (Quartetten) während der Furchung Anklänge an die Spiralfurchung. Bereits während der Organbildung entstehen Syncytien. Frühzeitig hören in der Entwicklung die Zellteilungen auf, die Weiterentwicklung erfolgt nur durch Zellwachstum und Zellverschiebung. So entsteht ein konstantzelliger Organismus, der etwa 900–1000 Zellen enthält. Die Generationsfolge ist sehr rasch, die Lebensdauer des Einzeltieres beträgt nur etwa 2–30 Tage.

Ökologie. Überall im Süßwasser, von den größten Seen bis zu kleinen vorübergehenden Wasseransammlungen trifft man Rädertiere an, meist in großer Individuen- und Artenzahl (1500). Im Plankton findet man die bekannten Gattungen *Keratella*, *Synchaeta*, *Asplanchna*, *Brachionus* u.a. (Abb. 82), die Mehrzahl der Arten besiedelt aber Gebiete mit Pflanzenbewuchs. In Moos- und Flechtenrasen sowie in durchfeuchtete Bodenschichten dringen vorwiegend die Bdelloidea (Abb. 82) vor; sie besitzen in diesem häufig der Austrocknung ausgesetzten Lebensraum die Fähigkeit der Kryptobiose: Die Tiere schrumpfen bei Austrocknung ein und können wochenlang Zustände wie Trockenheit, Temperaturen bis −270° und +78°C und andere extreme Bedingungen ertragen und dann bei Befeuchtung wieder aufleben. Nahrung und Nahrungsaufnahme sind sehr verschiedenartig. Viele Arten sieben durch Strudel- oder Filtriereinrichtungen des Räderorgans kleinste Algen oder Detritus aus dem Wasser ab, viele fressen Diatomeen, manche ergreifen andere Tiere bis zur Größenordnung kleiner Krebse, wieder andere stechen Pflanzenzellen an und saugen sie aus. Parasitismus ist selten (*Albertia* in Schnecken und Oligochaeten, *Drilophaga* an Würmern), einige dringen in Pflanzen, z.B. *Volvox*, ein und können sogar Gallbildungen hervorrufen (*Proales wernecki* an *Vaucheria*).

Das Hauptbewegungsorgan sind die Wimpern, die sowohl zum Schwimmen als auch zum Kriechen dienen. Daneben treten jedoch auch egelartige. Spannbewegungen (Bdelloidea), Sprünge durch Ruder oder Zehen usw. auf. Nicht wenige Arten sind mit ihrem Fußende festgewachsen (nur die Weibchen!). Manche neigen auch zu Koloniebildung (*Conochilus*, Abb. 82b), die aber nur in einem Zusammensitzen zahlreicher Tiere besteht.

Drei Ordnungen: **1. Seisonidea.** Gonaden paarig, nicht in Keim- und Nährbezirk gegliedert; beide Geschlechter voll ausgebildet; nur wenige Arten im Meer, *Seison* (Abb. 82a). **2. Bdelloidea.** Gonaden paarig, mit Keim- und Nährbezirk; keine Männchen; *Rotaria* (Abb. 82g), *Habrotrocha* (Abb. 82l), *Macrotrachela* (Abb. 82n), *Philodina*. **3. Monogononta.** Unpaare Gonade mit Keim- und Nährbezirk; Männchen meist Zwergmännchen, Generationswechsel verbreitet. Hierher die Mehrzahl der Arten: *Conochilus* (Abb. 82b), *Trochosphaera* (Abb. 82c), *Collotheca* (Abb. 82d), *Floscularia* (Abb. 82e), *Asplanchna* (Abb. 82f), *Filinia* (Abb. 82h), *Trichocerca* (Abb. 82i), *Keratella* (Abb. 82m, o), *Brachionus* (Abb. 82p), *Stephanoceros*, *Epiphanes*, *Synchaeta* (Abb. 82k), *Colurella* (Abb. 82j). *Brachionus*-Arten werden seit einiger Zeit in Massenzuchten hergestellt und dienen als Fischfutter in der Aquakultur.

2. Klasse: Acanthocephala (Kratzer)

Die 700 Acanthocephalen-Arten sind als Adulte Wirbeltier-Parasiten, die mit ihrem hakenbesetzten Vorderende an der Darmwand verankert sind. Durch den Besitz einer Ringmuskulatur, paariger seitlicher Hauptnerven, Protonephridien, die mit den Gonaden gemeinsam münden und den Bau des Integuments, der im Tierreich einzigartig ist (Abb. 83), nähern sie sich den Rotatorien, mit denen auch der erste Furchungsverlauf viel Ähnlichkeit aufweist. Daneben treten eigenartige Organsysteme auf, z. B. ein in der Haut gelegenes Kanalsystem sowie ein ganz spezifischer Bau der weiblichen Fortpflanzungsorgane.

Bau (Abb. 85). Der meist schlauchförmige Körper ist 1,5 mm bis etwa 60 cm lang. Durch eine nach innen vorspringende Ringfalte wird der Vorderkörper (Praesoma) abgegrenzt. Das Praesoma besteht aus dem hakenbesetzten, einstülpbaren Rüssel (Proboscis), mit dem der

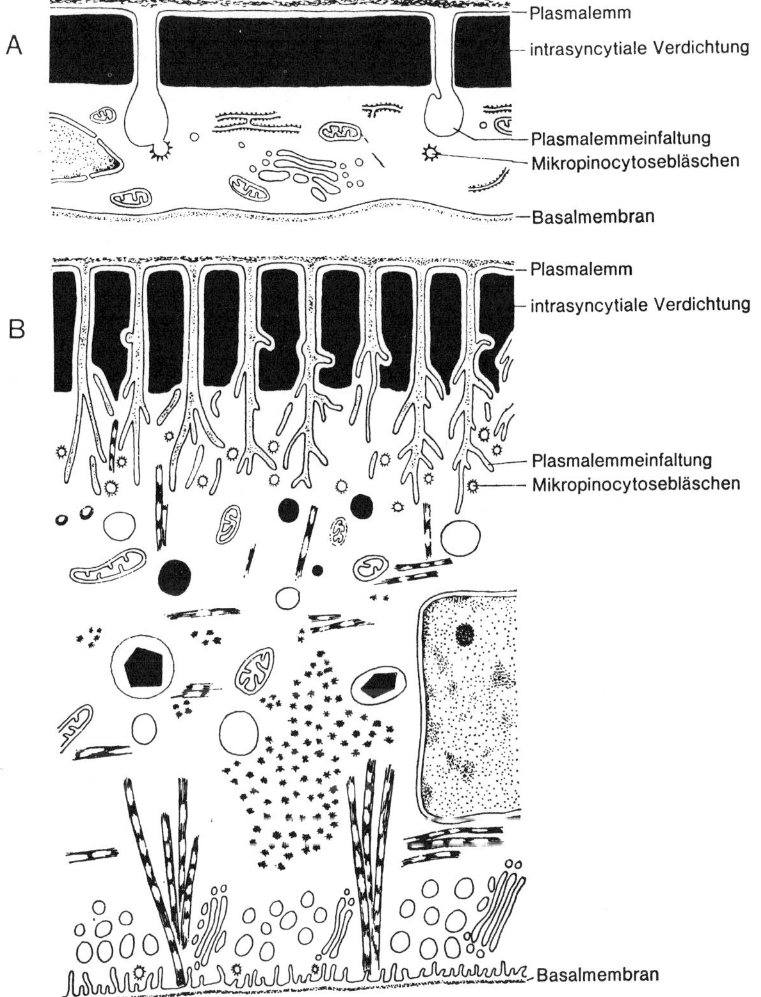

Abb. 83: Ultrastruktureller Aufbau des Rotatorien- (a) und Acanthocephalen-Integumentes (b). Dem Plasmalemm lagert in beiden Fällen eine extrazelluläre Schicht auf, die aber vermutlich unterschiedlich zusammengesetzt ist. Unter den Plasmalemmeinfaltungen der Acanthocephalen-Epidermis liegen zahlreiche Einschlüsse (Glykogen, Fett, Kristalle und Vakuolen) sowie typisch gestreifte Fasern. An das Epidermissyncytium schließt sich bei Rotatorien die Leibeshöhle an, bei Acanthocephalen folgen Fasern und Muskelzellen. Nach Storch, Welsch

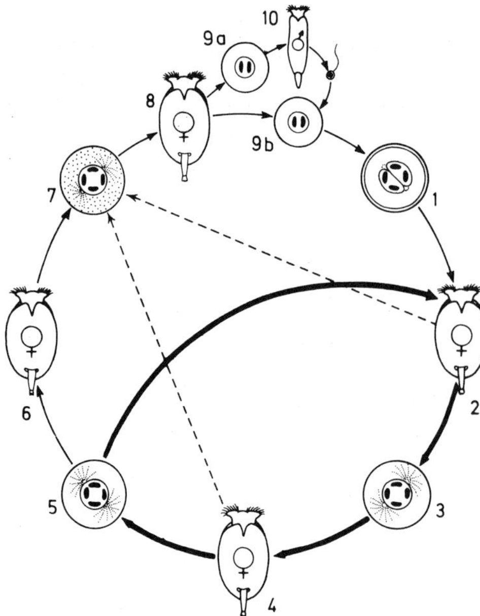

Abb. 84: Die verschiedenen Fortpflanzungsmöglichkeiten des Rotators *Pterodina* und ihre Abhängigkeit von Außenbedingungen. 1. Befruchtetes Dauerei; 2: amiktisches, parthenogenetisches Weibchen, das bei gleichbleibenden Außenfaktoren durch diploide Parthenogenese amiktische Weibchen hervorbringt (2–5); 6. amiktisches Weibchen unter veränderten Außenbedingungen, dessen diploid-parthenogenetische Eier (7) miktische Weibchen entstehen lassen (diese Eier unterscheiden sich äußerlich nicht von denen amiktischer Weibchen, müssen jedoch andere Cytoplasmaeigenschaften besitzen). Die amiktischen Weibchen können in jeder Generation solche Eier ausbilden (gestrichelte Pfeile). 8: miktisches Weibchen, das haploide Eier legt. Diese entwickeln sich zu Männchen (9a und 10), während sie nach Befruchtung (9b) zu Dauereiern (1) werden. Nach Remane, Tenacitate

Körper an der Darmwand des Wirtes befestigt ist, und dem Hals. Verschiedene Regionen können ballonartig erweitert sein (Rüssel, Hals). Die Epidermis bildet ein fibrillendurchsetztes Syncytium, in dem sich einzelne große gelappte Kerne oder zahlreiche kleine Kerne befinden, die durch Zerfall aus den großen Kernen hervorgegangen sind.

Das apikale Plasmalemm weist tiefe tubuläre Einstülpungen auf; eine intrasyncytiale Verdichtung ist wie bei Rotatorien ausgebildet (Abb. 83). Die Oberflächenvergrößerung wird also ganz anders erreicht als bei Bandwürmern.

Am Hinterrand des Halses bildet die Epidermis 2 (selten 6) weit in die Leibeshöhle hineinragende Schläuche (Lemnisken), die wohl den Epidermispolstern der Rotatorien vergleichbar sind. Sie sind nicht durch Zellgrenzen vom Integument getrennt und stehen wohl im Dienst der Lipidversorgung, während Kohlenhydrate im übrigen Bereich des Körpers aufgenommen werden. Die Epidermis ist von einem Gefäßsystem durchzogen, das die durch die Haut resorbierten Nährstoffe aufnimmt. Es ist ohne eigene Wandung und stellt eine Sonderbildung der Acanthocephalen dar.

Sinnesorgane sind gering entwickelt. Am Rüsselvorderende liegt eine «Apikalpapille», an den Halsseiten ein Paar «Halspapillen». Das Gehirn (= Proboscisganglion) liegt vom Receptaculum des Rüssels umhüllt im Vorderkörper, außer kleineren Nerven gehen von ihm zwei Hauptnerven aus, die einwärts vom Hautmuskelschlauch nach hinten ziehen und beim Männchen nahe dem Hinterende in paarige «Genitalganglien» münden, die durch einen Ring verbunden sind. Der Darmkanal fehlt, doch dürften der Ligamentstrang (s. u.) sowie die Endteile der Genitalgänge (Uterus und Vagina des Weibchens, Bursa copulatrix des Männchens) umgebildete Darmreste sein.

Der Hautmuskelschlauch enthält eine äußere Ring- und eine innere Längsmuskelschicht. Außerdem durchziehen kräftige, in verschiedener Höhe ansetzende Retraktormuskeln den Vorderkörper, die ein Einziehen der Halsregion und ein Einstülpen des Rüssels bewirken. Das Vorstülpen des Rüssels wird von einem eigenartigen, plasmareichen Muskelgebilde besorgt, dem tonnen- bzw. köcherförmigen Receptaculum proboscidis (Rüsselscheide).

Die Leibeshöhle zeigt keine Auskleidung mit einem mesodermalen Epithel. Ihr Binnenraum wird großenteils vom Fortpflanzungsapparat eingenommen, dem auch die Exkretionsorgane angegliedert sind. Es handelt sich hierbei um Protonephridien, die ein dichtes Büschel von Terminalorganen mit Wimperflammen tragen. Der kurze, bewimperte Ausführungsgang mündet in die Genitalgänge.

Die Geschlechter sind stets getrennt, die Männchen kleiner als die Weibchen.

Die Gonaden werden von einem Schlauch (Ligamentsack) umhüllt, der in der Mittelachse des Körpers liegt. Im Grundtyp sind zwei übereinander liegende Ligamentsäcke vorhanden, die sich aneinanderlegen und ein Horizontalseptum bilden, in dem ein besonders kernreicher Strang (Ligamentstrang) entlangzieht. Die Ligamentsäcke sind offenbar besondere Bezirke der Leibeshöhle, der Ligamentstrang ist wohl ein Darm-Homologon. Beim Männchen sind die Hoden an dem einzigen Ligamentsack befestigt. Sie entsenden nach hinten zwei Samenleiter, die sich vor ihrer Ausmündung vereinigen. Mehrere kolbenförmige Zementdrüsen mit ihren Gän-

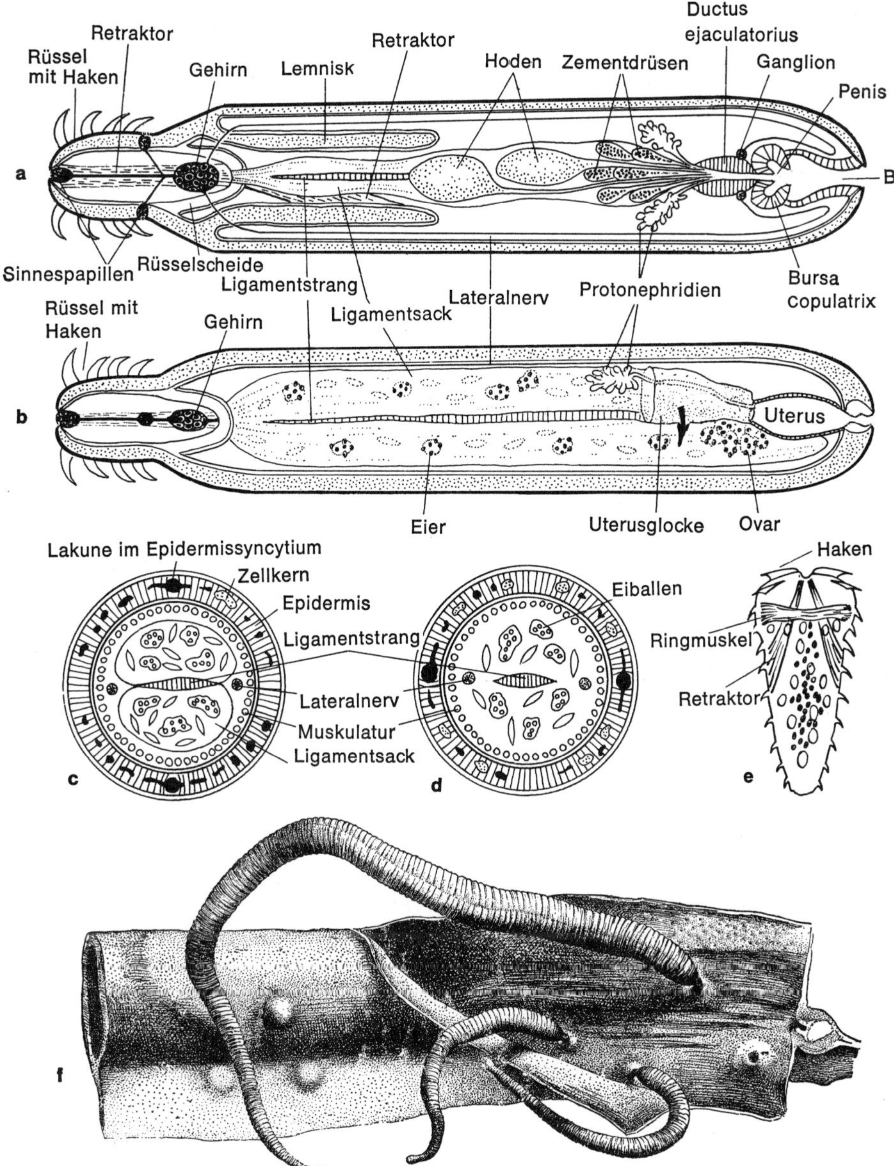

Abb. 85: Acanthocephalen. a–d. Organisationsschema. a. Männchen (Dorsalansicht), Bs: umstülpbarer Bursalschlauch mit äußerer Genitalöffnung, b. Weibchen (Lateralansicht), der Pfeil bezeichnet die Uterusglockenöffnung, durch welche unreife Eier in den ventralen Ligamentsack gelangen, c. Querschnitt durch einen weiblichen Archiacanthocephalen, d. Querschnitt durch einen weiblichen Palaeoacanthocephalen, e. Acanthorlarve, f. *Macracanthorhynchus* an der Darmwand eines Schweines festgeheftet. Nach Brumpt, Remane

gen liegen neben den Samenleitern. Alle diese Gänge werden in ihrem Endbezirk von einer muskulösen Scheide umhüllt (Ductus ejaculatorius). Der unpaare Genitalporus sitzt auf einem kleinen Penis. Dieser liegt in einer Tasche (Bursa copulatrix), ihr folgt der durch Einstülpung der Körperwand entstandene und bei der Kopulation umgestülpte Bursalschlauch. Mit diesem ergreift das Männchen das Weibchen am Hinterende, zieht dieses in sich hinein und preßt Sperma in den Uterus. Anschließend wird die weibliche Öffnung mit dem Sekret der Zementdrüsen verschlossen.

Der weibliche Genitalapparat zeigt im Verhalten der Ligamentsäcke zwei Typen. Bei dem einen (Archiacanthocephalen) sind beide Ligamentsäcke vollständig entwickelt. Sie stehen vorn durch Lücken in der Trennungswand und hinten durch die Uterusglockenöffnung in Verbindung. In deren Nähe liegen auch die Ovarien, sind als solche allerdings nur bei jungen Weibchen vorhanden. Später lösen sich Ovarialballen und flottieren frei in den Ligamentsäcken. Von den Ovarialballen werden Eier abgegeben, die in den Ligamentsäcken befruchtet werden und hier auch ihre erste Entwicklung durchmachen. Die Ausleitung erfolgt durch einen unpaaren, komplizierten Gang. Dieser beginnt mit einem muskulösen Trichter, der Uterusglocke, die sich hinten an den dorsalen Ligamentsack anschließt. Im Bereich der Uterusglocke liegt als ventrale Öffnung die oben erwähnte Verbindung zwischen den Ligamentsäcken (Uterusglockenöffnung). Die Uterusglocke schluckt verschiedene Embryonalstadien aus dem Ligamentsack, die unfertigen, kugeligen gelangen durchschnittlich durch die Uterusglockenöffnung in den ventralen Ligamentsack, die reiferen, langgestreckten in den Uterus und dann nach außen.

Bei dem zweiten Typ (Palaeacanthocephalen) lösen sich die Wandungen der Ligamentsäcke teilweise auf, so daß Ovarialballen, Eier und Entwicklungsstadien frei in der Leibeshöhle flottieren, in die sich auch die Uterusglocke öffnet.

Die Eier zeigen in ihrer Furchung eine deutliche Quartettbildung, die an die der Rotatorien erinnert. Bald verschmelzen aber die Zellen zu Syncytien. Im ersten Zwischenwirt, in den die Embryonen in ihrer Eikapsel mit der Nahrung gelangen, bildet sich eine Larve mit hakenbesetztem Vorderende und Larvalmuskeln (Acanthor, Abb. 85), die sich im Körper des Zwischenwirtes vorwärts bewegt. Ihre Organisation wird aber beim Übergang in ein Ruhestadium (Cystacanthus) großenteils wieder eingeschmolzen. Wird der Zwischenwirt vom Endwirt gefressen, schließt sich der Kreislauf in dessen Darm.

Ökologie. Alle adulten Acanthocephalen sind Darmparasiten von Wirbeltieren, in den Menschen gelangen sie nur gelegentlich durch Verzehren von Insekten (Maikäfern). Obwohl neben dem Nahrungsentzug noch toxische Wirkungen auftreten, gehören sie zu den harmlosen Parasiten.

Als 1. Zwischenwirt dient fast ausnahmslos ein Arthropode, und zwar besonders Krebse (*Asellus*, Gammariden, Flußkrebse, *Leander*, Ostracoden) und Insekten (Käfer, Schaben, Termiten, *Sialis*). Bei einfacher Entwicklung gelangt der Parasit aus diesem Zwischenwirt in einen Fisch, ein Amphib, einen Vogel oder ein Säugetier (auch Wal) als Endwirt. Oft ist jedoch ein zweiter Zwischenwirt eingeschaltet. Dieser ist stets ein niederes Wirbeltier (Fisch, Amphib, Reptil). Der Parasit dringt hier vom Darm in die Leibeshöhle und vollendet seine Entwicklung erst in einem 3. Wirt (Endwirt), und zwar einem Fisch, Vogel oder Säugetier. Hier kann es zu hohen Populationsdichten kommen. *Echinorhynchus gadi*, die häufigste Art in nordatlantischen Fischen, ist im Sommer in fast jedem Kabeljau zu finden. Wurmbürden von mehr als 300 Parasiten pro Fisch sind keine Seltenheit.

System und Phylogenie. Die Acanthocephalen sind eine geschlossene Gruppe, deren Verwandtschaftsbeziehungen nicht leicht zu beurteilen sind. Mit den Nematoden, in deren Nähe sie wegen ihrer parasitischen Lebensweise oft gestellt wurden, haben sie wenig zu tun; auch mit den Priapuliden und Kinorhynchen, deren hakenbesetztes Vorderende an die Acanthocephalen erinnert, bestehen nur oberflächliche Ähnlichkeiten. Am größten sind die Übereinstimmungen mit den Rotatorien (Haut, Nervensystem, Protonephridien, Furchung), und es steht nichts im Wege, die Acanthocephalen als eine durch Parasitismus stark abgeänderte Gruppe (Verlust eines funktionsfähigen Darmkanals, Bildung eines Kanalsystems in der Haut) aufzufassen, die sich von der Stammeslinie der Rotatorien abgezweigt hat. Akzeptiert man diese Interpretation, dann wird man den konventionellen Bauplan der Acanthocephalen «umdrehen» müssen: Was bisher als Dorsalseite angesehen wird, wäre die Ventralseite. Die männlichen Gonaden lägen nicht dorsal, sondern ventral – wie bei Rotatorien.

Die über 1000 Arten werden oft in 2 Ordnungen gruppiert:

1. Archiacanthocephala. Epidermis mit gelappten Riesenkernen, beim Weibchen beide Ligamentsäcke wohlentwickelt, Protonephridien verbreitet, z.T. große Formen. Meist in Landtieren. *Macracanthorhynchus*, *Gigantorhynchus*, *Moniliformis*.

2. Palaeacanthocephala. Epidermiskerne in Teilkerne zerfallen. Weibchen mit teilweise aufgelösten Ligamentsäcken, Ovarialballen und Eier frei in der Leibeshöhle. Keine Protonephridien. Meist in Wassertieren. *Polymorphus*, *Pomphorhynchus*, *Echinorhynchus*, *Acanthocephalus*.

3. Klasse: Gastrotricha

Diese artenarme Gruppe weist manche Ähnlichkeit mit Rotatorien auf und zeigt einige phylogenetische Beziehungen zu Nematoden (Abb. 86).

An die Rotatorien erinnern die Körperbewimperung, die «Zehen» und die Protonephridien, aber schon diese Organe zeigen Sondercharaktere. Die Bewimperung erstreckt sich vorwiegend auf die Bauchfläche (Name), die Protonephridien sind in einem (Chaetonotoidea) oder in mehreren Paaren (Macrodasyoidea) angelegt, ihre Terminalzellen sind eingeißelig. Bei den Macrodasyoidea sind Körperseiten und Vorderende mit zahlreichen «Haftröhrchen» bedeckt, die je eine Receptorzelle und zwei verschiedene Sekretzellen enthalten und eine rasche Anheftung an das Substrat ermöglichen. An die Nematoden erinnert vorwiegend der Darmkanal; der Mund liegt am Vorderende, ihm folgt ein langer, zylindrischer Pharynx mit dreikantigem Innenhohlraum, dessen Wandung Drüsenzellen enthält und in den Epithelzellen radiär gestellte Muskelfilamente selbst bildet. Sein Vorderende ist oft in eine stacheltragende Mundröhre, das Hinterende in einen muskulösen Bulbus umgebildet. Der Darm ist ein ein-

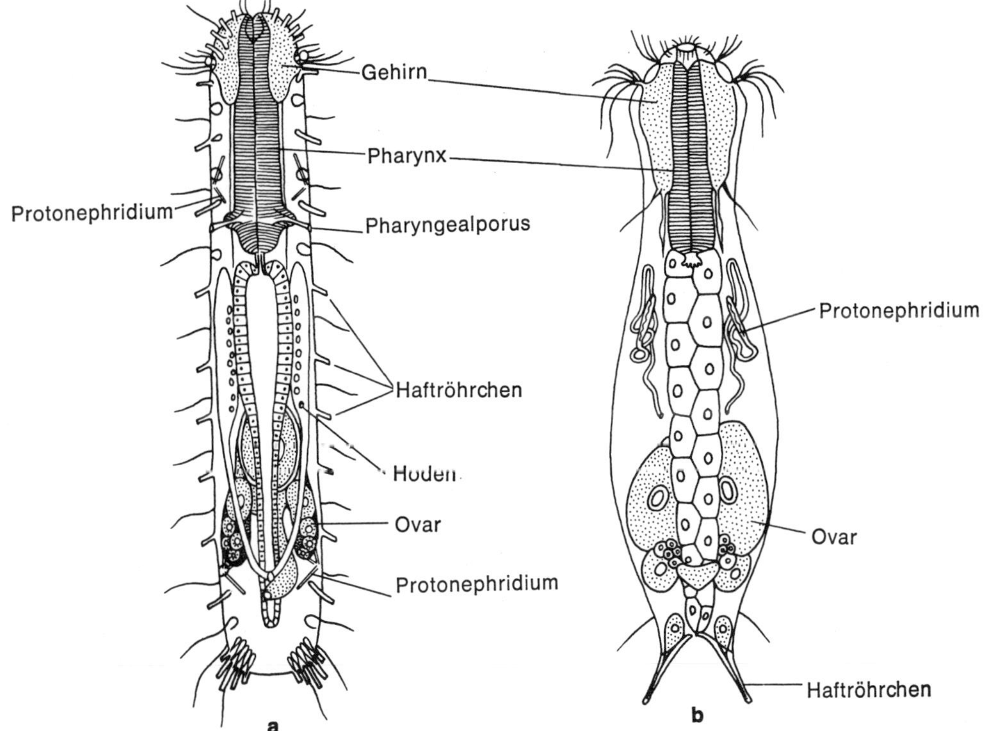

Abb. 86: Organisation der Gastrotrichen. a. Macrodasyoidea, b. Chaetonotoidea. Ventralansicht. Nach Remane

faches, unbewimpertes Rohr, der After liegt ventral oder am Körperende, bisweilen sogar etwas dorsal. Das Gehirn bildet einen breiten Zellkomplex über dem Vorderdarm und kann diesen halbgürtelförmig umschließen, die beiden Hauptnerven liegen ventrolateral. Einige Arten besitzen Augenflecken. Eigenartig sind die Geschlechtsorgane. Die meisten Familien sind Zwitter, die Chaetonotoidea werden zu Weibchen, die sich rein parthenogenetisch vermehren, die Hoden werden dabei schrittweise zurückgebildet. Die Hoden sind paarig oder unpaar, ihre unpaare Mündung liegt an der Ventralfläche im Mittelkörper oder dicht vor dem After. Die gleichfalls paarigen oder unpaaren Ovarien zeigen Ausleitungswege, die ein Receptaculum seminis und eine muskulöse Bursa copulatrix aufweisen können. Die Mündung ist mit dem After gemeinsam oder liegt ventral vor diesem. Die Leibeshöhle ist kaum entwickelt. Sie kann weitgehend von Blutzellen ausgefüllt sein, die bei Chaetonotoidea über 10 % des gesamten Körpervolumens einnehmen können. Die unbewimperten Teile der Körperoberfläche sind oft mit z. T. bizarren Cuticulagebilden (Schuppen, Schienen, Stacheln, Vierhaker usw.) bedeckt. Die Entwicklung ähnelt der der Nematoden. Die Gastrotrichen bewohnen im Meer fast ausschließlich die Lückenräume zwischen Sandkörnern. Ihre Größe ist dementsprechend gering (0,1–1,5 mm). Im Süßwasser, das nur einzelne Familien beherbergt, bevorzugen sie dichte Pflanzenbestände und die Schlammoberfläche von Kleingewässern. Ihre Nahrung besteht vorwiegend aus Diatomeen oder Detritus. Die Normalbewegung erfolgt gleitend durch die Bauchbewimperung, daneben kommen spannende Bewegung und Springen vor. Hautmuskelschlauch oft mit äußerer Ring- und innerer Längsmuskellage.

Zwei Ordnungen: 1. Macrodasyoidea. Zwitter, zahlreiche Haftröhrchen, Pharynx mit 2 nach außen führenden Seitenporen, durch die mit der Nahrung eingestrudeltes Wasser abgegeben wird. Nur im Meere, *Turbanella*, *Cephalodasys*; 2. Chaetonotoidea. Meist nur Weib-

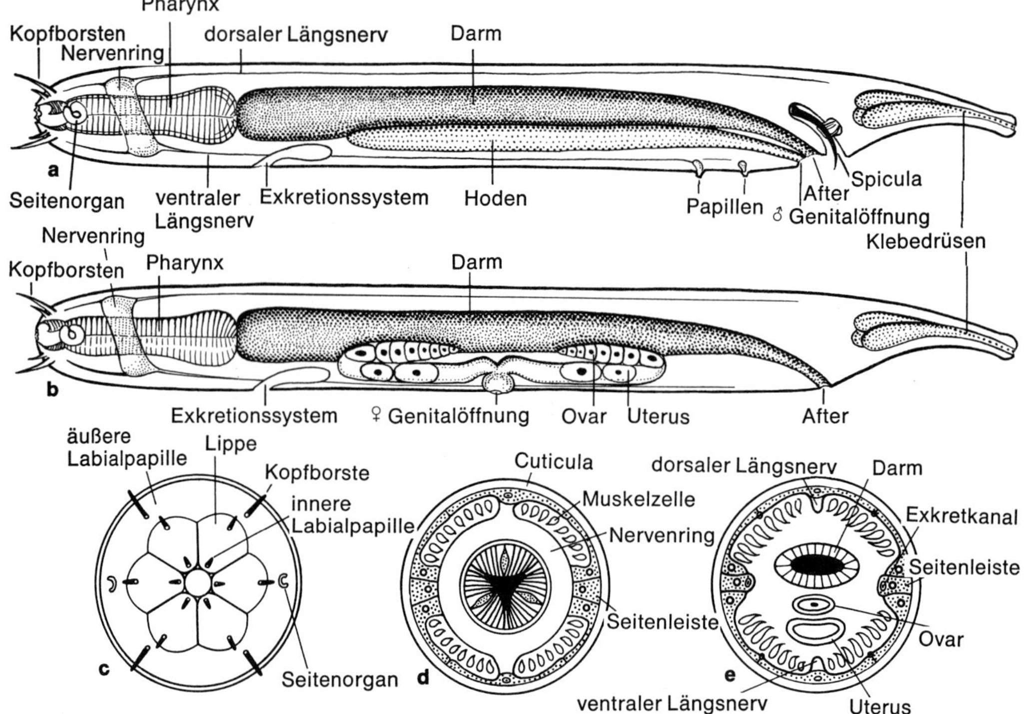

Abb. 87: Organisationsschema der Nematoden. a. Männchen in Seitenansicht, b. Weibchen in Seitenansicht, c. Vorderende in Aufsicht, d. Querschnitt durch Nervenring-Region, e. Querschnitt durch den Rumpf eines Weibchens. Nach Bird, Remane

chen. Nur 0–4 Haftröhrchen (Zehen) am Hinterende. Pharynx ohne Poren. Süßwasser und Meer. *Chaetonotus*, *Neogossea* (planktisch).

4. Klasse: Nematoda (Fadenwürmer)

Die Nematoden sind eine artenreiche Gruppe (15000 Arten), die zahlreiche Lebensräume in Meer, Süßwasser sowie in feuchter Erde mit großer Individuendichte besiedelt. Zu ihnen gehören auch zahlreiche und wichtige Parasiten. Trotz ganz verschiedener Lebensweise bewahren die Arten eine erstaunliche Gleichförmigkeit des Bauplanes. Charakteristische Merkmale der Nematoden sind: völliges Fehlen von Wimperepithelien, ringförmiges Gehirn, ventraler Hauptnerv, am After gelegene männliche Geschlechtsöffnung mit cuticularen Haken (Spicula), ventrale im Vorderkörper gelegene weibliche Öffnung.

Bau (Abb. 87). Der Körper ist fast stets faden- bis schlauchförmig, sein Querschnitt rund. Körperanhänge fehlen oft völlig, bei freilebenden Arten sind gelegentlich Haftröhrchen, häufiger Borsten vorhanden, die besonders konstant am Vorderende auftreten. Cilien sind auf Sinneszellen beschränkt. Die Länge der Nematoden

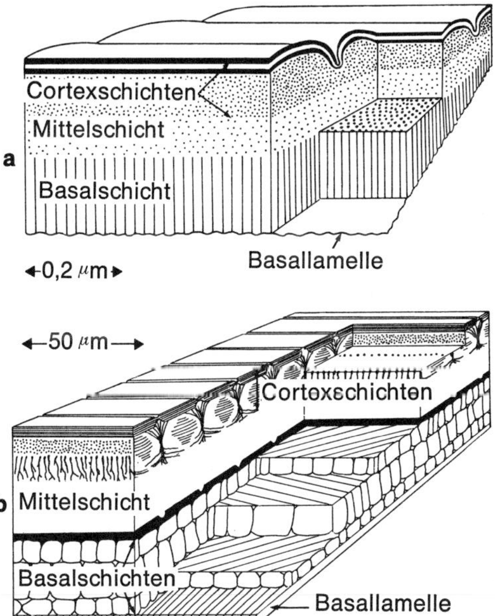

Abb. 88: Blockdiagrammatische Darstellung der Cuticula einer infektionsfähigen Larve (a) und eines adulten Spulwurms (b). Nach Bird

liegt meist zwischen 1–3 mm, jedoch erreicht ein Parasit in der Placenta des Pottwales (*Placentonema*) im weiblichen Geschlecht über 8 m bei einem Durchmesser von 2,5 cm.

Eine derbe, nicht selten geringelte Cuticula bedeckt den Körper. Sie besteht aus drei Schichten: einer corticalen, einer mittleren und einer basalen. Die mittlere kann fehlen, alle drei Schichten können wiederum aus mehreren Lagen aufgebaut sein (Abb. 88). Von der corticalen grenzt man bisweilen noch eine Epicuticula ab, von der basalen eine Basallamelle. An chemischen Bestandteilen dominieren Proteine, die den Kollagenen nahestehen. Normalerweise wird die Cuticula viermal gehäutet. Vor jeder Häutung wird die Epidermis dicker und bildet in großem Umfang Ribosomen. Die alte Cuticula kann vollständig abgegeben oder teilweise durch die neu angelegte hindurch resorbiert werden. Die Epidermis besteht aus nur wenigen (meist 8) Zellreihen, deren Cytoplasma und Kerne vorwiegend in zwei seitlichen Längswülsten liegen (Seiten- oder Lateralleisten, Abb. 87, 90). Daneben treten noch je eine kleinere Bauch- und eine Rückenleiste auf, die mit Nervenstämmen in Verbindung stehen. Im Vorderkörper ragen die Epidermiswülste bis an den Darmkanal. Die dazwischen liegenden Bezirke der Epidermis sind kernlose, meist dünne Plasmafelder. Bei Larven und vielen Adulten ist die Epidermis zellig, bei einigen Parasiten syncytial. Hautdrüsen sind bei freilebenden und parasitischen Formen verbreitet, besonders konstant sind die drei großen Klebdrüsen (Schwanzdrüsen) am Hinterende vieler Arten, die dem Festheften am Substrat dienen.

Das Zentrum des Nervensystems bildet eine weitgehend zellkernfreie Ringkommissur (Commissura cephalica), die den Vorderdarm umgibt, und damit in Verbindung stehende Ganglien. Von der Ringkommissur entspringt oft mit paariger Wurzel der ventrale Hauptnerv, der wohl durch Verschmelzung der beiden Hauptnerven der Gastrotrichen und Rotatorien entstanden ist. Ein dorsaler Längsnerv zieht in der Rückenleiste entlang, kleinere Subdorsal- und Ventralnerven zwischen den Median- und Seitenleisten. Nach vorn ziehen mehrere Nerven zu Sinnesorganen; Eingeweidenerven versorgen den Darm. In den Nervenbahnen liegen Ganglien, besonders konzentriert findet man sie nahe dem Hinterende.

Sinnesorgane stehen konzentriert am Vorderende und bestehen aus Papillen oder Borsten. Sie sind im Grundtyp in drei Kreisen und einem Paar lateraler Gruben (Seitenorgane, Amphiden) angelegt (Abb. 87). Die Kreise bestehen bei primitiven Arten aus 6 oder 4 Sinnesorganen. In die Papillen, Borsten und die Amphidengruben ragen Dendriten, die distal je eine Cilie tragen. Augen sind selten, sie können Pigmentbecher und Linse enthalten. Caudale Sinnesorgane können als Papillen und als Phasmiden ausgebildet sein, die den Amphiden ähneln. Nach ihrem Vorkommen unterteilt man die Nematoden bisweilen in Phasmidia und Aphasmidia. Die Phasmiden stehen im Zusammenhang mit der Fortpflanzung und zeigen deutlichen Sexualdimorphismus. Bei einer Reihe von freilebenden Nematoden (Enoplida) wurden auch cilienbesetzte Proprioceptoren im Bereich der lateralen Epidermisleisten entdeckt.

Der Darm stellt ein gerades Rohr mit muskulösem Vorderdarm (Pharynx, oft Oesophagus genannt), schlauchartigem Mitteldarm und kurzem Enddarm dar. Drüsen sind im Bereich von Vorder- und Enddarm ausgebildet. Die Mundöffnung liegt endständig am Vorderende und wird von 6 oder 3 Lippen umgeben. Der anschließende Teil des Vorderdarmes besteht meist aus einer Mundhöhle, die komplizierte Cuticulaspangen, vorragende Zähne mit Giftdrüse oder vorstoßbare Bohrstacheln enthalten kann. Es folgt der muskulöse Pharynx mit seinem dreikantigen Lumen, das die in der Wandung liegenden radiären Myofilamente rasch erweitern können, so daß ein kräftiger Saugstrom erzeugt wird. Der Pharynx enthält ferner in seiner Wand große Drüsen. Oft ist sein Hinterende zu einem besonderen Bulbus verdickt, in dem Klappenapparate ausgebildet sein können. Durch eine scharfe Einschnürung

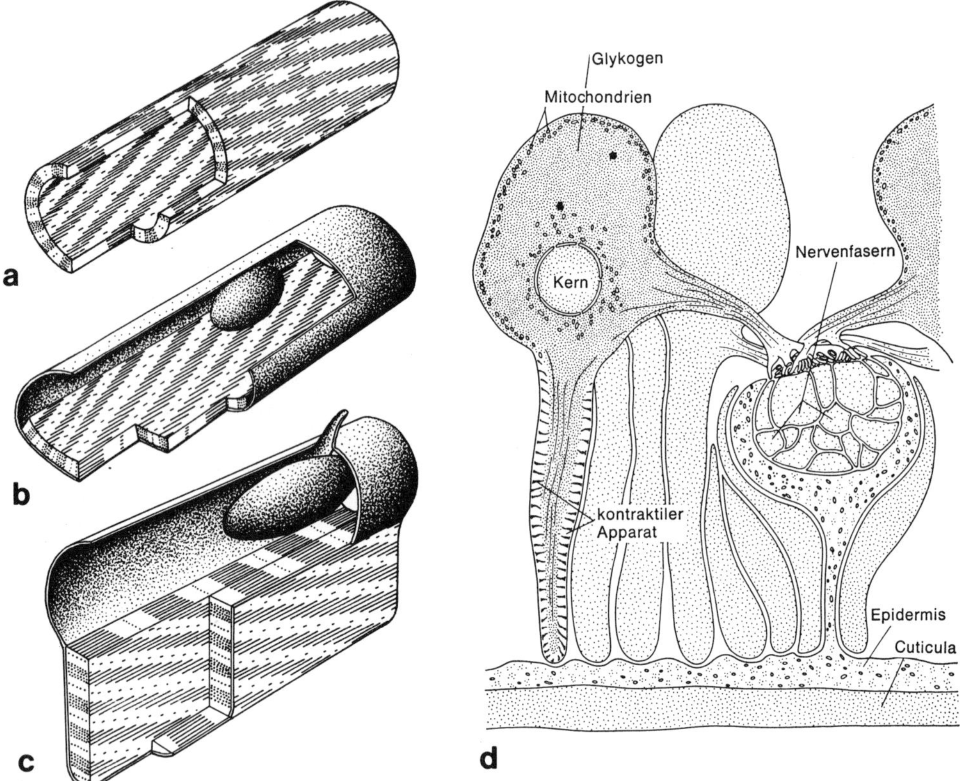

Abb. 89: Muskulatur der Nematoden. a–c. Blockdiagramme verschiedener Muskeltypen. a. circomyarisch, b. platymyarisch, c. coelomyarisch. Bei b und c ist ein Zellkern eingezeichnet; von der coelomyarischen Zelle geht ein Fortsatz zur Nervenzelle. d. Schnitt durch coelomyarische Muskelzellen und Nervenstrang von *Ascaris*. Beachte, daß die Muskelzellen Ausläufer zu den Neuronen entsenden. Nach Hope, Rosenbluth

vom Pharynx getrennt, beginnt der Mitteldarm, ein meist einfaches Rohr mit gleichartigen, einfachen Epithelzellen mit hohem Mikrovillisaum. Er führt in den kurzen Enddarm, der in dem ventral vor dem Hinterende gelegenen After ausmündet. Trotz der zahlreichen Parasiten, die wir unter den Nematoden finden, zeigt der Darm nur selten Rückbildungserscheinungen, bisweilen ist er zu einem Strang reduziert *(Mermis, Atractonema)* oder er verschwindet während der Entwicklung völlig.

Die Leibeshöhle ist umfangreich und enthält verästelte Zellen, denen exkretorische Funktion zugeordnet wird. Ihre morphologische Deutung ist unsicher. Neuerdings wird sie als Coelom interpretiert. Die Außenwand wird von der Körpermuskulatur eingenommen. Diese besteht fast ausschließlich aus Längsmuskeln, die in vier Feldern zwischen den Seiten- und Medianleisten der Epidermis liegen. Das kontraktile Material, das eine zusammenhängende Fibrille bildet, liegt außen, übriges Cytoplasma und Kern innen. Zwei bis viele Muskelzellen liegen nebeneinander in jedem Feld. Immer gehören sie dem schräggestreiften Typ an. Man ordnet sie nach zwei Gesichtspunkten: a) nach der Gestalt (platymyarisch; coelomyarisch; circomyarisch, Abb. 89) und b) nach ihrer Anordnung (in vielen Reihen: polymyarisch; in zwei bis fünf Reihen: meromyarisch), nicht in Reihen (holomyarisch).

Von den Muskelzellen ziehen z.T. Ausläufer zu Nervenzellen (Kahnmuskelzellen, Abb. 89), eine Besonderheit, die auch von den nahe verwandten Gastrotrichen bekannt wurde, allerdings auch bei niederen Chordaten *(Branchiostoma)* vorkommt.

Die Bewegung der Nematoden ist eine charakteristische Schlängelbewegung, die durch abwechselnde Kontraktion der dorsalen und der ventralen Längsmuskeln hervorgerufen wird. Antagonist ist die Cuticula. Dieses Schlängeln ermöglicht vielen Arten ein Schwimmen, dient aber meist zum Kriechen im Substrat. Vereinzelt treten auch andere Bewegungsarten auf: ein spannerartiges Kriechen, bei dem Haftborsten die Festheftung des Körpers an die Unterlage besorgen (Draconematidae), «Laufen» auf langen Borsten der Rückenfläche (Desmoscolecidae, Abb. 91b), Bohrbewegungen durch abwechselnde Kontraktion und Streckung des Körpers, wobei, mangels einer Ringmuskulatur, die Elastizität der stark geringelten Cuticula die Streckung besorgt. Nematoden können in ihrer Leibeshöhle erhebliche hydrostatische Drucke erreichen (bei *Ascaris* bis 150 mm Hg).

Als Exkretionsorgan werden die Ventraldrüse der meisten freilebenden Arten und das H-förmige Seitenkanalsystem vieler Parasiten angesehen. Beides sind einzellige Gebilde. Die Ventraldrüse ist ampullenförmig, liegt in der hinteren Pharynxregion und mündet etwas weiter vorn durch einen schmalen Gang aus. Das Seitenkanalsystem hat bei mehreren Nematodengruppen die Form eines langgestreckten H. Die längsverlaufenden Schenkel liegen in den lateralen Epidermisleisten und werden von je einem Kanal durchzogen. Sie werden durch einen oder mehrere Kanäle im Querbalken des H verbunden. Vom Querbalken oder dem linken Schenkel führt ein unpaarer Ausführgang zur Körperoberfläche (Abb. 90).

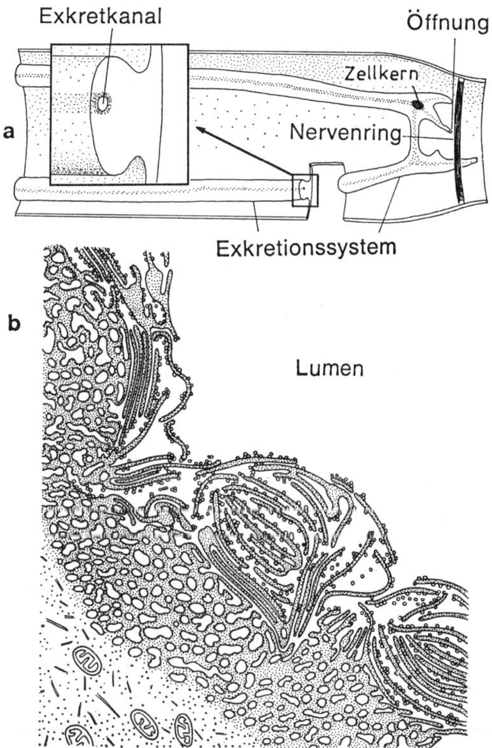

Abb. 90: Exkretionssystem von *Ascaris.* a. Schematische Darstellung des H-Systems, b. Kanallumenrand eines Längsholmes einer H-Zelle. Nach Dankwarth

Über die Funktion beider Systeme herrscht keine völlige Klarheit. Beiden wird auch Exkretionsfunktion abgesprochen; beide kommen nur bei Nematoden vor und gehören innerhalb dieser Gruppe zu den am unterschiedlichsten ausgeprägten Organen.

Die Geschlechter sind fast ausnahmslos getrennt, die Männchen durch sekundäre Sexualcharaktere, ventrale Drüsen, Schwanzlappen usw. gekennzeichnet. Die Gonaden sind schlauchförmig, beim Weibchen meist paarig, doch liegen die beiden Ovarien hintereinander, die Enden voneinander abgekehrt. Ihre Gänge vereinigen sich in der meist unpaaren Geschlechtsöffnung (Vulva), die ventral etwa in der Körpermitte liegt. Das Keimlager ist endständig, bei größeren Formen gruppieren sich seine Zellen meist radiär um einen zentralen Nährstrang (Rhachis). Weitere Bezirke (Ovidukt, Receptaculum seminis, Uterus, Vagina) sind nur wenig in dem schlauchförmigen, oft vielfach gewundenen Organ abgesetzt. Der meist unpaare Hoden bildet unterschiedlich gestaltete Spermien, die amöboid beweglich sein können und denen Kernhülle und Geißel fehlen. Centriolen sind oft ausgebildet. Die Spermien können in Kopf und Schwanz gegliedert sein, der Schwanz kann im Zentrum ein langes Mitochondrium enthalten, das an zwei Seiten von Mikrotubuli flankiert wird. An der männlichen Geschlechtsöffnung dicht neben dem After finden sich im allgemeinen Spicula, Cuticulaspangen, die aus einer Hauttasche vorgestoßen und eingezogen werden können und bei der Kopulation mitwirken. Die Befruchtung ist stets eine innere, die Übertragung der Spermien erfolgt durch Begattung. Wie bei anderen Parasiten können dabei die Geschlechter eine Dauerverbindung eingehen.

Die kleinen, meist länglichen, von Hüllen umgebenen Eier sind bei Parasiten sehr zahlreich; ein Spulwurmweibchen legt viele Millionen Eier. Diese starke Fruchtbarkeit kann zu eigenartigen Körperdeformationen führen. Das

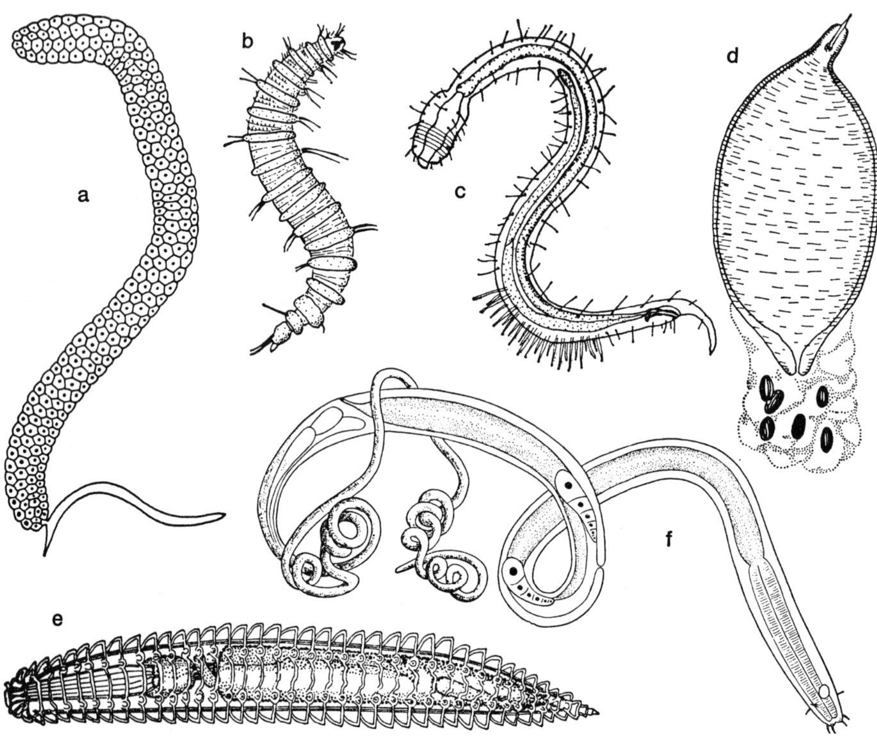

Abb. 91: Aberrante Nematoden-Formen. a. *Sphaerularia*, weibliches Tier mit ausgestülpter Vagina, deren Wand aus hexagonalen Epithelzellen besteht, b. *Desmoscolex*, bewegt sich auf Rückenborsten fort, c. *Chaetosoma*, *n. Heterodera*, Weibchen mit vorstehender Geschlechtsöffnung, durch die Eier ausgetreten sind, die in Gallerte eingeschlossen sind, e. *Criconema*, f. *Trefusia*. Maßstäbe unterschiedlich. Nach Ax, Crofton, Strubell

Weibchen wird dann unter Rückbildung von Darm, Nervensystem usw. ballonartig, oder es stülpt sich die Vagina vor, die dann unter sehr starkem Wachstum eine Hülle für Ovar, Uterus und Embryonen bildet, dem der eigentliche Körper als winziger Anhang ansitzt *(Sphaerularia*, Abb. 91a).

Die Embryonalentwicklung ist streng determinativ. Durch die erste Furchungsteilung werden somatische Stammzelle und die Propagationsstammzelle gebildet, die bei *Ascaris* allein den vollständigen Chromosomensatz behält. Die Entwicklung ist direkt, in der Eihülle macht das Jugendstadium (das meist als Larve bezeichnet wird) schon eine oder zwei Häutungen durch, bevor es schlüpft. Das dritte Stadium ist bei vielen Arten das Verbreitungsstadium, welches lange hungern und zu einem resistenten Dauerstadium werden kann.

Phylogenie. Lange Zeit erschienen die Nematoden als sehr isolierte Gruppe. Heute besteht kein Zweifel, daß sie mit den Gastrotrichen verwandt sind, deren marine Vertreter zahlreiche Hinweise auf die Nematoden-Organisation bieten. Die Gastrotrichen sind fast durchweg ursprünglicher als die Nematoden. Innerhalb der Nematoden lassen sich phylogenetische Linien schwer verfolgen. Die Versuche einer Gruppierung der Familien und Arten sind daher sehr verschieden. Welche Nematoden als primitiv zu gelten haben, ist umstritten.

Ökologie und Lebensweise. Die Nematoden besiedeln die mannigfaltigsten Lebensräume, sofern diese nur einen gewissen Feuchtigkeitsgrad besitzen. Im Pelagial fehlen sie allerdings. Bevorzugt werden Biotope, in denen starke Zersetzungen organischen Materials auftreten: die litoralen Weichbodengebiete des Meeres, Faulschlamm, gärende Substanzen usw. Trotz ihrer weiten Verbreitung gibt es bezüglich freilebender Nematoden nicht sehr viele detaillierte Untersuchungen zur Ernährungsweise. Bei aquatischen Formen wurde eine reiche Sekretbildung aus Pharyngeal- und Caudaldrüsen beobachtet, die zu starken Veränderungen des bewohnten Substrates führt. Sekret und daran haftende kleine Nahrungsobjekte werden später gefressen. Enorm ist ihre Individuendichte: Pro qm Ackerboden sind 10 Millionen Nematoden zu erwarten, im Waldboden 8 und im Wiesenboden 7 Millionen pro qm. Die meisten sind Saprobionten, einige Räuber (sogar Nematodenfresser, *Mononchus*). Hohe Dichten werden auch im Essig erreicht, vor allem, wenn er weniger als 6%ig ist (Essigälchen, *Turbatrix [Anguillula] aceti*) oder im Kleister (Kleisterälchen, *Pangrellus [Anguillula] redivivus*), selbst in Bierdeckeln. Zahlreiche Arten sind Parasiten bei Tieren und Pflanzen. Innerhalb des Wirtskörpers besiedeln sie unterschiedliche Regionen, in Wirbeltieren finden wir zahlreiche Darmparasiten, Parasiten der Lungen und Luftwege, des Blut- bzw. Lymphgefäßsystems, der Nieren, verschiedener Gewebe und sogar in Zellen. Die Übertragungswege sind verschieden. Im einfachsten Fall gelangen die Eier (Abb. 92) bzw. die in der Eikapsel eingeschlossenen Jugendstadien durch den Mund in den Wirt. In anderen Fällen dringt der Nematode aktiv durch die Haut ein, oft ist ein Zwischenwirt eingeschaltet; dieser kann die Parasitenlarven beim Insektenstich in das Wirbeltier einführen oder er wird vom Wirbeltierendwirt gefressen. In einigen Fällen ist nur eine (zwittrige) Generation parasitisch, während eine andere (getrenntgeschlechtliche) freilebend ist.

Zahlreiche Nematoden sind humanpathogen.

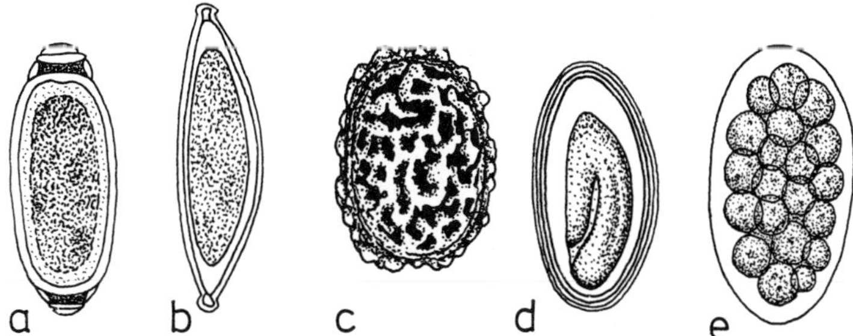

Abb. 92: Nematodeneier. a. Trichuride *(Capillaria)*, b. Oxyuride *(Syphacia)*, c. Ascaride *(Ascaris)*, d. Oxyuride *(Enterobius)*, e. Strongylide *(Strongylus)*. Nach Frank

Derzeit ist über 1 Milliarde Menschen mit Filarien infiziert, etwa 1 Milliarde mit *Ascaris* bzw. *Ancylostoma*. Weitere Werte: *Trichuris:* 500 Millionen, *Enterobius:* 300 Millionen, *Trichinella:* 40 Millionen.

Trichuris trichiura (Peitschenwurm). Männchen 3,5–4,5 cm, Weibchen bis 5 cm. Lebt mit schlankem Vorderende in Darmschleimhaut von Blind- und Dickdarm eingebohrt (Abb. 93f). Auf den Menschen beschränkt bzw. mit Rassen auch in Affen und Schweinen weltweit verbreitet. Infektion durch Aufnahme embryonierter Eier. Meist keine Beschwerden hervorrufend; bei starkem Befall sind Schmerzen oft im Unterbauch lokalisiert, so daß sich leicht Verdacht auf Appendicitis ergibt.

Trichinella spiralis (Trichine). Männchen 1,5 mm, Weibchen 4 mm. Lebt im Dünndarm verschiedener Tiere und des Menschen. Infektion erfolgt durch Aufnahme von rohem Fleisch, welches eingekapselte, 1 mm lange Jugendstadien (Muskeltrichinen, Abb. 93d) enthält. Im Darm werden die Larven frei und häuten sich mehrfach. Die viviparen Weibchen bringen in der Darmwand Hunderte bis über 1000 Larven hervor, die über Blut und Lymphe zu verschiedenen Organen gelangen. Sie bevorzugen Muskulatur von Zwerchfell, Thorax und Kehlkopf. Hier werden sie zu Muskeltrichinen, die von Bindegewebskapseln, in die sich im Laufe der Zeit Kalk einlagert, eingeschlossen sind. Als solche können sie 30 Jahre leben. Sie ernähren sich durch die Kapsel hindurch. Trichinen sind weltweit verbreitet, die meisten Krankheitsfälle kommen im östlichen Nordamerika, in Europa und China vor. Als wichtige Reservoire haben Schweine zu gelten. Verbreitet ist deren Infektion über trichinenhaltiges Fleisch von Ratten und Tieren der Pelztierzucht. In der freien Natur zirkuliert Trichinellose besonders zwischen Aasfressern und Raubtieren. So können Wolf, Luchs und Leopard durch Erbeutung von Schakalen und Füchsen Trichinen bekommen. Eine Infektion kann sogar von Käfern (bestimmte Carabidae und Tenebrionidae, die sich ohne Schädigung infizieren) auf Säuger (z.B. Igel, Fuchs) übergehen.

Die Trichinose ist eine schwere Erkrankung, wenn Massenbefall vorliegt. Sie geht oft mit einer kontinuierlichen Fieberkurve einher. Im

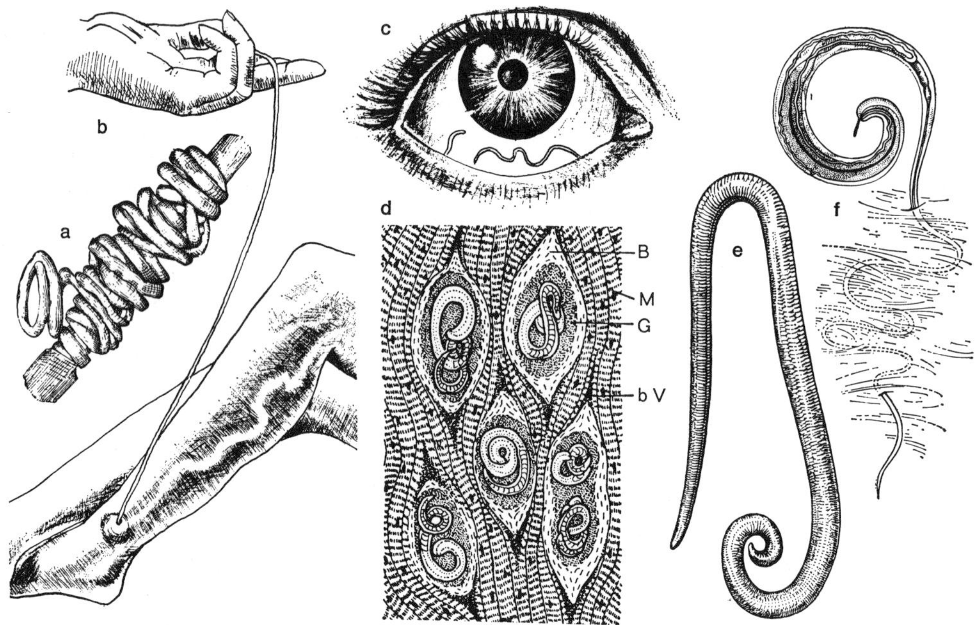

Abb. 93: Parasitische Nematoden. a, b. *Dracunculus medinensis;* a. Weibchen, auf Holzstab gerollt; b. Weibchen, aus ihrem Gang herausgenommen; c. *Loa*, im Auge eines Menschen, d. *Trichinella* (Muskeltrichinen), B: Bindegewebskapsel, M: Muskelfaser, G: Gewebereste, bV: beginnende Verkalkung, e. *Ascaris* (Männchen), f. *Trichuris* (Weibchen). Vergrößerungen unterschiedlich. Nach Brumpt, Leukart, Rauenbusch, Venzmer, Wurmbach

ersten Stadium (Inkubation) Darmkatarrh, im zweiten (Einwanderung) Muskelschmerzen, im dritten (Ruhestadium) rheumatische Beschwerden u. a. Todesfälle: meist 5–6 % der Infizierten, maximal 30 %.

Im deutschsprachigen Raum spielt Trichinenbefall des Menschen aufgrund gesetzlich vorgeschriebener Überprüfung nur eine geringe Rolle. Die seit über 100 Jahren übliche Trichinenschau (mikroskopische Kontrolle ausgewählter Muskelproben) wurde im EG-Raum durch die rationellere Untersuchung von Sammelproben (von 100 Schweinen) ersetzt (Verdauungsmethode: enzymatische Zerlegung der Sammelprobe und anschließende Kontrolle).

Strongyloides stercoralis (Zwergfadenwurm). Etwa 2 mm. Tropen und Subtropen, vorwiegend in Asien. Entwicklung je nach Umweltverhältnissen unterschiedlich: a) bei günstigen Ernährungsbedingungen im Freien lebende getrenntgeschlechtliche Generation, bei ungünstigen Befall des Menschen durch Larven, die sich durch die Haut bohren und geschlechtsreif werden; b) im Menschen lebend, parthenogenetisch, Junglarven entwickeln sich gleich im Darm (Endoautoinfektion) oder bohren sich am After in die Haut ein (Exoautoinfektion).

Ancylostoma duodenale (Haken- oder Grubenwurm). Männchen bis 11 mm, Weibchen bis 18 mm. Blutsauger im Dünndarm, Infektion durch Jugendstadien, die sich durch die Haut bohren. Ruft eine der häufigsten Wurmerkrankungen des Menschen in wärmeren Gebieten hervor. Der tägliche Blutverlust durch einen einzigen Hakenwurm wird auf 0,1–1,4 ml geschätzt. Nur ein kleiner Teil wird vom Wurm aufgenommen, mehr geht durch Nachblutungen verloren. *Ancylostoma* saugt nur wenige Minuten bis Stunden an einer Stelle, dann kriecht er weiter, um sich erneut in die Darmschleimhaut einzubohren. Die Embryonalentwicklung findet im Freien statt, die ersten Larvenstadien ernähren sich von Bakterien und organischem Detritus, ein späteres bohrt sich in den Menschen ein. Über das Blutgefäßsystem wird der Darm nach 3–5 Tagen erreicht. Nach Ernährung in der Darmschleimhaut werden Eier abgegeben, die mit Kot ins Freie gelangen. Ähnlich ist die Biologie des in den Tropen verbreiteten, weniger gefährlichen *Necator americanus*.

Ascaris lumbricoides (Spulwurm, Abb. 93e). Weibchen bis 40 cm, Männchen bis 25 cm. Im Darm des Menschen freibeweglich lebend, weit verbreitet. Die Weibchen legen im Darm Eier ab. Unter günstigen Verhältnissen entwickelt sich außerhalb des Wirtes in knapp zwei Wochen eine invasionsfähige Larve. Infektion des Menschen durch Aufnahme Jugendstadien enthaltender Eier per os. Die Larven schlüpfen im Dünndarm, durchbrechen dessen Wandung und gelangen über den Blutkreislauf zur Lunge, durchbohren die Alveolenwandung (in einer Länge von 1,5 mm) und steigen in den Schlund auf, von hier werden sie verschluckt. Diese Organwanderung währt etwa 8–10 Tage. Die 2–3 mm langen Würmer besiedeln dann den Dünndarm. Die Eiproduktion der Weibchen ist wie bei anderen Parasiten groß: pro Tag etwa 200000, im Laufe des Lebens 30 Millionen. Lebensdauer etwa 9–10 Monate. Hauptinfektionsquelle des Menschen: nachlässige Defäkationsgewohnheiten, Übertragung der Eier auf Obst und Gemüse, nicht hinreichendes Waschen von Händen und Nahrungsmitteln, die mit Spulwurmeiern in Berührung kamen. Gefährlich ist Massenbefall (Lungeninfiltration, Leibschmerzen, Blinddarmentzündung, Darmverschluß u.a.), bei Kindern kann es zu Krämpfen, epileptiformen Anfällen und Delirien kommen. Infektion des Keimes durch die Placenta möglich. Auch der erwachsene Wurm kann wandern (Speiseröhre, Mundraum, Nase, Eustachische Röhre, Tränenkanal) und sogar durch die Bauchwand nach außen gelangen.

Enterobius (Oxyuris) vermicularis (Madenwurm). Männchen bis zu 5 mm, Weibchen bis 12 mm. Einer der häufigsten Parasiten des Menschen, besonders in gemäßigten Klimaten. Infektion über embryonierte Eier per os, Selbstinfektion verbreitet; oft Massenbefall, vor allem bei Kindern.

Die Larven schlüpfen gewöhnlich im Duodenum, häuten sich und wandern zu Blinddarm und oberem Dickdarm. Die begatteten Weibchen begeben sich in die Analgegend, wo um 10000 Eier abgelegt werden. Bei starker Infektion entstehen verschiedene Magen- und Darmbeschwerden, Appetitlosigkeit, Nervosität u.a. Blinddarmentzündungen gehen nicht selten auf *Enterobius*-Befall zurück. Prophylaxe: Abwaschen der Analregion bei Kindern, häufiges Ersetzen von Leib- und Bettwäsche, Händewaschen.

Dracunculus medinensis (Medinawurm). Männchen 2–4 cm, Weibchen bis über 1 m. Dieser Parasit kommt von Indien bis Ägypten und von Somalia bis Senegal vor. Die Weibchen leben in Hautpartien des Menschen, die besonders oft mit Wasser in Berührung kommen. Über ein Hautödem werden die Larven ins Wasser abgegeben. Weiterentwicklung in Copepoden. Infektion des Menschen über Copepoden, die mit dem Trinkwasser aufgenommen wurden. Die Larve bohrt sich durch die Darmwand und gelangt über Bauch- oder Bauch- und Brusthöhle in die Peripherie. Begattung im Bindegewebe der Haut. Zwischen Aufnahme der befallenen Copepoden und der Geburt der ersten Larven liegt etwa ein Jahr. In dieser Zeit ruft der Wurm im Menschen noch keine klinischen Symptome hervor. Dann kommt es zu Juckreiz, Ödemen, auch zu Erbrechen und anderen Reaktionen. Die früher ausgeübte Entfernung des Wurmes – über ein kleines Holzstäbchen wurde er im Laufe von 10 Tagen aufgewickelt (Abb. 93a, b) – hat sich im Berufszeichen der Ärzte niedergeschlagen, dem Äskulapstab.

Von lokaler Bedeutung ist *Capillaria philippinensis*. Dieser 4 mm lange Nematode lebt in der Mucosa von Dünn- und Dickdarm. Menschen sind wohl nur Nebenwirte, sie infizieren sich über rohen Fisch.

Zu schweren Darmverstimmungen führt bisweilen in Nordeuropa, den Niederlanden und Japan der Genuß milde gesalzener Seefische, die mit *Anisakis* infiziert sind. Diese Nematoden-Gattung ist weltweit verbreitet. Ihre Jugendstadien treten oft in großer Zahl in Leibeshöhle und Muskulatur des Herings und anderer Meeresfische auf, Endwirte sind Wale. Durch geeignete Zubereitung (z.B. Räuchern) werden die bis 25 mm langen Nematoden abgetötet. In dieser Form hat sie wohl schon jeder verspeist, der Bücklinge gegessen hat.

Als Fehlwirt können Menschen für *Angiostrongylus cantonensis* fungieren. Dieser in Fernost verbreitete Parasit lebt üblicherweise in den Lungen von Ratten, Zwischenwirte sind u.a. Süßwassergarnelen. Im Menschen wird nicht die Lunge erreicht, sondern die Würmer bleiben auf ihrer Wanderung im Gehirn.

Einige lange, außerordentlich dünne Nematoden werden als Filarien bezeichnet. Ihre Weibchen bringen Larven hervor, die in die Blutbahn gelangen. Aus peripheren Capillaren werden sie durch Insekten (oder Zecken) aufgenommen, in denen sie sich weiterentwickeln. Sobald sie das dritte Larvenstadium erreicht haben, wandern sie in den Stechrüssel und kommen beim Stich wieder in den Wirbeltierwirt. Die Tagesperiodik der Jugendstadien (Mikrofilarien) im Blutgefäßsystem des Menschen ist auf die Stechgewohnheiten der Überträger abgestimmt. Sie befinden sich tags im peripheren Blut, wenn die Überträger tags stechen (Microfilaria diurna), nachts dagegen in den Lungencapillaren. Bei der Microfilaria nocturna liegen die Verhältnisse umgekehrt: Jugendstadien werden nachts übertragen.

Wuchereria bancrofti (Haarwurm). Männchen bis 4 cm, Weibchen bis 10 cm. Lebt in Lymphgefäßen und -knoten, die oft nicht durchbrochen werden können, und blockiert den Lymphstrom. Hier sterben die Tiere in Knäueln, sie rufen Elephantiasis hervor (starke Verdickung der Extremitäten, der Brüste und des Scrotums [Abb. 94]). Über die gesamten Tropen verbreitet. Microfilaria nocturna, Übertragung durch verschiedene Mücken (z.B. *Culex pipiens*. Abb. 224). Die Mikrofilarien können Unwohlsein und Müdigkeit hervorrufen, die älteren Würmer vermögen zu schweren allergischen Reaktionen Anlaß zu geben.

Ähnlich kann das Krankheitsbild sein, das durch *Brugia malayi* hervorgerufen wird. Diese Filarie wird durch Mücken der Gattung *Mansonia* übertragen. Larven und Puppen von *Mansonia* beziehen ihren Sauerstoff aus Wurzeln schwimmender Pflanzen, die sie mit ihren Atemröhren anritzen.

Onchocerca volvulus (Knotenwurm). Männchen bis zu 4 cm, Weibchen bis 50 cm. Reife Würmer in subcutanen, bis hühnereigroßen Bindegewebsknoten, hier Begattung und Geburt der Larven. 20 Millionen Befallene in Afrika und Lateinamerika – Larven wandern z.B. in die Augen (kann zu Erblindung führen). Überträger: einige *Simulium*-Arten (Abb. 224), die tags saugen (Microfilaria diurna).

Loa loa (Wanderfilarie, Abb. 93c), Männchen bis 3 cm, Weibchen bis 7 cm. Wandern im subcutanen Bindegewebe umher, rufen Schwellungen hervor. West- und Zentralafrika (dort 13 Millionen Befallene). Überträger: *Chrysops* (Abb. 224), Microfilaria diurna. Dieser Zyklus läuft vorwiegend im Regenwald ab, da die Überträger ihre Eier grundsätzlich an der Unterseite von Blättern und über schlammigem Boden ablegen. Auch die Imagines leben vorwiegend in schattengebender Vegetation.

Acanthocheilonema (Dipetalonema) per-

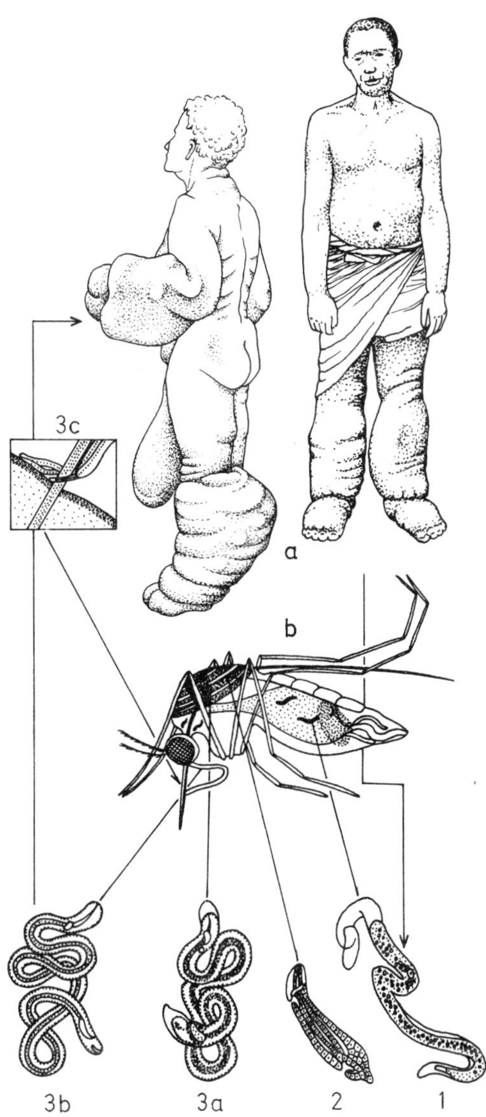

Abb. 91: Lebenszyklus von *Wuchereria bancrofti*. a. Männer mit sehr stark ausgeprägtem Krankheitsbild (Endwirt). b. *Culex fatigans* (Zwischenwirt). Die im Menschen lebenden ovoviviparen Weibchen von *Wuchereria* bringen in großer Zahl sog. gescheidete Mikrofilarien hervor, deren Scheide (ehemalige Eihülle) an Vorder- und Hinterende über den Embryo hinausragt (1). In der Mücke befreien sich die Larven aus ihrer Scheide und durchdringen die Magenwand. Über ein zweites Larvenstadium (Würstchen-Stadium, 2) in der Thoraxmuskulatur kommt es zum Infektionsstadium (3a, 3b). Dieses dritte Larvenstadium wird beim Stich auf den Menschen übertragen (3c). Nach Frank, Kessel, Pflugfelder

stans, Weibchen 7,5 cm, Männchen 4,5 cm lang; in Bindegewebe und Bauchhöhle; Microfilarie ständig im Blut. Übertragung durch *Culicoides* und *Anopheles* (Abb. 224). Zentralafrika und Neuguinea.

Eine große Zahl von Nematoden parasitiert in Haus- und anderen Nutztieren. Zum Teil kommen sie selbst oder andere Arten derselben Gattung im Menschen vor, beispielsweise *Strongyloides* in Hund, Katze, Wiederkäuern, Pferden, Schweinen, Diarrhoe hervorrufend; *Trichuris*-Arten, ebenso *Ancylostoma*, *Necator*, *Onchocerca*, *Ascaris*-Verwandte u.a. in verschiedenen Haus- und Säugetieren. Andere sind vorwiegend Parasiten von Tieren, können aber auch bei Menschen auftreten, z.B. *Dioctophyme renale* (Männchen bis 40 cm, Weibchen bis 1 m) im Nierenbecken des Hundes und *Gongylonema*, in der Schleimhaut des Schlundes von Pferden und Wiederkäuern lebend.

Die meisten Arten kommen dagegen nur bei Tieren vor. Wichtig sind die Trichostrongylidae, die als «Magenwürmer» zahlreiche gefährliche Krankheiten hervorrufen. Die parasitäre Gastroenteritis ist eine der häufigsten und wirtschaftlich wichtigsten Erkrankungen von Weiderindern in Mitteleuropa. Besondere Bedeutung kommt den Gattungen *Ostertagia* und *Cooperia* zu. Die Larven bilden Wurmknötchen in Magen- und Darmschleimhaut. Die Metastrongylidae leben als «Lungenwürmer» in Atemorganen von Säugern, sie rufen Lungen- und Luftröhrenentzündungen hervor und gehören zu den gefährlichsten Parasiten der Haustiere. Weitere bekannte Parasiten: *Capillaria (Trichosomum)* in Darmschleimhaut von Vögeln, Erreger der Haarwurmkrankheit des Geflügels; *Heterakis gallinae* in Blind- und Dickdarm von Hühnervögeln; *Syngamus* (Roter Luftröhrenwurm), der in Dauerkopula in den oberen Luftwegen von Hühnern lebt (Rotwurmseuche).

Einer der gefährlichsten Parasiten der Pferde ist *Strongylus*, der in Leber, Pankreas, Gefäßen oder der Darmschleimhaut lebt. *Trichonema* lebt in Blind- und Dickdarm von Equiden. *Habronema* ruft Magengeschwüre bei Pferden hervor. *Oesophagostomum* ist ein Darmparasit bei Schweinen, Schafen und Ziegen, *Haemonchus* von Wiederkäuern, *Arduenna (Ascarops)* und *Gnathostoma* sind Darmparasiten von Schweinen. *Setaria* lebt in Bauchhöhle und Unterhautbindegewebe von Equiden, *Onchocerca* in Bindegeweben von Pferden.

Wandernde Larven der *Toxocara-*, *Uncinaria-* und *Ancylostoma*-Arten von Hund und Katze führen beim Menschen (= Fehlwirt) zum Syndrom der «Larva migrans». Haupterreger ist in gemäßigten Klimaten *Toxocara canis.* Die Eier vermögen in Gartenerde und Sand von Spielplätzen jahrelang lebens- und infektionsfähig zu bleiben. Nach Aufnahme embryonierter Eier schlüpfen die Larven im Dünndarm, in dessen Wand sie eindringen. Über die Blutbahn werden sie im Körper verteilt. Vor allem in Leber und Zentralnervensystem des Menschen können sie, von einer Kapsel umgeben, jahrelang leben. Das Krankheitsbild ist vielfältig, die Infektion kann auch zum Tod führen. Betroffen sind vorwiegend Kinder.

Eine Reihe kleiner (1–2 mm langer) Nematoden ruft Schaden an Nutzpflanzen hervor (Abb. 95, 96). Sie beeinträchtigen ihren Wirt durch die Fraßwirkung, Übertragung von Viren oder auch, indem sie Eingänge für Bakterien, Pilze usw. schaffen.

Ditylenchus dipsaci (Stengel- oder Stockälchen) lebt in vielen Kulturpflanzen in Interzellularräumen oberirdischer Sproßteile oder unterirdisch in Knollen und Zwiebeln. Verkümmerungen und Stauchungen der Pflanzenteile (Stockkrankheit, Abb. 95d) sind die Folge des Befalls. Bei einem Wirtsspektrum von über 250 Pflanzenarten ist dieser Schädling einer der gefährlichsten.

Zu den bekanntesten Pflanzenparasiten (Abb. 95) gehören *Heterodera*-Arten, deren Weibchen nach der Begattung ballonförmig anschwellen und als Eibehälter (Cysten, Abb. 91d, 95b) dienen. Die Larven des Rübencystenälchens *(H. schachtii)* dringen in die Wurzel von Rüben ein und nehmen hier flaschenförmige Gestalt an. Die Weibchen treten mit der Geschlechtsöffnung aus der Wurzelepidermis hervor und geben so die Möglichkeit der Begattung. Nach der Befruchtung der Eier verläßt das Muttertier die Wurzel, ihre Muskulatur und der Darm werden rückgebildet, die Cuticula wird ver-

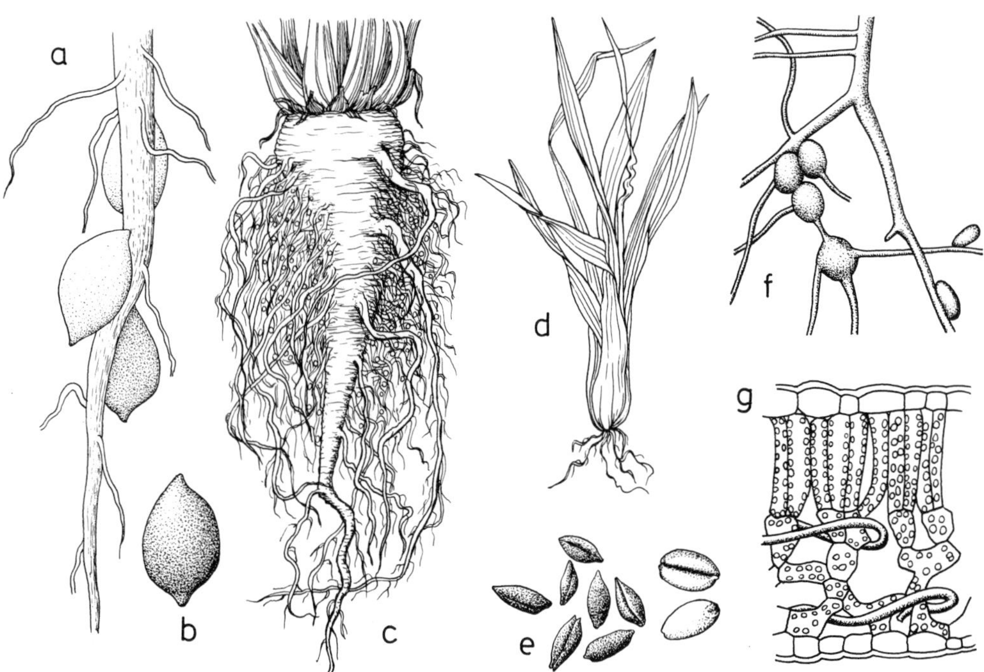

Abb. 95: Pflanzenpathogene Nematoden und ihre Schadbilder. a–c. *Heterodera schachtii.* a. Rübenwurzel mit weiblichen Tieren, b. Zyste, c. befallene Rübe mit sehr dichtem Besatz von Wurzeln. d. *Ditylenchus dipsaci*, Roggenpflanze mit überreichlicher Bestockung und Blattkräuselung. e. *Anguina tritici*, schwarze Radekörner neben zwei gesunden Weizenkörnern. f. *Meloidogyne hapla*, kugelige Wurzelgallen neben langgestreckten Bakterienknöllchen an Luzerne-Wurzeln. g. *Aphelenchoides ritzemaboesi.* Blattquerschnitt einer Dahlie mit Parasiten im Schwammparenchym. Nach Decker, Keilbach, Plate-Frömming, Schreier, Wenzel

stärkt und der zunächst weißliche Wurm wird tiefbraun. Frisch gebildete Cysten zeigen an ihrer Geschlechtsöffnung häufig einen hellen gallertartigen Tropfen, der Eier enthalten kann. In Mitteleuropa können drei Entwicklungszyklen pro Jahr ablaufen. Andererseits vermag die befallsfähige Brut in den Cysten fünf Jahre zu überdauern. Die Rüben beantworten den Befall mit Ausbildung von mehrkernigen Riesenzellen und vermehrter Wurzelbildung («Hungerwurzeln», Bärtigkeit, Abb. 95c); der Zuckergehalt sinkt, Oxalsäure ist besonders reichlich vorhanden. Wegen der langandauernden Verseuchung des Bodens spricht man von «Rübenmüdigkeit».

Einer der gefährlichsten tierischen Schädlinge gemäßigter Klimate ist der Kartoffelnematode (*«Heterodera rostochiensis»*). Er stammt aus Südamerika und tritt in Kartoffelanbaugebieten fast ganz Europas, aber auch anderer Kontinente, auf und wird noch weiter verschleppt. Man unterscheidet heute 2 Arten: *Globodera rostochiensis* (Gelber Kartoffelnematode) und *Globodera pallida* (Weißer Kartoffelnematode). Durch ihre Saugtätigkeit rufen sie Syncytien an Kartoffelwurzeln hervor (Abb. 96), was zu erheblichen Ertragseinbußen führt. Für beide Arten hat man verschiedene Rassen («Pathotypen») nachgewiesen, gegen die einzelne Kartoffelsorten unterschiedlich reagieren. Der An-

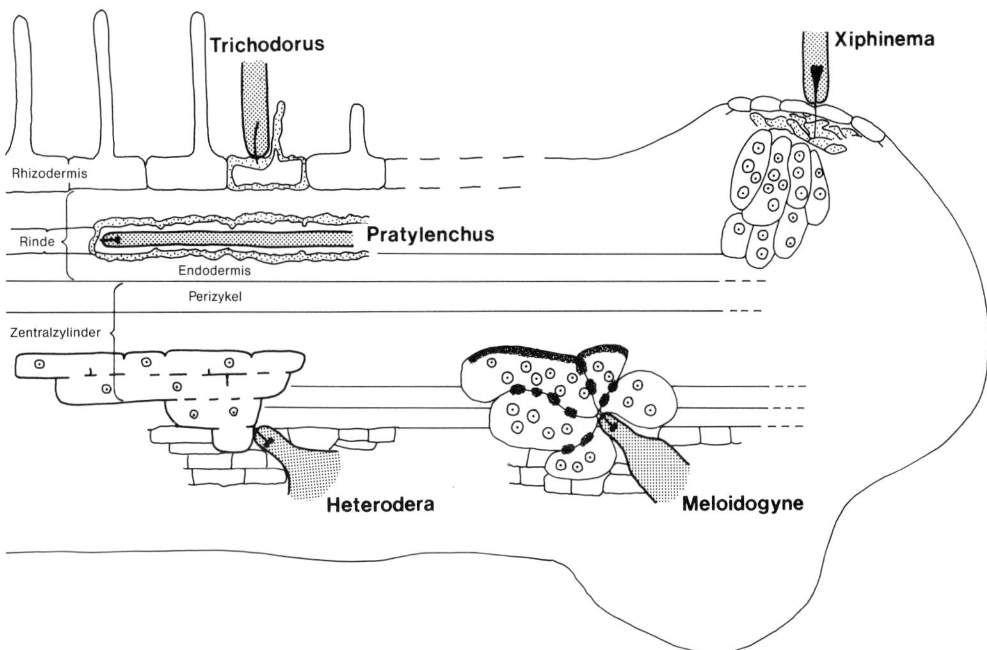

Abb. 96: Von pflanzenschädigenden Nematoden verursachte Veränderungen im Wurzelgewebe. Die meisten ectoparasitischen Pflanzennematoden saugen an Zellen der Rhizodermis, z. B. *Trichodorus*. Besaugte Zellen sterben ab. Einige Ectoparasiten, z.B. *Xiphinema*, können mit ihrem langen Mundstachel auch tiefere Zellschichten erreichen. Besaugte Zellen des Rhizocortex sterben ab und kollabieren. In der Umgebung der Saugstelle entstehen unter dem Einfluß der Speicheldrüsensekrete vielkernige Riesenzellen. Für die Wurzel resultieren Hemmung des Längenwachstums und Anschwellen ihrer Spitze. Wandernde Endoparasiten, z.B. *Pratylenchus*, dringen in den Rhizocortex ein; dabei werden die Zellwände durchstoßen und z.T. reduziert. Die Wurzelfunktion kann erheblich gestört werden. Bei den Wurzelgallnematoden, z.B. *Meloidogyne*, sind nur die zweiten Jugendstadien beweglich. Sie dringen in die Wurzeln ein und setzen sich in der Nähe des Zentralzylinders fest, wo sie vielkernige Riesenzellen induzieren und selbst stark anschwellen. Die Wände zwischen den Riesenzellen sind stellenweise verstärkt. Ohne Riesenzellen kann sich *Meloidogyne* nicht entwickeln. Bei den ebenfalls festsitzenden cystenbildenden Nematoden, z.B. *Heterodera*, wandern ebenfalls die zweiten Jugendstadien ein, setzen sich in der Nähe des Zentralzylinders fest und verlieren ihre Beweglichkeit. Jedes Tier induziert die Bildung eines Syncytiums, das als alleinige Nahrungsquelle dient. Nach Weischer

bau resistenter Sorten ist eine wichtige Bekämpfungsmethode.

Der wichtigste Getreideschädling unter den Nematoden Mitteleuropas ist *Heterodera avenae*.

Meloidogyne-Arten: Weibchen flaschenförmig, induzieren Wurzelgallen, die bis 5 mm Durchmesser erreichen können (Abb. 95f). Bei uns vorwiegend in Gewächshäusern.

Aphelenchoides-Arten leben in Stengeln und Blättern (Abb. 95g) und rufen bei vielen Pflanzen Blattfleckung hervor.

Anguina tritici (Weizenälchen) lebt in Weizenkörnern (Radekrankheit). Die Weizenkörner werden dunkel und hart (Radekörner, Abb. 95e), in ihrem Innern leben bis zu 10000 Älchen.

Pratylenchus- und *Rotylenchus*-Arten in Wurzeln.

Rhadinaphelenchus cocophilus dringt ins Innere von Kokospalmenstämmen ein. Die Übertragung kann durch andere *Cocos*-Schädlinge erfolgen, z.B. Curculionidae.

Einige Pflanzennematoden sind Überträger von Viruskrankheiten unserer Nutzpflanzen, das gilt z.B. für *Xiphinema index*, eine der wirtschaftlich wichtigsten Nematoden-Arten an Weinreben. Alle bei uns angebauten Sorten der echten Rebe sind anfällig. *Xiphinema* sammelt sich gruppenweise an den Wurzelspitzen, besaugt diese (Schadbild: Abb. 96) und ruft Hypertrophie von Zellen und Verminderung der Zellteilungsrate hervor. Das Längenwachstum von Wurzeln wird eingeschränkt, Wurzelspitzen schwellen an.

5. Klasse: Nematomorpha

Diese artenarme Gruppe ähnelt den Nematoden aufgrund ihrer Fadengestalt (bei 1 m Länge 1 mm dick), des Nervensystems mit Schlundring, des nur Längsmuskulatur enthaltenden Hautmuskelschlauches und des Fehlens von Wimperepithelien. Der Darm ist streckenweise reduziert; der Enddarm nimmt männliche und weibliche Gonadenausführgänge auf. Spezielle Exkretionsorgane fehlen. Die Cuticula erwachsener Tiere ist eher wie die der Anneliden aufgebaut; die Epidermis ist zellig. Die Leibeshöhle kann nach Art des Coeloms mit einem Epithel ausgekleidet sein und dorsoventrale, mesenterienartige Strukturen enthalten, welche die Gonaden tragen. Es entsteht eine Larve mit einem hakenbesetzten Bohrapparat, der später abgestoßen wird. Mit ihm dringt die Larve in Arthropoden (Insekten, Tausendfüßer) ein. Die geschlechtsreifen Tiere leben frei, die Gordiidae (Abb. 97) (mit *Gordius*, *Parachordodes* u.a.) im Süßwasser, *Nectonema* im Meer.

6. Klasse: Kinorhyncha

Die Kinorhynchen sind eine artenarme Gruppe bis 1 mm langer Meerestiere, die durch ihre

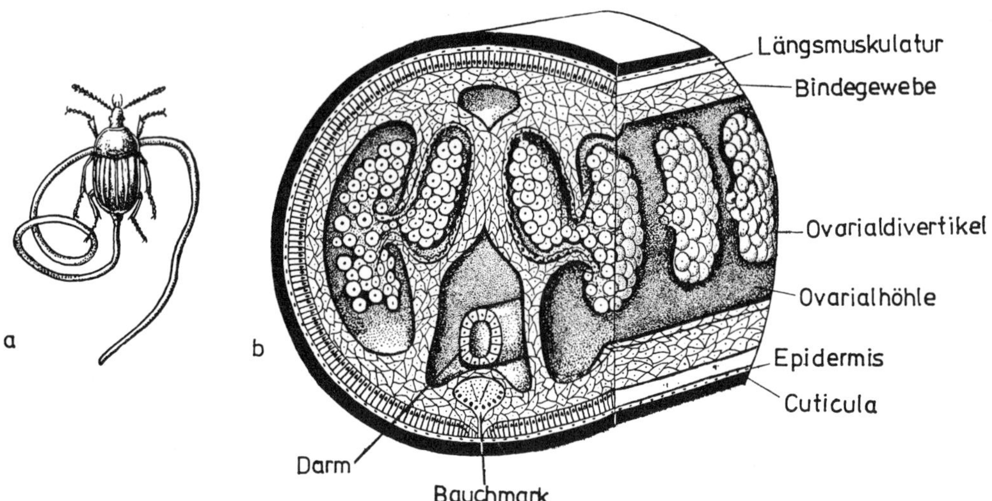

Abb. 97: Nematomorpha. a. *Gordionus* beim Verlassen seines Wirtes, eines Aaskäfers; b. Blockdiagramm des hinteren Körperbereiches von *Parachordodes*, dessen Leibeshöhle von lockerem Bindegewebe ausgefüllt wird. Nach Kaestner, Rauther, Vosseler

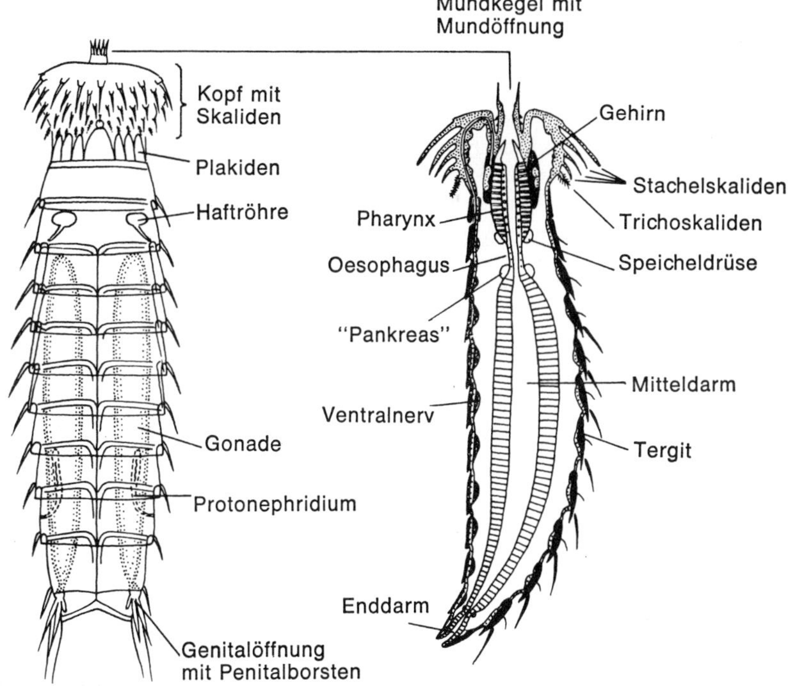

Abb.98: Bauplan der Kinorhynchen (Ventralansicht und Sagittalschnitt). Nach Remane

Körpergliederung von den übrigen Aschelminthes abweichen (Abb. 98). Die Gliederung (13 Segmente = Zonite) umfaßt nicht nur die Körperdecke mit ihrer starken Cuticula, die mehr der von Arthropoden als der anderer Nemathelminthen-Gruppen ähnelt, sondern auch die Muskulatur und das Nervensystem (Bauchganglienkette).

Die Gliederung ist gleichartig, abweichend ist nur das Vorderende, indem das 1. Segment (Kopf) einen hakenbesetzten Ballon darstellt, der durch sein Ein- und Ausstülpen die Fortbewegung bewirkt. Die Haken (Skaliden) sind teilweise distal offen und enthalten Receptorneurone, die je eine Cilie tragen. Sie ähneln damit Kontaktchemoreceptoren von Arthropoden. Das große lappige Gehirn umschließt den Pharynx, dessen Muskulatur aber im Gegensatz zu der der Gastrotricha und Nematoda nicht vom Darmepithel gebildet wird, sondern dieses umschließt. Die paarigen Protonephridien münden im Hinterkörper. Die Gonaden sind paarige Schläuche, die getrennt dicht vor dem Hinterende münden. Die Frühentwicklung ist unbekannt; aus den Eiern schlüpfen Tiere mit 11 Zoniten; in der Postembryonalentwicklung finden 6 Häutungen statt.

Die Kinorhynchen leben besonders im Schlamm, aber auch im Sand und auf Algen. Ein phylogenetischer Anschluß an die vorher genannten Aschelminthes-Klassen fällt schwer. *Echinoderes*, *Kinorhynchus (Trachydemus).*

7. Klasse: Priapulida

Von dieser Klasse sind nur 15 rezente Arten bekannt, die vorwiegend in Schlammgebieten kalter Meere und im Korallensand warmer Meere vorkommen.

Ihr Nervensystem enthält Schlundring und Bauchstrang, der Darm ist gerade, der After endständig, die Leibeshöhle einheitlich. Eigenartig ist das Urogenitalsystem. An einem Paar schlauchartiger Gänge, die am Hinterkörper münden, sitzen zahlreiche Protonephridien und die Gonaden als vielfache Aussackungen des Ganges. Priapuliden sind getrenntgeschlechtlich (bei *Tubiluchus* Geschlechtsdimorphismus), die Entwicklung geht über eine Larvenform (Hammerstensche Larve) mit gepanzertem Rumpf.

Häutungen finden statt. Länge: wenige mm bis cm.

Priapulus mit 1 oder 2 geteilten Kiemenanhängen am Hinterende. *Priapulus* aus Nord- und Südmeeren (Abb. 99a). *Halicryptus*. Ohne Kiemen. *Tubiluchus* (Abb. 99b), kleine Form (2–3 mm) im Sandlückensystem warmer Meere mit langem Schwanz. *Maccabeus*, Vorderende mit Tentakelkrone, Röhrenbewohner, Mittelmeer. Fossil seit Kambrium bekannt.

8. Klasse: Loricifera

Diese Gruppe wurde erst 1983 beschrieben und ist damit vorläufig das letzte größere Taxon, welches bekannt wurde. Loricifera sind in marinen Sanden, die aus Muschelschalen bestehen, offenbar weit verbreitet (Atlantik, Tropen) und wurden in Tiefen von etwa 10 bis 500 m gefunden. Ein Grund, warum sie so spät entdeckt wurden, liegt vermutlich darin, daß die Adulten sessil (ectokommensalisch?) sind, und daß sich die freilebenden Larven ebenfalls bei Störungen rasch an Substrat befestigen. Die Loricifera haben – ähnlich wie Priapuliden und Kinorhynchen – ein mit Stacheln versehenes Vorderende (Introvert) und können dieses in den gepanzerten Rumpf einziehen. Die Geschlechter sind etwas unterschiedlich. Die Larven erinnern mit ihren paarigen Zehen an manche Rotatorien, allerdings durchlaufen sie Häutungen. *Nanaloricus* (Abb. 100), etwa 240 µm lang.

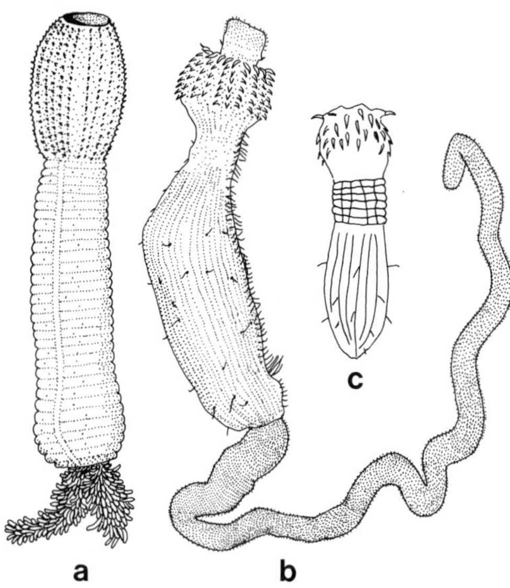

Abb. 99: Priapulida. a. *Priapulus*, b, c. *Tubiluchus*, b. adultes Tier, c. Larve. Maßstäbe unterschiedlich. Nach Dawydoff, van der Land

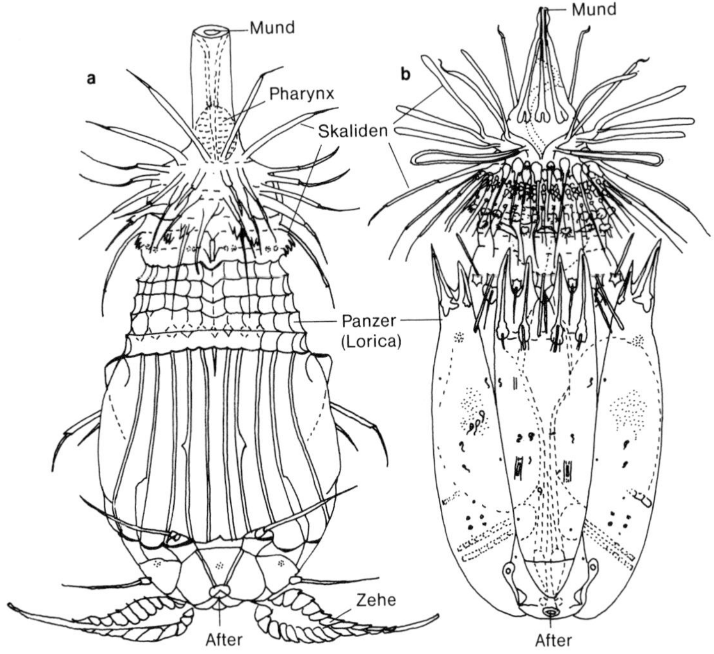

Abb. 100: *Nanaloricus mysticus* (Loricifera). a. Larve (Higgins-Larve); b. adultes Weibchen. Nach Kristensen

6. Kamptozoa

Diese nur aus wenigen, meist festsitzenden Arten bestehende Gruppe lebt vorwiegend im Meer (nur *Urnatella* im Süßwasser), entweder koloniebildend auf Steinen oder Algen oder solitär epizoisch auf anderen Tieren. Der Körper ist fast immer in einen bewegbaren Stiel, der bei koloniebildenden Tieren an einem Stolo inseriert, und einen Kelch gesondert, der einen Kranz bewimperter Tentakel trägt, deren Basis von einer dünnen Hautfalte umgeben wird. In dem von diesen Tentakeln umschlossenen Raum (Atrium) liegen Mund- und Afteröffnung sowie die Mündungen der paarigen Protonephridien und der einfachen sackförmigen Gonaden. Die Tiere sind getrenntgeschlechtlich oder seltener hermaphroditisch. Das Atrium entspricht der Bauchfläche des Tieres. Am Mund liegt ventral ein Ganglion, von dem aus feine Nerven in den gesamten Körper – einschließlich Stiel und Stolo – ziehen; an der Basis der Tentakeln liegen weitere kleine Ganglien, seitlich am Kelch der Loxosomatiden finden sich zwei Sinnesorgane; Sinneszellen mit langen, vermutlich starren Cilien liegen vor allem an den Tentakelspitzen. Der bewimperte Darm besitzt einen Magen mit Drüsenzellen und zieht in einer U-förmigen Schleife durch den Kelch. Zwischen den Organen liegt ein mesenchymatisches Bindegewebe, das sich mitsamt der Muskulatur in den Stiel erstreckt. Ein Gefäßsystem fehlt. Die Eier entwickeln sich (Spiralfurchung) z.T. in einer Tasche des Atriums. Es entsteht eine kurzlebige Schwimmlarve vom Trochophora-Typ mit Scheitelplatte, Wimperringen und Protonephridien. Vor ihrem Mund liegt dorsal ein langbewimpertes Oralorgan. Die Larve heftet sich mit dem ganzen Hinterkörper bis zum Hauptwimperkranz fest, also einschließlich Mund- und Afterregion. Der Darm macht dann in der Larve eine Drehung um 180°, und Mund und After erlangen am nunmehrigen Vorderende durch das Atrium wieder Verbindung mit der Außenwelt.

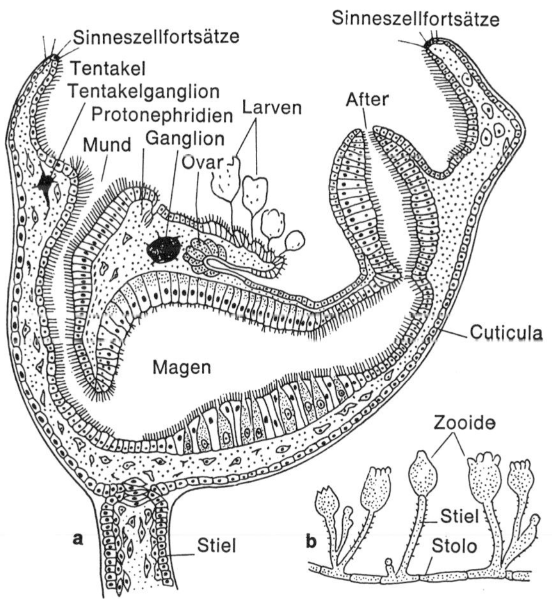

Abb. 101: Kamptozoa. a. Bauplan, b. Kolonie von *Pedicellina*. Nach Becker

Verbreitet ist ungeschlechtliche Entwicklung durch Knospung. Die Kamptozoen weisen oberflächliche, durch ähnliche Lebensweise bedingte Übereinstimmungen mit Hydrozoen und vor allem Bryozoen auf, in letztere wurden sie lange als Bryozoa entoprocta (Bryozoen mit After innerhalb des Tentakelringes) eingereiht.

Loxosoma, *Loxosomella*, *Loxomespilon*, *Barentsia*, *Pedicellina* (Abb. 101), *Urnatella* (im Süßwasser).

IV. Mollusca (Weichtiere)

Die Molluscen sind mit 130000 Arten nach den Arthropoden der artenreichste Tierstamm. Sie haben alle Lebensräume des Meeres, des Süßwassers und des Landes besiedelt und sind fossil seit dem Kambrium reich vertreten.

Zu ihnen zählen folgende Gruppen: Polyplacophora (Käferschnecken), Aplacophora (Wurmschnecken) und Conchifera mit Monoplacophora, Gastropoda (Schnecken), Bivalvia (Muscheln), Scaphopoda (Kahnfüßer) sowie Cephalopoda (Kopffüßer).

Molluscen werden vielerorts von Menschen gegessen. Weltweit werden derzeit 5 Millionen Tonnen im Jahr angelandet; mehr als die Hälfte entfällt auf Bivalvia, etwa ein Drittel auf Cephalopoden.

Bau. Der Körper zeigt eine Dreigliederung in Kopf, Fuß und Eingeweidesack. Der Kopf trägt den Mund und die Hauptsinnesorgane; bei Muscheln und Scaphopoden wird er rückgebildet. Der Fuß entspricht der muskulösen Ventralseite des Rumpfes und trägt primär eine Kriechsohle. Er ist wie der übrige schalenfreie Körper mit bewimpertem Drüsenepithel bedeckt und trägt selbst bei Landtieren Wimperstreifen. Im Vorderteil ist eine Fußdrüse ausgebildet. Bei kleinen Schnecken leisten die Wimpern die Fortbewegung, bei größeren erfolgt sie durch Muskelwellen. Der Fuß ist in Gestalt und Funktion sehr variabel. Schreitende Bewegung ermöglicht eine Längsfurche, die ein abwechselndes Vorschieben der rechten und linken Fußhälfte ermöglicht *(Pomatias, Littorina)*, oder eine Teilung in einen Vorder- und einen Hinterfuß *(Strombus)*. Bei grabenden Arten wird er beil- oder stempelförmig, eingepreßtes Blut erweitert seine Spitze und ermöglicht eine Verankerung im Sediment, während der Körper nachgezogen wird. Erhärtetes Sekret der Fußdrüsen, der Byssus, verankert temporär *(Mytilus)* oder dauernd *(Anomia)* am Boden festgeheftete Muscheln am Untergrund. Die Seitenteile, besonders die vorderen, können durch ihr Schlagen Schwimmen ermöglichen (Flügelschnecken). Bei anderen Schnecken wird der Vorderteil des Fußes zur unpaaren, vertikalen Schwimmflosse, bei wieder anderen zum Greiforgan. Aus dem Fuß sind auch die Arme der Tintenfische hervorgegangen. Wurmförmige und sessile Molluscen können ihren Fuß rückbilden.

Die Dorsalfläche des Körpers ist bei Schnekken und Tintenfischen zu einem Eingeweidesack emporgehoben und oft eingerollt. Seine Wandung wird Mantel (Pallium) genannt. In den Eingeweidesack werden die meisten Teile des Darmkanals mit Magen und Mitteldarmdrüse, die Gonaden, Nieren und das Herz verlagert. Sekundär können diese Organe wieder in die Tiefe des Rumpfes einbezogen werden wie bei manchen Nacktschnecken. Der Eingeweidesack ist vom Fußbereich durch eine ringförmige, vorragende Falte, die Mantelfalte, abgesetzt. Unter der frei nach außen ragenden Falte erstreckt sich eine Rinne, in der Kiemen, After und Genitalporen liegen. Oft ist die Mantelrinne am ursprünglichen Hinterende taschenartig vertieft und enthält den Pallialkomplex mit Kiemen, Chemoreceptororganen (Osphradien), Drüsen (Hypobranchialdrüse), After, Genital- und Nierenöffnungen. Der Mantelrand bildet oft röhrenförmige Fortsätze (Siphonen) und trägt Sinnesorgane, gelegentlich sogar Augen *(Pecten, Arca)*. Die Mantelfalte kann sekundär eingeebnet werden (Nudibranchier), sie kann aber auch auswachsen und die Schale mehr oder weniger bedecken.

Die Rückenfläche ist mit Hartsubstanz bedeckt: bei den Aplacophoren nur mit einer dicken Cuticula mit Kalkstacheln (Spicula), bei

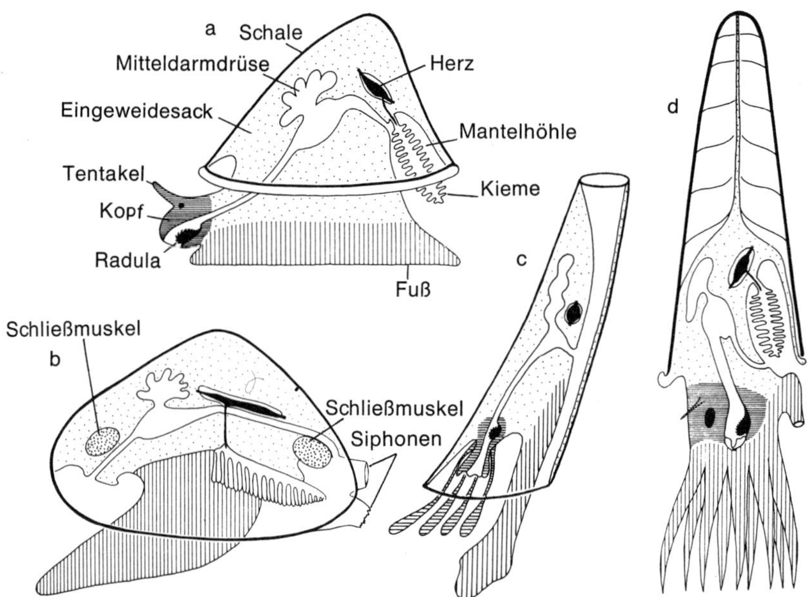

Abb. 102: Conchiferen-Baupläne. a. Ausgangsform mit besonders engen Beziehungen zu den Gastropoden. b. Muschel, c. Scaphopode, d. Cephalopode. Nach Remane, Storch, Welsch

Polyplacophoren am Rand mit einer Cuticula, in der Mitte mit 8 Schalenplatten, bei den Conchifera nur mit der Schale.

Die Schale der Conchiferen bedeckt den Rükken des Tieres vom Mantelrand an. Sie besteht aus 3 Hauptschichten: Außen befindet sich das Periostracum, in der Mitte die Prismenschicht (Ostracum) und innen das Hypostracum. Die beiden ersten entstehen am Mantelrand. Dieser ist meist in 3 Längsfalten und zwei zwischen ihnen liegende Furchen aufgeteilt. Die äußere Falte sezerniert Kalkprismen, die mittlere trägt Sinneszellen, die innere beeinflußt den Wasserstrom.

Das Periostracum besteht aus einer meist dunklen Schicht aus Conchiolin, einem Protein, und ist nicht verkalkt. Es wird am Mantelrand von einer Zellschicht gebildet, wächst also nur peripher. Das Periostracum schützt die Kalkschichten vor dem Abbau in saurem Milieu und gegen bohrende Organismen.

Es folgt nach innen das Ostracum aus Kalkprismen (Calcit; Kristallmodifikation des Calciumcarbonats). Die Prismen stehen vertikal zur Oberfläche und sind durch dünne Lagen von Conchiolin getrennt. Die Prismen entstehen an der äußeren Falte des Mantels in einer Flüssigkeitsschicht, die zwischen dem frisch gebildeten Periostracum und der Manteloberfläche entsteht.

Das Hypostracum, die Innenschicht, besteht aus horizontalen Plättchen und wird von der ganzen Manteloberfläche abgeschieden. Die innerste Zone in dieser Schicht ist die Perlmuttschicht, die aus Aragonit, einer anderen Modifikation des Calciumcarbonates, besteht. Fremdkörper, die zwischen Epidermis und Schale geraten, werden mit Perlmutt überkleidet (Perlenbildung). Auch durch Verletzung des perlmuttbildenden Epithels kann Perlenbildung induziert werden. Manche Molluscen, so *Pinctada*, *Trochus*, *Turbo* und *Nautilus*, besitzen Schalen, die weitgehend aus Perlmutt aufgebaut sind, weswegen sie sich besonderer Wertschätzung in der Schmuckindustrie erfreuen. Zentrum der Verarbeitung von Perlmutt ist Ostasien.

Besondere Verkalkungszonen können sich noch an den Ansätzen von Muskeln an der Schale bilden. An diesen Stellen haftet das Tier fest an der Schale, sonst liegt eine dünne Flüssigkeitsschicht (extrapalliale Flüssigkeit) zwischen Schale und Haut.

Die Schale ist extrem verschiedengestaltig, bei den Muscheln wird sie zweiklappig, bei den Scaphopoden röhrenförmig. Merkwürdig ist, daß eine so wichtige Struktur oft rückgebildet wird. Zahlreiche Schnecken werden «Nacktschnecken», bei einzelnen Muscheln sind die Schalen nur winzige Plättchen, und viele Cephalopoden *(Octopus)* sind schalenlos. Die Rückbildung der Schale beginnt oft mit ihrer Umhüllung durch den zurückgeschlagenen Mantelrand, so daß die feste Schale von einem weichen Gewebe umhüllt wird *(Cypraea* u. a.). Bei *Aplysia* wird die rudimentäre Schale vom Mantel und von Seitenlappen des Fußes umhüllt.

In der Entwicklung entsteht die Schale meist an einer napfartigen Einsenkung der Rückenfläche, der sog. Schalendrüse. Wurde die Schale in der Evolution reduziert, kann eine neue, sekundäre entstehen. Bohrmuscheln, wie *Teredo*, kleiden ihren Gang mit einer Kalktapete aus; *Brechites*, die «Gießkannenmuschel», scheidet eine sekundäre Schutzröhre ab, die sogar ein Porenfeld zum Wasseraustausch enthält. Eigenartig ist das Papierboot *Argonauta*. Das Weibchen dieses Tintenfisches scheidet durch zwei Arme eine Schale aus, die äußerlich völlig einer primären Molluscenschale gleicht.

Auch innere, im Mesoderm entstehende Skelete fehlen nicht. Verbreitet sind Stützpolster unter der Radula (Radula«knorpel», S. 139). Bei Cephalopoden bilden sich an den Flossen, am Mantelrand und im Kopf umfangreiche Knorpelelemente.

Molluscen-Schalen werden seit Jahrhunderten als Tauschmittel verwendet und zu Schmuck verarbeitet (shellcraft). Gemahlen benutzt man sie bei der Herstellung von Keramikglasur, fügt sie Hühnerfutter bei und verwendet sie mancherorts sogar zum Straßenbau. Auch das Sammeln der farbschönen Gehäuse, v. a. von Schnecken, ist zu einem Wirtschaftsfaktor geworden. Am meisten exportieren die Philippinen (Ende der 70er Jahre waren es 3500 Tonnen pro Jahr). Bedroht ist bisher keine Art, allerdings haben sich uneinsichtige Sammler durch Überfischung in einigen Gebieten ihre Erwerbsgrundlage selbst zerstört.

Sinnesorgane. Verbreitet sind Augen am Kopf nahe oder auf den Fühlern (Hauptaugen). Sie entstehen durch Einsenkung vom Ectoderm, die Retina bildet sich an der Hinterwand der Grube oder Blase, ist also evers. Man findet alle

Stadien vom einfachen Grubenauge *(Patella)* über ein Lochkameraauge *(Nautilus)* bis zu komplexen Linsenaugen. Die Bildung der Linse ist verschieden, bald ist sie eine verfestigte Abscheidung im Inneren der Blase *(Helix)*, oder sie wird von der Vorderwand der Blase und der darüberliegenden Haut gebildet, hat also zweierlei Ursprung. Am höchsten entwickelt sind die Augen bei Raubmolluscen, z. B. der Schnecke *Pterotrachea* und den Tintenfischen. Hier wird das Auge durch Faltenbildung der Haut in einer Augenhöhle beweglich, erhält eine Iris mit Pupille, eine Cornea, Lider usw.

Auch außerhalb des Kopfbereiches sind Augen entstanden (sekundäre Augen). Am häufigsten liegen sie am Mantelrand (die Muscheln *Arca*, *Pecten*; die Schnecke *Peronia*), bisweilen am Rand des Sipho *(Cardium)*, auf den Schalenplatten bei Polyplacophora (oft viele Tausend), an den Lappen des Fußes bei der Flügelschnecke *Corolla* und sogar auf vorderen Kiemenfäden bei Muscheln (viele Anisomyarier). Die sekundären Augen sind oft invertiert, weil sich die Retina aus der Vorderwand der Augenblase bildet *(Pecten*, *Cardium)*. In diesem Falle entsteht eine zellige Linse vor der Retina, *Arca* hat sogar zwei Augentypen am Mantelrand, einfache Grubenaugen und Komplexaugen aus einer Anzahl Ommatidien.

Für die Conchifera ist ein Paar Statocysten charakteristisch. Sie liegen im Fuß, werden aber vom Cerebralganglion innerviert. Es sind von der Körperoberfläche versenkte Blasen, deren Einstülpungsgang bestehen bleiben kann. Groß sind sie bei Cephalopoden, sie liegen hier eingeschlossen im Kopfknorpel, so daß manche Ähnlichkeiten mit dem Labyrinthorgan der Wirbeltiere entstehen.

Organe des chemischen Sinns sind verbreitet. Wichtig ist ein Chemoreceptororgan der Atemhöhle, das Osphradium. Es ist paarig oder unpaar, liegt oberflächlich oder versenkt und prüft das Wasser des Atemstroms, kann aber auch dem Aufspüren der Nahrung dienen. Am Kopf bilden sich, besonders bei marinen Nacktschnecken, fühlerartige «Rhinophoren» oder gefaltete Riechorgane an den Kopfseiten (Hancocksches Organ). Auch bei Cephalopoden ist eine Riechgrube am Kopf vorhanden.

Fühler bzw. Tentakel mit verschiedener Sinnesfunktion treten bevorzugt am Kopf auf. Sie können retraktil sein. Eine zweite bevorzugte Stelle für Tentakel ist der Mantelrand, der bei Schnecken und Muscheln dicht mit ihnen besetzt sein kann, besonders an den Einströmungsstellen des Wassers. Schließlich tragen primitive Schnecken Tentakel an einer Seitenfalte des Fußes, der Epipodialleiste, gelegentlich auch am Hinterende des Fußes.

Nervensystem. Die Molluscen haben ein Vierstrang-Nervensystem. Im Vorderkörper liegt ein Schlundring, von diesem ziehen ventral ein Paar Pedalnerven in den Fuß und seitlich ein Paar Pleuralnerven unter der Mantelrinne bis zur Afterregion. Oft finden sich Markstränge, meist aber sind typische Ganglien vorhanden. Dem Bereich des Schlundringes gehören an: dorsal die Cerebralganglien, seitlich am Ursprung der Pleuralnerven die Pleuralganglien und ventral am Ursprung der Pedalnerven die Pedalganglien. Cerebral- und Pedalganglien sind meist auch direkt durch ein Konnektiv verbunden. Zwischen den Pedalnerven und Pedal- und Pleuralnerven bestehen ursprünglich zahlreiche Querkommissuren, dadurch entsteht, besonders wenn an den Kontaktstellen ganglıöse Verdickungen bestehen, ein strickleiterähnlicher Bau des Nervensystems. Wichtige Sonderzentren bilden sich in der Afterregion, hier entstehen ein Visceralganglion, das die Eingeweide innerviert, und paarige Branchialganglien (oft Parietalganglien genannt), die Kiemenregion und Osphradien versorgen. Visceral- und Branchialganglien sind oft vereinigt. Besondere Erwähnung verdienen noch im Mantelrand entlangziehende Nerven, die von Pleural- oder Visceralganglien ausgehen. Ein besonderes Buccalganglion für den Vorderdarm mit seiner Radula ist mit dem Cerebralganglion verbunden. Die Cerebralganglien innervieren das Kopfgebiet, vor allem seine Sinnesorgane, aber auch die Statocysten im Fuß, die Pedalstränge vorwiegend die Muskulatur des Fußes, aber auch die Tentakel der Epipodialfalte. Bei vielen höheren Molluscen rücken die Ganglien des Hinterkörpers nach vorn, die Vorderganglien berühren sich oder verschmelzen, so bei vielen Schnecken (Pulmonata, Opisthobranchia); am stärksten ist dieser Konzentrationsprozeß bei den höheren Tintenfischen, bei denen alle diese Ganglien einschließlich der Visceralganglien ein mächtiges Gehirn um den Vorderdarm in einer knorpeligen Schädelkapsel bilden.

Im Zuge von phylogenetischen Umgestaltungen entstehen auch neue Ganglien, so für die aus dem Fuß hervorgegangenen Arme der Tintenfische Brachialganglien, für die Muskulatur des Mantels die Ganglia stellata, unter den Augen die Ganglia optica.

Darmkanal. Der Mund liegt konstant am Vorderende. Seine Ränder tragen oft cuticulare Kiefer, die bei Tintenfischen den starken Schnabel bilden, der Beutetiere zerbricht. Selten bilden die Kiefer ein Stechrohr, z.B. bei der an Tieren saugenden Schnecke *Odostomia*. Räuberische Schnecken tragen ihren Mund auf einem einziehbaren Rüssel, der z.T. umgestülpt und in einer Tasche geborgen werden kann. Der Pharynx ist kompliziert und mit zahlreichen Muskeln versehen. Typisch für die Molluscen ist ihr Raspelapparat. Er liegt auf einer beweglichen Zunge (Radula) und besteht aus einer großen Zahl (bis 150000) chitiniger Zähnchen, die in hintereinanderliegenden Querreihen angeordnet sind. Innerhalb einer Reihe sind die Zähne verschieden. Man unterscheidet im allgemeinen Mittel-, Seiten- und Randzähne (Abb. 108). Auch die Einzelzähne sind nach Form und Funktion sehr verschieden, ein Zahn kann kammähnlich sein, er kann spitze Sicheln bilden (Raubschnecken), er wird dolch- oder messerartig (Mittelzähne bei an Tieren und Pflanzen saugenden Schnecken). Eine extreme Form erreichen sie bei den giftigen toxoglossen Schnecken. Die wenigen Zähne sind hier von der Unterlage gelöst, über 1 cm lang und mit Widerhaken versehen (Abb. 108c). Sie werden einzeln in das Beutetier eingestoßen. Arten von *Conus* können sogar dem Menschen gefährlich werden.

Die Zähne werden in einer Radulatasche von Odontoblasten gebildet. Sie liegen auf einem Stützpolster (Abb. 108) und werden vorn abgenutzt. Verbrauchte Zähne werden über den Darm ausgeschieden, selten in einer ventralen Tasche gespeichert (Saccoglossa). Ist der Verbrauch stark, so verlängert sich die Radulatasche, sie kann körperlang und am Ende spiralig aufgerollt sein *(Patella)*. Ursprünglich ist die Radula reich an Zähnen; wie oft in der Phylogenie vermindert sich im Laufe der Stammesentwicklung die Zahl der Zähne und der Reihen. Sie ist besonders bei Schnecken vielgestaltig und für das System wichtig (Abb. 108). Bei den sich strudelnd ernährenden Muscheln und manchen Schnecken, speziell den Parasiten, wird die Radula rückgebildet. In der Zunge liegt oft Radula«knorpel» aus einem Gewebe, das aus normalen und modifizierten, blasenförmig aufgetriebenen und glykogenreichen Muskelzellen besteht und bei manchen Arten zusätzlich Knorpelzellen in einer typischen Grundsubstanz enthält.

Außer der Radula trägt die Mundhöhle mancher Schnecken Seitenwülste mit Chitinzähnchen, und bei manchen Flügelschnecken (*Clione* u.a.) dienen ausstülpbare Hakensäcke dem Beutefang.

Neben der Raspel- und Greiffunktion des Pharynx ist die Saugfunktion oft gut entwickelt, bisweilen durch einen eigenen Schlundsack (Saccoglossa).

Die ursprüngliche Ernährung der Molluscen war ein Abraspeln des Bewuchses von der Oberfläche der Hart- und Weichböden. Dieser enthält beispielsweise Algen, sessile Tiere und abgesunkenen organischen Detritus. Die Molluscen sind also primär Weidegänger. Mit geringer Abänderung des Vorgangs können sie sich auf Abweiden von weichen Pflanzenteilen oder tierischen Aufwuchses (Bryozoen, Schwämme, Cnidariern) spezialisieren. Echte Räuber sind die Tintenfische und viele höhere Schnecken, die Holothurien und Seesterne verschlingen und Fische durch Gift töten können. Eine eigenartige Gruppe sind die schalenbohrenden Schnecken, sie durchbohren vorwiegend durch Drillbewegungen der Radula selbst die Schale von Muscheln und fressen den Inhalt (Naticidae, *Nucella* u.a.). Unterstützt wird das Bohren der Radula durch Abgabe eines sauren, kalkauflösenden Sekretes.

Manche Molluscen sind Suspensionsfresser, d.h. sie nehmen im Wasser schwebenden Detritus und Planktonorganismen auf (einige Schnekken [*Viviparus*, *Turritella*, *Crepidula* u.a.] sowie die meisten Muscheln). Die Fangmethoden sind merkwürdig. Aus dem Atemstrom durch die Mantelhöhle werden bei diesen Schnecken die Schwebpartikel vor oder auf den Kiemen abfiltriert, mit Schleim zu einem Band verbunden, das in einer Rinne auf der rechten Körperoberfläche zum Kopf geleitet wird, wo es von Mund und Radula abgenommen wird. Vollendete Suspensionsfresser mit Hilfe der Kiemen sind die Muscheln. Vereinfacht ist der Weg bei manchen Flügelschnecken, hier werden Partikel auf den «Flügeln» des Fußes gesammelt und durch Wimpern zum Mund transportiert (Cavolinidae).

Abweichend fangen die sessilen Wurmschnecken *(Vermetus)* Planktontiere. Aus ihren Fußdrüsen schießen sie Schleimstränge ins Wasser, die dann mit den anhaftenden Lebewesen gefressen werden.

Stechsauger (Säftesauger) finden wir sowohl an Pflanzen als auch an Tieren. An Algen saugen die Saccoglossa (marine Nacktschnecken) die einzelnen Zellen aus, die sie mit einem Kiefer anstechen. An Tieren saugen *Neomenia* (Aplacophoren) und die Pyramidelliden (Gehäuseschnecken). Aus ihnen sind echte Parasiten hervorgegangen, die nach einem typischen Larvenstadium ihren Rüssel in ein Tier einstoßen und dann unter starker Umformung Endoparasiten werden, deren Schneckennatur nur durch die Entwicklung erkennbar ist. Von der Basis des Rüssels umwächst eine Falte (Pseudopallium) den übrigen Körper, der dann reduziert wird und schließlich Darm und Mund verliert. Solche Parasiten verschiedener Herkunft leben speziell an oder in Echinodermen, z. B. in Holothurien *(Entocolax, Enteroxenos)*. Eine parasitische Muschel ist *Entovalva*. Parasitismus der Larven an Fischen ist in wechselndem Maß bei Süßwassermuscheln der Unionacea entwickelt.

In den Vorderdarm münden ein oder einige Paare von Speichel- oder Vorderdarmdrüsen. Ihre Funktion ist je nach der Nahrung verschieden, meist sondern sie Schleim für die Bindung der Nahrung ab, mehrfach Fermente, bei Tintenfischen und den Toxoglossen sind es Giftdrüsen, die Drüsen von *Tonna (Dolium)* produzieren 2–4% Schwefelsäure.

Der Oesophagus ist oft ein Kropf, der Magen ist kompliziert: Er ist meist ein Sortierraum, in dem durch Wimperstraßen gröbere, unverwertbare Teile der abgeweideten Nahrung direkt in den Darm geleitet werden, während die feinen Nahrungspartikel in die paarige umfangreiche Mitteldarmdrüse gebracht werden, wo sie z.T. von Wandzellen phagozytiert werden. Die Mitteldarmdrüse ist aber meist nicht nur Resorptions-, sondern auch Sekretionsorgan; bei den Tintenfischen wird sie z. T. eine rein sekretorische «Leber», die mit einem «Gallengang» in den Magen oder einen Darmblindsack mündet. Das Sekret besteht zum großen Teil aus Verdauungsenzymen. Neben der intrazellulären Verdauung existiert also in wechselndem Maße eine extrazelluläre. Arten mit cellulosereicher Nahrung, wie z.B. die holzfressende Muschel *Teredo*, produzieren Cellulase; sie wird bei Pulmonaten durch symbiontische Bakterien geliefert. Übrigens erfolgt mechanische Zerkleinerung der Nahrung nicht nur durch Kiefer und Radula; ähnlich dem Muskelmagen der Vögel kann am Hinterende des Oesophagus oder am Magen ein Kaumagen mit oft starken Platten liegen. Das gilt für die Opisthobranchier, die beschalte Beute (kleine Molluscen, Foraminiferen) ganz verschlingen, wie z. B. *Philine, Retusa, Cylichna*, und für Verzehrer groben Pflanzenmaterials, z. B. *Aplysia*. Am Darm treten vielfach Blindsäcke auf. Merkwürdig ist der Stylus-Sack vieler Arten. In ihm sind Enzyme (Kohlenhydrat-spaltende Enzyme, Lipase, vielleicht auch andere) in einem gallertigen Kristallstiel eingebettet, der in den Magen vorgeschoben und dort an seinem Vorderende zerrieben wird. Der Tintenbeutel der Tintenfische ist ein Blindsack des Enddarms. Der After liegt hinten in der Mantelrinne oder Mantelhöhle und wird bei Schnecken oft mit dieser nach vorn oder an die Seite verlagert.

Coelom. Die Coelomräume nehmen nur einen kleinen Bereich des Körpers ein. Sie bestehen aus zwei hintereinanderliegenden Räumen, die ursprünglich miteinander in Verbindung stehen. Der vordere dieser Räume trägt an seiner Wand die Gonaden (Gonocoel) und wird nach Einengung des Hohlraumes zu den paarigen oder unpaaren Gonaden. Der hintere Coelomraum umschließt das Herz dorsal des Darmes und wird daher als Pericardhöhle bezeichnet. Jeder dieser Räume besitzt ursprünglich ein Paar Ausführgänge nephridialer Natur. Das vordere Paar dient ursprünglich als Genitalgänge, es ist aber nur bei Polyplacophoren und Cephalopoden erhalten, bei den übrigen Gruppen werden die hinteren Nephridien als Geschlechtsleiter verwendet, oder der Verbindungsgang zwischen beiden Coelomen (Gonopericardialgang) mündet nach außen und wird ein neuer Gonadengang (Muscheln). Mesenterien fehlen im Pericard und sind im Gonocoel z.T. vorhanden. Wie oft, ist ein Teil des Coelomepithels exkretorisch tätig.

Atemorgane. Kiemen und Lungen sind verbreitet, Hautatmung kommt meist dazu. Die primären Kiemen sind die Kammkiemen = Ctenidien. Sie ähneln einem Fiederblatt: An einer Mittelrippe sitzen zwei Reihen von Kiemenblättchen (= bipectinat). Wimpern der Kiemen sorgen für den Transport von Wasser an die Kieme und durch die Blättchenreihe, nur die großen, faltenreichen Ctenidien der Tintenfische sind wimperlos. Die Ctenidien liegen in der Mantelhöhle, nur selten werden sie aus ihr hervorgestreckt, z.B. bei unserer Süßwasserschnecke *Valvata* und den Caudofoveata. Folgende Abänderungen treten auf: Die Mittelrippe verwächst mit der Wand der Atemhöhle, so daß nur die Kiemenblättchen frei hervorragen (viele Schnecken, fast alle Muscheln). Eine Blättchenreihe wird reduziert (monopectinat, Mehrzahl der Schnecken, einige Muscheln, *Neopilina*). Ihre höchste Komplikation erreichen die Ctenidien, wenn sie zu einem Filterapparat für die Nahrungsaufnahme umgebaut sind, wie bei den Muscheln. Diskutiert wird die ursprüngliche Zahl der Ctenidien. Verbreitet ist die Zahl 2, doch haben manche Formen eine höhere Zahl (Polyplacophora, Monoplacophora, *Nautilus*). Die primären Kiemen werden mehrfach rückgebildet, nicht nur bei den landlebenden Schnecken, sondern auch bei Meeresschnecken wie *Patella*, Nudibranchia u.a. An ihre Stelle treten dann sekundäre Kiemen, so bei Patelliden zahlreiche Lappen am Mantelrand, bei Nudibranchiern einfache oder verzweigte Rückenfortsätze und bei der Süßwasserschnecke *Planorbarius corneus* ein Fortsatz des Mantelrandes.

Der Übergang zur Luftatmung erfolgt in umfangreichem Maße bei Schnecken. Die Kiemenhöhle wird direkt zur Lunge, indem ihre Wand reich vascularisiert wird. An einer Stelle bleibt ein Atemloch bestehen, dessen Öffnungsweite je nach Feuchtigkeit der Luft durch Muskeln reguliert wird. Bei einigen Landschnecken (Janellidae = Tracheopulmonaten) dringen von der Lunge luftgefüllte Schläuche in das umgebende Gewebe. Zirkulation der Luft in der Lunge sowie In- und Exspiration werden durch Muskeln bewirkt. Auch die Tintenfische mit ihren wimperlosen Kiemen führen Atembewegungen durch.

Manche Schnecken sind Doppelatmer, sie besitzen Lunge und Kieme. Die schon erwähnte Art *Planorbarius corneus* hat beim Übergang zum Wasserleben zu ihrer Lunge eine Kieme am Mantelrand erworben. Manche Kiemenschnecken haben aber schon während des Wasserlebens zu ihrer Kieme eine Lunge erworben (*Ampullaria*). Ein Teil der Kiemenhöhle nimmt in O_2-armem Wasser Luft auf. Ein langer Sipho dient hier zum Luftholen an der Oberfläche des Wassers. Eine Reihe von Pulmonaten lebt sekundär im Süß- oder Brackwasser, und einige sind wieder zu voller Atmung im Wasser übergegangen und nehmen Wasser in ihre Atemhöhle auf (Ancylidae, kleine Planorbiden).

Einige Schnecken atmen nur durch die Haut, ihnen fehlen spezifische Atemorgane.

Blutgefäße. Dorsal liegt im Hinterkörper das arterielle Herz, das durch eine Einfaltung der Pericardwand entsteht. Es erhält sein Blut aus zwei starken Gefäßen, den sog. Vorhöfen, die von den Kiemen kommen. Zwei Paar Vorhöfe sind bei *Nautilus* und *Neopilina* vorhanden, meist ist es nur ein Paar, und bei höheren Schnecken existiert nur ein unpaarer Vorhof. Die Vorkammern bleiben meist erhalten, wenn die Kieme rückgebildet ist; sie erhalten dann arterielles Blut aus dem Mantel bzw. der Haut. Sie fehlen bei Scaphopoden. Bei Muscheln ändern Herz und Pericard mehrfach ihre Lage. Sie können den Enddarm umgreifen oder im Extremfall ventral vom Darm liegen, z.B. bei *Ostrea*, *Teredo* u.a. Gelegentlich ist das Herz paarig (*Neopilina*, *Arca*).

Das Herz pumpt das Blut in die dorsale, unpaare Aorta anterior, von der aus Arterien zu den Organen abzweigen. Bei vielen Schnecken und Muscheln verläßt auch eine hintere Aorta (A. posterior) das Herz, bei Tintenfischen noch eine Arteria genitalis, die Blut zu den Gonaden führt. Das Blutgefäßsystem der Molluscen ist offen, d.h. das Blut ergießt sich aus den Arterien in Kanäle und umfangreiche Räume zwischen den Organen (Lakunen, Sinus). Die Eröffnung des Gefäßsystems kann sehr weit gehen. Bei manchen Muscheln (*Cuspidaria*) sind die Arterien verschwunden, so daß das Herz das Blut direkt in die Lakunen treibt. Nur die Tintenfische haben ein umfangreiches System von Capillaren.

Verschiedentlich kommen accessorische Herzen vor, so bei den Tintenfischen vor den Kiemen jederseits ein venöses Kiemenherz, das das Blut in die Kiemen pumpt, und im Venensystem mancher Muscheln (*Ostrea*) mehrere Herzen, die Blut in den Mantel pumpen.

Vor der Zuführung zu den Kiemen wird das meiste venöse Blut durch die Nieren geleitet; es besteht also ein Pfortaderkreislauf der Niere.

Das Blut enthält bei Schnecken und Tintenfischen einen O_2-bindenden Blutfarbstoff, das kupferhaltige Haemocyanin. Einige zeitweise in O_2-armem Milieu lebende Molluscen haben Haemoglobin im Blut, im Süßwasser die Posthornschnecken (Planorbiden) gelöst, im Meer einige Muscheln (*Arca*, *Pectunculus*, *Solen*) in Blutkörperchen, den übrigen Muscheln fehlen Blutfarbstoffe.

Phagocytierende Amöbocyten wandern weit umher, besonders bei Muscheln, und haben verschiedene Funktionen. Sie beteiligen sich vermutlich an der Nahrungsaufnahme, nehmen Partikel bis zur Größe von Diatomeen auf und verdauen diese. Sie dringen dabei ins Darmlumen vor und nehmen bei Muscheln sogar die Nahrungspartikel der äußeren Kiemenoberfläche auf, die dann in den Körper transportiert werden. Amöbocyten transportieren Exkretstoffe zu Niere, Pericard, in den Darm und durch die Körperoberfläche. Bei Heilung von Schalenbrüchen transportieren sie Kalk zu der Bruchstelle *(Helix)*.

Exkretionsorgane. Die Molluscen haben echte Nephridien: *Neopilina* sechs Paar in metamerer Anordnung, *Nautilus* zwei Paar, Polyplacophoren, Muscheln und Schnecken ein Paar. Die Nephridien sind meist sackartige Gänge und beginnen mit einem Wimpertrichter im Coelom (Pericardhöhle), der zunächst in einen oft nur engen Kanal (Renopericardialgang) führt. Einzelne Nephridien übernehmen auch die Ausleitung der Keimzellen und werden dann zu Gonoducten umgebildet.

Die Exkretionsnephridien (Nieren) haben einen komplizierten Hauptabschnitt («Niere», Sacculus); er bildet Schleifen, Falten, sackförmige Erweiterungen und Verzweigungen, die mitunter den ganzen Körper durchziehen; sie münden – z.T. mit einem eigenen Endabschnitt (Ureter) – in der Mantelrinne. Im Extremfall ist nur eine unpaare linke Niere vorhanden (Mehrzahl der Schnecken).

Wie so oft ist auch das Coelomepithel (Pericard) an der Exkretion beteiligt. Durch Faltung kann es Pericardialdrüsen bilden, bei Cephalopoden liegen sie nahe den Kiemenherzen, bei Muscheln (Unionidae) haben sie Fortsätze bis in den Mantel. Der Harn entsteht bei manchen Schnecken durch Ultrafiltration durch die Herzwand in den Pericardialraum und gelangt von dort durch den Nephridialtrichter oder bei Cephalopoden von der Pericardialdrüse aus über das Pericard in die Niere. Hier werden Glucose und auch Ionen rückresorbiert, bei Landschnecken viel Wasser. Harnstoff (z.B. bei Muscheln) liegt in Kristallen in der Niere; die Landschnecken bilden, wie Vögel und Reptilien, Harnsäure, die in Ruheperioden in der Niere gespeichert wird. Protonephridien existieren nur larval bei manchen Schnecken.

Gonaden und Geschlechter. Bei Molluscen kommen alle Variationen von voller Geschlechtertrennung über Zwitter mit Ovarien und Hoden bis zu Zwittern mit Zwittergonade (Pulmonaten) vor. Geschlechtertrennung ist besonders bei primitiven Formen und bei Cephalopoden vorhanden. Die Geschlechter sind meist gleich oder ähnlich, nur bei Cephalopoden kommt vereinzelt starker Sexualdimorphismus vor, die Männchen sind Zwergmännchen *(Argonauta)*, und bei der Schnecke *Lacuna pallidula* wiegt das an dem Weibchen sitzende Männchen nur $^1/_{20}$ so viel wie dieses. Zwitter kommen in verschiedenen Formen vor: protandrische Zwitter, die als Männchen beginnen und sich über Zwitter in Weibchen verwandeln, wie die Schnecke *Crepidula*, Wechselzwitter, bei denen männliche und weibliche Gonaden in unterschiedlichen Phasen reifen (manche Austern), und schließlich Zwitter mit gleichzeitiger Produktion von Eiern und Samen in einer Zwittergonade (Pulmonaten).

Die Gonaden liegen primär in der Wand des vorderen Coeloms, die Keimzellen gelangen in die Coelomhöhle und werden durch Coelomoducte (Nephridien) ausgeleitet. Mit der Verkleinerung des Coeloms werden diese Bezirke direkt zu Gonaden. Ihre Zahl beträgt 2 Paar *(Neopilina)*, meist nur ein Paar, oder es ist nur eine einzige Gonade vorhanden (Schnecken, Tintenfische). Ist die Eiproduktion groß, wie bei vielen Muscheln, so können sich die Gonaden weit zwischen den übrigen Organen ausdehnen und bis in den Mantel hineinziehen. Abweichend verhält sich *Neopilina* mit 2 Paar Gonaden, die vom dorsalen Coelom losgelöst sind.

Die Ausleitung erfolgt primär durch Nephridien. Es besteht die Tendenz, die Geschlechtsleiter von den Nieren zu lösen, die Nierenfunktion abzubauen und sie zu reinen Gonodukten umzubilden. Die Ausleitungsgänge erfahren komplizierte Umbildungen. Bei *Neopilina* führen die Gänge der Gonaden in das 3. und 4. Paar der Nephridien, bei Polyplacophoren und Cephalopoden sind nur ein Paar oder ein einziger Gonoduct vorhanden, der wohl dem 4. Nephridienpaar von *Neopilina* entspricht, aber seinen Nierencharakter verloren hat. Bei den übrigen Molluscen gelangen die Keimzellen über den Verbindungsgang mit dem Pericard (Gonopericardialgang) in dieses und werden von hier durch Genitalgänge ausgeleitet, die wohl den hinteren Nephridien entsprechen. Bei Schnecken und Muscheln münden die Gonaden primär in die hinteren Nephridien, doch entstehen bald eigene Genitalgänge; bei Muscheln, indem die Gonadenmündung an den Nephridien nach außen rückt und bald, unabhängig von der Niere, als reiner Genitalgang direkt nach außen mündet; bei Schnecken, indem die Gonade nur in die linke mündet und diese bald ihren Charakter als Niere verliert und reiner Genitalgang wird.

Der Oviduct wird mit der Lieferung von Substanzen für die Bildung von Eikapseln und Laich, Nährstoffen (Eiweißdrüsen) kompliziert und kann bei innerer Befruchtung ein Receptaculum seminis erhalten, den Eileiter in Befruchtungs- und Eilegegang sondern usw. Der Samenleiter kann durch Begattungsorgane, Spermatophorentasche, Prostata differenziert werden.

Die Befruchtung ist primär eine äußere. Eier und Spermien werden ausgestoßen, und im Wasser findet die Befruchtung statt. Eine Sicherung der äußeren Befruchtung erfolgt dadurch, daß die Eiablage nur in Gegenwart eines Männchens erfolgt. Dieses setzt sich oft auf die Schale des Weibchens, und schließlich können dabei Ketten von Tieren zusammenleben wie bei *Crepidula*. Bei manchen Muscheln *(Mytilus* u.a.) löst das Ausstoßen der Gameten eines Tieres den gleichen Vorgang bei den Nachbartieren aus, so daß ein Massenlaichen einsetzt. Wenn die Eier zuerst im Mantelraum behalten werden, wie es bei Brutpflege der Fall ist, werden die Eier hier befruchtet. Mehrfach ist aber innere Befruchtung entstanden, so bei den Cephalopoden, der Mehrzahl der Schnecken und manchen Aplacophoren. Die Art und Weise, wie die Spermien in das Weibchen übertragen werden, ist recht verschieden. Bei Tintenfischen werden z.B. komplizierte Spermatophoren gebildet. Parthenogenese tritt selten auf, z.B. bei der ins Süßwasser vorgedrungenen Schnecke *Hydrobia jenkinsi;* dagegen kommt Selbstbefruchtung bei höheren Pulmonaten *(Lymnaea, Arion)* und Opisthobranchiern mehrfach vor.

Das Sperma wird meist in einem Receptaculum seminis gespeichert. Die Übertragung des Spermas bzw. der Spermatophoren erfolgt bei den meisten Schnecken durch einen Penis an der rechten Kopfseite, zu dem die Spermien von der Genitalöffnung durch eine Wimperrinne oder einen Kanal geleitet werden, doch kommen auch andere Übertragungen vor.

Die Eier sind von einer Hülle (Chorion) und oft (Schnecken) einer Nährflüssigkeit (Eiweiß, besser Eiklar) umgeben, die von Drüsen des Eileiters abgeschieden werden. Die Eier werden einzeln, in Laichballen, -ketten oder -schnüren abgesetzt.

Entwicklung. Die Furchung ist eine Spiralfurchung. Bei der Mehrzahl der marinen Molluscen (außer Cephalopoden) schlüpft eine Trochophora-Larve mit Wimpergürtel, Scheitelplatte und oft mit larvalen Protonephridien. Sie gewinnt bald durch Ausbildung des Fußes an der Ventralfläche und Bildung der Schale Sondermerkmale und wird als Veliger-Larve bezeichnet (Abb. 103). Nach der Lebensdauer im Plankton und der Ernährung lassen sich zwei Haupttypen erkennen: 1. planktotrophe Larven. Sie ernähren sich durch Einstrudeln von Plankton mit ihrem gut entwickelten Wimperband. Ihre Lebensdauer ist meist lang. 2 Untertypen: a. Die Larvenzeit dauert 2–3 Monate, Wimperband gut entwickelt, bildet Lappen (bei Muscheln und vielen Schnecken). b. Larvalzeit dauert 1 Woche, Wimperband einfach, besonders bei Schnecken (Nudibranchier). 2. Lecitotrophe Larven. Sie sind reich an Dotter und ernähren sich von ihm während der einige Stunden bis wenige Tage dauernden Larvalzeit. Solche Dotterlarven haben Polyplacophoren, Aplacophoren, Scaphopoden und primitive Muscheln *(Nucula, Yoldia)*. Bei manchen Larven überwächst die Wimperregion den ganzen Körper, z.B. bei der Hüllglockenlarve von Muscheln *(Nucula)* und Aplacophoren *(Neomenia)*. Die Hüllzellen werden später abgestoßen oder verzehrt. An das freischwimmende Veligerstadium kann sich eine Veliconcha anschließen, die schwimmen und kriechen kann.

Vielen Molluscen fehlen freilebende Larven, z.B. den Cephalopoden mit ihren dotterreichen Eiern, den Land- und Süßwassermolluscen mit Ausnahme der Muschel *Dreissena* mit ihrer Trochophora. Aber auch viele Meeresschnecken (die meisten Neogastropoden) schlüpfen als kleine Schnecken aus dem Ei. Die Trochophora- bzw. Veliger-Larve fehlt ihnen nicht, aber sie bleibt in der Schale, wie überhaupt Teilmerkmale der Veliger, z.B. der Wimperkranz und seine großen Zellen, sehr lange bei Embryonen erhalten bleiben, sogar noch bei jungen Schnekken. Im Eikokon verbleibende Veliger-Larven ernähren sich bei vielen Schnecken von Nähreiern, d.h. mitgegebenen Eiern, die sich nicht entwickeln. Bei *Nucella lapillus* sind es 20–30, bei *Buccinum undatum* 100, bei *Volutopsis norvegica* bis 100000.

Abweichende Larven sind die Veliger mancher Schnecken (Lamellariidae, Cypraeidae), die in einer provisorischen, großen, bestachelten Schale leben, die das Schweben erleichtert (Echinospira). Höchst merkwürdig ist der Larvalparasitismus der Süßwassermuscheln (Unionacea). Eine besondere Larve (Glochidium, Abb. 103f, g) lebt als Parasit in Geweben von Fischen, seltener von Amphibien *(Necturus)*. Sie ernährt sich durch Resorption der Nährstoffe über den wulstigen Mantelrand, also parenteral; ein kurzer larvaler Haftfaden wird von der Fußanlage gebildet. Die Larven werden ausgestoßen und erreichen auf verschiedene Weise einen Fisch. Bei unseren Unioniden haben die Schalen nach innen ragende Dornen, mit denen sie sich, wenn sie mit Fischen in Berührung kommen, an Kiemen oder der Haut befestigen. Bizarr ist die Übertragung der nordamerikanischen *Lampsilis*. Nahe der Ausstromöffnung des erwachsenen Tieres entwickelt der Mantel einen aktiv bewegten Lappen, der als Köder für Fische dient. Bei einer Art *(L. ovata)* imitiert der Lappen auffallend einen Fisch mit Augen und Schwanz. Beschattet ein angelockter Fisch die Muschel, so wird er mit Glochidien beschossen. Viele Muteliden haben ein freischwimmendes Larvenstadium mit zwei bewimperten Lappen, einer kleinen Schale und einem dornenbesetzten Teil, mit dem sie sich an einem Fisch festheften, in den sie dann Nährfortsätze entsenden.

Abstammung. Man hat versucht, die Molluscen von Anneliden oder Turbellarien abzuleiten. Beide Wege sind nicht gangbar. Mit den Turbellarien bestehen, abgesehen von einigen primitiven Merkmalen, kaum Übereinstimmungen. Die äußere Ähnlichkeit des komplizierten Genitalapparates mancher Turbellarien und höherer Schnecken ist eine Parallelbildung, wie die Herausarbeitung der nicht homologen Ähnlichkeiten erst innerhalb der Schnecken beweist.

Mit den Anneliden verbindet die Molluscen zwar eine Reihe homologer Merkmale (Trochophora, Coelom mit Nephridien, Gonoducte sind primär Nephridien), aber es fehlt ihnen die Sprossungsmetamerie (Tritomerie). Molluscen haben sich offenbar vor der Entstehung dieser Metamerie abgezweigt.

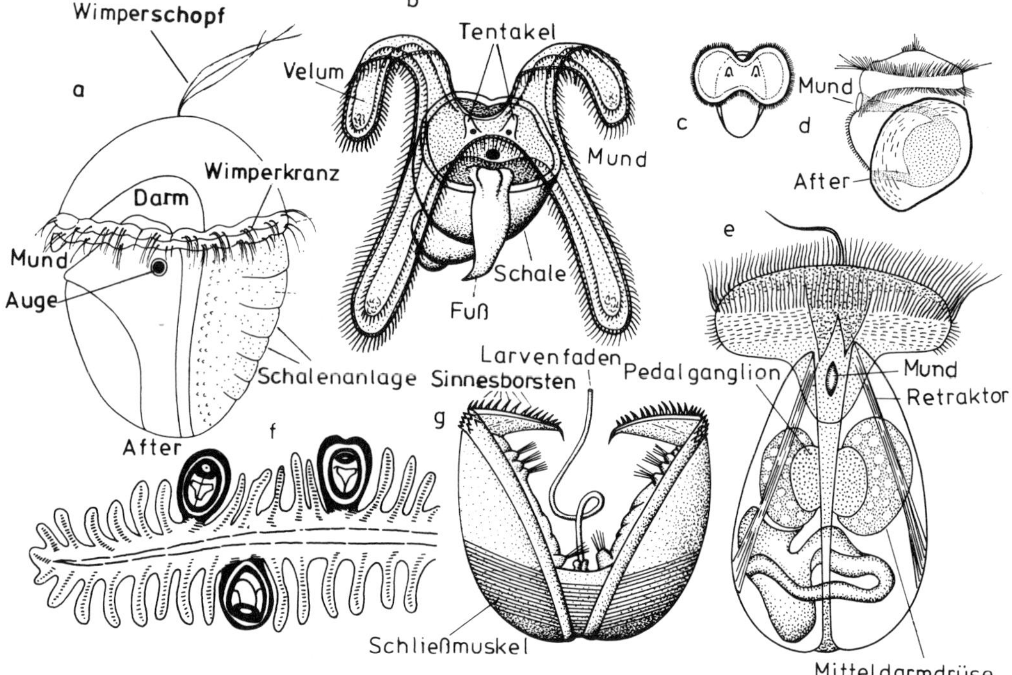

Abb. 103: Larvenformen von Molluscen. a. Trochophora einer Polyplacophore, b–d. Veliger-Larven von Schnecken in unterschiedlichen Maßstäben, b. Bauplan, c. *Turritella*, d. *Patella*, e. Veligerlarve der Muschel *Dreissena*, f. Fischkiemenblättchen mit Glochidiencysten von *Margaritifera*, g. Glochidium von *Anodonta*, halb geöffnet. Nach Grassé, Harms, Herbers, Lebour, McMurrich, Meisenheimer, Portmann

Diskutiert wird die Frage, ob den Molluscen eine andere Metamerie, etwa vergleichbar den Larvalsegmenten der Anneliden-Larven, zukam (Deutomerie). Die primitiven Merkmale von *Neopilina* machen eine solche Auffassung wahrscheinlich. Zwar gibt es sekundäre Vermehrung von Organen, z.B. Kiemen bei Polyplacophoren, aber bei *Neopilina* handelt es sich um Garnituren funktionell verschiedener Organe: Kiemen, Nephridien, Muskulatur u.a.

Die ausgeprägte Spiralfurchung, die Bildung des Mesoderms aus Urmesodermzellen und die Trochophoralarve verweisen die Molluscen eindeutig in die Gruppe der Spiralier.

1. Klasse: Polyplacophora (Käferschnecken, Chitonen)

Der Körper ist mit muskulösem Fuß und schildförmigem Rücken versehen, der durch eine tiefe Mantelrinne abgegrenzt ist (Abb. 104). Der kleine Kopf ohne Tentakel wird vom Mantel überdeckt. Dieser ist durch eine Cuticula mit kalkigen Stacheln oder Schuppen (Gürtel oder Perinotum) gekennzeichnet. Der Rücken trägt acht Platten, die gegeneinander beweglich sind und ein Einrollen des Tieres gestatten. Sie sind in einer Rinne am Innenrand des

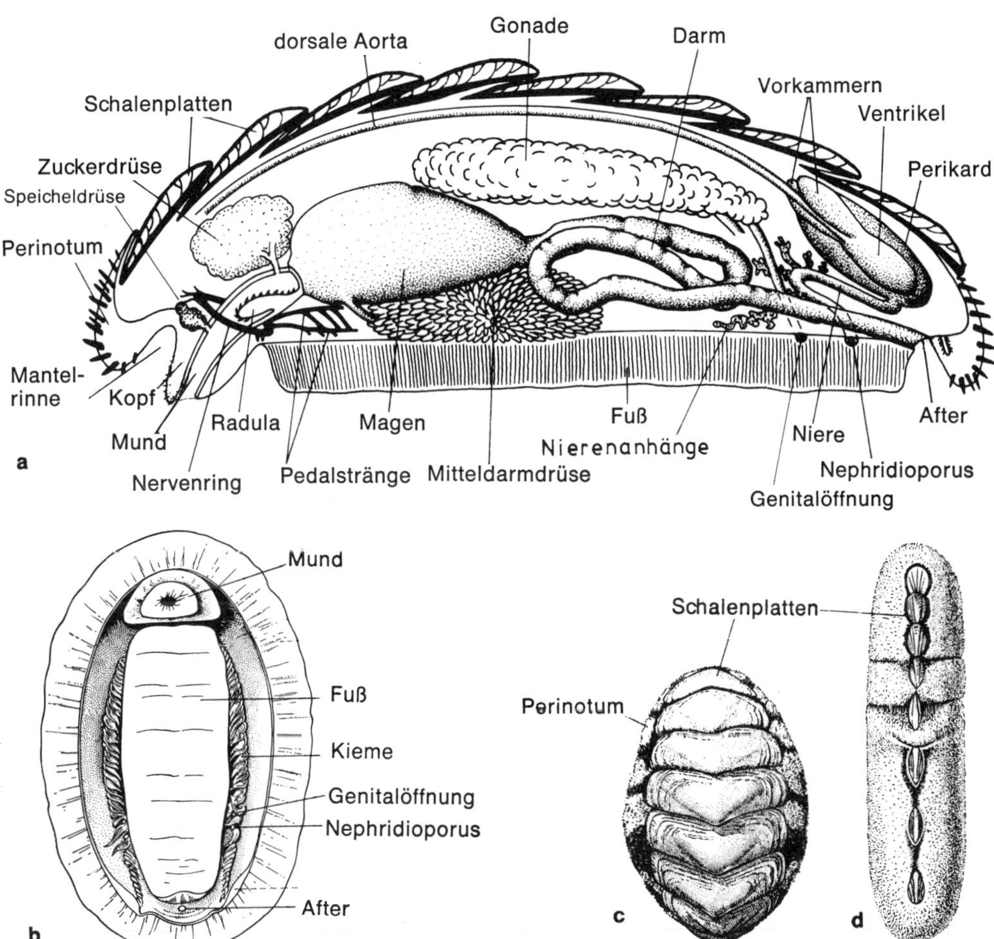

Abb. 104: Polyplacophora. a. Bauplan (der Mund ist von Sinneszellen umstellt, in Afternähe befindet sich als komplexes Sinnesorgan das Osphradium), b. Ventralansicht, c, d. Dorsalansichten, c. *Acanthopleura*, halb aufgerollt, d. *Cryptoplax*. Nach Fischer-Piette, Franc, Pilsbry

Gürtels verankert und werden hier mit Ausnahme der Innenschicht (Hypostracum) gebildet. Die Außenschicht Teg(u)mentum enthält viel organische Substanz und wenig Kalk. Sie gleicht noch sehr einer Cuticula und ist wie diese von Gewebesträngen der Epidermis durchzogen. Diese bilden an der Schalenoberfläche Sinnesorgane (Aestheten), sogar Augen mit Linse (Schalen-Augen). Es folgen das feste Articulamentum, das am Vorderrand der Platten meist ein Paar Fortsätze (Apophysen) für die Gelenkung bildet, und ein oder mehrere Schichten des Hypostracums, das durch Abscheidungen verdickt wird. Die Schalenplatten sind offenbar unabhängig von der Schale der übrigen Molluscen entstanden. An Larven treten zunächst sieben Querreihen von Kalkstacheln hinter dem Wimperkranz auf, die zu den Schalenplatten, und zwar zu den Tegmenta, verwachsen. Die Kalkschichten treten später auf, ebenso die achte Platte. Kalkstacheln im Mantelrand dringen in den Bereich vor dem Wimperkranz ein, was im Gegensatz zu den Verhältnissen bei Conchifera steht.

In der Mantelrinne liegen zahlreiche Kammkiemen (Ctenidien) in wechselnder Zahl.

Das Nervensystem besteht aus Marksträngen. Pedal- und Pleuralstränge sind durch zahlreiche unregelmäßige Commissuren verbunden. Entsprechend der weidenden Lebensweise ist die Radula umfangreich, Drüsen sind reich entwikkelt (Zucker- und Speicheldrüsen, paarige Mitteldarmdrüsen), der Darm ist lang und in Schlingen gelegt. Die Zuckerdrüsen produzieren Amylase. Das Herz setzt sich in die dorsale Aorta fort, es empfängt das Blut aus 2 länglichen Vorkammern. Von den Kiemen wird das Blut in 2 Venae branchiales gesammelt und hinten in die Vorkammer geleitet. Die Gonaden sind durch Verschmelzung unpaar, ohne Verbindung mit dem Pericard, aber mit einem Paar eigener Genitalgänge. Vom Pericard geht ein Paar Nephridien aus, die von einer meist verästelten Schlinge weit nach vorn ziehen und hinter den Genitalgängen münden. Geschlechter getrennt, Eier und Spermien werden ins Wasser abgegeben, es schlüpft eine Trochophora-Larve (Abb. 103). Bisweilen bleiben Eier in der Mantelrinne und entwickeln sich hier zu Larven.

Weitaus die meisten Arten leben im Litoral und sogar in der Gezeitenzone auf Felsboden oder an Korallenriffen.

Sie weiden den Bewuchs von den Hartböden ab. Sie können sich an den Untergrund fest anheften, teils durch die Muskulatur des Mantelrandes, teils durch Saugwirkung der Fußsohle, die durch den Zug der 8 Paar Dorsoventralmuskeln hervorgerufen wird. Größe 1–33 cm.

Die ca. 1000 Arten sind sehr gleichförmig. Hauptsächlich nach dem Bau der Schalen unterscheidet man folgende **Ordnungen: Lepidopleurina** mit *Lepidopleurus*, *Hanleya;* **Ischnochitonina** mit *Chiton*, *Tonicia*, *Amicula;* **Acanthochitonina** mit *Acanthochiton*, *Cryptochiton*, *Cryptoplax*.

2. Klasse: Aplacophora (Wurmmolluscen)

Marine, wurmförmige Molluscen ohne Schale (Abb. 105). Sie weisen primitive und abgeleitete Merkmale auf, so daß ihre Stellung schwer zu beurteilen ist. Abgeleitet ist die Reduktion des Fußes, der z.T. noch durch eine ventrale Wimperfurche vertreten ist, die noch ein Kriechen erlaubt. Reduziert ist auch die Mantelrinne, doch ist bei einer Gruppe am Hinterende eine taschenartige Mantelhöhle vorhanden mit After, Geschlechtsöffnungen und zwei vorstreckbaren Ctenidien. Die umfangreiche Cuticula mit Kalkstacheln wird oft als primitiv angesehen, doch treten bei Larven plattenartige Kalkstacheln und sieben Querreihen von Kalkstacheln wie bei Chitonen-Larven auf, so daß eine solche Bildung wohl ursprünglicher ist als die regellos angeordneten Kalkstacheln der erwachsenen Tiere. Primitiv ist das Nervensystem mit seinen vier Strängen und zahlreichen Commissuren. Die Radula ist einfach, am Darm ein oder zwei Blindsäcke, echte Mitteldarmdrüsen fehlen. Stark abgeleitet ist das Genitalsystem. Die paarigen oder unpaaren Gonaden haben ihre Gonadengänge verloren und leiten die Keimzellen über das Pericard durch die hinteren Nephridien aus, die nicht als Nieren fungieren. Hautmuskelschlauch und oft zahlreiche Dorsoventralmuskeln vorhanden. Länge 1,5 mm bis 30 cm.

1. Ordnung: Caudofoveata (Schildfüßer). Fußschild hinter dem Mund, ermöglicht Eingraben in den Boden, enthält Sinneszellen. In der Mantelhöhle zwei echte vorstreckbare Kammkiemen. Geschlechter getrennt. Eier und Sper-

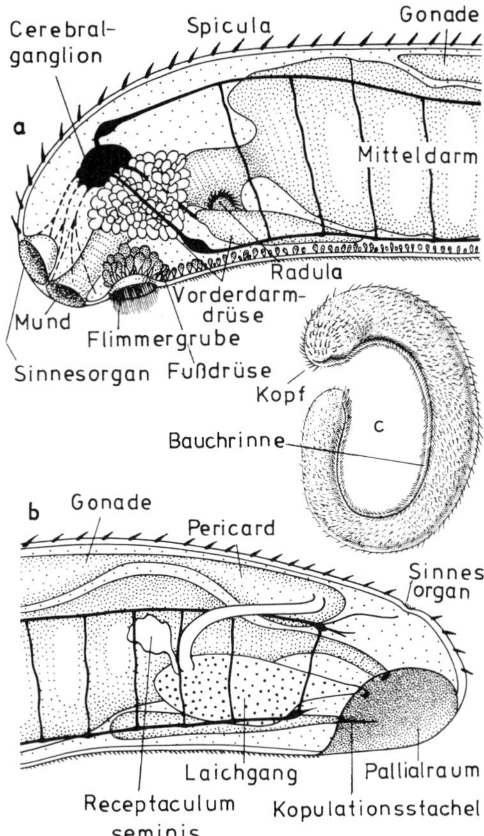

Abb. 105: Aplacophora. a, b. Organisationsschema der Solenogastren. a. Vorderende, b. Hinterende. c. *Proneomenia*, Außenansicht. Nach Kowalewsky, Marion, Salvini-Plawen, Storer

mien werden ins Wasser entleert. Sie leben in Gängen im Meeresboden. *Chaetoderma*, *Scutopus*, *Limifossor* u.a.

2. Ordnung: Solenogastres (Furchenfüßer). Fuß als bewimperte Längsfalte in einer ventralen Rinne erhalten. Er ermöglicht noch gleitendes Kriechen. Kammkiemen fehlen, dafür oft sekundäre Atemfortsätze am Mantelrand des Hinterendes. Zwitter. Innere Befruchtung durch Begattung, z.T. durch Kopulationsorgane. An den Wimperlarven ist das Gebiet der Wimpergürtel weit über die Oberfläche ausgedehnt: Hüllglockenlarve. Die Wimperzellen werden später abgestoßen.

Lebensweise verschieden. Einige (*Anamenia* u.a.) leben an Hydroid- und Korallenstöcken und nähren sich von ihnen, manche kriechen auf der Oberfläche des Grundes, einige graben sich ein oder leben im Lückensystem des Sandes. *Nematomenia*, *Dondersia*, *Epimenia*, *Neomenia*.

Conchifera. Sie umfassen alle übrigen Molluscen. Cuticula und Stacheln fehlen. Eine einheitliche, aber bisweilen zweiklappige Schale bedeckt den Rücken. Ein Paar Statocysten im Fuß, die von Cerebralganglien innerviert werden. Am Mundeingang cuticulare Ober- und Unterkiefer.

3. Klasse: Monoplacophora

Vorwiegend im Paläozoikum; seit 1952 sind mehrere rezente Arten der Gattung *Neopilina* bekanntgeworden. Sie repräsentieren in vielen Merkmalen das Urconchifer oder Urmollusc.

Wie Abb. 106 zeigt, ist der Rumpf in mehreren Organen (Kiemen, Nephridien, Dorsoventralmuskeln, Nervencommissuren) metamer gebaut. Es sind 5–6 Kiemenpaare, 6 echte Nephridienpaare, 8 Paar Dorsoventralmuskeln und ein typischer Fuß vorhanden. Die 2 Paar Gonaden leiten die Keimzellen durch echte Nephridien aus. Das Nervensystem besteht aus Marksträngen. Der von der Schale überdeckte Kopf trägt ein Paar kleiner Tentakel, die Oberlippe ist beiderseits in ein Velum (Palpen) verlängert, hinter dem Mund ein paar Büschel von Fortsätzen, die vom Pedalstrang innerviert werden. Sie sind wohl den Fangtentakeln der Scaphopoden und vielleicht den Armen der Tintenfische homolog. Der Darm ist normal, die Radula umfangreich und rhipidogloss. Das Herz ist paarig, seine Teile liegen beiderseits des Enddarms, die Aorta unpaar; das Herz empfängt durch 2 Paar Vorkammern das Blut von den Kiemen. Das Coelom bildet ein Paar dorsale Taschen im Rumpf. Schale dreischichtig.

4. Klasse: Gastropoda (Schnecken)

Die Schnecken sind mit über 100000 Arten die artenreichste und zugleich die biologisch vielseitigste Gruppe der Molluscen, die alle Lebensräume des Meeres und weite Bereiche des Süßwassers und Landes bewohnen.

Zwei Vorgänge schufen die Schnecken (Abb. 107): 1. die Torsion. Der Eingeweidesack

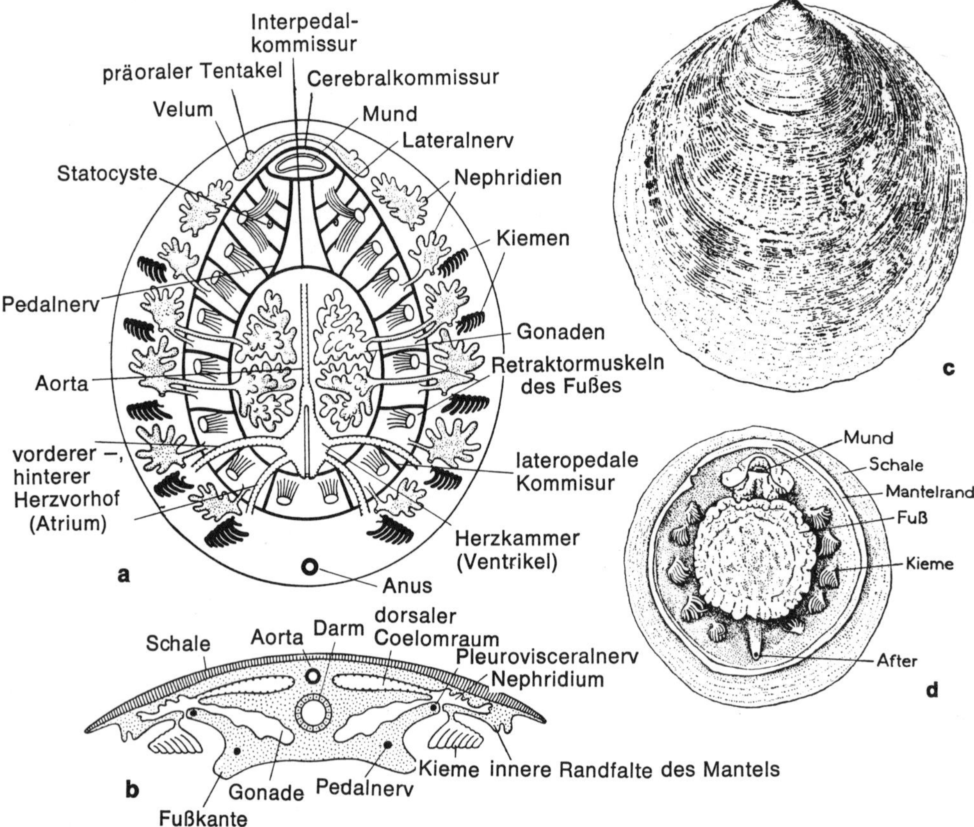

Abb. 106: *Neopilina.* a, b. Organisationsschema, a. Dorsalansicht (ohne Darm und Coelom), b. Querschnitt, c. Schale, d. Ventralansicht. Nach Lemche, Wingstrand

dreht sich um 180°, so daß die Organe der Mantelhöhle (Pallialkomplex: After, Genital- und Nierenöffnungen, Kiemen, Osphradien), die ursprünglich hinten lagen, nach vorn gelangen. Diese Torsion bewirkt eine Verdrehung der Dorsoventralmuskeln zu einem Spindelmuskel und eine Überkreuzung der seitlichen Pleurovisceralstränge (Chiastoneurie). Dabei liegt der eine Strang mit seinem Parietalganglion oberhalb des Darmes, der andere unterhalb (vgl. die Chiastoneurie mit der Überkreuzung von Elle und Speiche bei Drehung der Hand). Die Torsion kann sekundär wieder z. T. aufgehoben werden (Opisthobranchier), häufiger noch die Chiastoneurie. 2. Die Ausbildung der Asymmetrie und Bildung der Windung von Eingeweidesack und Schale. Nach der Torsion ist der Körper weitgehend symmetrisch. Die Schale ist in einer Ebene aufgerollt. Kiemen, Herzvorhöfe, Osphradien, Mitteldarmdrüse, Nieren sind paarig. Bald wird aber die Schale aufgerollt und zum übrigen Körper schief gestellt. Die Organe des Eingeweidesacks werden gleichzeitig unpaar. Schließlich existieren nur eine Mitteldarmdrüse, eine Vorkammer des Herzens, eine Niere, eine Kieme usw. Die Torsion erfolgte zuerst, die Bildung der Asymmetrie später.

Der Körper behält den Kopfabschnitt mit primären Tentakeln und Augen auch bei schildförmigen Schnecken. Der **Fuß** behält lange seine Kriechsohle mit zahlreichen Drüsen, die oft vorn große Fußdrüsen bilden, und eine Bewimperung, die selbst bei Landschnecken noch erhalten ist. Die Schleimsekretion wirkt bei der Bewegung mit (Schleimspur kriechender Schnecken), sie dient der Anheftung und ermöglicht es vielen Arten, unter dem Wasseroberflächenhäutchen hängend zu flottieren (*Lymnaea*, *Hydrobia*). Die pelagische Veilchenschnecke *Janthina* (Abb. 113) baut aus dem Schleim mit Luft-

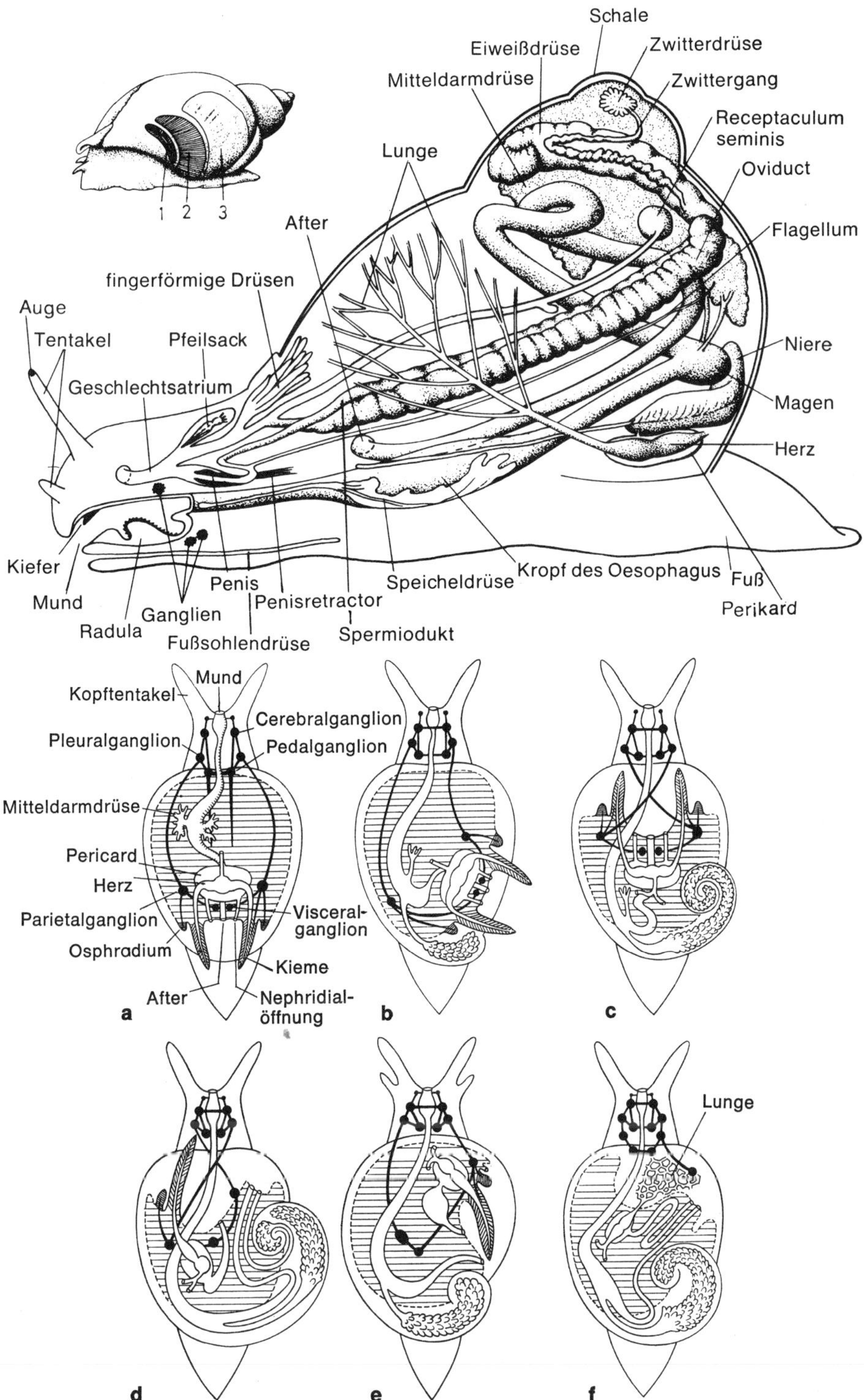

Abb. 107: Oben: Bauplan einer pulmonaten Schnecke *(Helix)*, oben links prosobranche Schnecke mit aufpräparierter Schale, 1: Osphradium, 2: Kieme, 3: Hypobranchialdrüse. Unten: Pallialkomplex und Nervensystem bei den Gastropoda. a. Urform, b. Übergangsstadium in der Entwicklung zu den Prosobranchiern, c. primitiver Prosobranchier (Diotocardier), d. höherer Prosobranchier (mit einer Kieme und einem Osphradium), e. Opisthobranchier, f. Pulmonat. Nach Storer, Usinger, Hennig

blasen ein konsistentes Floß, an dem sie ihre Eier befestigt. Nur bei kleinen Schnecken leisten die Wimpern die Hauptarbeit für die gleitende Kriechbewegung des Fußes. Der Fuß größerer Schnecken arbeitet mit unregelmäßigen oder regelmäßigen Kontraktionswellen. Neben der gleitenden leistet der Fuß mancher Arten eine schreitende Fortbewegung. Es kann der Fuß durch eine Längsrinne in eine rechte und linke Hälfte geteilt sein, die sich abwechselnd vorschieben und festheften *(Littorina, Pomatias)*, oder in einen vorderen (Propodium) und einen hinteren Abschnitt (Metapodium) getrennt sein (Strombidae u. a.). Bei den im Sande grabenden Naticiden können beide durch Flüssigkeitsaufnahme anschwellen, das Propodium vermag Kopf und z.T. die Schale zu bedecken. Die vorderen Seitenteile des Fußes sind oft lappenartig vorgezogen – sie werden als «Parapodien» bezeichnet – und können bisweilen durch flügelartige Bewegung Schwimmen ermöglichen (*Akera*, Pteropoden) oder als Seitenfalten z.T. die Schale bedecken *(Aplysia)*. Die **Schale** ist in ihrer Form enorm vielgestaltig. Sie verliert, besonders bei Brandungsbewohnern (Patellidae, Siphonariidae, Fissurellidae) und bei Bewohnern fließender Gewässer *(Ancylus)*, ihre Windungen. Das kann auch durch Abstoßen der gewundenen Jugendschale geschehen *(Caecum)* oder dadurch, daß die letzte große Windung alle übrigen umfaßt und sie überdeckt, z.T. sogar auflöst (Kaurischnecken, Cypraeidae). Das Wachstum der Schale ist bei manchen Arten (Süßwasser-Pulmonaten, viele Prosobranchier) kontinuierlich; es findet aber oft einen Abschluß nach einiger Zeit und wird dann mit einem verstärkten Randwulst und durch Höcker, die die Schalenöffnung einengen können, versehen. Die meisten Schnecken können Fuß und Kopf völlig in die Schale einziehen. Als Verschlußdeckel tragen sie auf der Dorsalseite des Hinterfußes einen Deckel (Operculum), der hornig oder verkalkt ist und in konzentrischen oder spiraligen Ringen wächst. Er ist bei Arten mit napfartiger Schale rückgebildet und fehlt auch bei Arten mit gewundener Schale (Pulmonaten). Das Operculum darf nicht mit dem Epiphragma verwechselt werden, einer kalkigen Platte, die bei Winter- oder Trockenruhe die Öffnung verschließt. Es ist eine Abscheidung, die jeweils neu gebildet und abgestoßen wird.

Der Mantelrand überdeckt auch bei Schnekken nicht selten die Schale; mit einzelnen Lappen bei *Physa*, als Überzug bei anderen, bei den Kaurischnecken (Cypraeidae) bildet der übergeschlagene Mantel noch eine glatte Außenschicht der Schale.

Die Schale wird oft rückgebildet. Im Gegensatz zu den Tintenfischen verschwindet mit der Schale auch der Eingeweidesack, die Organe werden in die Tiefe des Rumpfes verlagert. Bisweilen zeigt noch ein vom Mantelrand umsäumter Bezirk, z.B. bei Nacktschnecken des Landes *(Arion, Limax)*, die Stelle des Eingeweidesacks. Im Extremfall wird der Körper wurmförmig *(Pseudovermis, Limapontia)*.

Die Mantelhöhle enthält in einer Tasche After, Nieren- und Gonadenöffnungen, Kiemen, neben dem After die oft gefalteten Hypobranchialdrüsen, die den Kot zu Pillen verkleben, und als Sinnesorgan die Osphradien. Kiemen, Osphradien und Hypobranchialdrüsen können reduziert werden, der After wird aus der Tiefe der Mantelhöhle zu deren Öffnung verschoben, desgleichen wird die Nierenöffnung durch eine Rinne bzw. einen Kanal (sekundärer Harnleiter) verlängert.

Die für die Atmung notwendige Wasserzirkulation verändert mit der Asymmetrie ihren Verlauf. Ursprünglich tritt das Wasser beiderseits in die Mantelhöhle ein und verläßt sie in der Mitte. Hier bildet sich in der Schale ein Schlitz: Verwachsen die Schalen am Rand, so entsteht ein Loch in der Schale, das weit vom Schalenrand entfernt liegen kann *(Fissurella)*. Dieser Prozeß der Lochbildung kann sich während des Wachstums wiederholen, so daß eine Serie von Exspirationslöchern entsteht *(Haliotis)*. Die ersten werden bei weiterem Wachstum durch eine Kalkabscheidung geschlossen. Ist nur eine Kieme vorhanden, verläuft der Atemstrom quer durch die Mantelhöhle. Die Einstromstelle liegt neben der Kieme. Der Mantelrand bildet hier eine Ringfalte um sie. Diese ist mehrfach zu einem Sipho verlängert, der den im Boden kriechenden Arten *(Nassa)* als Schnorchel dient und infolge seiner Bewegbarkeit ein Aufspüren von Beute ermöglicht, da das eingezogene Wasser dem Osphradium Geruchsstoffe zuführt. Der Sipho ist z.T. von einem Fortsatz der Schale umkleidet, so daß man schon an dieser die Existenz eines Siphos erkennen kann. Auch die gegenüberliegende Ausstromöffnung kann durch Mantelrand und Schale markiert sein, bildet aber keinen langen Sipho.

Die Umbildung der Mantelhöhle in eine **Lunge**

ist mehrfach erfolgt. Unter Rückbildung der Kiemen dehnt sich das Blutgefäßnetz an der Innenwand aus und nimmt O_2 aus der aufgenommenen Luft auf. Auch hier entsteht bei Landschnecken durch Faltung des Mantelrandes ein Atemloch, dessen Weite je nach Feuchtigkeit und Temperatur durch Muskeln verändert wird. Bei den ins Wasser gegangenen Lungenschnecken schließt sich das Atemloch, wenn das Wasser den Rand berührt. In- und Exspiration werden durch Senken und Heben der Körperwand in der Atemhöhle bewirkt.

Die **Kieme** selbst wechselt von einem freien Ctenidium mit 2 Blättchenreihen (bipectinat) zu Kiemen mit einer Blättchenreihe. Nach Anwachsen der Mittelrippe hängen diese Blättchen von der Wand der Kiemenhöhle herab. Das einzelne Blättchen kann sekundär wieder kompliziert werden. Häufig fehlt die primäre Kieme, und sekundäre Kiemen werden vom Mantelrand oder als Rückenanhänge gebildet.

Die Schnecken sind primär weidende Tiere, die mit ihrer Radula die Oberfläche des Bodens oder der Pflanzen abschälen. Die **Nahrung** be-

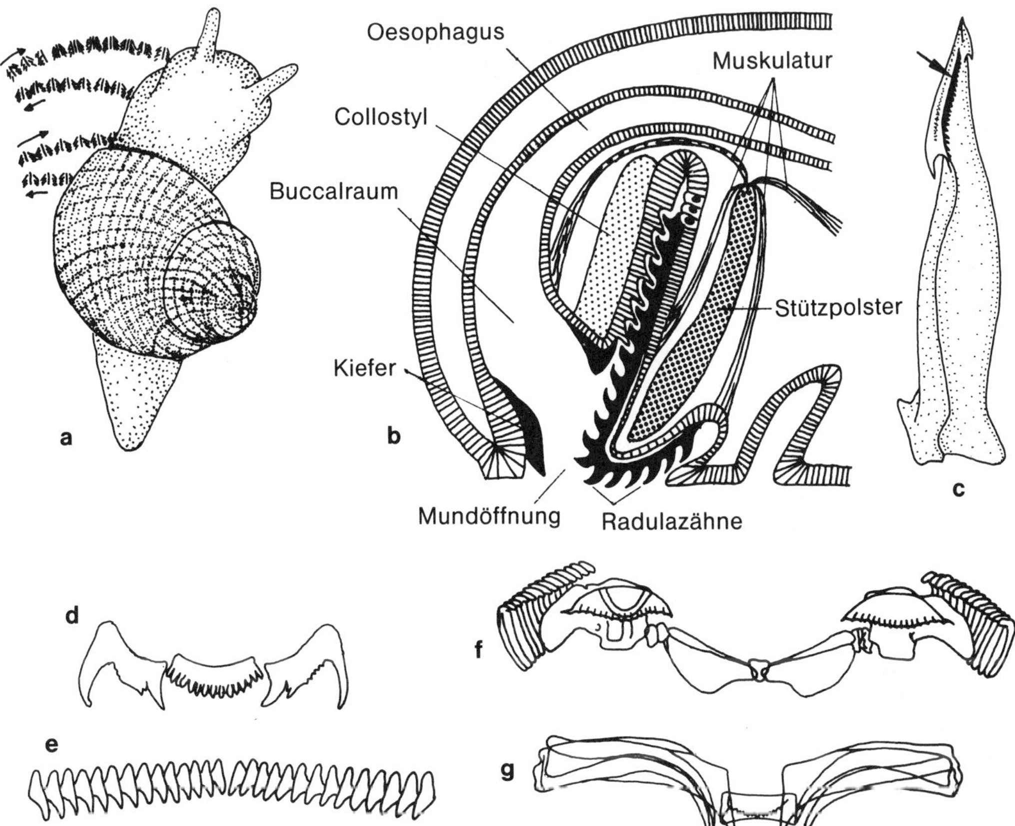

Abb. 108: Radula. a. *Littorina* beim Abweiden des Substrates. Beim langsamen Vorwärtsgleiten wird der Kopf pendelnd bewegt (Pfeile, «Pendelfraß»). Die Tätigkeit der Radula hinterläßt Bißspuren. b. Schema des Radulaapparates einer Lungenschnecke (Sagittalschnitt, Funktionsstellung der Radula); das Collostyl ist eine Stützstruktur aus Muskel- und Bindegewebe, die von Bluträumen durchzogen wird. c–g. Radulazähne. c. einzelner Zahn einer toxoglossen Radula *(Conus)*, die bei vielen Neogastropoden vorkommt. Der Pfeil weist auf den Giftentleerungsspalt. d. Neben dem Zentralzahn steht jederseits ein Lateralzahn. e. Zahnreihe einer ptenoglossen Radula *(Scalaria)* aus zahlreichen, gleichartigen Zähnen; ein Zentralzahn fehlt. f. Zahnreihe einer rhipidoglossen Radula *(Neritina)*: neben dem Zentralzahn 2 Typen anderer Zähne (laterale und marginale Zähne). g. Zahnreihe aus taenioglosser Radula *(Pterotrachea)* mit Zentralzahn und jederseits wenigen lateralen und marginalen Zähnen. Kommt bei den meisten Mesogastropoden vor. Nach Kerth, Kolm, Loren, MacDonald, Nybakken, van Mol, Wägele

steht dann aus Algen, Pflanzenteilen und z.T. kleinen Tieren. Schnecken, die den Belag von Felsen abkratzen, wie *Patella* und *Littorina*, haben entsprechend der starken Abnutzung der Zähne einen stark verlängerten, spiralig aufgewundenen Radula-Sack. Viele Schnecken sind Pflanzenfresser und im Meer auf bestimmte Algen spezialisiert, während sie im Süßwasser und auf dem Land die Pflanzen verzehren, die sie mit ihrer Radula bewältigen können, d.h. an höheren Pflanzen die weicheren Teile. Eine besondere Art der Nahrungsaufnahme haben die Saccoglossa unter den marinen Nacktschnekken. Sie stechen mit dolchartigen Radulazähnen Zellen von Algen an und saugen sie aus. Viele Schnecken, besonders Neogastropoda, aber auch Landschnecken, sind Raubtiere geworden. Oft weiden sie sessile Tiere, etwa Schwämme, Nesseltiere und Bryozoen ab und sind auf einzelne Tiergattungen spezialisiert. Vielfach aber sind sie Schlinger, die bewegliche Beutetiere verfolgen und selbst größere Tiere verschlingen.

Entsprechend der ganz verschiedenen Ernährung ist der Darmtrakt vielfach umgeformt. Ein cuticularer Oberkiefer ist meist vorhanden, er ist vielfach mit Leisten und Zähnchen versehen, selten ein Stechrohr, z.B. bei der an anderen Tieren saugenden *Odostomia*. Die **Radula** (Abb. 108) ist bei den primitiven Formen noch rhipidogloss (d.h. es sind zahlreiche Querreihen von Zähnen vorhanden [bis einige Hundert], in jeder Querreihe stehen viele, bis ca. 30 Zähne, insgesamt also einige Tausend). In den Querreihen sind die Zähne verschieden, in der Mitte steht ein unpaarer Zentral- oder Rhachiszahn, es folgen einige Lateralzähne und außen oft hakenartige Marginalzähne (Uncini). Man unterscheidet verschiedene Radulatypen (Abb. 108). Eine extreme Form erreichen die Zähne bei den giftigen Toxoglossen: Die wenigen Zähne sind von der Unterlage gelöst, sie sind einige mm lang und mit Widerhaken versehen und werden einzeln in das Beutetier eingestoßen; Arten von *Conus* können sogar dem Menschen gefährlich werden. Die übrigen Darmbereiche sind recht verschieden. Kropf, Muskelmagen, Kristallstiel usw. können vorhanden sein oder fehlen. Von den Mitteldarmdrüsen ist nur eine stark entwickelt und bisweilen in einzelne Schläuche zerlegt (Nudibranchier).

Ursprünglich ist ein Paar von **Nieren** vorhanden, doch wird die primär rechte, die gleichzeitig Geschlechtsleiter ist, schließlich zu einem reinen Gonoduct, so daß nur die primär linke Niere übrigbleibt. Sie ist meist kompakt, selten entsendet sie Schläuche zwischen die Organe (Dorididae). Bei Land-Pulmonaten ist die Verbindung mit dem Pericard schmal, so daß nur wenig Wasser von der Pericardhöhle in die Niere geleitet wird (Wassersparen). Die Nierenöffnung ist durch einen sekundären Harnleiter bis zum Mantelrand verlagert.

Die **Geschlechter** sind primär getrennt, aber nur selten äußerlich verschieden. Die Mehrzahl der Arten sind Zwitter, einige mit Zwittergonade und gleichzeitiger Reifung von Eiern und Spermien. Die Befruchtung ist bei primitiven Formen eine äußere, bei den meisten Arten eine innere. Die merkwürdige Lage des Penis an der Kopfseite und die Zuleitung der Spermien zu ihm vom Genitalporus durch eine Wimperrinne oder einen Zusatzkanal wurde schon erwähnt. Es gibt aber auch andere Wege zu innerer Befruchtung: Die Süßwasser-Pilidae bilden einen anderen Penis vom Mantelrand aus. Einige Nacktschnecken des Meeresstrandes stoßen den Penis an beliebiger Stelle durch die Körperwand des Partners *(Limapontia, Alderia)*. Es gibt aber Gattungen ohne Penis (aphallate), die doch innere Befruchtung aufweisen. Hier werden die Spermien wohl durch bewegliche Spermiozeugmen in die weibliche Genitalöffnung transportiert. Das sind Körper, die aus abweichenden Spermien (apyrene und oligopyrene Spermien) entstehen und Mengen von echten (eupyrenen) Spermien transportieren (*Clathrus*, *Viviparus*, *Janthina* u.a.). Parthenogenese ist selten (eine Rasse von *Potamopyrgus jenkinsi*). Teilweise erfolgt innere Selbstbefruchtung, z.B. bei *Arion* und *Lymnaea*. Der Oviduct bildet im distalen Teil Drüsen, die den Eiern Eiweiß (Eiklar) mitgeben. Dieser Teil isoliert sich meist zu einer umfangreichen Eiweißdrüse. Der proximale Teil enthält Drüsen für Hüllenbildungen (Nidamentaldrüsen). Zwischen beiden liegen die Befruchtungsstelle und ein Receptaculum seminis. An der Mündung liegt oft eine umfangreiche Bursa copulatrix zur Aufnahme des Penis. Am Spermioduct liegen Prostata-Drüsen. Bei Zwittern folgt auf die Gonade meist ein Zwittergang bis zur Befruchtungsstelle, dann gehen Eier und Spermien in getrennten Gängen nach außen. Schließlich kann ein getrennter Begattungsgang das Sperma nach innen führen. Die 2 oder 3 Genitalöffnungen können dann nahe beieinander oder weit getrennt liegen. Zusätzliche Ein-

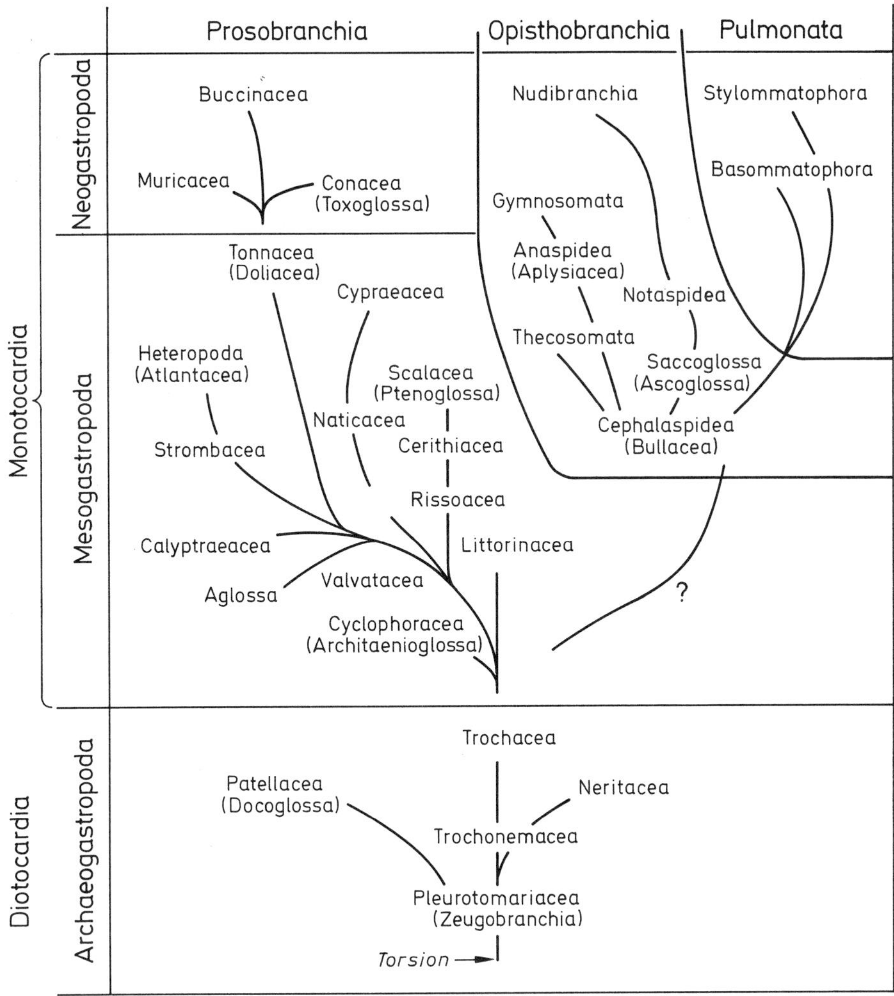

Abb. 109: Phylogenetische Beziehungen der Schnecken. Nach Remane

richtungen treten auf, wenn Spermatophoren, z. B. im Flagellum von *Helix*, oder ein «Liebespfeil» in einem Sack gebildet wird, wie bei vielen Pulmonaten.

Lebendgebären ist selten (*Viviparus*, *Littorina saxatilis*). Brutpflege kommt vereinzelt in Hauttaschen des Vorderkörpers oder in der Mantelhöhle vor.

1. Unterklasse: Prosobranchia (Streptoneura, Vorderkiemer)

Primitive Gruppe. Mantelhöhle vorn. Die Kiemen liegen vor dem Herzen. Die seitlichen Nervenstränge sind gekreuzt (Chiastoneurie, Abb. 107), Fuß meist mit Schalendeckel (Operculum).

1. Ordnung: Archaeogastropoda (= **Diotocardia, Altschnecken**, Abb. 110). Primitive Charaktere: meist 2 Herzvorhöfe, 2 Nieren, 2 Osphradien, meist 2 freie Ctenidien mit 2 Fiederreihen. An den Seiten des Fußes eine Längsfalte (Epipodium) mit Tentakel und Sinnesknospen. Schale meist mit Perlmuttschicht. Die Bellerophontacea (Abb. 110a) mit planspiralem Gehäuse und Schalenschlitz schon im Unterkambrium, doch ist unsicher, ob sie schon die Torsion vollzogen hatten.

Die marinen Pleurotomariacea mit gewundener oder napfartiger Schale mit Schalenschlitz, mit einer Reihe von Löchern (*Haliotis*, Abb.

110c) oder mit einem Exspirationsloch apikal in der napfartigen Schale (*Fissurella*, Abb. 110i). Die Gattung *Pleurotomaria* (Abb. 110b) ist seit der Trias bekannt und lebt heute als lebendes Fossil in tieferen Schichten tropischer Meere. Schale mit Deckel. *Haliotis* (Meeresohr, Abalone), Halbnapfschnecke ohne Deckel, mit zahlreichen Exspirationslöchern.

Die Patellacea (Docoglossa, Abb. 110e) haben sämtlich symmetrische Napfschalen ohne Perlmutt, ihnen fehlen Exspirationsloch, Deckel und Epipodium. Die Ctenidien fehlen, falls nicht die Nackenkieme von *Acmaea* von einem Ctenidium abstammt. Bei *Patella* liegen zahlreiche sekundäre Kiemen am Mantelrand. Häufige Schnecken der felsigen Küstengebiete, auch im Gezeitengebiet verbreitet. Bei Ebbe haben sie einen festen Sitzplatz, an den die Schalenränder genau angepaßt sind. *Helcion* auf Tangen.

Die Trochacea (Kreiselschnecken, Abb. 110h) haben ein echtes Schneckenhaus mit Deckel, Ctenidien und seitlicher Durchströmung der Kiemenhöhle, daher ohne Schalenschlitz oder -loch. Darin gleichen sie den höheren Schnecken, aber sie haben noch eine Perlmuttschicht, 2 Herzvorhöfe und 2 Nieren und 1 Epipodium. Im marinen Flachwasser: *Trochus*, *Gibbula*, *Calliostoma*, *Turbo* (Abb. 110k); *Skenea* in Nord- und Ostsee.

Die Neritacea (Abb. 110g) weichen vielfach ab: Die rechte Niere verliert ihre Funktion, die Perlmuttschicht und das Epipodium fehlen. Die Befruchtung ist eine innere. Das Weibchen hat eine oder mehrere Samentaschen (Spermatheken), das Männchen oft einen Penis am rechten Fühler wie viele höhere Schnecken (Konvergenz?). Strandbewohner des Meeres, im Süßwasser *Theodoxus* = *Neritina* und zahlreiche Landschnecken in den Tropen (Helicinidae, Hydrocenidae) mit einer Lunge.

Die beiden folgenden Ordnungen werden oft zu einer (Monotocardia) zusammengefaßt, weil bei beiden Herzvorhof, Kieme, Niere und Osphradium nur in Einzahl vorkommen. Die Kieme ist mit der Achse am Mantel festgewachsen, nur eine Reihe von Kiemenblättchen hängt an dem Mantelsaum. Die Pedalstränge sind meist zu einem Pedalganglion mit 1 oder 2 Commissuren konzentriert. Befruchtung eine innere, meist ein Penis am oder hinter dem rechten Fühler.

2. Ordnung: Mesogastropoda (Taenioglossa, Mittelschnecken [Abb. 111]). Hierher gehören die Mehrzahl der Meeresschnecken, viele Süßwasser- und Landschnecken.

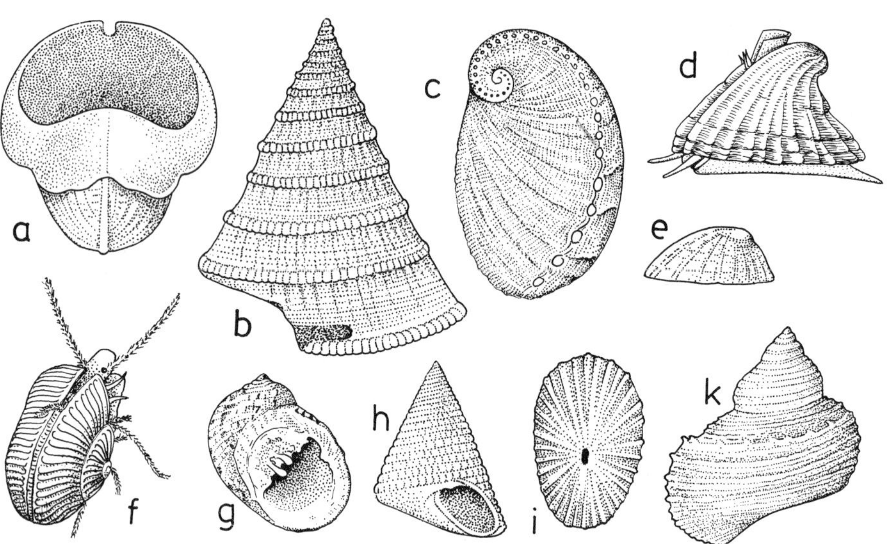

Abb. 110: Archaeogastropoda. a. *Bellerophon* (Palaeozoikum), Zwischenform zwischen Monoplacophora und Gastropoda mit bisymmetrischer Spiralschale; b. *Pleurotomaria*; c. *Haliotis* (Abalone, Seeohr); d. *Puncturella*, mit Schalenschlitz; e. *Helcion* (*Patella*, Napfschnecke), f. *Scissurella*, mit Schalenschlitz und verschiedenen Tentakeln (Kopf-, Epipodial- und Pallialtentakel), g. *Nerita*, h. *Trochus* (Kreiselschnecke), i. *Fissurella*, k. *Turbo*. Nach Fretter, Graham, Gregory, de Haas, Knorr

Radula, falls vorhanden, mit 7 Zähnen in der Querreihe. Mundregion meist rüsselartig.

Die Cyclophoracea = Architaenioglossa sind Süßwasserschnecken wie die lebendgebärenden Sumpfdeckelschnecken (*Viviparus*, Abb. 111a). Die doppelatmende *Ampullaria* lebt amphibisch mit Lunge und Kiemenhöhle.

Die zwittrigen Valvatacea können ihre doppelfiedrige Kieme hervorstrecken; im Süßwasser: *Valvata*.

Die Littorinacea enthalten die typischen, z.T. amphibischen Strandschnecken (*Littorina*, Abb. 111b) der Küsten. Einige Arten können wochenlang bei Luftaufenthalt überleben, sie vermögen große Wassergehalts- und Volumenschwankungen zu ertragen und Harnsäure zu produzieren, eine wassersparende Form der Exkretion. Sie haben ihre Kiemen rückgebildet und besitzen eine gut durchblutete Atemhöhle. In kalten Meeren gehören sie mit einigen Seepocken zu den letzten tierischen Vertretern der Gezeitenzone. *Littorina* ist Zwischenwirt vieler digener Trematoden, die jedoch nicht humanpathogen sind.

Pomatias lebt terrestrisch, an berieselten Felsen im limnischen Bereich kommt *Cremnoconchus* vor, *Lacuna* ist marin.

Die meist kleinen Rissoacea sind häufige Bewohner der marinen Litoralgebiete, des Brackwassers und des Süßwassers (*Hydrobia*, *Bulimus* = *Bithynia*), einschließlich subterraner Quellgebiete. Im Meer *Rissoa*, *Zippora* u.a., in der Gezeitenzone *Assiminea*, *Truncatella*, *Skeneopsis*, die Gattung *Geomelania* ist sogar Landbewohner.

Die Cerithiacea sind vielgestaltig in Schalenform und Lebensweise. Normale marine Schnecken, oft mit hochgetürmten Gehäusen, sind *Cerithium*, *Triphora*, *Bittium* u.a., *Caecum* (im Lückensystem des Bodens) stößt die ersten Windungen der Schale ab, diese ist dann hornförmig. Ein besonderer Weg geht von *Turritella* (Abb. 111g) aus, die mit ihrem langen Gehäuse eingegraben im Meeresboden lebt und sich als «Strudler» ernähren kann. Diese Ernährung führt zu ± sessilen Arten mit unregelmäßig offen gewundenem Gehäuse im Hauptteil (Siliquariidae) und schließlich zu den Vermetidae (Wurmschnecken), die an Felsküsten mit ihren Schalen (Abb. 111f) ganze Riffe bilden und mit Schleimfäden Beute fangen. Eine weitere Gruppe (Melaniidae, Potamididae) lebt im Süßwasser in wärmeren Gegenden und hat sich im Tanganjika-See zu großem Formenreichtum entwickelt.

Die Scalacea = Ptenoglossa haben eine Radula mit zahlreichen, etwa gleichartigen Zähnchen in jeder Reihe (ptenogloss, *Scala*). Ihnen entstammt die merkwürdige Floß- oder Veilchenschnecke *Janthina*, die an einem Floß aus Luftblasen auf dem Meer treibt und an ihm die Eikapseln ablegt (Abb. 113b). Sie ernährt sich von *Velella*.

Die Aglossa sind Säftesauger mit langem Rüssel, aber ohne Radula. Sie parasitieren meist an oder in Echinodermen, *Asterophilus* an Seesternen, *Pelsenaeria* an Seeigeln; *Entoconcha* und *Enteroxenus* in Seegurken.

Die Calyptraeacea sind meist Napfschnecken, die sich durch Kiemenfiltration ernähren und sich auch auf Schalen anderer Molluscen, auch der eigenen Art, setzen. Dadurch entstehen Ketten von Tieren. Die erwachsenen Tiere sind oft sessil. Die weite Mündung der Schale ist z.T. durch eine Lamelle eingeengt. Hierher gehört die Pantoffelschnecke *Crepidula* (Abb. 111c, h), die auf Austern sitzend Nahrungskonkurrent und damit schädlich für die Kultur wird. Protandrische Zwitter.

Die Strombacea sind oft große Schnecken mit dornenbewehrter Schale, der Mündungsrand kann lange Fortsätze tragen. Der Fuß ist in einen Vorderfuß (Propodium) und einen Hinterfuß (Metapodium) geteilt (Abb. 111e) und gestattet aktive Schreit- und z.T. Springbewegungen. Ernährung weidend, aber auch durch Kiemenfiltration (*Struthiolaria*, der Pelikanfuß *Aporrhais*, *Lambis*). Hierher gehört auch *Xenophora*, die ihre Schale mit Molluscenstücken versieht (Abb. 111m).

Bei den Cypraeacea wird die Schale etwa eiförmig, der letzte Umgang überdeckt die übrigen Windungen und löst sie z.T. auf (Abb. 111i). Mantellappen bedecken meist die Schale und bilden auf ihr eine glänzende Schicht. Echte Cypraeidae sind *Trivia* (bis in die Nordsee) und die bekannten Kaurischnecken der Gattung *Cypraea*. Zu den Cypraeacea werden auch die dünnschaligen Lamellariidae mit *Lamellaria* und *Velutina* gestellt.

Die meisten Arten dieser Gruppe leben in den Tropen. Ihr deutscher Name Porzellanschnekken rührt von der porzellanartig-glatten Oberfläche der Schale, die bei den etwa 200 rezenten Arten ganz unterschiedlich gefärbt bzw. gemustert ist. Manche Arten, so die bekannte

Goldene Kauri *(Cypraea aurantium)*, gehören heute zu den besonders beliebten, aber auch teuren Sammlerstücken, andere *(C. moneta)* dienten früher in verschiedenen Gebieten der Tropen als Geld.

Abweichend sind die pelagischen marinen Raubschnecken der Atlantacea (= Heteropoda). Die durchsichtige wurmförmige, bis 36 cm lange *Pterotrachea* trägt eine ventrale, vertikale Flosse. Das Auge ist das höchstentwickelte unter den Schnecken. Die Gattung ist durch verwandte Gattungen mit dem Normaltyp der Schnecken verbunden. *Atlanta* hat noch eine Schale, in die der Körper eingezogen werden kann, der Hinterfuß trägt einen Deckel. *Carinaria* hat nur noch eine kleine Schale, der Vorderfuß wird zu einer Flosse, der Hinterfuß zum Hinterkörper (Abb. 113 a). Bei *Pterotrachea* ist die Schale verschwunden. An ihrer Stelle liegen dorsal After und freie Kiemen, die aus Fiedern des Ctenidiums stammen.

Mit den Naticacea (Abb. 111 l) beginnen die großen Räuber der Mesogastropoden, die Molluscen und Echinodermen verschlingen oder nach Durchbohren der Schale ausfressen. *Natica* und *Lunatia* suchen im Sand Muscheln, umfassen sie mit ihrem großen Vorderfuß und bohren durch Raspeln ihrer Radula ein Loch in die Schale des Opfers.

Zu den großen Tonnacea gehört das Tritons-

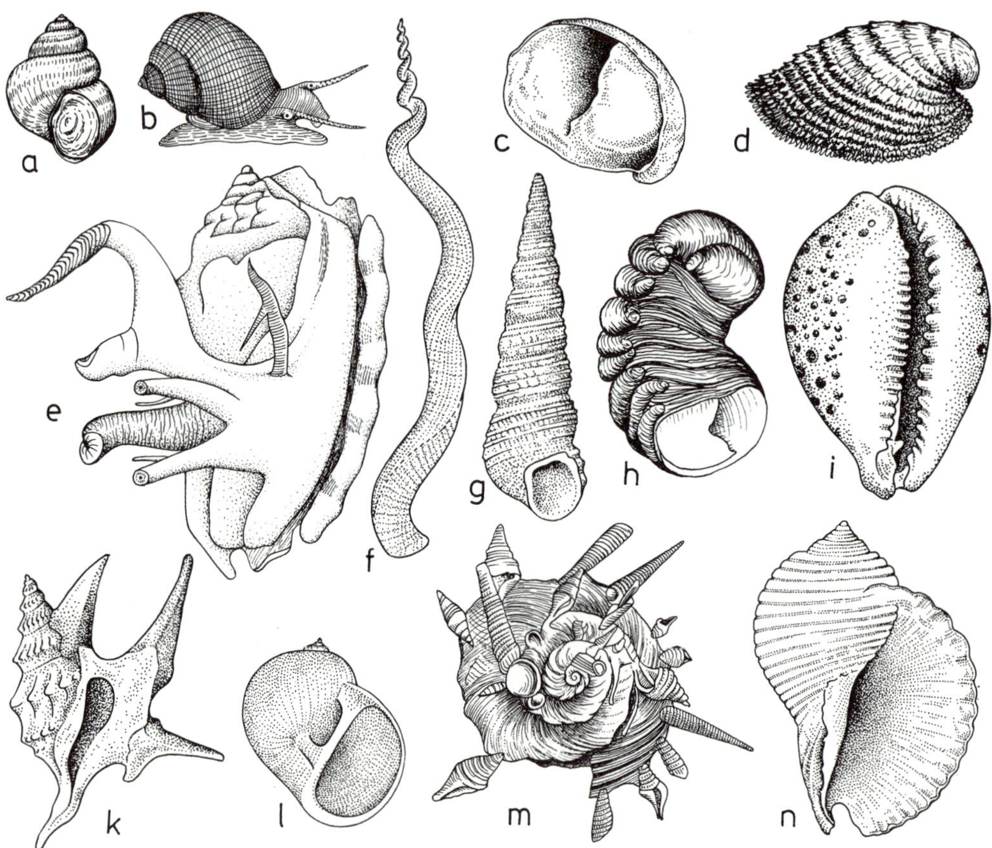

Abb. 111: Mesogastropoda. a. *Viviparus* (Sumpfdeckelschnecke), b. *Littorina* (Strandschnecke), c. *Crepidula* (Pantoffelschnecke, vgl. h.), d. *Capulus* (Haubenschnecke), e. *Strombus;* beachte den modifizierten Fuß, den langen Rüssel und die Augenstiele; seitlich am Körper sitzt der Penis; f. *Siliquaria* (Wurmschnecke); g. *Turritella* (Turmschnecke); h. *Crepidula*, Kette von Tieren, die eine Geschlechtsumkehr durchmachen: Basal findet man alte Weibchen, in der Mitte Übergangsstadien, apikal junge Männchen. i. *Cypraea* (Porzellanschnecke), k. *Aporrhais* (Pelikanfuß), l. *Natica* (Mond-, Nabelschnecke), m. *Xenophora;* beachte, daß das Gehäuse mit Schalen von anderen Molluscen verwachsen ist. Die Bedeutung dieser Erscheinung ist unklar. n. *Tonna* (= *Dolium*, Faßschnecke). Nach Alastair, Fretter, Gaimard, Graham, Gregory, de Haas, Knorr, Quoy

horn *Charonia* = *Tritonium* (bis 40 cm) sowie die in ihren Speicheldrüsen Schwefelsäure produzierende *Cassis* = *Dolium*.

3. Ordnung: Neogastropoda = Stenoglossa, Neuschnecken (Abb. 112). Sie sind erst von der Kreide an bekannt und leben nur im Meer. Ihr langer Sipho leitet das inhalierte Wasser zu den gut entwickelten Osphradien. Die Schale trägt meist einen langen Siphonalfortsatz und ist oft bestachelt. Der Rüssel ist lang und oft in eine Rüsselscheide einziehbar, die Radula schmal mit nur 3 Zähnen in einer Querreihe. Eier in großer Zahl in Sammelkapseln. Der größte Teil der Eier dient wenigen sich entwickelnden Embryonen als Nahrung. Fußdrüsen bilden oft eine komplizierte Hülle um das Gelege. Aasfresser und Räuber, manche Arten Muschelöffner.

Die Muricacea enthalten die Purpurschnekken (*Murex*, Abb. 112a), die in ihrer Hypobranchialdrüse den Purpur erzeugen; im marinen Strandgebiet *Thais* und *Nucella*, die Seepocken und andere «Schalentiere» ausfressen, sowie *Urosalpinx*, die von Muscheln lebt und in Austernbänken auftreten kann. Von amerikanischen Küsten wurde sie mit Saataustern nach Europa verschleppt.

Wie man durch Ausgrabungen auf Kreta weiß, hat man aus Muricacea schon im zweiten vorchristlichen Jahrtausend Purpur hergestellt. Der Farbstoff war immer sehr teuer und wurde z.B. im römischen Reich im Staatsmonopol hergestellt.

Zu den Buccinacea gehören die Wellhornschnecke *Buccinum* (Abb. 112b, c), *Neptunea* und die Netzreusenschnecken *(Nassarius, Nassa)*.

Hochspezialisiert sind die Conacea (Toxoglossa), die Giftschnecken, die mit einem Radulazahn Beutetiere stechen und durch Gift lähmen oder töten. *Conus* (Abb. 112d) in warmen Meeren; *Lora* in europäischen Meeren. Die Radula-Zähne von *Conus geographus* und *C. striatus* erreichen eine Länge von über 10 mm und können z.B. die leichte Kleidung eines Menschen durchdringen. Auch die häufige Art *Conus textile* hat wohl schon Menschen getötet, desgleichen wird *C. gloriamaris*, lange eine der zu besonders hohen Preisen gehandelten Arten, als für den Menschen gefährlich angesehen. Allerdings gehören zu *Conus* viele Arten mit besonders schönen Gehäusen, die sich wohl erst seit dem Tertiär zu der heutigen Formenfülle entfaltet haben. Die Farbmuster treten übrigens erst zutage, nachdem das Periostracum entfernt wurde.

Die beiden folgenden Unterklassen werden oft als **Euthyneura** zusammengefaßt und kommen wohl auch aus einer gemeinsamen Wurzel. Die Überkreuzung der Nerven ist verlorengegangen. Fast alle Arten sind Zwitter.

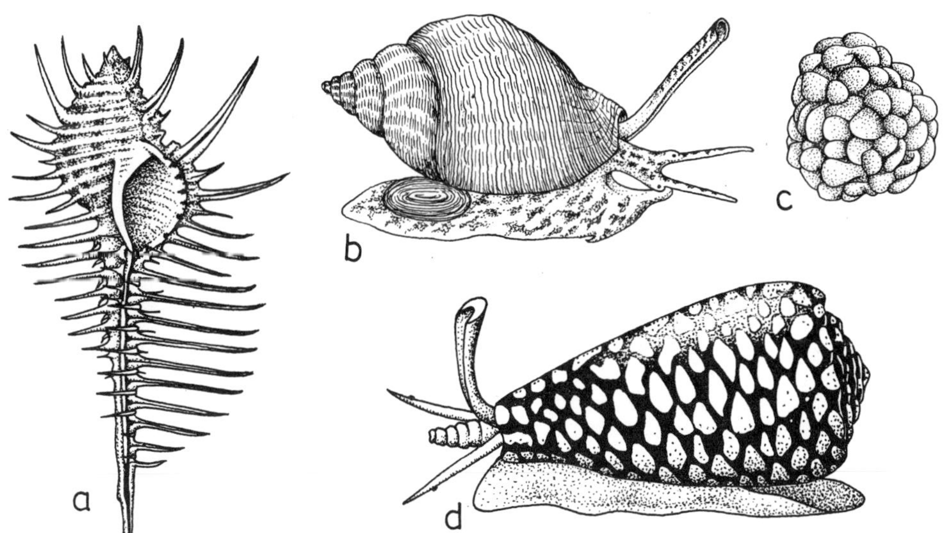

Abb. 112: Neogastropoda. a. *Murex*, b. *Buccinum* (Wellhornschnecke), c. Gelege der Wellhornschnecke, d. *Conus*. Nach Hiyama, Kreuzinger, Sandström

2. Unterklasse: Opisthobranchia (Hinterkiemer)

Diese fast rein marine Gruppe verlagert die Atemhöhle nach rechts, so daß die Kieme hinter dem Herzen liegt (Name). Kiemen und Kiemenhöhle gehen bald verloren; soweit die primäre Kieme noch vorhanden ist, besteht sie aus unbewimperten Falten. Wimperströme sorgen für die Wasserzufuhr. Bei vielen Arten führen sie hinter der Kieme in einen bewimperten Blindsack, der spiralig gewunden sein kann. Auch die Schale fehlt den meisten Gruppen, ist aber bei den Larven noch allgemein vorhanden. Der Körper wird symmetrisch, oft auffallend bunt und erhält durch sekundäre Kiemen und bizarre Körperfortsätze ein ungewöhnliches Aussehen. Daß die Gruppe dennoch von Prosobranchiern abzuleiten ist, zeigt *Acteon*, die überkreuzte Nerven und eine fast vorn liegende Mantelhöhle mit der Kieme vor dem Herzen hat und doch ein Opisthobranchier ist (Kopfschild, Zwitter u.a.). Auch die Pyramidellidae, oft bei den Prosobranchiern geführt, anatomisch aber mehr Opisthobranchier, zeigen die Verbindung. Es sind kleine Schnecken mit turmförmigen Gehäusen, die aus den Kiefern (nicht aus der Radula) ein Stechrohr mit Saug- und Speichelgang entwickelt haben, mit dem sie an anderen Tieren saugen; bei uns *Odostomia rissoides* an Miesmuscheln.

Früher faßte man die schalentragenden, primitiven Formen verschiedener Linien als «Tectibranchia» zusammen.

1. Ordnung: Cephalaspidea = Bullacea. Die Kopffühler sind plattenartig und verwachsen zu einem Kopfschild, der beim Kriechen im Schlamm wie ein Schneepflug wirkt. Schale groß, meist zart, Mantelhöhle sehr lang. Primitive Formen *(Acteon, Haminea)* weiden das Sediment ab, viele sind Räuber, die andere Tiere, besonders Molluscen, verschlingen und in einem Muskelmagen mit festen Platten zerknacken, *Philine*, *Retusa*, *Cylichna*.

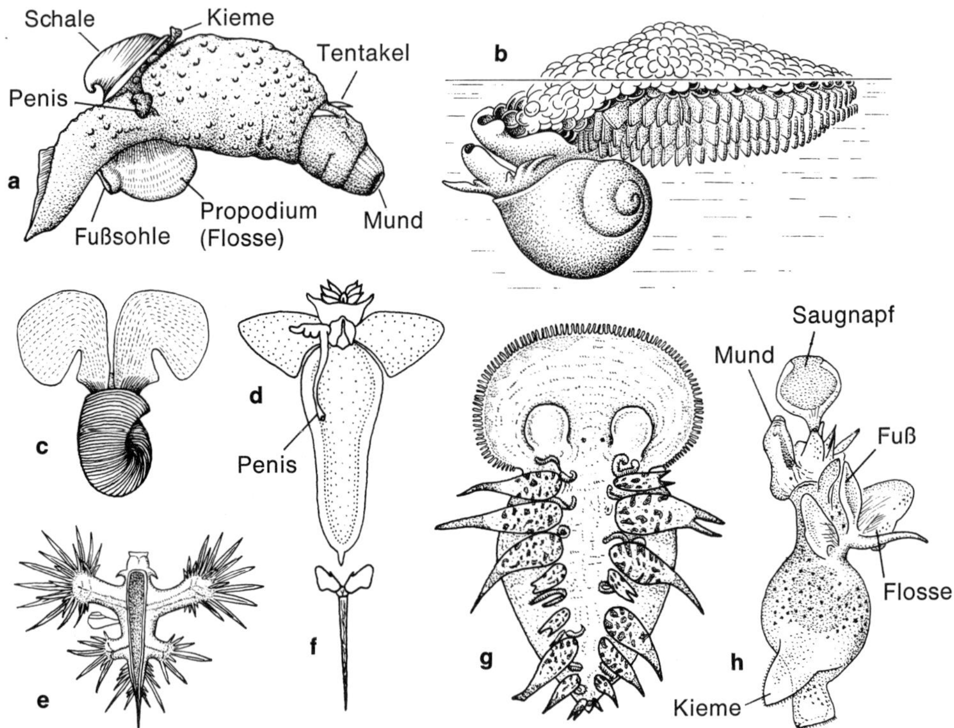

Abb. 113: Freischwimmende Schnecken. a. *Carinaria* (20 cm lang); b. *Janthina* mit Floß, an dem Eikapseln befestigt sind (Gehäuse 2 cm hoch); c. *Limacina* (Schalendurchmesser 4 mm); d. *Clione* (3 cm lang); e. *Glaucus* (2,5 cm lang); f. *Creseis* (5 mm lang); g. *Fimbria (Tethys)* (25 cm lang); h. *Pneumodermopsis* (5 mm lang). Nach Bergh, Fraenkel, Gegenbaur, Parona, Portmann, Wurmbach

2. Ordnung: Thecosomata. Pelagische Flügelschnecken (Abb. 113). Die Flügel sind die Vorderlappen (Parapodien) des Fußes und dienen zum Schwimmen. Die Schale ist ursprünglich gewunden mit Deckel, wird meist köcherartig langgestreckt, geht bei *Cymbulia* verloren, wird aber durch eine zellenhaltige innere Schale ersetzt. Sie ernähren sich strudelnd. Planktonorganismen, wie Diatomeen, werden im noch vorhandenen Kaumagen zerbrochen. Strudelorgan ist ursprünglich die lange bewimperte Atemhöhle, später Wimperströme auf den Flügeln und dem Mittelfuß. *Spiratella (Limacina)*: primitiv mit gewundener Schale und langer Atemhöhle. *Cavolinia*, *Clio*, *Cymbulia*.

Unter dem Begriff **Pteropoda** (Flügelschnekken) werden oft die Thecosomata mit den Gymnosomata zusammengefaßt.

3. Ordnung: Anaspidea (**Aplysiacea**, Abb. 114). Mit 4 normalen Tentakeln, Schale meist dünn, teilweise oder ganz vom Mantel umhüllt, auch die Seitenteile des Fußes legen sich über die Schale. Sie fressen Algen, die im vorderen Kaumagen zerrieben werden, der hintere ist mit feinen Zähnchen besetzt. *Acera (Akera)* bis 5 cm, auch in der westlichen Ostsee. *Aplysia* (Seehase) bis 40 cm.

4. Ordnung: Gymnosomata. Eine zweite Gruppe pelagischer Flügelschnecken, die mit Flossen aus den Seitenteilen des Fußes schwimmen. Anders als die Thecosomata sind sie Räuber mit komplizierten Fangeinrichtungen: paarigen, vorstülpbaren Hakensäcken, vorstreckbaren, klebrigen Bukkalkegeln und bei den Pneumodermatidae saugnapfbesetzten Fangarmen. Erwachsene ohne Schale, Mantelhöhle und primäre Kieme. *Clione*: wichtige Nahrung der Bartenwale; *Pneumodermopsis*.

5. Ordnung: Saccoglossa (Ascoglossa). Säftesauger an Algen und Seegras. Radula nur mit einer Längsreihe von Zähnen. Jeweils ein Zahn sticht die Algen an, die verbrauchten Zähne werden in einem ventralen Blindsack (Ascus) des Pharynx gespeichert; am dorsalen Pharynx eine Saugpumpe. Die merkwürdige *Berthelinia (Tamanovalva)* trägt zwei Schalenklappen, die durch einen horizontalen Schließmuskel verbunden werden. Es liegt hier also eine Analogie zu Muscheln vor. Die Embryonalschale ist aber schneckenartig gewunden und sitzt der linken Schalenklappe an, ca. 1 cm. Eine normale Schale, aber ohne Deckel, tragen *Oxynoe*, *Cylindrobulla* u. a. Den übrigen Gattungen fehlen Schale, Mantelhöhle und Ctenidium; *Alinia* trägt aber zahlreiche Rückenfortsätze. Bei uns *Elysia* mit Zoochlorellen im Mantelrand, *Stiliger* und ins Ufergebiet vordringend *Alderia* und *Limapontia*, ferner *Hermaea*. Die Arten sind meist auf bestimmte Algen spezialisiert.

6. Ordnung: Acochlidiacea. Eine Gruppe kleiner, schalenloser Schnecken, die im Lückensystem des Sandes lebt, also zur interstitiellen Fauna gehört. Der schalenlose, aber lange Eingeweidesack bildet den Hinterkörper. *Microhedyle*.

7. Ordnung: Notaspidea. Die flache Schale liegt dem Rücken frei auf *(Umbraculum)* oder ist vom Mantel überwachsen *(Pleurobranchus)*. Die Mantelrinne ist noch vorhanden, die Mantelhöhle fehlt. Das Ctenidium liegt rechts frei in der Mantelrinne.

8. Ordnung: Nudibranchia (Abb. 114). In dieser artenreichen Gruppe sind die Mantelhöhle, Ctenidien und Schale bei den Erwachsenen völlig verschwunden; die bei den Larven noch vorhandene Schale wird abgestoßen. Der Eingeweidesack ist eingeebnet, der Körper symmetrisch, doch liegen die Geschlechtsöffnungen noch an der rechten Seite, der After oft auch, ist jedoch z.T. in die dorsale Mittellinie verschoben. Zahlreiche Rückenanhänge (Cerata) und sekundäre Kiemen komplizieren meist das äußere Aussehen. Männliche und weibliche Geschlechtsöffnungen meist in ein gemeinsames Genitalatrium mündend. Die meisten Arten weiden an sessilen Tieren (Schwämmen, Nesseltieren, Bryozoen). Bei den Aeolidiern explodieren die Nesselkapseln der gefressenen Hydroiden nicht, sie werden in die Rückenanhänge befördert, dort in einem Endsack in Zellen gespeichert (Kleptocniden). In diese Säcke münden Schläuche der Mitteldarmdrüse. Die Kleptocniden explodieren nicht auf Berührung, können aber auf einen Angreifer beim Abfressen der Cerata wirken. Manche Gattungen (Goniodoridae) saugen ihre Nahrungstiere mit einer Buccalpumpe aus. Die Radula trägt nur 4 Zähne in einer Reihe.

Den Hydrozoen der Hochsee sind einige Nudibranchier ins Pelagial gefolgt, die blattförmige *Phyllirhoe* ohne Anhänge und der mit großen Fortsätzen ausgestattete *Glaucus*. Die Doridacea haben einen normalen Fuß, den Rücken (Notum) umgibt eine Mantelfalte. Der After liegt dorsomedian, ihn umgeben 5–9 gefiederte sekundäre Kiemen, die oft einziehbar sind. Oft

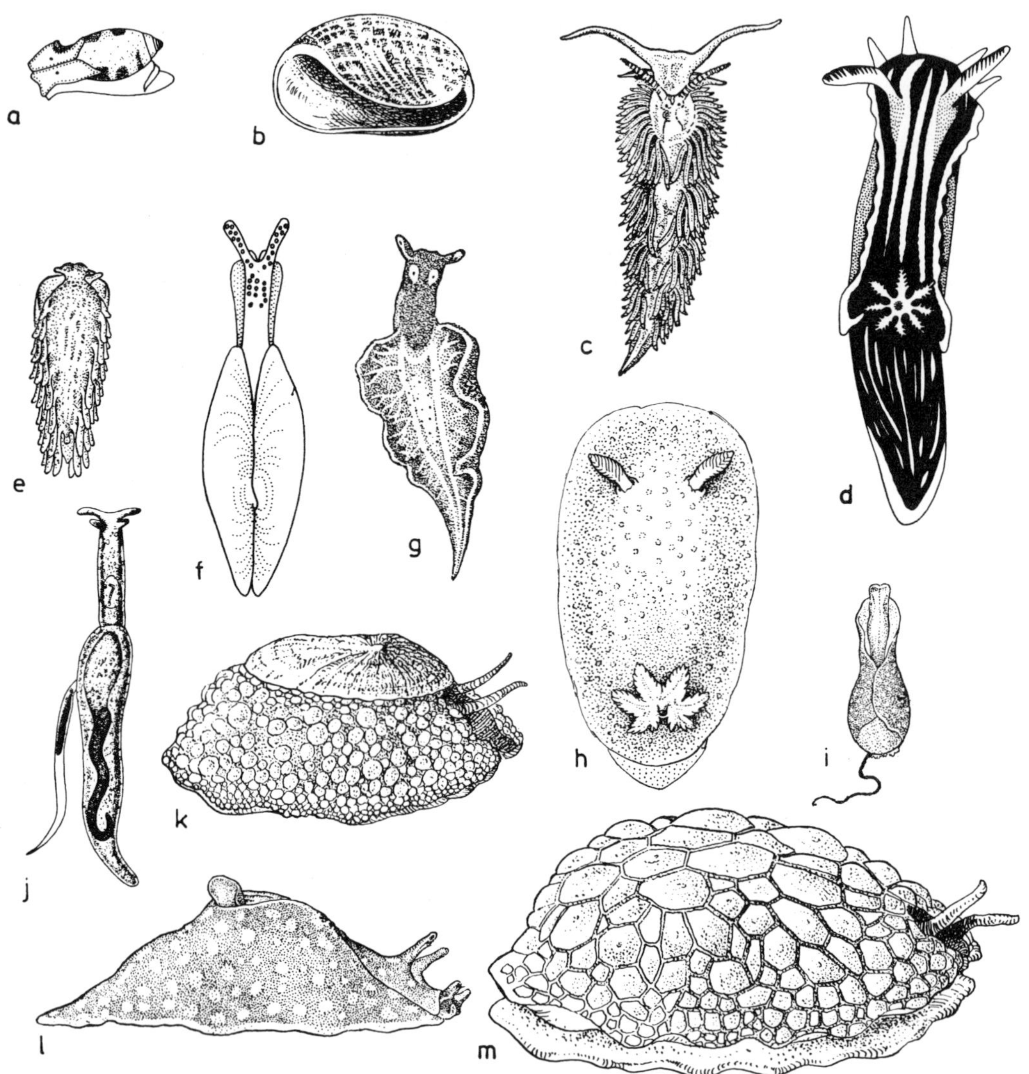

Abb. 114: Opisthobranchierformen. a. *Acteon*, b. *Bullaria (Bulla)*, c. *Facelina*, d. *Polycera*, e. *Alderia*, f. *Berthelinia*, g. *Elysia*, h. *Archidoris*, i. *Acera*, j. *Microhedyle*, k. *Umbraculum (= Umbrella)*, l. *Aplysia*, m. *Pleurobranchus (= Oscanius)*. Vergrößerungen unterschiedlich. Nach de Haas, Hoffmann, Knorr, Portmann, Riedl, Swedmark

Sklerite im Mantel, keine Cerata, linke Mitteldarmdrüse kompakt, rechte ± rudimentär, Fühler (Rhinophoren) kompliziert. Weiden an Schwämmen und Moostieren u. a., manche sind Sauger. *Acanthodoris*, *Archidoris*, *Polycera*, *Palio*.

Die beiden folgenden Gruppen tragen meist zahlreiche, oft komplizierte Rückenanhänge (Cerata). Der After liegt noch auf der rechten Seite, die Mantelrinne fehlt. Die rechte Mitteldarmdrüse ist wie die linke gebaut, jedoch kleiner. Viele können durch seitliche Körperbewegungen schwimmen. Die Aeolidiacea fressen Nesseltiere und haben Kleptocniden an der Spitze ihrer Rückenanhänge, in die Fortsätze der Mitteldarmdrüse ziehen. Fühler einfach, nicht einziehbar. *Aeolidia*, *Facelina*, *Coryphella*, *Glaucus*. Abweichend sind die kleinen (wenige mm) Pseudovermidae im Lückensystem des Sandes. Sie reduzieren die Rückenanhänge und werden völlig wurmförmig. Abweichend in der Ernährung ist *Calma glanacoides*. Sie sticht Eier von Fischen (Blenniiden) an und saugt den Dotter aus. Bei ihr ist der After verschlossen.

Die Dendronotacea ziehen ihre Tentakel in Taschen ein. Auch sie fressen Hydroiden. *Tritonia; Dendronotus*, die auch in der westlichen Ostsee vorkommt, gleicht in Form und Farbe Rotalgen. Abweichende Formen sind: *Phyllirrhoe*, der blattförmige pelagische Parasit an *Velella* und *Porpita* bzw. an Medusen, und die große bis ca. 38 cm lange *Fimbria (Tethys)* und *Melibe*. Ihr Vorderende ist zu einem großen runden Fangtrichter erweitert, mit dem sie auch größere Krebse (Amphipoden u. a.) fangen können.

3. Unterklasse: Pulmonata (Lungenschnecken)

Die Mantelhöhle ist in eine Lunge umgewandelt. Landtiere oder sekundäre Süßwassertiere mit Zwittergonade. Auch hier ist die Nervenkreuzung (Chiastoneurie) aufgehoben, aber durch Vorverlagerung von Parietal- und Visceralganglien, die schließlich zusammen eine Art

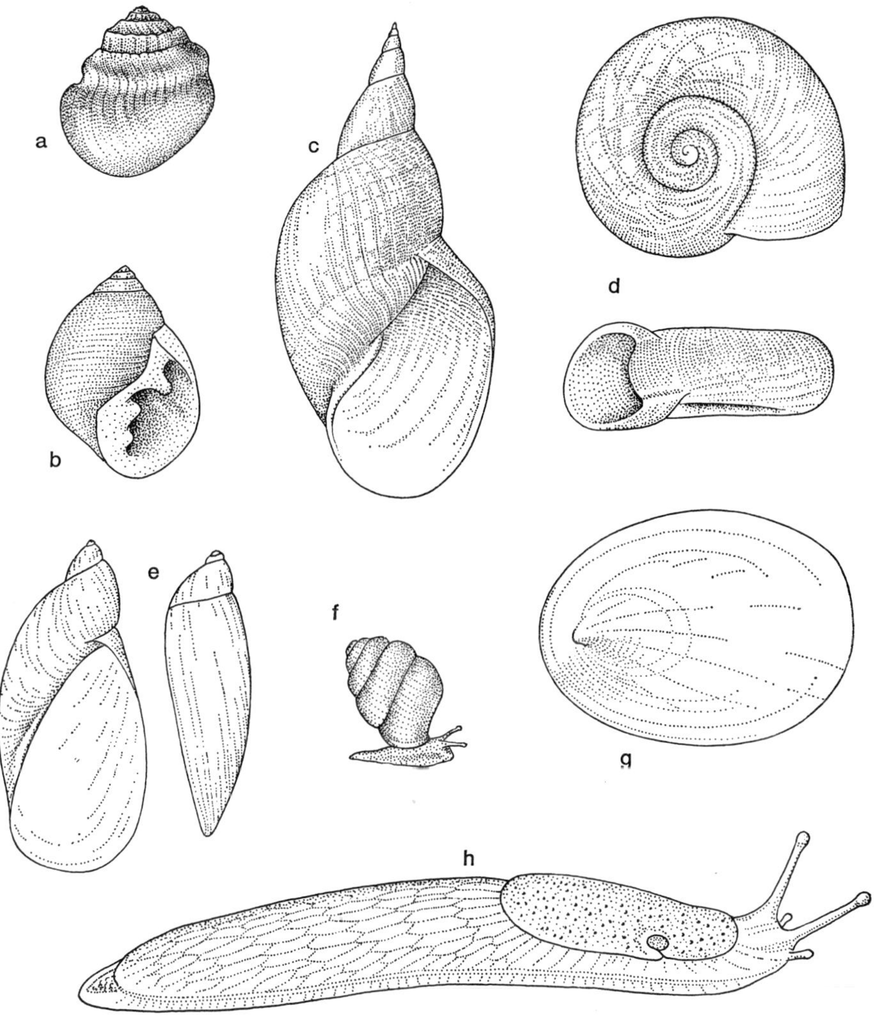

Abb. 115: Pulmonaten I: a. *Amphibola*, b. *Pedipes* (Ellobiidae); c. *Lymnaea* (Schlammschnecke), d. *Planorbarius* (Posthornschnecke), e. *Succinea* (Bernsteinschnecke), f. *Vertigo*, g. *Ancylus* (Flußnapfschnecke), h. *Arion* (Wegschnecke). Nach Keferstein, Thiele

Schlundring bilden. Die Mantelhöhle bzw. Lunge bleibt vorn. Meist ohne freie Larven; Eier als Laich, bei Landtieren einzeln abgelegt und mit Kalkschale (vgl. Amphibien und Reptilien), aber durchlässig für Wasser. Der Genitalapparat ist kompliziert und sehr verschieden. Männliche und weibliche Öffnungen können getrennt oder in einem Atrium vereint sein. Manche bilden, wie *Helix*, als Reizorgan einen Liebespfeilsack mit Liebespfeil, der bei der Begattung in den Körper des Partners gestoßen wird. Andere haben hier einen vorstülpbaren Fortsatz. Manche bilden Spermatophoren, wie *Helix*, in einem Schlauch des Flagellum, anderen fehlen sie. Am Lande lebende Arten haben meist ein begrenztes Schalenwachstum. Nach dessen Abschluß wird die Öffnung durch Wülste, Vorsprünge (Zähne) oder Leisten eingeengt.

Auch die Pulmonaten sind durch primitive Formen mit dem Grundstock der Schnecken verbunden. Die Ellobiacea haben noch eine Gattung mit Nervenkreuzung *(Chiline)*. Die Amphibolacea sind Formen mit Deckel (Operculum). Eine Gattung hat ein freies Veliger-Stadium.

Die Pulmonaten stammen wohl von primitiven Opisthobranchiern ab und erscheinen erst spät (Jura, Kreide); ca. 30000 Arten.

Zwischenwirt für Parasiten sind z.B. *Galba truncatula* für den Großen Leberegel, Schnekken trockener Gebiete *(Helicella, Zebrina)* für den Kleinen Leberegel; *Succinea* für *Leucochloridium* (Abb. 72), mehrere Süßwasserarten für *Schistosoma* usw.

Land-Pulmonaten gehören zu den durch den Menschen besonders gefährdeten Tieren. Als Feuchtlufttiere mit relativ geringer Ausbreitungsmöglichkeit sind sie besonders anfällig gegen starke Biotopveränderungen. Vor allem auf pazifischen Inseln ist ihre Ausrottung weit vorangeschritten: Zum Teil sind bis 50% der endemischen Arten durch Eingriffe des Menschen verschwunden.

1. Ordnung: Basommatophora (Abb. 115). Augen an der Basis der Fühler. Meist sekundäre Süßwassertiere mit Luftatmung, die aber mehrfach wieder aufgegeben wird, sei es, daß die Lunge wieder mit Wasser gefüllt wird, sei es, daß die Lunge verschwindet (Ancylidae). Hautatmung und sekundäre Kiemen *(Ancylus)* besorgen dann die O_2-Aufnahme im Wasser.

Hierher gehören die primitiven Ellobiidae und Amphibolidae, die meist am Meeresstrand leben (bei uns *Ovatella myosotis*); in feuchtem Bodenlaub *Carychium*. In unseren Süßgewässern: Physidae, linksgewunden, mit *Physa*, *Aplexa*. Lymnaeidae (Spitzschnecken) mit *Lymnaea*, *Galba*, *Radix*. Planorbidae (Tellerschnecken) mit *Planorbarius corneus* (Posthornschnecke), *Segmentina*, *Armiger*. Die rote Posthornschnecke unserer Aquarien ist meist *Australorbis lugubris* aus Südamerika. Ancylidae mit napfartiger Schale in bewegtem Wasser, Lunge fehlt. Atmung durch die Haut oder sekundäre Kieme. *Ancylus*, *Acroloxus*.

Einen eigenen Zweig bilden wohl die Siphonariidae, die im Gezeitengebiet des Meeres leben und Napfschnecken (Patelliden) täuschend ähnlich sehen.

2. Ordnung: Stylommatophora (Abb. 116). Augen an der Spitze einziehbarer Fühler. Fast ausschließlich Landtiere, die aber infolge ihrer feuchten Haut und reichen Sekretabgabe (Schleim) nur bei hohem Feuchtigkeitsgehalt aktiv sind. Die Fähigkeit, Trockenperioden eingezogen jahrelang zu überdauern, ermöglicht ihnen ein Vordringen in Gebiete mit nur gelegentlichen Regenfällen. Die vielen Arten werden in zahlreiche Familien gestellt, doch erschweren zahlreiche Parallelbildungen das Erkennen der Verwandtschaft. So sind Nacktschnecken mit reduzierter Schale mehrfach entstanden. Bei den nicht verwandten Raubschnecken *Testacella* und *Daudebardia* liegt die kleine, z.T. versenkte Schale hinten; die Tiere haben einen langen Pharynx, packen mit der Radula Regenwürmer und zerreißen oder verschlingen sie. Nacktschnecken mit versenkter oder reduzierter Schale im Vorderkörper sind die gleichfalls nicht näher verwandten Arionidae (Wegschnecken) und Limacidae mit *Limax*, *Deroceras* u.a. Der Mantel liegt als Schildchen (Notum) dem Körper auf, die Luft wird durch ein Atemloch (Pneumostom) eingeatmet. Nacktschnecken der Tropen ohne Mantelhöhle, also ohne Lunge, mit After und Nierenöffnung am Hinterende sind die Vaginulidae. Die Tracheopulmonata sind eine Nacktschneckengruppe, von deren Atemhöhle feine verzweigte Kanäle ausgehen, die sich an tiefergelegenen Bluträumen verzweigen und den Tracheen ähneln; *Janella*. Relativ primitiv sind die Succineacea (Bernsteinschnecken), die meist an Seeufern leben und noch einen gallertigen Laich produzieren.

Die artenreichen Hauptgruppen sind die

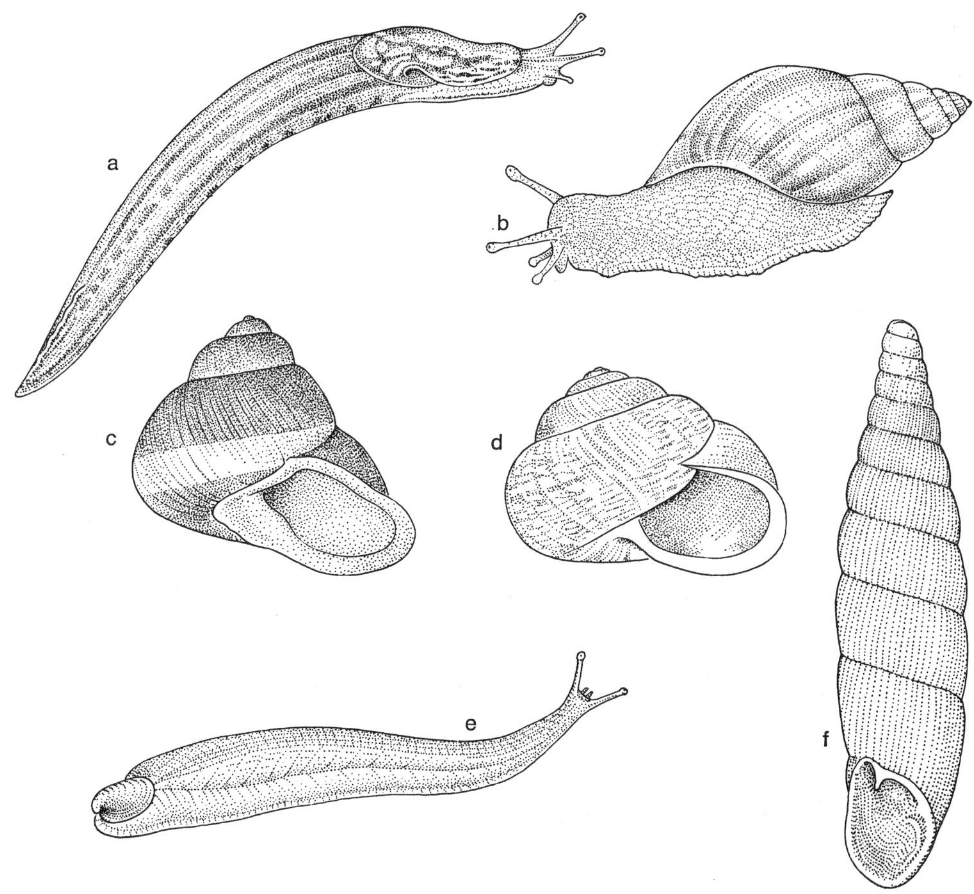

Abb. 116: Pulmonaten II. a. *Limax*, b. *Achatina* (Achatschnecke), c. *Acavus*, d. *Arianta*, e. *Testacella*, f. *Clausilia*. Vergrößerungen unterschiedlich. Nach Keferstein, Pilsbry, Thiele

Helicacea mit *Helix*, *Cepaea*, *Helicigona*, *Arianta*, *Helicella*, *Trichia* u.a., ferner die Vertiginacea mit *Vallonia*, *Cochlicopa*, *Pupilla*, *Vertigo*, *Ena* sowie den Clausiliidae mit spindelförmigem Gehäuse und einer Lamelle für den Schalenverschluß, die aber nicht dem Deckel (Operculum) homolog ist, sondern von einer Spindelfalte der Schale abgegliedert ist.

Die Weinbergschnecke *(Helix pomatia)* ist die größte heimische Landlungenschnecke mit einem Gehäuse. Sie lebt bevorzugt in der Vegetation auf kalkhaltigem Boden und überwintert, nachdem sie ihre Schalenöffnung mit einem Epiphragma aus erhärtetem Schleim und Calciumsalzen versiegelt hat. In Zoologie-Kursen wird *Helix* vielfach verwendet; vor allem in Frankreich sieht man sie als unabdingbaren Bestandteil der Küche an (Jahresverbrauch: 1 Milliarde Tiere). In verschiedenen Ländern gibt es gesetzlich festgelegte Sammelbeschränkungen oder -verbote. Zucht in großem Maßstab ist noch nicht vollständig gelungen.

Am größten sind *Achatina*-Arten in Afrika; die Schalenlänge beträgt bis 20 cm, die der kalkschaligen Eier bis 2 cm. *Achatina* (Abb. 116b) ist ein über die Tropen verbreiteter Schädling in Pflanzenkulturen. Mancherorts hat man jedoch aus der Not eine Tugend gemacht: Ursprünglich aus Afrika verschleppt, wird *Achatina* heute vor allem aus Taiwan exportiert und ist nach *Helix* die wichtigste Landschnecke des Delikatessengeschäftes geworden.

Außenseiter sind die Onchidiacea im Gezeitengebiet des Meeres. Sie sind schalenlos, aber ähnlich wie *Doris* mit einem Rückenschild (Notum) versehen, das Augen tragen kann.

Öffnung der Lunge, des Afters und Eileiters hinten, des Samenleiters vorn. *Onchidium*, *Onchidella*.

5. Klasse: Bivalvia (Lamellibranchiata, Muscheln)

Die Schale ist zweiklappig, beide Klappen sind dorsal durch ein biegsames Ligament verbunden. Die Ernährung ist mikrophag (innere Strudler), die paarigen Kiemen werden Strudel- und Siebapparat. Radula und Kopf sind rückgebildet, aus den Schalen kann der Fuß meist vorgestreckt werden. Fußdrüsen scheiden einen Haftapparat aus festen Fäden aus (Byssus), der, wenn er den erwachsenen Muscheln fehlt, meist noch den Larven zur Festheftung dient. Die Keimzellen gelangen primär durch je einen Gang in die Nierengänge, später aber münden sie selbständig in die Mantelhöhle. Befruchtung stets im freien Wasser oder in der Mantelhöhle. Eine freie Veliger-Larve bei marinen Arten und *Dreissena*.

Die zweiklappige Schale umschließt fast stets den ganzen Körper (Abb. 117). Ihre dorsale Verbindung, das Ligament, ist meist unverkalkt

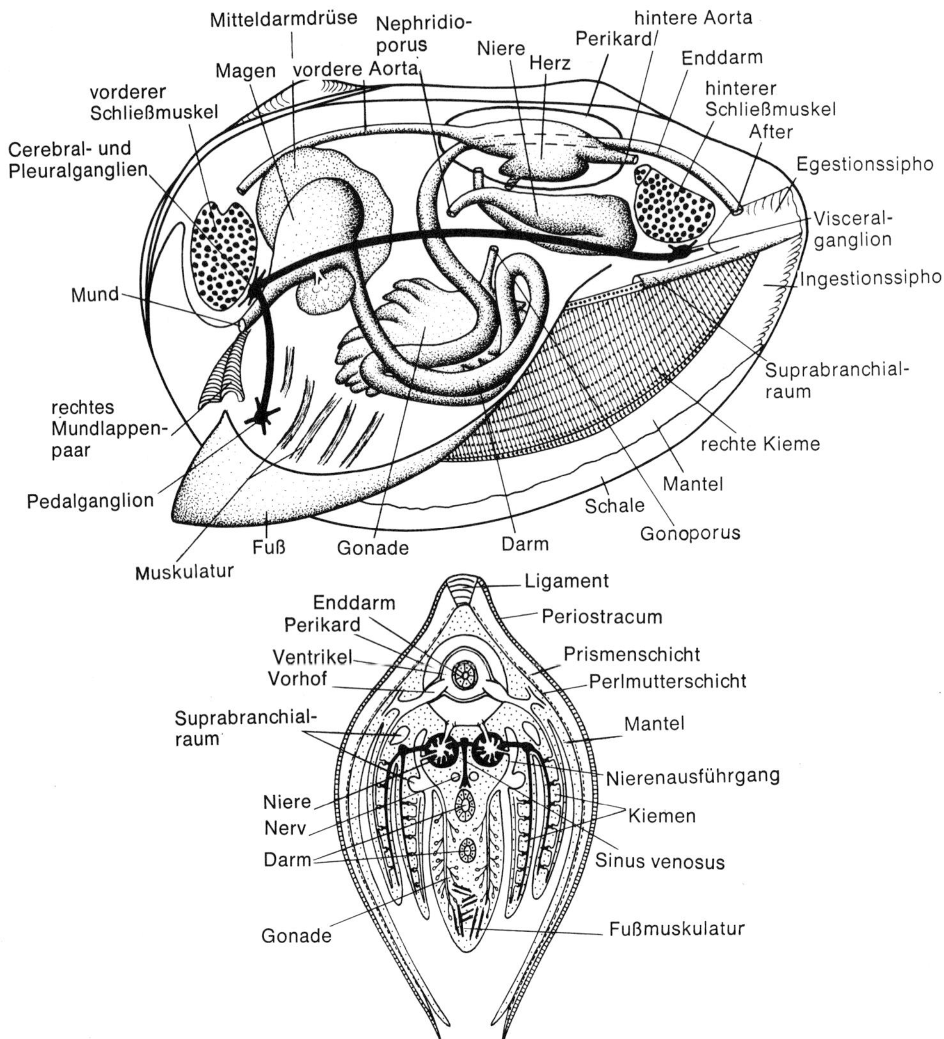

Abb. 117: Bauplan einer Muschel, oben Seitenansicht, unten Querschnitt. Nach Storer, Usinger, Stempell

und bewirkt das Spreizen der Schalen. Es ist also Antagonist der Schließmuskeln. Bei den Unioniden ist das Ligament durch Einlagerung von Kalklamellen gekennzeichnet, die zur Altersbestimmung herangezogen werden können. Ein äußeres Ligament ragt oft wulstartig empor und gerät bei Schalenschluß unter Spannung. Innere Ligamente liegen zwischen den Schalen und geraten bei Schalenschluß unter Druck. Im Sediment eingegrabene Muscheln bewirken auch durch eine Erhöhung des Binnendrucks in der Mantelhöhle ein Klaffen der Schale. Bohrmuscheln können durch Verlagerung von Muskeln die Schalen durch Muskelkraft aktiv öffnen und schließen. Die Bewegungen der Schalen gegeneinander werden durch ein Schloß geleitet. Höcker (Zähne) und Leisten einer Schalenhälfte greifen in Gruben und Rinnen der anderen. Der Bau des Schlosses dient als taxonomisches Merkmal. Das taxodonte Schloß besteht aus einer großen Zahl etwa gleichartiger Zähne und Gruben (Abb. 118), es existiert bei Nuculaceen, Arcaceen, dem Larvalschloß der Anisomyaria und sogar bei einer Süßwassermuschel *(Iridina)*. Es entsteht wohl mehrfach unabhängig. Das heterodonte Schloß enthält 1–3 kräftige Zähne in der Mitte (Haupt- oder Cardinalzähne, Abb. 118) und entsprechende Gruben. Neben ihnen gibt es meist Schloßleisten (Neben- oder Lateralzähne). Von ihm ist das desmodonte Schloß abzuleiten: Eine Platte der linken Schale greift nicht in eine Grube der anderen Schale, sondern trägt das innere Ligament und wird daher als Ligamentlöffel (Chondorphor) bezeichnet *(Mya, Mactra)*.

Rückbildungen des Schlosses sind häufig,

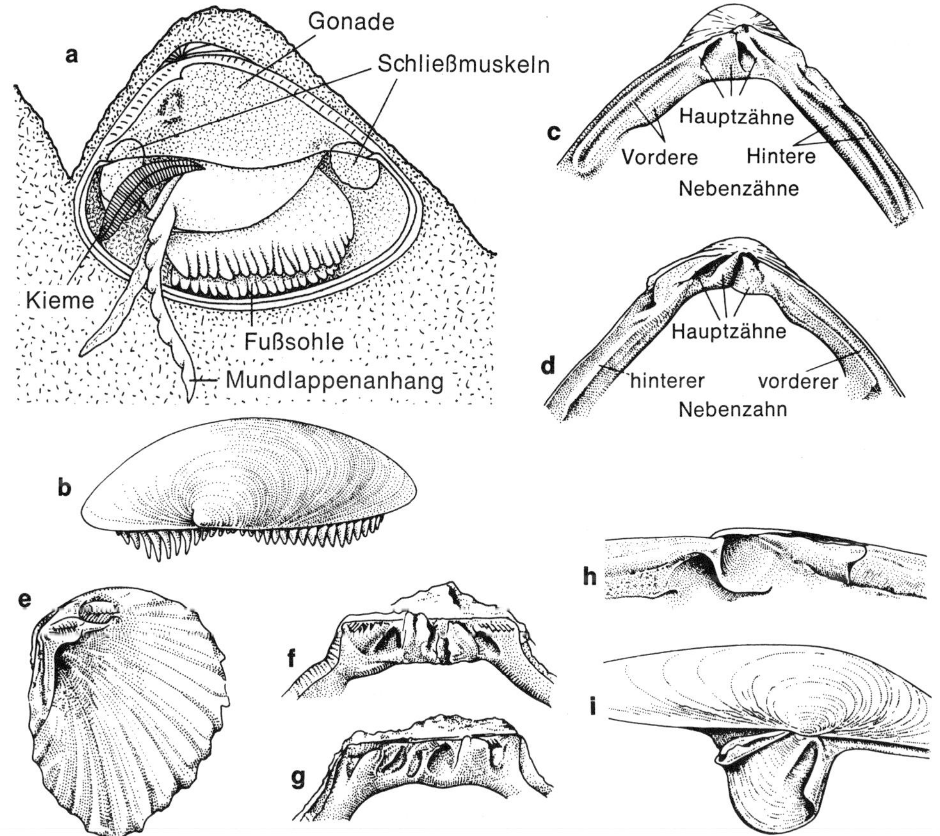

Abb. 118: Schalenschlösser von Muscheln. a, b. *Nucula* im Biotop, taxodontes Schloß, c, d. *Corbicula*, heterodontes Schloß, c. rechte Schalenhälfte, d. linke Schalenhälfte; e. *Neotrigonia*, schizodontes Schloß; f, g. *Spondylus*, isodontes Schloß; f. rechte Schalenhälfte, g. linke Schalenhälfte; h, i. *Mya*, desmodontes Schloß, h. rechte Schalenhälfte, i. linke Schalenhälfte (mit Chondrophor). Nach Grassé

z.B. bei *Mytilus* und *Anodonta;* bei letzterer fehlt es völlig. Die ältesten Muscheln aus dem Kambrium tragen Leisten parallel zum Schloßrand (Lamellodonta), andere palaeozoische Formen haben divergierende Leistenzähne im Wirbelgebiet (Actinodonta).

Die Schale wird embryonal als einheitliches Plättchen angelegt und erst sekundär zweiklappig. Die Verkalkung beginnt paarig an den Wirbeln der Schale, die durch Anlagerung an den Rändern wächst. Es können Zuwachsstreifen in Erscheinung treten, manchmal sogar als Jahresringe. Die große Mannigfaltigkeit der Muschelschalen läßt sich auf rundliche Schalenklappen zurückführen, wie sie fast alle Larven und die palaeozoischen Muscheln zeigen. Geringes Wachstum des Vorderteils führt zu der scheinbaren Verlagerung der Wirbel an die Spitze *(Mytilus, Dreissena).* Die Larvalschale bleibt meist am Wirbel erhalten. Bei Arten, die seitlich auf dem Boden liegen oder mit einer Schale festgewachsen sind, werden die Schalen ungleich und oft in ihrer Form variabel (Austern). Die nunmehr untere Schale kann flach werden oder aber zu einem hohen, umgekehrten Kegel emporwachsen, wobei die obere Schale zum Deckel wird (Rudisten).

Die Mantellappen berühren sich ventral und verwachsen oft streckenweise. Ursprünglich strömt das Wasser auf breiter Front zwischen den Mantelrändern ein. In diesem Fall sind sie meist reich mit Sinnesorganen (Tentakel, Augen) besetzt. Der Ausstrom ist aber frühzeitig auf die Hinterseite neben dem Ligament, also in der Nähe des Afters, fixiert. Meist folgt aber der Einstrom dicht unter ihm und wird von der Ausstromöffnung durch eine Mantelverwachsung getrennt. Beide Stellen können, besonders bei im Sediment lebenden Muscheln, zu langen, beweglichen Schläuchen (Siphonen) verlängert werden. Diese sind entweder verwachsen *(Mya)* oder getrennt. Die Mantelverwachsung dehnt sich bei vielen höheren Muscheln aus, so daß schließlich nur drei Öffnungen bleiben, eine für den Fuß, eine für Einstrom und eine für Ausstrom. Auch der Fußschlitz kann verschwinden, so daß nur Ein- und Ausstromöffnung am Hinterende bleiben. Ausnahmsweise *(Arca)* erfolgt der Einstrom vorn. Aus dem so durch die Mantelhöhle gerichteten Strom wird die Nahrung durch die komplizierten Kiemen abgefiltert. Primitiv sind ein Paar großer Ctenidien (Abb. 119). Ihre Mittelrippe verwächst aber bald mit dem Körper. Die Kiemenblättchen werden zu vielen langen Fäden, die V-förmig sind und mit ihrem aufsteigenden Schenkel an die Körperwand herantreten (Filibranchier). Dadurch entstehen drei Räume, einer ventral von den Kiemen, in den das Wasser einströmt, und jederseits zwei zwischen den Schenkeln der Kiemenfäden und der Körperwand, in die es nach Passieren des Kiemenfilters gelangt und zur Ausstromöffnung geleitet wird. Der Wasserstrom wird durch Wimpern der Kiemen und der inneren Mantelfläche erzeugt und geleitet. Die zahlreichen Fäden der filibranchen Kieme benötigen einen gegenseitigen Halt. Ab- und aufsteigender Ast werden durch Gewebsbrücken verfestigt, nebeneinanderliegende durch starre Wimpern auf Polstern. Werden die Fäden getrennt, so beginnen die Wimpern zu schlagen, bis sie wieder in Kontakt geraten und sich starr verzahnen. Die höchste Stufe sind die eulamellibranchiaten Kiemen, die mehrfach ausgebildet wurden. In ihnen sind auch hintereinanderliegende Kiemenfäden durch Gewebsbrücken verbunden, so daß Netze mit engem Maschenwerk entstehen.

Die von den Kiemen abgefangenen Partikel werden in Schleimfäden oder -netzen eingebettet und durch Wimperstraßen an die Basis der Kiemen oder den ventralen Rand der Kiemen transportiert und von hier nach vorn in den Mund (Abb. 119). Meist erfolgt dies in einer Furche am ventralen Rand der Kiemen, doch existieren auch andere Transportwege. Schon auf den Kiemen werden «unerwünschte» (z.B. überschüssige) Partikel durch besondere Wimpern in den Einstromraum zurückgeworfen und durch Schleim zu Pseudofaeces verklebt. Diese werden durch den Fußspalt oder durch die Einstromöffnung ausgeworfen, gelangen also nicht in die dorsalen Räume der Mantelhöhle.

Geringe Abweichungen finden wir durch Faltung der Kiemenblätter (Cardiacea, Myacea, Pteriacea), bei Tellinidae und *Scrobicularia* wird der äußere Kiemenanteil dorsalwärts gebogen, selten sogar reduziert. Stark weichen die Septibranchia ab. An Stelle der Kiemen findet sich eine muskulöse, durchlöcherte Querwand (Abb. 119).

Darmkanal: Oberlippe und Unterlippe gehen jederseits in etwa dreieckige Mundlappen (Palpen) über. Sie übernehmen meist die Nahrungsströme, die von den Kiemen kommen, und sortieren noch einmal durch Wimperströme das

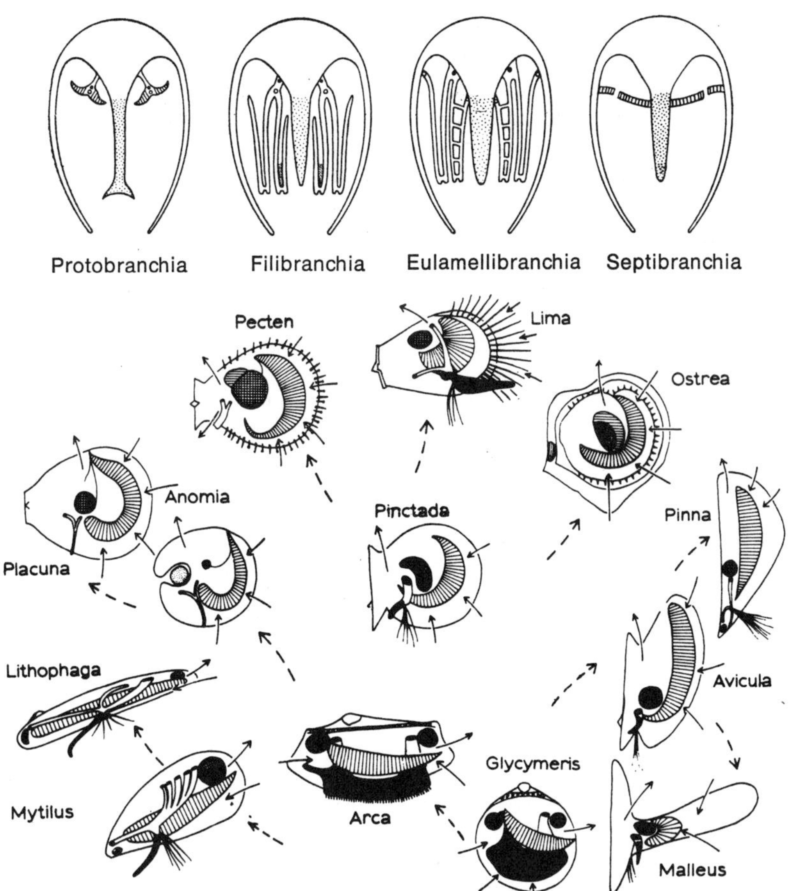

Abb. 119: Oben: Kiemenformen bei verschiedenen Muschelgruppen, die Namen beziehen sich nur auf die Gestalt und Anordnung der Kiemen und nicht unbedingt auf natürliche systematische Einheiten. Unten: Entstehung (unterbrochene Pfeile) verschiedener monomyarer Formen (Formen mit einem Schließmuskel) oder anisomyarer Formen (Formen mit unterschiedlich großen Schließmuskeln). Ausgangspunkt: *Glycymeris* oder *Arca*, Formen mit zwei gleichgroßen Schließmuskeln. Kleine Pfeile: Richtung des ein- und ausströmenden Wassers. Fuß mit Byssusfäden: schwarz; Kieme: gestreift; Schließmuskeln: kariert, bei *Pecten* und *Ostrea* sind Teile der hochentwickelten Schließmuskeln horizontal gestreift; Fußmuskeln (hell gehalten), am Fuß ansetzend. Nach Morton, Yonge

Material in brauchbares, das in den Mund gelangt, und unbrauchbares, das in den Mantelraum zurückbefördert wird. Eine direkte Aufnahme von Nahrung mit den Palpen vollführt wohl primär *Nucula*. Lange Fortsätze der Palpen werden vorn aus der Schale vorgestreckt und kehren Material von der Bodenoberfläche in den Mund. In geringerem Ausmaß tun dies auch die Tellinidae *(Macoma)* mit ihrem langen Ingestionssipho. Das eingesaugte Material gelangt wohl zum Teil außerhalb der kleinen Kiemen direkt zu den großen Palpen.

Kiefer, Radula und Speicheldrüsen fehlen stets. Der Magen ist jedoch kompliziert. Der in einem Blindsack abgeschiedene und rotierende Kristallstiel ist groß. Er besteht aus Mucoproteinen und enthält Enzyme (Amylase, Glykogenase, z. T. Cellulase). Er nimmt den Nahrungsstrom aus dem kurzen Ösophagus auf und wird im Magen, z. T. mechanisch, am festen Magenschild, z. T. durch den niedrigen pH-Wert im Magen, aufgelöst. Die Nahrungspartikel werden hier zunächst extrazellulär, dann intrazellulär nach Phagocytose in den Mitteldarmdrüsenzellen verdaut. Im Magen werden durch eine dritte Sortierung unverwertbares Material aus dem Nahrungsstrom und die Restbestände aus der Mitteldarmdrüse in das Intestinum überführt. Die gröberes Material vom Boden aufnehmenden Arten (*Nucula*, Tellinidae, Septibranchia) haben einen muskulösen Magen.

Sinnesorgane. Die Kopfsinnesorgane fehlen. Allgemein verbreitet sind die Statocysten, die im Fuß neben den Pedalganglien liegen, aber vom Cerebralganglion innerviert werden. Sie sind bei einigen Arten noch durch einen Kanal mit der Außenwelt verbunden und enthalten durch ihn aufgenommene Fremdkörper als Statolithen (*Nucula*, *Pecten* z.T.). Auch *Mytilus* besitzt einen Gang zur Oberfläche, der im Larvalstadium stets auftritt. Meist sind die Statocysten geschlossen und enthalten einen oder mehrere Statolithen. Sie fehlen den Austern.

Die Osphradien sind meist klein und oft reduziert. Da sie im Ausstromgebiet liegen, können sie ihre primäre Funktion, die Kontrolle des Einstroms, nicht mehr ausüben. Zahlreiche, meist einfache Sinnesorgane finden sich an Mantelrand und Siphonen.

Das **Nervensystem** hat nur sechs Hauptganglien. Das paarige Kopfganglion enthält die verschmolzenen Cerebral- und Pleuralganglien, die bei primitiven Muscheln *(Nucula)* noch erkennbar getrennt sind. Die Pedalganglien liegen im Fuß, die Eingeweideganglien am hinteren Schließmuskel. In letzteren sind Visceral- und Branchial-(Parietal-, Pallial-)ganglien verwachsen. Bei manchen Pteriacea, bei denen die ganze Organisation ringförmig um den hinteren Schließmuskel gruppiert ist, rücken Teile der Kopf- und Eingeweideganglien zusammen *(Pecten, Lima, Spondylus)*. Der Pedalstrang ist einfach, der Pleuralstrang sehr unterschiedlich lang. Die Kopfganglien innervieren Palpen, den vorderen Schließmuskel, Teile des Mantels, die Statocysten und über den Pleuralstrang die Osphradien u.a. Die Eingeweideganglien innervieren Kiemen, Herz, Pericard, die hinteren Schließmuskeln, einen großen Teil des Mantels und Siphonen. Von den übrigen Nerven sind besonders die Mantelrandnerven stark entwickelt.

Hauptmuskeln sind die beiden **Schließmuskeln** der Schale (Adduktoren). Der vordere neigt zur Rückbildung, besonders bei den Pteriacea, und verschwindet schließlich bei den sog. Monomyariern ganz (Austern, *Pecten*). Funktionell zerfallen die Schließmuskeln in zwei Anteile. Der tetanische Anteil schließt unter hohem Energieverbrauch die Schalen schnell; der andere (tonische) hält unter geringem Energieverbrauch die Schalen fest geschlossen. Dieses ermöglicht vielen Muscheln ein langes, z.T. monatelanges Verharren in geschlossenem Zustand. Der vordere Schließmuskel kann ganz oder zum Teil unabhängig vom hinteren Schließmuskel arbeiten und der vorderen Schalenpartie als Raspelapparat das Einbohren in das Substrat ermöglichen. Bei Muscheln mit Schwimmfähigkeit bewirken die Schließmuskeln das Auf- und Zuklappen der Schalen, das als Motor des Schwimmens dient *(Pecten, Lima)*. Der muskulöse Fuß wird durch ein oder einige Paare starker Retraktoren eingezogen. Reich mit Muskeln sind der Mantelrand und besonders die Siphonen versorgt. Der Ursprung dieser Muskeln an der Schale ist an einer Linie zu erkennen. Sind die Siphonen stark und einziehbar, so bildet diese Linie eine Bucht nach innen (sinupalliat).

Der **Fuß** trägt nur bei primitiven Muscheln *(Nucula)* eine Sohle, die der Kriechsohle der Schnecken entspricht. Sie dient aber nicht zum Kriechen, sondern durch Spreizen und Zusammenschließen der Verankerung und dem Graben im Sediment. Sekundär können allerdings wieder Kriechplatten am Vorderfuß entstehen (Tellinidae, *Entovalva)*. Eine Eigenart des Muschelfußes ist der Byssus, der der Festheftung dient. Aus versenkten Drüsen tritt eine Flüssigkeit aus, die bald zu festen Strängen erstarrt und chemisch der Seide nahesteht. Der Byssus bildet bisweilen eine feste Säule, die sogar verkalkt sein kann *(Anomia)*, meist aber ein Bündel von Fäden. Bei einem vielstrahligen Byssus werden die Fäden durch den vorderen Fußteil geführt und befestigt. Das Sekret gleitet in einer ventralen Furche des Fußes nach vorn und erstarrt hier. An der Austrittsstelle bildet sich ein Haftplättchen, der Fuß gibt dann durch Bewegung den Strang in seiner Rinne frei und spinnt einen anderen Faden. Viele Muscheln können sich von ihrem Byssus lösen und sich an anderer Stelle wieder festheften, z.B. *Mytilus*. Einige Arten bauen Nester aus Byssusfäden *(Lima hians)*. Früher wurden aus Byssus Gewebe hergestellt, z.B. für Handschuhe. Der lange, vordere Fußteil ist vorwiegend Bewegungsorgan und wird nach vorn gestreckt. Bei Muscheln, die sich eingraben, wird er stempelartig. Blut wird in seinen Vorderteil eingepreßt und erweitert ihn kolbenartig. Dadurch wird das Tier im Sediment verankert. Durch Muskelkontraktion wird der Körper nachgezogen. Bei kleinen Muscheln leisten Wimpern die Fortbewegung.

Durch Biegen und Strecken ermöglicht der Fuß kurze Sprünge *(Cardium)*, er wird bei dauernd sessilen Formen reduziert. Bei einigen Muscheln kann er Fremdkörper aus der Mantelhöhle werfen.

Bei Muscheln, die sich mit Byssus festheften, kann die physiologisch untere Schale eine Aussparung (manche *Pecten*-Arten), eine tiefe Einbuchtung oder ein Loch für den Durchtritt des Byssus bilden *(Anomia)*.

Blutgefäßsystem. Das Herz variiert in seiner Lage bei den Muscheln in ungewöhnlicher Weise. Meist umgibt es mit dem Pericard den Enddarm, ein Verhalten, das oft als Durchbohren des Herzens durch den Enddarm bezeichnet wird. Aber das Herz kann auch dorsal des Darmes liegen *(Nucula, Arca* u.a.); ventral vom Darm liegt es bei *Ostrea*, *Malleus* und *Pinctada*. Mehrfach ist das Herz ganz oder teilweise doppelt.

Das Blut wird durch eine vordere, oft auch noch durch eine hintere Aorta in den Körper geleitet. Hier finden sich große Lakunen, die im Fuß am Aufbau eines Schwellkörpers beteiligt sein können. In den Lakunen sind gelegentlich accessorische Herzen vorhanden *(Ostrea)*. Die Vorhöfe sind stets paarig.

Nephridien. Die paarigen Nieren entspringen mit einem Wimpertrichter (Renopericardialgang) und sind oft kompliziert.

Gonaden. Die Gonaden sind entsprechend der hohen Eizahl vieler Muscheln (bis Millionen) oft groß und verzweigt und können in Mantel und Fuß vordringen. Meist führen von ihnen eigene Gänge in die Mantelhöhle.

Das Verhalten der Geschlechter wechselt von einer völligen Trennung in Männchen und Weibchen bis zu mehreren Varianten des Zwittertums. Die Befruchtung ist stets eine äußere, kann aber schon im Kiemenraum stattfinden. Hier erfolgt auch oft Brutpflege in Bruttaschen, die meist von den Kiemen selbst gebildet werden. Brutpflege gibt es bei Süßwassermuscheln (Unionacea, Sphaeriidae) und oft bei Muscheln polarer Meere, aber auch bei *Ostrea*-Arten, *Teredo* und anderen. Sie führt bis zu Larvenstadien oder fertigen, kleinen Muscheln (Sphaeriidae). Die Larve ist eine Veliger-Larve mit zweiklappiger Schale. Die abweichende Trochophora vom Hüllglockentyp der Nuculacea ist wohl abgeleitet. Die Unionacea des Süßwassers haben Glochidien.

Lebensweise. Die meisten Bivalvia sind halb oder ganz festsitzend (Abb. 120), manche *(Lima, Pecten)* können schwimmen. Eine Schwimmphase führt jeweils nur zu einer geringen Ortsveränderung, viele gleichgerichtete Stöße können jedoch zu größeren Ortsveränderungen ganzer Populationen führen, z.B. bei den jahreszeitlich und entwicklungsbedingten Wanderungen von *Pecten*. Normalerweise heften sie sich mit Byssus an Hartböden, Algen usw. fest. Viele im Boden lebende Arten heften sich

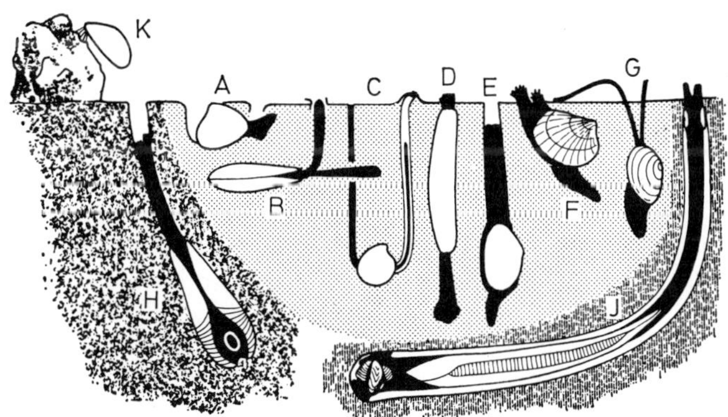

Abb. 120: Körperhaltung einiger sand- bzw. schlammlebender, bohrender und am Substrat befestigter Muscheln. A–G. Sand- bzw. Schlammbewohner: A. *Nucula* (mit Fuß), B. *Cochlodesma*, C. *Loripes*, D. *Ensis*, E. *Mya*, F. *Cardium*, G. *Tellina*, H. *Pholas* (bohrt in Fels oder hartem Ton), I. *Teredo* (bohrt in Holz, Sipho z.T. eröffnet, um Kieme freizulegen), B–I mit unterschiedlichen Siphonen, die nach oben gerichtet sind. K. *Mytilus* (mit Byssusfäden an Hartboden befestigt). Nach Morton

zuerst auch mit Byssusfäden fest, das gilt auch für Arten, die mit einer Schale am Untergrund festwachsen. Im Substrat eingegrabene Arten können verschiedene Tiefen erreichen, *Mya arenaria* ca. 30 cm, *Solen*-Arten ca. 1 m. *Xylophaga*- und *Teredo*-Röhren im Holz erreichen Längen von 1,30 m. Die Bohrtätigkeit wird bei Sand- und Weichbodenbewohnern meist durch den Fuß, bei härteren Substraten durch das Raspeln der Schalen, selten durch kalklösende Stoffe aus Drüsen des Mantels *(Lithophaga)* bewirkt. Die Nahrung besteht aus Schwebstoffen und Plankton, *Teredo* verwertet abgeraspelte Holzteilchen, die Septibranchia saugen kleine Tiere des Meeresbodens auf. Die Hauptentfaltung der Muscheln liegt im Meer. Eine alte Gruppe des Süßwassers sind die artenreichen Unionacea, artenreich sind im Süßwasser auch die kleinen Sphaeriidae. Aus dem Kaspischen Meer sind einige Cardiidae in die einmündenden Flüsse vorgedrungen *(Adacna, Didacna)* sowie aus der Brackwasser-Familie der Congeriidae die Wandermuschel *Dreissena*, die durch Verschleppung in europäische Süßgewässer gelangte. Einzelne Vorposten im Süßwasser haben auch die Donaciidae mit *Egeria* (Westafrika), die Solenidae mit *Glaucomya* (Ostafrika) und einige Teredinidae.

Im Meer dringen Muscheln in Massenentwicklung bis in die obere Gezeitenzone, im Süßwasser existieren einige *Unio*-Arten in Gewässern, die monatelang trockenliegen können.

Mehrfach sind Muscheln Mitbewohner in Röhren anderer Tiere, etwa von Krebsen und Würmern, einige leben als Epizoen auf Echinodermen, in Seegurken (Holothurien) kommt *Entovalva* vor, mehrere Gattungen leben in Schwämmen. Verschiedene Bohrmuscheln können leuchten.

Die Muscheln lassen sich ohne Schwierigkeit von Monoplacophoren herleiten, von denen manche Ansätze zur Zweiklappigkeit der Schale zeigen *(Riberisia)*, die bei *Babinka* nahezu vollendet ist.

System. Oft wurden die Muscheln nach Einzelcharakteren gruppiert; nach den Kiemen: Protobranchier, Filibranchier, Eulamellibranchier, Septibranchier; nach dem Schloß: Taxodonta, Heterodonta, Schizodonta u.a.; nach den Schließmuskeln: Dimyarier, Anisomyarier, Monomyarier. Wie meist sind solche Klassifikationen nach einem Merkmal ganz oder z.T. unnatürlich. Das moderne System ist kompliziert, aber natürlicher.

1. Ordnung: Palaeotaxodonta (Protobranchia z.T.). Mit vielen primitiven Merkmalen. Schloß taxodont. Kiemen sind echte freie Ctenidien (protobranch). Die Nahrung wird durch lange vorstreckbare Fortsätze der Palpen von der Bodenoberfläche zum Mund befördert. Fuß mit Sohle, die zum Eingraben und Verankern im Sediment dient. Die Gonaden münden in die Nierengänge, Cerebral- und Pleuralganglien weitgehend getrennt.

Nuculidae: Schließmuskeln gleich, Mantel offen. *Nucula* (Abb. 118a). *Nucula nitidosa* wird als Indikatorart für eine allmählich zunehmende, auch länger dauernde Sauerstoffknappheit angesehen. Sie ist eine Charakterart sublitoraler Schlick- und Schlicksandböden der Deutschen Bucht.

Malletiidae: Kiemen durch Muskeln zu Pumpbewegungen fähig, die am Atemstrom mitwirken. Mantelränder streckenweise verwachsen und z.T. Siphonen bildend. *Nuculana (Leda), Yoldia, Portlandia, Malletia.*

2. Ordnung: Cryptodonta (Protobranchia z.T.). Rezent nur *Solemya.* Freie Ctenidien (protobranch), die aber die Nahrungsaufnahme übernommen haben. Palpen mit reduziertem Fortsatz. Schloß rückgebildet. Schale streckenweise nur aus Periostracum bestehend. Der Fuß ist stempelartig und besorgt das Eingraben, sein Vorderteil kann auch eine Platte bilden.

3. Ordnung: Pteriomorpha (Anisomyaria, Taxodonta, Filibranchia z.T., Abb. 121). Die erwachsenen Tiere sind meist durch Byssus festgeheftet oder festgewachsen, der vordere Schließmuskel wird zunehmend kleiner und schließlich völlig rückgebildet (monomyar). Kiemen filibranch bis eulamellibranch. Die verschiedenen Formen sind besonders durch fossile Muscheln verbunden.

1. Unterordnung: Arcoidea (Arcacea, Abb. 121). Schloß lang, aus zahlreichen gleichartigen Zähnen, also taxodont, doch anders entstanden als das taxodonte Schloß der Palaeotaxodonta. Kiemen filibranch. Byssus, wenn vorhanden, von einem großen Fußbezirk sezerniert. Schließmuskeln etwa gleich. *Arca.* Am Mantelrand zahlreiche zusammengesetzte Augen mit ca. je 250 Ommatidien. *Glycymeris (Pectunculus).* Die Limopsidae neigen zur Reduktion der Schloßzähne, eines Schließmuskels und der aufsteigenden Äste der Kiemenfäden.

2. Unterordnung: Anisomyaria. Der vordere Schalenteil und der vordere Schließmuskel werden zunehmend reduziert; mit konzentriertem Byssus festgeheftet oder mit der rechten Schale angewachsen.

Hauptgruppe: Mytiloidea. Wirbel nahe oder am Vorderrand. Vorderer Schließmuskel klein bis fehlend. Byssus meist stark, Schloß mit wenigen Zähnen oder reduziert. Familie: Mytilidae (Miesmuscheln). *Mytilus* bildet Bänke von an-

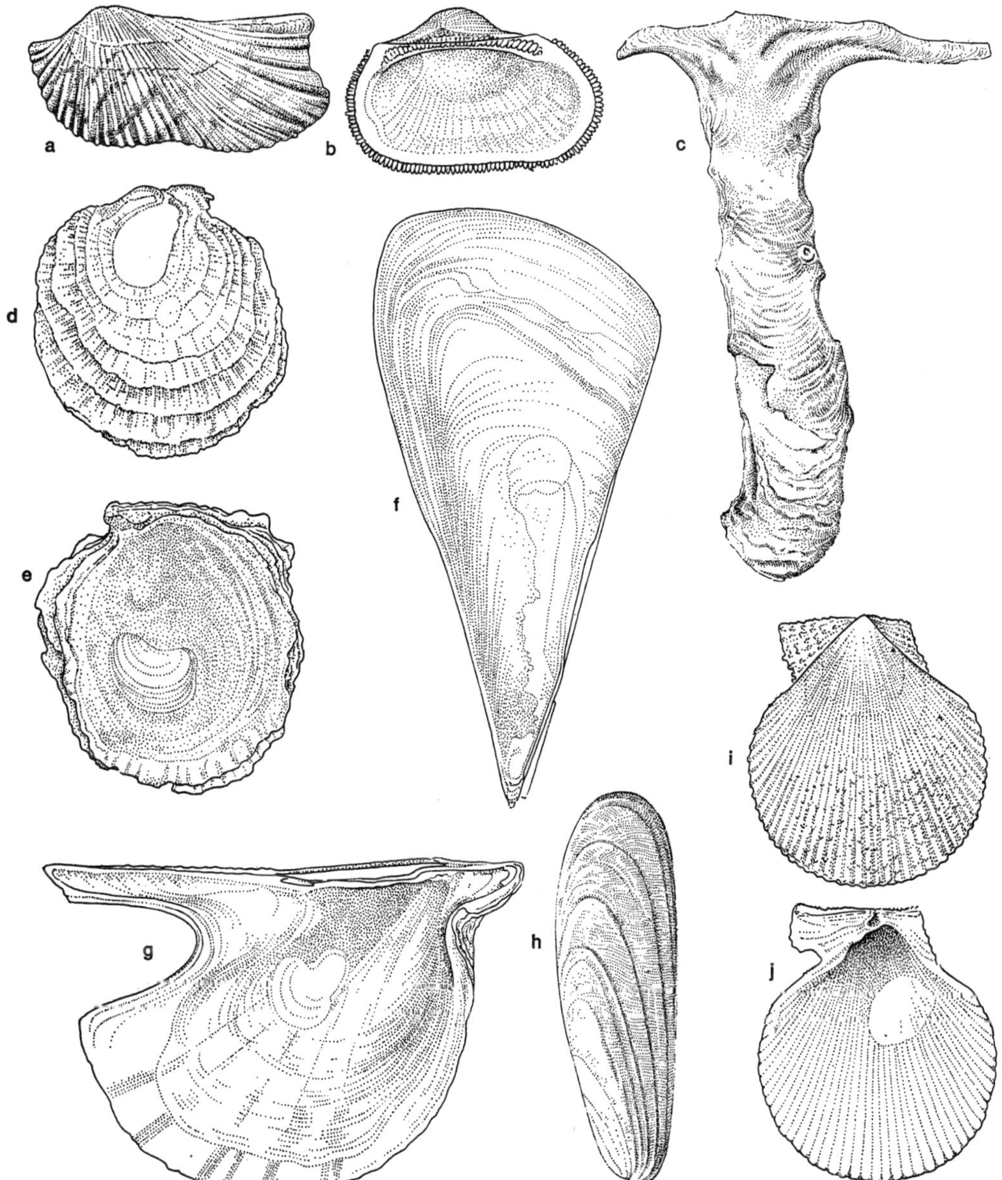

Abb. 121: Taxodonta (a, b) und Anisomyaria (c–j). a. *Arca*, Außenansicht der Schale; b. *Arca*, Innenansicht der Schale; c. *Malleus* (Hammermuschel); d. *Heteranomia*, rechte Schale mit Byssusausschnitt; e. *Ostrea* (Auster), mit Schließmuskeleindruck; f. *Pinna* (Steckmuskel); g. *Pteria (= Avicula)*; h. *Lithophaga* (Meerdattel); i–j. *Chlamys* (Kammuschel); i. Schalenansicht von außen, j. von innen (mit Schließmuskeleindruck). Nach Grassé, Gregory

einanderheftenden Muscheln. Miesmuscheln spielen weltweit eine wichtige Rolle als Nahrung des Menschen, aber auch als Monitororganismus zur Erfassung von Verunreinigungen in Meeresgebieten («mussel watch»). Manche Gifte, z.B. Cadmium, reichern sie besonders in den Mitteldarmdrüsen an. Bohrmuscheln sind *Botula* und *Lithophaga* (*Lithodomus*, Meerdattel), letztere in Kalkgestein, in das sie sich unter Mitwirkung eines kalklösenden Sekretes einbohrt. Die Steckmuscheln (Pinnidae) stecken mit dem spitzen Vorderende in Sand und Spalten, wo sie mit festem Byssus an Steinen verankert sind.

3. Unterordnung: Pteriacea. Hierher gehören die Austern (Ostreidae), Pilger- bzw. Kammmuscheln (Pectinidae), Perlaustern (Pteriidae). Ihr Ligamentbereich ist oft lang, die übrige Schale flügelartig überragend *(Pecten)*, extrem bei der Hammermuschel *Malleus* (Abb. 121). Der vordere Schließmuskel fehlt, der hintere liegt zentral. Meist liegen die Tiere mit der rechten Schale dem Boden auf. Sind sie mit Byssus verankert, so liegt dieser in einer Eindellung der rechten Schale und ist bisweilen verkalkt *(Anomia)*. Die Austern (Ostreidae) sind mit der Schale an dem Untergrund angewachsen, das verhindert nicht, daß einige wieder frei auf dem Substrat liegen und sogar durch Öffnen und Schließen der Schale schwimmen können. Eine große Anzahl von Austern-Arten verschiedener Gattungen (z.B. *Ostrea* und *Crassostrea*) wird weltweit in Kultur gehalten. Als Unterlage bietet man den Austernlarven Substrate, die entweder in den Boden gerammt werden (z.B. Bambus) oder von Bojen herabhängen (z.B. Cocosschalen an Seilen).

Abweichend ist *Lima;* sie kriecht mit ihrem Fuß umgekehrt (Mund und Schloß hinten); ihr Mantelrand ist reich mit Tentakeln besetzt. *L. hians* kann schwimmen.

Die Gattung *Placuna* wird seit Jahrhunderten für die Herstellung kleiner Fensterscheiben verwendet (window pane shells). Export von *Placuna*-Lampenschirmen aus pazifischen Ländern (v.a. Philippinen) hat in den letzten Jahren zu einem starken Rückgang der Muschelbestände geführt. Zucht in der Aquakultur ist in großem Maßstab noch nicht gelungen.

4. Ordnung: Schizodonta (Unionoidea). Zu ihnen gehört ein artenreicher Ast im Süßwasser mit ca. 1000 Arten (Unionacea) und ein mariner Ast, der im Mesozoikum reich entwickelt war (Trigoniacea), heute aber nur mit einer Gattung *Neotrigonia* in australischen Meeren existiert; sie ist filibranch.

Das Schloß hat rechts einen großen Zahn sowie einige Seitenzähne. Es ist aber recht variabel, kann fehlen *(Anodonta)*, aber auch einem taxodonten ähnlich sein *(Tridina)*. Byssus reduziert.

Die Unionacea leben etwa halb eingegraben im Boden und bewegen sich mit dem beilförmigen Fuß vorwärts. Der Parasitismus der Larven an Fischen wurde auf S. 144 erwähnt. Die Kiemen sind eulamellibranch, die Schalen mit Perlmuttschicht. Hierher gehören unsere Flußperlmuscheln *Margaritifera* in kalkarmen Bächen, ferner *Unio*, *Anodonta* u.a. Flußperlmuscheln gehören zu den größten Süßwasser-Bivalviern (Länge etwa 10 cm). Ihre Perlen wurden über viele Jahrhunderte geerntet; inzwischen ist ihr Bestand jedoch drastisch zurückgegangen, vorwiegend durch Verschmutzung der Gewässer und durch wasserbauliche Maßnahmen. Eine merkwürdige Parallele zu den Austern sind die Flußaustern (Etheriidae), die in den Stromschnellen tropischer Flüsse Muschelbänke bilden. Sie wachsen mit der rechten Schale fest, sind also voll sessil; der vordere Schließmuskel und der Fuß werden rückgebildet.

5. Ordnung: Heterodonta (Abb. 122). Zu ihnen gehört das große Heer «normaler» mariner Muscheln, z.B. die Herzmuscheln *(Cardium)*, *Macoma*, *Tellina*, *Mactra*, *Venus*, *Donax*, *Scrobicularia*, *Venerupis (Tapes)*, *Arctica (Cyprina)* u.a. Diese Formen leben meist eingegraben in Sand- und Weichboden und senden kürzere oder längere Siphonen zur Oberfläche; in verschiedenen Sedimenten bohrt aktiv *Petricola*. Die Art *P. pholadiformis* ist von Nordamerika aus in die europäischen Meere eingewandert. In den Korallenriffen des Indopazifik lebt *Tridacna* (Abb. 122d) mit der größten Muschelart: *T. gigas* wird 1,4 m lang und erreicht ein Gewicht von über 200 kg, wovon etwa 60 kg auf die Weichteile entfallen. In ihrem dem Licht zugewendeten Mantelrand leben photosynthetisierende Einzeller. Bei Beschattung und Berührung können die normalerweise klaffenden Schalen rasch geschlossen werden, daher der deutsche Name Mördermuschel. In pazifischen Kulturen nutzt man *Tridacna* auf ungewöhnlich vielfältige Art: Die Weichteile wer-

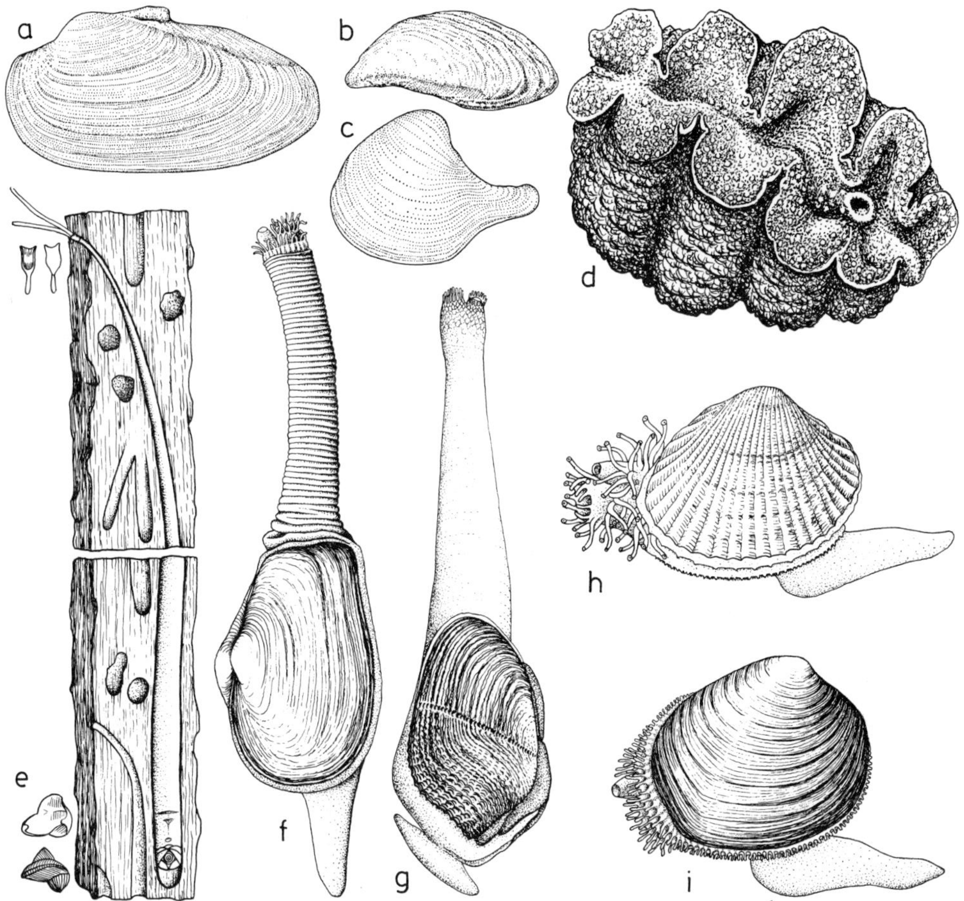

Abb. 122: a. *Unio* (Flußmuschel), b. *Dreissena* (Wandermuschel), c. *Cuspidaria*, d. *Tridacna* (Mördermuschel); beachte, daß diese Muschel mit der Schloßregion dem Substrat aufliegt; die Schalenklappen sind normalerweise geöffnet, so kann Licht die Symbionten des Mantels erreichen. e. *Teredo* (Schiffsbohrwurm), f. *Mya* (Sandklaffmuschel) mit Sipho und aus der Schale ausgetretenem Fuß, g. *Zirfaea* (Bohrmuschel), h. *Cardium*, i. *Arctica (Cyprina)*. Nach Baergh, Grassé, Gregory, Möbius

den gegessen, die Schalen als Waschbassins, in Kirchen auch als Taufbecken verwendet, als Dekoration findet man die Schalen in Haus, Garten und auf Gräbern. Ein sessiler Zweig von «Austerntyp», die mit einer Schale festgewachsen sind und die freie zum Deckel umbilden, sind die Chamacea mit der stacheligen *Chama*. Die Gruppe ist wohl ein Rest der in Jura und Kreide reich entwickelten sessilen Rudisten. Sie beginnen im Jura mit *Diceras* mit 2 etwa gleichen, widderhornartig gewundenen Schalen, entwickeln sich aber bald zu Formen, die mit einer Schale, bald der rechten, bald der linken, festgewachsen sind. Die basale kann sich kelchartig erheben, die freie einen Deckel bilden, so daß z. B. bei *Hippurites*, *Radialites* Formen entstehen, die äußerlich *Richthofenia* unter den Brachiopoden und vielen Tetracorallen ähneln. Die Schale der Rudisten ist z. T. durch Poren und Hohlräume kompliziert. Sie sterben nach einer kurzen, aber reichen Entwicklung schon in der Kreide aus, wohl bis auf die rezente *Chama*. Im Süßwasser die Sphaerioidea mit den artenreichen Gattungen *Sphaerium* und *Pisidium*. Meist werden auch die im Brackwasser lebenden Dreissenidae *(Congeria, Dreissena)* hierhergestellt. Zu ihnen gehört die aus dem Kaspischen Meer ins Süßwasser vorgedrungene

Wandermuschel *Dreissena polymorpha*, die ähnlich den Miesmuscheln mit Byssusfäden angesponnen ist.

Die Kiemen der Heterodonta sind eulamellibranch, oft gefaltet. Das Schloß ist mit 1–3 Hauptzähnen und manchmal mit leistenartigen Nebenzähnen ausgestattet.

6. Ordnung: Adapedonta. Sie beginnen mit fast normalen Formen wie *Mya* und *Hiatella (Saxicava)* und führen zu den abgewandelten, in Holz bohrenden Schiffsbohrwürmern *(Teredo)*. Die Schalen klaffen an einem oder beiden Enden, Schloß und Ligament werden zunehmend reduziert. Viele sind in weichem oder hartem Substrat eingebohrt, wobei die Schalen als Bohrwerkzeuge dienen und schließlich getrennt und klein werden. Die Siphonen sind meist lang und ganz oder teilweise verwachsen, die Mantelränder weitgehend verwachsen. Relativ primitiv sind in unseren Meeren: *Hiatella (Saxicava)* in Ritzen oder eingegraben, z.T. mit Byssus, *Mya* (Klaffmuschel) tief eingegraben in Sand oder Mud, mit langen verwachsenen Siphonen, Byssus nur bei Jungtieren. In unseren Meeren *M. arenaria*, Schale bis 15 cm, mit Ligamentlöffel, bis 30 cm tief in Sand eingegraben, *M. truncata* kleiner. *Solen* (Messermuschel) mit kurzen Siphonen und stempelartigem Grabfuß. Gräbt sich schnell und tief ins Sediment ein, dort in langen Röhren lebend. *Aloidis (Corbula)*, Schalen ungleich, liegt horizontal im Sediment.

Die Mittelzone nehmen die Bohrmuscheln (Pholadidae) ein. Sie bohren in festem Sediment, Holz, Torf und leichtem Gestein (Kreide). Die vorn mit Reibleisten versehenen Schalen klaffen vorn weit. Der stempelartige Fuß verankert die Muschel, seine Muskeln lassen die Schalen beim Bohren etwas rotieren. Siphonen lang. *Pholas*, *Zirfaea*, *Barnea*.

Extreme Spezialisten sind die Schiffsbohrwürmer (Teredinidae). Sie leben in Holz und richten in Holzplanken der Schiffe, an hölzernen Hafenanlagen u. a. Schaden an. Die Schalen sind klein und raspeln Holz ab. Der von den Schalen entblößte Rumpf geht kontinuierlich in die langen Siphonen über. Die lange Wohnröhre wird von einer Kalkschicht ausgekleidet. Nahe der Mündung der Siphonen einige Skeletplättchen (Paletten), die die Öffnung nach Einziehen der Siphonen abdichten und dem Tier so ein wochenlanges Überdauern im Süßwasser ermöglichen. Interessant ist der Nahrungswechsel: Die abgeschabten Holzpartikel werden durch die Wimpern des Fußes den Vela und dem Mund zugeleitet, und im Darm werden Cellulose und Hemicellulosen größtenteils verdaut. Daneben ist wohl noch die Ernährung durch Einstrudeln von Planktern möglich. *Teredo navalis* (Schiffsbohrwurm), bis 20 cm. Pholadidae, Xylophagidae und Teredenidae werden als Adesmata zusammengefaßt.

7. Ordnung: Anomalodesmata. Marin. Sie zeigen manche Parallelen zur vorigen Ordnung. Auch sie beginnen mit etwa normalen Muscheln, reduzieren bald das Schloß und führen zu Gattungen mit einer sekundären Kalkhülle und kleinen getrennten Schalen. Die äußere Kiemenlamelle wird nach dorsal gebogen und reduziert. Viele primitive Arten liegen mit asymmetrischen Schalen im Sediment *(Pandora)*; es führt bisweilen nur der Einstromsipho zur Oberfläche, der andere endet im Sediment *(Cochlodesma)*. Die Extremformen (Clavagellidae) bilden eine sekundäre Hülle, die aber nicht im Holz liegt wie bei *Teredo*, sondern frei im Sediment oder zwischen Korallen verankert ist. Die Vorderfläche schließt bei *Clavagella* eine Platte mit Löchern ab, daher der Name «Gießkannenmuscheln». Die kleinen Schalen dienen nicht zum Bohren, sondern sind an der Hülle angewachsen. *Clavagella*, bis 70 cm, nur eine Schale an der Kalkhülle festgewachsen. *Brechites*, bis ca. 15 cm, beide Schalen angewachsen.

8. Ordnung: Septibranchia. Marin. An Stelle der Kiemen in der Mantelhöhle eine muskulöse Scheidewand, die von Poren oder gefensterten Spalten durchbrochen ist. Durch die Bewegung dieses Querseptums können Tiere oder Tierstücke eingesogen werden. Die Septibranchier sind also carnivor, der Magen ist ein Muskelmagen ohne Verteilungsrinnen; auf und in Weichböden, besonders in tieferen Zonen; Schale bis 2,5 cm; meist mit Schnabel. *Poromya*, *Cuspidaria*, *Cetoconcha*.

6. Klasse: Scaphopoda (Solenoconchae, Kahnfüßer)

Über 300 Arten umfassende Gruppe rein mariner Molluscen, deren Eingeweidesack von einer röhrenförmigen Schale umschlossen ist (Abb. 123). Diese entsteht durch das Vorwachsen der paarigen Mantellappen an der Ventral-

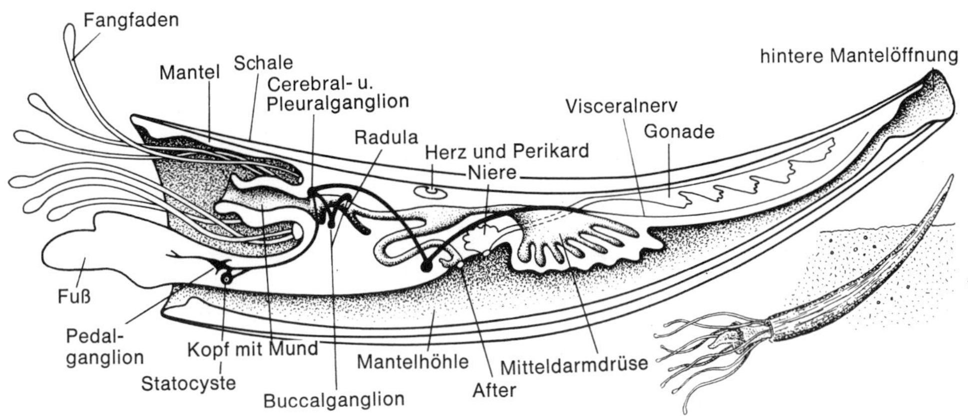

Abb. 123: Bauplan eines Scaphopoden, daneben Scaphopode im Substrat. Nach Stempell

seite. Die Schale ist vorn und hinten offen, die obere Öffnung ragt aus dem Meeresboden, in dem die Tiere eingegraben leben. Der Kopf ist ein röhrenförmiges Mundgebiet, an dessen Basis zwei Büschel Fangfäden (Captacula) entspringen, die im Sediment umhertasten und Kleintiere (z.B. Foraminiferen und Ostracoden) sowie Diatomeen fangen. Der Fuß ist ein schwellbarer, vorstreckbarer Grabfuß, am Ende dreilappig oder mit kleiner Sohle. Die Atemhöhle durchzieht die ganze Schale, durch die obere Öffnung wird Atemwasser eingestrudelt und Kot und Keimzellen entleert. Auffallend sind manche Reduktionen: Die Kiemen fehlen, ebenso die Vorhöfe, das Herz ist ein kleiner Sack ohne Arterien, den paarigen Nieren fehlt die Verbindung mit dem Pericard. Die unpaare Gonade entleert ihre Keimzellen über die rechte Niere. Die pelagische Larve mit Dottervorrat (lecitotroph) ist eine einfache Veliger. Mantel und Schale liegen dorsal, wachsen dann aber seitlich bis zur Vereinigung an der Ventralseite vor. Die Scaphopoda sind eine isolierte Gruppe, die vielleicht an der Basis mit den Muscheln zusammenhängt. Seit dem Paläozoikum bekannt, manche Gattungen seit der Kreide. Länge bis 12 cm. *Dentalium*, *Siphonadentalium*, *Cadulus*, *Entalina*.

7. Klasse: Cephalopoda (Kopffüßer)

Die Cephalopoden sind die größten (Arme bis ca. 25 m) und am höchsten entwickelten Mollusken mit über 700 lebenden und über 10000 fossilen Arten. Die hohe Entwicklung gilt besonders für die Tintenfische (Coleoidea), während der einzige lebende Alt-Cephalopode *Nautilus* noch viele primitive Charaktere besitzt. Allgemein primitiv ist das umfangreiche Genitalcoelom, in dem die Gonaden nur einen Bezirk einnehmen. Abgeändert ist die Entwicklung: die Eier sind dotterreich, die Furchung ist nicht mehr spiralig, sondern discoidal, es kommt also zur Ausbildung einer Keimscheibe. Die entscheidenden Neubildungen sind die Umstrukturierung des Fußes bzw. der vom Pedalganglion innervierten Teile in Fangarme und einen Trichter am Ausgang der Mantelhöhle. Die Fangarme sitzen dem Kopf rings um die Mundregion an; bei *Nautilus* (Abb. 124) sind es ca. 90, bei den Coleoidea 10 oder 8. Embryonal entstehen sie als Knospen hinter dem Mund. Man kann sie vom Vorderfuß ableiten, der bei Schnecken oft zum Ergreifen der Beute dient, oder von den Tentakeln hinter dem Mund, wie sie *Neopilina* trägt. Weniger wahrscheinlich ist die Herleitung von Epipodialtentakeln, ähnlich denen primitiver Schnecken. Der Trichter ist ein Rohr am Ausgang der Mantelhöhle, durch das das Wasser der Mantelhöhle ausgepreßt wird, was der Fortbewegung dient. Der Wassereinstrom erfolgt über eine eigene Mantelspalte. Der Trichter (Sipho) besteht aus 2 Seitenteilen, die bei *Nautilus* noch getrennt sind, und einem Mittelteil. Die Seitenteile sind bei höheren Cephalopoden zu einem beweglichen Rohr verwachsen.

Der große Kopf trägt hinter den hochentwickelten Augen die Statocysten, die bei höheren Cephalopoden durch die 3 Innenleisten (Cristae) und «Macula» etwas an das Labyrinth der

Wirbeltiere erinnern, und vor den Augen Riechgruben. Im Gehirn sind die Ganglien einschließlich Pedal- und Visceralganglien konzentriert, die Nerven im Rumpf sind also nicht die primären Hauptnerven, sondern Ausläufer dieser Ganglien. An den Rumpfnerven haben sich neue Zentren entwickelt, in den Armen die Brachialganglien, an den Muskeln des Mantels die Stellarganglien.

Die Cephalopoden sind zunächst pelagische Schweber; dies ermöglichen Schwimmblasen. Sie entstehen durch Abscheidung von Gas zwischen der Schale und der Körperwand des Eingeweidesackes. Bei weiterem Wachstum wird die erste Gaskammer durch eine Scheidewand (Septum) aus Kalk gegen den Rumpf abgegrenzt und unter ihr eine neue gebildet usw. So entsteht eine gekammerte Schale; die jüngste Kammer ist die Wohnkammer (Abb. 124). Die Septen sind von einem strangartigen Fortsatz des Körpers durchbohrt, dem Sipho oder besser Siphunkel, um eine Verwechslung mit den Siphonen des Mantelrandes zu vermeiden. Er ist von einer aus Kalk und Conchiolin bestehenden Röhre umschlossen, reich vaskularisiert und von sekretorischem und zugleich resorbierendem Epithel bedeckt. Er reicht bis zur Spitze der Schale und bewirkt Sekretion und Resorption von Gas und Wasser, durch deren relative Menge das Tier ein Absinken und Aufsteigen bewirken

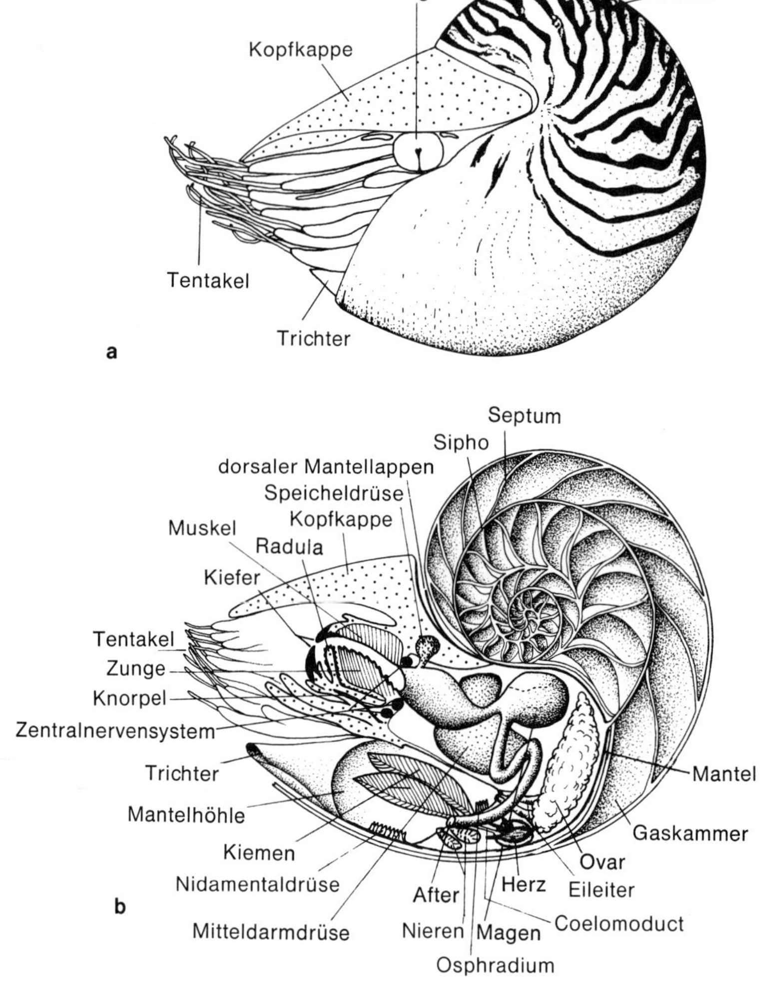

Abb. 124: *Nautilus*. a. Seitenansicht; b. Bauplan, Sipho = Siphunkel. Nach Storer, Usinger

kann. Das Gas in den Gaskammern ist bei *Nautilus* reich an Stickstoff und Argon, die Flüssigkeit arm an Salzen. Der Siphunkel kann pro Tag ca. 2 ml Flüssigkeit sezernieren und ca. 1 ml resorbieren. Dieser Wechsel von Gas und Flüssigkeit für die Regulation des Gewichtes funktioniert noch im Schulp von *Sepia* und in der Schale von *Spirula*. Die Flüssigkeit enthält bei *Sepia* Ammoniumionen.

Die **Schale** ist ursprünglich kegelförmig oder nur leicht nach vorn gekrümmt (orthocon), so daß die Tiere mit der Spitze des Eingeweidesackes nach oben und Mund nach unten im Wasser trieben. Sie ist bei den meisten Alt-Cephalopoden, also Nautiloidea und Ammonoidea (Abb. 125), in einer Ebene nach vorn eingerollt und bildet eine Scheibe, kann aber auch bei fossilen Formen schneckenartig aufgewunden *(Trochoceras, Turrilites)* oder unregelmäßig gewunden sein *(Nipponites)*. Mehrfach findet sich eine Umorientierung der ursprünglichen Lage, in der die Luftkammern oben und die Wohnkammern unten liegen; die Spitze der Schale und damit des Eingeweidesackes verlagern sich nach hinten, der Kopf nach vorn. Bei fossilen Alt-Cephalopoden mit gestreckter Schale wird dies erreicht, z.T. durch verschiedene verstärkte Kalkeinlagerungen innen am Schalenrande, z.T. durch Verlagerung der Wohnkammern ventral unter viele Luftkammern *(Ascoceras)*. Unter den fossilen Neu-Cephalopoden belasten die Belemniten ihre gestreckte Schale besonders hinten außen mit abgeschiedenem Material (Rostrum). Bei den anderen Neu-Cephalopoden ist die Schale ins Gewebe versenkt, indem die embryonalen Falten der sog. Schalendrüse über der Schale verwachsen. Sie reduzieren ferner den ursprünglich hinteren Bereich der Schale. Es hängt dies mit der andersartigen Erneuerung des Atemwassers und der Kiemenhöhle zusammen. Im Gegensatz zu den übrigen Molluscen, bei denen Wimpern die Wasserzirkulation besorgen, übernehmen hier Muskeln diese Aufgabe. Bei *Nautilus* sind es die beweglichen Seitenteile des Trichters, bei den Neu-Cephalopoden starke Muskeln im Mantel, die die Kiemenhöhle einengen und erweitern. Das Auspressen des Wassers durch den Trichter ermöglicht eine Fortbewegung durch Rückstoß, deren Richtung durch das bewegliche Trichterrohr variiert werden kann.

Die dorsale Schale von *Sepia* (Schulp) enthält noch zahlreiche Septen und hinten ein kleines Rostrum; die Schale der Teuthoidea ist ein unverkalktes «horniges» Blatt, bei den Octobrachia ist sie bis auf winzige Rudimente verschwunden (Abb. 125).

Die Muskularisierung des von der Schale befreiten Mantels ermöglicht die Ausbildung von Flossen, die als ein, seltener zwei Paare dem Eingeweidesack seitlich ansitzen. Sie werden durch Knorpel gestützt, dessen Entwicklung eine weitere Parallele zu den Wirbeltieren darstellt, und bilden bald einen Flossensaum *(Sepia)*, bald lokal vorragende Anhänge. Sie ermöglichen besonders den Teuthoidea ein andauerndes Schwimmen. Hauptantriebskraft für das Schwimmen ist aber Kontraktion des Mantels, wobei Wasser durch den Sipho ausgestoßen wird. Da der Sipho stark beweglich ist und nach vorn und hinten gerichtet werden kann, vermögen Tintenfische vor- und rückwärts zu schwimmen. Die Mantelhöhle ist groß. In ihr liegen die Ctenidien, deren faltige Oberfläche bei Tintenfischen unbewimpert ist. Sie enthalten Capillargefäße, deren Blut durch je ein venöses Kiemenherz in die Kiemen gepumpt wird.

Darmkanal. Charakteristisch sind Kiefer, die kräftige Beißwerkzeuge werden. Der Unterkiefer überragt den Oberkiefer, beide bilden einen Schnabel, der fast immer mit einer Spitze, bei den Tintenfischen zusätzlich mit scharfen Schneiden versehen ist. Die Kiefer sind hornig, bei mesozoischen Ammoniten mit Kalkablagerungen (Aptychen); sie können hier vereinzelt auch als Deckel an der Schalenöffnung dienen. Gegenüber den starken Kiefern ist die Radula klein, primitiv und relativ einförmig, bei *Cirrothauma* ist sie reduziert. Die Speicheldrüsen, meist zwei Paar, bilden Schleime, produzieren Proteasen und ein meist sehr wirksames Gift. Der lange Oesophagus trägt nur bei *Nautilus* (Abb. 124) und den Octopoda einen Kropf, in den die zerbissene Nahrung gelangt. Der Magen selbst ist zweiteilig. Der vordere Muskelmagen ist mit einer Cuticula ausgekleidet, die aber keine Kauplatten enthält wie die vieler Schnecken. In ihm wird die Nahrung mit dem hellen Pankreassekret durchgeknetet. Er ist über ein schmales Verbindungsstück mit dem zweiten bewimperten Magenteil, der in einen langen Sack (Caecum) übergeht, verbunden, der – bisweilen spiralig gewunden – weit in den Körper zieht. In seine Basis mündet die «Leber» mit paarigen Gängen. Sie ist aus den beiden verwachsenen

Mitteldarmdrüsen entstanden, gemeinsam mit ihr mündet das «Pankreas». Die «Leber» schränkt ihre Funktion innerhalb der Tintenfische ein. Primär ist sie resorptiv und sekretorisch tätig, bisweilen alternierend. Das farbige Sekret gelangt in das Caecum. Bei *Loligo* ist sie nur sekretorisch tätig, die Verdauung erfolgt dann nur in Caecum und Intestinum.

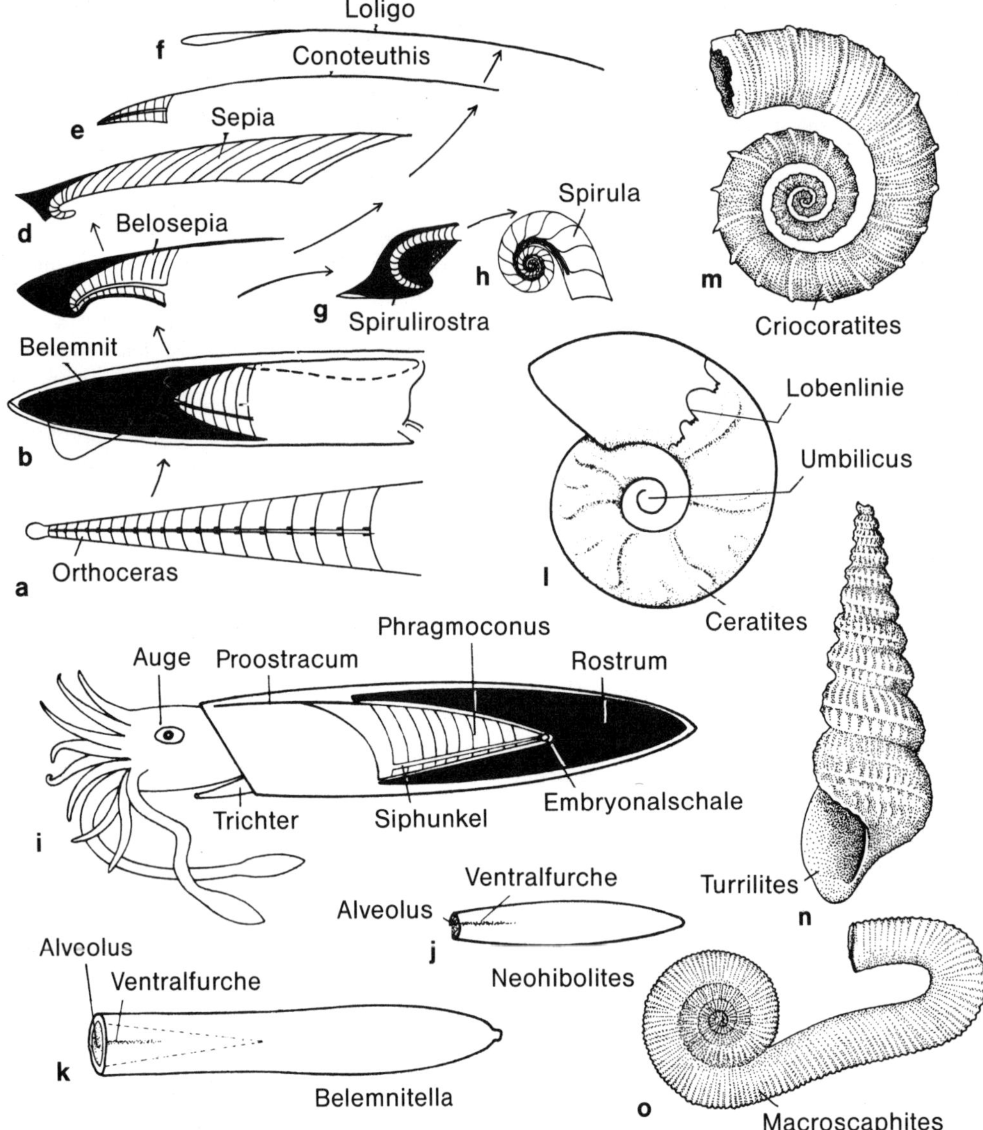

Abb. 125: Cephalopoden. a–h: Entwicklung der Cephalopodenschale; Ausgangspunkt: gestreckte Schale von *Orthoceras;* bei den modernen Formen, die von Belemniten ausgehen, kommt es zur Rückbildung der Schale; die bei Octopoden völlig fehlt. Einen Sonderweg schlug *Spirula* ein. i–k: Belemniten (Karbon bis Eozän); i. Rekonstruktion eines ganzen Tieres; j–k: Rostra («Donnerkeile») verschiedener Belemniten. l. typische mesozoische Ammonitenschale. Die Lobenlinien entsprechen den Septen im Inneren der Schale. Sie können einfach oder kompliziert verlaufen. Die Schale der Ammoniten war durch eine hornige oder zwei verkalkte Platten zu verschließen. m–o: atypische mesozoische Ammonitenschalen. Nach Morton, Black, Twemhofel, Shrock

Die Wimpern des Caecum befördern unverdauliche Teile direkt in den Darm, der zwischen beiden Magenteilen am Vestibulum beginnt und in der Kiemenhöhle mündet. Im Endbereich entspringt der Tintenbeutel, der ein melaninhaltiges Sekret absondert, das das Wasser meterweit trüben kann *(Sepia)*. *Nautilus* fehlt der Tintenbeutel.

Das **Blutgefäßsystem** ist entsprechend der hohen Aktivität der Tintenfische gut entwickelt. Die venösen Kiemenherzen und der Capillarkreislauf in den Kiemen der Tintenfische wurden bereits erwähnt. Der Exkretion dienen **Nieren** und Pericardialdrüsen der Cölomwand, die den Kiemenherzen eng anliegen; die Nieren sind nicht gleichzeitig Genitalgänge, sie erhalten Exkretstoffe direkt aus den Venen (Pfortaderkreislauf der Niere!). *Nautilus* hat zwei Paar Nieren, die nicht mit dem Pericard kommunizieren. Die Coleoidea besitzen 1 Paar Nieren, die wie bei anderen Molluscen über einen Wimpertrichter mit dem Pericardialraum in Verbindung stehen und neben dem After in den Mantelraum münden. Der Pericardialraum ist vor allem bei den Decabrachia recht umfangreich und besitzt mehrere Divertikel. In einen von ihnen, der den Kiemenherzen anliegt, münden die Pericardialdrüsen, die möglicherweise Ort einer Ultrafiltration sind. Die Nieren besitzen ebenfalls Aussackungen, die sich Venen eng anlagern. An den Berührungsstellen existieren Vorwölbungen (Nierenanhänge), die möglicherweise exkretorisch aktiv sind. Bei den Octobrachia ist das Pericard auf eine enge Hülle um die Kiemenherzen beschränkt.

Die **Geschlechter** sind getrennt, die Männchen bei Octobrachia oft kleiner, bei *Argonauta* sehr kleine Zwergmännchen. Die Fortpflanzungsbiologie wird hormonell gesteuert. Von Dibranchiata ist bekannt, daß die Augendrüsen Hormone bilden, die Oo- und Spermiogenese regulieren und auch das Brutverhalten der Weibchen beeinflussen. Nach Beendigung der Fortpflanzungsperiode sterben bei Dibranchiaten Männchen und Weibchen im Alter von 3–4 Jahren ab, während *Nautilus* älter wird (bis ca. 20 Jahre) und nach Erreichen der Reife noch mehrere Jahre leben kann. Die Keimzellen fallen in das Genitalcoelom und werden durch Gonodukte ausgeleitet. Sie sind meist unpaarig, bei Octobrachia ist der Eileiter paarig. Der Eileiter enthält Drüsen, die die Eiweißschicht (Eiklar) für das Ei und Hüllen liefern. Drüsen außerhalb der Mündung, die sog. accessorischen Nidamentaldrüsen, liefern Sekrete für den Laich. Die oft großen Eier werden an Pflanzen oder am Boden befestigt und bei pelagischen Formen oft als lange (bis 1 m) Laichschnüre ins freie Wasser abgesetzt; *Argonauta* birgt sie in ihrer sekundären Schale. Die Spermien werden in komplizierten Spermatophoren verpackt, die durch verschiedene Drüsen des Samenleiters gebildet und in einer Tasche (Neadhamsche Tasche) gespeichert werden. Als Überträger der Spermatophoren dienen Arme, bei *Nautilus* 3 der rechten Seite, die zusammengelegt den Spadix bilden, bei Tintenfischen 1, selten 2 Arme verschiedener Lage, die Hectocotyli. Am Hectocotylus ist die Zahl der Saugnäpfe reduziert und meist eine Längsrinne für den Transport der Spermatophoren ausgebildet. Eigenartig ist der Hectocotylus des Zwergmännchens von *Argonauta*. Er liegt eingerollt in einer Tasche, kann sich aber loslösen und so in der Mantelhöhle des Weibchens liegen. Nicht zu verwechseln mit dem Hectocotylus sind die Tentakelarme. Diese sind besonders lang und dienen dem Ergreifen der Beute. Sie heißen auch Fangarme und kommen nur bei den Decabrachia vor.

Die Spermatophoren werden bei Sepioidea an der Mundmembran oder in der Mantelhöhle der Weibchen abgesetzt und geben die Spermien frei, die hier in einer Bursa copulatrix gespeichert werden. Hier erfolgt die Befruchtung der Eier, die noch eine äußere ist. Bei Octobrachia erfolgt innere Befruchtung in Ovar oder Oviduct. Selten erfolgt auch die Entwicklung im Oviduct.

Die **Entwicklung** weicht völlig von der anderer Molluscen ab. Es fehlt die Spiralfurchung, es fehlen Trochophora- und Veligerlarven. Die mehr oder weniger dotterreichen Eier furchen sich discoidal, so daß sich der Embryo auf einer Keimscheibe an einem Pol entwickelt; der Dotter wird durch ein provisorisches Dotterepithel bzw. Dottersyncytium verarbeitet, es bilden sich auch Dottergefäße und z. T. ein sog. Dotterherz. Der Embryo überwächst allmählich den Dottersack. Die Embryonen schlüpfen mit fast fertiger Organisation *(Sepia)* oder durchlaufen eine pelagische Phase mit Proportionsänderungen und schwach entwickelten Larvalorganen, nach denen verschiedene Stadien benannt werden.

Die Cephalopoden sind rein marin und meiden sogar echtes Brackwasser. Sie dringen in die Tiefsee vor und haben hier Arten mit komplizierten Leuchtorganen. Das Leuchten besorgen

z. T. symbiontische Bakterien. Selten sind blinde Arten. Cephalopoden erscheinen bereits im oberen Kambrium, und zwar Nautiloidea, und sind schon im Palaeozoikum reich entwickelt. Sie sind abzuleiten von Monoplacophoren mit erhöhter Schale wie etwa *Knightoconus*. Alte Formen haben oft noch einen breiten Siphunkel, der ja dem oberen Teil des Eingeweidesacks entspricht.

1. Unterklasse: Tetrabranchiata (Alt-Cephalopoden)

Primitiv ist die zunächst meist gerade äußere gekammerte Schale, die dann oft nach vorn planspiral eingerollt wird. Die innere Anatomie kennen wir nur von dem rezenten *Nautilus* (Abb. 124). An ihm sind außer der Schale primitiv: das nicht völlig konzentrierte Gehirn, der Besitz von Osphradien, einfachen Kamera-Augen ohne Linse und Iris, der aus Teilstücken bestehende Trichter, das Fehlen von Kiemenherzen, Kiemencapillaren, Tintenbeutel und Saugnäpfe an den Armen.

Wahrscheinlich primitiv ist die doppelte Garnitur von Kiemen, Vorhöfen, Osphradien und Nieren. Abgeleitet ist wohl die große Zahl von Armen (Tentakel, ca. 90). Sie sind in Scheiden zurückziehbar und in verschiedene Gruppen differenziert. Die Scheiden dorsaler Arme bilden eine Kopfkappe als Bedeckung der Schalenöffnung, wenn das Tier eingezogen ist, vordere und mittlere «Tentakel» können Beute wittern und ergreifen, dienen aber nicht zum Kriechen. Der Eileiter ist unpaar und liegt rechts.

Inwieweit die abgeleiteten Merkmale auch den fossilen Formen zukamen, ist unsicher. Sicher ist, daß diese recht verschiedene Lebensweisen hatten. Glückliche Funde erlauben die Aussage, daß die Zahl der Arme mehrfach geringer war. Bei ihnen ist – wohl zum Abschluß des Wachstums – die Öffnung der Wohnkammer (Peristom) oft durch Leisten und Wände so eingeengt, daß nur Augen, Arme und Trichter hervorgestreckt werden konnten.

1. Ordnungsgruppe: Nautiloidea. Sie beginnen im Oberen Kambrium mit meist niedrig- oder hochkegelförmiger Schale (orthocon), die einige Meter Länge erreichen kann *(Endoceras)*. Das Gehäuse kann nach vorn gebogen sein (cyrtocon), und bald dominieren eingerollte Formen. Einfache Lobenlinien. Die Schale ist selten mit Ornamenten versehen; die Anfangskammer ist meist niedrig. Das Schalenwachstum beträgt bei *Nautilus* nur ca. 0,1 mm am Tag. Nach Erreichen der Geschlechtsreife hört das Wachstum auf.

Es sind 160 Familien mit 300 Gattungen und 2500 Arten beschrieben. Hauptentwicklung im Palaeozoikum. Die älteste Gruppe sind die kleinen Volborthellida aus dem Kambrium. Aus der Fülle der paläozoischen Formen sei die Ordnung der Orthocerida hervorgehoben. Es handelt sich u.a. um Tiere mit schlankem, gestrecktem Gehäuse. Aus den Orthoceriden gingen einmal die Bactritoidea hervor, welche zu den Ammonoidea führten; zum anderen entstammen primitiven Orthoceriden (Michelinoceratiden) die Coleoidea. Der rezente *Nautilus* lebt mit mehreren Arten im Indo-Westpazifik in einer Tiefe von 60–500 m. Er bewegt sich langsam schwimmend fort, bei der Nahrungssuche vorwärts, sonst rückwärts. *Nautilus* wird mit Fleischködern gefangen, die er nur nachts annimmt. In Gefangenschaft werden tote Fische und Krebse gefressen, indem mit den kräftigen Kiefern Stücke herausgebissen werden. Tagsüber hält sich *Nautilus* bewegungslos an geschützten Stellen auf.

2. Ordnungsgruppe: Ammonoidea (Ammoniten, Abb. 125). Eine enorm artenreiche (über 100 Gattungen) Gruppe, die im frühen Devon beginnt und in der Kreide ausstirbt. Da wir nur die Hartteile und schwache Andeutungen der Arme kennen, lassen sie sich anatomisch schlecht abgrenzen. Ihr Siphunkel ist wandständig. Lobenlinien hochkompliziert, im Extremfall an die Verzahnung von Schädelnähten mancher Primaten erinnernd. Ihre Funktion kann man in einer Verfestigung der Luftkammern sehen, die den Druckwechsel bei Auf- und Abstieg der Tiere auffängt, vielleicht auch in einer Erweiterung der Insertion von Retraktormuskeln. Die Anfangskammer ist kugelig oder eiförmig. Sicher hatten die Ammoniten sehr verschiedene Lebensweisen, manche waren sogar festsitzend. Die Radula der Ammoniten ähnelt der der Coleoidea.

Die Ammoniten entfalteten sich in mehreren Schüben; im Devon zunächst die Clymemida, die bisweilen auch zu den Nautiloidea gestellt werden. Sie sind eine Nebenlinie, die schon im Unteren Karbon erlischt. Die echten Ammoniten sind gleichfalls schon in Devon und Karbon durch die Goniatitina reich vertreten, die bis ins Perm reichen. Vor allem in der Trias entfaltet sich die Stufe der Ceratiina, die einer Nebenlinie der Goniatiten, den Prolecaniden, entstammen. Nach einer sehr starken Schrumpfung am Übergang zum Jura erfolgt in Jura und Kreide die Hauptentfaltung mit den Ammonita. Die Schale verläßt oft den planspiralen Bau, wird hakenförmig *(Hamites)*, turmförmig *(Turrilites)*, gestreckt *(Baculites)* oder völlig unregelmäßig *(Nipponites)*. *Pachydiscus* erreicht einen Durchmesser von 2 m. Am Ende der Kreide starben die Ammoniten aus.

2. Unterklasse: Coleoidea (Dibranchiata, Tintenfische, Abb. 126)

Sie allein haben einen Tintenbeutel; er ist eine Aussackung des Hinterdarmes und produziert ein melaninhaltiges Sekret, die «Sepia». Bei Gefahr wird die dunkle Masse ausgestoßen, die dann das Tier in einer dunklen Wolke verbirgt *(Sepia)* oder als kompakter dunkler Körper stehenbleibt und den Räuber auf ein falsches Objekt lenkt. Das Tier selbst wird nach dem Ausstoßen der «Tinte» durch Farbwechsel ganz hell. Das Sekret von *Sepia* lähmt auch das Witterungsvermögen des Angreifers. Einige Tiefseeformen verbergen sich durch Abgabe des Sekretes in einer leuchtenden Wolke.

Primitiv sind höchstens die paarigen Genitalgänge einiger Arten und die Erhaltung der Verbindung Pericard–Niere (Renopericardialgang), alle anderen Organe sind stark abgeändert. Die Haut enthält Chromatophoren, die einen raschen Farbwechsel ermöglichen. Ihre Erweiterung erfolgt durch ringsum ansetzende Muskelzellen. Die 8 oder 10 Arme sind muskulös, mit starken Saugnäpfen, Cuticulahaken oder beweglichen Fortsätzen (Cirren) versehen. Ihre Basen sind oft durch eine Hautfalte verbunden, die im Extremfall die Arme zu einer Glocke vereinigt und ähnlich wie die Glocke der Medusen durch ihre Kontraktion das Tier bewegen kann. Am Mantel befinden sich seitliche Flossen, durch deren Aktion die Tiere vorwärts schwimmen können. Der Eingeweidesack bildet den Rumpf, so daß die Längsachse stets vom Kopf bis zu dem Gipfel des Sackes verläuft. Die Schale ist stets versenkt und bedeckt höchstens Rückenfläche und Hinterende. Der Mantel ist großenteils muskulös. Seine Muskeln bewirken Ein- und Auspumpen des Atemwassers. Das Einsaugen erfolgt durch den ganzen Mantelspalt, das Auspumpen durch das bewegliche Trichterrohr. Die Mantelspalte wird dabei verengt, seine Flächen oft durch zwei «Druckknöpfe» verankert, die zwei Kiemen sind capillar durchblutet, das Blut erhält durch zwei venöse Kiemenherzen den Antrieb.

Das Gehirn ist konzentriert; es bilden sich neue Lappen aus. Die Tiere – untersucht wurden meist *Octopus* und *Sepia* – haben ein gutes Unterscheidungsvermögen und eine gewisse Lernfähigkeit. Mit den neuentwickelten Mus-

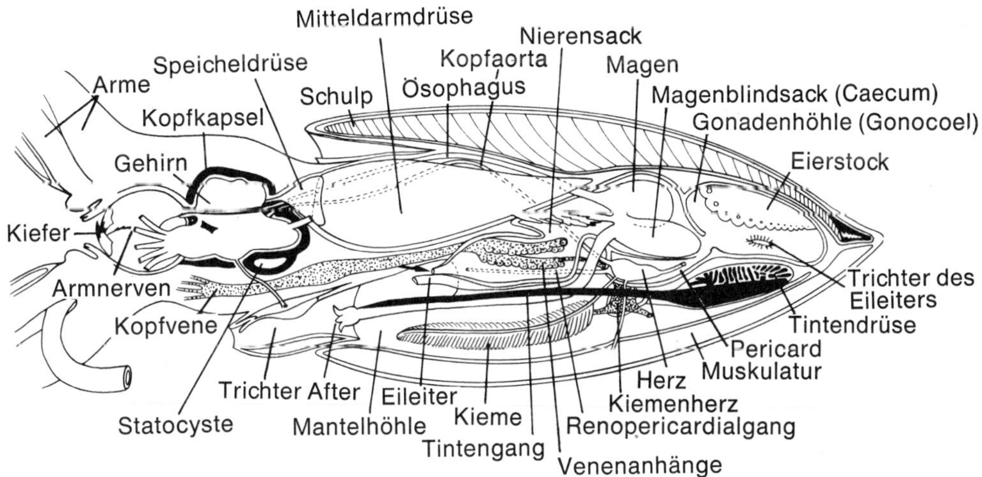

Abb. 126: Bauplan eines Cephalopoden (Decabrachia, *Sepia*). Nach Ankel

kelgruppen treten neue Nervenzentren auf: für die Arme die Brachialganglien, für die Mantelmuskeln die Sternganglien (Ganglia stellata). Hochentwickelt sind besonders die Sinnesorgane: 1. die beweglichen Augen mit Linse, Iris, Pupille, Lidern; sie stehen bisweilen auf Augenstielen. 2. Die Statocysten mit Macula und Cristae in den drei Ebenen des Raumes. 3. Die paarigen Riechgruben unter den Augen.

Ein Knorpelschädel umschließt das Gehirn und trägt die Sinnesorgane.

Rückgebildet sind die Osphradien. Rückbildungstendenzen zeigt auch die Schale. Der ventrale Teil fehlt stets, schließlich fehlt die Schale ganz (siehe unten). Über Befruchtung und Entwicklung siehe S. 179, über den Darmkanal S. 177.

Die Coleoidea wurden früher nach der Armzahl in Decapoden (Zehnfüßer) und Octopoden geteilt. Da die Bezeichnung «Decapoda» bei den Crustaceen einen festen Sitz hat, wurde der Name in Decabrachia (Zehnarmer) und Octobrachia geändert. Die Einteilung der Decabrachia in Oegopsida, mit offener vorderer Augenkammer, und Myopsida, mit geschlossener Augenkammer, ist nicht natürlich. «Offen» ist primitiv, «geschlossen» ist mehrfach entstanden. Die Coleoidea entstammen palaeozoischen Orthocerida (Michelinoceratida). Heute unterscheidet man meist eine Reihe von Ordnungen:

1. Ordnung: Belemnoidea. Diese ausgestorbene Gruppe war im Mesozoikum von Trias bis Kreide häufig und reichte noch vereinzelt ins Tertiär. Die ältesten Gattungen sind aus dem Karbon bekannt. Ihre Schale war relativ groß. An das dorsale Proostracum schloß sich ein Teil mit Luftkammern und Septen an (Phragmoconus), die Spitze war durch das abgeschiedene massige Rostrum beschwert. Nach Einzelfunden waren seitliche Flossen und 6–10 Arme mit Haken vorhanden (Abb. 125).

2. Ordnung: Decabrachia (Abb. 127). Mit 10 Armen, von denen zwei lange einziehbare Fangarme sind; die Saugnäpfe der Arme sind gestielt und mit einem «Chitinring» umgeben, Flossen fast stets vorhanden. Die beiden Unterordnungen haben sich wohl getrennt von Belemniten entwickelt.

a. Sepioidea. Leben meist in Bodennähe, z.T. wie *Sepia* tags in den Boden eingegraben. Die Schale (Schulp) enthält noch einen Teil mit Septen (Phragmoconus), der sich in zwei Richtungen entwickelt. a: Er biegt sich ventralwärts ein und wird bei *Spirula* eine lockere Spirale, die aber entgegengesetzt eingerollt ist im Vergleich mit *Nautilus*. Sie ermöglicht zeitweise ein vertikales Schweben, hat also hydrostatische Funktion. Sie liegt fast ganz im Inneren des Weichkörpers. Die 1–1,5 cm messenden Innenskelete findet man an den meisten Stränden wärmerer Meere angeschwemmt. b: Die Septen legen sich dicht gedrängt dem Proostracum an wie beim *Sepia*-Schulp, der ebenfalls eine hydrostatische Funktion erfüllt (spezifisches Gewicht etwa 0,6). Das Rostrum ist unverkalkt und meist ein kurzer Stachel. Die Schale kann rückgebildet sein *(Rossia)*. Die Sepioidea erscheinen erst im Tertiär und schließen an die letzten Belemniten (Neobelemnitidae) an. Hierher *Sepia* mit *S. officinalis* z.B. im Mittelmeer, deren Schulpe auch oft am Nordseestrand angeschwemmt werden; *Sepiola*, *Rossia* und als kleinster Tintenfisch (1 cm) *Idiosepus*. *Spirula* (kann bis in Tiefen von 1200 m vorkommen) mit seiner Spiralschale ist durch die tertiäre *Spirulirostra* mit dem Grundtyp verbunden.

b. Teuthoidea (Kalmare). Sie sind die aktiven Schwimmer des offenen Ozeans und erreichen Längen über 15 m *(Architeuthis)*. Sie schwimmen oft in Verbänden, und manche *(Onychoteuthis)* können ähnlich fliegenden Fischen in die Luft emporschießen. Die Schale ist bei den rezenten Arten zu einem unverkalkten, hornigen Blatt (Gladius) reduziert, das mit 1,2 ein etwas höheres spezifisches Gewicht als Meerwasser hat und das als Stützelement dient. Es macht nur ½% des Gesamtgewichts des Tieres aus. Septen fehlen stets. Die Fangarme sind lang, im Extrem 6mal länger als der Körper. Die Bewehrung der Arme ist verschieden, neben Saugnäpfen kommen Haken, fädige Cirren und sogar Büschel von Klebfäden vor. Die Ernährung variiert vom Raubtier bis zum Kleintierfresser. Viele Tiefseeformen mit Leuchtorganen *(Lycoteuthis)*, z.T. gallertiger Konsistenz und mit gestielten Augen (Cranchiidae). *Chiroteuthis*,

Abb. 127: Cephalopoden-Formen. a. *Loligo*, b, c. *Sepia*, b. aufpräpariert, um den Schulp zu zeigen; c. verschiedene Einstellung der Chromatophoren; d. *Bathothauma*; e. *Nautilus* (Schale); f. *Spirula* (Schale und Gesamttier); g. *Argonauta*-Weibchen; h. *Argonauta*-Männchen; i. *Chiroteuthis*; k. *Octopus* sitzend; l. *Octopus* schwimmend, m. *Opisthoteuthis*, n. *Cirrothauma*. Nach d'Orbinier, Jaeckel, Merculiano, Portmann, Thiel ▷

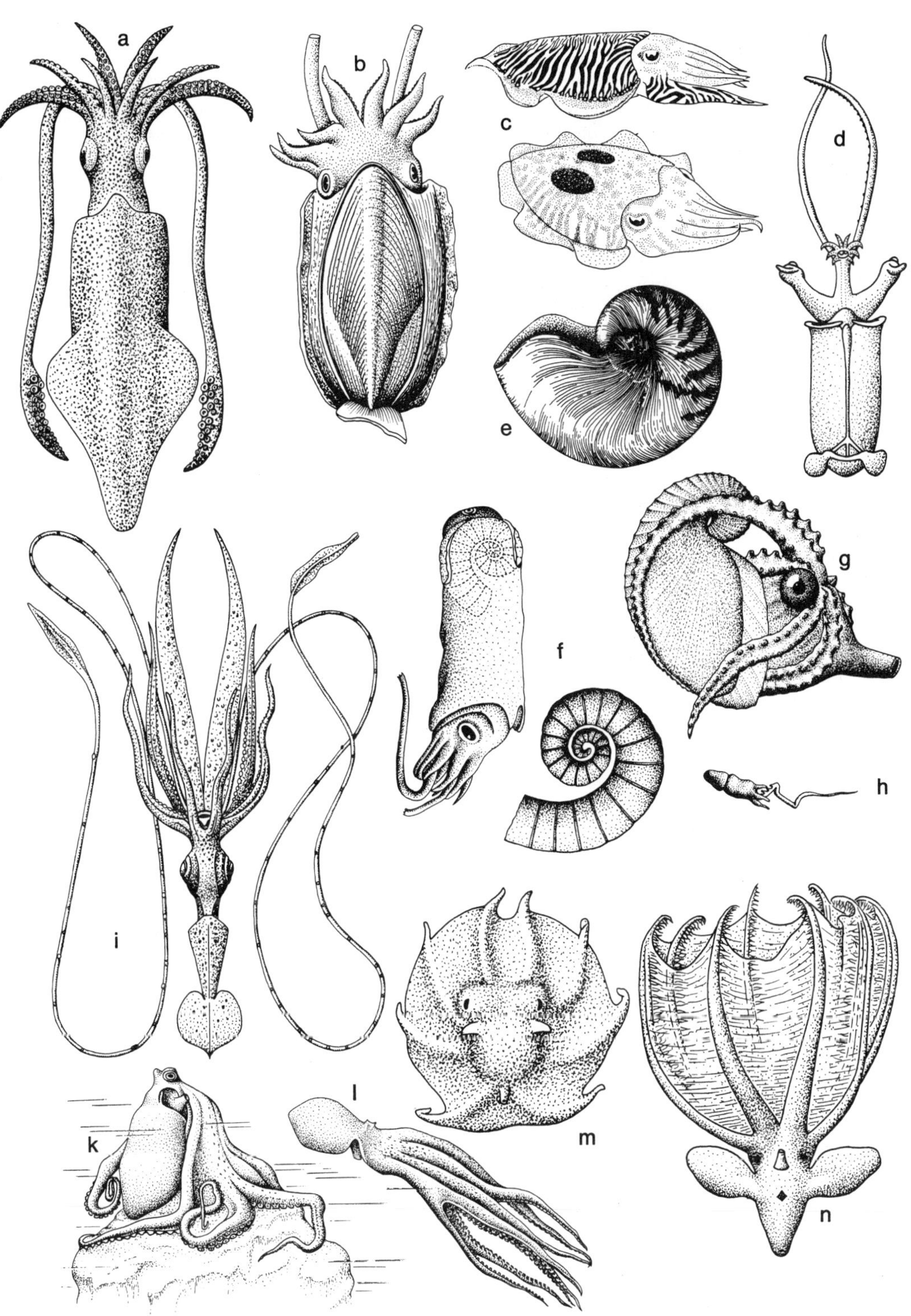
a
b
c
d
e
f
g
h
i
k
l
m
n

durchsichtiger Planktonfänger mit langen, fadenförmigen Armen.

Loligo und Alloteuthis dringen bis in die westliche Ostsee vor. Die Gruppe tritt bereits im Jura auf. Diese Prototeuthoidea hatten noch eine verkalkte Schale und Spuren eines Phragmoconus ohne Septen.

3. Ordnung: Vampyromorpha. Hierher nur eine Art: *Vampyroteuthis infernalis*. Ihr fehlt der Hectocotylus des Männchens, die Spermatophoren werden frei ins Wasser entleert. 10 Arme, von denen 2 (wohl die 2 dorsalen) zu feinen einziehbaren «Fühlern» umgebildet sind. Tiefseeform mit Armglocke und Cirren für die Nahrungsaufnahme.

4. Ordnung: Octobrachia (Octopoda, Kraken). Stark abgewandelt mit sackförmigem Rumpf (Eingeweidesack) und 8 großen Armen, mit denen bodenlebende Arten auch kriechen können. Primitiv wohl nur die Saugnäpfe ohne Stiel und Hornring. Vielfache Reduktionen: Die Schale ist bis auf gelegentliche geringe Reste verschwunden, Flossen kommen nur bei Einzelformen und in Jugendstadien vor, dem Trichter fehlt meist die Klappe. Hoch entwickelt ist das Gehirn. Hierher gehören die Kraken *(Octopus)*, die im Meer weit verbreitet sind und ebenso wie der Moschuspolyp *Ozaena* = *Eledone* auch in der Nordsee vorkommen. *Octopus* wird bis ca. 25 kg schwer; vorwiegend am Boden lebend. Das Papierboot *Argonauta* treibt im Meer. Den Rumpf umschließt eine sekundäre Schale, die von den verbreiterten hinteren Armen abgeschieden wird, aus verkalktem Conchiolin besteht, die kleinen Eier trägt und auch Gas enthalten kann. Sie kann vom Tier zeitweilig verlassen werden. Die Männchen sind Zwergmännchen (nur 1 cm lang, Weibchen 20 cm) ohne Schale mit ablösbarem Hectocotylus. Das trifft auch für die verwandten *Tremoctopus* und die lebendgebärende *Ocythoe* zu. Bei beiden sind die Weibchen schalenlos. In der Tiefsee gibt es Quallen-Tintenfische mit gallertartigem Bindegewebe, großer Armglocke mit je einer Reihe von Tastfäden neben mittleren Reihen von kleinen Saugnäpfen. Sie leben wohl von Kleinlebewesen; Radula, Tintenbeutel und z. T. Augen sind reduziert; primitiv ist der Besitz kleiner Schalen und von 2 Paar Flossen, *Cirroteuthis*, *Cirrothauma* (Abb. 127 n). Ein Platt-Tintenfisch ist *Opisthoteuthis* (Abb. 127 m), der mit ausgebreiteter Armglocke dem Boden in mittleren Tiefen aufliegt.

V. Articulata (Gliedertiere)

Unter dem Begriff Articulata werden Anneliden und Arthropoden zusammengefaßt (Abb. 128). Mit etwa 1 Million Arten bilden sie den artenreichsten Tierstamm.

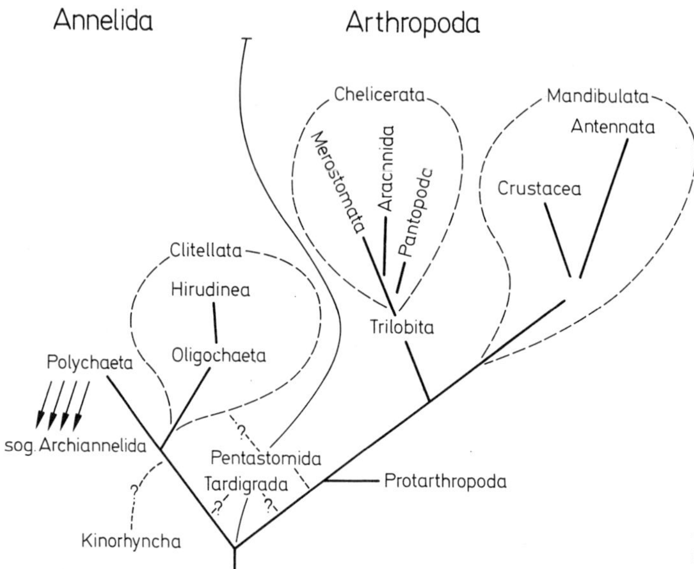

Abb. 128: Phylogenetische Beziehungen von Anneliden und Arthropoden. Nach Remane

1. Annelida (Ringelwürmer)

Die Anneliden sind die Stammgruppe der gesamten Arthropoden und sind wie diese metamer gebaut. Unter Metamerie versteht man den Aufbau des Körpers aus hintereinanderliegenden Teilstücken (Metameren oder Segmenten), die in ihrer Organisation übereinstimmen und je eine Garnitur der wichtigsten Organe (Ganglien, Metanephridien, Coelomsäcke, Gonaden usw.) enthalten. Meist sind die Metameren auch äußerlich durch Ringfurchen abgegrenzt, innerlich sind die Metameren durch die aneinanderstoßenden Wände hintereinanderliegender Coelomsäcke (Dissepimente, Septen) voneinander getrennt. Vor dem Mund, der im 1. Segment (Metastomium) liegt, befindet sich noch ein ganz abweichend gebauter Abschnitt, das Prostomium (Kopflappen). Ihm fehlen stets Nephridien und Coelomhöhlen, dafür ist er der Träger des Gehirns (Cerebralganglion) und wichtiger Sinnesorgane. Am Körperende befindet sich das ebenfalls coelomfreie Pygidium, in ihm liegt der After. Neubildung von Segmenten erfolgt vor dem Pygidium.

Die metamere Gliederung ist im Gegensatz zu der der Arthropoden gleichförmig (homonom), doch ist volle Gleichartigkeit der Segmente kaum je entwickelt (Abb. 129). Meist sind einzelne Organe auf bestimmte Regionen beschränkt, oder es treten in einzelnen Segmenten Sonderbildungen auf (Samentaschen, Receptacula usw.). Bei röhrenbauenden Arten sind manche Organe (Kiemen, Nephridien) auf den Vorder-

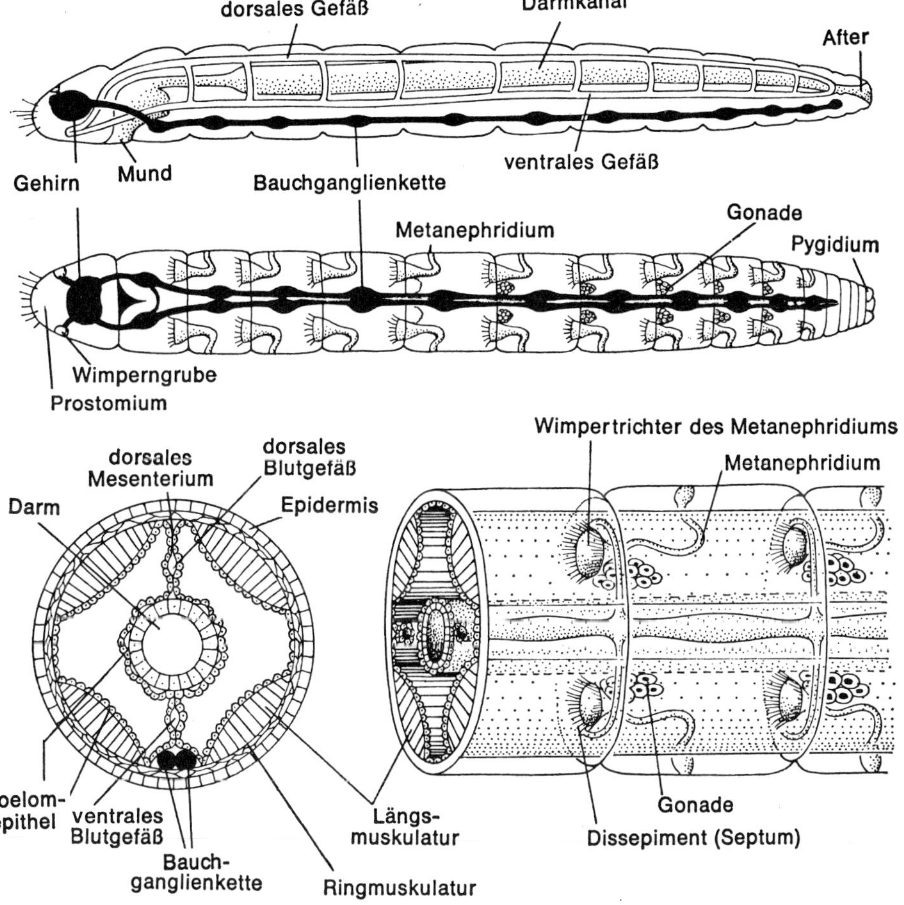

Abb. 129: Organisationsschema eines Anneliden. Oben Seiten- und Ventralansicht. Unten links: Querschnitt durch ein Segment. Unten rechts: Blockdiagramm einiger durchsichtig gedachter Segmente. Nach Remane

körper beschränkt. Auch können durch Auflösung der Septen innerlich einheitliche Hohlräume entstehen, und in manchen Fällen (Hirudineen) läßt erst eingehendes Studium die Metamerie des Körpers erkennen. Die Körperdecke ist ein drüsenreiches Epithel, das nur bei einzelnen Arten regionenweise bewimpert ist, z. B. an der Bauchseite in segmentalen Ringen oder an der Ventralfläche des Kopflappens. Normalerweise wird es von einer Cuticula bedeckt, die aus Kollagenfibrillen aufgebaut ist. Ein charakteristisches Gebilde der Anneliden ist die Borste. Sie ist ein Stift oder eine Nadel aus Chitin, die mit ihrem unteren Teil in einer Hauttasche (Borstenfollikel) ruht. In der Epidermis dieser Taschen liegen in Einzahl große Borstenbildungszellen, die die Borste abscheiden. Durch Muskeln kann die Tasche tiefer eingezogen oder verkürzt werden, so daß die Borste vorgestreckt und eingezogen werden kann. Die Borsten dienen als Stemmhaken bei der Bewegung, als Ruderborsten, Schwebeborsten, Grabschaufeln, Penisborsten oder auch zur Verteidigung. Die Drüsen sezernieren meist Schleim, bei röhrenbauenden Arten liefern sie oft in Drüsenfeldern oder größeren Zementdrüsen Sekret für den Röhrenbau, das oft zur Verkittung von Fremdkörpern dient oder eine Kalkschale bildet. Bei den Oligochaeten und Egeln ist ein spezieller Körperbezirk (Clitellum) besonders drüsenreich und verdickt, der bei der Fortpflanzung (Kopulation, Kokonhülle) eine Rolle spielt.

Das Nervensystem ist ein typisches Strickleiternervensystem. Es besteht 1. aus dem Gehirn (Cerebralganglion), das im Prostomium liegt oder wenigstens von ihm aus gebildet wird. Bei höherer Ausbildung lassen sich verschiedene Zentren (meist drei) unterscheiden, 2. aus zwei ventralen Hauptnerven, die vom Gehirn aus als Schlundring den Vorderdarm umziehen und sich hinter dem Mund zu dem paarigen Bauchstrang vereinigen. Jeder Bauchstrang enthält pro Segment ein Ganglion (Bauchganglion), beide Ganglien eines Metamers sind durch Kommissuren (Querbrücken) verbunden, Ganglien aufeinanderfolgender Metameren durch Konnektive. Die vordersten Ganglien können bereits auf dem Schlundring liegen. Gelegentlich verteilen sich die Ganglienzellen gleichmäßig über die Bauchstränge, so daß diese als Markstränge ausgebildet sind. Von jedem Ganglion gehen jederseits mehrere (etwa 3–5) Nerven seitlich ab, einer derselben, der Podialnerv, kann bei Polychaeten in den Parapodien eigene Ganglien bilden. Diese Podialganglien sind bei manchen Arten durch Längsstränge zu je einem Seitennerv verbunden, der vom Gehirn ausgeht; dann spricht man von einem tetraneuralen Nervensystem.

Sinneszellen und freie Nervenendigungen (z. T. von Begleitzellen umhüllt und dadurch den Lamellenkörpern der Wirbeltiere ähnlich) liegen in vielerlei Bauart in der Epidermis. Sie vereinigen sich oft zu segmentalen Papillen oder Grübchen. Im Prostomium liegt ein Paar großer «Wimpergrübchen» (Nuchalorgane). Verbreitet sind Lichtsinnesorgane, die vorwiegend am Vorderende, aber auch im Endsegment, zwischen Parapodien oder auf Tentakeln liegen können. Ihr Bau wechselt von einfachen Lichtsinneszellen bis zu hochentwickelten Linsenaugen mit Akkomodation (Alciopidae). Sogar einfache Komplexaugen treten auf den Tentakeln mancher Polychaeten auf.

Paarige Statocysten kommen besonders bei sandbewohnenden und röhrenbauenden Polychaeten vor. Es sind Bläschen, die von der Epidermis eingestülpt sind und entweder Fremdkörper oder eigene Abscheidungen als Statolithen beherbergen. Als Sinnesorgan funktionieren auch Tentakel, Palpen und Cirren. Spezifische Atmungsorgane sind büschelige oder fädige Ausstülpungen der Körperdecke (Kiemen), die oft segmental angeordnet sind.

Der Darmkanal ist ein meist gerades Rohr, das entsprechend der ganz verschiedenen Ernährungsweise innerhalb der Anneliden sehr verschieden gebaut ist. Bei den Arten, die als Strudler oder Tentakelfänger feinstes Bodenmaterial und Mikroorganismen aufnehmen, ist er meist ein einfaches bewimpertes Rohr, bei Arten, die größere Nahrung bewältigen oder Blutsauger sind, bildet der Vorderdarm einen muskulösen Pharynx aus, der oft durch den Mund vorgestoßen werden kann und bisweilen chitinige Zähne und Kiefer trägt. Anhangsdrüsen des Darmkanals sind nur bei einem Teil der Arten vorhanden, bald als «Speicheldrüsen», bald als «Mitteldarmdrüsen», seitliche Blindsäcke besonders bei Egeln und Aphroditidae.

Die Leibeshöhle ist ein echtes Coelom. Jedes Segment enthält einen rechten und linken Coelomsack mit mesodermalem Wandepithel. Die Wände dieser beiden Säcke stoßen in der Medianebene zusammen und bilden über und unter dem Darm doppelschichtige Aufhängebänder

(Mesenterien) des Darms, auch die Darmwand wird von den Coelomwänden überkleidet, die hier die Darmmuskulatur bilden. Hintereinanderliegende Coelomsäcke werden durch die gleichfalls doppelwandigen Septen (Dissepimente) getrennt. Die Coelomsäcke sind mit einer Flüssigkeit gefüllt, die gelegentlich durch Wimperbezirke der Wand in Zirkulation versetzt wird. Durch diese Coelomflüssigkeit erlangen die Säcke einen Turgor nach Art eines Wasserkissens, der für die Wirkung der Körpermuskulatur von Bedeutung ist. In der Flüssigkeit flottieren Zellen (Coelomocyten), z.T. vom Charakter der Amoebocyten, deren Funktion sehr verschiedenartig sein kann (Exkretträger, Träger von Hämoglobin usw.). Coelomsäcke können in allen Segmenten ausgebildet sein und dringen vereinzelt auch ins Prostomium ein. Der typische Bau kann jedoch in mancher Weise abgeändert werden, besonders dann, wenn die Schlängel- oder peristaltische Kriechbewegung aufgegeben und durch egelartige Fortbewegung, Bohrbewegungen oder Fortbewegung durch Wimpern ersetzt wird.

Bei Formen mit bohrender Lebensweise verschwinden oft zahlreiche Dissepimente, so daß große einheitliche Coelomräume entstehen, bei Verstärkung der Muskulatur wird das Coelom zu einem Kanalsystem eingeengt (Egel), bei einigen sehr kleinen Arten mit Wimperbewegung kann es auf die Gonadensäcke beschränkt werden.

Ein echtes, geschlossenes Blutgefäßsystem ist fast stets vorhanden. Es entsteht aus Lücken zwischen den Geweben, seine Wandungen werden außen vom Coelomepithel bedeckt. Seine Hauptteile sind: 1. der Darmblutsinus, der in wechselndem Umfang den Mitteldarm umgibt, 2. das dorsale Längsgefäß, das im dorsalen Mesenterium verläuft und oft nur im Vorderkörper vom Darmblutsinus getrennt ist. In ihm strömt das Blut von hinten nach vorn. 3. das Ventralgefäß, das im ventralen Mesenterium entlangzieht, in dem das Blut von vorn nach hinten fließt, 4. die segmentalen Seitenschlingen (Ringgefäße), die in oder bei den Dissepimenten verlaufend Dorsal- und Ventralgefäße verbinden. Je nach der Organisationshöhe kann dieses Grundschema kompliziert oder vereinfacht werden. Besondere kontraktile «Herzen» können an verschiedenen Stellen ausgebildet sein, sowohl im Bereich des Rückengefäßes als auch der Seitenschlingen. Bei den Hirudineen wird das primäre Blutgefäßsystem zunehmend funktionell ersetzt durch das lacunäre Coelom, das nunmehr ein Rückengefäß, ein Bauchgefäß usw. ausbildet und schließlich durch Wandkontraktionen eine gerichtete Flüssigkeitszirkulation erhält (sekundäres Blutgefäßsystem). Das Blut enthält oft Hämoglobin, gelöst in der Flüssigkeit oder an Blutkörperchen gebunden. An seine Stelle kann Chlorocruorin treten.

Die Hautmuskulatur wird vom Coelomepithel gebildet. Sie besteht aus einem starken Muskelschlauch unter der Epidermis, aus dem sich jedoch Spezialmuskeln abspalten können, so z.B. in den Parapodien. Verbreitet sind Diagonalmuskeln, die in den Segmenten von der Körperseite durch die Coelomhöhlen zur Ventralfläche ziehen. Auch am Darm und in den Septen bildet das Coelomepithel Muskeln, die Pharynxmuskulatur gehört gleichfalls hierzu.

Die typischen Exkretionsorgane liegen in je einem Paar im Segment und werden daher als Segmentalorgane bezeichnet. Es handelt sich meist um echte Nephridien (Metanephridien) mit einem mesodermalen Wimpertrichter (Nephrostom), der sich an der Hinterwand eines Coelomraumes öffnet, und einem anschließenden gewundenen Kanal, der im folgenden Segment liegt und hier seitlich ausmündet. Merkwürdigerweise treten an die Stelle dieser Nephridien mehrfach Protonephridien, deren röhrenförmige Wimperkolben (Solenocyten) dem Ausführgang meist in dichter Lage aufsitzen (Phyllodocidae, Nephtyidae, Alciopidae u.a.). Daneben kommen Arten vor, deren Segmentalorgane gleichzeitig Wimperkolben und einen Wimpertrichter tragen. Die Aufnahme der Exkretstoffe besorgt vorwiegend die Kanalwand, doch können auch durch den Wimpertrichter die Reste exkretbeladener Zellen nach außen gelangen. Oft (Clitellata, manche Polychaeten) belädt sich ein Teil des Coelomepithels an der Darmwand mit Exkretstoffen (Chloragoggewebe), daneben ist der Darm exkretorisch tätig. Die Segmentalorgane werden in ihrer Zahl oft reduziert, bei freilebenden Arten fehlen sie vielfach in der vordersten Körperregion, bei röhrenbauenden Arten sind sie gerade hier vorhanden, oft nur in einem Paar, Vermehrung der Nephridien im Segment kommt bei Oligochaeten vor.

Die Gonaden liegen als traubige Gebilde in der Coelomwand oder in ihrer Nähe, sie sind gleichfalls segmental angeordnet, doch bleiben sie häufig auf bestimmte Körperregionen beschränkt oder werden überhaupt auf ein Paar reduziert (viele Oligochaeten). Die Gameten gelangen aus ihnen in die Coelomhöhle. Von hier werden sie wie in vielen Tierstämmen durch die Wimpertrichter der Nephridien nach außen befördert. Die Wimpertrichter dieser Nephridien sind oft besonders groß (Gonostome), bisweilen sind spezielle «Genitalnephridien« mit großem Trichter neben Exkretionsnephridien vorhanden. Bei den Hirudineen schließen sich diese Nephridien und Coelomkanäle so eng an die Gonaden an, daß der Eindruck von einfachen Vasa deferentia bzw. Oviducten hervorgerufen wird. An der Mündung der männlichen Ausleitungswege kann ein Penis ausgebildet sein. Gelegentlich werden die Eier durch Bruch der Leibeswand entleert (manche Polychaeten). Bei anderen Polychaeten wird der ganze gonadentragende Hinterkörper abgestoßen (Palolowurm).

Fortpflanzung und Entwicklung. Ungeschlechtliche Vermehrung kommt trotz der allgemein hohen Regenerationsfähigkeit nur bei wenigen Familien vor. Es handelt sich meist um eine Querteilung, bei der die ergänzenden Teile schon vor der Ablösung neu entstehen, so daß bei reger Querteilung Tierketten entstehen (Naididae unter den Oligochaeten, Syllidae unter den Polychaeten). Es kann auf diesem Wege sogar zu einem Generationswechsel (Metagenese) kommen, so existiert bei manchen Polychaeten eine am Boden lebende Form, die durch Teilung bzw. Sprossung am Hinterkörper eine pelagische, gonadentragende Form mit anderen Parapodien erzeugt (*Autolytus*, Heteronereis-Stadium usw.), aus den Eiern geht wieder die Bodenform hervor.

Die Clitellata sind Zwitter, die übrigen Gruppen meist getrenntgeschlechtlich. Die Befruchtung ist meist eine äußere, sie erfolgt bei Meeresbewohnern vorwiegend im freien Wasser, bei Land- und Süßwasserbewohnern oft (Oligochaeten) beim Vorbeigleiten des abgelegten Eies an einem äußeren Samenbehälter (Receptaculum seminis). Innere Befruchtung ist bei den Hirudineen die Norm und kommt in anderen Gruppen vereinzelt vor; bei *Bonellia* lebt das rudimentäre Zwergmännchen in den Genitalnephridien der Weibchen.

Die Entwicklung läuft über Spiralfurchung, die bei den dotterreichen Eiern der Clitellata nur wenig abgeändert wird. Die großen Entodermzellen gelangen durch Einstülpung oder Umwachsung ins Innere, der Urmund erstreckt sich ursprünglich über den Bereich vom Mund bis zum After, seine Ränder verwachsen aber von hinten nach vorn, so daß nur die Mundregion bestehenbleibt, falls er nicht ganz verschlossen wird. Das Mesoderm geht aus einer Urmesodermzelle hervor, aus der sich zwei Mesodermstreifen bilden, in denen erst nachträglich die Coelomhöhlen auftreten.

Die Meeresanneliden entwickeln sich meist zunächst zu einer pelagischen Larve (Trochophora), die wegen ihrer Verbreitung über verschiedene Tierstämme (Molluscen) für die Beurteilung von Verwandtschaftsverhältnissen wichtig ist. Die etwa eiförmige Larve trägt an der Ventralseite den Mund, der After liegt am Hinterende. Die Fortbewegung und z.T. auch die Nahrungsaufnahme erfolgt durch einen Wimpergürtel, der in Höhe des Mundes die Larve umgibt. Der Vorderrand des Gürtels bildet meist einen besonders hervorragenden Wimperring (Prototroch), oft auch der Hinterrand (Metatroch). Ein weiterer Wimperring findet sich dicht vor dem After (Telotroch), und eine Wimperrinne verläuft vom Mund zum After (Neurotrochoid); an ihr bilden sich die Bauchstränge des Nervensystems. Abweichungen von diesem Grundtyp sind nicht selten; einzelne Wimpergebiete können fehlen, andererseits kann auch die gesamte Oberfläche bewimpert sein. Am Vorderende liegt die Scheitelplatte, eine verdickte Epidermisregion, die einen als Sinnesorgan fungierenden Wimperschopf, oft aber auch Augen oder Larvalfühler trägt. Die Scheitelplatte beteiligt sich wesentlich an der Bildung des Gehirns. Von ihr strahlen 8 meridionale Nerven aus, die durch Ringkommissuren verbunden sein können. Charakteristisch für die Trochophora ist der Besitz eines Paares von Protonephridien; sie liegen seitlich im Hinterkörper. In der Weiterentwicklung bildet sich der vor dem Wimpergürtel gelegene Teil, die Episphäre, in das Prostomium um, während der hintere Abschnitt (Hyposphäre) den Wurmkörper liefert. Die Segmentierung geht vom Urmesodermstreifen aus, der zuerst in Segmente zerfällt, dann erscheinen auch an der Oberfläche die segmentalen Borstengruppen und oft auch segmentale Wimperringe (polytroche Larven). In diesem Stadium (Metatrochophoralarve) leben die Larven oft noch pelagisch, die Borsten sind dann z.T. zu langen bizarren Schwebeborsten ausgebildet (Nectochaeta, Mitraria).

Die Anneliden sind sicher die Stammgruppe der Gliedertiere (Arthropoden), sie zeigen ferner durch die Trochophoralarve Beziehungen zu Molluscen, Phoroniden u.a.

1. Klasse: Polychaeta

Anneliden mit meist deutlicher Segmentierung, an den Segmenten seitliche Ruder (Parapodien), am Prostomium oft Fortsätze («Antennen» und Palpen), am Pygidium Analcirren. Gonaden einfach, meist in zahlreichen Segmenten. Trochophoralarve meist vorhanden.

Bau. Die Polychaeten zeichnen sich durch die reiche Ausbildung von Körperanhängen aus. An den Segmenten sitzen als seitliche Ruder die Parapodien, deren Bau nach Familie und Lebensweise stark wandlungsfähig ist. Im Grundtyp bestehen sie aus einem dorsalen (Notopodium) und einem ventralen Ast (Neuropodium). Die Äste tragen Bündel oft aus Teilstücken bestehender Borsten, unter denen einige besonders kräftig und tief eingesenkt sind (Aciculae) und als Stützen fungieren. Dorsal und ventral sitzt dem Parapodium je ein fühlerartiger Anhang an, der Cirrus, außerdem treten dorsal Kiemenanhänge auf, doch können auch andere Teile (Notopodium, Cirren usw.) als Atmungsorgane dienen. Bei röhrenbauenden Arten ist das Neuropodium meist zu einem Hakenborsten tragenden Haftwulst umgebildet, bei anderen bildet das Notopodium schuppenartige Deckplatten (Elytren) aus. Die Cirren der vorderen Parapodien sind oft zu fühlerartigen Fortsätzen umgestaltet (Tentakelcirren).

Die Segmentierung erfährt innerhalb der Polychaeten von der typischen Gleichartigkeit (Homonomie) manche Abweichung. So verschmilzt das Mundsegment häufig mit einem oder einigen der folgenden Rumpfsegmente zu einem Peristomium, das auch äußerlich durch Abwandlung der Parapodien umgestaltet wird. Häufig ist es der Träger langer, für die Nahrungsaufnahme wichtiger Fortsätze, ihm sitzen die beiden langen Tentakeln bei Spionidae, die zahlreichen Fangfäden bei Terebellidae und die gefiederte Tentakelkrone bei Serpulidae und Sabellidae an, die einen komplizierten Strudelapparat bildet. Ungleichheiten im Rumpfgebiet treten besonders bei röhrenbewohnenden Arten auf. Durch größeren Umfang, andere Parapodien usw. hebt sich hier der Vorderkörper (Thorax) von dem schmaleren Hinterkörper (Abdomen) ab. Die hinteren Segmente können einen dünnen Schwanzabschnitt bilden. Alle diese «Heteronomien» der Segmentierung sind aber weder der Art noch dem Grad nach mit der der Arthropoden vergleichbar. Im Organbau zeigen die Polychaeten gleichfalls eine viel größere Vielgestaltigkeit als die übrigen Klassen, nur die Gonaden sind einfacher. Die meisten Arten sind getrenntgeschlechtig. Die Trochophoralarve tritt bei den meisten Arten auf.

Ökologie und Lebensweise. Die zahlreichen Polychaetenarten sind ganz überwiegend Meeresbewohner. Nur wenige Gattungen (*Manayunkia*, *Troglochaetus*, *Marifugia*, einige Nereiden) dringen ins Süßwasser vor, in den Tropen besiedeln einige Nereiden sogar feuchten, tonigen Boden und Wasseransammlungen in Blattachseln von Pflanzen. Im Meer sind sie in allen Lebensräumen zu finden, meist in größerer Arten- und Individuenzahl. Viele Arten leben in Röhren in oder über dem Boden. Diese Röhren bestehen aus verkitteten Fremdkörpern oder abgeschiedenem Kalk. Derartige Röhrenpolychaeten bilden durch Massenansiedlungen oft dichte Klumpen oder sogar Riffe *(Sabellaria, Serpula)*. Die Nahrung besteht aus Kleinorganismen, Bodenmaterial, größeren Tieren und Pflanzen. Kleinorganismen werden von den Strudlern aufgenommen, die mit ihrer bewimperten Tentakelkrone einen Wasserstrom erzeugen und Schwebstoffe aus ihm abfangen (Serpulidae, Sabellidae); oberflächliche Bodenmaterialien werden von den Tastern aufgenommen, die mit langen Tentakeln die Oberfläche absuchen (Terebellidae, Spionidae u.a.); wieder andere fressen direkt den Bodengrund (Capitellidae), Arten mit Kiefern oder muskulösem Schlundkopf sind oft Räuber, können aber auch Aas- oder Pflanzenfresser sein. Parasiten sind selten.

Das System der Polychaeten ist noch nicht endgültig geklärt. Derzeit bevorzugen manche Spezialisten eine Gliederung in zahlreiche Ordnungen (17) unter Weglassen der Begriffe «Errantia» und «Sedentaria».

1. Ordnung: Errantia (Abb. 130). Rumpf nicht in unterschiedliche Abschnitte gesondert. Prostomium meist deutlich ausgebildet, mit Tentakeln; Vorderdarm mit muskulösem, oft kieferbesetztem Pharynx. Meist freilebend, oft räuberisch.

Die primitiven Formen werden oft als Amphinomiformia zusammengefaßt. Sie haben ein tetraneurales Nervensystem (ventrale Stränge

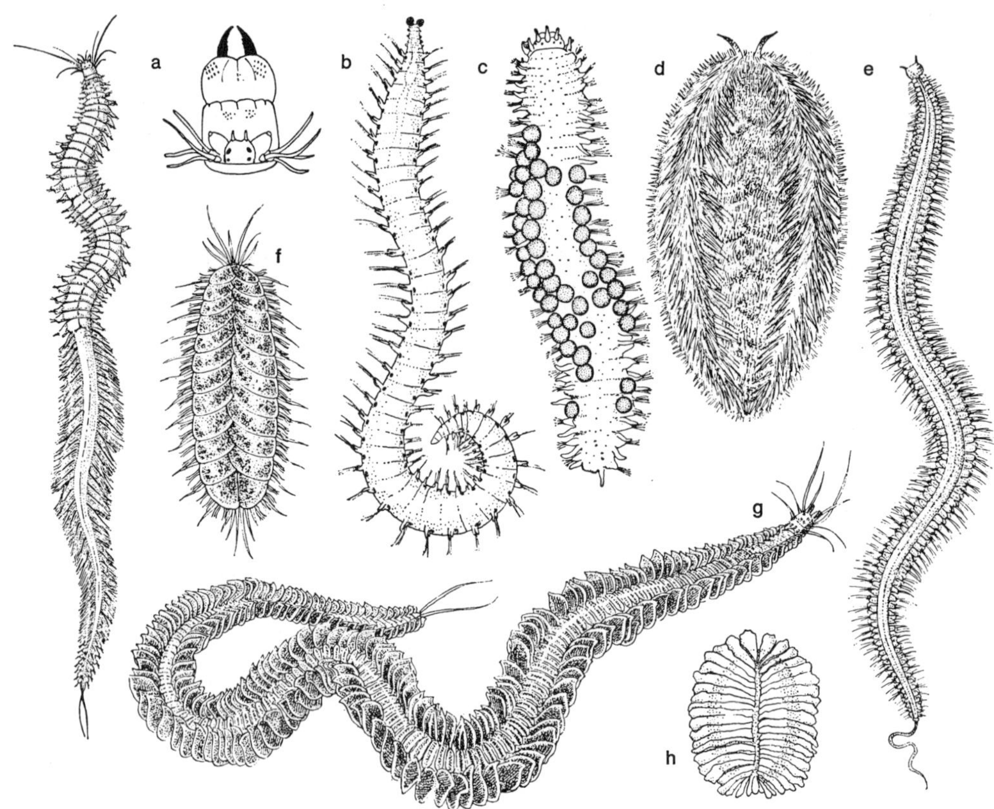

Abb. 130: Errante Polychaeten. a. Nereidae, links: Heteronereis-Form, rechts: Vorderende mit ausgestülptem Rüssel; b. *Alciopa;* c. *Sphaerosyllis* mit Eiern auf Rückenseite; d. *Aphrodita;* e. *Nephtys;* f. *Lepidonotus;* g. *Phyllodoce;* h. *Spinther.* Nach de Haas, Imajima, Knorr, Riedl

und seitliche Podialnerven und -ganglien) und accessorische Längsgefäße des Blutgefäßsystems. Amphinomidae, Euphrosynidae, Spintheridae.

Weitere Familien:

Aphroditidae: Rückencirren vieler Segmente zu Schuppen umgewandelt (Schuppenwürmer). *Aphrodita* (Seemaus, Abb. 130d) im Weichboden der Nordsee, bis 20 cm lang, *Lepidonotus* (Abb. 130f), *Harmothoe.*

Nephtyidae: häufige Formen in Sand und Weichboden. *Nephtys* (Abb. 130e).

Glyceridae: mit langem Rüssel, Darm afterlos, können rückwärts schwimmen. *Glycera.*

Phyllodocidae: Parapodien meist mit blattförmigen Rückencirren (Abb. 130g), oft sehr bunte Arten. *Eulalia, Eumida, Phyllodoce.*

Nereidae: ausstülpbarer Rüssel dieser großen Formen oft mit Paragnathen (Cuticulagebilden neben den Kiefern, Abb. 130a); bei uns oft als Angelköder gegraben: *Nereis.* In den Tropen auch Süßwasser- und Landformen *(Nereis, Namalycastis, Namanereis).*

Hesionidae: mit vielen Kommensalen z.B. von Echinodermen, *Nereimyra, Ophiodromus, Hesione.* Im Sandlückensystem Zwergformen: *Hesionides, Microphthalmus.*

Syllidae: Kleinformen, oft mit Brutpflege (Abb. 130c), vielfach mit Metagenese. *Syllis, Exogone, Brania, Autolytus.*

Eunicidae: Durch komplizierten Kieferapparat gekennzeichnet. *Eunice viridis* (Palolo), *Ophryotrocha* (phaenotypische Geschlechtsbestimmung), *Histriobdella* und *Ichthyotomus* sind Parasiten.

Alciopidae (Abb. 130b) und Tomopteridae sind durchsichtige pelagische Formen. Heimisch: *Tomopteris helgolandica.*

2. Ordnung: Sedentaria (Abb. 131). Rumpf meist in Thorax und Abdomen gesondert.

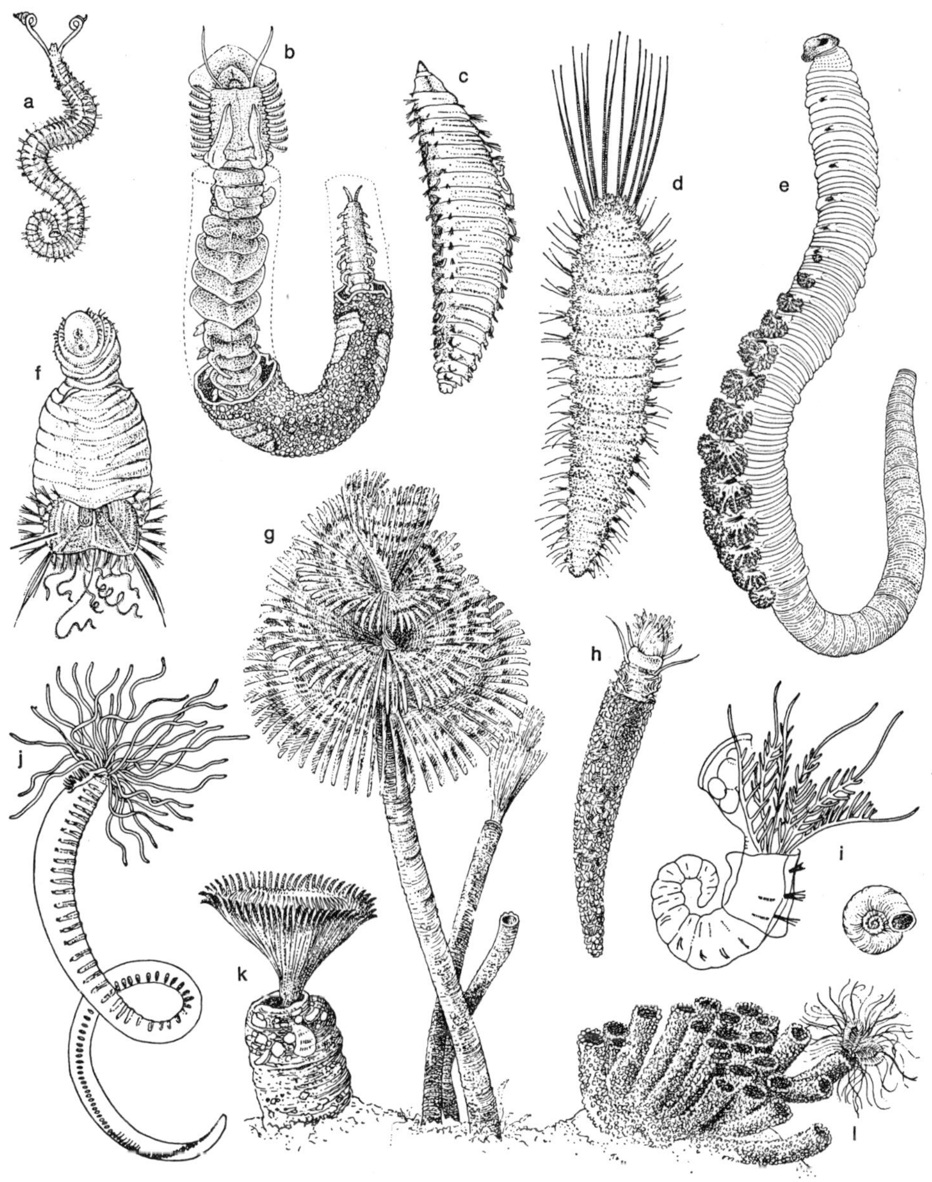

Abb. 131: Sedentäre Polychaeten. a. *Polydora*, bohrt mit speziellen Borsten Gänge z.B. in Kalkgestein und Molluscenschalen; b. *Chaetopterus*, Leuchtvermögen, fängt seine Beute mit Schleimnetz; c. *Travisia;* d. *Pherusa (Stylarioides);* e. *Arenicola* (Wattwurm). Seine Kotschnüre auf der Oberfläche z.B. der Nordseewatten verraten die Siedlungsdichte. Durch sein Hämoglobin mit besonders hoher Bindungsfähigkeit gegenüber Sauerstoff ist *Arenicola* den Lebensbedingungen im Watt gut angepaßt. In direkter Umgebung seiner Wohnröhre, wo der Sauerstoffgehalt aufgrund seiner Pumptätigkeit etwas höher als im normalen Substrat ist, existiert eine spezielle Fauna mit hoher Populationsdichte. Entfernung von Wattwürmern hat also wesentliche Konsequenzen für die Wattfauna. *Arenicola* wird als Angelköder gegraben. f. *Sternaspis;* g. *Spirographis;* h. *Pectinaria (Lagis);* i. *Spirorbis* (aus der Röhre herauspräpariertes Tier und Schale); j. Terebellide; k. *Myxicola;* l. *Sabellaria*, bildet Wurmriffe, vor allem in warmen Meeren, aber auch in der Nordsee. Nach de Haas, Grassé, Knorr, Riedl, Stöp-Bowitz, Ushakov

Prostomium klein bis reduziert, meist ohne Tentakel, Peristomium dagegen oft mit großen Fortsätzen. Kiemen auf bestimmte Körperregionen beschränkt. Leben oft in Röhren, meist Sediment- oder Suspensionsfresser. 5 Unterordnungen.

a. Spiomorpha: Vorderende mit zwei langen Fangtentakeln. Spionidae: mit *Polydora* (Abb. 131a).

Orbiniidae: Weichbodenbewohner, die den erranten Polychaeten ähneln. *Scoloplos.*

Chaetopteridae: Körper in stark unterschiedene Regionen differenziert. *Chaetopterus* (Abb. 131b).

b. Drilomorpha: Vorderende meist ohne Anhänge, oft regenwurmähnlich.

Cirratulidae: oft mit sehr langen Körperanhängen, die als Kiemen fungieren. *Cirratulus.*

Flabelligeridae (Chlorhaemidae): Körper mit Papillen übersät, am Vorderende Borstenfächer. *Flabelligera*, *Pherusa* (Abb. 131d).

Opheliidae: Sand- und Weichbodenbewohner, z.T. mit nematodenartiger Fortbewegung *(Polyophthalmus). Ophelia*, *Travisia* (Abb. 131c).

Arenicolidae: *Arenicola marina* (Abb. 131e) häufiger Polychaet in Wattgebieten (Wattwurm).

Capitellidae: äußerlich regenwurmartig. *Capitella*, *Heteromastus.*

Sternaspidae: mit sackartigem Habitus (Abb. 131f).

c. Terebellomorpha: Vorderende mit zahlreichen Tentakeln.

Terebellidae (Abb. 131j): meist in mit Sand inkrustierten Röhren lebend. *Terebella*, *Nicolea*, *Lanice.*

Amphictenidae (Pectinariidae) in ebenmäßigen, mit Sandkörnern hergestellten Köchern lebend. *Pectinaria* (Abb. 131h).

d. Hermellimorpha: mit einer Familie, den Sabellariidae. *Sabellaria* (Sandkoralle, Abb. 131l).

e. Serpulimorpha: Röhrenbewohner mit gefiederter Tentakelkrone.

Sabellidae: Röhre mit Schlick. *Spirographis* (Abb. 131g), *Sabella*, *Myxicola* (Abb. 131k), Kleinformen frei kriechend (*Manayunkia*, *Fabricia)*. Serpulidae: Röhre aus Kalk, kann nicht verlassen werden, wird bei Zurückziehen mit Deckel verschlossen, an dem die Brut befestigt werden kann (Abb. 131i). *Spirorbis*, *Serpula*, *Pomatoceros.*

3. Ordnung: Archiannelida (Abb. 132). Ventralfläche meist bewimpert; Parapodien und Borsten reduziert bis fehlend. Vorderdarm mit ventralem, muskulösem Schlundkopf. Polygordiidae, Protodrilidae, Nerillidae, Dinophilidae.

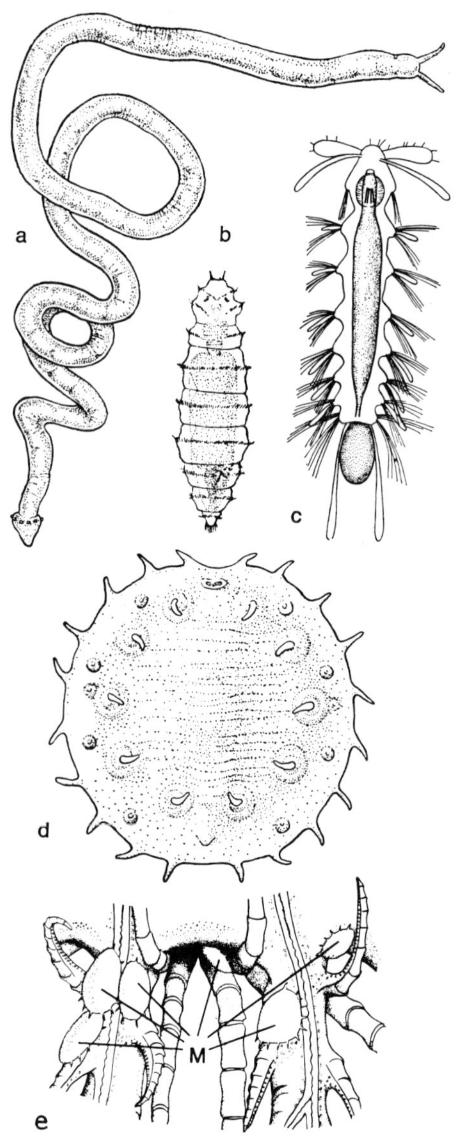

Abb. 132: Archiannelida (a–c) und Myzostomida (d–e). a. *Polygordius;* b. *Dinophilus;* c. *Nerillidium;* d. *Myzostoma;* e. Myzostomiden (M) auf einem Crinoiden. Nach Ax, Clarke, Remane

2. Klasse: Myzostomida

Die Myzostomida sind eine etwa 150 Arten umfassende Gruppe hermaphroditischer, 3 bis 5 mm langer Anneliden, die parasitisch auf oder in Echinodermen, v.a. Crinoiden, lebt (Abb. 132d, e). Sie besitzen 5 Paar Parapodien, die je eine hakenförmige Borste tragen (Abb. 132d). Die Entwicklung erfolgt über eine Trochophora. Die Spuren dieser Parasiten sind bereits von devonischen Crinoiden bekannt.

3. Klasse: Clitellata

Dieser Gruppe gehören die beiden recht verschiedenen Unterklassen der Oligochaeten und der Hirudineen (Egel) an, deren enge Zusammengehörigkeit durch Zwischenformen (*Acanthobdella* u.a.) erwiesen ist. Es sind meist Süßwasser- und Landbewohner ohne Parapodien (nur isolierte Borstenbündel am Körper), ohne echte Tentakel und Palpen, mit einem mehrere Segmente umfassenden Drüsengürtel (Clitellum) der Epidermis. Unterschiedliche Drüsenzellen des Clitellums produzieren eiweißreiches Sekret für Kokonwandbildung und Nährflüssigkeit in den Kokons, sowie schleimige Sekrete für Wohnröhren, Röhrenstrukturen bei der Eiablage und Kopulation. Der zwittrige Genitalapparat ist komplizierter als bei den Polychaeten. Entwicklung stets direkt.

1. Unterklasse: Oligochaeta

Bau. Meist mit Borsten, Coelom gut ausgebildet, Septen vorhanden, Hoden vor den Ovarien gelegen. Die Oligochaeten, zu denen der bekannte Regenwurm gehört, sind äußerlich gleichartig segmentiert. An den Segmenten sitzen einfache Borsten, meist in 4 Bündeln. An Körperanhangen treten nur gelegentlich Kiemen oder feine Fäden (Cirren) an den Körperseiten oder am Hinterende (*Dero*) auf, der Kopflappen ist bisweilen in einen fadenförmigen Fortsatz ausgezogen. Die Sinnesorgane sind gering entwickelt. Der Darmkanal trägt nur ausnahmsweise Kiefer (*Branchiobdella*), meist wirkt bei der Nahrungsaufnahme ein hinter dem Mund gelegener dorsaler, muskulöser Schlundkopf mit, weitere muskulöse Teile (Muskelmägen) können am Ösophagus oder Mitteldarm liegen. Bei größeren Arten ist in den Mitteldarm eine Längsrinne eingesenkt (Typhlosolis, Abb. 133), deren Epithel spezielle Enzymaktivität aufweisen kann. Eigenartige Bildungen des Vorderdarms sind die Kalksäckchen einer Reihe von Regenwürmern, es sind gekammerte, kalkgefüllte Darmtaschen, die zur Erhaltung des Ionengleichgewichtes beitragen und wohl Calcium sezernieren. Der Enddarm dient manchmal der Atmung. Im Blutgefäßsystem sind oft eine Reihe von Seitenschlingen als «Herzen» ausgebildet. Der Genitalapparat erstreckt sich über wenige Segmente, meist im Bereich des 10. bis 13. Segmentes. Hoden und Ovarien sind nur in 1 oder 2 Paaren vorhanden. Die Ausleitung geschieht durch umgebildete Nephridien mit großem Wimpertrichter. In die Samenleiter, die sich über mehrere Segmente erstrecken können, münden oft umfangreiche Drüsen, der männliche Porus trägt bisweilen einen zapfenförmigen Penis. Die Septen der Genitalregion werden in eigenartiger Weise umgebildet (Abb. 134), sie bilden oft lange Taschen aus, in denen die Spermien ihre Entwicklung vollenden (Samensäcke, analoge Bildungen für die Eier (Eisäcke)). Die Samenübertragung erfolgt durch Kopulation, bei der die Tiere durch Abscheidung des Clitellums verbunden werden. Das Sperma gelangt jedoch meist nicht in die weibliche Genitalöffnung, sondern in besondere, von der Körperoberfläche nach innen ragende Taschen (Samentaschen, Receptacula seminis), die in einem oder einigen Paaren vorhanden sind. Von hier aus erfolgt die Befruchtung beim Vorbeigleiten der Eier am Körper bei der Kokonbildung; selten gelangen die Spermien ins Innere des Körpers, so daß eine innere Befruchtung stattfindet. Die Eier werden in Kokons abgelegt, deren Hülle vom Clitellum abgeschieden wird, das auch die Nährflüssigkeit im Kokon hervorbringt. Ungeschlechtliche Vermehrung durch Teilung bei einigen Familien.

Ökologie und Lebensweise. Die Oligochaeten leben besonders im Süßwasser und in feuchten Landgebieten, im Meer spielen sie vorwiegend in der Uferregion eine Rolle. In Süßgewässern besiedeln sie die Vegetationszone (Naididae u.a.) und die Schlammregion des Bodens. Hier leben mit dem Vorderende eingebohrt die substratfressenden Tubificiden, ihr Hinterende pendelt im freien Wasser. Da diese Tiere durch die Kotabgabe bereits sedimentiertes Bodenmaterial wieder ins freie Wasser zurückbefördern, haben sie Bedeutung für den Stoffkreislauf im Wasser.

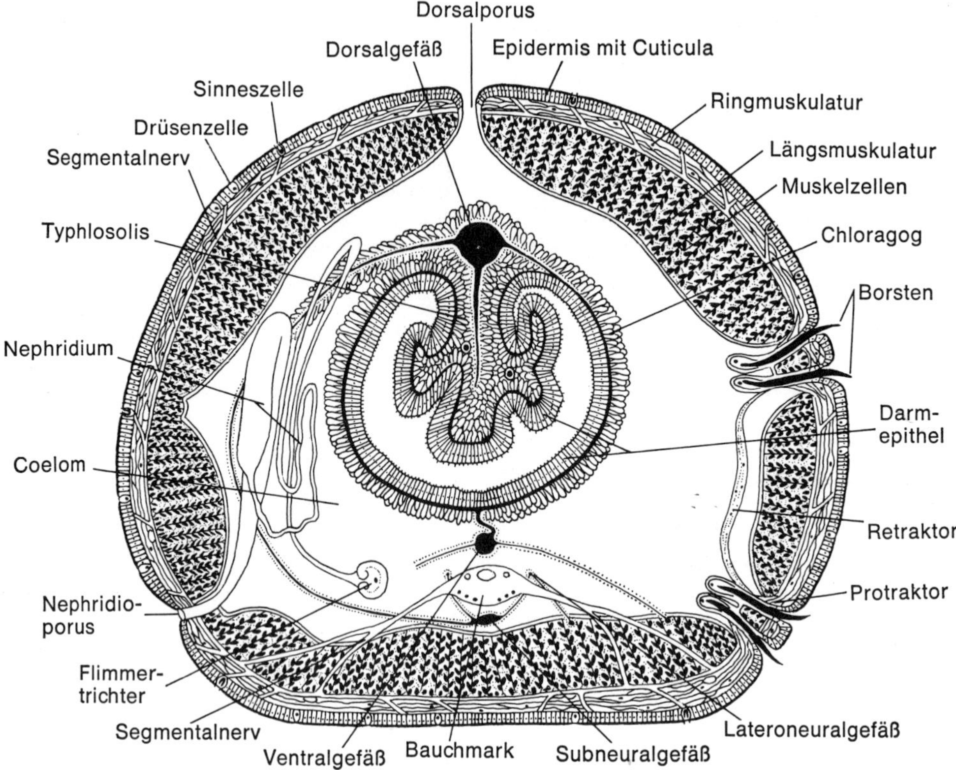

Abb. 133: Querschnitt durch einen Oligochaeten (Regenwurm). Chloragog: umgewandeltes Coelomepithel, das Speicher- (Glykogen, Fett) und Exkretionsfunktion hat. Nach Storer

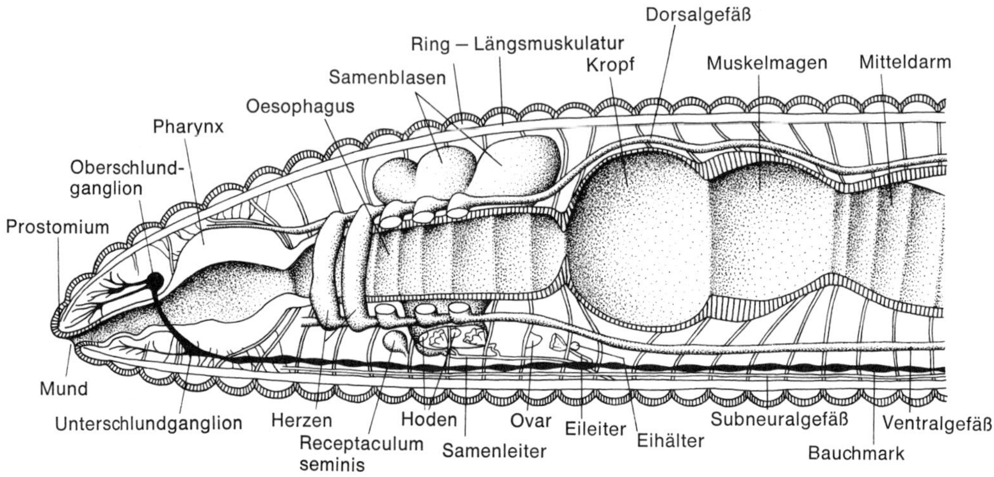

Abb. 134: Organisation des Vorderendes eines Regenwurmes. Körperwand und Darm median aufgeschnitten; Herzen z. T. abgetrennt, Nephridien weggelassen. Nach Storer

Am Lande bewohnen die Oligochaeten besonders die Humusschicht oder Anhäufungen zersetzten Pflanzenmaterials, so Regenwürmer (Lumbricidae) und Enchytraeidae.

Lumbriciden spielen eine wichtige Rolle bei der Bodenverbesserung. Tiefgrabende Arten, wie *Lumbricus terrestris*, *Allolobophora longa* und *Octolasium cyaneum* durchziehen das Bodenprofil mit ihren Gängen mehrere Meter tief und ermöglichen so eine Belüftung.

Regenwürmer bevorzugen als Nahrung abgestorbene Pflanzenteile, die sie in ihre Röhren ziehen, wo sie extraintestinal vorverdaut werden. Die unverdauten Reste dienen zum Teil der Verfestigung der Gangwände, zum anderen werden sie auf der Erdoberfläche abgelagert. Auf Weideland in Mitteleuropa kann Regenwurmkot bis 40 t/ha jährlich ausmachen, das entspricht einer 5 mm dicken Lage. In Subtropen- und Tropenböden wurden noch wesentlich höhere Werte festgestellt: bis 260 t/ha im Nildelta. Die Biomasse der Regenwürmer entspricht in unserem Weideland dem Gewicht der Rinder, die von derselben Fläche ernährt werden können (2000 kg/ha ≙ 3 Kühen).

Die bodenbiologische Bedeutung der Lumbriciden liegt weiterhin darin, daß sie in ihrem Darmtrakt organische und anorganische Bestandteile zu Ton-Humus-Komplexen verbinden, die die Stabilität des Bodens erhöhen (besserer Widerstand gegen Wasserströmungen, Erosion und Druckeinwirkung, größere Wasserkapazität). Weiterhin ist im Regenwurmkot die Mikroflora angereichert, die eine beschleunigte Zersetzung organischer Bestandteile bewirkt.

Regenwürmer werden in großem Maßstab gesammelt und für Bodenverbesserung und als Angelköder verwendet. Allein aus Ontario (Canada) exportiert man jährlich über 500 Millionen Tiere. Unter günstigen Bedingungen (hohe Luftfeuchte, hohe Temperatur, geringe Luftbewegung) kann ein Sammler pro Nacht 20 000 Würmer fangen.

Seit einiger Zeit werden Regenwürmer *(Pheretima asiatica)* in Ostasien (z. B. Japan, Philippinen) in Kultur gehalten und auch für die Ernährung des Menschen verwendet («Wormburger»).

Mit Pflanzgut sind einige Arten weit verbreitet worden: In gemäßigten Regionen Südamerikas sind heute die europäischen Lumbricidae allgegenwärtig, die südostasiatischen Megascolecidae wurden über die Tropen verschleppt. In vielen Gebieten sind die einheimischen Formen vermutlich schon ausgerottet worden, z. B. in Australien und Südafrika, wo die europäischen Siedler große Teile der Vegetation durch Nutzpflanzen ersetzt haben. Wie die terrestrischen haben auch die limnischen Oligochaeten oft nur eng umschriebene Verbreitungsgebiete. So sind im Baikalsee 90 % der Oligochaeten endemisch. Zunehmende Verschmutzung bedeutet hier vielfachen Artentod.

Enchytraeidae finden sich in hoher Populationsdichte in Böden mit niedrigem pH-Wert, wo Regenwürmer nicht mehr vorkommen. Hier wurden maximale Besiedlungsdichten von 250 000 Individuen/m^2 festgestellt. Auch ihre Nahrung besteht vor allem aus unzersetzten und wenig zersetzten Pflanzenteilen. Mit Hilfe eines alkalischen Speichels erfolgt eine extraintestinale Vorverdauung; die verflüssigte Nahrung saugen sie dann auf. Wie die Lumbricidae sind auch die Enchytraeidae an der Bildung von Ton-Humus-Komplexen beteiligt.

Manche Süßwasseroligochaeten fressen Kleinorganismen, eine Familie (Branchiobdellidae) parasitiert an Flußkrebsen. Die Fortbewegung ist meist die vom Regenwurm her bekannte peristaltische Kriechbewegung, Süßwasserarten (Naididae) können auch schlängelnd schwimmen oder mit dem ventral bewimperten Prostomium kriechen.

Die Oligochaeten (Abb. 135) stammen wohl von den vielgestaltigen Polychaeten ab, doch läßt sich eine genauere Stammgruppe nicht ermitteln. Ca. 7000 Arten.

1. Ordnung: Plesiopora (Tubificida). Gonaden in je einem Paar, männliche Poren direkt hinter dem Hodensegment. Borsten in wechselnder Zahl in Bündeln.

Aeolosomatidae: Großes Prostomium bewimpert, an Lokomotion beteiligt. Süßwasser. *Aeolosoma.*

Naididae: Meist durchsichtige, kleine Süßwassertiere mit asexueller Fortpflanzung (Querteilung). *Stylaria* (Abb. 135 c), *Chaetogaster* (Abb. 135 d), *Nais* (Abb. 135 e), *Ripistes* (Abb. 135 f).

Tubificidae: Meist rötlich gefärbte Schlammbewohner, v. a. im Süßwasser. Im Aquarienhandel als Fischfutter angeboten. *Tubifex* (Abb. 135 g). Siedelt in Gemeinschaften, Hinterenden ragen ins freie Wasser und führen Schlängelbewegungen aus (O_2-Beschaffung). Sauerstoffaufnahme vor allem über den Enddarm.

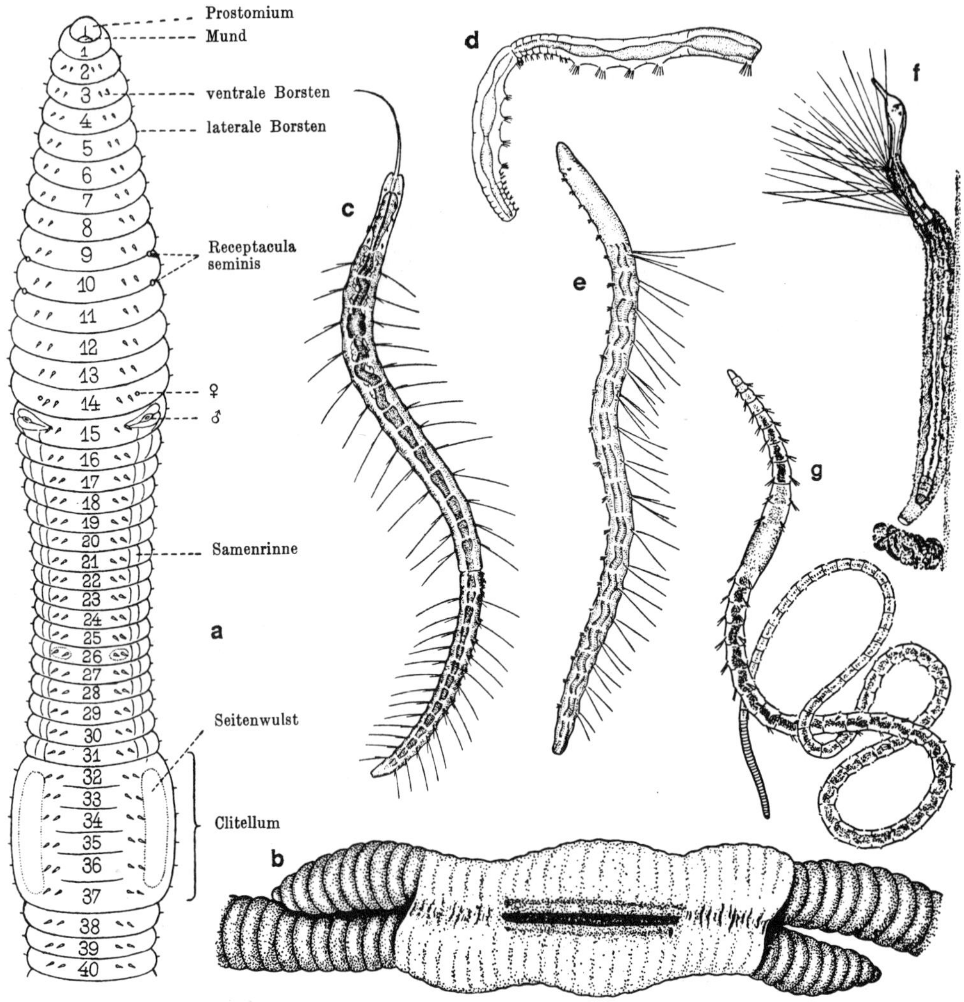

Abb. 135: Oligochaeta. a. Vorderende eines Regenwurms; b. Vorderende zweier in Kopula befindlicher *Eisenia* mit von den Clitella abgesonderten Schleimhüllen; c. *Stylaria* (18 mm); d. *Chaetogaster* (10 mm); e. *Nais* (8 mm); f. *Ripistes* (7 mm; in Wohnröhre, aus der die verlängerten Borsten dreier Segmente zum Nahrungsfang herausgestreckt werden); g. *Tubifex* (30 mm). Nach Cori, Engelhardt, Füller, Kükenthal

In diese Familie wird auch der darmlose *Phallodrilus* gestellt.

Enchytraeidae: Vorwiegend Erdbewohner. *Pachydrilus*, *Enchytraeus*.

2. Ordnung: Prosopora (Lumbriculida). Männliche Gonaden in 1–4, weibliche in 1–3 Paaren. Männliche Poren im einzigen Hodensegment oder im letzten, falls mehr als 1 Paar Hoden ausgebildet sind, dann aber Porus unpaar. Borsten zu je 4 Paaren im Segment.

Lumbriculidae: Ähneln Regenwürmern, in Süßgewässern. *Lumbriculus*, *Rhynchelmis*.

Branchiobdellidae: Borsten fehlen, nur wenige Segmente. Egelartig kriechende Parasiten auf Süßwasserkrebsen. *Branchiobdella*.

3. Ordnung: Opisthopora (Lumbricida und Haplotaxida). Männliche Poren weit hinter dem oder den Hodensegmenten. Borsten in segmentalen Kränzen, in 4 Paaren oder als 4 Einzelborsten pro Segment. Umfassen vorwiegend Formen, die als Regenwürmer bezeichnet werden, Bodenbewohner. Lumbricidae: *Eisenia*, z. B. in Misthaufen (Mistwurm), *Lumbricus*, *Allolobophora*.

Abb. 136: Männer beim Einfangen eines Megascoleciden in Australien. Diese Würmer können aufgrund des Geräusches lokalisiert werden, das sie bei ihrer Bewegung hervorrufen. Ausgestreckt erreicht das abgebildete Tier über 3 m Länge, es hat ca. 500 Segmente. Nach Globus-Foto

Megascolecidae: Mit sehr großen Arten (Abb. 136). *Megascolex*, *Pheretima*.

Haplotaxidae: Oft in Grundwasser, Eiszeitrefugien und alten Seen, *Haplotaxis*.

Microchaetidae: Mit größten Oligochaeten, gestreckt 6–7 m, Durchmesser 2–3 cm, grün, endemisch in Südafrika, *Tritogenia*, *Microchaetus*.

2. Unterklasse: Hirudinea (Egel)

Bau. Die Egel unterscheiden sich äußerlich durch vorn und hinten gelegene Saugnäpfe und durch die Ringelung der Körperdecke von den meisten Oligochaeten. Diese ist nicht mit der Segmentierung identisch, auf jedes Segment kommen mehrere Ringel (Annuli). Die Segmentierung ist hauptsächlich im inneren Bau (Ganglien, Nephriden usw., Abb. 137) erkennbar, sie zeigt bei den Egeln eine konstante Zahl, 33 Segmente (Ausnahme: *Acanthobdella*). Die letzten 7 Segmente sind zu einer großen Haftscheibe verschmolzen, die vordere Haftscheibe liegt ventral um oder vor dem Mund; oft ist eine besondere Kopfregion abgesetzt. Die typischen Annelidenborsten fehlen den Egeln (Ausnahme: *Acantho-*

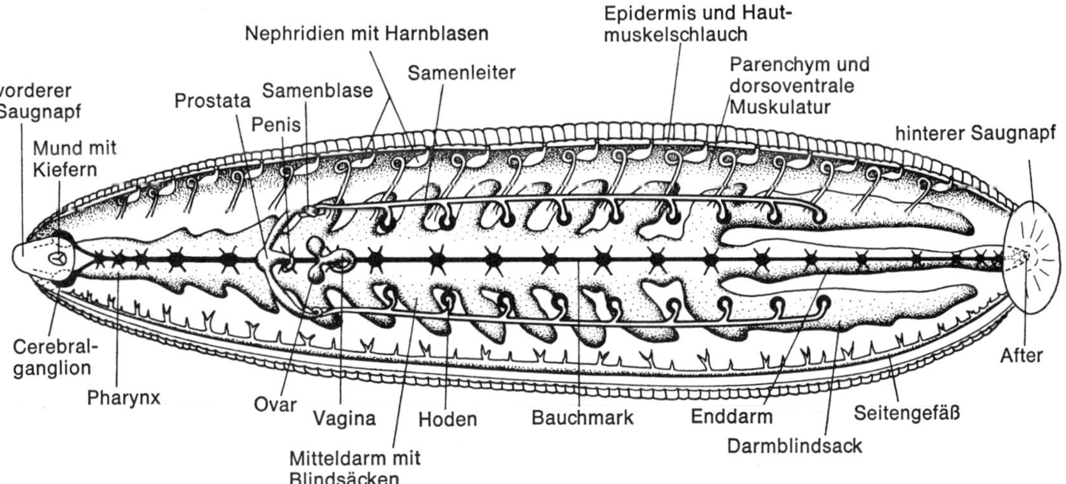

Abb. 137: Bauplan des Blutegels (Ansicht von ventral). Nach Storer, Usinger

bdella). Das Nervensystem zeigt noch die typische Segmentierung, das Cerebralganglion, welches zwei Neuromeren entspricht, liegt im 5. oder 6. Segment, die Ganglien der hinteren Haftscheibe sind zu einer Caudalmasse verwachsen. Unter den Sinnesorganen sind die Augen bemerkenswert, die in wechselnder Zahl in den vorderen Segmenten liegen. Ihre Sinneszellen tragen in ihrem Innern eine Vakuole, deren Rand von einem Mikrovillisaum besetzt ist. Um die Sinneszellen wird ein Pigmentbecher gebildet. Die Epidermis ist sehr reich mit Receptorzellen versehen, unter denen Druck- und Berührungsreceptoren nachgewiesen sind. Der Darmkanal zeigt manche Anpassungen an die blutsaugende bzw. räuberische Lebensweise. Er enthält vorn einen muskulösen Pharynx mit dreikantigem Lumen. Bei den Rüsselegeln wird der Pharynx von einer Ringtasche (Rüsselscheide) umgeben, so daß er ähnlich wie der Turbellarienpharynx vorgestoßen und in das Beutetier eingeführt werden kann; bei den Kieferegeln liegen in der Mundhöhle drei strahlig angeordnete Kiefer, deren Kante mit feinen Zähnchen besetzt ist. Sie erzeugen das charakteristische Bild des Blutegelbisses. Die Schlundegel schließlich haben einen stark erweiterungsfähigen Pharynx. Umfangreiche Speicheldrüsen münden im Mundgebiet, sie enthalten ein Sekret (Hirudin), das die Blutgerinnung verhindert. Hinter dem Ösophagus liegt der umfangreiche, meist mit großen Blindsäcken ausgestattete Magen, der der Nahrungsspeicherung und auch der Nahrungsverarbeitung dient. Es folgt der kurze Hinterdarm, der gleichfalls Blindsäcke aufweisen kann. Der After liegt dorsal vor der hinteren Haftscheibe.

Das Coelom wird durch die mächtige Entwicklung der Muskulatur mit ihren Längs-, Ring- und Dorsoventralmuskeln und durch eine Wucherung des Coelomepithels zu einem umfangreichen Chloragoggewebe (Botryoidgewebe) eingeengt, und zwar besonders an den Körperseiten. Es besteht schließlich aus einem dorsalen, einem ventralen und zwei seitlichen Längskanälen, die durch unregelmäßige Zwischenkanäle verbunden sind, selbst bis unmittelbar unter die Haut erstrecken sich die Kanäle. Dorsal- und Ventralgefäß liegen in den medianen Coelomkanälen, doch wird das Blutgefäßsystem innerhalb der Egel reduziert und durch das Coelomsystem ersetzt, dessen Seitenkanäle und Ventralgefäß dann rhythmische Kontraktionen ausführen und das in seiner Flüssigkeit Hämoglobin gelöst enthält. Ein echtes Blutgefäßsystem kommt noch den Rüsselegeln zu. Besonders gut ist das Coelomgefäßsystem des Blutegels *(Hirudo medicinalis)* untersucht. Hier fungieren die Seitengefäße als Herzen; sie kontrahieren sich peristaltisch und alternierend; Sphinkter und Klappen an ihren Enden verhindern einen Blutrückfluß. Die Richtung des Blutstromes erfolgt in den Seitengefäßen von hinten nach vorn, in Dorsal- und Ventralgefäß umgekehrt. In dem geschlossenen System können Drucke von 100 mm Hg erreicht werden.

Nephridien sind in 10–17 Paaren vorhanden. Der Genitalapparat weicht stark vom Annelidentyp ab und erinnert eher an den der Plathelminthen. Die Ovarien bilden allerdings nur ein Paar Schläuche, die mit meist unpaarer Öffnung im 11. oder 12. Segment münden. Die Hoden treten jedoch in 8 bis über 100 Säckchen auf, die bei geringerer Anzahl segmental angeordnet sind. Diese Säckchen münden durch kleine Kanäle in einen längsverlaufenden Samenleiter, der vorn im 10. Segment unpaar mündet. Übergangsformen *(Acanthobdella)* zeigen, daß dieses Genitalsystem aus einem langen Coelomschlauch des 10. Segments entstanden ist, in den die Hoden einwanderten und der sich dann in Einzelbläschen und Gänge zerlegte.

Entwicklung. Die Befruchtung ist eine innere, das Sperma wird entweder durch einen Penis oder durch Spermatophoren übertragen. Die Eier werden in einem Kokon abgelegt, bei den Glossiphoniidae werden die Jungen und z. T. die Eier vom Muttertier an der Bauchfläche getragen. Die Entwicklung ist bei den dotterreichen Eiern der Glossiphoniidae direkt, bei den in der nährstoffreichen Kokonflüssigkeit schwimmenden Embryonen der übrigen Egel bilden sich ein larvales Schluckorgan und mehrere larvale Protonephridien aus. Ungeschlechtliche Vermehrung fehlt, das Regenerationsvermögen ist gering.

Lebensweise. Etwa $^3/_4$ der ungefähr 300 Arten sind Parasiten oder Blutsauger. Am bekanntesten ist der medizinische Blutegel *(Hirudo medicinalis)*, der in großen Teilen Europas selten geworden ist. Auch Rüsselegel der Gattung *Haementeria* saugen am Menschen Blut. In den tropischen Urwaldgebieten, besonders des indoaustralischen Gebietes, sind die Landblutegel (Haemadipsidae), die selbst durch kleine Öffnungen an den Körper vordringen können, oft sehr lästig. Für das Vieh sind besonders Egel, die sich an den Schleimhäuten festsetzen, gefährlich, z. B. in den Mittelmeerländern *Limnatis nilotica*. Fischbeständen schaden die Fischegel (Ichthyobdellidae) bei Massenauftreten. Nach dem Blutsaugen können die Egel lange Zeit hungern. Ihre Eier legen sie an Steinen und Pflanzen im Wasser oder in feuchter Erde ab, sofern sie nicht brutpflegend sind. Die charakteristische Bewegung der Egel ist das «egelartige Kriechen», die Wasseregel mit Ausnahme der Glossiphoniidae können auch durch vertikale Schlängelbewegung schwimmen.

Phylogenie und System. Die Egel sind sicher Abkömmlinge der Oligochaeten. Innerhalb der Egel stellt die eigenartige *Acanthobdella* eine echte Zwischenform dar, am weitesten entfernt von der Ausgangsform stehen die Pharyngobdellae, während die Rhynchobdellae noch zahlreiche primitive Merkmale aufweisen (Blutgefäßsystem).

1. Ordnung: Acanthobdelliformes. Noch mit Borsten. Coelom durch lockeres Mesenchym bereits eingeengt, aber noch nicht zu einem Kanalsystem reduziert. Septen teilweise erhalten. Hoden ein einheitlicher langer Schlauch, der noch mit dem Coelom des 10. Segments kommuniziert. Segmentzahl: 30 (ausschließlich Prostomiun). *Acanthobdella peledina* (Abb. 138), Fischparasit in Nordrußland und Nordskandinavien.

2. Ordnung: Rhynchobdelliformes (Rüsselegel, Abb. 139). Vorderdarm mit vorstoßbarem Rüssel. Primäres Blutgefäßsystem noch vorhanden. Begattung durch Spermatophoren. Glossiphoniidae, Piscicolidae (Fischegel). *Piscicola* ist ein verbreiteter Ectoparasit an Fischen, der auch als Virus-Vektor fungiert. *Branchellion* besitzt Kiemenanhänge und lebt auf Meeresrochen.

3. Ordnung: Gnathobdelliformes (Kieferegel, Abb. 139). Mundregion mit 3 Kiefern. Ohne primäre Blutgefäße. Mit Penis. Hirudinidae. Hierher der Blutegel *(Hirudo)*, aber auch der würmerfressende «Pferdeegel» *(Haemopis)*, Haemadipsidae (Landblutegel).

Der bis über 12 cm lange Blutegel *(H. medicinalis)* war im 19. Jahrhundert in Europa, v. a. in Frankreich, ein Hilfsmittel medizinischer Therapie (Aderlaß). Heute gewinnt man aus seinen Speicheldrüsen das blutgerinnungshemmende Sekret Hirudin. Derzeitiger Jahresbedarf: 12 000 kg; den Großteil liefert Ungarn.

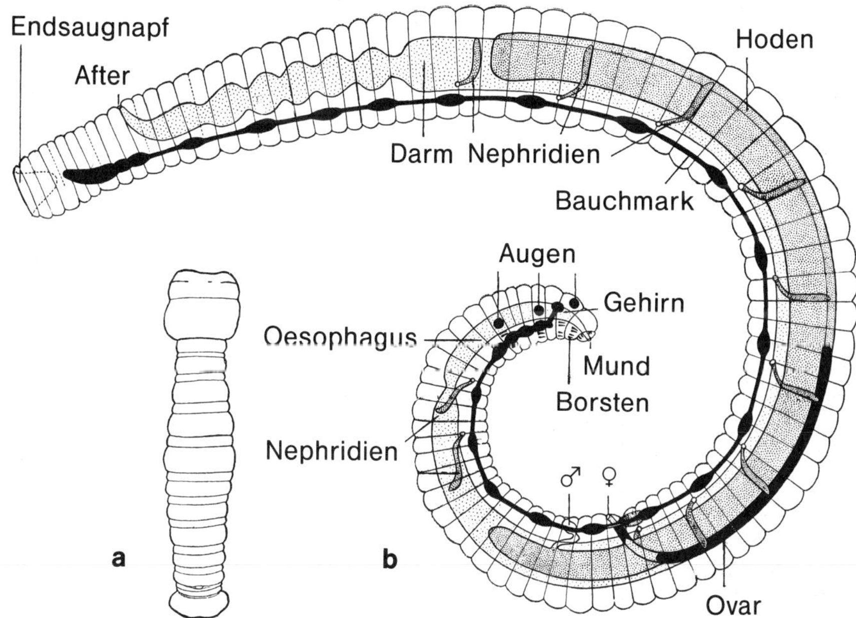

Abb. 138: a. *Branchiobdella*, ein egelähnlicher Oligochaet (Länge 1 cm); b. *Acanthobdella*, ein Egel mit einigen primitiven Merkmalen (Länge 3 cm). Nach Livanov, Michaelsen

4. Ordnung: Pharyngobdelliformes (Abb. 139). Ohne Zähne und Magenblindsäcke, Pharynx lang. Ohne Penis. Hoden sehr zahlreich. Erpobdellidae, Trematobdellidae.

4. Klasse: Echiurida

Diese kleine (etwa 150 Arten) Gruppe meeresbewohnender Würmer steht infolge des Fehlens der Segmentierung den typischen Anneliden recht fern. Doch zeigen der Besitz echter Annelidenborsten sowie die Entwicklung mit typischer Trochophoralarve ihre Verwandtschaft mit den übrigen Anneliden.

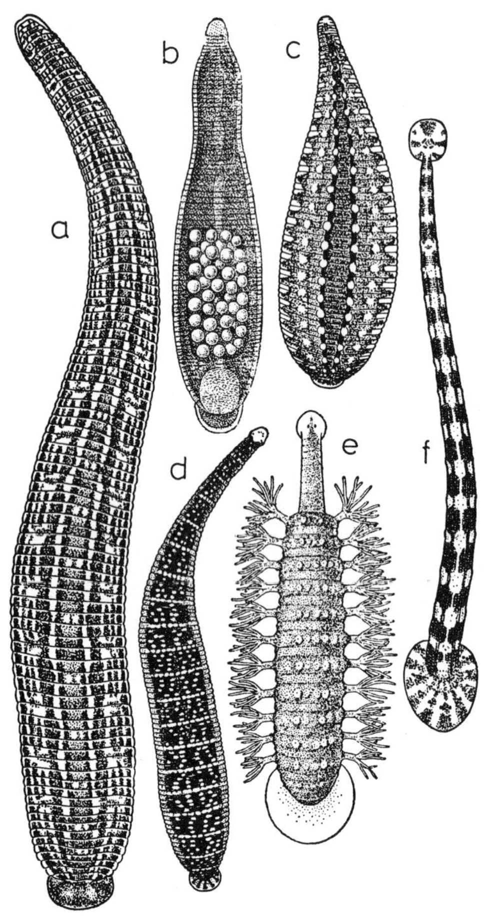

Abb. 139: Hirudinea. a. *Hirudo;* b. *Helobdella* (mit Gelege); c. *Glossiphonia;* d. *Erpobdella;* e. *Ozobranchus;* f. *Piscicola.* Nach Brumpt, Engelhardt

Der Körper ist schlauch- oder sackförmig (Abb. 140), ohne Parapodien; stark entwickelt ist das Prostomium, das meist einen besonders ventral bewimperten Rüssel bildet, der mehrfach so lang werden kann wie der Rumpf. Dieser Rüssel kehrt von der Bodenfläche Nahrungspartikel auf und befördert sie zum Mund. Die Borsten sitzen als ein Paar Haken an der vorderen Bauchfläche und als Stachelkranz um das Hinterende. Das zentrale Nervensystem besteht aus einem Schlundring im Kopflappen und einem unpaaren Bauchstrang, der nur gelegentlich Spuren segmentaler Ganglien zeigt. Höhere Sinnesorgane fehlen, Papillenkränze kommen vor. Der Darm, der aus mehreren, äußerlich wenig unterschiedenen Regionen besteht, ist gewunden, die Afteröffnung liegt am Hinterende. Das Coelom ist ein einheitlicher ungegliederter Raum, der im Vorderkörper mit einer queren Scheidewand (Diaphragma) abschließt. Die Hauptblutgefäße sind ein Bauchgefäß und eine Schlinge im Kopflappen, ein Rückengefäß findet sich nur im Vorderkörper, es steht mit einem kurzen Darmsinus in Verbindung. Nephridien treten in zwei Typen auf, 1. in ein oder mehreren Paaren großer sackförmiger Nephridien im Vorderkörper, die die Gonadenwege darstellen, 2. als zahlreiche kleine Nephridien, die in ein Paar langer Schläuche münden (Analschläuche), die in der Aftergegend ausmünden. Die Gonaden liegen ventral in der Leibeshöhlenwand, die Gameten reifen in der Leibeshöhle.

Die Geschlechter sind getrennt; berühmt ist der große Geschlechtsunterschied der Gattung *Bonellia.* Die darmlosen, bewimperten, nur wenige Millimeter langen Zwergmännchen leben in den vorderen Nephridien (Oviducten) der Weibchen, und zwar in einer besonderen Kammer. Bei der Geschlechtsbestimmung dieser Art spielen Außenfaktoren eine wichtige Rolle. Larven, die sich an dem Rüssel eines Weibchens festheften, werden unter der Einwirkung des Rüsselsekretes zu Männchen; werden diese Larven nach kurzer Festheftung wieder entfernt, entstehen Intersexe. Die Entwicklung führt zu einer echten Trochophora mit Protonephridien, doch geht diese ohne Ausbildung einer Segmentierung in den fertigen Wurm über, so daß die Echiurida vielleicht nur aus den Larvalsegmenten bestehen.

Die Echiuriden leben im Meer in Spalträumen oder in selbstgegrabenen Wohnröhren, sie ernähren sich von Bodenmaterial. *Echiurus*

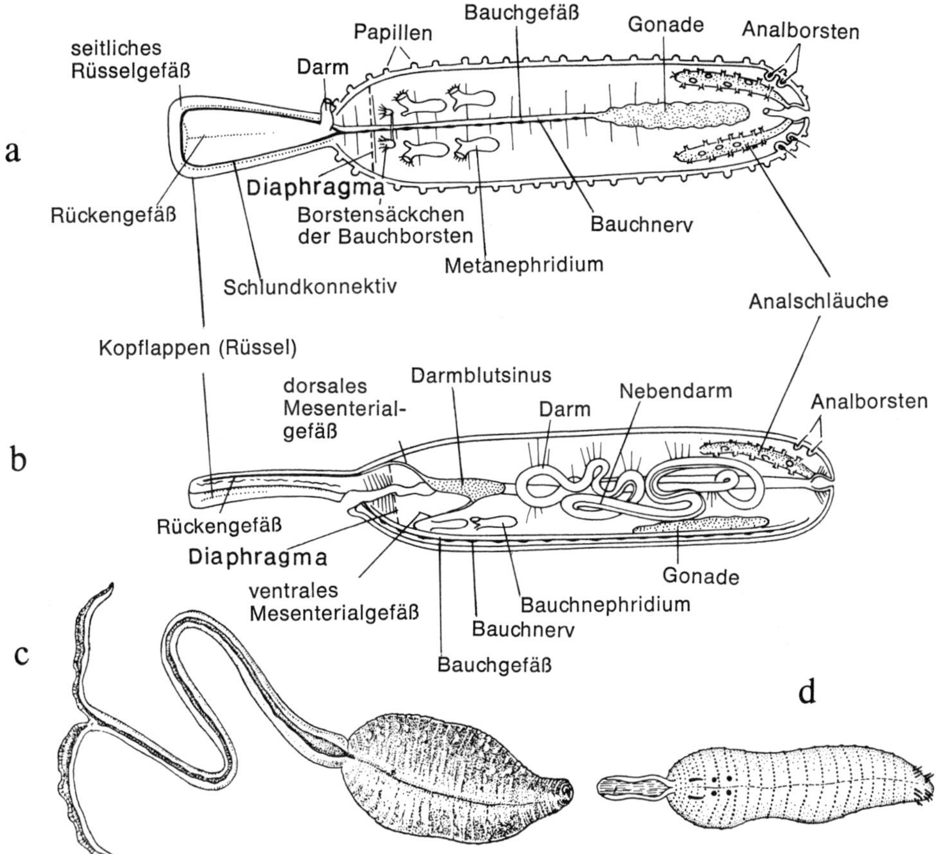

Abb. 140: Echiuriden. a, b. Bauplan. a. Dorsalansicht; b. Lateralansicht; c. *Bonellia*, Weibchen; d. *Echiurus*. Nach Remane, Riedl

echiurus wird als Indikator für ein ausreichendes Sauerstoffangebot in bodennahem Wasser angesehen.

Echiurus (Quappenwurm, Abb. 140d), *Urechis*, *Thalassema*, *Ochetostoma*, *Listriobulus*, *Hamingia*, *Bonellia* (Abb. 140c).

2. Pentastomida

(Linguatulida, Zungenwürmer)

Bis auf wenige Ausnahmen sind die etwa 70 Arten umfassenden Zungenwürmer Parasiten in Lunge und Atemwegen von Reptilien. Äußerlich ähneln sie einem gliedmaßenlosen Anneliden, da der Rumpf eine mehr oder weniger deutliche Ringelung zeigt (Abb. 141). Der Vorderkörper besteht aus einem einheitlichen «Kopf», der die Mundöffnung und zwei Paar einschlagbarer Haken trägt; bei primitiven Arten (Cephalobaenida) stehen diese Haken auf deutlichen, parapodienähnlichen Fortsätzen, so daß die Haken Reste von Extremitäten darstellen. Der Kopf ist wohl ein Verschmelzungsprodukt von Prostomium und einigen Rumpfsegmenten. Die Epidermis wird von einer chitinhaltigen, dreischichtigen Cuticula bedeckt, mehrere Drüsengruppen ragen von ihr ins Innere, besonders umfangreich sind die Frontaldrüsen. Die Sinnesorgane dieser augenlosen Schmarotzer sind nicht sehr stark entwickelt, zum Teil ähneln sie denen von Anneliden, zum Teil erinnern sie an Arthropoden-Sensillen. Das Nervensystem besteht bei Cephalobaenida aus einem dreiteiligen Gehirn und einer mit 5 Paar Abdominalganglien versehenen Bauchganglienkette. Bei den Porocephalida

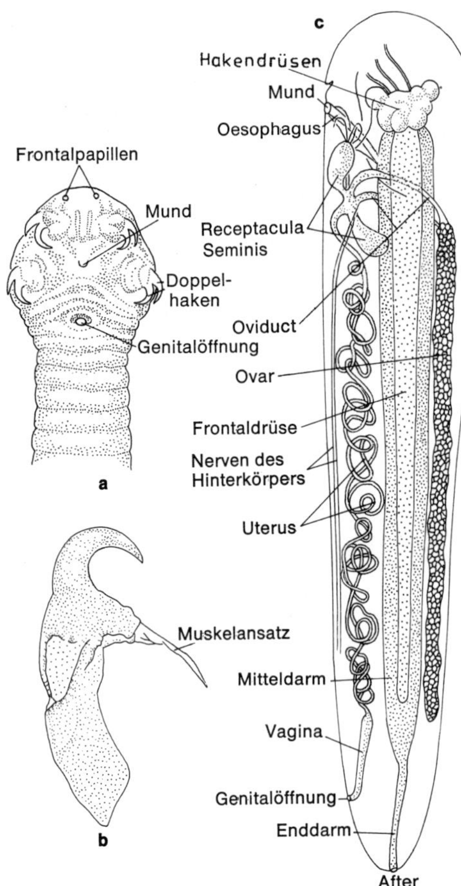

Abb. 141: Pentastomida. a. Vorderende eines Jungtieres von *Leiperia*. b. Haken von *Armillifer*. c. Organisation eines Weibchens von *Waddycephalus*. Nach Heymons, Spenger

können diese Gebilde zu einer einheitlichen Nervenmasse verschmelzen, von der lange Nerven ausgehen. Der Darm ist ein einfaches Rohr von geringer Gliederung ohne Anhangsdrüsen; der After liegt am Hinterende, bei *Reighardia* endet der Darm blind. Als Nahrung dient den Adulten v. a. Blut. Die Leibeshöhle ist einheitlich, der Darm ist an zwei dorsolateral entspringenden Mesenterien aufgehängt. Der Hautmuskelschlauch besteht aus Ring-, Längs- und Transversalmuskeln, die in ihrer Lage denen der Polychaeten entsprechen, die Muskeln sind quergestreift. Nephridien fehlen. Hochkompliziert sind die Geschlechtsorgane. Die Geschlechter sind getrennt. Die Befruchtung erfolgt im Innern. Hier entwickeln sich die Eier über eine totale Furchung zu einer Primärlarve, die durch einen Bohrapparat am Vorderende, 2 Paar krallenbesetzte Extremitäten und eine Schwanzgabel am Hinterende ausgezeichnet ist. In die Eikapsel eingeschlossen, gelangt diese Primärlarve ins Freie, um in einem neuen Wirtstier, in das sie mit der Nahrung gelangt, freizuwerden. Hier bohrt sich die Larve durch die Darmwand und gelangt über Blut- oder Lymphgefäßsystem in verschiedene Organe, wo sie eingekapselt wird. Diese ruhende Larve verändert sich unter mehrfachen Häutungen, sprengt schließlich die Kapsel und wird zur Wanderlarve (Nymphe), die sich aktiv im Wirtskörper fortbewegt. Im einfachsten Fall kann sie im selben Wirt die Geschlechtsreife erlangen, meist tritt aber ein Wirtswechsel ein, indem die meist in pflanzen- oder allesfressenden Tieren lebende Wanderlarve in ein carnivores Tier gelangt, wo sie aus dem Magen in die Atemorgane wandert und sich zur geschlechtsreifen Form entwickelt.

Der Wirtswechsel vollzieht sich bei den Porocephalida zwischen Reptilien (Endwirt) und Säugern (Zwischenwirt). Eine Ausnahme unter den Porocephalida bildet die Gattung *Linguatula*, deren Endwirte Carnivora darstellen. *Linguatula serrata* war früher in Europa häufig und wurde noch um die Jahrhundertwende öfter als Larve im Menschen gefunden. Hauptwirte sind Haushund, Wolf und Fuchs. Bei den Cephalobaenida bildet die Gattung *Reighardia* eine Ausnahme: Sie parasitiert in Seevögeln. Zwischenwirte können bei den Cephalobaenida Insekten, Fische, Amphibien und Reptilien sein.

Eine Einreihung in das System kann bis heute nicht mit Sicherheit vorgenommen werden. Die Stellung zwischen Anneliden und Arthropoden erscheint wohl noch gerechtfertigt. Anneliden-Merkmale sind beispielsweise der Hautmuskelschlauch und manche Hautsinnesorgane, Arthropoden-Merkmale Chitincuticula, Mangel an Bewimperung, chitinöse Auskleidung von Vorder- und Hinterdarm, Ansatz der Muskeln, die quergestreift sind, Häutung und manche Hautsinnesorgane.

Die meisten Autoren ordnen die Pentastomiden bestimmten Arthropoden-Gruppen zu, z. B. den Myriapoden (aufgrund der Entwicklung) oder den Branchiuren (aufgrund der Spermienentwicklung), eine enge Beziehung zu den Mandibulata ist möglich.

Cephalobaenida: *Cephalobaena*, *Raillietiella*, *Reighardia*.

Porocephalida: *Armillifer*, *Leiperia*, *Linguatula*, *Waddycephalus*.

3. Tardigrada (Bärtierchen)

Diese Gruppe kleiner, meist unter 1mm langer Tiere (Abb. 142) wird meist zu den Arthropoden gestellt, doch fehlen viele typische Arthropodencharaktere, z.B. die Mundgliedmaßen, die Kopfbildung, das mit Ostien versehene Herz. Die Cuticula, die gehäutet wird, enthält Chitin. Die vier Paar mit Krallen oder Haftplättchen besetzten Stummelfüße weichen beträchtlich von den Gliederfüßen ab, die Homologisierung der am Hinterdarm mündenden Drüsen (die auch nur den höheren Tardigraden zukommen) mit den Malpighischen Gefäßen ist umstritten. Die mit vier Ganglien besetzte Bauchganglienkette deutet sowohl auf Anneliden wie auf Arthropoden hin, und da die zahlreichen, bei primitiven Arten vorhandenen Kopftentakel besser zu den Anneliden passen, können sie vielleicht dieser Gruppe angeschlossen werden. Die Tardigraden sind weitgehend vereinfachte Organismen; das zeigen der völlige Mangel eines Blutgefäßsystems und die Auflösung des Coelomepithels. Der Darmkanal zeigt merkwürdigerweise manche Ähnlichkeiten mit dem der Nemathelminthen: vorn ein komplizierter Stilettapparat mit großen Speicheldrüsen, anschließend ein muskulöser Pharynx, dessen radiäre Muskelfilamente in den Epithelzellen gebildet werden. Der After liegt ventral nahe dem Hinterende. Die Geschlechter sind getrennt (nur bei einigen *Isohypsibius*-Arten Hermaphroditismus), die Gonaden bilden einen dorsalen Sack, sie münden mit unpaarer Öffnung in den Enddarm oder ventral vor dem After. Die Entwicklung erfolgt direkt, das Coelom entsteht aus Urdarmtaschen, deren epitheliale Wände sich auflösen oder zur Gonadenanlage werden.

Der Hauptlebensraum der Tardigraden sind Moosrasen; sie kommen aber auch in Flechten und Laubstreu sowie Süßwasser, heißen Quellen und im Meer vor. Bei Austrocknung der Moosrasen oder Kleinstgewässer ziehen sich die Tiere zusammen und bilden die sehr widerstandsfähigen Tönnchen. Sie sind dann im Zustand der

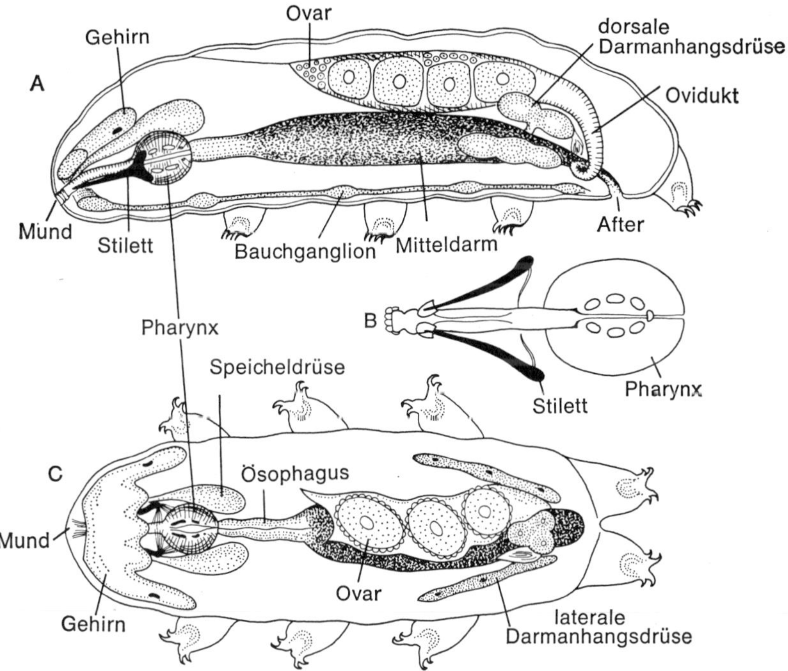

Abb. 142: Organisationsbild der Tardigraden. A. Sagittalschnitt. B. Stilettapparat und Pharynx. C. Dorsalansicht. Nach Remane

Anhydrobiose. Typische Süßwasserbewohner und manche Bodenformen können ungünstige Perioden in Cysten überdauern, die weniger widerstandsfähig sind. Sie leben von Pflanzenzellen, die sie anstechen, z. T. sind sie Ectoparasiten. Ca. 600 Arten; oft Kosmopoliten.

a. Heterotardigrada: Fast alle Arten sind marin, *Echiniscoides* kann Seepocken anstechen; *Batillipes*, *Echiniscus*.

b. Eutardigrada: *Macrobiotus*, *Hypsibius*, *Milnesium*.

4. Arthropoda (Gliederfüßler)

Die Arthropoden sind mit über 1 Million bekannter Arten heute die bei weitem vorherrschende Tiergruppe. In ihrer Organisation schließen sie sich eng den Anneliden an. Beiden Gruppen gemeinsame Spezialcharaktere sind: das Strickleiternervensystem, die Segmentierung und die Extremitäten. Das Strickleiternervensystem besteht aus dem vor dem Mund gelegenen Oberschlundganglion und den paarigen Bauchsträngen mit segmentalen Bauchganglien. Die Mehrzahl der Glieder (Metameren, Segmente) entsteht wie bei Anneliden aus einer vor dem After gelegenen Sprossungszone (Tritometameren), während eine geringe Anzahl im Vorderkörper durch gleichzeitige Zerteilung des Mesodermstreifens entsteht (Deutometameren, Larvalsegmente); die Rumpfsegmente tragen jederseits eine Extremität, die in mannigfacher Weise als Ruder oder Schreithebel dient. Den Arthropoden fehlen die versenkten Chitinborsten, die für die Parapodien der Anneliden charakteristisch sind. Aus dem Übergangsgebiet zwischen Anneliden und Arthropoden haben sich die Protarthropoden bis heute erhalten. Diese lebenden Fossilien ermöglichen es uns, die Etappen, in denen sich die Sondermerkmale herausgebildet haben, darzustellen.

1. Etappe: Charaktere, die an der Basis der Arthropoden entstanden sind und daher schon den Protarthropoden zukommen.

a. Ostien des Herzens. Das Herz, das dem Rückengefäß der Anneliden entspricht, empfängt das Blut nicht durch Venen, sondern nimmt es durch ursprünglich segmentale Öffnungen (Ostien) auf (Abb. 154).

b. Bildung des Komplexgehirns durch Verschmelzung des ursprünglichen Gehirns mit mehreren Rumpfganglien (Abb. 143). Als ursprüngliches Gehirn ist hierbei der dem Kopflappen (Prostomium, Acron) angehörende Gehirnabschnitt bezeichnet, der bei den Anneliden fast stets das Oberschlundganglion bildet. Ihm sind als wichtigste Sinnesorgane die Augen zu-

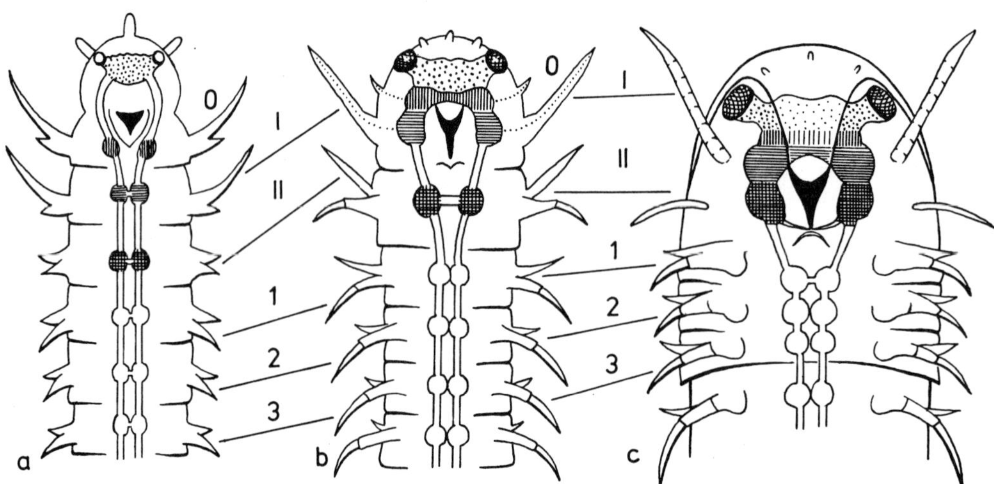

Abb. 143: Die Entstehung des Kopfes der Arthropoden. a. Gliederung des Vorderkörpers bei Anneliden (Polychaeten); b. Hypothetisches Zwischenstadium; c. Vorderkörper der Arthropoden. Von der Ventralseite gesehen. Der Mund ist als schwarzes Dreieck gezeichnet, das Oberschlundganglion (Archicerebrum) ist punktiert, es steht im Zusammenhang mit den Seitenaugen; die Ganglien des 1. Rumpfsegmentes (Prosocerebrum) sind vertikal, die des 2. (Deutocerebrum) horizontal, die des 3. (Tritocerebrum) kreuzweise schraffiert. O: Extremität des Präantennalsegmentes, I: 1. Antenne, II: 2. Antenne, 1: Mandibel, 2: 1. Maxille, 3: 2. Maxille. Nach Remane

geordnet. Diesem sogenannten Archicerebrum werden drei Rumpfganglien angegliedert. Das vorderste ist wenig ausgeprägt, es gehört zum Präantennalsegment, das zweite bildet das Deutocerebrum, das die 1. Antennen innerviert, das dritte das Tritocerebrum mit den 2. Antennen.

c. Auflösung und Umbildung der Coelomhöhlen. Die für die Anneliden charakteristischen segmentalen paarigen Coelomhöhlen erscheinen bei Arthropoden zwar noch in der Embryonalentwicklung, ihre Wand geht aber größtenteils in Organ- und Gewebsbildung auf. Die Außenwand liefert die Muskulatur des Körpers und der Beine, die innere die Darmmuskulatur, den Fettkörper und exkretorisches Gewebe. Die dorsalen Wandbezirke des Coeloms bleiben nach ihrem Rückzug von der Körperwand oft unter dem Herzen stehen und liefern hier die horizontale Querscheidewand (Pericardialseptum), die den das Herz umgebenden Blutraum («Pericard») gegen die übrige Leibeshöhle weitgehend abgrenzt. Das Pericard der Arthropoden ist also nicht wie das der Molluscen Coelomteil, sondern liegt außerhalb des Coeloms. Echte Coelombezirke bleiben erhalten: 1. als Endbläschen (Sacculus) um die Nephridien; die Coelomepithelzellen sind hier als Podocyten ausgebildet; 2. als Gonaden und Gonodukte. Die Gonaden bilden sich aus Coelomabschnürungen mehrerer Segmente, die Gonadengänge entstehen gleichfalls aus Coelombezirken und im Endabschnitt aus eingegliederten Nephridien.

Die definitive Leibeshöhle der Arthropoden entsteht aus Zwischenräumen zwischen Organen und Körperwand, die häufig mit Resten der Coelomhöhlen zu einem Mixocoel verschmelzen (Abb. 144).

d. Die Körperoberfläche wird von einer Cuticula bedeckt, die Chitin enthält und durch Häutungen erneuert wird.

2. Etappe: Charaktere, die erst oberhalb der Protarthropoden an der Basis der Euarthropoden entstanden sind.

a. Die Facettenaugen. Die paarigen Facettenaugen (Abb. 148) der Arthropoden bestehen aus zahlreichen (bis mehrere 1000) röhrenförmigen Einzelaugen (Ommatidien). Neben diesen gro-

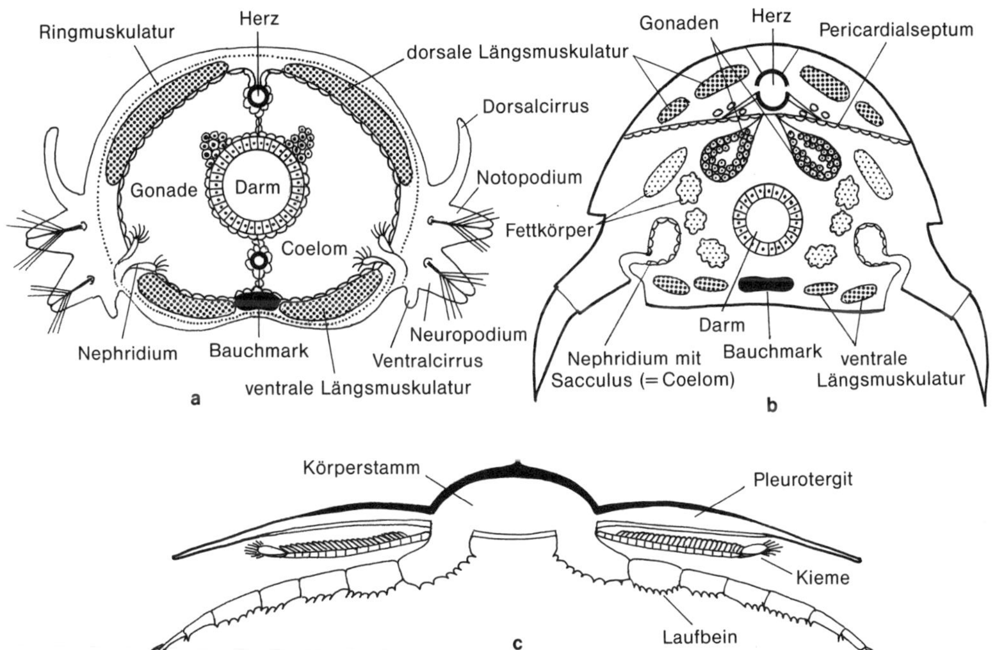

Abb. 144: Schematisierte Querschnitte durch Articulata. a. Polychaeta, b. Arthropoda, c. Thoraxsegment eines Trilobiten. Beachte die Differenzierung des Panzers in einen dorsalen (sklerotisierten, kalkinkrustierten) und einen ventralen (weicheren) Anteil. Die Pleurotergite überdachen den Kiemenraum. Nach Lauterbach, Remane, Störmer

ßen Seitenaugen sind kleine Scheitelaugen (Ocellen) (bis 4, meist 3) bei den Euarthropoden nachweisbar.

b. Das Plattenskelet des Rumpfes. Die Cuticula wird in feste Platten (Sklerite) und biegsame Zwischenzonen (Membranen) gegliedert. Jedes Segment erhält eine Rückenplatte (Tergit), eine Bauchplatte (Sternit) und gelegentlich feste Seitenstücke (Pleurite). Durch diese gegliederte Panzerung erhält der Körper einen maximalen Schutz bei Erhaltung der Beweglichkeit und zugleich Ansatzstellen für die quergestreifte Muskulatur.

Zum Grundplan der Euarthropoden gehören vermutlich weiterhin die Pleurotergite, seitliche Falten zumindest an den extremitätentragenden Segmenten, die den Körperstamm lateral überdachen und eine «Arbeitskammer» für die Extremitäten schaffen.

c. Die Extremitäten werden gegliedert (Abb. 146), d.h. die Cuticula bildet an ihnen feste röhrenförmige Glieder, die durch weiche cuticularisierte Zonen verbunden und dadurch gegeneinander beweglich werden. Die Extremitäten primitiver Euarthropoden haben neben der Lokomotion wohl dem Nahrungstransport gedient. Median haben sie zwischeneinander eine Nahrungsrinne freigelassen, in der die Nahrung von hinten nach vorn zum Mund transportiert wurde. Ein Transport über den Mund hinaus wurde durch die Oberlippe (Labrum) verhindert.

d. Reduktion der Nephridien. Die Nephridien werden auf 1 oder 2 Paare im Vorderkörper beschränkt oder fehlen.

3. Etappe: Nach Aufspaltung der Euarthropoden in die Hauptzweige treten in mehreren Linien parallele Umbildungen auf, die dadurch für höhere Arthropoden charakteristisch sind, den Primitivformen aber meist fehlen.

a. Die Körpergliederung wird ungleichmäßig (heteronom). Bei primitiven Arthropoden sind die Segmente fast gleichgestaltet (homonom) mit Ausnahme der Kopfregion. Innerhalb der Arthropoden werden dann die Extremitäten des Vorderkörper größer und mit ihnen die vorderen Segmente; die Extremitäten des Hinterkörpers werden kleiner und verschwinden schließlich völlig, so daß der Rumpf in einen gliedmaßtragenden Thorax und ein gliedmaßenloses Abdomen gesondert wird, die im Extremfall durch eine tiefe Einschnürung getrennt sind.

b. Von den 5 (oder 6) Paaren von Extremitäten, die dem Kopf angehören, wandeln sich die hinteren 3 zu Mundgliedmaßen um, die für die Nahrungsaufnahme umgestaltet sind. Bei Trilobiten gleichen diese Gliedmaßen (1 Paar Mandibeln, 2 Paar Maxillen) noch weitgehend den Rumpfextremitäten, bei Antennata, Crustacea, Protarthropoda und z.T. Arachnida sind aber alle oder einige zu speziellen Mundgliedmaßen geworden.

c. Tracheensysteme (Abb. 152). Allen Hauptlinien der Arthropoden gelingt der Übergang zum Landleben und damit zur Luftatmung. Hierbei wird mehrfach unabhängig ein Tracheensystem ausgebildet. Die Tracheen entstehen durch Einstülpung von der Haut und bilden ein reichverzweigtes Luftkanalsystem, das die Luft bis in die einzelnen Gewebe leitet. Das Blut enthält meist keine Atmungspigmente und ist für den Sauerstofftransport von geringerer Bedeutung als bei Tiergruppen mit respiratorischen Blutfarbstoffen.

d. Malpighische Gefäße (Abb. 153). Mit der Reduktion der Nephridien und demgemäß dem Zurücktreten der Exkretion flüssiger Stoffe entstehen neue Exkretionsorgane mit wassersparender Exkretion. Es sind Blindschläuche des Darms, die an der Grenze Mitteldarm-Enddarm entstehen. Sie sind bei Antennaten und Cheliceraten sicher unabhängig entstanden und finden sich auch vereinzelt bei Crustaceen.

e. Superfizielle Furchung (Abb. 156). Wenn die Arthropoden in ihrem Ei Dotter anhäufen, so liegt dieser in der Mitte des Eies um den zentral bleibenden Kern (centrolecithales Ei). Bei der Furchung entsteht zunächst eine größere Zahl Kerne, die ohne Zelltrennung in der Plasma-Dotter-Masse liegen. Die meisten Kerne wandern zur Peripherie des Eies, grenzen sich mit ihren Cytoplasmabezirken gegeneinander zu Zellen ab und liefern so eine äußere Schicht (Blastoderm). Aus dieser erfolgt die Weiterentwicklung durch Bildung eines ventralen Keimstreifens. Primitive Gruppen (besonders Krebse) und viele vivipare Arten furchen die Eier total.

Protarthropoda (Onychophora)

Mit Hautmuskelschlauch, weit getrennten, kaum gegliederten Bauchnerven, zahlreichen segmentalen Nephridienpaaren, ohne Plattenskelet, Seitenaugen noch Blasenaugen, Muskulatur nicht quergestreift, rezent nur die Onychophora.

Die **Onychophora** (Abb. 145) sind eine etwa 100 Arten umfassende Restgruppe, die primitive Charaktere und Sondererwerbungen aufweist. Primitive Merkmale sind: die zahlreichen segmentalen Nephridienpaare, das Vorkommen von Wimperepithelien in Nephridien, Ovidukten und Samenleitern, der schichtenreiche Hautmuskelschlauch und wohl das Fehlen eines Plattenskelets an Rumpf und Extremitäten, die wenig gegliederte Stummelfüße darstellen. Unsicher ist, ob die fehlende Segmentierung der Längsmuskulatur und die geringfügige Gliederung der Bauchnerven primitiv sind. Es ist möglich, daß mit der Aufgabe der Schlängelbewegung und Übertragung der Fortbewegung auf die Beine die ursprüngliche Segmentierung von Längsmuskeln und Bauchmark rückgebildet wurden. Sonderbildungen sind die Tracheen,

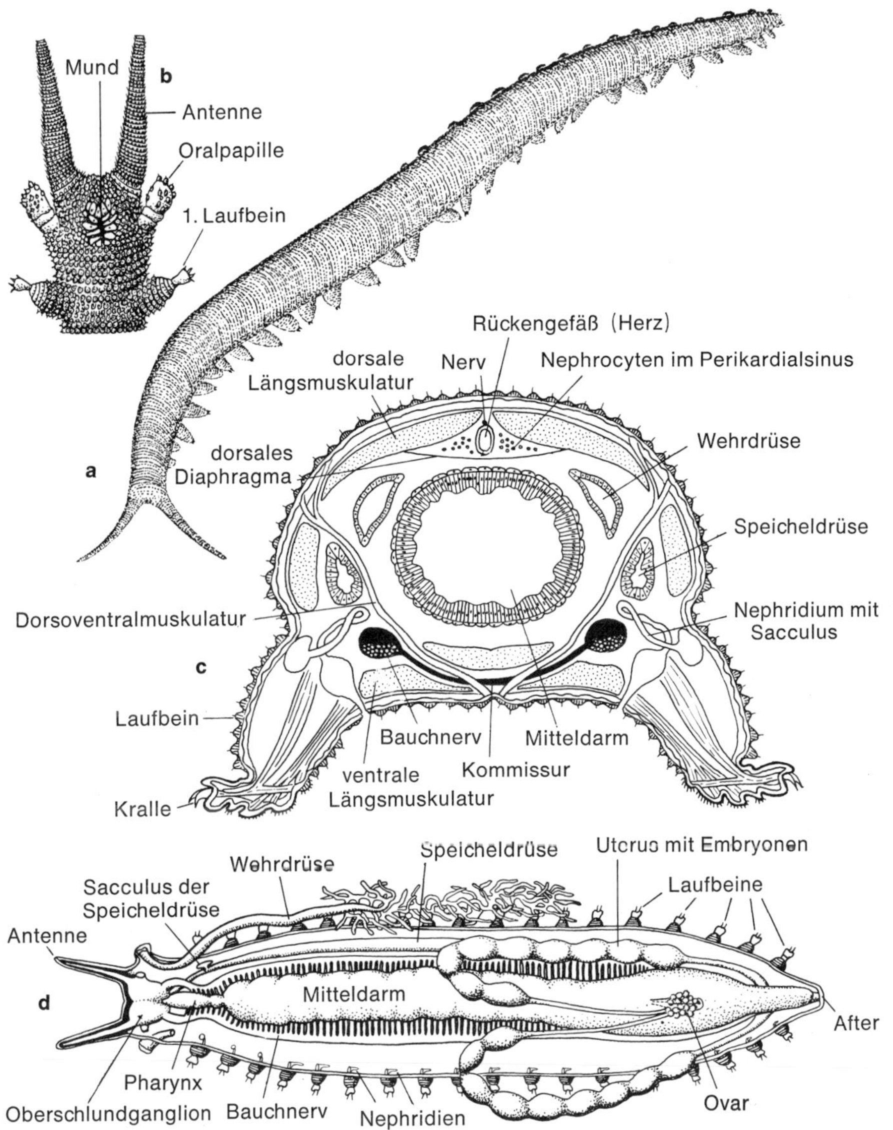

Abb. 145: a. *Macroperipatus*. b. Vorderansicht eines Onychophors von ventral, c. schematischer Querschnitt durch ein Onychophor, d. dorsal aufpräparierter *Peripatus*. Nach Buchsbaum, Remane, Snodgrass

die keinem der Tracheensysteme höherer Arthropoden homolog sind, die Mundgliedmaßen (Mundhaken und Oralpapillen), die unabhängig von den Mundgliedmaßen anderer Arthropoden entstanden sind, die paarigen Krallen der Beine, für die dasselbe gilt, ferner die komplizierten Ovidukte, die Umformung einiger Nephridien in mächtige Speicheldrüsen und Analdrüsen sowie die Reduktion des Gefäßsystems. Die paarigen Augen ähneln in ihrem Bau den Blasenaugen mancher Anneliden.

Die Körperdecke weist eine dichte Querringelung auf, die sich auch auf Antennen und Beine erstreckt und nicht der Segmentierung entspricht. Die Epidermiszellen sind zylindrisch, ihr distaler Pol ist konisch zugespitzt. Sie sezernieren eine dünne Cuticula, die Alpha-Chitin und Protein enthält.

Die Cuticula wird alle 2–3 Wochen gehäutet, erhalten bleibt das Chitin der Kiefer. Die erste Häutung findet bei den lebendgebärenden Formen gleich nach der Geburt statt, auch geschlechtsreife Tiere häuten sich.

Häufig finden sich epidermale Knospen aus Sinnes- und Stützzellen, denen Mechanorezeption zugeschrieben wird. Unter der Epidermis liegt eine dicke Kollagenfaserlage, dann folgt die Muskulatur. Der wurmförmige Körper ist ohne Gliederung, nur die Extremitäten verraten die Zahl der Segmente. Man unterscheidet 1 Paar Antennen, 2 Paar Mundgliedmaßen und je nach Art und Geschlecht 14–43 Beinpaare. Die geringelten Antennen sitzen praeoral (werden aber embryonal postoral angelegt) und tragen Sinnesknospen in größerer Zahl. Das erste Mundgliedmaßenpaar (Kiefer, oft Mandibeln genannt) ist in einen Mundvorraum versenkt, der von mit Sensillen besetzten Platten umschlossen ist. Jeder Kiefer trägt zwei sichelförmige, gezähnte Chitinplatten, die nicht den Kauladen der Mandibeln der Crustaceen und Antennaten entsprechen, eher den Krallen der Beine. Die Homologisierung der Kiefer ist nicht ganz sicher, der Reihenfolge nach entsprächen sie den 2. Antennen. Das 2. Mundgliedmaßenpaar, die Oralpapillen, sind kurze Beinstummel ohne Krallen, die sich nicht am Freßakt beteiligen; sie stehen neben dem Mundvorraum und tragen die Mündung der langen, z. T. verästelten Wehr- oder Schleimdrüsen (= umgewandelte Schenkeldrüsen), die ihr fädiges Sekret bei Reizung bis 50 cm weit ausstoßen, außerdem werden mit ihm kleine Arthropoden gefangen; es dient auch der Verteidigung. Die Oralpapillen werden vom Bauchmark innerviert, die sich anschließenden Stummelfüße bestehen aus einem konischen Basisteil (Bein) und einem schmaleren Endteil (Fuß), der zwei bewegbare Krallen trägt. Bei der Fortbewegung werden die ersten drei Beinpaare fast unbewegt gehalten, das Kopfende und das letzte Beinpaar berühren meist die Unterlage nicht. Auch Rückwärtslaufen ist möglich. An der Basis der Beine finden sich medial ausstülpbare Coxalbläschen. Oft münden an ihnen ventral Schenkeldrüsen (Coxaldrüsen, Cruraldrüsen). Diese treten vor allem oder allein beim Männchen auf, im hinteren Körperbereich sind sie besonders entwickelt.

Im Nervensystem sind die weit getrennten, kaum gegliederten Bauchstränge auffallend, sie sind durch zahlreiche Querkommissuren verbunden, meist 9–10 im Segment.

Ein Eingeweidenervensystem zieht vom Gehirn zur Oberlippenregion und dann rückbiegend am Darm entlang; auch ein unpaarer Herznerv ist vorhanden. Die Seitenaugen liegen an der Antennenbasis. Die Hinterwand der geschlossenen Augenblase bildet die hohe Retina. Die Sinneszellen tragen apikal je eine Cilie mit Mikrovilli. Vor der Retina liegt ein von ihr sezernierter Glaskörper (Linse). Über die vorgewölbten Augen ziehen Epidermis und dünne Cuticula.

Organe unbekannter Funktion sind die Ventralorgane, die in segmentalen Paaren im Anschluß an die Bildung der Bauchstränge aus dem Ectoderm entstehen. Sie werden zu eingestülpten Säckchen der Bauchfläche, deren Hohlraum aber später zu einer unpaaren ventralen Mulde verflacht. Die Ventralorgane der beiden Mundgliedmaßen werden in den Mundvorraum einbezogen, die des Gehirns werden zu geschlossenen Bläschen unter dem Gehirn (Infracerebralorgane). Sie sind wohl den Ventralorganen der Diplopoden und anderer Arthropoden homolog.

Die zahlreichen Tracheenöffnungen sind unregelmäßig über den Körper verteilt, im allgemeinen findet man dorsal mehr als ventral. Pro Segment hat man bis 75 Stigmen gezählt. Die äußeren Öffnungen führen in Tracheentaschen, die Einstülpungen der Epidermis darstellen, welche bis in die äußeren Muskelschichten reichen. Erst vom Boden dieser Taschen gehen die zahlreichen, äußerst dünnen Tracheen ab, die ohne Verzweigungen und Verbindungen untereinander den Körper durchziehen. Da die Stigmen nicht verschließbar sind, ist der Wasserverlust der Onychophoren bei relativ niedriger Luftfeuchte groß.

Der Darmkanal durchzieht den Körper geradlinig, er liegt frei in der Leibeshöhle, wird also nicht durch Mesenterien gehalten. In die Mundhöhle münden Speicheldrüsen. Sie reichen bis an das Hinterende des Tieres.

Die Leibeshöhle (Mixocoel) ist umfangreich, der Pericardialsinus durch ein horizontales Pericardialseptum abgegrenzt, die übrige Leibeshöhle wird durch Transversalmuskeln in eine Mittelkammer mit Darm, Gonaden und Gonadengängen, Schleim- und Analdrüsen sowie paarige Seitenkammern mit Bauchnerv, Nephridien, Speicheldrüsen und Coxaldrüsen zerlegt. Den Organen liegen Bindegewebsschichten an. Nephrocyten liegen gruppenweise beiderseits des Herzens (Pericardialzellen) und an verschiedenen Muskeln.

Das Herz ist ein langgestrecktes Rückengefäß mit segmentalen Ostienpaaren, also ein typisches Arthropodenherz. Das Gefäßsystem ist reduziert. Die Herzwand besteht aus Ringmuskulatur, der außen und innen Bindegewebe aufliegt. Vom Pericardialseptum treten Muskeln an die Ventralseite des Herzens und bewirken bei Kontraktion die Diastole. Dorsal ist das Herz durch feine Bindegewebsstränge mit dem Hautmuskelschlauch verbunden. Dorsal liegt auch ein unpaarer Nervenstrang. Das Blut enthält verschiedene Haemocyten, im mm^3 etwa 1500 bis 3000, bei Weibchen wohl mehr als bei Männchen.

Die segmentalen Nephridien enthalten die typischen Abschnitte des Arthropodennephridiums. Die Nephridien der Oralpapillen sind zu mächtigen Speicheldrüsen geworden. Die Nephridien des 4. und 5. Beinpaares sind vergrößert, ihre Mündung ist auf die Basis der Fußsohle verlagert. Ein hinteres Nephridienpaar ist besonders stark vergrößert und bildet die Analdrüsen, die dem erwachsenen Weibchen fehlen. Sie münden meist paarig oder unpaar vor dem After, bei einzelnen Formen in den Endteil des Samenleiters, den Ductus ejaculatorius.

Die kleinen Gonaden liegen im Hinterkörper in typischer Lage ventral vom Pericardialseptum und sind bisweilen an diesem durch Bänder aufgehängt. Die Paarigkeit wird bei den Ovarien mancher Arten durch eine gemeinsame Hülle für beide Ovarien oder teilweise Verschmelzung undeutlich. In manchen Fällen weisen Ovarien sogar ein gemeinsames Lumen auf. Die umfangreichen Ovidukte verlaufen in einer großen Schlinge oft durch fast den ganzen Körper, dicht am Ovar bilden sie bisweilen einen Eiersack (Receptaculum ovorum) und oft eine Spermatasche (Receptaculum seminis). Der übrige umfangreiche Eileiter fungiert bei den lebendgebärenden Arten als Uterus, der die Embryonen in verschiedenen Entwicklungsstadien enthält. Die Ovidukte münden in einen unpaaren Endabschnitt (= Vagina). Die reichgewundenen Samenleiter ziehen direkt von den paarigen Hoden nach hinten, enthalten oft eine Samenblase (Vesicula seminalis), es folgen Abschnitte für die Spermatophorenbildung. Der unpaare Endteil bildet einen oft langen muskulösen Ductus ejaculatorius.

Die unpaaren Genitalöffnungen liegen ventral vor dem Hinterende, je nach systematischer Zugehörigkeit in verschiedener Lage zu den letzten Beinpaaren (s. u.). Spermatophoren werden wahllos auf die Körperoberfläche des Weibchens geheftet, die Spermien gelangen durch die Haut in die Leibeshöhle und zu den Ovarien. Ovipare Formen *(Ooperipatus, Symperipatus)* besitzen eine Legeröhre, ebenso die vivipare Art *Ooperipatus paradoxus*. Die Entwicklung ist direkt, je nach Dottergehalt verlaufen die ersten Furchungsstadien unterschiedlich (total-adaequale bis superfizielle Furchung). Wichtige Hinweise für die Verwandtschaftsverhältnisse gibt die Entwicklung der Coelomsäcke im Kopfbereich, die wenigstens in drei Paaren auftreten: in Antennen-, Mandibular- und Oralpapillensegment. Auch praeantennales und praemandibulares Coelomsäckchen wurden nachgewiesen. Die Ernährung der intrauterinen Entwicklungsstadien kann über Sekrete oder eine Placenta erfolgen. Die Entwicklung dauert 6–13 Monate.

Die Onychophoren bewohnen die Südkontinente, Südamerika einschließlich der Antillen, Süd- und Mittelafrika, Australien einschließlich Neuguinea und Neuseeland und das Malayische Gebiet. Die nördlichsten Fundorte liegen in Mittelamerika *(Oroperipatus, Macroperipatus)* und am Himalaya *(Typhloperipatus)*. Es handelt sich um nachtaktive, feuchtigkeitsliebende Tiere des Bodens (Laubstreu, unter Steinen, Holz u. dgl.). Länge bis 20 cm.

1. Familie: Peripatidae. Geschlechtsöffnung zwischen dem vorletzten Beinpaar. Speicheldrüsen mit Reservoir. Beine mit Coxalbläschen. Unpaarer Teil des Samenleiters lang, mit großem Ductus ejaculatorius und Spermatophorentasche, 22–43 Beinpaare. Es überwiegen Braunfärbungen, Zahl der Ringel pro Segment 12–21. *Mesoperipatus*, *Oroperipatus*, *Epiperipatus*, *Eoperipatus*, *Typhloperipatus*, *Peripatus*.

2. Familie: Peripatopsidae. Geschlechtsöffnung zwischen oder hinter dem letzten Beinpaar. Speicheldrüsen ohne Reservoir. Beine meist ohne Coxalbläschen. Samenleiter kurz, ohne Spermatophorentasche. Bis 25 Beinpaare. Zahl der Ringel pro Segment 12. Färbung blauschwarz bis blau, grün oder orange. *Peripatopsis alba* aus Höhlen bei Kapstadt weiß. *Peripatoides*, *Ooperipatus*, *Opisthopatus*, *Paraperipatus*, *Peripatopsis*, *Metaperipatus*.

Oft wird hierher *Aysheaia pedunculata* aus dem Mittelkambrium von Britisch-Kolumbien gestellt. Der mit Papillenringen bedeckte Rumpf sowie die Stummelfüße zeigen die Zugehörigkeit zu den Protarthropoden. Sondercharaktere sind die endständige Mundöffnung, die kleinen kammförmigen Fühler und die nicht in Bein und Fuß gesonderten Extremitäten mit 6 Krallen. Manche Beine tragen innen dornähnliche Fortsätze. Mundgliedmaßen fehlen anscheinend. Ca. 10 Beinpaare. Diese Art lebte offenbar im Meer. Von einer weiteren Art *(Xenusion auerswaldae)*, die wohl aus dem Altkambrium stammt, ist nur ein Hinterkörper bekannt. Vielleicht gehören diese Fossilien auch in die Nähe der Tardigraden.

Euarthropoda

Mit Plattenskelet, echten Gliederfüßen (Arthropodien), Facettenaugen, meist klar gegliederter Bauchganglienkette, nur 1–2 Nephridienpaaren, quergestreifter Muskulatur.

Körpergliederung. Der Kopfabschnitt ist bei primitiven Arten – wie etwa bei den Trilobiten – umfangreich und wird dorsal durch einen Kopfschild bedeckt, der oft noch die Grenzen der in ihn eingegangenen Rumpfsegmente erkennen läßt. An Vorder- und Seitenrändern schließt sich ventral eine Umschlagleiste an, die sich vorn median zu einem Vorsprung verlängert (Oberlippe, Labrum), der den Mund überdacht. In dem von diesem Kopfschild begrenzten Ventralfeld des Kopfes inserieren die Antennen und die übrigen Kopfgliedmaßen und entstehen die großen Sinnesorgane des Kopfes, die Seitenaugen, die Scheitelaugen und die seitlichen Frontalorgane. Sekundär wandern manche dieser Strukturen in den Kopfschild ein und werden von seiner festen Cuticula umschlossen. Bei Antennaten dehnt sich der Kopfschild ventral vorwärts hinter den Mundgliedmaßen bis zu einer gegenseitigen Berührung aus, so daß eine feste Kopfkapsel entsteht. So sicher die Beteiligung mehrerer Rumpfsegmente am Aufbau des Arthropodenkopfes ist, so schwer sind die Segmentzahlen und die Segmentgrenzen im einzelnen anzugeben (Abb. 143). Embryologische Untersuchungen ergaben mindestens 6 in den Kopf eingehende Metameren. Es sind

Segmente	Extremitäten				Gehirnabschnitte
	Trilobiten	Chelicerata	Crustacea	Antennata	
Acron	–	–	–	–	* Archicerebrum
1.	Labrum (?)	Labrum (?)	Labrum (?)	Labrum (?)	* Prosocerebrum
2.	1. Antennen	–	1. Antennen (Antennula)	Antennen	Deutocerebrum
3.	1. Gliedmaße	Cheliceren	2. Antennen	–	Tritocerebrum
4.	2. Gliedmaße	Palpen	Mandibeln	Mandibeln	Unterschlundganglion
5.	3. Gliedmaße	1. Beinpaar	1. Maxillen	1. Maxillen	
6.	4. Gliedmaße	2. Beinpaar	2. Maxillen	2. Maxillen = Unterlippe	

* Archi- und Prosocerebrum = Protocerebrum

dies: 1. das Praeantennalsegment, 2. das 1. Antennensegment, 3. das 2. Antennensegment (= Interkalarsegment), 4. das Mandibelsegment, 5. das 1. Maxillensegment, 6. das 2. Maxillensegment (= Labialsegment). Die Segmente sind also nach den Extremitäten benannt, die sie tragen. Nur das Praeantennalsegment ist vielleicht extremitätenlos; nach embryologischen Untersuchungen ist auch ein Verschmelzen ihrer Extremitätenanlagen zum Labrum möglich. Vor diesen in den Kopf eingehenden Segmenten liegt das Acron, das dem Prostomium der Anneliden entspricht. Das Schema auf S. 204 zeigt diese Beziehungen genauer.

Mit dem Kopfabschntt verwachsen in einzelnen Gruppen noch weitere Rumpfsegmente, bei den Arachnida sind es zwei; so entsteht das Prosoma mit seinen 6 Gliedmaßenpaaren. Bei Crustaceen bildet der Kopfschild eine den Rumpf überragende und bisweilen umhüllende Nackenfalte und verwächst mehrfach mit Rumpfsegmenten zu einem Cephalothorax, selbst bei den Antennata mit ihrem so scharf und eng abgegrenzten Kopfabschnitt kann der Kopf mit dem großen ersten Rumpfsegment (Pronotum) verwachsen (bei der Wanze *Idiocoris*).

Die Zahl der Rumpfsegmente hinter dem Kopf variiert beträchtlich, sie erreicht ihre höchsten Werte bei Progoneaten und Chilopoden (ca. 200), ihre geringsten bei manchen Muschelkrebsen (Polycopidae: 3). Der gleichartige Bau der Rumpfsegmente, wie er für die Ausgangsform anzunehmen ist, ist wenigstens äußerlich annähernd bei Tausendfüßlern und Trilobiten noch vorhanden. Im allgemeinen werden aus Segmentgruppen (Tagmata) neue Körperregionen aufgebaut. Entscheidend ist dabei, daß die Lokomotion, speziell die Laufbewegung, von den vorderen Extremitäten übernommen wird. Am deutlichsten ist dies bei den Insekten, wo die drei vorderen Rumpfsegmente mit ihren drei Beinpaaren den Thorax bilden. In ähnlicher Weise gliedern viele Spinnen ein sackförmiges Abdomen, das sogar seine Segmentgrenzen einbüßt, gegen das beintragende Prosoma ab. Seltener ist bei Crustaceen eine deutliche Sonderung von Thorax oder Cephalothorax und Abdomen, doch bleibt die Ausbildung von Schreitbeinen auch hier auf den Vorderkörper beschränkt.

Eine andere Regionenbildung kann vom Hinterkörper ausgehen, indem das aftertragende Endsegment mit einer Anzahl von Rumpfsegmenten zu einer Endplatte verschmilzt (z.B. bei Trilobiten und Isopoden).

Zur Verwischung der Metamerie kommt es bei den Milben mit ihrem sackförmigen Rumpf, nur die Extremitäten lassen mit ihren 6 Paaren die Metamerie noch erkennen.

Extremitäten. Als primitiv wird eine Extremität mit einer gegliederten Hauptachse sowie Innen- und Außenanhängen (Enditen, Exiten) angesehen (Abb. 146). Exite sind die Epipoditen vieler primitiver Arthropoden, die an den Basalgliedern der Beine entspringen und meist als Kiemen dienen; ein Außenanhang ist ferner der Exopodit der Krebse. Endite dienen meist als Kauladen oder stehen jedenfalls im Dienste der Nahrungsaufnahme. Dementsprechend sind auch sie meist auf die basalen Glieder und auf die Mundgliedmaßen beschränkt. Die Hauptachse der Extremitäten besteht ursprünglich wohl aus 9 Grundgliedern, deren Namen aus Abb. 146 zu ersehen sind. Die Gliederung unterliegt vielen Umformungen; die basalen Glieder (Prae- bzw. Subcoxa und Coxa) können mit dem Körper verwachsen, andere Glieder können reduziert werden, wieder andere sekundär in bewegliche Teilbezirke aufgegliedert werden; das betrifft besonders den Tarsus.

Das einfache ursprüngliche Endglied – der Praetarsus – bleibt z.B. bei Krebsen und Diplopoden vollständig erhalten, meist wird es reduziert. An seine Stelle treten zwei Krallen, die ursprünglich kleine Nebenfortsätze nahe dem Tarsus sind (Trilobiten); als Haken ermöglichen sie ein Festheften und Klettern. Solche Krallen entstehen in paralleler Ausbildung bei Antennata, Spinnentieren u. a., der Festheftung an glatten Flächen dienen weitere Einrichtungen der Beinenden, aus dünnhäutigen Stellen der Krallenbasis oder des Endgliedes entstehen Haftlappen.

Die Umformungsfähigkeit der Rumpfbeine wird noch von der der Mundgliedmaßen übertroffen. Wie erwähnt, wird die Mithilfe bei der Nahrungsverarbeitung von Innenladen (Enditen) der Beinbasen übernommen. Diese entwickeln sich daher an den Mundwerkzeugen besonders stark, während die distalen Teile zu einem Taster werden und an den Mandibeln der Antennata völlig verschwinden. Die Mandibeln werden dadurch zu Kauplatten, die eine erhebliche Härte erreichen können (z.B. durch das Einlagern von Zink bei vielen phytophagen Insekten).

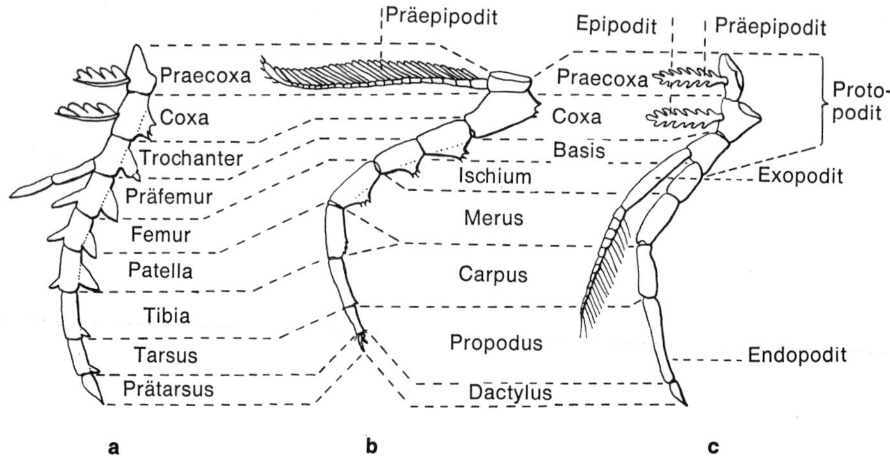

Abb. 146: Gliederung der Beine von Arthropoden. a. Hypothetische Ausgangsform; b. Bein der Trilobiten; c. Bein der Krebse. Nach Remane, Störmer

Bei den Spinnentieren mit ihrer weitgehend chemischen Nahrungszersetzung im Mundvorraum wird die wesentliche Funktion der Endite oft die Abgrenzung dieses Mundvorraumes, wobei ihr Beincharakter weitgehend erhalten bleibt; die den Mandibeln homologen Gliedmaßen sind hier oft, die 1. Maxillen meist Laufbeine.

Die besondere biologische Leistung der Mundextremitäten der Arthropoden besteht darin, daß sie zu komplizierten Apparaten zusammentreten. Am wichtigsten sind die Saugrüssel, wie sie in verschiedener Form bei Krebsen (Copepoden, Ostracoden, Isopoden), Spinnentieren (Milben) und Insekten auftreten. Stechborsten, Saugröhre und oft auch Speichelgang liefern einen Apparat, der die Arthropoden zu Pflanzen- und Tiersaugern werden läßt.

Körperdecke. Alle Euarthropoden tragen einen Chitinpanzer, der als Cuticula von der Epidermis gebildet wird (Abb. 147). Das Chitin ist ein stickstoffhaltiges Kohlenhydrat, ein Polyacetylglucosamin. Es ist nicht der einzige Baustoff der Cuticula. Die feine Außenschicht, die Epicuticula, besteht aus Eiweiß, z.T. mit Wachs- und Zementlage. Auch die Hauptschicht enthält zwischen den Chitinfibrillen netzartig eingebaute Proteine (Arthropodin, verfestigendes Sclerotin); weiterhin ist oft Kalk eingelagert (Krebse, Diplopoden). Die Hauptschicht ist in ihrem äußeren Teil (Exocuticula) besonders verfestigt, sie bildet auch die Panzerteile, während die Innenlage, die Endocuticula, weich bleibt.

Die Chitin-Cuticula ist von Poren durchsetzt und innerlich und äußerlich kompliziert strukturiert. Von den Cuticulargebilden sind besonders die «Haare» wichtig, die z.B. den Pelz der Hummeln und Bienen bilden. Sie werden von Einzelzellen aufgebaut, d.h. der Haarschaft wird von einer in der Haut liegenden Bildungszelle abgeschieden (trichogene Zelle), eine Geschwisterzelle umgibt sie bei den Insekten gürtelartig (Balgzelle, tormogene Zelle, Abb. 147). Durch eine weichhäutige Umrahmung werden die Haare passiv beweglich, ihre äußere Form wechselt von feinen Fiederhaaren bis zu den breiten «Schuppen» der Schmetterlinge.

Die Einschließung des Körpers in einen festen Panzer erfordert Vorrichtungen zur Ermöglichung des Wachstums. Diese sind in den periodischen Häutungen gegeben, bei denen das gesamte Chitinskelet, einschließlich dem des Vorder- und Hinterdarms und der Tracheen, abgestoßen und erneuert wird. Ursprünglich war die Zahl der Häutungen groß (über 30), sie erstreckten sich über das ganze Leben. Vielfach wurde aber die Zahl auf ca. 4–5 reduziert, und die Häutungen sistieren mit Erreichen des geschlechtsreifen Stadiums. Das gilt nicht nur für die geflügelten Insekten (excl. Ephemeriden), sondern auch für viele Spinnentiere (Araneae excl. Orthognatha, Pedipalpi, Chelonethi) und Krebse (Copepoden, Ostracoden). Mit zunehmender Verstärkung des Panzers wird die

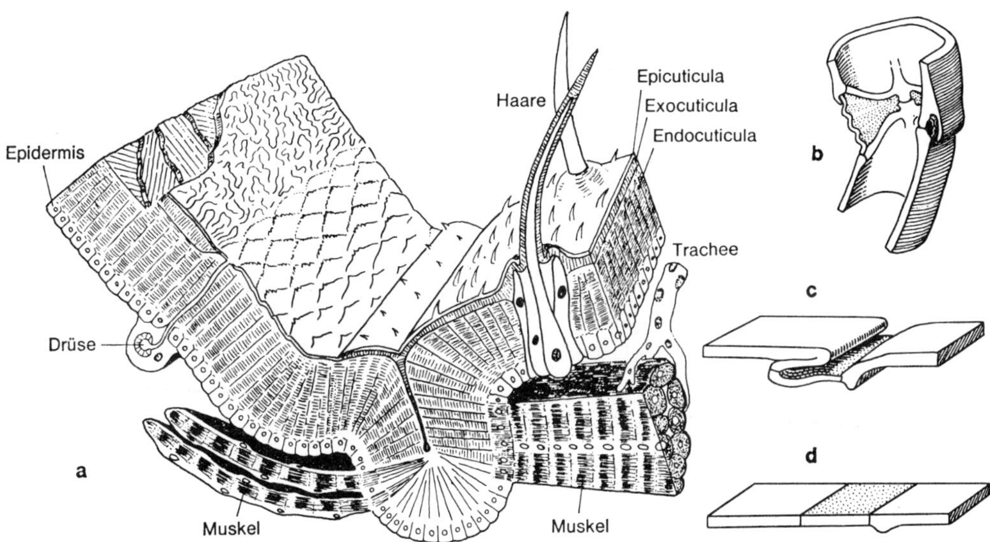

Abb. 147: Arthropoden-Panzer. a. Halbschematische Darstellung der Insektenhaut, b–d. Verbindung von Skleriten durch weiche Cuticulaanteile (gepunktet). Nach Weber

Häutung ein komplizierter Vorgang, die alte Cuticula wird nicht einfach abgestoßen, wesentliche Teile werden von der Epidermis vorher durch Enzyme aufgelöst, in den Körper rückresorbiert und z.T. für die neue Cuticula verwendet. Das gilt auch für den Kalk des Krebspanzers. Das Zerplatzen der restlichen Chitinhaut wird durch Häutungsnähte, vorgebildete dünne Reißzonen, erleichtert. Die neue Cuticula wird unter der alten gebildet, sie ist zunächst weichhäutig, erst durch den Sklerotisierungsprozeß entstehen die festen Bezirke.

Die Häutungsvorgänge werden hormonal gesteuert. Bei höheren Krebsen wird im vor dem Gehirn gelegenen Y-Organ (Carapaxdrüse) das Häutungshormon Crustecdyson gebildet. Neurosekretorische Neurone des Medulla-terminalis-X-Organs (= X-Organ) im Augenstiel bilden ein häutungshemmendes Hormon (MIH). Häutung erfolgt, wenn die Abgabe von MIH eingestellt wird und das Y-Organ Crustecdyson freisetzt.

Bei Insekten bildet eine nach ihrer Lage Prothorakal- oder Ventraldrüse genannte endokrine Drüse das Häutungshormon Ecdyson. In den Corpora allata (Abb. 150) wird das Juvenilhormon Neotenin gebildet, das das larvale Wachstum fördert und die Metamorphose hemmt.

Sinnesorgane. Das Kopfgebiet trägt ursprünglich eine bestimmte Sinnesorgangarnitur: Ein Paar Seitenaugen (Komplexaugen), ein vierteiliges Medianauge (Naupliusauge), zwei laterale Frontalorgane, zwei oder ein mediales Frontalorgan.

Die Frontalorgane sind «Sinnesdrüsenorgane» und oft tentakelähnlich ausgebildet, ihre Funktion ist wahrscheinlich chemoreceptorisch; sie sind bei niederen Krebsen und Antennata verbreitet, werden aber bei höheren Krebsen und Insekten zu inkretorischen Organen.

Augen. Die Seitenaugen sind Facettenaugen, bei denen oft Tausende von röhrenförmigen Ommatidien zu einem strukturell und funktionell einheitlichen Sehorgan zusammengeschlossen sind (Abb. 148). Das Ommatidium besteht aus wenigen Sinneszellen (meist 8) und distal gelegenen Linsenbildungs- und Pigmentzellen. Die Sinneszellen (sog. Retinula-Zellen) stehen kranzartig um einen zentralen Raum, in den ihre Mikrovillisäume (Rhabdomere) hineinragen. Diese bilden das Rhabdom. Als Linse fungiert zunächst eine transparente Verdickung der Cuticula, die Cornea. Die zu ihr gehörenden Hautzellen sind die Corneagenzellen, die oft als Hauptpigmentzellen die optische Isolierung der Ommatidien unterstützen. Krebse und Antennata entwickeln eine zweite innere Linse, den Kristallkegel. Er wird von meist 4 Zellen, den Kristallkegelzellen, gebildet, die eine lichtbrechende Substanz in ihrem Innern absondern (eucones Auge) oder diese zu einem außerhalb der Zellen gelegenen Kristallkegel abscheiden (pseudocones Auge). Im aconen Auge fehlt der Kristallkegel. Zwischen den Ommatidien bleiben oft säulenförmige Epidermiszellen stehen und fungieren als Pigmentzellen (Nebenpigmentzellen). Die Facettenaugen entstehen ganz aus dem Ectoderm, jedes Ommatidium aus einer Gruppe nebeneinanderliegender Zellen. Die Sinneszellen münden in die gleich anschließenden Sehmassen des Gehirns.

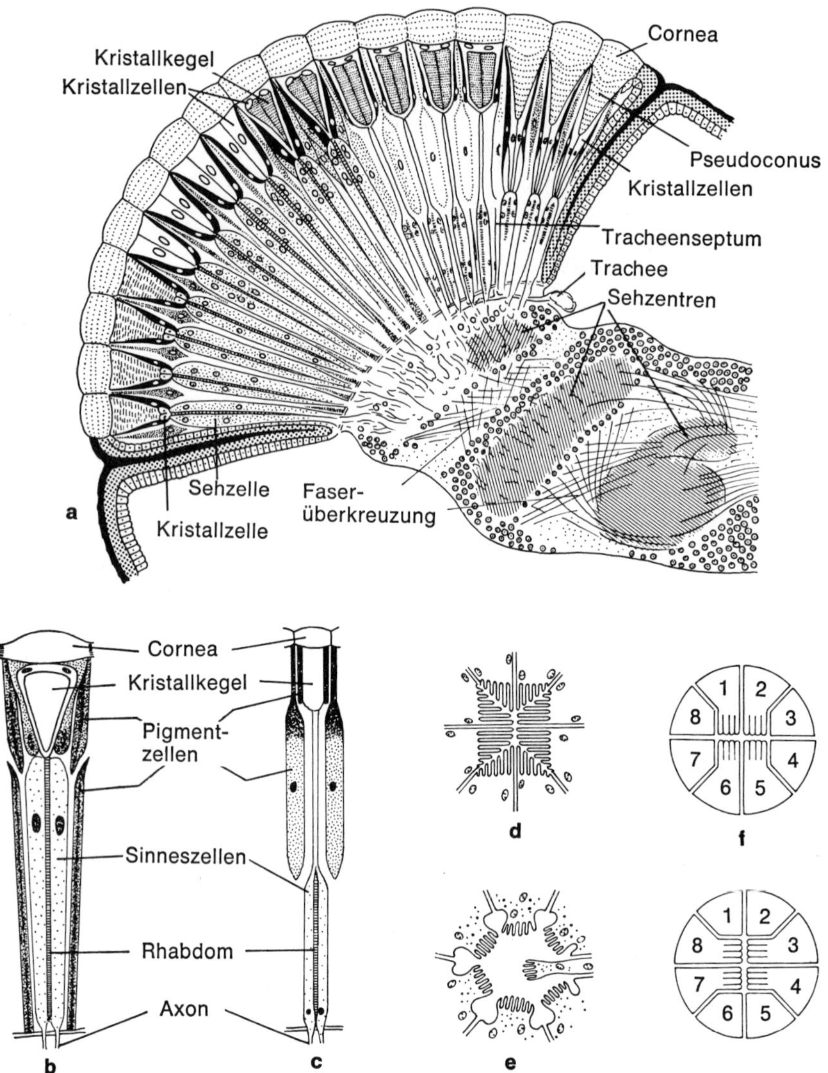

Abb. 148: Komplexauge. a. Kombiniertes Schema eines Schnittes durch ein Komplexauge und dazugehörige Sehzentren. Unter der Cornea liegt als weiterer Teil des dioptrischen Systems ein verschieden ausgebildeter Kristallkegel, der von Kristallzellen gebildet wird. Er kann außerhalb der Kristallzellen liegen (Pseudoconus, die linken vier und die rechten drei Ommatidien) und vollständig mit der Cornea verschmelzen. Der Kristallkegel kann auch innerhalb der Kristallzellen gebildet werden (Euconus), oder die Kristallzellen weisen keinerlei besondere Differenzierungen auf, der Kern liegt zentral (acones Auge). b, c. Rhabdom aus Appositions- und Superpositionsauge, d–f. elektronenmikroskopische Darstellungen von Rhabdomen im Querschnitt. d. geschlossenes, e. offenes Rhabdom von Insekten, f. Rhabdom von Krebsen, auf verschiedener Höhe geschnitten. Die Zahlen geben die Sinneszellen an. Nach Weber, Wolken

Zu den besonderen Leistungen des Facettenauges gehört die Wahrnehmung polarisierten Lichtes. Die bildartige Auflösung der Umwelt hängt von der Zahl der Ommatidien ab. Selbst bei großer Zahl bleibt das Auflösungsvermögen des Auges weit hinter dem der Wirbeltiere zurück. Dafür ist, wenigstens bei den fliegenden Insekten, die Aufnahme der Bilder in der Zeiteinheit viel größer. Mit ihren cuticularen Corneae sind die Facettenaugen fest in den Chitinpanzer eingebaut, d. h. sie sind unbeweglich. Auf zwei Wegen wird aber besonders bei Krebsen eine Bewegbarkeit der Augen erreicht:

1. Die Augen werden durch Emporwachsen der Umgebung auf Augenstiele gestellt, die dann bewegt werden können (Stielaugen der Malacostraca).

2. Die Augen werden ins Innere taschenförmig versenkt, wobei der so entstandene Augensack dünnwandig wird und die Corneae verschwinden (Phyllopoden, *Daphnia*). Auch bei Milben (Hydracarinen) werden die Augen nach Versenkung bewegbar, bei Springspinnen (Salticidae) durch Drehen des Innenteils.

Die Facettenaugen können einerseits durch Ausbildung verschieden funktionierender Regionen kompliziert, andererseits durch Auflösung in wenige Einzelommatidien reduziert werden (Asseln, Diplopoden u. a.). In lichtlosen Gebieten fehlen die Augen oft. Eigenartig ist eine Auflösung der Facettenaugen in 2–8 Einzelaugen, deren jedes aus zahlreichen Retinula-Zellen bzw. Rhabdomen besteht, die aber von einer gemeinsamen großen Cuticulalinse überdacht werden. Das geschieht bei den Spinnentieren (hier besitzt nur *Limulus* Facettenaugen) und bei dem Amphipoden *Ampelisca*.

Die Medianaugen bleiben meist klein und tragen eine einheitliche Linse verschiedener Herkunft. Ursprünglich liegen 4 Medianaugen eng zusammen am Scheitel, meist sind es nur 2 oder 3, oft fehlen sie. Bei den Krebsen sind sie oft als Naupliusauge auf die Larvalstadien beschränkt, bei Spinnen können sie als Hauptaugen groß und wichtig werden (Springspinnen) und ebenso wie bei Copepoden die einzigen Augen sein (Opiliones). Unter den Insekten sind sie bei den fliegenden Arten gut ausgebildet.

Als Stemmata bezeichnet man einfache Augen, die bei den Larven holometaboler Insekten an Stelle der später entstehenden Facettenaugen stehen, sie können bisweilen neben diesen bei der Imago vorhanden sein.

Trotz der zahlreichen und oft komplizierten Bewegungstypen sind Statocysten bei Arthropoden selten, sie kommen fast nur bei höheren Krebsen (Malacostraca) vor und auch da nur bei einem Teil der Arten. Bei den Decapoden (Abb. 200) und einigen Syncarida und Mysideen liegen sie als Einstülpungen in der Basis der 1. Antenne, als Statolith fungiert ein aufgenommenes Sandkorn, das nach jeder Häutung erneuert wird; bei pelagischen Formen kann an seine Stelle eine abgeschiedene Chitinkugel treten. Im Kopf selbst liegen Statocysten bei Amphipoden, im Endsegment des Rumpfes bei manchen Asseln (Anthuridae). Schließlich tragen die Mysideen Statocysten im Innenast des letzten Beinpaares (Uropoden), der Statolith besteht aus Calciumfluorid.

Die übrigen Sinnesorgane entwickeln sich innerhalb der Arthropoden von einfachen Hautsinnesorganen, den sog. Sensillen. Die Mehrzahl derselben ist vom Chitinhaar abzuleiten, und das Hinzutreten einer Sinneszelle läßt dieses zum Sinneshaar werden (Abb. 149). Durch Umgestaltung des Haares entsteht eine Fülle von Sonderformen. Schlauchförmig und dünnwandig ist das Sinneshaar bei den Riechschläuchen (Aesthetasken) der Krebse, kegelförmig oder plattenartig bei vielen Sensillen der Insekten. Das abgewandelte Sinneshaar ist in manchen Fällen sogar ins Innere versenkt (Abb. 149).

Chemoreceptorische Sensillen besitzen eine besonders dünne oder von Poren durchbrochene Cuticula (Abb. 149), unter der die Cilien der Sinneszellen liegen. Sie treten bei Arachniden und Antennaten in ähnlicher Form auf.

Bei den Mechanoreceptoren dieser Gruppen treten in der Spitze der Cilie der Sinneszellen i. a. zahlreiche Mikrotubuli auf (Tubularkörper), denen eine Funktion bei der Reiztransformation zukommen soll. Setzen diese Cilien an besonders leicht beweglichen Haaren an, spricht man von Trichobothrien. Sie kommen beispielsweise bei vielen Arachniden, Diplopoden, Pauropoden, Symphylen und Insekten vor. Bei Arachniden sind Sensillen verbreitet, die sowohl als Chemo- als auch als Mechanoreceptoren fungieren.

Eine Modifikation der Sinneshaare sind auch die Stiftsinnesorgane (Scolopidien), die fast ganz auf die Antennata beschränkt sind (unter den Krebsen bei *Caprella*). Die Sinneszellen stehen hier in Verbindung mit versenkten Epidermiszellen (Abb. 149). Im Endgebiet der Sinneszellen

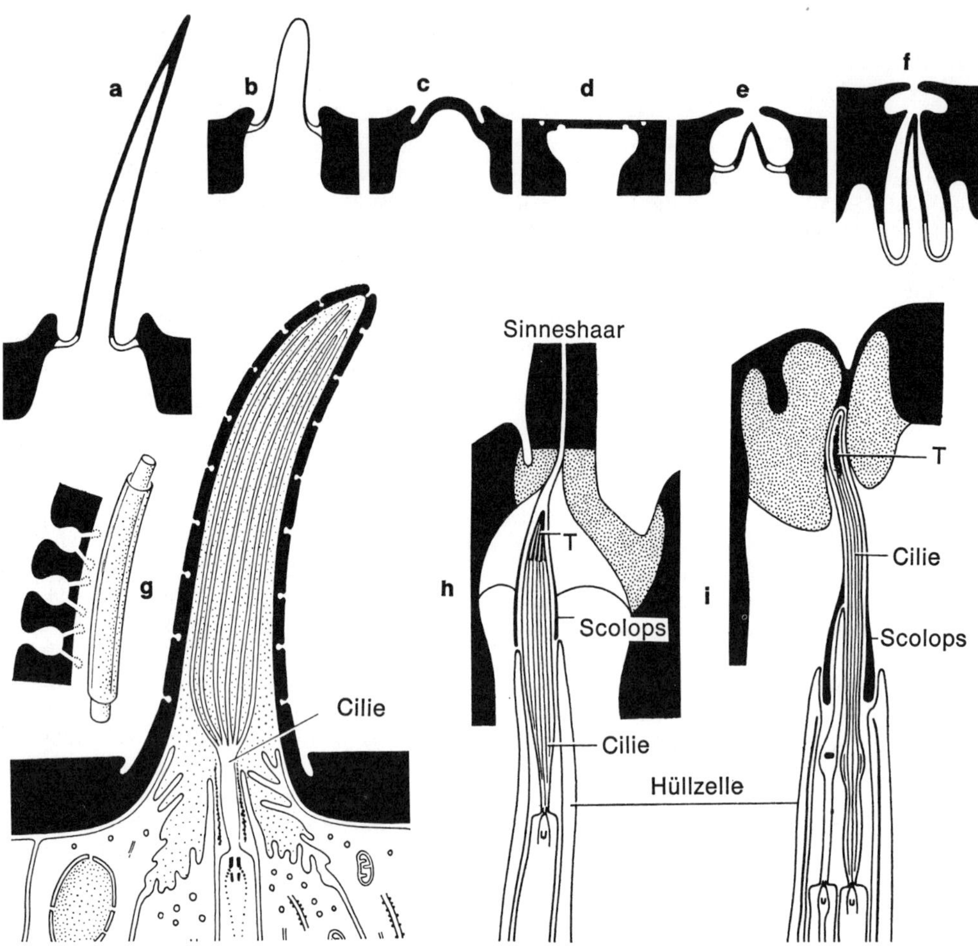

Abb. 149: Sensillen von Insekten. a–f. Schematische Darstellung der Cuticulaanteile verschiedener Sensillen. a. Sensillum trichodeum, b. S. basiconicum, c. S. campaniformium, d. S. placodeum, e. S. coeloconium, f. S. ampullaceum. g. Riechsensillum: In Einzelelemente aufgefächerte Cilie einer Receptorzelle liegt unter einer von Poren durchbrochenen Cuticula (links vergrößerter Ausschnitt). h. Mechanoreceptor: Mit einem beweglichen Sinneshaar steht eine Receptorcilie über einen cuticularen Zylinder (Scolops) in Verbindung. T: Tubularkörper (Ansammlung von Mikrotubuli). i. Ausschnitt aus einem Scolopidium: Sinnescilien stehen mit Scolops und Cuticula in Verbindung. T: Tubularkörper. Nach Ernst, Schmidt, Seifert, Thurm

liegt ein cuticularer Stift (Scolops). Die Stiftsinnesorgane liegen oft serial in Rumpf, Extremitäten und Fühlergliedern, häufig als saitenartige Chordotonalorgane. Druck, Zug und Vibration sind wohl primär die adaequaten Reize. Sie übermitteln oft die Dehnung bzw. die Stellung von Körperteilen, d.h. sie sind proprioceptiv tätig. Aus dem Bereich der Stiftsensillen entwickeln sich die Gehörorgane der Insekten, die entsprechend der weiten Verteilung der Stiftsensillen an ganz verschiedenen Körperstellen entstehen, selbst innerhalb einer Ordnung, bei Lepidoptera z.B. an Thorax oder Abdomen, bei Orthoptera in den Tibien der Vorderbeine oder am Abdomen. In ihrer Konstruktion sind sie einfacher als die der Wirbeltiere. Ein Trommelfell entsteht an der Körperoberfläche durch umgrenzte Verdünnung der Cuticula. Von innen legt sich dem Trommelfell eine Luftkammer der Tracheen an, so daß das Trommelfell zwischen zwei Lufträumen schwingt. Diese Schwingungen werden direkt von Stiftsinneszellen abgenommen, die reihenartig angeordnet an das Trommelfell herantreten (Crista acustica). Trommelfelllähnliche Gebilde treten auch an den Beinen der Krabben (Landkrabben) auf.

Ein anderes Komplexorgan, aufgebaut aus Stiftsensillen, ist das Johnstonsche Organ, das bei Thysanuren und pterygoten Insekten im 2. Fühlerglied der 1. Antenne liegt und Bewegungen der peripheren Antenne registriert. Es kann zur Reception von Strömungen, Erschütterungen *(Gyrinus)* und Schallwellen dienen. Schallwellen können auch durch Sinneshaare recipiert werden. Schließlich können Hautsinnesorgane einfach an spezialisierten Cuticulastellen entstehen. Hierher gehören die bei Spinnentieren verbreiteten mechanoreceptiven Spaltsinnesorgane, die bei einem Tier in mehreren Tausend ausgebildet sein können; stehen sie in Gruppen zusammen, nennt man sie lyriforme Organe.

Nervensystem. Die Charakteristika der Arthropodennervensysteme wurden bereits erwähnt: Komplexgehirn aus dem ursprünglichen Gehirn des Kopflappens und angegliederten Rumpfganglien und ventrale Bauchganglienkette. Im Gehirn (Abb. 150) nimmt das Protocerebrum als Sinnes- und Assoziationsgehirn eine hervorragende Stellung ein. Mit den Facettenaugen ist es durch die Lobi optici verbunden, die bis zu 3 Sehmassen enthalten, in seiner Vorderwand liegen paarige Glomerulimassen, die pilzförmigen Körper (Corpora pedunculata), die bei Arten mit hohen Instinkt- und Assoziationsleistungen stark entwickelt sind, aber auch fehlen können. Medial liegen noch Brücke und Zentralkörper. Das Deutocerebrum innerviert die ersten, das Tritocerebrum die 2. Antennen.

Die Bauchganglienkette ist nur selten in der ursprünglichen Form ausgeprägt, da die Ganglien weitgehend verschmelzen. Das geschieht z. B. bei der Bildung des Unterschlundganglions, aber auch im Abdomen. Selbst bei erhaltener äußerer Gliederung besteht hier die Tendenz, die Bauchganglien in den Vorderkörper zu verlagern und hier einheitliche Ganglienmassen aus den Einzelganglien zu bilden (Abb. 150). Diese Tendenz ist bei Spinnentieren besonders stark ausgeprägt. Schließlich können Gehirn und Bauchganglien zu einer vom Vorderdarm durchbohrten Ganglienmasse verschmelzen (Milben, annähernd Fliegenlarven). Von den Bauchganglien ziehen seitlich die Nerven (ursprünglich 3 jederseits) zu Extremitäten, Muskeln und Organen. Wie viele andere Tiergruppen besitzen die Arthropoden auch ein besonderes viscerales Nervensystem. Ihm gehört das stomatogastrische Nervensystem mit mehreren Ganglien an. Diese entstehen aus dem Ectoderm des Vorderdarms (Frontalganglion, Hypocerebral- oder Occipitalganglion, Ventricularganglion). Die Frontalganglien stehen mit dem Tritocerebrum in Verbindung, sie werden bei den Spinnentieren als Stomodaealbrücke zunehmend dem Gehirn einverleibt. Verbindungen mit dem Protocerebrum bestehen gleichfalls.

Zum visceralen Nervensystem gehört außerdem ein medianer Nerv zwischen den beiden Strängen der Bauchganglienkette; von ihm geht im Hinterkörper ein caudales System aus.

Schallerzeugung ist bei Arthropoden weit verbreitet, nicht nur bei Insekten, auch bei Krebsen (z. B. Pistolenkrebs *Alpheus*), Skorpionen und Spinnen. Sie dient meist dem Zusammenfinden der Geschlechter bzw. Artgenossen, oft aber auch als Schrecklaut. Der Bau der schallerzeugenden Organe ist verschieden. Die bei Landwirbeltieren übliche Methode der Schallerzeugung, das Blasen von Atemluft gegen schwingungsfähige Strukturen, ist bei Arthropoden selten. Wir kennen sie vom Totenkopfschwärmer, der mit dem Rüssel Schall erzeugt, und von einigen Schaben, die Luft aus den Stigmen pressen.

Am häufigsten sind Schrill- und Stridulationsorgane, cuticulare Bildungen, bei denen eine geriefte oder gezähnte Region (Pars stridens) und eine scharfe Kante (Plectrum) gegeneinander bewegt werden. Solche Organe sind z. B. von Skorpionen, Spinnen und unter den Insekten besonders von Orthoptera, Hemiptera und Coleoptera bekannt. Ihre Lage und Betätigung sind selbst innerhalb einer dieser Gruppen ganz verschieden. Bald werden die Flügel gegeneinander bewegt (Heuschrecken, Grillen), bald Abdominalsegmente (Käfer, z. B. *Geotrupes*), bald Beine am Flügel, bald der Rüssel an der Brust oder die Vorderbeine am Kopf (Hemiptera) usw.

Einen Höhepunkt der Entwicklung dürfte die Maulwurfsgrille *Gryllotalpa* (Abb. 234) erreicht haben: Sie produziert einen sehr reinen 3,5-kHz-Ton, dessen Intensität beachtlich ist; man hört den Gesang 600 m weit. Die bodenbewohnende *Gryllotalpa vineae* gräbt einen speziellen Gesangsausgang – etwa nach Art eines Grammophontrichters –, wodurch die Abstrahlung der Hauptfrequenz optimiert und die hohe Reichweite ermöglicht wird.

Atemorgane. a) Kiemen. Die Arthropoden

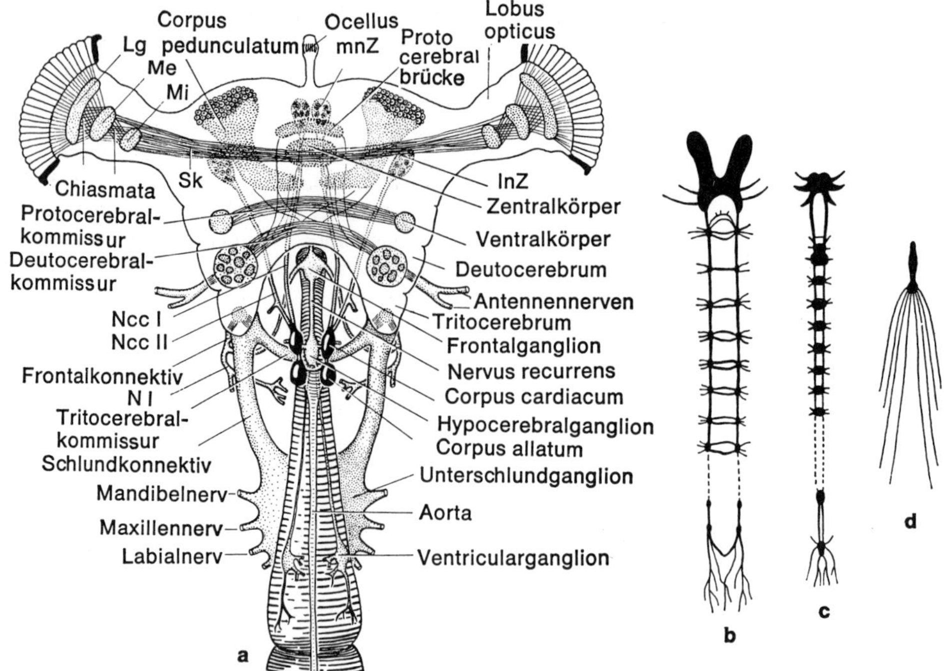

Abb. 150: a. Gehirn eines Insekts. Lg: Lamina ganglionaris, Me: Medulla externa, Mi: Medulla interna (Sehzentren), Ncc I und II: Nervus corporis cardiaci I et II, Nl: Labralnerv, mnZ, lnZ: mediane und laterale neurosekretorische Zellen des Protocerebrums, Sk: Sehkommissur. b–c. Schematische Darstellung verschieden stark konzentrierter Nervensysteme: b. Notostraca, c. Euphausiacea, d. Diptera (Larve). Nach Beklemishev, Seifert, Weber

sind primär Meerestiere. Wir finden daher bei ihnen zunächst Kiemen, sofern nicht geringe Körpergröße die Ausbildung spezieller Atemorgane überflüssig macht. Die primären Kiemen der Arthropoden sind Außenanhänge (Epipoditen) der Basalglieder der Beine (Subcoxa und Coxa). Hier treten sie als Platten, Fadenbüschel oder Fiederkiemen auf oder sitzen als dichte Lamellengarnitur dem Epipodit an. Meist werden die Epipodit-Kiemen auf bestimmte Regionen beschränkt, bei *Limulus* auf die Abdominalbeine, bei höheren Krebsen auf Thorakalbeine. Hier werden sie oft durch überragende, versteifte Seitenfortsätze des Carapax so umhüllt, daß eine Kiemenhöhle entsteht, die nur durch einen Spalt an den Beinbasen mit dem freien Wasser kommuniziert; in diesem Spalt kann eine Inspirations- und Exspirationsöffnung differenziert sein.

Die Entwicklung einer solchen Kiemenhöhle erfordert die Ausbildung von Ventilatoren, die von den Epipoditen der Maxillarfüße (Peracarida) oder von Exopoditen der 2. Maxille und der Maxillarfüße (Decapoda) gebildet werden.

Nicht selten treten bei Krebsen sekundäre Kiemen an verschiedenen Stellen auf, oft nach Rückbildung der primären oder auch gleichzeitig mit ihnen. So werden die Abdominalbeine (Pleopoden) oder Teile von ihnen (Exopodit, Endopodit) Respirationsorgane und können von einem umgebildeten Beinpaar als Kiemendeckel überdacht werden (Isopoden). Bei Mysideen wird die Innenwand der Kiemenhöhle das Hauptrespirationsorgan.

Landlebende Arthropoden, die zur Luftatmung übergegangen sind, finden wir in geringem Maße unter Krebsen; Spinnentiere und Antennata sind dagegen überwiegend Landtiere. Die Ausbildung der Luftatmungsorgane ist verschiedene Wege gegangen. Morphologisch am interessantesten sind die Kiemenlungen der Spinnentiere (Fächerlungen, Abb. 151), weil hier die Kiemen direkt in Luftatmungsorgane umgebildet wurden. Die plattenartigen Adominal-

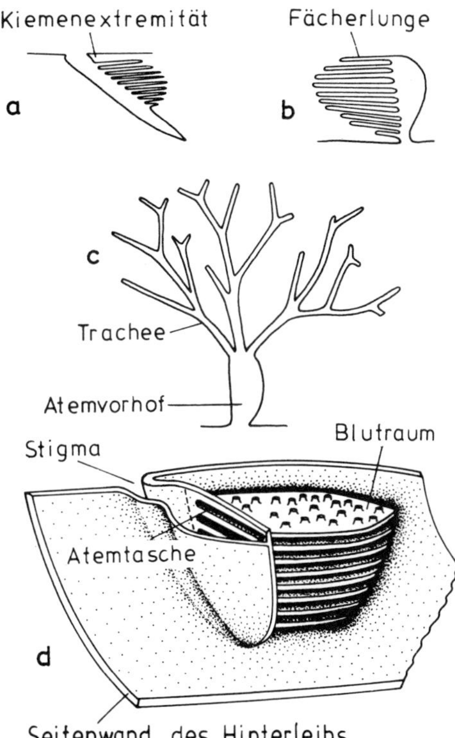

Abb. 151: a–c: Umbildung einer Kiemenextremität (a) in eine Fächerlunge (Fächertrachee) (b) und dieser in Tracheen (c). d. Blockdiagrammatische Darstellung eines Teiles einer Fächerlunge. Nach Remane, Siewing

beine mit den Kiemenlamellen am Epipodit, wie sie noch *Limulus* besitzt, werden so in den Körper eingezogen, daß das Bein als Teil der Ventralfläche zum Deckel wird, nur durch einen Spalt (Stigma) steht der eingestülpte Atmungsraum mit der Außenwelt in Verbindung; die Kiemenlamellen bleiben bestehen, zwischen ihnen zirkuliert die Luft, und diese Zwischenräume ragen als Luftschächte nach innen. Die Skorpione tragen noch 4 Paar solcher Fächerlungen, die Pedipalpen 2 Paar, die Araneae oft noch 2 oder 1 Paar.

Dicht neben den Kiemen entwickeln sich meist bei Krebsen die Luftatmungsorgane. Bei Landkrabben und -einsiedlerkrebsen wird ebenso wie bei den Schnecken die Kiemenhöhle zur Lunge, indem die Kiemen reduziert und das Wandepithel respiratorisch tätig wird. Bei Landasseln entstehen an den erst als Kiemen dienenden Abdominalbeinen durch Einstülpung Luftsäcke, die sog. weißen Körper. Sie liegen in Exopoditen und fungieren als Lungen, ihre Zahl beträgt 2 oder 5 Paare. Die Kiemen von Arthropoden (Krebse, manche Insektenlarven) sind oft nicht nur Atemorgane, sondern auch Organe der Exkretion, Ionen- und Osmoregulation.

Das charakteristische Atmungsorgan der Landarthropoden sind die Tracheen (Abb. 152). Es sind oft segmentale Hauteinstülpungen, die sich weit im Körper verzweigen und so den Sauerstoff bis in die einzelnen Organe führen. Man könnte die Tracheen ein «Aerovascularsystem» nennen. Die Versteifung der Luftröhren erfolgt durch schraubige oder ringförmige Verdickungen der Cuticula (Intima) der Wandzellen. An den feinsten Verzweigungen sitzen sternförmige Zellen, in die sich die Endgebiete der Luftkanäle einstülpen. Diese enthalten bei ruhenden, d. h. wenig O_2 benötigenden Organen Flüssigkeit.

Die Tracheenöffnungen (Stigmen) sind oft versenkt und erhalten so Vorhöfe mit Reusen und komplizierten Verschlußapparaten. Bei niederen Formen bleiben die Einzelareale der Stigmen getrennt, bei höheren treten sie durch Längs- und Queranastomosen in Verbindung, so daß ein lufterfülltes Kanalsystem entsteht. Diese Stufe erreichen unter den Spinnentieren die Solifugae, unter den Insekten die Pterygoten. Bei ihnen können große Luftsäcke den Tracheenstämmen ansitzen. Bei den Spinnentieren z. B. können sie durch Auswachsen des Lungenvorraumes (viele Araneae), aber auch aus Hauteinstülpungen an Muskelansätzen entstehen, bei den Antennata können sie sich in unpaarer Reihe vom Rücken her in den Pericardialsinus einstülpen (Chilopoda, Notostigmophora), vom Kopf ausgehen (Symphyla) oder als ursprünglich paarige segmentale Organe seitlich in den meisten Rumpfsegmenten entspringen. Die Zahl der Stigmen wird jedoch vielfach reduziert, besonders nach Herstellung eines kontinuierlichen Luftkanalsystems. Daß gerade Tracheen mehrfach unabhängig entstehen, hängt sicher mit der geringen Leistung des Blutes beim O_2-Transport zusammen, nur ausnahmsweise sind respiratorische Farbstoffe vorhanden; so übernimmt das Atemorgan selbst die O_2-Zuleitung zu den Geweben.

Arthropoden haben in großer Zahl sekundär das Wasser wieder besiedelt, fast ausschließlich das Süßwasser (Hydracarinen, *Argyroneta* unter den Spinnentieren, Wasserkäfer, Wasserwanzen, viele Insektenlarven). Unter diesen sekun-

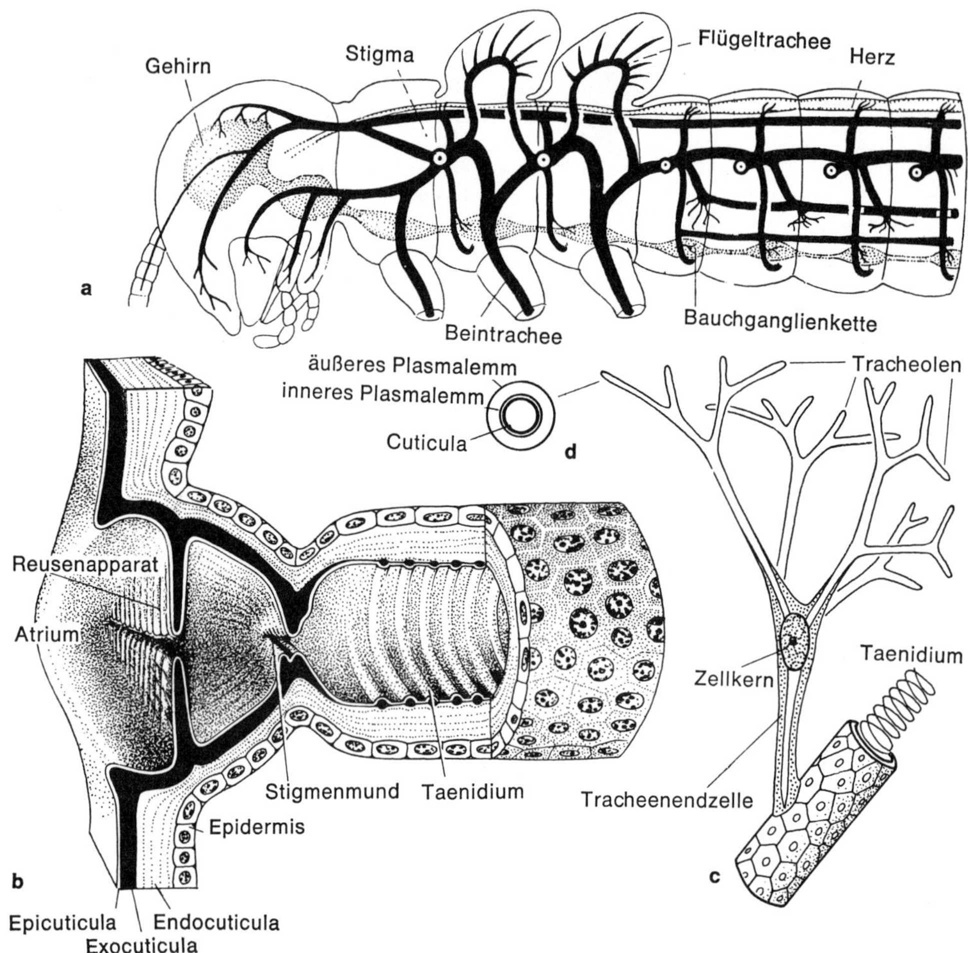

Abb. 152: Tracheen. a. Verlauf der Tracheenhauptstämme in einem pterygoten Insekt. b. Blockdiagrammatische Darstellung eines Stigmas von Insekten. c. Feiner Tracheenzweig (der noch von einem Taenidium ausgekleidet wird) und Tracheenendzelle mit Tracheolen, die bis in ihre Verzweigungen reichen. Daneben (d) ein Schnitt durch eine solche Verzweigung bei stärkerer Vergrößerung. Nach Seifert, Weber

dären Wassertieren treffen wir alle Übergangsstadien von reiner Luftatmung bis zu Wasseratmung mit Blutkiemen. Periodisches Luftholen an der Wasseroberfläche vollziehen viele Insekten und Insektenlarven. Oft wird dabei eine am Körper haftende Luftschicht unter Wasser mitgenommen, die nicht nur als Luftvorrat, sondern auch als physikalische Kieme dient, d. h. die Luftblase kann O_2 aus dem umgebenden Wasser aufnehmen. Dies führt zu den Plastronatmern, die durch feinen Haarbesatz dauernd einen Luftüberzug tragen, der allein den Gastausch aus dem Wasser besorgt, ohne daß er durch Aufsteigen zur Wasseroberfläche erneuert wird (Wasserwanzen: *Aphelocheirus*, Wasserkäfer: Helminen u.a.). Ähnlich atmen die Wassermilben, die noch ein Tracheensystem besitzen, bei ihnen diffundiert O_2 aus dem Wasser in das Tracheensystem.

Nun wird ein Sonderorgan vieler aquatiler Insektenlarven, die Tracheenkieme, verständlich; es sind kiemenähnliche Hautausstülpungen, in denen sich Tracheen verästeln, ohne nach außen zu münden. Auch hier erfolgt der Gasaustausch zwischen Wasser und Tracheensystem, und zwar durch die Haut hindurch. Tracheenkiemen entstehen an ganz verschiedenen Regionen. Interessant ist, daß sie bei Ephemerida, manchen Plecoptera und Odonata den Basen der Abdominalbeine ansitzen, also ganz wie Epipodite aussehen. Bei Odonata können Tracheenkiemen von der Enddarmwand gebildet werden, wie ja überhaupt der Enddarm bei vielen wasserlebenden Arthropoden durch Wasserventilation als Atmungsorgan fungieren kann. Am Thorax tragen Plecopterenlarven Tracheenkiemen. Schließlich atmen viele Insektenlarven durch neu entstandene Blutkiemen, z.B. Trichopteren, Dipterenlarven u.a. (Abb. 252). Erwähnt sei noch, daß CO_2 oft direkt durch das Integument abgegeben wird, nicht nur über die Tracheen.

Darmkanal. Wie bei allen höheren Tieren durchzieht der Darm der Arthropoden den Körper (Abb. 153). Bei extremen Parasiten, z.B. Krebsen (Rhizocephala, Monstrillidae) u.a., kann er völlig rückgebildet werden; die Nahrungsaufnahme erfolgt dann parenteral durch die Körperoberfläche.

Der Mund liegt stets ventral am Kopf. Wie bereits erwähnt, gerät er aber von seiner ursprünglichen Lage vor den Extremitäten hinter die 1. oder 2. Antennen und bei Merostomata sogar zwischen die Schreitbeine. Diese Verlagerung wird sowohl durch eine Verschiebung der Extremitäten nach vorn als auch durch eine Verlagerung des Mundes nach hinten bewirkt. Der Mund ist meist von der Oberfläche in die Tiefe gerückt. Stets wird er von vorn her durch die oft mächtige Oberlippe (Labrum bzw. Clypeolabrum) überdacht. Die weichhäutigen Innenteile des Oberlippengebietes sind oft zu einem sog. Epipharynx differenziert. Von hinten her ist dieser Praeoralraum durch mediane «echte» Unterlippen verschiedener Herkunft begrenzt. Zu ihnen gehört der Hypopharynx der Insekten, der cuticulare Spangen und paarige Anhänge (Superlinguae) tragen und sich als Speichelrohr oder Stechapparat an der Arbeit der echten Mundgliedmaßen beteiligen kann. Das Mundgebiet zwischen Hypopharynx und Oberlippe wird bei Insekten als Cibarium bezeichnet.

Nun kann noch ein weiterer Mundvorraum dadurch entstehen, daß plattenartige Teile der Mundgliedmaßen sich vor den Mundbereich schieben und so zu sekundären äußeren Unterlippen werden. Das geschieht bei den Insekten durch Verwachsung der 2. Maxillen zu einem Labium, bei Krebsen sind es oft Maxillarfüße, die ähnliche Schließplatten bilden, bei den Amphipoden z.B. die 1. Maxillarfüße, bei den Decapoden die 3. Bei Spinnentieren schließlich begrenzen vorspringende Laden (Enditen) einen Mundvorraum, vom 1. und 2. Laufbein aus bei den Skorpionen, von den Palpen aus bei Araneae, Pedipalpen u.a. Dieser äußere Mundvorraum umfaßt bei den Insekten die hinter oder an den Hypopharynx mündenden Speicheldrüsenöffnungen, so daß nun ein Spezialvorraum, der Speichelraum oder das Salivarium,

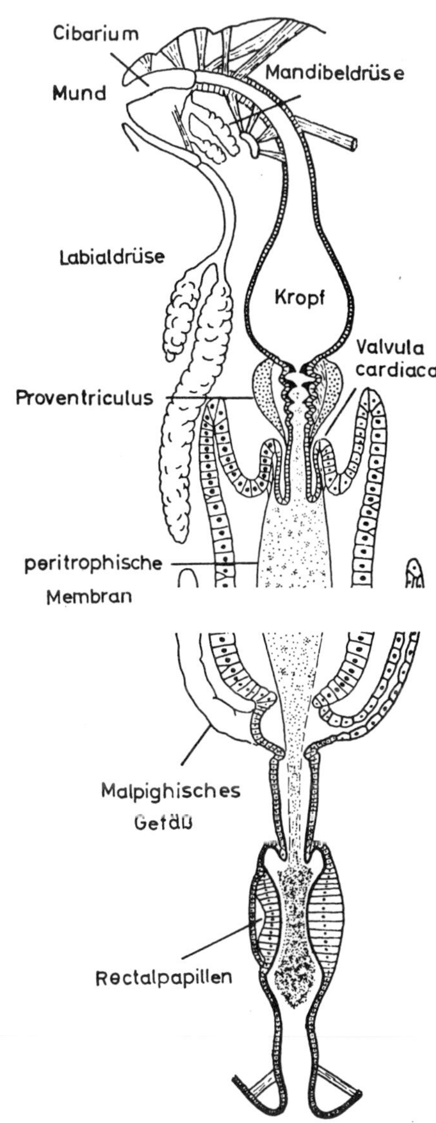

Abb. 153: Darmkanal eines Insekts. Nach Weber

zwischen Hypopharynx und Labium gebildet wird.

Speicheldrüsen im Mundgebiet sind bei Antennata und Milben hochentwickelt. Fast stets münden sie im Mundgebiet hinter dem eigentlichen Mund, bei den Insekten oft in das Salivarium. Ihrer Herkunft nach sind sie teils Hautdrüsen speziell der Mundgliedmaßen, teils aber umgewandelte Maxillennephridien. Diesen Funktionswechsel von Nieren zu Speicheldrüsen kann man innerhalb der Antennata verfolgen. Bei Diplopoden, Chilopoden und Collembolen sind es noch echte Nephridien, bei den höheren Insekten aber Speicheldrüsen und bei manchen sogar Spinndrüsen, die Spinnfäden absondern.

Der ectodermale Vorderdarm (Abb. 153) ist lang und meist kompliziert im Zusammenhang mit den Funktionen: Saugen, Speichern, Zerkleinern bzw. Sortieren. Der Saugtätigkeit dient ein Pharynx, der durch Muskelgruppen erweitert wird, die von der Darmwand zur Körperwand ziehen. Sie liegen vor dem Gehirn, hinter dem Gehirn und z.T. sogar am Mundvorraum (Cibarium). Überall dort, wo flüssige bzw. verflüssigte Nahrung aufgenommen wird, ist dieser Pharynx wohl entwickelt. Die Speicherfunktion übernimmt der Mittelteil des Vorderdarms, der dann zu einem erweiterungsfähigen Kropf (Ingluvies) umgebildet wird. Dies gilt besonders für Insekten und Milben. Er kann hier Taschen bilden, die bis in das Abdomen hineinragen (Schmetterlinge, Fliegen). Die Stechmücken (Culicidae) besitzen sogar mehrere Kropfsäcke. Bei den Bienen ist er der «Sozialmagen», dessen Inhalt wieder hervorgewürgt und zur Fütterung der Stockgenossen verwendet werden kann. Kröpfe sind besonders bei Honig- und Blutsaugern wichtig, aber selbst bei der omnivoren Küchenschabe kann der Kropf Nahrung für fast zwei Monate speichern.

Obwohl dem Kropf Fermentdrüsen fehlen, können in ihm Verdauungsprozesse (Enzyme aus Speichel und Mitteldarm) ablaufen.

Ähnlich wie es bei dem Muskelmagen der Vögel und vieler Nacktschnecken der Fall ist, kann der hintere Abschnitt des Vorderdarms ein muskulöses Organ mit festen Chitinzähnen und -leisten sein. Er wird dadurch zum Proventriculus. Besonders groß ist dieser Kaumagen bei den höheren Krebsen (Malacostraca). Er enthält mit Chitinleisten besetzte Falten, borstenbesetzte Rinnen und Flächen. Mechanisch kann er sehr wirksam sein, und manche Krabben zertrümmern Muschelschalen in ihm, die Feinmaterialien werden in den Borstenrinnen abgefiltert, außerdem wirkt er als Speichermagen, wie die durchsichtigen Garnelen nach jeder Nahrungsaufnahme zeigen, und verarbeitet die Nahrung durch zugeführte Mitteldarmsekrete chemisch. Innerhalb der Antennata finden wir einen muskulösen Kaumagen mit Chitinzähnen bei einer Reihe von Insekten (Blattoidea, Orthoptera u.a.).

Mitteldarm. Die Grenze Vorderdarm – Mitteldarm ist fast stets scharf markiert, nicht nur histologisch durch das Aufhören der Chitinauskleidung, sondern bei den Antennata auch durch eine zapfenartige Einstauchung des Vorderdarmes in den Mitteldarm (Valvula cardiaca, Abb. 153). Bei Krebsen und Chelicerata und wohl auch den Trilobita sitzen dem Mitteldarm umfangreiche Mitteldarmdrüsen an, die oft mit einem Gewirr zahlreicher Schläuche und Läppchen sich weit zwischen die übrigen Organe schieben (Abb. 166) und bei Spinnen und Pantopoden sogar Fortsätze in die Beine entsenden. Nur bei den Peracarida und Entomostraca sind sie durch eine geringere Anzahl von Blindschläuchen repräsentiert. In ihnen erfolgt auch eine Resorption der feinen Nahrungsbestandteile. Den Antennata fehlen Mitteldarmdrüsen. Die Taschen am Vorderende des Mitteldarms (Coeca) können vielleicht als ihre Homologa angesprochen werden. Der Mitteldarm liefert Enzyme. Zellulosespaltende Enzyme sind bei Arthropoden, wie auch sonst im Tierreich, selten; vielfach wird die Verarbeitung der Zellulose von symbiontischen Mikroorganismen übernommen, sei es, daß wie bei vielen Termiten besondere Protozoen (Flagellaten) im Darm leben, daß Bakterien in Gärkammern kultiviert werden oder daß das Holz mit Pilzen beimpft wird wie bei Borkenkäfern und Holzwespen. Die Hauptverarbeitung der Nahrung erfolgt im Darmhohlraum, oft wird der zentrale Darminhalt sogar durch eine Membran (peritrophische Membran) von der Darmwand ferngehalten. Sie wird vom ganzen Mitteldarm aus oder von einem Zellring vorn um die Valvula cardiaca abgeschieden.

Hinterdarm. Der Hinterdarm, dessen Wand wieder von einer Cuticula ausgekleidet wird, ist in Ausdehnung und Bau sehr verschieden. Bei Chelicerata und Crustacea ist er meist ein einfaches Rohr, kompliziert ist er bei den Insekten (Abb. 153).

Physiologisch spielt er eine wichtige Rolle bei der Rückresorption von Wasser aus dem Darminhalt, ein Vorgang, der bei den landlebenden Arthropoden biologisch wichtig ist (Wasserersparnis). Diese Aufgabe übernehmen besonders die Rectalpapillen.

Mehrfach erfolgen Rückbildungen im Enddarmgebiet, so daß der Darm blind endigt. Das geschieht sogar bei nicht parasitischen freilebenden Arten, z.B. dem Cirripedier *Trypetesa* u.a. Bei manchen Insektenlarven (Hymenoptera, Neuroptera z.B.) öffnet sich erst spät der Mitteldarm in den Enddarm. Über die speziell exkretorisch tätigen Darmblindschläuche (Malpighische Gefäße) vgl. S. 225.

Blutgefäßsystem. Das Blutgefäßsystem der Arthropoden ist offen, d.h. das Blut zirkuliert nicht nur in umwandeten Röhren, sondern wird in bestimmten Bezirken in Spalträume zwischen den Organen entleert, aus denen es wieder in die Blutgefäße gelangt. Dieser Prozeß des «Öffnens» des Gefäßsystems schreitet in mehreren Linien so weit fort, daß das Rückengefäß bzw. Herz als einziger Bereich des Röhrensystems übrigbleibt (Krebse [Cladoceren, z.T. Copepoden], Insekten, Milben u.a.), bei kleinen Arthropoden kann schließlich auch noch das Herz verschwinden (Mehrzahl der Copepoden, Ostracoden, Milben), so daß das Blut nur in Gewebslücken zirkuliert und hier durch die Darmperistaltik oder Körpermuskeln bewegt wird.

Das Venensystem ist zuerst von der Auflösung betroffen.

Das Arteriensystem ist bei vielen primitiven Gruppen noch hoch entwickelt. Wie bei den Anneliden besteht es aus einem Rückengefäß, in dem das Blut von hinten nach vorn strömt, aus Seitengefäßen, die vom Rückengefäß ausgehen und primär intersegmental liegen, und oft aus einem Ventralgefäß, das meist der Bauchganglienkette anliegt. Das Rücken- oder Dorsalgefäß ist der Hauptmotor und wird als Herz bezeichnet (Abb. 154). Da Venen meist fehlen, strömt das Blut durch Ostien bei der Erweiterung des Herzschlauches ein. Es sind ursprünglich paarige, segmentale Spalten, die sich bei der Diastole des Herzens öffnen und bei der Systole schließen. Diese Ostien und oft innere Klappenventile kennzeichnen die eigentliche Region des Herzens. Nur selten nimmt dieses Herz etwa das ganze Rückengefäß ein *(Artemia)*, die meisten Gruppen konzentrieren das Herz auf die Mittelregion des Gefäßes, so daß es schließlich ein sackförmiges muskulöses Organ mit nur wenigen Ostien bildet (Krebse: Eucarida, Cladoceren; Spinnen: Acari; Insekten: Pediculidae u.a.). Der vor dem Herzen gelegene Teil des Dorsalgefäßes wird als Aorta cephalica oder Aorta anterior bezeichnet, seltener schließt sich hinten an das Herz noch eine Aorta caudalis oder posterior an.

Mehrfach treten accessorische Herzen auf, kleine pulsatile Bläschen, die in ihrem Schlag unabhängig vom Hauptherzen sind. So treten Kopfherzen paarig oder unpaarig bei Krebsen und manchen Insekten als Antennenherzen auf. Bei beiden Gruppen kommen Beinherzen vor, und in den flügeltragenden Thoraxsegmenten entstehen pulsierende Blasen als Antrieb für die Blutbewegung in den Lakunen der Flügel.

Das Ventralgefäß liegt dem Bauchnervenstrang eng an, selten umhüllt es ihn ganz *(Limulus)*, meist liegt es ihm dorsal oder ventral an und wird dementsprechend als Epineural- oder Hyponeuralarterie bezeichnet. Die Verbindung zwischen Dorsal- und Ventralgefäßen erfolgt auf folgenden Wegen: 1. durch ein, selten zwei Paar Gefäßschlingen im Vorderkörper (Kopfschlingen, Perioesophagealring); 2. durch $\pm$ segmentale Seitenarterien. Sie entspringen am Herz ventral von den Ostien, also intersegmental. Im Grundprinzip existieren zwei Paar Seitenarterien, die gemeinsam entspringen. Sie kommen jedoch nur bei einem Teil der Chelicerata und Crustaceen (Malacostraca) vor, bei Insekten nur ausnahmsweise

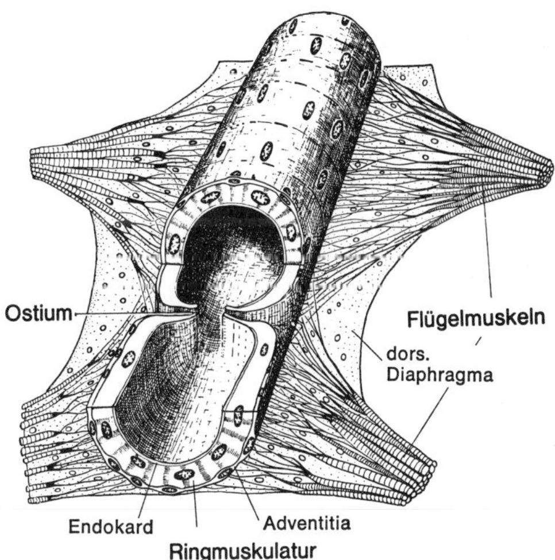

Abb. 154: Blockdiagrammatische Darstellung eines Ausschnittes aus einem Insektenherzen. Nach Weber

(Blatta). Das Arteriensystem wird – wie erwähnt – in verschiedenen Linien rückgebildet, und zwar in der Reihenfolge: Ventralarterie, Seitengefäße, vordere und hintere Aorta, Herz.

Das Blut enthält verschiedene Blutzellen, aber normalerweise bei den Insekten keine speziellen Sauerstoffträger; nur ausnahmsweise – z.B. bei den «roten» Mückenlarven (Chironomiden) und der Larve der Magenbremse *(Gasterophilus)* – tritt Hämoglobin im Blut gelöst auf.

Leibeshöhle. Die Neugliederung der Leibeshöhle wurde schon erwähnt. Der Blutraum um das Herz, aus dem das Blut ins Herz gelangt und der so physiologisch eine Vorkammer darstellt (Pericard oder Pericardialsinus), ist kein Coelom. Er ist durch eine Membran abgegrenzt, die von der Coelomwand gebildet wird (= Percardialseptum). Sie umgibt das Herz schlauchförmig bei den Chelicerata, ist aber bei Crustacea und Antennata eine quer durch den Körper gespannte Membran (dorsales Diaphragma). Das Pericard kann – von der Membran begleitet – schlauchartige Fortsätze in die Beine bzw. die Kiemen entsenden. In seiner Wand bilden sich bei Antennata von der Medianen zur Körperwand ziehende Muskeln, die Flügelmuskeln, die durch ihre Kontraktion das gewölbte Diaphragma senken und dadurch an der Erweiterung des Herzens mitarbeiten (Abb. 154). Oft ist das Diaphragma stellenweise aufgelöst, und schließlich bleibt nur die Region der Flügelmuskeln erhalten, die dann am Herzen ansetzen. Vom Herzen ziehen Bindegewebs-Stränge zur Körperwand, bei Chelicerata sogar zur Ventralseite, sie bewirken bei Dehnung der Körperwand hier passiv eine Erweiterung des Herzens.

Ventral kann sich ein ähnlicher Blutraum (Perineuralsinus) um den Bauchnervenstrang bilden. Er ist oft bei Insekten durch ein ventrales Diaphragma abgegrenzt.

Exkretionsorgane. Wie bei vielen Tierstämmen kann auch bei Arthropoden die Exkretionstätigkeit an verschiedenen Stellen stattfinden (Haut, Kiemen, Darm). Als Exkretionsorgane im engeren Sinne kommen die von Anneliden ererbten Nephridien und die vom Darm aus neugebildeten Malpighischen Gefäße in Betracht. Exkretorisches Gewebe liefert auch das Mesoderm (Nephrocyten und Uratzellen im Fettkörper).

Nephridien. Bei den Euarthropoden sind die Nephridien regional beschränkt, es werden, abgesehen von den Genitalgängen, höchstens 4 Paare angelegt, es funktionieren nur 1 oder 2 Paare, und nicht selten fehlen Nephridien ganz (Pantopoda, Geophilomorpha).

Der nephridientragende Bezirk ist aber bei Chelicerata und Mandibulata (Crustacea, Antennata) verschieden. Bei den Mandibulata bleiben sie nur im Kopf erhalten und funktionieren bei Crustaceen als Antennenniere (Segment der 2. Antenne) und als Maxillarniere (2. Maxille). Beide werden mitunter «Schalendrüse» genannt. Bei den Antennata ist mit den 2. Antennen die Antennenniere geschwunden. Dafür tritt bei primitiven Formen aber sowohl an der 1. wie auch der 2. Maxille ein Paar Maxillarnieren auf, bei den Symphyla als getrennte Paare; bei den Chilopoda sind 1. und 2. Maxillarniere in Trichter und Ausmündungen getrennt, im Mittelabschnitt aber vereint. Die übrigen Antennata haben meist nur die 2. Maxillarniere = Labialniere. Ihnen sind offenbar die umfangreichen und vielgestaltigen Speicheldrüsen (Labialdrüsen) homolog. Bei den Chelicerata gehören die Nephridien dem 3. und besonders dem 5. Extremitätenpaar an, in den übrigen Schreitbeinpaaren erfolgt nur die Anlage der Sacculi (s. u.). Das vordere dieser Paare entspricht zwar dem Gebiet der 2. Maxille, das hintere gehört aber dem Thoraxgebiet an, das also allein bei Chelicerata noch Nephridien trägt. Die Mündung des vorderen Paares auf dem 2. Extremitätenpaar bei manchen Cheliceraten (Solifugae, Palpigradi) beruht wohl auf einer sekundären Verlagerung der Mündung, wie sie auch bei Stigmen vorkommt.

Der Grundbau der Nephridien ist bei allen Arthropoden gleich und sehr charakteristisch. Das Organ besteht aus 4. Abschnitten: 1. dem Coelomsack (Sacculus), der streng genommen noch nicht dem Nephridium angehört; 2. dem Trichter, der nur bei den Protarthropoden noch Wimpern trägt und oft auf wenige Trichterzellen reduziert ist; 3. dem Nephridialkanal als Hauptteil des Organs; 4. einem meist kurzen ectodermalen Endabschnitt, dem Harnleiter. Von diesen Teilen der Nephridien können Sacculus und Nephridialkanal stark kompliziert werden, der Sacculus kann durch eingefaltete Wände gekammert werden oder Fortsätze bilden, der Nephridialkanal bildet oft lange, weit in den Körper (Schalenklappen, Abdomen) hineinragende Schlingen; ein durch Kammerung oder starke Fortsatz- bzw. Schleifenbildung ausgezeichneter Abschnitt wird als Labyrinth bezeichnet. Im Bereich des Sacculus findet offenbar Ultrafiltration statt, im mit basalem Labyrinth und Mitochondrien versehenen Nephridialkanal Rückresorption.

Die Mündungen der Nephridien sind paarig und liegen an den Extremitätenbasen; nur bei abgeänderten Nephridien werden sie unpaar, so bei den Maxillarnieren (Labialnieren) der Collembola.

Malpighische Gefäße. Während die Nephridien innerhalb der Arthropoden zunehmend zurücktreten, wird die exkretorische Tätigkeit des Darmes gesteigert. Sie wird schließlich auf bestimmte Darmblindsäcke lokalisiert, die als Malpighische Gefäße bezeichnet werden. Sie sind bei den einzelnen Gruppen nicht gleichwertig. Nur in geringen Ansätzen treffen wir sie bei manchen Crustaceen (z.B. Amphipoda), stark ausgebildet sind sie bei Spinnentieren und Antennata. Bei den ersteren sind es hintere Blindschläuche des Mitteldarms, die zu Malpighischen Gefäßen werden, bei den Antennata aber Ausstülpungen des ectodermalen Enddarms, sie münden in seinen vordersten Teil. Diese Auffassung kann als gesichert gelten, obwohl nicht alle ontogenetischen Befunde voll zu ihr passen und den Gefäßen die innere Chitinauskleidung des Enddarms fehlt. Ihre Zahl schwankt bei Insekten von 0–150, Arten mit 1–8 Gefäßen werden als Oligonephria, Arten mit höheren Zahlen als Polynephria bezeichnet. Sie legen sich oft eng an andere Organe an, meist den Darm. Ebenso wie die Maxillennephridien oder auch die Nieren mancher Fische (Stichling) können sie über Funktionserweiterung zu Spinn- und Klebdrüsen werden, z.B. bei Neuropterenlarven (*Myrmeleon*, *Chrysopa*) und Käfern (*Lebia*, *Phytonomus*).

Gonaden. Die Arthropoden sind bis auf wenige Ausnahmen getrenntgeschlechtig. Die Gonaden sind aus Bereichen mehrerer Segmente durch Vereinigung entstanden. Meist ist es der dorsale Bezirk unterhalb des Herzens, der die Gonaden unter Einbeziehung eines Coelomabschnittes liefert, doch können es auch ventrale Anteile sein. Demnach liegen die Gonaden meist dorsal oder lateral, gelegentlich aber ventral vom Darm. In der Längsrichtung können sie sich über die verschiedensten Bezirke vom Kopf bis zum Rumpfende erstrecken, auch erfolgt weit verbreitet Verlagerung der Gonaden in Körperanhänge, bei Pantopoden in die Beine, bei manchen Ostracoden (Cyprididae) in die Schale; die Ovarien der gestielten Cirripedier liegen im Kopfstiel, die Hoden vieler Cirripedier in den Beinen.

Die Form ist, wie bei der Artenfülle nicht anders zu erwarten, sehr mannigfaltig. Erwähnenswert sind die netzartigen Gonaden vieler Chelicerata und die Follikelgonaden der Insekten. Die Ovarien bestehen hier aus einer Anzahl (ein- bis mehrere Tausend) von Eiröhren (Ovariolen, Abb. 155). Bei primitiven Arten sind sie oft hintereinander und bisweilen auch segmental angeordnet (kammförmige Ovarien). Vielleicht sind also die Ovariolen direkt auf den segmentalen Ursprung der Gonaden zurückzuführen; meist aber sitzen sie in großer Zahl trauben- oder büschelartig den Ovidukten an. In den Ovariolen liegt die Keimzone (Germarium) in dem schmalen Endgebiet (Abb. 155). Die Hoden bestehen in ähnlicher Weise aus Hodenfollikeln, sie sind geringer an Zahl als die Ovariolen.

Spezialeinrichtungen für die Nährstofflieferung an Eier sind selten. Bei Phyllopoden (Cla-

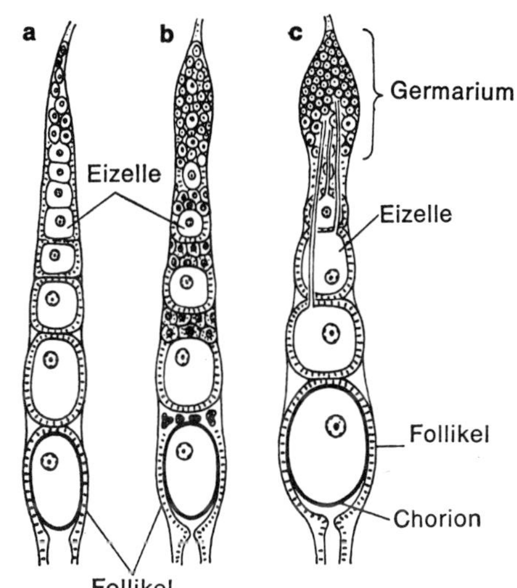

Abb. 155: Ovariolen (Eiröhren) von Insekten. a. panoistische Ovariole. An der Spitze liegen nur Eizellen (Germarium). Diese wandern basalwärts und werden hier von Follikelzellen umhüllt. b–c. Meroistische Ovariolen. Im Germarium liegen Ei- und Nährzellen. b. Polytrophe Ovariole. Mehrere Nährzellen rücken mit einer Eizelle basalwärts und bilden zwischen Eikammern Nährkammern. c. Telotrophe Ovariole. Die Nährzellen bleiben im Germarium und erhalten die Verbindung zu den Eizellen über Nährstränge aufrecht. Nach Weber

doceren) sind einem Ei meist drei degenerierende Eizellen als Nährzellen beigegeben, unter den Insekten entstehen die polytrophen und telotrophen Ovariolen (Abb. 155). Im Normaltyp der Ovariolen, dem panoistischen, umgibt nur eine Hülle von Follikelzellen die großen Eizellen, die Follikelzellen werden von den mesodermalen Wandzellen des Ovars geliefert. Die meroistischen Ovariolen komplizieren diesen Bau durch besondere Nährzellen. Beim polytrophen Typ folgt jeder Eizelle eine Gruppe von Nährzellen, so daß in den Ovariolen Eikammern und Nährkammern abwechseln. Beim telotrophen (= acrotrophen) Typ bleibt die Nährmasse als einheitlicher Abschnitt im Endgebiet der Ovariolen, und die heranwachsenden Eier bleiben durch einen Zellfortsatz mit dieser Nährkammer verbunden.

Die meist paarigen Genitalgänge entstehen aus dem Mesoderm, im Mündungsgebiet können sich ectodermale Bezirke anschließen und sekundär zu Hauptanteilen der Ovidukte werden. Die Lage der Genitalporen ist verschieden, sie variiert vom vorderen Thoraxgebiet (Ovidukt der Cirripedier im 1. Segment, beide Öffnungen bei Diplopoda hinter dem 2. Beinpaar) bis zum Rumpfende dicht vor dem After. Eine Verschiebung des Genitalporus kann auch durch Angliederung neuer ectodermaler Einstülpungen erfolgen. Die Hauptverschiedenheiten beruhen jedoch darauf, daß Nephridialanlagen ganz verschiedener Segmente zu Genitalöffnungen werden.

Oft entstehen besondere Legeröhren (Ovipositoren). Ihre Entstehung erfolgt aus verschiedenen Grundbestandteilen: 1. aus dem Bezirk des weiblichen Genitalporus selbst (die Legeröhre von *Ooperipatus*, der lange komplizierte Ovipositor der Opiliones, der vieler Acari und unter den Insekten etwa der der Rhaphididae (hier rohrartige Verlängerung des 8. und 9. Abdominalsternits)); 2. Der ganze röhrenförmig gestaltete Hinterleib wirkt als Legeröhre: viele Insekten unter den Lepidoptera, Diptera (Muscidae), Coleoptera (Cerambycidae) und auch Hymenoptera (Chrysididae); 3. Unter Mitwirkung von Extremitäten entsteht ein mehrteiliger Legeapparat. Dieser interessante Fall ist bei Insekten verbreitet und war offenbar schon bei ihrer Urform vorhanden.

Brutpflegeorgane sind gleichfalls ganz verschiedener Herkunft. Extremitäten dienen als Eiträger bei Pantopoden (3. Beinpaar der Männchen), Arachniden (Cheliceren bei Pholcidae), Phyllopoden (9. bis 11. Beinpaar bei Conchostraca), Pleopoden bei Decapoden *(Astacus)* usw. Ein Brutraum entsteht bei manchen Krebsen zwischen Schalenfalte und Rumpf (Cladocera, Cirripedier, manche Ostracoden) oder zwischen Rumpf und Brutlamellen der Thorakalbeine (Marsupium der Peracarida) oder bei Insekten zwischen Flügeln und Rumpf (die Schabe *Phlebonotus*), durch neue Hautfalten der Körperoberfläche am Rücken (Copepoden wie *Gastrodelphys*) oder am Bauch (manche Isopoden), durch in den Körper hineinragende Taschen (manche Isopoden wie *Sphaeroma*, Marsupium mancher Cocciden wie *Steatococcus*) usw.

Kopulationsorgane sind nur in einzelnen Linien und in recht verschiedener Weise entstanden.

1. Echte Penisbildungen entstehen als Vorstülpungen aus dem Gebiet des männlichen Genitalporus und sind wie dieser bald paarig, bald unpaar. Unter den Chelicerata finden wir bei Opiliones und manchen Acari einen solchen Penis, bei den Crustraceen sind meist paarige Penispapillen unter den Malacostracen verbreitet (viele Decapoda, Stomatopoda, Mysidacea, Isopoda z. T.), und unter den Insekten trägt die Mehrzahl der Pterygota einen komplizierten Penis, der oft in Basis (Phallobasis) und Endabschnitt (Aedeagus) gegliedert ist. Auch bei Chilopoden (Geophilidae) und Diplopoden kommen Penes vor.

2. Gonopoden. Mit diesem Namen werden umgewandelte Extremitäten bezeichnet, die zu Hilfsorganen bei der Kopulation geworden sind. Primäre Gonopoden liegen dabei in der Nachbarschaft der Genitalöffnung. Hierher gehören die Gonopoden (Petasma) vieler Malacostraca, deren ± röhrenförmige Glieder aus den beiden vordersten Abdominalbeinen (Pleopoden) entstehen, entweder aus einem dieser Paare oder aus beiden, unter den Copepoden fungiert bei Calanoidea ein abgewandeltes hinteres Thoraxbein als Spermatophorenüberträger. Unter den Antennata bilden die Diplopoda Proterandria Beispiele einer Gonopodenbildung. Hier werden ein oder beide Beinpaare des 7. Ringes zu ganz abweichenden und systematisch wichtigen Gonopoden. Da hier die männlichen Poren am 3. Thoraxsegment liegen, nähern sich diese Gonopoden durch ihre Entfernung von den Genitalöffnungen schon den sekundären (s.u.). Typische

primäre Gonopoden treffen wir bei Insekten. Ebenso wie am Ovipositor können sich daran beteiligen: Fortsätze der Basen der Extremitätenreste des 9., selten des 8. Abdominalsegmentes und die Styli des 9. Segmentes als bewegliche Haken (Harpagonen). Auch die Cerci, also die umgebildeten Extremitäten des 11. Abdominalsegmentes, können Klammerhaken werden.

Es reihen sich hier verschiedene Kopulationsapparate an, die als Penis bezeichnet werden, aber mit größerer oder geringerer Wahrscheinlichkeit umgewandelte Extremitäten, also Gonopoden, sind. Dem Wahrscheinlichkeitsgrad nach seien in absteigender Reihe angeführt: die paarigen Penes der Anostraca, die oft hoch komplizierten Kopulationsorgane am Abdomen der Ostracoden, der lange Penis der Cirripedier, der zweiteilige Penis mancher Protura und die paarigen Penisbildungen mancher Cladoceren (Ctenopoda, *Bytotrephes* u.a.).

Als sekundäre Gonopoden seien hier Extremitäten bezeichnet, die zwar bei der Übertragung des Spermas mitwirken, sogar als einführende Organe, aber vom Genitalporus entfernt liegen und – abgesehen von Anhangsbildungen – den Normaltyp ihrer Extremität noch erkennen lassen. Der bekannteste Fall dieser Art sind die Palpen der Araneae (S. 240), aber auch andere Extremitäten können bei Arachniden die Spermienübertragung besorgen, so die Cheliceren bei Solifugae.

Auch Samenübertragung durch Spermamassen (Spermatophoren), die vom Männchen auf dem Untergrund abgesetzt und vom Weibchen dort aufgenommen werden, ist verbreitet. Sie kommt bei vielen Spinnentieren, Collembolen, Thysanuren, Diplopoden *(Polyxenus)* und anderen vor.

Entwicklung und Eier. Die Eier der Arthropoden sind meist dotterreich, der Dotter liegt um den zentral bleibenden Zellkern und an der Peripherie des Eies. Eischalen bilden besonders die Insekten aus, und zwar durch Abscheidung von den umhüllenden Follikelzellen. Da die Bildung der Schale vor der Befruchtung erfolgt, ist in ihr eine Öffnung für den Einlaß von Spermien (Mikropyle) vorhanden.

Die Eier mancher pelagischer Krebse (Copepoden wie *Centropagis*, Euphausiaceen) schweben frei im Meerwasser, meist werden sie bei Krebsen und Spinnentieren (excl. Milben) am Körper befestigt und als Eipaket, Eisäckchen oder umsponnener Eikokon (Spinnen) getragen. Die Insekten legen die Eier meist einzeln oder als Gelege auf oder in das Nährsubstrat, viele Wasserinsekten bilden zu Laich verkittete Eimassen (Trichopteren, Chironomiden).

Furchung. Bei vielen primitiven Arthropoden, besonders bei Krebsen (Entomostracen), aber auch bei manchen spezialisierten Insekten (Schlupfwespen) furcht sich das Ei total. Die dotterreichen Eier aller Gruppen tendieren zur Ausbildung der superfiziellen Furchung, die so zur Norm der Arthropoden-Furchung wird (Abb. 156). Der zentrale Kern mit dem umgebenden Cytoplasma teilt sich mehrfach, ohne daß eine Zerschnürung des Gesamtplasmas zu völlig getrennten Zellen eintritt. Die Kerne dieses plasmodialen Keimes wandern nach der Peripherie und grenzen hier erst ihre Plasmabezirke gegenseitig durch Furchen ab. Diese superfizielle Furchung ist durch Übergangsformen mit der totalen verknüpft, sei es, daß der Keim sich erst total furcht und dann die Zellgrenzen zeitweise wieder auflöst oder daß er zuerst einige Kernteilungen durchführt und später die Plasmazerteilung nachholt (Collembola). Die Furchung führt zu einer Blastula, deren Hohlraum von Dotter erfüllt ist. An ihr vollzieht sich die Weiterentwicklung durch lokalisierte Zellanhäufung, die schließlich einen ventralen Keimstreif, seltener (Skorpione) eine Keimscheibe bildet.

Große Schwierigkeiten bereitet die Deutung der Keimblätterbildung, besonders des Entoderms. Sie wird ebenso wie an den dotterreichen Keimen der Wirbeltiere in mehrere, oft zeitlich und räumlich getrennte Teilprozesse zerlegt (mehrphasische Gastrulation). Von Bedeutung ist, daß bei Krebsen noch eine echte Einstülpung des Urdarms als Invagination (z.B. bei *Leucifer*) vorkommt. Wenn bei dotterreichen Eiern dann im Dotter Zellen auftreten, die als Vitellophagen an der Aufarbeitung des Dotters teilnehmen, so dürfte diese im Keim zeitlich oft erste Entodermbildungsphase ein sekundärer Vorgang sein. Diese Dotterzellen entstehen teils durch Einwanderung vom Blastoderm oder vom Keimstreif bzw. der Darmanlage (sekundäre Dotterzellen), teils sind es Zellen, die bei der ersten Wanderung der Furchungskerne im Innern zurückbleiben (primäre Dotterzellen). Meist gehen die Dotterzellen zugrunde, doch können sie sich auch an der Bildung der Darmwand beteiligen. Die zweite Phase der Gastrula-

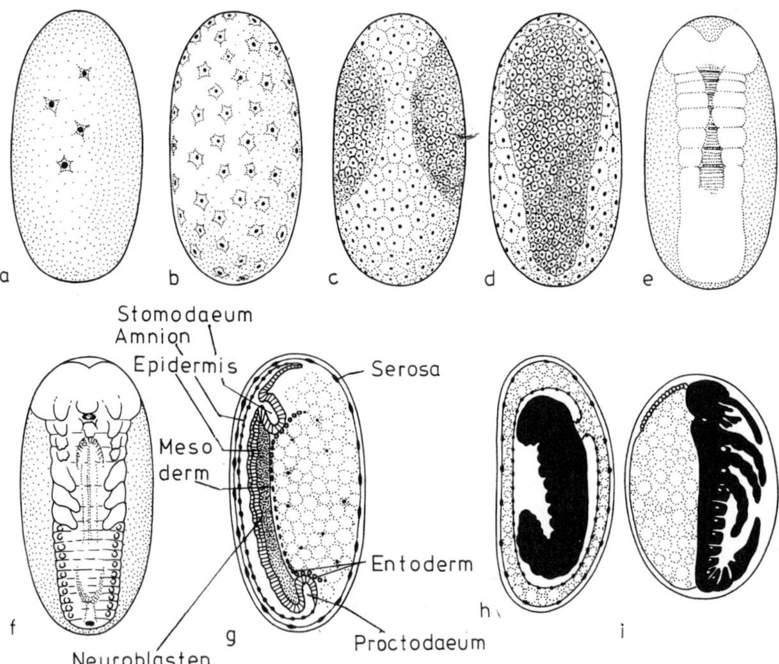

Abb. 156: Frühentwicklung der Insekten. a–e. Furchung und Ausbildung des Keimstreifs. a, b. Ausbildung des Blastoderms; c, d. Entstehung der Keimanlage (oval-birnförmige Platte aus kleinen Zellen); e. bereits segmentierte Keimanlage mit Kopflappen (oben), Differenzierungszentrum waagerecht schraffiert; f. Ventralansicht; g. Sagittalschnitt durch weiter differenzierten Keim; h. eingesenkter Keim; i. oberflächlich liegender Keim. Nach Weber

tion ist eine Einstülpung oder Einschiebung von Zellschichten median an der Ventralfläche. Durch sie entsteht eine Primitivrinne, die mit hoher Wahrscheinlichkeit als die Urmundbildung betrachtet werden kann. Der Blastoporus (Urmund) erstreckt sich also in diesem Falle zwischen Mund- und Afterregion. Diese Einstülpung oder Einwucherung liefert mit ihren seitlichen Flügeln das Mesoderm und die Coelomsäcke, die Aussonderung des Entoderms aus ihr ist verschieden. Oft ist der Mittelstrang die Ursprungsstelle des Mitteldarms. Bei diesem Prozeß wird in verschiedener Weise die Dottermasse dem sich bildenden Darmrohr einverleibt. Den einfachsten Fall zeigt der Flußkrebs. Hier wird der Dotter von den geschlossen bleibenden Zellen der Einstülpung allmählich aufgenommen und in den Darmzellen gespeichert, das Darmlumen geht ganz nach Art einer echten Einstülpung aus der Anlage hervor. Häufig entsteht nun der Darm einfach dadurch, daß der Mittelstrang seitlich rechts und links am Dotter emporwächst, ihn so umgreift, durch Vereinigung der Zellschichten an der Dorsalseite die Darmbildung vollendet und gleichzeitig den Dotter in das entstehende Darmlumen einschließt. Dieser Vorgang wird nun weiterhin dadurch abgeändert, daß sich nicht mehr der gesamte Mittelstrang der Mesoderm-Entoderm-Anlage an der Darmbildung beteiligt, diese erfolgt vielmehr von getrennten Einzelstellen, so entsteht bei den Arachniden der Mitteldarm aus 2 oder 3 getrennten Bezirken, für die Mehrzahl der Insekten und manche Chelicerata gilt eine Beschränkung der Darmbildungsregion auf eine Vorder- und eine Hinteranlage, die der Einstülpung des ectodermalen Vorder- und des Hinterdarms eng anliegen, so daß anscheinend der Mitteldarm aus Vorder- und Hinterdarmanlage entsteht. Wahrscheinlich sind aber diese Bildungsherde nur vordere und hintere Restgebiete des ehemaligen Mittelstranges.

Das Mesoderm ist in seiner Anlage nicht einheitlich. Bei Crustaceen kommt noch eine Entstehung des Mesoderms der vorderen Segmente aus der Zelle 4d *(Artemia)* oder einigen

Urmesodermzellen vor. Bei solchen Formen ist auch noch die Sonderung des «larvalen» Mesoderms (für die Deutomeren) und des «imaginalen» für die übrigen Körpersegmente deutlich (auch bei *Limulus*). Dieses bildet sich meist unter Abwucherung von der Entodermanlage bzw. der Mesoderm-Entodermanlage, von der die Seitenplatten das Mesoderm liefern, und zeigt eine Vermehrungszone vor dem After. Das Mesoderm bildet die segmentalen Coelomsäcke, die aber meist klein bleiben und bald aufgelöst werden. Die Urgeschlechtszellen sind besonders bei den Insekten früh kenntlich und oft am Hinterende weitgehend von dem übrigen Keim isoliert.

Innerhalb der Arthropoden erfolgt die Segmentbildung bei primitiven Gruppen successiv. Vielfach dauert die Segmentneubildung noch während der frühen Larvenperiode an, d.h. die Larven sind segmentarm. Das gilt besonders für die Crustaceen mit ihrer Naupliuslarve, für die Trilobiten, unter den Chelicerata für Pantopoden und wohl Eurypterida, unter den Antennata für manche Myriapoda und schließlich die Protura unter den Insekten. Die anderen schlüpfen mit voller Segmentzahl.

Der Keimstreif, der ursprünglich an der Oberfläche liegt, wird bei manchen Gruppen ins Innere versenkt und von den seitlichen Teilen des Embryos überwachsen und überdacht. So entstehen wie bei höheren Wirbeltieren Embryonalhüllen, die als Amnion und Serosa bezeichnet werden (Skorpione, Mehrzahl der Insekten) (Abb.156).

Parthenogenese tritt in verschiedenen Formen auf. Die Männchen entstehen durch haploide Parthenogenese bei Hymenopteren, also auch bei Bienen, und manchen Homoptera (Schildläuse, Aleyrodina, Thysanoptera) und Milben. Diploide Parthenogenese mancher Generationen führt zu dem bekannten Generationswechsel (Heterogonie) der Wasserflöhe, Blattläuse und Gallwespen (S.337, Abb. 242). Oft existieren neben den bisexuell sich vermehrenden Individuen rein sich parthenogenetisch fortpflanzende Stämme, Rassen oder Nebenarten, für die in vielen Fällen Polyploidie nachgewiesen ist. Solche Beispiele sind unter den Krebsen bei Phyllopoden, Anostraca *(Artemia)*, Ostracoden, unter den Insekten bei Käfern und Schmetterlingen bekannt.

Die Parthenogenese kann schon zu einer Fortpflanzung der Larven führen, die auf diese Weise sogar neue Larven gebären können. Eine solche Paedogenese kommt bei manchen Gallmücken, Käfern und Chironomidae vor.

Durch Polyembryonie kann ein Embryonalstadium in zwei oder mehrere zerfallen, und so können aus einem Ei bis über tausend Tiere entstehen. Wir kennen eine solche Polyembryonie besonders von Schlupfwespen (Braconidae, Chalcididae, Proctotrupidae), aber auch von Strepsiptera und Lepidoptera.

A. Trilobitomorpha

Trilobitomorpha traten zu Beginn des Kambriums auf und sind seit dem Perm ausgestorben. Sie enthalten die primitivsten bekannten Euarthropoden, sind jedoch bereits dem Ast zuzuteilen, der zu den Spinnentieren führt. Gemeinsam ist allen Trilobitomorpha die Struktur der Beine mit gegliedertem Hauptast und lamellenartigem Epipodit. Nur die Linie, der die Spinnentiere entstammen, hat das Palaeozoikum überlebt (Abb. 157).

Trilobita. Mit mehreren tausend bekannten Arten sind die Trilobiten die beherrschende Arthropodengruppe palaeozoischer Meere. Der Kopf bildet eine große Platte mit weitgehender Markierung ursprünglicher Segmente (Abb. 158). Ihnen gehören ventral ansitzend 1. Antennen und 4 Paar Gliedmaßenpaare an, die, abgesehen von ihrer geringen Größe, weitgehend den Rumpfbeinen gleichen (2. Antennen bis 2.Maxillen). Facettenaugen sind meist ausgebildet. Der Rumpf enthält eine wechselnde Zahl gleichartiger Segmente (bis 40), alle beintragend und dorsal von einer dreiteiligen Spange mit Mittelstück (Mesotergit) und Seitenflügeln (Pleurotergiten) bedeckt. Der aftertragende Endbezirk (Telson) ist bei primitiven Arten klein, bei anderen verwächst er mit den hinteren Rumpfsegmenten zu einer großen Schwanzplatte. Im Extremfall bleiben zwischen ihr und dem Kopf nur 2 freie Rumpfsegmente (Agnostidae). Der Mund ist von vorn durch eine Oberlippe überdeckt, die großen Seitenaugen liegen meist auf dem Kopfschild am Innenrand der durch Nähte abgegrenzten Wangen.

Von der inneren Anatomie ist wenig bekannt. Mitteldarmdrüsen sind wahrscheinlich vorhanden gewesen. Die bisweilen ventrolateral an vielen Rumpfsegmenten nachweisbaren Öff-

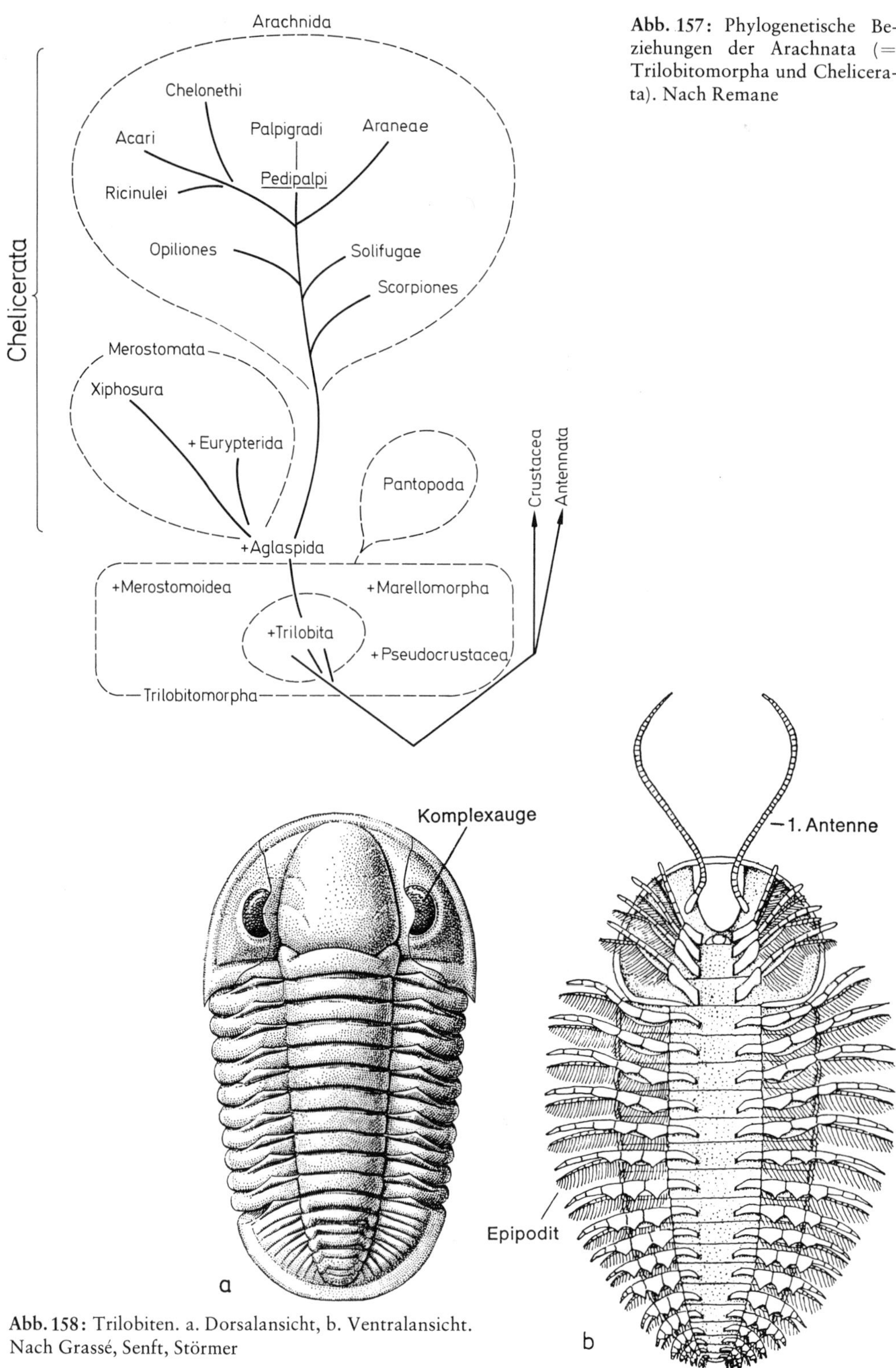

Abb. 157: Phylogenetische Beziehungen der Arachnata (= Trilobitomorpha und Chelicerata). Nach Remane

Abb. 158: Trilobiten. a. Dorsalansicht, b. Ventralansicht. Nach Grassé, Senft, Störmer

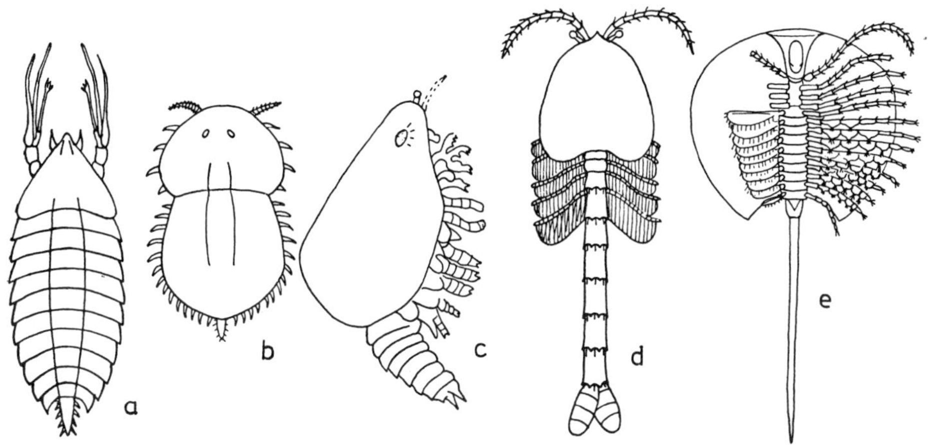

Abb. 159: Verschiedene Trilobitomorpha aus dem Kambrium. a. *Leanchoilia* (8 cm), b. *Naraoia* (3 cm), c. *Hymenocaris* (4 cm, Seitenansicht), d. *Waptia* (5 cm), e. *Burgessia* (1 cm). Nach Störmer

nungen (Pandersche Organe) dürften Mündungen segmentaler Nephridien bzw. der Gonaden sein. Die Entwicklung beginnt – soweit bekannt – mit einem segmentarmen, scheibenförmigen Stadium (Protaspis-Larve). Es besteht aus dem Kopf (ohne 2. Maxillensegment) und dem Telson, besitzt also 1 oder 2 Segmente mehr als die Naupliuslarve der Krebse. Durch Segmentvermehrung vor dem Telson wird allmählich die Gestalt des fertigen Tieres erreicht.

Die Trilobiten waren vorwiegend Bodenbewohner der paläozoischen Meere, besonders von Kambrium bis Silur. Nach den langen Stacheln zu urteilen, lebten manche vielleicht pelagisch *(Lonchodomas)*. Ihre Länge betrug meist 3–10 cm, die Extreme liegen bei 5 mm *(Strumardia)* und 75 cm *(Uralichas)*.

Neben den Trilobiten existierten im Kambrium noch mehrere andere Arthropoden-Klassen, die sich z. T. den Cheliceraten nähern, z. T. durch eine Carapaxfalte den Crustaceen ähneln: 1. Merostomoidea mit Prochelicerata *(Sidneya, Leanchoilia)*, Emeraldellida *(Emeraldella, Naraoia)* und Cheloniellida. 2. Marellomorpha *(Marella)*. 3. Pseudocrustacea. Mit Carapax, aber trilobitenähnlichen Beinen. *Burgessa, Waptia, Hymenocaris.* Einige dieser Formen zeigt Abb. 159. Ihre verwandschaftliche Stellung ist unklar und wird dementsprechend von verschiedenen Autoren unterschiedlich beurteilt. In Australien, Nordamerika und Europa (Hunsrückschiefer!) liegen bekannte Fundorte dieser palaeozoischen Fossilien.

B. Chelicerata

Die Chelicerata umfassen die marinen Merostomata und Pantopoda sowie die meist landlebenden Arachnida. Sie sind durch folgende Merkmale charakterisiert: Die 1. Antennen fehlen, die Extremitäten des folgenden Metamers sind als dreigliedrige Scheren (Cheliceren) entwickelt. Zwei Segmente des Rumpfes werden dem Kopf mehr oder weniger angeschmolzen. Dadurch entsteht als neuer Vorderkörper das Prosoma (= Cephalothorax) mit 6 Extremitätenpaaren. Dieses wird dorsal von einem großen Rückenschild (Peltidium) bedeckt, das auch aus einzelnen freien Platten bestehen kann (Pro-, Meso- und Metapeltidium).

Die Extremitäten des Hinterkörpers (Opisthosoma = Abdomen) verfallen bald der Umbildung und Reduktion. So behalten die Chelicerata als Norm 6 Extremitätenpaare, die Cheliceren und 5 weitere Paare, von denen das vorderste jedoch in eine Schere oder einen Taster verwandelt ist und meist nicht mehr an der Fortbewegung teilnimmt (Pedipalpen = Palpen). Das Opisthosoma ist ursprünglich reich und ziemlich gleichmäßig gegliedert, es sind 13 Abdominalsegmente als Grundzahl anzunehmen, wobei das letzte reduziert ist und z. B. als Schwanzstachel oder -faden bei Xiphosura, Scorpiones, Uropygi und Palpigradi auftritt. Bei primitiven Merostomata (Eurypterida) und bei primitiven Arachnida (Scorpiones) ist der

Hinterkörper in Prae- und Postabdomen gegliedert. Die reiche Gliederung wird zunehmend undeutlicher durch Rückbildungen und Verwachsungen. Zwischen Pro- und Opisthosoma kann eine bindegewebige Platte (Diaphragma) ausgespannt sein (Scorpiones, Solifugae). Die Geschlechtsöffnung ist auf dem 2. Segment des Hinterkörpers lokalisiert. Die Nephridien werden auf 1 oder 2 Paare im Vorderkörper beschränkt; sie münden meist am 3. oder 5. Extremitätenpaar. Das Pericard umhüllt schlauchförmig das Herz. Flügelmuskeln fehlen; elastische Bänder verankern das Herz an der Körperwand und bewirken seine Erweiterung. Die Beine besitzen oft ein besonderes Glied (Patella).

Ursprüngliche Charaktere bewahren die Chelicerata in dem extremitätenartigen Bau ihrer vorderen Gliedmaßen (Mandibeln und Maxillen der Mandibulaten), die hier noch Palpen bzw. Schreitbeine bleiben. Primitiv sind wohl ferner das Fehlen des Kristallkegels in den Seitenaugen und die hohe Ausbildung des Arteriensystems, in der sie nur von manchen Krebsen erreicht werden. Die Mitteldarmdrüsen sind umfangreich, ihre hinteren Blindschläuche fungieren exkretorisch (Malpighische Gefäße).

Die Entwicklung ist direkt (echte Larven treten nur sekundär in geringem Ausmaß auf).

Innerhalb der Chelicerata sind die Aglaspida des Kambriums mit *Strabops*, *Aglaspis*, *Becwithia* basale Formen: Verlust der 1. Antennen, Ausbildung der Cheliceren und des Prosoma sind bei ihnen vollzogen, der Hinterkörper trug jedoch Schreitbeine in größerer Zahl.

1. Klasse: Merostomata

Die Merostomata bewahren in vielem eine ursprüngliche Organisation und die primitive aquatile Lebensweise.

Zu ihnen gehören rezent die Pfeilschwänze (Xiphosura) und fossil die paläozoischen Eurypterida. Ihre Kennzeichen sind: die Ausbildung von 4–5 Rumpfbeinpaaren zu plattenartigen Kiemen- und Schwimmbeinen, die Verlagerung des Mundes zwischen die Schreitbeine, die mit großen Enditen versehen sind. Das 1. Beinpaar des Hinterleibes bildet eine Art Unterlippe (Chilaria bzw. Metastoma). Die Seitenaugen sind Facettenaugen, deren Ommatidien eine stark wechselnde Zahl von Sinneszellen (4–20) enthalten; die Medianaugen sind klein.

1. Ordnung: Xiphosura (**Pfeilschwänze**). Die Xiphosura leben heute in zwei getrennten Gebieten: an der Ostküste Nordamerikas *(Limulus polyphemus)* und im malayischen Gebiet *(Tachypleus* und *Carcinoscorpius)*. *Limulus* wurde auch an europäische Atlantikküsten verschleppt. Sie sind gegenüber Salzgehalts- und Temperaturschwankungen recht unempfindlich und kommen auch im Brackwasser vor. Ihr Prosoma ist groß und trägt relativ kleine Cheliceren, laufbeinartige Pedipalpen und 4 Schreitbeinpaare, die mit Ausnahme des letzten gleichfalls kleine Scheren und große beborstete Laden tragen. Das letzte Beinpaar ist noch durch den Besitz eines Epipoditen (= Flabellum) ausgezeichnet. Die Flabella erfüllen folgende Funktionen: Beim im Substrat grabenden Tier verhindern sie das Eindringen von größeren Fremdkörpern in die Kiemenkammer, beim ruhenden Tier treiben sie einen schwachen Wasserstrom durch die Kiemenkammer, beim schwimmenden Tier dichten sie die Kiemenkammer vorn ab und ermöglichen so Vorwärtsschwimmen durch Auspressen des Wassers aus der Kiemenkammer caudalwärts (Rückstoßprinzip). Der Hinterkörper ist bei den rezenten Xiphosura zu einer einheitlichen Platte verschmolzen, sein vorderstes Segment ist im Mittelteil dem Prosoma angegliedert; seine Beine bilden die nach vorn gebogenen Chilaria (= Unterlippe). Die nächsten 6 Beinpaare des Hinterkörpers (2.–7.) bedecken einander teilweise und sind plattenartig mit verkürztem Stamm und breiten Epipoditen; das vorderste (2.) dient als Genitaldeckel (Operculum), die nächsten (3.–7.) tragen an der Hinterwand des Epipoditen zahlreiche dichtgestellte Kiemenlamellen. Der Schwanzstachel ist lang. Die Tiere leben am Boden der Flachmeere, z. T. im Sand wühlend, und bevorzugen meist tierische Nahrung, besonders Muscheln. Zur Paarungszeit kommen sie nahe ans Ufer, die Männchen klammern sich an die Weibchen und befruchten die in Sandgruben abgelegten Eier. Die Entwicklung führt zu vollsegmentierten, freischwimmenden Jugendstadien (Trilobitenlarve, Abb. 160) mit nur 2 Paar Plattenbeinen am Hinterkörper. Das jüngste geschwänzte Stadium ist 6 mm lang; im ersten Jahr erfolgen 5–6 Häutungen, später nur 2 oder 1 pro Jahr. Geschlechtsreife wird erst mit etwa 10 Jahren erreicht.

Eine besondere Bedeutung hat *Limulus* in der Pharmazie erlangt. Sein Blut, das 1 Zelltyp ent-

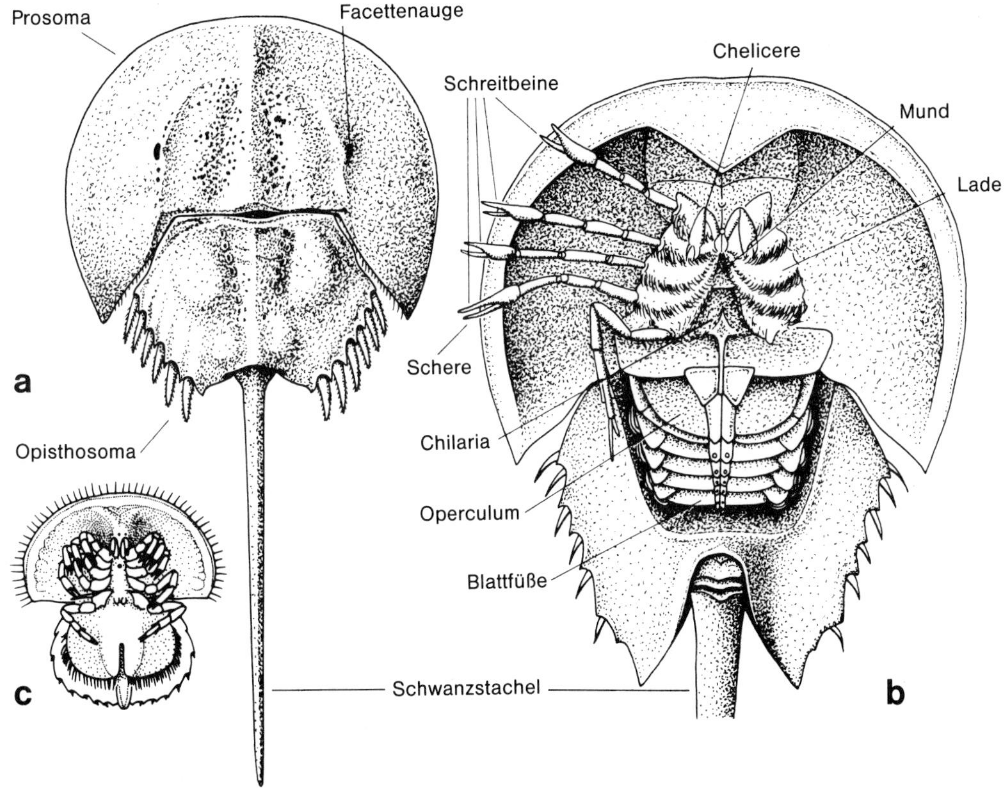

Abb. 160: Xiphosura. a. Dorsal-, b. Ventralansicht, c. Entwicklungsstadium kurz vor dem Schlüpfen aus der Eihülle. Nach Costlow, van der Hoeven, Sekiguchi, Störmer, Yamamichi

hält, findet für eine In-vitro-Testmethode zur Ermittlung des Endotoxingehaltes von parenteral anzuwendenden Arzneimitteln und als indirekte Nachweismethode für höhere Keimzahlen gramnegativer Bakterien Verwendung.

2. Ordnung: Eurypterida (Gigantostraca). Sie lebten vom Ordovicium bis zum Perm, zunächst im Meer, dann auch in Brack- und Süßwasser. Unter ihnen finden wir die größten Arthropoden (Abb. 161); *Pterygotus rhenanus* erreichte 1,8 m Länge. Sie waren offenbar rasche Schwimmer, deren letzte Prosomabeine oft kräftige Ruder sind, sie lebten als Räuber. Gegenüber den Xiphosura behielten sie einen langen gegliederten Hinterkörper, der in ein breites 7gliedriges Praeabdomen und ein 5gliedriges schmales Postabdomen zerfiel, dem der Schwanzstachel oder die Schwanzplatte folgte. Die Cheliceren sind Scheren, die nächsten beiden Extremitätenpaare bisweilen hakenbesetzte Raubbeine. Die Extremitäten des Hinterkörpers sind spezialisierter und median mehr oder weniger verwachsen. Die ersten bilden die einheitliche Unterlippe, die 2.–6. die breiten Kiemenplatten. Kiemen sind also auch am Genitalsegment vorhanden, das beim Männchen einen medianen Fortsatz aus den Extremitätenstämmen trägt. Eurypteridae, Pterygotidae, Stylonuridae, Carcinosomidae.

2. Klasse: Arachnida (Spinnentiere)

Die Spinnentiere sind der zum Landleben übergegangene Zweig der Chelicerata, und sie waren bereits in Devon und Karbon in die Hauptgruppen differenziert. Sie existieren heute in vielen Tausenden von Arten und ernähren sich zum großen Teil von Insekten.

Viele Besonderheiten der Arachnida ergeben sich aus dem Landleben. Die Kiemen werden zunächst durch Einstülpung zu Fächerlungen

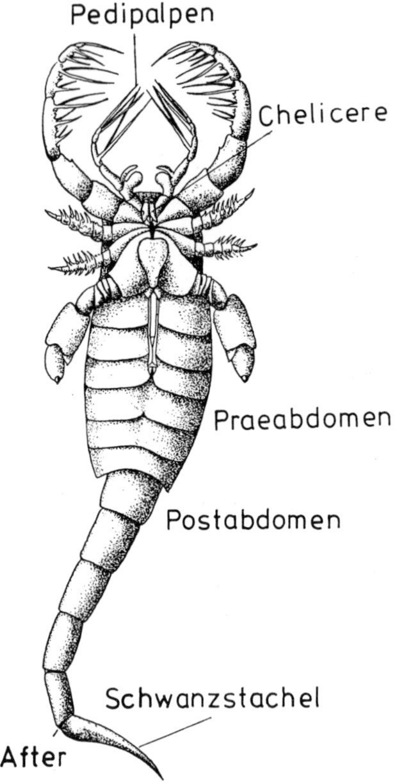

Abb. 161: *Mixopterus*, Eurypteride aus dem Silur. Länge ca. 70 cm. Nach Störmer

(S. 219), diese werden in vielen Ordnungen durch Tracheen verschiedener Herkunft ersetzt, die schließlich bei den Solifugae mit Längskanälen verbunden sind und so dem Tracheensystem der höheren Insekten gleichen. Der Mund liegt weiter vorn als bei den Merostomata, enditenähnliche Laden bilden vor ihm einen Mundvorraum, in dem bereits eine Nahrungsverarbeitung stattfinden kann. Die Laden werden meist von den Palpen (2. Extremitäten) gebildet. Die Cheliceren sind kleine Scheren, Klauen (bei Webspinnen mit Giftdrüse) oder Stilette, die nächsten Extremitäten wechseln von Laufbeinen (Palpigradi) zu mächtigen Scheren (Skorpione, Pseudoskorpione), hakenbesetzten Fangbeinen (Pedipalpi) bis zu Tastern (Araneae). Die übrigen Beine des Prosoma bleiben i. a. Schreitbeine meist mit 2 Krallen. Bei einigen Milben kommt es zur Reduktion der letzten Beinpaare. Am Hinterkörper fehlen Extremitäten am 1. Segment, die des 2. bilden Genital- oder Lungendeckel, die des 3. bei Skorpionen die großen gefiederten Kämme, sonst oft Lungendeckel, die des 4. und 5. Segmentes bei den Araneae die Spinnwarzen. Bei Skorpionen enthält der Hinterkörper 13 Segmente. Sehr rasch verkürzt er sich jedoch, wird sackförmig und verliert bei Araneae und Milben äußerlich seine Gliederung. Der Schwanzstachel enthält bei Skorpionen eine Giftdrüse, sonst ist er mehrfach ein geringelter Faden, den meisten Gruppen fehlt er völlig.

Merkwürdig ist die Auflösung der Seitenaugen, die nie mehr Facettenaugen sind. An ihrer Stelle stehen einzelne Linsenaugen, die zusammen mit den Medianaugen über den Vorderkopf verteilte Gruppen bilden, oft sind nur die Medianaugen vorhanden. Dafür sind Hautsinnesorgane reich entwickelt, besonders bewegbare Tast- und Vibrationshaare (Trichobothrien) und die Spaltsinnesorgane. Letztere können zu lyraförmigen Organen zusammentreten. Sie recipieren Kräfte, die auf die Cuticula wirken. Das Nervensystem erfährt eine rasche Konzentration. Neben dem Exoskelet, das seine innere Oberfläche oft durch Einstülpungen und Verdickungen (Entapophysen, Apodeme) vergrößert, ist vielfach noch ein mesodermales Innenskelet ausgebildet (Endosternit), das eine Platte darstellt, auf der das Unterschlundganglion liegt und an der viele Muskeln ansetzen können (fehlt bei Solifugae).

Der Darmkanal beginnt mit dem Mund, vor dem meist unter Beteiligung der Extremitätenbasen ein Mundvorraum gebildet wird, in den Verdauungssaft gegeben wird. Ein stark erweiterbarer Abschnitt des Vorderdarms ist als praecerebrale Saugpumpe entwickelt. Anschließend verengt sich der Vorderdarm, passiert den Raum zwischen Ober- und Unterschlundganglion, um dann bei Amblypygi und Araneae eine postcerebrale Saugpumpe zu bilden. Der Mitteldarm ist im allgemeinen mit umfangreichen Anhängen (Mitteldarmdrüsen) ausgestattet, die resorbieren, sezernieren und speichern.

Als Exkretionsorgane fungieren neben den entodermalen Malpighischen Gefäßen (fehlen bei Palpigradi, Pseudoscorpiones, Opiliones und manchen Acari) und Coxaldrüsen (Nephridien mit Coelomraum (= Sacculus)), die im allgemeinen in 1 Paar ausgebildet sind, Nephrocyten, die in Bluträumen liegen, und andere freie Zellen.

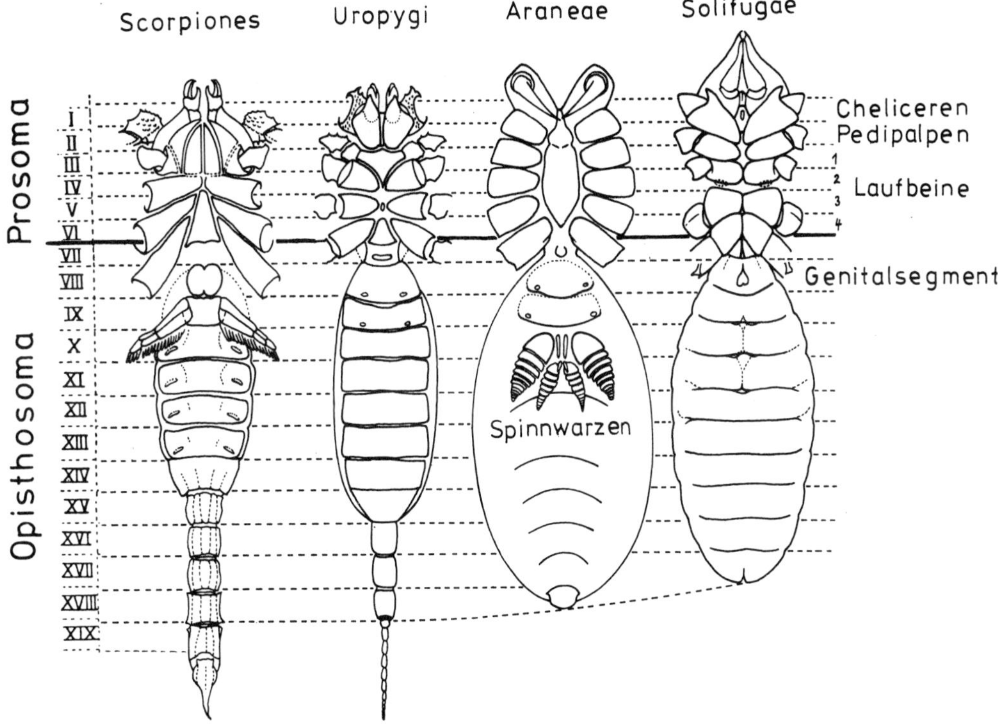

Abb. 162: Gliederung verschiedener Arachniden. Ob die hier dargestellte Segmentierung der Skorpione richtig ist, kann noch nicht entschieden werden. Vielleicht liegt im Praeabdomen eine Segmentverdoppelung vor. Als Beispiel für die Araneae dient der primitive *Lipistius*. Nach Millot

Die oft komplizierten Gonaden münden konstant am 2. Segment des Hinterkörpers. Die Befruchtung ist eine innere, die Art der Spermienübertragung jedoch ganz verschieden, z.T. durch einen echten Penis (Opiliones, manche Milben), oft durch Extremitäten, bei den Araneae z.B. durch die Palpen, bei Solifugae und manchen Milben durch die Cheliceren, bei Ricinulei und anderen Milben durch modifizierte Laufbeine; Skorpione, Pedipalpi, Pseudoskorpione und viele Milben setzen Spermatophoren ab, die vom Weibchen aufgenommen werden. Brutpflege ist häufig, echte Viviparie kommt bei Skorpionen und einigen Milben vor. Der Lebensraum der Arachnida umfaßt fast alle Lebensräume des Landes, sekundär ins Wasser und sogar ins Meer sind einige Webspinnen und mehrere Familien der Milben vorgedrungen. Nur in dieser letzten Gruppe – der artenreichsten und vielgestaltigsten unter den Arachnida – treffen wir Paraisten und Pflanzenschädlinge.

1. Ordnung: Scorpiones (Skorpione)

Die Skorpione sind in vieler Hinsicht die primitivsten Arachniden.

Besonders ursprüngliche Charaktere sind:

1. Das lange, gegliederte Opisthosoma (Abdomen), das aus einem breiten siebengliedrigen Praeabdomen («Mesosoma») und einem sechsgliedrigen Postabdomen («Metasoma») besteht. Im Postabdomen sind Pleuren mit Tergiten und Sterniten zu einheitlichen starren Ringen verwachsen; dieser Körperteil kann wie eine Extremität nach allen Seiten bewegt werden. Am Ende trägt er einen Giftstachel.

2. Die hohe Zahl von Fächerlungen an den Abdominalsegmenten 4–7 (die übrigen Arachniden tragen höchstens 2 Paar an Segment 2 und 3 des Abdomens).

3. Die Bauchganglienkette mit 7 freien Ganglienpaaren im Abdomen (das letzte ist ein Verschmelzungsprodukt aus zwei segmentalen Ganglien).

Primitive Charaktere, welche die Skorpione nur mit einzelnen anderen Arachniden gemeinsam haben, sind die hohe Zahl der Ostienpaare des Herzens (7, bei einigen Pedipalpi 9, Solifugae 8), die Existenz von Laden an 1. und 2. Laufbeinpaar (ähnlich bei Opiliones), das reichentwickelte Blutgefäßsystem mit zahlreichen Arterien und 7 Paar Lungenvenen (ein vergleichbares Gefäßsystem gibt es nur bei Pedipalpi). Eigene Charaktere, die erst nach der Abzweigung der Skorpione von den übrigen Arachnida erworben wurden, sind die starke Reduktion des Abdominalsegmentes 1, die Umbildung der Abdominalextremitäten 3 in Kämme (Pectines), des Endsegmentes in einen Giftstachel mit Giftdrüse und die Verlagerung der Stigmen vom Hinterrand der Sternite auf die Fläche. Die Kämme entstammen paarigen Extremitäten. Sie sind mit Mechanoreceptoren vom phasischen Typ besetzt. Beim Laufen nähern sie sich ständig dem Untergrund und berühren ihn.

Die Skorpione sind eine Ordnung mit starrem Bauplan, der bereits im Silur ausgeprägt war. Bei den silurischen Palaeophonidae endeten die Beine mit einfachem, zugespitztem Praetarsus, bei allen späteren Arten mit zwei Krallen; nur deren erstes Jugendstadium verhält sich wie bei den Palaeophonidae. Die Atemorgane der palaeozoischen Formen waren Lamellen hinter plattenartigen, einander überlappenden Opisthosomaextremitäten. Beide morphologischen Besonderheiten werden als Hinweis auf ein Leben im Wasser gewertet.

Alle rezenten Skorpione sind ovovivipar bzw. vivipar. Die Entwicklung im Mutterleib umfaßt die wichtigsten Unterschiede der heutigen Arten. Die dotterarmen Eier der Scorpionidae furchen

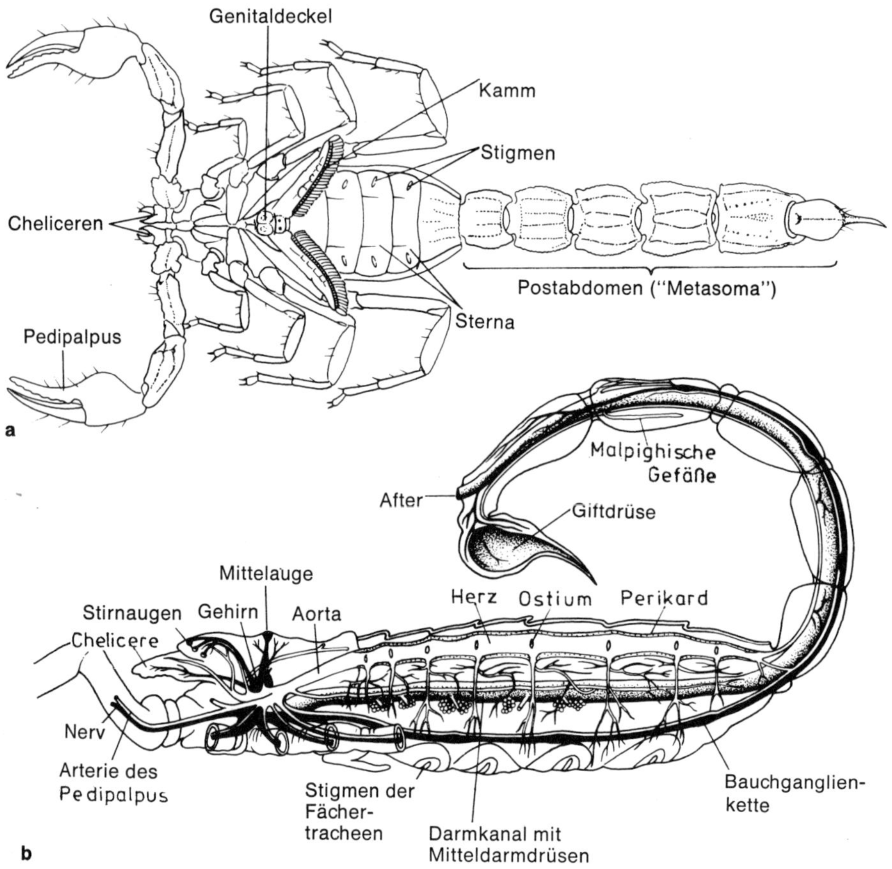

Abb. 163: Scorpiones. a. Ventralansicht von *Pandinus*, b. Organisationsschema. Nach Demoll, Newport, Versluys

sich total in kleinen Blindschläuchen (Divertikeln) der Ovarien (katoikogener Typus). Der Endabschnitt dieser Divertikel (Appendix) wird zu einem Nährorgan für den sich im Mittelabschnitt entwickelnden Embryo. Die anderen Familien gehören – soweit bekannt – dem apoikogenen Typus an. Hier entwickeln sich die dotterreichen Eier in den Ovidukten unter Bildung zweier Embryonalhüllen (Amnion und Serosa). Weitere Unterschiede betreffen die komplizierten Endabschnitte der Samenleiter (Paraxialorgan, in ihm wird ein Teil der Spermatophore abgesondert) und den Bau der Giftdrüse (gekammert oder ungekammert usw.).

Die ca. 700 Arten umfassende Ordnung lebt in allen Erdteilen, meidet aber die kälteren Zonen etwa jenseits des 50. Breitengrades. Die Skorpione sind nachtaktive Raubtiere, die von Insekten leben. Zahlreiche Arten dringen in Trockengebiete vor. Länge 1,3–18 cm. Färbung meist gelblich, braun oder schwarz. Ihre Beute packen sie mit den Scheren; leistet sie Widerstand, wird sie mit dem Gift des Giftstachels getötet. Das Sekret kann in einzelnen Fällen auch Menschen töten. Gemeinsam scheint ihnen außer Ovoviviparie bzw. Viviparie das Begattungsspiel zu sein, in dessen Verlauf das Männchen das Weibchen mit den Scheren ergreift und über eine auf den Boden abgesetzte Spermatophore zieht. Die neugeborenen Skorpione besteigen die Mutter und nehmen an deren Mahlzeiten teil.

Buthus: gelb bis braun, in Ländern am Mittelmeer verbreitet.

Androctonus: Die in Wüsten Nordafrikas lebende Art *A. australis* gilt als sehr gefährlich für den Menschen, sie kann einen Hund in Sekunden töten.

Pandinus imperator: größte Art (18 cm lang), in Westafrika.

Euscorpius-Arten in Südeuropa verbreitet (braun – schwarz).

2. Ordnung: Pedipalpi (Geißelskorpione und Geißelspinnen)

Die Pedipalpi gehören zu einer zweiten Entwicklungslinie der Arachniden, die wohl alle Ordnungen außerhalb der Skorpione umfaßt und daher oft als Lipoctena = Epectinata den Skorpionen (als Pectinifera) gegenübergestellt wird.

Von manchen Systematikern werden die Pedipalpi in drei getrennten Ordnungen geführt: Uropygi, Schizomida und Amblypygi.

Die artenarmen, aber vielgestaltigen Pedipalpi (Abb. 164) zeigen folgende primitive Merkmale: als Atemorgan fungieren nur 1 oder 2 Paar Fächerlungen; Röhrentracheen fehlen; das Herz enthält noch zahlreiche Ostien (5–9 Paar); die Zahl der Lungenvenen ist groß (5–7 Paar); das Abdomen enthält meist noch 12 deutliche Segmente, von denen das erste noch Tergit und Sternit trägt, die letzten drei bilden oft ein kleines Postabdomen aus ringförmigen Gliedern.

Sondercharaktere der Pedipalpi sind: die Umwandlung des 1. Laufbeines in ein langes, gliederreiches Tastbein ohne Krallen, dessen Insertion am Rumpf nach außen verschoben ist (die Pedipalpi laufen also nur auf drei Beinpaaren), die Cheliceren sind zweigliedrig und stehen etwa zwischen einer Schere und einer Klaue. Die Pedipalpen werden zu einer komplizierten Fangextremität, bei den Schizopeltidia sind sie noch beinähnlich, bei den Holopeltidia große Scheren, bei den Amblypygi dornenbesetzte Greifarme. Giftdrüsen fehlen in diesen Gliedmaßen. Ein oder zwei Paar Nephridien. Die Ausführungsgänge der einfachen Gonaden sind, besonders beim Männchen, kompliziert, sie können ein umfangreiches Schlauchsystem bilden. Ausbildung von Spermatophoren. Die Eier werden in einem Eiersack an der Genitalplatte befestigt getragen.

Die Pedipalpi umfassen zwei Unterordnungen, die schon im Karbon getrennt waren und oft als eigene Ordnungen bewertet werden; die eine (Uropygi, Geißelskorpione) ähnelt in Körperform und durch die Umbildung der Pedipalpen in Scheren den Skorpionen, die andere (Amblypygi, Geißelspinnen) steht den Araneen nahe, unterscheidet sich aber durch das Fehlen der Giftdrüse an den Cheliceren sowie der Spinnwarzen und -drüsen.

Die ca. 200 Arten besiedeln Tropen und Subtropen und dringen nur in Asien weit nach Norden vor. Körperlänge: 0,3 cm bis 7,5 cm.

1. Unterordnung: Uropygi (Geißelskorpione, Abb. 164). Etwa 130 Arten. Peltidium länger als breit; die drei Endglieder des Abdomens (= Postabdomen) klein und röhrenförmig, das letzte mit einem Schwanzfaden (Flagellum). Dieser ist dem Giftstachel der Skorpione bzw. dem Schwanzstachel der Xiphosuren homolog. Das Sternum des 3. Prosomasegmentes bildet keine «Unterlippe», Ansatz des Abdomens mäßig verschmälert. Mit Analdrüsen (Wehr-, Giftdrüsen), die bis zu den Fächerlungen reichen können. Das Sekret wird gegen Angreifer gespritzt. Es kann bis über 80% Essigsäure enthalten *(Mastigoproctus)*, Ameisensäure *(Thelyphonus)* oder auch Chlor. Im Nervensystem noch ein isoliertes Abdominalganglion.

a. Holopeltidia (= Thelyphonida) 17–75 mm lang (ohne Flagellum). Peltidium einheitlich. Palpen zu Scheren umgebildet. Flagellum lang und fadenförmig. Herz mit 9 Paar Ostien. Mit Medianaugen und jederseits drei Seitenaugen. 2 Paar Fächerlungen. Mittel- und Südamerika, Süd- und Ostasien bis Polynesien, meist in Regenwäldern. Fortpflanzungsverhalten ähnlich wie bei Skorpionen (Spermatophorenübertragung, Junge nach der Geburt auf Rücken der Mutter). *Hypoctonus, Typopeltis, Mastigoproctus, Thelyphonus.*

b. Schizopeltidia (Schizomida). Zwerghaft, 3–18 mm lang. Das letzte Segment trägt ein kurzes, aus höchstens 3 Gliedern zusammengesetztes Flagellum. Peltidium in Pro-, Meso- und Metapeltidium zerlegt. Palpen noch weitgehend beinähnlich mit Endklaue. Herz mit 5 Paar Ostien. Augen fehlend oder reduziert. 1 Paar Fächerlungen. Tropengebiete, im Boden oder in Höhlen. *Schizomus, Trithyreus, Stenochrus.*

2. Unterordnung: Amblypygi (Geißelspinnen, Abb. 164). 100 Arten. Peltidium breiter als lang, Opisthosoma verkürzt, kein Postabdomen. Ansatz des Abdomens stielartig. Ohne Analdrüsen. 6 Paar Ostien im Herzen. Herz auf Hinterkörper beschränkt. Palpen große dornenbesetzte Fangarme, das erste Laufbein als Tastbein stark verlängert, Spannweite bis 60 cm. Vorder- und Mitteldarm erinnern an Araneen, prae- und postcerebrale Saugpumpe. 7–45 mm lang. Tropen und Subtropen. *Acanthophrynus, Phrynichus.*

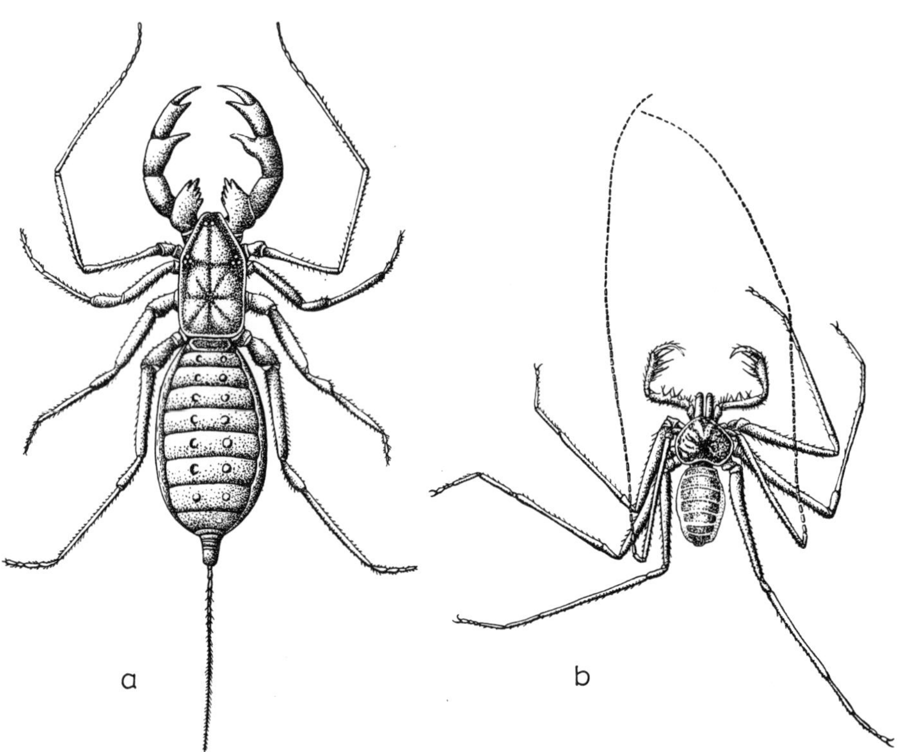

Abb. 164: a. Geißelskorpion *(Mastigoproctus giganteus)*, Körperlänge 6,5 cm, b. Geißelspinne *(Charinus milloti)*, Körperlänge 1,2 cm. Nach Millot, Pocock

3. Ordnung: Palpigradi

Diese Ordnung enthält nur etwa 60 Arten von sehr geringer Körpergröße (0,6–2,8 mm Rumpflänge). Sie ähneln in so vielen Merkmalen den Pedipalpi Uropygi, daß die Berechtigung der Stellung als eigene Ordnung oft angezweifelt wurde. Solche Ähnlichkeiten sind: die drei röhrenartigen letzten Abdominalglieder, der gegliederte Schwanzfaden (Flagellum), die Gliederung des Peltidiums in ein großes Propeltidium, paarige kleine Mesopeltidia und ein Metapeltidium (vgl. Schizopeltidia) und ein freies Opisthosomalganglion (Abb. 165).

Allgemein an Pedipalpi erinnern die Umbildung des 1. Laufbeins in ein Tastbein mit auswärts verlagertem Ursprung und die Größe der Ventralplatte des 2. Opisthosomalsegmentes. Einige Sondercharaktere sind sicher Reduktionserscheinungen, so das Fehlen von Fächerlungen und Tracheen, von Malpighischen Gefäßen, Kreislaufsystem und Augen.

Die Mundbildung ist die einfachste unter den Arachniden: Die schlitzförmige Mundöffnung reicht bis zwischen die Chelicerenbasen, liegt also besonders weit vorn; Hüften von Extremitäten sind nicht als Kauladen ausgebildet.

In manchen Merkmalen sind jedoch die Palpigradi primitiver als die Pedipalpi, so sind z. B. die Cheliceren noch echte, dreigliedrige Scheren, die Palpen weitgehend laufbeinartig. Meist werden auch die Sternalplatten des Prosoma als besonders primitiv innerhalb der Arachnida gewertet, es sind hier 5 deutliche Platten in den Segmenten 1, 2 + 3, 4, 5 und 6 vorhanden, von denen die zweite besonders groß ist und die vordere als Unterlippe fungiert.

Weitere Eigenarten sind: die Mündung des einen Nephridienpaares an der Hinterwand der Tastbeinhüfte, die einfachen sackförmigen, z. T. segmentalen Darmblindsäcke und das elfgliedrige Abdomen. An den Opisthosomasegmenten 4–6 kommen drei Paar von Ventralsäcken vor, die durch Blutdruck ausgestülpt und durch Dorsoventralmuskeln zurückgezogen werden können. Man schreibt ihnen Respirationsfunktion und Wasseraufnahme zu.

Die Palpigradi sind versteckt lebende Feuchtlufttiere warmer Regionen, bis Mitteleuropa (Österreich). Eine Familie: Koeneniidae. *Koenenia*, *Prokoenenia* u. a.

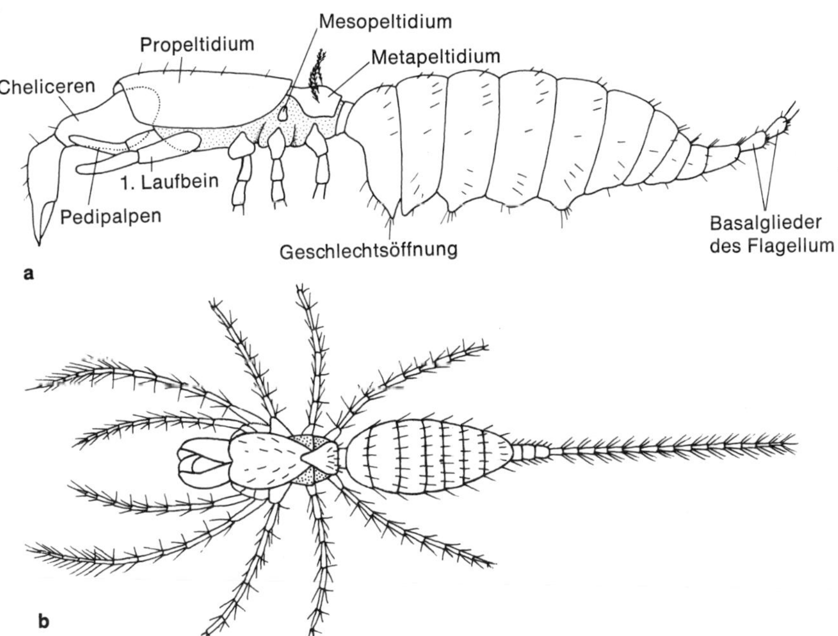

Abb. 165: Palpigradi. *Koenenia mirabilis* in Seiten- (a) und Dorsalansicht (b). Körperlänge 1,2 mm. Nach Hansen, Sörensen

4. Ordnung: Araneae (Webspinnen)

Mit 30000 Arten sind die Araneae nach den Acari die artenreichste rezente Ordnung der Chelicerata. Sie schließen sich an die Pedipalpi Amblypygi an, sowohl in primitiven Charakteren wie dem reichentwickelten Arteriensystem, dem zwölfgliedrigen Abdomen, den jederseits drei Seitenaugen und den zwei Paar Nephridien bei primitiven Arten sowie dem Besitz von Fächerlungen, als auch in speziellen Eigenarten wie der Ausbildung der Cheliceren als zweigliedrige Klaue und dem gestielten Abdomen, dessen Stiel vom ersten Segment gebildet wird (Abb. 166).

Spezielle Sondercharaktere der Araneae sind:

1. Die umfangreiche Giftdrüse der Cheliceren, die den Uloboridae sekundär fehlt.

2. Die Spinnwarzen. Sie sind Umbildungen der Extremitäten des 4. und 5. Abdominalsegmentes; ursprünglich waren vier Paare vorhanden (*Lipistius*, Abb. 162, 167).

Ob sich jede Extremitätenanlage in eine äußere, große und eine innere, kleine Spinnwarze differenziert hat oder ob sich hier eine Zweiästigkeit der ursprünglichen Extremitäten widerspiegelt, ist umstritten. Jedenfalls wird die Zahl vielfach verringert; das vordere Paar kann zu einer Spinnplatte (Cribellum) und schließlich zu einem unpaaren Hautzipfel (Colulus) werden. In ihrer ursprünglichen Lage an der Ventralfläche des Abdomens finden wir die Spinnwarzen nur noch bei den Mesothelae (Abb. 162, 167), bei den übrigen Gruppen sind sie nach hinten in die Afterregion verlagert (Opisthothelae). Der auf den Spinnwarzen an den Spitzen von hohlen, kanülenartigen Haaren (Spinnspulen) mündende Drüsenapparat ist kompliziert und kann mehrere hundert Drüsen enthalten, die mehreren Typen zuzuordnen sind, so Glandulae aciniformes, piriformes, tubuliformes, flagelliformes, ampullaceae, aggregatae. Mit dem Cribellum können Tausende von Drüsen in Verbindung stehen, die über sehr zarte Spinnröhrchen ausmünden. Das Sekret dient zum Wohnröhrenbau, zur Eikokonbildung, zur Herstellung von Flug- und Fangfäden, Fangnetzen, zum Umspinnen der Beute usw.

Spinnwebfäden existieren in mehreren Typen und sind nicht einheitlich gebaut. Fäden aus Netzen können eine Dicke von $^1/_{100}$ mm erreichen (andere sind weniger als $^1/_{1000}$ mm dünn) und sind stark zugbeanspruchbar. Ihre Festigkeit liegt bei 20–60 kp/mm², ihre Reißlänge übertrifft die normalen Stahls. Fangfäden können mit Klebsekret überzogen sein (ecribellate Spinnen), oder sie stellen Doppelfäden dar, auf die eine dünne Fangwolle aus vielen 1000 Drüsen aufgelegt wurde (cribellate Spinnen).

Ein wesentlicher Bestandteil der Spinnwebfäden sind Aminosäuren mit kurzen Seitenketten. Polymerisation und paralleles Ausrichten der Moleküle sind wesentliche Vorgänge beim Austritt des Sekretes aus den Drüsen.

3. Die Palpen der Männchen sind als Spermaüberträger ausgebildet. Dem Tarsus sitzt im einfachsten Fall ein rübenförmiger Anhang (Bulbus) an, der innen einen schraubigen, nahe der Spitze mündenden Hohlkanal als Spermabehälter (Samenschlauch, Spermophor) enthält (Abb. 166). Die Mündungsspitze kann zu einem komplizierten Fortsatz (Embolus, Stylus) ausgezogen sein, der mehr als körperlang wird. Weitere Fortsätze am Bulbus kommen hinzu. Die weichhäutige Ansatzstelle des Bulbus am Tarsus kann zu einem bluterfüllten Schwellorgan (Haematodocha, Tasterblase) werden, die schraubig vorgestülpt werden kann. Der Tarsus selbst wird zu einem Deckel (Cymbium) für diesen Apparat. Das Sperma wird, soweit bekannt, erst auf ein besonders gesponnenes Netz (Spermanetz) gebracht und von dort in den Taster aufgenommen. Der Taster wird in die Genitalöffnung des Weibchens eingeführt und das Sperma entlassen.

4. Das Prosoma trägt eine große zentrale Sternalplatte zwischen den Ansatzstellen der Laufbeine, eine vorn gelegene Abgliederung ragt als Unterlippe zwischen die Laden der Palpen.

Innerhalb der Araneae sind folgende Umbildungen wichtig:

1. Die äußere Segmentierung des Abdomens verschwindet. Bei den Mesothelae ist sie noch erhalten (Abb. 167), bei den Hypochilidae sind im männlichen Geschlecht noch Tergite ausgebildet, bei den übrigen Gruppen ist das Abdomen ein einheitlicher Sack ohne Platten. Nur in frühen Jugendstadien ist auch hier die Segmentierung angedeutet.

2. Die ursprünglichen Fächerlungen werden allmählich durch Tracheen ersetzt, indem das hintere Lungenpaar, z. T. auch das vordere, in Tracheen umgebildet wird und neue Tracheen aus Entapophysen entstehen. Daraus ergibt sich die Vielfalt der Atemorgane. Zwei Paar Fächer-

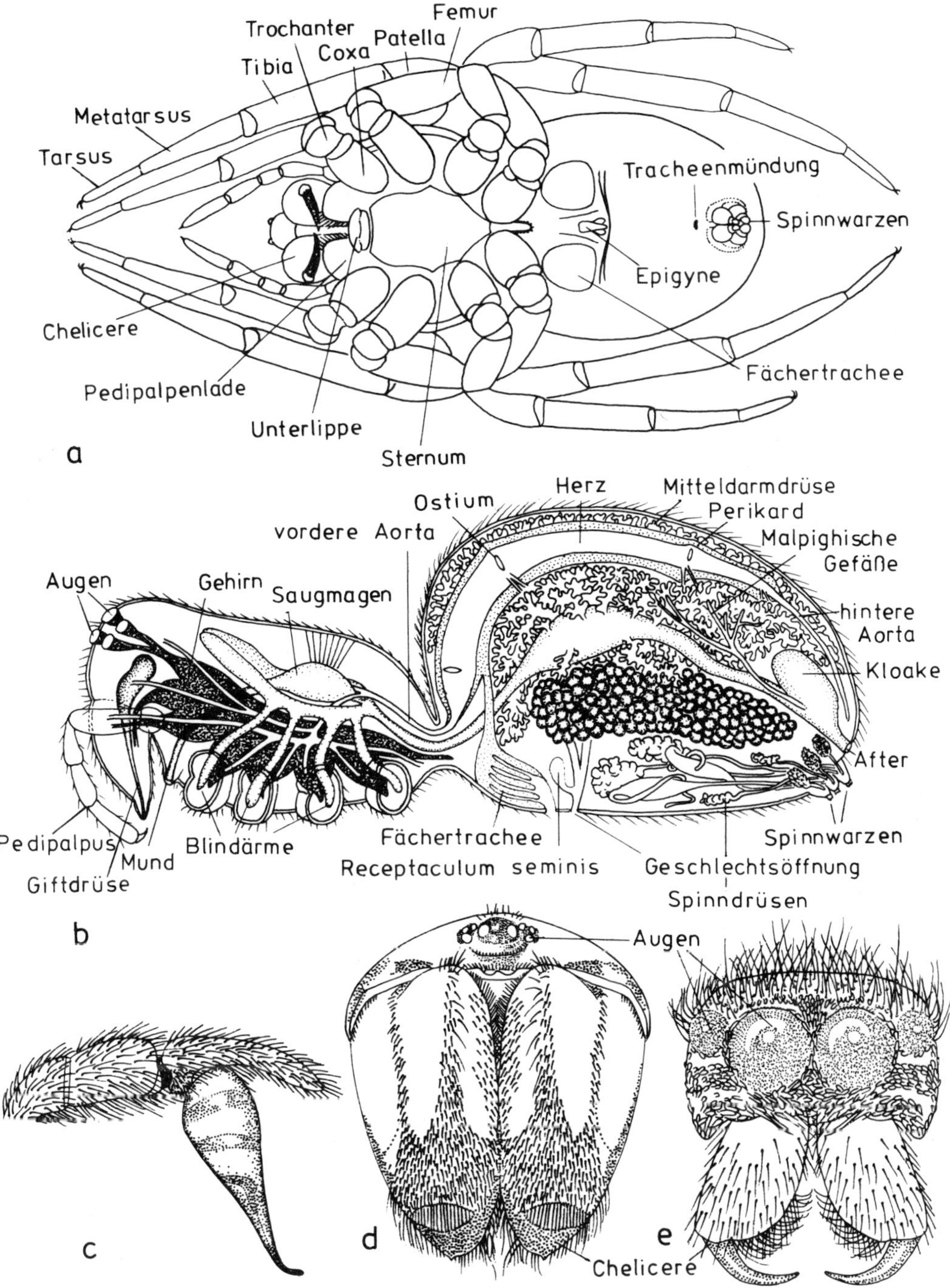

Abb. 166: Araneae. a. Ventralansicht eines Kreuzspinnen-Weibchens, b. Organisationsschema einer labidognathen Spinne, c. einfacher Palpus einer männlichen *Segestria* mit Kopulationsapparat, d. Vorderansicht von *Atypus*, e. Vorderansicht von *Salticus*. Nach Bristowe, Comstock

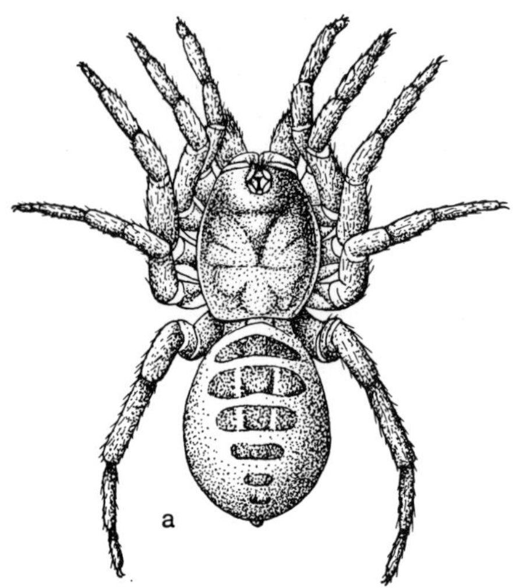

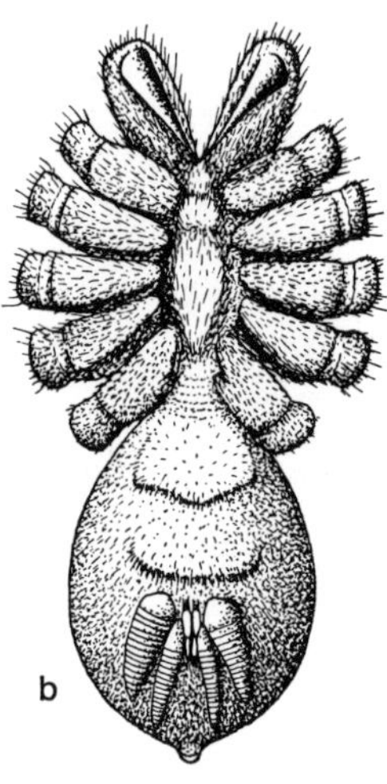

Abb. 167: *Lipistius;* a. Dorsalansicht, b. Ventralansicht. Nach Millot

lungen als einzige Atemorgane sind bei Mesothelae, Mygalomorpha und Hypochilidae ausgebildet, ein Paar bei Pholcidae. Meist sind jedoch Fächerlungen und Tracheen entwickelt, einige Familien besitzen nur Tracheen.

3. Die weibliche Genitalöffnung wird kompliziert. Ihr Bereich ist oft durch eine verfestigte Cuticulaplatte (Epigyne) markiert. Der Aufnahme der Kopulationsorgane dienen Samentaschen (Receptacula seminis). Diese münden ursprünglich in den Endbereich des Genitalganges (Vagina). Bei den Entelegynae aber wird der weibliche Porus infolge Einfaltung der Intersegmentalfurche hinter dem 2. Abdominalsegment einwärts verlagert. Die Samentaschen erhalten eigene paarige Befruchtungsöffnungen und -kanäle auf der Epigyne und münden ihrerseits durch einen Gang in den Uterus externus. Die weiblichen Begattungsteile komplizieren sich entsprechend den männlichen.

4. Im Nervensystem sind bei den Mesothelae alle 17 ventralen Ganglienpaare (5 im Prosoma, 12 im Abdomen) einander genähert, aber deutlich getrennt, bei den übrigen Gruppen verschmelzen 12 Ganglienpaare zu einem großen Komplex, die letzten Paare werden reduziert.

5. Das Herz vermindert die Zahl seiner Ostien und Seitenarterien von 5 (Mesothelae) über 4 (die meisten Orthognatha) über 3 (die meisten Labidognatha) bis auf 2 (Dysderidae u.a.).

Vorkommen und Lebensweise. Die Araneae bewohnen alle Erdteile. Sie sind vorwiegend Landtiere, einige haben das Wasser besiedelt. Den größten Reichtum an Spinnen in der Gezeitenzone weist die Salzwiese auf, manche *(Desis)* legen ihre Wohnglocke in Polychaetenröhren von Korallenriffen an. Ganz zum Leben unter der Wasseroberfläche ist die heimische Wasserspinne *(Argyroneta aquatica)* übergegangen. Manche jagenden Spinnen, so *Pirata* und *Dolomedes* (Abb. 172g), besiedeln die Wasseroberfläche von Süßgewässern. Mit ihren Spinnfäden fliegend bilden viele Arten zeitweise – vor allem im Jugendstadium – ein Luftplankton («Altweibersommer»).

Spinnen leben grundsätzlich räuberisch, sie erbeuten ihre Nahrungstiere jagend (laufend oder springend) oder in Fangnetzen. Gewöhnlich leben sie von Insekten, manche sind auf Spinnen spezialisiert (Mimetidae), andere auf Oligochaeten (*Erigone* bei uns an den Meeresküsten); große Vogelspinnen überwältigen auch Wirbeltiere. Zur Beute gehört für die Weibchen mancher Arten auch das arteigene Männchen (z.B. *Argiope, Cyrtophora, Latrodectus*). Immer wird die Nahrung extraintestinal vorverdaut und durch die enge Mundöffnung – die auch bei großen Vogelspinnen nur einen mm^2 umfaßt – in flüssiger Form aufgenommen. Vorher wird den Beutetieren Gift der Chelicerendrüsen injiziert. Das Gift kann in Einzelfällen auch für den Menschen gefährlich werden. In der mitteleuropäischen Fauna kann der Biß der Wasserspinne zu starken Schmerzen führen. Der Dornfinger *(Chiracanthium punctorium)*, eine Clubionide, die aus dem Mittelmeergebiet hier eingewandert ist, kann Menschen einen sehr schmerzhaften Biß zufügen, der auch Beeinträchtigung des Gesamtbefindens hervorrufen kann.

Die meisten Vergiftungsfälle in Europa sind

auf die zu den Kugelspinnen gehörende Malmignatte *(Latrodectus tredecimguttatus)*, in Amerika auf die Schwarze Witwe *(L. mactans*, Abb. 168) zurückzuführen. *Latrodectus*-Bisse können in warmen Ländern aller Kontinente für Menschen, vor allem für Kinder, tödlich werden. Wichtig ist auch die südamerikanische *Phoneutria* (Familie Kammspinnen, Ctenidae), die mit Bananenladungen nach Europa gelangen kann. Ihr Biß kann tödlich sein, ihr Gift gehört zu den stärksten Nervengiften. Die meisten Todesfälle auf der Erde gehen wohl auf diese Familie zurück. Besonders gefürchtet sind meist die großen Vogelspinnen, die jedoch in der Mehrzahl ungefährlich für den Menschen sind. Sie haben verhältnismäßig kleine Giftdrüsen und können Vögel bis Taubengröße töten. Von den 30000 Spinnenarten, die bekannt sind, haben nachweislich 10–20 unter Menschen Todesopfer gefordert. Die toxische Wirkung des Sekretes wird vorwiegend auf Polypeptide zurückgeführt.

Unterschiedlich ist das Auffinden der Nahrungsobjekte. Besonders auffällig sind Netzbauten, die mit Hilfe von Spinnsekreten der abdominalen Spinndrüsen hergestellt werden. Je nach Bedarf kann die Spinne das Sekret einer der maximal sechs Drüsentypen als Spinnfaden austreten lassen, der vorwiegend aus Seide besteht. Daneben kann er z. B. Kaliumnitrat, Kaliumhydrogenphosphat und Pyrrolidon enthalten. Auf das Protein der Seide ist die Elastizität des Fadens zurückzuführen, das Pyrrolidon als hygroskopische Substanz wirkt wohl dem Eintrocknen entgegen, das Kaliumhydrogenphosphat ist bakteriostatisch, Kaliumnitrat wirkt der Denaturierung der Eiweiße entgegen.

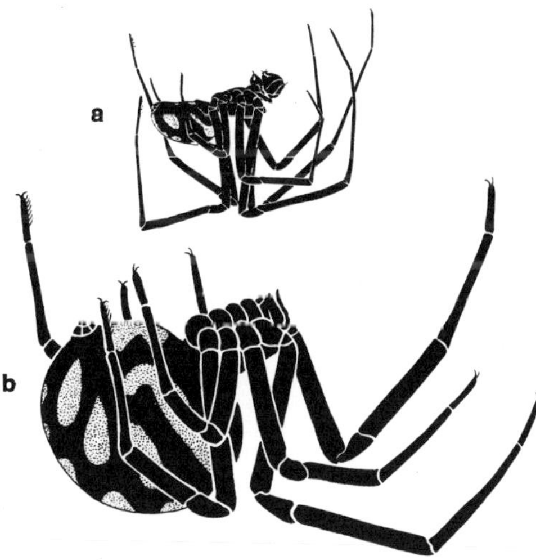

Abb. 168: *Latrodectus*. Die Tiere hängen gewöhnlich mit dem Rücken nach unten in ihrem Gespinst und sind in dieser Stellung gezeichnet. a. Männchen, b. Weibchen. Nach Maretic

Am Beispiel der Garten-Kreuzspinne *(Araneus diadematus)* wird der Bau eines Radnetzes auf Abb. 171 erklärt.

Das Radnetz dient der Spinne als Wohnung und als Falle für Insekten. Anfliegende Insekten bleiben an einem klebrigen spiraligen Faden (Fangspirale) hängen und werden von der Spinne mit weiteren Spinnfäden befestigt und durch Giftinjektion getötet. Aus trockenen Fäden bestehen der Zentralteil des Netzes (Nabe), der Rahmen sowie die die beiden Teile verbindenden Radiärfäden (Speichen).

In die nahe Verwandtschaft der Kreuzspinne gehören auch Gattungen, die wesentlich größere Netze bauen, so die Seidenspinnen *(Nephila)*. In den Netzen, die einen Durchmesser von mehreren m erreichen, können kleine Vögel den Tod finden. Die Spinnfäden sind auf Madagaskar schon vor Jahrhunderten gewerblich zu Seidenstoffen verarbeitet worden.

Radnetzspinnen können außerhalb ihres Netzes auf Beute warten oder auch auf der Nabe. Im letzteren Fall sind die betreffenden Arten bisweilen besonders stark gepanzert (*Gasteracantha*, Abb. 172b), oder die Netze sind mit sog. Stabilimenten versehen. Das sind zentrale Anteile des Fadenbaues, die besonders dicht sind. Bei *Argiope* finden sich beispielsweise zickzackförmige Stabilimente, die als Kreuz angelegt sind, in anderen Fällen bilden sie eine senkrechte Linie oder etwa runde Flecken. Sie verhindern offenbar, daß Vögel in das Netz hineinfliegen und es zerstören.

Das beschriebene Radnetz ist bei Cribellaten und Ecribellaten (s. u.) offenbar konvergent entstanden. Bei beiden Gruppen sind die Fangfäden unterschiedlich konstruiert. Bei den Ecribellaten (z. B. Kreuzspinne) wird ein sog. Tropfenfaden gebildet: Grundseile werden mit einer Leimhülle überzogen, die sich bald zu einer Reihe kleiner Tropfen umwandelt. Bei Cribellaten besteht der Fangfaden (Cribellumfaden) aus Grundfäden, auf die eine dichte Fangwolle, bestehend aus feinsten Fäden, aufgelegt ist, in der Beutetiere hängenbleiben. Die Fangwolle wird von den Drüsen des Cribellum hervorgebracht.

Neben den Radnetzen der Araneidae (Ecribellatae) und Uloboridae (Cribellatae) gibt es eine Reihe weiterer Netztypen. Den einfachsten Fall zeigen eine Reihe von Spinnen, die in selbstgefertigten Erdbauten leben (Abb. 169). Von der Öffnung dieses Baues können radiär Fäden oder auch Blatteile als Stolperfäden oder -gegenstände ausgelegt sein. Stoßen Insekten dagegen, kommt die Spinne hervor und tötet sie. Solche Erdbauten können mit einem Deckel verschlossen werden, der aus Spinnsekret besteht, welchem Bodenteile der direkten Umgebung des Baues aufgelagert wurden, und der mit einem Scharnier aus Seide mit dem Höhleneingang in Verbindung steht (Abb. 169). Derartige Bauten sind z. B. von Mesothelae und Falltürspinnen (Ctenizidae) bekannt. Die Fadenanlage der primitiven *Lipistius* bleibt monate-, vielleicht sogar jahrelang bestehen. Die Tiere verlassen ihren Bau zum Beutefang oder zum Entfernen von abgestreiften Häuten oder von Fremdkörpern. Die Fadenanlage wird dabei nicht verlassen. Vor Häutungen und vor der Eiablage spinnt die Ctenizide *Nemesia caementaria* ihren Deckel fest zu, die Jungen bleiben dann mit der Mutter mindestens 1 Jahr in der Röhre. Andere Spinnen, z. B. *Atypus*, eine heimische Vogelspinne, haben über ihrem Wohnröhreneingang einen Sack aus Seide angebracht (Abb. 169). Wird dieser von einem Insekt berührt, kommt die Spinne aus ihrem Bau und tötet die Beute durch seine Wand hindurch, eröffnet diese sodann, zieht die Beute hinein und repariert den Sack wieder. Waagerechte Decken in der Vegetation werden beispielsweise von den Baldachinspinnen (Linyphiidae) gebaut. Deckennetze, die meist in eine Röhre übergehen, sind für die Trichterspinnen typisch, von denen *Tegenaria* häufig in Wohnungen anzutreffen ist.

Das Spinnsekret kann auch in ganz anderer Weise zum Beutefang eingesetzt werden: Die Lassospinnen *(Dicrostichus, Mastophora)* bauen nur ein kleines Fadengerüst, an dem sie sich aufhängen. Sie halten einen langen Faden, an dessen Ende ein Klebtropfen angebracht ist, und fangen damit anfliegende Insekten. Dabei helfen ihnen wohl noch Sexualpheromone, mit denen Nachtschmetterlinge angelockt werden.

Dinopis hält Cribellumgewebe zwischen den Beinen und spreizt diese, wenn ein Insekt sich nähert. Das Netz wird dabei stark gedehnt und fängt das Insekt ein.

Das Auffinden der Nahrungsobjekte kann auch ohne Netz erfolgen. Wolfspinnen (Lycosidae), Springspinnen (Salticidae) und Krabbenspinnen (Thomisidae) beispielsweise erjagen ihre Beute in Lauf oder Sprung. Einige Krabbenspinnen lauern auf Blüten (Abb. 172i) und fangen fliegende Insekten. Die Speispinne *Scytodes* (Abb. 172d) leimt Beutetiere mit dem ausgespritzten Sekret ihrer Chelicerendrüse am Untergrund fest.

Normalerweise sind Spinnen Einzelgänger, bisweilen leben sie jedoch mit Spinnen oder anderen Arthropoden zusammen. *Argyrodina gibbosa* lebt in Netzen von *Cyrtophora*, *Argiope* u. a. und hat ihre Netzfäden mit deren Netz verbunden; auf diese Weise wird sie über einen Jagderfolg informiert und kann an der Mahlzeit ihres «Wirtes» teilnehmen.

Von einigen Spinnen ist Sozialverhalten bekannt, das verschiedene Lebensbereiche umfassen kann. Manche Araneiden verbringen den Tag in gemeinsamen sackartigen Gespinsten, abends werden individuelle Fangnetze gebaut, andere bauen zu mehreren einen gemeinsamen Kokon, der Weibchen und Eikokon umschließt. Vereinzelt teilen sich Spinnen auch ein Beutetier.

Als Beispiel für Mimikry soll nur *Myrmarachne* (Abb. 172j) erwähnt werden, die Ameisen imitiert und sogar nur auf drei Beinpaaren läuft; auch Mutilliden-Mimikry ist beschrieben worden.

1. Unterordnung: Mesothelae. Primitive Restgruppe mit 9 Arten in Südostasien. Abdomen noch durch Tergite und ventrale Querfurchen gegliedert. Spinnwarzen (4 Paare oder 3 Paare und ein Rudiment) ventral mitten auf dem Abdomen. Bauchnervenmasse aus 17 getrennten Ganglienpaaren. 5 Paar Ostien am Herzen. Unsicher zu beurteilen ist das Fehlen der Laden an den Palpen. Mit der folgenden Unterordnung sind die nach vorn gerichteten Cheliceren mit ventral gerichteten Klauen (Orthognathie, Abb. 170) sowie der Besitz von 2 Paar Fächerlungen und 2 Paar Nephridien gemeinsam. *Lipistius (Liphistius)*, gräbt bis 60 cm tiefe Erdröhren, Mündung durch Tür verschlossen, strahlenförmig um Wohneingang angelegte Stolperfäden. *Heptathela*. Im Karbon waren die Mesothelae in Europa und Nordamerika verbreitet.

2. Unterordnung: Opisthothelae. Spinnwarzen an das Opisthosomaende gerückt. Hierher gehört die Mehrzahl der Webspinnen.

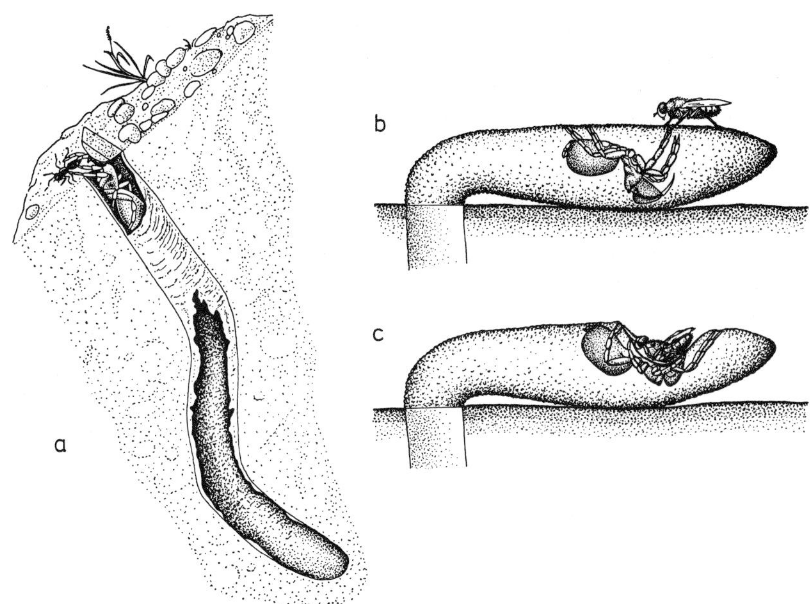

Abb. 169: Spinnen mit Erdbauten. a. Wohnröhre der Falltürspinne *(Nemesia caementaria)* an einem Hang. Die Spinne hat unter dem Deckel gerade eine Ameise gefangen. b, c. *Atypus* beim Fang einer Fliege, die auf das Röhrennetz vor der Wohnröhre gelangt ist. Nach Bristowe, Buchli, von Frisch

a. Mygalomorpha (Orthognatha). Cheliceren nach vorn gerichtet, ihre Klauen einander parallel (Orthognathie, Abb. 170). 2 Paar Fächerlungen; keine Tracheen; 2 Paar Nephridien.

Familie: Ctenizidae (Falltürspinnen). Cheliceren mit kräftigem Rechen. Erbauer von Erdröhren, deren Mündung meist mit Deckel versehen wird, und die nur nachts zum Beutefang verlassen werden. *Ctenizа*, *Nemesia* (Abb. 169), *Cyclocosmia* (Hinterleibsende abgestutzt, stark chitinisiert, kann zum Verschluß der Röhre dienen, wenn Deckel entfernt wurde).

Familie: Dipluridae. Hintere Spinnwarzen sehr lang, spinnen große Deckennetze. *Diplura.*

Familie: Atypidae. Einzige Vertreter der Orthognatha in Mitteleuropa. Lange Laden an den Palpen. Erbauer von Erdröhren, die sich in oberirdischen Seidensack fortsetzen (Abb. 169). *Atypus*, etwa 17 mm lang.

Familie: Aviculariidae (Vogelspinnen). Jagende, oft besonders große Arten (südamerikanische *Theraphosa leblondi* bis 9 cm lang), die man in Gefangenschaft mit Fröschen, Eidechsen oder Mäusen füttern kann. In Baumhöhlen, Gezweig oder Erdgängen. *Eurypelma*, *Avicularia:* langzottige Tiere warmer Länder.

b. Araneomorpha (Labidognatha). Cheliceren nach vorn gerichtet, Klauen einander ± zugekehrt (Abb. 170). Nur ausnahmsweise (Hypochilidae) 2 Paar Fächerlungen, meist 1 Paar oder ohne Fächerlungen. Tracheen reich entwickelt. 1 Paar Nephridien. Laden der Palpen kompliziert. Die Labidognatha sind die am höchsten entwickelte Unterordnung. Ihre systematische Gliederung ist problematisch. Oft unterscheidet man zwei Gruppen: Ecribellatae und Cribellatae.

a. Ecribellatae. Vordere innere Spinnwarzen nicht in eine Spinnplatte (Cribellum) umgewandelt, am Metatarsus des 4. Beinpaares keine Reihen besonderer Borsten (Calamistrum). Negativgruppe.

Familie: Dysderidae mit *Dysdera* und *Segestria*, die unter Steinen oder Baumrinde Röhren bauen.

Familie: Scytodidae: Hierher gehört die Speispinne (*Scytodes*, Abb. 172d), die ihre Beute mit dem Sekret der Chelicerendrüsen anspeit und am Untergrund befestigt. Auch in Mitteleuropa, z. B. in Häusern.

Familie: Theridiidae (Kugelspinnen). Netzbauer, bewerfen im Netz gefangene Beute mit Hilfe der Hinterbeine mit Spinnsekret (Klebtropfen). *Theridium*, *Steatoda*, *Latrodectus* (Abb. 168), wichtigste Giftspinne Europas.

Familie: Linyphiidae (Baldachinspinnen). Weben waagerechte Decken auf der Vegetation. *Linyphia*, *Erigone*.

Familie: Araneidae (Kreuzspinnen). Radnetzbauer (Abb. 171), *Araneus* (Abb. 172c), *Argiope*, *Cyrtophora*, *Cyclosa*, *Nephila*, *Gasteracantha* (Abb. 172b), Lassospinne (*Dicrostichus*).

Familie: Tetragnathidae. Bauen ebenfalls Radnetze, oft sehr langgestreckte Tiere. *Tetragnatha*.

Familie: Agelenidae (Trichterspinnen). Bauen Deckennetze, die meist in Röhre übergehen. *Agelena* auf Vegetation, *Tegenaria* in Behausungen des Menschen.

Familie: Desidae. *Desis* in Riffen.

Familie: Argyronetidae (Wasserspinnen). Die einzige Art (*Argyroneta aquatica*) lebt unter dem Wasserspiegel. Die Spinne legt sich jedoch im Wasser eine Luftglocke an.

Familie: Pisauridae (Jagdspinnen). Der Eikokon wird zwischen den Cheliceren getragen (Abb. 172). *Dolomedes*, am Ufer von Gewässern und auf deren Oberfläche, bis 2cm lang, eine der größten mitteleuropäischen Spinnen. *Pisaura*: Männchen «beschenkt» Weibchen vor Kopulation mit eingesponnener Fliege.

Familie: Lycosidae (Wolfspinnen). Eikokon wird an Spinnwarzen getragen. *Lycosa*, jagend am Boden. Hierher gehört auch die apulische Tarantel (*Hogna tarentula*), ein Röhrenbewohner, dem der Volksglaube große Gefährlichkeit nachgesagt hat.

Familie: Drassodidae (Gnaphosidae, Plattbauchspinnen). Verbringen den Tag in geschlossenem Wohnsack. Jagen nachts. *Drassodes*, *Zelotes*.

Familie: Clubionidae (Sackspinnen). Lebensweise ähnlich voriger Familie. *Clubiona*, *Chiracanthium* (Biß kann bei Menschen Übelkeit und Ohnmacht hervorrufen), Mitteleuropa. *Agroeca*: spinnt glockenförmigen Kokon (Feenlämpchen), der oberes Stockwerk für Eier und unteres für ausgeschlüpfte Jungtiere enthält.

Familie: Thomisidae (Krabbenspinnen): können wie Krabben seitwärts laufen. Auf Blüten oder Blättern Insekten fangend (Abb. 172i). *Xysticus*, *Misumena*, *Misumenops* (in Blattkannen von *Nepenthes*).

Familie: Salticidae (Springspinnen). Augen z.T. mit großen Linsen. Tagtiere, die Beute beschleichen und aufspringend überwältigen. *Salticus*, *Attus*, *Myrmarachne* imitiert Ameisen (Abb. 172j).

b. Cribellatae. Die vorderen inneren Spinnwarzen sind zu einer Spinnplatte (Cribellum, Siebplatte) umgewandelt. Letztes Beinpaar am Metatarsus mit einer besonderen Borstenreihe (Calamistrum), die beim Spinnen mitwirkt. Beutefang mit Cribellumfäden.

Palaeocribellatae: ursprüngliche Gruppe, die anatomisch den Orthognatha nahesteht und bisweilen auch zu diesen gestellt wird. Die Cheliceren zeigen eine intermediäre Stellung zwischen Orthognathie und Labidognathie, sie funktionieren wie bei Orthognathen. 2 Paar Fächerlungen. Rückseite bei jungen Tieren mit abgegrenzten Tergiten, diese bleiben bei Männchen zeitlebens erhalten. 4 Paar Ostien am Herzen. *Hypochilus* in Nordamerika, andere Gattungen in China, Tasmanien, Chile. Einzigartig unter Spinnen kann die Nahrungsaufnahme sein: Körperteile von größeren Insekten werden abgerissen und portionsweise gefressen. Nach Art der Vogelspinnen wird die Beute mit den

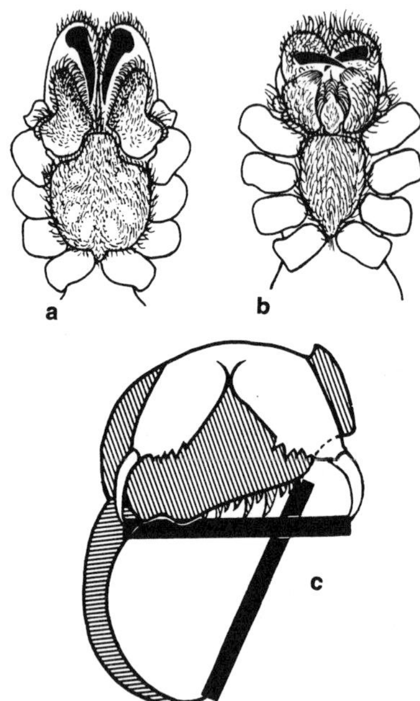

Abb. 170: Cheliceren vom orthognathen (a) und labidognathen Typ (b). c. Vergleich der Spannweite orthognather (schraffiert, Seitenansicht) und labidognather Cheliceren (Ansicht von vorn). Das labidognathe Chelicerenpaar umspannt einen ebenso großen Gegenstand wie eine orthognathe Chelicere erheblich größeren Ausmaßes. Nach Bristowe, Kaestner, Kraus

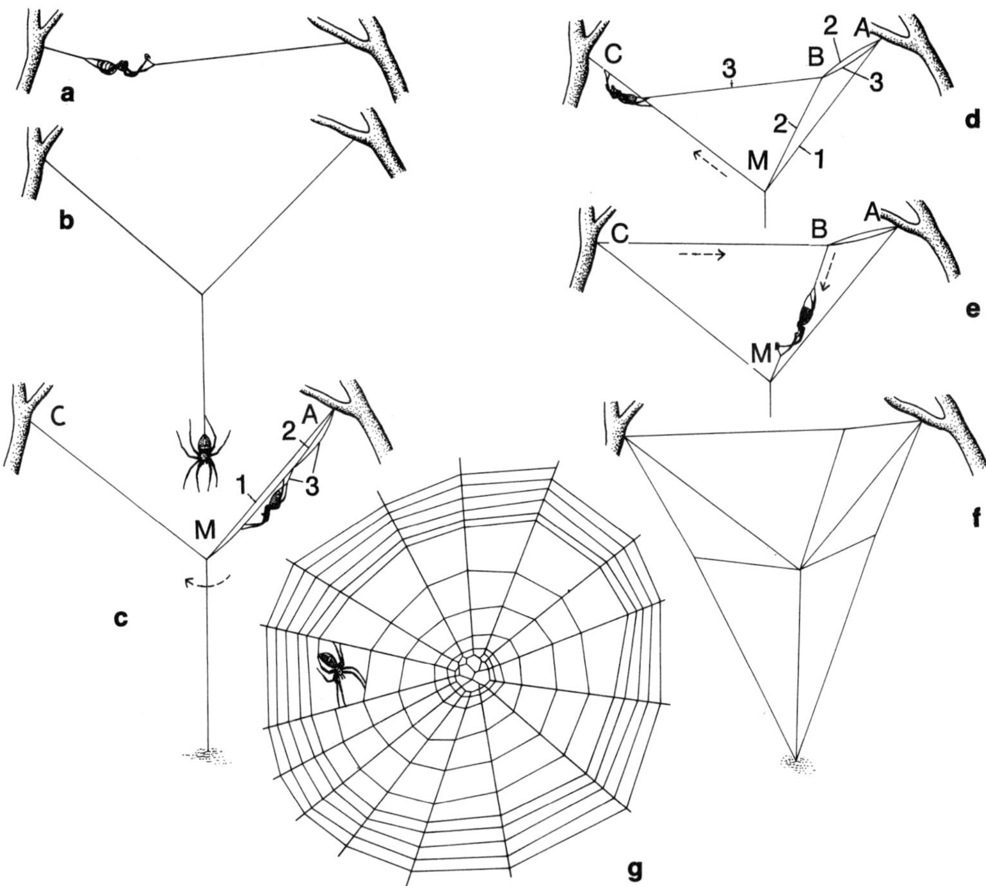

Abb. 171: Bau eines Radnetzes einer Kreuzspinne. Zunächst wird eine Fadenbrücke vom Sitzplatz der Spinne zu einem anderen festen Gegenstand hergestellt. Mit gespreizten Spinnwarzen wird ein Fadenbüschel («Segel») produziert, das von einer leichten Luftströmung erfaßt werden kann. Dann legen sich die Spinnwarzen zusammen und bringen so einen einfachen Faden hervor. Mit dem «Segel» voran kann der Faden auf einen Gegenstand treffen und hier festkleben. Die Spinne befestigt den Faden auch auf ihrer Seite und hat damit eine Brücke geschaffen.

a. Die Spinne beißt die Brücke durch und hält die beiden Enden mit Vorder- und Hinterbeinen fest. Dann läuft sie los. Während sie die Brücke vorn aufhaspelt, läßt sie hinten viel neues Spinnsekret austreten, so daß eine längere Brücke entsteht.

b. In der Mitte heftet die Spinne beide Fadenenden zusammen und seilt sich ab. Dieses Seil wird in der Weise am Boden befestigt, daß das spätere Netz nicht senkrecht, sondern leicht geneigt steht.

c. Die Spinne ist zu M gelaufen, von dort nach A. Die Verbindung M–A ist nun doppelt und wird dreifach, wenn die Spinne von M zurückläuft (Fäden 1, 2, 3). Faden 2 und 3 werden verklebt.

d. Die Spinne läuft über M zu C und befestigt Faden 3 an C. Faden 3 ist der erste Teil des Rahmens, Faden 2 zur vierten Speiche geworden.

e. Die Spinne läuft zu dem Verklebungspunkt der Fäden 2 und 3 und verlängert die vierte Speiche, so daß der erste Rahmenfaden (3) gerade wird.

f. In gleicher Weise entstehen weitere Rahmenfäden immer in Verbindung mit einer neuen Speiche.

g. Nahe dem Zentrum des Netzes sind die Speichen verbunden und bilden die spätere Nabe.

Dann legt die Spinne eine Hilfsspirale an, während sie von einer Speiche zur nächsten klettert. Außen angelangt, zieht sie zwischen den Fäden der weiten Hilfsspirale eine engere Klebspirale und entfernt die Hilfsspirale wieder. Da die klebrige Beschaffenheit des Fadens nicht von Dauer ist, ist nach 1–2 Tagen Ersatz nötig. Auch vorher können schon Reparaturen ausgeführt werden. Nach von Frisch

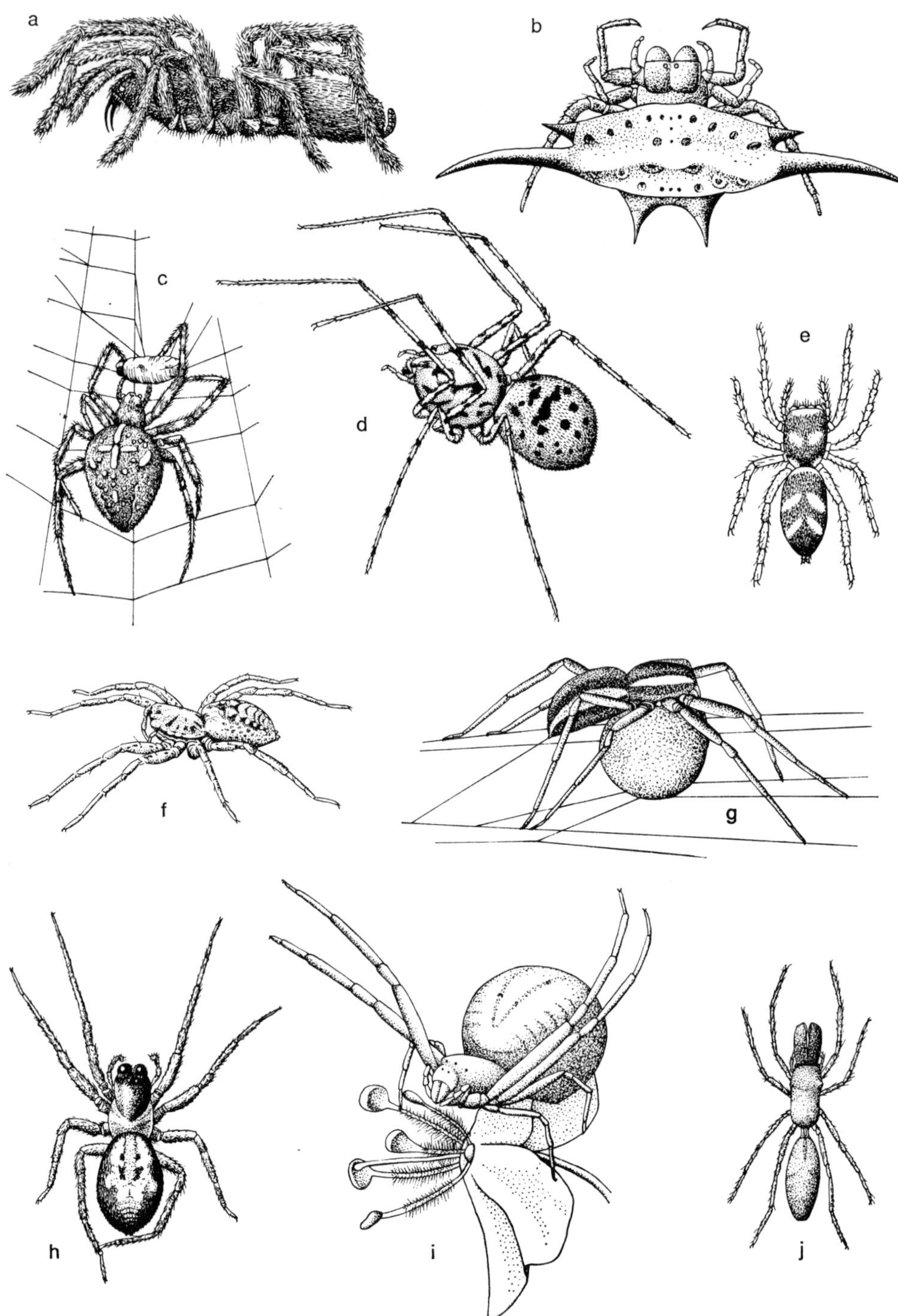

Abb. 172: Araneae. a. *Eurypelma* (Vogelspinne), b. *Gasteracantha*, c. *Araneus* (Kreuzspinne), d. *Scytodes*, e. *Salticus*, f. *Tarentula*, g. *Dolomedes*, mit Kokon, h. *Amaurobius (Ciniflo)*, i. *Misumena*, auf Blüte, j. *Myrmarachne*. Nach Bristowe, Crome, Millot, Wiehle

Cheliceren geknetet und gleichzeitig mit Verdauungssekret durchsetzt.

Neocribellatae: 1 Paar Fächerlungen.

Familie: Filistatidae. Höhlenbewohner, um Höhleneingang radiäre Cribellumfäden. *Filistata.*

Familie: Uloboridae. *Uloborus* baut waagerechte Radnetze, die denen der Kreuzspinnen ähneln. Statt Kleb- enthalten sie Cribellumfäden. *Hyptiotes.*

Familie: Dinopidae. *Dinopis, Menneus.*

Familie: Amaurobiidae. *Amaurobius* (Abb. 172h), auch in Gebäuden, ähnlich den Agelenidae.

5. Ordnung: Pseudoscorpiones (Chelonethi, Afterskorpione)

Die Pseudoskorpione sind eine isolierte Ordnung kleiner Arachniden (0,9–7 mm) von einheitlichem Bau. Die Ähnlichkeit mit den Skorpionen ist nur äußerlich und wird durch die großen, als Greifscheren entwickelten Pedipalpen vermittelt. Aber schon diese unterscheiden sich durch die wohlentwickelten Laden und die 1 oder 2 Giftdrüsen in der Schere von denen der Skorpione und sind wahrscheinlich in paralleler Umbildung entstanden. Ursprüngliche Charaktere sind selten. Zu ihnen gehört das in 12 Segmente gegliederte Abdomen, das mit breiter Fläche dem Prosoma ansitzt. Besonders ursprünglich ist die gute Ausbildung des 1. Abdominalsegmentes, das stets eine Rückenplatte (Tergit) und oft auch eine Bauchplatte (Sternit) trägt. Das 12. Segment ist nur ein kleiner, den After tragender Bezirk. Auch die z.T. netzartigen Hoden sind wohl ursprünglich. Schwerer zu beurteilen ist das Vorkommen von Atemorganen im 4. Abdominalsegment.

Die Atemorgane sind zwei Paar Büscheltracheen, die von Fächerlungen ableitbar sind. Ihre Stigmen liegen meist im 3. und 4. Abdominalsegment.

Viele Charaktere der Pseudoskorpione sind Merkmale, die in paralleler Entwicklung auch bei anderen Ordnungen entstanden sind, so die Zweigliedrigkeit der scherenförmigen Cheliceren (Solifugae), die Umbildung der Fächerlungen in Tracheen (z.T. Araneae u.a.), das Fehlen der Medianaugen (z.T. Acari) und die Reduktion der Lateralaugen auf höchstens 2 jederseits, die Verschmelzung der ventralen Ganglien zu einer einheitlichen Masse (viele Gruppen), die Mündung des einzigen Nephridienpaares am 3. Laufbein (Scorpiones), die Vereinfachung des Gefäßsystems (Solifugae, Opiliones, Acari, Ricinulei) und die Reduktion der Ostien des Herzens auf 1–3 Paare.

Spezielle Merkmale finden wir an Cheliceren

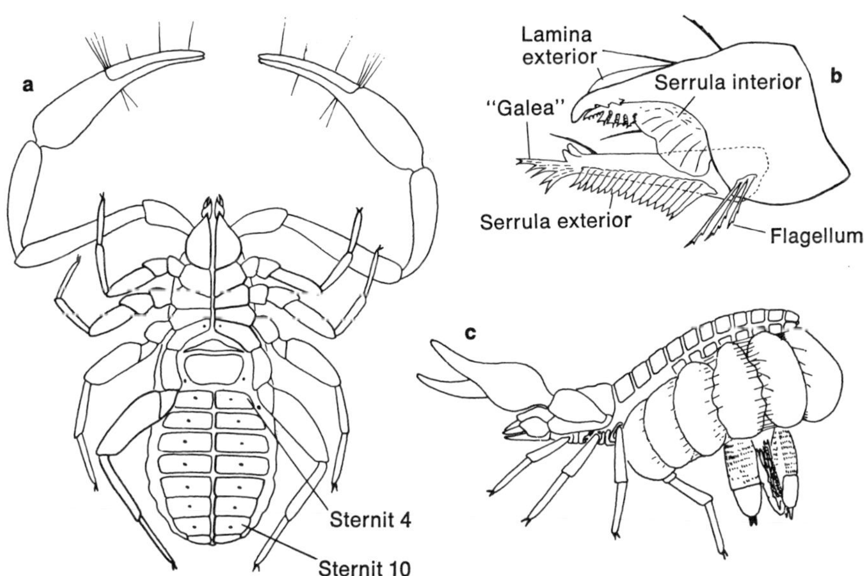

Abb. 173: Pseudoskorpione. a. Ventralansicht, b. Chelicere, c. Weibchen mit angehefteter Brut, zwei Jungtiere schlüpfen gerade. Nach Begier, Beier, Weygoldt

und Palpen. An den Cheliceren münden Spinndrüsen, die sich durch das gesamte Prosoma erstrecken, oft auf einer Erhebung (Galea) des beweglichen Fingers. Ferner tragen die beiden Scherenglieder gezähnelte, durchsichtige Fortsätze (Serrula exterior und interior, Abb. 173), z. T. auch noch eine äußere Lamelle sowie ein besonderes Borstenbüschel (Flagellum). An den Palpen sind die Giftdrüsen wichtig, die an einem oder beiden Scherenfingern münden. Die wichtigsten Sondercharaktere zeigen aber Entwicklung und Brutpflege. Die Männchen vieler Arten setzen auf einem Stiel beim Paarungsspiel Spermatophoren am Boden ab, von dem die Weibchen dann die Spermamasse abnehmen. Die Eier bleiben in einem Brutsack um die Genitalöffnung, dessen Wandung von Nebendrüsen der Vagina stammt. Die Embryonen entwickeln zur Aufnahme von Nährflüssigkeit ein muskulöses Pumporgan (Barrois-Organ). Auch sonst zeigt die Entwicklung Abweichungen, z. B. in der Verzögerung der Bildung der Cheliceren. Nach der ersten Embryonalhäutung können die Embryonen die Wand des Brutsackes durchbrechen, bleiben aber mit der abgestoßenen Cuticula und dem Pumporgan an seiner Außenwand haften. Das Weibchen sezerniert Nährflüssigkeit in den Brutsack; diese stammt aus sekretorischen Zellen des Ovars, die sich nach der Eiablage enorm entwickeln. Nach der 2. Häutung verläßt der Embryo den Brutsack und durchläuft 3 freilebende Jugendstadien (Proto-, Deuto-, Tritonymphe), die weitgehend dem erwachsenen Tier gleichen, das aus der 5. Häutung hervorgeht.

Die Pseudoskorpione sind Räuber, die Spinndrüsen dienen zur Herstellung des kuppelförmigen Nestes (Durchmesser 2–10 mm), z. B. für Häutungen, Eiablage oder Überwinterung. Sie kommen mit über 2000 Arten in allen Kontinenten vor, im Lückensystem zwischen Laub, Rinde, unter Steinen, auch in Höhlen, Vogelnestern, bei Ameisen und in Häusern (Bücherskorpion *Chelifer cancroides*). Die Gattung *Garypus* besiedelt die Tanghaufen des Meeresstrandes, *Neobisium maritimum* lebt in der Gezeitenzone. Fossile Formen im Oligozän (Bernstein).

6. Ordnung: Opiliones (Weberknechte)

Die Opiliones sind eine recht vielgestaltige Ordnung. Keineswegs alle Arten gleichen den langbeinigen Weberknechten (Kankern), manche sind äußerlich milbenähnlich. In der Organisation finden wir sowohl primitive als auch hochentwickelte Charaktere. Relativ primitiv sind:

1. Die Laden (Endite) an den 1. und 2. Laufbeinen (vgl. Scorpiones); auch die Palpen tragen Laden. Das hintere Ladenpaar ist durch eine vor ihm liegende Unterlippe (3. Sternum) vom Mundvorraum aus geschlossen und z. T. reduziert (Trogulidae, Nemastomatidae), die vorderen Laden dienen der Nahrungsbearbeitung, alle Laden entspringen basal an den Coxen.
2. Die Cheliceren sind dreigliedrige Scheren (vgl. Scorpiones, Palpigradi, z. T. Acari).
3. Die Palpen sind ursprünglich beinartige Taster (vgl. Araneae, Solifugae, Acari). Sie werden bei den Laniatores bedornte Fangbeine.
4. Im Abdomen ist noch ein isoliertes Bauchganglienpaar vorhanden für die Abdominalsegmente 5–7 (vgl. Pedipalpi, Solifugae), die kleinen Ganglien dieses Paares sind getrennt und durch eine Querkommissur verbunden.

Das Abdomen ist noch maximal in 10 Segmente (2–11) gegliedert, zeigt aber in Vorder- und Hinterregion Reduktionen. Das erste Abdominalsegment fehlt, das Sternit des zweiten ist, wenn vorhanden, nach vorn zwischen die Beinhüften verlagert, auch das 3. Sternit ist nach vorn verschoben und bildet von hinten her einen Deckel über der Genitalöffnung. Am Hinterende erfolgen Reduktionen im Zusammenhang mit der Ventralverlagerung des Afters. Das Tergit 10 ist meist rudimentär oder fehlt (excl. Cyphophthalmi), das Tergit 11 ventralwärts hinter den After verlagert. Ventral neigen die Sternite des 9. und 10. Abdominalsegmentes zur Reduktion, am 11. fehlt es stets. Außerdem sind dic Tergite des Abdomens nicht selten mehr oder weniger verwachsen, bei den meisten Palpatores bilden so Tergit 2–6 ein «Scutum», das bei vielen Laniatores, Trogulidae und Nemastomatidae mit dem Peltidium zu einer Rückenplatte verwächst. Diese umfaßt z. B. bei Cyphophthalmi sogar Peltidium und die Tergite bis Abdominalsegment 9.

Abgesehen von den bereits erwähnten Eigenarten sind noch folgende Sondercharaktere wichtig:

Die beiden Medianaugen sind hochentwickelt (Rhabdom evers) und stehen meist dorsal auf einem Augenhügel, die Seitenaugen fehlen. Es ist ein hochentwickeltes Tracheenpaar vorhanden. Zwischen den beiderseitigen Tracheen treten Queranastomosen auf, bei den Phalangiidae auf den Beinen Nebenöffnungen. Am Genitalporus ist ein langer, einziehbarer Penis vorhanden. Das entsprechende Organ des Weibchens dient als Ovipositor bei der Eiablage (Penis und Ovipositor sind unpaar). Keine Brutpflege. Im Prosoma liegt ein Paar großer Wehrdrüsen (Stinkdrüsen); sie münden seitlich oberhalb der Hüften des 1. Laufbeines (Palpatores), des 2. (Laniatores) oder auf einer Papille zwischen 2. und 3. Laufbeinhüften. Das eine Nephridienpaar mündet am 3. Laufbeinpaar wie bei Scorpiones und Chelonethi. Es bildet weitreichende Schlingen und einen großen Endsack. Die Nervenstränge des Abdomens werden meist von Nephrocyten umhüllt. Im Rückengefäß liegen 2 Paar Ostien im Vorderteil des Abdomens. Mitteldarm mit 3 Paar Blindsäcken, die meist gelappt sind. Malpighische Gefäße fehlen. Bei Arten mit langen Beinen ist der Tarsus in zahlreiche kurze Glieder zerlegt. Autotomie ist verbreitet, abgeworfene Beine werden nicht regeneriert.

Die Opiliones sind mit ihren mehr als 3000 Arten über alle Erdteile verbreitet. Sie sind bereits im Karbon vorhanden *(Dinopilio, Nemastomoides, Protopilio)*. Körperlänge 1–22 mm.

1. Unterordnung: Cyphophthalmi. Habitus

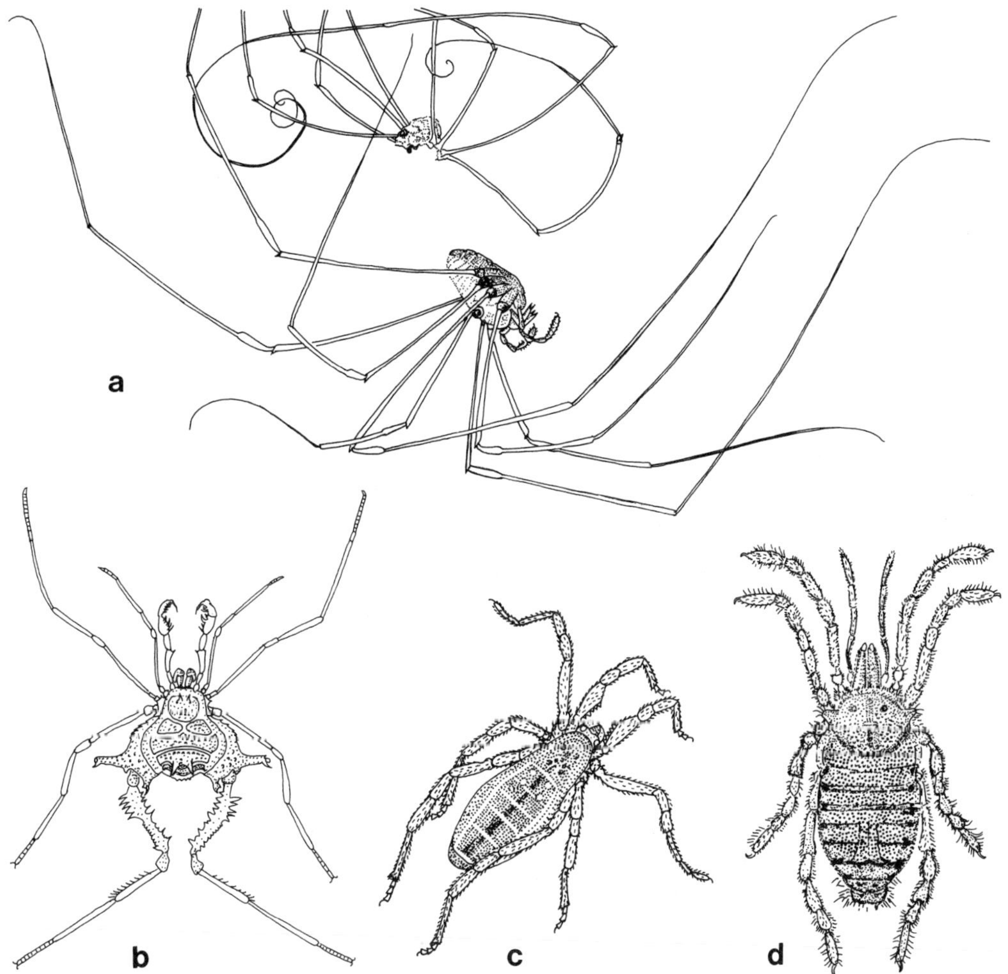

Abb. 174: Opiliones. a. *Phalangium* (Palpatores Eupnoi) direkt nach der Häutung (in hängender Lage), b. *Coelopygus* (Laniatores), c. *Trogulus* (Palpatores Dyspnoi), d. *Siro* (Cyphophthalmi). Nach Berland, Juberthie, Savory, Schaller

milbenartig (Abb. 174 d). Stinkdrüsen münden auf einer Papille seitlich zwischen 2. und 3. Laufbein. Harter Rückenschild (Scutum) aus Peltidium und den Tergiten von Abdomensegment 2.–9. Genitalöffnung ohne Deckel, Palpen beinartig. *Stylocellus*, Augen voneinander getrennt; kein Augenhügel. Süd- und Mitteleuropa, Südostasien, Afrika, tropisches Amerika. *Siro* (Abb. 174 d).

2. Unterordnung: Laniatores. Genitalöffnung durch Sternit des 2. Abdominalsegmentes bedeckt. Palpen Greifbeine mit starker Endklaue (Abb. 174 b). Tarsen des 3. und 4. Laufbeines mit je 2 Krallen oder dreizackiger Klaue. Tropen und Subtropen, auch in Südeuropa. *Gonyleptes.*

3. Unterordnung: Palpatores. Genitalöffnung bedeckt. Pedipalpen beinförmig, dünn, ihre Klaue klein oder fehlend. 3. und 4. Laufbein mit nur 1 Kralle, Tarsen der Beine oft vielgliedrig und lang (Abb. 174 a).

a. Dyspnoi. Stigmen vergittert; accessorische Stigmen an den Beinen fehlen; Tarsus der Palpen kürzer als Tibia; zweite Laufbeinhüfte ohne Lade. *Trogulus* (Abb. 174 c), *Nemastoma, Ischyropsalis.*

b. Eupnoi. Offene Stigmen; accessorische Stigmen an Beinen; Tarsus der Palpen länger als Tibia; zweite Laufbeinhüfte mit Lade. Beine auffallend lang. *Phalangium* (Abb. 174 a). *Opilio, Nelima.*

7. Ordnung: Solifugae (Walzenspinnen)

Die Solifugae sind eine isolierte Gruppe mit manchen primitiven und vielen speziellen Charakteren. Sicher primitiv sind: 1. die 8 Paar Ostien des Herzens, 2. die Anlage von 9 Paar Abdominalextremitäten (2–10) beim Embryo, 3. das Vorhandensein eines eigenen Abdominalganglions im Bauchnerven für die Abdominalsegmente 6–10 (vgl. Pedipalpi, Opiliones), 4. die besonders beinähnlichen Palpen, die jedoch keine Krallen, sondern einen komplizierten, einfaltbaren Haftapparat an ihrem Ende tragen, 5. sowohl Median- als auch Seitenaugen sind vorhanden, letztere aber reduziert (vgl. Scorpiones, Pedipalpi, Araneae).

Als primitiv werden oft auch die Platten des Prosoma-Rückens gewertet. Außer einem freien Meso- und Metapeltidium, die beide bei den Hexisopodidae reduziert sind, sind hier noch mehrere isolierte Spangen und Platten vorhanden. Da die Seitenplatten sicher sekundär abgegliederte Teile des Peltidiums sind, gilt das gleiche vielleicht auch für die übrigen Platten.

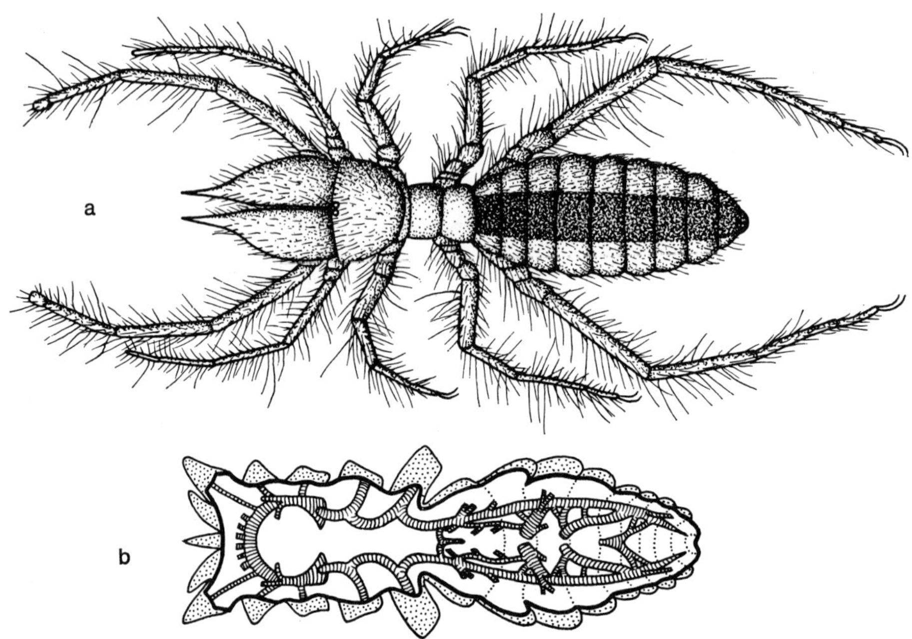

Abb. 175: Solifugae. a. *Paragaleodes occidentalis*, b. Tracheensystem von *Galeodes*. Nach Géroin, Kaestner

Eine mittlere Entwicklungsstufe zeigen Abdomen und die Cheliceren. Das Abdomen ist elfgliedrig. Das 1. Segment ist klein, stielartig verschmälert, weist aber noch Reste von Sternit und Tergit auf, das letzte ist ein geschlossener Ring.

Die Cheliceren sind zwar Scheren, aber zweigliedrig, mächtig entwickelt und vertikal gestellt.

Sondercharaktere sind: 1. die Malleoli, hammerförmige Sinnesfortsätze (Chemoreceptoren) an den inneren Gliedern der Hinterbeine. 2. das hochentwickelte Tracheensystem mit seinen kommunizierenden Röhren (Abb. 175). Die paarigen Stigmen liegen ventral im 3. und 4. Abdominalsegment und im Prosoma hinter den Hüften des 2. Laufbeinpaares. Ein unpaares Stigma liegt im 5. Abdominalsegment. 3. der umfangreiche Enddarm. 4. das Fehlen des mesodermalen Innenskelets, während die inneren cuticularen Skeletspangen (Apodeme) reich entwickelt sind.

Mit den Palpigradi teilen die Solifugae die Mündung des einen Nephridienpaares an den 2. Extremitäten (Palpen). Mit den Scorpiones teilen sie die Trennung des Prosoma vom Abdomen durch ein Diaphragma.

Die Hoden sind paarige Schläuche, die Übertragung der Spermatophoren erfolgt mit den Cheliceren. Malpighische Gefäße sind in einem Paar vorhanden. Der nach vorn gerichtete Mund wird vorwiegend von den ein «Rostrum» bildenden Lippen umgeben, und zwar der Oberlippe und der aus dem 2. Sternum gebildeten Unterlippe. Die Laden der Palpen sind vorhanden, aber klein.

Die ca. 900 Arten bewohnen vorwiegend Steppen- und Wüstengebiete bis in die wärmeren Teile der gemäßigten Zonen. Sie fehlen im australischen Gebiet. Die meisten Familien bewohnen die Alte Welt (Europa 6 Arten). *Protosolpuga* im Karbon. Rumpflänge 8 bis 70 mm. *Galeodes*, *Solpuga*, *Hexisopus* (mit Grabbeinen) *Paragaleodes* (Abb. 175 a).

8. Ordnung: Ricinulei (Kapuzenspinnen)

Die kleine, etwa 30 Arten umfassende Gruppe stark cuticularisierter Formen kommt in den Tropen Afrikas und Amerikas vor (im Karbon auch in Europa). Die wichtigsten Kennzeichen sind: Vom Peltidium ist vorn eine bewegbare Kopfplatte (Cucullus) abgegliedert, welche Cheliceren und Mund überdeckt. Die Cheliceren sind zweigliedrige Scheren, die Palpen sind klein und tasterförmig. Ihre Laden sind median zu einem Trog verwachsen. Basal schließen Coxen der Beine eng aneinander, nur zwischen den beiden letzten Hüften liegt ein einwärts verlagertes Sternum. Das Abdomen erscheint äußerlich nur viergliedrig, enthält aber 9 Segmente (2–10). Vom 1. Abdominalsegment (Praegenitalsegment) ist keine Spur vorhanden, die beiden folgenden sind klein und bilden einen Stiel des Abdomens, sind aber in einer Falte zwischen Prosoma und Abdomen verborgen. Groß und außen sichtbar sind die Abdominalsegmente 4–7, ihre Tergite sind in ein medianes und zwei laterale Felder geteilt. Die drei letzten Segmente (8–10) sind kleine ineinandergeschobene Röhren, bilden also ein kleines Postabdomen. Prosoma und Abdomen sind durch ein Scharniergelenk verbunden, das von Fortsätzen der Coxen des letzten Beinpaares und von Höhlen am vierten Abdominalsegment gebildet wird. Nur ein Paar Büscheltracheen im Prosoma, die Stigmen liegen seitlich neben oder hinter den Hüften der dritten Laufbeine. Augen, Trichobothrien und Spaltsinnesorgane fehlen. Das

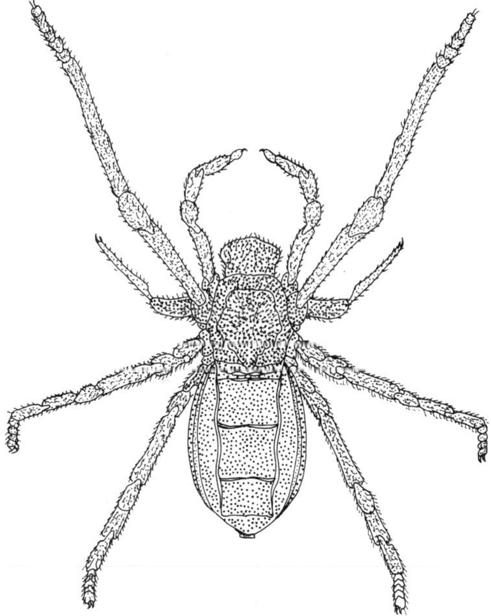

Abb. 176: *Ricinoides* (Ricinulei). Körperlänge etwa 5 mm. Nach Legg

dritte Laufbeinpaar der Männchen ist in Metatarsus und Tarsus eigenartig abgewandelt und dient der Spermaübertragung. Embryonalentwicklung unbekannt, den ersten Jugendstadien fehlt das letzte Beinpaar. 4,5–10 mm lang. *Ricinoides* (Abb. 176), *Cryptocellus*.

9. Ordnung: Acari (Acarina, Milben)

Die Acari mit ihren Tausenden von Arten (über 30 000 wurden beschrieben) erreichen eine Vielgestaltigkeit der Organisation wie keine andere Cheliceratenordnung. Fast jedes Organsystem, das bei anderen Ordnungen konstant ist, tritt hier in einer schwer faßbaren Mannigfaltigkeit auf. Als gemeinsame Charaktere bleiben: 1. Mundgebiet, Cheliceren und Palpen sind zu einem besonderen Körperabschnitt, dem Gnathosoma, zusammengefaßt, der gegen den übrigen Körper beweglich und oft in ihn einstülpbar ist (Abb. 177). 2. Das Abdomen ist in breiter Fläche mit dem Prosoma verschmolzen und hat im allgemeinen seine primäre Gliederung verloren. In Prosoma und Abdomen können sekundäre Gliederungen auftreten (Abb. 177). 3. Die Entwicklung läßt sich trotz aller Verschiedenheiten auf folgendes Grundschema zurückführen: Auf eine Larve mit nur drei Beinpaaren (das hinterste fehlt) folgen drei Nymphenstadien mit voller Beinzahl: Proto-, Deuto-, Tritonymphe. Bei Opilioacarida und Actinotrichida kommt häufig noch ein sog. Praelarvenstadium vor. Ausfall eines oder mehrerer Stadien ist nicht selten.

Besonders vielgestaltig sind: 1. die Plattenbildungen der Körperoberfläche. Neben weichhäutigen Arten ohne Platten stehen Arten mit vielen Einzelplatten und festgepanzerte Formen (Oribatida). 2. Die Cheliceren. Die ursprüngliche Form der dreigliedrigen Schere ist noch häufig erhalten, oft besteht sie aus zwei Gliedern. Abwandlungen treten ein durch Rückbildung des festen Fingers und Verlängerung des Endgliedes zu einem Stilett, durch Ausbildung eines Spermatophorenträgers an ihm (Gamasida z.T.), durch Auswärtsschlagen des gezähnten beweglichen Endgliedes (Bootshakentyp der Ixodida) usw. 3. Die Palpen. Sie wechseln von beinartigen Gebilden mit Krallen (Notostigmata) zu tasterartigen Anhängen von verschiedener Gliederzahl und zu Greifarmen. Besonders vielgestaltig sind die Palpenladen und ihre Anhänge. 4. Der Darmkanal. Die Umbildungen der Mundregion sind komplizierter als bei anderen Arachnida. Darmblindsäcke sind entwickelt oder fehlen (Eriophyidae), desgleichen Malpighische Gefäße; Enddarm und After

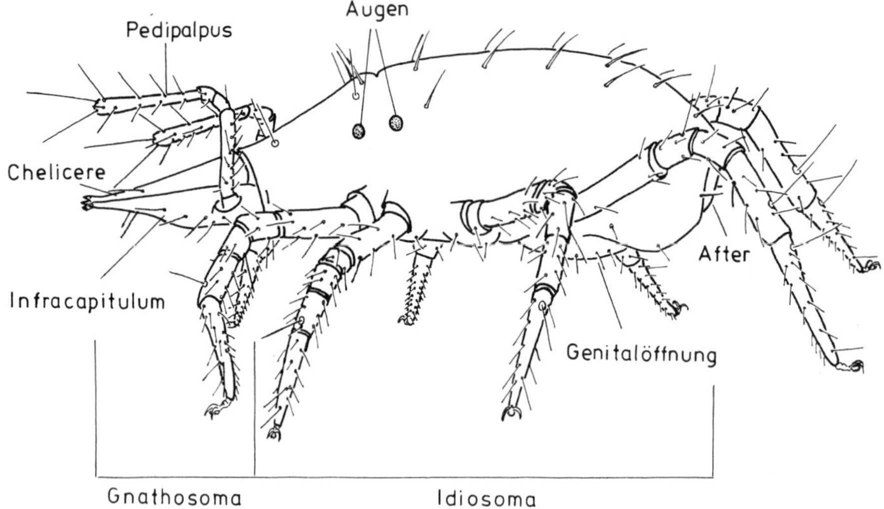

Abb. 177: Seitenansicht einer Milbe (*Bdellodes longirostris*; Bdellidae). Als besonderer Körperabschnitt ist das Gnathosoma abgegliedert, den folgenden Körperabschnitt nennt man Idiosoma. Als weitere Begriffe finden bisweilen Anwendung: Podosoma für die vier laufbeintragenden Segmente, Propodosoma für die vorderen beiden, Metapodosoma für die hinteren beiden Laufbeinsegmente, Hysterosoma für Opisthosoma und Metapodosoma. Infracapitulum: basaler Teil des Gnathosoma. Nach Alberti

fehlen bisweilen. 5. Die Drüsen der Haut (besonders reich bei Hydrachnellae) und des Mundes. 6. Tracheen. 7. Der Genitalapparat mit seiner ganz verschiedenen Lage des Genitalporus. 8. Die Übertragung der Spermien.

In der Entwicklung, die keine Ausnahme der allgemeinen Vielgestaltigkeit der Acari macht, wird die Segmentierung weniger ausgebildet als bei anderen Arachnida. Am Abdomen erscheinen 6 oder mehr Segmente. Das 4. Beinpaar, das ja der Larve fehlt, wird zunächst meist angelegt. Von den typischen postembryonalen Stadien können einzelne fehlen. Die Häutung verläuft bei einem Teil der Arten normal, meist nach einem Starrezustand, bei dem wenigstens die Gliedmaßen und die Muskulatur z. T. aufgelöst werden. Stärkere Auflösungen und Neubildungen nach Art einer Puppe finden wir an 2 Stellen: 1. Viele Acaridida schalten zwischen der normalen Protonymphe und Tritonymphe noch eine Deutonymphe ein, die keine Nahrung aufnimmt und als Wander- oder Dauernymphe fungiert (heteromorphe Deutonymphe, Hypopus). 2. Bei den Parasitengona, z.B. Wassermilben (Hydrachnellae), werden die Proto- und die Tritonymphe in ein solches Puppenstadium verwandelt, sie werden aber nicht frei, sondern bleiben in der Haut des vorigen Stadiums eingeschlossen. Die Larve wird also zur starren Nymphochrysalis, in ihr liegt die puppenartige Protonymphe (Nymphophanstadium) mit ihrer Cuticula (= Nymphoderma), dasselbe wiederholt sich in der freien Deutonymphe, die zur Teleiochrysalis wird und in sich die Tritonymphe mit ihrer Teleioderma enthält. Das Auftreten von vermehrten Häutungen z.B. bei *Ornithodoros* und *Limnochares* ist wohl sekundär.

Die Vielgestaltigkeit der Acari hat die Frage aufkommen lassen, ob die Ordnung nicht in mehrere unabhängig entstandene Linien zu zerlegen sei. Eine solche Auffassung läßt sich z.Z. nicht beweisen, u.a. wird Diphylie diskutiert. Bereits im Devon sind Milben nachgewiesen (*Protacarus crani* in Schottland).

Der von den Acari besiedelte Lebensraum ist größer als der aller anderen Chelicerata. An Land besiedeln sie alle möglichen Biotope bis in tiefere Erdschichten hinein und gehören zu den häufigsten Bodentieren. Das Süßwasser besiedeln die zahlreichen Familien der Hydrachnellae (mit schwimmenden wie mit kriechenden Arten) sowie die Porohalacaridae; das Meer bewohnen in verschiedenen Biotopen Halacaridae, ferner einige Hydrachnellae (Pontarachnidae: *Litarachna*). In der Gezeitenzone leben viele Landmilben. Besonders zahlreich treten sie als Epizoen und Parasiten in verschiedenen Linien auf. Blutsauger oder Ectoparasiten, die sich von Blut, Lymphe, Zellen oder verflüssigtem Gewebe ernähren, finden wir unter den Gamasida, Ixodida und Actinedida. Während in diesen Fällen die erwachsenen Tiere oder alle Stadien parasitieren, tritt bei den meisten Parasitengona ein typischer Parasitismus der Larven auf, die eine große Zahl anderer Tiere befallen (Wirbeltiere, Arachniden, Insekten). Unter den Acaridida sind Sarcoptidae und Psoroptidae als Erreger von Krätze und Räude bei Säugern berüchtigt. Auch Wassertiere werden von ectoparasitischen Milben befallen.

Mehrfach sind Milben Endoparasiten geworden, und zwar auf drei Wegen: 1. Ectoparasiten dringen von außen in das Hautgewebe ein, wie es schon die Krätzmilben (Sarcoptidae) zeigen. Die Demodicidae leben so in Talgdrüsen, *Psorergates* in Cysten der Haut von Mäusen, *Myobia* in Haarfollikeln. 2. Durch Eindringen in innere Lufträume, z.B. in die Nasenhöhle (Rhinonyssinae bei Vögeln, *Halarachne* bei Robben), in die Lunge (*Pneumonyssus* bei Affen, *Entonyssus* bei Schlangen), in Luftsäcke (*Cytodites* bei Vögeln) und Tracheen (*Acarapis* [Bienenparasit], *Locustacarus*). 3. Durch Eindringen in den Darm. *Cloacarus* lebt in der Kloake von Schildkröten, im Darm von Echinodermen kommt *Enterohalacarus* vor.

Keineswegs alle auf anderen Tieren lebenden Acari sind Parasiten. Viele leben von Abscheidungen oder totem Gewebe (Federn, Haaren usw.). Die Fell- und Gefiederbewohner besitzen oft bizarre Haftorgane. Andere Milben benutzen Tiere nur zur Verbreitung (Phoresie), ohne auf oder von ihnen Nahrung zu entnehmen. Meist sind es Nymphen (Deutonymphen), selten erwachsene Tiere.

Das System der Milben war lange umstritten; heute zeichnet sich eine Gliederung in zwei Gruppen ab.

1. Unterordnung: Anactinotrichida. Ihr innerer Bau erinnert durch die Existenz von Malpighischen Gefäßen und oft auch eines Herzens an andere Arachnidenordnungen. Trichobothrien fehlen, Sinnesspalten sind zahlreich, die Coxen sind frei. Das Chitin der Haare ist nicht doppelbrechend.

a. Opilioacarida (**Notostigmata**). Abdomen noch durch Furchen in mehr als 10 Segmente gegliedert. Im Prosoma sind die beiden hinteren Segmente durch Furchen gesondert. 4 Paar Stigmen dorsal im vorderen Teil des Abdomens. Herz vorhanden. Genitalöffnung zwischen den

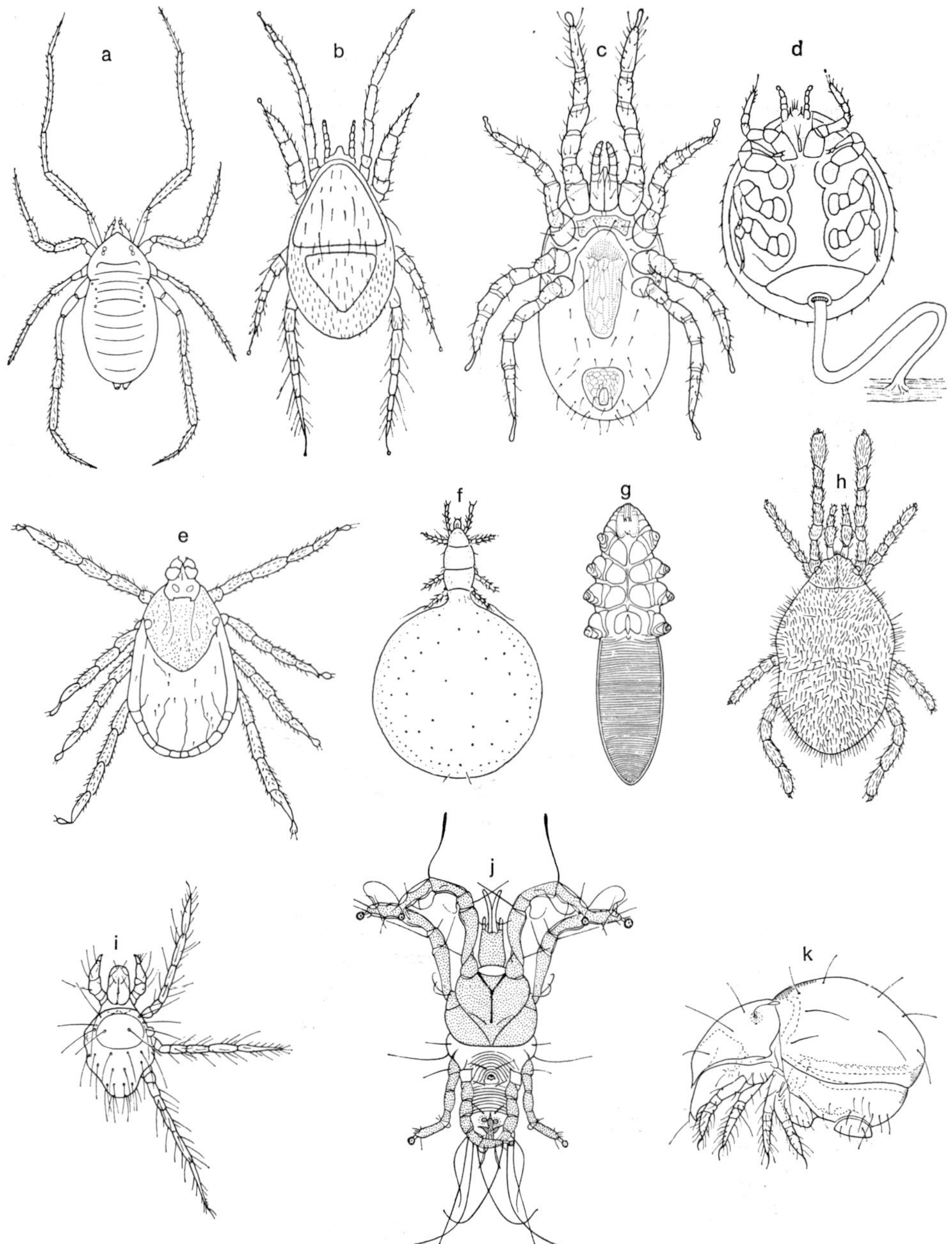

Abb. 178: Acari (Maßstäbe etwas unterschiedlich). a. *Opilioacarus* (beachte die opisthosomalen Stigmenpaare), b. *Parasitus* (Käfermilbe), c. *Dermanyssus gallinae*, d. *Cilliba* (Uropodide, Deutonymphe mit elastischem Stiel an Käfer festgeheftet), e. *Dermacentor*, f. *Pyemotes (Pediculoides)*, Weibchen, g. *Demodex*, h. *Microtrombidium*, i. *Limnochares* (Larve, Beine nur auf einer Seite gezeichnet), j. *Falculifer*, k. *Mesoplophora* (Oribatide). Nach Berlese, Cooley, Grandjean, Hirst, Viets, Vitzhum, With

Coxen des vorletzten Beinpaares. Unter Steinen, in warmen Klimazonen verbreitet, auch am Mittelmeer. *Opilioacarus*.

b. Holothyrida. Ungegliedert, fest gepanzert. Ein Paar Stigmen, Coxaldrüsen, Herz, 4 Malpighische Gefäße (sonst 2 oder 0). *Holothyrus*.

c. Gamasida. Cheliceren meist dreigliedrig, in eigener Chelicerenscheide. 3. Sternum meist vorhanden, nach vorn gerichtet (= labiales Tritosternum). 1 Stigmenpaar seitlich neben den 2.–4. Beinansätzen, bei Larven z.T. mehr Stigmenpaare. Blindsäcke des Mitteldarmes stark entwickelt. Herz mit 1 oder 2 Ostienpaaren oder fehlend. System kompliziert.

Parasitus (Gamasus). Die Deutonymphe von *P. fucorum* ist auf Hummeln zu finden, die von *P. coleoptratorum* (Käfermilbe) auf *Geotrupes*. Käfermilben leben auf Pferdekot, wo sie Nematoden erbeuten.

Halarachne (Robbenmilbe), in der Nasenhöhle von Robben. *Pneumonyssus* (Lungenmilbe) in der Lunge von Affen.

Dermanyssus gallinae (Hühner- oder Vogelmilbe, Abb. 178), in Ställen von Hofgeflügel und Taubenschlägen oft massenhaft unter Brettern und dgl. Kommt hervor und saugt Blut, bei Nahrungsmangel auch an Menschen.

Ornithonyssus bacoti kommt bei verschiedenen Nagern weltweit vor und befällt mitunter auch Menschen. Zwischenwirt der bei Nagern vorkommenden Filarie *Litomosoides carinii*, kann verschiedene Viren, Rickettsien und Bakterien übertragen.

Varroa jacobsoni ist ursprünglich ein Ectoparasit an der Östlichen Honigbiene *Apis cerana* und wurde in den Westen verschleppt, wo sie jetzt an *A. mellifera* Schaden anrichtet. Alle Stadien saugen Hämolymphe der Bienen, bevorzugt von Drohnenbrut.

Familiengruppe: Uropodina. *Uropoda*. Die phoretische Deutonymphe mit Sekretstiel an Unterlage festgeheftet (Abb. 178).

d. Ixodida. Endglieder der Cheliceren werden nach außen geschlagen. Unter ihnen ein hakenbesetzter Fortsatz von der Basis des Gnathosoma (= Clava), der größtenteils von den Palpenladen gebildet wird (Abb. 179). Am 1. Beinpaar Hallersches Organ (chemisches Sinnesorgan). Parasiten, vor allem an Wirbeltieren. Wenige bleiben zeitlebens auf dem Wirt *(Boophilus annulatus)*, andere wechseln. Die meisten Arten befallen in jedem Entwicklungsstadium einen neuen Wirt. Große wirtschaftliche Bedeutung, da sie nicht nur Blutsauger, sondern auch Krankheitsüberträger an Menschen und Haustieren sind. Überträger von *Babesia* (S. 28, Abb. 20), *Theileria* (S. 28), Rikkettsien (Zeckentyphus), Viren (Encephalitis), Bakterien (Tularämie). *Ixodes ricinus* (Zecke, Holzbock): Virusüberträger, Weibchen kann vollgesogen bis über 1 cm Länge erreichen; beim Saugen können sie bis 500fach an Gewicht zunehmen. Weltweit verbreitet, Eiablage in Vegetation. Larven suchen ersten Wirt auf, verlassen diesen später und entwickeln sich am Boden zur Nymphe, die abermals einen Wirt befällt. Entwicklung am Boden zum Adultus, der den 3. Wirt finden muß. Hier Begattung. Überträger von Viren auf den Menschen. In manchen Gebieten Zentraleuropas (v. a. Österreichs) ist die Frühsommer-Meningo-Encephalitis (FSME) von Bedeutung. Sie tritt bei etwa 10 % der infizierten Menschen auf, kann zu irreparablen Lähmungen und Herzschädigungen führen oder sogar tödlich enden. Der Krankheitsverlauf ähnelt in seinen Symptomen der Kinderlähmung. Impfstoff steht seit mehreren Jahren zur Verfügung.

Dermacentor, *Amblyomma*: Überträger von Viehseuchen, Stiche am Hinterkopf und in Wirbelsäulennähe können beim Menschen zum Tod führen (Zeckenlähme).

Seit Ende der 70er Jahre tritt *Rhipicephalus sanguineus* in Gebäuden mancher Städte Mit-

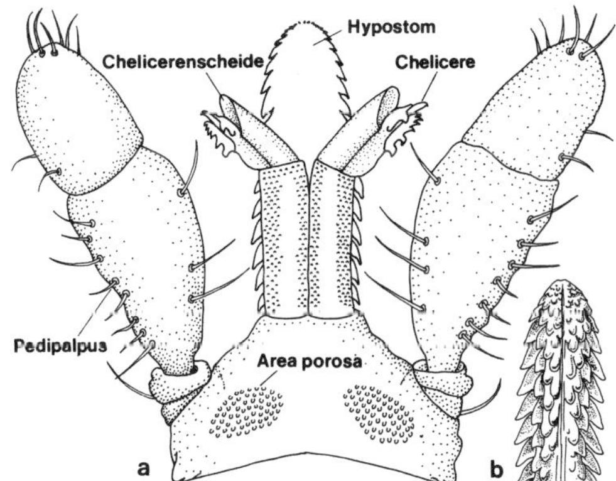

Abb. 179: a. Gnathosoma (= Capitulum) einer weiblichen Zecke *(Ixodes)* in Rückenansicht. Die Areae porosae sind Sinnesorgane unbekannter Funktion, die nur beim Weibchen vorkommen. Die Chelicerenendabschnitte und die Unterseite des Hypostoms (b) (= Infracapitulum, Clava) sind mit Widerhaken versehen. Nach Babos, Bürgis

teleuropas massiv auf. Diese Art wurde durch aus dem Mittelmeerraum eingeführte Hunde verschleppt und breitet sich bei uns v. a. von Tierpensionen und tierärztlichen Praxen aus. Die Adulten befallen bisweilen Menschen. Ihre potentielle Überträgerrolle für Rickettsiosen von Mensch und Hund sowie der Hundebabesiose hat zu intensiven Bekämpfungsmaßnahmen geführt.

Argas reflexus (Taubenzecke), in Taubenschlägen, saugt gelegentlich am Menschen. *Ornithodoros moubata* überträgt Spirochaeten, die das Afrikanische Zeckenrückfallfieber hervorrufen (hohe Sterbequote).

2. Unterordnung: Actinotrichida. Es fehlen Herz und Malpighische Gefäße, die Coxen sind meist verschmolzen. Die Anzahl der Spaltsinnesorgane ist gering, Trichobothrien sind oft vorhanden. Das Chitin der Haare ist doppelbrechend.

a. Actinedida. Stigmen, wenn vorhanden, vorn im Bereich des Gnathosoma. Aussackungen des Mitteldarmes meist umfangreich.

Familie: Tarsonemidae. *Tarsonemus*, vorwiegend an Pflanzen saugend, daher schädlich (z. B. an Erdbeeren). *Acarapis woodi* (Bienenmilbe) lebt im Pelz oder im Tracheensystem von Bienen. Tracheen werden verstopft.

Familie: Podapolipodidae, Insektenparasiten mit oft rückgebildeten Beinpaaren. Bei *Podapolipus* ist nur das 1. Beinpaar stummelförmig ausgebildet.

Familie: Pyemotidae. *Pyemotes (Pediculoides) herfsi.* Weibchen saugt an Larven der Kleidermotte, schwillt dabei stark an (Abb. 178) und bringt schließlich geschlechtsreife Junge hervor. Männchen verlassen Mutter nach der Geburt nicht, sondern begatten gleich ihre Schwestern. *Siteroptes graminum* ruft Weißährigkeit bei Gräsern hervor.

Familie: Tetranychidae (Spinnmilben). Meist Pflanzenschädlinge, z. T. von erheblicher Bedeutung. *Tetranychus urticae* an Gurken, Bohnen, Paprika, Tomaten und Sellerie, v. a. unter Glas, aber auch im Freiland in windgeschützten Lagen und in niederschlagsarmen Jahren mit hohen Durchschnittstemperaturen. Die Blätter werden durch Saugschäden zunächst fleckig, dann insgesamt weißlich oder silbrig und mit Spinnfäden überzogen. *Panonychus ulmi* (Rote Spinne) kommt auf Obstbäumen, *Bryobia ribis* (Stachelbeermilbe) z. B. auf *Ribes* vor.

Die Bekämpfung von Tetranychiden bereitet erhebliche Schwierigkeiten. Im Gewächshaus ist eine weitgehende Kontrolle von *Tetranychus urticae* mit der Raubmilbe *Phytoseiulus persimilis* (Gamasida) möglich und wird z. B. in den Niederlanden in Gewächshäusern praktiziert, v. a. an Gurken.

Im Weinbau, wo *Panonychus ulmi* eine wichtige Rolle als Pflanzensaftsauger spielt, ist die Raubmilbe *Typhlodromus pyri* (Gamasida) als Gegenspieler dieses Schädlings von gewisser Bedeutung.

Familie: Cheyletidae. *Cheyletus eruditus*, jagt in Getreide und anderen pflanzlichen Vorräten u. a. Schadmilben.

Eriophyidae (Gallmilben). Nur 2 Beinpaare. Körper langgestreckt, geringelt oder mit zahlreichen Rückenplatten, Darmkanal gerade, ohne Aussackungen. In manchen Fällen rufen sie erhebliche Schäden an Pflanzen hervor, z. B. an Haselnuß und Schwarzen Johannisbeeren, wo es zur Ausbildung großer, nicht austreibender Rundknospen kommt, die hunderte von Milben enthalten können (Abb. 180c). Die Johannisbeergallmilbe *(Cecidophyophis ribis)* kann zudem als Krankheitsüberträger fungieren (Brennesselblättrigkeit). Bekannt ist schließlich das Schadbild der Brombeermilbe *(Acalitus essigi)*: Einzelne Früchte der Sammelfrucht reifen nicht aus und bleiben rötlich.

Familie: Demodicidae (Haarbalgmilben). Körper gestreckt, sekundär geringelt. *Demodex folliculorum* (Abb. 178) in Haarfollikeln von Säugern.

Familie: Bdellidae (Schnabelmilben). Mit Spinnsekret wird Beute erjagt. *Bdella*, *Neomolgus*.

Familie: Halacaridae (Meeresmilben). Verbreitet im Meer, aber auch im Süßwasser vorkommend. 1 Darmparasit (in Seeigeln): *Enterohalacarus minutipalpis*. *Halacarus*, *Halacarellus*.

Familiengruppe: Parasitengona, Larve parasitisch an Arthropoden oder Wirbeltieren.

Familie: Trombiculidae (Laufmilben). *Trombicula* sens. lat. Larve Blutsauger, die Infektionskrankheiten auf den Menschen übertragen können, Nymphen und Adulte leben vorwiegend von Insekteneiern. Von Ost- bis Südasien und in Australien übertragen Laufmilben Rikkettsien, die das Buschfieber (Tsutsugamushifieber, Japanisches Flußfieber) hervorrufen, das zum Tode führen kann. *T. autumnalis* (Erntemilbe).

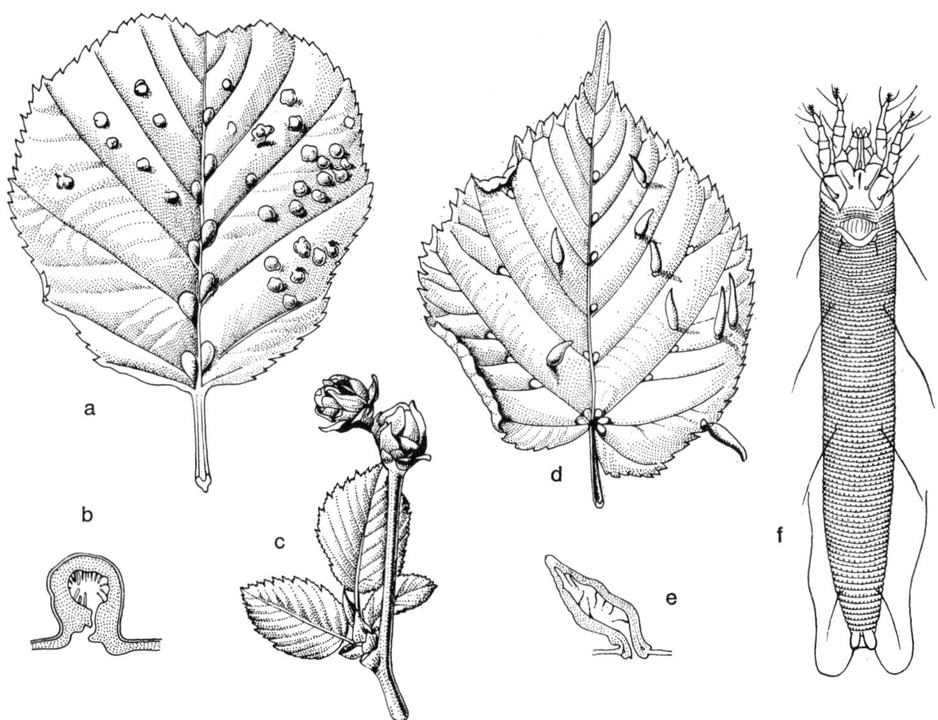

Abb. 180: Gallmilben. a. Blatt von *Alnus glutinosa* mit Gallen von *Eriophyes laevis.* b. Schnitt durch eine Galle. c. Zweig von *Corylus avellana* mit Knospengallen von *Eriophyes avellanae.* d. Blatt von *Tilia cordata* mit verschiedenen Gallen von *Eriophyes tiliae.* Die Randrollung links im Bild geht auf die Gallmücke *Dasineura tiliamvolens* zurück. e. Schnitt durch eine Galle. f. Gesamtansicht von *E. tiliae.* Nach Hedicke, Nalepa, Ross

Familie: Trombidiidae (Samtmilben). *Trombidium holosericeum,* Larven an Schmetterlingen und anderen Arthropoden.

Eine Reihe von Familien wird unter dem Begriff Süßwassermilben (Hydrachnellae) zusammengefaßt. Sie stellen gegenüber den Landmilben keine systematische Einheit dar, sondern sind ökologisch definiert. Die Behaarung ihres Körpers ist reduziert, die Anzahl der Hautdrüsen vermehrt. Beine häufig als Schwimmbeine entwickelt (oft mit langen Haaren), meist Räuber. *Hydrachna, Limnochares, Litarachna* (als Ausnahme im Meer), *Unionicola* (Eier werden in Süßwassermuscheln oder Schwämme gelegt), *Arrenurus.*

b. Oribatida. Rumpf dorsal, meist auch ventral gepanzert. Häufige Bewohner des Bodens (Horn- oder Moosmilben). *Phthiracarus, Galumna, Damaeus.*

c. Acaridida. Meist weichhäutig, weißlich, ohne Tracheen. Spermaübertragung mit Penis. Es kann ein Hypopus-Stadium auftreten, das besonders stark cuticularisiert ist und von seiner eigenen Substanz lebt, es kann jahrelang in Trockenheit überleben.

Viele Arten sind Vorratsschädlinge: *Acarus siro* (*Tyroglyphus farinae,* Mehlmilbe) lebt oft in Massen in Kornspeichern, Mühlen u. dgl. *Tyrophagus casei* (Käsemilbe) wurde zur Käsebereitung gezüchtet (Altenburger Käse), *Glycyphagus destructor* (Pflaumenmilbe): in Wohnungen an Polstermöbelfüllungen bisweilen in Massen, ähnlich *G. domesticus* (Hausmilbe). *Carpoglyphus lactis* (Backobstmilbe) an Trokkenobst.

Andere Formen sind Parasiten von Wirbeltieren. *Sarcoptes scabiei* (*Acarus siro,* vgl. Mehlmilbe) ist die bekannte Krätzmilbe. Ruft Krätze des Menschen hervor (Gänge in unbehaarten Epidermisregionen, in denen auch die Eiablage erfolgt, Abb. 181). Befinden sich die Gänge in der behaarten Epidermis, spricht man

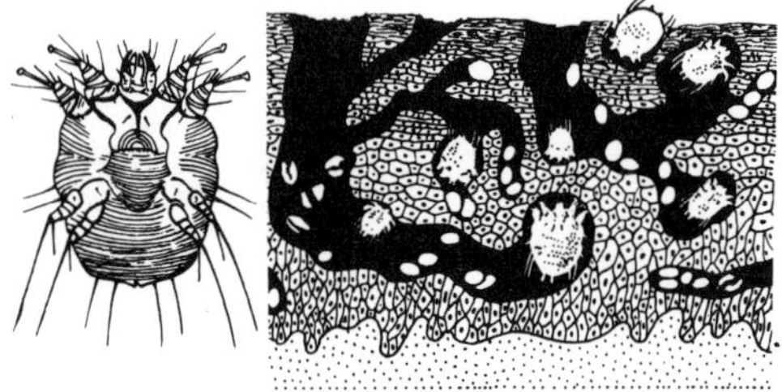

Abb. 181: Krätzmilbe *(Sarcoptes scabiei)*, ausgewachsenes Tier und Epidermis eines Menschen, die von Milbengängen durchsetzt ist. Nach Schmeil

von Räude. Ein wichtiger Räude-Erreger der Rinder und Schafe ist *Psoroptes ovis*. Wie ernst man den Befall nimmt, zeigt sich z. B. darin, daß in England alle Schafe des Landes jährlich in ein Acaricid-Bad geführt werden müssen.

Knemidocoptes mutans ruft die Kalkbeinigkeit der Hühner hervor.

Gefiederparasiten sind *Falculifer* (Abb. 178) und *Pterolichus*.

Cytodites lebt in Atemorganen von Hühnervögeln.

Dermatophagoides ruft Hausstauballergien hervor.

Fossilfunde aus dem Karbon zeigen, daß im Palaeozoikum noch weitere Arachniden-Ordnungen existierten. Infolge der Unkenntnis der inneren Anatomie und der unvollständigen Kenntnis der äußeren Gestalt läßt sich wenig über ihre Verwandtschaft sagen.

3. Klasse: Pantopoda (Pycnogonida, Asselspinnen)

Die Pantopoden sind bizarre Bewohner der Algen- und tierischen Bewuchszone des Meeres, deren verwandtschaftliche Beurteilung sehr verschieden ausfiel.

Sie fallen durch ein starkes Zurücktreten des Rumpfes gegenüber den Gliedmaßen auf (Abb. 182). Er zerfällt, wenn wir von dem umfangreichen Rüssel am Vorderende absehen, in 2 Bezirke, den Rumpf und das Abdomen (= Schwanz). Der Rumpf ist meist nur ein schmales Verbindungsstück zwischen den Beinbasen, die dorsale Panzerung fehlt ihm völlig; er ist durch Ringfurchen, die hinter dem 1. Laufbeinpaar beginnen, in einen Vorderabschnitt und je nach der Beinzahl in 3–5 Segmente zerlegt. Der Vorderabschnitt entspricht dem Cephalon (Kopf) der übrigen Arthropoden. Diese Segmentierung geht bei einigen Gattungen mit scheibenförmigem Rumpf verloren. Seitlich trägt der Rumpf Sockel für die Insertion der Beine. Das Abdomen ist extrem reduziert und meist nur ein kleiner Stift ohne Anhänge, nur bei den fossilen Palaeopantopoden ist es noch sackförmig und läßt 3–5 Glieder erkennen.

Die Extremitäten ähneln sehr denen anderer Chelicerata, doch sitzen sie seitlich am Rumpf und entbehren stets der Laden (Enditen). Die 1. Antennen fehlen, die 2. Antennen sind scherentragende Cheliceren, die meist aus 3, seltener 4 Gliedern bestehen; das 2. Gliedmaßenpaar besteht aus tasterartigen Palpen von wechselnder Länge (bis 10gliedrig). Eigenartig ist das nächste Extremitätenpaar (Brutbeinpaar), das der Zahl nach dem 1. Laufbeinpaar der Cheliceraten entspricht. Es entspringt ventral, ist gleichfalls tasterartig und dient beim Männchen als Eiträger (Oviger). Erst dann folgen die langen Schreitbeine, meist 4 Paare, jedoch vereinzelt auch 5 *(Pentanymphon, Pentapycnon, Decalopoda)* oder gar 6 *(Dodecalopoda)*. Die Gliederzahl der Beine beträgt 9. Das Endglied, der Praetarsus, ist meist klauenförmig, gelegentlich wird er jedoch klein und von den beiden an seiner Basis sitzenden Krallen überragt. Die vorderen Extremitäten und Palpen können fehlen. Die Brutbeine sind bei den Weibchen häufig rückgebildet.

In der Haut liegen zahlreiche Drüsen, an den Femora der Beine der Männchen Kittdrüsen, an den Cheliceren der Larven Spinndrüsen. Die Sinnesorgane sind gering entwickelt. Im Vorderkörper liegen auf einem Augenhügel vier kleine Linsenaugen (= Medianaugen). An Hautsinnesorganen sind Sinnesborsten bekannt. Spaltsinnesorgane fehlen. Das Nervensystem ist primitiver als das anderer Chelicerata, da die Bauchganglien weitgehend getrennt bleiben. Das Gehirn besteht entsprechend dem Fehlen der 1. Antennen nur aus Proto- und Tritocerebrum. Das Unterschlundganglion innerviert Palpen- und Brutbeinsegment. 1 oder 2 Abdominalganglien treten während der Entwicklung noch auf, verschmelzen jedoch mit dem letzten Rumpfganglion. Spezielle Atmungsorgane fehlen. Der Mund liegt auf einem umfangreichen Rüssel (Rostrum), der ventralwärts oder nach vorn vom Vorderkörper vorragt. Nach seinem inneren Bau besteht der Rüssel aus drei Längsteilen (An-

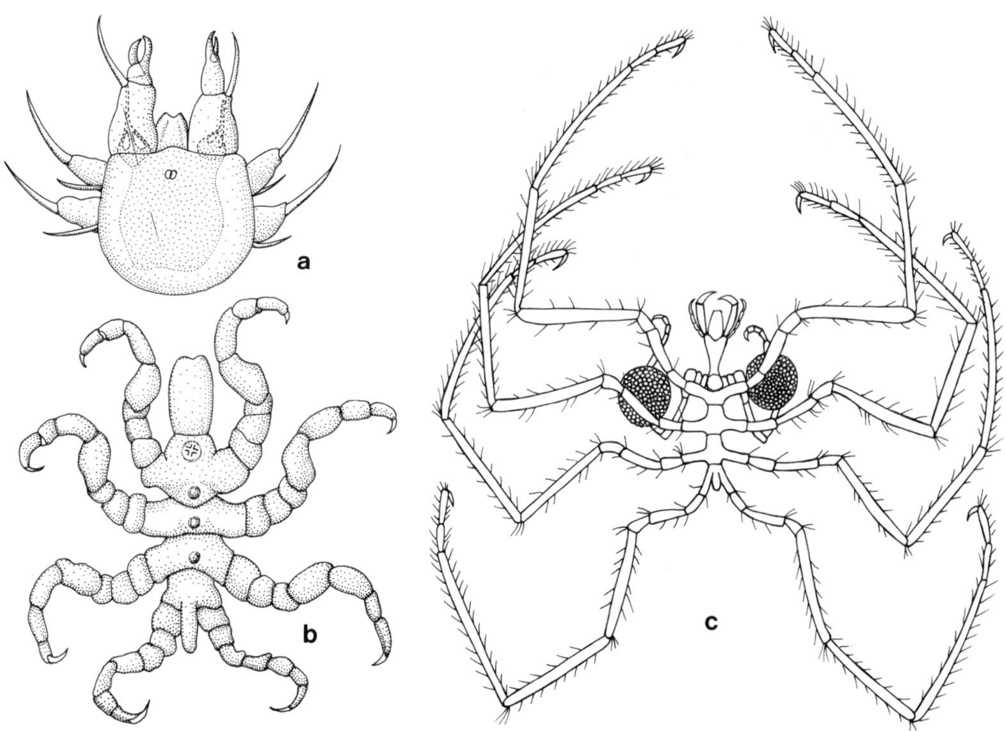

Abb. 182: Pantopoda. a. Protonymphon-Larve, b. *Pycnogonum*, c. *Nymphon*, eiballentragendes Männchen. Nach Hedgepeth, Miner

timeren), einem dorsalen und 2 ventrolateralen. Der dreieckige Mund an der Rüsselspitze selbst ist mit drei borstenbesetzten Platten (Lippen) und drei Chitinhaken besetzt, die beweglich sind. Der im Rüssel liegende Teil des Darmes wird als Pharynx bezeichnet, sein dreikantiges Lumen wird durch radiäre, zur Rüsselwand ziehende Muskeln erweitert, sein hinterer Bezirk wird durch in das Lumen ragende Chitinborsten zu einem Reusenapparat. Ein Oesophagus führt in den Mitteldarm, der lange Blindsacke vor allem in die Beine entsendet, bei manchen Arten aber auch in Cheliceren und Rüssel. Der gerade Endteil des Darmes mündet mit endständigem After. Die Leibeshöhle ist umfangreich. Das Pericardialseptum durchzieht den Rumpf horizontal dicht über dem Darm und erstreckt sich auch in die Beine.

Das Rückengefäß (Herz) ist der einzige erhaltene Teil des Blutgefäßsystems. Es durchzieht den Rumpf von seinem Hinterende bis zur Region der Augenhügel und ist dorsal mit breiter Fläche an der Rückenwand, ventral am Pericardialseptum angewachsen. Es trägt zwei Ostienpaare, zu denen noch ein unpaares Ostium am Hinterende kommen kann.

Nephridien und Malpighische Gefäße fehlen. Die Muskulatur des Rumpfes besteht aus segmentalen Längssträngen, die bisweilen fast die ganze Rumpffläche bekleiden. Dorsoventralmuskeln fehlen.

Die Gonaden entstehen ventral am Pericardialseptum, erstrecken sich aber in die Beine, die ihren Hauptteil enthalten. An den Coxen der Beine liegen auch die Genitalöffnungen. Interessanterweise sind oft mehrere Paare von Öffnungen vorhanden, vielfach an allen 4 Beinpaaren. Bei manchen Gattungen sind sie auf bestimmte Beinpaare beschränkt, am häufigsten auf die letzten; Männchen und Weibchen können in Zahl und Lage der Genitalöffnungen verschieden sein.

Die abgelegten Eier werden vom Männchen getragen. Die Entwicklung zeigt manche Eigenarten und ist auch innerhalb der Pantopoden nicht gleichartig. Die Furchung ist zunächst total, und zwar je nach Dottergehalt aequal oder inaequal. Früher oder später verschmelzen aber

Zellen zu syncytialen Massen. Die Keimblätterbildung ist schwer verständlich. Dorsal werden große Zellen ins Innere verlagert, welche Entoderm (z.T. von einer Urentodermzelle ausgehend) und Mesoderm bilden. Später tritt aber ventral die Längsrinne auf, die dem Blastoporusgebiet anderer Arthropoden entspricht. Das Mesoderm scheint nicht typische Coelomsäckchen zu bilden, sondern sich stets oder meist über ein einfaches Streifenstadium in Muskeln und Bindegewebe umzuwandeln.

Die Embryonalentwicklung führt zu einer typischen Larve, der Protonymphon-Larve. Ihre drei Beinpaare erinnern an die Naupliuslarve, doch gehören sie anderen Segmenten an, da es sich um Cheliceren, Palpen und Brutbeine handelt. Es umfaßt also die Protonymphon-Larve 1 Segment mehr als die Naupliuslarve und entspricht also eher dem Protaspis-Stadium der Trilobiten. Die 1. Antenne wird überhaupt nicht angelegt, die Cheliceren der Protonymphon-Larve ähneln der fertigen Chelicere, nur tragen sie eine seitlich auf einer Röhre mündende Spinndrüse und z.T. Scherendrüsen. Die beiden anderen Extremitäten sind jedoch nur dreigliedrige Haken, die später ± rückgebildet werden, während die definitiven Palpen und Brutbeine durch Neubildung entstehen. Herz und After fehlen der Larve. Die Weiterentwicklung erfolgt durch schrittweise Bildung der Beine am Hinterkörper, die Stadien sind durch Häutungen getrennt. Nur selten bleiben die Larvalstadien an den Brutbeinen der Männchen (z.B. *Chaetonymphon*), meist verlassen sie als Protonymphon die Brutbeine und leben in der nächsten Phase als Ecto- oder Endoparasiten *(Phoxichilidium, Anoplodactylus)* an anderen Tieren, besonders Polypen.

Die ca. 500 Arten umfassenden Pantopoden leben im Meer und im Brackwasser. Sie saugen mit ihrem Rüssel an Meerestieren oder fressen an ihnen, besonders an Cnidariern. Länge des Körpers (ohne Beine) 0,8–100 mm, Spannweite bis über 70 cm.

Die Organisation ist recht einheitlich, die Familien unterscheiden sich vorwiegend durch Gliederzahl und Auftreten der vorderen Extremitäten, Lage des Augenhügels und Form des Rumpfes. Die Zahl der Genitalöffnungen variiert meist innerhalb der Familien.

Nymphon, *Boreonymphon*, *Pallene*, *Anoplodactylus*, *Phoxichilidium*, *Ammothea*, *Decalopoda*, *Dodecalopoda*, *Pycnogonum*.

Fossile Pantopoden sind schon aus dem Devon bekannt. Sie sind durch das drei- bis fünfgliedrige Abdomen primitiv.

C. Mandibulata

Die Kopfextremitäten 3–5 sind Mundgliedmaßen, die als Mandibel, 1. Maxille und 2. Maxille bezeichnet werden. Ihr funktioneller Hauptteil sind die Grundglieder mit ihren Laden (Enditen), die im Fall der Mandibeln zu starken Kauplatten geworden sind. Die Facettenaugen enthalten Kristallkegel. Die Nephridien sind auf den Kopfbereich beschränkt. Zu den Mandibulata zählen Crustacea (Diantennata) und Antennata (Tracheata, Eutracheata).

1. Crustacea (Krebse)

Die Crustaceen sind in Einzelmerkmalen ursprünglicher als alle anderen rezenten Euarthropoden. Zu den primitiven Charakteren gehören:

1. Die Nauplius-Larve mit ihrer geringen Segmentzahl und drei Extremitätenpaaren (1. und 2. Antennen, beinartigen Mandibeln, Abb. 184).

2. Der Bau des Nervensystems, das bei einzelnen Gruppen (Phyllopoda, Abb. 186a) noch den Strickleitertypus in reiner Form darstellt. Primitiv ist auch die geringfügige Anschmelzung des Tritocerebrums an das Gehirn bei manchen Krebsen.

3. Die Zahl der Seitenarterien kann höher sein als bei anderen rezenten Arthropoden, so bei Stomatopoden.

4. Die primitiven Kopfsinnesorgane (Frontalorgane) sind gut erhalten.

5. Die Extremitäten mit zahlreichen Seitenanhängen stehen dem Urtyp besonders nahe.

6. In der Erhaltung aller 5 Gliedmaßenpaare des Kopfes, wie sie sonst nur bei Trilobiten zu finden ist.

Die wichtigsten Sondercharaktere der Crustacea sind Carapax und Furca.

Vom Hinterrand des Kopfes schiebt sich eine Hautfalte, der Carapax, vor, der weite Teile des Körpers dorsal und lateral überdeckt oder

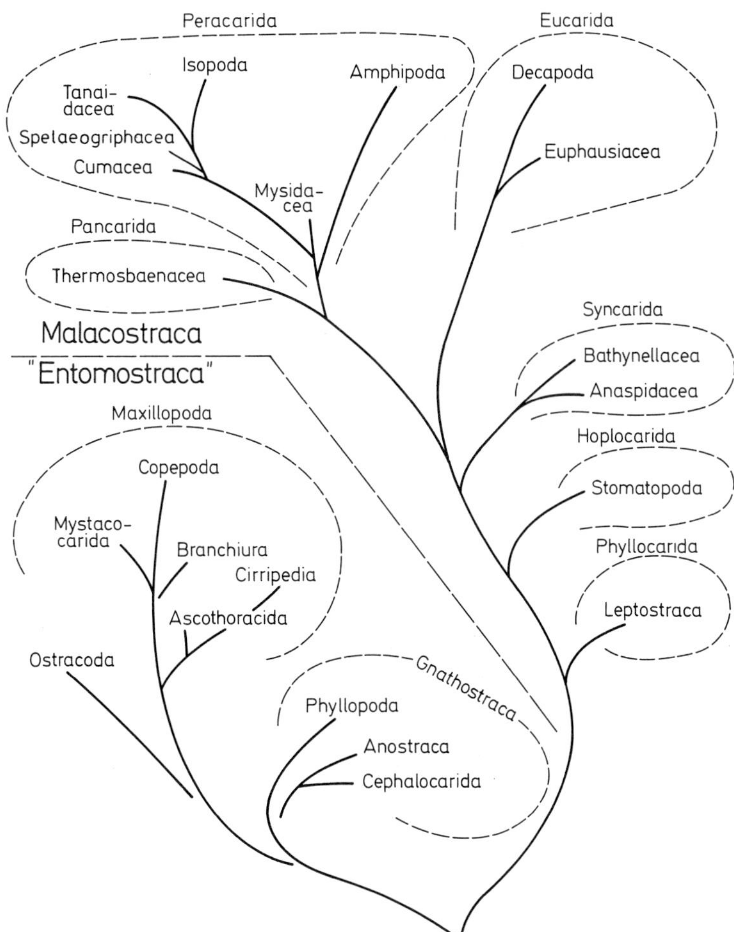

Abb. 183: Verwandtschaftsbeziehungen der Krebse (Crustacea). Nach Remane

mit Schalen umhüllen kann. Die Schalen können dorsal durch ein Schloß miteinander verbunden sein (zweiklappig) oder hier durch eine bewegliche Zone miteinander in Verbindung stehen (zweilappig). Die Außenfläche der Nackenfalte ist meist stark sklerotisiert. Die Nackenfalte verschmilzt oft dorsal mit den folgenden Rumpfsegmenten, bisweilen wird sie wieder rückgebildet. Vor dem Mund liegt of ein Kopffortsatz, das Rostrum.

Das Telson trägt primär ein Paar Anhänge (Furca), die keine Gliedmaßen darstellen.

Segment- und Extremitätenzahl schwanken in weitem Bereich. Die geringsten Zahlen finden wir – wenn man von extremitätenlosen und ungegliederten Parasiten absieht – bei manchen Ostracoden, die höchsten bei Notostracen.

Der Körper der Krebse wird allgemein in Kopf, Thorax und Abdomen (Pleon) gegliedert, doch sind diese Körperabschnitte innerhalb der Crustaceen nicht homolog. Bei den Entomostracen wird der jeweils gliedmaßenlose Hinterkörper als Abdomen bezeichnet, bei den Malacostraca mit ihrer festen Segmentzahl liegt die Grenze zwischen 8. und 9. Rumpfsegment; sie ist äußerlich durch einen Wechsel des Extremitätenbaues (Thoracopoden und Pleopoden) gekennzeichnet. Kopf und unterschiedlich viele Thoraxsegmente sind vielfach zu einem Cephalothorax verschmolzen (vgl. Spinnen: Prosoma); der freibleibende Thoraxabschnitt wird oft Pereion genannt. Abdominalsegmente bilden oft mit dem Telson eine Einheit (Pleotelson).

Die Extremitäten der Crustaceen sind (vielleicht mit Ausnahme der 1. Antennen) auf einen

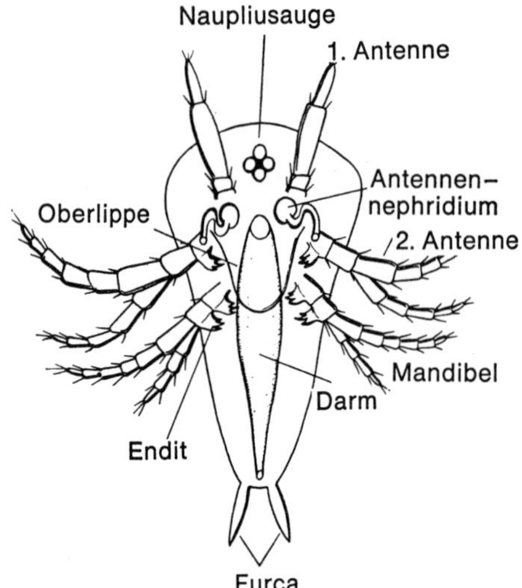

Abb. 184: Organisationsschema einer Nauplius-Larve in Ventralansicht. Nach Remane, Siewing

Fiederfuß zurückzuführen; der bekannte Spaltfuß der Krebse ist erst eine spezielle Form dieses Fiederfußes. Er besteht aus einem Stamm (Protopodit), der distal zwei Äste trägt, außen den Exopoditen, innen den Endopoditen. Das Grundglied des Protopoditen (Prae- oder Subcoxa) ist meist weitgehend rückgebildet bzw. mit der Körperwand verschmolzen. Zweites und drittes Grundglied (Coxopodit, Basipodit) sind im allgemeinen deutlich ausgebildet. Laterale Anhänge des Protopoditen werden als Exite bezeichnet. Sie können als dünnhäutige Anhänge (Epipodite) Atmungs- und osmoregulatorische Funktionen erfüllen (Kiemen) oder als Brutplatten (Oostegite) dienen. Mediale Anhänge (Endite) treten als Kauladen auf.

Der Endopodit ist bei Malacostracen meist charakteristisch gegliedert in Ischiopodit, Meropodit, Carpopodit, Propodit und Dactylopodit. Propodit und Dactylopodit können als Schere (Chela) zusammenwirken. Der bewegliche Dactylopodit wird gegen einen Fortsatz – den unbeweglichen Scherenfinger – des Propoditen bewegt. Wird der Dactylopodit gegen den Propoditen zurückgeklappt, spricht man von einer Subchela.

Exopodite sind oft wie Antennengeißeln geringelt; sie sind vielfach rückgebildet, so daß ein «Stabbein» entsteht.

Blattbeine (Turgorextremitäten) nennt man die mit dünner Cuticula versehenen Extremitäten von Anostraca, Phyllopoda und Phyllocarida, deren Festigkeit zum Teil auf den Blutdruck zurückzuführen ist.

Die 1. Antennen (Antennulae) sind einästig, doch treten bei Malacostraca nicht selten 1 oder 2 geringelte Nebengeißeln auf. Sie sind bevorzugter Ort von Riechschläuchen (Aesthetasken), in ihrer Basis können Statocysten ausgebildet sein. Bei manchen Gruppen sind sie Greif- oder Schwebeorgane.

Die 2. Antennen (Antennae) sind Spaltfüße.

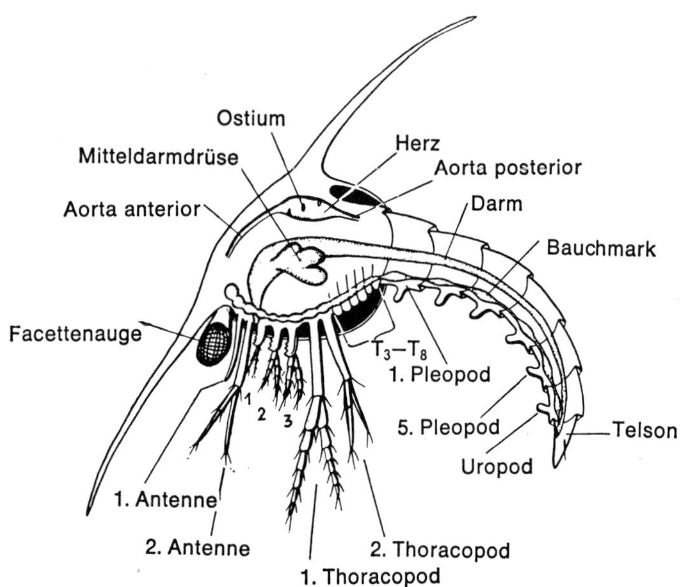

Abb. 185: Organisationsschema einer Zoëa-Larve. Nach Remane, Siewing

Auch sie können als Greif- oder Lokomotionswerkzeuge ausgebildet sein.

Die Mundgliedmaßen erreichen nicht die Vielgestaltigkeit, wie sie von Insekten bekannt ist. Die Mandibel der Nauplius-Larve ist noch als typischer Spaltfuß entwickelt, Endopodit und sogar Exopodit kommen bei Erwachsenen oft noch als Taster vor. Besonders ausgestaltet wird oft die Kaulade, die basal einen Mahlfortsatz (Pars molaris), distal eine gezackte Platte (Pars incisiva) trägt, von der sich bei den Peracarida noch eine bewegliche Platte (Lacinia mobilis) abgliedert.

Die Maxillen (Maxillulae, Maxillae) tragen häufiger Endo-, Exo- und z.T. auch Epipodit. Die Zahl ihrer Laden beträgt bis vier, von denen zwei der Coxa und zwei der Basis angehören. Sie sind meist borstenbesetzte Lappen, seltener mit kräftigen Dornen und Zähnen versehen. Mehrfach werden Maxillen zu Greifwerkzeugen.

Die Thorakalbeine sind die wichtigsten Fortbewegungsorgane. Sind sie vorwiegend Schreitbeine, ist der Endopodit wohlentwickelt, während der Exopodit verschwindet; tritt die Ruderfunktion in den Vordergrund, so werden Exo- und Endopodit einheitliche Platten und nähern sich dem Blattfußtyp. Nur mit den Exopoditen schwimmen Mysideen und Cumaceen.

Innerhalb der Thorakalbeine werden oft funktionelle Gruppen gebildet. Die vorderen werden als Maxillarfüße (Maxillipeden) zu Hilfsorganen bei der Nahrungsaufnahme und nehmen dann in ihrem Bau oft eine Mittelstellung zwischen Maxillen und typischen Thorakalbeinen an. Weiterhin sind oft einzelne Thorakalbeine zu Greiffüßen umgebildet, die vorderen können Schreit-, die hinteren Schwimmbeine werden. Die meist im Dienst der Fortbewegung stehenden Extremitäten des Pereion werden Pereiopoden genannt.

Die Abdominalbeine (Pleopoden) der Malacostracen sind meist zweiästige Ruderbeine; besonders kräftige Platten bildet oft das letzte Paar (Uropoden) aus, das mit dem Telson zusammen einen Schwanzfächer bildet. Bei Arten, deren Hinterkörper die Ruderfunktion verliert, werden die Äste der Uropoden griffelförmig und fungieren z.T. als Sinnesorgane. Die übrigen Abdominalbeine sind vorwiegend Ruderextremitäten oder dienen als Atmungsorgane, die Beine eines Paares sind oft durch hakenbesetzte Fortsätze (Retinacula) gekoppelt. Die vorderen Pleopoden werden beim Männchen oft zu Spermaüberträgern umgebildet (Petasma); vordere Pleopoden können bei Isopoden ebenso wie die Uropoden zu Kiemendeckeln werden.

Die übrige Morphologie der Crustaceen ist schon im Abschnitt «Euarthropoda» (S. 210) abgehandelt worden.

Hingewiesen sei hier noch auf die Konzentrationsvorgänge in Nervensystem und Rückengefäß. Sie verlaufen anders als bei den Chelicerata.

Das Nervensystem enthält zunächst eine Bauchganglienkette, in der nicht nur die Ganglienpaare hintereinander durch Konnektive getrennt sind, sondern auch die Ganglien eines Paares entfernt stehen und durch Commissuren verbunden sind (Phyllopoda, Anostraca). Die Verschmelzung der Ganglien eines Paares erfolgt häufig, die der Ganglien verschiedener Segmente seltener. Selbst die Zusammenfassung der Ganglien der Mundgliedmaßen zu einem Unterschlundganglion kommt nur bei einem Teil der Krebse vor (viele Malacostraca); sofern Maxillarfüße vorhanden sind, schließen sich ihre Ganglien meist dem Unterschlundganglion an. Andere Konzentrationen treten bei Verkürzungen des Rumpfes auf. Dann entsteht eine einzige vom Darm durchbohrte Ganglienmasse.

Ein langes Herz mit vollzähliger Garnitur von Ostien in Thorax und Abdomen bewahren noch die Anostraca und annähernd die Stomatopoda sowie die Notostraca. Die verkürzten Herzen liegen entsprechend der Lage der Atmungsorgane in verschiedenen Körperregionen, z.B. bei den Cladoceren nahezu im Kopf (Maxillarregion), meist im Thorax (Eucarida, Amphipoda) oder zum Teil im Abdomen (Isopoda). Bei kleinen Crustaceen (Mehrzahl der Copepoden und Ostracoden) fehlt das Herz.

Die Furchung variiert wie in anderen Gruppen von einer totalen bis zu typisch superficieller Furchung.

Die Postembryonalentwicklung der Crustacea ist ursprünglich vermutlich ein kontinuierlicher Wachstumsprozeß mit regelmäßiger Segment- und Gliedmaßensprossung ohne abrupte Veränderungen zwischen aufeinanderfolgenden Häutungen gewesen. Diesem Modus am ähnlichsten ist noch der Entwicklungsablauf bei den Cephalocarida, Phyllopoda, Anostraca und Mystacocarida, bei denen jedoch bei einzelnen Häutungen durch gleichzeitiges Erscheinen mehrerer Segmente und Extremitäten größere Entwicklungsfortschritte auf einmal erzielt werden. Bei allen anderen Gruppen geht das so weit, daß an einer oder mehreren Stellen des Entwicklungsablaufs deutliche Einschnitte auftreten und ihn in klar erkennbare Phasen gliedern. Wenn Larve und Adultus ganz unterschiedliche Lebensräume besiedeln, ist ein allmählicher Übergang zwischen beiden nicht möglich.

Bei vielen Gruppen beginnt die Postembryonalentwicklung mit der Nauplius-Larve. Diese trägt drei Gliedmaßenpaare: 1. und 2. Antennen sowie Mandibeln. Während die 1. Antennen einästig sind, sind die 2. Antennen und Mandibeln typische Spaltfüße. Alle drei Gliedmaßenpaare, besonders aber die 2. Antennen, dienen der Fortbewegung. Die Rückenfläche wird von einem Schild, der Mund von einer oft stark entwickelten Oberlippe überdeckt, die Unterlippe ist kleiner. Bei Ostracoden besitzt bereits der Nauplius einen zweiklappigen Carapax. Medianaugen (Naupliusaugen) kommen normalerweise vor, Seitenaugen nur selten (z.B. Cirripedia). Nauplien machen mehrere Häutungen durch. Schließlich können schon Anlagen weiterer Segmente und Extremitäten am Larvenkörper erkennbar sein. Man spricht dann von einem Metanauplius.

Bei den Copepoda folgt auf den Nauplius, der 5–6 Häutungen durchmacht, direkt eine Phase, deren einzelne Häutungsstadien in Körperbau und Struktur der Extremitäten dem Adultus schon weitgehend gleichen und allmählich ohne weitere abrupte Veränderungen in ihn übergehen. Diese Phase wird als Copepodit bezeichnet. Ganz ähnlich sind die Verhältnisse bei den Cirripedia, bei denen sich der letzte Nauplius direkt in die sogenannte Cypris-Larve umwandelt, die bereits alle Extremitäten des Adultus besitzt.

Bei den Malacostraca ist die Postembryonalentwicklung am stärksten gegliedert. Die ursprünglichsten Verhältnisse finden sich bei primitiven Decapoda (Penaeidea), bei denen bis zur Erlangung der Geschlechtsreife 4 Phasen durchlaufen werden: Nauplius, Protozoëa, Zoëa (= Mysis) und Postlarve. Diese lassen sich nicht nur strukturell unterscheiden, sondern vor allem auch an der Art der Fortbewegung. Bei Nauplius und Protozoëa sind die 2. Antennen Hauptruderorgane. Sie erhalten beim Nauplius Unterstützung vom Exopoditen der Mandibel, bei der Protozoëa von den Exopoditen der bereits vorhandenen Thoracopoden. Von Beginn der Zoëa-Phase an dienen dem Schwimmen allein die Thoracopoden, die diese Aufgabe zu Beginn der Postlarvalphase an die Pleopoden abtreten.

Die Häutung zwischen Zoëa- und Postlarvalphase markiert den abrupten Wechsel von der Larval- zur Adultstruktur, der wegen des gleichzeitigen Wechsels von der pelagischen zu einer benthischen Lebensweise als Metamorphose bezeichnet wird. Die Postlarve ist dem Adultus im Bau bereits sehr ähnlich. Nur bei Gruppen, deren Adultus besondere Baueigentümlichkeiten aufweist, gleicht die Postlarve ihm noch nicht so ganz und wird gesondert benannt: Megalopa der Krabben, Glaucothoë der Einsiedlerkrebse.

Bei höheren Decapoda wird die ursprüngliche Entwicklungsabfolge dadurch abgewandelt, daß sich die Segmente und Extremitäten des hinteren Körperabschnittes vorzeitig differenzieren. Dadurch entsteht die typische Larve der Decapoda, die als Zoëa bezeichnet wird. Bei ihr bleibt die hintere, 5–6 Segmente repräsentierende Thoraxregion in der Entwicklung zurück, während das Pleon schon vollständig gegliedert ist und auch bereits Extremitäten tragen kann. Bei etlichen Gruppen beginnt das Larvenleben erst auf diesem Stadium, sie schlüpfen als Zoëa aus dem Ei.

Diese Möglichkeit sekundärer Abwandlung des Entwicklungsablaufes gilt generell. Auch bei anderen Crustaceen-Gruppen kommt es zur Verlagerung von Teilen der Entwicklung ins Ei, so daß das freie Leben erst auf einem unterschiedlich weit fortgeschrittenen Stadium der Entwicklung beginnt. Der sekundäre Zustand dieser Entwicklung läßt sich daran erkennen, daß im Ei Stadien auftreten, die deutliche Kennzeichen der entsprechenden freilebenden Entwicklungsphasen tragen. Im Extremfall wird fast die gesamte Entwicklung im Ei durchgemacht (Cladocera, Leptostraca, Peracarida), so daß anschließend nur noch Größenwachstum und die Ausbildung der Gonaden stattfinden. Diese direkte Entwicklung ist in der Regel mit Brutpflege verbunden.

Die heutigen Gruppen der Krebse sind isoliert voneinander oder hängen nur locker zusammen. Die kleineren Formen mit reduziertem Blutgefäßsystem und gliedmaßenlosem Hinterkörper werden oft als niedere Krebse (Entomostraca) zusammengefaßt und den höheren Krebsen (Malacostraca) gegenübergestellt. Diese Zweiteilung hat wenig Berechtigung.

Die Krebse sind heute im Meer die Hauptgruppe der Arthropoden. Hier leben sie in großer Artenzahl; ins Süßwasser sind nur wenige Linien vorgedrungen. Die Eroberung des Landes haben viele in den ersten Schritten vollzogen, nur die Asseln sind Landtiere im engeren Sinn geworden. Insgesamt etwa 40000 Arten.

1. Klasse: Cephalocarida

Langgestreckte Kleinkrebse, die erst in den 50er Jahren dieses Jahrhunderts im Schlammboden vor den nordamerikanischen Küsten gefunden wurden. Augen fehlen; Carapax kurz; 19 Rumpfsegmente, davon die ersten 9 mit Extremitäten; 2. Maxille ähnelt vorderen Thoracopoden, die als Spaltfüße ausgebildet sind: Kauladen an den meisten postantennalen Segmenten; Telson mit Furca. Zwitter; Eier werden in Säckchen am 9. Segment getragen. In jedem Säckchen entwickelt sich nur 1 Ei zur Zeit. Schlüpfen mit 3 postoralen Segmenten. *Hutchinsoniella.*

2. Klasse: Phyllopoda (Blattfußkrebse)

Die Phyllopoden (Abb. 186) umfassen eine Reihe von primitiven (Notostraca) bis zu stark abgeänderten Formen, die sich eventuell aus neotenen Larven entwickelt haben (Cladocera). Besonders ursprüngliche Charaktere sind die große Zahl von Beinpaaren, die bei den Notostraca über 60 beträgt, die weite Verbreitung der Endite und zahlreiche Häutungen. Der Carapax der Notostraca deutet auf den Grundtyp des Crustaceen-Carapax hin. Kopfsinnesorgane sind gut entwickelt.

Eine Anzahl von Sondercharakteren läßt die Phyllopoda aber als Seitenzweig erkennen, die Seitenaugen sind in Hauttaschen versenkt und dorsalwärts in den Carapax verlagert, Mandibeln und Maxillen sind vereinfacht, nicht extremitätenartig, die Kiemen an den Beinen sind nicht Epipodite, sondern Auswüchse der Exopoditen (Pseudepipodite).

An den vorderen Gliedmaßen der Notostraca sowie an den Nauplius-Extremitäten ist noch der ursprüngliche, gegliederte Bau zu erkennen; mit zunehmend mikrophager Ernährung durch Filtration wird der Gliederfuß zu einem Blattfuß und schließlich zur stark vereinfachten Turgorextremität vieler Cladoceren. Die Fangbeine räuberischer Cladoceren sind gegliederte Stabbeine.

Aus dem Ei schlüpft, falls die Entwicklung nicht direkt ist, bereits ein Metanauplius. Die Spermien sind unbegeißelt und unbeweglich. Die Eier werden unter der Schale getragen, oft an Fortsätzen von Extremitäten.

Innerhalb der Phyllopoda wird, abgesehen von Beinzahl und -bau, vor allem der schalenartige Carapax abgeändert. Er sondert sich bei den Conchostraca und Cladoceren in einen zweilappigen hinteren Teil und einen vorderen, sehr verschieden gebauten Kopfteil. Dieser wird bei den Conchostraca zunehmend ventralwärts eingeklappt und von den Schalenlappen schließlich ganz umschlossen. Sekundär werden die Schalenlappen zu einem nur als Brutraum dienenden Behälter. Verschieden in den einzelnen Gruppen sind 2. Antenne und Furca (Abb. 186). Mitteldarmdrüsen sind bei Notostraca und Conchostraca reich zerteilt, bei Cladocera aber zu «Leberhörnchen» reduziert, oder sie fehlen ganz.

Die Phyllopoden sind vorwiegend Süßwasserbewohner, im Pelagial des Meeres leben wenige Cladoceren-Gattungen. Notostracen und Conchostracen kommen vorwiegend in periodisch austrocknenden Gewässern vor. Etwa 1000 Arten.

1. Ordnung: Notostraca (Abb. 186). Schale (Carapax) schildförmig. 2. Antennen beim erwachsenen Tier reduziert, ca. 60 Paar Rumpfbeine, das vorderste mit tasterartig verlängerten Enditen, vom 12. Rumpfsegment an gehören 2 oder mehr Beinpaare zu einem Metamer (Polypodie). Furca lang, geringelt. Körperlänge 3 bis 6 cm. Herz lang, mit 11 Ostienpaaren. Besonders in periodischen Süßwassertümpeln. *Triops* (= *Apus*, Abb. 186b), *Lepidurus.*

2. Ordnung: Onychura (Abb. 187). Die Schale bildet zwei Seitenlappen, der dorsale Raum zwischen Rücken und Schale dient als Brutraum; die 2. Antennen sind Spaltfüße und kräftige Ruder; 4–ca. 30 Rumpfbeinpaare, die vorderen beim Männchen mit Klammerhaken. Furca mit zwei Krallen. Herz kurz mit höchstens 4 Ostienpaaren. Länge 0,25–10 mm.

a. Conchostraca. Die zweilappige Schale

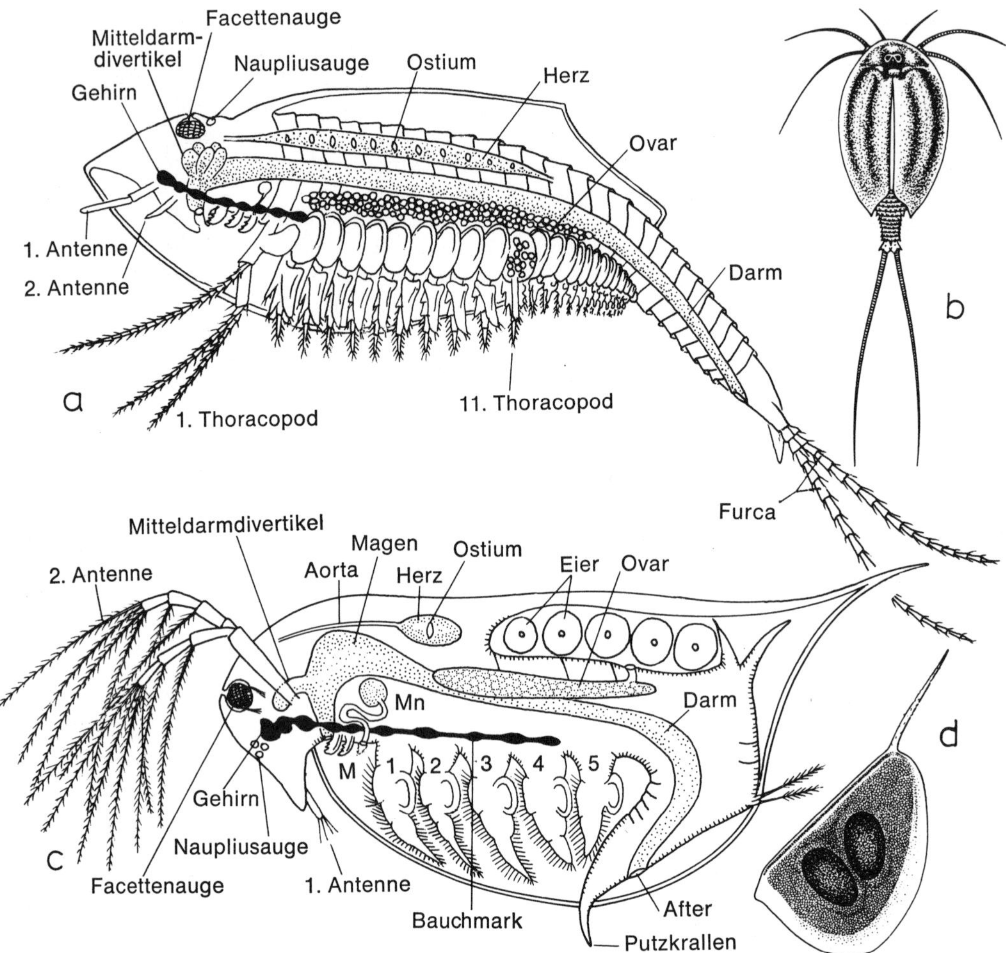

Abb. 186: a. Organisationsschema eines Notostracen. b. *Triops cancriformis* (Dorsalansicht). c. Organisationsschema eines Cladocers, M: Mundwerkzeuge, Mn: Maxillarnephridien, 1–5: Thoracopoden. Bei den Phyllopoden ziehen die Nephridien meist weit in den Carapax hinein und werden auch Schalendrüsen genannt. d. Ephippium von *Daphnia*. Nach Engelhardt, Remane, Siewing

umhüllt den Kopf ganz oder teilweise. 10–ca. 30 Beinpaare. Seitenaugen nur unvollkommen verschmolzen. Die Eier werden an dorsalen Fortsätzen von Rumpfbeinen getragen. Entwicklung über Metanauplius. In periodischen Süßwassertümpeln. *Lynceus*, *Limnadia*, *Estheria*.

b. Cladocera (Wasserflöhe). Die Schalenlappen lassen den Kopf frei; nur 4–6 Beinpaare; Seitenaugen zu einem oft bewegbaren Hauptauge verschmolzen. Eier im Schalenraum dorsal am Körper, jedoch nicht von Extremitäten getragen. Entwicklung mit Generationswechsel (Heterogonie). Viele Generationen von Weibchen, die parthenogenetisch rasch sich entwickelnde Subitaneier hervorbringen. In gewissen Perioden treten Zwergmännchen auf und werden Dauereier gebildet. Entwicklung direkt, nur aus dem Dauerei von *Leptodora* schlüpft ein Metanauplius. Die Cladoceren sind wahrscheinlich durch Neotenie aus Jugendstadien der Conchostraca entstanden. Im Süßwasser artenreich, im Plankton, an Pflanzen und am Boden. *Anchistropus* an *Hydra*. Einige Formen sind ins Meerespelagial vorgedrungen (*Podon*, *Evadne*, *Penilia*). Sie halten die Salzkonzentration ihres Binnenmediums wesentlich unter der des Meerwassers. Der Ionentransport erfolgt über einen spezialisierten Epidermisbereich des

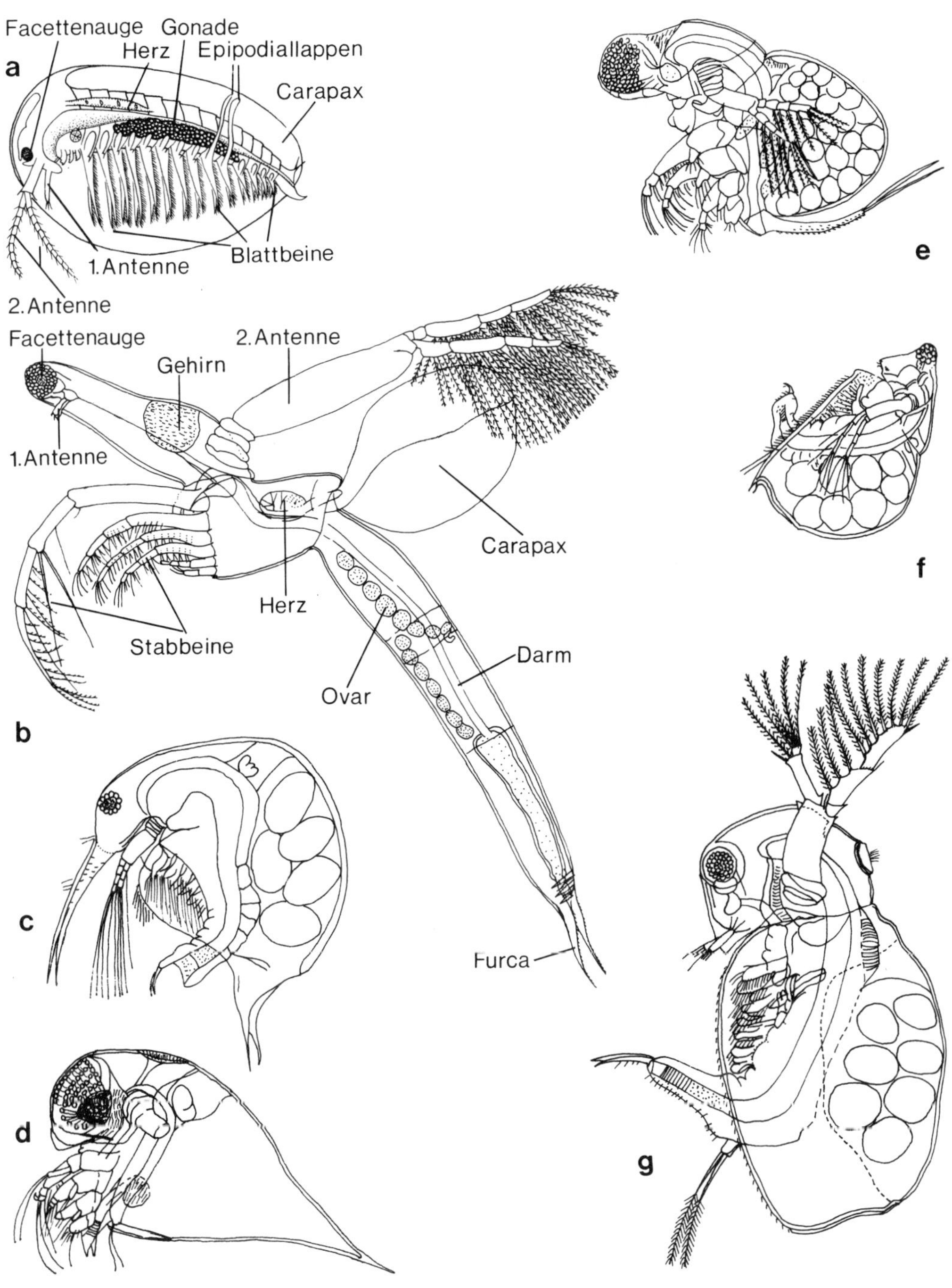

Abb. 187: Onychura. a. Bauplan eines Conchostracen. b. *Leptodora*, c. *Bosmina*, d. *Evadne*, e. *Polyphemus*, f. *Scapholeberis*, g. *Sida*. b, c, e, f, g: Weibchen, d: Männchen. Nach Lilljeborg, Remane

Kopfes (Nackenorgan) mit basalem Labyrinth und vielen Mitochondrien. 4 Familiengruppen.

Ctenopoda. Von den 6 Beinpaaren die vorderen 5 gleichartig, alle mit Reihen von Filterborsten. Schalenlappen voll ausgebildet. Sididae mit *Sida* (Abb. 187g), *Diaphanosoma*, *Holopedium*, *Penilia* (marin).

Anomopoda. Die 5 oder 6 Beinpaare verschieden. Die Dauereier liegen in einem Futteral aus modifizierten Schalenteilen der Mutter (Ephippium, Abb. 186d). Daphniidae mit *Daphnia*, *Moina*, *Scapholeberis* (Abb. 187f), *Simocephalus*, Bosminidae mit *Bosmina* (Abb. 187c), Macrothricidae mit *Ilyocryptus*, *Streblocerus*, Chydoridae mit *Chydorus*, *Alona* u. a.

Onychopoda. Die Schalenlappen sitzen als Brutraum dorsal dem Rumpf an, ihre Ränder sind z. T. mit der Rumpfwand verwachsen. Die 4 freien Beinpaare sind gegliederte Haken, dorsal des Afters ein langer Schwanzanhang. Pelagische Räuber mit großem Hauptauge. Im Süßwasser *Polyphemus* (Abb. 187e), *Bythotrephes*, im Meer *Podon* und *Evadne* (Abb. 187d).

Haplopoda, Rumpf gestreckt mit langem Abdomen, dem Thoraxende sitzen die Schalenlappen als kleiner Brutraum auf. 6 Paar gegliederte Stabbeine. Pelagische Räuber, im Süßwasser *Leptodora* (Abb. 187b).

3. Klasse: Anostraca

Zarte Tiere mit filtrierenden Blattfüßen, die mit der Bauchseite nach oben schwimmen (Abb. 188). Die Seitenaugen sind nicht versenkt, sondern stehen auf Stielen, die 2. Antennen des Männchens sind plumpe Greiforgane aus Protopodit und Exopodit, oft mit bizarrem, basalem Anhang (Frontalanhänge). Mundgliedmaßen vereinfacht. Thorax mit 11, 17 oder 19 Beinpaaren. Der Carapax fehlt. Das gliedmaßenlose Abdomen trägt vorn die Genitalporen, die beiden vordersten Segmente sind ventral zur Genitalregion verschmolzen, diese trägt beim Männchen paarige Penes, beim Weibchen ist sie zu einem Eiersack vorgebuch-

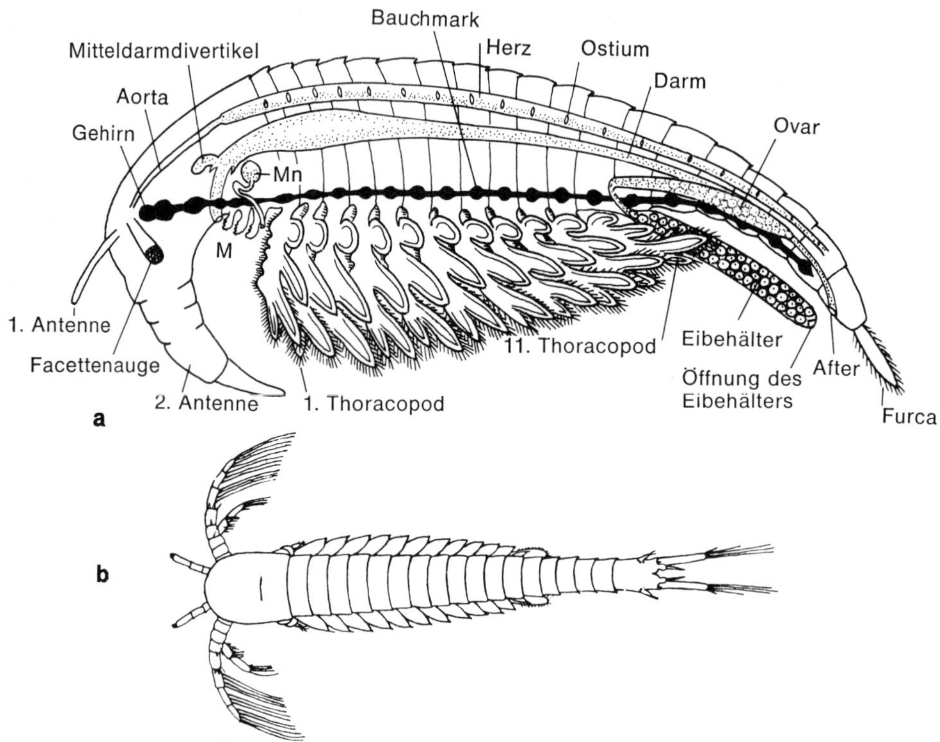

Abb. 188: a. Organisationsschema eines Anostracen. M: Mundwerkzeuge, Mn: Maxillarnephridium. b. *Lepidocaris* aus dem Devon. Nach Remane, Siewing, Sourfield

tet, der in sich den unpaaren Ausgang des Eileiters (Uterus) birgt. Die Entwicklung beginnt mit einem frühen Metanauplius. Länge ca. 1–10 cm. In Süßwassertümpeln *(Branchipus, Chirocephalus)*, aber auch in Salztümpeln von hoher Konzentration (*Artemia*, Salinenkrebs). *Artemia* – vielen Aquarienfreunden auch unter der früheren Artbezeichnung «*Artemia salina*» ein Begriff – hat in den vergangenen Jahren eine große Bedeutung in der Aquakultur erlangt. Im Unterschied zur Viehzucht benötigt die Aquakultur für Fisch- und Krebsbrut im allgemeinen Lebendfutter. *Artemia*, von der bisher viele Arten oder Rassen (Artabgrenzung kann bisher nicht vorgenommen werden) weltweit gehandelt werden, erfüllt viele Anforderungen: Bei höherer Salinität werden Cysten («ruhende Embryonen») produziert, die versandt oder jahrelang aufgehoben werden können; die 0,4 mm langen Nauplien können in hohen Besiedlungsdichten gezogen werden (über 10000 Tiere/l); abiotische und biotische Faktoren können im gesamten Lebenszyklus gleich bleiben; Nährwert und Fruchtbarkeit sind hoch; Nahrungsansprüche bescheiden (z.B. Abfälle aus der Landwirtschaft). Entsprechend spielt die Massenzucht vielerorts eine wichtige Rolle.

Im Devon eine abweichende Form *(Lepidocaris*, Abb. 188b) mit 11 Thoraxsegmenten und zweiästigen 2. Antennen; Beine zweiteilige Ruder, nicht echte Blattfüße.

4. Klasse: Ostracoda (Muschelkrebse)

Der Körper ist ganz von einer zweiklappigen Schale umschlossen, die wie die der Muscheln durch Schließmuskeln geschlossen und durch ein Band (Ligament), das dorsal die Schalenklappen verbindet, geöffnet wird (Abb. 189). Schloßartige Verbindungen der Schalen sind die Regel. Die Zweiklappigkeit ist durch eine mediane Spaltung des Carapax erfolgt, die bereits beim Nauplius hervortritt, also anders als bei den Conchostraca, bei denen die Schale ungeteilt bleibt.

Die Organisation ist stark vereinfacht. Die Segmentierung des Rumpfes ist verlorengegangen, nur eine Furche trennt Vorder- und Hinterkörper. Nur wenige Arten besitzen noch ein Herz mit einem Ostienpaar, die Bauchganglien sind konzentriert, die Extremitätenzahl ist gering, einschließlich der Antennen sind es nur 5–7 Paare. Nur selten tragen sie noch einen Exopodit (2. Antenne). Ein oder beide Antennenpaare fungieren als Schwimmruder, die 2. oft als Laufbeine, bei Cytheridae auch als Spinnorgan bzw. Grabbeine. Die Mandibeln tragen Taster. Die 2. Maxille ist bald Laufbein (Cytheridae), bald Mundgliedmaße. 1 bis 2 Thoracopoden dienen als Laufbeine, die 7. Extremität (einschl. der Antennen gezählt) ist oft ein Putzfuß. Die Genitalpori liegen am Hinterleib oder auf dem großen Kopulationsorgan des Männchens, beim Weibchen liegt zwischen den beiden Pori ein Receptaculum, das die begeißelten Spermien aufnimmt. Diese sind bei manchen Cypridae vielfach länger als der Körper; es existiert eine besondere Apparatur für ihre Ausstoßung (Ductus ejaculatorius, Zenkersches Organ). Die Entwicklung beginnt meist mit einem Nauplius mit zweiklappiger Schale und kurzen Mandibeln. Die Eier werden abgelegt, nur selten im Schalenraum geborgen. Parthenogenese ist nicht selten.

Mit ca. 12000 bekannten Arten bewohnen die Ostracoden fast alle Lebensräume des

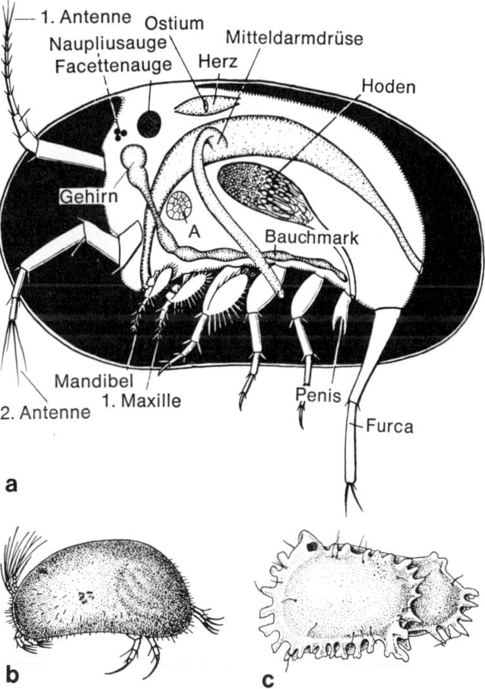

Abb. 189: Ostracoden. a. Organisationsschema. A: Adductormuskel der Schalenklappen. b *Candona*, c *Cythereis*. Nach Engelhardt, Riedl, Siewing

Meeres und des Süßwassers, nur im Plankton sind sie selten *(Conchoecia, Philomedes* z.T. im Meer). Schwimmfähigkeit besitzt nur ein Teil der Arten. Die Nahrung besteht meist aus sich zersetzendem, organischem Material, mehrere Gruppen sind Filtrierer mit verschiedenartigem Filterapparat *(Platycopa, Notodromas, Asterope);* die Paradoxostominae bohren mit ihren stilettartigen Mandibeln Pflanzenzellen an und saugen sie aus; einige Arten leben an anderen Tieren (*Entocythere* in der Kiemenhöhle von *Cambarus, Sphaeromicola* an Isopoden). Länge 0,2–23 mm *(Gigantocypris)*, meist zwischen 0,5 und 3 mm.

Die Ostracoden sind seit dem Kambrium bekannt; wichtig als Leitfossilien (Beyrichienkalke im Silur, Cypridinenschiefer im Devon).

1. Ordnung: Myodocopa. Mit Herz; Seitenaugen z.T. noch vorhanden. Schalen vorn meist mit ventraler Kerbe (Rostralinzisur). 2. Antenne alleiniges Bewegungsorgan. Marin, relativ groß. *Cypridina, Asterope, Conchoecia.*

2. Ordnung: Cladocopa. Ohne Herz und Augen, beide Antennen Schwimmbeine. Extremitäten 6 und 7 fehlen. Kleine marine Bodenbewohner. *Polycope.*

3. Ordnung: Platycopa. Marin. *Cytherella.*

4. Ordnung: Podocopa. Einzige Gruppe mit Arten im Süßwasser. Ohne Herz, Seitenaugen fehlen, doch Medianaugen (Naupliusaugen) oft gut entwickelt. 2. Antenne einästig, 1–3 Schreitbeinpaare. Cytheridae: Im Meer die vorherrschende Familie, nicht schwimmfähig. Cypridae: Vorwiegend im Süßwasser. *Cypris, Candona, Notodromas* (an der Wasseroberfläche filtrierend), *Mesocypris* (in feuchte Landgebiete vordringend).

5. Klasse: Copepoda (Ruderfußkrebse)

Diese arten- und formenreiche Gruppe ist mit etwa 8000 Arten die drittgrößte Krebsklasse und durch im folgenden aufgeführte Organisationsmerkmale gekennzeichnet, die bei Parasiten allerdings stark abgeändert werden: Carapax und Seitenaugen fehlen immer, das Herz meist. Naupliusaugen sind meist entwickelt, die seitlichen können auseinanderrücken und große Linsen ausbilden (Abb. 190d). Der Körper zeigt eine feste Segmentzahl und besteht aus Kopf, 6 Thorax- und 5 Abdominalsegmenten (einschl. Endsegment mit Furca). Der Kopf ist mit dem ersten oder den ersten beiden Thoraxsegmenten zu einem Cephalothorax verwachsen. Die ersten Antennen sind oft als lange Schwebefortsätze entwickelt. Die Thoraxextremitäten sind ursprünglich zweiästige Ruderbeine mit plattenförmigem Exo- und Endopodit, das vorderste ist zu einem Maxillarfuß, das hinterste zu einem Spermatophorenüberträger umgewandelt oder reduziert. Die Spermaübertragung erfolgt durch Spermatophoren; diese werden an der Genitalregion des Weibchens angeheftet. Die Genitalöffnungen liegen am 1. Abdominalsegment. Die Eier werden an der Genitalöffnung, durch ein Drüsensekret der Ovidukte verkittet, als Eisäckchen getragen. Die Entwicklung ist holoblastisch und geht über Nauplius- und Metanaupliusstadien.

Primitiv sind sie in ihrer Entwicklung und im Bau ihrer Mundwerkzeuge, die weitgehend ihren Extremitätencharakter bewahren, an Mandibel und 1. Maxille sind oft noch Endo- und Exopodit erhalten.

Die Copepoden besiedeln alle Lebensräume des Meeres und Süßwassers; sie sind ein wichtiger Bestandteil des Planktons, dringen in unterirdische Gewässer und in die nur zeitweise feuchten Moosrasen ein, in mehreren Linien sind sie zum Parasitismus übergegangen und spielen als Fischparasiten eine bedeutende Rolle.

Die Nahrung besteht meist aus Kleinorganismen (Diatomeen, Bakterien), manche sind Filtrierer, viele Detritusfresser. Viele Cyclopoidea des Meeres haben einen Saugrüssel aus Ober- und Unterlippe um die stilettförmigen Mandibeln gebildet, mit dem sie viele Tiere und Pflanzen ansaugen. Der Parasitismus reicht vom Ecto- bis Endoparasitismus.

Parasiten sind 5 Typen zuzuordnen:

1. Larven freilebend, nur erwachsene Tiere Parasiten (Ergasilidae).

2. Frühe Larvenstadien und Adulte freilebend, nur mittlere Entwicklungsstadien parasitisch (Monstrillidae u.a.).

3. Der Parasitismus beginnt mit älteren Larven (Copepodit) und dauert bis zum Adultstadium (z.B. Chondracanthidae).

4. Doppelter Parasitismus an verschiedenen Wirten: Copepodit an Plattfischen, letztes Stadium eine «Puppe», aus dieser schlüpfen freilebende Tiere, nach der Befruchtung parasitieren die ♀ an *Gadus* (Lernaeidae).

5. Nur das aus dem Ei schlüpfende Copepodit-

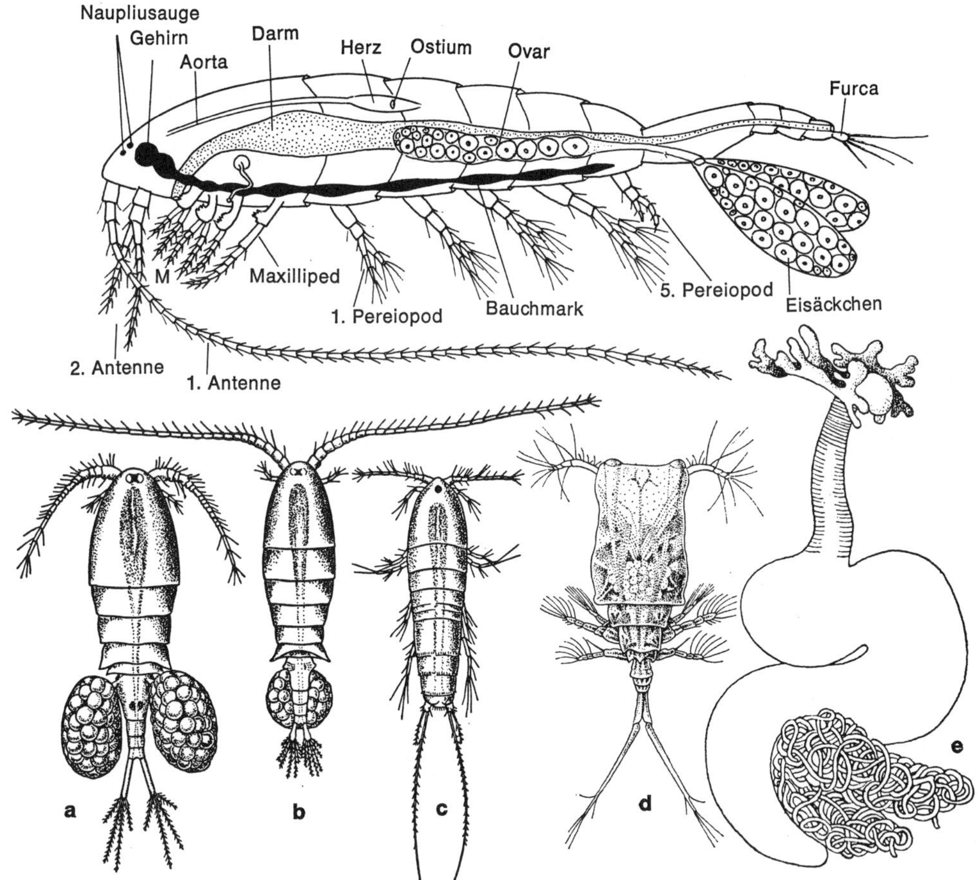

Abb. 190: Copepoda. Oben: Organisationsschema. M: Mundwerkzeuge (Mandibel, 1. und 2. Maxille, an deren Basis Maxillarniere mündet). Unten: Formen. a. *Cyclops*, b. *Diaptomus*, a und b mit Eisäckchen, c. *Canthocamptus*, d. *Copilia*, e. *Lernaea* (Weibchen). Nach Engelhardt, Remane, Scott, Siewing

stadium ist frei, danach sind die Tiere Parasiten (Lernaeopodidae u. a.).

Fast alle wasserlebenden Tiergruppen werden von parasitischen Copepoden befallen, besonders häufig sind sie an Fischen, speziell an deren Kiemen.

Der Parasitismus kann den Körper fast bis zur Unkenntlichkeit umformen, und nur die Ontogenese verrät dann die Zugehörigkeit zu den Copepoden. Ectoparasiten bilden Haftorgane, die Caligiformes einen von der Stirndrüse ausgeschiedenen Haftfaden, Lernaeidae wurzelartige Fortsätze des Vorderkörpers, viele bilden Haftorgane aus Gliedmaßen, wobei die 2. Antenne und die 2. Maxille bevorzugt sind, doch können auch die ersten Antennen einen Saugnapf tragen (Caligidae) oder die Maxillarfüße Greifhaken werden. Der Körper der Parasiten verliert oft die Gliederung, wird sack-, kugel- oder wurmförmig; die Extremitäten sind z. T. reduziert oder abgewandelt; der Körper bildet oft eigenartige Lappen. Die Männchen werden weniger umgebildet, bisweilen bleiben sie als Zwergmännchen am Weibchen festgeheftet *(Chondracanthus, Lernaeopoda, Clavella)*.

Die zahlreichen Familien der Copepoden können erst unvollkommen in ein natürliches System gegliedert werden.

1. Calanoidea. Mit Herz, leben in hohen Populationsdichten im Plankton von Meer und Süßwasser. *Calanus, Temora, Centropages, Diaptomus* (Abb. 190b), *Heterocope.*

2. Harpacticoidea. Meist Bewohner des Bodens und der Vegetationszonen. *Canthocamptus* (Abb. 190c), *Harpacticus*, *Tisbe*.

3. Cyclopoidea. Im Süßwasser *Cyclops* (Abb. 190a) u. a., *Ergasilus* wichtiger Fischparasit, Verwandte im Meer, hier oft mit saugenden Mundgliedmaßen *(Ascomyzon)*, *Mytilicola*, Miesmuschel- und Austernparasit.

4. Monstrilloidea. Von Cyclopoidea abgeleitete Endoparasiten in Anneliden und Schnekken. Darmlos. Geschlechtsreife Tiere frei, pelagisch. *Monstrilla*.

5. Notodelphyoidea. Kommensalen, besonders in Tunicata. Eier dorsal unter einer Hautfalte. Marin.

6. Caligiformes. Vielgestaltige Fischparasiten; *Caligus*, *Lernaea* (Abb. 190e); selten an Walen, *Nautilus* u.a. *Penella*, *Dichelestium*, *Lernaeopoda*.

6. Klasse: Branchiura (Karpfenläuse)

Eine Gruppe von etwa 130 temporären Ectoparasiten an Fischen und Kaulquappen, die manchmal den Copepoden eingereiht wird, von denen ihr die Caligidae habituell ähneln (Abb. 191). In manchen Merkmalen sind sie primitiver als die Mehrzahl der Copepoden, so im Besitz der Seitenaugen (Facettenaugen) und des schlauchförmigen Herzens mit einem Ostienpaar (bei Copepoden nur bei Calanoidea). Es sind eigenartige Spermaübertragungsmechanismen am letzten und vorletzten Beinpaar der Männchen entwickelt. Das Sperma wird in einer Samenkapsel an der Basis des vorletzten Beinpaares untergebracht und aus dieser durch eine Röhre an der Basis des letzten Beinpaares entnommen und in die Spermatheken des Weibchens übertragen. Die paarigen Spermathecae (Receptacula seminis) haben die Branchiura mit Copepoda, Ostracoda und Ascothoracida gemeinsam. Die Genitalöffnungen liegen im letzten Thorakalsegment.

Der Cephalothorax trägt einen großen Rückenschild, das Abdomen ist ein ungegliederter zweilappiger Anhang mit Resten der Furca zwischen den Lappen. Die Extremitäten sind weitgehend an die ectoparasitische Lebensweise angepaßt. Die Antennen sind kurz, die ersten können fehlen. Ober- und Unterlippe bilden mit den stilettförmigen Mandibeln ein Saugrohr. Die beiden Maxillenpaare sind die Haftorgane, die Basis der 1. Maxillen bildet je einen großen Saugnapf. Es folgen noch vier Thoraxbeinpaare; es handelt sich um zweiästige Ruderfüße mit ungegliedertem Exopodit, der Putzanhang (Flabellum) der vorderen ist vielleicht ein Epipodit. Hoden im Abdomen, Ovar einseitig mit einem Oviduct (dem der Gegenseite). Die Eier werden frei abgelegt, die Jungen schlüpfen in fast vollständiger Organisation.

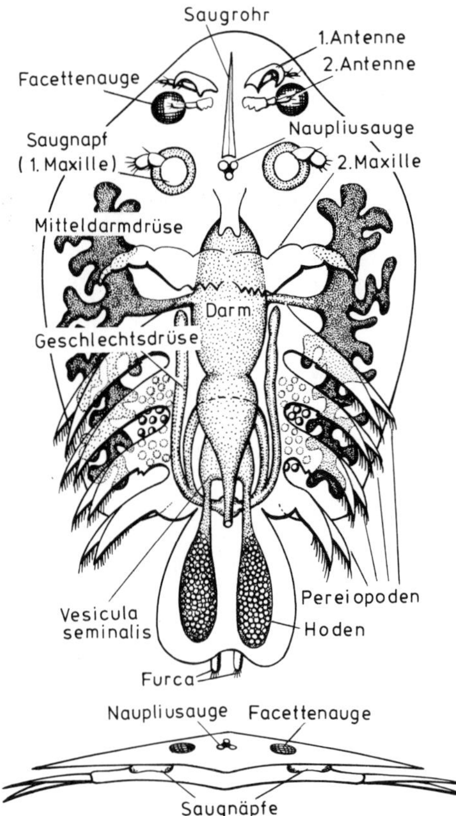

Abb. 191: Organisationsschema eines Branchiuren (von ventral und vorn). Nach Remane, Siewing

Länge 5–30 mm, in Süßwasser und Meer. *Argulus*, an Süßwasserfischen Blut saugend und Viren übertragend, *Chonopeltis*, *Dolops*.

7. Klasse: Mystacocarida

Die Mystacocarida leben im Lückensystem des Meeressandes, vor allem im Küstengrundwasser. Ihr Rumpf ist langgestreckt, die Mundgliedmaßen sind groß, die Thorakalbeine reduziert. Die Lokomotion erfolgt im wesentlichen mit den zweiästigen 2. Antennen und Mandibeln und kann effektvoll nur in engen Spalträumen stattfinden, in denen die Tiere dorsal (mit den Exopoditen) und ventral (mit den Endopoditen) Widerlager finden. Naupliusaugen. *Derocheilocaris*, ca. 0,5 mm lang (Abb. 192).

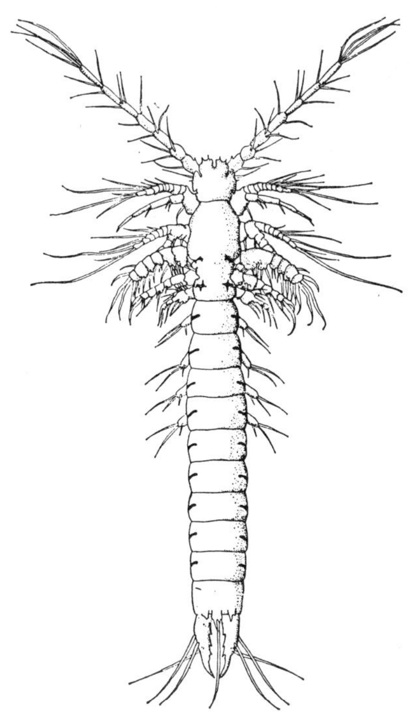

Abb. 192: *Derocheilocaris remanei* (Mystacocarida). Nach Delamare-Debouteville

8. Klasse: Ascothoracida

Die Ascothoracida sind Parasiten an marinen Wirbellosen, oft werden sie den Cirripediern zugeordnet. Zweifellos sind sie mit diesen verwandt, aber sie haben sich von der Stammlinie abgezweigt, bevor die Cirripedier festsitzend wurden und ihre Spezialcharaktere erwarben. Das beweisen ihre Festheftung mit dem Mundsaugrohr, das alle Mundgliedmaßen umfaßt, die nicht zu Rankenfüßen gewordenen 6 Paar Thorakalbeine und das nicht reduzierte Abdomen. *Synagoga*, *Laura*, *Ascothorax* (Abb. 194).

9. Klasse: Cirripedia (Rankenfüßer)

Die Cirripedia sind festsitzende und durch die Sessilität stark abgeänderte Krebse (Abb. 193). Die Festheftung erfolgt mit der Region der 1. Antenne, die Haftdrüsen (Zementdrüsen) enthält. Der Rumpf ist völlig von einem Mantel umschlossen, der aus einer zweiklappigen Carapaxfalte durch Verwachsung der hinter den Antennen gelegenen Region entstanden ist. In die Cuticula der Außenschicht des Mantels sind Kalkplatten eingelagert, sie wird nicht gehäutet, wohl aber der vom Mantel umschlossene Körper. Die 2. Antennen fehlen, die kleinen Mundgliedmaßen stehen auf einem Mundkegel, die 6 Paar Thorakalbeine sind zu Rankenfüßen umgebildete Spaltfüße, sie werden rhythmisch aus dem Mantelschlitz hervorgestreckt, umgreifen einen Wasserbezirk und filtern beim Einziehen die im Wasser suspendierten Partikel und Kleinorganismen ab.

Das Abdomen ist klein und stabförmig. Die meisten Arten sind Zwitter. Wie gelegentlich auftretende Zwergmännchen beweisen, sind diese Zwitter aus Weibchen hervorgegangen. Die Ovarien liegen im Vorderkörper bzw. Stiel, ihre Mündung bei den 1. Thorakalfüßen; die Hoden, die oft in die Beine hineinreichen, enden an einem Penis am Abdomen, durch den die Spermien in ein benachbartes Tier überführt werden. Die Entwicklung führt über Nauplien mit Seitenaugen und Fortsätzen sowie ein Cyprisstadium mit zweiklappiger Schale zu dem festsitzenden Tier.

In großer Zahl besiedeln Cirripedier Felsen und andere feste Körper einschließlich der Oberfläche von Tieren bis hinein in die Brandungszone, in der sie oft durch Massensiedlung ein weißes Band bilden (Seepocken). Durch ihr Festwachsen an Schiffen und die dadurch bedingte Gewichtsvermehrung und Reibungserhöhung sind sie z. T. ein wirtschaftliches Problem geworden.

Seepocken sind in Gezeiten- oder Spritzwasserzone starken Schwankungen ihrer Umwelt ausgesetzt. Gegen hohe Temperaturen haben einige Gattungen dicke, schaumstoffartige Kalkplatten angelegt, in kalten Meeren gehören andere Arten mit einigen Schnecken zu den letzten Vertretern der Gezeitenfauna und verfügen über Frostresistenz. Bei annähernd gesättigter Luft können die Seepocken bei weitgehendem Schalenschluß eine kleine Pore offenhalten,

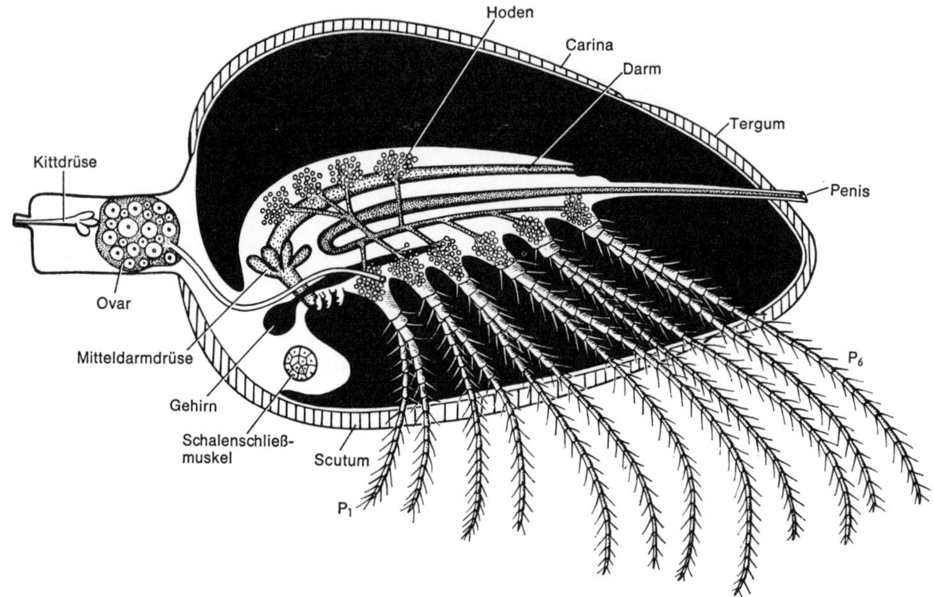

Abb. 193: Organisationsschema eines Cirripediers *(Lepas)*. P_1–P_6: Rankenfüße. Nach Remane, Siewing

durch die ein geringer Gasaustausch erfolgt. Bei Austrocknungsgefahr gehen sie bei völligem Schalenschluß zur Anaerobiose über.

Eine Reihe von Cirripediern sind Parasiten geworden, obwohl die filtrierende, mikrophage Ernährung dem Endoparasitismus gerade entgegengesetzt ist. Der Weg zum Parasitismus ging über den Epizoismus, d.h. einer harmlosen Besiedlung anderer Tiere, die nur der Festheftung dient. Als solche Epizoen finden wir zahlreiche Arten auf Krebsen, Korallen, Fischen, Schildkröten *(Chelonibia)*, Walen *(Coronula)* und Seekühen. Mehrfach wird dann der Stiel bzw. das Vorderende durch wurzelartige Haftfortsätze in der Haut des Trägertieres verankert. Auf diesem Stadium setzte offenbar ein völliger Ernährungswechsel ein, die wurzelförmigen Haftfortsätze übernehmen die Nahrungsaufnahme aus dem Wirt und können bei den Rhizocephalen (z.B. *Sacculina*) den Wirtskörper durchsetzen. Darm und Extremitäten verschwinden, der Rumpf wird ein ungegliederter Sack mit Gonaden und Gehirn, der vom Mantel bis auf eine kleine Öffnung umhüllt wird. Etwa 800 Arten.

1. Ordnung: Thoracica. 1. Antenne an der Haftstelle erhalten; die Anheftung erfolgt durch einen langen Stiel oder durch eine Fußplatte. Hierher die Entenmuscheln *(Lepas)* und die Seepocken *(Balanus)* (Abb. 194).

2. Ordnung: Acrothoracica. Liegen in einer Höhle in Schalen anderer Tiere. Mantel ohne Kalkplatten, Thorakalbeine abgeändert und z.T. reduziert. *Trypetesa (Alcippe)* u.a.

3. Ordnung: Rhizocephala. Darm- und beinlose Parasiten in Krebsen (Krabben, Asseln u.a.), Vorderende entsendet in den Wirt ein Wurzelsystem. *Peltogaster* an Paguriden, *Sacculina* an verschiedenen Krabbenarten (Abb. 194a).

10. Klasse: Malacostraca

Diese Gruppe umfaßt mit über 20000 Arten das große Heer der «höheren Krebse». Diese Bezeichnung darf nicht so verstanden werden, daß die Malacostraca aus einer der vorherigen Gruppen direkt abzuleiten wären. Vielmehr handelt es sich um eine früh abgezweigte Linie, die in Einzelcharakteren noch primitive Züge zeigt. Solche sind:

1. das reichentwickelte Arteriensystem, das bei allen anderen Ordnungen reduziert ist. Da es sich dem Grundschema des Arthropodenblutgefäßsystems anschließt, handelt es sich wohl kaum um eine Neubildung.

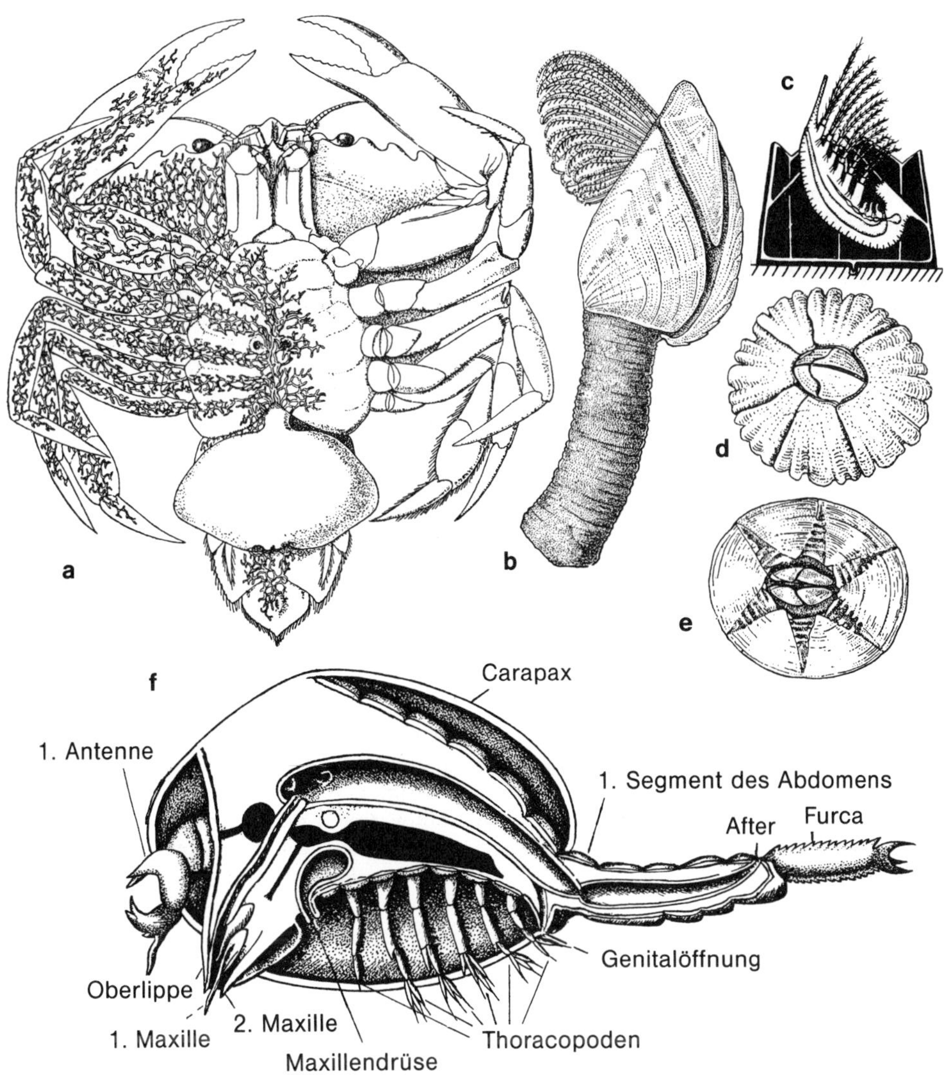

Abb. 194: Cirripedia, Ascothoracida. a. *Sacculina carcini*. Der Parasit durchzieht die Strandkrabbe *Carcinus maenas*, die links durchsichtig gedacht ist. Am abgeklappten Pleon die sackförmige Sacculina externa. b. *Lepas*, c. Organisationsschema eines Balaniden. d. *Balanus balanoides*, e. *Chelonibia*, f. *Ascothorax*, Längsschnitt durch ein Männchen, Länge ca. 3 mm. Nach Boas, Kaestner, Remane, Wagin

2. Die Zahl der Rumpfgliedmaßen ist hoch.

3. Das Abdomen trägt Gliedmaßen.

Sondercharaktere der Malacostracen sind:

1. die Fixierung der Segmentzahl auf 8 Thoraxsegmente und meist 6 Abdominalsegmente. Ursprünglich sind 7 Abdominalsegmente vorhanden (Leptostraca), doch bleibt meist das 7. mit dem Telson verwachsen, bisweilen ist sein Ganglion noch isoliert.

2. der komplizierte Magen (Filter- und Kaumagen) am hinteren Teil des Vorderdarmes. Zwar kommt es auch bei manchen Ostracoden und Cirripediern zur Bildung von Vormägen, doch handelt es sich hier um Parallelbildungen von anderem Bau.

3. Thorakal- und Abdominalbeine sind von verschiedenem Bau, die Pleopoden zweiästige Ruderbeine, das letzte Abdominalbeinpaar

(Uropoden) legt sich neben das Telson und bildet mit ihm meist einen Schwanzfächer (Ausnahme: Leptostraca).

4. Die männlichen Genitalöffnungen liegen im 8., die weiblichen im 6. Thoraxsegment.

5. Die Augen stehen ursprünglich auf beweglichen Stielen; im Gehirn liegen drei Sehzentren.

6. An der Kaulade der Mandibel ist meist eine Schneide (Pars incisiva) von einem Mahlteil (Pars molaris) gesondert.

7. Das Telson ist eine Platte ohne Furca, nur bei Leptostracen und manchen Larven ist die Furca noch vorhanden.

8. Der Exopodit der 2. Antennen ist ursprünglich eine breite Platte (Antennenschuppe).

9. Sofern freie Larvenstadien vorhanden sind, zeigen die mittleren die Tendenz, die Entwicklung der hinteren Thoraxsegmente gegenüber dem Abdomen zu verzögern (Zoëa-Larve).

Abgesehen von den üblichen Konzentrationen in Herz und Bauchganglienkette tritt als mehrfache Parallelbildung innerhalb der Malacostraca eine Umformung der vordersten Pleopoden der Männchen als Hilfsorgan bei der Kopulation ein (Petasma) und eine Ausbildung vorderer Thorakalbeine als Maxillarfüße.

Die Vielgestaltigkeit innerhalb der Ordnung wird vor allem durch das verschiedene Verhalten des Carapax bzw. Cephalothorax, der Thorakalbeine, der Kiemen und der Entwicklung erreicht. Seit dem Karbon bekannt.

1. Ordnung: Phyllocarida. Eine artenarme Gruppe mariner Krebse, von denen heute nur die Leptostraca mit der Hauptgattung *Nebalia* (Abb. 195) existieren. Ihre primitive Stellung verraten der Besitz einer Furca am Telson, die 7 freien Segmente des Hinterleibes, das lange, bis in den Kopf reichende Herz mit zahlreichen Ostien und Seitenarterien, die freien, nur lose von der Carapaxfalte bedeckten Thorakalsegmente, das abgegliederte Rostrum; sowohl Antennen- als auch Maxillennephridien sind vorhanden (Abb. 196).

Sondercharaktere sind: die Umhüllung des Vorderkörpers durch zweilappige, schalenartige Carapaxfalten mit Schließmuskel, die Verkürzung der Thorakalbeine, die Verbreiterung ihres Exopoditen, die Reduktion der hinteren Pleopoden und der Antennenschuppe (= Exopodit) der 2. Antennen. Die Entwicklung der dotterreichen Eier ist direkt.

Die Archaeostraca (Ordovicium-Trias) entsprechen den Phyllocarida weitgehend in ihrem äußeren Bau.

2. Ordnung: Syncarida. Urtümliche Malacostraca, denen ein Carapax fehlt. Sie sind fossil schon aus dem Karbon/Perm bekannt (Palaeocaridacea) und waren damals vorwiegend marin. Fast alle rezenten Vertreter leben im Süßwasser. Einige wenige Anaspidacea kommen in oberirdischen Gewässern vor, die übrigen (restliche Anaspidacea und die Bathynel-

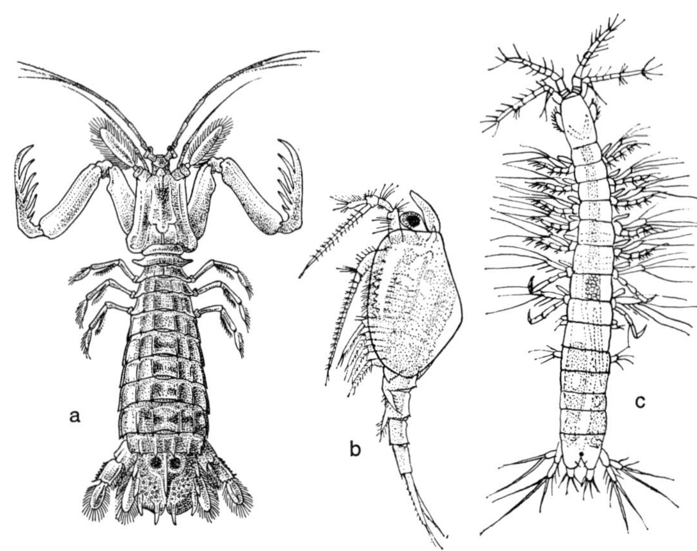

Abb. 195: a. *Squilla mantis* (Länge 20 cm), b. *Nebalia bipes* (Länge 1 cm), c. *Bathynella chappuisi* (Länge 1 mm). Nach Delachaux, de Haas, Knorr, Riedl

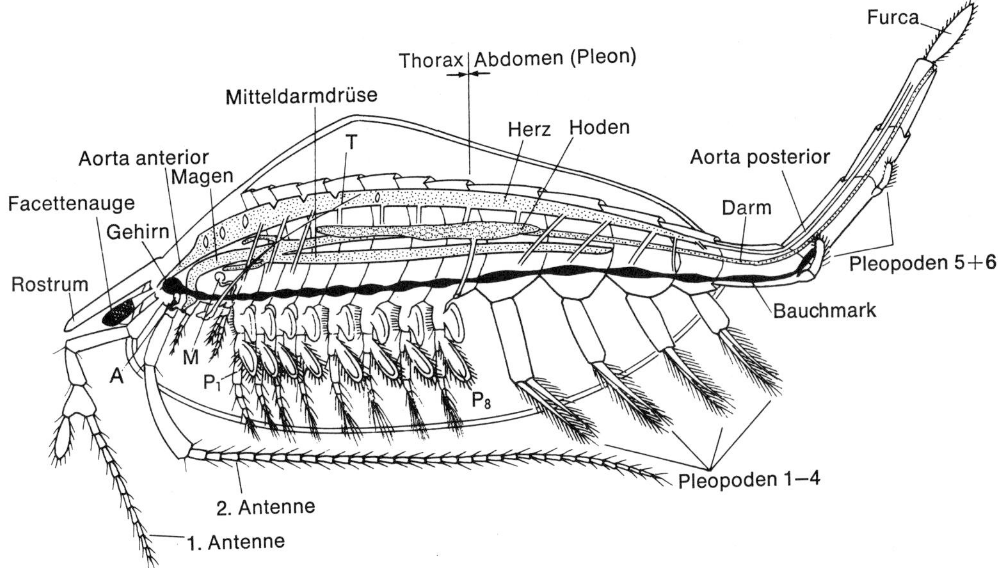

Abb. 196: Organisationsschema eines Phyllocariden. A: Antennennephridium, M. Maxillennephridium, T: Taster, P_1–P_8: Pereiopoden 1–8. Nach Remane, Siewing

lacea) unterirdisch im kontinentalen Grundwasser (Interstitial).

Bei den Anaspidacea (Abb. 197) sind 1. Thoraxsegment und Kopf zu einem Cephalothorax verwachsen. Im Grundglied der 1. Antenne befindet sich eine Statocyste, die anstelle eines Statolithen mit spezifisch gebauten, keulen- bis klöppelförmigen Sinneshaaren ausgestattet ist. Die Männchen haben ein Petasma, die Weibchen am 8. Thoraxsegment eine Spermatheca. Die innere Organisation ist teilweise sehr urtümlich (kein Unterschlundganglion, langes Herz mit vielen Seitenarterien). Anaspidacea sind in ihrer Verbreitung auf Australien, Neuseeland und südliches Südamerika beschränkt (*Anaspides*, *Koonunga*, *Stygocaris*).

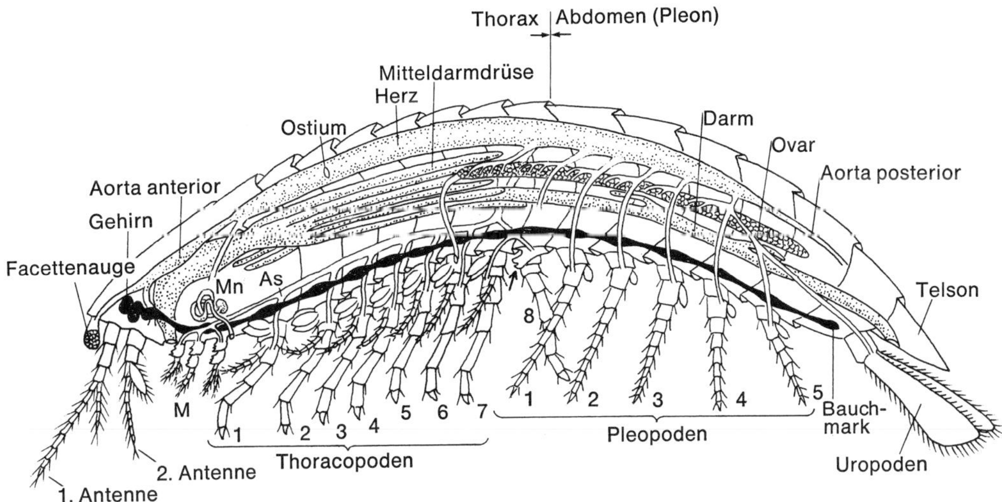

Abb. 197: Organisationsschema eines Syncariden *(Anaspides)*. As: Arteria supraneuralis, M: Mundwerkzeuge, Mn: Maxillarnephridium, der Pfeil weist auf die Spermatheca. Nach Remane, Schminke, Siewing

Bei den Bathynellacea (Abb. 195c) sind alle 8 Thoraxsegmente frei. Statocyste, Spermatheca und Petasma fehlen. Dafür ist bei den Männchen der 8. Thoracopod zu einem kompliziert gebauten Kopulationsorgan umgewandelt. Die innere Organisation ist entsprechend der geringen Körpergröße sehr vereinfacht. Bathynellacea sind weltweit verbreitet *(Bathynella, Parabathynella)*. Hierher gehören die kleinsten Malacostracen (0,5 mm lang).

Alle Syncarida legen ihre Eier frei ab. Die Entwicklung beginnt trotz Dotterreichtums mit Totalfurchung und Invaginationsgastrulation, führt dann aber über das Stadium der Naupliuskeimscheibe direkt zum Jungtier.

3. Ordnung: Pancarida. Bis 4 mm lange, augenlose Krebse, die zunächst nur mit einer Art *(Thermosbaena mirabilis)* aus einer Thermalquelle Tunesiens bekannt waren. Verwandte Gattungen wurden dann im marinen Küstengrundwasser und in Höhlengewässern des Mittelmeer- und karibischen Raumes gefunden. Sie besitzen noch eine Carapaxfalte, die einen Brutraum zwischen sich und dem Körper bedeckt. Manches erinnert an die Peracarida, so die Lacinia mobilis der Mandibeln, anderes an primitive Decapoda. Die Entwicklung erfolgt direkt.

4. Ordnung: Hoplocarida (Heuschreckenkrebse, Abb. 195). Diese eigenartige Gruppe enthält nur wenige, aber relativ große (bis über 30 cm lange) Arten, die in Wohnröhren im Meeresboden leben. Wieder sind mehrere primitive Merkmale vorhanden: ein langgestrecktes Herz mit Seitenarterien, ein bewegbares Rostrum und ein großes Abdomen mit Pleopoden (Abb. 198). Die Entwicklung führt über Larven, die der Zoëa nahestehen. Abgewandelt sind die Thorakalbeine, die 5 vorderen Paare sind nach vorn gerichtet und fungieren vorwiegend mit ihren dornenbesetzten, einschlagbaren Klauen als Fang- oder Raubbeine. Es bleiben nur 3 etwa normale Thorakalbeinpaare, die Exopodite tragen. Kiemen sind an den Abdominalbeinen entwickelt. Von den ursprünglich 7 Segmenten des Abdomens ist offenbar das erste verschwunden. *Squilla.*

5. Ordnung: Peracarida. Ihr Hauptkennzeichen ist die spezifische Brutpflege. Die Eier werden in einen Brutraum ventral am Thorax getragen (Marsupium) (Abb. 199). Er wird unten durch plattenartige Anhänge der Beine, die Oostegite, abgegrenzt. Sie sind offenbar verlagerte Epipodite. Die Peracarida haben die Tendenz, die Carapaxfalte zurückzubilden. Mit ihrem Kopf ist meist ein (selten ein zweites) Thoraxsegment verwachsen. Die Stiele der Augen werden rückgebildet, die Augen liegen schließlich in der Kopfplatte, die Thorakalbeine verlieren die Exopodite.

Die **1. Unterordnung: Mysidacea** steht dem Ausgangstyp noch recht nahe; das gilt besonders für die marinen Lophogastridea mit z.T. 7 embryonal angelegten Abdominalsegmenten, Kiemenepipoditen an den Thorakalbeinen, Antennen- und Maxillennephridium; vielfach

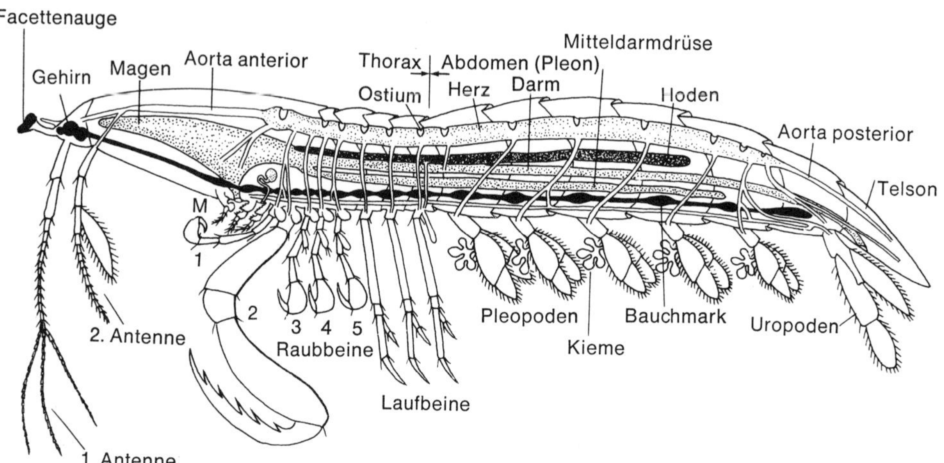

Abb. 198: Organisationsschema eines Hoplocariden. M: Mundwerkzeuge. Nach Remane, Siewing

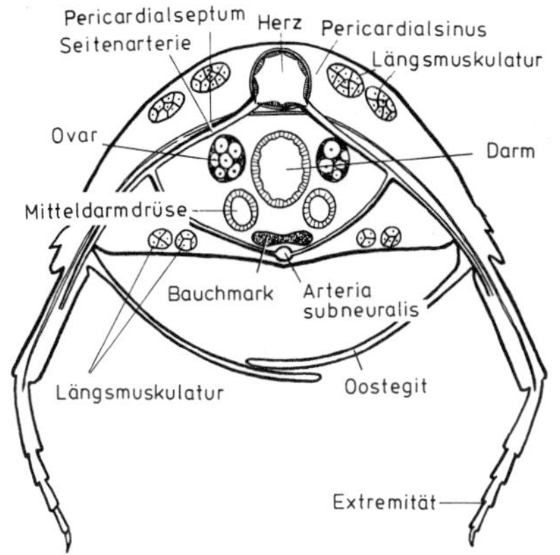

Abb. 199: Schematischer Querschnitt durch einen Peracariden im hinteren Teil des Thorax. Nach Remane, Siewing

in der Tiefsee; *Gnathophausia*. Die häufigen und verbreiteten Glaskrebse (Mysidea) sind schon abgewandelt; es ist nur das Antennennephridium vorhanden; nur das vorderste Thorakalbein trägt einen lamellenartigen Epipoditen, die Pleopoden werden reduziert. Glaskrebse leben in mäßiger Artenzahl im Meer, sowohl pelagisch wie auch benthonisch, einige Arten sind ins Süßwasser vorgedrungen, z.B. *Mysis oculata relicta* in nordeuropäische Seen und verschiedene Arten im Gebiet des Schwarzen Meeres. Einige sind Höhlenbewohner. *Mysis*, *Praunus*, *Gastrosaccus*.

Die **2. Unterordnung: Amphipoda (Flohkrebse)** ist ein Extremtyp, der sich aus dem der Mysidacea herleitet. Die Epipoditen sind als löffelartige Kiemen noch an den Thorakalbeinen erhalten, die Maxillennephridien aber nicht, die Antennennephridien sind noch vorhanden. Der Carapax ist reduziert, der Cephalothorax ist aus Kopf und einem, selten zwei Thorakalsegmenten aufgebaut. Eigenarten sind der Einbau der ungestielten Augen in den Kopfpanzer, die Sonderung der Extremitäten in verschiedene Typen: im Thorax in nach vorn gerichtete Greifbeine mit Klaue und z.T. nach hinten gedrehte Klammerbeine; am Abdomen in 3 Paar vordere Schwimmbeine und 3 Paar hintere, griffelartige Uropoden (Abb. 202).

Die Amphipoden besiedeln in großer Arten- und Individuenzahl das Meer (Abb. 202) und sind hier eine wichtige Fischnahrung. Hier leben außer dem normalen *Gammarus*-Typ noch besondere Formen, im Plankton durchsichtige kugelige *(Thaumatops)* oder stabförmige Arten *(Rhabdosoma)*. *Phronima* wohnt in der Tunica von Salpen; auf Walen leben epizoisch die breiten Wal-Läuse *(Cyamus)*, *Hyperia* oft an oder in Scyphomedusen. Viele Arten bauen Röhren, die am Substrat befestigt oder in den Boden eingebaut sind *(Corophium*, *Haploops)*. Auf *Corophium* geht das knisternde Wattgeräusch zurück, das man z.B. an der Nordseeküste anläßlich einer Wattwanderung hören kann. Die Krebse kommen aus ihren U-förmigen Gängen hervor, um mit den stark entwickelten 2. Antennen organisches Material von der Oberfläche abzusammeln. Nicht verwertbare Reste und Kot werden am anderen Ende der Wohnröhre hinausgeworfen. Wenn die vielen kleinen Luftblasen, die von Millionen von Krebsen in ihre Röhren mitgenommen wurden, an der Oberfläche platzen, entsteht besagtes Geräusch. In den Sand bohren sich *Bathyporeia*, *Haustorius* u.a. ein. Als Nahrung werden zerfallene organische Substanz, Tierleichen, zersetzte Pflanzensubstanz, aber auch Detritus gewählt, der häufig durch Filterbeine aus dem mit den Pleopoden erzeugten Wasserstrom abgefiltert wird. *Chelura* bohrt in Holz und kann an Hafenbauten Schaden anrichten; *Caprella*, auf Algen und Hydroidea lauernd, Beute mit Vorderbeinen ergreifend (Abb. 202c).

Ins Süßwasser sind besonders Gammariden vorgedrungen; sie sind hier überall verbreitet und erreichen im Baikalsee eine außergewöhnliche Artenzahl. Wichtig sind sie auch in unterirdischen Gewässern (*Niphargus* u.a.).

Die Amphipoden haben auch vom Meer aus einen ersten Vorstoß zum Landleben unternommen. Am Meeresstrand leben die «Strandflöhe» (Talitridae: *Talitrus*, *Orchestia*), manche haben auch feuchte Wälder warmer Gegenden besiedelt *(Talitroides)*. Strandflöhe sind bezüglich ihres Orientierungsvermögens besonders gut untersucht. Sie können polarisiertes Licht wahrnehmen, verfügen über die Sonnenkompaß-Reaktion und können sich nach Mondlicht orientieren. Eine innere Uhr ermöglicht ihnen das Zurechtfinden in einem recht schmalen Lebensraum, von dem land- oder seewärts abzukommen den Tod bedeutet.

Unter den folgenden Gruppen bewahrt die **3. Unterordnung: Cumacea** (Abb. 203) manche ursprünglichen Merkmale. Sie leben eingewühlt im Meeresboden, können aber noch wie die Mysideen mit den Exopoditen ihrer Thora-

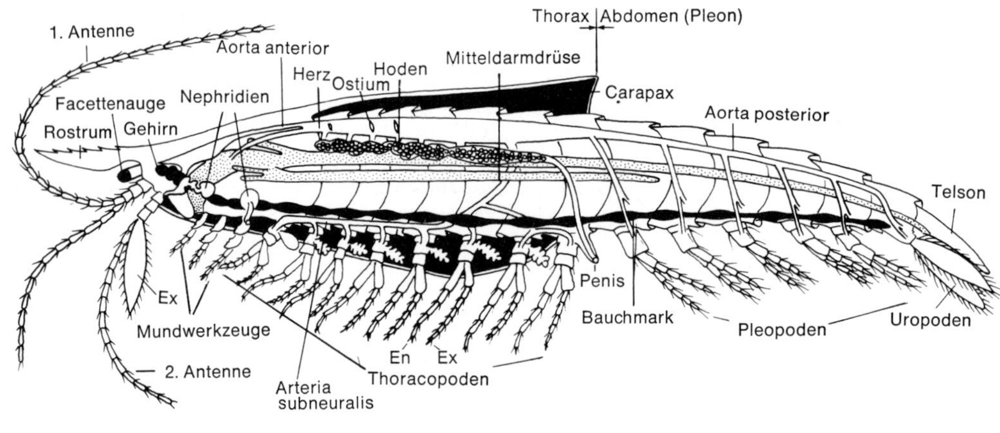

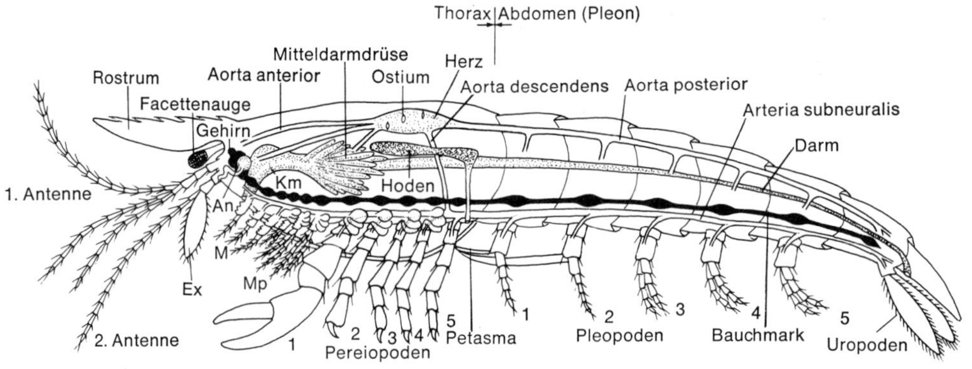

Abb. 200: Oben: Bauplan eines Lophogastriden. Unten: Bauplan eines Decapoden. An: Antennennephridien, En: Endopodit, Ex: Exopodit, Km: Kaumagen, M: Mundgliedmaßen, Mp: Maxillarfüße. Nach Remane, Siewing

kalbeine schwimmen. Der Carapax ist noch vorhanden und überdeckt den Thorax zur Hälfte; in Anpassung an das Leben im Boden trägt er aber durch flügelartiges Vorwachsen seiner Seitenteile zur Bildung eines Atemrohres

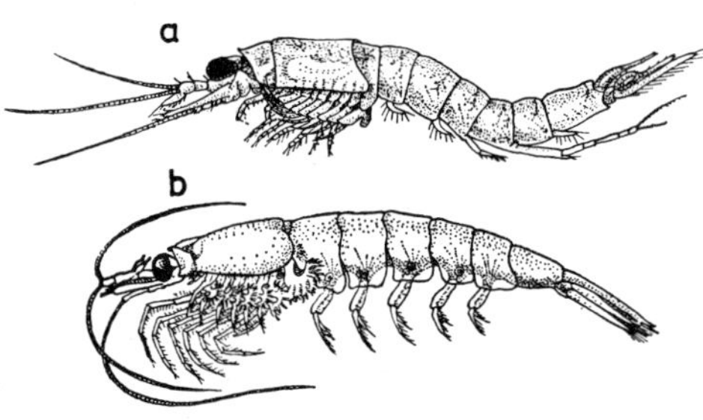

Abb. 201: a. *Paramysis* (Mysidacea), b. *Meganyctiphanes* (Euphausiacea). Nach Riedl

(Pseudorostrum) bei. Die Augen sind sitzend und sehr klein, die Pleopoden vielfach reduziert. *Diastylis*, *Cuma*, *Bodotria*.

Die **4. Unterordnung: Spelaeogriphacea** wurde für eine Art errichtet, die in einer Höhle des Tafelberges (Kapstadt) vorkommt. Cephalothorax mit 1. Thoracomer; Augenstiele vorhanden, Komplexaugen fehlen. *Spelaeogriphus*.

Die **5. Unterordnung: Tanaidacea (Scherenasseln,** Abb. 203) steht den echten Asseln näher als die Cumaceen. Es sind meist kleine, walzenförmige Meerestiere, die in selbstgebauten Röhren oder in Lückensystemen, z.B. im Sand, leben (Küstenregion bis Tiefsee). Der Cephalothorax bildet einen kurzen Carapax. 1.Thoracopod mit Epipodit, der in die Atemhöhle reicht, die vom Carapax gebildet wird. Zum Teil noch Exopodite an den ersten Pereiopoden wie bei Mysideen. Die Augen können noch auf Höckern

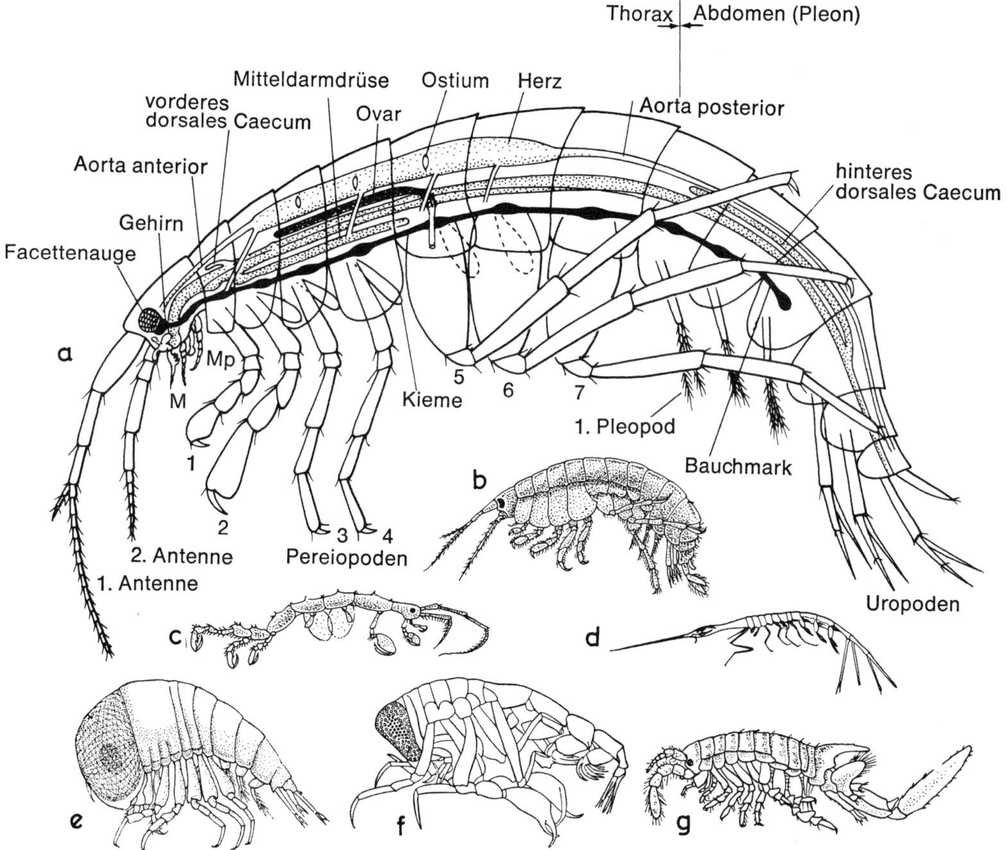

Abb. 202: Amphipoda. a. Organisationsschema. M: Mundwerkzeuge, Mp: Maxilliped. b–g. Formen. b. *Gammarus*, c. *Caprella*, d. *Rhabdosoma*, e. *Hyperia*, f. *Phronima*, g. *Chelura*. Nach de Haas, Knorr, Miner, Remane, Riedl, Siewing

stehen; die Mehrzahl der Charaktere weist aber auf enge Beziehungen zu den Asseln. Eigenartig sind die besonders beim Männchen großen Scheren, die das 2. Thorakalbein bildet. *Apseudes*, *Tanais*, *Heterotanais*.

Die 6. **Unterordnung: Isopoda (Asseln,** Abb. 204) ist artenreich und ökologisch die leistungsfähigste Gruppe der Krebse. Durch die Reduktion der Carapaxfalte, die sieben Thorakalsegmente, die sitzenden Augen in der Kopfplatte und die exopoditlosen Thorakalbeine haben sie manche Ähnlichkeiten mit den Amphipoden. Als sekundäre Atmungsorgane fungieren die Pleopoden; dementsprechend liegt das Herz im Hinterkörper. Asseln machen eine «doppelte Häutung» durch: erst wird der Hinterleib gehäutet, dann der Vorderkörper. Die oft dorsoventral abgeflachten Isopoden besiedeln in großer Zahl den Meeresboden (Benthal und Phytal): *Sadurnia (Mesidotea)*, *Idotea*, *Jaera*. Pelagisch leben sie nur gelegentlich. *Limnoria* ist Holzzerstörer. Im Süßwasser sind die Asellidae verbreitet *(Asellus)*, andere marine Familien haben Vertreter in unterirdische Süßgewässer entsandt (Sphaeromidae, *Parasellus*, *Microcerberus)*.

Die Asseln sind die einzigen Krebse, die in großer Artenzahl die Lebensräume des Landes besiedeln. Es sind vor allem die weltweit verbreiteten Oniscoidea *(Porcellio*, *Oniscus*, *Armadillidium*, *Philoscia)*. Sie kommen selbst in Wüsten vor (Wüstenassel *Hemilepistus)*. Der Übergang zum Landleben erfolgte direkt vom Meeresstrand aus, wo noch heute die Gattung *Ligia* lebt. Luftatmungsorgane entstehen aus Taschen in den Exopoditen von Pleopoden (weiße Kör-

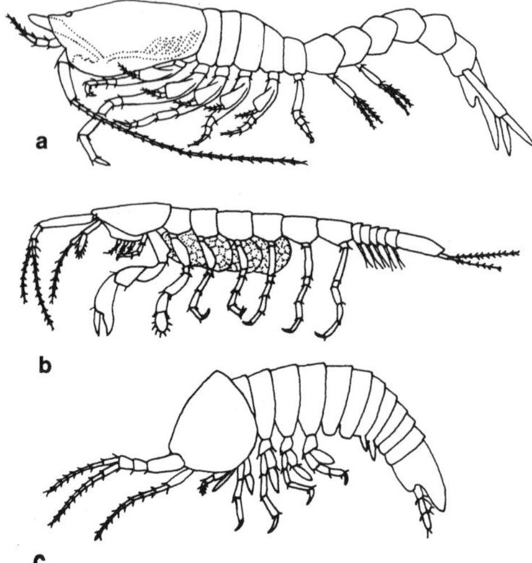

Abb. 203: Typen einiger Malacostraca-Gruppen. a. Cumacea, b. Tanaidacea, c. Thermosbaenacea. Nach Remane

per), also an den erst als Wasseratmungsorgane dienenden Beinen. Eine wichtige Funktion erfüllen terrestrische Isopoden bei der Bodenbildung.

Asseln sind mehrfach Parasiten geworden; *Danalia* parasitiert sogar an *Sacculina*. Der Parasitismus führt zu einer tiefgreifenden Umgestaltung, die Segmentierung kann äußerlich verschwinden, der Körper stark deformiert, die Extremitäten reduziert werden. Viele Parasiten neigen zum Zwittertum. Sie entstanden in drei Gruppen in verschiedener Art: 1. Die Cymothoidae enthalten Fischparasiten, die an der Haut, den Kiemen oder in der Mundhöhle angeheftet leben. Sie sind durch blutsaugende Arten, die sich nur zur Nahrungsaufnahme am Wirt festheften, mit räuberisch lebenden Arten verbunden. Die Umformungen sind gering. 2. Die Gnathiidae sind gleichfalls Fischparasiten, aber nur im Jugendstadium (Praniza-Larve), das infolge der Anschwellung während der Nah-

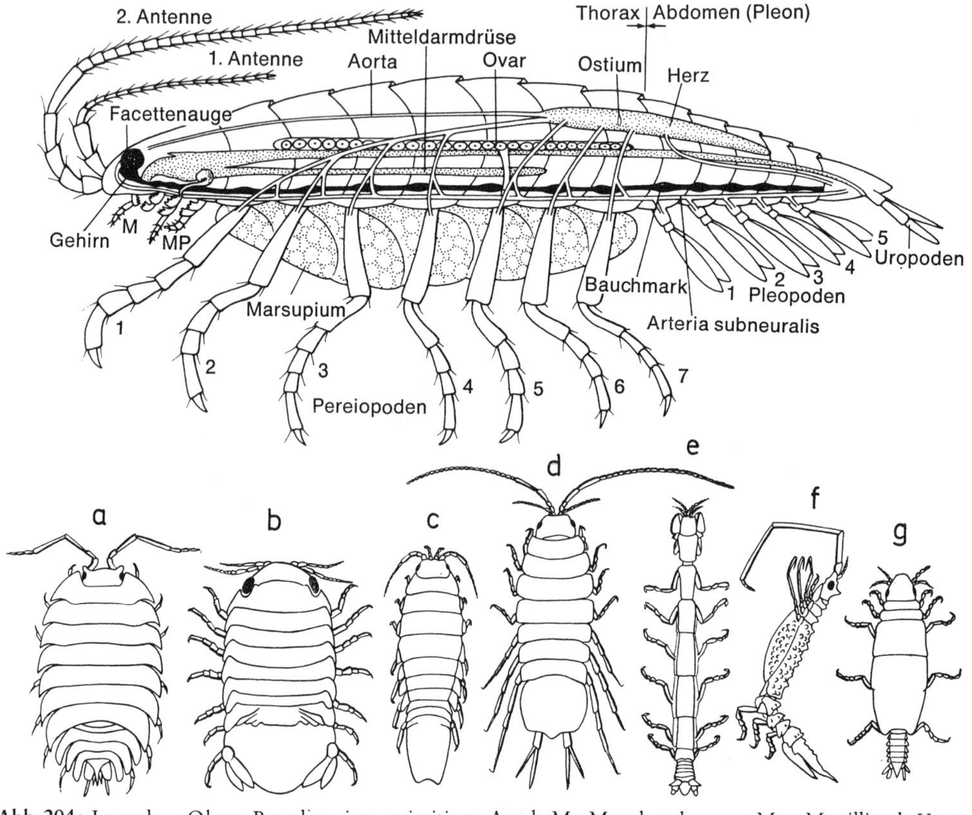

Abb. 204: Isopoden. Oben: Bauplan einer primitiven Assel. M: Mundwerkzeuge, Mp: Maxilliped. Unten: Verschiedene Formen. a. *Oniscus*, b. *Sphaeroma*, c. *Idotea*, d. *Asellus*, e. *Calanthura*, f. *Astacilla*, g. *Gnathia*. Nach Remane, Siewing

rungsaufnahme die Segmentierung des Thorax z.T. einbüßt. Die erwachsenen Tiere leben frei, sie nehmen keine Nahrung auf, die Mundgliedmaßen sind reduziert, nur die Mandibeln der Männchen zu großen Zangen geworden. 3. Die Hauptgruppe der parasitischen Isopoden sind die Epicarida, sie leben an Krebsen, besonders in äußeren Hohlräumen oder versenkt in Hauttaschen. Zwei Stadien leben frei (pelagisch) (Epicaridium, Cryptoniscium), zwei parasitisch (Microniscium und erwachsene Weibchen).

6. Ordnung: Eucarida. Zu ihnen gehören die Krabben, Garnelen und Edelkrebse. Sie behalten die Carapaxfalte, die über den Beinbasen die Kiemenhöhlen umwölbt, die Epipoditen der Thorakalbeine als Kiemen, die Stielaugen, Statocysten in der 1. Antenne und den Schwanzfächer. Auch die Entwicklung bleibt primitiv, z.T. treten freie Naupliuslarven auf (Euphausiacea, Penaeidae), die Zoëa-Larve und andere pelagische Larvenstadien sind bei marinen Arten verbreitet. Nur selten, z.B. bei den Süßwasserkrebsen, wird die Entwicklung direkt. Das Herz ist stets zu einem kurzen Sack mit wenigen Ostien umgebildet. 3 Unterordnungen.

1. Euphausiacea (Leuchtkrebse). Mit vielen ursprünglichen Merkmalen. Vordere Thoracopoden nicht zu Maxillarfüßen differenziert. Meist pelagisch, öfter in der Tiefsee. Fast immer mit Leuchtorganen. Wichtige Fisch- und Wal-Nahrung. Entwicklung holoblastisch mit freiem Nauplius. *Euphausia*, *Nyctiphanes*, *Stylocheiron*, *Meganyctiphanes* (Abb. 201b).

Der Krill *(Euphausia superba)* antarktischer Gewässer, früher wesentliche Nahrungsgrundlage der durch den Menschen ungestörten Walbestände, hat in den letzten Jahren zunehmendes Interesse auf sich gezogen. Die Schwärme dieser 6 cm langen Krebse können einen Durchmesser von mehreren Kilometern erreichen und so dicht werden, daß das Meerwasser verfärbt wird. Nach optimistischen Schätzungen könnte der Krill eine wichtige Nahrungsressource für den Menschen werden. Seit *Homo sapiens* die antarktischen Walbestände dezimiert hat, ging deren jährlicher Krillverbrauch – so schätzt man – von 190 Millionen auf 40 Millionen Tonnen zurück. Im selben Zuge vermehrten sich wohl zwei weitere Gruppen von Krillkonsumenten: Robben und Pinguine. 1980 wurden 420000 t Krill angelandet, davon entfielen etwa 390000 t auf die Sowjetunion.

Probleme bezüglich der Verwendbarkeit von Krill durch den Menschen wirft ihr hoher Fluoridgehalt auf. Da das Fluorid vorwiegend im Exoskelet liegt, geht es um dessen saubere Trennung von der Pleonmuskulatur, die zum Verzehr geeignet ist.

Die beiden folgenden Gruppen werden als **Decapoda** zusammengefaßt (Abb. 206). Die ersten drei Thoracopoden sind Maxillarfüße, so daß als Schreitbeine fünf Thorakalfußpaare bleiben (Name). Ihnen fehlen die Exopoditen fast stets. Das oder die vorderen Schreitbeinpaare können Scheren ausbilden (Abb. 205).

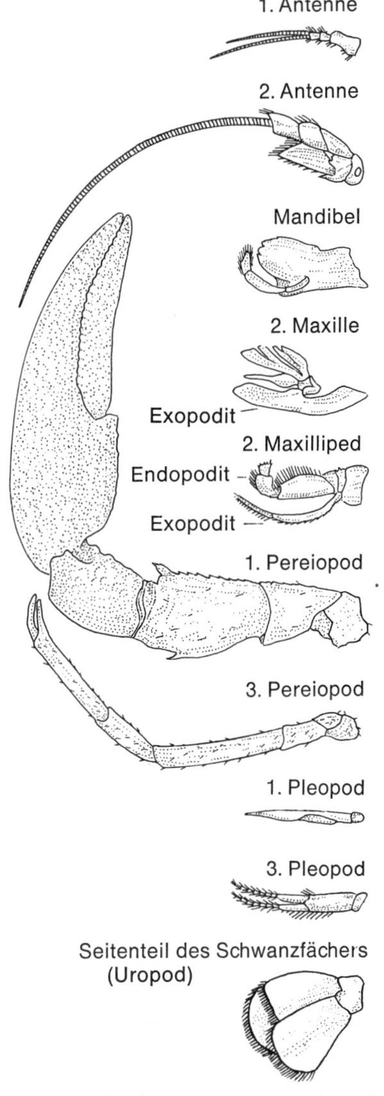

Abb. 205: Verschiedene Extremitäten eines decapoden Krebses (Flußkrebs). Nach Kükenthal

2. Natantia. Ebenfalls Gruppe mit Primitivmerkmalen; Schwimmformen. Cuticula nur schwach verkalkt; Pleopoden Schwimmfüße; meist kräftiges Rostrum. Zu ihnen gehören die «Krabben» der Nahrungsmittelindustrie, aus der heimischen Fauna *Crangon* und *Palaemon*. Krabbenfischerei ist ein Eckpfeiler der Küstenfischerei der Nordsee. Schillernd wie der deutsche Begriff «Krabben» (siehe Brachyura) sind die englischen Bezeichnungen «prawns» (für große Natantia) und «shrimps» (für kleine Natantia). Natantia sind von erheblicher ökonomischer Bedeutung. Der jährliche Weltertrag wird für 1980 mit 1,5 Millionen Tonnen angegeben; er verteilt sich auf über 300 Arten. In der Aquakultur der Tropen gelten Natantia als besonders aussichtsreiche Kandidaten, v.a. Penaeidae mit den Gattungen *Penaeus* und *Metapenaeus*.

Zahlreiche Familien, z.B. Penaeidae (primitive Formen; *Penaeus*), Atyidae (Süßwassergarnelen meist warmer Länder; *Atyaephyra* bei uns eingewandert), Pandalidae (kleine oder fehlende Scheren; *Pandalus*), Alpheidae (mit *Alpheus*, dem Pistolenkrebs, der mit seiner Schere Laute und einen Wasserstrahl erzeugt), Palaemonidae (mit *Palaemon* [*Leander*, Ostseegarnele]), Crangonidae (mit *Crangon*, Nordseegarnele), Stenopodidae (mit *Spongicola*, die paarweise in *Euplectella* und anderen Schwämmen lebt).

3. Reptantia. Bodenbewohner, oft mit stark verkalkter Cuticula, Rostrum meist klein oder fehlend, erstes Schreitbein meist mit kräftigen Scheren; vier Familiengruppen.

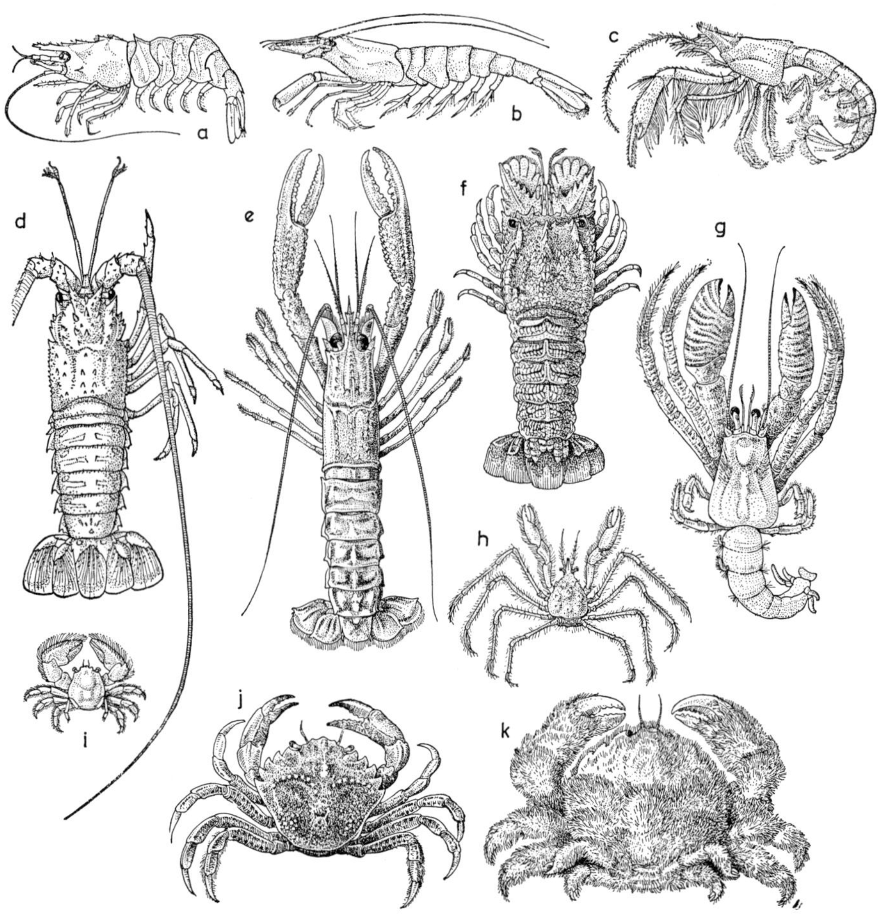

Abb. 206: Decapoda. a. *Sicyonia* (Penaeidae), b. *Crangon*, c. *Upogebia*, d. *Palinurus*, e. *Nephrops*, f. *Scyllarus*, g. *Pagurus*, h. *Macropodia*, i. *Porcellana*, j. *Carcinus*, k. *Dromia*. Nach de Haas, Knorr, Riedl

a. Palinura. Pleon lang und gestreckt, breiter Schwanzfächer, Carapax abgeflacht. *Palinurus* (Languste), *Scyllarus* (Bärenkrebs).

b. Astacura. Pleon ebenfalls gerade verlaufend, Carapax zylindrisch. *Homarus* (Hummer), *Nephrops* (Norwegischer Hummer), im Süßwasser Edelkrebse *Astacus (Potamobius)* und *Orconectes (Cambarus)*, auch Flußkrebse genannt. *Astacus astacus* (= *A. fluviatilis)* war in Europa weit verbreitet, bis die Krebspest (Phycomyceten) vor über 100 Jahren die Populationen dezimierte. Heute ist der amerikanische *Orconectes limosus* (= *Cambarus affinis)* in Europa verbreitet.

Stammesgeschichtlich einander näher stehen die Anomura und Brachyura. Beide gestalten das Abdomen um, in beiden Gruppen entstehen schließlich Krabben, die das verkürzte Abdomen so unter den Thorax legen, daß es von oben nicht mehr zu sehen ist.

c. Anomura. Abdomen oft nach ventral eingekrümmt oder auch asymmetrisch.

Thalassinidae: Noch mit langgestrecktem Abdomen. *Thalassina;* Indopazifik. Lebt im Boden, baut an der Mündung des Wohnganges bis 1,5 m hohe Erdhügel. Paguridae (Einsiedlerkrebse): Pleon weichhäutig, asymmetrisch, meist in Schneckenhaus geborgen. *Pagurus*, *Eupagurus*. Coenobitidae (Landeinsiedlerkrebse): Landtiere, Entwicklung im Meer. *Birgus latro* (Palmendieb), heute fast nur noch auf kleinen indopazifischen Inseln, größter Landarthropode, bis über 10 kg schwer. Durch Menschen stark bedroht. Ausgewachsen ohne Schneckenschale. *Coenobita*, stets mit Schale.

Lithodidae (Steinkrabben): Krabbentypen im Nordpazifik.

Galatheidae: Pleon nach ventral gekrümmt. *Galathea*.

Porcellanidae: Krabbentypen, *Porcellana*.

Hippidae: Pleon nach ventral gebogen, im tropischen Sandstrand (Brandungszone). *Hippa*.

d. Brachyura (Echte Krabben). Hochentwickelte Gruppe mit etwa 4500 Arten. Pleon kurz, dünn, wird fest unter Cephalothorax geschlagen. Carapax meist breit und flach. Bewohnen fast alle Lebensräume des Meeresbodens von der Tiefsee (*Kaempferia*, Riesenkrabbe, Spannweite bis 3 m) bis in die Gezeitenzone. Die Schwimmkrabben (*Portunus* u. a.) haben sekundär wieder das Schwimmvermögen erworben. Mehrere Familien sind in den Tropen Landtiere der Küsten geworden und bestimmen durch ihre Häufigkeit, ihre raschen Bewegungen und ihre Farben das Bild des Tropenstrandes. Auch ins Süßwasser sind sie vorgedrungen. Laufen meist seitwärts. Brachyura werden kommerziell genutzt (Weltertrag 1980: 800000 Tonnen), einige hält man in Aquakultur. Wenige sind giftig; Todesfälle von Menschen nach Krebsmahlzeiten sind bekannt.

Dromiidae (Wollkrabben): maskieren sich mit verschiedenen Gegenständen, die mit den hinteren Thoracopoden über den Körper gehalten werden. *Dromia*.

Dorippidae: Maskieren sich ebenfalls. *Dorippe*, *Ethusa*.

Majidae (Dreieckskrabben): Carapax länger als breit, schmale lange Beine, maskieren sich oft. *Hyas*, *Maja* (Meerspinne).

Cancridae (Taschenkrebse): *Cancer*. Wirtschaftlich wichtig.

Portunidae (Schwimmkrabben): *Portunus*, *Carcinus* (Strandkrabbe), auch in der Ostsee. Wirtschaftlich genutzt.

Potamonidae (Süßwasserkrabben): in warmen Ländern.

Pinnotheridae: kleine Formen, die oft als Commensalen in Muscheln, Ascidien u. a. leben. *Pinnotheres* (Muschelwächter).

Ocypodidae: vorwiegend landlebende oder amphibische Formen der tropischen Strände. Bauen Wohnröhren. *Ocypode*, *Uca* (Winkerkrabbe), *Dotilla*.

Grapsidae: Oft an Felsenküsten, z. T. in der Mangrove und fernab von Küsten. *Pachygrapsus*, *Geograpsus*, *Eriocheir* (Wollhandkrabbe), aus Ostasien nach Europa eingeschleppt.

Gecarcinidae (Landkrabben): Leben in terrestrischen Lebensräumen der Tropen. *Gecarcinus*, *Potamon* schon im Mittelmeerraum.

11. Klasse: Remipedia

Diese Gruppe wurde erst 1981 aufgestellt und umfaßt bislang nur eine Art. Der Cephalothorax schließt ein Rumpfsegment mit ein. Die ihm folgenden etwa 30 Segmente sind homonom, und tragen je ein Paar Schwimmextremitäten, die denen der Copepoden ähneln. Abgeleitet sind die Mandibeln (ohne Palpus) und die Maxillen (ohne Exopodit). *Spelaeonectes*, 24 mm, wurde in marinen Höhlen der Bahamas entdeckt.

2. Antennata (Tracheata, Eutracheata)

Die Antennata sind von ihren ältesten bekannten Vertretern an Landtiere und haben sekundär das Wasser besiedelt. Ihre Kennzeichen sind: 1. Antennen als Sinnesorgan erhalten (fehlen den Protura); Fehlen der 2. Antennen; Mandibeln nur aus Grundteil und Laden, Taster fehlen; Epipoditen treten an Extremitäten als Griffel (Styli) bei primitiven Formen auf; Exopodite fehlen stets. Das Endglied der Beine wird nur durch einen Beugemuskel (Krallenbeuger), nicht durch einen Strecker bewegt. Der Kopf ist eine abgesetzte Kapsel. Nephridien sind bei primitiven Formen als Maxillennephridien erhalten, meist aber zu Speicheldrüsen umgewandelt oder reduziert. Exkretionsorgane sind die Malpighischen Gefäße, ectodermale Blindschläuche an der Grenze zwischen Mittel- und Enddarm. Mitteldarmdrüsen fehlen. Entwicklung zwar bisweilen mit Segmentvermehrung, doch treten nie mehr so segmentarme Larven wie Protaspis und Nauplius auf. Obwohl die Antennata näher mit den Crustacea verwandt sind, können sie nicht von bekannten Crustaceen abgeleitet werden. Der theoretisch erschlossene Zusammenhang besteht nur an der Basis. Die Antennata enthalten die vielbeinigen Chilopoda und Progoneata, die auch als **Tausendfüßer** (**Myriapoda**) zusammengefaßt werden, sowie die Insekten.

a. Chilopoda (Opisthogoneata, Hundertfüßer)

Diese etwa 2800 Arten umfassende Gruppe ist vor allem durch die giftigen Scolopender und den einheimischen Steinkriecher (*Lithobius*, Abb. 207) bekannt. Mit den Progoneata teilen die Chilopoda manche primitive Merkmale, so die

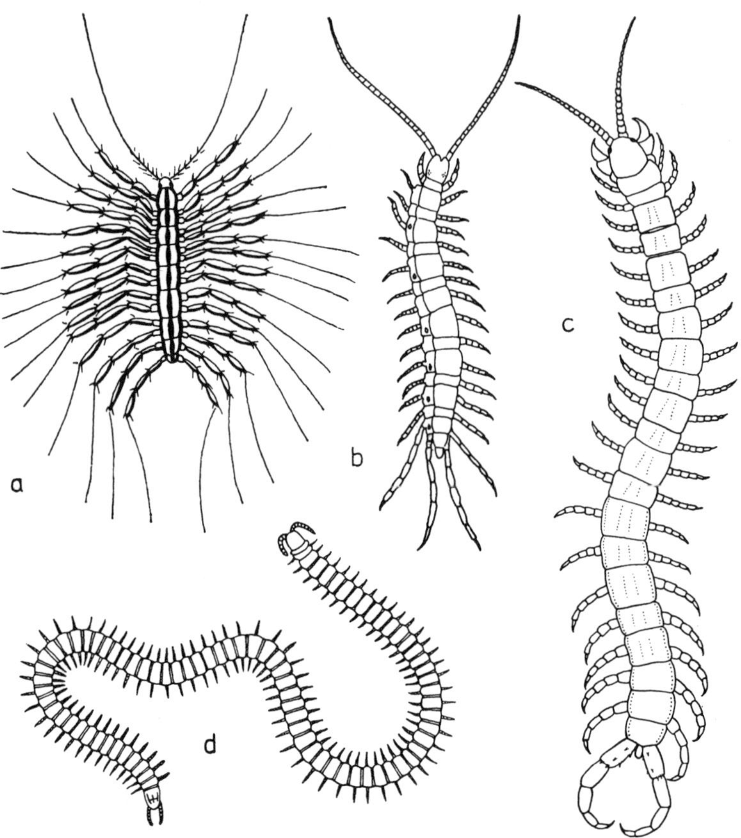

Abb. 207: Chilopoden-Formen. a. *Scutigera*, b. *Lithobius*, c. *Scolopendra*, d. *Himantarium*. Nach Grassé, de Saussure, Schaudinn

weitgehend homonome äußere Segmentierung und die einander ähnlichen Extremitäten. Im Besitz einer Ventralarterie, die durch 1–3 Paar Seitenschlingen das Blut aus dem Herzen empfängt, sind die Chilopoden noch primitiver als die Progoneata.

Spezielle Sondermerkmale kennzeichnen die Chilopoden als einen Seitenzweig: Das erste Rumpfbeinpaar ist zu mächtigen Gifthaken umgeformt (Kieferfüße), auf denen Giftdrüsen ausmünden. Die Beine der letzten beiden Rumpfsegmente sind reduziert (Extremitäten von Genital- und Praegenitalsegment): sie können kurze Anhänge sein, von denen oft nur 1 Paar vorhanden ist, sie können auch ganz fehlen. Das letzte Laufbeinpaar ist zu langen Tast- oder Greifbeinen umgeformt, die oft als Waffe verwendet werden.

Parallel zu den Progoneata erfolgen Auflösung und Reduktion der Facettenaugen. Scutigeromorpha besitzen noch Komplexaugen mit maximal 600 mit Kristallkegeln ausgestatteten Ommatidien. Die Pleurostigmophora besitzen isoliert stehende Ocellen. Geophilomorpha und einige andere Pleurostigmophora sind augenlos. Als Sinnesorgane sind weiterhin die Schläfenorgane (Tömösvarysche Organe) der Notostigmophora und Lithobiomorpha zu nennen. Es handelt sich vermutlich um Chemoreceptororgane, die mit ähnlich lokalisierten Organen von Progoneaten und entognathen Insekten homologisiert werden, z.B. mit den Postantennalorganen der Collembolen.

Das Tracheensystem kommt bei Chilopoden in zwei Ausprägungsformen vor: 1. Röhrentracheen (Pleurostigmophora), deren Stigmen nicht durch spezielle Verschlußapparate oder Muskeln verschließbar sind, und 2. Tracheenlungen (Notostigmophora), deren Tracheencapillaren sich ein- oder zweimal dichotom verzweigen und dann blind endigen. Sie versorgen lediglich die Haemolymphe mit Sauerstoff, nicht die einzelnen Körpergewebe. Bei Notostigmophora Atembewegungen.

Die Gonaden sind unterschiedlich ausgebildet, Lithobiomorpha haben lange unpaare, Scutigeromorpha und Geophilomorpha ein Paar schlauchförmige, Scolopendromorpha 4–14 Paar kurze Hoden. Das dorsale Ovar ist unpaar. Der Genitalporus, an dem große Drüsen münden, liegt vor dem After. Spermatophorenübertragung (ähnlich Apterygoten, Pselaphognathen und mehreren Arachnidenordnungen). Die Eier werden bei Lithobiomorpha und Notostigmophora meist einzeln im Abstand von mehreren Tagen abgelegt, Geophilomorpha und Scolopendromorpha legen alle Eier zu einem Gelege zusammen und rollen sich darum. Die Jugendstadien der Notostigmophora und Lithobiomorpha schlüpfen segmentarm (Anamorpha), die der Geophilomorpha und Scolopendromorpha besitzen beim Schlüpfen schon alle Segmente (Epimorpha).

Alle Arten sind Bodentiere und leben unter Steinen, Rinde u. dgl. oder im Boden selbst (Geophilidae). Ihre Länge schwankt zwischen 3 mm und 27cm. Alle leben räuberisch, sie sind im allgemeinen nachtaktiv. Wenige dringen in den marinen Bereich vor: *Strigamia (Scolioplanes) maritima* und *Hydroschendyla submarina* an steinigen Küsten. Vereinzelt wurden Chilopoden in Nasen- und Stirnhöhle von Menschen gefunden.

1. Notostigmophora (Schizotarsia, Spinnenläufer). Gruppe mit vielen primitiven Merkmalen: Facettenaugen, beinartigen zweiten Maxillen, paarigen männlichen Genitalporen und Extremitäten am Genitalsegment des Männchens. Kopf nicht depress wie bei den folgenden Gruppen. 2 Paar miteinander verschmolzene Maxillarnephridien. 15 Paar Laufbeine, deren Tarsen in viele Glieder zerlegt sind. Ein Sondermerkmal stellen die unpaaren, dorsal mündenden Tracheenbüschel, die in das Blut des Pericardialsinus hineinragen, und die verlängerten, vielgliedrigen Tarsen dar. Die Gruppe lebt mit über 100 Arten fast ausschließlich in warmen Gebieten. In Süddeutschland *Scutigera coleoptrata*, bis 2,6 cm lang (Abb. 207a). In Häusern und im Freien. Sehr schneller Lauf, wobei der Körper gerade bleibt.

2. Pleurostigmophora. Mit segmentalen, typischen Tracheen, deren Stigmen seitlich in den Pleuren liegen. Seitenaugen in eine Gruppe von Punktaugen aufgelöst oder fehlend. Männlicher Genitalporus unpaar. Mit etwa 2600 Arten stellen sie den größten Teil der Chilopoden.

a. Lithobiomorpha. Diese durch den Steinkriecher *(Lithobius)* bekannte Gruppe stimmt in der Segmentzahl (15 Laufbeinpaare, 18 Rumpfsegmente), Ungleichheit der Tergite, Besitz eines Schläfenorgans, von Maxillennephridien und segmentarmen Jugendstadien (Anamorphose) mit den Notostigmophora überein, ist also in diesen Merkmalen primitiv. Tracheen in 2–7

Paaren. Hoden unpaar. *Lithobius* (Abb. 207 b), *Monotarsobius*, *Henicops*.

b. Scolopendromorpha. Diese Gruppe teilt mit der folgenden die volle Segmentzahl der schlüpfenden Jugendstadien (Epimorphose), die Brutpflege und das Fehlen von Maxillennephridien. Spezielle Merkmale sind: die zahlreichen Hoden, 24 oder 26 Rumpfsegmente mit 21 oder 23 Laufbeinpaaren, 9–17 Stigmenpaare, schwache Ungleichheit der Tergite. Hierher gehört *Scolopendra*, deren Biß auch für den Menschen gefährlich sein kann. *S. cingulata* in Küstenländern des Mittelmeeres. In Mitteleuropa *Cryptops hortensis*, bis 3 cm lang, augenlos.

c. Geophilomorpha. Hohe Segmentzahl in Anpassung an das Leben im Lückensystem des Bodens (31–170 Beinpaare). Segmentzahl auch innerhalb einer Art nicht festgelegt, hohe Tracheenzahl (über 28), gleichartige Tergite und nur 1 Paar Hoden. Bewohner der Erdschicht, häufig auch im Gartenboden, einzelne Arten in der Gezeitenzone des Meeres. Augenlos.

Haplophilus, *Hydroschendyla*, *Titanophilus* (etwa 170 Beinpaare), *Geophilus*, *Pachymerium*, *Strigamia*, *Himantarium* (Abb. 207 d).

b. Progoneata

Die Progoneata zeigen als primitive Charaktere einen relativ homonomen Rumpf mit zahlreichen Extremitäten, ein langes Herz mit zahlreichen Ostien, ein reichentwickeltes Arteriensystem und segmentarme Jugendstadien. Sondercharaktere sind: Lage der Genitalöffnung vorn am 3. oder 4. Rumpfsegment (daher Progoneata genannt), die Beine entspringen ventral auf einer querverlaufenden Spange, die Ovarien und meist auch die Hoden finden sich ventral vom Darm. Die zahlreichen Arten sind meist Feuchtlufttiere des Bodens oder leben unter Rinde, Steinen usw.

1. Ordnung: Symphyla (Zwergfüßer)

Die Symphyla (Abb. 208) sind innerhalb der Progoneata durch folgende Merkmale als primitiv gekennzeichnet: Sie besitzen zwei Maxillenpaare, das erste entspricht weitgehend dem der Insekten, allerdings fehlt wohl ein Palpus, das zweite ist verwachsen. Mit den Maxillen sind in einigen Fällen 2 Paar Nephridien verbunden. An den Laufbeinen finden sich Styli (Epipodite). Ihre Entwicklung läuft über totale Furchung.

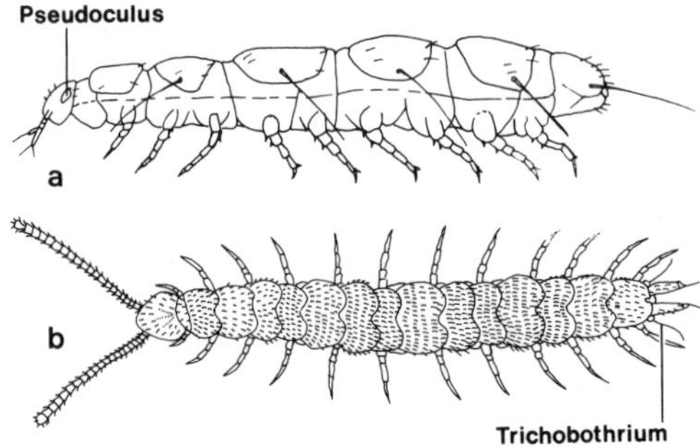

Abb. 208: a. *Pauropus silvaticus* (Pauropoda); Pseudoculi sind Sinnesorgane unbekannter Funktion. b. *Scutigerella immaculata* (Symphyla). Nach Snodgrass, Tiegs

Sondermerkmale sind die am Kopf mündenden Tracheen, die Vermehrung der Tergite (bis 24) gegenüber den Beinpaaren (12) und den Sterniten, die beiden Spinngriffel am Hinterende, auf denen Spinndrüsen münden, und zwei Trichobothrien ebenfalls am Hinterende. Die Spinngriffel entstehen wie Laufbeine am 13. Rumpfsegment und werden erst später dorsalwärts verschoben. Die konischen Hügel, auf denen die Trichobothrien stehen, gehen auf Extremitätenanlagen des 14. Rumpfsegmentes zurück.

Augen und Sehmassen des Gehirns fehlen. Genitalöffnung unpaar im vierten Rumpfsegment. Spermaübertragung indirekt. Das Männchen setzt gestielte Spermatophoren ab, die vom Weibchen abgebissen werden. Die in vom Mundraum ausgehenden Taschen gespeicherten Spermien werden auf das frisch abgelegte Ei gebracht.

Etwa 120 Arten; bis 8 mm lang; farblose Bodenbewohner. *Scolopendrella*, *Scutigerella* (Abb. 208 b), *Hanseniella*.

2. Ordnung: Diplopoda (Doppelfüßer)

Die Diplopoden stellen die Hauptordnung der Progoneata dar. Die 3000 Arten sind 2 mm bis 30 cm lang, die Beinzahl variiert von 11 bis über 300 Paaren. Die meisten Rumpfsegmente sind Doppelsegmente (Diplosegmente, Diplosomiten) mit je 2 Beinpaaren (daher der Name), einheitlichen Tergiten, zwei Paar Stigmen und Ostien sowie Seitenarterien. Nur im Vorderkörper liegen andersartige Segmente; bei den Pselaphognatha und den Opisthandria tragen die ersten 4 Segmente hinter dem Kopf je ein Beinpaar, dahinter folgen die Doppelsegmente. Bei vielen Proterandria sind im Hinterkörper Tergit, Pleurit und 2 Sternite zu einem festen Ring verwachsen; hier findet man im Vorderkörper 3 einfache Beinpaare, während das 4. und 5. Beinpaar, das 6. und 7. usw. mit je einem Rumpfring verwachsen sind.

Der Kopf trägt nur ein Maxillenpaar. Ontogenetisch verwachsen die 1. Maxillen mit dem Sternum dieses Segments zum Gnathochilarium. Das Segment der 2. Maxillen ist extremitätenlos. Dieses Merkmal teilen die Diplopoden mit den Pauropoden, mit denen sie daher auch als Dignatha zusammengefaßt werden. Vom Segment der 2. Maxillen bleibt das Sternit als eine ventrale Platte (Gula) erhalten (Abb. 209).

Am Kopf befinden sich neben den kurzen, 6–8gliedrigen Antennen Seitenaugen und vielfach Schläfenorgane.

Die Cuticula der meisten Formen (Chilognatha) ist durch Kalksalze ausgezeichnet und wird dadurch besonders druckfest. Vor der Häutung werden sie in den Körper aufgenommen. Die gesamte Häutungsprozedur kann 2–3 Wochen dauern und findet oft in speziellen Häutungskammern statt.

Abgesehen von Pselaphognathen finden sich vom 5. Rumpfring an Wehrdrüsen, die durch seitliche «Foramina repugnatoria» ausmünden und Sekrete produzieren, die z. T. Blausäure enthalten und bisweilen bei Naturvölkern als Pfeilgift Verwendung fanden. Der Darm nimmt zwei Malpighische Gefäße auf, deren Hauptmassen oft im Endabschnitt des Körpers aufgeknäuelt liegen. Tracheen finden sich bei Pselaphognathen und Glomeriden vom ersten bis zum letzten beintragenden Segment, bei den übrigen fehlen sie an den ersten beiden Ringen. Die Stigmen liegen am Grund von Gruben, an die sich Tracheentaschen anschließen, die durch Muskeln bewegbar sind. Von ihnen gehen die Tracheen in Büscheln ab. Sie sind nicht durch Anastomosen miteinander verbunden. Die ventral gelegenen Gonaden werden paarig angelegt, verschmelzen aber vielfach. Die Genitalöffnungen liegen am oder hinter dem 2. Beinpaar. Im Zusammenhang mit der Fortpflanzung sind die Extremitäten der Männchen in verschiedenen Diplopoden-Gruppen unterschiedlich ausgebildet. Die Männchen von *Polyxenus* (Pselaphognatha) spinnen Fäden, auf denen die Spermatropfen abgesetzt werden. Weibchen nehmen diese von hier auf. Eine in Mitteleuropa domi-

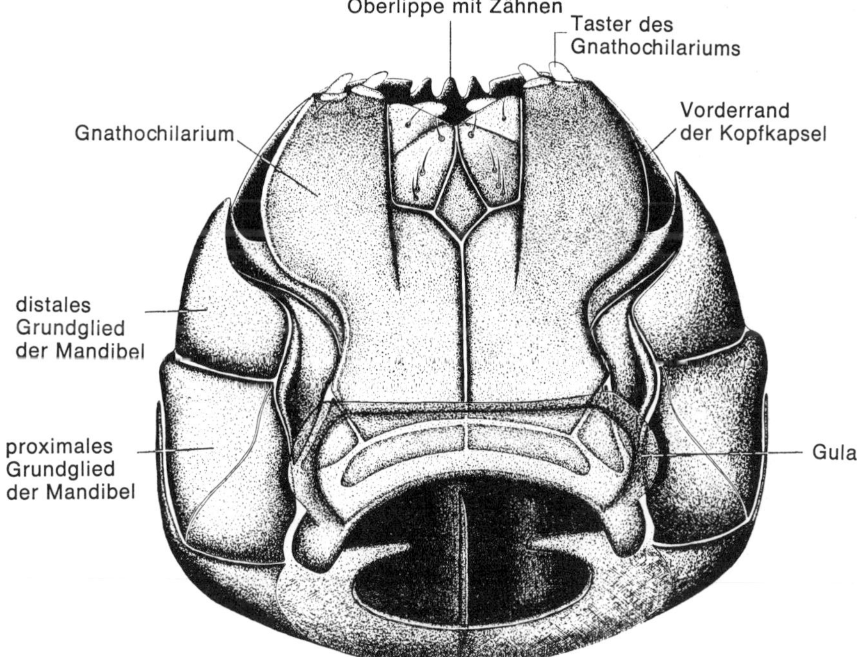

Abb. 209: Kopf eines Diplopoden von ventral. Nach Kaestner

nierende Unterart von *P. lagurus* pflanzt sich hier nur parthenogenetisch fort. Die Opistahndria-Männchen benutzen die letzten, umgeformten Beinpaare zum Halten der Weibchen. Das letzte Paar ist besonders groß (Telopodien), zwei davorliegende gegenüber den Laufbeinen verkleinert (Nebentelopoden). Ebenfalls zu einem Klammerorgan umgewandelt ist das 1. Beinpaar vieler Juliden. Vielfach gehen von den Coxen des 2. Beinpaares oder deren unmittelbarer Umgebung Fortsätze aus, auf denen die männlichen Geschlechtsausführgänge münden («Penis»). Von hier wird bei den Proterandria das Sperma an spezialisierte Extremitäten des 7. Rumpfringes gebracht (Gonopoden), die das Sperma erst in die weibliche Genitalöffnung befördern.

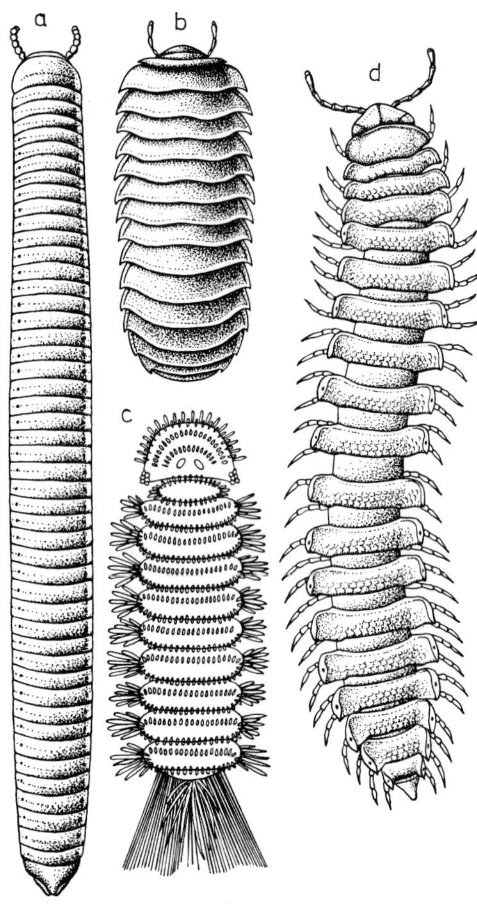

Abb. 210: Diplopoden-Formen. a. *Julus*, b. *Glomeridesmus*, c. *Polyxenus*, d. *Polydesmus*. Nach Reinecke, de Saussure

Die Eier werden – einzeln oder in Gelegen – oft von speziellen Hüllen oder Erdbauten umgeben. Die Jungen schlüpfen meist mit drei Beinpaaren und «Abdominalsegmenten», die z. T. Extremitätenknospen tragen.

Diplopoden sind meist feuchtigkeitsliebende Bewohner des Bodens. Ihre Nahrung besteht vorwiegend aus zersetzter Pflanzensubstanz, Bakterien und Pilzhyphen, einige können Pflanzenschädlinge werden. Infolge der beschränkten Ausbreitungsmöglichkeit sind die Diplopoden für tiergeographische Fragen wichtig.

Diplopoden waren in Karbon und Perm reich vertreten. Viele trugen Facettenaugen. Sie erreichten eine Länge von 50 cm.

1. Unterordnung: Pselaphognatha. Kleine Arten, Körperwand weich, ohne Kalkeinlagerungen, mit Büscheln von Haaren besetzt, keine Gonopoden. 11–13 Ringe, 11–17 Beinpaare. *Polyxenus* (Abb. 210), unter Rinde.

2. Unterordnung: Chilognatha. Skelet mit Kalksalzen, mindestens 17 Beinpaare.

a. Opisthandria. Die letzten Beinpaare zu Telopoden umgewandelt. Gonopoden fehlen. *Glomeris*, *Sphaerotherium* (Riesenkugler), bis 9,5 cm lang und 5 cm breit, striduliert mit Telopoden (Ruf wie Vogel). Können sich wie Kugel einrollen («Kugler»).

b. Proterandria. 1 oder 2 Paar Gonopoden am 7. Körperring, meist segmentreich, oft mit Wehrdrüsen. *Julus*, *Polydesmus* (incl. *Brachydesmus*) (Abb. 210). *Spirostreptus*.

3. Ordnung: Pauropoda (Wenigfüßer)

Höchstens 2 mm lange Tiere der Bodenschicht mit vielen Reduktionserscheinungen z. B. Verlust der Augen, Blutgefäße, Tracheen (bei den meisten Formen). Nur 1 Maxillenpaar. Maxillardrüsen fungieren auch als Speicheldrüsen, 1. Antennen mit Geißeln. Ca. 370 bodenbewohnende Arten, die sich z. B. von Pilzhyphen ernähren. *Pauropus* (Abb. 208 a).

c. Insecta (Hexapoda, Insekten)

Der Körper der Insekten ist in Kopf, dreigliedrigen Thorax (Pro-, Meso- und Metathorax) und ein ursprünglich 12gliedriges (Telson mitgerechnet) Abdomen zerlegt. Der Thorax trägt 3 Paar typische Laufbeine, am Abdomen kommen nur abgewandelte Extremitäten vor, die mannigfache Funktionen übernehmen, aber nie typische Laufbeine sind. Echte Facettenaugen und 2–3 Scheitelaugen (Ocellen) sind verbreitet. Das Gehirn enthält drei Sehmassen. Die Genitalöffnungen liegen ventral am Hinterkörper.

Die Klassifizierung erfolgt nach unterschiedlichen Gesichtspunkten. Oft werden fünf Unterklassen unterschieden: Collembola, Protura, Diplura, Thysanura und Pterygota. Die ersten vier sind primär flügellos und werden als Apterygota (Urinsekten) zusammengefaßt und den geflügelten Insekten (Pterygota) gegenübergestellt, die in Artenzahl und in der Organisationsumbildung die erfolgreichere Gruppe darstellen. Die Thysanura stehen einerseits der Stammform der Insekten nahe, andererseits den Pterygota. Diesem Sachverhalt trägt eine andere Gliederung Rechnung: Auflösung der Thysanura in die primitiven Archaeognatha (= Microcoryphia) und die den Pterygoten nahestehenden Zygentoma. Zygentoma und Pterygota können dann als Dicondylia zusammengefaßt werden. Sie haben zwei Gelenkhöcker an der Mandibel, die anderen Insekten (und Progoneata sowie Chilopoda) nur einen. Collembola, Protura und Diplura werden als Entognatha (Entotropha) zusammengefaßt, da ihre Mundwerkzeuge in einer Hauttasche verborgen und in die Kopfkapsel eingesenkt sind, und den Ectotropha (Thysanura, Pterygota) gegenübergestellt, deren Mundwerkzeuge frei sind (Ectognatha, Ectotropha).

Für Entognatha sind weiterhin die Rückbildung von Komplexaugen und Malpighischen Gefäßen kennzeichnend. Ihre Antennen tragen mit Ausnahme des letzten in jedem Glied Muskulatur (Gliederantennen). Die Ectognatha besitzen Geißelantennen, d. h. nur das basale Glied (Scapus) enthält Muskulatur, das zweite (Pedicellus) ein mechanisches Sinnesorgan (Johnston sches Organ). Die Abdominalbeine der Segmente 8 und 9 werden in Gonopoden umgebildet (Abb. 211). Beim Weibchen bilden sie einen Legebohrer (Ovipositor), in dem die Coxen von Segment 8 und 9 lange Fortsätze bilden (Valvulae 1 und 2), zu denen noch der Stylus von Metamer 9 kommt (3. Valvula). Beim Männchen liefern in ähnlicher Weise die Fortsätze der Segmente 8 und 9 die Parameren, die den Penis umgeben. Die Styli entsprechen den Harpagonen (Abb. 211).

Apterygota

1. Diplura (Doppelschwänze)

Dipluren sind augenlose, weiß- oder gelbliche Bodenbewohner (Abb. 211). 500 Arten, meist 2–10 mm lang, eine *Heterojapyx*-Art erreicht fast 6 cm. Innerhalb der Entognatha weisen sie die meisten primitiven Merkmale auf: vielgliedrige Gliederantennen, ursprüngliche Zahl von 11 Abdominalsegmenten, Herz mit 9 Ostien, volle Garnitur der thorakalen und abdominalen Stigmen, Hinterleibssegmente 1–7 tragen kleine Gliedmaßen (Styli), neben denen an den meisten Segmenten Ventralsäckchen (Coxalbläschen) liegen, die durch Blutdruck ausgestülpt und durch Muskeln eingezogen werden können (Atmung, Wasseraufnahme?), Trennung von Tibia und Tarsus, paarige Krallen. Abgeleitet ist beispielsweise das Fehlen von Komplexaugen, Ocellen, Gonopoden.

Das 11. Segment trägt lange fadenförmige (Campodeidae), kurze tasterförmige (Projapygidae) oder zangenförmige (Japygidae) Cerci. Malpighische Gefäße können als Papillen angedeutet sein. Die Gonaden münden am Hinterrand des 8. Abdominalsternites. Gestielte Spermatophoren. Eiablage an der Decke von Kammern, die vom Weibchen im Boden angelegt werden. Keimesentwicklung ohne Keimhüllen, Jugendentwicklung direkt, Häutungen auch noch nach Erreichen der Fortpflanzungsfähigkeit. Dipluren ernähren sich zum Teil von Algen, Pilzsporen und abgestorbenen Pflanzenteilen (Campodeidae), zum Teil sind sie räuberisch (Japygidae). Letztere nehmen beim Beuteerwerb (meist Collembolen) ihre Zangen zur Hilfe.

Campodeidae: bei uns *Campodea* (Abb. 211a) häufig; Projapygidae: tropisch-subtropisch; Japygidae: vor allem in wärmeren Ländern, auch in Zentraleuropa, z. B. *Metajapyx*, *Dipljapyx*.

Die beiden folgenden Entognathen-Gruppen – auch als Ellipura zusammengefaßt – haben reduzierte Antennen (maximal viergliedrig). Vom Labium, das bei den Dipluren noch relativ gut erhalten ist, bleibt nur ein kleiner Teil mit Palpen. Das Tracheensystem ist reduziert, Abdominalstigmen fehlen. Cerci nicht ausgebildet. Gelenk zwischen Tibia und Tarsus (Tibiotarsalgelenk) fehlt wenigstens am 2. und 3. Beinpaar, der Praetarsus trägt nur 1 Kralle.

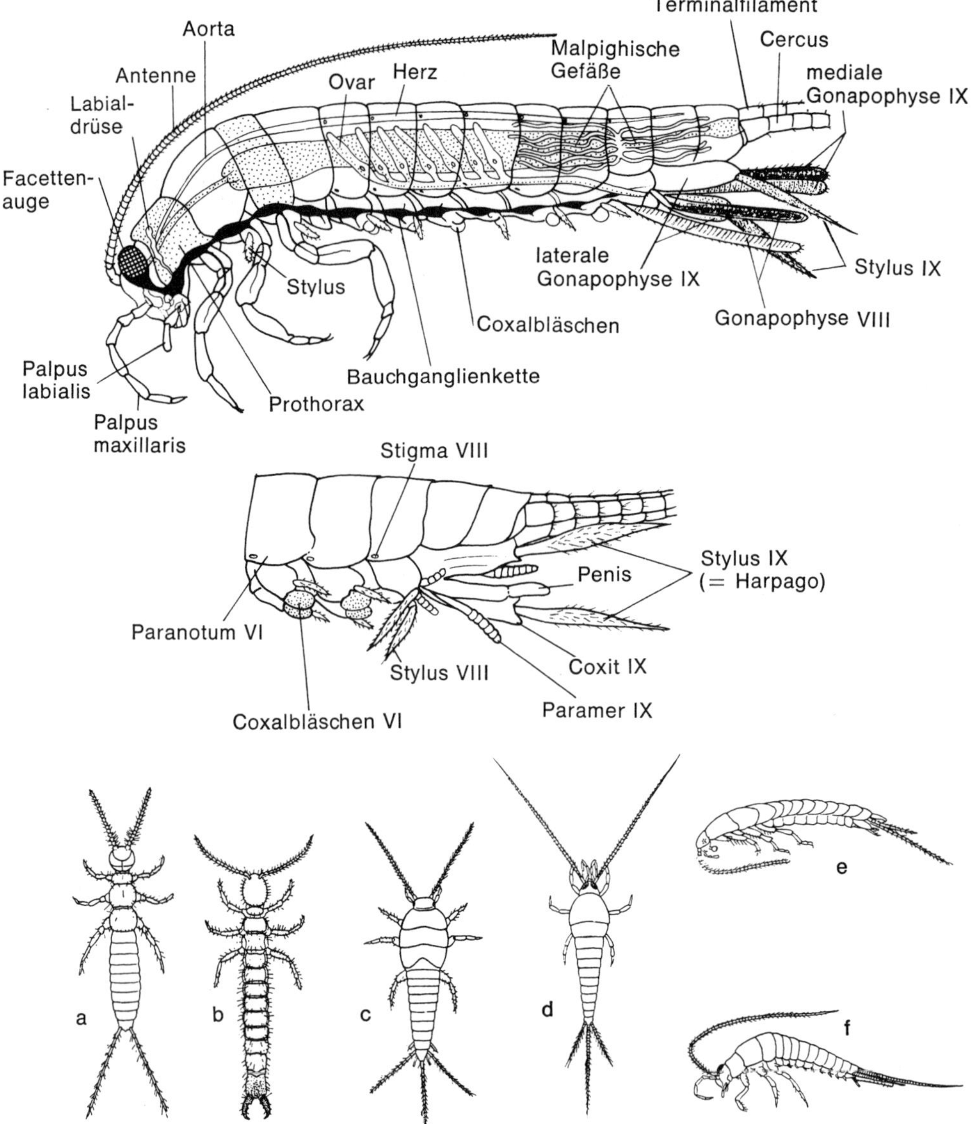

Abb. 211: Oben Bauplan eines weiblichen Archaeognathen, darunter Hinterende eines Männchens. Unten: Dipluren und Thysanuren. a. *Campodea*, b. *Japyx*, c, e. *Lepisma*, d, f. *Machilis*. Nach Brauns, Tischler, Weber

2. Protura (Beintastler)

Winzige, 0,5–2,4 mm lange Bodenbewohner (Abb. 212), die erst in diesem Jahrhundert entdeckt wurden. Heute kennt man etwa 140 Arten. In der Segmentierung des Abdomens, der geringen Konzentration des Nervensystems und im Vorhandensein des Tibiotarsalgelenkes an den Vorderbeinen sind sie primitiver als Collembolen. In anderen Merkmalen sind sie stark abgewandelt: Komplexaugen, Ocellen und sogar Antennen fehlen. Deren Funktion wird von den ersten Thoraxextremitäten übernommen, die von den auf vier Beinen laufenden Tieren erhoben gehalten werden. Ein Postantennalorgan (s. u.) ist ausgebildet. Das Tracheensystem fehlt

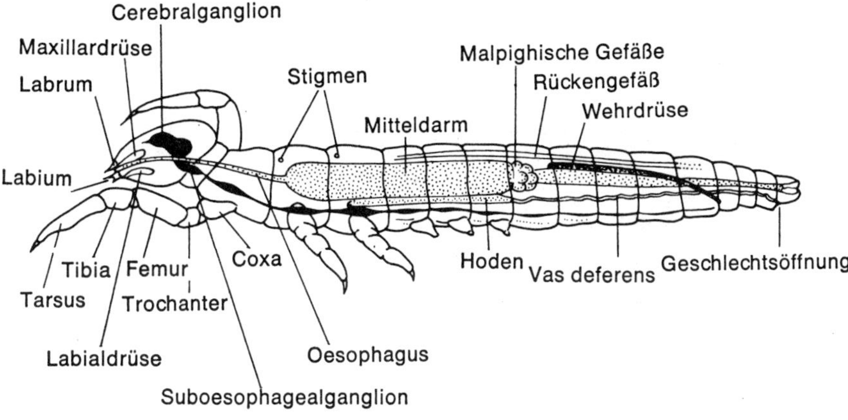

Abb. 212: Organisationsschema von *Eosentomon* (Protura). Nach Weber

bei den Acerentomidae, bei Eosentomidae ist es ausgebildet und besitzt zwei thorakale Stigmenpaare. Die ersten drei Abdominalsegmente tragen Extremitäten mit ausstülpbaren Endbläschen. Am 8. Hinterleibssegment mündet eine Wehrdrüse. Einzigartig unter den Insekten ist die Mündung der Gonaden am 11. Abdominalsegment beim Männchen mit paarigen Zapfen. Es wird für möglich gehalten, daß die Lage der Genitalöffnung durch sekundäre Unterteilung des 8. Abdominalsegmentes zustande gekommen ist. Die vollständige Segmentzahl des Abdomens wird erst über wenigersegmentige Jugendstadien erreicht (8 Abdominalsegmente plus Telson beim Schlüpfen). Ernähren sich von Pilzhyphen, die sie anstechen. *Acerentomon*, *Eosentomon*.

3. Collembola (Springschwänze)

Die meist 1–2 mm langen Collembolen – *Tetrodontophora* erreicht 9 mm – besiedeln mit etwa 2000 Arten vor allem verschiedene Bodenschichten. Sie treten oft in hohen Individuendichten auf (mehrere 100000/m²), vor allem in verschiedenen Waldböden, weniger in Grün- und Ackerland. Meist benötigen sie fast hundertprozentige relative Luftfeuchtigkeit. Bodenbiologisch sind sie wegen ihres Indikatorwertes und der Beteiligung an Umsetzungsprozessen im Boden von großer Bedeutung. Sie fördern die Humifizierung und bereiten ihr Wohnsubstrat zu einem höheren Feinheitsgrad auf.

Ursprünglicher als Proturen sind sie beispielsweise im Besitz von Komplexaugen, die allerdings höchstens 8 Ommatidien umfassen, Ocellen und Antennen, die nur aus vier Gliedern bestehen. Zwischen Antennen und Augen liegt bei vielen Collembolen ein Sinnesorgan unbekannter Funktion (Postantennalorgan). Abgeleitet sind folgende Merkmale: Abdomen sechsgliedrig (mit Telson), Nervensystem konzentriert, Bauchganglienkette besteht aus drei Thorakalganglien, Reduktion des Tracheensystems (bei Sminthuridae ausgebildet mit einem hinter dem Kopf mündenden Tracheenpaar), Lage der Germarien lateral oder dorsal, nicht apikal wie gewöhnlich, Fehlen des Tibiotarsalgelenkes auch am 1. Beinpaar, Spezialisierung der Extremitäten des 1., 3. und 4. Abdominalsegmentes. Die letzten (am 4. Abdominalsegment) bilden eine Sprunggabel (Furca), die die springende Fortbewegung der Collembolen ermöglicht. Sie liegt in Ruhestellung nach vorn gerichtet unter der Bauchfläche und wird hier durch zwei Haken (Retinacula) festgehalten, die den Extremitäten des 3. Abdominalsegmentes entsprechen. Die Sprunggabel besteht aus einem unpaaren Stück (Manubrium) und paarigen Anteilen (Dens, Mucro). Sie ist selten zurückgebildet, so bei den mehr langgestreckten, wurmförmigen Collembolen tieferer Bodenschichten. Die Extremitäten des 1. Abdominalsegmentes sind zu dem unpaaren röhrenförmigen Ventraltubus (Colophor) umgebaut, der als Haftorgan, Atemorgan oder zur Flüssigkeitsaufnahme dient.

Die Genitalöffnung liegt ventral am 5. Abdominalsegment. Die Collembolenmännchen setzen Spermatophoren ab, die sofort oder

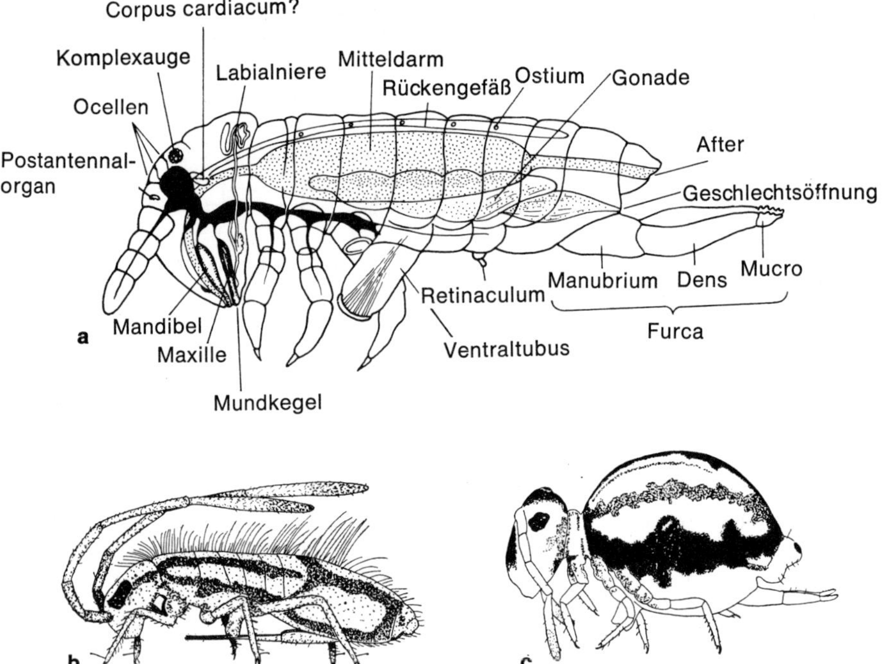

Abb. 213: Collembola. a. Organisationsschema von *Podura* (Arthropleona). b. *Entomobrya muscorum*, c. *Sminthurinus elegans*. Nach Dunger, Weber

später vom Weibchen aufgenommen werden. Die Furchung der Eier erfolgt total, die Entwicklung verläuft direkt. Hohe Anzahl von Häutungen, die auch nach Eintreten der Geschlechtsreife fortgesetzt werden.

Collembolen leben saprophag von Pflanzensubstanz und sind gelegentlich auch carnivor. Bei der großen Artenfülle sind auch einige ungewöhnliche Regionen besiedelt worden. Einige – bei uns z. B. *Podura aquatica* und *Sminthurides aquaticus* – leben auf der Oberfläche von Süßgewässern, *Anurida maritima* kann auf der Oberfläche von Gezeitentümpeln gefunden werden, *Isotoma saltans* kommt am Rande von Gletschern vor und bevorzugt eine Temperatur von +3°C (Gletscherflöhe). Einige leben als Gäste in Ameisen- und Termitennestern. Vereinzelt sind Collembolen Schädlinge an Pflanzen (z. B. *Sminthurus viridis*). Fossil sind sie seit dem Mittel-Devon bekannt. *Rhyniella praecursor* ist eins der ältesten bekannten Insekten. 2 Gruppen (Abb. 213):

Arthropleona: Segmentierung normal. *Podura aquatica*, *Hypogastrura*, *Anurida*, *Onychiurus*, *Orchesella*, *Isotoma saltans*, *Entomobrya*, *Tomocerus* (bis 7 mm).

Symphypleona: Kugelspringer, Abdomen annähernd kugelig, Segmente ganz oder teilweise verschmolzen. *Neelus minimus*, 0,3 mm lang, kleinster Collembole; *Sminthurides aquaticus*, *Sminthurus*.

Die folgenden Gruppen werden als **Ectognatha** (**Ectotropha**) zusammengefaßt: Mundwerkzeuge gelenken frei an der Kopfkapsel. Antennen als Geißelantennen ausgebildet. Kopf mit komplexem Innenskelet (Tentorium, Abb. 215). Terminalfilum ausgebildet. Praetarsus trägt paarige Krallen, als unpaare Kralle gilt das Empodium; häutige ventrale Ausstülpungen des Praetarsus können als Arolium (unpaar) oder Pulvillen (paarig) ausgebildet sein (Abb. 215). Genitalöffnung von Anhängen des 8. und 9. Segmentes (Gonopoden) umstellt, die beim Weibchen Legeröhre (Ovipositor) aufbauen. Der Embryo bildet Hüllen.

4. Thysanura

Die beiden primitivsten Gruppen der Ectognatha – Archaeognatha und Zygentoma – werden als Thysanura zusammengefaßt (Abb. 211), aber auch nachdrücklich getrennt. Bekannt durch die Felsenspringer und Silberfischchen, haben sie Merkmale der Insektenahnen bewahrt und teilen spezielle Charaktere mit den geflügelten Insekten, so daß diese von ihnen abgeleitet werden müssen.

Primitive Merkmale sind die freien Mundwerkzeuge mit oft beinartigem Maxillartaster, die volle Garnitur der Kopfsinnesorgane mit Facettenaugen (bei Archaeognatha groß, bei Zygentoma klein oder fehlend), Ocellen (bei Zygentoma rückgebildet) und Frontalorganen, das Vorkommen von Epipoditen (Styli) an Thorakalbeinen (bei Archaeognatha) und die oft vollständige Garnitur einfacher Abdominalbeine. Spezielle Gemeinsamkeiten mit geflügelten Insekten sind die Geißelantennen, die Umbildung der Abdominalextremitäten 8 und 9 in Gonopoden, das Terminalfilum (ein medianer Endfortsatz), die Rückenplatten, die Seitenlappen (Paranota) bilden, welche bei den Zygentoma am Thorax als Vorstufen von Flügeln angesehen werden können, die Mandibeln, die bei Zygentoma mit zwei Gelenkflächen am Kopf inserieren, die Keimesentwicklung, die z. T. durch Embryonalhüllen ausgezeichnet ist.

Thysanuren sind 0,5–2 cm lange Tiere mit oft beschuppter Haut. Sie leben von Algen, Flechten, Pilzen und zerfallenen Pflanzenstoffen; einige sind wichtige Schädlinge, sie fressen Stärke, Zucker, benagen Bücher, Tapeten u. dgl.

a. Archaeognatha (Felsenspringer). Etwa 220 Arten. Körper spindelförmig, mit Sprungvermögen. Sie bewahren besonders primitive Merkmale. Nur bei ihnen Coxen des Meso- und Metathorax mit Styli, Mandibeln wie bei Progoneaten, Chilopoden und Entognathen mit einem Gelenkhöcker. Amnionhöhle fehlt noch. Besonders in konkurrenzarmen Felsengebieten, bis in Gletscherregion und am Meeresstrand. Spermaübertragung indirekt.
Dilta, Machilis, Petrobius.

b. Zygentoma. Etwa 330 Arten. Körper abgeflacht, kein Sprungvermögen. Nähern sich durch die zwei Gelenkhöcker der Mandibel, Entwicklung einer – allerdings noch offenen – Amnionhöhle, Bau des Thorax u. a. deutlich den Pterygoten. Wärmeliebend, daher bei uns oft in Wohnungen (*Lepisma saccharina*, Silberfischchen, Zuckergast; *Thermobia domestica*, Ofenfischchen, in Bäckereien und Heizungsanlagen), manche Arten in Ameisen- und Termitennestern, bei uns *Atelura formicaria*, Ameisenfischchen. Spermaübertragung indirekt.

5. Pterygota

Die bedeutsamste Erwerbung dieser Gruppe sind die Flügel. Sie entstehen aus Seitenteilen (Paranota) der Rückenplatten des 2. und 3. Thoraxsegmentes (Meso- und Metanotum). Es sind also Hautfalten, nicht Extremitäten wie die Flügel der Wirbeltiere. Dorsal- und Ventralflächen der Falten legen sich ontogenetisch bald mit ihren Epidermisschichten aneinander. Wo ursprünglich Blutlakunen in die Flügel ziehen, bleiben Hohlräume, in die dann auch Tracheen vom Rumpf hineinwachsen, an denen Nervenfasern von den Sinneszellen der Flügel in den Körper ziehen. In ihrer Gesamtheit bilden derartige Stränge die Flügelhauptadern (Abb. 214). Einfache Querversteifungen der Cuticula rufen die Netzaderung primitiver Insektenflügel hervor. Die Bewegung der Flügel wird von im Thorax gelegenen Muskeln geleistet. Sie können direkt an der Flügelbasis ansetzen (direkte Flugmuskeln), bewirken dann aber nur selten den Flügelschlag (Odonata), oft nur die Flügelstellung (Anlegen und Aufstellen). Meist erfolgt der Flügelschlag durch indirekte Flugmuskeln, die an den Hautteilen des Thorax inserieren (indirekte Flugmuskeln, Abb. 214). Ursprünglich sind bei den Pterygoten 2 Paar Flügel vorhanden, die bei Odonaten sogar unabhängig voneinander bewegt werden können. Der Prothorax hat bei den ausgestorbenen Palaeodictyoptera zwar auch breite Lappen ausgebildet (Abb. 229), doch sind diese nie zu Flügeln geworden. Innerhalb der Insekten besteht die Tendenz, die beiden Flügelpaare durch Haftverbindungen zu einer einheitlichen Fläche werden zu lassen oder nur einem Flügelpaar die Flugleistung zu überlassen. Die Hinterflügel reduzieren z. B. viele Ephemeriden und Dipteren, bei denen sie jedoch als Sinnesklöppel (Halteren) mit statischer und Stimulationsfunktion erhalten bleiben. Die Vorderflügel werden oft zu Deckplatten halb oder ganz versteift (Heuschrecken, Wanzen, Käfer) und schließlich als Flugorgane ausgeschaltet (man-

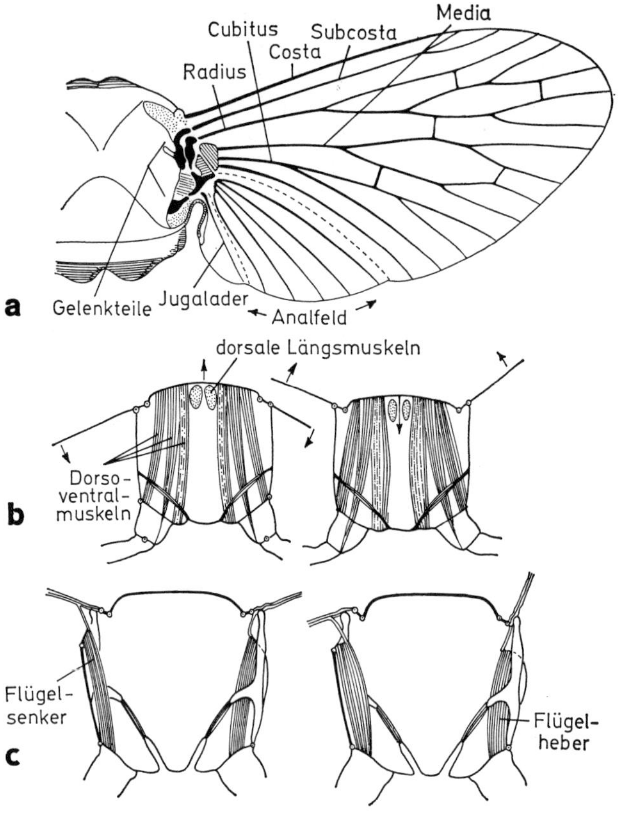

Abb. 214: a. Grundschema des Flügelgeäders der pterygoten Insekten mit Analfeld (= Neala) und basalen Gelenkteilen. b. Indirekte Flugmuskulatur. Gelenke der Flügelbasis sind als kleine Kreise dargestellt. Die Flügel werden durch Kontraktion der dorsalen Längsmuskeln gesenkt (links), durch Kontraktion der Dorsoventralmuskeln gehoben (rechts). c. Direkte Flugmuskulatur. Die Muskeln greifen direkt an der Flügelbasis an. Links: Flügelsenker und -heber erschlafft, rechts: beide Muskeln sind kontrahiert. Nach Weber

che Käfer, Dermaptera) oder gleichfalls zu Halteren umgebildet (Strepsiptera). Oft sind Flügel ganz rückgebildet, so bei Parasiten (Läusen, Federlingen, Bettwanzen), oft sind die Weibchen mit ihren schweren Ovarien flugunfähig (Frostspanner u. a.), vielfach verlieren aber auch freilebende Insekten in beiden Geschlechtern Flügel und Flugvermögen.

Das Abdomen behält meist die primären 11 Segmente und das Telson (Aftergebiet) bei. Das 11. ist in das dorsale Epiproct und die seitlichen Paraprocten zerlegt, es trägt meist als Gliedmaßen Cerci in verschiedener Form. Die Extremitäten des 8. und 9. Segmentes sind primär beim Weibchen zu einem Legeapparat, ähnlich dem der Thysanuren, geformt (Heuschrecken, Hemiptera, Hymenoptera [Abb. 215]), der aber oft rückgebildet und manchmal durch einen sekundären Legebohrer aus dem Hinterende ersetzt ist.

Die Jugendstadien der Insekten besitzen sofort die volle Segmentzahl (Ausnahme: oligomere Larven mancher Schlupfwespen, Proctotrupiden). Sie sind sehr vielgestaltig. Es hängt dies damit zusammen, daß innerhalb der Pterygoten die Jugendstadien zunehmend die langlebigen Wachstums- und Ernährungsstadien werden, während das geschlechtsreife Tier (Imago) zum kurzlebigen Fortpflanzungs- und Verbreitungsstadium wird. Vielfach verliert die Imago die Fähigkeit zu eigener Nahrungsaufnahme und reduziert die Mundgliedmaßen (Ephemeriden, Plecopteren, manche Lepidopteren und Dipteren).

Die Entwicklung verläuft bei den primitivsten Pterygotengruppen (Ephemeriden, Odonaten und Plecopteren) über sekundär wasserlebende Larven. Deren Atmung erfolgt nicht über echte Kiemen, sondern durch Tracheenkiemen. Da sich diese z. T. aus Abdominalextremitäten entwickeln, erfolgte der Übergang zum Wasserleben offenbar, als die Larven noch Abdominalgliedmaßen in voller Zahl ausgebildet hatten.

Eine zweite Gruppe der Pterygoten vollzieht

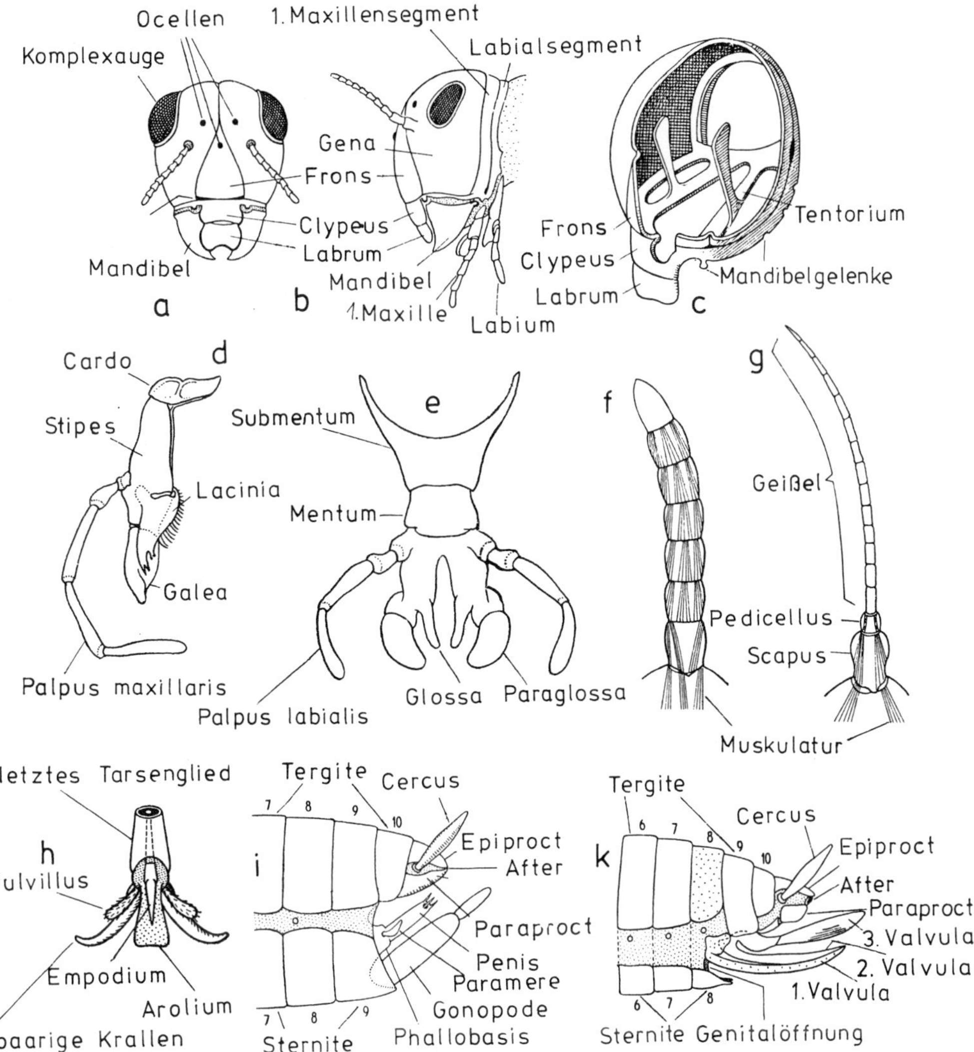

Abb. 215: a, b. Kopf eines pterygoten Insekts in Frontal- und Lateralansicht; c. blockdiagrammatische Darstellung eines eröffneten Insekten-Kopfes, um das Innenskelet (Tentorium) zu zeigen; d, e. 1. Maxille (d) und 2. Maxille (= Labium) (e) eines Insektes mit orthopteroiden Mundwerkzeugen; f, g. Gliederantenne (f) und Geißelantenne (g); h. Praetarsus von ventral; i, k. Schema der äußeren Geschlechtsorgane der Pterygota; i. Männchen, k. Weibchen. 1. Valvula = Gonapophyse VIII, 2. Valvula = mediale Gonapophyse IX, 3. Valvula = laterale Gonapophyse IX. Nach Hennig, Snodgrass, Weber

ihre Entwicklung vollkommen am Land, die jüngsten Stadien gleichen bis auf das Fehlen der Flügel und einiger geringfügiger Merkmale durchaus den Erwachsenen. Diese imagoähnlichen Jugendstadien entwickeln sich ohne Puppenstadium zum erwachsenen Tier (Hemimetabolie). Dieser Gruppe gehören die Blattopteroidea, Orthopteroidea, Rhynchota sowie kleinere Ordnungen aus ihrer Verwandschaft an.

Diese beiden Gruppen entwickeln ihre Flügel und äußeren Genitalien als äußere Anhänge; sie werden daher als Exopterygota zusammengefaßt.

Eine dritte Gruppe enthält die meisten Insekten. Es sind die Holometabola mit Neuropteroidea, Hymenoptera, Coleoptera, Mecopteroidea u.a., die vor das Imaginalstadium ein nicht zur Nahrungsaufnahme befähigtes Puppenstadium eingeschaltet haben, das als erstes Stadium äußere Flügelanlagen enthält. Während der Puppenruhe erfolgt eine innere Metamorphose, d.h. Flügel und äußere Genitalien entwickeln sich im Körperinneren eingestülpt aus Imaginalscheiben. Die Gruppe wird daher auch als Endopterygota bezeichnet. Die Imago schlüpft aus der Puppe, in der die Larvenorganisation weitgehend abgebaut wurde.

Die pterygoten Insekten sind für den Menschen von großer Wichtigkeit. In den folgenden Abschnitten werden für uns nützliche und schädliche Insekten besprochen, bevor dann die systematische Gliederung folgt.

Nutzbare Pterygota

Einige Insekten-Arten hat sich der Mensch nutzbar gemacht, indem er sie züchtet, hält oder ihre Produkte verwendet.

Die Honigbiene *(Apis mellifera = A. mellifica)* ist als Bestäuber weit wichtiger als andere Insekten. Da sie im Staatsverband überwintert und im Frühjahr entsprechend zahlreich auftreten kann und die Individuen zudem blütenstet sind, d.h. längere Zeit zu den Blüten einer Pflanzenart fliegen, ist sie für die Kulturpflanzen – die sie zum großen Teil bestäubt – von erheblicher Wichtigkeit. Dieser mittelbare übertrifft den unmittelbaren Nutzen (Produktion von Honig und Wachs) bei weitem.

Honig besteht v.a. aus Nektar und anderen Pflanzensäften, denen Enzyme zugesetzt werden, welche die Saccharose des Nektars in Fructose und Glucose umsetzen. Daneben enthält er Pollen, der bei der Prüfung auf Herkunft bzw. Echtheit herangezogen wird. Wasserentzug und Zusatz von Inhibinen (Stoffen, die bakteriostatisch wirken) machen aus den Pflanzenprodukten den Honig.

Bienenwachs wird industriell genutzt zur Herstellung von Salben, Pomaden, Puder, Schminken, Bohnermasse u.a.

Hummeln *(Bombus)* werden seit einiger Zeit ebenfalls gezüchtet. Mit ihren Mundwerkzeugen können die langrüsseligen Arten Nektar vom Boden langer Blütenröhren aufnehmen (z.B. Rotklee). Sie werden in den Sommermonaten in Kunstnestern gehalten, es überwintern nur die begatteten Weibchen. Besondere Bedeutung in der Rotkleesamengewinnung.

Der Seidenspinner *(Bombyx mori)* ist ein wenig fliegender weißer Schmetterling, dessen Zucht mit Sicherheit seit der Chou-Dynastie Chinas (11. Jh.–221 v. Chr.) bekannt ist. Genutzt wird die von der Larve beim Herstellen des Puppenkokons gebildete Seide (Naturseide).

Seidenraupen fressen die Blätter von Maulbeerbäumen. Sie werden bei einer relativen Feuchte von maximal 70% und einer Temperatur von 22–23 °C gehalten. Während die Gesamtfadenlänge des Kokons bei Wildformen 200 m nicht übersteigt, entwickelt die domestizierte Form einen Faden von 3,5 km Länge. Der Seidenfaden stammt aus den paarigen Spinndrüsen der Raupe und ist daher doppelt. Wildseiden sind dunkel, Zuchtseiden hell mit verschiedenen Tönen.

Heute wird der Großteil der Seide in Ost- und Südostasien gewonnen.

Die nützliche Tätigkeit einiger Ameisen besteht z.B. darin, daß sie Schadinsekten in ihren Bau eintragen. Am wichtigsten ist die kleine Rote Waldameise *(Formica polyctena)*, in deren Nestern bis zu 5000 Weibchen leben können, die auch nach der Begattung darin verbleiben und für eine Bestandsvergrößerung von 1,5 Millionen Tieren/Monat sorgen. Man kann diese Ameisenart durch künstliche Ableger verbreiten.

Nutzbare Insekten sind auch einige Schildläuse, so die Cochenille-Schildlaus, die in Mittelamerika, auf den Kanarischen Inseln u.a. auf Opuntien gezüchtet wird. Ihr Farbstoff geht in die kosmetische Industrie und wird auch in der histologischen Technik als Karmin gebraucht. Auch Schellack ist ein Schildlausprodukt. Cantharidin wird vorwiegend aus der «Spanischen Fliege», dem Ölkäfer *Lytta vesicatoria* gewonnen. Es findet Verwendung bei der Herstellung von Pflastern und Salben.

Groß ist schließlich die Zahl der Insekten, die als Versuchstiere in Laboratorien Verwendung finden, allen voran *Drosophila*, die Taufliege.

Immer mehr Arten werden in der biologischen Schädlingsbekämpfung eingesetzt, v.a. Schlupfwespen, die an Schadinsekten parasitieren (S. 349).

Dazu kommt eine Anzahl von Formen, die als Antagonisten von Schadorganismen gefördert werden sollten, v.a. Coccinellidae (Marienkäfer), Anthocoridae (Blumenwanzen), Miridae (Blindwanzen) sowie Larven von Syrphidae

(Schwebfliegen) und Chrysopidae (Florfliegen), die Blattlauskolonien und Spinnmilbenpopulationen wesentlich dezimieren können.

Verschiedenenorts stellen Termiten, Heuschrecken, Wasserwanzen, Käferlarven und Schmetterlingsraupen einen Bestandteil der Kost von Menschen dar.

Pterygota als Blütenbestäuber

Parallel zur Phylogenie der Blütenpflanzen mit ihrem Nahrungsangebot für Tiere erfolgte die Entfaltung der Insekten, speziell die Umformung ihrer Mundwerkzeuge. In vielen Fällen können Blüten nur von bestimmten Insekten bestäubt werden. So schloß schon Darwin nach seinen Untersuchungen über Orchideen, daß es auf Madagaskar ein besonders langrüsseliges Insekt geben müsse und daß es aus dem etwa 25 cm langen Sporn der dort heimischen Orchidee *Angraecum sesquipedale* den Nektar aufnehmen kann. Etwa 40 Jahre später entdeckte man den Schmetterling *Xanthopan morgani* (Sphingidae), der tatsächlich einen so langen Rüssel hat. In Europa sind die Insekten die einzigen Tiere, die Blüten bestäuben, in den warmen Zonen Afrikas, Asiens und Amerikas kommen Vögel und Fledermäuse hinzu, in Australien zudem noch Beuteltiere.

Die Bestäubung pflegt mit Aufnahme der Nahrung durch die Bestäuber einherzugehen, die als Nektar, Pollen im Überfluß oder speziellen Beköstigungsantheren oder anderen Futtergeweben angeboten wird. Blütenbestäubende Insekten gehören vorwiegend zu den Coleoptera, Lepidoptera, Diptera und Hymenoptera. Den Käfern kommt insgesamt nur eine geringe Bedeutung zu. Größere Käfer treten oft mit ihren beißenden Mundwerkzeugen als Blütenzerstörer auf *(Cetonia)*, Rüssel sind bei Blütenbestäubern selten *(Strangalia, Nemognatha)*.

In der heimischen Flora ist die Echte Kastanie *(Castanea sativa)* eine der wenigen Pflanzen, die vorwiegend durch Käfer bestäubt wird.

Wie die Käfer sind auch die Schmetterlinge zunächst Pollenfresser. Die primitiven Micropterygiden haben noch kauende Mandibeln, mit denen sie Pollen zerbeißen können. Bei anderen Schmetterlingen ist ein Saugrüssel ausgebildet, der in die Blütenröhren eingesenkt wird und Nektar aufzunehmen vermag. Tagfalter setzen sich auf die Blüten, manche Eulen (Noctuidae) und Schwärmer (Sphingidae) saugen den Nektar, während sie sich an den Blüten festhalten und mit den Flügeln schwirren. Einige Sphingiden stehen im Flug vor der Blüte und tauchen ihren langen Saugrüssel in den Nektar (*Macroglossum*, Taubenschwanz). Nach dem Blütenbesuch rollen die Schmetterlinge ihren Rüssel spiralig auf. In der heimischen Flora sind Falterblumen verbreitet: Tagfalterblumen sind *Dianthus*-Arten; Schwärmerblume ist beispielsweise das Seifenkraut *(Saponaria)*. Dipteren werden vielfach von Blüten angezogen, die einen fauligen oder Kotgeruch ausströmen, z. B. Efeu. Reine Fliegenblumen gibt es bei uns nur vereinzelt. Selten sind die Mundwerkzeuge zu einem Rüssel verlängert (Woll- oder Hummelschweber, *Bombylius*, Abb. 257). Eine wichtige Rolle spielen Fliegen bei der Bestäubung von Kesselfallenblumen (Aronstab: Psychodiden, Osterluzei: Ceratopogoniden). Wichtige und auffallende Blütenbesucher sind die Schwebfliegen (Syrphidae).

Etwa 50 % der blütenbestäubenden Insekten wird von den Hymenopteren gestellt. Die größte Bedeutung haben die Apidae (Honigbiene, Hummeln), Faltenwespen (Vespidae) und Grabwespen (Sphecidae) erlangt. *Ficus*-Arten werden von Chalcidoidea bestäubt, die Eßbaren Feigen von *Blastophaga psenes*. Typische Bienenblumen sind die Labiaten, viele Scrophulariaceen u. v. a. Als Besonderheit sei hervorgehoben, daß manche *Ophrys*-Arten in ihrem Blütenbau das Aussehen von Insekten imitieren und Sexuallockstoffe produzieren. Die Männchen versuchen mit den Blüten zu kopulieren und bestäuben sie dabei.

Pterygota als Gallerzeuger (Cecidozoen)

Eine Reihe von Insekten ruft an Pflanzen typische Wachstumsanomalien (Gallen, Cecidien) hervor, in denen ihre Entwicklung stattfindet. Gallerzeuger finden sich vor allem unter den Thysanoptera, Rhynchota, Coleoptera, Hymenoptera, Lepidoptera und Diptera. Die Induktion der Gallenbildung geht meist von dem sich entwickelnden Insekt aus, seltener von dem eiablegenden Weibchen. Die oft auffallenden Gallen sind erheblich leichter zu bestimmen als die Cecidozoen; daher sind nur jene auf den Abb. 216 und Abb. 217 zusammengestellt.

Abb. 216: Gallen verschiedener Insekten. a. *Livia juncorum* an *Juncus*, b. Blatt von *Populus* mit Blattstielgalle von *Pemphigus spirothecae* und Galle von *Pemphigus filaginis* an der Mittelrippe, c. Galle von *Pemphigus bursarius* am Blattstiel von *Populus*, d. *Picea*-Zweig mit Gallen von *Sacchiphantes abietis*, e. Blatt von *Fagus* mit glatten Beutelgallen von *Mikiola fagi*, behaarten Beutelgallen von *Hartigiola annulipes* und einer Filzgalle der Milbe *Eriophyes nervisequus* an einem Blattnerven, f. *Veronica* mit Sproßspitze vergallt durch *Jaapiella veronicae*, g. *Salix*-Zweig mit verschiedenen Mücken- und Milben-Gallen, am Zweig: *Rhabdophaga salicis*, am linken Blatt: *Iteomyia caprae*, an den Mittelblättern: *Eriophyes tetanothrix*, am rechten Blatt: *Rhabdophaga noduli*, h. aufgeschnittene Sproßspitzengalle von *Isthmosoma hyalipenne* an *Agropyrum*, i. *Salix*-Blatt mit *Pontania*-Gallen. Nach Hedicke, Ross

Von den Gallen trennt man sog. Procecidien ab, Bildungsabweichungen geringeren Umfanges wie sie z. B. bei der Eiablage der Libelle *Lestes viridis* entstehen.

Unter Falt- und Rollgallen versteht man Einfaltungen oder -rollungen eines Blattes. Der Parasit wird dabei eingehüllt. Unter den Insekten rufen Thysanopteren, Blattläuse und Blattflöhe solche Gallen hervor.

Filzgallen sind abnorme Haarbildungen vorwiegend an der Unterseite von Blättern. In dem Haarfilz leben die Erreger. Filzgallen werden meist von Milben hervorgerufen (Abb. 180).

Beutel- und Umwachsungsgallen sind eng begrenzte Ausstülpungen oder Einwölbungen von Blättern, die den Parasiten vollständig einschließen können. Sie werden z.B. von Gallmücken und Blattläusen hervorgerufen (*Mikiola*, *Pemphigus*, Abb. 216).

Lysenchymgallen sind für Gallwespen kennzeichnend. Bei ihrer Entstehung wird die Epidermis der Pflanze aufgelöst, und Ei bzw. Larve des Parasiten sinkt in das Pflanzengewebe ein. Die Verbindung mit der Oberfläche kann bestehen bleiben. Werden die Eier direkt in das Pflanzengewebe eingesenkt, spricht man von Markgallen (Tenthrediniden).

In Mitteleuropa treten unter den gallenerzeugenden Insekten Homoptera, Hymenoptera und Diptera hervor.

Unter den Heteroptera ruft bei uns *Copium* (Tingidae) Blütengallen an *Teucrium* hervor.

Die meisten gallenerzeugenden Coleoptera gehören zu den Rüsselkäfern (Curculionidae), wichtig ist z.B. *Ceutorhynchus pleurostigma*, der an Cruciferen-Wurzeln Gallen induziert.

Unter den Lepidoptera ruft die Motte *Cecidoses eremita* die komplizierteste Galle hervor, die an Sprossen von *Schinus dependens* entsteht. Sie ist nach Art einer Flasche mit einem Deckel verschlossen.

Homoptera. Einige Gallerzeuger gehören zu den Psyllina (*Livia juncorum*, Abb. 216), die meisten zu den Blattläusen (Aphidina), die ihre Hauptentfaltung in der Holarktis erfahren haben. Wichtige Gallerreger stellen folgende Familien: Adelgidae (= Chermesidae, Tannenläuse), Phylloxeridae (Zwergläuse), Pemphigidae (= Eriosomatidae, Blasenläuse).

Tannenläuse leben an Nadelhölzern, bekannt sind z.B. die Ananasgallen von *Sacchiphantes* und *Adelges* auf Fichten (Abb. 216). Die Larven von Weibchen, welche als Stammutter (Fundatrix, S. 337) bezeichnet werden, überwintern an jungen *Picea*-Sprossen und reifen heran. Im Frühjahr bringen sie parthenogenetisch Junge hervor und sterben dann ab. Die schlüpfenden Jungtiere wandern an die Basis der Fichtennadeln. Durch ihr Saugen wird die schon von der Mutter eingeleitete Gallenbildung fortgeführt; Spross und Nadelbasen schwellen an und bilden die typische Ananasgalle. Im Sommer werden die Gallen trocken und öffnen sich. Bis zu diesem Zeitpunkt entstandene geflügelte Tiere wechseln beispielsweise auf Lärchen, wo dort entstandene Larven überwintern. Nach der Vermehrung auf Lärchen erfolgt der Rückflug auf Fichten, wo Männchen und Weibchen entstehen. Aus Dauereiern schlüpfen überwinternde Larven, die zu Fundatrices werden. Der Kreislauf ist also zweijährig.

Unter den Zwergläusen ist vor allem die Reblaus *(Viteus vitifolii)* bekannt geworden, die an Weinrebenwurzeln und -blättern Gallen hervorrufen kann.

Die Fundatrix der Blasenläuse lebt normalerweise in Blatt-, Blattstiel- oder Triebgallen. *Pemphigus spirothecae* saugt im Frühjahr an Blattstielen von Schwarzpappeln und bewirkt deren schraubige Aufdrehung und Verstärkung. In einem zentralen Hohlraum entstehen weitere Generationen. Eröffnung der Gallen im Spätsommer und Herbst. *Pemphigus bursarius* ruft an Blattstielen von Pappeln blasige Gallen hervor, mehrere Generationen richten im Sommer an Salat Schaden an, um dann im Herbst auf die Pappel zurückzukehren.

Hymenoptera. Gallbildner gehören zu den Blattwespen (Tenthredinidae), Gallwespen (Cynipidae) und Zehr- oder Erzwespen (Chalcidoidea).

Die Blattwespengallen nehmen eine Sonderstellung ein, da die erste Phase ihrer Entwicklung schon beginnt, sobald das Ei in das Pflanzengewebe eingesenkt wird. Im Unterschied zu anderen gallerzeugenden Hymenopterenlarven produzieren die Blattwespenlarven Kot, der von der halberwachsenen Larve aus der Galle entfernt wird. Verpuppung außerhalb der Galle im Boden. *Pontania* ruft an Weidenblättern dicke, fleischige Cecidien hervor (Abb. 216).

Unter den Chalcidoidea ruft *Isthmosoma hyalipenne (= Isosoma graminicola)* an Stengeln verschiedener Gräser, z.B. der Quecke, röhrenförmige Gallen hervor (Abb. 216).

Groß ist die Zahl der Gallerreger unter den

Abb. 217: Cynipiden-Gallen. a. *Quercus*-Blatt mit großen Eichengalläpfeln von *Cynips quercusfolii* und den etwas kleineren, gestreiften Gallen von *C. longiventris*, b. Querschnitt durch eine *Cynips*-Galle mit zentraler Larvenkammer, c. Zweig mit Knospengallen von *C. quercusfolii*, d. Knospengalle vergrößert, e. *Quercus*-Blatt mit verschiedenen *Neuroterus*-Gallen, die links daneben vergrößert dargestellt sind, f. *N. quercusbaccarum*, g. *N. albipes*, h. *N. numismalis*, Schnitt (um Larvenkammer zu zeigen) und Aufsicht, i. Blütenstand von *Quercus* mit weinbeerenartigen Gallen von *Neuroterus*, j. Knospengalle von *Andricus fecundator*, k, l. *Biorrhiza pallida*, k. Wurzelgallen, z.T. aufgeschnitten, l. Knospengalle am Zweig und aufgeschnitten, die Larvenkammern zeigend, m. *Diplolepis rosae*, Gallen am Rosenzweig und aufgeschnittene Galle mit mehreren Larvenkammern, n. *D. eglanteriae*, o. *D. rosarum*. Nach Hedicke, Ross

Gallwespen. Von ihnen werden die großen Eichengalläpfel hervorgebracht, die an den Eichenblättern im Spätsommer oft in Mehrzahl auftreten und früher zur Herstellung von Tinte gesammelt wurden. Cynipiden-Gallen sind besonders differenziert: unter der Epidermis der Galle liegen eine umfangreiche Parenchymlage, eine Sklerenchymschicht und eine dünne Nährschicht, aus der die sich entwickelnden Larven die Nahrung aufnehmen. Der Großteil der Cynipiden-Gallen entsteht auf Fagaceen (v.a. *Quercus*) und Rosaceen *(Rosa)*. Der Entwicklungsgang kann als Heterogonie ablaufen oder als eine Folge parthenogenetisch sich fortpflanzender Weibchen.

Ohne Heterogonie entwickelt sich *Diplolepis (Rhodites) rosae*, die meist an Blättern oder Zweigen die bekannten Rosengalläpfel (Abb. 217) hervorruft. In den vielkammerigen Gallen, die von zahlreichen Auswüchsen bedeckt werden, überwintern die Larven. Die Adulten (meist Weibchen) schlüpfen im Mai und Juni.

Ebenfalls ohne Heterogonie entwickeln sich die oft stacheligen, runden Gallen von *Diplolepis eglanteriae* (Abb. 217) und – an den Stengeln des Habichtskrauts *(Hieracium)* – die einseitig geschwollenen Gallen von *Aylax hieracii*.

Regelmäßiger Wechsel von parthenogenetisch sich fortpflanzender (unisexueller, agamer) und zweigeschlechtlich mit Befruchtung sich fortpflanzender Generation ist für die folgenden Cynipiden typisch. Bei ihnen rufen beide Generationen unterschiedlich geformte Gallen hervor (Abb. 217).

Aus den großen Eichengalläpfeln von *Cynips quercusfolii* schlüpfen im Herbst oder später agame Weibchen, die im Frühjahr in Eichenknospen Eier legen. Aus diesen Knospengallen schlüpfen von Mai bis Juni Männchen und Weibchen, die ihre Eier wiederum an Eichenblätter legen, an denen sich im Laufe von Sommer und Herbst die großen Galläpfel entwickeln. Larvenentwicklung, Verpuppung und Schlüpfen der Imago finden also in der Galle statt. Die Imagines arbeiten sich mit ihren Mundwerkzeugen aus der Galle heraus.

Ebenfalls an Blättern von *Quercus* findet man die «Zebragallen» der agamen Generation von *Cynips longiventris*. Die kugelige Galle ist bleichgelb mit roten Streifen. Die Galle der bisexuellen Generation ist eine Knospengalle, die im Frühjahr erscheint.

Flache, linsen- und schalenförmige Gallen werden von der agamen Generation verschiedener *Neuroterus*-Arten an Eichenblättern erzeugt *(N. numismalis, N. quercusbaccarum, N. albipes)*. Besonders auffällig sind die Gallen von *Biorrhiza pallida*. Männchen und Weibchen schlüpfen aus Knospengallen, die bis 4 cm Durchmesser erreichen, ausschließlich flügellose Weibchen aus Wurzelgallen. Sie kriechen zu den Knospen der Eiche hinauf und legen dort ihre Eier ab.

Weitere Gattungen: *Andricus*, *Pediaspis* (auf Ahorn).

Diptera. Groß ist die Zahl der Gallerreger unter den Dipteren. Neben einigen Fliegenfamilien (Agromyzidae, Tephritidae, Anthomyiidae) sind vor allem die Gallmücken (Cecidomyiidae) von Bedeutung. Unter den Fliegengallen sind die von *Lipara* (an Schilfstengeln, ähnlich denen von *Isthmosoma*, Abb. 216) bekannt. Weit verbreitete Gallmücken-Gattungen sind *Lasioptera*, *Oligotrophus*, *Dasineura*, *Rhabdophaga*, *Contarinia* und *Mayetiola*. Aufeinanderfolgende Generationen rufen normalerweise identische Gallen hervor (Ausnahme: *Rhabdophaga* auf Kätzchen von Weiden und an Sproßknospen, hier Rosettengallen hervorrufend).

Es werden fast alle Pflanzenteile befallen, auch von Kulturpflanzen. Daher gehören die Gallmücken zu den wichtigsten Schädlingen in der Landwirtschaft (S. 312). Einige auffallende Mükken-Gallen sind auf Abb. 216 zu sehen: *Mikiola fagi*, *Hartigiola annulipes* auf Buchenblättern und *Jaapiella veronicae* an *Veronica chamaedrys*.

Pterygota als Pflanzenschädlinge

Viele Insekten befallen Kulturpflanzen, allein unter den Schmetterlingen wenigstens 3000 Arten, unter den Käfern etwa 3500 aus 40 Familien. Betroffen werden Land- und Forstwirtschaft. Die Schädigung kann durch Fraß (Abb. 218) oder Übertragung von Viren, Mycoplasmen, Bakterien und Pilzen erfolgen. Pflanzenkrankheitserregende (phytopathogene) Viren können ihre Infektiosität kurz nach der Aufnahme in ein Insekt verlieren (nichtpersistente Viren) oder längere Zeit in dem Insekt infektionsfähig bleiben (persistente V.), vermehren sich hier sogar (Zirkulations- oder Celationszeit) und können später wieder auf andere

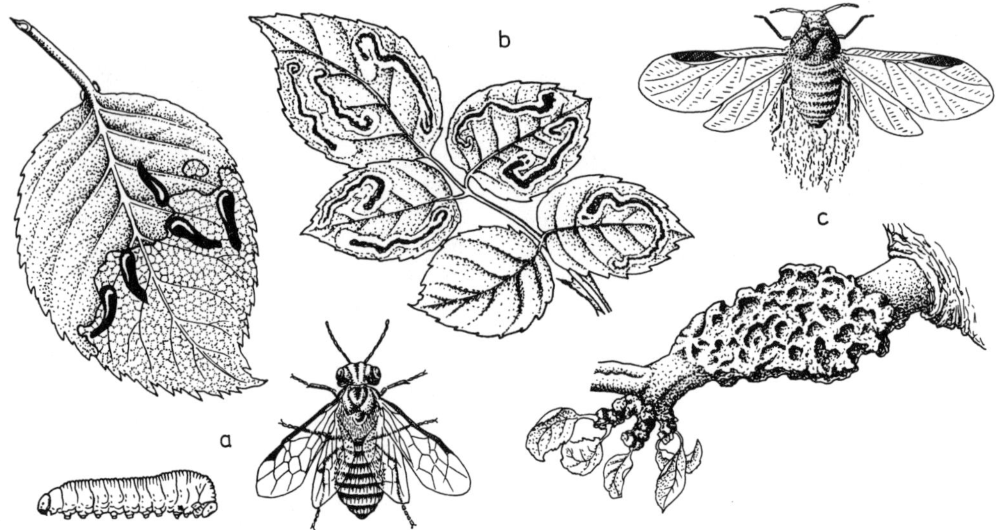

Abb. 218: Verschiedene Schadbilder und ihre Erzeuger. a. *Caliroa limacina* (Schwarze Kirschblattwespe): Kirschblatt, z. T. von den sekretbedeckten Larven skeletiert, Larve, Imago; b. Miniergänge einer Schmetterlingsraupe *(Nepticula)* in einem Rosenblatt; c. *Eriosoma lanigerum* (Blutlaus): Imago und von Saugtätigkeit veränderter Zweig eines Apfelbaumes. Nach Diehl, Weidner

Pflanzen übertragen werden. Die meisten Virus-Vektoren stellen die Aphidina; von den etwa 200 bekannten Pflanzen-Viren übertragen sie mehr als die Hälfte, z.B. Blattrollvirus der Kartoffel, Gurkenmosaik-, Kartoffel-Y-Virus u. v. a. (durch *Myzus persicae)* und Erdbeerviren (durch *Pentatrichopus fragaefolii*).

Weitere Virusüberträger gehören z.B. zu den Auchenorrhyncha (die Zikaden sind nach den Blattläusen am wichtigsten, an Zuckerrohr, Reis, Mais, Erdnuß, Kartoffel, Rübe u. a.), Aleyrodina (Mottenläuse), Coccinea (Schildläuse, besonders wichtig *Pseudococcus njalensis* an Kakaokulturen), Thysanoptera u. a.

Folgende Insektengruppen spielen als Pflanzenschädlinge eine Rolle:

Unter den **Orthopteroidea** sind in Mitteleuropa nur wenige Arten wichtig. Die Waldheuschrecke (Nadelholzsäbelschrecke, *Barbitistes constrictus*) frißt an Knospen, Nadeln und Trieben von Nadelhölzern. Die Maulwurfsgrille (*Gryllotalpa gryllotalpa*, Abb. 234) gräbt im Boden und lebt von Tieren und Wurzeln; in Südeuropa wichtiger als bei uns.

Die **Thysanoptera** spielen in Mitteleuropa nur eine untergeordnete Rolle. Der Erbsenblasenfuß *(Kakothrips robustus)* befällt Leguminosen. Blütenknospen und junge Triebspitzen werden besaugt, der Fruchtansatz beeinträchtigt. Teile der Pflanzen verkrüppeln, andere zeigen Silberglanz. Der Lärchenblasenfuß *(Taeniothrips laricivorus)* wird an Lärchen schädlich, der Gladiolenblasenfuß *(T. simplex)* auf verschiedenen Zierblumen (Blätter und Blüten werden silberfleckig). Verstärkter Getreideanbau führte regional zu *Thrips*-Massenvermehrungen.

Thysanoptera werden in Glashäusern mancherorts mit der räuberischen Milbe *Amblyseius* bekämpft.

Die **Homoptera** stellen – vor allem auf der nördlichen Hemisphäre – eine enorme Zahl von Pflanzenschädlingen, die oft durch Massenvermehrung auffallen.

Die Zikaden (Cicadina) sind wichtige Überträger von Viren, Mycoplasmen und Rickettsien, bei uns z.B. die Schaumzikaden *(Philaenus spumarius, Aphrophora alni)*, die ihre Eier in schaumiger Masse ablegen («Kuckucksspeichel», Abb. 241).

Unter den Blattflöhen (Psyllina) sind einige wichtige Schädlinge. Der Apfelblattsauger *(Psylla mali*, Abb. 243) ruft durch Saugen Schaden an Knospen hervor, die sich nicht entfalten. Im Sommer oft auf anderen Laubbäumen, Eiablage im Herbst an Kurztrieben in Knospennähe. Weitere *Psylla*-Arten, an Birnbäumen, *P. pyri-*

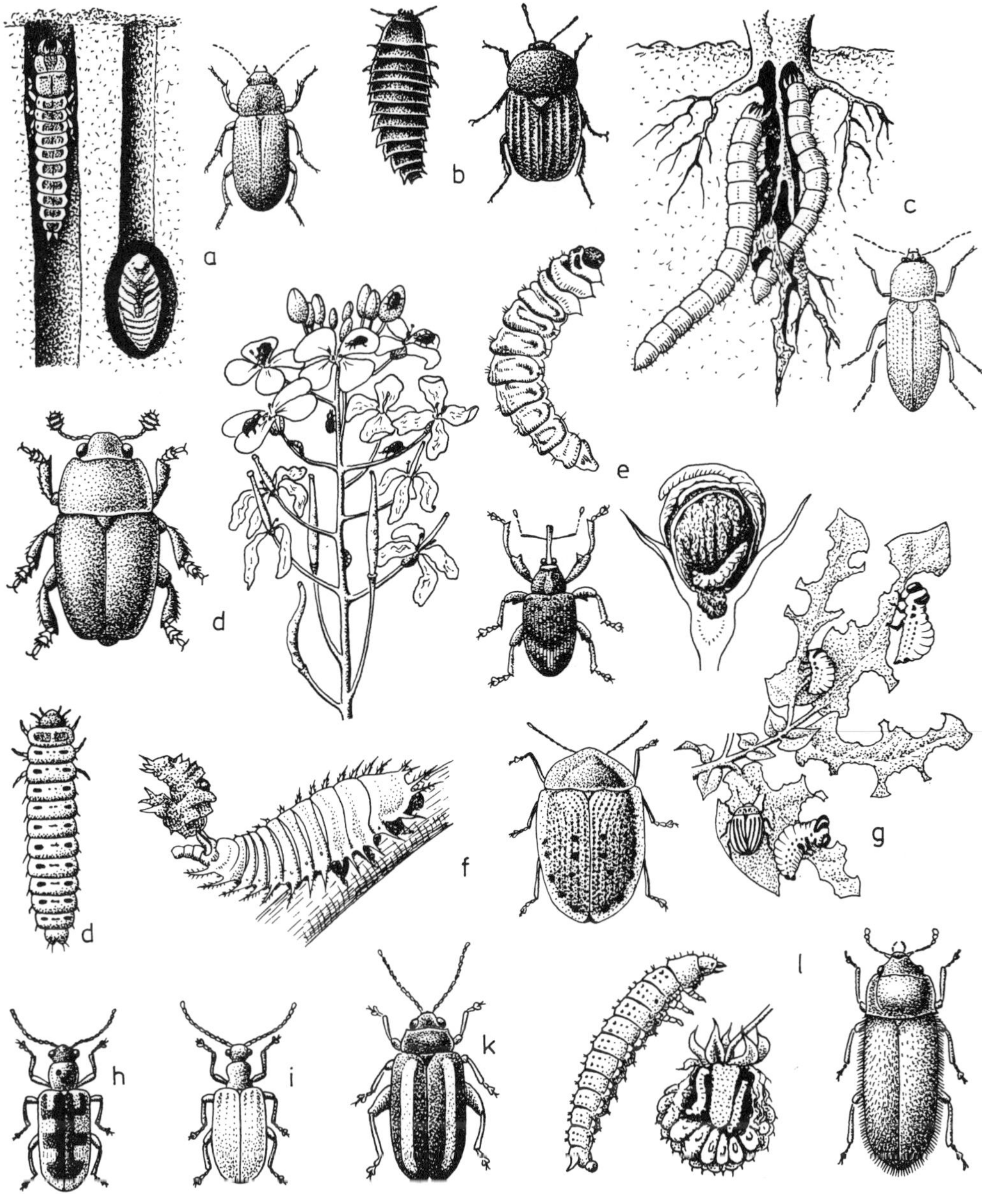

Abb. 219: Landwirtschafts-Schädlinge (Coleoptera). a. *Zabrus tenebrioides* (Getreidelaufkäfer), Larve und Puppe in Erdgang, Imago; b. *Blitophaga* (Rübenaaskäfer), Larve und Imago; c. *Agriotes* (Schnellkäfer), Larven (Drahtwürmer) an Wurzel und Imago; d. *Meligethes aeneus* (Rapsglanzkäfer), Imago, Larve und Blütenstand mit Käfern; e. *Anthonomus pomorum* (Apfelblütenstecher), Larve, von dieser befallene Knospe und Imago; f. *Cassida* (Schildkäfer), teilweise maskierte Larve und Imago; g. Kartoffelblatt mit Larven und Imagines von *Leptinotarsa decemlineata* (Kartoffelkäfer); h. *Crioceris asparagi* (Spargelhähnchen), i. *Lilioceris lilii* (Lilienhähnchen), k. *Phyllotreta* (Erdfloh), l. *Byturus tomentosus* (Himbeerkäfer), Larve, befallene Himbeere und Imago. Nach Diehl, Weidner

cola überträgt Mycoplasmen (Birnenverfall). *Trioza* (Möhrenblattfloh) ruft an Möhre und Petersilie Blattkräuselung und Verfärbung hervor.

Unter den Motten(schild)läusen (Aleyrodina) ist die «Weiße Fliege» *(Trialeurodes vaporariorum*, Abb. 243) bei uns besonders bekannt als Gewächshausschädling, z. B. an Gurken, Tomaten und Salat sowie Zierpflanzen. Vor allem in den Niederlanden mit seinen vielen Gewächshäusern wird *Trialeurodes* erfolgreich mit der Schlupfwespe *Encarsia formosa* bekämpft, die ihre Eier in deren ältere Larven legt. Der Vertrieb dieses Systems erfolgt schon kommerziell und macht eine chemische Bekämpfung z. B. im Tomatenanbau überflüssig.

Bemisia tabaci wurde in den letzten Jahren zum wichtigsten Schädling in afrikanischen Baumwollanpflanzungen.

Aus der großen Anzahl der Blattläuse (Aphidina), die in Mitteleuropa schädlich werden (über 100 Arten), können hier nur einige herausgegriffen werden:

Aphididae (Röhrenläuse): Die Schwarze Bohnen- oder Rübenblattlaus *(Aphis fabae)* lebt in dichten Kolonien an Rüben und Saubohnen. Wie viele andere Blattläuse macht sie einen Wirtswechsel durch, den Winter verbringt sie als Dauerei an Triebknospen von Schneeball *(Viburnum opulus)* oder Pfaffenhütchen *(Euonymus europaeus).*

Die Grüne Apfelblattlaus *(Aphis pomi)* erzeugt an Kernobst Blattrollung oder -kräuselung. Triebe und Früchte können verkümmern. Kein Wirtswechsel, überwintert als Ei am Obstbaum.

Die Grüne Pfirsichblattlaus *(Myzus [= Myzodes] persicae)* hat über 400 Pflanzenarten als Sommerwirte. Sie überträgt zahlreiche Viren; Schaden oft Blattkräuselung. Als Ei überwintert sie an Pfirsich und anderen *Prunus*-Arten.

Die Mehlige Pflaumenblattlaus *(Hyalopterus pruni)* ruft an *Prunus* (Pflaume und Zwetschge) Saugschäden hervor. Auf dem zuckerreichen Kot siedeln sich Pilze an. Fakultativer Wirtswechsel (häufig im Sommer auf Schilf). Überwinterung nur auf dem Hauptwirt *(Prunus).*

Cryptomyzus ribis ruft im zeitigen Frühjahr z.B. rote, blasenförmige Auftreibungen an Johannisbeerblättern hervor.

An Kohl und anderen Kreuzblütlern ruft die Mehlige Kohlblattlaus *(Brevicoryne brassicae)* durch Saugen Wachstumshemmungen hervor und vermag Viren zu übertragen. Die Art ist nicht wirtswechselnd.

Im Apfelanbau können Arten der Gattung *Dysaphis* wesentliche Schäden durch Blattrollung, Störung des Trieb- und Fruchtwachstums («Blattlausäpfel») bewirken. *D. plantaginea* wirtswechselt mit *Plantago.*

Seit Anwendung sehr hoher und bis zum Ährenschieben gegebener Stickstoff-Gaben, dem Einsatz von Wachstumsregulatoren und Fungiciden sowie dem Anbau ertragsreicherer, spätreifender Sorten haben sich die Ernährungsbedingungen für Blattläuse an Getreide (besonders bei Weizen und Hafer) in ungeahnter Weise verbessert. Ihre mögliche Befallsperiode ist gegen früher um 2 Wochen verlängert. In Europa handelt es sich im wesentlichen um *Macrosiphum avenae* (ohne Wirtswechsel), *Metopolophium dirhodum* (Wechsel zwischen Rosen und Getreide), *Rhopalosiphum padi* (Wechsel zwischen Traubenkirsche und Getreide). Die erste befällt außer den oberen Blättern später Ähren und Rispen, die anderen beschränken sich zum Saugen weitgehend auf die Blätter. In manchen Jahren verursachen sie Ertragsminderungen bis zu 15 %; seit den 70er Jahren zählen sie zu den wichtigsten Getreideschädlingen.

Pemphigidae (= Eriosomatidae, Blasenläuse): Die Blutlaus *(Eriosoma lanigerum)* lebt vorwiegend an Ästen von Apfelbäumen, unter von ihr sezernierten Wachsabscheidungen versteckt. Ihr Speichel verändert das Kambium, wodurch die Zweige aufgetrieben werden und platzen (Blutlauskrebs, Abb. 218).

Die Birnenwurzellaus (Ulmenbeutelgallenlaus, *Schizoneura lanuginosa)* ruft an ihrem Hauptwirt, der Ulme *(Ulmus campestris)*, Blasen an den Blättern hervor, welche später vertrocknen. Nebenwirt ist der Birnbaum, an dessen Wurzeln ungeflügelte Tiere leben. Bei starkem Befall vertrocknen die Birnbäume. Zwischen *Ulmus*- und *Ribes*-Arten wechselt die Ulmenblattrollenblattlaus (Johannisbeerwurzellaus, *Schizoneura [Eriosoma] ulmi*). Am ersten Wirt werden Blattrollen erzeugt, am zweiten die Wurzeln angestochen.

Die Salatwurzellaus *(Pemphigus bursarius)* ruft an ihrem Hauptwirt, *Populus italica*, beutelförmige Blattstielgallen hervor (Abb. 216), am Nebenwirt, z.B. Salat, wird Schaden durch an Wurzeln saugende Läuse bewirkt.

Adelgidae (Tannengallenläuse): Hierher gehört eine Reihe wichtiger Forstschädlinge, z.B. *Pineus pini*, die Europäische Kieferwollaus, die Spitzendürre junger Nadelbäume und deren Eingehen bewirkt. Als Gallenerreger wurden sie auf S. 303 behandelt. Phylloxeridae (Zwergläuse): Aus Amerika wurde die Reblaus *(Viteus vitifolii)* nach Europa eingeschleppt, die an Weinreben Schaden hervorruft (Abb. 242).

Unter den **Coccinea** sind etliche Arten Schädlinge. Die San-José-Schildlaus *(Quadraspidiotus perniciosus)* lebt z.B. an verschiedenen Beeren-, Kern- und Steinobstarten. Bei starkem Befall gehen die Bäume zugrunde. Die Kommaschildlaus *(Lepidosaphes ulmi)* lebt an Ästen und Zweigen, z.B. von Birn- und Apfelbäumen, und bewirkt verringertes Triebwachstum.

Die **Heteroptera** enthalten wichtige Schädlinge, z.B. die Rübenwanze *(Piesma quadrata)*, die an Chenopodiaceen saugt. Der Hauptschaden besteht in der Übertragung von Viren, die an Rübenblättern die Kräuselkrankheit hervorrufen. Andere Schädlinge gehören vorwiegend zu den Miridae (*Calocoris*, *Lygus*, Abb. 240).

Groß ist die Zahl der Schädlinge unter den **Hymenoptera.** Sie gehören vorwiegend zu den Symphyta. Gespinstblattwespen (Pamphiliidae) können durch Nadel- und Blattfraß in Forsten und Obstplantagen Schaden anrichten *(Cephaleia, Acantholyda)*.

Halmwespen (Cephidae) leben als Larven in Stengeln und Seitentrieben. Die Getreidehalmwespe *(Cephus pygmaeus)* lebt an Weizen, Roggen und Gerste.

Die Blattwespen (Tenthredinidae) – bisweilen in mehrere Familien aufgeteilt – sind als Larven Laubfresser und kommen vorwiegend in den nördlichen gemäßigten Zonen als Schädlinge vor. Die Kiefernbuschhornblattwespe *(Diprion pini)* ist ein gefürchteter Kiefernschädling; *Gilpinia* lebt an Fichten, *G. hercynia* hat sich aus Europa importiert – in den USA und Kanada zu einem verheerenden Forstschädling entwickelt. Weitere Forstschädlinge: *Pristiphora abietina* (Kleine Fichtenblattwespe) an Fichten, *Pristiphora erichsoni* (Große Lärchenblattwespe) an Lärchen. Die Rosenbürsthornwespe *(Arge rosae)* sticht zur Eiablage Rosentriebe nahe der Spitze an. Die Stichstellen schwellen an und bräunen. Wegen ihrer Regelmäßigkeit – 16–18 Eier werden in einer Reihe hintereinander gelegt – wird *Arge rosae* auch Nähfliege genannt. An Pflaumen, Zwetschgen und Mirabellen treten Schwarze *(Hoplocampa minuta)* und Gelbe Pflaumensägewespe *(H. flava)* auf. Die Larven zerstören Fruchtfleisch und Stein, die etwa 5 mm langen Imagines leben von Nektar und Pollen. Bei stärkerem Befall wird die 7 mm lange Apfelsägewespe *(Hoplocampa testudinea)* zu einem wichtigen Schädling. Die jungen Früchte zeigen dicht unter der Schale einen Miniergang, an der reifen Frucht verbleibt ein brauner, schraubiger Korkstreifen. Auch Kerngehäuse und Fruchtfleisch werden ausgefressen. *Pterodinea ribesii* (Stachelbeerblattwespe) kann Kahlfraß an Stachel- und Johannisbeere hervorrufen. Die Larven der Schwarzen Kirschblattwespe *(Caliroa cerasi, C. limacina)* skeletieren die Blätter von Steinobst und Birnen. Sie überziehen sich mit einem tintenartigen Schleim und sehen dann wie 1–2 cm lange Nacktschnecken aus (Abb. 218). Rosentriebbohrer *(Ardis* und *Monophadnus):* Larven im Stengel.

Besonders groß ist die Zahl der Schädlinge, die zu den **Coleoptera** gehören (Abb. 219).

Unter den meist carnivoren Carabidae schädigen nur wenige Arten Pflanzen, z.B. der Getreidelaufkäfer *(Zabrus tenebrioides)*, dessen Larven die Blätter junger Wintersaat fressen.

Auch unter den Silphidae sind nur einzelne Arten schädlich. Der Rübenaaskäfer *(Blitophaga)* geht an *Beta*-Rüben. Imago und Larve verursachen Blattfraß.

Wichtige Schädlinge an vielen Kulturpflanzen stellen die Elateridae, deren Larven (Drahtwürmer) an unterirdischen Pflanzenteilen fressen. *Agriotes*-Arten.

Byturus tomentosus ist ein Vertreter der Familie Himbeerkäfer (Byturidae). Larven leben in Fruchtboden und Teilfrüchten von Himbeeren und Brombeeren und sind als «Himbeermaden» allgemein bekannt.

Ernobius abietis (Fichtenzapfennagekäfer, Fam. Anobiidae) zerfrißt im Larvenstadium Spindel und Schuppen von Fichtenzapfen.

Zu einem Schädling im Rapsanbau kann der Rapsglanzkäfer (*Meligethes aeneus*, Fam. Nitidulidae) werden. Er frißt Blütenknospen; in diese legt das Weibchen auch die Eier, Larven fressen Pollen und können auch in jungen Schoten gefunden werden. Verpuppung im Boden.

Sehr groß ist die Zahl der Pflanzenschädlinge unter den Chrysomelidae. *Crioceris asparagi* (Spargelhähnchen) frißt als Larve und Imago an Spargel. *Oulema melanopus* (Getreidehähnchen) befällt Getreide und wurde von Europa nach Nordamerika verschleppt. *Lilioceris lilii* (Lilienhähnchen) lebt an Lilien, an deren Blättern die mit Kot maskierten Larven fressen. *Leptinotarsa decemlineata* (Kartoffelkäfer) frißt an Solanaceen. Er wurde aus den USA nach Europa eingeschleppt und zu einem der bedeutendsten Kartoffelschädlinge. *Melasoma populi* (Roter Pappelblattkäfer) an Pappeln; *Phyllotreta-*, *Psylliodes-*, *Cassida-*Arten u. v. a.

Ebenfalls groß ist die Zahl der Pflanzenschädlinge unter den Curculionidae: *Ceutorhynchus* mit *C. assimilis* (Kohlschotenrüssler), *C. napi* (Großer Rapsstengelrüssler), *Sitona*, *Otiorhynchus*, *Bothynoderes*, *Apion*, *Anthonomus* u. a. Weibchen des Apfelblütenstechers *(Anthonomus pomorum)* bohren Blütenknospen an und legen in jede Knospe ein Ei. Die Knospen öffnen sich nicht, die Blütenblätter vertrocknen. Ähnliche Arten an Birnen, Himbeeren und Brombeeren.

Schädlinge in der Forstwirtschaft sind neben den Nadelbäume befallenden Rüsselkäfern der Gattungen *Hylobius* und *Pissodes* die Scolytidae (S. 346, Abb. 248) und eine Reihe von Cerambycidae, deren Larven im Holz leben, z. B. *Lamia textor* (Weberbock), *Saperda-*Arten (Pappelbock) und *Tetropium* an Nadelhölzern.

Der Scarabaeide *Oryctes rhinoceros* ist der wichtigste Schädling in *Cocos-*Plantagen.

Eine große Zahl von **Lepidoptera** verursacht bei Massenauftreten Ertragsverluste. Fast immer sind es die Raupen, die den Schaden hervorrufen. Sie können an Blättern Kahlfraß bewirken, in Blättern minieren (Abb. 218), Zweige mit dichten Gespinsten verbinden, in Holz bohren oder an Wurzeln leben (Abb. 220).

An Wurzeln von Salat, Hopfen und anderen Nutzpflanzen kommen Raupen der Wurzelbohrer (Hepialidae) vor.

Im Holz bohren die Larven der Holzbohrer (Cossidae), z. B. Arten der Gattung *Cossus* (Weidenbohrer) und *Zeuzera* (Blausieb). In Rinde und Kambium leben die Larven der Sesiidae (z. B. Apfelbaumglasflügler, *Synanthedon myopaeformis)*. Blattminierer sind die Raupen der Langhornminiermotten (Lyonetiidae), z. B. der Obstbaumminiermotte *(Lyonetia clerkella)* und Tischeriidae an Eichen. Schädling an Lärchen ist die Lärchenminiermotte *(Coleophora laricella)*, deren Raupe zunächst in Nadeln miniert. Später fertigt sie sich aus den ausgehöhlten Nadeln einen hinten offenen Sack an.

Unter den Gespinstmotten (Yponomeutidae) vefällt die Apfelbaumgespinstmotte *(Yponomeuta malinellus)* Apfelbäume, *Y. padellus* Weißdorn und *Prunus-*Arten, darunter Pflaume. Bei Massenbefall wird die Baumkrone völlig mit Gespinsten überzogen, in denen auch die Verpuppung stattfindet. Unter den Plutellidae ist die Kohlschabe *(Plutella xylostella = maculipennis)* an verschiedenen Kreuzblütlern schädlich.

Eine Reihe von Wicklern (Tortricidae) kann starke Beeinträchtigung von Kulturen hervorrufen, so der Eichenwickler *(Tortrix viridana)* an Eichen und der Apfelwickler *(Laspeyresia pomonella)* an Äpfeln. Seine Raupen sind die bekannten «Obstmaden». Gegen Apfelwicklerbefall wird derzeit mehrfach im Jahr mit chemischen Insektiziden gespritzt, aber auch Bekämpfungen mit Granuloseviren haben Erfolge gebracht. Das Apfelwickler-Granulosevirus ist eins der wirksamsten Insektenviren und durch hohe Spezifität ausgezeichnet. Untersuchungen in virusbehandelten Parzellen zeigten, daß hier aufgrund der Nützlingsschonung gleichzeitig Spinnmilben und Blutläuse unter der wirtschaftlichen Schadensschwelle blieben. Ähnliche Schadbilder rufen Pflaumenwickler *(Laspeyresia funebrana)* und Erbsenwickler *(Grapholitha-*Arten) hervor *Evetria-* und *Rhyacionia-*Arten können Kiefernbestände verderben. Der Fichtenwickler *(Choristoneura fumiferana)* gehört zu

Abb. 220: Landwirtschaftsschädlinge (Lepidoptera). a. *Yponomeuta malinellus* (Apfelbaumgespinstmotte), Imago, Larven und Puppen im Gespinst; b. *Plutella xylostella* (Kohlschabe), c. *Carpocapsa (Laspeyresia, Cydia) pomonella* (Apfelwickler), Imago und Raupe an befallenem Apfel; d. *Abraxas grossulariata* (Stachelbeerspanner), Imago und Raupe auf Stachelbeerzweig; e. *Zeuzera pyrina* (Blausieb), Larve in Zweig und Imago; f. *Operophtera brumata* (Kleiner Frostspanner), großes Männchen und kleines, stummelflügeliges Weibchen, g. *Bembecia hylaeiformis* (Himbeerglasflügler), h. *Eupoecilia ambiguella* (Einbindiger Traubenwickler), i. *Ostrinia (Pyrausta) nubilalis* (Maiszünsler); k. *Agrotis segetum* (Wintersaateule), Erdraupe und Imago; l. *Mamestra (Barathra) brassicae* (Kohleule); m. *Malacosoma neustria* (Ringelspinner), Imago und (links darunter) Raupe; n. *Lymantria dispar* (Schwammspinner), Raupe, Puppe, Imago; o. *Pieris brassicae* (Kohlweißling), Raupe, Puppe und Imago. Nach Diehl, Kohlhaas, Weidner ▷

a
b
c
e
d
h
g
f
i
l
k
n
m
n
n
o
o

den größten Forstschädlingen Nordamerikas. Als Traubenwickler werden Arten verschiedener Gattungen bezeichnet, z.B. der Einbindige Traubenwickler *(Eupoecilia (Clysia) ambiguella.* Nach dem Schadbild werden im Obstbau Wickler verschiedener Gattungen unter dem Begriff «Fruchtschalenwickler» zusammengefaßt, z.B. *Archips, Adoxophyes, Hedya, Pandemis* und *Spilonota.*

Unter den Glasflüglern (Sesiidae) sei nur der Himbeerglasflügler *(Bembecia hylaeiformis)* aufgeführt, dessen Raupe zunächst an Himbeer-Wurzeln lebt und später in das Mark vorjähriger Triebe aufsteigt.

Unter den Zünslern (Pyralidae) ist der Maiszünsler *(Ostrinia (Pyrausta) nubilalis)* besonders gefährlich, er hat sein Schadgebiet in Mitteleuropa in den 80er Jahren noch ausgedehnt.

Zu den Spannern (Geometridae) gehören der Kiefernspanner *(Bupalus piniarius)* und die Gruppe der Frostspanner, die zu verschiedenen Gattungen gehören. Die Weibchen des Kleinen Frostspanners *(Operophtera brumata)* sind flugunfähig, die Männchen fliegen im Spätherbst. Die Weibchen kriechen an Obstbäumen hoch – gegen sie werden Leimringe angebracht – und legen an den Knospen ihre Eier ab. Die Raupen schädigen durch Blatt-, Blüten- und Fruchtfraß. Der Stachelbeerspanner *(Abraxas grossulariata)*, wegen seiner Musterung auch Harlekin genannt, lebt auf Stachel- und Johannisbeeren sowie Schlehen und Haselnuß.

Zu den Eulen (Noctuidae) gehört die Kiefern- oder Forleule *(Panolis flammea)*, ein Forstschädling. *Agrotis*-Raupen sind als Erdraupen bekannt und fressen an Wurzeln, z.B. *Agrotis segetum* (Wintersaateule). An Kohl und anderen Gemüsen zerfressen die Raupen der Kohleule *(Mamestra (Barathra) brassicae)* die Blätter.

Zu den Wollspinnern (Lymantriidae) gehört die Nonne *(Lymantria monacha)*, ein gefährlicher Schädling der Kiefern- und Fichtenwälder. Verwandt ist der Schwammspinner *(L. dispar)*, dessen polyphage Raupen an vielen Kulturpflanzen fressen. Von Europa nach Nordamerika verschleppt, wurde er dort zu einem sehr gefährlichen Schädling in Obst- und Forstbau. Ähnliche Folgen hatte die Verschleppung des Goldafters *(Euproctis chrysorrhoea)*.

Als wichtiger Feind der Kiefern wird der zu den Glucken (Lasiocampidae) gehörende Kiefernspinner *(Dendrolimus pini)* angesehen. Zur selben Familie gehört der an Obstbäumen schädliche Ringelspinner *(Malacosoma neustria)*.

Unter den Pieridae sind einige *Pieris*-Arten, so der Kohlweißling *(P. brassicae)*, Schadinsekten. An Kohl und anderen Kreuzblütlern können sie Kahlfraß hervorrufen.

Pflanzenschädlinge unter den **Diptera** (Abb. 221) sind vorwiegend durch ihren Larvenfraß bedeutend. Manche erregen Gallen. Groß ist die Zahl der Schädlinge unter den Gallmücken (Itonididae, Cecidomyiidae). Hessenmücke *(Mayetiola destructor)* und die Weizengallmücken (Gelbe W. *(Contarinia tritici)*, Rote W. *(Sitodiplosis mosellana)*) legen ihre Eier in die Blüten des Getreides, wo sich auch die Larven entwickeln. Überwintern im Kokon am Boden. Die Larven der Drehherzmücke *(Contarinia nasturtii)* rufen Kräuselungen an Kohlblättern hervor.

Die Kohlschotenmücke *(Dasineura brassicae)* legt ihre Eier in Rapsschoten, wo die Larven heranwachsen. Birnengallmücken *(Contarinia pyrivora)* entwickeln sich in heranwachsenden Birnen, die frühzeitig abfallen.

An Wurzeln leben die Larven von Tipuliden, z.B. der Wiesenschnake *(Tipula paludosa)* und der Kohlschnake *(T. oleracea*, Abb. 257). Dasselbe gilt für die Larven der Haarmücken (Bibionidae). Allgemein bekannt sind die Larven von Pilzmücken (Mycetophilidae), die Pilze in engen Gangsystemen bevölkern können.

Die Bohr- oder Fruchtfliegen (Tephritidae), Halmfliegen (Chloropidae) und Nacktfliegen (Psilidae) stellen einige Landwirtschaftsschädlinge.

Die Kirschfruchtfliege *(Rhagoletis cerasi)* entwickelt sich z.B. in Süßkirschen, die Spargelfliege *(Platyparea poeciloptera)* in Spargelkulturen, die Mittelmeerfruchtfliege *(Ceratitis capitata)* z.B. in Citrus-Früchten. Letztere wird erfolgreich durch Freilassung sterilisierter Männchen bekämpft.

Fritfliege *(Oscinella frit)* ist wohl eine Bezeichnung für eine Reihe von ähnlichen Fliegenarten; der Befall ist zunächst daran zu erkennen, daß das jüngste Blatt vertrocknet, dann reagiert die Pflanze mit übermäßiger Bestockung. Spätere Generationen rufen u.a. Weißährigkeit hervor (Ausfressen der Samenanlagen) oder können sich in Körnern entwickeln. Weiterer Getreideschädling: *Chlorops* (Halmfliege).

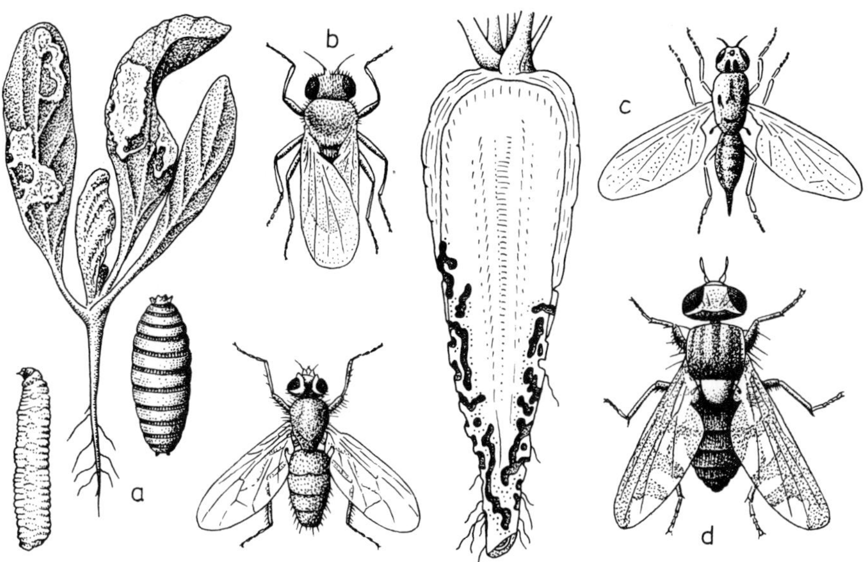

Abb. 221: Landwirtschaftsschädlinge (Fliegen). a. *Pegomyia hyoscyami* (Rübenfliege). Jungpflanze mit Schadbild, Larve, Puppe, Imago, b. *Oscinella frit* (Fritfliege), c. *Psila rosae* (Möhrenfliege), infizierte Möhre, Imago, d. *Rhagoletis cerasi* (Kirschfruchtfliege). Nach Diehl, Weidner

Die Möhrenfliege *(Psila rosae)* ist der wichtigste Schaderreger im Möhrenanbau.

Unter den Anthomyiidae sind folgende Formen hervorzuheben: Die Brachfliege *(Leptohylemya coarctata)* schädigt Getreide, die Kohlfliege *(Delia (Hylemyia, Phorbia, Chortophila) brassicae)* entwickelt sich in den Wurzeln verschiedener Kreuzblütler (Kohl, Kohlrübe), die Rettichfliege *(Delia floralis)* vor allem in Wurzeln von Rettich und Radieschen, die Zwiebelfliege *(D. antiqua)* in Speisezwiebeln und Porree, die Bohnenfliege *(D. platura)* an Bohnen, die Rübenfliege *(Pegomya hyoscyami)* in *Beta*-Rübenblättern. Schwerste Schäden, v.a. bei kühler Witterung, kann die Bohnensaatfliege *(Phorbia platura)* hervorrufen. Die Larven fressen unterirdisch an Keimpflanzen von Bohnen, Gurken, Spinat u.a. Kulturpflanzen.

Pterygota als Vorrats- und Hausschädlinge

Unter diesen Begriffen werden Insekten zusammengefaßt, die an Nahrungsmittelvorräten in Haushaltungen oder Lagerhäusern Schaden anrichten. Dieser kann wirtschaftlicher Natur sein und beträchtliche Maße annehmen. Die Tätigkeit der Schädlinge kann auch mit der Übertragung von Fäulniserregern oder Pilzsporen verbunden sein, so daß die hygienische Bedeutung der betreffenden Insekten überwiegt. Außer an Vorräte können Schädlinge des Hauses an Hölzer gehen (Dachgebälk, Möbel usw.) und an Gebrauchsgegenstände tierischer Herkunft (Teppiche, Kleidung usw.). Vorrats- und Hausschädlinge, die aus wärmeren Ländern nach Mitteleuropa eingeführt wurden, können sich hier nur in Gebäuden halten. Je nach Temperatur- und Ernährungsbedingungen entwickeln sie sich sehr unterschiedlich schnell und zu unterschiedlicher Größe.

Unter den vorwiegend in wärmeren Regionen beheimateten **Blattariae** sind einige über die ganze Erde verschleppt worden. In Mitteleuropa haben sich vor allem die Küchenschabe (Abb. 232, Orientalische Schabe, Kakerlak; *Blatta orientalis)* und die Hausschabe (Deutsche Schabe; *Blattella [= Phyllodromia] germanica*) eingebürgert. Beide leben in warmen, etwas feuchten Orten in Bäckereien, Großküchen, Wohnkomplexen mit Müllschluckanlagen u. dgl. und können auch in Haushalten auftreten. Sie sind nachtaktiv und werden vor allem durch Übertragung von Schimmelpilzen, Fäulnis- und Krankheitserregern sowie durch Verunreinigung der Nahrungsmittel mit Kot und Exuvien wichtig. Zudem hinterlassen sie einen unangenehmen Geruch, der von Sekreten herrührt. Eiablage in derbschaligen Kokons, die zunächst am Körper getragen werden.

Blatta orientalis: bis 3 cm lang, dunkelbraun. Flügel der Männchen kürzer als Abdomen. Weibchen mit stummeligen Vorderflügeln, Hinterflügel fehlen (Abb. 232). Entwicklung 6 Monate bis 4 Jahre. *Blattella germanica:* bis 1,5 cm lang, gelbbraun. Beide Geschlechter langflügelig. Entwicklung kann in 2 Monaten abgeschlossen sein. In dauernd warm gehaltenen Räumen hat sich in Mitteleuropa auch die bis 4 cm lange Amerikanische Schabe *(Periplaneta americana)* eingebürgert; erst in den letzten Jahrzehnten trat bei uns die Braunbandschabe *(Supella longipalpa)* auf.

Wichtige Schädlinge aus der Verwandtschaft der Schaben sind die Termiten, die in den Tropen zu den gefürchtetsten Holzzerstörern gehören. In Mitteleuropa hat bisher nur die amerikanische Gelbfußtermite *(Reticulitermes flavipes)* in einigen Städten Schaden angerichtet.

Unter den **Orthopteroidea** kann die Hausgrille (Heimchen; *Acheta (Gryllus) domesticus*, Abb. 234) in warmen Räumen, beispielsweise in Bäckereien oder Heizungskellern, auftreten. Diese etwa 2 cm langen graugelben und braun gezeichneten Tiere können sich im Sommer im Freien vermehren (z.B. auf Müllplätzen), im Herbst kehren sie in die Häuser zurück. Lebensweise ähnlich der der Schaben, jedoch Sprungvermögen. Die beißenden Mundwerkzeuge sind spezialisiert: Der Hypopharynx ist zu einem Polsterrüssel umgebildet und kann so Flüssigkeit aufnehmen. Die Eier werden einzeln mittels Legeröhre in Erdreich oder Spalten abgelegt. Männchen können störend werden durch ihr intensives Stridulieren in Abend- und Nachtstunden. Entwicklungszeit 1 Jahr oder kürzer.

Die **Psocoptera** stellen eine Reihe von Schädlingen, die in feuchten Lagerräumen oder Wohnungen in Massen auftreten können. Die 1–3 mm kleinen flügellosen Tiere ernähren sich vorwiegend von Pilzhyphen. An Lebensmitteln, Tapeten und Büchern können sie durch Kotabgabe und Zurücklassen von Exuvien für starke Verunreinigung sorgen. Als Schädlinge sind folgende Formen wichtig:

Bücherlaus *(Liposcelis simulans)*, so genannt wegen ihres oft massenhaften Auftretens in Büchern; Staublaus (*Trogium pulsatorium*, Abb. 236); in Getreidespeichern, Mühlen und Wohnungen. Das Weibchen von *Trogium* kann mit den Hinterleib ziemlich laut auf die Unterlage klopfen (vgl. *Anobium*).

Weiterhin: *Psyllipsocus*, *Lepinotus*-Arten u. a.

Die **Hymenoptera** können mit mehreren Gruppen schädlich werden. Die Holzwespen (Siricidae) sind bis 4 cm lange Tiere (Abb. 249), die ihre Eier mit einem langen Legebohrer in frisches Holz legen. Nach mehrjähriger Entwicklungszeit schlüpfen sie aus dem vielleicht schon verarbeiteten, ausgetrockneten Holz. *Sirex*, *Urocerus*.

Faltenwespen (Vespidae) werden vor allem im Spätsommer und Herbst lästig, wenn sie in Wohnungen eindringen und Süßigkeiten aufnehmen. Die weiblichen Tiere können dem Menschen schmerzhafte Stiche zufügen; besonders gefürchtet ist in dieser Hinsicht die Hornisse *(Vespa crabro)*. Häufig sind ansonsten: Deutsche Wespe *(Paravespula germanica)* und Gemeine Wespe *(P. vulgaris)*.

Ameisen (Formicoidea) dringen mit einigen Arten in Gebäude ein und werden hier als Nahrungsmittelschädlinge durch Fraß und Verschmutzung wichtig. Einige Arten, z.B. *Camponotus ligniperda*, sind Holzzerstörer.

Die Pharaoameise *(Monomorium pharaonis)* aus Indien, die ihre Nester in Mauerwerk anlegt, ist eine sehr kleine bernsteinfarbige Ameise, deren Arbeiterinnen etwa 2 mm lang werden. Sie kann sich bei uns nur in überdurchschnittlich warmen Gebäuden halten; in Krankenhäusern bisweilen sehr lästig.

Die Braune Rasenameise *(Tetramorium caespitosum)*, deren Arbeiterinnen 3 mm lang sind, legt im Freien große Erdnester an sandigen Stellen an und dringt von dort oft in Vorratsräume ein.

Die schwarze Roßameise *(Camponotus ligniperda)* ist die größte Ameise der heimischen Fauna. Die Arbeiterinnen werden bis 14 mm lang. Die Nester werden in Holz angelegt.

Außerdem sind mehrere *Lasius*-Arten als Schädlinge von Bedeutung.

Der Großteil der Vorrats- und Hausschädlinge wird von den **Coleoptera** gestellt (Abb. 222). Zum Teil handelt es sich um Formen aus weniger bekannten Familien, die bei uns eingeschleppt wurden.

Mehrere wichtige Schädlinge gehören zu den Speckkäfern (Dermestidae). Der Gemeine Speckkäfer *(Dermestes lardarius)*, etwa 8 mm lang, und andere Arten dieser Gattung leben als Larve und Imago von tierischen Produkten wie Räucher- und Wurstwaren, Fischmehl, Häuten, Fellen, aber auch in Schokolade. Zur Verpuppung bohren sich die Larven in härtere Gegenstände ein und können dadurch weiteren Schaden hervorrufen.

Sehr weit verbreitet ist der Gefleckte Pelzkäfer *(Attagenus pellio)*, den man in den meisten Häusern erwarten kann. Die Larve lebt an tierischen Produkten, vor allem Wolle, Pelzen und Federn, die Imagines findet man auch im Freien. *Attagenus pellio* ist etwas kleiner als *Dermestes* (5 mm). Auf den Flügeldecken weist er je einen behaarten, weißen Fleck auf, *Dermestes lardarius* eine breite Binde. Die Gattung *Anthrenus* kann ebenfalls mit mehreren Arten in Gebäuden auftreten. Die Larven sind als Pelzfresser von Bedeutung und können Insektensammlungen stark in Mitleidenschaft ziehen. Wie andere Dermestiden-Larven sind sie mit langen Haaren versehen. Die 2–4 mm langen Imagines findet man im Freien häufig auf Blüten. Museumskäfer *(Anthrenus museorum)*, Teppichkäfer *(A. scrophulariae)*. Zu den Dermestiden gehört schließlich der aus Indien eingeschleppte Khaprakäfer *(Trogoderma granarium)*, dessen Larve in Lagerräumen an Getreide schädlich wird.

Unter den Buntkäfern (Cleridae), die meist räuberisch von Insektenlarven leben, rufen die Schinkenkäfer Schaden an Fleischwaren und Käse hervor. Eine der häufigsten Formen ist der

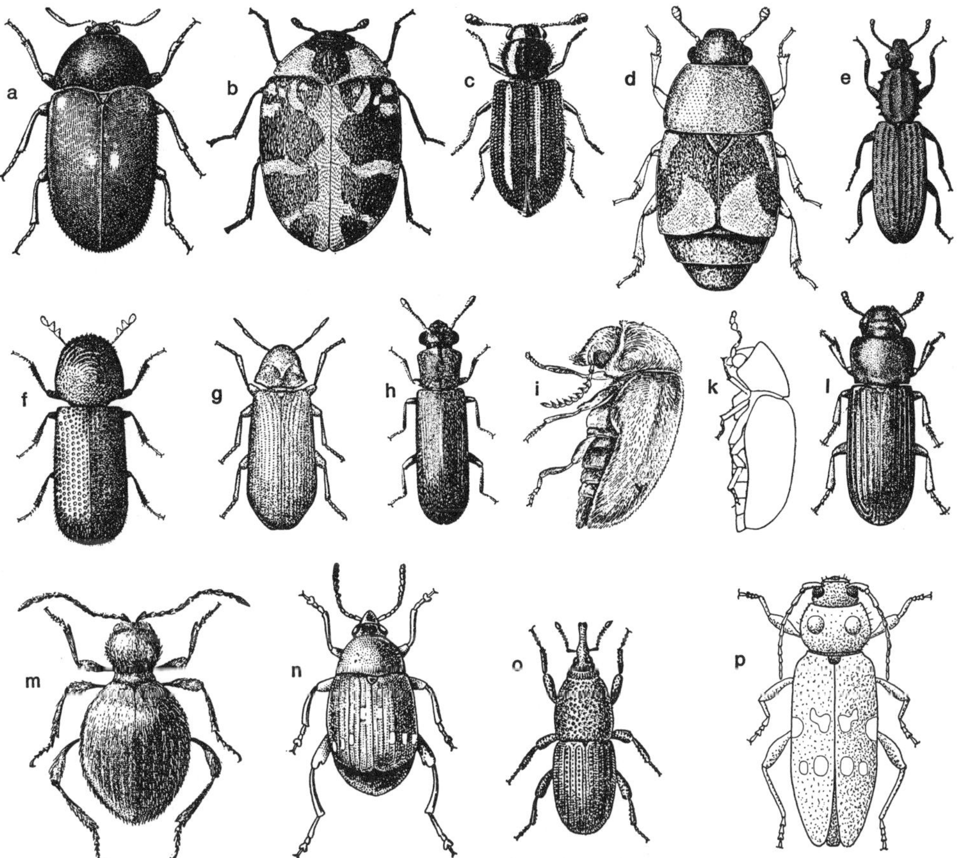

Abb. 222: Haus- und Materialschädlinge (Coleoptera). a. *Attagenus pellio*, b. *Anthrenus scrophulariae*, c. *Necrobia rufipes*, d. *Carpophilus hemipterus*, e. *Oryzaephilus surinamensis*, f. *Rhizopertha dominica*, g. *Anobium punctatum*, h. *Lyctus brunneus*, i. *Lasioderma serricorne*, k. *Stegobium paniceum*, l. *Tribolium confusum* (ähnlich, aber größer: *Tenebrio*), m. *Niptus hololeucus*, n. *Bruchus pisorum*, o. *Sitophilus granarius*, p. *Hylotrupes bajulus*. Maßstäbe unterschiedlich (vgl. Text). Nach Diehl, Hinton, Kemper, Knull, Lepesme, Weidner

bis 6 mm lange Rotbeinige Schinkenkäfer (Koprakäfer, *Necrobia rufipes*) mit seinen blauen, metallisch glänzenden Flügeldecken. Zur Massenentwicklung kommt er oft in Kopra auf Schiffen, die in Süd- oder Ostasien beladen wurden.

An Getreidekörnern, Erdnüssen und anderen Vorräten können Larven und Imagines des bis 1 cm langen Schwarzen Getreidenagers (*Tenebrioides mauretanicus*, Fam. Ostomidae) schädlich werden.

Unter den Glanzkäfern (Nitidulidae) ist die Gattung *Carpophilus* (Backobst- und Saftkäfer) hervorzuheben. Der bis 4 mm lange, schwarzgelbe *Carpophilus hemipterus* findet sich häufig in Trockenobst, Nüssen oder feuchtem Getreide. An ähnlichen Produkten (Getreide, Dörrobst) ruft der 3 mm lange Getreideschmalkäfer (*Oryzaephilus surinamensis*, ein Cucujide) Schaden hervor. Meist tritt er gemeinsam mit Kornkäfern, Reiskäfern u. a. auf.

Aus Indien stammt der etwa 3 mm lange Getreidekapuziner (*Rhizopertha dominica*, Fam. Bostrychidae), der sich immer wieder in Getreidespeichern Mitteleuropas festsetzt.

Die Klopfkäfer (Anobiidae) erhielten ihren Namen nach der Fähigkeit, durch Kopfschlagen auf das Substrat ein klopfendes Geräusch hervorzurufen. *Anobium punctatum* (Totenuhr, Holzwurm) kommt nicht selten in Möbeln, Schnitzereien und Bauholz vor. Der Befall ist spätestens an den kleinen, 1–2 mm messenden Ausfluglöchern erkennbar. Der Käfer wird etwa 4 mm lang. Ähnlich kann das Befallsbild der vorwiegend tropischen Splintholzkäfer (Lyctidae) aussehen, die bei uns immer häufiger eingeschleppt werden.

Der Brotkäfer (*Stegobium [Sitodrepa] paniceum*), dessen Larven häufig Backwaren befallen, ist einer der häufigsten Schädlinge in Haushaltungen, Drogerien und Apotheken («Drogeriekäfer»). Die 2–3 mm lange Imago nimmt, wie die von *Lasioderma serricorne* (Tabakkäfer), dessen Larven in Tabakwaren leben, keine Nahrung auf.

Die langbeinigen Diebskäfer (Ptinidae) treten als Schädlinge bevorzugt in älteren Gebäuden auf und ernähren sich von verschiedenen organischen Bestandteilen. Durch Sekrete der Larven werden die Futterteilchen verklebt und Nahrungsmittel des Menschen so unbrauchbar gemacht. *Ptinus fur* (Kräuterdieb, Gemeiner Diebskäfer), *Ptinus tectus* (Australischer Diebskäfer), *Niptus hololeucus* (Messingkäfer).

Zu den bekanntesten Schädlingen gehört ein Vertreter der Schwarzkäfer (Tenebrionidae): Mehlwürmer, Larven des Mehlkäfers (*Tenebrio molitor*) sind als Vogelfutter im Handel. Sie leben in Mehlprodukten. Die Larven werden nahezu 3 cm lang, der Käfer etwa 1–2 cm. Entwicklungsdauer: 1–2 Jahre. Kleiner (3–5 mm) und mit kürzerer Entwicklung, in der Lebensweise ähnlich: Amerikanischer Reismehlkäfer (*Tribolium confusum*) und Vierhornkäfer (*Gnathocerus cornutus*).

Die Bockkäfer (Cerambycidae) sind meist relativ große Käfer mit langen Antennen, deren Larven sich in Holz entwickeln. Als Schädling, der sich ununterbrochen in Gebäuden fortpflanzen kann, ist der bis 2 cm lange Hausbock (*Hylotrupes bajulus*, Abb. 222p) wichtig. Er ist einer der gefährlichsten Zerstörer von Dachgestühlen. Seine Eier legt er bevorzugt in altes, trockenes Nadelholz. Im Freien findet man seine Larven bei uns daher nur in Telegraphenmasten, Zaunpfählen u. dgl. Da diese die Holzoberfläche meiden, kann Befall unbemerkt bleiben. Das knisternde Geräusch ihrer Mundwerkzeuge ist jedoch ein untrügliches Zeichen für Hausbock-Befall. Später recht große ovale Ausfluglöcher mit gefranstem Rand.

Einheimische Samenkäfer (Bruchidae = Lariidae) wie der Erbsenkäfer *Bruchus pisorum* sind keine Lagerschädlinge, sie befallen Hülsenfrüchte schon im Freien. Aus wärmeren Ländern eingebürgerte Formen wie der Speisebohnenkäfer (*Acanthoscelides obtectus*) pflanzen sich jedoch bei uns auf Speichern fort. Typisches Befallsbild: Hülsenfrüchte mit kreisrunden Löchern. Zahlreiche ähnliche Arten.

Ebenfalls runde Bohrlöcher, allerdings an Getreide, sowie unregelmäßige Fraßstellen hinterläßt der flugunfähige Kornkäfer (*Sitophilus [Calandra] granarius*). Er gehört zu den Rüsselkäfern (Curculionidae). Er wird 2,5–5 mm lang. In Getreidelagern kann er für starke Verluste sorgen. Der ähnliche, aber flugfähige Reiskäfer (*S. oryzae*) befällt in warmen Ländern den Reis bereits im Freien.

Auch eine Anzahl von **Lepidoptera** gehört zu den Vorratsschädlingen. Alle hier genannten Formen sind Kleinschmetterlinge (Abb. 223).

Allgemein bekannt ist die Kleidermotte (*Tineola bisselliella*), deren Raupe an Pelzen, Wolltextilien, Matratzenfüllungen u. dgl. erheblichen Schaden anrichten kann. Sie gilt als der wichtigste Textilschädling und ist weltweit verbreitet. Die einzeln und lose abgelegten Eier entwickeln sich zu Raupen, die in einer beiderseits offenen Gespinströhre leben und sich in einem Kokon verpuppen. Die jungen Weibchen leben versteckt und laufen bei Störung weg. Umherfliegende Kleidermotten sind meist Männchen und Weibchen nach der Eiablage. Sie wegzufangen bedeutet für den Befall daher keine Minderung.

Weitere Motten (Tineidae) sind die Pelzmotte *(Tinea pellionella)*, die Tapetenmotte *(Trichophaga tapezella)* (Raupen beider an Pelzen, Wollwaren u. dgl.) und die Kornmotte *(Tinea [Nemapogon] granella)* (Raupen in Getreide, Trockenpilzen, Trockenobst).

In Weinkellern findet man häufig die Raupen von *Oinophila* (Fam. Oinophilidae, Weinkellermotten), die Aufwuchs von Weinfässern oder Korken abweiden.

Von den Gelechiidae (Tastermotten) kommt *Endrosis lactuella* (Kleistermotte) an Getreidevorräten vor, die Getreidemotte *(Sitotroga cerealella)* befällt in warmen Ländern das Getreide im Freien, bei uns im Speicher.

Eine Reihe weiterer Schädlinge gehört zu den Zünslern (Pyraloidea), so die Große *(Galleria mellonella)* und die Kleine Wachsmotte *(Achroia grisella)*, deren Raupen in Bienenstöcken leben, die Dörrobstmotte *(Plodia interpunctella)* (Raupen an Trockenobst und anderen Nahrungs- bzw. Futtermitteln) sowie die bekannte Mehlmotte *(Ephestia [Anagasta] kuehniella)* (Raupen spinnen in Getreideprodukten so stark, daß es zu technischen Störungen in Mühlen kommen kann).

Unter den **Diptera** sollen hier nur einige Fliegen (Brachycera) genannt werden, die sich in verschiedenen Nahrungsmitteln des Menschen entwickeln oder als Imagines zwischen diesen und anderen Substraten, z. B. Müll und Kot, wechseln. Besonders bekannt sind die Käsefliege *(Piophila casei)*, deren Larve in einem Stadium springen kann (Entwicklung in Käse und Fleischprodukten), Tau-, Essig-, oder Fruchtfliege *(Drosophila)*, die oft an Obstprodukten sehr lästig wird, die Schmeißfliegen *(Sarcophaga, Lucilia, Calliphora, Phormia)* sowie die Muscidae *Musca, Muscina, Fannia*. Da ihnen meist eine Bedeutung bei der Übertragung von Krankheiten zukommt, werden sie auf S. 321 im Zusammenhang abgehandelt.

Pterygota als Krankheitsüberträger und Parasiten des Menschen

Viele pterygote Insekten saugen Blut des Menschen und können dabei Krankheiten übertragen. Einige von ihnen haben den Lauf der Menschheitsgeschichte beeinflußt.

Die flügellosen **Anoplura** als Gruppe permanenter Parasiten leben mit den zwei Arten *Pediculus humanus* und *Pthirus pubis* am Menschen (Abb. 224).

Pthirus pubis, die Filz- oder Schamlaus, etwa 1–1,7 mm lang und etwa ebenso breit, lebt vorwiegend in der Schamgegend und legt ihre Eier auch hier ab. Wie bei anderen Läusen werden die Eier mit wasserunlöslichem Sekret an Haaren befestigt und sind durch einen Deckel gekennzeichnet (Abb. 236). Man bezeichnet sie als Nissen. Die Übertragung der Filzlaus erfolgt beim Geschlechtsverkehr oder Schlafen mit verlausten Personen im selben Bett. Als Krankheitsüberträger spielt *Pthirus pubis* keine Rolle.

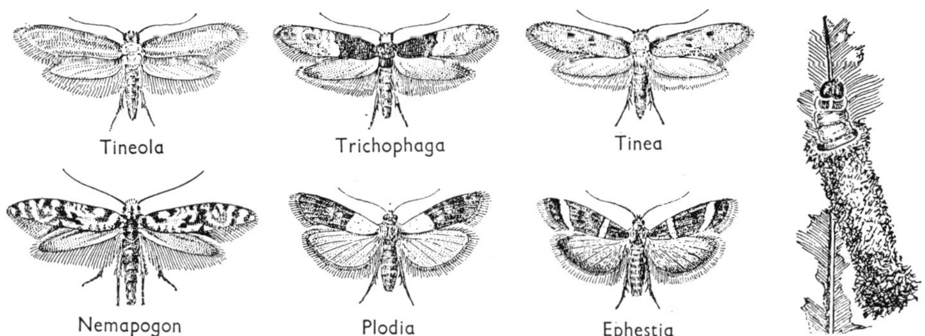

Abb. 223: In Haus und Vorräten schädliche Schmetterlinge. Rechts Raupe einer Kleidermotte. Nach Weidner

Pediculus humanus (Menschenlaus) tritt in zwei Rassen auf, der 2–3,5 mm langen Kopflaus *(P. h. capitis)* und der 3–4,5 mm langen Kleiderlaus *(P. h. humanus)*. Die Kopflaus lebt vor allem im Haupthaar und legt hier die Eier ab. Bei Personen mit langen Haaren findet man sie öfter als bei kurzhaarigen. Die Kleiderlaus lebt meist an der Innenseite der Kleidung, die dem Körper direkt aufliegt. Steigt die Temperatur hier an (weil der Lausträger besonders warm bekleidet ist, fiebert oder stark körperlich arbeitet), wandert sie weiter nach außen. Ihre Eier legt sie in der Kleidung ab.

Bei starkem Befall können die Läuse ihre optimale Umgebung verlassen. Kleiderläuse und deren Nissen fand man z. B. auch in Lagerstätten, Polstermöbeln, Papiergeld und Notizbüchern befallener Personen.

Die Verbreitung der Läuse ist sicher in den letzten Jahrhunderten zurückgegangen, wenngleich auch heute noch in vielen Regionen der Erde das Beisammensitzen von Personen, die sich gegenseitig die Kopfläuse absammeln, keine Besonderheit darstellt. Im ehemals als lausfrei angesehenen Mitteleuropa sind in den vergangenen Jahren wieder Kopfläuse aufgetreten. Bei hinreichend hygienischem Verhalten ist Massenbefall jedoch leicht zu verhindern (Entwicklungszeit der Laus etwa 25–30 Tage).

Wichtiger als die Läusestiche, die allerdings heftigen Juckreiz zur Folge haben können, ist die Tatsache, daß Kleiderläuse Krankheiten übertragen. Durch *Rickettsia prowazekii* infizierte Läuse sterben nach 8–12 Tagen, von *R. quintana* befallene zeigen dagegen keine Beeinträchtigung. Beide Rickettsien kommen durch Einkratzen von Läusekot oder durch Einatmen in den Menschen. *R. prowazekii* ruft Läusefleckfieber (= Flecktyphus) hervor, *R. quintana* das nicht tödlich verlaufende Fünftagefieber (Wolhynisches Fieber).

Fleckfieber führt über Fieber, Roseolenbildung, Delirien und Zusammenbruch des Kreislaufs bei 20–40 % der Fälle zum Tod. Als Prophylaxe: Schutzimpfung. Fleckfieber ist vielfach in Epidemien aufgetreten. Im 30jährigen Krieg wurden durch Fleckfieber (und Pest, s. u.) mehr Menschen getötet als durch Waffen. Napoleon verlor auf seinem Feldzug in Rußland etwa dreimal so viel Soldaten durch Flecktyphus (und Ruhr) wie durch Waffengewalt. Sogar im 1. Weltkrieg kam es in Osteuropa noch zu Verlusten durch diese Krankheit.

Zu den Spirochaeten gehört *Borrelia recurrentis*, der Erreger des Läuserückfallfiebers. Infektion des Menschen erfolgt, indem eine infizierte Laus zerdrückt und die Borrelien in die Haut gekratzt werden. Fieberfreien Zeiten folgen jeweils mehrtägige Fieberanfälle. Mortalitätsquote hoch.

Auch Läuse von verschiedenen Säugetieren finden sich bisweilen am Menschen und stechen ihn gelegentlich, halten sich aber hier nicht lange.

Unter den **Heteroptera** sind Cimiciden und Triatominen temporäre Parasiten und Krankheitsüberträger.

Die Bettwanzen (Cimicidae) kommen mit der Gemeinen Bettwanze *(Cimex lectularius)* in den gemäßigten und warmen Zonen der Erde und der Tropischen Bettwanze *(Cimex hemipterus)*, die auf den Tropengürtel beschränkt ist, am Menschen vor. Es handelt sich um bis 8 mm lange, braune, behaarte Insekten, deren Vorderflügel schuppenförmig sind und denen Hinterflügel fehlen. Sie leben tags verborgen in Spalten von Boden, Wand und Mobiliar. Hier werden auch die mit einem schräg aufgesetzten Deckel versehenen Eier angeheftet, die sich in 1–2 Monaten zu adulten Tieren entwickeln. Nachts suchen junge und adulte Tiere Schlafende auf; sie alle saugen Blut, können aber monatelang hungern. Das Vollsaugen dauert 5–10 Minuten. Der Stich ruft bei den meisten Menschen unregelmäßige, juckende Quaddeln hervor. Als Krankheitsüberträger unwesentlich, in Mitteleuropa sehr selten.

Triatominen (Raubwanzen) kommen mit ca. 80 Arten vorwiegend in Lateinamerika vor. Sie sind wesentlich größer als Bettwanzen (3 cm lang) und tragen Flügel. Sie leben in Nestern verschiedener Vögel und Säugetiere und dringen in Behausungen von Menschen ein, wo sie Eier ablegen und wo sich die Entwicklung vollzieht. Jedes einzelne Stadium muß – wie bei *Cimex* – Blut saugen, jedoch reicht zeitweilig das von Artgenossen. Die Triatominen sind nachtaktiv. Über ihren Kot kann *Trypanosoma cruzi*, der Erreger der Chagas-Krankheit (S. 17) auf den Menschen übertragen werden. Der Kot gelangt i. a. durch Einkratzen in die Blutbahn.

Eine weitere Gruppe flugunfähiger Parasiten stellen die **Aphaniptera** dar, die mit einigen Arten temporär am Menschen saugen. Im Unterschied zu Läusen und Wanzen entwickeln sie sich über fußlose Larven und Puppen zur Imago, die zu-

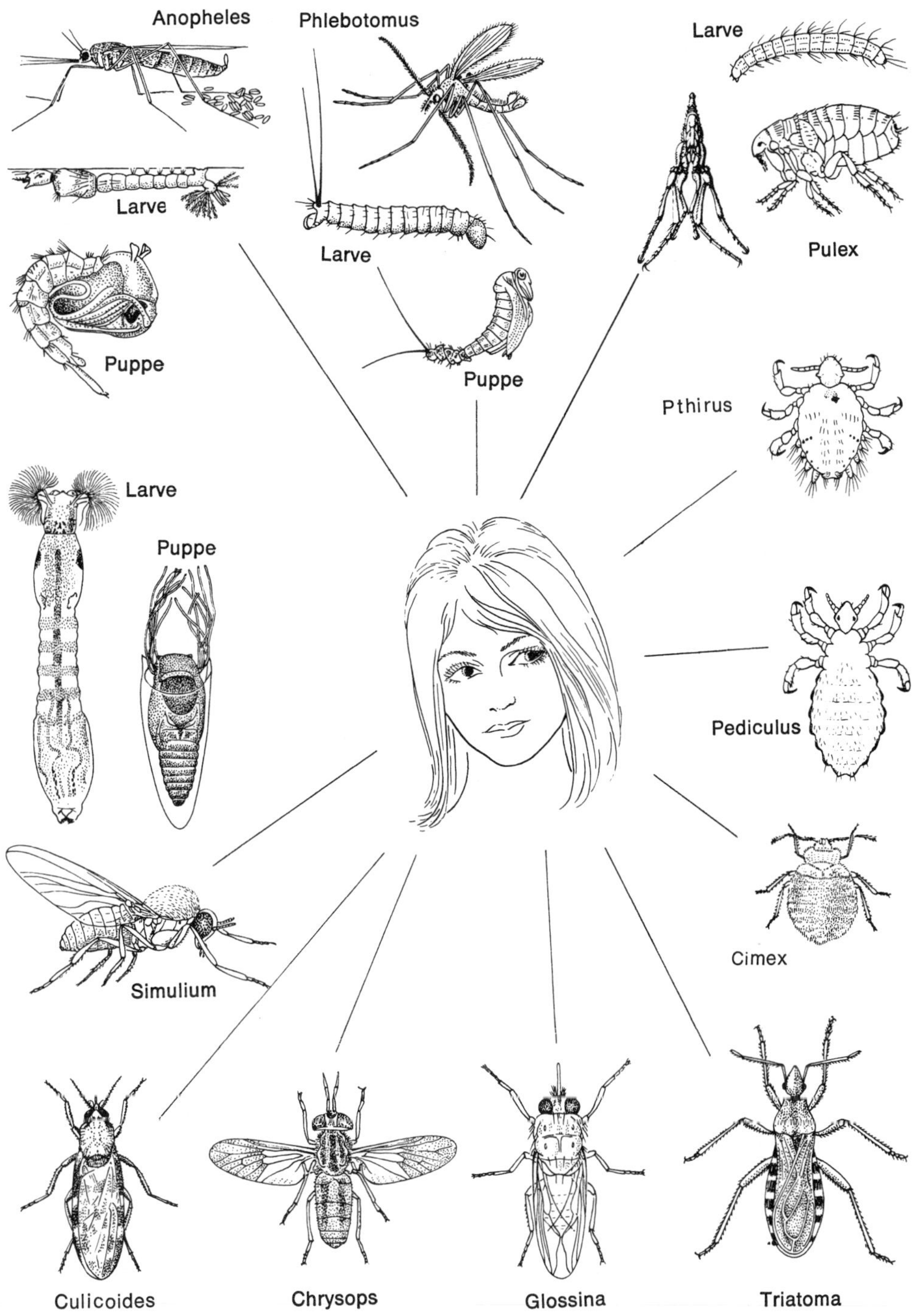

Abb. 224: Pterygote Insekten, die am Menschen parasitieren und Krankheiten übertragen können. Nach Austen, Brumpt, Friederichs, Ludwig, Neveu-Lemaire, Newstead, Remane, Sikora, Smart, Storch, Welsch, Zumpt

dem seitlich zusammengedrückt ist, nicht dorsoventral, und die meist über Sprungvermögen verfügt. Die Entwicklung findet in Nestern von Tieren oder in organischem Substrat in Fußbodenritzen o. dgl. statt. Die Larven ernähren sich von verschiedenen Abfallstoffen und dem bluthaltigen Kot der Imagines, welche nur Blutsauger sind, allerdings nicht auf eine Wirtsart spezialisiert.

Als häufigste Parasiten des Menschen haben zu gelten: Menschenfloh *(Pulex irritans)*, Pestfloh (Indischer, Tropischer Rattenfloh, *Xenopsylla cheopis)*, Katzenfloh *(Ctenocephalides felis)*, Hundefloh *(C. canis)*, Europäischer Rattenfloh *(Nosopsyllus fasciatus)*, Hühnerfloh *(Ceratophyllus gallinae)* und Taubenfloh *(Ceratophyllus columbae)*.

Etwa 75% allen Flohbefalls beim Menschen verursacht in gemäßigten Klimaten Europas und Nordamerikas der Katzenfloh.

In den Tropen kommt der Sandfloh *(Tunga penetrans)* hinzu. Das Weibchen bohrt sich nach der Befruchtung in die Haut von Mensch oder Schwein und schwillt zu einer erbsengroßen Blase an. Dann werden die Eier ausgestoßen.

In der Geschichte haben Flöhe als Krankheitsüberträger eine enorme Bedeutung erlangt. An erster Stelle steht die Pest, an der im 14. Jahrhundert ein Viertel der Bevölkerung Europas zugrundeging. Im 20. Jahrhundert trat Pest vorwiegend in Asien (Indien, Mandschurei) auf, von wo sie jedoch immer wieder in andere Gebiete verschleppt werden kann. In den letzten Jahren traten zum Beispiel Pestepidemien in einigen arabischen Ländern auf. Erreger dieser Seuche ist das Bakterium *Yersinia (Pasteurella) pestis*, das beim Saugen von Flöhen aus verschiedenen Tieren aufgenommen wird. Von Bedeutung sind vor allem pestkranke Ratten, von denen der Floh auf den Menschen überwechseln kann. Die Bakterien vermehren sich im Flohdarm, stauen sich hier und werden beim nächsten Stich wieder erbrochen. In die Blutbahn des Menschen gelangt, vermehren sie sich in Lymphknoten und bringen diese zum Vereitern. Nach kurzer Zeit kann der Tod eintreten. Der wichtigste Überträger ist *Xenopsylla cheopis*. Ebenfalls durch Flöhe wird das Murine Fleckfieber (Erreger: *Rickettsia typhi*) übertragen, das in warmen Gebieten weit verbreitet ist. Sterblichkeitsrate: 1–2%.

Viele Krankheitsüberträger und Blutsauger des Menschen gehören zu den **Diptera**. Ihnen kommt eine beträchtliche Bedeutung zu.

Unter den 4–10 mm langen Stechmücken (Moskitos, Culicidae) saugen die Weibchen der Culicinae und Anophelinae Blut, während die Männchen Pflanzensäfte aufnehmen. Beim Blutsaugen kann es zur Übertragung verschiedener Virosen, von Malaria (S. 25) und Filariosen (S. 128) kommen. Die Stechmücken legen ihre Eier einzeln oder gruppenweise auf Klein- oder Kleinstgewässern (in Flaschen-, Dosenresten u.ä.) mit ruhiger Oberfläche oder in deren unmittelbarer Nähe ab. Die Larven und Puppen leben im Wasser, sie sind aber auf Luftsauerstoff angewiesen, den sie an der Oberfläche aufnehmen *(Anopheles*, *Aëdes*, *Haemagogus*, *Culex*, *Culiseta (Theobaldia))* oder über Pflanzenstengel, die sie anbohren *(Mansonia)*.

Etwa 50 *Anopheles*-Arten übertragen *Plasmodium*, den Erreger der Malaria, auf den Menschen. Der Kampf gerade gegen diese Mücken wird auf verschiedene Weise geführt. Um Stiche der Imagines zu verhindern, werden verschiedene Mittel zum Einreiben der Haut angeboten, jedoch bei Massenauftreten der Mücken mit geringem Erfolg angewendet, außerdem werden Vitamin-B_1-Präparate empfohlen. Mückennetze (Moskitonetze) und Gaze in den Fensterrahmen halten Mücken von Schlafstellen fern. Um die Entwicklung der Stechmücken zu verhindern, wurden vielfach Sümpfe trockengelegt bzw. Kleingewässer zugeschüttet oder beschichtet. Schließlich hat man Fische, z.B. *Gambusia* (Abb. 357), ausgesetzt, die sich von Mückenlarven ernähren.

Aëdes aegypti überträgt das Gelbfieber-Virus. In vergangenen Zeiten war Gelbfieber eine der wichtigsten Krankheiten in den Tropen. Beim Bau des Panama-Kanals starben sehr viele Arbeiter durch Gelbfieber und Malaria. Heute ist das Gelbfieber weitgehend eingedämmt. Schutzimpfungen bei Besuch gefährdeter Gebiete (Lateinamerika, Afrika) sind obligatorisch. Die Krankheit ist durch Fieber, Erbrechen von Blut und Gelbfärbung der Haut gekennzeichnet. Sterblichkeitsrate bis 30%.

In Mittelamerika, im Mittelmeergebiet und in warmen Teilen Asiens und Australiens tritt das Denguë- oder Siebentagefieber auf, das durch Viren hervorgerufen wird, die von Mücken, u.a. *Aëdes aegypti*, übertragen werden. Meist verläuft es gutartig. Inzwischen kennt man über 100 weitere Viren, die von Stechmücken übertragen werden. Nicht selten bewirken sie Encephalitis.

Zwar sind die Zeiten, da Culiciden in Mitteleuropa Malaria übertrugen, vorüber, aber als Lästlinge spielen sie dennoch mancherorts eine Rolle. In Regionen mit großen Mückenvorkommen (z.B. Oberrheinebene) wurden bis 200 Stechversuche/min/Person gezählt, so daß hier ein umfangreiches Bekämpfungsprogramm eingeleitet wurde, das v.a. gegen *Aedes vexans* gerichtet ist. Die Bekämpfung erfolgt derzeit vorwiegend mit *Bacillus thuringiensis israelensis* (Bti).

Wichtige Krankheitsüberträger sind weiterhin die Phlebotominen (Sandmücken), etwa 1,5–3 mm kleine sandfarbene Mücken vorwiegend der Tropen und Subtropen, die zu den auch bei uns verbreiteten Schmetterlingsmücken (Psychodidae) gehören. Auch bei ihnen saugen nur die Weibchen Blut, die Männchen dagegen Pflanzensäfte. Die Larven, erkennbar an langen Borsten am Hinterende, leben im Boden von allen möglichen faulenden Stoffen; gegen Überschwemmungen sind sie nicht sehr empfindlich. Die Hauptbedeutung der Phlebotominen liegt in der Übertragung der Leishmaniosen (S. 15), in den Anden übertragen sie zudem *Bartonella bacilliformis*, den Erreger der Carrionschen Krankheit (Fieber, Blutungen der Haut, Gliederschmerzen, Leberschwellung, psychische Veränderungen; Mortalitätsquote bis über 40%). Durch Phlebotominen wird in manchen warmen Ländern auch das Pappataci- oder Dreitagefieber übertragen, eine Virose, die nach hohem Fieber, Durchfall und Erbrechen und anderen unangenehmen Erscheinungen gutartig verläuft.

Eine weitere Mückenfamilie von Bedeutung sind die Kriebel- oder Kribbelmücken (Simuliidae). Die 4–4,5 mm langen Mücken sind leicht an ihrem «gebuckelten» Thorax und dem gedrungenen Körper zu erkennen. Einige Arten übertragen den Nematoden *Onchocerca volvulus* (S. 128).

Schließlich sollen die Gnitzen (Ceratopogonidae) erwähnt werden, 0,5–3 mm lange Mücken mit wurmförmigen Larven im Wasser oder an feuchten Standorten. Die Weibchen zahlreicher Arten sind Blutsauger, oft hinterlassen ihre schmerzhaften Stiche heftigen Juckreiz oder Blutungen. In Afrika überträgt *Culicoides* die Nematoden *Dipetalonema* und *Mansonella* auf den Menschen.

Fliegen (Brachycera) können dem Menschen in vielfacher Hinsicht Schaden zufügen.

Die Bremsen (Tabanidae) und andere können schmerzende Stiche setzen, z.B. *Tabanus* und *Haematopota pluvialis*, die Regenbremse («Blinde Fliege»). *Chrysops* überträgt *Francisella tularensis*, den Erreger der Tularämie und die Wanderfilarie *Loa loa* (S. 128).

Die Tsetsefliegen (Glossinidae), die heute auf Afrika beschränkt sind, übertragen die Schlafkrankheit (S. 17) auf den Menschen. Die *Glossina*-Arten stechen vorwiegend Säugetiere und den Menschen. Die Weibchen bringen verpuppungsreife Larven zur Welt, die sich in den Boden eingraben und verpuppen.

Eine Anzahl Fliegen ist an den unmittelbaren Lebensbereich des Menschen gebunden, man nennt sie synanthrope Fliegen. Mit Ausnahme von *Stomoxys* sind sie keine Ectoparasiten, kom-

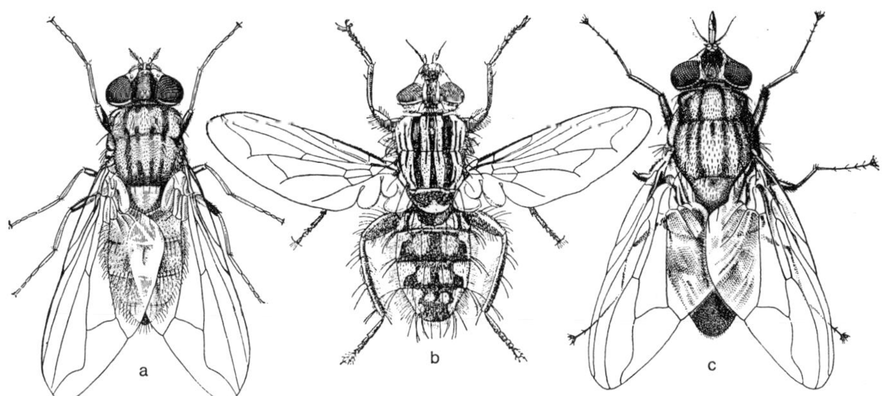

Abb. 225: Synanthrope Fliegen. a. *Musca*, b. *Sarcophaga*, c. *Stomoxys*. Nach Kemper

men jedoch als Krankheitsüberträger in Betracht.

Der Wadenstecher (Stall-, Kuhfliege, *Stomoxys calcitrans*, Abb. 225) hat stechende Mundwerkzeuge. Vorwiegend in Viehställen (Pferd, Rind, Schwein), befällt er jedoch auch häufig Menschen. Von der ähnlichen Stubenfliege unterscheidet er sich außer durch die Mundwerkzeuge durch die Haltung: er sitzt meist mit nach oben gerichtetem Kopf an der Wand, die Stubenfliege *Musca* weist gewöhnlich mit dem Kopf nach unten.

Die anderen synanthropen Fliegen besitzen einen Tupfrüssel. Sie gehören vor allem zu den Gattungen *Musca* (Große Stubenfliege), *Fannia* (Kleine Stubenfliege), *Lucilia* (Goldfliege), *Calliphora* und *Phormia* (Schmeißfliege, «Brummer») und *Sarcophaga* (Fleischfliege, Abb. 225). *Musca*-Larven entwickeln sich z.B. in Exkrementen, *Fannia* in faulender pflanzlicher Substanz, *Lucilia*, *Calliphora* und *Sarcophaga* in Aas. Die Imagines leben an verschiedenen Nahrungs- und Genußmitteln, aber auch an eiternden Wunden, Kot- und Abfallhaufen. Dadurch sind sie als Überträger von Krankheitskeimen natürlich besonders geeignet.

Die synanthropen Fliegen können vor allem die Ägyptische Augenkrankheit (Trachom) übertragen, die besonders in Nordafrika und Asien nicht selten vorkommt und oft Blindheit zur Folge hat. Der Erreger *Chlamydia trachomatis* ist mit Rickettsien verwandt. Auch für die Verbreitung anderer Bakterien sind Fliegen verantwortlich, z.B. Salmonellen, Ruhr *(Shigella)*, Streptokokken und Staphylokokken. Schließlich sind sie Überträger von Protozoen (Amöbenruhr, Darmflagellaten, *Balantidium)* und Wurmeiern *(Ascaris*, *Enterobius*, *Taenia)*.

In gemäßigten Regionen ist die Gefährlichkeit der synanthropen Fliegen geringer als in wärmeren. Immerhin ist bei uns schon die rasche Fortpflanzung der Fliegen Grund genug, Nahrungsmittel vor ihnen zu verschließen: *Calliphora* und *Lucilia*, die ihre Eier bevorzugt an Fleisch legen, legen eine große Zahl von Eiern ab, aus denen bei *Calliphora* am selben Tage schnellwüchsige Larven schlüpfen können.

Zahlreiche Fliegen sind auch Larvalparasiten. Im tropischen Afrika lebt *Auchmeromyia luteola*, die Kongofliege, deren Larven nachts Menschen aufsuchen und Blut saugen. Meist jedoch dringen Fliegenlarven ganz in die Haut des Menschen ein. Dann spricht man von Myiasis. Sie können auf eiternde Wunden beschränkt bleiben und dann sogar heilend wirken oder dringen tiefer ein, so die Larven von *Dermatobia hominis* in Lateinamerika und der Tumbufliege *(Cordylobia anthropophaga)* in Afrika sowie von *Wohlfartia* (auch in Europa).

Großen Schaden rufen parasitische Fliegenmaden an Viehbeständen hervor.

System der Pterygota

Palaeoptera (Ordnungen 1 und 2)

Flügelgelenk primitiv, Flügel können nicht dachartig über dem Abdomen aufeinandergelegt werden. Hinterflügel ohne vergrößertes Analfeld.

1. Ordnung: Ephemeroptera (Ephemerida, Eintagsfliegen)

Mit etwa 2000 Arten leben die Eintagsfliegen als Larven in Süßgewässern und als Imagines in deren Nähe. Sie weisen einige besonders primitive Merkmale auf, z.B. die einfache Artikulation der Mandibeln, die Häutung des aus der Larve hervorgehenden flügeltragenden Stadiums (Subimago) zum geschlechtsreifen Tier (Imago) und vielleicht die Lage der paarigen Genitalöffnungen hinter dem 7. Rumpfsegment beim Weibchen bzw. dem 9. beim Männchen. Weitere primitive Merkmale sind die langen, gegliederten Hinterleibsanhänge (Cerci und Terminalfilum), die deutliche segmentale Gliederung von Nerven-, Tracheen- und Blutgefäßsystem sowie die große Anzahl der Häutungen (über 20), die Kammform der Gonaden, der einfache Praetarsus der Larven sowie deren Abdominalanhänge, die Extremitäten entstammen und als Tracheenkiemen fungieren. Gruppeneigene Abwandlungen sind die Reduktion der Mundgliedmaßen der erwachsenen Tiere, die Verkleinerung der Hinterflügel (Mundgliedmaßen und Hinterflügel können auch fehlen), das Fehlen der Gonopoden bei den Weibchen (bei den Männchen sind am Hinterrand des 9. Sternites paarige Penes ausgebildet) und das Palménsche Organ, ein vielleicht statisches Sinnesorgan vor dem Cerebralganglion.

Die Imagines leben wenige Stunden bis Tage, in denen die Fortpflanzung erfolgt. Bei vielen Arten entstehen nach gleichzeitigem

Schlüpfen Massenschwärme, in denen die Weibchen von den Männchen ergriffen und von unten her begattet werden. Eine Reihe von Arten pflanzt sich auch parthenogenetisch fort. Die Eier werden ins Wasser gebracht, das Weibchen kann dabei untertauchen. *Cloëon dipterum* ist ovovivipar. Entsprechend der kurzen Imaginalzeit sind die Mundwerkzeuge reduziert, der Mitteldarm ist mit Luft gefüllt und funktioniert als aërostatisches Organ, die Beine sind schwach, vereinzelt zu Stummeln rückgebildet. Auch die Hinterflügel können fehlen. Verlängert sind die Vorderbeine der Männchen vieler Arten. Sie dienen dem Ergreifen der Weibchen. Auch die Augen der Männchen sind vergrößert, bei *Cloëon* und *Baëtis* sind sie als Doppelaugen (Turbanaugen) ausgebildet (Abb. 226).

Die wasserlebenden Larven tragen 6–7 Paar Tracheenkiemen am Abdomen (Abb. 226). Sie sind im allgemeinen Detritusfresser, die ihre Nahrung durch verschiedene Borstenfelder an Kopf, Mundgliedmaßen und 1. Brustbeinen zum Mund transportieren. Sie können in weichem Boden graben *(Ephemera)*, durch Auf- und Abschlagen des Abdomens sich zwischen Pflanzen schwimmend fortbewegen *(Cloëon)*, mit abgeplattetem Körper in Strömen (torrenticol) leben *(Stenonema, Heptagenia)* oder – das gilt für viele Gattungen – langsam kriechend am Boden verschiedener Gewässer vorkommen. Die Larvalentwicklung kann sich über mehrere Jahre erstrecken. Vollständig entwickelte Larven kriechen an die Wasseroberfläche oder verlassen das Wasser. Aus ihnen schlüpft ein Tier mit milchig-trüben Flügeln (Subimago), das sich zur Imago häutet. In einigen Fällen *(Palingenia, Campsurus)* wirft das Weibchen die Subimaginalhaut nicht ab, sondern wird sofort vom Männchen ergriffen. Das Subimago-Stadium währt wenige Minuten bis über einen Tag.

Eintagsfliegen sind seit dem Palaeozoikum bekannt; die älteste Art *(Triplosoba pulchella)* stammt aus dem Karbon.

2. Ordnung: Odonata (Libellen)

Mit etwa 4700 Arten weit verbreitete Gruppe meist großer Insekten mit wasserlebenden Larven. Allgemein primitive Merkmale sind die kauenden Mundwerkzeuge und der meist vorhandene, aus Gonopoden aufgebaute Lege-

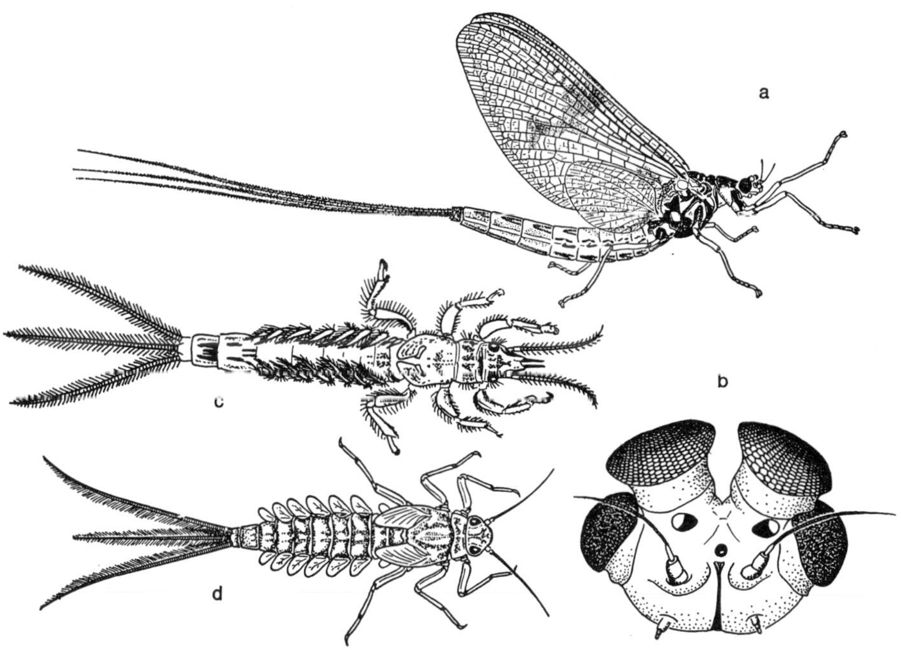

Abb. 226: Eintagsfliegen. a. *Ephemera vulgata*, Imago; b. Kopf von *Cloëon dipterum* mit Turbanaugen; c, d. Larven. c. *Ephemera*, d. *Baëtis*. Nach Engelhardt, Illies, Seifert

apparat. Die Flügel werden durch direkte Flugmuskeln bewegt. Sondermerkmale: die Männchen entwickeln ein sekundäres Kopulationsorgan ventral am 2. und 3. Abdominalsegment. Da dieses mit den Gonaden nicht in Verbindung steht und die Genitalöffnung am 9. Segment liegt, muß das Männchen durch Einbiegen des Abdomens den sekundären Kopulationsapparat vor der Begattung mit Sperma füllen. Das Weibchen wird mit zangenartigen Fortsätzen des 10. Hinterleibssegmentes am bzw. hinter dem Kopf gepackt und bringt seine Genitalöffnung an das sekundäre Kopulationsorgan des Männchens (Paarungsrad). Die Begattung erfolgt im Flug oder sitzend.

Die großäugigen Imagines sind reine Flugtiere, zur Fortbewegung auf dem Substrat sind die Beine ungeeignet, sie ermöglichen nur langsames Klettern. Der Prothorax ist besonders klein und beweglich; Meso- und Metathorax stehen schräg, dadurch werden die Beine nach vorn gerichtet und können Beute im Flug ergreifen (Fangkorb). Die Mehrzahl der Libellen jagt bei Tageslicht.

Von vielen Arten sind Revierbildung und -verteidigung bekannt. Die Männchen können sich in Kämpfen verletzen oder Berührungen vermeiden (Kommentkämpfe).

Nach der Begattung legt das Weibchen – oft in Begleitung des Männchens und unter dessen Bewachung – die Eier ab. Diese können in Pflanzenteile und den Boden eingesenkt, im Flug über dem Wasser abgeworfen oder unter Wasser abgelegt werden. Dabei können beide Partner längere Zeit unter der Wasseroberfläche bleiben oder nur das Weibchen. Die Larven vieler Arten machen etwa 10 Häutungen durch. Sie leben im Wasser als Räuber, die von *Megalagrion* sind landlebend. Kiemenartige Abdominalextremitäten sind selten, meist dient der Enddarm mit Tracheen- oder Blutkiemen als Atemorgan, bei den Zygopteren zusätzlich auch die drei blattförmigen Schwanzanhänge (Abb. 227); für die ersten Larvenstadien ist Hautatmung von Be-

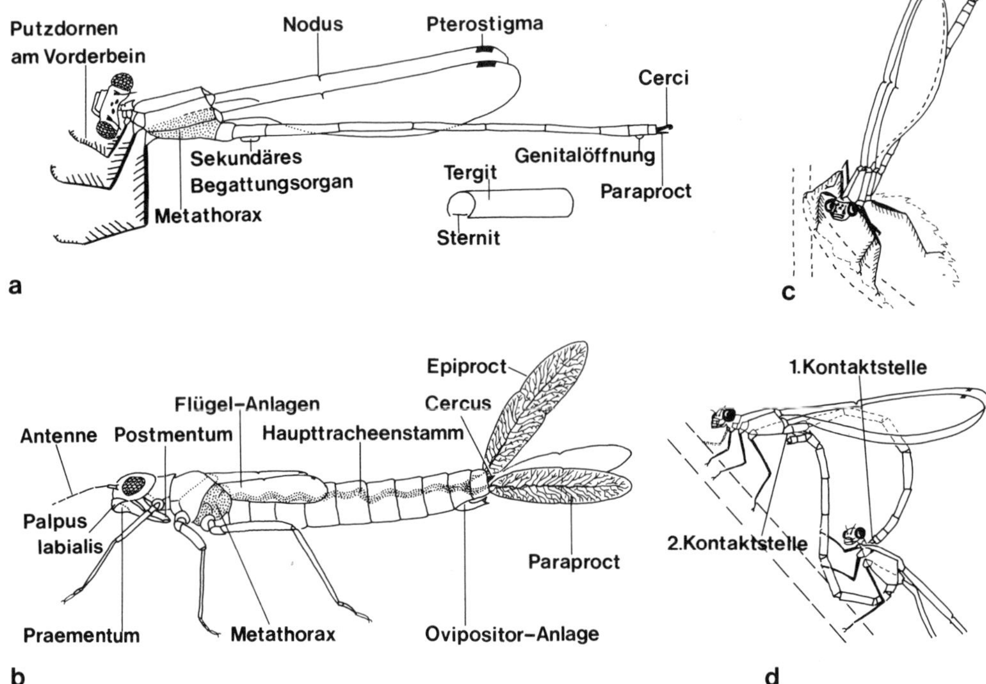

Abb. 227: Zygoptera. a. Imago. Beachte die Schrägstellung der Thorakalsegmente, wodurch der Beinansatz nach vorn verlagert wird. Die imaginalen Beine dienen zum Beutefang (Fangkorb) und zum Festhalten in Ruhestellung. Beachte die röhrenförmige Gestalt der Tergite und die eingesenkten Sternite (Teilfigur unter Abdomen); b. Larve; bei ihr fungieren die Beine als Schreitbeine; c. *Calopteryx* in Sitzhaltung; d. *Euallagma* in Paarungsstellung. Nach Schmidt

deutung. Anisopterenlarven können sich durch Ausstoßen des Atemwassers aus dem After fortbewegen. Das Labium ist zu einer vorschnellbaren Greifzange (Fangmaske) umgeformt (Abb. 228). Rezent sind folgende Unterordnungen:

a. Anisozygoptera. Nur durch zwei rezente Arten der Gattung *Epiophlebia* – lebende Fossilien – in Asien vertreten, eine in Japan, eine weitere im Himalaya. Im Mesozoikum war die Gruppe verbreitet.

b. Zygoptera. Flügel etwa gleichgroß, basal verschmälert (Abb. 227). *Calopteryx* gehört mit ihren bunten Flügeln zu den schönsten Libellen der heimischen Fauna. *Agrion*, *Lestes*, *Platycnemis*, *Euallagma* (Abb. 227d).

c. Anisoptera. Flügel ungleich, Hinterflügel basal verbreitert (Abb. 228). *Libellula*, *Aeshna*, *Gomphus*, *Sympetrum*.

Libellen sind seit dem Palaeozoikum bekannt, der älteste Fund ist ein Flügel von *Erasipteron larischi* aus dem Karbon. Aus dem Perm von Nordamerika stammen die größten Arten (*Meganeuropsis*, Flügelspannweite 75 cm).

Fossile Ordnung: Palaeodictyoptera

Palaeozoische Insekten (Abb. 229), die im Perm ausstarben. Spezialisierte Mundwerkzeuge (Rüssel).

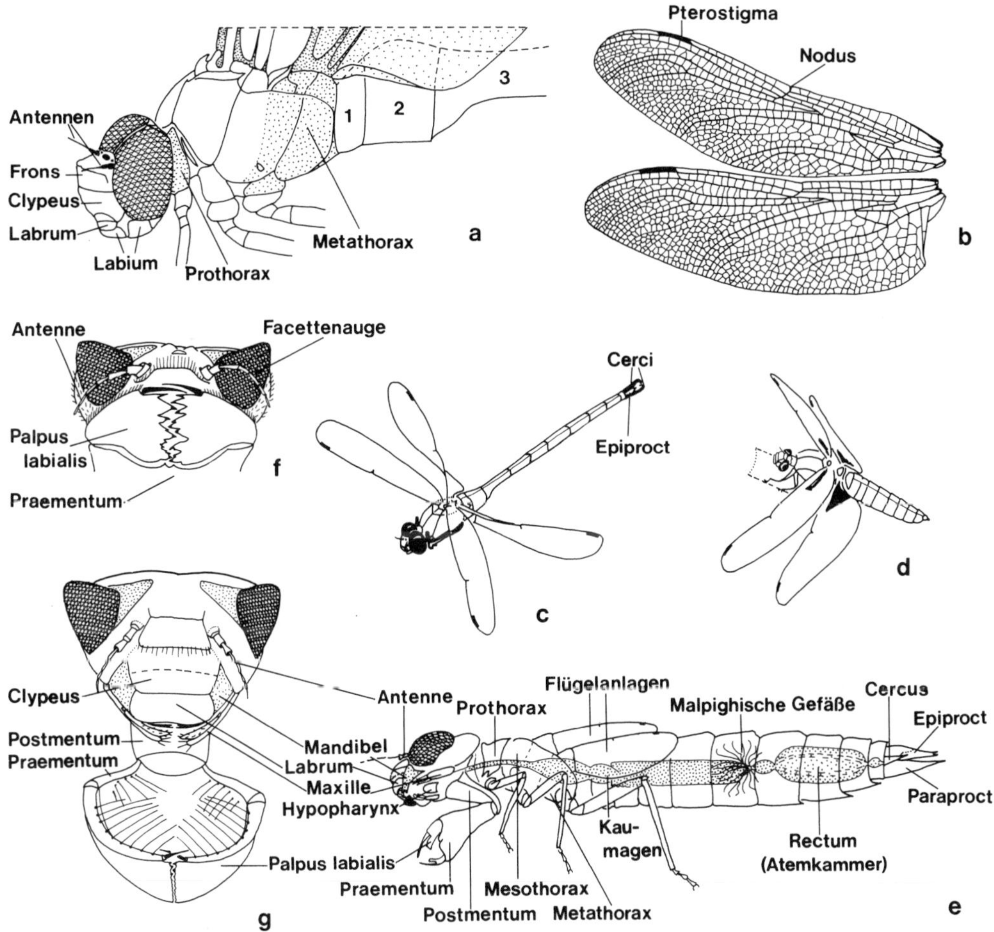

Abb. 228: Anisoptera. a. Imago, b. Flügel, c. *Aeshna* im Rüttelflug, d. *Libellula* sitzend, e. Larve von *Aeshna*, f. Kopf einer Larve von *Cordulegaster*, g. Kopf einer Larve von *Cordulia* mit ausgeklappter Maske. Nach Schmidt

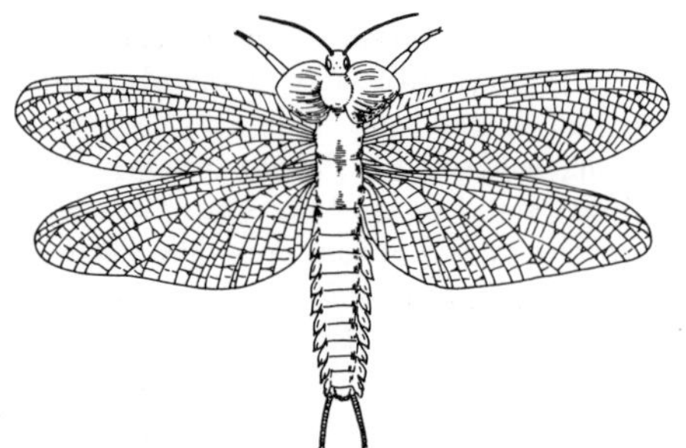

Abb. 229: *Lithomantis carbonaria* (Palaeodictyoptera). Nach Handlirsch

Neoptera (alle folgenden Ordnungen)

Ihre Flügel können über dem Abdomen zusammengelegt werden. An der Flügelbasis liegen typischerweise drei größere Gelenkstücke (Axillaria). Das Analfeld der Hinterflügel ist zu einem Analfächer (Neala, Jugalfeld) vergrößert.

3. Ordnung: Plecoptera (Steinfliegen)

Meist dunkel gefärbte 3–30 mm lange, vierflügelige Insekten in der Nähe von Gewässern, in denen die Larven leben (Abb. 230). Etwa 2000 Arten. Primitiv sind die gleichartigen Thoraxsegmente, die direkten Flugmuskeln (etwa gleichstark entwickelt wie die indirekte Flugmuskulatur), die kauenden Mundwerkzeuge, die allerdings bei der Imago, die keine Nahrung mehr aufnimmt, rückgebildet sind, sowie die langen Cerci. Abweichend vom Grundtyp der Pterygoten sind das völlige Fehlen der Gonopoden, des Terminalfilums und die Verwachsung der Gonaden an ihrem Vorderende.

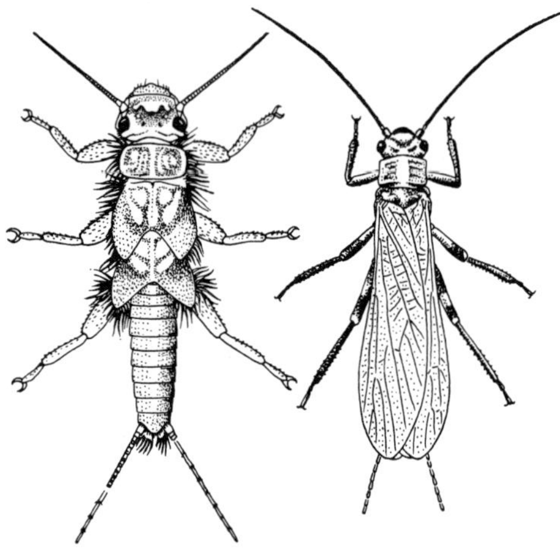

Abb. 230: Plecoptera. a. Larve von *Perlesta placida;* beachte die Thorakal- und die Analkiemen. b. Imago von *Isoperla confusa.* Nach Frisch

Die wasserlebenden Larven fressen Algen oder Detritus oder sind räuberisch. Vorwiegend treten sie in Fließgewässern auf, man kann sie auch in gut durchlüfteten Seen finden. Unter Steinen am Land leben die Larven einer südamerikanischen *Megandiperla*-Art. Kleine Larven decken ihren Sauerstoffbedarf über Hautatmung, größere tragen Tracheenkiemen, meist ventral am Thorax, seltener an Kopf oder Abdomen. Tracheenkiemen, die von Abdominalextremitäten ableitbar sind, kommen bei *Eusthenia* vor. Die Entwicklungsdauer umfaßt meist ein Jahr. Nach 20–30 Häutungen entsteht das letzte Larvenstadium, welches aus dem Wasser kriecht und sich zur Imago häutet. An Steinen oder Pflanzen, die aus Fließgewässern herausragen oder am Ufer wachsen, kann man die Larvenhäute oft in großer Anzahl finden. Die Imagines leben wenige Wochen und verbringen diese Zeit in Gewässernähe. Sie sind schlechte Flieger, oft fliehen sie laufend. Die Geschlechter finden sich über Substratschwingungen, die durch Abdomenschläge hervorgerufen werden. Bei der Begattung sitzt das Männchen neben dem Weibchen, umklammert mit den Beinen einer Körperseite dessen Rücken und bringt seine Genitalöffnung an die des Weibchens. Die Eier werden in Gelegen ins Wasser gebracht.

Eusthenia, *Nemoura*, *Leuctra*, *Perla*, *Chloroperla*, *Perlesta*, *Isoperla*.

Die ältesten Plecopteren sind mit Sicherheit aus dem Perm bekannt, Fossilien aus dem Karbon werden unterschiedlich bewertet.

4. Ordnung: Embioptera (Embien, Tarsenspinner)

Selten länger als 0,5 cm, dunkel gefärbt, Entwicklung unter Steinen in selbstgefertigten Tunneln, die mit Drüsensekreten der Tarsen hergestellt werden. In wärmeren Gebieten, in Europa z.B. am Mittelmeer; etwa 200 Arten; prognath, beißende Mundwerkzeuge, Pflanzenfresser, Thorax verhältnismäßig lang. Weibchen flügellos, Männchen mit schmalen Flügeln oder ebenfalls ungeflügelt. Legeapparat und Kopulationsorgane fehlen; Spermatophoren. Verwandtschaftsbeziehungen unklar. *Embia*, *Monotylota* (Abb. 231). Einige permische Fossilreste *(Protembia, Sheimia)* werden mit den Embien in Beziehung gebracht.

Orthopteromorpha (Ordnungen 5–12)

Vorderflügel im allgemeinen sklerotisiert. Zusammenfassung von Blattopteroidea, Orthopteroidea und zwei Ordnungen unsicherer Stellung, den Notoptera und Dermaptera. Zu ihnen gehört der Großteil der Fossilfunde aus der karbonischen Insektenfauna.

5. Ordnung: Notoptera (Grylloblattodea)

12 Arten aus Asien und Nordamerika. Flügellos, ohne Ocellen, Cerci vielgliedrig, Ovipositor orthopteroid. *Grylloblatta*.

6. Ordnung: Dermaptera (Ohrwürmer)

Über 1000, meist dunkelglänzende Arten. Körper abgeflacht, Vorderflügel kurze Decken (Tegmina), Hinterflügel häutig, werden nicht nur gefaltet, sondern mehrfach geknickt unter den Tegmina geborgen. Auch ungeflügelte Formen. Ocellen fehlen. Cerci zangenförmig, in Abwehrhaltung werden sie erhoben, spielen auch eine Rolle beim Geschlechtsleben. Vor allem nächtlich aktiv, unter Steinen, Rinde u. dgl. Pflanzen- und Fleischfresser. Wie bei den Schaben liegt die Genitalöffnung des Weibchens hinter dem 7. Sternit und wie bei diesen ist der Ovipositor reduziert. Weibchen bewachen Eier bis zum Schlüpfen. *Forficula auricularia* (Gemeiner Ohrwurm), ca. 1,5 cm lang; *Labidura riparia* (Sandohrwurm), bis über 2 cm lang, in feuchtem Sand am Meeresstrand oder an Flußufern. *Labia minor*, 6 mm, fliegt gut. *Arixenia* mit Fledermäusen der orientalischen Region vergesellschaftet, *Hemimerus* im Fell der Afrikanischen Hamsterratte. Bei der japanischen *Anechura* wurde beobachtet, daß die schlüpfenden Jungtiere ihre Mutter bei lebendigem Leibe auffressen, bevor sie das Nest verlassen.

Blattopteroidea (Blattoidea) (Ordnungen 7–9)

Durch die kauenden Mundgliedmaßen, die z.T. gegliederten Cerci, die Ausbildung der Vorderflügel als Flügeldecken u.a. ähneln die Blattopteroidea den Orthopteroidea. Verschieden sind die Genitalmündungen: Die weibliche Öffnung liegt bei den Blattopteroidea hinter dem 7. Sternit, dieses überdeckt als Subgenitalplatte von unten her eine umfangreiche Genitalkammer, in die die Reste des 8. und 9. Sternits

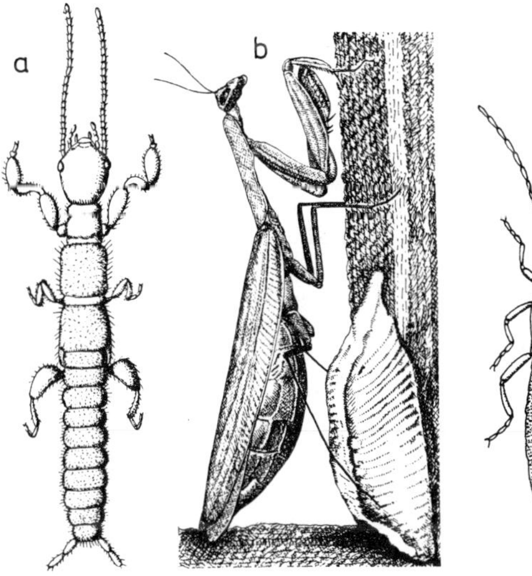

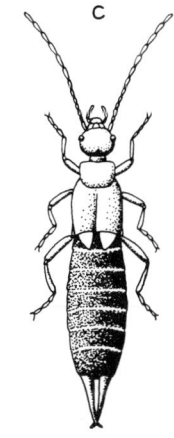

Abb. 231: a. *Monotylota* (Embie), 13 mm lang; b. *Mantis*, Weibchen neben Eigelege; 7 cm lang; c. *Forficula*, 11–15 mm lang. Nach Friedrichs, Herms, Jacobs

einbezogen sind. In der Genitalkammer werden Eipakete gebildet, die von einer Hülle (Oothek) umschlossen werden. Hinter dem 8. Sternit liegt eine Spermatheca. Die Hüften der Beine sind groß und ventral genähert, so daß die Thorakalsternite eingeengt werden.

7. Ordnung: Mantodea (Fangheuschrecken, Gottesanbeterinnen)

Etwa 1800 Arten. Vorderbeine mit großen Greifhaken (Tibia wird gegen Femur geklappt) werden meist erhoben gehalten. Oft in Färbung der Umgebung angepaßt. Es dominieren grüne Farbtöne bei Arten im Laub und graue bei solchen auf Flechten. *Hymenopus coronatus* aus Südostasien lebt auf den roten Blüten einer Orchidee, denen sie farblich und in der Form sehr ähnelt. Normalerweise halten die Gottesanbeterinnen die Beine «gefaltet». Beute, die optisch ausgemacht wird, schlagen sie in ca. 30–35 msec (vom Augenblick des Losschlagens bis zum Zuschnappen der Zange). Meist werden Insekten gefangen, bisweilen auch Artgenossen, manchmal das Männchen nach der Begattung. Große Eikokons, deren Sekret zu papierartiger Masse

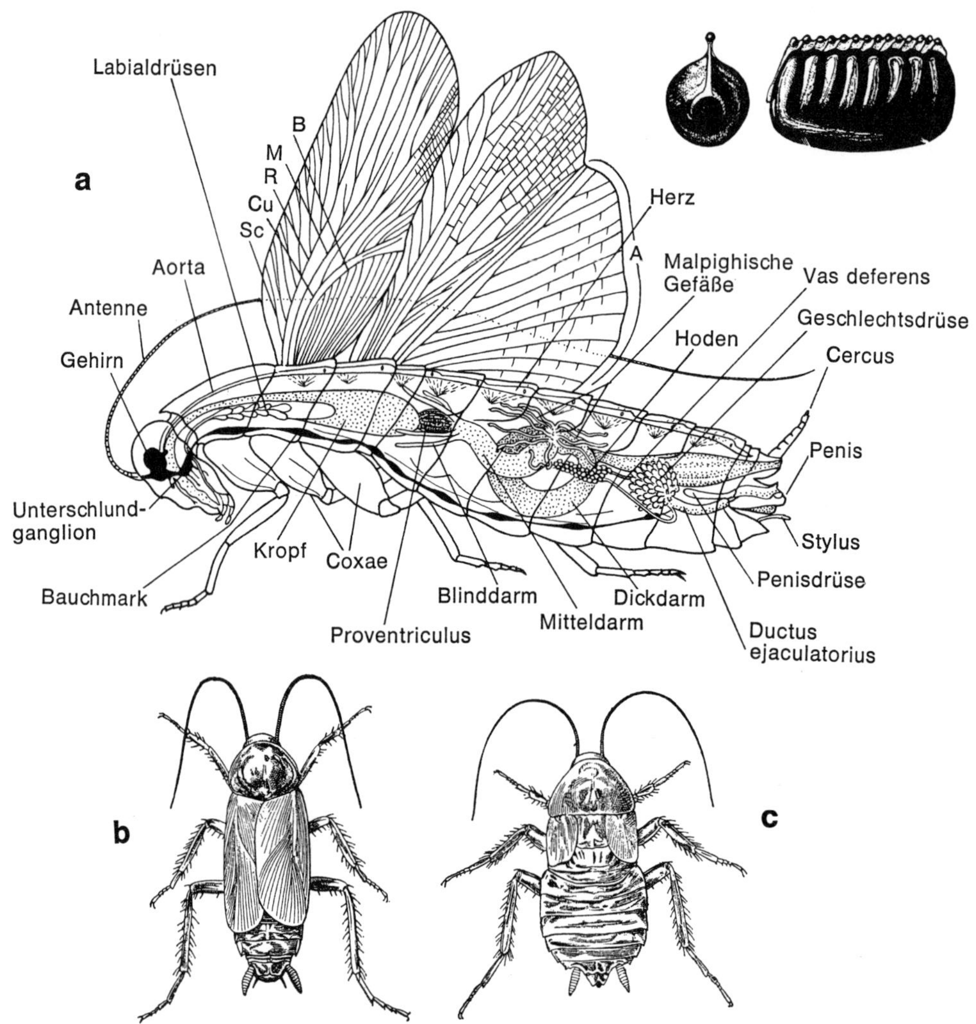

Abb. 232: a. Bauplan einer Schabe; daneben Eikapsel von *Periplaneta americana* (von vorn und der Seite, Länge 8–9 mm). b, c. *Blatta orientalis*, b. Männchen, c. Weibchen. Nach Kemper, Rietschel, Weber

erhärtet. *Mantis religiosa* (Abb. 231) auch in Süddeutschland.

8. Ordnung: Blattodea (Blattariae, Schaben)

Körper abgeflacht. Alle Beine Schreitbeine, Kopf hypognath, vom schildförmigen Pronotum, dem Tergit des ersten Thoraxsegmentes, überdeckt (Abb. 232). Vorder- und Hinterflügel ungleich, Flügel oft rückgebildet. Meist Allesfresser warmer Länder (etwa 3500 Arten). 15–37 Eier in Kapseln (Oothek) eingeschlossen, neben Eiablage auch Ovovivi- und Viviparie. Bei uns einige Arten am Waldboden (*Ectobius* ca. 1 cm lang), mehrere Arten synanthrop: Küchenschabe (Kakerlake, *Blatta orientalis*) 3 cm, Amerikanische Schabe *(Periplaneta americana)* 4,5 cm, *Blattella germanica* 13 mm, Totenkopfschabe *(Blaberus craniifer)* bis 8 cm lang, oft in Laborzuchten. Synanthrope Schaben in Mitteleuropa, z. B. in Heizungskellern, Lagerräumen, Bäckereien und Wohnungen (S. 313).

9. Ordnung: Isoptera (Termiten)

Staatenbildende, meist wenig sklerotisierte (weißliche) und daher «weiße Ameisen» genannte Insekten vorwiegend der warmen Gebiete der Erde, die von Schaben abzuleiten sind. Etwa 2000 Arten. Die australische Gattung *Mastotermes* (im Bernstein auch in Europa) weist noch mehrere Merkmale auf, die auf Schaben hinweisen: Analfeld an den Hinterflügeln (bei anderen Termiten reduziert), Tarsen fünfgliedrig (sonst viergliedrig), Eier in Eipaketen (bei anderen Termiten einzeln).

Die Flügel sind sekundär gleichartig und an der Basis mit vorgebildeter Naht, an der sie abbrechen. Der meist orthognathe Kopf wird nicht von dem kleinen Prothorax überdeckt.

Im Unterschied zu den Hymenopteren-Staaten leben im Termitenstaat Königin und König, die nach einem «Hochzeitsflug» ihre Flügel abwerfen und nach der Begattung gemeinsam eine Kolonie gründen. Außer ihnen umfaßt die Kolonie viele Arbeiter und in geringerer Zahl Soldaten (Abb. 233). Beide Kasten sind flügellos

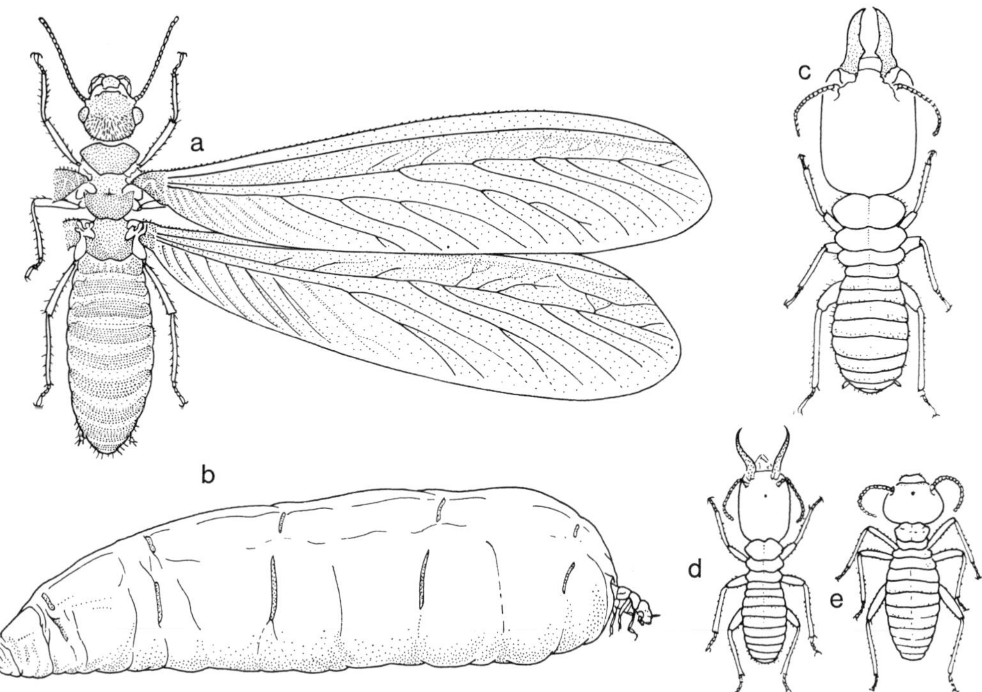

Abb. 233: Kasten der Termite *Bellicositermes*. a. Geflügeltes Weibchen, b. reife Königin, c. großer Soldat, d. kleiner Soldat, e. Arbeiter. Königin weniger vergrößert als die anderen Tiere. Nach Grassé

und entsprechen Männchen und Weibchen mit undifferenzierten Geschlechtsmerkmalen. Eine besondere Ausprägungsform der Soldaten sind die Nasuti, die einen Stirnfortsatz tragen, auf dem eine Drüse mündet, deren Sekret beim Nestbau oder der Verteidigung verwendet wird. Lediglich die Arbeiter können selbständig Nahrung aufnehmen, die anderen müssen von ihnen ernährt werden. Man unterscheidet Humus-, Alles- und Holzfresser. Vor allem letztere können an Holzbauten des Menschen erheblichen Schaden hervorrufen. Beim Aufschließen der Nahrung helfen Darmsymbionten (Flagellata, Amöben, Bakterien). Verschiedentlich werden Pilzgärten angelegt.

Äußeres Zeichen der meist an dunklen Stellen lebenden Termiten sind die Bauten, die von vielen Arten angelegt werden. Man kann sie in Bäumen hängend finden oder als Bauten, die sich oft mehrere Meter über dem Erdboden erheben und die für viele Steppen- und Savannengebiete typisch sind. Besonders bekannt wurden die Bauten von *Hamitermes meridionalis* Nordaustraliens, die 3,5 m hoch werden. An der Basis sind sie 3 m breit und messen an der Schmalseite 1 m. Sie sind immer in Nord-Süd-Richtung angelegt, was man mit der Sonneneinstrahlung in Verbindung bringt. Vormittags und abends halten sich die Termiten in den oberen Teilen auf, während der Mittagszeit weiter basal. Die Termitenbauten können steinhart sein oder auch die Beschaffenheit von Pappe aufweisen. Der Baustoff stellt ein Gemisch von Speichel, Kot u. a. dar, das an der Luft erhärtet. In seiner Farbe entspricht er dem Boden der Umgebung. In Europa: *Reticulitermes flavipes*, *R. lucifugus*, *Calotermes* in Weinstöcken.

Orthopteroidea (Orthopteria, Geradflügler) (Ordnungen 10–12)

Mundgliedmaßen kauend, Vorderflügel verstärkt (Tegmina), Genitalöffnung zwischen 8. und 9. Sternit, Gonopoden vorhanden, Weibchen meist mit echtem Legebohrer, meist Spermatophorenübertragung bei Kopulation. Cerci verkürzt, meist eingliedrig.

10. Ordnung: Phasmatodea (Phasmida, Gespenstheuschrecken, Stabheuschrecken)

Ca. 2500 Arten vor allem in den Tropen. Stabheuschrecken können große Ähnlichkeit mit Zweigen aufweisen (Abb. 234), meist sind sie bräunlich, junge auch grün gefärbt. Flügel oft

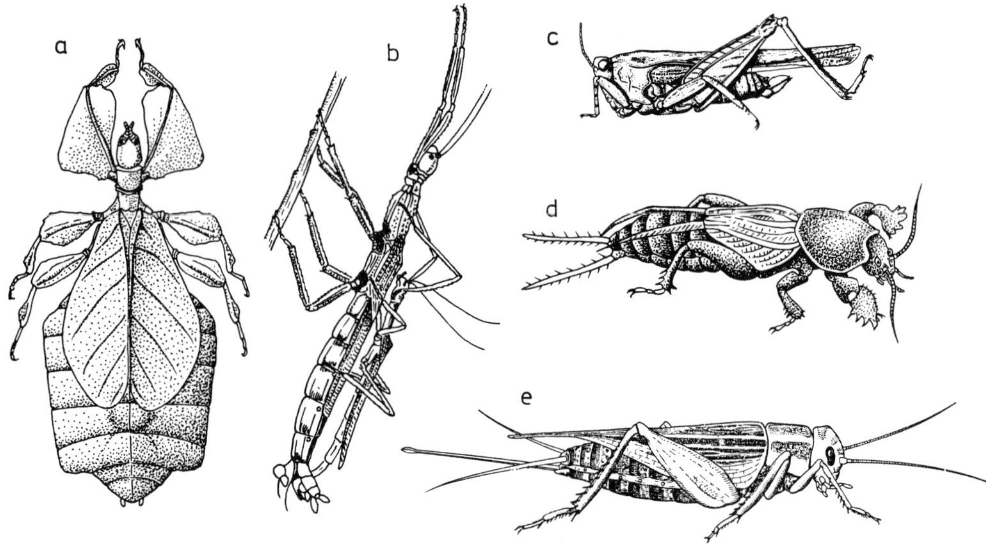

Abb. 234: Orthopteroidea. a. *Phyllium* (Wandelndes Blatt), b. *Cyphocrania* (Stabheuschrecke), Kopulastellung; c. *Tetrix*, d. *Gryllotalpa* (Maulwurfsgrille), e. *Acheta* (Heimchen). Nach Chopard, Dahl, Diehl, Foucher, Kemper, Weidner

fehlend. Hierher gehört *Palophus titan*, eines der größten Insekten (30 cm lang). In Südeuropa *Carausius morosus*, fast nur parthenogenetisch. Wandelndes Blatt (*Phyllium*, Abb. 234): Flügel, Beine und Körper extrem abgeflacht, blattähnlich. Langsame Bewegungen, flugunfähig.

Saltatoria (Spring(heu)schrecken) (Ordnungen 11 und 12)

15000 Arten. Hinterbeine als Sprungbeine entwickelt. Körper seitlich zusammengedrückt. Prothorax frei beweglich, sehr groß. Springschrecken besiedeln besonders Trockengebiete, manche auch unterirdisch. Räuber oder Pflanzenfresser. Nach Überbevölkerung ihres Lebensraumes bilden manche Gattungen der Caelifera Wanderschwärme (Wanderheuschrecken).

11. Ordnung: Ensifera (Laubheuschrecken und Grillen)

Fühler vielgliedrig, oft länger als der Körper. Gehörorgane an den Vordertibien. Männchen mit Lautorganen an den Vorderflügeln, deren basale Abschnitte aneinander gerieben werden. Weibchen mit langem Legebohrer.

Tettigonia viridissima (Heupferd), 3–4 cm lang; *Decticus* (Warzenbeißer), 3–4 cm lang; *Gryllotalpa gryllotalpa* (Maulwurfsgrille, Abb. 234), bis 5 cm lang, kurzflügelig, in Erdgängen, Vorderbeine als Grabwerkzeuge. *Myrmecophila* (Ameisengrillen) bis 5 mm lang, flügellos, in Ameisennestern, kleinste Orthopteroidea. *Oecanthus* (Weinhähnchen) südlich des Mains, blaßgelb, bis 1,5 cm lang, einziger mitteleuropäischer Vertreter der Blüten- oder Baumgrillen. *Acheta domesticus* (Heimchen, Abb. 234) 2 cm lang, bei uns in geheizten Gebäuden oder an Müllhalden (S. 314). *Gryllus campestris* (Feldgrille, 2,5 cm lang).

12. Ordnung: Caelifera (Feldheuschrecken)

Antennen kurz. Gehörorgan, soweit vorhanden, seitlich am 1. Hinterleibssegment. Männchen und Weibchen erzeugen Geräusche durch Bewegung der Beine oder der Flügel. Weibchen mit kurzem Legebohrer, Männchen ohne Gonopoden. *Stenobothrus* (Heuhüpfer), *Tetrix* (Abb. 234), *Psophus stridulus* (Schnarr- oder Knatterheuschrecke). Hierher gehören auch die etwa 5 typischen Wanderheuschrecken wie *Locusta migratoria* und *Schistocerca gregaria*. Normalerweise leben sie solitär, gelegentlich erfolgen eine Massierung und ein Aufbruch in die Ferne, der zur Katastrophe für landwirtschaftlich genutzte Gebiete werden kann. Voraussetzung für die Wanderschwärme ist eine Massenentwicklung: sobald lokal eine große Populationsdichte erreicht ist, beginnen die Jungtiere sich umzuformen. Farbe, Körperproportionen und Aktivität werden im Verlaufe der weiteren Entwicklung verändert. Die jungen Larven der entstandenen Wanderform streben aufeinander zu, bilden Gruppen, es entsteht ein Marsch in fester Richtung. Der Larven-Strom geht ohne Unterbrechung vorwärts; wenn mit der letzten Häutung die Flügel voll entwickelt sind, kann der Schwarm auch in die Luft aufsteigen. Bei manchen Wanderheuschrecken ist ein ziemlich regelmäßiger Hin- und Rückflug zwischen bestimmten Gebieten nachgewiesen worden, so bei *Schistocerca gregaria* in Afrika. Gelegentlich sind auch Schwärme von *Locusta migratoria* nach Mitteleuropa vorgedrungen. Es wurden Schwärme beschrieben, die viele km Durchmesser hatten.

Eine für Heuschrecken ungewöhnliche Lebensweise zeichnet die Dornschrecken aus,

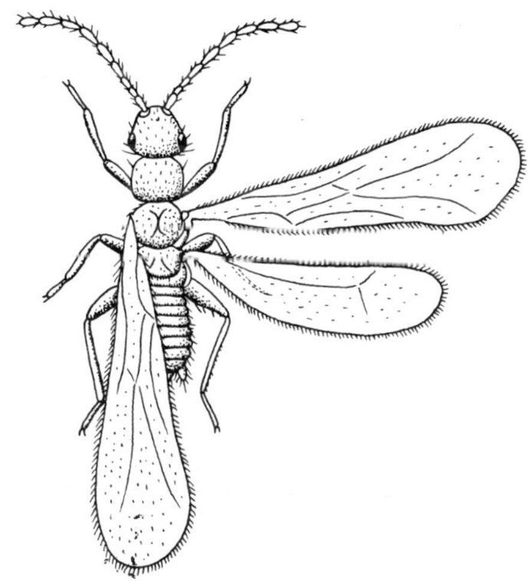

Abb. 235: *Zorotypus brasiliensis* (Länge 2 mm). Nach Silvestri

deren dorsaler Prothoraxteil nach hinten zu einem langen Fortsatz ausgezogen ist. Sie leben an feuchten Stellen, einige Arten sind sogar wasserlebend, *Hydropedeticus* hat die Hinterbeine als Schwimmextremitäten entwickelt.

13. Ordnung: Zoraptera (Bodenläuse)

Höchstens 3 mm lange Formen, die alle zur Gattung *Zorotypus* gestellt werden (Abb. 235). Weibchen stets, Männchen oft flügellos. Bodenbewohner; fehlen in Europa. Systematische Stellung unsicher, vielleicht Termitenverwandte.

14. Ordnung: Psocoptera (Copeognatha, Corrodentia, Staubläuse und Flechtlinge)

Etwa 1600 Arten freilebender, meist geflügelter Formen von 1–4 mm Länge (Abb. 236). Vorder- und Hinterflügel durch Haftvorrichtungen miteinander verbunden. Rinden- oder Nestbewohner mit Komplexaugen, beißenden Mandibeln und in den Kopf eingesenkten Lacinien sowie langen Antennen. Ernähren sich in erster Linie von Pilzhyphen, Algen und Flechten. Einige flügellose Formen in Gebäuden des Menschen (S. 314): Bücherlaus *(Liposcelis simulans)*, Totenuhr *(Trogium pulsatorium)*, *Lepinotus*. Nach manchen Autoren seit Perm.

15. Ordnung: Phthiraptera (Tierläuse i. w. S., Lauskerfe)

Tierparasiten mit abgeflachtem Körper, festem Chitinpanzer und Klammereinrichtungen an den Beinen, die ihre Entwicklung am Wirtstier vollziehen. Reduktionsmerkmale: Flügel und Ocellen fehlen, Komplexaugen rudimentär, Fühler verkürzt. Fast 4000 Arten, die den ganzen Lebenszyklus auf dem Wirtstier verbringen.

a. Mallophaga (Feder- und Haarlinge). Meist Horn- und Abfallfresser im Gefieder der Vögel (3000 Arten) oder im Haarkleid von Säugetieren (300 Arten). Mandibeln beißend, Lacinien stabförmig, versenkt. Eier werden an Federn oder Haaren abgelegt. Die Mehrzahl der Mallophagen ist eng spezialisiert. Sie konnten daher für die Verwandtschaftsforschung in ihrer Stellung umstrittener Wirbeltiergruppen herangezogen werden. So wurde die Mallophagensystematik z.B. bei der Annäherung der Flamingos an die Enten, nicht an die Storchenvögel, mit herangezogen. Einige Mallophagen der Haustiere können schädlich werden, z.B. die Hühnerlaus *(Menopon pallidum)* und *Columbicola columbae* an Tauben.

b. **Rhynchophthirina.** Mit 2 Arten: *Haematomyzus elephantis* (parasitisch auf *Loxodonta africana* und *Elephas maximus)* und *H. hopkinsi* (parasitisch auf *Phacochoerus aethiopicus).*

c. **Anoplura (Läuse i. e. S.).** Mundwerkzeuge stechend-saugend. Nur etwa 400 Arten, die als dorsoventral abgeplattete Blutsauger auf Säugetieren, besonders auf Nagern, leben, z.B. die Gattungen *Hoplopleura* und *Polyplax*. Die Robbenläuse (Echinophthiriidae) haben sogar die Wanderung ihrer Wirtstiere vom Land- zum Wasserleben mitgemacht. Die See-Elefanten-

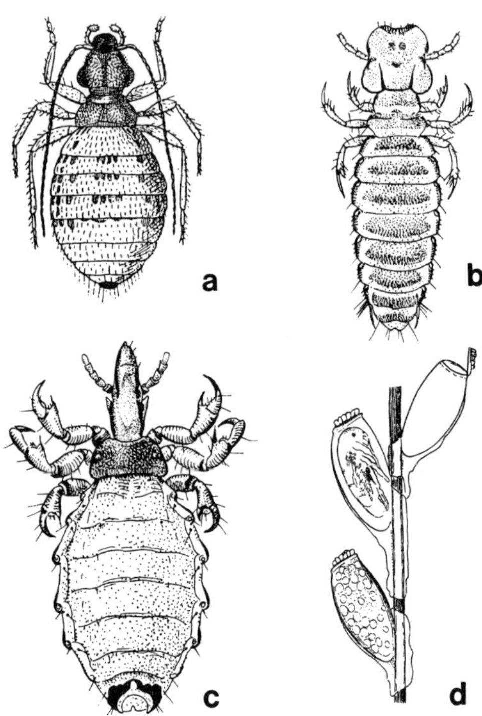

Abb. 236: Psocoptera (a) und Phthiraptera (b–d). a. *Trogium*, b. *Cervicola* (Rehhaarling; Mallophaga), c. *Haematopinus*, d. Eier (Nissen) der Kopflaus am Haar eines Menschen. Oben: Leere Eischale mit noch anhaftendem Deckel, Mitte: Fast schlupfreife Laus in Eischale, Unten: Wenig entwickeltes Ei. Nach Brauns, Kemper

laus *(Lepidophthirus macrorhini)* bohrt Gänge in die Haut ihres Wirtes *(Mirounga)*. Die Fortpflanzung dieser Läuse erfolgt während der Landphase ihrer Wirte. Einige Läuse sind Parasiten des Menschen *(Pthirus pubis, Pediculus humanus*, S. 317) und Krankheitsüberträger. Verschiedene Läuse auch auf Haustieren, so die bis 6 mm lange Schweinelaus *(Haematopinus suis)* und die 2,5 mm lange Hundelaus *(Linognathus setosus)*.

16. Ordnung: Thysanoptera (Physopoda, Blasenfüße, Fransenflügler, Thripse)

Die Fransenflügler sind winzige, meist 1 bis 2 mm, in den Tropen maximal 14 mm lange Insekten, die in der Umgangssprache als «Gewitterfliegen» bekannt sind. Etwa 4000 Arten. Als Pflanzensauger und Virusüberträger können einige Schaden hervorrufen (S. 306). Mundwerkzeuge hypognath, stechend-saugend, asymmetrisch (rechte Mandibel reduziert, linke als Stechborste entwickelt, Abb. 237). Die Beine tragen zwei Krallen und eine große Haftblase (Arolium). Die Flügel sind sehr schmal und am Rand fransenartig behaart, sie können auch fehlen, vor allem bei Weibchen. Eiablage in Pflanzengewebe (Terebrantia, mit Legeröhre) oder auf Pflanzen (Tubulifera, ohne Legeröhre). Öfter Parthenogenese, vereinzelt Neotenie (bei Weibchen). Zwei Larvenstadien (ohne Flügel), danach wenig aktive Ruhe- oder Nymphenstadien (mit Flügelanlagen). Seit Perm *(Permothrips longipennis)*.

17. Ordnung: Rhynchota (Hemiptera, Schnabelkerfe)

Die ca. 70000 Arten umfassende Gruppe enthält Wanzen, Zikaden, Blattläuse, Schildläuse u. a., die als Pflanzensaftsauger und Virusvektoren sowie Tierparasiten und Krankheitsüberträger am Menschen eine bedeutende Rolle spielen (S. 318, Abb. 224). Ihr wichtigstes Merkmal sind die zu einem Stechrüssel umgeformten Mundgliedmaßen. Sie enthalten zwei Stilettpaare, die im Ruhezustand mit ihren Basen in den Kopf eingesenkt sind. Außen liegen die Mandibeln, innen die Laciniae der 1. Maxillen. Letztere bilden sowohl Nahrungskanal als auch Speichelgang. Beim Vorstrecken werden die Stilette von einer gegliederten Rüsselscheide geführt, die aus dem Labium entstanden ist und nicht in die Stichwunde eingeführt wird. Vorn überdeckt das verlängerte Labrum den Rüsselansatz, seitlich die Genae (Wangen) und die Basisteile der 1. Maxillen. Maxillar- und Labialpalpen fehlen. Teile von Mundhöhle und Pharynx sind als Saugpumpe entwickelt. Analfeld der Vorderflügel als Clavus gegen übrige Flügelteile abgegrenzt.

Die Rhynchota lassen sich in zwei große Gruppen gliedern: **Heteroptera** und **Homoptera**.

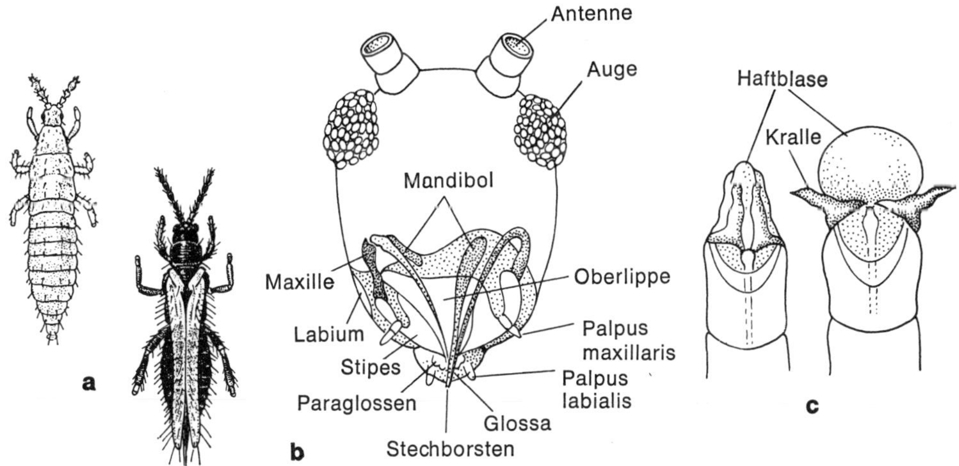

Abb. 237: Thysanoptera. a. Larve und Imago, b. schematische Darstellung des Kopfes mit Mundwerkzeugen, c. Tarsen mit ein- und ausgestülpter Haftblase. Nach Brauns, Weber

Heteroptera tragen ihre Flügel in der Ruhestellung waagerecht auf dem Rücken, das vordere Paar ist basal stark sklerotisiert. Die Kopfkapsel der Heteroptera ist ventral verschlossen, Labium und Kopfhinterrand werden durch eine Gula getrennt.

Homoptera tragen in der Ruhestellung ihre Flügel dachartig über dem Hinterleib, beide Flügelpaare sind membranös. Die Kopfkapsel ist ventral nicht geschlossen, sondern membranös; eine Gula fehlt. Die Labiumbasis wird auf die membranöse Zone hinter der Kopfkapsel verlagert. Bei den meisten Homoptera ist im Darm eine Filterkammer ausgebildet, in der die Übergangsregion zwischen Vorder- und Mitteldarm unter dem Peritoneum mit dem Hinterdarm in Verbindung tritt: Nahrungssaft kann durch frühzeitige Ableitung von Wasser in den Enddarm eingedickt werden. Ob die Homoptera eine natürliche Gruppe sind, ist unsicher. Sie enthalten 2 Gruppen, Auchenorrhyncha und Sternorrhyncha, die hier gleichberechtigt neben die Heteropteren gestellt werden.

a. Heteroptera

Über 30000 Arten. Vorderflügel in ihrem proximalen Teil zu einer Decke (Corium) versteift, der distale Teil dünnhäutig (Membran). Leben von Pflanzensäften (z.B. *Piesma*, *Lygus*, *Eurygaster*, *Aelia*, *Eurydema*), manche sind Räuber, wenige Blutsauger (*Triatoma*, *Cimex*, S. 318, Abb. 224). Die Mehrzahl lebt am Land

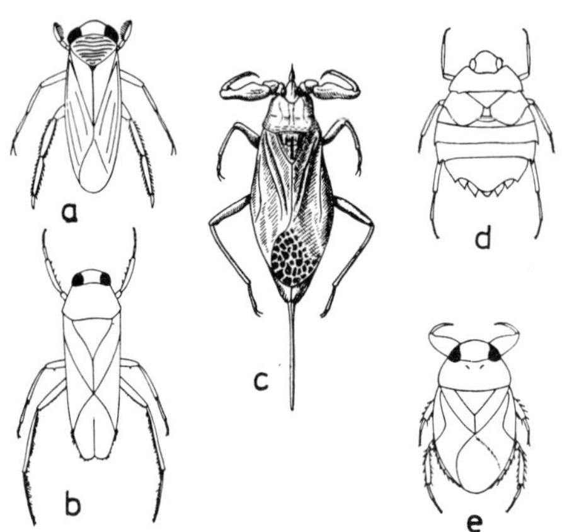

Abb. 238: Hydrocorisae. a. *Corixa*, b. *Notonecta*, c. *Nepa*, d. *Aphelocheirus*, e. *Naucoris*. Nach Tischler

(Gymnocerata, Geocorisae), manche Familien bewohnen die Wasseroberfläche (zu Geocorisae gerechnet oder als Amphicorisae bezeichnet), mehrere hundert Arten sind echte Wasserbewohner (Cryptocerata, Hydrocorisae). Seit Perm *(Paraknightia)*.

1. Hydrocorisae (Cryptocerata, Wasserwanzen, Abb. 238): Wasserlebende Formen mit kurzen Antennen, die kürzer als die Kopfbreite und in Kopfgruben verborgen sind. Ocellen fehlen.

Die Anpassung an das Wasserleben ist in einzelnen Familien unterschiedlich weit fortgeschritten. Die meist kurzflügeligen Aphelocheiridae leben in Wassertiefen bis 6 m und kommen nicht zur Oberfläche. Zwischen Haaren tragen sie eine feine Luftschicht, deren Sauerstoffgehalt aus dem umgebenden Wasser aufgefüllt wird (Plastronatmer). Bodenbewohner, die kleine Muscheln anstechen. Andere Wasserwanzen müssen zum Luftholen an die Wasseroberfläche kommen.

Belostomatidae (Riesenwasserwanzen), bis über 10 cm lange Räuber mit Fangbeinen, und die Nepidae (Wasserskorpione, Skorpionswanzen) besitzen am Abdomen eine Atemröhre. Corixidae (Ruderwanzen, Wasserzikaden) mit über 200 Arten die größte Familie der Wasserwanzen, kommen beim Luftholen mit dem Vorderende aus dem Wasser. Sie umgeben sich mit Luft in Thorax- und Abdominalbereich sowie unter den Flügeln und erlangen dadurch ein geringes spezifisches Gewicht. Unter Wasser müssen sie sich festklammern, um dem starken Auftrieb entgegenzuwirken. Notonectidae (Rückenschwimmer, Wasserbienen) liegen bei der Luftaufnahme in Rückenlage unter der Wasseroberfläche. Nur die Hinterleibsspitze ragt aus dem Wasser. Luft wird in zwei ventrale, von Haaren überdeckte Rinnen aufgenommen, die mit dem Thorax und Räumen unter den Flügeln in Verbindung stehen. Durch die luftgefüllten Atemrinnen sind die Tiere nur imstande, in Rückenlage zu schwimmen. Naucoridae (Schwimmwanzen) besitzen Luftvorräte an einem dichten Haarfilz der Körperoberfläche sowie unter den Flügeln. Auch betreffs der Flugfähigkeit sind die einzelnen Wasserwanzen verschieden. Corixiden sind gute Flieger und können als einzige durch die Wasseroberfläche hindurch starten. Auch Belostomatidae, Notonectidae, *Ranatra* (Nepidae) und Naucoridae können fliegen, in anderen Fällen gibt es in einer Art Populationen mit unterschiedlich ausgeprägtem Flugvermögen. So kann der Wasserskorpion *Nepa* nur selten fliegen.

Die meisten Wasserwanzen sind Räuber. Die großen Belostomatidae ergreifen Fische und Kaulquappen, eine Art ist auf Schnecken spezialisiert, die Zwischenwirte von *Schistosoma* sind; ebenfalls an größere Beutetiere gehen z.B. *Nepa* und *Notonecta*. Sie können auch die Haut des Menschen durchdringen. Corixidae mit ihrem kurzen, weichen Rüssel saugen z.B. Algenfäden und abgestorbene Tiere aus. Die Eier werden an oder in Wasserpflanzen gelegt. Bei vielen Belostomatidae gibt es Brutpflege im männlichen Geschlecht: Nach intensiven Kampfhandlungen zwischen Weibchen und Männchen setzt das Weibchen bis über 100 Eier auf den Rücken des Männchens.

2. **Amphicorisae** (Abb. 239): Mehrere Familien, die den größten Teil ihres Lebens auf der Oberfläche von stehenden oder fließenden Gewässern zubringen, z.B. Wasserläufer (Gerridae), Wasserreiter (Hydrometridae) und Bachläufer (Veliidae). Viele dauernd auf der Wasseroberfläche, andere können untertauchen. Leben von kleinen Wassertieren oder solchen, die auf die Wasseroberfläche getragen wurden. Überwinterung z.B. der Gerridae am Land.

Halobates, flügellose Gattung, auf der Oberfläche warmer Meere, auch fern von Küsten; legen Eier an treibende Algen, an Schalen von *Janthina* und Schwanzfedern von Seevögeln.

3. **Geocorisae (Gymnocerata, Landwanzen,** Abb. 240): Lange, freie Fühler 4-oder 5-gliedrig. Ocellen meist in Zweizahl vorhanden (fehlen bei Miridae, Pyrrhocoridae). Im folgenden einige wichtige Familien:

Reduviidae (Raubwanzen): Mit ca. 4000 Arten eine der größten Wanzenfamilien. Saugen an Insekten, Wirbeltieren und Mensch. Bei manchen Arten Vorderbeine zu Raubbeinen entwickelt. *Triatoma megista* neben anderen Überträger der Chagas-Krankheit (S. 17), *T. rubrofasciata* vielleicht von Kala-Azar (S. 15). In Europa verbreitet: *Reduvius personatus*. *Melanolestes picipes* in Amerika als «kissing bug» bekannt, da sie Menschen vor allem ins Gesicht sticht. *Rhinocoris* lauert auf Blüten und fängt Insekten.

Cimicidae (Bettwanzen, Plattwanzen) etwa 30 Arten: *Cimex lectularius* und *C. hemipterus* auf Menschen (S. 318), befallen auch verschiedene Haustiere. Mehrere *Cimex*-Arten auf Fledermäusen. *C. columbarius* in Taubenschlägen. *Oeciacus* in Schwalben- und Seglernestern.

Anthocoridae (Blumenwanzen): Saugen an Insekten und gelegentlich auch am Menschen.

Miridae (Capsidae, Blind-, Weichwanzen): Über 6000 Arten, größte Familie der Landwanzen, mit wichtigen Schädlingen, meist Pflanzensaftsauger. *Lygus pratensis* saugt an über 50 Pflanzenarten, *Myrmecoris gracilis*

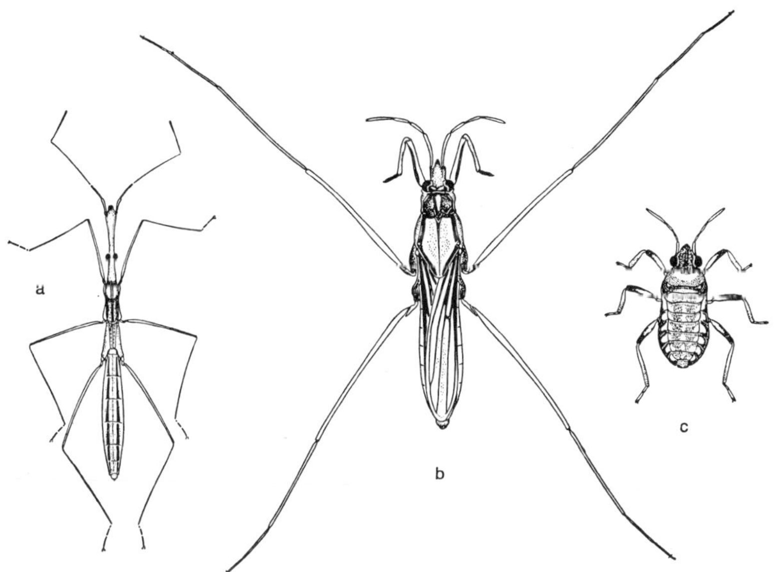

Abb. 239: Amphicorisae. a. *Hydrometra*, b. *Gerris*, c. *Velia*. Nach Engelhardt

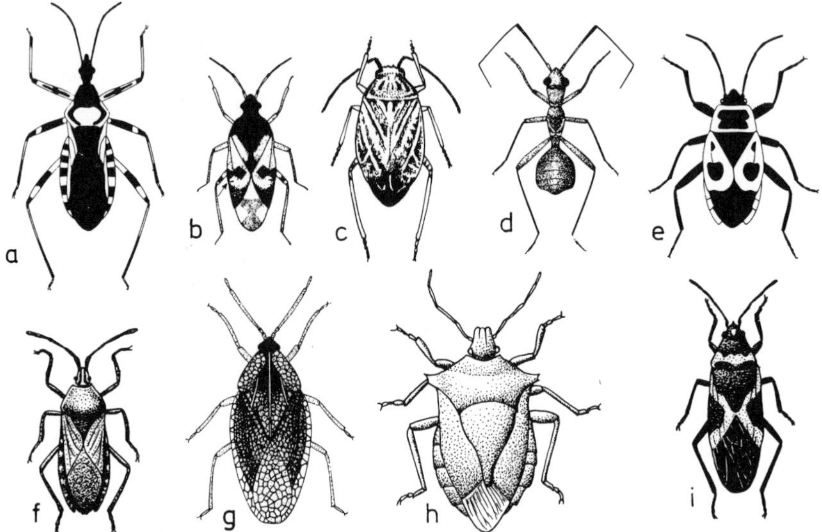

Abb. 240: Geocorisae. a. *Rhinocoris* (Reduviidae), b. *Anthocoris* (Anthocoridae), c. *Lygus* (Miridae), d. *Myrmecoris* (Miridae), e. *Pyrrhocoris* (Pyrrhocoridae), f. *Anasa* (Coreidae), g. *Dictyla (Monanthina)* (Tingidae), h. *Glypsus* (Pentatomidae), i. *Lygaeus* (Lygaeidae). Nach Brohmer, Rhodesia, Storer, Tischler

ähnelt Ameisen, lebt in deren Bauten, Flügel verkümmert.

Pyrrhocoridae (Feuerwanzen): *Pyrrhocoris apterus* geflügelt und ungeflügelt, leuchtend rot-schwarz gefärbt, *Dysdercus*, wichtiger Schädling an Baumwolle.

Lygaeidae (Langwanzen): mit Getreideschädlingen, z.B. *Blissus* in den USA.

Coreidae (Leder- oder Randwanzen): mit einigen wichtigen Schädlingen z.B. in der Neuen Welt.

Pentatomidae (Schild-, Stinkwanzen): Scutellum (Tergit des Mesothorax) groß, verdrängt manchmal Flügel ganz. Über 5000 Arten. Stinkdrüsen, Sekret wird bisweilen sogar verspritzt *(Tesseratoma)*. Meist Pflanzensauger. Grüne Stinkwanze *(Palomena prasina)*, besonders auf Beerenobst, Kohlwanze *(Eurydema oleraceum)*, *Dolycoris baccarum* (Beerenwanze), *Eurygaster*, wichtiger Getreideschädling in Ukraine, Iran und Türkei, *Aelia acuminata* an Getreide.

b. Auchenorrhyncha (Zikaden)

30000 Arten. Vorderflügel im allgemeinen nicht stärker sklerotisiert als Hinterflügel. Flügel in Ruhelage dachartig über dem Rücken zusammengelegt (Abb. 241). Sprungvermögen. Bei Männchen und auch Weibchen oft lauterzeugende Organe (Trommelorgane) am 1. Abdominalsegment. Die Gesänge der Singzikaden (Cicadidae) können über mehrere 100 m hörbar sein und kennzeichnen neben den Lauten von Heuschrecken die Geräuschkulisse der Vegetationszonen wärmerer Länder. Die Lauterzeu-

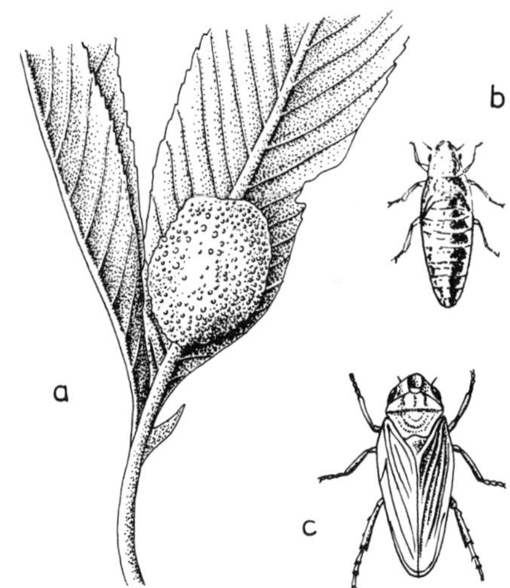

Abb. 241: Schaumzikade. a. Weidenblatt mit «Kukkucksspeichel», der von der Larve (b) hervorgerufen wird, c. Imago. Nach v. Frisch

gung erfolgt, indem ein spezialisiertes Cuticulaareal durch einen Muskel eingezogen wird und wieder in die Ausgangslage zurückschnellt (vgl. Boden einer Blechdose, der eingedrückt wird und wieder zurückschnellt). Unter den heimischen Zikaden fallen am meisten die Larven der Schaumzikaden (Cercopidae) auf, die am After austretende Flüssigkeit mit Luft aus dem Tracheensystem aufschäumen lassen und so eine schutzvermittelnde Schaumhülle hervorbringen (Kuckucksspeichel, Abb. 241). Atemluft nehmen sie auf, indem sie ihr Hinterende aus der Schaumhülle herausstrecken.

Die mitteleuropäischen Arten sind meist klein, in warmen Ländern kommen mehrere cm lange Arten vor, die z.T. durch ihre umfangreichen Anhänge unbekannter Funktion bekannt wurden, so unter den Fulgoridae Formen mit Kopffortsatz, in den mit Luft gefüllte Darmdivertikel hineinziehen (Laternenträger) und unter den Membracidae solche mit Fortsätzen des Pronotum.

c. Sternorrhyncha (Pflanzensauger)

Etwa 8000 Arten kleiner pflanzensaugender Insekten, zu denen viele Schädlinge zählen (S. 306). Labiumbasis in den Bereich der Vorderhüften verlagert, Tarsenzahl auf 2 oder 1 reduziert, Flügel in Ruhelage dachartig über dem Rücken zusammengelegt, Vorderflügel nicht stärker sklerotisiert als Hinterflügel. Seit Perm.

1. Aphidina (Blattläuse). Flügel glasklar, kein Sprungvermögen, Malpighische Gefäße fehlen, Generationswechsel (Heterogonie) und Wirtswechsel verbreitet (Abb. 242). 3000 Arten.

Blattläuse treten in verschiedenen Phaenotypen auf, die Morphen genannt werden. Diese können auf einer Phanerogamen-Art leben, dann nennt man die betreffende Art monözisch, oder einen Wirtswechsel vornehmen (diözische Arten). Arten mit Heterogonie nennt man holozyklisch, solche mit einer ununterbrochenen Folge von parthenogenetisch sich fortpflanzenden Tieren anholozyklisch. Manche Arten sind in ihrer Heimat holozyklisch, in Gebieten, in welche sie verschleppt wurden, anholozyklisch.

Aufgrund der Fortpflanzungsweise unterscheidet man folgende Morphen:

Fundatrix: Weibchen, das aus befruchtetem Ei hervorgegangen ist und parthenogenetisch Weibchen (Fundatrigenien) hervorbringt. Fortpflanzungsquote hoch: bis etwa 400 Nachkommen. Die Fundatrix ist die einzige Morphe, die aus einem abgelegten Ei hervorgehen kann, alle anderen entstehen durch Viviparie.

Virginopara: Weibchen, das parthenogenetisch entstanden ist und sich parthenogenetisch fortpflanzt. Es kann geflügelt (alat) oder flügellos (apter) sein. Nachkommenzahl: etwa 20–60. Bringt es Weibchen hervor, nennt man es gynopar, erzeugt es Männchen, andropar, zeugt es beide Geschlechter, sexupar.

Sexualis: Männchen und Weibchen, die sich befruchten. Das befruchtete Weibchen bringt ein oder wenige Eier (Dauereier) bzw. Jungtiere (Fundatrix-Larven) hervor. Diese überwintern in unserem Klima. Blattläuse, deren Sexuales Eier ablegen, werden als Aphidina ovovivipara bezeichnet, solche, die nur lebende Junge hervorbringen, Aphidina vivipara.

Mit der Heterogonie ist vielfach Wirtswechsel verbunden. Man unterscheidet Winter- (Primär-) und Sommerwirt (Sekundärwirt). Am Winterwirt können folgende Stadien auftreten: das befruchtete Ei (Dauerei), die Fundatrix und Virginoparae. Geflügelte Formen wandern zum Sommerwirt und werden Migrantes (Emigrantes) genannt; die auf dem Sommerwirt entstandenen Individuen bezeichnet man als Exsules, die Rückwanderer zum Winterwirt Immigrantes.

Bei der Benennung der Stadien im Blattlauszyklus hat man also die Bezeichnung aufgrund der Fortpflanzungsverhältnisse sowie ihres Aufenthalts- bzw. Geburtsortes zu trennen.

Die Entstehung der Morphen wird durch verschiedene Faktoren hervorgerufen:

Geflügelte Virginoparae entstehen bei erhöhter Populationsdichte und bei Abnahme der Nahrungsqualität; Sexuparae bilden sich unter dem Einfluß von Kurztag und niedriger Temperatur aus Individuen im fortgeschrittenen Sommer; Fundatrices sind grundsätzlich Weibchen, da die männchenbestimmenden Spermien bei der 1. Reifeteilung degenerieren.

Blattläuse leben nur auf Phanerogamen und saugen deren Saft, den sie als «Honigtau» wieder abgeben können. Dieser wird von Bienen, Ameisen und Fliegen aufgenommen. Einige Ameisen «betrillern» mit ihren Antennen Blattläuse an deren Hinterende, so daß diese einen Honigtautropfen abgeben. Diese Verhaltensweise fördert auch das Wachstum der Blattlauskolonien, da die «gemolkenen» Tiere mehr Phloemsaft aufnehmen und mehr Nachkommen erzeugen.

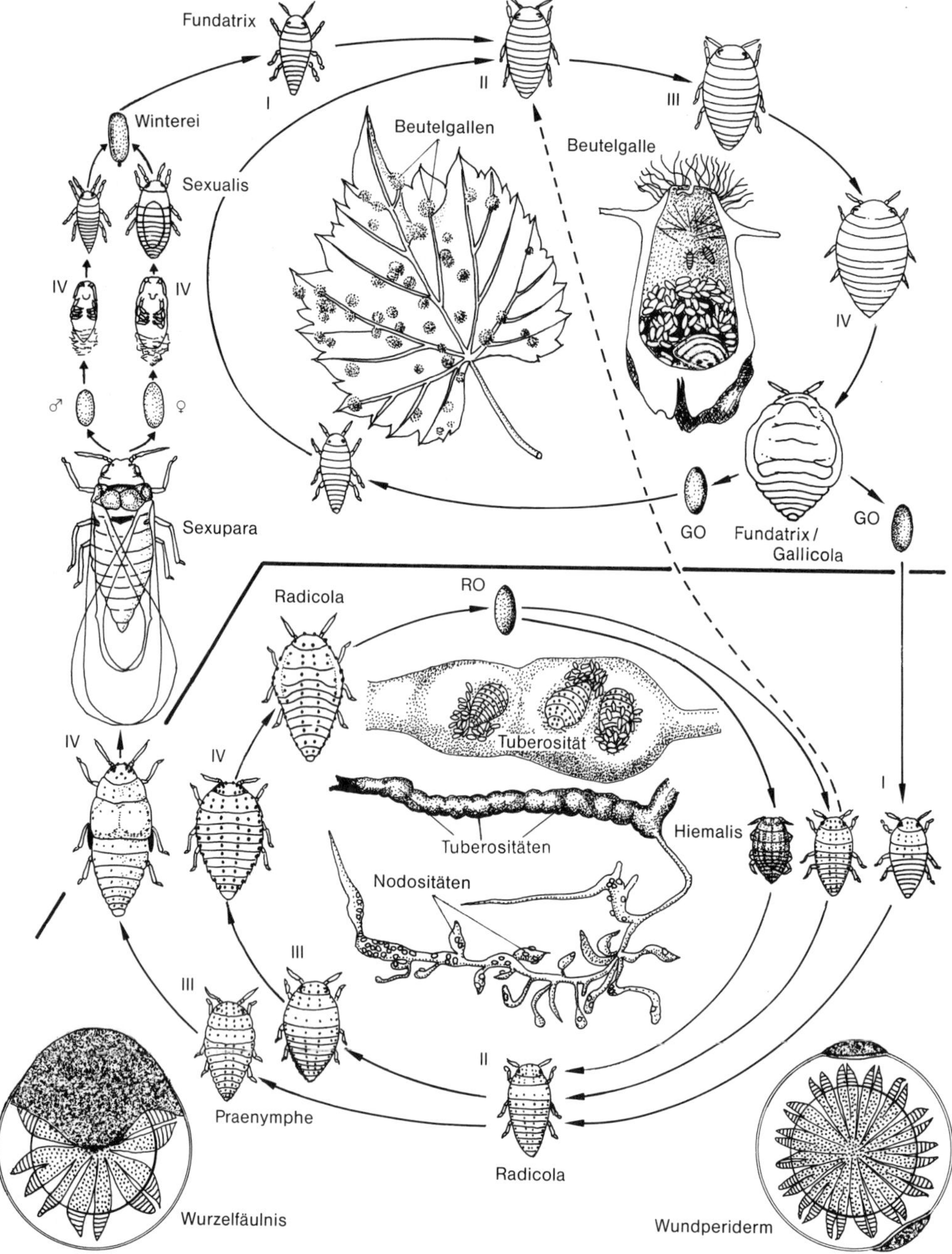

Abb. 242: Entwicklungsgang der Reblaus *(Dactylosphaera vitifolii = Viteus vitifolii = Phylloxera vastatrix)* sowie Befallssymptome der Rebe. Der ursprünglich auf den Osten der USA beschränkte, heute weltweit verbreitete Rebenparasit lebt nur an *Vitis*, wobei ein Wechsel zwischen oberirdischen Organen und Wurzel erfolgen kann. Voraussetzung des Befalls ist die Induktion von Beutelgallen an den Blättern oder von massiven Wurzelgallen – vogelkopfartigen Nodositäten an den Saugwurzeln und knotigen Tuberositäten an den verholzten Wurzeln. Im vollständigen Entwicklungskreislauf treten verschiedene Morphen mit jeweils vier Larvenstadien (I, II, III, IV) auf. Nur eine einzige Generation ist geflügelt, alle übrigen sind flügellos. Auf eine

Verbreitet sind auch Wachsabscheidungen, die bei vielen Aphididen und einigen Pemphigiden über Röhren (Siphonen) am Hinterleib abgegeben werden.

Blattläuse gehören zu den wichtigsten Schadinsekten landwirtschaftlicher Kulturen (S. 308), vorzugsweise in Klimaten mit ausgeprägten Jahreszeiten. Sie schädigen in erster Linie durch Entzug von Phloemsaft. Außerdem siedeln sich Pilze auf ihren Honigtauausscheidungen an und beeinträchtigen den Lichtzutritt zu den Assimilationsorganen. Starker Befall führt auch zu frühzeitiger Abreife von Früchten und damit zu Ertragseinbußen. Schließlich können sie z.B. Viren übertragen.

Wichtige Familien: Aphididae (Röhrenläuse, mit gut ausgebildeten Siphonen); *Aphis*, *Myzus*, *Brevicoryne*, bedeutende Schädlinge (S. 308).

Lachnidae: Hierher gehören die größten Blattläuse; leben meist an Baumrinde, z.B. von Coniferen. Ihr Honigtau wird von Bienen geerntet (Tannenhonig).

Eriosomatidae: mit Gallerregern (S. 208), *Tetraneura*, *Eriosoma*, *Pemphigus*.

Phylloxeridae: mit Reblaus *(Viteus vitifolii* [Abb. 242]).

Adelgidae (Chermesidae): mit wichtigen Schädlingen und Gallerregern (S. 304, Abb. 216).

2. Coccinea (Schildläuse). Meist unter 5 mm lange Kleinformen mit ausgeprägtem Sexualdimorphismus (Abb. 243): Männchen meist kurzlebig, mit zwei Flügeln, Hinterflügel zu Haken rückgebildet, Mundwerkzeuge atrophiert; Weibchen mit längerer Lebensdauer, meist seßhaft, Beine und Antennen können reduziert sein; Körpergliederung meist verwischt; Mundwerkzeuge bleiben erhalten. Weibchen erreichen Geschlechtsreife 1–2 Häutungen vor den Männchen (Neotenie). Weibchen primitiver Schildläuse ähneln Blattläusen, andere bilden aus eigenen Sekreten einen Schild, der sie selbst sowie Eier und Jungtiere schützt. Augen sind vereinfacht. Parthenogenese ist verbreitet.

---

bisexuelle Phase mit einem Winterei (Dauerei) folgen zahlreiche Generationen, die sich durch parthenogenetisch erzeugte Eier fortpflanzen.

Im Frühjahr kriecht aus dem befruchteten Winterei die Fundatrix aus, die an der Triebspitze eine Blattgalle induziert und unbefruchtete Eier ablegt. Es schließen sich mehrere, der Fundatrix sehr ähnliche Generationen von Blattgallenläusen (Gallicolae) an, die sich ebenfalls auf parthenogenetischem Wege vermehren. Aus den Gallenlausgelegen (GO) entstehen im Frühsommer überwiegend junge Blattrebläuse, später wandern immer mehr Jungläuse in den Boden ab und werden zu Wurzelläusen (Radicolae). Aus den gleichfalls parthenogenetischen Wurzellauseiern (RO) entwickeln sich wiederum Wurzeljungläuse. Im Spätsommer können an der Wurzel aus «Praenymphen» (3. Larvenstadium) auch Formen mit Flügeltaschen («Nymphen», 4. Larvenstadium) entstehen, die den Boden verlassen und sich zu geflügelten Sexuparae häuten. Die geflügelten Rebläuse, die sich mit Luftströmungen über größere Entfernungen ausbreiten können, legen an das alte Rebholz entweder kleinere unbefruchtete Eier (♂), aus denen Männchen hervorgehen, oder größere parthenogenetische Weibcheneier (♀). Die Geschlechtstiere (Sexuales), deren Larven sich in rascher Folge häuten, besitzen weder Mundwerkzeuge noch Darm. Das Weibchen erzeugt nur ein einziges Ei, das nach der Befruchtung unter der Borke oder in Spalten des alten Holzes festgeheftet wird (Winterei).

An den Wurzeln verbliebene Jungläuse verfallen unter dem Einfluß abgesunkener Bodentemperaturen in Diapause, um als Winterläuse (Hiemales) die kalte Jahreszeit zu überdauern. Sie leiten in der nächsten Vegetationsperiode eine Folge neuer Wurzellausgenerationen ein.

Der Entwicklungsgang der Reblaus wird sowohl durch die klimatischen Bedingungen als auch durch die Artzugehörigkeit ihrer Wirtsreben variiert. In Mitteleuropa sind 3–5, am Mittelmeer über 10 ober bzw. unterirdische Reblausgenerationen möglich. In unseren Weinbaugebieten ist ferner die bisexuelle Phase häufig unterdrückt. In wärmeren Regionen wurde andererseits eine unmittelbare Besiedlung der Blätter durch wurzelbürtige Rebläuse («direkte Gallenläuse») beobachtet (gestrichelte Linie). Aus klimatischen und wirtsspezifischen Gründen ist für den mitteleuropäischen Weinbau nur der unterirdische Teil des Reblauszyklus von Bedeutung, in dem Wurzellaus auf Wurzellaus folgt.

Reblausschäden gehen in erster Linie auf die mikrobielle Zersetzung des vergallten Wurzelgewebes zurück, wobei Wurzelverluste durch Fäulnis von Tuberositäten besonders schwer wiegen. Während sich die Wurzelfäulnis bei der europäischen Kulturrebe *Vitis vinifera* ungehemmt ausbreitet (unten links) und zum Tod der befallenen Rebe führt, riegeln zahlreiche amerikanische Wildarten die Leitbündel ihrer Wurzeln durch ein Wundperiderm gegen die Nekrosen ab (unten rechts), so daß die Wurzeln nicht nachhaltig geschädigt werden (Toleranzverhalten). Durch Pfropfung von Edelreisern der europäischen Rebsorten auf reblaustolerante Unterlagen, die von amerikanischen Arten abstammen, ist es möglich, auch auf reblausverseuchten Böden Weinbau zu betreiben. Nach Rilling

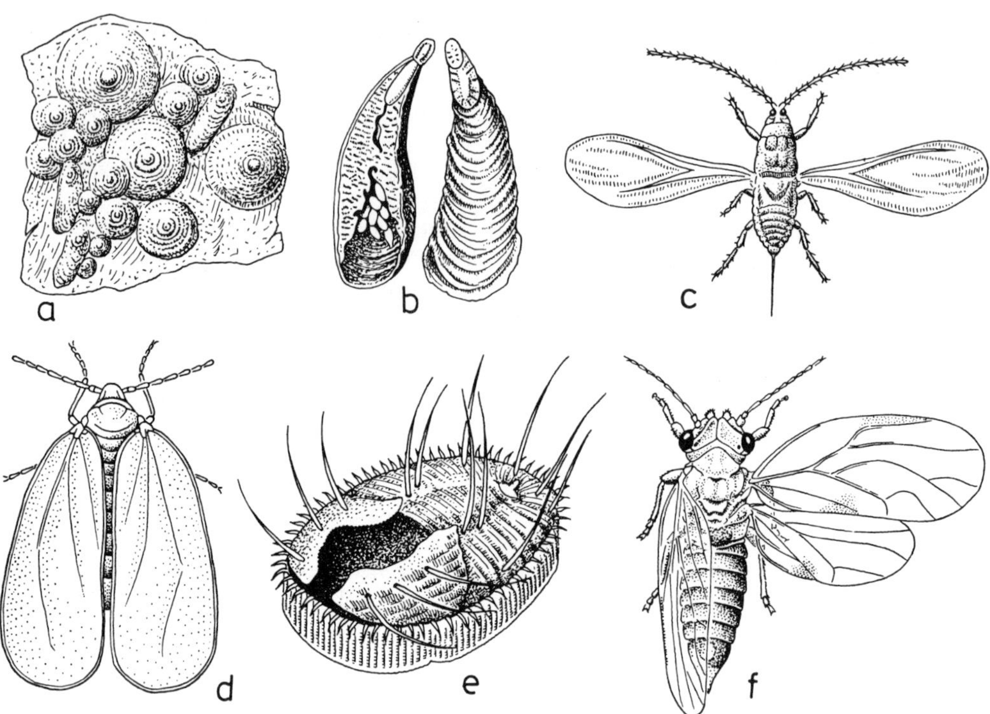

Abb. 243: Schildläuse (Coccinea, a–c), Mottenschildläuse (Aleyrodina, d, e), Blattflöhe (Psyllina, f). a. *Quadraspidiotus perniciosus*, b, c. *Lepidosaphes ulmi*, b. Weibchen, c. Männchen, d. *Aleurodes*-Weibchen, e. *Trialeurodes*, leere Hülle des vierten Larvenstadiums nach dem Schlüpfen der Imago. f. *Psylla*-Weibchen. Nach Diehl, Haupt, Newcomer, Weber, Weidner

Schildläuse gehören vorwiegend in warmen Klimaten zu den wichtigsten Schadinsekten in der Landwirtschaft (S. 309). Einige Arten werden jedoch auch wirtschaftlich genutzt (Farbstoff-, Lackgewinnung, Manna).

Orthezia urticae (Nessellaus), auf Brennnesseln. *Porphyrophora*, aus ihr wurde roter Farbstoff gewonnen. *Icerya purchasi* (Australische Wollschildlaus), im vergangenen Jahrhundert von Australien nach Nordamerika verschleppt, bedrohte dort die *Citrus*-Plantagen. Durch Nachholen des Marienkäfers *Rodolia (Novius) cardinalis* wurde eine drohende Katastrophe vermieden. *Trabutina mannipara:* Honigtau dieser Art trocknet im Wüstenklima Sinais zu Manna und wird von der dortigen Bevölkerung gegessen. *Lakshadia* und *Laccifer* aus Süd- und Südostasien liefern Schellack. *Dactylopius (Coccus) cacti* (Cochenillelaus): wird in Mexico und auf Kanarischen Inseln an Opuntien gezüchtet, dient der Gewinnung von Karmin (früher zur Färbung von Stoffen verwendet, heute noch in der Histologie). *Eulecanium* mit kreisförmigem Schild. *Lepidosaphes* (Kommaschildlaus, Abb. 243b, c). *Quadraspidiotus perniciosus* (San-José-Schildlaus, Abb. 243a), Schädling von Obstkulturen.

3. **Aleyrodina (Aleurodina, Mottenschildläuse).** Kleine Gruppe, mit mehlartigem Wachsstaub bedeckt. Bei uns wenige Arten, in Gewächshäusern als «weiße Fliegen» bekannte Schädlinge (Abb. 243d, e). Sprungvermögen. Parthenogenese verbreitet.

Besonders gekennzeichnet sind die Mottenschildläuse durch ihre postembryonale Entwicklung (Allometabolie): Das 1. Larvenstadium ist freibeweglich, die folgenden sind festsitzend. Im letzten Jugendstadium (Puparium) wird die Imaginalgestalt herausgebildet. *Aleurodes, Aleurochiton, Dialeurodes, Trialeurodes* (Abb. 243d, e).

4. **Psyllina (Blattflöhe).** Kleinformen, erinnern an Kleinzikaden, vorwiegend in warmen Klimaten. Flügelgeäder relativ ursprünglich,

Sprungvermögen. Larven zunächst freibeweglich, spätere Stadien weitgehend sessil, Adulte mit Flugvermögen (Abb. 243f).

Livia juncorum erzeugt Gallen an Binsen (Abb. 216), *Psylla* mit wichtigen Schädlingen (S. 306) an Obstbäumen, *Trioza* schädlich an Möhren.

Holometabola (Ordnungen 18–28)

Über 600000 Arten. Entwicklung vollkommen, d.h. zwischen Larven- und Imaginalstadium Puppe, die keine Nahrung aufnimmt und als erstes Stadium äußere Flügelanlagen besitzt.

Man unterscheidet folgende Haupttypen der Puppen: Bei der Pupa dectica sind die Mandibeln sklerotisiert und beweglich; die Körperanhänge stehen frei vom Rumpf ab. Sie kommt z.B. bei Neuroptera, Mecoptera und Trichoptera vor.

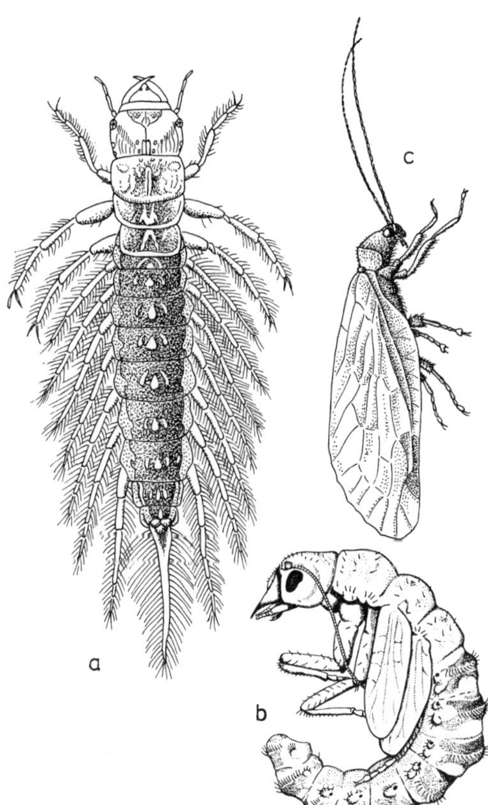

Abb. 244: Megaloptera. *Sialis*. a. Larve, b. Puppe, c. Imago. Nach Berland, du Bois Geigy, Rosseau

Bei der Pupa adectica sind die Mandibeln nicht sklerotisiert oder beweglich. Ihre Anhänge können der Körperoberfläche frei aufliegen (Pupa exarata, z.B. bei Coleoptera und Hymenoptera) oder mit ihr durch Exuvialflüssigkeit verkittet sein (Pupa obtecta, Mumienpuppe, z.B. bei den meisten Lepidoptera und Diptera).

Unter dem Begriff **Neuropteroidea** (Netzflügler i.w.S.) werden drei Ordnungen primitiver Holometabola zusammengefaßt (Megaloptera, Raphidioptera, Planipennia).

18. Ordnung: Megaloptera (Schlammfliegen)

Kleine Gruppe mit etwa 100 Arten. Schlecht fliegend. Imagines meist in Wassernähe, nehmen wenig oder keine Nahrung auf. Ohne Ocellen. Bei uns nur drei *Sialis*-Arten. Eiablage direkt über dem Wasser. Erstes Larvenstadium freischwimmend, spätere bodenlebend, räuberisch. Larven mit gegliederten Tracheenkiemen an den ersten 7 oder 8 Abdominalsegmenten (Abb. 244). Larven leben 2 Jahre, Puppenruhe und Imaginalzeit kurz. Seit Perm. *Sialis* (Abb. 244); *Corydalis*, z.T. Großformen mit 20 cm Spannweite, letztere auch zu den Raphidioptera gestellt.

19. Ordnung: Raphidioptera (Raphidides, Kamelhalsfliegen)

Etwa 100 Arten langsamer Flieger. Larven terrestrisch, vor- und rückwärts laufend, wie Imagines räuberisch lebend. Puppe (Pupa dectica, Abb. 245) vor Imaginalhäutung imstande zu klettern und zu laufen. Imago mit stark verlängertem Prothorax und sehr beweglichem

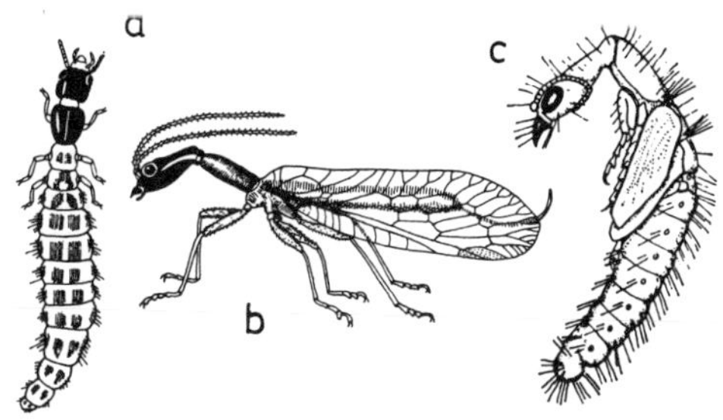

Abb. 245: Raphidioptera. *Raphidia*. a. Larve, b. Imago, c. Puppe. Nach Eidmann, Wurmbach

Kopf. Beim Fang von Insekten werden Kopf und Vorderbrust vorgeschnellt. Geschätzt als Vertilger der Eier von Forstschädlingen. Im Besitz einer gut ausgebildeten Legeröhre primitiver als Megaloptera. Seit Perm. *Raphidia*, *Inocellia*.

20. Ordnung: Planipennia (Netzflügler i. e. S.)

Diese etwa 7000 Arten umfassende Gruppe ist vor allem durch eine Reihe von Larvenmerkmalen gekennzeichnet. Der Mund ist zu einer schmalen Spalte umgebildet. Mandibeln und ein Teil der Maxillen sind zangenförmig und vergrößert (Abb. 246a) und miteinander verzahnt. Zwischen beiden liegt das Nahrungsrohr (das also paarig angelegt ist), durch das praeoral verflüssigte Nahrung aufgesaugt wird. Lebensweise räuberisch (nützlich, da sie z.T. von Schildläusen, Blattflöhen und -läusen leben), terrestrisch oder im Wasser. Der Darm der Larve ist vor den Malpighischen Gefäßen verschlossen, Exkremente werden gespeichert oder ausgewürgt. Die am Land lebende Puppe wird von einem Kokon umgeben, der aus einem Sekret der Malpighischen Gefäße hergestellt wird.

Die Imagines sind vielfältig in Gestalt und Größe. Vorder- und Hinterflügel sind meist ähnlich und reichgeädert, in Ruhe liegen sie dachförmig auf dem Rücken. Flug träge, mit Ausnahme der Ascalaphidae. Die Imagines sind im Unterschied zu den Megaloptera und Raphidioptera, die prognath sind, orthognath; die Larven aller drei Gruppen sind prognath. Einige Familien mit typischer Eiablage: jedes Ei steht auf einem kleinen Sekretstiel. Seit Perm.

Coniopterygidae (Staubhafte): Kleinformen, Körper und Flügel mit Wachsschuppen bedeckt.

Sisyridae (Schwammhafte): Kleinformen, Larven in Schwämmen.

Osmylidae (Bachhafte): Imagines ähnlich Florfliegen, Larve in Wassernähe.

Mantispidae (Fanghafte): Imago mit Fangbeinen (Abb. 246f); erstes Larvenstadium vagil mit gut ausgebildeten Extremitäten, zweites Larvenstadium parasitisch im Eikokon von Spinnen, Beine stark reduziert. *Mantispa*.

Chrysopidae (Florfliegen, Goldaugen): Bekannteste Neuropteroidea Mitteleuropas. Larven und von mehreren *Chrysopa*-Arten (Abb. 246e) auch die Imagines sind Blattlausvertilger, ebenso die Hemerobiidae (Blattlauslöwen).

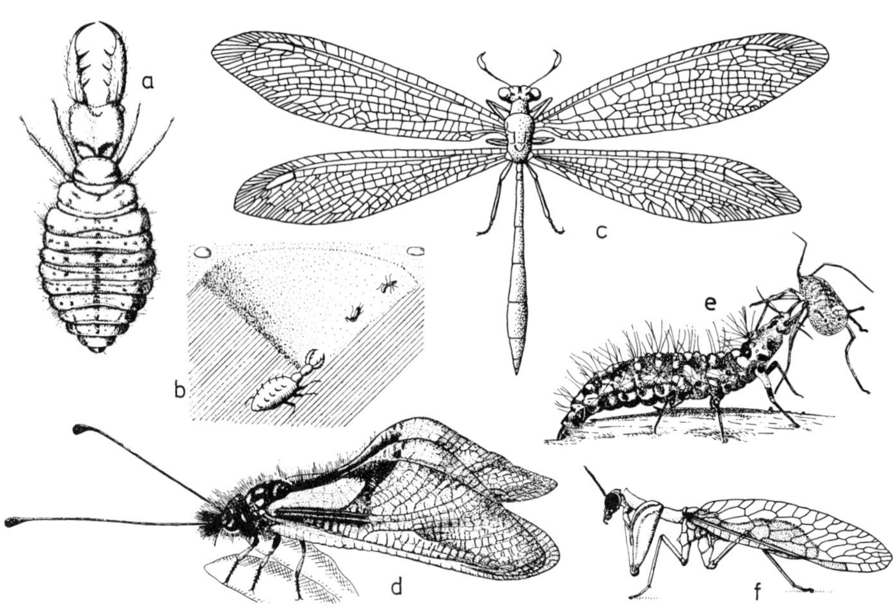

Abb. 246: Planipennia. a–c. *Myrmeleon* (Ameisenlöwe), a. Larve, b. Larve im Fangtrichter, c. Imago, d. *Libelloides (Ascalaphus)*, e. *Chrysopa*-Larve, eine Blattlaus aussaugend, f. *Mantispa*. Nach Jacobs, Renner, Ulrich, Wundt

Nemopteridae (Fadenhafte): Vorwiegend tropische Formen mit langen, bandartigen Hinterflügeln.

Ascalaphidae (Schmetterlingshafte): schmetterlingsartige gute Flieger (Abb. 246d).

Myrmeleontidae (Ameisenjungfern): Imago wirkt libellenartig (Abb. 246c). Larven lauern im Sand auf Beute, manche an der Basis von selbstgefertigten Sandtrichtern, in die Ameisen und andere kleine Insekten hineinrutschen (Abb. 246a, b). Ameisenlöwen *Myrmeleon*, *Euroleon*.

21. Ordnung: Coleoptera (Käfer)

Die Käfer sind mit 350 000 Arten die größte Ordnung (Abb. 219, 222, 247, 248). Die Vorderflügel sind feste Decken (Elytren) mit vorspringender Seitenkante (Epipleurum), rechte und

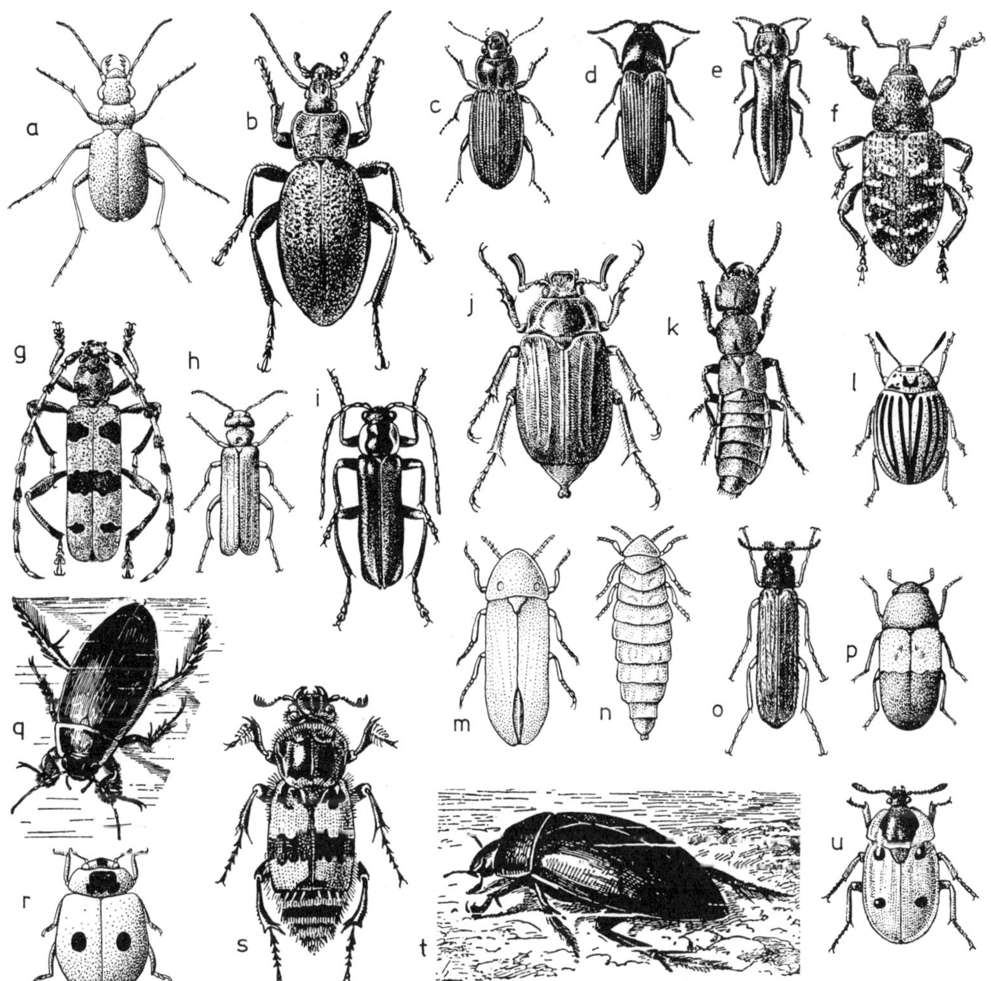

Abb. 247: Käfer (Coleoptera). Vgl. auch Abb. 219, 222. a. *Cicindela* (Cicindelidae), b. *Carabus*, c. *Harpalus* (Carabidae), d. *Elater* (Elateridae), e. *Agrilus* (Buprestidae), f. *Hylobius* (Curculionidae), g. *Rosalia* (Cerambycidae), h. *Lytta* (Meloidae), i. *Cantharis* (Cantharidae), j. *Melolontha* (Scarabaeidae), k. *Ocypus* (Staphylinidae), l. *Leptinotarsa* (Chrysomelidae), m, n. *Lampyris*, m. Männchen, n. Weibchen (Lampyridae), o. *Hylecoetus* (Lymexylonidae), p. *Dermestes* (Dermestidae), q. *Dytiscus* (Dytiscidae), r. *Adalia* (Coccinellidae), s. *Necrophorus* (Silphidae), t. *Hydrous* (Hydrophilidae), u. *Xylodrepa* (Silphidae). In unterschiedlichem Maßstab. Nach Brauns, Kemper, Tischler, Weidner

linke Elytre legen sich in der Medianen zusammen. Sie können auch zu kurzen Decken reduziert sein (Staphylinidae, Kurzflügler). Unter sie werden die Hinterflügel in komplizierter Weise eingefaltet, diese sind häutig und die eigentlichen Flugorgane. Die Elytren können median verschmelzen, dann sind die Hinterflügel rückgebildet und die Tiere flugunfähig (z.B. bei manchen Carabiden (Laufkäfern) und Curculioniden (Rüsselkäfern). Der Kopf ist prognath, die Mundwerkzeuge beißend. Prothorax groß und beweglich. Seine Paranota treten mit dem Sternum in Verbindung und überdecken die Pleuren meist vollständig (Cryptopleurie). Vom Mesothorax dorsal Scutellum sichtbar. Die von den Elytren bedeckten Hinterleibssegmente sind dorsal weichhäutig. Die auf das 8. Abdominalsegment folgenden Metameren sind in dieses einbezogen. Larven vielgestaltig, z.B. *Campodea* ähnlich, Maden, Draht- und Mehlwürmer, Engerlinge (Abb. 219). Sie sind Pflanzenschädlinge verschiedenster Art (S. 308, Abb. 219) z.B. Knospenstecher, Wurzelnager, Blattfresser, Fruchtzerstörer), Lagerschädlinge, Schädlinge in verschiedenen Sammlungen und Wohnungen (S. 314, Abb. 222), Holzzerstörer (S. 314, 316, Abb. 248), aber wir finden auch Blütenbesucher (S. 301), Aasfresser, Raubtiere. Mit mehreren Familien sind sie Wassertiere geworden. Einige sind als Larven Parasiten oder Verzehrer der Nahrungsvorräte von Hymenopteren, wie z.B. die Ölkäfer (Meloidae u.a.). Käfer sind seit dem Perm bekannt. Die wichtigsten Gruppen werden im folgenden aufgeführt:

a. Adephaga: mit einigen primitiven Merkmalen. Bei den Larven ist die Tibia als selbständiges Glied erhalten, paarige Krallen. Cryptopleurie unvollständig.

Cicindelidae (Sandlaufkäfer): Larven in senkrechten Röhren des Bodens, am Röhreneingang werden Insekten gefangen. Käfer oft auffallend gefärbt, weltweit verbreitet, z.B. in Sandgebieten und an Stränden. *Cicindela*, tagaktiv, fliegt besonders schnell auf. In Indien und Indonesien: Larven von *Collyris* bohren in Kakao-, Kaffee- und Teezweigen.

Carabidae (Laufkäfer): Über 20000 Arten, vorwiegend in gemäßigter Zone. Lange, kräftige Beine, fadenförmige Antennen. Bekannte Käfer, wie Lederlaufkäfer *(Carabus coriaceus)*, Goldschmied *(C. auratus)*, Puppenräuber *(Calosoma)*, Bombardierkäfer *(Brachinus)*, *Zabrus*, wichtiger Getreideschädling. Bei uns viele Gattungen. Große Arten meist flugunfähig, Elytren verwachsen.

Dytiscidae (Schwimmkäfer): Larven und Käfer im Wasser, letztere flugfähig. Luft wird in Tracheen und unter Elytren aufgenommen, indem der Käfer mit dem Hinterende an die Wasseroberfläche kommt. Vorderbeine der Männchen oft mit Haftscheiben, Mittelbeine umgreifen Weibchen bei Begattung, Hinterbeine Schwimmextremitäten. Larven mit großen Mandibeln, extraintestinale Vorverdauung. Verpuppung außerhalb des Wassers. *Dytiscus marginalis* (Gelbrandkäfer), *Colymbetes*, *Acilius*.

Gyrinidae (Taumelkäfer): Oft in Gruppen auf der Wasseroberfläche schnell schwimmend Kreisbogen beschreibend. Larve mit Tracheenkiemen.

b. Polyphaga: höhere Formen, Larven nicht mit selbständiger Tibia (wohl mit Tarsus verschmolzen), mit unpaarer Kralle. Imagines mit vollständiger Cryptopleurie.

Familiengruppe: Cantharoidea. Cantharidae (Weichkäfer): Weiche Flügeldecken, Käfer auf Blüten, Larven räuberisch in der Erde. *Cantharis*, *Rhagonycha*.

Lampyridae (Leuchtkäfer, Glühwürmchen): Leuchtorgane am Hinterleib. Larven räuberisch, Imagines nehmen oft keine Nahrung auf. Weibchen oft wurmförmig, flugunfähig (Abb. 247). *Phausis*, *Lampyrus*.

Familiengruppe: Staphylinoidea. Zahlreiche Familien, z.B. Silphidae (Aaskäfer): Vor allem in nördlicher gemäßigter Zone. Leben meist von Dung, Aas oder verfaulenden pflanzlichen Stoffen. *Necrophorus* (Totengräber) benannt wegen des Verhaltens: Leichen kleiner Tiere werden vergraben. Entwicklung der Eier und Larven an Aas. *Silpha*, Räuber oder Aasfresser, *Blitophaga*, Rübenschädling. Histeridae (Stutzkäfer): an Aas, in ihm aber Fliegenmaden und Käfern nachstellend.

Staphylinidae (Kurzflügler): Mit 20000 Arten eine der größten Käferfamilien. Mehrzahl 1–2 mm lang. Elytren kurz, Zusammenfalten der Hinterflügel oft mit Hilfe des langen Abdomens. Oft an Mist und Aas, auch Blütenbesucher. Einige nahe dem Meer *(Bledius)*, andere an Leben in Termiten- und Ameisenstaaten angepaßt.

Hydrophilidae (Kolbenwasserkäfer, Wasserfreunde): Wasserlebend, Pflanzenfresser. Luft wird an Fühlern entlang zur Bauchseite transportiert. Beim 4–5 cm langen Kolbenwasserkäfer *(Hydrous)* Eiablage in schwimmenden Kokons. Kleiner Kolbenwasserkäfer *(Hydrophilus caraboides)*, viele kleine Arten.

Familiengruppe: Scarabaeoidea (Lamellicornia, Blatthornkäfer): Antennen – ähnlich wie bei Staphylinoidea – keulenförmig. Keule bei Blatthornkäfern mit blattartigen Anhängen. Larven: Engerlinge.

Lucanidae (Hirschkäfer): Starke Mandibeln bei den meisten Arten, besonders bei Männchen. Europäischer Hirschkäfer *(Lucanus cervus)* bis 6 cm lang, Mandibeln des Männchens geweihartig. Entwicklung 5 Jahre, Larven in Mulm und Holz alter Eichen, bis 11 cm lang. *Dorcus.*

Scarabaeidae (Mist- und Laubkäfer): Familie benannt nach dem Heiligen Pillendreher *Scarabaeus sacer* der Alten Ägypter, dem Sinnbild der Sonne. Diese Art formt Kot von pflanzenfressenden Säugern zu einem harten Ball und rollt diesen fort. Dabei übertrifft sein Durchmesser die Länge des Käfers (2,5 cm) deutlich. Für sich und den Kotball gräbt er eine Höhle und frißt diesen hier. Zur Fortpflanzungszeit wird ein Kotball in einer Erdhöhle birnenförmig umgestaltet und mit einem Ei belegt. Ein Weibchen legt pro Jahr nur wenige Eier. Aus der näheren Verwandtschaft des Pillendrehers bei uns *Copris lunaris* (Mondhornkäfer).

Aphodius-Arten legen ihre Eier meist direkt in Kothaufen. Auch die Adulten kann man z.B. in Kuhfladen in großer Zahl finden. *Geotrupes*-(Mistkäfer)Weibchen graben unter frischen Kothaufen senkrecht Gänge bis $^1/_2$ m tief in die Erde, von denen Seitenkanäle abgehen, die mit Kot gefüllt werden. Hier findet auch die Eiablage statt.

Melolontha (Maikäfer): bei Massenbefall starke Schädlinge als Larve und Imago. Weibchen graben sich nach Begattung in den Boden ein, wo sie in 20–25 cm Tiefe 60–70 Eier legen. Entwicklung: meist 4 Jahre. Im Sommer des 3. Jahres Verpuppung, Schlüpfen des Käfers im Spätherbst, Ruhe bis zum nächsten Frühjahr. Käfer Laubfresser, Larven an Wurzeln. Ähnlich, aber kleiner: Gartenlaubkäfer *(Phyllopertha horticola)*, Junikäfer *(Amphimallus solstitialis)*, Julikäfer *(Anomala dubia)*. Besonders groß, bis 3,5 cm: Walker *(Polyphylla fullo)*. Überhaupt gehören diese Formen zu den größten Käfern der heimischen Fauna. In den Tropen lebende Scarabaeidae sind die größten Käfer der Erde: *Dynastes neptunus* mit einem vom Halsschild nach vorn ausgezogenen Horn und einem ebenfalls nach vorn gerichteten Kopfhorn erreicht 15 cm Länge (das Horn macht davon 7 cm aus). Diesem neuweltlichen Goliathkäfer ist der afrikanische Goliathkäfer *(Goliathus giganteus)* ebenbürtig, der 10 cm Körperlänge erreicht. In dessen unmittelbare Verwandtschaft gehört von der heimischen Fauna *Cetonia* (Rosenkäfer), ein metallisch glänzender Blütenbesucher.

Bei allen folgenden Gruppen sind die geschlossenen Enden der Malpighischen Gefäße in der Wand des Enddarmes verborgen (Kryptonephrium).

Meloidae (Ölkäfer, Pflasterkäfer): Mit Hypermetamorphose. Weibchen des Ölkäfers legt bis 10000 Eier in den Boden, daraus schlüpfen längliche Larven mit Schwanzborsten und dreikralligen Extremitäten (Triungulinus), die auf Blüten klettern und sich von Bienen in deren Nest tragen lassen. Hier frißt die Triungulinus-Larve Eier der Biene auf und verwandelt sich in eine andere Larve, die von Honig lebt, dann folgt die Phase einer Scheinpuppe und erst aus dieser eine neue Larve, die sich später verpuppt. *Lytta vesicatoria* (Spanische Fliege): enthält blasenziehenden Stoff (Cantharidin), der früher in der Medizin eine große Rolle gespielt hat.

Tenebrionidae (Schwarzkäfer): v.a. nachtaktive, phytophage Formen. *Blaps*. Schädlich: *Tenebrio*, *Triboliu*, *Gnathocerus*, S. 316).

Anobiidae (Klopf- oder Pochkäfer): Larven meist in trockenem Holz; mit Schädlingen (*Anobium*, *Stegobium (Sitodrepa)*, S. 316, Abb. 222).

Ptinidae (Diebskäfer): mit Schädlingen (*Ptinus*, *Niptus*, S. 316, Abb. 222).

Elateridae (Schnellkäfer): Längliche, flache Käfer (Abb. 219), durch ihren Umdrehungsmechanismus allgemein bekannt. Larven wichtige Schädlinge (Drahtwürmer). *Pyrophorus noctiluca* aus den amerikanischen Tropen wegen seines enormen Leuchtvermögens zu 3–4 Individuen als Leuchte benutzt.

Buprestidae (Prachtkäfer): Oft metallisch glänzend; Larven weich, madenähnlich (beinlos), meist in Holz. Einige Arten durch Bohrtätigkeit schädlich.

Dermestidae (Speckkäfer): Wichtige Schädlinge *(Dermestes* Abb. 247 p, *Attagenus*, *Anthrenus* (Abb. 222 b), *Trogoderma)*.

Coccinellidae (Marienkäfer): Larven und Imagines als Blattlausfresser und Vertilger anderer Insekten von Bedeutung. Meist bis 5 mm lange halbkugelige Käfer. Wichtiges Glied der biologischen Schädlingsbekämpfung: *Rodolia cardinalis* wurde von Australien nach Südafrika und Nordamerika mit großem Erfolg eingeführt, um die Wollschildlaus *(Icerya purchasi)*, einen wichtigen Schädling in *Citrus*-Plantagen, zu bekämpfen. *Coccinella septempunctata* sehr häufig bei uns, *Adalia bipunctata* durch seine Variabilität bekannt.

Cerambycidae (Bockkäfer): Oft mit sehr langen Fühlern, Larven Holzfresser, Käfer oft Blütenbesucher. Hierher gehören viele der schönsten Käfer, z.B. der Alpenbock *(Rosalia alpina)* und der Moschusbock *(Aromia moschata)*. Sägebock *(Prionus coriarius)*, Mulmbock *(Ergates faber)*, Pappelbock *(Saperda)*, *Rhagium*, *Leptura*, *Clytus;* wichtiger Schädling: *Hylotrupes* (S. 316, Abb. 222).

Chrysomelidae (Blattkäfer): Mit 25000 Arten nach den Rüsselkäfern die größte Familie der Coleoptera. Leben meist als Larve und Imago an Blättern, daher Bedeutung als Schädlinge (S. 309, Abb. 219). *Donacia* (Schilfkäfer), bockkäferähnlich, Larven wasserlebend (an Pflanzen), Käfer in Wassernähe. Erdflöhe (Halticinae): mit Springvermögen, winzige Formen. *Cassida* (Abb. 219): flachgedrückt (Schildkäfer), Larven mit Gabel am Körperende, die über den Rücken gehalten wird und Kot trägt (Maskierung). Umfangreichste Unterfamilie: Chrysomelinae mit *Leptinotarsa* (Kartoffelkäfer), *Chrysomela*, *Galerucella* (Ulmenschädling), *Agelastica* (an Erle), *Melasoma* (an Pappel), Criocerinae mit *Crioceris* (Spargelhähnchen), *Lilioceris* (Lilienhähnchen), *Oulema* (Getreidehähnchen).

Bruchidae (Samenkäfer): Larven fressen Samen von Leguminosen, daher wichtige Schädlinge (*Bruchus*, *Acanthoscelides*, S. 316, Abb. 222).

Curculionidae (Rüsselkäfer): Mit 40000 Arten größte Familie der Coleoptera. Meist Kleinformen. Maximal bis 7 cm lang, in der Regel bis 0,5 cm. Rüsselartig verlängerter Vorderkopf, Fühler meist deutlich gekniet. Cuticula dick, Hinterflügel können fehlen. Larven in der Regel madenförmig, bein- und augenlos, oft in Holz oder Blättern.

Vielfältig auch als Schädlinge, z.B.: Fruchtbohrer (Rebenstecher, *Bytiscus betulae*), Blattroller (Weibchen rollt Blatt zusammen und legt Eier in Rolle). Eichenblattroller *(Attelabus nitens)*, Fichtenrüsselkäfer *(Hylobius abietis)*, *Cryptorhynchus*, *Curculio nucum* (Haselnußbohrer), *Anthonomus pomorum* (Apfelblütenstecher). Nur 1–2 mm lang: *Tanysphrus lemnae*, Larven minieren in Wasserlinsen. *Otiorhynchus* und *Ceutorhynchus* als Schädlinge. Palmenbohrer: *Rhynchophorus*, Schädling in Afrika und Amerika (Öl-, Kokos- und Dattelpalme). Kornkäfer *Sitophilus (Calandra)*, Abb. 222).

Scolytidae (Ipidae, Borkenkäfer): Meist wenige mm lang, maximal 1 cm (Abb. 248), gedrungen, stumpfes Hinterende. Fühler keulenförmig. Bauen unter der Borke oder im Holz Gänge, in denen einige (z.B. *Trypodendron*) Pilze («Ambrosia») kultivieren. Familie mit wichtigen Schädlingen. *Scolytus rugosus* im Obstbau, *S. scolytus* an Ulmensterben beteiligt: Verschleppt Sporen des Pilzes *Ceratocystis (Graphium) ulmi*.

Das Zusammentreffen einer für Borkenkäfer günstigen Witterung in Sturm- und Schneebruchgebieten kann zu starken Massenvermehrungen in Forsten führen. Als Sekundärschädlinge finden sie bevorzugt in geschwächten oder gefällten Bäumen optimale Lebensbedingungen. Einzelne Arten können auch zu Primärschädlingen werden und gesunde Wälder großflächig vernichten. Man unterscheidet Rindenbrüter, die den Saftstrom unterbrechen (Abb. 248c), und Holzbrüter, die den Holzwert mindern (Abb. 248f). Vier Arten sind in Mitteleuropa von besonderer Bedeutung. Von ihnen können Buchdrucker und Kupferstecher in einem Jahr mehrere Generationen hervorbringen und zudem Geschwisterbruten (weitere Bruten derselben Generation).

Der Buchdrucker *(Ips typographus)* wird 4–5,5 mm lang und ist der gefährlichste Borkenkäfer unserer Fichtenwälder. Er befällt vor allem ältere Bestände und in diesen den dickrindigen Stammbereich. Der Kupferstecher *(Pityogenes chalcographus)* ist kleiner (1,5–3 mm) und befällt vornehmlich dünnrindige Baumteile in Fichtenkulturen und -dickungen, aber auch Kronenteile älterer Fichten. Bei Massenvermehrung kann er junge Bestände vernichten. Der Große Waldgärtner *(Blastophagus piniperda)*, 3–5,5 mm lang, greift Kiefern an, vorzugsweise im grobrindigen Stammbereich. Außerdem schädigt er durch Reifungsfraß der Jungkäfer und Regenerationsfraß der Altkäfer in den

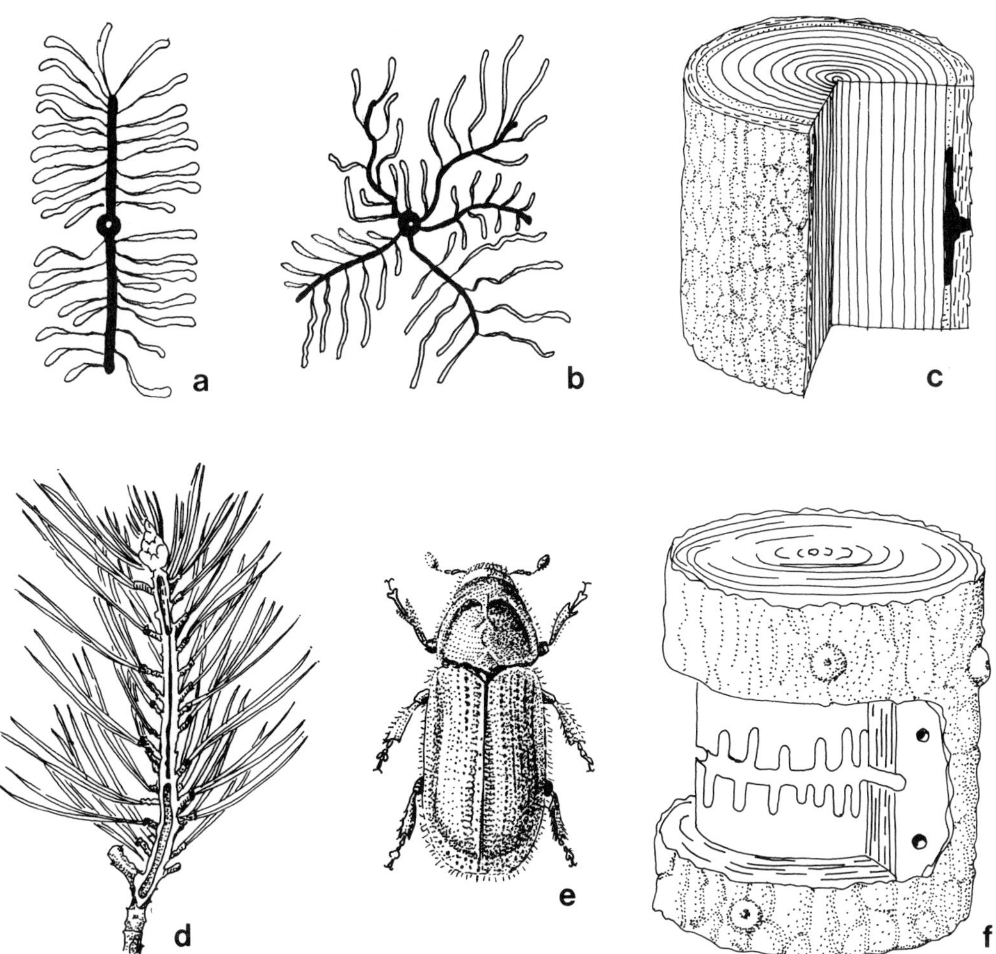

Abb. 248: Borkenkäfer. a, b. Brutbilder von *Ips typographus* (Buchdrucker) und *Pityogenes chalcographus* (Kupferstecher). Jeweils in der Mitte liegen Einbohrstelle und Rammelkammer; davon gehen die Fraßgänge des weiblichen Altkäfers (Muttergänge) aus (schwarz), von diesen die Fraßgänge der Larven (Larvengänge, weiß). Am verbreiterten Endabschnitt der Larvengänge erfolgt die Verpuppung (Puppenwiege). c. Lage der Fraßgänge (schwarz) rindenbrütender Borkenkäfer im Bast. d, e. *Blastophagus piniperda* (Großer Waldgärtner). d. Vom Käfer ausgehöhler Kieferntrieb, e. Imago (3,5–5 mm lang). f. Brutbild des holzzerstörenden *Trypodendron lineatum* (Nadelnutzholzbohrer) mit Bohrmehlhäufchen auf der Borke. Nach Amann, Zernecke

Trieben (Abb. 248 d), die bei Herbststürmen dann in Massen abfallen («Abbrüche»). Der Gestreifte Nutzholzborkenkäfer (Nadelnutzholzbohrer, *Trypodendron lineatum)*, 3–4 mm lang, lebt an Fichte und Kiefer und befällt sowie entwertet eingeschlagenes Holz. Seine Brutgänge liegen im Splintholz (Abb. 248 f); Wälder sind durch Primärbefall nicht gefährdet.

Allgemein gilt, daß von geschwächten Bäumen eine besondere Lockwirkung auf Borkenkäfer ausgeht. Nach ihrem Einbohren scheiden die Käfer Aggregationspheromone aus, die zu gezielter Besiedlung des Baumes führen. Bei Überfüllung werden benachbarte Bäume befallen, es kommt zum sog. «Käferloch». Gemischte, stabile Bestände sind weniger gefährdet als Monokulturen. Es existieren verschiedene Möglichkeiten einer biologischen bzw. biotechnischen Bekämpfung:

1) Unentrindete Bäume üben nach dem Einschlag eine gewisse Zeit eine starke Lockwirkung aus. Man legt sie gezielt als Fangbäume

aus und vernichtet die Brut vor dem Ausfliegen. Fangreisighaufen dienen analog der Bekämpfung des Kupferstechers.

2) Lockstoff-Fallen mit Pheromonen können die Käfer in hohem Maße konzentrieren. Es müssen Sicherheitsabstände zu gefährdeten Bäumen eingehalten werden.

3) Langfristig sind gesunde und stabile Mischwälder der beste Schutz, in denen Schadholz rasch aufgearbeitet wird.

22. Ordnung: Hymenoptera (Hautflügler)

Diese Ordnung enthält über 100000 kleine bis mittelgroße Arten, darunter auch die kleinsten Insekten mit einer Körperlänge von 0,2 mm. Hymenopteren sind meist mit vier häutigen, wenig geäderten Flügeln ausgestattet (Abb. 249). Die Hinterflügel sind klein und durch Haftapparate (Hamuli) an die größeren Vorderflügel gekoppelt. Bei primitiven Formen (Symphyta) werden die Vorderflügel in Ruhelage mit einem Dornenfeld auf dem Analfeld an blasenförmige Auftreibungen (Cenchri) des Metathorax, die mit mikroskopisch kleinen Plättchen besetzt sind, verankert.

Die Mundwerkzeuge sind bei primitiven Arten kauend, bei abgeleiteten bleiben die beißenden Mandibeln erhalten, Galeae und Glossae entwickeln sich aber zu einem Leck- und Saugrüssel.

Das 1. Abdominalsegment ist als Mittelsegment (Propodeum) mit dem Metathorax fest verschmolzen, sein Sternit ist reduziert. Tergite und Sternite des Hinterleibs greifen schuppenartig übereinander. Als Anhangsorgane der weiblichen Geschlechtsorgane sind Giftdrüsen ausgebildet. Als einzige Holometabolen-Ordnung besitzen die Hymenopteren einen orthopteroiden Legeapparat, mit dem die Eier in pflanzliches oder tierisches Substrat abgelegt werden. Bei abgeleiteten Formen (Aculeata) ist er als Stachel ausgebildet, der zum Paralysieren von Insekten oder Spinnen dient, von denen die Larven leben, oder der bei der Verteidigung eingesetzt wird.

Die Männchen der Hymenopteren entstehen aus unbefruchteten Eiern (haploide Parthenogenese), erreichen aber in ihren Körperzellen durch Endomitosen höhere Chromosomenzah-

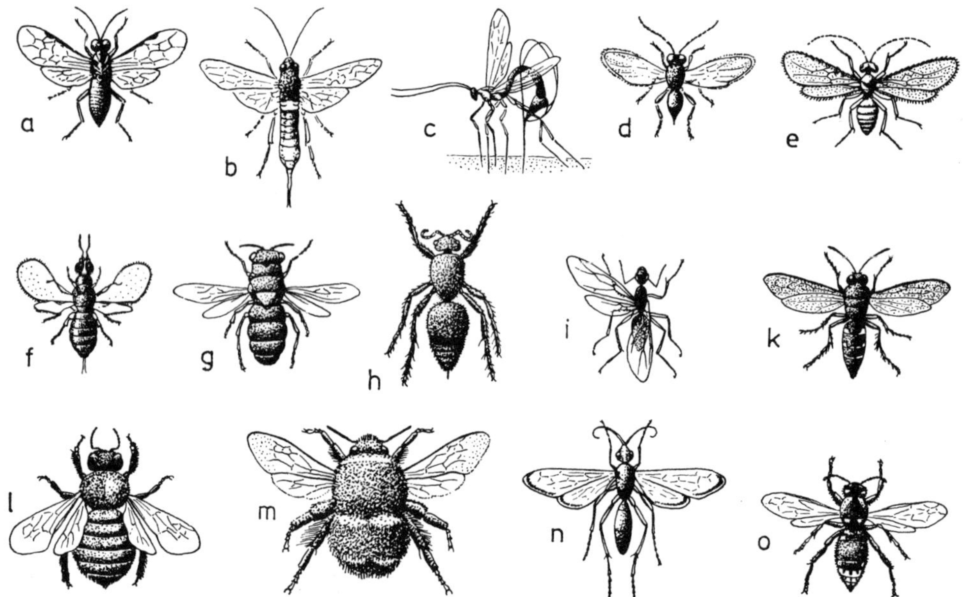

Abb. 249: Hymenopteren-Formen. a. Tenthredinidae, b. Siricidae, c. Ichneumonidae, d. Cynipidae, e. Braconidae, f. Chalcididae, g. Chrysididae, h. Mutillidae, i. Formicidae, k. Sphecidae, l. Xylocopidae, m. Bombidae, n. Pompilidae, o. Vespidae. Nach Storer, Usinger

len. Diploide Parthenogenese kommt bei Blatt- und Gallwespen vor; z.T. Heterogonie (S. 305, Abb. 217) und Polyembryonie bei verschiedenen Terebrantes. Primitive Hymenopteren besitzen eruciforme Larven mit 6–8 Paar Abdominalbeinen (Abb. 218); Bauchfüße (Holzwespen) und sämtliche Beine (Apocrita) können reduziert sein. Die Maden besitzen im Unterschied zu Fliegenmaden eine Kopfkapsel. Die Puppe wird oft von einem Seidenkokon aus Labialdrüsensekret umgeben. Brutfürsorge verbreitet, oft mit Sozialleben verbunden.

Die wirtschaftliche Bedeutung der Hymenopteren ist groß: Blütenbestäuber (S. 301), Honighersteller (Bienen), Lockerung und Durchmischung des Bodens (Ameisen), biologische Schädlingsbekämpfung (Schlupfwespen, S. 349), Pflanzen- und Materialschädlinge (S. 309, 314), Cecidozoen (S. 301, Abb. 217).

Mit Sicherheit seit Trias bekannt.

System:

a. Symphyta: Hinterleib in ganzer Breite an Thorax ansetzend, ohne Wespentaille; Imagines oft auf Blüten, von Nektar lebend; Weibchen mit Legeapparat; Larven phytophag, häufig raupenähnlich mit 6–8 Abdominalbeinpaaren (Afterraupen, Abb. 218).

Tenthredinidae (Blattwespen): artenreiche Familie mit wichtigen Pflanzenschädlingen (S. 309). *Gilpinia*, *Pristiphora*, *Arge*, *Athalia*, *Hoplocampa*, *Pterodinea*, *Pontania*, *Caliroa (Eriocampoides)*. Pflanzenschädlinge gehören auch zu den Diprionidae (Buschhornblattwespen), Pamphiliidae (Lydidae, Gespinstblattwespen), Cephidae (Halmwespen) und Siricidae (Holzwespen) (S. 304).

Die beiden folgenden Gruppen werden als **Apocrita** zusammengefaßt. Abdomen zwischen 1. und 2. Segment mit Wespentaille. Weibchen teils mit Legeapparat, teils mit Stachel. Cenchri fehlen, Larven madenförmig (außer Mundwerkzeugen keine Extremitäten).

b. Terebrantes: mit Legeapparat, Larven zum großen Teil Insektenparasiten bzw. -parasitoide (d.h. sie töten ihren Wirt), z.T. phytophag (Gallerreger, S. 304 Abb. 217). Die erste Gruppe (die Parasiten) nennt man Schlupfwespen, manchmal auch beide Schlupfwespen i. w. S. Die etwa 80000 Arten umfassende Gruppe kann im Kampf gegen Schadinsekten eingesetzt werden, in denen sich ihre Larven entwickeln (biologische Schädlingsbekämpfung). Einige Beispiele aus Europa: Der Apfelschädling *Eriosoma lanigerum* (Blutlaus, S. 308) wurde im 18. Jahrhundert aus Nordamerika nach Europa verschleppt. Ab 1920 wurde der spezifische Parasit *(Aphelinus mali)* nachgeholt und der Blutlausbefall dadurch stark reduziert.

Nach dem 2. Weltkrieg gelangte *Quadraspidiotus perniciosus* (San-José-Schildlaus, S. 309) aus Ostasien über Nordamerika zu uns. Der in Obstanlagen verheerend auftretende Schädling wurde nach 1950 in verschiedenen Gebieten durch die importierte *Prospaltella perniciosi* bekämpft. In Baden-Württemberg wurden über 20 Millionen Schlupfwespen freigelassen; heute schalten sie insgesamt ein Drittel, örtlich bis über 90% der Schildläuse aus. *Trichogramma evanescens* wird gegen den Maiszünsler *(Ostrinia nubilalis)* eingesetzt, mit *Encarsia formosa* bekämpft man in Gewächshäusern *Trialeurodes vaporariorum.*

Verschiedene Schildläuse wurden in der Sowjetunion erfolgreich mit *Pseudaphycus*, *Coccophagus* und *Prospaltella* bekämpft, die Ölbaumschildlaus *(Saissetia oleae)* in Griechenland mit *Metaphycus*, die Citruskommaschildlaus *(Lepidosaphes beckii)* mit *Aphytis.*

Selbst im Holz bohrende Insektenlarven werden von Schlupfwespen parasitiert: *Rhyssa persuasoria* dringt mit dem Legebohrer 5 cm in festes, gesundes Holz ein, um ihre Eier in Holzwespenlarven zu legen.

Negative Folgen für die biologische Schädlingsbekämpfung kann der Hyperparasitismus erlangen: Die Parasiten werden von anderen Schlupfwespen parasitiert.

Ichneumonoidea mit Ichneumonidae *(Ichneumon*, *Megarhyssa*, *Ephialtes*, *Ophion)*, Aphidiidae und Braconidae *(Bracon*, *Habrobracon*, *Apanteles)*.

Cynipoidea mit Cynipidae *(Ibalia*, *Figites)* und Gallerregern (S. 305).

Chalcidoidea mit *Chalcis*, *Podagrion*, *Blastophaga*, *Pteromalus*, *Encyrtus*, *Eulophus*, *Aphelinus*, *Trichogramma.*

Proctotrupoidea (Serphoidea) mit *Proctotrupes*, *Platygaster.*

c. Aculeata (Stechimmen): Legeapparat zu Giftstachel umgebildet, an dessen Basis die Eier austreten; kann auch reduziert sein (z.B. bei vielen Ameisen). Imagines Allesfresser oder meist Blütenbesucher (S. 301); Larven sind Maden, die von Eltern versorgt werden (Abb. 251). Staatenbildung verbreitet: Mutterfamilie der Faltenwespen, Ameisen, Bienen und Hummeln.

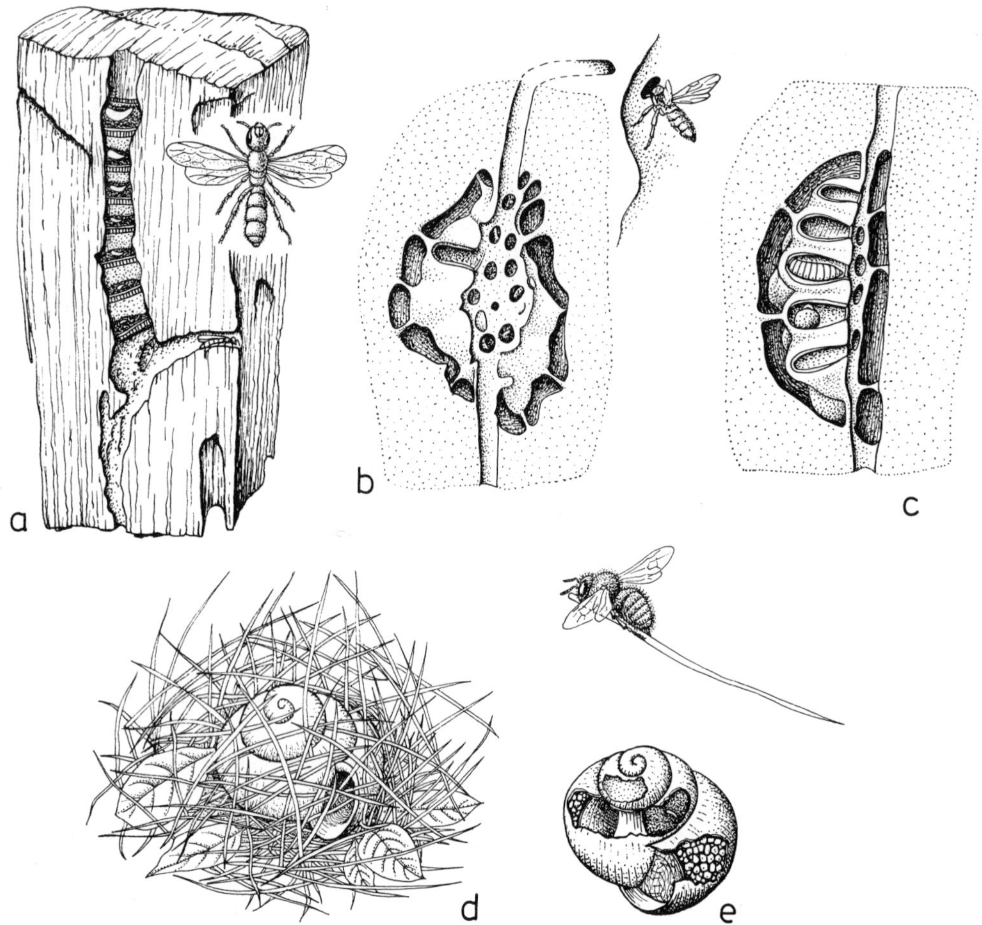

Abb. 250: Bauten solitärer Bienen. a. Fast vollendete Nestanlage von *Heriades*. Die Mutter (rechts vergrößert) sitzt im Flugloch. Dieses wird zum Abschluß noch mit Harz verschlossen. b, c. Wabe von *Halictus* (Furchenbiene) in einer Lehmwand, Aufsicht und Seitenansicht; d, e. *Osmia* (Mauerbiene). Die Nestanlage wird in einem Schneckenhaus untergebracht, welches unter Halmen und Zweigen verborgen wird (d). In den oberen Windungen des Schneckenhauses wird der Futterkuchen mit dem länglichen Ei untergebracht (e). Die unterste Windung ist mit Sandkörnern verbarrikadiert, vor ihnen befindet sich noch eine Stützwand aus zerkauten Blättern. Nach von Frisch

Weibchen in zwei Modifikationen, die durch unterschiedliche Ernährung entstehen: Königinnen (fortpflanzungsfähig) und Arbeiterinnen (unfruchtbar), die bei Ameisen in mehreren Formen auftreten können. Die Königin sezerniert eine Substanz, die die Ovarienentwicklung anderer Weibchen hemmt. Kommunikation der Stockgenossen durch Pheromone. Aus unbefruchteten Eiern gehen Männchen hervor (Drohnen).

Bethylidae: Larven ectoparasitisch an Larven von Käfern und Schmetterlingen, z. T. an Schädlingen *(Cephalonomia* an *Oryzaephilus* und *Stegobium*, *Laelius* an *Dermestes)*.

Chrysididae (Goldwespen): metallisch glänzend. Larven ectoparasitisch an Bienen- und Wespen-Larven; *Chrysis*.

Mutillidae: Weibchen ungeflügelt. Larven leben von Larven anderer Hymenopteren. Stiche sehr schmerzhaft («cow-killer»).

Scoliidae (Dolchwespen): Larven an und in Engerlingen. *Scolia* mit größter europäischer Hymenopterenart (5 cm lang).

Formicoidea (Ameisen): Das 1. oder die beiden ersten Segmente hinter Wespentaille verschmälert (Petiolus). Männchen geflügelt, Königin wirft Flügel an Bruchnaht nach Hochzeit ab, Arbeiterinnen flügellos. Arbeiterinnen oft polymorph (Soldaten, Türwächter, Honigtöpfe). Stachel oft rückgebildet, Gift wird verspritzt. Staaten können Millionen von Individuen enthalten, oft mit mehreren Königinnen, auch aus mehr als einer Art bestehend. Neugründung oft durch Ausschwärmen geflügelter Geschlechtstiere. Weibchen legt dann Eier in Brutkammer. Geschlüpfte Jungtiere übernehmen Aufzucht der Larven.

Ameisen sind Allesfresser, Räuber oder auch auf Pflanzensamen spezialisiert. Manche wechseln ihr Nahrungsgebiet (Treiberameisen, Dorylidae), andere sind seßhaft. Sie können Pilzgärten anlegen, die z.B. mit Blättern bestückt werden (Blattschneiderameisen, *Atta*) und Blattläuse aufsuchen, um Honigtau abzunehmen, oder Arten sind Sklavenhalter, d.h. Arbeiten im Stock werden von einer anderen Art ausgeführt.

Einige Ameisen sind schädlich (S. 314). Die südamerikanischen Blattschneiderameisen können in kurzer Zeit Bäume entlauben. *Atta* und *Acromyrmex* sind die wichtigsten Schädlinge in Wiederaufforstungen Brasiliens, v.a. in *Eucalyptus*-Monokulturen.

Andererseits ist der Nutzen vieler Ameisen groß (Bodendurcharbeitung, Vertilger von Schadinsekten), weswegen man manche Arten in bedrohten Baumbeständen angesiedelt hat. Es folgt dann im Falle eines individuenreichen Staates eine Abnahme von Schmetterlingsraupen und Blattwespenlarven um etwa die Hälfte in einem Kreis mit einem Radius von 20–30 m. Gleichzeitig steigt jedoch die Populationsdichte der von den Ameisen als Honigtauspender ge-

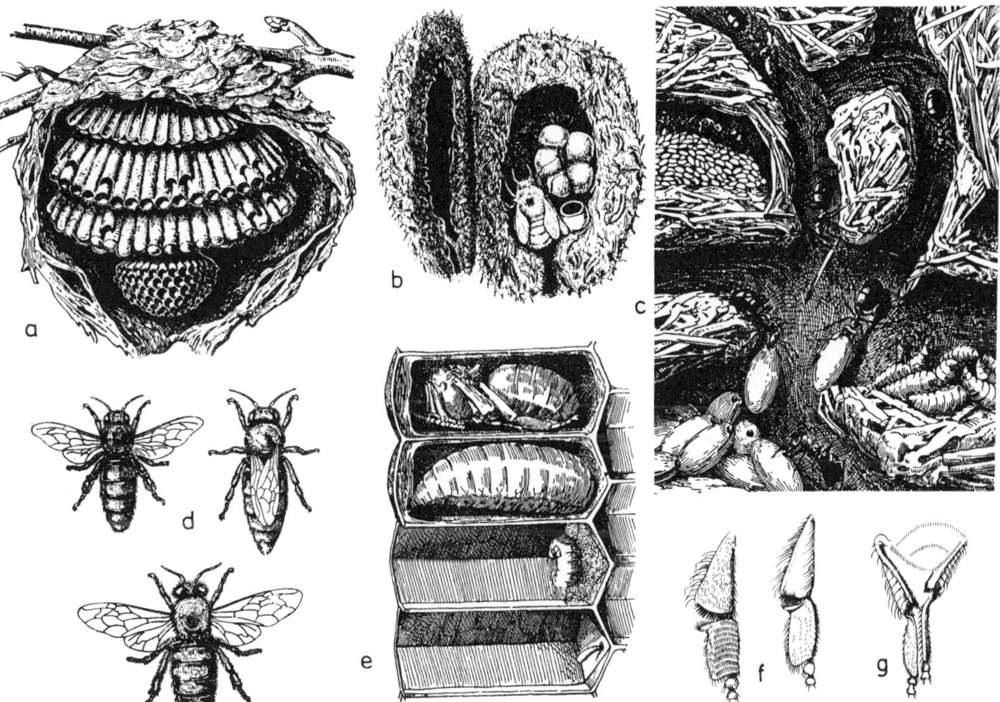

Abb. 251: Soziale Hymenopteren. a. Geöffnetes Nest einer Wespe, die unterste Wabe ist noch nicht fertiggestellt, b. aufgeschnittenes junges Nest einer Feldhummel mit Königin, offenem Honigtopf und 5 geschlossenen Zellen, c. Ausschnitt eines Nestes der Roten Waldameise mit Arbeiterinnen, die mit Pflege von Eiern (links oben), Larven (rechts unten) und Puppen (links unten) beschäftigt sind. d–g. Honigbiene. d. Mitglieder eines Staates (Arbeiterin, Königin, Drohne), e. Entwicklung: Die Zellen zeigen von unten nach oben Ei, 2 Larvenstadien und Puppe. f. Hinterbein einer Arbeitsbiene, links von innen, rechts von außen, g. Hinterbeine beim Höseln von hinten. Nach von Frisch, Jacobs, Renner, Schmeil

hegten baumbewohnenden Blattläuse in Nestnähe auf das 20fache an, was z.B. bei Kiefern deren Höhenwuchs mindert und sie anfälliger für Rüsselkäfer-Befall macht.

Formica rufa sens. lat. (*F. polyctena*, Rote Waldameise), Erbauer von Nesthügeln, in denen sie die Temperatur auf 25–30°C regeln können; *Lasius*, *Myrmica*, *Tetramorium caespitum* (Rasenameise).

Mit Ameisen vergesellschaftet leben über 3000 Arthropoden-Arten.

Dryinidae (Zikadenwespen): Vorderbeine der Weibchen meist zu Greifapparat umgebildet, mit dem die Wirtstiere der Larven (Zikaden) festgehalten werden.

Apoidea (Bienen): Solitär (Halictidae, Andrenidae, Megachilidae, Abb. 250) oder staatenbildend (Apidae z.T.; Abb. 251).

Besonders wichtig ist die Honigbiene (*Apis mellifera*), die als Haustier in Kästen und Körben gehalten wird. Hier bauen die Tiere senkrecht hängende Waben, die aus Tausenden von sechseckigen Wachskammern (Zellen) bestehen. Jede Wabe hat eine Mittelwand, die den gemeinsamen Boden für die nach beiden Seiten gerichteten Zellen bildet. Man unterscheidet Vorratszellen für Honig und Pollen, Brutzellen für Arbeiterinnen, Königinnen (Weiselzellen) und Drohnen.

Im Bienenvolk besteht Arbeitsteilung. In den ersten 10 Tagen ihres Lebens ist eine Arbeiterin Hausbiene im Innern des Stockes. Sie reinigt Zellen und schützt Brutzellen vor Abkühlung; ihre wichtigste Aufgabe besteht in Betreuung und Fütterung der Larven (Brutamme). Am Ende dieses Lebensabschnittes unternimmt sie kurze Orientierungsflüge in die Umgebung des Stockes. Im 2. Lebensabschnitt (10. bis 20. Tag) bilden sich die Futterdrüsen zurück, mit deren Sekret die Larven gefüttert wurden, dafür entwickeln sich Wachsdrüsen; die Biene ist jetzt vor allem mit dem Bau neuer Zellen beschäftigt, weiterhin füllt sie Pollenzellen mit Pollen, führt Reinigungsdienste aus und dient manchmal als Wächter am Flugloch. Im 3. Lebensabschnitt (20. Tag bis zum Lebensende) ist die Arbeiterin Sammlerin. Sie stirbt nach etwa 4 bis 5 Wochen.

Die Verständigung über Nahrungsquellen erfolgt mittels der bekannten Bienensprache. Sie ist vermutlich in folgenden Etappen entstanden: 1. Am Anfang der Entwicklung steht ein erregtes Umherlaufen einer erfolgreichen Sammlerin, die den Duft ihrer Futterquelle im Stock verbreitet. Die Nestgenossen machen sich dann in alle Richtungen auf und suchen die Futterquelle (primitive Meliponinen). 2. Die Entfernung wird durch verschieden lange Töne angegeben (Meliponinen). 3. Die Richtung wird durch die erfolgreiche Sammlerin durch eine Duftspur oder durch Vorausfliegen gewiesen (Meliponinen). 4. Schwänzeltanz, der Entfernungsangabe, Richtungsweisung und Nahrungsmenge angibt. Dieser wird erst im Freien auf einer horizontalen Fläche (*Apis florea*), dann auf einer Vertikalfläche im Freien (*A. dorsata*) und schließlich auf einer Vertikalfläche im Stock ohne Anblick der Sonne ausgeführt (*A. mellifera*).

Die Bienen transportieren Blütenstaub in Form von Klumpen (Höschen) außen an den Hinterbeinen, er liegt hier im Körbchen, einer von hohen Borsten umstellten Mulde der Tibia. Besucht eine Biene eine Blüte, bleibt der Pollen zunächst zwischen den Haaren des gesamten Körpers liegen; er wird dann während des Fluges mit der dicht behaarten Unterseite des proximalen Fußgliedes, dem Bürstchen, vom Körper abgebürstet und mit Hilfe größerer Borsten in das Körbchen des gegenüberliegenden Beins befördert (Abb. 251f, g).

Staatsneugründung erfolgt durch das Schwärmen der Bienen. Letzteres wird dadurch vorbereitet, daß die Arbeiterinnen einige Weiselzellen anlegen. Kurz vor Schlüpfen der ersten jungen Königin verläßt die alte Königin mit der Hälfte des Volkes das Nest. Es bildet sich eine Schwarmtraube an einem Ast, die auf Informationen von Kundschaftern (Spurbienen) wartet, die einen neuen Aufenthaltsort suchen. Die neue Königin wird in der Luft an sog. Drohnensammelplätzen begattet. Andere sich entwickelnde Königinnen hat sie vorher getötet.

Im Bienenstaat leben eine Königin und 30–50000 Arbeiterinnen. Die Königin legt täglich bis 1500 Eier. Die zeitweise auftretenden Drohnen werden von den Arbeiterinnen gefüttert, vom Hochsommer an aber abgewiesen oder sogar erstochen (Drohnenschlacht).

Bombus (Hummel). Junge Königin überwintert. Nester oft unterirdisch oder in hohlen Bäumen. Baumaterial für die Zellen ist Wachs. Volk kann 1000 Individuen erreichen.

Psithyrus (Schmarotzerhummel): Brutparasiten, gründen keine Staaten.

Sphecidae (Grabwespen): Larven werden mit paralysierten Beutetieren versorgt. *Ammophila*,

Sphex, *Philanthus* (Bienenwolf): trägt Bienen ein, *Trypoxylon* (Töpferwespe).

Pompilidae (Wegwespen): Brutpflege wie bei Sphecidae, tragen Spinnen ein, *Pepsis* z.B. Vogelspinnen.

Vespidae (Faltenwespen): Flügel werden der Länge nach gefaltet. Z.T. sozial. *Polistes* (Feldwespe) mit offenen Zellen.

Vespa (Papierwespen) umgeben Waben mit Hülle (Abb. 251 a). Baumaterial ist aufgearbeitetes Holz. *Vespa crabro* (Hornisse): Stich gefährlich.

Alle folgenden Ordnungen faßt man unter der Bezeichnung **Mecopteroidea** zusammen.

Unter dem Begriff **Amphiesmenoptera** werden die Köcherfliegen (Trichoptera) und Schmetterlinge (Lepidoptera) zusammengefaßt. Als einzige Insektengruppe sind die Amphiesmenoptera wohl durchgehend heterogametisch im weiblichen Geschlecht. Die drei Analadern im Vorderflügel haben ihren Endabschnitt verloren und enden gemeinsam am Flügelrand.

23. Ordnung: Trichoptera (Köcherfliegen)

Die etwa 7000 Arten weisen mit wenigen Ausnahmen aquatisch lebende Larven auf. Oft bauen sie einen den Körper umhüllenden Köcher. Die meist in Wassernähe vorkommenden Imagines besitzen im allgemeinen behaarte, seltener beschuppte Flügel, die in Ruhe dachförmig auf den Rücken gelegt werden und unscheinbare gelbliche bis dunkle Farben tragen. Wie bei Schmetterlingen (s.u.) sind die beiden Flügel jeder Körperseite im Flug miteinander durch unterschiedliche Haftvorrichtungen gekoppelt.

Die Imagines sind meist mittelgroß und vorwiegend dämmerungs- oder nachtaktiv. Die

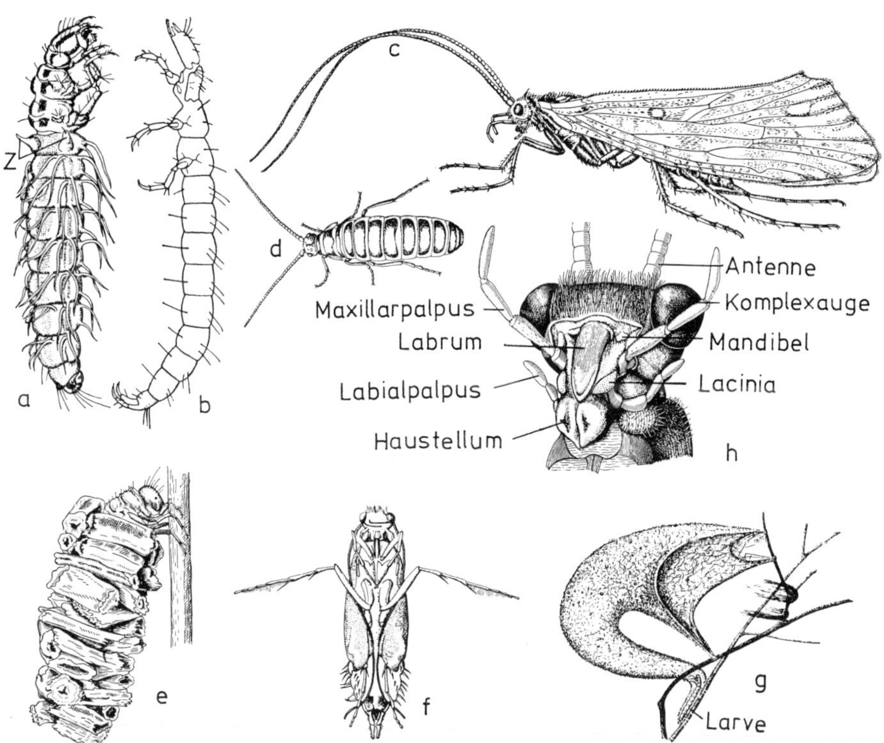

Abb. 252: Trichoptera. a. Eruciforme Larve ohne Köcher *(Neuronia)*, Z: Zapfen, b. campodeiforme Larve *(Rhyacophila)*; c. *Phryganea* in Sitzhaltung (20 mm lang); d. *Enoicyla*, flügelloses Weibchen (8 mm lang); e. Larve von *Linophilus* im Köcher; f. Puppe von *Rhyacophila*, g. Larve von *Neureclepsis* mit Fangnetz; h. Kopf von *Phryganea*. Nach Brauns, Despax, Engelhardt, von Frisch, Handlirsch

Mundteile saugen oder lecken Flüssigkeit, z.B. Nektar, auf; manchmal wird im Imaginalstadium gar keine Nahrung aufgenommen. Die Mandibeln sind klein und schwach sklerotisiert, Gelenke fehlen ihnen. Hypopharynx und Labium sind miteinander zu einem Haustellum (Abb. 252) verwachsen, das durch Haemolymphdruck ausstülpbar ist, selten ist ein kurzer Saugrüssel entwickelt.

Die Paarbildung erfolgt meist im Flug, die Kopula auf Substrat. Die Eier werden einzeln oder in Gelegen in Wassernähe oder ins Wasser abgelegt. Der Eiablageplatz kann unter der Wasseroberfläche kriechend oder schwimmend erreicht werden, manche Weibchen (z.B. *Hydropsyche*, *Phryganea*) haben Schwimmbeine. Selten Larviparie: *Notonatolica vivipara* aus Indien.

Die Larven leben mit wenigen Ausnahmen (*Enoicyla*, Larven in Mitteleuropa in Laubstreu) als Räuber, Plankton- oder Pflanzenfresser in Süßgewässern, selten in Brack- oder Meerwasser. Sie sind durch ein geschlossenes Tracheensystem und oft fadenförmige Tracheenkiemen gekennzeichnet. Ihre Mandibeln sind kräftig, Maxillen und Labium basal verwachsen. Am 10. Abdominalsegment befindet sich 1 Paar Nachschieber (zum Bewegen und Festhalten). Bis weit in das Abdomen reichen Labialdrüsen, die als Spinndrüsen fungieren. Die Augen bestehen jederseits aus 6 Stemmata. Man unterscheidet im allgemeinen zwei Larventypen (Abb. 252): raupenförmige (eruciforme) mit orthognathen Mundwerkzeugen und *Campodea* ähnelnde (campodeiforme) mit prognathen Mundwerkzeugen.

Eruciforme Larven sind walzenförmig und leben in einem Köcher, der meist aus Sekret der Labialdrüsen und Fremdkörpern besteht. Er ist in der Regel gestreckt, seltener gebogen, vereinzelt sogar spiralig aufgerollt. In Fließgewässern werden die Köcher verschiedener Arten besonders beschwert. Eruciforme Larven sind meist Pflanzenfresser. An ihrem 1. Abdominalsegment stehen Zapfen, die den Köcher auf Distanz halten, und an den Seiten des Abdomens je eine Haarreihe, welche die Atembewegung des Hinterleibes unterstützt, die einen Wasserstrom durch den Köcher bewirkt. Die meisten Larven leben am Boden, wo sie sich mit ihren Beinen vorwärtsziehen, einige schwimmen mit den Hinterbeinen (*Triaenodes*).

Campodeiforme Larven sind häufig dorsoventral abgeflacht. Sie können köcherlose Räuber (z.B. *Rhyacophila*, Abb. 252) sein, die Insektenlarven nachstellen, seßhaft in Wohnröhren leben, an deren Vorderende Fangnetze angebracht sind, oder als Köcherbewohner auftreten. Die Fangnetze bestehen im einfachsten Fall aus radiär um die Wohnröhrenmündung angeordneten Fäden, in denen Tiere gefangen werden, bei manchen auch Plankton, der dem Fangnetz mit langen Borsten entnommen wird (z.B. *Hydropsyche*). Die Verpuppung erfolgt in einem Puppenköcher, der am Substrat festgesponnen ist. Kriechend oder schwimmend gelangen die Puppen später an die Wasseroberfläche. Das Schlüpfen erfolgt vorwiegend abends, nachts oder morgens.

Die 300 mitteleuropäischen Köcherfliegenarten werden etwa 30 Familien zugeordnet. Ob die permischen *Cladochorista*, *Microptysmodes* und *Microptysma* zu den Köcherfliegen gehören oder nur Vorläufer darstellen, ist nicht ganz sicher.

Rhyacophila, *Neureclepsis*, *Holocentropus*, *Tinodes*, *Hydropsyche*, *Phryganea*, *Triaenodes*, *Enoicyla*, *Limnephilus*.

24. Ordnung: Lepidoptera (Schmetterlinge)

Schmetterlinge schließen sich eng an Trichopteren an; ihre ursprünglichen Formen sind den Köcherfliegen noch sehr ähnlich. Im Unterschied zu den meisten Köcherfliegen sind die vier großen Flügel und meist auch der Körper mit kompliziert gebauten, leicht abstreifbaren Schuppen besetzt (Abb. 253), die modifizierte Haare darstellen. Die Mundwerkzeuge sind nur bei primitiven Formen noch kauend, im allgemeinen sind die Mandibeln rückgebildet, Lacinien und Laden der Unterlippe fehlen, das Labium stellt eine einfache Platte dar. Die stark verlängerten Galeae bilden einen einrollbaren Saugrüssel (Abb. 253), der mehr als körperlang sein kann und mit Muskeln und Hämolymphdruck ausgestreckt wird. Im Unterschied zu den Trichopteren fehlt der unpaare Ocellus.

Hörorgane treten oft auf (an Thorax, Abdomen oder Flügelbasis) und ermöglichen die Wahrnehmung der Laute von Fledermäusen. Das Zusammenfinden der Geschlechter erfolgt bei Tagfaltern zunächst über die Augen, dann über Duftkontrolle, bei Nachtfaltern oft nur

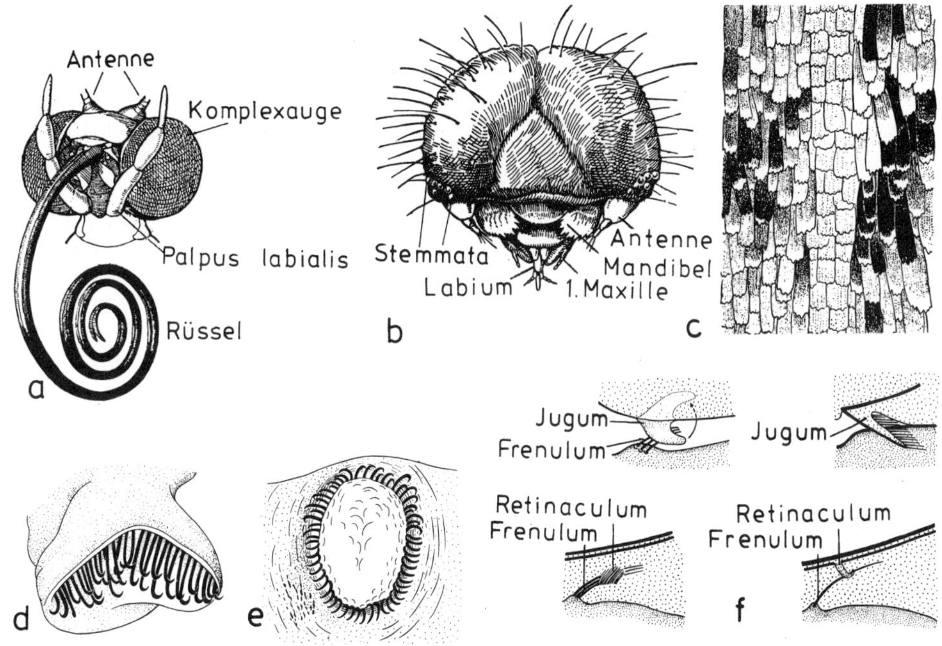

Abb. 253: Lepidoptera. a. Kopf einer Imago, b. Kopf einer Raupe, c. Ausschnitt eines Flügels mit Schuppen, d, e. Raupenfüße, d. Pes semicoronatus, e. Pes coronatus, f. Bindevorrichtungen zwischen Vorder- und Hinterflügel. Vorderflügel oben. Nach Hennig, Kühn, Weber

über den Geruch. Entsprechend haben die Männchen mancher Spinner und Spanner große, gefiederte, mit Riechsensillen besetzte Antennen, die Weibchen am Abdomen liegende Drüsen, die Sexuallockstoff produzieren. Bei manchen Tagfaltern kommt es zu einem ausgedehnten Balzspiel. Die Begattung erfolgt mit voneinander abgewandten Köpfen. Die Eier werden einzeln oder in Gelegen an oder in Nähe der Futterpflanze der Raupe abgelegt; einige Mottenverwandte und Pieridae sind larvipar.

Die mit kauenden Mundwerkzeugen ausgestatteten Larven leben terrestrisch, selten an Wasserpflanzen; es sind Raupen mit abdominalen Stummelfüßen, die als Kranzfüße (Pedes coronati, Abb. 253) oder Krallen = Klammerfüße (Pedes semicoronati, Abb. 253) gewöhnlich an den Segmenten 3–6 und als Nachschieber am 10. Abdominalsegment entwickelt sind. Rückbildungen der Abdominalextremitäten sind für minierende Larven typisch.

Sehr unterschiedlich sind Form und Färbung der Raupen (Abb. 220, 254). Manche (Spannerraupen, Geometridae) ahmen Zweige nach, andere besitzen Giftdrüsen, die mit Haaren in Verbindung stehen können (z.B. Prozessionsspinner). Die meisten Raupen besitzen große Labialdrüsen (Spinndrüsen) und ziehen einen Spinnfaden beim Laufen hinter sich her, später bauen sie einen Puppenkokon auf.

Die Puppen tragen Gliedmaßen und Flügel im allgemeinen nicht frei wie die anderen holometabolen Insekten, sondern in die Wand eingebaut (Mumienpuppe, Pupa obtecta), oft ruht sie in einem Seidenkokon.

Mit über 110000 Arten sind die Schmetterlinge über alle Kontinente verbreitet. Die Imagines sind fast ausschließlich Blütenbesucher und Säftesauger, die Raupen Pflanzenfresser und daher bei Massenvermehrung oft in Land- und Forstwirtschaft schädlich (S. 310, Abb. 220); verschiedene Nahrungsspezialisten sind Vorrats- und Hausschädlinge (S. 316, Abb. 223).

Das große Interesse, das viele Menschen den Schmetterlingen entgegenbringen, beruht auf der oft wunderschönen Farbgebung. Bisweilen stellt diese eine Warntracht dar. Solche Falter sind oft ungenießbar und werden z.B. von Vögeln nur einmal angenommen, aber sofort wieder ausgespien. In anderen Fällen dient das Farbmuster als Verbergetracht, z.B. auf der Borke von Bäumen. Verschiedentlich werden giftige oder für Feinde wenig schmackhafte Formen nachgeahmt (Mimikry, Abb. 254).

Viele Schmetterlinge unternehmen lange, dem Vogelzug vergleichbare Wanderungen: Am bekanntesten ist der Monarch *(Danaus plexippus)*, der sich im Herbst im Norden der USA in Scharen zusammenfindet und über 3000 km nach

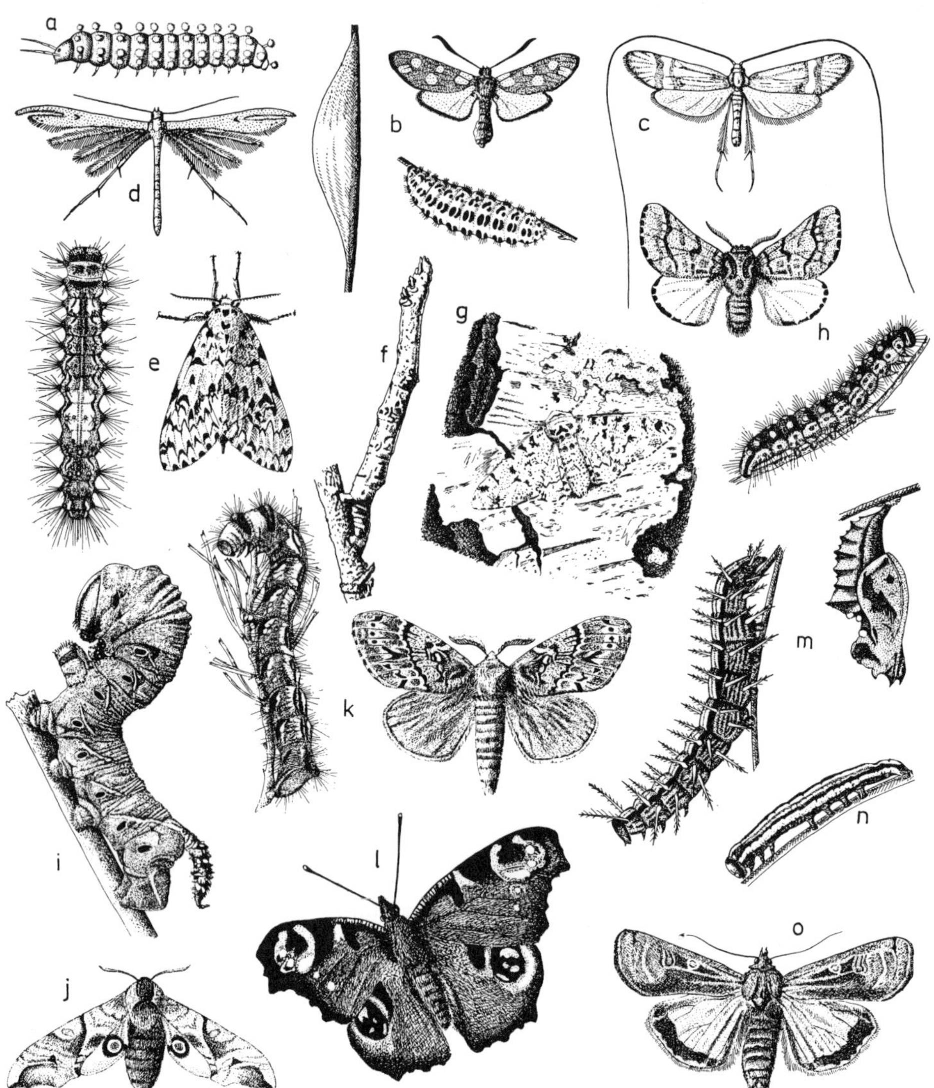

Abb. 254: Lepidoptera (vgl. auch Abb. 220, 223). a. Raupe von *Micropteryx*, b. *Zygaena* (Blutströpfchen), Falter, Puppenkokon, Raupe, c. *Adela*, d. *Pterophorus* (Federmotte), e. *Lymantria monacha* (Nonne), Raupe, Imago, f. zweigähnliche Spannerraupe, g. *Biston betularia* (Birkenspanner), auf Birke, h. *Thaumetopoea* (Prozessionsspinner), Raupe und Imago; i. *Acherontia* (Totenkopf), Raupe in Abwehrstellung; j. *Smerinthus* (Abendpfauenauge), k. *Dendrolimus* (Kiefernspinner), Raupe, Imago; l. *Inachis* (Tagpfauenauge); m. *Argynnis* (Kaisermantel), Raupe, Puppe; n. *Panolis* (Forleule), Raupe; o. *Noctua* (Hausmutter). Vergrößerung unterschiedlich. Nach Amann, Aubert, Bourgogne, Brauns, Chapman, de Ruiter, Eckstein, Escherich, Forster-Wohlfahrt, Jacobs

Mittelamerika zieht. Nach Mitteleuropa wandern beispielsweise alljährlich Distelfalter, Admiral, Totenkopfschwärmer und Gamma-Eule aus den Mittelmeerländern ein.

Die systematische Gliederung der Schmetterlinge wird nach verschiedenen Gesichtspunkten vorgenommen. Früher teilte man nach der Körpergröße in Macro- und Microlepidoptera und nach der Aktivität in Tag- und Nachtfalter ein, heute nach unterschiedlichen strukturellen Merkmalen von Raupen und Imagines. Bei den Jugata sind Vorder- und Hinterflügel durch ein Jugum am Vorderflügel verbunden, bei den Frenata durch ein Frenulum am Hinter- und ein Retinaculum am Vorderflügel (Abb. 253). Die Zeugloptera umfassen Formen mit kauenden Mandibeln und werden den Glossata gegenübergestellt.

Schmetterlinge sind seit dem Jura bekannt.

a. Zeugloptera. Mit mehreren Primitivmerkmalen: Mandibeln kauend, beide Maxillenpaare orthopteroid, Flügel gleichartig; Raupen mit gegliederten Bauchfüßen auch an den Abdominalsegmenten 1 und 2. Kleinformen, Pollenfresser.

Micropterygidae: *Micropteryx*.

b. Glossata. Galeae bilden Saugrüssel; Raupen an Abdominalsegmenten 1 und 2 ohne Bauchfüße.

Familiengruppe Jugata: Vorder- und Hinterflügel sehr ähnlich.

Eriocraniidae (Trugmotten): Kleinformen, Larven beinlose Blattminierer.

Hepialidae (Wurzelbohrer): Mundwerkzeuge rückgebildet, Larven oft in Wurzeln (*Hepialus humuli*, Hopfenwurzelbohrer, *H. hecta* Heidekrautwurzelbohrer).

Familiengruppe Heteroneura (Frenata): Hinterflügel kleiner als Vorderflügel.

Nepticulidae (Stigmellidae, Zwergmotten): Kleinformen mit rückgebildetem Rüssel, Raupen minieren oder bilden Gallen. *Nepticula* Arten an Ahorn und Rosen (Abb. 218).

Incurvariidae (Miniersackmotten): Larven zunächst Minierer, dann spinnen sie Blattstücke zum Wohngehäuse (Sack) zusammen. Kleinformen. *Adela* (Langhornmotten), *Tegeticula alba (Pronuba yuccasella*, Yuccamotte): bringt Pollen von einer zur nächsten Blüte, in deren Fruchtknoten die Eier gelegt werden.

Tischeriidae (Schopfstirnmotten): Raupen Minierer, z.B. *Tischeria complanella* (Eichenminiermotte).

Cossidae (Holzbohrer): Raupen in Holz bohrend, *Cossus* (Weidenbohrer), *Zeuzera* (Blausieb).

Tineidae (Motten): Imagines nehmen keine Nahrung auf, Larven stellen wichtige Haus- und Vorratsschädlinge (S. 316, Abb. 223). *Tineola, Tinea, Trichophaga.*

Psychidae (Sackträger): Rüssel rückgebildet, bei Weibchen oft auch die Flügel und Beine. Raupen spinnen Gehäuse (Sack). *Solenobia, Fumea.*

Coleophoridae (Sackträgermotten): Larven erst Minierer, dann bauen sie sich einen Köcher. *Coleophora laricella* (Lärchenminiermotte, S. 310).

Yponomeutidae (Gespinstmotten, Hyponomeutidae): mit mehreren Schädlingen, z.B. *Yponomeuta malinellus* (S. 310, Abb. 220), desgleichen Plutellidae mit *Plutella xylostella* (S. 310, Abb. 220).

Sesiidae (Glasflügler): Larven minieren z.B. in Stengeln, Imagines werfen Schuppen ab. Oft hymenopterenähnlich. *Aegeria (Trochelium) apiformis* (Bienenglasflügler), *Bembecia* (Abb. 220).

Tortricidae (Wickler): Familie mit zahlreichen Schädlingen in Land- und Forstwirtschaft (S. 310, Abb. 220), *Tortrix, Evetria, Rhyacionia, Carpocapsa (Laspeyresia*, Abb. 220). *Epinotia, Choristoneura, Enarmonia, Grapholitha, Clysia (Eupoecilia), Sparganothis.*

Zygaenidae (Widderchen, Blutströpfchen): *Zygaena* (Blutströpfchen).

Pterophoridae (Geistchen, Federmotten): Flügel in gefiederte Leisten gespalten; *Pterophorus.*

Pyralidae (Zünsler): Große Familie mit Schädlingen in Land- und Forstwirtschaft (S. 312, Abb. 220) und an Vorräten (S. 317, Abb. 223). Hierher gehört auch *Acentria nivea*, dessen stummelflügelige Weibchenform im Wasser lebt.

Geometridae (Spanner): Zweitgrößte Schmetterlingsfamilie (15000 Arten); Raupen meist mit zwei Abdominalfußpaaren, bewegen sich egelartig «spannend», z.T. Schädlinge (S. 312, Abb. 220), z.B. *Bupalus piniarius* (Kiefernspanner), *Operophtera* und *Erannis* (Frostspanner), *Abraxas grossulariata* (Stachelbeerspanner). *Biston (Amphidasis) betularia* (Abb. 254g) mit Industriemelanismus.

Uraniidae: Tropische Formen mit wunderbaren Schillerfarben; *Urania.*

Notodontidae (Zahnspinner): Rüssel meist rückgebildet; viele Falter rollen in Ruhelage Flügel seitlich an den Körper (Verbergetracht). Gabelschwanzraupen von *Cerura* und *Dicranura* verspritzen Gift. *Stauropus* (Buchenspinner, Raupe bizarr).

Thaumetopoeidae (Prozessionsspinner): *Thaumetopoea processionea* an Eichen, *Th. pinivora* an Kiefern. Raupen (mit Brennhaaren) bauen Gemeinschaftsgespinste und leben gesellig, wandern zu ihren Nahrungsplätzen und ins Nest oft in geschlossenem Zug, wobei sich die Tiere berühren.

Lymantriidae (Trägerspinner): *Lymantria monacha* (Nonne) kann an Nadelhölzern (vor allem Fichten) sehr schädlich werden. *L. dispar* (Schwammspinner) z.B. an Obstbäumen, *(Euproctis chrysorrhoea*, Goldafter), *Orgyia recens* (Schlehenspinner): Weibchen stummelflügelig.

Noctuidae (Eulen): Größte Schmetterlingsfamilie (25000 Arten), z.T. Wanderfalter. Einige sind wichtige Schädlinge in Land- und Forstwirtschaft (S. 312, Abb. 220). *Panolis flammea* (Forleule) in Forsten, *Scotia (Agrotis) segetum*, *Mamestra brassicae* (Kohleule). *Autographa (Plusia) gamma* (Gammaeule), *Agrotis ypsilon* (Ypsiloneule), *Catocala* (Ordensband).

Arctiidae (Bärenspinner): Raupen oft stark behaart. *Arctia caja* (Brauner Bär).

Bombycidae (Seidenspinner): *Bombyx mori* (S. 300).

Attacidae (Saturniidae, Pfauenaugenspinner): vorwiegend tropische Großformen meist mit «Augenflecken» auf den Flügeln. Nachtpfauenaugen *(Saturnia*, *Eudia)*. Der Kokonspinnfaden von *Antheraea*-Arten als Naturseide (Tussahseide) verwertbar.

Lasiocampidae (Glucken): *Dendrolimus pini* (Kiefernspinner), *Malacosoma neustria* (Ringelspinner, Abb. 220).

Sphingidae (Schwärmer): Großformen, gute Flieger, z.T. Wanderfalter. Das Flugverhalten mancher blütenbesuchender Arten ähnelt dem von Kolibris: sie stehen in der Luft vor den Blüten und saugen mit ihrem langen Rüssel Nektar. Raupen auffallend groß, hinten oft mit «Horn». *Sphinx ligustri* (Ligusterschwärmer), *Smerinthus ocellata* (Abendpfauenauge), *Acherontia atropos* (Totenkopfschwärmer), *Macroglossum stellatarum* (Taubenschwänzchen) tags fliegend.

Unter dem Begriff **Rhopalocera** (**Tagschmetterlinge**) werden die folgenden Familien zusammengefaßt. Ihre Flügel besitzen keine Koppelungsvorrichtungen, in der Ruhe werden sie dorsalwärts geschlagen; Fühler distal keulenartig verdickt.

Hesperiidae (Dickkopffalter): vorwiegend tropisch.

Bei den folgenden Familien sind die Puppen nur selten von einem dünnen Gespinst umhüllt. Meist hängen sie kopfüber an einer Pflanze (Stürzpuppe) oder werden mit dem Kopf nach oben von einem Seidenfaden gehalten (Gürtelpuppe).

Papilionidae (Schwalbenschwänze, Ritterfalter): Oft mit schwanzförmigen Fortsätzen an Hinterflügeln. Raupen an Kopf-Thorax-Grenze mit ausstülpbarer Nackengabel (Osmaterium); *Papilio machaon* (Schwalbenschwanz), *Parnassius apollo* (Apollofalter).

Pieridae (Weißlinge): *Gonepteryx rhamni* (Zitronenfalter), *Pieris* (Kohlweißling, Abb. 220), *Anthocaris (Euchloe) cardamines* (Aurorafalter), *Aporia* (Baumweißling).

Lycaenidae (Bläulinge): Raupen z.T. carnivor, manche in Ameisenbauten.

Morphidae: kleine Familie in Südamerika. Sehr bekannt durch die leuchtend blauen Flügel. Werden für kommerzielle Zwecke (Bilder, Tischplatten, Lampenschirme usw.) gezüchtet.

Nymphalidae: Hierher gehören bekannte Tagfalter wie *Inachis (Vanessa) io* (Tagpfauenauge), *Aglais urticae* (Kleiner Fuchs), *Araschnia levana* (Landkärtchen), *Vanessa cardui* (Distelfalter), *V. atalanta* (Admiral), *Nymphalis antiopa* (Trauermantel), *Argynnis paphia* (Kaisermantel).

Danaidae: vor allem tropisch, durch den Monarch *(Danaus plexippus)* in Nordamerika bekannt, der lange Wanderungen unternimmt.

Unter der Bezeichnung **Antliophora** werden bisweilen Mecoptera (Schnabelfliegen) und Diptera (Zweiflügler) zusammengefaßt, u.a. wegen ihrer speziellen Spermaübertragung mit einer Spermapumpe.

25. Ordnung: Mecoptera (Panorpatae, Schnabelfliegen)

Die Mecopteren stellen eine kleine Gruppe von etwa 350 Arten sehr verschiedenen Aussehens dar (Abb. 255), die durch einige abgeleitete

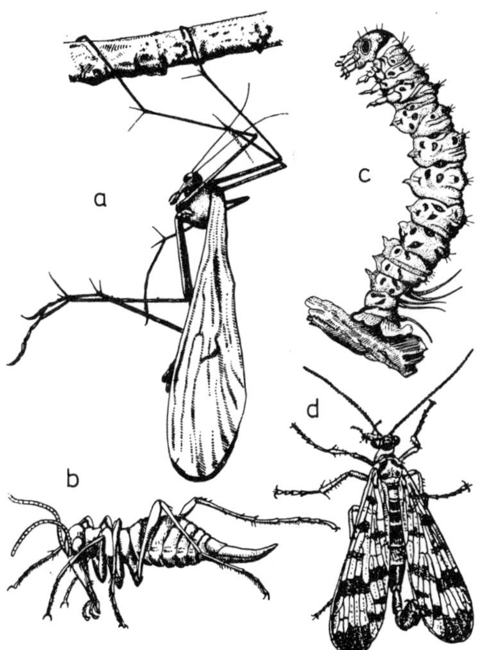

Abb. 255: Mecoptera. a. *Bittacus* in Fanghaltung, b. *Boreus* (= «Schneefloh»), c, d. *Panorpa*, c. Larve, aufgerichtet und an Analklappen festgeheftet, d. Imago. Nach Brauns, Grassé, Stitz

Merkmale verbunden sind: Der orthognathe Kopf ist zu einem langen Schnabel ausgezogen, auch die Basalteile von Maxillen und Labium sind verlängert. Die distal inserierenden Mandibeln sind kauend oder stechend. Der Hypopharynx fehlt bei den Imagines. Das 1. Abdominaltergit ist geteilt, sein vorderer Teil ist dem Thorax angeschmolzen. Das 1. Abdominalsternit ist zu zwei kleinen Sterniten reduziert. Die weibliche Genitalöffnung liegt in einer Genitalkammer, die als Bursa copulatrix dient. Die vor allem räuberischen oder aasfressenden Larven sind raupenförmig mit Stummelfüßen an den ersten acht Abdominalsegmenten. Verpuppung im Boden (Pupa dectica). Mecopteren sind mit Sicherheit seit dem Perm bekannt. Funde aus dem Karbon werden unterschiedlich eingestuft.

Panorpidae (Skorpionsfliegen): Hinterleibsende des Männchens meist nach oben gekrümmt getragen, 9. Abdominalsegment verdickt und mit großen Zangen zum Packen des Weibchens. Skorpionsfliegen leben vor allem von toten Insekten. Männchen bietet Weibchen bei Kopula Speicheldrüsensekret. *Panorpa* (Abb. 255).

Bittacidae (Mückenhafte): Schnakenähnlich. Fangen Insekten im Flug oder an Zweigen hängend mit den Hinterbeinen, deren letztes Glied klappmesserartig eingeschlagen werden kann. Bei der Kopula wird von beiden Partnern an einem Beutetier gesaugt. *Bittacus* (Abb. 255).

Boreidae (Winterhafte): In Mitteleuropa *Boreus hiemalis* (Gletschergast, «Schneefloh» (Abb. 255)), Sprungvermögen, Flügel stark rückgebildet. Imagines von Herbst bis Frühling an Schneefeldern. Pflanzen- und Tiernahrung.

26. Ordnung: Diptera (Zweiflügler)

Diese große Insektenordnung enthält über 80000 kleine bis mittelgroße Arten und umfaßt die Gruppen der Mücken und Fliegen. Die Imagines sind vor allem durch die Umbildung der Hinterflügel zu Halteren (Schwingkölbchen) gekennzeichnet, die Organe der Lagekontrolle beim Flug darstellen. Die Mundwerkzeuge sind wohl durch das Vorhandensein eines Hypopharynx primitiver als die der Mecoptera; typisch sind der Labialrüssel, die borstenförmige Gestalt der Mandibeln und der Verlust von deren vorderem Gelenk. Es wird flüssige Nahrung aufgenommen, entweder stechend- oder leckend-saugend.

Stechend-saugende Mundwerkzeuge haben viele Mücken und primitive Fliegen (z.B. Tabanidae). Labrum, Hypopharynx, Mandibeln und Teile der Maxille (wohl Lacinien) sind zu einem Bündel von Stechborsten vereinigt. Im Hypopharynx befindet sich das Speichelrohr; das Nahrungsrohr wird vor allem vom Labrum gebildet. Das Labium bildet eine Hülle um die Stechborsten, die bei Stechmücken nicht in die Stichwunde eindringt (Abb. 256), jedoch bei Bremsen. Die Labialpalpen sind zu Labellen an der Spitze der Unterlippe umgebildet, Maxillarpalpen sind erhalten, bisweilen bei Männchen und Weibchen unterschiedlich.

Leckend-saugende Mundwerkzeuge haben die höheren Fliegen. Mandibeln und Maxillen sind rückgebildet, Maxillarpalpen erhalten. Das Labium ist zu einem stempelförmigen Organ (Haustellum) umgebildet. In einer vorderen Rinne enthält es den Hypopharynx und das Labrum, damit also Speichel- und Nahrungsrohr. Die Labellen sind wie Tracheen mit kennzeichnenden, versteiften Rinnen (Pseudotracheen) versehen, die den Speichel auf der Nahrung verteilen und gelöste Nahrung aufnehmen.

Bei manchen höheren Fliegen (z. B. *Glossina, Stomoxys*) wird aus dem Haustellum ein Stechapparat, der als ganzes unter Raspelbewegungen der Labellen in die Haut von Wirbeltieren eingesenkt wird.

Die Imagines sind meist tagaktiv, manche Stechmücken aber in Dämmerung und Nacht. Viele Blütenbestäuber, Krankheitsüberträger (S. 320, Abb. 224), Schädlinge in Land- und Forstwirtschaft (S. 312, Abb. 221), teils nützlich als Parasiten in Schadinsekten (Tachinidae), einige sind für die allgemeine Biologie wichtig geworden (*Drosophila* ist das genetisch am besten bekannte Tier; Chironomidae und Drosophilidae wegen ihrer Riesenchromosomen).

Die Larven besitzen keine Thorakalbeine. Nach der Ausbildung der Kopfregion unter-

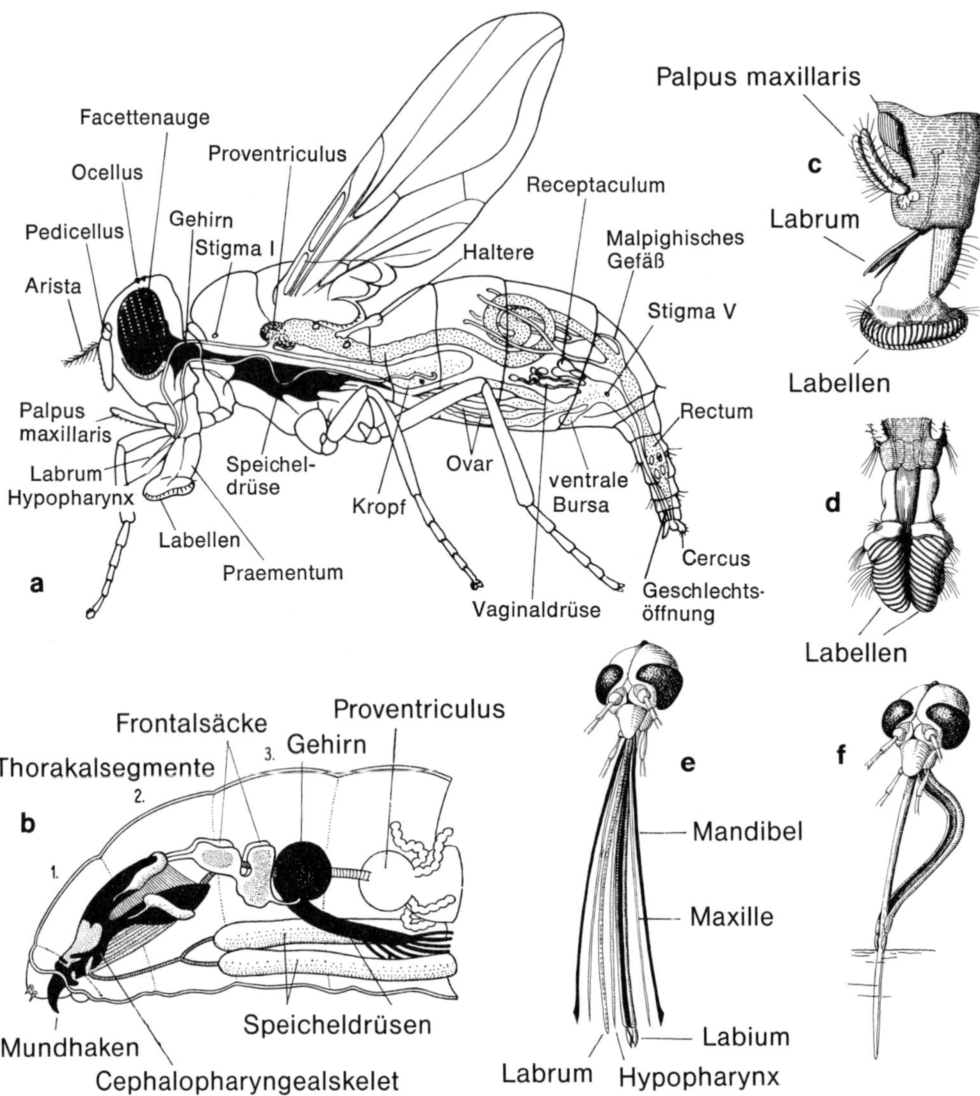

Abb. 256: Diptera. a. Bauplan einer Fliege, b. Organisation des Vorderendes einer Fliegenmade, c, d. Mundwerkzeuge einer Fliege in verschiedenen Ansichten, e, f. Mundwerkzeuge einer Stechmücke, e. Einzelteile getrennt, f. beim Einstich. Nach Hennig, Jacobs, Renner, Weber

scheidet man eucephale Larven (Kopf gut ausgebildet, die meisten Mücken), hemicephale Larven (Kopfkapsel hinten aufgelöst, in den Thorax eingesenkt, manche Mücken, niedere Fliegen) und acephale Larven (Kopfkapsel fehlt, Kopfbereich in Thorax verlagert, Cephalopharyngealskelet mit kräftigen Mundhaken (Mandibeln oder Maxillen); höhere Fliegen).

Dipteren-Larven leben in enormer Formenfülle (Abb. 258) in Wasser oder Boden, als Pflanzen- oder Tierparasiten usw.

Die Puppe ist bei Mücken und vielen niederen Fliegen eine Mumienpuppe, z.T. freischwimmend (Culicidae, Abb. 224), viele Fliegen bilden eine Tönnchenpuppe: Die Verpuppung findet in der Haut eines Larvenstadiums (Puparium, Tönnchen) statt. Das Schlüpfen erfolgt aus dem Vorderteil des Pupariums, das durch eine Stirnblase der Imago abgesprengt werden kann, die später rückgebildet wird.

Die ältesten Dipteren sind mit Sicherheit aus dem Mesozoikum bekannt, die permischen Funde werden unterschiedlich eingeschätzt (z.B. die vierflügelige *Permotipula*). 2 Unterordnungen (Abb. 257, 258).

a. Nematocera (Mücken): Primitive, schlanke, langbeinige Formen; Fühlergeißeln mit gleichartigen Gliedern, fadenförmig. Kopfkapsel der

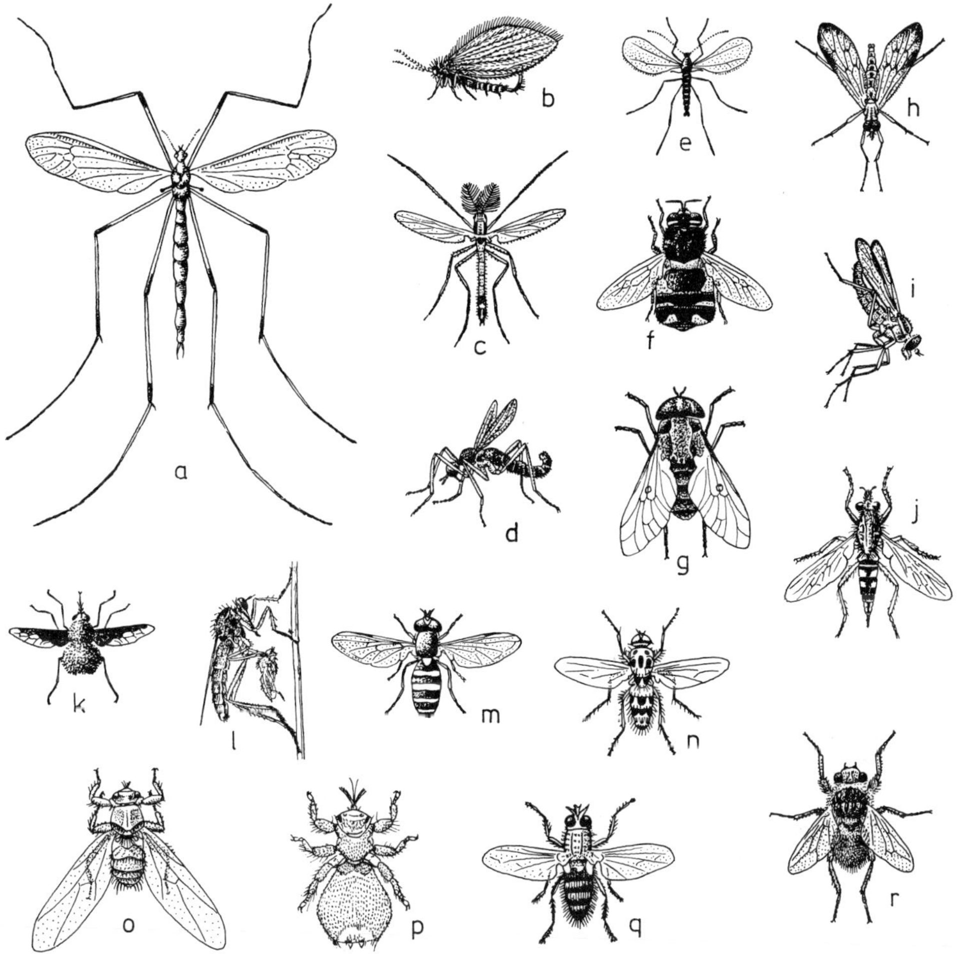

Abb. 257: Diptera. a. *Tipula*, b, *Psychoda*, c. *Chironomus (Tendipes)*, d. *Penthetria* (Bibionidae) e. *Mayetiola* (Itonididae), f. *Stratiomya*, g. *Tabanus*, h, i. *Rhagio*, j. *Erax* (Asilidae), k. *Bombylius*, l. *Empis*, m. *Syrphus*, n. *Anthomyia*, o. *Lipoptena* (Männchen), p. *Melophagus*, q. *Tachina*, r. *Hypoderma* (Oestridae). Nach Brauns, Storer, Usinger

Larven meist erhalten, ihre Mandibeln arbeiten gegeneinander.

Trichoceridae (Wintermücken): Imagines fliegen auch im Winter in Schwärmen; Larven saprophag. *Trichocera (Petaurista).*

Tipulidae (Schnaken): z.T. sehr große Formen, Larven meist am Boden, z.T. schädlich (S.312). *Tipula.*

Blepharoceridae (Netzmücken): Imagines saugen an Insekten (z.B. anderen Mücken), Larve in Fließgewässern an Steinen festgesaugt.

Psychodidae (Schmetterlingsmücken): Körper und Flügel dicht behaart. *Psychoda*, Larven leben von faulenden Stoffen in Kläranlagen u.dgl. Imagines bisweilen in Mengen in ungepflegten Aborten, saugen Flüssigkeit auf. *Phlebotomus* (Abb. 224): Weibchen stechen; Krankheitsüberträger (S. 321).

Culicidae (Stechmücken): Weibchen vieler Arten außer Nektar- auch Blutsauger. Krankheitsüberträger (S. 320, Abb. 224). *Anopheles, Aedes, Mansonia, Culiseta (Theobaldia), Culex.*

Chaoboridae: bekannt durch ihre durchsichtigen Larven. *Chaoborus (Corethra).*

Chironomidae (Zuckmücken): Imago stechmückenähnlich, aber nicht stechend, zuckt beim Sitzen mit dem 1. Beinpaar (Tastbeine). Keine Nahrungsaufnahme. Larven am Grund von Gewässern, oft durch Hämoglobin rot gefärbt; wichtige Fischnahrung (für Aquarienfische gehandelt). *Pontomyia, Chironomus; Clunio*, Weibchen flügellos, in Gezeitenzone; *Diamesa*, Flügel und Antennen reduziert, auf Gletschern des Himalaja, Larven in Schmelzwasser, von Bakterien und Blaualgen lebend.

Ceratopogonidae (Heleidae, Gnitzen): Winzige Formen. Einige bringen Menschen schmerzhafte Stiche bei. *Culicoides* auch Wurmüberträger (Abb. 224, S. 321).

Simuliidae (Kriebelmücken): z.T. Blutsauger an Haustieren und Tierhaltung beeinträchtigend. Krankheitsüberträger an Menschen (S. 321, Abb. 224) und Haustieren. Larven aquatisch, festsitzend. *Simulium.*

Bibionidae (Haarmücken): Imagines plump, fliegenähnlich, stark behaart, meist dunkel gefärbt. Larven saprophag oder an Wurzeln, dann schädlich werdend. *Bibio, Penthetria.*

Mycetophilidae (Fungivoridae, Pilzmücken): Larven als «Würmer» in Pilzen bekannt, Imagines in deren Nähe. Z.T. mit Leuchtvermögen, so *Arachnocampa (Bolithophila) luminosa*, in neuseeländischen Höhlen.

Sciaridae (Trauermücken): *Sciara*, saprophag, im Boden der Wälder und Felder.

Cecidomyiidae (Itonididae, Gallmücken): Für Nematoceren ungewöhnlich stark rückgebildete Kopfkapsel im Larvenstadium, Larven z.T. phytophag und gallbildend. Landwirtschaftlich wichtige Arten enthaltend (S. 303), Gallerreger (Abb. 216). *Mayetiola, Contarinia, Sitodiplosis, Dasineura, Mikiola, Jaapiella.*

b. Brachycera (Fliegen): Fühlergeißel meist rückgebildet zu Anhang des 3. Fühlergliedes. Mandibeln bzw. Mundhaken der Larven arbeiten vertikal, also parallel.

Stratiomyiidae (Waffenfliegen): Larven terrestrisch oder aquatisch. Imagines Blütenbesucher. *Stratiomyia.*

Tabanidae (Bremsen): Große Fliegen, Weibchen Blutsauger, z.T. Krankheitsüberträger (S. 321, Abb. 224). *Chrysops, Tabanus, Haematopota.*

Rhagionidae (Schnepfenfliegen): Larven terrestrisch oder im Wasser. Typische Sitzhaltung der Imagines (Abb. 257h, i). *Rhagio.*

Asilidae (Raubfliegen): Insektenfresser, Larven saprophag. *Asilus.*

Bombyliidae (Wollschweber, Hummelfliegen): Imagines oft stark behaart, hummelähnlich, stehen schwirrend vor Blüten, in die der lange Rüssel eingeführt wird. Eiablage aus dem Flug. Larven z.T. parasitisch an Insektenlarven. *Anthrax, Bombylius.*

Empididae (Tanzfliegen): schwarmbildend, Kopulationsgeschenk (Insekt) des Männchens an das Weibchen. Larven terrestrisch und im Wasser. *Empis.*

Dolichopodidae (Langbeinfliegen): Vorwiegend laufend (an Baumstämmen), Räuber. *Poecilobothrus* auf Wasserflächen, fängt Mükkenlarven. *Dolichopus, Medeterus* (verfolgt Borkenkäfer).

Die folgenden Familien werden als Cyclorrhapha (Musciformia) zusammengefaßt: Larven acephal (Maden), Cephalopharyngealskelet (Abb. 256), Puparium.

Phoridae (Buckelfliegen): mit der hermaphroditischen *Termitoxenia* in Termitenbauten.

Syrphidae (Schwebfliegen): Blütenbesucher mit schönen Farbmustern. Larven der bienenähnlichen Eristalinae aquatisch (Rattenschwanzlarve), z.T. in Jauche. Larven der Syrphinae wichtige Blattlausfeinde. *Eristalis, Syrphus.*

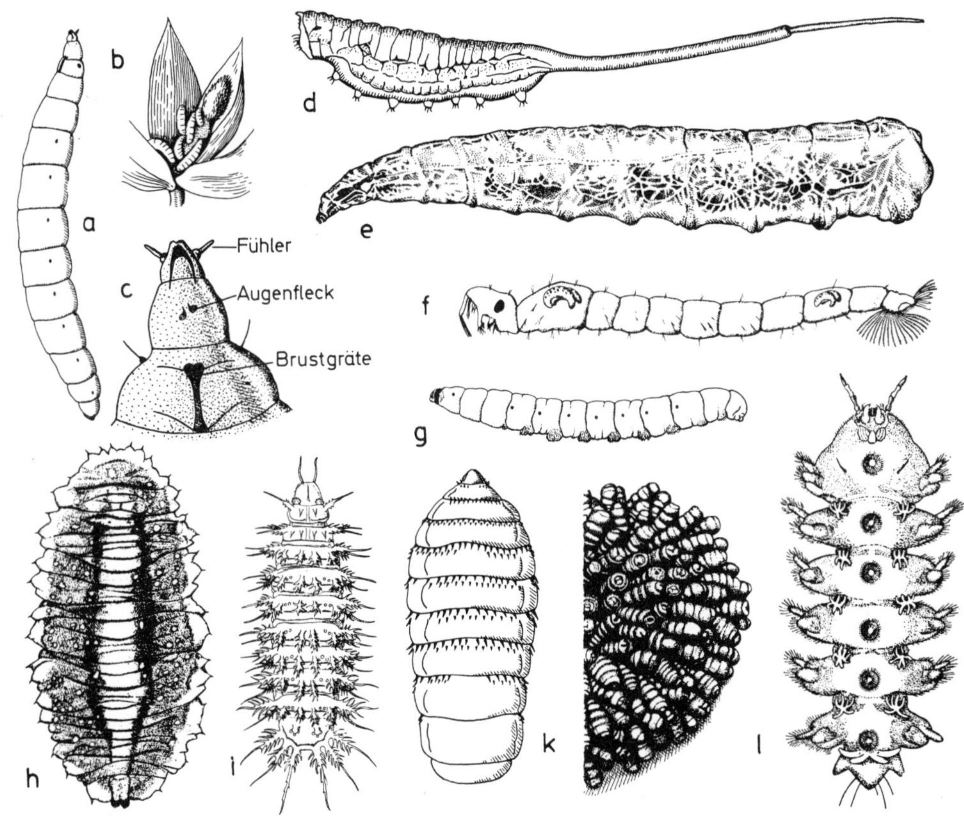

Abb. 258: Dipteren-Larven. a–c. Cecidomyiidae, a. Larve in Seitenansicht, b. Larven von *Contarinia tritici* in Weizenähre, c. Vorderende von *Dasineura brassicae.* Die Brustgräte ist eine Cuticulaverstärkung, mit der Pflanzenteile verletzt werden können, d. Eristalinen-Larve, e. *Musca*, f. *Chaoborus* (beachte die 2 Paar Tracheenblasen), g. Pilzmücke, h. *Syrphus*, i. *Fannia*, k. *Gasterophilus*, Einzeltier und Gruppen von Larven im Pferdemagen, l. Blepharoceride. Nach Brauns, Dusek-Laska, Fröhlich, Jacobs, Hennig, Lindner, Renner, Seguy, Thomson

Tephritidae (Trypetidae, Bohrfliegen): z.T. mit gebänderten Flügeln, Larven oft in Früchten, schädlich (S. 312, Abb. 221). *Rhagoletis, Ceratitis, Platyparea.*

Agromyzidae (Minierfliegen): Larven minieren in Pflanzen.

Sepsidae (Schwingfliegen): schlagen beim Laufen mit den Flügeln.

Piophilidae: mit Käsefliege *(Piophila casei)*, Larve in Käse.

Drosophilidae (Tau- oder Essigfliegen): Larven an gärendem Obst, oft in Häusern. *Drosophila.*

Ephydridae (Salzfliegen): Larven z.T. in Salzwasser *(Ephydra)*, z.T. in Petroleum *(Psilopa).*

Braulidae (Bienenläuse): flügellos, 1–1,5 mm lang, an Bienen.

Chloropidae (Halmfliegen): mit wichtigen Schädlingen (S. 312, Abb. 221) *Chlorops, Oscinella.*

Scatophagidae (Dungfliegen): Larven in Dung, Fliegen räuberisch.

Anthomyiidae (Blumenfliegen): Larven z.T. wichtige Schädlinge (S. 313). *Leptohylemya, Pegomya, Delia; Fucellia* (Tangfliege) am Meeresstrand.

Muscidae: mit wichtigen synanthropen Fliegen (S. 321, Abb. 225), z.T. Krankheitsüberträger (S. 322, Abb. 224), *Musca, Fannia, Stomoxys, Glossina.*

Hippoboscidae: Parasiten an Vögeln und

Säugern, z.T. flügellos. *Hippobosca*, *Lipoptena*, *Melophagus*.

Calliphoridae und Sarcophagidae mit bekannten synanthropen Fliegen und Krankheitsüberträgern (S. 321, Abb. 225). *Calliphora*, *Phormia*, *Lucilia* (Larven z.T. in Kröten), *Auchmeromyia*, *Sarcophaga*.

Gasterophilidae (Magenbremsen): Imagines hummelähnlich, kurzlebig, nehmen keine Nahrung auf. Larven endoparasitisch im Darmtrakt von Pferden und Nashörnern. *Gasterophilus*.

Oestridae (Dasselfliegen): Larven in Nasenhöhlen, Darm und Unterhautbindegewebe (Dasselbeulen) von Säugern. *Oestrus*, *Cephenomyia*, *Hypoderma*.

Tachinidae (Raupenfliegen): Larven in Insekten, z.B. Schmetterlingsraupen, Wanzen usw. Wichtig bei Bekämpfung von Schadinsekten.

27. Ordnung: Siphonaptera (Aphaniptera, Flöhe)

Die Flöhe sind eine Gruppe von etwa 2000 Arten, die im Imaginalstadium an Homoiothermen, meist an Säugetieren, als Blutsauger leben. Sie sind meist 2–3 mm lang (Maulwurfsfloh, *Hystrichopsylla talpae* bis 6 mm lang), die Männchen meist kleiner als die Weibchen. Ihr Körper ist seitlich stark abgeflacht. Ähnlich wie bei Hymenopteren überlappen sich die Segmente; die Behaarung ist nach hinten gerichtet, das gilt auch für Cuticula-Fortsätze, die in Reihen (Ctenidien, Kämme) an Kopf und Prothorax sitzen können und als Haftstrukturen fungieren (Abb. 259). Die beiden hinteren Beinpaare sind als Sprungbeine entwickelt. Ocellen fehlen, Seitenaugen als kleine Einzelaugen oder fehlend. Antennen kurz, in Kopfgruben einklappbar.

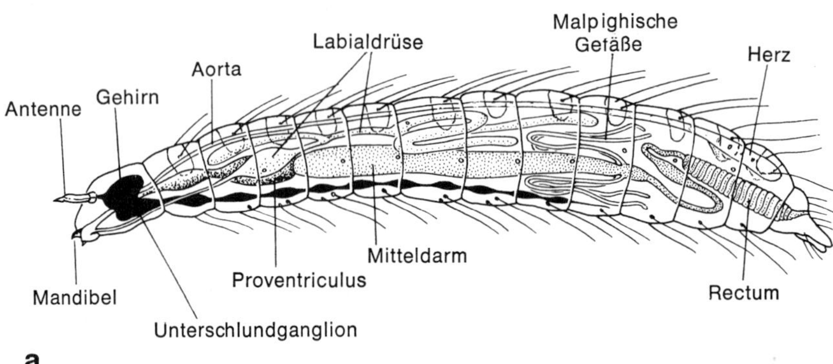

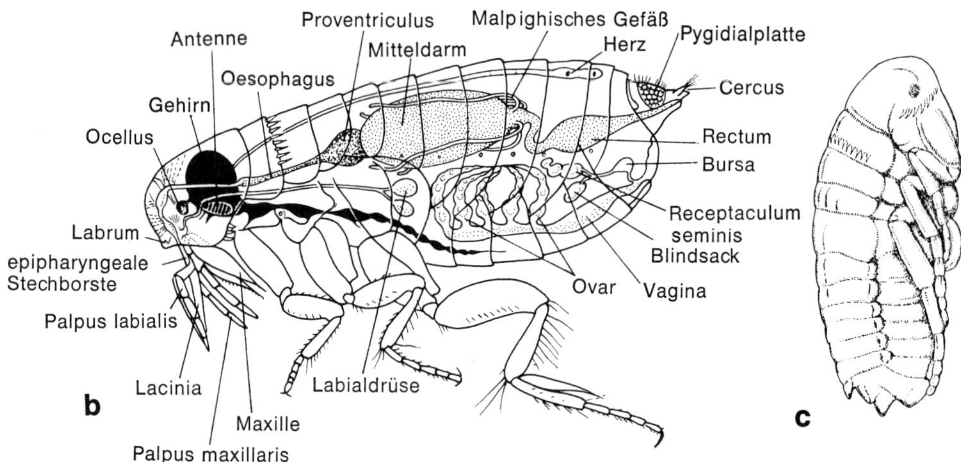

Abb. 259: Siphonaptera. a. Bauplan einer Larve, b. Bauplan einer Imago, c. Puppe. Nach Seguy, Weber

Mundwerkzeuge stechend-saugend. Kopfkapsel oft durch Querfurche geteilt (Caput fractum). 10. Abdominalsegment als Pygidialplatte entwickelt, die Trichobothrien trägt. Die Imagines sind z.T. wichtige Krankheitsüberträger (S. 320), meist leben sie nur temporär auf einem Wirtstier, manche auch dauernd, so die Weibchen von *Tunga penetrans* am Menschen (S. 320). Bezeichnend für viele Arten ist die Begattungsstellung. Das Männchen ergreift mit Antennen und einem Halteapparat am Hinterleibsende das Weibchen von ventral.

Die Eiablage erfolgt in Feder- bzw. Haarkleid des Wirtes, die Larvalentwicklung z.B. in Nestern der Wirtstiere. Die Larven sind augen- und fußlos, sie bewegen sich spannend mit den prognathen Mundteilen und Nachschiebern und leben von Abfällen und Schimmel, z.T. auch vom Kot der Floh-Imagines. Die Verpuppung findet in einem Kokon statt, der mit Speicheldrüsensekret hergestellt und mit Fremdkörpern besetzt wird. Puppen bisweilen mit rudimentären Flügelanlagen. *Pulex*, *Xenopsylla*, *Tunga* (vgl. S. 320).

Verwandtschaftsbeziehungen unklar, wahrscheinlich Beziehungen zu den Mecoptera, Fossilien aus der Zeit vor dem Tertiär unbekannt.

28. Ordnung: Strepsiptera (Fächerflügler)

Die Strepsipteren sind eine etwa 400 Arten umfassende Ordnung kleiner Insekten mit kurzer Imaginalzeit und stark ausgeprägtem Sexualdimorphismus: Die Männchen besitzen große, breite Hinterflügel und in «Halteren» umgeformte Vorderflügel, die Weibchen sind flügellos, manchmal freilebend, meist auch beinlos und parasitisch in anderen Insekten, in Mitteleuropa z.B. in Zikaden und Aculeaten. Zahlreiche Rückbildungen: Mundwerkzeuge reduziert, Darmkanal rudimentär, Malpighische Gefäße, Tentorium und Ocellen fehlen. Bei der Begattung durchbohrt das Männchen die Cuticula des Weibchens. Larviparie, bisweilen Polyembryonie.

Auf eine freilebende Erstlarve (z.B. auf Blüten) folgen madenähnliche, parasitische Sekundärlarven (Polymetabolie).

Verwandtschaftsverhältnisse unklar; von vielen Autoren in die Nähe der Käfer gestellt. Fossil erst aus Bernstein bekannt. *Eoxenos*, *Stylops*, *Xenos* (Abb. 260).

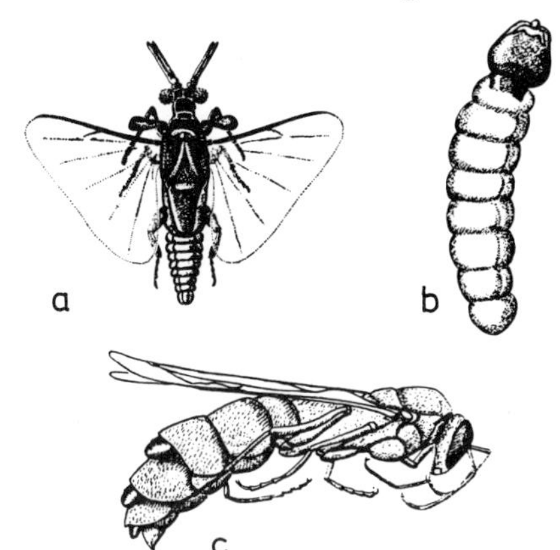

Abb. 260: Strepsiptera. a, b. *Xenos vesparum*. a. Männchen (2mm), b. Weibchen (10mm), c. Stylopisierte (d.h. von Strepsipteren parasitierte) Feldwespe *(Polistes)*. Nach Jacobs, Ulrich

Reihe: Deuterostomia

Der Blastoporus bleibt als After erhalten, der Mund entsteht als Neubildung. Das Nervensystem ist bei vielen Gruppen primitiv und epithelial, bei höher entwickelten Formen bildet sich ein dorsal gelegenes Zentralnervensystem durch Abfaltung von der Rückenfläche (Neuralrohr). Das Coelom ist immer vorhanden, es entsteht oft noch durch Abfaltung vom Urdarm; bei den niederen Gruppen deutliche Archimerie. Das Skelet ist mesodermal. Sehr isoliert innerhalb der Deuterostomia stehen die Chaetognathen, recht unsicher ist die Einordnung der Pogonophoren.

I. Chaetognatha (Pfeilwürmer)

Die Chaetognathen sind eine artenarme Gruppe 1–8 cm großer, transparenter, mariner Tiere, die meist im Plankton vorkommen, nur *Spadella* lebt am Meeresboden. Sie leben oft im Oberflächenwasser, werden aber auch in ca. 1000 m Tiefe gefunden. Viele machen saisonale vertikale Wanderungen. Der langgestreckte Körper ist in Kopf und Rumpf gegliedert (Abb. 261). Am Kopf inserieren 2 seitlich gelegene Gruppen von Greifhaken, die durch kräftige Muskelzüge bewegt werden können, und 2 Reihen kleinerer Zähnchen. In Ruhe wird der Kopf einschließlich Greifhaken und Zahnreihen von einer Hautduplikatur (Kopfkappe) umschlossen, die zurückgezogen werden kann. Der Rumpf trägt seitlich und am Hinterende muskelfreie Flossen, die von zarten Flossenstrahlen gestützt werden. Die Epidermis ist an mehreren Stellen mehrschichtig, unter ihr liegt ein Muskelschlauch aus quergestreifter Muskulatur.

Das Innere des Körpers ist durch 2 quer-

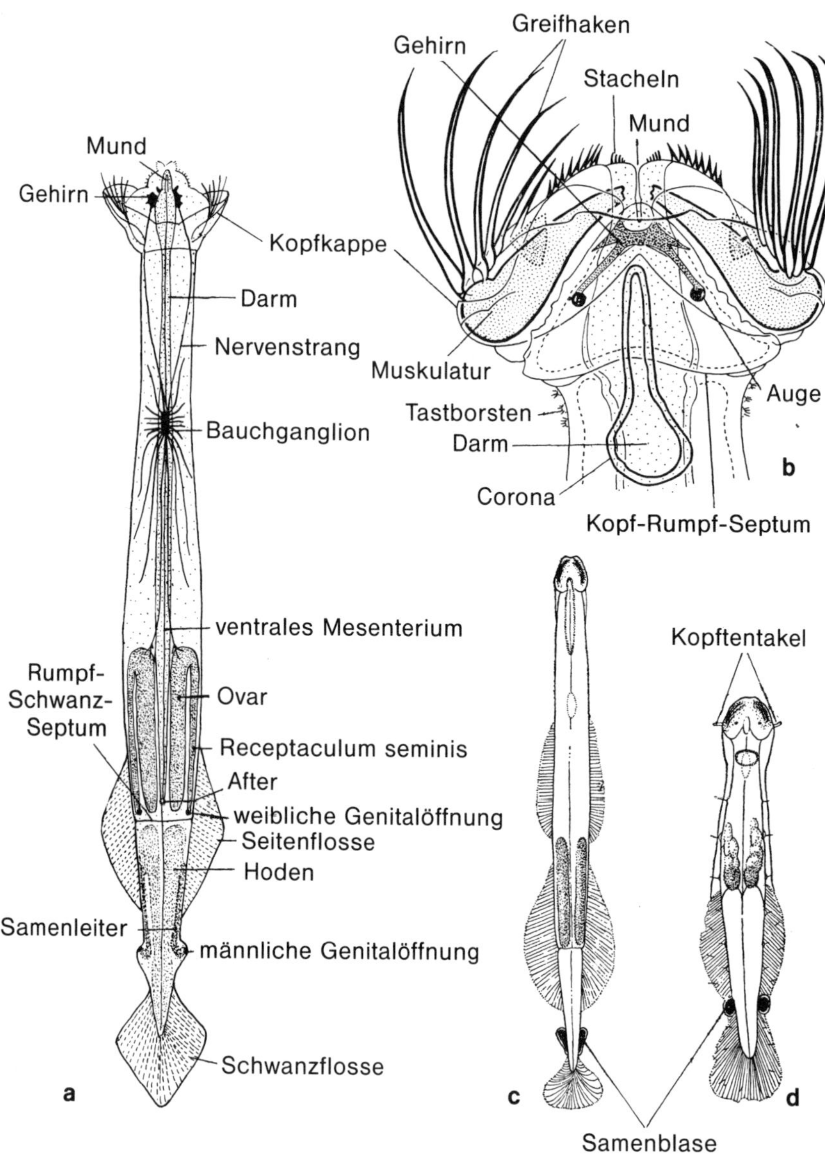

Abb. 261: Chaetognathen. a. Bauplan, Ventralansicht, b. Kopf von *Sagitta*, c. *Sagitta bipunctata*, d. *Spadella cephaloptera*. Nach Delage, Herouard, de Beauchamp, Riedl

stehende Septen in je eine Kopf-, Rumpf- und Schwanzhöhle gegliedert. Das Kopf-Rumpfseptum liegt im Bereich der Einschnürung zwischen Kopf und Rumpf, das Rumpf-Schwanzseptum liegt hinter dem After. Die Flüssigkeit in den Körperhöhlen zirkuliert ständig. Ein Blutgefäßsystem fehlt den Chaetognathen. Der einfache, gestreckt verlaufende Darmkanal beginnt mit dem ventral am Kopf gelegenen Mund, der von Sinnes- und Drüsenpapillen umstellt ist. Hinter dem Kopf-Rumpfseptum oder im Mitteldarmbereich treten paarige Darmdivertikel auf. Außen auf dem einschichtigen Darmepithel lagert ein dünnes viscerales Coelomepithel mit Myofilamenten, die vorwiegend ringförmig angeordnet sind. Dorsal und ventral sind Mesenterien ausgebildet. Der After liegt ventral. Die Nahrung besteht aus relativ großen Planktonorganismen, z.B. Copepoden, Fischlarven und anderen Chaetognathen. Sie sind sehr gefräßig und verschlingen bis zu 35% ihres Körpergewichts am Tag. Das Nervensystem ist relativ hoch entwickelt. Ein dorsal im Kopf gelegenes Cerebralganglion (Gehirn) ist mit 2 seitlich vom Mundraum gelegenen Vestibularganglien sowie einem großen Bauchganglion verbunden. Von jedem Vestibularganglion gehen Frontal- und Darmnerven aus. Weiterhin mit dem Cerebralganglion verbunden sind die 2 dorsal gelegenen Augen und ein dorsaler Wimperring (Corona). Hinter dem Cerebralganglion liegen 2 gemeinsam ausmündende «Retrocerebralorgane» unbekannter Funktion. Manche Arten besitzen umfangreiche epidermale Tastborsten, die Wasservibrationen registrieren. Eigene Nephridialorgane fehlen.

Die Chaetognathen sind Zwitter. Ihre Ovarien liegen im hinteren Teil der Rumpfhöhle und münden vor dem Rumpf-Schwanz-Septum aus. Sie enthalten ein lateral gelegenes Receptaculum seminis. Die Hoden entwickeln sich in der Schwanzhöhle, die keinen Darmanteil mehr enthält und durch ein medianes Septum in 2 Räume gegliedert ist. Zur Reifezeit sind diese Räume völlig mit Spermien gefüllt. Ihrer Ausleitung dient ein kurzer Gang, der sich zu einer Vesicula seminalis erweitert und der zwischen Lateral- und Caudalflosse ausmündet. Die Befruchtung erfolgt, nach Begattung oder Selbstbefruchtung, im Ovar (ähnlich wie bei Schwämmen) mit Hilfe zweier accessorischer Zellen, von denen eine mit in das Ei aufgenommen wird und später in ihm einen sog. Restkörper bildet. Die Furchung ist total und führt über eine Coeloblastula zu einer Invaginationsgastrula. Die Urkeimzellen lassen sich bereits auf sehr frühen Stadien erkennen. Mesodermbildung durch Enterocoelie. Im Kopfbereich treten früh eigene Coelomhöhlen auf. Die relativ opaken Schwimmlarven ähneln den adulten Tieren und machen nach 2–3 Tagen eine Umwandlung durch (Ausbildung der Kopfkappe und der Greifhaken, die Tiere werden durchsichtig u.a.).

Sagitta, *Eukrohnia*, *Spadella*, *Bathyspadella*.

Amiskwia sagittiformis, eine fossile Form aus dem Kambrium, wird oft in die Chaetognathen eingeordnet.

II. Pogonophora

Die Kenntnis dieser Tiergruppe ist noch nicht ausreichend, um sie sicher in das System einzuordnen. Die zuerst gefundenen Arten wurden den Polychaeten zugerechnet. 1951 wurde ein neuer Tierstamm errichtet, der aufgrund vergleichend-anatomischer und erster entwicklungsgeschichtlicher Untersuchungen bis in die 60er Jahre mit Sicherheit den Deuterostomiern zugeordnet wurde. Befunde der letzten Jahre haben die meisten Untersucher bewogen, die Pogonophora doch in die Nähe der Anneliden zu stellen und damit den Protostomiern zuzuordnen. Die Unsicherheit der Beurteilung dieser Tiergruppe beruht auf folgenden Merkmalen: Die Pogonophoren stellen die einzige große, freilebende Tiergruppe dar, die weder Mund noch After aufweist. Dementsprechend läßt sich nicht mit Sicherheit entscheiden, wo Dorsal- bzw. Ventralseite liegen. Ihre Coelomgliederung ist einzigartig: Der letzte Körperabschnitt (Opisthosoma) ist segmentiert und meist mit vier Borsten pro Segment versehen (wie bei Anneliden), davor liegen vielfach drei Coelomsackgarnituren, die an trimere Organismen erinnern. Über die Entwicklung des Coeloms liegen widersprüchliche Angaben vor; nach älteren Untersuchungen soll es durch Enterocoelie, nach neueren durch Schizocoelie entstehen.

Die etwa 100 bisher beschriebenen Arten sind entweder fadenförmige Röhrenbewohner, die vor allem in Weichböden der Meere meist in größerer Tiefe vorkommen (Perviata) oder relativ dicke (bis 4 cm) und bis über 2 m lange Tiere, deren Röhren auf Hartsubstrat angeheftet sind

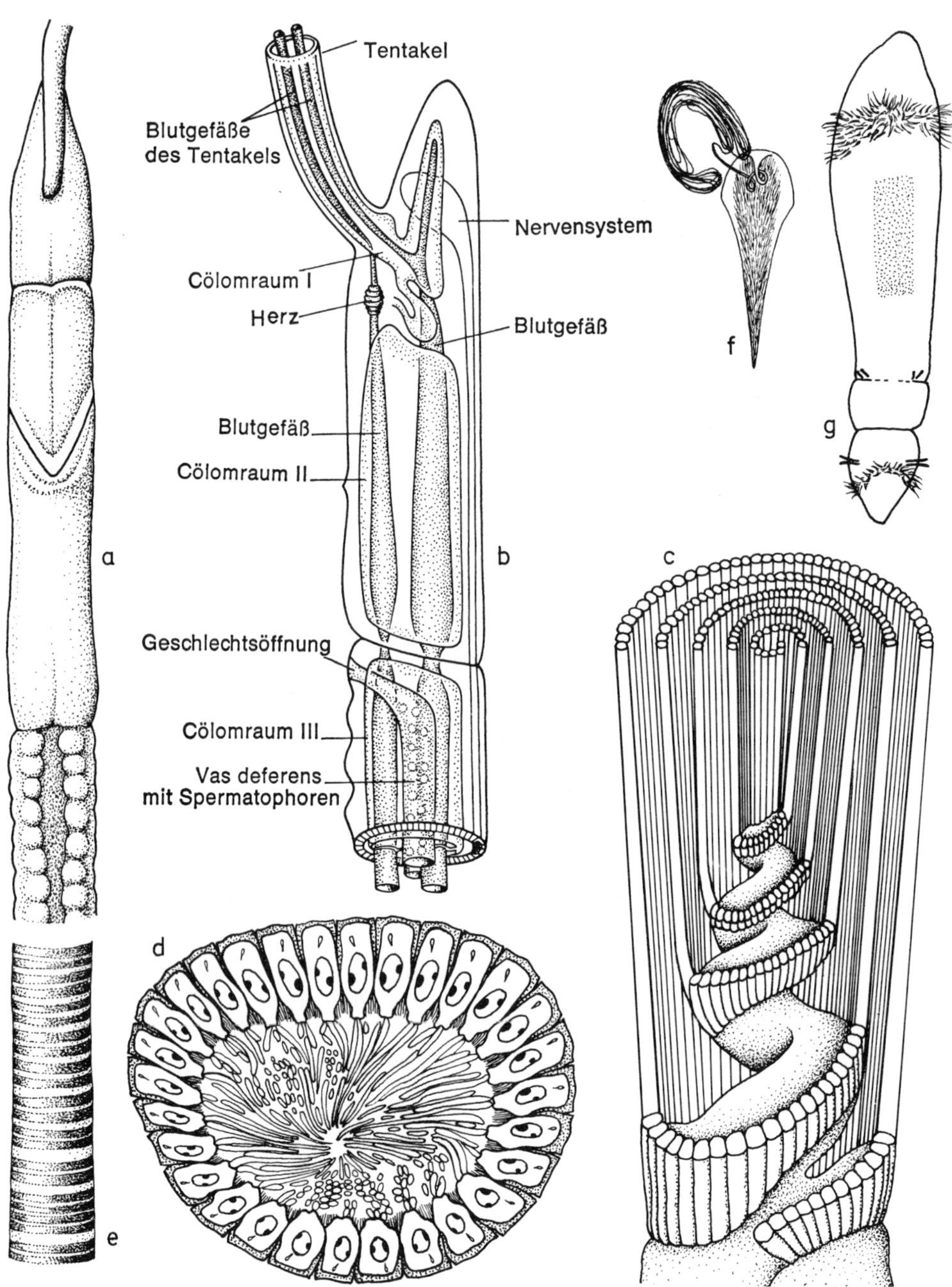

Abb. 262: Pogonophora. a. *Siboglinum;* Vorderende, das hier nur einen Tentakel trägt; b. Organisationsschema des Vorderendes, c. Tentakelkrone von *Spirobrachia*, Tentakel teilweise abgeschnitten; d. Querschnitt durch Tentakelkrone von *Lamellisabella*. Jeder Tentakel trägt zentralwärts gerichtete Fortsätze (Pinnulae). e. Teil einer Röhre von *Siboglinum*, f. Spermatophore von *Spirobrachia*, g. Larve von *Siboglinum* mit Wimperkränzen und Borsten. Nach Ivanov

(Obturata). Einige Arten sind in der Vertikalen weit verbreitet *(Siboglinum caulleryi* von 22 m bis über 8000 m Tiefe). Sie leben hier bisweilen in dichten Beständen (bis 200/m^2). Die Röhren sind sehr viel länger als die Tiere, sie bestehen aus Protein und β-Chitin und sind vielfach hell-dunkel geringelt (Abb. 262e).

Während man bis vor einigen Jahren die Nahrungsaufnahme der Pogonophoren durch die Haut als Tatsache ansah, hat sich unser Verständnis der Ernährungsweise in den 80er Jahren stark gewandelt: Zunächst in den massigen Obturata, dann aber auch in den fadenförmigen Perviata wurden umfangreiche Gewebe gefunden, deren Zellen Bakterien in großer Zahl enthalten. Im Falle einzelner Formen (z.B. *Riftia)* konnte gezeigt werden, daß die Bakterien chemoautotroph sind, sie oxidieren Sulfid, die gewonnene Energie wird zur Kohlendioxid-Fixierung genutzt. *Riftia* lebt in der Nähe von H_2S-haltigen, warmen Quellen am Boden des Pazifik. Da das bakterienhaltige Gewebe (Trophosom) nach Bau und Lage (manchmal Hohlzylinder, inneres Epithel vereinzelt mit Cilien, zwischen längsverlaufenden Blutgefäßen angeordnet) einem Darm entspricht, handelt es sich vielleicht um dessen Rudiment. Die Entscheidung muß nach entwicklungsgeschichtlichen Untersuchungen getroffen werden.

Das Integument ist ähnlich wie das der Anneliden aufgebaut. Besondere Differenzierungen der Haut sind Borsten, die im Opisthosoma segmental und weiter vorn in Ringen um den Körper vorkommen. Sie werden wie die Borsten der Anneliden, Brachiopoden und Cephalopoden in Follikeln von je einer Bildungszelle sezerniert. Auch in ultrastrukturellem Aufbau und chemischer Zusammensetzung entsprechen die Borsten aller vier Tiergruppen einander.

Nach der Gliederung des Coeloms hat man zunächst drei Körperteile unterschieden (Abb. 262): Protosoma (Coelom unpaar, durch ein Paar Coelomodukte mit der Außenwelt verbunden), Mesosoma (paariges Coelom, keine Coelomodukte), Metasoma (paariges Coelom, ein Paar Coelomodukte, durch die die Geschlechtsprodukte abgegeben werden). Vom Protosoma gehen Coelomschläuche in lange Tentakel des Vorderendes, die in verschiedener Zahl angelegt sind (1 – etwa 2000). Diese Gliederung des Körpers wurde zunächst als typisch für Pogonophoren angesehen, bis 1964 noch der hintere Körperteil (Opisthosoma) gefunden wurde, der bei der Bergung der Tiere bis dahin immer abgerissen war. Er ist segmentiert (5–23 Segmente), besitzt Coelomsäcke und eine Wachstumszone im hinteren Bereich (wie bei Anneliden).

Der Hautmuskelschlauch setzt sich aus äußerer Ring- und innerer Längsmuskulatur zusammen. Das Nervensystem besteht aus Gehirn und intraepithelialen Bahnen mit Riesenaxonen. Das Blutgefäßsystem ist geschlossen, ein hinter den Tentakeln gelegenes Herz pumpt Blut in diese hinein. Ein Pericard kann ausgebildet sein. Das Blut enthält Haemoglobin. Die Geschlechter sind getrennt, die Weibchen bisweilen etwas größer als die Männchen. Die Geschlechtsprodukte werden über Coelomodukte ausgeleitet, die männliche Genitalöffnung liegt an der Grenze zwischen Meso- und Metasoma, die weibliche weiter hinten, die Gonaden im Metasoma. Die meisten Arten bilden Spermatophoren, die spindelförmig oder abgeplattet sind und ein langes, dünnes Filament tragen (Abb. 262f). Sie werden wohl mit den Tentakeln übertragen oder flottieren durch das Wasser. Die befruchteten Eier werden in der Röhre des Weibchens abgelegt. In einem Fall ist ungeschlechtliche Fortpflanzung durch Teilung nachgewiesen.

Seit 1963 sind verschiedene Fossilfunde als Pogonophoren-Röhren angesprochen worden, z.B. *Hyolithellus micans* aus dem Kambrium.

III. Hemichordata (Branchiotremata)

Die Hemichordaten umfassen die Pterobranchier und Enteropneusten; sie gestatten, entfernte Glieder des Systems zu verknüpfen, da sie an der Basis der Deuterostomier stehen und viele Ähnlichkeiten mit den Tentaculaten aufweisen, die am Anfang der Protostomier stehen. Außerdem zeigen sie Beziehungen zu den Echinodermen (Coelomgliederung, Larven) und den Chordaten (Kiemendarm, dorsales Neuralrohr, Stomochord).

Der bilateral-symmetrische Körper ist in drei Abschnitte mit eigenen Coelomräumen gegliedert: Prosoma (Protosoma, Eichel, Kopfschild), Mesosoma (Kragen, Hals) und Metasoma (Rumpf). Das Prosoma enthält einen unpaaren Coelomabschnitt (Protocoel), der sich nach dorsal mit einem oder zwei Coelomporen öffnet.

Mit diesem Coelom in Beziehung steht der von einem Pericard umgebene, pulsierende Herzabschnitt des Blutgefäßsystems, dem funktionell ein Gefäßknäuel (Glomerulus, Glomerulargefäß) nachgeschaltet ist, dem Podocyten aufliegen. Vermutlich wird aus ihm heraus in das Protocoel filtriert. Grundsätzlich ähnliche Gefäßknäuel mit Podocyten gibt es bei Echinodermen und Chordaten. Im Mesosoma liegt das paarige Mesocoel und bei den Enteropneusten das Kragenmark; das Metasoma enthält das paarige Metacoel und die Gonaden. Das Coelom zeigt eine Tendenz zur Rückbildung, seine Wandung bildet sich verschiedentlich in bindegewebsähnliche Formationen und Muskelzellen um.

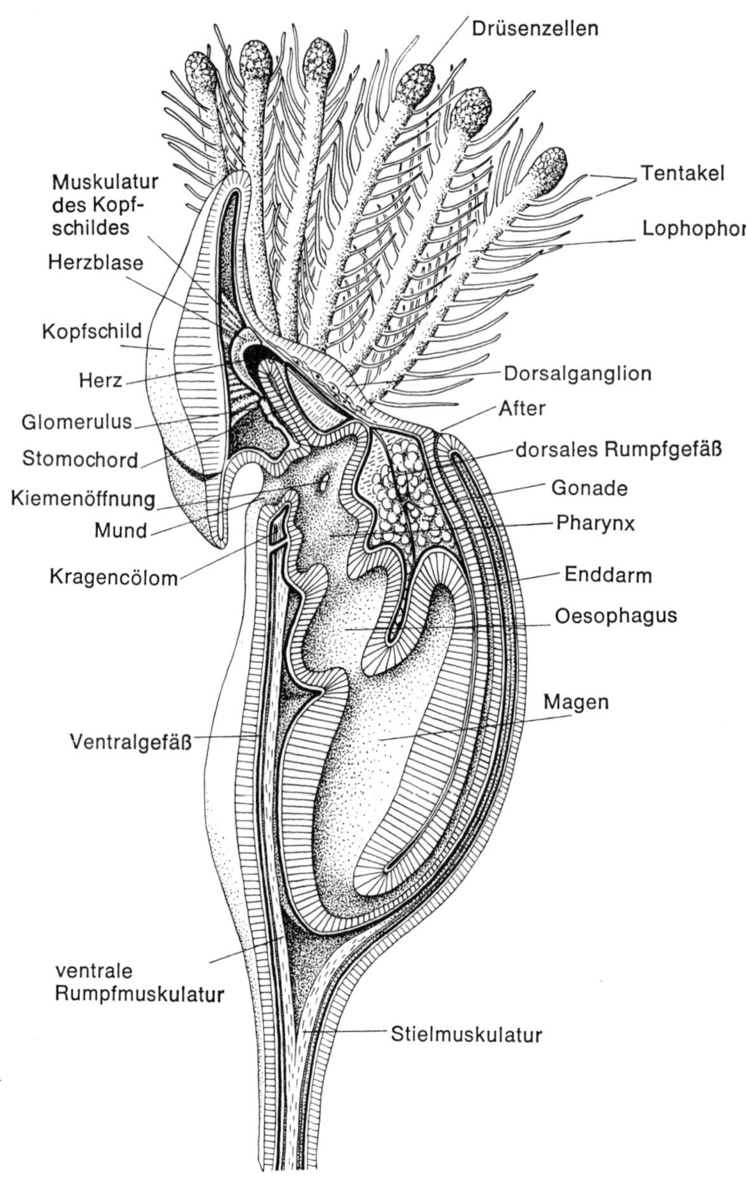

Abb. 263: *Cephalodiscus* (Pterobranchia), Bauplan. Nach Riedl

Das Nervensystem liegt zwischen den Basen der Epidermiszellen und bildet einen Plexus an der gesamten Körperoberfläche. Hauptstränge, z.T. mit Riesenfasern, finden sich dorsal und ventral.

Der Darmkanal beginnt ventral zwischen Pro- und Mesosoma; er besitzt vorn einen Pharynx mit Kiemenspalten und mündet caudal oder dorsal am Metasoma. Der Mund ist bei den Pterobranchiern von Tentakeln, die dem Kragen entspringen, umgeben; bei den Enteropneusten fehlen sie. Die Ernährung erfolgt vielfach mit Hilfe eines Cilienstromes, der Nahrungspartikel in den Darm transportiert. Die Tiere leben solitär oder koloniebildend (viele Pterobranchier) in Röhren oder Gehäusen oder frei in verfestigten Gängen im Meeresboden.

Viele Enteropneusten haben planktische Larven (Tornaria), die den Larven der Echinodermen ähneln. Die Tornaria trägt einen apikalen Wimperschopf mit paarigem, rotpigmentiertem Lichtsinnesorgan, ein prae- und postorales, schleifenförmiges sowie ein praeanales, zirkuläres Wimperband. Nephridien fehlen. Formen mit dotterreichen Eiern *(Harrimania, Saccoglossus)* entwickeln sich direkt oder besitzen Wimperlarven mit kurzer Lebensdauer. Möglicherweise gehört die erst vereinzelt gefundene tornariaähnliche Planctosphaera-Larve zu bisher nicht bekannten Hemichordaten.

1. Klasse: Pterobranchia

Der Körper der meist nur millimetergroßen Pterobranchier ist in Kopfschild, Kragen und Rumpf gegliedert (Abb. 263). Der Kopfschild ist eine nach ventral gerichtete muskulöse und drüsenzellreiche Haftscheibe, mit der die Tiere umherkriechen können. Der Kragen (Hals) verläuft geknickt zwischen dem ventral liegenden Kopfschild und dem längsverlaufenden Rumpf. An seinem ventralen Vorderrand liegt der Mund, der in Mundhöhle und Pharynx führt. Dieser besitzt bei den Cephalodiscidae ein Paar von Kiemenspalten. Dorsal entspringen Arme – bei *Rhabdopleura* 1 Paar, bei Cephalodiscidae meist 4–9 Paare, bei den reduzierten Männchen von *Cephalodiscus sibogae* nur 1 Paar Armlappen –, die zwei Reihen bewimperter Tentakel tragen, zwischen denen eine Wimperrinne verläuft. An den Spitzen der Arme sind meist besondere Ansammlungen von Drüsenzellen zu finden.

Der sackförmige Rumpf geht in einen langen, kontraktilen Stiel über, der oft in einer scheibenförmigen Verbreiterung endet. Bei *Rhabdopleura* setzt er sich in einen Stolo fort, einen vereinfachten Stielabschnitt, der die Tiere miteinander verbindet. Der Rumpf enthält die vom Coelom isolierten Gonaden und den Darm.

Das intraepitheliale Nervensystem ist in der dorsalen Halsregion und in der Kriechscheibe konzentriert. Am Hals der Pterobranchier befindet sich dorsal ein einfaches Ganglion, von dem Fasern ausgehen. Riesenfasern und ein Kragenmark fehlen.

Die Coelomräume sind mitunter durch lockeres Bindegewebe verdrängt. Das Kopfschildcoelom ist ein flacher Spaltraum, durch den Muskelfasern ziehen; es mündet durch 2 Poren (Schildporen) dorsal nach außen. Mesenterien sind meist nur noch unvollständig ausgebildet.

Der Darmkanal ist U-förmig gekrümmt und mündet dorsal vorn am Rumpf aus. Von der Mundhöhle zieht ein Blindsack in das Prosoma, dessen Lumen z. T. rückgebildet ist, er entspricht dem Stomochord der Enteropneusten. Der Pharynx ist seitlich von einem Paar einfacher Kiemenspalten durchbrochen, die nur *Rhabdopleura* fehlen. Der Hauptteil des Darmkanals ist ein weitlumiger Magen, dessen Epithel Verdauungsenzyme bildet sowie Nährstoffe resorbiert und speichert.

Das Gefäßsystem ist infolge der geringen Größe der Tiere *(Rhabdopleura* meist kleiner als 1 mm) oft vereinfacht. Das Herz liegt vor dem Stomochord, es wird von der Pericardhöhle (Herzblase) umschlossen. Ventral vom Stomochord und hinter dem Herzen liegt ein Glomerulargefäß, das von typischen Podocyten bedeckt ist.

Die Gonaden sind einfach gebaut, paarig oder unpaar und münden dorsal am Rumpf aus. Die Tiere sind zwittrig oder getrenntgeschlechtlich. Die Eier von *Rhabdopleura* sind dotterreich; sie entwickeln sich wohl direkt; von Cephalodisciden sind bewimperte Larvenstadien bekannt. Häufig ist ungeschlechtliche Vermehrung durch Knospung vom Stielende oder Stolo *(Rhabdopleura)*. Bei *Rhabdopleura* und *Cephalodiscus* treten auch sterile Knospen und sterile Tiere auf.

Die Pterobranchier leben meist in Kolonien in Röhren oder Gehäusen (Abb. 264). Vereinzelt treten sie im Flachwasserbereich und sogar im

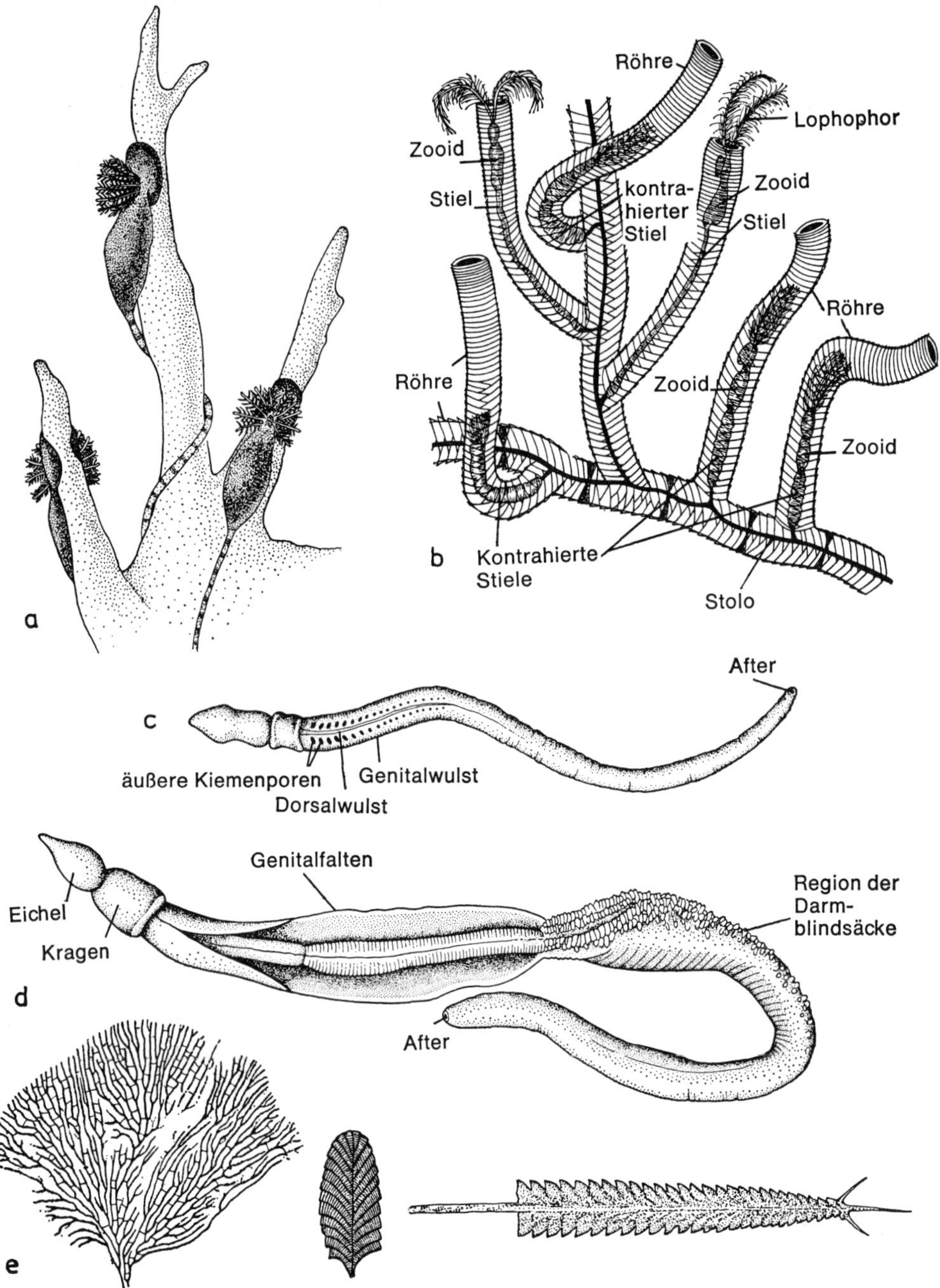

Abb. 264: Hemichordatenformen (a–d) und verschiedene Graptolithen (e). a. *Cephalodiscus* auf Gehäusezweigen kletternd; b. *Rhabdopleura*-Kolonie; die Gehäuse der Pterobranchier können an harten Unterlagen (Muschelschalen, Steinen, Schwämmen u.a.) befestigt sein. die Gehäuse bestehen ebenso wie vermutlich bei Graptolithen aus Skleroproteinen. c. *Protoglossus* (Harrimanidae); d. *Balanoglossus* (Ptychoderidae); e. Graptolithen, links: *Callograptus* (Ordovizium), Mitte: *Petalograptus* (Silur), rechts: *Orthograptus* (Ordovizium), Nach Anderson, Riedl, White

Gezeitenbereich auf, meist kommen sie in größeren Tiefen (100–600 m) vor. In antarktischen Gebieten können sie bestandsbildend sein. Sie vermögen ihr Gehäuse zu verlassen und kriechen in der Umgebung umher. Meist bleiben sie aber mit der Fußscheibe in der Röhre verankert. Das Hauptverbreitungsgebiet sind antarktische, südafrikanische und neuseeländische Gewässer. *Rhabdopleura* lebt vorzugsweise im Nordatlantik.

a. Cephalodiscidae (Abb. 264): Die einzelnen Tiere einer Kolonie sind meist frei. *Cephalodiscus*, *Acoelothecia*, *Atubaria* (ohne Gehäuse).

b. Rhabdopleuridae (Abb. 264): Die Tiere einer Kolonie bleiben über Stolonen miteinander verbunden. Einzige Gattung: *Rhabdopleura*.

2. Klasse: Enteropneusta (Eichelwürmer)

Der wurmförmige Körper dieser meist 10–50 cm langen Tiere (*Balanoglossus gigas* über 2 m) läßt schon äußerlich die Dreigliederung in Eichel, Kragen und Rumpf deutlich erkennen (Abb. 265).

Die Eichel ist ein schwellbares Bohrorgan mit unterschiedlicher und für die einzelnen Gruppen kennzeichnender Gestalt. Am Beginn des Kragens liegt ventral der Mund, am Hinterende setzt breit der langgestreckte Rumpf an. Dieser läßt 4 Abschnitte erkennen. 1. Der Kiemenabschnitt ist durch die Kiemenöffnungen gekennzeichnet (paarige Reihe dorsaler Poren oder breiter Spalten *(Ptychodera)*), die z.T. in Furchen liegen, in die auch die Genitalöffnungen münden. 2. Die Gonaden bilden eine oder zwei paarige, dorsal gelegene Reihen und sind äußerlich als Höckerreihen oder als Falten erkennbar. Nur selten sind sie über den ganzen Rumpf verteilt. Bei manchen Arten *(Balanoglossus, Ptychodera)* bilden die Genitalfalten breite Genitalflügel. 3. Bei vielen Arten ist auch der Darmabschnitt mit Blindsäcken («Leberblindsäcke») äußerlich an Vorwölbungen erkennbar. 4. Der Rest des Rumpfes bildet einen dünnwandigen weiten Schlauch mit terminalem After.

Die Epidermis ist bewimpert und drüsenzellreich; basal liegt in ihr der umfangreiche Nervenplexus, der sich dorsal und ventral zu Hauptsträngen zusammenlagert (Abb. 266). Im dorsalen Kragen bildet die Epidermis mit dem dorsalen Nervenstrang das Kragenmark. Hier verläßt der Dorsalnerv die oberflächliche Lage, indem er mit der Epidermis in die Tiefe sinkt und ein Rohr bildet, das sich i. a. dorsal schließt und vorn und hinten am Kragen nach außen

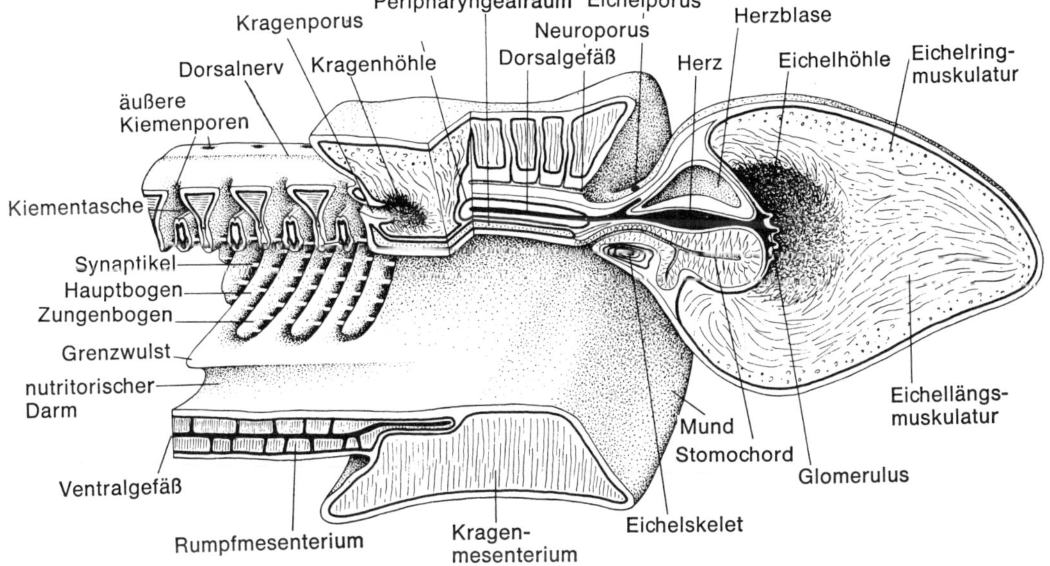

Abb. 265: Enteropneustenbauplan. Nach Riedl

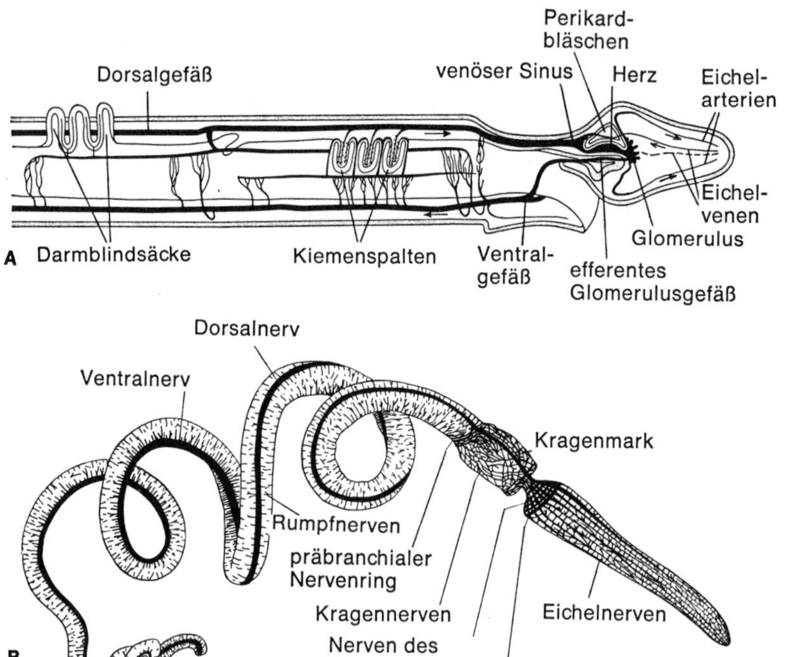

Abb. 266: Enteropneusten, a. Gefäßsystem, b. Nervensystem. Nach Knight-Jones, van der Horst

mündet *(Ptychodera)*. Bei vielen Arten bildet sich der zentrale Hohlraum zurück *(Harrimania)*.

Lokal verdicken sich Basalmembranen zu skeletartigen Gebilden (Eichelskelet, Kiemenbögen). Die Coelomepithelien bilden oft Bindegewebe und Muskulatur aus, so daß die Coelomhohlräume z.T. verdrängt werden. Eichelcoelom und Kragencoelom münden über dorsale Poren aus. Das Rumpfcoelom ist bei den einzelnen Gattungen unterschiedlich gegliedert, meist entsendet es nach frontal schmale Räume (Perihämal-, Peripharyngealräume). In Kragen und Rumpf sind oft dorsale und ventrale Mesenterien ausgebildet.

Der Darm verläuft gerade. Sein gesamtes Epithel ist reich innerviert und baut sich in den postpharyngealen Teilen aus typischen Epithelmuskelzellen auf. Oberhalb des Mundes zieht vom Vorderdarm ein Blindsack in die Eichelbasis (Abb. 265), der Eicheldarm (= Stomochord), dessen Lumen oft rückgebildet ist und dessen Bau dem der Chorda vieler Fische ähnelt. Der Darm der Kiemenregion ist bei den einzelnen Gruppen nicht ganz einheitlich gebaut. Die i.a. dorsal gelegenen Kiemenspalten des Pharynx öffnen sich oft zunächst in weite Kiementaschen, die dann erst durch Kiemenporen nach außen münden. Die primären Kiemenspalten werden oft – wie bei *Branchiostoma* – durch von dorsal einwachsende Zungenbögen zerlegt.

Der ventrale Teil des Pharynx ist z.T. gegen den spaltentragenden Abschnitt (Pars respiratoria) durch eine paarige Leiste (Grenzwulst) abgegrenzt und wird als Pars nutritiva bezeichnet. Vereinzelt *(Schizocardium)* liegt ventral nur ein schmaler Hypobranchialstreifen. Der drüsenzellreiche ventrale Teil des Pharynx einschließlich des Grenzwulstes erinnert an das Endostyl der Tunicaten und Acranier. Der dem Kiemendarm folgende Abschnitt (Ösophagus) besitzt manchmal paarige Darmpforten, die sich dorsal öffnen. Der anschließende sog. Leberdarm besitzt bei den Ptychoderidae und manchen Spengelidae dorsale Aussackungen. Hier erfolgen Verdauung und Nahrungsspeicherung. Der Enddarm trägt bei den Ptychoderidae einen ventralen Anhang mit blasigen Zellen (Pygochord).

Das Blutgefäßsystem ist recht hoch entwickelt (Abb. 266); sein Zentrum ist ein größerer Blutraum (Herz) über dem Eicheldarm, der von einem muskulösen Pericard (Herzblase) umgeben wird. Vor ihm liegt der von Podocyten bedeckte Glomerulus, der als Exkretionsorgan angesehen wird. Exkretstoffe gelangen in das Eichelcoelom und über dessen Coelomporus nach außen. Vom Glomerulus geht der Kreislauf der Eichel aus, dessen venöser Schenkel in einen Sinus venosus hinter dem Herzen einmündet. Der größere Kreislauf des Kragens und Rumpfes geht ebenfalls von der Herzregion aus und führt über zwei laterale, den Vorderdarm umgreifende Gefäße in ein großes ventrales Hauptgefäß, von dem die Versorgung der Kiemenregion, des übrigen Darmes und der Gonaden ausgeht; ein großes dorsales Gefäß sammelt das Blut und führt es in den Sinus venosus, der in das Herz übergeht.

Die Enteropneusten sind getrenntgeschlechtlich. Die Gonaden sind einfach gebaute Säcke, die oft in großer Zahl vorhanden sind und die dorsal ausmünden. Die Befruchtung ist äußerlich. Eine lebendgebärende Art *(Xenopleura vivipara)*.

Je nach Dotterreichtum der Eier ist die Entwicklung direkt (Harrimanidae) oder indirekt.

Die Regenerationsfähigkeit der Enteropneusten ist hoch. *Balanoglossus capensis* soll sich regelmäßig durch Querteilung fortpflanzen.

Die Enteropneusten leben im Boden aller Weltmeere. Sie kommen in verschiedenen Substraten vor (z.B. Grobsand, Schlamm, Seegraswiesen u.a.). Einzelfunde stammen aus 4500 m Tiefe *(Glandiceps abyssicola)*, die Mehrzahl wurde in Schelfgebieten gefunden. In sandigen oder schlammigen Böden des Gezeitengürtels leben sie oft in annähernd U-förmigen, mit verfestigtem Schleim ausgekleideten Röhren (bis 50 cm tief), die an Faeceshaufen erkennbar sind. Bei Störungen ziehen sie sich rasch in die Tiefe der Röhren zurück.

Die Nahrungsaufnahme erfolgt zum Teil mit Hilfe eines Wasser- und Schleimstromes, der von Cilien angetrieben wird. Dabei wirken Cilienbänder und eine drüsenreiche Wimpergrube auf der Ventralseite der Eichel mit, deren Struktur und Lage an die der Rathkeschen Tasche der Wirbeltiere erinnert. Nährstoffe werden in den abgesonderten Sekreten gefangen, in den Mund getrieben und im Pharynx aussortiert. Das Wasser läuft über die Kiemenporen ab. Viele Arten fressen sich auch einfach durch das Substrat; manche scheinen carnivor zu sein. Man fand Nemertinen und Polychaeten in ihrem Darm. 60 Arten, die in drei Familien geordnet werden.

Harrimanidae: *Protoglossus* (Abb. 264), *Xenopleura*, *Harrimania*, *Saccoglossus*.

Spengelidae: *Willeyia*, *Schizocardium*, *Glandiceps*.

Ptychoderidae: *Ptychodera*, *Glossobalanus*, *Balanoglossus* (Abb. 264).

3. Klasse: Graptolitha

Ausschließlich palaeozoische Formen, die wohl mit den koloniebildenden Pterobranchiern näher verwandt sind. Die Einzeltiere (Zooide) lebten in Thecae, die in 1, 2 oder 4 Reihen an einem Achsenstab (Stolo) angeordnet waren (Abb. 264). Die Kolonien (Rhabdosomen) konnten stabförmig, spiralig oder verzweigt aufgebaut sein. Bei einigen Graptolithen war vermutlich – ähnlich wie bei Staatsquallen – eine Reihe von Kolonien radiär an einem Pneumatophor befestigt (Synrhabdosomen). Einige Tiere waren vermutlich zu Gonozooiden umgewandelt.

IV. Echinodermata (Stachelhäuter)

Die Echinodermen sind die einzigen fünfstrahligen (pentameren) Coelomaten. Diese ungewöhnliche Symmetrieform, die allerdings einer Reihe von palaeozoischen Formen noch fehlt, erstreckt sich auf fast alle Organsysteme, leitet sich aber, wie die Entwicklungsgeschichte zeigt, von einer Bilateralsymmetrie ab und tritt erst nach der Metamorphose einer bilateralsymmetrischen Larve hervor. Entwicklunsgeschichte und Paläontologie weisen auf Beziehungen der Echinodermen zu anderen Deuterostomiern: Larve und die Coelombildung weisen grundsätzliche Übereinstimmungen mit den Hemichordaten auf, manche palaeozoische Formen hatten Körperöffnungen, die als Kiemenspalten gedeutet werden.

Die Echinodermen besitzen in vieler Hinsicht eine primitive Organisation, sie haben keinen Kopf, kein Gehirn und nur schwach entwickelte Sinnesorgane. Das Nervensystem ist primitiv. Es fehlen bei vielen Formen endotheliale Wände des Blutgefäßsystems, die Atmung erfolgt über dünnwandige Hautpartien, die Keimzellen werden i.a. direkt ins Wasser abgegeben. Hochentwickelt dagegen sind das mesodermale Skelet und ein Derivat des Hydrocoels, das Wassergefäßsystem (Ambulakralgefäßsystem).

Der Körper der Echinodermen ist mit Ausnahme einiger Fossilformen durch 10 vom Mund ausgehende Zonen gekennzeichnet. In 5 von ihnen verläuft ein Hydrocoelkanal, von dem dünnhäutige Füßchen (= Ambulakralfüßchen)

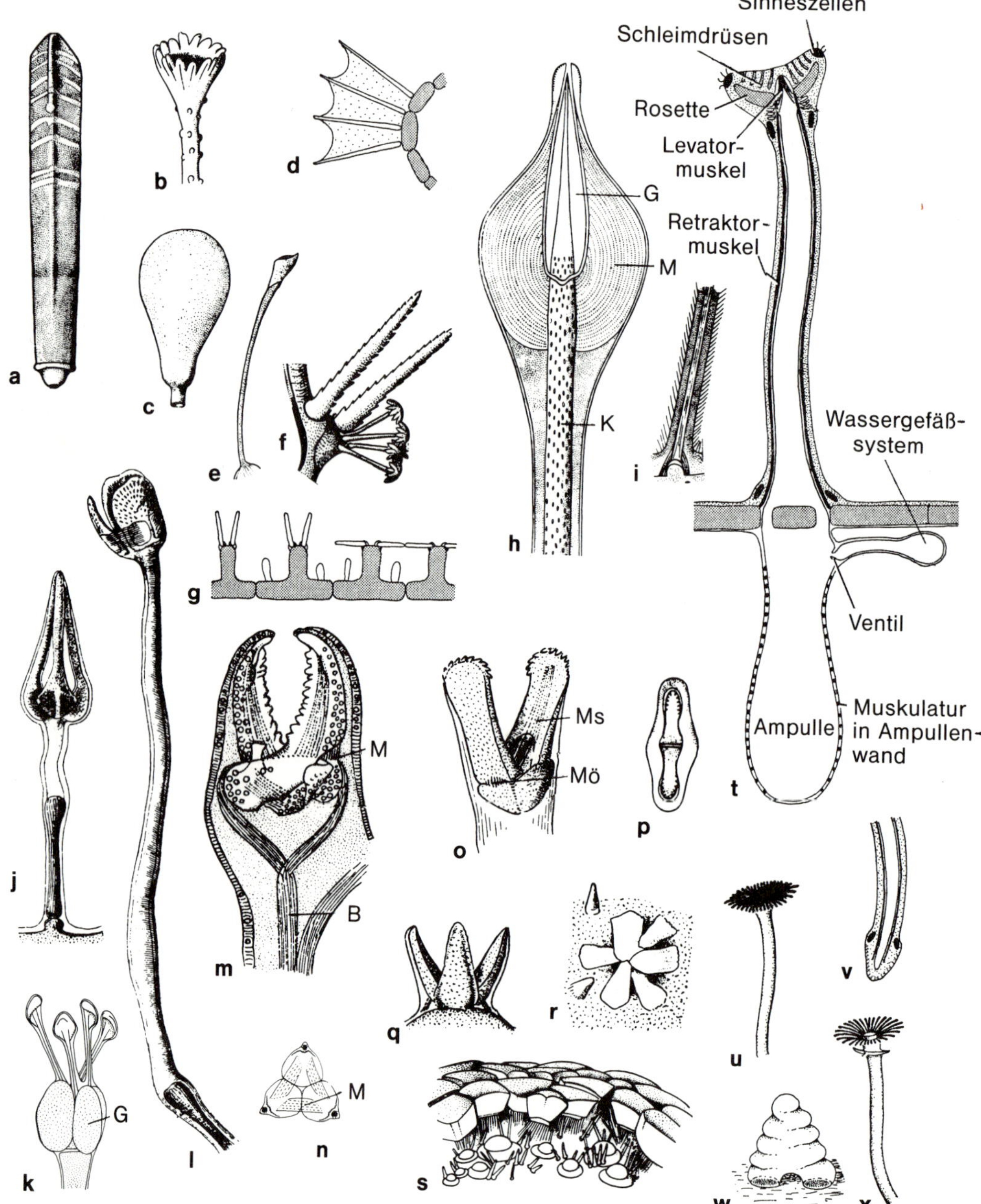

ausgehen. Diese Zonen werden Ambulakren oder Radien genannt, die zwischen ihnen liegenden Zonen heißen Interambulakren oder Interradien (Abb. 281). Die Radien sind entweder in einer Ebene radiär angeordnet (Seesterne, Schlangensterne, Seelilien) oder bei Seeigeln und Seegurken meridional.

Skelet. Die mesodermalen, innengelegenen Skeletstücke bestehen vorwiegend aus Calciumcarbonat, daneben kommen Magnesiumcarbonat, Calciumsulfat, Calciumphosphat, Aluminium-, Eisensalze u. a. vor. Das Skelet kann aus isoliert in der Haut liegenden Stücken bestehen oder sehr vielgestaltige, lockere oder feste Panzer bilden. Die Skeletbildung geht von Skleroblasten aus, die Plasmodien bilden und zunächst einen kleinen Calcitkristall abscheiden. Dieser Kristall wächst in verschiedenen Richtungen und bildet ein poröses Skeletstück (Stereom). Als Extremitäten sind, abgesehen von den Armen, Stacheln, Pedicellarien und Ambulakralfüßchen verbreitet.

Die Stacheln sind strukturell und funktionell sehr vielgestaltig (Abb. 267). Es sind nadelförmige Skeletstücke, die mit Muskeln und Bändern an einer tiefer liegenden Skeletplatte, meist auf einem Kugelgelenk, befestigt sind. Sie sind von Epidermis überzogen, die jedoch distal abgescheuert sein kann. Oft kommen auf ihnen Drüsenzellen vor. Die phanerozonen Seesterne besitzen neben einfachen Stacheln folgende Spezialformen: 1) Clavulae, spatelförmige, bewimperte Stacheln, die bei den meist im Boden lebenden Formen Wasserströme zum Mund bewirken, und 2) Paxillae, Skeletstücke mit apicalem Fortsatz, an dem distal ein Kranz Stacheln steht, der horizontal und vertikal gestellt sein kann. Bei manchen Formen sind die Stacheln durch häutige Membranen verbunden. Bei Ophiuroiden sind die Stacheln weitgehend auf die Lateralabschnitte der Arme beschränkt; sie sind oft mit Häkchen versehen oder können winzige regenschirmartige Gebilde sein. Besonders hochentwickelt sind die Stacheln der Seeigel; sie dienen der Fortbewegung, dem Eingraben, Schutz, der Erzeugung von Wasserströmen, dem Einbohren im Fels, dem Schutz von Larven u. a. Die Clavulae der Spatangoidea sind in Bändern angeordnet, die Fasciolen genannt werden. Modifizierte Stacheln sind die Sphaeridien, kugelförmige, meist versenkte Gebilde, die vermutlich Schweresinnesorgane darstellen.

Seesterne und Seeigel besitzen an der Körperoberfläche Pedicellarien, pinzettenähnliche Strukturen. Sie bestehen aus einem beweglichen Stiel, der distal meist 3 ab- und zusammenklappbare, blattförmige, skeletgestützte Greifzangen trägt (Abb. 267). Ihre Hauptfunktionen sind Reinigung und Nahrungstransport.

Coelom. Der ursprüngliche Typ der Echinodermenlarve, die Dipleurula, läßt noch die drei primitiven Coelomräume Axocoel (Protocoel), Hydrocoel (Mesocoel) und Somatocoel (Metacoel) erkennen. (Beide Begriffe für die Coelomräume werden im folgenden Text verwendet). Alle Coelomhöhlen sind paarig angelegt und entstehen typischerweise durch Enterocoelie (Abb. 268). Die Dipleurula (hypothetische Ausgangsform) heftet sich mit dem Kopflappen an der Unterlage fest und wird so sessil. Ein Modell für diesen Vorgang bieten die Pterobranchier, die auch auf dem Kopflappen kriechen. Bei der Festheftung mit dem Vorderende

◁ **Abb. 267:** Stacheln, Pedicellarien, Ambulacralfüßchen von Echinodermen. E: Echinoidea, A: Asteroidea, O: Ophiuroidea. a–i, s: verschiedene Stacheln, a: *Heterocentrotus* (E), b: *Cyathocidaris* (E); c: *Cidaris* (E); d: Fächerstacheln, *Pteraster* (A); e: *Asthenosoma* (E), f: bestachelte und schirmförmige Stacheln von *Ophiotholia* (O); g: 4 Paxillen, die beiden linken geöffnet, die beiden rechten geschlossen, dahinter Papulae, Phanerozonia (A); h: Giftstacheln von *Asthenosoma* (E), G: Giftdrüsen, M: Muskulatur, K: Stachel; i: Basis eines Clavulums von *Echinocardium* (E), beachte die starke Bewimperung. j–r: Pedicellarien, j: tridactyles Pedicellarium, *Echinus* (E); k: *Araeosoma* (E), globiferes Pedicellarium, mit großen Giftdrüsen (G); l: trifoliates Pedicellarium, *Echinus* (E); m: didactyles Pedicellarium, *Asterias* (A), M: Öffnungsmuskel, B: Bindegewebsstrang; n: drüsiges (globiferes) Pedicellarium, geöffnet, Aufsicht, M: Schließmuskel der Klappen, *Cidaris* (E); o: didactyles Pedicellarium von *Asterias* (A), Ms: Schließmuskel, Mö: Öffnungsmuskel; p: geöffnetes zweiklappiges Pedicellarium, *Hacelia* (A); q: tridactyles Pedicellarium, *Luidia* (A); r: pectinates Pedicellarium, *Pectinaster* (A); s: pflastersteinartige Stacheln von *Colobocentrotus* (E); t–x; Ambulacralfüßchen, t: typisches Füßchen mit distalem Saugnapf, *Echinus* (E); u: nahrungsaufnehmendes Füßchen, Spatangide (E); v: grabendes Füßchen, Phanerozonia (A); w: Atmungsfüßchen, Spatangide (E); x: röhrenbauendes Füßchen mit Kratzer und schleimbildenden Papillen, Spatangide (E). Nach Cuénot, Hyman, Mortensen, Nichols, Sarasin

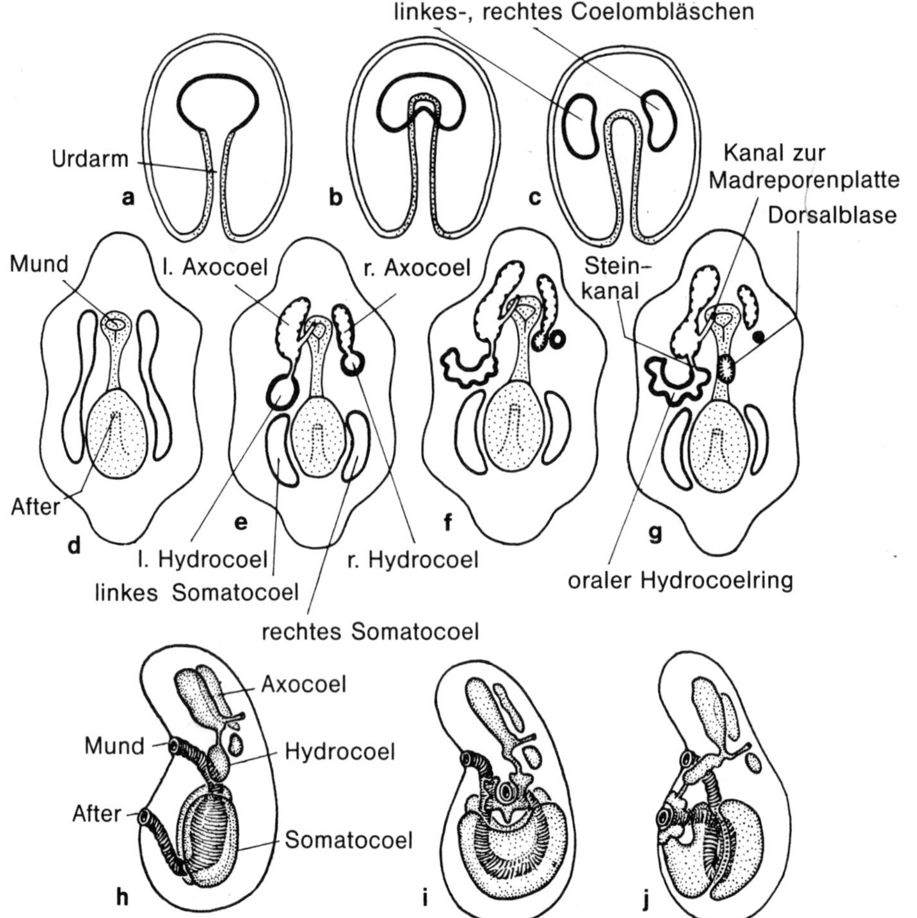

Abb. 268: Coelomentwicklung bei Echinodermen. a–g. Darstellung beruht auf der aktuellen Entwicklung bei Seesternen und Seeigeln. h–j. Vermutliche Entwicklung in der Evolution, ausgehend von der Dipleurula-Larve (h). Nach Cuénot, Heider, Ubaghs

muß der Mund aus der Anheftungsstelle auswandern. Bei den Echinodermen verlagert er sich auf die linke Körperseite, wobei er das linke Hydrocoel einbuchtet, bis dieses ihn als Ring umgibt. Dieser Vorgang leitet die Umwandlungen, die die radiärsymmetrischen erwachsenen Echinodermen kennzeichnen, ein.

Das Axocoel ist nur bei Seeigeln, Seesternen und Schlangensternen typisch ausgebildet, bei Crinoiden verschmilzt es mit dem Somatocoel, bei Holothurien ist es rückgebildet. Das linke Axocoel bildet bei den erstgenannten drei Gruppen das Axialorgan am Steinkanal (s. u.), das aboral die Ampulle besitzt, eine Erweiterung, die über den Hydroporus nach außen mündet. Der Hydroporus kann in Mehrzahl auftreten und durchbohrt eine eigene Skeletplatte, die Madreporenplatte. Bei Seesternen entsteht aus dem linken Axocoel weiterhin ein oraler Coelomring. Das rechte Axocoel kann die Dorsalblase bilden, die sich rhythmisch kontrahieren kann und die dem Pericard der Hemichordaten entspricht.

Das linke Hydrocoel bleibt meist über den Steinkanal, dessen Wand sehr oft Skeletplättchen enthält, mit dem Axocoel verbunden, so daß sein Lumen über Ampulle und Hydroporus mit dem Meerwasser kommunizieren kann. Aus dem linken Hydrocoel entsteht das **Ambulakralgefäßsystem,** dessen zentraler Teil ein Oralring ist.

Dieser entsendet in die Radien 5 Radiärkanäle, welche die Ambulakralfüßchen ausbilden; diese sind paarweise angelegt und dienen der Fortbewegung, Atmung, Nahrungsaufnahme, Reizaufnahme, Exkretion u. a. Sie sind außen von Epidermis bedeckt, innen befindet sich der mesothelausgekleidete Blindkanal des Coeloms; zwischen beiden liegen Bindegewebe und Retraktormuskulatur; letztere ist ein Teil des epidermalen Epithels, der oft etwas in die Tiefe abgesenkt ist. Sollen die Füßchen ausgestreckt werden, wird Coelomflüssigkeit in sie hineingepreßt. Seeigel, Seesterne und Holothurien besitzen hierfür die in die Leibeshöhle ragenden Ampullen, Ophiuroidea haben ampullenähnliche basale Erweiterungen an den Füßchen, bei Crinoiden entstammt die Flüssigkeit vorübergehend abgeschnürten Anteilen des Radiärkanals. Beim Auspressen der Ampullen versperren Klappen den Zufluß zum Radiärkanal.

Die Füßchen sind entsprechend ihren vielfältigen Funktionen sehr verschiedengestaltig. Bei Crinoiden dienen sie vor allem der Nahrungsaufnahme und stehen meist in Dreiergruppen neben der Ambulakralfurche. Bei den Seesternen fehlen den im Boden lebenden Formen i. a. die Saugnäpfe, die Ampullen sind oft zweikammerig. Bei den Seeigeln durchbohren die Füßchen wie bei Schlangensternen die Skeletplatten, und ihre Saugnäpfe sind besonders hoch entwickelt mit Skeletplättchen und komplizierten Muskel- und Fasersystemen. Bei den Spatangoiden dienen jeweils verschiedene Füßchentypen der Atmung, Reizaufnahme, Nahrungsaufnahme und dem Erhalt der Wand der Wohnhöhle sowie dem Bau der Atemröhre. Bei den Holothurien sind die Füßchen der Mundregion (Tentakel) besonders hoch entwickelt und dienen der Nahrungsaufnahme.

Vom Oralring gehen neben den Mundtentakeln die Polischen Blasen (fehlen Crinoiden und Echinoiden und vereinzelt anderen Formen) ab. Weiterhin münden in ihn bei Seesternen die Tiedemannschen Körper, die Coelomocyten bilden, und bei Seeigeln die schwammigen Körper.

Das rechte Hydrocoel ist immer rückgebildet.

Beim Somatocoel sind beide Coelomhöhlen gut ausgebildet. Aus ihnen entstehen die große Leibeshöhle, die durch die Darmmesenterien zweigeteilt ist, ein oraler Ringkanal, von dem Radiärkanäle (Pseudo-, Perihaemalsystem) ausgehen, die parallel zu den radiären Hydrocoelkanälen verlaufen und die in Mehrzahl auftreten können, und ein aboraler Ringkanal (fehlt Holothurien), von dem meist 5 interradiäre Ausstülpungen ausgehen, die die Gonaden enthalten.

Blutgefäßsystem, Axialorgan. Oft in enger Nachbarschaft zu den Coelomkanälen verläuft das Blutgefäßsystem (Blutlakunensystem, Haemallakunensystem). Es ist ein Lückensystem im Mesenchym oft ohne Endothel, das nur von Basalmembranen des Coelomepithels, das vielfach basal Myofilamente enthält, und Kollagenfasern begrenzt ist. Lediglich Holothurien besitzen regelmäßig Gefäße mit Endothelien. Es lassen sich unterscheiden: ein resorbierender Darmplexus und je ein orales und aborales Netzwerk. Das aborale begleitet den Genitalstrang und versorgt die Gonaden, das orale bildet Mundring und Radiärlakunen (Abb. 269). Alle Gefäße sind über das Axialorgan verbunden.

Das Axialorgan (Abb. 269) entsteht durch Abwucherung vom Epithel des Axocoels und ist ein Knäuel von Blutgefäßen, denen außen Coelomepithel aufgelagert ist, das sich in Deck- und Muskelzellen differenzieren kann. Die Muskelzellen werden von Nervenfasern versorgt und ermöglichen kontraktile Bewegungen der Lakunenwände. Die Deckzellen stimmen bei Seesternen in ihrem Feinbau mit Podocyten überein, die bei verschiedenen Tiergruppen in exkretorischen Organen vorkommen. Bei Seeigeln sind ein oder zwei besonders große kontraktile Gefäße ausgebildet, von denen kleinere Gefäße ausgehen und die aboral mit 2 hintereinanderliegenden kontraktilen Kammern in Verbindung stehen, welche in der Dorsalblase liegen. Im Axialorgan der Crinoiden treten neurosekretorische Neurone und Drüsenschläuche auf, die vermutlich Proteine der Haemalflüssigkeit bilden.

Im einzelnen weist das Axialorgan einen sehr unterschiedlichen und verwickelten Aufbau auf. Über seine wahrscheinlich vielfältigen Funktionen liegen nur Vermutungen vor: Herzfunktion, Exkretion, Sekretion, Abwehr und andere. Seesterne können jedoch monatelang ohne Axialorgane leben, und Holothurien fehlt es stets. Es wird mit dem Glomerulus der Hemichordaten homologisiert.

Das Gefäßsystem enthält Blutzellen (Amöbocyten, Coelomocyten), die aber auch in allen anderen Hohlraumsystemen gefunden werden. Bis zu 18 Typen wurden beschrieben. Sie

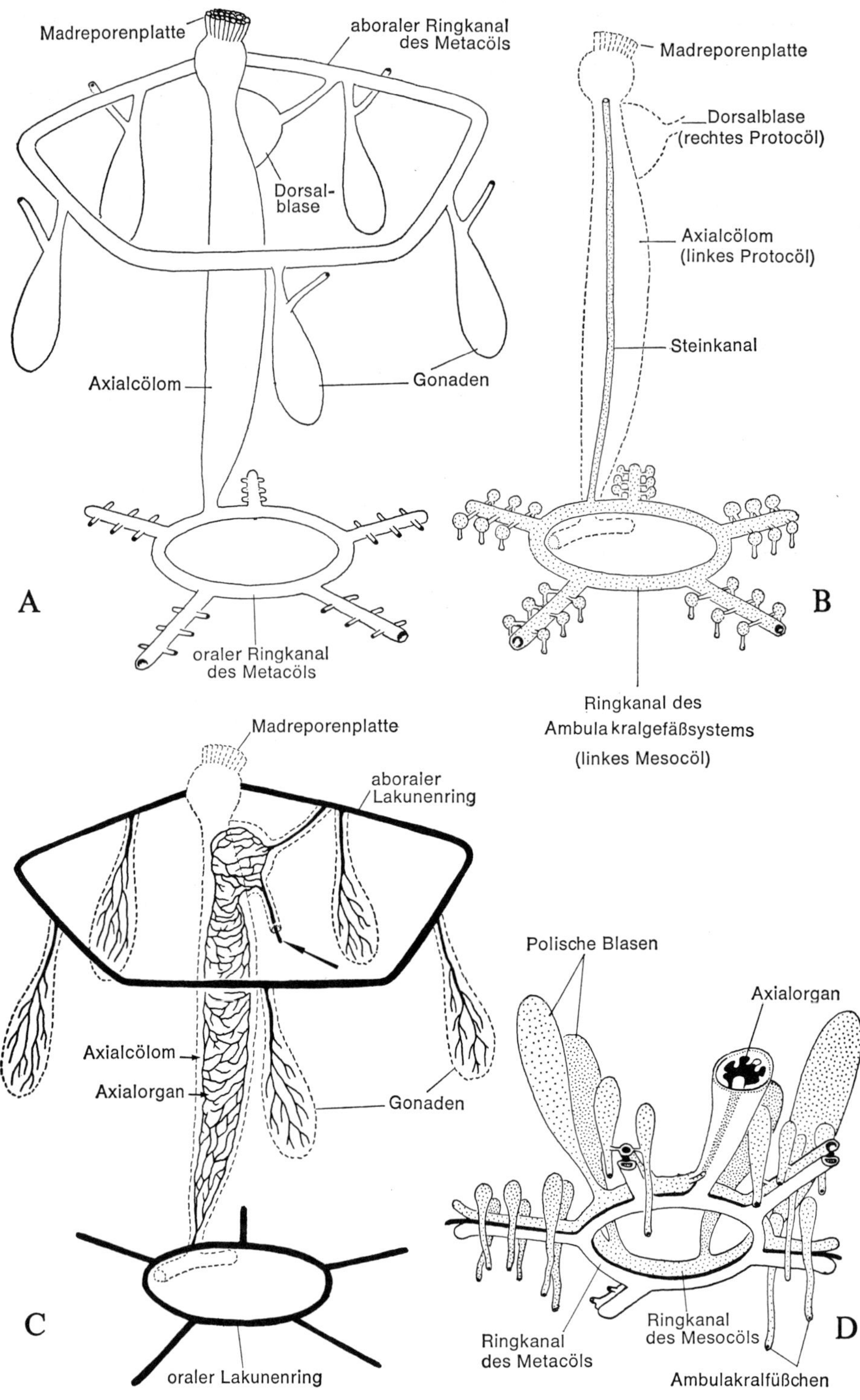
Madreporenplatte
aboraler Ringkanal des Metacöls
Dorsalblase
Axialcölom
Gonaden
oraler Ringkanal des Metacöls
A
Madreporenplatte
Dorsalblase (rechtes Protocöl)
Axialcölom (linkes Protocöl)
Steinkanal
B
Ringkanal des Ambulakralgefäßsystems (linkes Mesocöl)
Madreporenplatte
aboraler Lakunenring
Axialcölom
Axialorgan
Gonaden
oraler Lakunenring
C
Polische Blasen
Axialorgan
Ringkanal des Metacöls
Ringkanal des Mesocöls
Ambulakralfüßchen
D

phagocytieren, bilden Pigmente und Fasern, transportieren Sauerstoff (bei Holothurien existieren scheibenförmige, rote haemoglobinhaltige Blutzellen), Nährstoffe und Exkrete, können Wundverschlüsse bilden. Sie entstehen vermutlich an verschiedenen Stellen, z.B. im Coelomepithel, Mesenchym und den Tiedemannschen Körpern.

Über Exkretionsorgane ist wenig bekannt. Das Vorkommen von Podocyten im Axialorgan spricht dafür, daß es ausscheidende Funktion hat. Die stickstoffhaltigen Eiweißstoffwechselprodukte verlassen den Körper durch Diffusion oder werden von Coelomocyten abtransportiert. An Exkretionsstoffen wurden in der Coelomflüssigkeit nachgewiesen: Ammoniumionen, Harnstoff, Kreatin, Kreatinin, Harnsäure und Aminosäuren. Die exkretbeladenen Coelomocyten verlassen den Körper über dünnwandige Stellen wie Papulae, Füßchen, Wasserlungen u.a. Sie können sich auch im Körper (Axialorgan) ablagern. Bei Holothurien ohne Wasserlungen (z.B. *Leptosynapta)* treten die Coelomocyten in Wimperurnen der Leibeshöhlenwand ein und durchbrechen von hier aus die Körperwand.

Die Körperflüssigkeiten sind isoosmotisch zum Meerwasser. Wenige *Asterias*-Arten sind euryhalin.

Atmung. Die Atmung erfolgt über dünnwandige Hautpartien (Papulae, Kiemen) oder Darmanhänge (Holothurien). Haemoglobin tritt bei Holothurien auf.

Ernährung. Der Darmkanal ist entweder lang und röhrenförmig (Crinoiden, Seeigel, Holothurien) oder kurz und sackförmig (See- und Schlangensterne). Am Mund, der meist im Zentrum der Oralseite liegt, können bezahnte Kiefer, die aus dem Plattenskelet stammen, ausgebildet sein (Seeigel, Schlangensterne). Der Kieferapparat der Seeigel ist besonders hoch entwickelt (Laterne des Aristoteles, Abb. 270) und besteht aus ca. 40 Kalkplatten und 6 Muskelgruppen. Die Zähne sind besonders hart und wachsen ständig nach. Bei Holothurien wird der Mund von hochentwickelten Tentakeln umgeben. Ein Oesophagus verbindet Mund und Magen; er kann in einen muskulösen Pharynx umgewandelt sein und Drüsenzellen enthalten. Der Magen ist der Hauptort der Verdauung und Resorption. Er ist bei vielen Formen eine sackartige, gut abgrenzbare Erweiterung des Darmkanals. Bei den

◁ **Abb. 269:** Gefäßsysteme der Echinodermen. A. Protocöl (Axocöl) und Metacöl (Somatocöl). Der aborale Ringkanal des Metacöls ist mit dem rechten Protocöl (Dorsalblase) verbunden. Er besitzt fünf interradiale Ausbuchtungen (Gonadenhöhlen). Im Ringkanallumen verläuft der aus Keimzellen zusammengesetzte Genitalstrang, der Ausläufer in die Gonadenhöhlen schickt, wo die Keimzellen heranreifen und über Ausführgänge abgegeben werden. Den Holothurien fehlt der aborale Metacölring. Der orale Ringkanal liegt zwischen ectoneuralem Nervensystem und Mesocöl, er steht mit dem linken Axialcölom (= Axialsinus) in Verbindung. Das Metacöl liefert auch die große Leibeshöhle der Echinodermen. Das linke Protocöl erweitert sich aboral zur Protocölampulle und mündet i.a. durch zahlreiche bewimperte Kanäle nach außen (Madreporenplatte). B. Mesocöl (Hydrocöl). Es mündet über den Steinkanal in das Axialcölom (gestrichelt wiedergegeben). Es besteht aus einem oralen Ringkanal und von ihm ausgehenden Radiärkanälen, deren Ende in einen ausstülpbaren Terminaltentakel einmünden. Von jedem Radiärkanal gehen paarige Seitenkanäle ab, die in tentakelförmige Hautausstülpungen einmünden. Diese können im Dienst der Fortbewegung stehen (Ambulacralfüßchen) und sind bei Seesternen, Seegurken und Seeigeln mit einer terminalen Saugscheibe versehen. An der Basis der Füßchen befinden sich Ampullen, deren Wandmuskulatur die Cölomflüssigkeit in die Füßchen pressen kann. Bei Crinoiden und den meisten Seegurken sind die Wände des Protocöls aufgelöst. Hier münden die in Mehrzahl vorhandenen Steinkanäle in das Metacöl ein. Von den Interradien des Metacölrings gehen bei vielen Echinodermen gestielte Polische Blasen ab (D). Sie fehlen immer im Interradius des Steinkanals. Das linke Mesocöl wird auch Ambulacralgefäßsystem genannt, weil es vielfach im Dienst der Lokomotion steht. C. Blutlakunensystem. Axialcölom (Protocölderivat), Gonadensäcke und das dargestellte Teilstück des oralen Metacölringes sind gestrichelt wiedergegeben. Das Axialcölom wird auch Axialsinus genannt. Der große Pfeil weist auf den Eintritt der vom Darm kommenden Lakune. Das Lakunensystem liegt zwischen anderen Organen, es besitzt kein eigenes Epithel. Sein Binnenraum wird von der Basalmembran des Cölothels begrenzt. In manchen Bereichen (so im Axialorgan) sind die Wände durch Muskulatur verstärkt (Pumpenwirkung?). Man unterscheidet ein Darmlakunensystem, das Nährstoffe aufnimmt, und zwei Verteilersysteme, die oral und aboral verlaufen und durch das Axialorgan verbunden sind. Die Gesamtheit wird auch als Blutgefäßsystem bezeichnet. D. Gemeinsame Darstellung der auf A, B und C abgebildeten, den Mund umgebenden Ringkanäle. Nach Kaestner

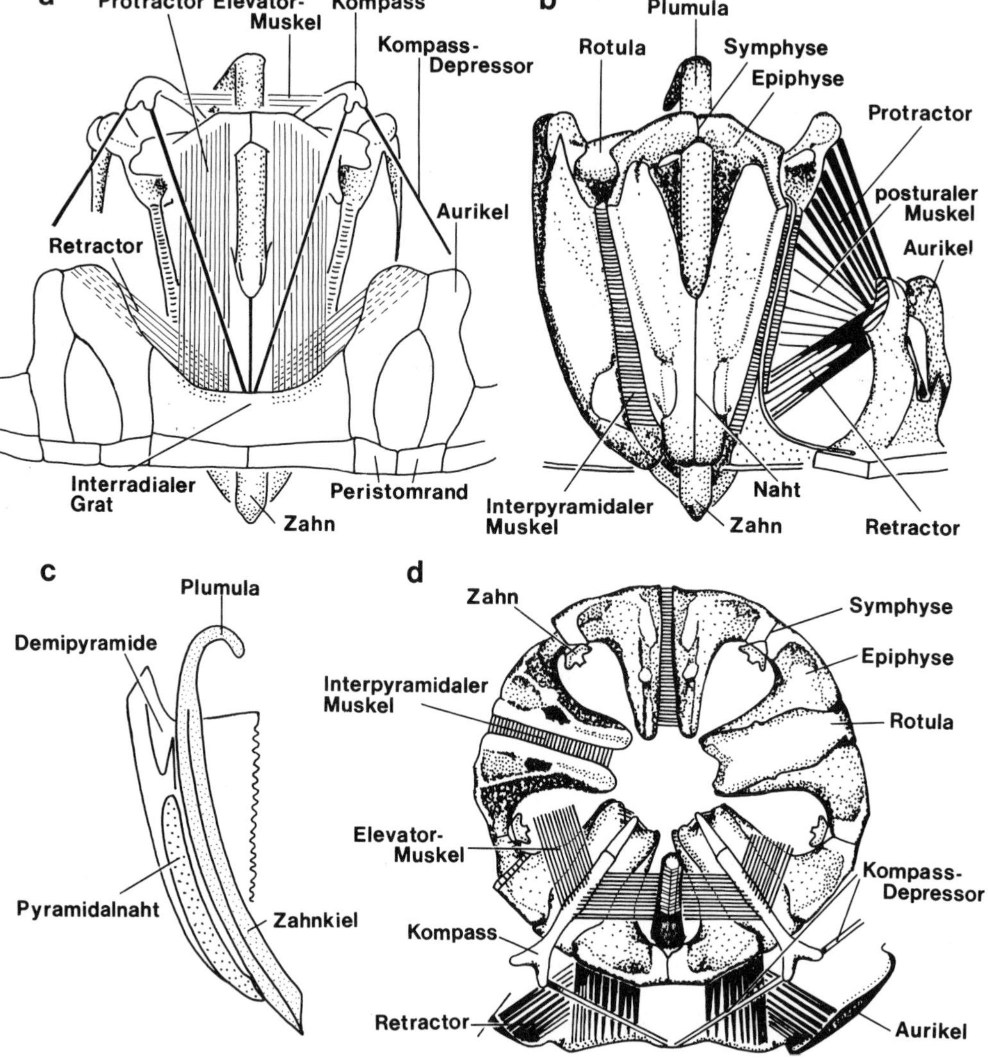

Abb. 270: *Echinus*, Laterne des Aristoteles. a. Seitenansicht mit besonderer Berücksichtigung der Muskulatur; b. Seitenansicht mit besonderer Berücksichtigung der freipräparierten Skeletelemente; c. Zahn in Demipyramide; d. Aufsicht auf die Laterne.
Die Laterne arbeitet wie ein fünfzähniger Greifer; Muskeln verbinden sie mit dem Peristomrand, der spezielle Vorsprünge ausbildet: interradiale Grate und Aurikel. Die Laterne besteht aus fünf Pyramiden, die je einen Zahn halten. Jede Pyramide setzt sich aus zwei Demipyramiden zusammen, die durch eine Naht verbunden sind, und denen Epiphysen aufsitzen, die wiederum durch eine Symphyse verbunden werden. Die kräftigen interpyramidalen Muskeln schließen die Laterne. Die Rotulae sind durch Muskulatur und Gelenke mit den Epiphysen verbunden; sie können die Pyramiden auseinanderstemmen. Die Protractoren schieben die Laterne nach außen; die Retractoren öffnen sie und ziehen sie in das Innere des Panzers. Die posturalen Muskeln stabilisieren vermutlich die Lage der Laterne. Über den Rotulae liegen Kompaßstücke, die ringförmig durch Elevatormuskeln verbunden sind. Das Senken der Kompaßstücke erfolgt durch die Kompaß-Depressoren. Der Kompaß hat mit der Nahrungsaufnahme nichts zu tun, er soll die Flüssigkeit des Coeloms der Laterne bewegen. Die Zähne vermögen ständig nachzuwachsen. Die Plumula ist ihre noch unvollständig verkalkte Wachstumszone. Die Zähne von *Echinus* werden durch einen Kiel versteift (vergleichbar dem T-Träger-Prinzip der Technik). Nach Märkel

Schlangensternen, denen Enddarm und After fehlen, ist der Magen der wichtigste Darmabschnitt; auch bei Seesternen ist der sehr vielgestaltige Magen der wichtigste Darmanteil, er besteht hier oft aus gefalteter und ausstülpbarer Hauptkammer (Cardia) und aboral gelegener Pyloruskammer, von der die großen Pylorusdrüsen („Leber") ausgehen. Bei Holothurien und Crinoiden ist der Magenanteil oft durch Furchen abgegrenzt, bei Seeigeln beginnt er z.T. mit Blindkammern. Eine Besonderheit vieler Seeigel ist der durchgehende muskulöse Nebendarm (Sipho), der am inneren Magenrand verläuft und keine Nahrung enthält. Vielleicht ist er eine peristaltische Pumpe, die Nahrung aus dem Oesophagus ansaugt und Faeces aus dem Enddarm austreibt. Die Magenwand enthält meist sekretbildende Zellen, echte Verdauungsdrüsen kommen jedoch nur bei den Seesternen vor (Pylorusdrüsen). Der dem Magen folgende Abschnitt wird Intestinum oder Enddarm genannt, er fehlt den Schlangensternen und vielen Seesternen, bei denen er auch sonst sehr klein ist. Er ist vermutlich bei allen Gruppen nicht verdauungsaktiv. Vor dem After ist bei Holothurien eine muskulöse Erweiterung ausgebildet, von der die Wasserlungen abgehen. Die Crinoiden besitzen einen Analsack, der vermutlich auch respiratorische Funktion besitzt.

Der i. a. bewimperte Darmkanal besitzt Muskelzellen, Blutlakunen und Nervenfasern in seiner Wand.

Im gesamten Darmsystem herrscht ein pH um 7, das aber im vorderen Bereich bei Nahrungsaufnahme niedriger sein kann. Von den Verdauungsenzymen wurden die Proteinasen und Carbohydrasen meist extrazellulär im Darmlumen, die Lipasen dagegen meist intrazellulär im Darmepithel nachgewiesen. Bei den Seeigeln helfen vermutlich Bakterien bei der Verdauung der pflanzlichen Nahrung. Wahrscheinlich sind auch Amöbocyten an der Nahrungsaufnahme beteiligt. Viele Echinodermen nehmen über die Epidermis gelöste Stoffe aus dem Meerwasser auf. Auch Amöbocyten können an der Körperoberfläche Nahrung aufnehmen und vorverdauen, die dann durch die Epidermis resorbiert wird.

Nährstoffspeicherung erfolgt vor allem in der Magenwand, den Pylorusdrüsen und den Gonaden.

Ursprünglich sind die Echinodermen mikrophage Suspensionsfresser. Die Crinoiden zeigen noch heute diesen Zustand. Ihre Nahrung besteht aus Planktonorganismen. Diese werden mit Hilfe von Ambulakralfüßchen aufgefangen und in den bewimperten Ambulakralfurchen mit Schleim vermischt zum Mund transportiert.

Die Holothurien nehmen die Nahrung mit Hilfe ihrer Tentakel auf, die sogar in den Mund gesteckt und von der Nahrung befreit werden können. Die Tentakel können auch Nahrung vom Boden aufnehmen. Aspidochirote Formen schaufeln mit Hilfe ihrer schildförmigen Tentakel Bodenmaterial in den Darm oder fressen sich durch den Boden.

Die regulären Seeigel sind meist Weidegänger, die mit ihren Zähnen den Bewuchs aufnehmen (Algen, Seepocken, Hydrozoen, Korallenpolypen, Röhrenwürmer, Ascidien, Schwämme). Seeigel der Tiefsee fressen Schlamm. Die Irregularia leben meist im Boden und nehmen Bodenmaterial auf, dem im Magen die Nahrung entzogen wird, weiterhin können Wimperstraßen in Schleim eingebettete Nahrung dem Mund zuführen (Sanddollars); viele Arten besitzen Füßchen, die über die Bodenoberfläche geführt werden und hier Nahrung aufnehmen.

Bei den Seesternen existieren noch einige Formen *(Porania, Linkia, Henricia)* mit primitiver Nahrungsaufnahme über Cilienstraßen und Schleimabsonderung. Oft sind sie carnivor oder Allesfresser. *Astropecten*, in dessen Magen etwa 100 Tierarten gefunden wurden, kann seine Beute (Schnecken, Muscheln, andere Echinodermen, Krebse) ganz verschlingen, *Solaster* ist auf *Asterias* spezialisiert, *Luidia* auf *Ophiura*. Manche Arten *(Asterias)* stülpen ihren Magen aus und führen ihn in Beutetiere ein, z.B. durch die Byssusöffnung (∅ 0,2 mm) von Muscheln; Verdauungsenzyme lösen dann das Beutetier auf; kleinere Muscheln können auch mit Hilfe der Ambulakralfüßchen und der Armmuskulatur geöffnet werden.

Bei den Schlangensternen sind die Arme besonders wichtig für die Nahrungsaufnahme. Sie können Beute ergreifen und dem Mund zuführen oder über dem Boden oder an der Unterseite der Wasseroberfläche entlangfahren. Die Nahrung kann dann auch mit Cilienbändern zum Mund befördert werden. Korbsterne halten ihre Arme in den Planktonstrom, *Ophicomina* bildet ein Schleimnetz zwischen den Armen.

Nervensystem. Das Nervensystem zeigt eine

niedrige Organisationshöhe und ist zum großen Teil noch epithelial. Es werden 3 miteinander verbundene Netzwerke unterschieden: Ectoneurales, hyponeurales und entoneurales (= aborales = apikales) Nervensystem. Ectoneurales und hyponeurales System bilden Netze mit Hauptsträngen, die den Radiärkanälen des Coeloms folgen und je einen Oralring ausbilden. Das ectoneurale System ist überwiegend sensibel und liegt mit den Hauptsträngen in der Epidermis der Ambulakralfurche; bei Seeigeln, Seegurken und Schlangensternen ist es durch Einfaltung versenkt (Epineuralkanal). Das hyponeurale System ist vorwiegend motorisch und liegt direkt unter dem ectoneuralen System. Das entoneurale System ist gemischt und bei Crinoiden besonders hochentwickelt, es bildet hier eine Ganglienzellmasse um das gekammerte Organ – ein fünfkammeriges Coelomderivat –, von dem Nerven in Arme, Cirren und Stiel ziehen. Bei Seeigeln und Schlangensternen liegt es aboral und versorgt die Gonaden. Neuronale Faktoren steuern verschiedene Funktionen, vor allem die Fortpflanzungsbiologie.

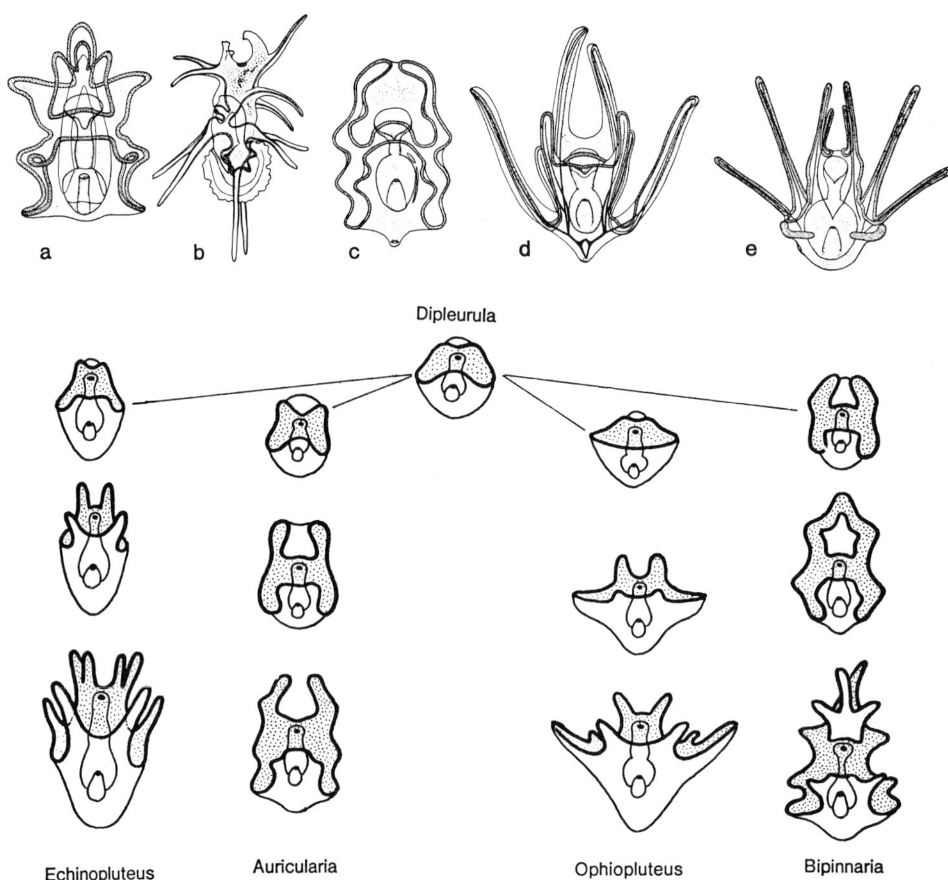

Abb. 271: Echinodermenlarven. Oben: naturalistische Darstellung, a, b. Asteroiden; a. Bipinnaria, b. Brachiolaria; c. Auricularia (Holothurien); d. Ophiopluteus, Ophiuriden; e. Echinopluteus, Echinoiden (mit «Epauletten»). Unten: schematische Darstellung der Echinodermenlarven und ihre Ableitung von der Dipleurula. Die Larven unterscheiden sich vor allem durch die Ausgestaltung des Wimperkranzes (dicke, schwarze Linie), der das Mundfeld (gepunktet) begrenzt. Die Brachiolaria (rechts unten) ist eine Sonderform vieler Bipinnariae, die durch Haftfortsätze gekennzeichnet ist, mit denen sie sich bei der Metamorphose festsetzt; eine typische Bipinnaria ist rechts in der Mitte dargestellt. Bei den Pluteuslarven werden die seitlichen Wimperfortsätze von Skeletstäben gestützt. Nach Chadwick, Mead, Mortensen, MacBride

Die Epidermis enthält zahlreiche Sinneszellen, die auf Chemikalien, Berührung und Licht reagieren; typische Sinnesorgane sind selten. Manche Holothurien besitzen im Mundbereich Statocysten, die im Innern bis zu 20 Lithocyten (Zellen mit Einschlüssen) enthalten. Auch die Sphaeridien mancher Seeigel (umgewandelte Stacheln) sollen dem Schweresinn dienen. Seesterne besitzen an der Spitze der Arme meist Augenflecken, deren Entfernung die Lichtempfindlichkeit der Tiere jedoch nicht wesentlich stört. Manche Schlangensterne besitzen Leuchtvermögen.

Viele Echinodermen sondern Toxine ab; besonders bekannt sind die Pedicellariengifte vieler Seeigel (z.B. von *Toxopneustes*) und die Gifte der Cuvierschen Schläuche der Holothurien; beide wirken auf Wirbeltiere haemolytisch.

Entwicklung. Die Gonaden entwickeln sich in enger Beziehung zum linken Somatocoel. Es entsteht ein Gewebestrang (= Genitalstrang, Rhachis), in dem Keim- und Stützzellen auftreten. Dieser Genitalstrang wird von Coelomepithel umgeben. Die zunächst blasenförmige Anlage bildet i.a. 5 Divertikel aus, die sich in die Interradien erstrecken und in die die Keimzellen einwandern. Bei Holothurien liegt nur eine Gonade im Dorsalmesenterium, bei Crinoiden wandern die Keimzellen oft in die Pinnulae der Arme.

Die Eier sind meist dotterarm und klein und werden ins freie Wasser abgegeben. Die Furchung ist i.a. total und radiär und führt zu einer Coeloblastula. Nach der Gastrulation kommt es zur Mesodermbildung, die meist durch Enterocoelie erfolgt. Auf diesem Stadium verläßt der Embryo i.a. die Eihüllen und wird zur Schwimmlarve. Die Larven der einzelnen Klassen haben eigene Namen erhalten (Abb. 271): Doliolaria (Crinoidea), Auricularia und Doliolaria (Holothuria), Bipinnaria (Asteroidea), Ophiopluteus (Ophiuroidea), Echinopluteus (Echinoidea). Die Pluteuslarven bilden ein larvales Skelet, das die langen Körperfortsätze stützt und das bei der Metamorphose wieder aufgelöst wird. Das Larvalskelet entsteht aus Mesenchymzellen, die meist vom vegetativen Pol in die primäre Leibeshöhle einwandern. Außer der Doliolaria (mit Wimperringen um den Körper, Abb. 273) zeigen die Larven einen gemeinsamen Bauplan, der zur Konstruktion einer hypothetischen Ausgangsform, der Dipleurula, führte. Um den Mund herum befindet sich ein verschieden gestaltetes Feld, das von einem Cilienband begrenzt ist; der After mündet außerhalb dieses Feldes. Alle Larven besitzen, zumindest vorübergehend, einen Hydroporus. Arten mit Brutpflege und dotterreichen Eiern (oft in Kaltwassergebieten) besitzen eine abgewandelte Entwicklung ohne freies Larvenstadium.

Jährlich werden 50000 Tonnen Echinodermen gefangen; der Großteil entfällt auf Seeigel, ein kleinerer Anteil auf Seegurken. Von ersteren ißt man die Gonaden, von letzteren die Muskulatur, die getrocknet und knochenhart als Trepang vor allem von Chinesen gehandelt wird. Wirtschaftliche Bedeutung können Seeigel zudem als Pflanzenfresser in Algenfarmen erlangen; der indopazifische Seestern *Acanthaster planci* ist bekannt geworden, weil er Korallenriffe durch Abfressen der Polypen zerstört.

Phylogenie der Echinodermata. Schon im Unteren Kambrium existieren Echinodermen. Ihre Geschichte läßt sich dank des reichen Fossilmaterials und moderner paläontologischer Methoden sowie mit Hilfe der vergleichenden Anatomie relativ gut rekonstruieren.

Sehr alte und in ihrer Deutung umstrittene Formen sind die Carpoidea, die keine Anzeichen einer Radiärsymmetrie aufweisen. Triradiär waren die Helicoplacoidea des Unteren Kambriums, die möglicherweise die Grundgruppe aller anderen Echinodermen darstellen, die dann pentamer sind. Die älteste bekannte pentamere Form ist *Camptostroma*. Weitere Formen aus dem Unteren Kambrium wurden oft den Edrioasteroidea zugeordnet. Es zeigte sich aber, daß sie (z.B. *Stromatocystites*) doch viele Unterschiede zu den typischen Edrioasteroidea aus dem Ordovicium erkennen lassen, so daß sie jetzt oft von ihnen abgetrennt werden. Die ebenfalls sehr alten Eocrinoidea werden derzeit als unnatürliche Sammelgruppe angesehen.

Oberhalb der ältesten pentameren Echinodermen spaltet sich dieser Tierstamm noch im Unteren Kambrium möglicherweise in 2 Großgruppen: 1) die Pelmatozoa (i.a. gestielte und festgeheftete Formen) mit Crinoidea und Cystoidea (inclusive Blastoidea) und 2) die Eleutherozoa (i.a. frei beweglich, eher abgeflacht) mit Edrioasteroidea, Asterozoa, Echinoidea und Holothuroidea. Unter dem Begriff Asterozoa (Stelleroidea) werden See- und Schlangensterne zusammengefaßt.

An der Basis der Eleutherozoa stehen Formen wie *Stromatocystites*, aus denen sich einmal die Edrioasteroidea entwickelten. Zum anderen entstanden seesternähnliche Formen wie *Archegonaster*, die schon primitiven Asterozoa (Seesternen und Schlangensternen) zugerechnet werden, die mit ihrer Oralfläche dem Boden aufliegen. Diese führen einerseits zu den modernen Seesternen (Asteroidea), andererseits zu den modernen Schlangensternen (Ophiuroidea). Echinoidea (Seeigel) besitzen eine Reihe von speziellen Übereinstimmungen mit Schlangensternen und lassen sich von primitiven Ophiuroidea ableiten. Die Holothuroidea sind sicher erst ab dem Devon nachgewiesen. Sie haben viele Merkmale mit den Seeigeln gemeinsam.

Rezent gibt es ca. 6000 Echinodermenarten.

1. Klasse: Crinoidea (Seelilien)

Die meisten Crinoidea sind in Stiel, Kelch (= Calyx) und Arme gegliedert; nur bei den rezenten Haarsternen fehlt der Stiel im erwachsenen Zustand und ist durch bewegliche Cirren ersetzt. Stiel und Kelch werden auch als Rumpf, Kelch und Arme als Krone bezeichnet.

Der Stiel, der bei mesozoischen Formen bis 20 m lang war, dient der Festheftung der Tiere und kann verschiedene Differenzierungen (Wurzelbildungen, Ankerstrukturen, wirtelförmig angeordnete Cirren oder Ranken [Abb. 273]) ausbilden. Einige palaeo- und mesozoische Formen (z.B. *Eifelocrinus*) besaßen einen wickelschwanzähnlichen Stiel. Bei *Ammonicrinus* (Devon) legte sich der Stiel schraubig um die Krone (Schutzfunktion ?). Er besteht im wesentlichen aus einer Reihe von Skeletstücken (Columnaria = Columnalia), die durch elastische Bänder (Synzygien) verbunden sind.

Der Kelch (Abb. 272) enthält die Eingeweide und besitzt eine Außenwand (Theca) und eine Mundscheibe (= Kelchdecke, Tegmen). Die Theca besteht aus Skeletplatten, die für die einzelnen Gruppen eine typische Anordnung zeigen. Bei den höher entwickelten Formen werden die basalen Armglieder mit in die Theca einbezogen und bilden den größten Teil ihrer Wand. Die untersten kleinen Thecaplatten können mit dem vergrößerten obersten Stielglied zu einem einheitlichen Skeletstück, dem Centrodorsale, verschmelzen, das den Grund des Kelches bildet. Die Kelchdecke enthält bei primitiven Formen *(Hyocrinus)* größere Platten (= Oralia), bei höher entwickelten Arten besteht sie nur noch aus kleinen Kalkplättchen, die in ein umfangreiches faseriges Bindegewebe eingebettet sind. Bei manchen palaeozoischen Formen bildet die Kelchdecke Septen oder Stacheln aus, die dem Schutz der Tiere dienten *(Pterotocrinus)*.

Die Arme bilden eine Tentakelkrone, die dem Rande des Kelches entspringt; ihre einzelnen Skeletstücke (Brachialia) sind außen durch verschiedene Fasertypen und innen meist durch Muskulatur verbunden. Primitive Formen besitzen 5 Arme, bei den höherentwickelten Arten hat sich ihre Zahl durch Verzweigung auf 10 bis 200 vermehrt. Von den Hauptästen der Arme gehen seitliche Zweige (Pinnulae) ab, die auch gegeneinander bewegliche Skeletstücke enthalten. Die ersten Pinnulae (Mundcirren) dienen dem Schutz des mund- und aftertragenden Tegmens (Abb. 273). In den unteren Abschnitten der Arme enthalten die Pinnulae die Gonaden und sind daher verdickt, die distalen tragen oft Haken oder können sogar Greifzangen bilden. Bei manchen Formen (*Petalocrinus*, *Crotalocrinus*, Silur) verschmelzen die Skeletstücke der Arme zu einheitlichen blütenblattähnlichen Platten.

Auf der Innenseite der Arme und Pinnulae verlaufen die Nahrungsrinnen (= Ambulakralfurchen), deren Gesamtlänge infolge der Armverzweigungen bis zu 100 m betragen kann (*Comantheria grandicalyx*, bei *Antedon* ca. 16 m). Sie können von Plättchenreihen begleitet sein, die über ihnen ein bewegliches Schutzdach bilden. Bei vielen palaeozoischen Formen waren sie an den Armbasen und auf dem Kelch ebenso wie der Mund ständig von Platten bedeckt. Am Rande der Furche stehen zwei Reihen von ausstülpbaren Ambulakralfüßchen, die meist Dreiergruppen bilden. Der Boden der Ambulakralfurche besteht aus einem bewimperten Epithel, das Sinnes- und Schleimzellen enthält und basal das ectoneurale Nervensystem beherbergt. Diese Furchen treten von den Armen auf die Kelchdecke über und laufen – meist in Fünfzahl – auf den Mund zu, der zentral oder lateral liegen kann. Der ebenfalls an der Kelchdecke ausmündende After liegt am Ende einer schornsteinförmigen Erhebung meist lateral, kann aber auch ins Zentrum rücken. Dieser Schornstein ist bei vielen palaeozoischen Arten so hoch wie die Arme und von Kalkplatten bedeckt. Er kann den größten Teil der Kelch-

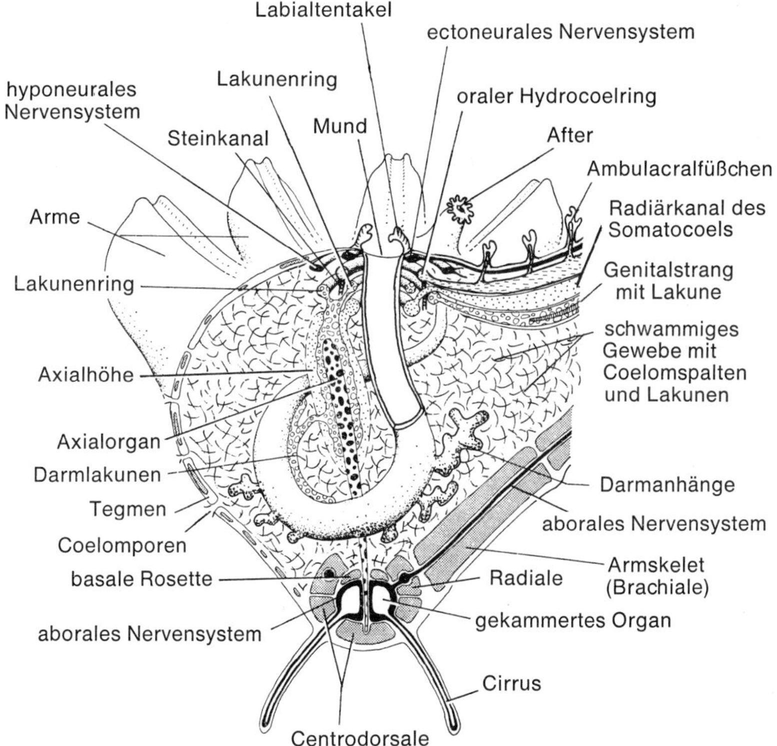

Abb. 272: Crinoidenbauplan am Beispiel eines Comatuliden. Große Coelomräume fehlen, diese sind im Hauptteil des Körpers durch schwammiges Gewebe bis auf schmale Spalten verdrängt. Der Somatocoelring um den Mund ist meist rückgebildet. Das Axialorgan wird unmittelbar vom schwammigen Organ umgeben (s. Text). Die Axialhöhle kommuniziert frei mit ihrer Umgebung. Nach Cuénot, Nichols

decke einnehmen und einen pilzförmigen Schirm tragen (z.B. viele Inadunata).

Der bewimperte Darmkanal beginnt mit einem kurzen Oesophagus und geht dann in einen schraubig gewundenen Hauptdarm über, der oft Blindsäcke trägt.

Das Coelom ist bei erwachsenen Crinoiden bis auf schmale epithelbegrenzte Spalten vom Bindegewebe verdrängt. Das Axocoel verschmilzt früh mit dem Somatocoel, dem ein typischer Oralkanal fehlt.

Zu den Coelomverhältnissen im Arm siehe Abb. 273; im Gegensatz zum Kelch sind hier typische Coelomkanäle ausgebildet, deren Trennwände jedoch oft unvollständig sind. Eine Sonderbildung des Coeloms (Somatocoels) ist das gekammerte Organ am Kelchgrund (Abb. 272), das sich in Stiel und Cirren fortsetzt. Es besteht aus 5 Kammern, die vom Zentrum des aboralen Nervensystems umgeben werden.

Das Wassergefäßsystem bildet einen Ringkanal um den Mund, von dem Radiärkanäle, den Mund umgebende Labialtentakel und zahlreiche kurze Kanäle ausgehen, die in die Coelomspalten des Kelches münden. Sie entsprechen dem in Vielzahl ausgebildeten Steinkanal, der nur vorübergehend direkt nach außen mündet. Anstelle eines einzigen Hydroporus sind bei adulten Crinoiden bis über 1000 feine Poren in der Wand des Kelches zu finden, die die Coelomspalten des Kelches mit der Außenwelt verbinden.

Das Hauptnervensystem der Crinoiden ist das apikale (= aborale) Nervensystem, das in den Skeletstücken von Stiel, Kelch und Armen verläuft (Abb. 272). Es besteht aus Marksträngen und versorgt vor allem die Muskulatur des Skelets. Sinneszellen treten konzentriert an sog. Tastpapillen der Füßchen und in der Ambulakralfurche auf.

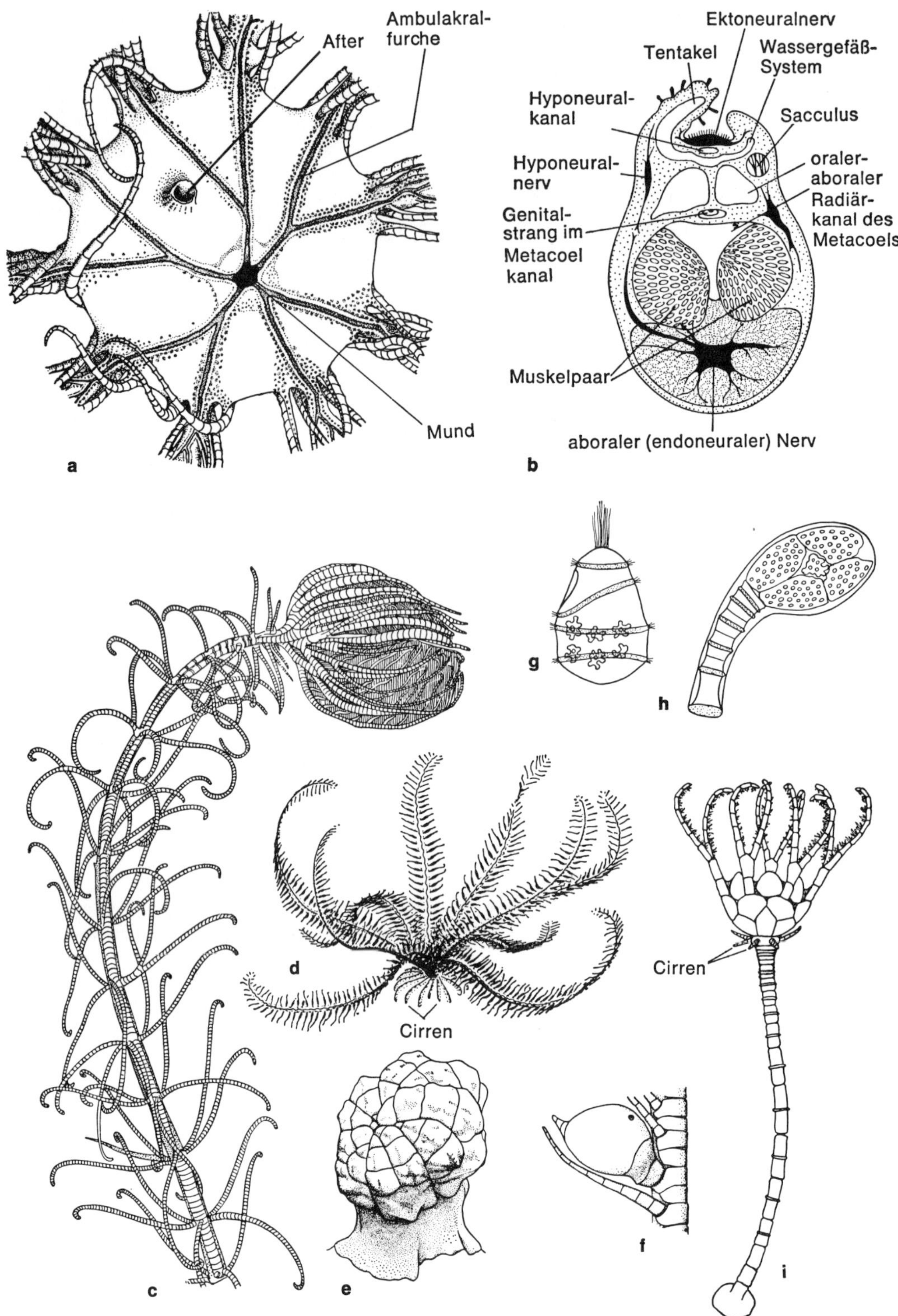
Ambulakral-
furche
After
Mund
a
Ektoneuralnerv
Tentakel
Wassergefäß-
System
Hyponeural-
kanal
Sacculus
Hyponeural-
nerv
oraler-
aboraler
Radiär-
kanal des
Metacoels
Genital-
strang im
Metacoel
kanal
Muskelpaar
aboraler (endoneuraler) Nerv
b
g
h
d
Cirren
Cirren
c
e
f
i

Neben den Ambulakralfurchen liegen bei vielen Arten in das Bindegewebe eingesenkte kugelige Gebilde (Sacculi) unbekannter Funktion, die einige spindelförmige Zellen mit lichtbrechenden Einschlüssen enthalten (Abb. 273). Die Gonaden der meist getrenntgeschlechtlichen Crinoiden finden sich merkwürdigerweise meist in den Pinnulae (Comatuliden) oder in den Armen. Die Freisetzung der Keimzellen erfolgt durch Wandbruch (Ovarien) oder einen Porus (Hoden).

Manche Formen besitzen Bruttaschen an den Pinnulae, viele tragen die Eier an den Pinnulae.

Die Entwicklung führt über eine Primärlarve (Doliolaria, Abb. 273) mit Scheitelplatte und 5–6 Wimperringen, die sich unter Stielbildung (Pentacrinus-Stadium, Abb. 273) festsetzt und zum erwachsenen Tier umbildet. Bei den Comatuliden löst sich die Krone bei einer Größe von 3 mm vom Stiel und nimmt eine freischwimmende Lebensweise auf. Einige Arten treiben Brutpflege (*Isometra vivipara* u. a.) und besitzen dotterreiche Eier.

Die Verbreitung erstreckt sich vom Flachwasser bis in große Meerestiefen (bis über 8000 m), die gestielten Arten treten dabei häufiger in der Tiefsee auf als die ungestielten.

Die Nahrung besteht vorwiegend aus kleinen Planktonorganismen. Crinoiden werden oft von Myzostomiden parasitiert (Abb. 273). Bei manchen *Comatula*-Arten sind einzelne Arme verlängert, sie weisen bei der Fortbewegung i. a. nach vorn. Bei *Antedon* (Abb. 273, 10 Arme) wechseln einander beim Schwimmen immer 5 gleichzeitig schlagende Arme ab.

System: Die Crinoidea werden in mehrere Unterklassen gegliedert.

a. Inadunata: vorwiegend fossil; gestielt, starre Theca, Mund mit Skeletplatten bedeckt, Arme z. T. noch ohne Pinnulae, oft noch unverzweigt und in wechselnder Zahl (1–6); *Petalocrinus; Crotalocrinus; Sundacrinus:* 3 Arme; *Monobrachiocrinus:* nur 1 Arm; *Embryocrinus*, armlos (Neotenie?); *Plicatocrinus:* hexamer; *Tetracrinus:* tetramer oder hexamer; *Saccocoma:* pelagisch; rezent: *Hyocrinus, Thalassocrinus, Calamocrinus*, diese rezenten Formen werden auch zu den Articulata gestellt.

b. Flexibilia: nur fossil, zylindrischer Stiel ohne Cirren, Mund offen, Arme verzweigt, keine Pinnulae, Skeletplatten meist beweglich gegeneinander verbunden; *Onychocrinus; Ichthyocrinus;* vermutlich auch freilebende Arten.

c. Camerata (Adunata): nur fossil, gestielt, feste Theca, in die die unteren Brachialia einbezogen sind. Arme mit Pinnulae, Mund und Nahrungsrinnen auf der Theca verschlossen. Sehr vielgestaltig. *Acrocrinus* mit herabhängenden Armen; z. T. mit Greifschwanz *(Glyptocrinus)*, *Scyphocrinus* vielleicht pelagisch.

d. Articulata: Trias bis rezent, heute ca. 600 Arten. Im Mesozoikum z. T. sehr lange (bis 20 m) Formen mit großer Tentakelkrone.

1. Ordnung: Comatulida (Haarsterne, Abb. 273). Nur in der Jugend vorübergehend mit Stiel festgeheftet. Umfaßt die Mehrzahl der rezenten Arten (ca. 550).

1. Unterordnung: Comasterina. Cirren bei Adulten öfter rudimentär oder ganz fehlend. Halten sich mit Armen am Substrat fest. Mund meist exzentrisch, After oft zentral. Darm bildet mehrere Spiralwindungen. Keine typischen Sacculi. Tendenz zur Bilateralsymmetrie, z. T. ungleich lange Arme; oft sehr bunt gefärbte Formen. *Comaster, Comatula, Comanthus, Tropiometra.*

2. Unterordnung: Macrophreata. Mund zentral, proximale Pinnulae bilden Mundcirren. *Antedon*, häufigster Haarstern in außertropischen Bereichen; *Hathrometra*, NW-Europa bis Skagerrak; *Isometra, Thamnatocrinus* und *Notocrinus* lebendgebärend, *Heliometra.*

2. Ordnung: Millericrinida. Gestielt; *Rhizocrinus* (N-Atlantik), *Bathycrinus* (Tiefsee).

3. Ordnung: Holopida. Keine Cirren, ohne eigentlichen Stiel mit dickem, kurzen Kelch am Substrat festgewachsen, relativ breite kurze Arme, *Holopus* (Abb. 273), Antillen.

◁ **Abb. 273:** Rezente Crinoiden. a. Aufsicht auf die Kelchdecke eines Comatuliden *(Antedon)*; die proximalen Pinnulae tragen keine Ambulakralfurchen und schützen die Kelchdecke; b. Querschnitt durch den Arm eines Haarsterns. Der Hyponeuralkanal ist in seiner Herkunft umstritten (? Metacoelkanal, ? Gefäß). Die Bedeutung des Sacculus ist unbekannt. c. gestielte Crinoide: *Cenocrinus*, d. Haarstern *(Antedon)*, e. *Holopus*, ungewöhnliche Crinoide mit kurzen Armen, f. «Myzostomidengalle» an Haarsternarm, g–i. Entwicklungsstadien eines Haarsterns, g. Doliolarialarve mit 4 Wimperbändern, im Innern erste Skeletplatten, h. Stielbildung einer festgesetzten Larve, i. Pentacrinusstadium mit Armen und Cirren, Stiel bricht unterhalb der Cirren nach Metamorphose ab. Nach Cuenot, Clark, Carpenter, von Graff

2. Klasse: Cystidea (Cystoidea)

Die Cystidea sind eine schwer zu beurteilende, formenreiche Gruppe palaeozoischer Echinodermen, die bisweilen mit den Blastoidea als Blastozoa zusammengefaßt werden. Sie lebten vom Kambrium bis zum Devon. Meist rundliche oder ovoide Echinodermen (Abb. 274), die i.a. aboral am Substrat befestigt waren. Manche besaßen einen Stiel, der z.T. vermutlich Greifschwanz war. Skeletplatten i.a. skulptuiert. Typische Poren- und Kanalsysteme im Skelet: 1) Kanäle, die parallel zur Oberfläche über die Nähte benachbarter Platten hinwegziehen und bei hochentwickelten Arten auf bestimmte Areale beschränkt sind, wo sie dann rhombenförmige Figuren (Pectinirhomben) bilden. Am Ende der Kanäle ins Innere führende

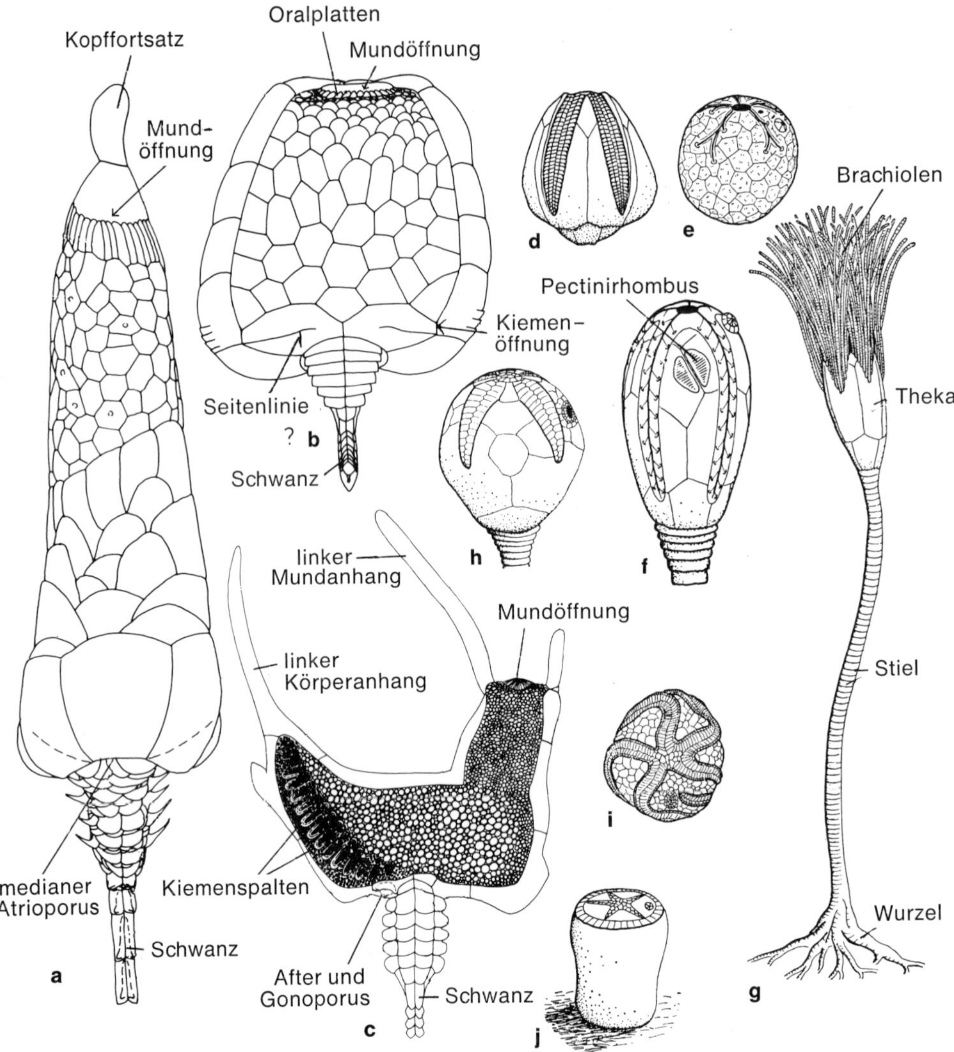

Abb. 274: a–c. Calcichordata (Ordovizium); a. *Lagynocystis* (Mitrata), Ventralansicht, Schwanz nur z.T. dargestellt, möglicher Vorläufer der Acranier, b. *Mitrocystites* (Mitrata), Ventralansicht, ca. 1,5 cm groß, c. *Cothurnocystis* (Cornuta), Dorsalansicht, ca. 2 cm groß; Schwanz nur z.T. dargestellt, d. *Pentremites* (Blastoidea), Theca ohne Brachiolen, e. *Glyptosphaerites* (Cystoidea), ohne Brachiolen, f. *Staurocystis* (Cystoidea), g. *Orophocrinus* (Blastoidea), vollständiges Tier; h–j. Edrioasteroidea; h. *Astrocystites*, i. *Edrioaster*, j. *Cyathocystis*. Nach Jefferies, Nichols

Poren. Die Funktion dieser Systeme ist vermutlich respiratorisch.

Tri-, penta- oder hexamere Symmetrie. Auf den obenliegenden zentralen Mund führen Nahrungsrinnen zu. Sie verlaufen auf z. T. verzweigten Tentakeln («exothecal») oder auf der Oberfläche des Körpers («epithecal»). In diesem Falle sind sie flankiert von kurzen Tentakeln (Brachiolen).

a. Rhombifera: Skeletplatten mit über die Nähte hinweglaufenden Kanälen. Nahrungsrinnen mit eigenen Skeletplatten.

Echinosphaerites, kugelförmig mit sehr kurzem Anheftungsstiel, *Macrocystella* mit langem Greifschwanz, *Pleurocystites* mit nur 2 Brachiolen, *Caryocrinites*, Mund und Nahrungsrinnen von Platten bedeckt.

b. Diploporita: Porensysteme in den Skeletplatten. 5 Nahrungsrinnen ohne eigene Skeletplatten, Mund von Platten bedeckt, Madreporit, Gonoporus und After im selben Interradius. Meist ohne Stiel. Ähneln z. T. oberflächlich Seeigeln. *Aristocystites*, *Proteroblastus*, *Protocrinites* (Jungtiere noch gestielt), *Gomphocystis* mit gewunden verlaufenden Nahrungsrinnen (wie manche Edrioasteroidea).

3. Klasse: Blastoidea

Ordovicium bis Perm. Leiten sich vermutlich von Cystidea (Coronata) ab. Einheitliche Gruppe, meist pentamer, seltener bilateralsymmetrisch. Ähneln äußerlich Seelilien (Abb. 274). Mit langem Stiel und Theca, deren Wand aus 3 Reihen von Skeletstücken besteht. Um den Mund 5 kompliziert gebaute Nahrungsrinnen, die bedeckt werden können und deren Rand von Tentakeln (Brachiolen) gesäumt ist. Gefaltete dünnwandige Abschnitte (Hydrospiren) an den Nahrungsrinnen dienten möglicherweise der Atmung; sie münden über Poren oder Schlitze nach außen. *Codaster*, *Orophocrinus*, *Pentremites*, *Pentremitidea*, *Zygocrinus*.

4. Klasse: Edrioasteroidea

Typische Formen von Ordovicium bis Karbon. Oft werden ihnen auch die kambrischen Stromatocystidea zugerechnet. Kleine, armlose, sessile Formen, oft abgeflacht, kissen- oder pilzförmig (Abb. 274). Oberseite mit zentralem, öfter von Platten bedecktem Mund, auf den fünf, stets von beweglichen Skeletstücken bedeckte Nahrungsrinnen zuführen; oft vermutlich mit Ambulakralfüßchen, z. T. sogar mit Ampullen. Nahrungsrinnen verlaufen gerade *(Cyathocystis, Stromatocystites)* oder gewunden *(Edrioaster, Agelacrinites); Thresherodiscus* besaß verzweigte Rinnen. Vielleicht Ursprungsgruppe der Eleutherozoa.

5. Klasse: Carpoidea

Mittleres Kambrium bis Gotlandium. Wird heute i. a. als unnatürliche Gruppe angesehen; ihnen werden oft als Untergruppierungen Mitrata, Cornuta (s. u.), Cincta und Soluta zugeordnet.

6. Klasse: Calcichordata (Cornuta und Mitrata)

Auf Abgüssen und Feinschliffen beruhende Untersuchungen zeigten, daß die palaeozoischen Cornuta und Mitrata (Kambrium bis Devon) Merkmale aufweisen, die als Übereinstimmung mit den Chordaten gedeutet werden können, so daß sie als Calcichordaten zusammengefaßt wurden. Dieser Auffassung zufolge bilden sie die Grundgruppe der Chordaten, die jedoch auch Beziehungen zu den Echinodermen aufweist. Traditionell werden sie als typische Echinodermen angesehen. Da ihre Stellung also umstritten ist, sollen sie hier vorläufig unter den Echinodermen weitergeführt werden, aber wegen des besonderen Interesses, das sie beanspruchen, etwas ausführlicher dargestellt werden.

Die ursprünglicheren **Cornuta** *(Cothurnocystis)* hatten verschließbare äußere Spalten (Abb. 274) links dorsal am Körper (Kopf), die als Kiemenspalten angesehen werden (auch die Larven von *Branchiostoma* weisen nur linksseitige Kiemenspalten auf). Der Mund liegt am Vorderende und führt in die geräumige Mundhöhle und einen weiten Pharynx. Der After mündet am Hinterende der Theca frei oder im Bereich der Kiemenspalten nach außen. Der postanale Anhang (Schwanz) besaß möglicherweise segmentale Muskelblöcke, eine mediane Chorda, ein dorsales Neuralrohr mit segmentalen Ganglien und war beweglich. Hohlräume am Anfang des Schwanzes werden als Hirnhöhlen gedeutet.

Die **Mitrata** *(Mitrocystella, Mitrocystites, Lagynocystis*, Abb. 274) besitzen innere Kiemenspalten, einen linken und einen rechten Peribranchialraum (Atrium) mit je einer hinten gelegenen Öffnung. Ihr Nervensystem zeigt nach neuen Rekonstruktionen Übereinstimmungen mit dem der Vertebraten. Auf der Chorda des Schwanzes verläuft ein dorsaler Nervenstrang. Paarige Augen sind wohl vorhanden ebenso wie ein Seitenliniensystem. Vermutlich mündete der After wie bei Tunicaten in den linken Peribranchialraum. Der Mund liegt vorn.

Unklar sind Zuordnung und z. T. auch Deutung weiterer palaeozoischer Gruppen, von denen die **Ophiocistoidea** Beziehungen zu den Seegurken und Seeigeln erkennen lassen.

7. Klasse: Asteroidea (Seesterne)

Fünfstrahlige, sternförmige und relativ flache Tiere mit deutlich getrennter Oral- und Aboralseite (Abb. 275). Ambulakralfurchen offen und nur an der Oralfläche. After (fehlt bei manchen Gruppen) und Madreporenplatte(n) liegen aboral (bei einigen palaeozoischen wie bei Schlangensternen noch oral). Der Körper ist in eine zentrale Scheibe und die meist mittellangen Arme gegliedert, die an der Scheibe breit ansetzen. Bei einigen Arten Vermehrung der Armzahl (6–7, *Luidia*; bis 50, *Labidiaster*). Auffällige Armverlängerung bei gleichzeitiger Vermehrung zeigt z. B. *Freyella* (Gesamtdurchmesser ca. 1 m). Bei einigen Gruppen wächst das Gewebe zwischen den Armen bis an deren Spitze vor, so daß 5eckige Tiere entstehen, die mitunter relativ hochkörperig sind (*Culcita*, Kissenstern); daneben gibt es auch extrem abgeflachte Formen *(Anseropoda)*. Die Epidermis ist oft bunt pigmentiert. Die Skeletstücke des Bindegewebes sind durch Muskulatur untereinander verbunden und gegeneinander beweglich. Sie bilden an der Oralseite der Arme 2 Reihen von Ambulakralplatten, die wie ein Dach (aboral) über der Ambulakralfurche liegen. Lateral von ihnen schließen sich die oft bestachelten Adambulakralplatten an, die die Furche begrenzen. Um den Mund liegt ein Skeletring, der aus den ersten Ambulakral- und Adambulakralplatten entsteht. Die Aboralseite enthält vorwiegend kleine Skeletstücke, die ihr ein körniges Aussehen verleihen. Besondere Skeletbildungen der

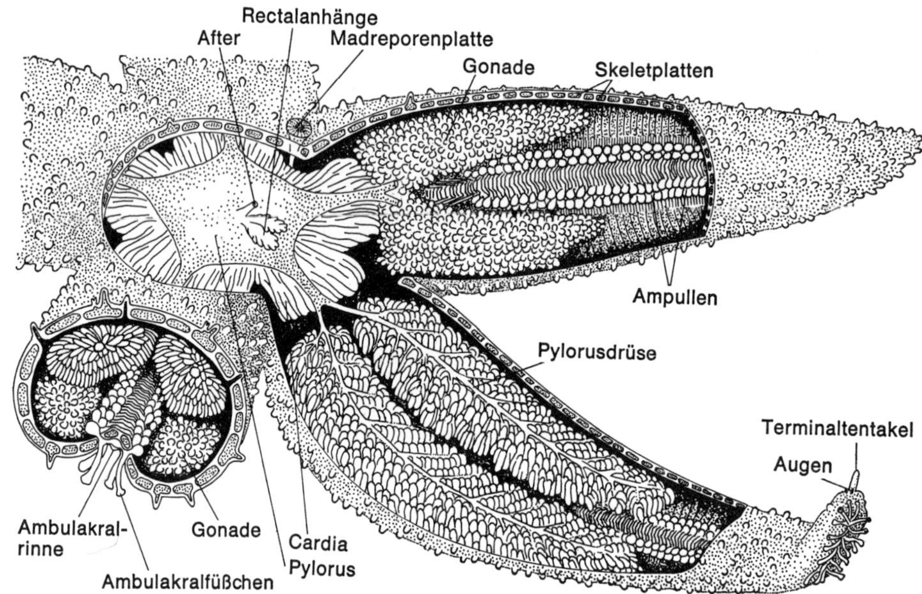

Abb. 275: Bauplan eines Seesterns. Nach Storer, Usinger

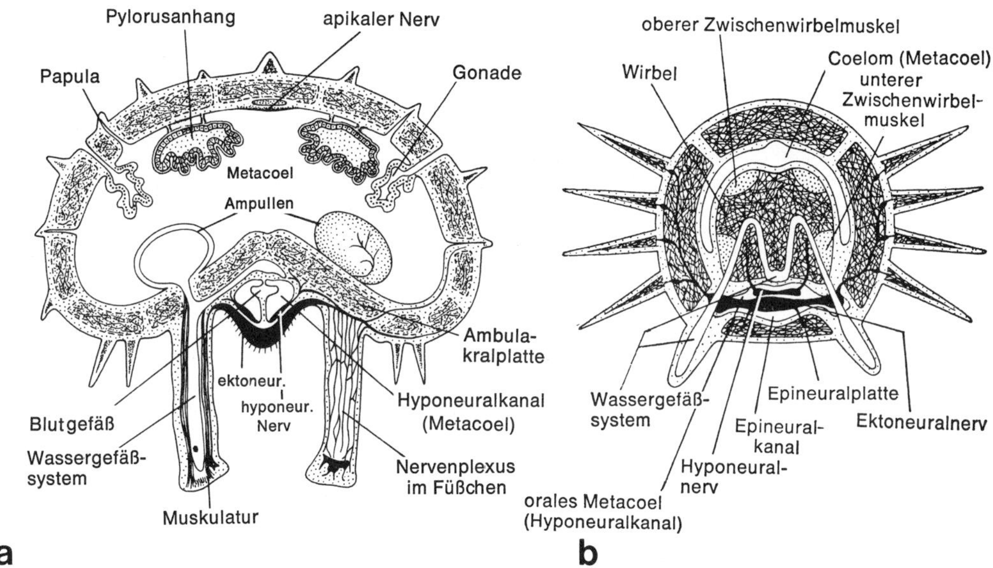

Abb. 276: Armquerschnitte, a. eines Seesterns, b. eines Schlangensterns. Von den radiären Kanälen des Somatocoels sind beim Seestern nur die medianen Hyponeuralkanäle eingezeichnet. Nach Kükenthal, Plate

Phanerozonia sind die Paxillen (Abb. 267). Sie können miteinander verwachsen und ein Schutzdach der Aboralseite bilden. Bei den Phanerozonia sind weiterhin an der Grenze von Oral- und Aboralseite besondere Marginalplatten ausgebildet.

Der der Madreporenplatte gegenüberliegende Arm (Radius) wird mit A bezeichnet, gegen den Uhrzeigersinn (von aboral betrachtet) folgt B usw. Die Interradien werden AB, BC usw. genannt, die Madreporenplatte liegt in CD, der After meist in BC. Dieses System läßt sich auf alle Echinodermen übertragen (Abb. 281) (bei Crinoiden liegt der After in Interradius CD, ihm gegenüber Arm A).

Typische Oberflächenbildungen sind verschiedene bewegliche Stacheln, Pedicellarien, Füßchen und Papulae (Kiemen). Die Pedicellarien dienen der Reinigung und dem Ergreifen der Beute (Abb. 267). Die Füßchen bilden meist Doppelreihen (seltener Vierer-Reihen, *Asterias*) entlang der Ambulakralfurche.

An den Armspitzen liegen oft rotpigmentierte Augenflecken mit flachen Retinae oder Becheraugen mit Linsen.

Dem Mund folgen ein kurzer Oesophagus und ein sehr weiträumiger, meist ausstülpbarer Magen (Cardia), von dessen aboralem Teil (Pylorus) stark gelappte, paarige Blindschläuche (Pylorusdrüsen, Magendivertikel) abgehen, die den größten Teil der Arme ausfüllen (Abb. 275). Bei vielen Arten liegt im Boden der Ausführungsgänge eine tiefe bewimperte Rinne (Tiedemannsche Tasche).

Das innervierte Epithel dieser Drüsen bildet Verdauungsenzyme, resorbiert und speichert Nährstoffe.

Vom Dach des Pylorus zieht ein kurzer enger Darmabschnitt, der oft Taschen (Rektaldivertikel) ausbildet, zum aboral liegenden After; dieser fehlt *Astropecten* und zusammen mit dem terminalen Darmabschnitt einigen weiteren Formen. Das Axialorgan ist von einem Coelomraum, dem Axialcoelom (— -sinus), umgeben, das oral mit dem inneren Ringkanal und aboral mit der Ampulle verbunden ist. Seine z.T. weitlumigen Gefäßen geben ihm ein schwammiges Aussehen, zwischen den Blutgefäßen liegen pigmentbeladene Coelomocyten, die dem Organ seine braune Farbe verleihen.

Der orale innere Ringkanal entstammt, wie das Axialcoelom, dem Axocoel. Die Dorsalblase, Rest des rechten Axocoels, liegt dem Axialcoelom aboral auf. Sie hat einen Verbindungsgang zum aboralen Metacoelring (Abb. 269).

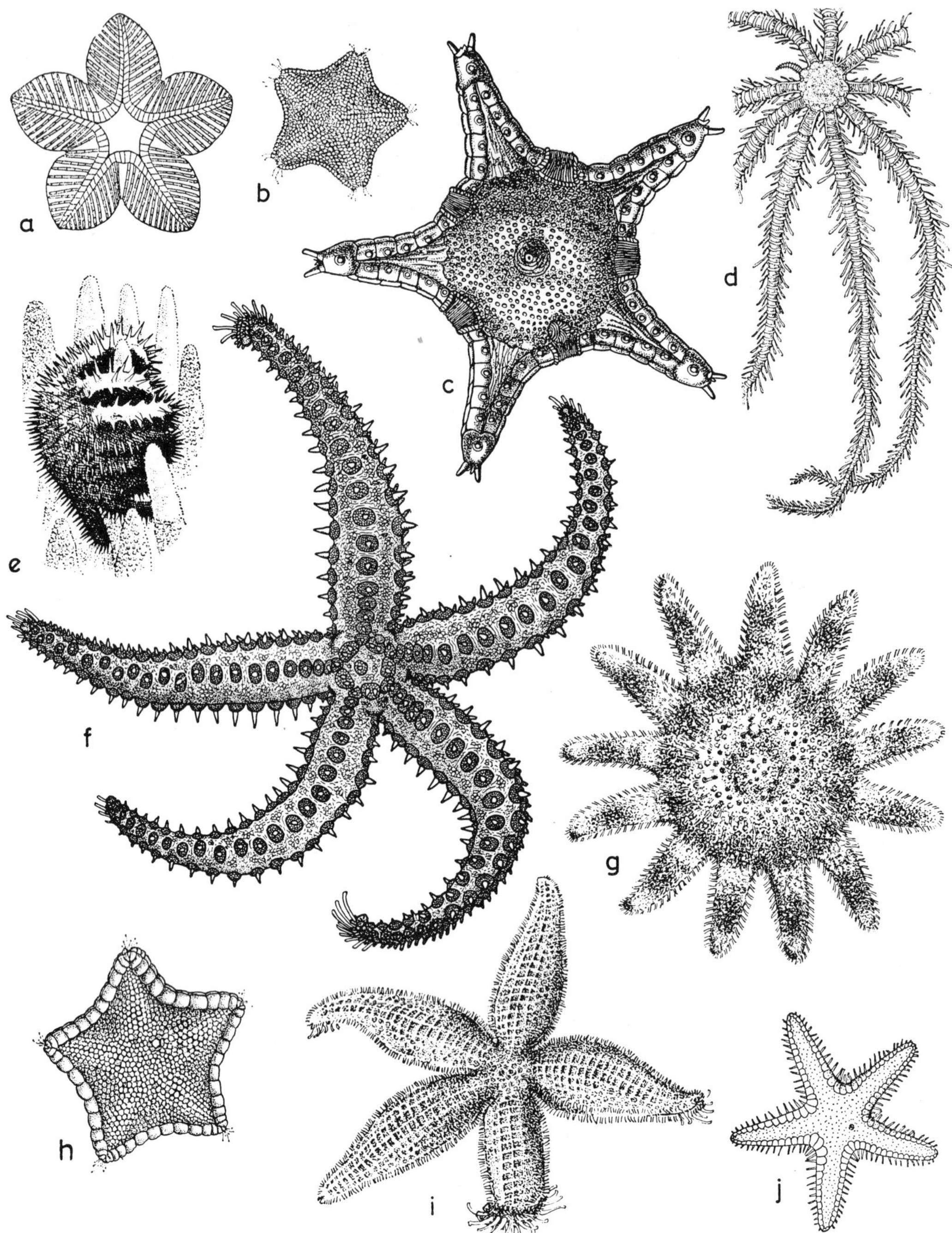

Abb. 277: Seesternformen. a. *Chinianaster* (Ordovizium); b. *Asterina*, c. *Porcellanaster;* d. *Brisinga;* e. *Acanthaster*, an Korallen fressend. Der indopazifische *Acanthaster planci* erfuhr seit Anfang 1960 eine Massenvermehrung, die viele Korallenriffe gefährdet. Die großen Tiere (bis 60 cm Durchmesser) besitzen 9–23 Arme. Ein Tier frißt am Tag mit seinem ausgestülpten Magen die Zahl an Korallenpolypen, die seiner Fläche entsprechen. f. *Marthasterias;* g. *Solaster;* h. *Ceramaster;* i. *Asterias;* j. *Astropecten*. Nach Anonymus, Clark, de Haas, Knorr, Nichols, Riedl, Thomson

Das Wassergefäßsystem trägt am Mundring die Tiedemannschen Körperchen (oft 11–12). Die Zahl der Polischen Blasen schwankt, sie können fehlen (z.B. bei Asteriiden). Die Zahl der Steinkanäle kann bis zu 16 (*Acanthaster*, Abb. 277) vermehrt sein, sie sind oft innerlich zweigeteilt; zum Verlauf des Wassergefäßsystems im Arm s. Abb. 276.

Das Somatocoel bildet die große Leibeshöhle, einen aboralen Ring (mit Verbindung zu Gonaden und Dorsalsack) und ein relativ kompliziertes Oralsystem, das aus Mundring und 4 Radiärkanälen pro Arm (2 mediane und 2 laterale Hyponeuralkanäle) besteht. Der Mundring ist mit dem Mundring des Axocoels verbunden, der sich in den Axialsinus öffnet.

Meist getrenntgeschlechtlich. Die Keimzellen entstehen in Strängen im aboralen Metacoel. Ihre Form und Ausmündungsweise sind sehr unterschiedlich. Die Ausgänge liegen oft seitlich am Arm oder im Armwinkel. Die Befruchtung erfolgt meist im freien Wasser. Die Entwicklung läuft über die Bipinnaria-Larve (Abb. 271), die sich direkt in ein erwachsenes Tier umwandelt (*Astropecten*, Abb. 277, *Luidia*) oder zunächst 3 Haftarme ausbildet und dann Brachiolaria genannt wird. Mit Hilfe dieser Arme und einer Saugscheibe heften sich die Larven am Substrat fest, ein Vorgang, der vermutlich auf ursprünglich sessile Lebensweise hindeutet.

Manche Arten treiben Brutpflege und geben große dotterreiche Eier ab. *Asterina* klebt Eier an Steine, manche Arten bewachen diese noch zusätzlich. Einige Seesterne *(Henricia)* sitzen über den Eiern, bis die Jungtiere selbständig werden. Andere Arten legen die Eier an der Körperoberfläche ab; *Leptasterias groenlandica* benutzt Magenkammern als Brutraum. Vereinzelt erfolgt ungeschlechtliche Vermehrung durch Teilung.

Seesterne kommen von der Küstenzone bis in die Tiefsee (unter 7000 m) vor. Sie bewohnen alle Meere, dringen aber kaum ins Brackwasser vor (*Asterias*, *Henricia* und *Solaster* in der westlichen Ostsee). Viele Arten sind Allesfresser und nehmen außer großen Beutetieren auch kleine Partikel auf, z.T. mit Bodenmaterial. Manche Formen scheinen nur Mikrophagen zu sein *(Henricia, Linckia, Porania)*. Die Nahrungsaufnahme erfolgt dabei zumindest z.T. über Wimperströme (vor allem in den Ambulakralfurchen), die zum Mund führen. Nahrungsspezialisten sind z.B. *Acanthaster*, der Steinkorallen frißt, und *Oreaster*, der von Schwämmen lebt. Einige Formen sind Raubtiere und Schlinger, die auch andere Echinodermen, vor allem Ophiuroiden, fressen. Große Beute kann außerhalb des Mundes verdaut werden (extraintestinale Verdauung), wobei der Magen ausgestülpt wird *(Asterias)*.

System. See- und Schlangensterne bilden eine natürliche Einheit (Asterozoa, Stelleroidea); primitive Formen wie die Somasteroidea stammen aus dem Unteren Ordovicium: *Chinianaster*, *Villebrunaster* und *Archegonaster*. Diese Formen lebten vermutlich im Substrat wie viele rezente See- und Schlangensterne. Sie besaßen breite blattförmige Arme. Die Ambulakralrinne war anscheinend oft geschlossen, von ihr gehen Seitenzweige ab, die zu den Ambulakralfüßchen führten. *Chinianaster* besaß noch keine innere Ampulle, diese tritt erst bei *Villebrunaster* auf, der auch schon Marginalia besaß; *Archegonaster* besaß eine offene Ambulakralrinne und Adambulakralia. Möglicherweise ist der rezente *Platasterias* ein überlebender Somasteroide. Die ersten echten Seesterne treten im Unteren Ordovicium auf *(Petraster = Uranaster)*.

Die ersten kryptozonen Seesterne (Spinulosa und Forcipulata) erscheinen erst im Tertiär, sie leiten sich vermutlich von verschiedenen Phanerozonia her.

Rezent ca. 1600 Arten.

1. Ordnung: Phanerozonia. Zwischen Oral- und Aboralfläche eine obere und eine untere Marginalplattenreihe (Abb. 277), Arme kurz und breit mit je zwei Füßchenreihen, z.T. ohne Saugscheiben an den Füßchen (v.a. bei Bewohnern von Weichböden), nur sitzende Pedicellarien.

1. Unterordnung: Cribellosa. Mit Siebrinnen, die bewimperte vertikale Furchen darstellen, die zwischen 2 Armbasen die Marginalplatten ersetzen und Atemwasser und Nährstoffe zum Mund führen (Abb. 277). Tiefseebewohner (bis über 7000 m). *Porcellanaster*, *Eremicaster*, *Lycaster*.

2. Unterordnung: Paxillosa. Aboralfläche mit typischen Paxillen.

Goniopectinidae: mit vereinfachtem Siebrinnenorgan, ohne After und Enddarm, *Ctenodiscus* (auch Nordsee).

Astropectinidae: *Astropecten* (auch Nordsee) ohne After und Pedicellarien, Bodenbewohner (Abb. 277).

Luididae: Enddarm und After fehlen. *Luidia ciliaris* mit 7 langen Armen, frißt andere Echinodermen.

3. Unterordnung: Notomyota. Tiefseebewohner mit langen beweglichen Armen, sollen schwimmen können, *Benthopecten*, *Potaster*.

4. Unterordnung: Valvata. Mehrere Formen mit sehr kurzen breiten Armen (Abb. 277). *Ceramaster* (fast 5seitiger Körper), *Tosia*, *Oreaster*, große voluminöse Formen mit netzförmigem Skelet und individuell schwankender Armzahl (4–7). *Culcita:* kissenförmig, fünfseitig; *Linckia:* lange biegsame Arme mit glatter Oberfläche, häufig im Flachwasser der Tropen, autotomiert leicht, kann sich auf diese Weise vermehren, *Porania:* ohne Pedicellarien, kurze breite Arme, z.T. Schlammfresser.

2. Ordnung: Spinulosa. Sehr kleine Marginalplatten, Füßchen 2reihig, meist mit Saugscheiben. Aboral oft netzartiges Skelet oder sich dachziegelartig überdeckende Platten und Stacheln. Nicht scharf von Phanerozonia zu trennen.

Asterinidae: Arme relativ kurz, *Asterina* (Zwitter), *Anseropoda* (stark abgeflacht), *Patiria* (Kissenstern).

Echinasteridae: kleine Scheibe, lange Arme, netzförmiges Aboralskelet, keine Pedicellarien; *Echinaster*, *Henricia* (bis westliche Ostsee).

Acanthasteridae: mit *Acanthaster planci* (Abb. 277), einem Korallenfresser.

Solasteridae: breite Scheibe mit vielen Armen, keine Pedicellarien. *Solaster papposus* (Sonnenstern, Abb. 277) bis westliche Ostsee, 8–14 Arme (schwankt individuell), frißt häufig *Asterias*.

Pterasteridae: breite kurze Arme, lange äußere Stacheln der Adambulakralplatten durch Membran verbunden, Spitzen aboraler Stacheln ebenfalls durch Membran verbunden, so daß zwischen ihnen und der aboralen Körperwand ein Raum (Brutraum bei Weibchen) entsteht. *Pteraster*, *Hymenaster*.

3. Ordnung: Forcipulata. Gestielte Pedicellarien mit 2 Zangenklappen. Arme meist schlank und rundlich. Füßchen bilden oft 4 Reihen und besitzen immer Saugnäpfe. Aboralskelet meist netzartig verbunden.

Brisingidae: schlangensternartig, kleine Scheibe und lange, sehr bewegliche Arme, deren Zahl vermehrt ist (Abb. 277). *Odinia*, *Brisinga*, *Freyella* (Arme bis 45 cm lang).

Heliasteridae: große breite Scheibe, zahlreiche kurze Arme (bis 44), Gezeitenzone, *Heliaster*. Zoroasteridae mit *Zoroaster* (Pazifik, Atlantik), *Pholidaster* (Litoral Südostasiens), *Prognaster* (Tiefsee, Atlantik).

Asteriidae: artenreiche Familie, *Pedicellaster* (5–8 Arme), *Astrometis*, *Coscinasterias* und *Sclerasterias* können sich ungeschlechtlich vermehren. *Marthasterias*, große Form, auch Nord- und Westeuropa. *Pycnopodia*, groß (∅ bis 80 cm), vielarmig, Stacheln von Pedicellarienkranz umgeben, rückgebildete aborale Skeletstücke. *Asterias* (Abb. 277), auch westliche Ostsee; *Heptasterias; Pisaster*, kann Beute mit Pedicellarien ergreifen.

8. Klasse: Ophiuroidea (Schlangensterne)

Bei den recht einheitlichen Schlangensternen ist der Körper stets klar in Scheibe und Arme gegliedert (Abb. 278). Die Arme sind schmal, rundlich, lang und gut beweglich; Abweichungen von der 5-Zahl sind selten. Bei den Euryalae kommt es meist zu dichotomen Verzweigungen der Arme.

Die Aboralseite der Scheibe ist im allgemeinen ledrig und enthält oft nur kleinere Skeletstücke; schuppenartige Platten oder Stacheln sind selten. Sehr oft liegen 2 größere Platten (Radialschilde) an der Armbasis (Abb. 278). Aboral sind keine Körperöffnungen vorhanden; der After fehlt den Schlangensternen stets, die Madreporenplatte liegt oral neben dem Mund. Dieser befindet sich in der Tiefe eines sternförmigen Mundvorhofes, an dessen 5 Spitzen (Mundwinkel) die Ambulakren der Arme mit 2 Mundfüßchen beginnen (Abb. 278). In den Interradien liegen meist 5 größere Skeletplatten, die Oralschilde.

In jedem Interradius liegen beiderseits der Arme auf der Oberfläche 2, selten 4 bewimperte Öffnungen der Bursae (Abb. 278). Diese Taschen sind bewimperte Einsenkungen der Haut ins Innere der Scheibe, die bei manchen Arten (z.B. bei den Euryalae) sehr umfangreich sind, miteinander verschmelzen und einen ringförmigen Raum im Innern der Scheibe bilden. Sie dienen der Atmung und wohl auch der Exkretion und können sich mit gefäßartigen Schläuchen in die Muskulatur der Mundregion einsenken *(Ophiothrix, Ophiocoma).* Da in sie hinein meistens die Gonaden ausmünden, bilden sie oft auch Bruttaschen. Bei den Ophiactidae fehlen die Bursae oder sind rückgebildet.

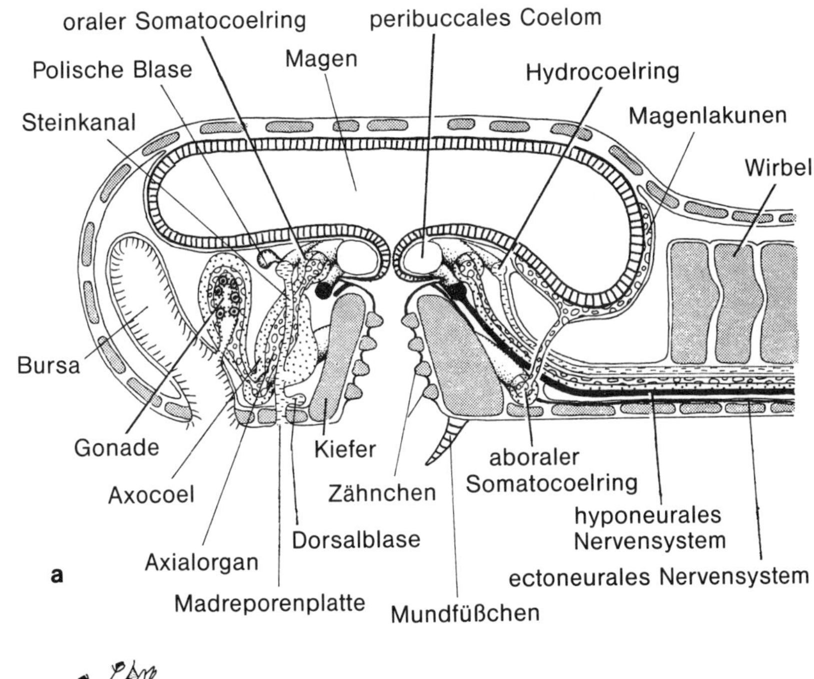

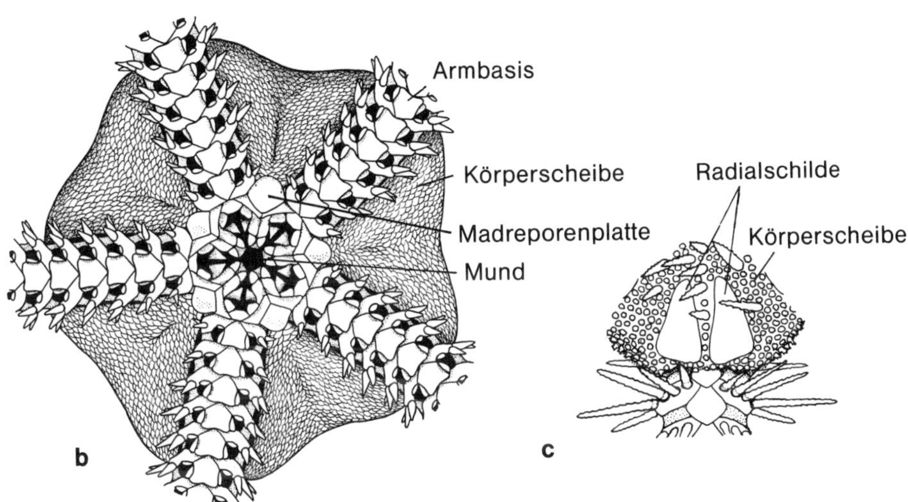

Abb. 278: Schlangensterne. a. Bauplan, b. Oralansicht der Körperscheibe und Armbasen von *Amphiura chiajei*; c. Armansatz von *Ophiothrix*, Aboralansicht. Nach Nichols, Clark

Pedicellarien und Papulae – und selten auch Stacheln – fehlen. Das Armskelet besteht aus 4 Reihen peripher gelegener Platten (1 Apikal- = Aboralschild, 2 Lateralschilder und 1 Oral- = Epineuralschild), die ein gegliedertes, röhrenförmiges Skelet bilden, und den im Innern befindlichen Wirbeln, die gelenkig und über Muskulatur miteinander verbunden sind. Die Wirbel entstehen aus einer paarigen Anlage und entsprechen den Ambulakralplatten der Asteroiden. Hierfür spricht auch ihre Lagebeziehung zur versenkten Ambulakralrinne (Abb. 278). Die Form der Gelenke erlaubt entweder Bewegungen in allen Richtungen (streptospondyle Gelenke, Euryalae) oder bevorzugt seitliche Bewegungen (zygospondyle Gelenke, Ophiurae).

Manchmal fehlen Gelenkflächen (Ophiomyxidae), so daß ein Einrollen der Arme zum Mund hin möglich ist. An den Seiten der Arme stehen meist Stachelreihen. Diese sind mitunter zu fächerförmigen *(Ophiopteron)* oder hakenartigen *(Gorgonocephalus)* Gebilden umgewandelt, oder sie ähneln kleinen Palmen *(Ophiohelus)*. Vereinzelt treten Giftstacheln auf, die an ihren Enden Drüsenpakete tragen.

Die Epidermis ist oft sehr dünn und nur noch an wenigen Stellen (Bursaeingänge, Armbasen) bewimpert. Die Arme mancher Arten (*Amphipholis squamata*, *Amphiura filiformis*, *Ophiacantha bidentata* u. a.) besitzen neuronenähnliche Zellen mit Leuchtvermögen.

Muskulatur ist meist auf die Zwischenwirbelregion (meist 4 Muskelpaare), zwei Kreise um den Mund, die Stachelbasis und die Füßchenwand beschränkt.

Die Wand des Mundvorraumes wird von 5 mit Zähnchen (umgewandelten Stacheln) besetzten, beweglichen Kiefern gebildet. Der Darm bildet einen kurzen Oesophagus und einen einfachen, sackförmigen Magen. Nur bei *Ophiocanops*, einer Form mit sehr kleiner Scheibe, entsendet er Fortsätze in die Arme.

Das Axialorgan verläuft abwärts gebogen parallel zum Steinkanal neben dem Mundvorhof (Abb. 278). Infolge der Verlagerung der Madreporenplatte von aboral nach oral ist der gesamte ehemalige Aboralteil des Gefäß- (Lakunen-) und Coelomkanalsystems verlagert.

Das Nervensystem ist zusammen mit der Ambulakralrinne, die von den Oralplatten der Arme überdeckt wird, in die Tiefe versenkt (Abb. 278). Zwischen den Oralplatten und dem ectoneuralen System liegt – wie bei Seewalzen und Seeigeln – ein Epineuralkanal.

Die Füßchen erfüllen zahlreiche Aufgaben (Atmung, Exkretion, Fortbewegung, Eingraben), nur selten tragen sie Saugnäpfe *(Ophiactis arenosa)*. Sie werden zwischen Oral- und Lateralplatten ausgestülpt.

In Blindsäcken, die der Bursa anliegen, bilden sich die Gonaden, die bei Geschlechtsreife in die Bursen ausmünden. Bei bursenlosen Arten brechen die Gonaden an Arm- oder Scheibenoberfläche nach außen. Die Gonadenzahl vari-

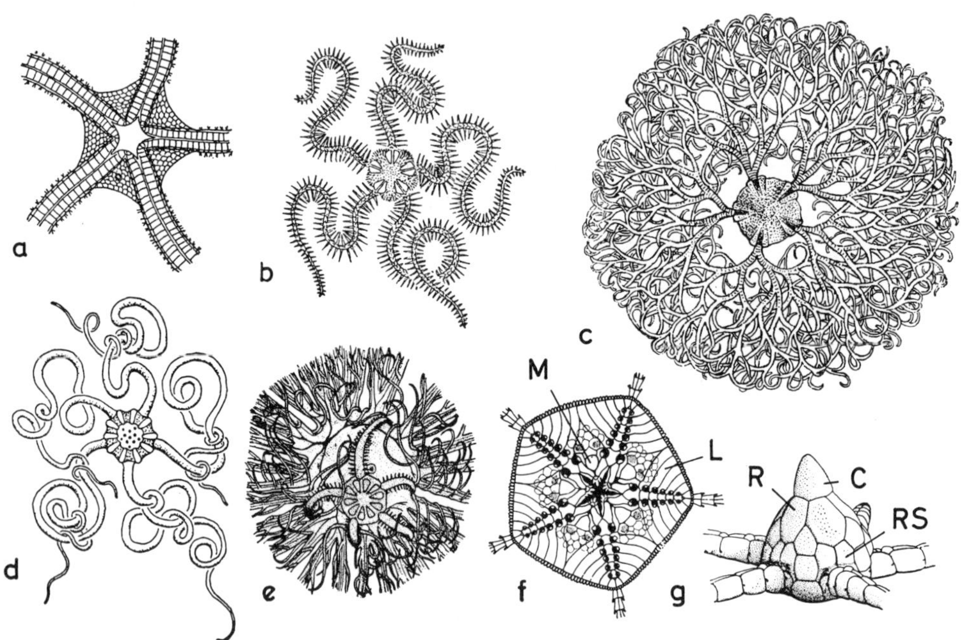

Abb. 279: Schlangensternformen. a. *Pradesura* (Unteres Ordovizium, ältester Schlangenstern); b. *Ophiocomina*, Armbeugung vor allem in der Horizontalebene; c. *Gorgonocephalus*; d. *Asteroschema*, Armbewegungen in allen Ebenen; e. *Ophiomaza* auf *Comanthus* (Haarstern); f. *Astrophiura*, Oralansicht; L: die proximalen lateralen Armplatten; M: Madreporenplatte; g. *Ophiopyrgus*, hohe Körperscheibe, konische Zentralplatte (C), R: Radialplatte, RS: Radialschild. Nach Clark, de Haas, Knorr, Nichols

iert stark, Gorgonocephaliden besitzen Tausende. Die Geschlechter sind meistens getrennt, die wenigen Zwitter besitzen Zwittergonaden oder getrennte Hoden und Ovarien. Bei einigen wenigen Arten *(Ophiodaphne, Amphilycus, Ophiosphaera)* kommen Zwergmännchen vor, die dauernd an der Oralseite (Mund zu Mund) der Weibchen sitzen.

Die Entwicklung läuft über eine Pluteus-Larve (Ophiopluteus, Abb. 271), die nach 2–5 Wochen eine Metamorphose durchmacht. Relativ häufig ist Brutpflege. Entweder werden Eier an geschützten Stellen abgelegt oder sie entwickeln sich in Bursa oder Ovar. Vereinzelt wurde sogar eine Ernährung der Embryonen oder Jungtiere beobachtet (Placentabildung mit Blutlakunen an der Bursa, Anschmiegen an den Magen, Zerfall der unreifen Eier). Wenn mehrere Jungtiere vorhanden sind, werden die kleinsten von ihnen von ihren größeren Geschwistern gefressen.

Schlangensterne sind in allen Ozeanen von der Flachwasserzone bis in die Tiefe (ca. 7000 m) verbreitet. Im Brackwasser sind sie selten (Ostsee: *Ophiura albida*). Sie kommen auf Hart- und Weichböden vor, in die sie sich oft auch eingraben, und besiedeln in großer Zahl Korallenriffe. Mitunter leben sie epizoisch auf Crinoiden, Seeigeln u.a., junge Gorgonocephalidae leben in den Armen der Erwachsenen.

Die Fortbewegung erfolgt vor allem mit Hilfe der Arme, wobei die Füßchen unterstützend wirken können. Das Eingraben in den Boden erfolgt wohl vor allem mit Hilfe der Füßchen. Schlangensterne sind die beweglichsten Echinodermen. Auf dieser Tatsache beruht vermutlich auch ihr Erfolg bezüglich Artenzahl und Individuenreichtum.

Viele Schlangensterne ernähren sich mikrophag, nehmen aber auch kleine Molluscen, Polychaeten u.a. auf. Gorgonenhäupter leben vor allem von Planktern. Bei der Nahrungsaufnahme können Arme und Füßchen behilflich sein. Es gibt vor allem Weidegänger, Greifer und Taster. Diese leben eingegraben oder anderswo verborgen und tupfen mit den Füßchen Nährstoffpartikel auf. Sie leben z.B. in Lücken tropischer Hartböden (oft tote Riffe) der Küsten, die bei Ebbe trockenfallen. Die einlaufende Flut hebt viele Partikel vom Boden ab, die dann sofort von den Füßchen der hin- und herpendelnden Arme aufgefangen und mit Schleim vermischt zum Mund geführt werden. Die zahlreichen Arme der Gorgonenhäupter wirken als Netz, in dem Planktontiere hängenbleiben. Eine Reihe von Arten lebt kommensalisch. In großen Schwämmen können z.B. in den Wasserkanälen zahlreiche Schlangensterne vorkommen, andere leben an der Unterseite von Sanddollars. Zur Fortpflanzungszeit hört z.T. die Nahrungsaufnahme auf.

System. Die Palaeontologie zeigt deutlich, daß sich die Schlangensterne ebenso wie die Seesterne von palaeozoischen Asterozoa ableiten. Eine Reihe von ordovizischen und silurischen Gattungen zeigt deutlich die Vergrößerung der Ambulakralplatten zu den Wirbeln der heutigen Schlangensterne und ihre Verlagerung in das Innere der Arme, die Ausbildung der Radiärkanäle in den Wirbeln und der seitlichen Armskeletplatten, die Ausbildung der Kiefer aus Mundwinkelplatten usw. Unter den rezenten Schlangensternen sind die Ophiurae primitiver als die Euryalae.

Die Übereinstimmungen der Schlangensterne mit den Echinoiden (versenkte Ambulakralrinne, Pluteuslarve, u.a.) sind bemerkenswert. 2 rezente Ordnungen (Ophiurae, Euryalae).

Ophiurae: ca. 2000 rezente Arten; typische Schlangensterne mit unverzweigten Armen, die meist nur seitlich gekrümmt oder spiralig aufgerollt werden können. Nur ein Hydroporus. Wichtige Merkmale zur Trennung der Familien betreffen Skeletstücke der Arme, Kieferapparat und Mundpapillen.

Ophiomyxidae: dickhäutig, Wirbel ohne Gelenke; *Ophiomyxa*, *Ophiocanops* mit winziger Scheibe und relativ dicken Armen, in die Magenblindsäcke ziehen, keine Bursen.

Ophiacanthidae: mit vielen Tiefseeformen. *Ophiacantha*, z.T. mit mehr als 5 Armen, *Ophiotholia* mit nach oben gerichteten Armen.

Amphiuridae: artenreich, oft im Schlamm lebende Arten; *Amphiura*, *Amphipholis* (*A. squamata* im Gezeitengebiet, Helgoland), *Ophiocentrus*, *Nannophiura*, kleinster Schlangenstern (Armlänge 3 mm, Scheibendurchmesser 0,5 mm), klettert mit seinen greifschwanzähnlichen Armen in den Stacheln des irregulären Seeigels *Laganum*. *Amphilycus* lebt auf Seeigeln *(Echinodiscus biperforatus)* mit Zwergmännchen, die am Weibchen festgeklammert sind, *Ophiosphaera* lebt auf Comasteriden und Seeigeln.

Ophiactidae: *Ophiactis* kann sich ungeschlechtlich vermehren; *Ophiactis arenosa* (mit 6 Armen) lebt in Schwämmen; *Ophiopholis*.

Amphilepididae: Bursa meist rückgebildet.

Ophiothricidae: artenreich; Arme meist mit langen Stacheln; *Ophiothrix fragilis* häufig in der Nordsee; *Ophiomaza* (Abb. 279) lebt als Kommensale auf *Comanthus* (Haarstern).

Ophiochitonidae: *Ophionereis* geht mit Hilfe der Füßchen.

Ophiocomidae: *Ophiocoma*, individuenreiche Gattung im Flachwasser tropischer Küsten, groß, langarmig. *Ophioderma*, *Ophiarachna*, *Ophiocomina* (Abb. 279).

Ophiuridae: artenreich; Scheibendecke oft noch mit größeren Platten. *Ophiura* (*O. albida* auch in westlicher Ostsee), *Ophiophycis*, *Astrophiura*, Scheibe wirkt durch verbundene flache Seitenplatten der Arme stark vergrößert (Abb. 279), schmiegt sich wie *Patella* an Steine; *Ophiopyrgus* (Abb. 279) mit kegelförmiger, gepanzerter Scheibe.

Ophiohelidae, Wirbel bestehen aus 2 getrennten Skleriten; *Ophiohelus*.

Euryalae. In der Artenzahl tritt diese Gruppe weit hinter die vorherige zurück. Mit dickem Hautmuskelschlauch, Lateralschilder der Arme sehr groß. Oft hakenartige Stacheln. Scheibendurchmesser bis 15 cm. Arme meist verzweigt (Abb. 279) und vielfältig bewegbar. Sehr große Bursae, Madreporenplatte oft vermehrt (bis 5). Reduktion der Zahl der Polischen Blasen; am Hydrocoelring Divertikel, die u. U. den Tiedemannschen Körpern der Seesterne entsprechen. Als Embryo und Jungtier wie normaler Schlangenstern ausgebildet. Oft in der Tiefsee.

Asteronychidae: Arme unverzweigt; *Asteronyx*.

Astroschematidae: Arme unverzweigt, *Astroschema* (Abb. 279 d) lebt auf Gorgonien.

Trichasteridae: Arme einfach oder verzweigt. 5 Axialorgane, keine Polischen Blasen; *Astroceras* mit einfachen Armen, *Trichaster* mit terminal verzweigten Armen.

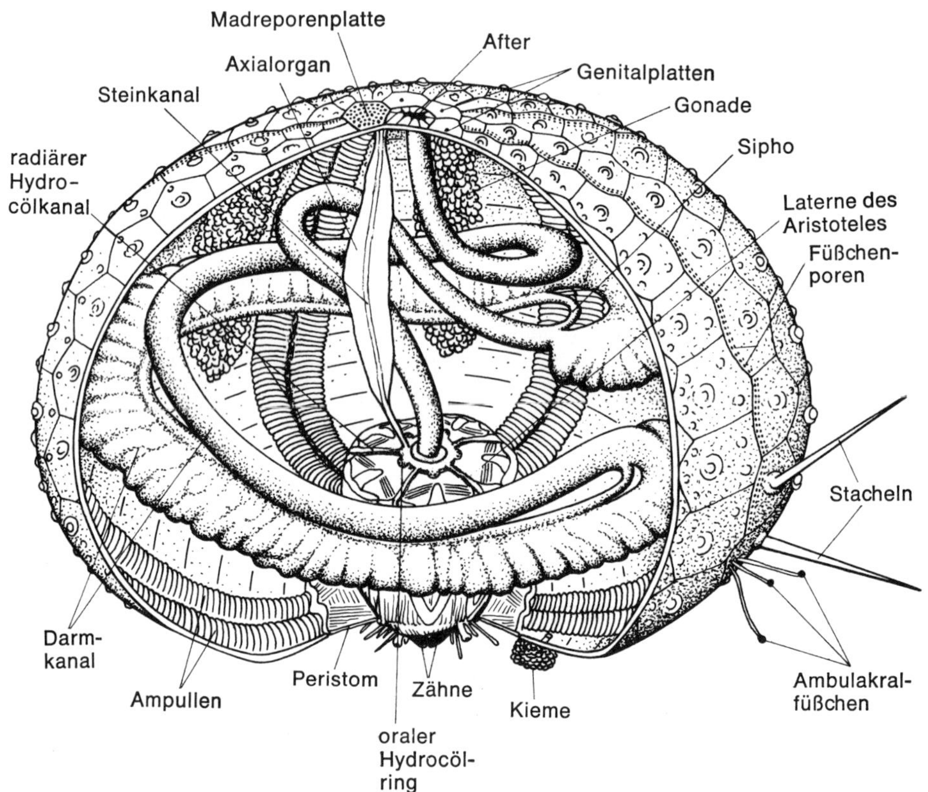

Abb. 280: Einfache Darstellung des Bauplans eines regulären Seeigels. Nach Storer, Usinger

Gorgonocephalidae (Medusenhäupter): Arme selten lang und einfach *(Astropora)*, meist schon an der Basis stark verzweigt (Abb. 279). Solche Armbüschel können über 70 cm lang werden. Sitzen oft auf Cnidariern, die nordeuropäischen (z.B. an skandinavischer Westküste) auf Alcyonariern und Gorgonien. *Astrophyton*, *Gorgonocephalus* (auch Nordeuropa), *Astrochlamys* mit Zwergmännchen an Oralfläche, *Astrospartus*, *Euryale*.

9. Klasse: Echinoidea (Seeigel)

Annähernd kugelförmige oder abgeflachte Echinodermen mit bestacheltem, festem Körperpanzer (Abb. 280). Die Ambulakralzonen (= Radien) mit den versenkten Radiärkanälen ziehen vom Mund bis in die Afterregion, die Aboralregion ist also klein.

Zwei Gruppen lassen sich nach der Lage von Mund und After unterscheiden: reguläre und irreguläre Seeigel, Regularia und Irregularia. Bei ersteren liegen Mund und After einander gegenüber an den Enden der Hauptachse, ihr Umriß ist kreisförmig (Abb. 281).

Bei den Irregularia wandert der After in einen Interradius (= Interambulakrum) nach lateral, oft bis auf die Oralseite; auch der Mund kann nach lateral wandern, und das ganze Tier nimmt dann eine gestreckte, bilateralsymmetrische Gestalt mit Vorder- und Hinterpol an (Abb. 281). Die neue Längsebene (Lovénsche Ebene) entspricht nicht der alten Längsebene der Dipleurula. Der Umriß der Irregularia ist oval, herz- oder flaschenförmig; hierher gehören auch die Sanddollars, die stark abgeflacht sind und Durchbrechungen des Körpers (Lunulae) oder randliche Einkerbungen aufweisen (Abb. 282).

Die Epidermis ist i. a. bewimpert und bildet oft Cilienbänder aus. Im Bindegewebe unter der Epidermis ist der meist geschlossene Skeletpanzer ausgebildet, dessen Einzelelemente fest aneinanderschließen oder seltener einander dachziegelartig überdecken; vereinzelt treten zwischen ihnen lederartige Zonen auf. Alle Coelomkanäle und die Radiärstränge des Nervensystems liegen unter diesem Panzer. Aboral (Abb. 281) liegen eine Skeletplatte (Centrale), die bei Adulten von einer den After enthaltenen Periproctmembran ersetzt wird, sowie 5 interradiale Basalia (Genitalplatten mit Gonoporen) und 5 radiale Ocellenplatten (Radialplatten), durch die die Endtentakel der Radiärkanäle ausgestülpt werden. Meist ist eine Genitalplatte gleichzeitig eine Madreporenplatte. Vom Aftergebiet geht das Wachstum des größten Teils des Panzers aus, der in 10 Zonen (5 Ambulakralzonen (Radien, Ambulakren) und 5 Interambulakralzonen (Interradien, Interambulakren), die je aus einer Doppelreihe von Schildern bestehen) gegliedert ist. Die Platten der Ambulakralzonen sind ursprünglich von 2 Poren für ein Ambulakralfüßchen durchbrochen (Abb. 281). Bei den Clypeasteroiden besitzen oft auch die Interambulakralplatten Poren für Füßchen. Oft verschmelzen die einzelnen primären Ambulakralplatten zu größeren Skeletelementen (Abb. 281). Der Mund wird von einer Peristomealmembran umgeben, durch die oft die Mundfüßchen austreten. Bei einigen Formen (z.B. Cidariden) erreichen jedoch die Platten des Hautpanzers die des Mundrandes.

Bei den Irregularia besitzen die Ambulakralzonen auf der Aboralseite spindelförmigen Umriß und bilden die blütenblattähnlichen Petalodien (Abb. 281), deren Gesamtheit (meist 4–5) Rosette genannt wird. Ähnlich gestaltete Ambulakralabschnitte der Oralseite heißen Phyllodien. Die Peristomealmembran enthält keine Platten.

Die Körperoberfläche trägt verschiedene Anhänge: Stacheln, Sphaeridien, Pedicellarien, Kiemen und Ambulakralfüßchen (Abb. 267). Alle Stacheln sind beweglich. Ihre Gestalt und Funktion sind sehr unterschiedlich (Schutz, Fortbewegung, Beutefang). Bei den Lederseeigeln tragen sie an der Spitze einen Beutel mit giftigem Sekret; bei *Diadema* können sie bis über 30 cm lang werden und besitzen nadelfeine Spitzen. Manche Arten können sich mit ihrer Hilfe in Felsen einbohren *(Paracentrotus*, *Strongylocentrotus* und vor allem *Echinostrephus)*.

Vier Typen von Pedicellarien werden unterschieden: 1. tridactyle Pedicellarien (Klappzangen) mit quergestreifter und glatter Muskulatur (Abb. 267j), 2. ophiocephale Pedicellarien (gezähnelte Beißzangen), 3. trifoliate Pedicellarien (Putzzangen, Abb. 267l), 4. globifere Pedicellarien (gemmiforme P., Giftzangen), die Giftdrüsen und Sinnespolster besitzen und die bei *Toxopneustes* besonders groß und zahlreich sind (Abb. 267k).

Die Kiemen sind ausstülpbare dünnwandige Partien der Mundhaut; sie fehlen den Irregularia und Cidariden.

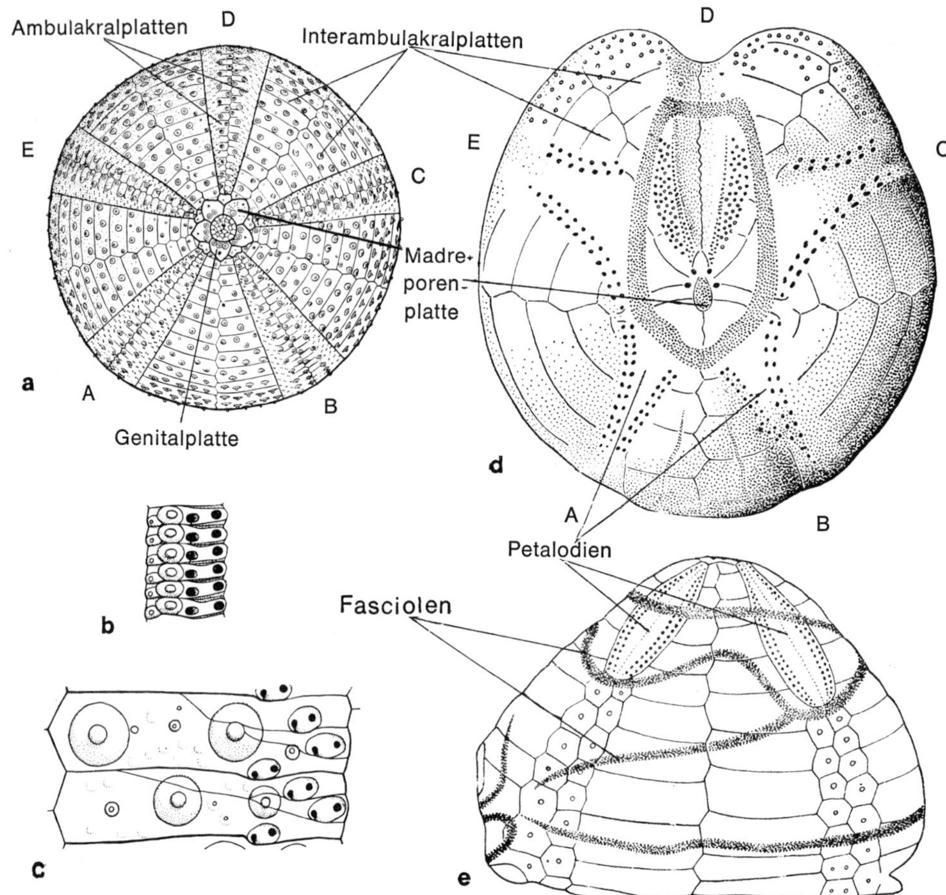

Abb. 281: Seeigelpanzer. a. Aboralansicht eines regulären Seeigels *(Echinus)*; A–E: Radien (= Ambulakren), dazwischen Interradien (= Interambulakren); die Madreporenplatte liegt im Interradius CD; b. Sechs einfache Platten eines Cidariden mit je 2 Poren für die Ambulacralfüßchen (schwarz); c. zwei zusammengesetzte Platten von *Echinus*; d, e. irreguläre Seeigel (d. *Echinocardium*, e. Schema eines Spatangiden mit den verschiedenen Fasciolen, die bei diesen Seeigeln ausgebildet sein können); d. Aboral-, e. Lateralansicht; A–E: Radien, D liegt vorn und ist bei den Herzigeln meist eingebuchtet. Nach Clark, Cuénot

Die Ambulakralfüßchen sind sehr verschieden: Die typischen Lauffüßchen fehlen. Tastfüßchen tragen sensible Endigungen. Bei Irregularia gibt es weiterhin Kiemenfüßchen mit dünner Wand und vergrößerter Oberfläche. Die Spatangoiden besitzen neben anderen Tupffüßchen, die Nahrung aufnehmen, und Kittfüßchen, die einen Schleim liefern, der der Verfestigung der Wand der Wohnröhre dient.

Das ectoneurale Nervensystem liegt am Boden des Epineuralkanals, d.h. der versenkten Ambulakralfurche, es gibt Äste ab, die durch die Poren der Ambulakralplatten die Oberfläche erreichen. Das hyponeurale System versorgt vor allem den Kauapparat. Das aborale System bildet einen Ring, der die Gonaden versorgt. Der Darmplexus steht vor allem mit dem ectoneuralen System in Verbindung.

Sinneszellen kommen im Bereich der gesamten Epidermis vor, besonders an Füßchen und Pedicellarien. Bei *Centrostephanus* und *Diadema* konnte nachgewiesen werden, daß Chromatophoren der Haut lichtempfindlich sind. Die Pigmentzellen von *Centrostephanus* reagieren autonom, d.h. ihre Lichtreaktion erfolgt ohne Einfluß des endokrinen oder Nervensystems. Die Zellen breiten sich bei Belichtung rasch aus.

Der Kieferapparat besteht aus 5 harten und ständig nachwachsenden Zähnen, die mit vielen anderen Skeletstücken verbunden sind und durch ein eigenes Muskelsystem bewegt werden (Abb. 270). Die Zähne sind außen härter als innen und weisen an der Innenseite oft einen Kiel (stirodont) oder eine Rinne (aulodont) auf. Vom Mund geht ein kurzer Oesophagus aus, der oberhalb der Laterne des Aristoteles in den Darm übergeht, der eine oder 2 ungefähr waagerecht verlaufende Windungen ausführt und über einen dünneren Enddarm ausmündet.

Der bewimperte Darm ist über Bänder und Mesenterien an der Innenwand des Panzers befestigt. Im Bereich der ersten Darmschlinge haben viele Seeigel einen parallel zum Hauptdarm verlaufenden Nebendarm (Sipho, Abb. 280). Er enthält keine Nahrung und ist kontraktil. Bei Cidariden entspricht ihm eine bewimperte Darmrinne. Viele Seeigel besitzen am Anfang des Darmes Blindsäcke.

Zum Coelomsystem s. S. 377. Das auffallende Somatocoel bildet 1. die große Leibeshöhle und die Mesenterien des Darms, die bei Spatangoiden Kalkeinlagerungen besitzen (Statolithenfunktion?), 2. den oft sehr umfangreichen oralen Somatocoelring, von dem 5 Paar Kiemen, 5 interradiale Blindsäcke, die den Zähnen anliegen, öfter auch 5 radiäre Blindsäcke (Gabelblasen) und die 5 Radiärkanäle ausgehen, 3. den aboralen Somatocoelkanal, von dem aus die Bildung der 5 (bei Irregularia nur 2–4) interradiär gelegenen Gonaden ausgeht.

Die Seeigel sind getrenntgeschlechtlich. Die Gonaden münden durch je einen Porus in den Genitalplatten aus (Abb. 280, 281). Befruchtung im freien Wasser. Die Entwicklung erfolgt über Pluteus-Larven (Echinopluteus) mit Larvalskelet (Abb. 271). Nach 4–5 Wochen erfolgt die Metamorphose zum Adulttier. Arten mit dotterreichen Eiern haben eine abgekürzte Entwicklung. Manche Formen mit Brutpflege zwischen den Stacheln, am Mundfeld oder in Gruben im Panzer.

Seeigel bewohnen alle Regionen der Ozeane von der Küstenzone bis in die Tiefsee (bis über 7000 m tief, Spatangoiden). Regularia leben als Weidegänger auf Hart- oder Weichböden, in Seegraswiesen u. a. Sie sind oft Generalisten und fressen vor allem Algen, sessile Wirbellose und auch tote Tiere. Formen, die auf Weichböden der Tiefsee leben, fressen wahrscheinlich Detritus. Einige Arten leben in Gestein eingebohrt *(Echinostrephus)*; *Strongylocentrotus* kann sogar dicke Stahlplatten durchbohren. Die Irregularia leben i. a. im Sand vergraben, wo ihre Besiedlungsdichte sehr hoch sein kann. Formen der Brandungszone (Felsküsten, Korallenriffe) wie *Podophora* und *Colobocentrotus* besitzen neben kräftigen Saugfüßen abgeflachte Stacheln, die einen zweiten pflasterartigen Panzer an der Oberfläche des Tieres bilden.

Die Spatangoiden graben sich mit Hilfe ihrer Stacheln 10–20 cm tief ein. Mit speziellen bis 20 cm langen Füßchen (Kittfüßchen) halten *Brissopsis* und *Echinocardium* einen Zuflußkanal für Atemwasser frei. Ein Abflußkanal endet bei *Echinocardium* blind im Boden, bei *Brissopsis* erreichen 2 solcher Kanäle dagegen die Oberfläche. Spezielle bewimperte Stacheln (Clavulae) bilden bandförmige Formationen (Fasciolen, Abb. 281), die der Wasserzirkulation in der Wohnhöhle dienen. Sanddollars liegen i. a. dicht unter der Sandoberfläche, *Eucope* mit dem Mund nach oben.

Die Irregularia sind Mikrophage. Sie sieben mit den Stacheln Sand aus, sind Sandlecker *(Echinocyamus)* oder Sandtupfer (Taster), die mit Mundfüßchen die Sandkörner der Umgebung absuchen. Dabei nehmen sie meist auch große Mengen an unverdaulichem Bodenmaterial in den Darm auf.

Seeigel sind Beute von manchen Fischen, einigen Schnecken und Seesternen sowie im nordwestlichen Pazifik von Seeottern. Deren Dezimierung hat vermutlich zum Überhandnehmen von *Strongylocentrotus* an der kalifornischen Küste geführt, der Schäden an den großen Tangwäldern (kelp-beds) verursachen kann. An pazifischen Küsten, z. B. in Japan, gehören die Ovarien von Seeigeln zum Speisezettel.

System. Seeigel sind seit dem Ordovicium bekannt. Möglicherweise leiten sie sich von primitiven Ophiuroidea (d. h. also Asterozoa) her. Die palaeozoischen Formen sind i. a. klein und zeigen noch nicht den regelmäßigen Aufbau der modernen Formen; die alten Formen starben fast alle am Ende des Palaeozoikums aus, die einzige überlebende Linie sind die Cidariden. Ein primitiver palaeozoischer Seeigel ist *Aulechinus* (Abb. 282). Das Hautskelet besteht in den Interradien noch aus unregelmäßig angeordneten Kalkplatten. Die Radien bestehen aus 2 Plattenreihen mit noch offener Ambulakralrinne. Daneben existieren Formen mit 1 Reihe von Kalkplatten im Interradius *(Bothriocidaris)* oder mit vielen Plattenreihen im Radius *(Melonechinus)*. Die Cidariden fixieren früh die Plattenreihenzahl in Radius und Interradius auf 2.

Nach einer Absterbephase am Ende des Palaeozoikums erschienen in der Oberen Trias moderne Regularia, deren Zahl dann ständig zunahm. Zu Beginn des Jura traten die ersten Irregularia auf. Vermutlich entsprechen die Gnathostomata und Atelostomata zwei getrennten Entwicklungslinien mit vielen Parallelbildungen.

Die im folgenden aufgeführte traditionelle Gliederung in Regularia und Irregularia ist nicht unumstritten. Es existieren andere Systeme, in denen versucht wird, die natürlichen Verwandtschaftsverhältnisse klarer zum Ausdruck zu bringen. Zahlreiche neue Ordnungs- und Überordnungsnamen wurden eingeführt, die Bezeichnungen, welche auf den Zahnmerkmalen beruhen, abgeschafft. Es bleibt abzuwarten, wieweit sich die neuen Systeme bewähren.

Unterklasse: Regularia. 440 radiärsymmetrische Arten.

1. Ordnung: Lepidocentroidea. Panzerplatten dachziegelartig angeordnet, Ambulakralplatten ziehen bis zum Mund.

Familie Echinothuriidae (Lederseeigel): Im Innern des Panzers Muskeln, mit denen sich die Tiere abflachen können. Große, bunte Tiere. Stacheln mit Giftsäcken, Tiefsee. *Calveriosoma*, *Sperosoma*.

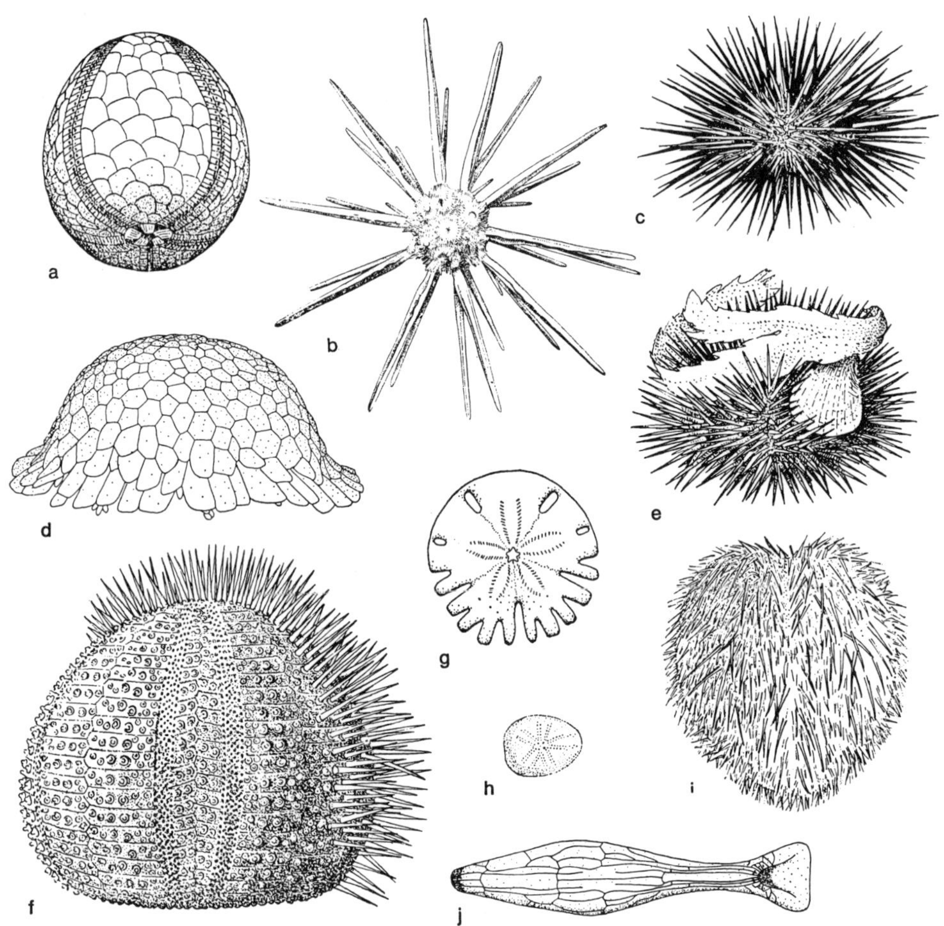

Abb. 282: Reguläre (a–f) und irreguläre (g–j) Seeigelformen; a. *Aulechinus* (Ordovizium); b. *Stereocidaris*; c. *Arbacia*; d. *Podophora*; e. *Paracentrotus* mit Algenbedeckung; f. *Echinus*; g. *Rotula*; h. *Echinocyamus*; i. *Spatangus*; j. *Pourtalesia*. Nach Agassiz, Mortensen, Nichols, de Haas, Knorr

2. Ordnung: Cidaroidea (Lanzenseeigel). Seit Palaeozoikum. Ambulakralplatten erreichen den Mund. Jede Interambulakralplatte mit einem bis 30 cm langen Stachel, der basal von Büscheln kleiner Stacheln umgeben wird. Keine Kiemen und Sphaeridien. Viele Arten mit Brutpflege.

Cidaridae: *Cidaris; Stylocidaris, Stereocidaris* (Abb. 282b).

3. Ordnung: Aulodonta. Zähne innen mit Hohlrinne; Ambulakralplatten erreichen den Mund.

Aspidodiadematidae: Alle Stacheln sind oral gebogen und liegen dem Boden auf.

Diadematidae: mit sehr langen, hohlen Stacheln, die mit winzigen Zähnchen besetzt sind; treten im Flachwasser tropischer Küsten oft in Massen auf, z. T. mit dachziegelartig angeordneten Kalkplatten. *Diadema, Chaetodiadema, Centrostephanus*, auch West- und Südeuropa.

4. Ordnung: Stirodonta. Zähne innen mit Längskiel, kleinere rundliche Formen mit gleichmäßig langen Stacheln.

Arbaciidae: *Arbacia* (Abb. 282), mit Analklappen.

Saleniidae: 1–3 mm kleine Formen.

5. Ordnung: Camarodonta. Mit bekannten Arten küstennaher Regionen. Besitzen stirodonte Zähne und vier Pedicellarien-Typen. Gonaden werden vielfach gegessen.

Toxopneustidae: *Sphaerechinus* bedeckt sich mit Fremdkörpern, *Toxopneustes* mit vielen Giftzangen, *Lytechinus*.

Echinidae: *Echinus* (Abb. 282), *Psammechinus* auch in westlicher Ostsee, *Paracentrotus*.

Strongylocentrotidae: *Strongylocentrotus* auch in westlicher Ostsee.

Echinometridae: oft mit ovaler Schale; *Echinometra, Heterocentrotus, Colobocentrotus, Podophora* (Abb. 282).

Unterklasse: Irregularia. Ca. 400 Arten. Radiär- von Bilateralsymmetrie überlagert, Schale verlängert, meist vier Petalodien, Sand- oder Schlammbewohner. Oft in zwei Gruppen gegliedert: «Gnathostomata» (mit Kieferapparat, Ordnungen 1 und 2) und Atelostomata (ohne Kiefer, Ordnungen 3 und 4).

1. Ordnung: Holectypoidea. Viele verbindende Charaktere zu den Regularia; es fehlen die Petalodien; in der Jugend besitzen sie noch Kiefer, fossile Formen mit kreisförmigem Umriß und kaum verlagertem After. *Echinoneus, Holectypus*.

2. Ordnung: Clypeasteroidea (Sanddollars, Abb. 282). Flache Körper mit fast rundem Umriß, Hinterrand mit Einkerbungen oder Panzer mit Durchbrechungen (Lunulae), kurze relativ weiche Stacheln, oft mit Innenskelet, Pedicellarien fehlen oft, Mund zentral, Kieferapparat, meist 5 Petalodien.

Clyperasteridae: *Clypeaster*.

Arachnoididae: *Arachnoides*, besonders stark abgeflacht.

Fibulariidae: eiförmige kleine Formen. *Echinocyamus* (Abb. 282h), etwa 1 cm groß, auch Nordsee. *Fibularia*, im Grobsand.

Laganidae: *Laganum*.

Scutellidae: *Echinarachnius, Echinodiscus, Mellita* mit Lunulae, *Rotula* mit Einkerbungen des Schalenrandes (Abb. 282g).

3. Ordnung: Cassiduloidea. Petalodien fehlen oft. Kieferapparat wird in der Jugend rückgebildet; Schale rund oder oval, nicht abgeflacht. *Cassidulus, Tropholampas, Echinolampas*.

4. Ordnung: Spatangoidea (Herzigel). Über 100 Arten; bilateralsymmetrischer, ovaler oder herzförmiger Umriß, *Hagenowia* (Kreide) mit langem Rostrum; dünne Schale, relativ zarte polymorphe Stacheln; Mund meist am Vorderrand, After meist auf Oralseite; Kiefer und Zähne fehlen, werden aber vereinzelt noch angelegt. Meist 4 Gonoporen; Petalodien meist vorhanden. Füßchen nicht zur Fortbewegung.

1. Unterordnung: Amphisterna. Am Hinterrand des Mundes ist eine Lippe ausgebildet, die an eine Interradienplatte grenzt. Petalodien und Fasciolen für Klassifikation wichtig.

Palaeopneustidae: Petalodien fehlend oder undeutlich.

Aeropsidae: nur das vordere Ambulakrum ist petaloid.

Hemiasteridae: 4 Petalodien.

Spatangidae: 4 Petalodien, vorderes Ambulakrum zu Rinne eingebuchtet, *Spatangus*, Nordsee, Grobsand oder Kies (Abb. 282i).

Loveniidae: Schale herzförmig mit 4 Petalodien, relativ tief in Sand eingegraben, *Echinocardium* (Herzigel, Abb. 281), bis westl. Ostsee. *Lovenia*.

Schizasteridae: z. T. nur 2 Gonaden.

Brissidae: *Brissopsis* in Schlamm eingegraben, nimmt Schlamm in den Darm auf.

2. Unterordnung Meridosterna. Keine Petalodien und Phyllodien. Fasciolen fehlend oder unbedeutend.

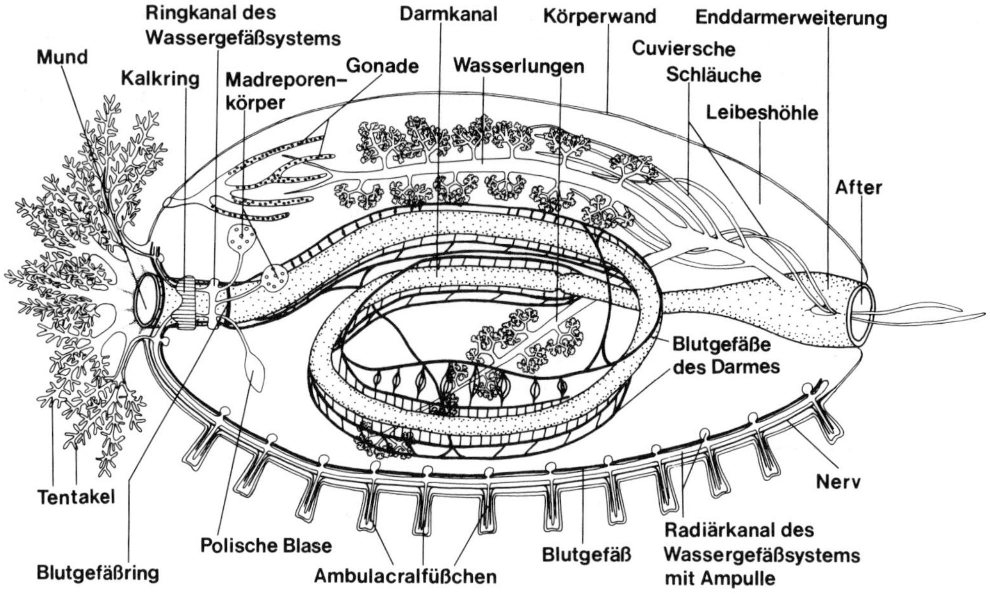

Abb. 283: Holothurienbauplan. Auffällig ist das besonders hochentwickelte Blutgefäßsystem des Darmes, das auch spezielle Gefäßnetze um die linke Wasserlunge ausbildet. Nach Nichols, Herreid II, Larussa, Defesi

Urechinidae: dünnschalige Tiefseeformen.

Pourtalesiidae: Mund in der Tiefe einer vorn gelegenen Grube, flaschenförmiger Umriß, sehr dünne Schale, in 50–über 7000 m Tiefe. Nordatlantik, *Pourtalesia (Echinosigra*, Abb. 282).

10. Klasse: Holothuroidea (Seewalzen, Seegurken)

Die Holothurien weichen äußerlich stark von den übrigen Echinodermen ab und weisen viele Sondermerkmale auf: Die Hauptachse des langgestreckten Körpers verläuft parallel zur Substratoberfläche, sie wird zur lokomotorischen Achse mit vorn gelegenem Mund und terminalem After (Abb. 283). Die Pentamerie des Bauplanes wird also von einer Tendenz zur Bilateralsymmetrie überdeckt. Das Kalkskelet ist meist bis auf zarte und vielgestaltige Sklerite (Kreuzchen, Schnallen, Stühlchen, Stäbchen, Gitterplatten, Anker u.a.) reduziert, selten bilden sie einen Panzer *(Elpidia)*. Die Ambulakralfurchen sind geschlossen und in die Körperwand versenkt. Ihnen entsprechen die Ambulakralstreifen, die erst in Nähe des Afters enden, der aborale Körperteil ist also, wie bei Seeigeln, klein. Die 5 Ambulakralstreifen (= Radien) sind oft ungleichartig ausgebildet. 3 von ihnen bilden mit 2 Interradien eine Kriechsohle (Trivium) mit gut ausgebildeten Ambulakralfüßchen (Abb. 283). Der Rest der Körperwand bildet eine Rückenfläche mit 2 Radien und 3 Interradien (Bivium), an der die Ambulakralfüßchen um- oder rückgebildet sind. Die Füßchen sind in der Mundregion zu großen Tentakeln umgestaltet, die der Nahrungsaufnahme dienen. Die Gestalt der Tentakeln ist für die einzelnen Ordnungen kennzeichnend (baumförmig verzweigt, kurz mit schildförmigen Endplatten oder fingerförmigen Fortsätzen u.a.).

Besonders abweichend gestaltet sind die in der Tiefsee lebenden Elasipoda, die – ähnlich Tintenfischen – Flossensäume besitzen und denen auch die pelagische *Pelagothuria* angehört. Im Sediment gibt es vereinzelt beutelförmige Holothurien, bei denen sich Mund und After nähern *(Rhopalosoma)*.

Die Körperoberfläche ist oft rauh und warzig und trägt verschiedene Papillen. Manche Arten bedecken sich mit Fremdkörpern. Die Epidermis ist nicht bewimpert. Unter ihr liegt eine gutentwickelte Faserschicht («Cutis»), die auch die Sklerite enthält. Ihr folgt nach innen eine

Muskelschicht, so daß die Körperwand insgesamt von einem kräftigen Hautmuskelschlauch gebildet wird. Außen liegt eine Ringmuskelschicht, die im Bereich der Ambulakralstreifen unterbrochen ist – außer bei den Apoda, denen die Radien fehlen. Die Ringmuskulatur differenziert sich um Mund und After zu besonderen Schließmuskeln. Die innen gelegene Längsmuskulatur bildet i.a. 5 Längsstreifen im Bereich der Radien. In der Körperwand liegen die Hauptanteile von Wassergefäßsystem und Nervensystem.

Ecto- und hyponeurales System bilden parallellaufende Radiärstränge unter dem Epineuralkanal, der der verschlossenen Ambulakralfurche entspricht. Ein Mundring kommt nur dem Ectoneuralsystem zu. Das apikale Nervensystem fehlt. An Sinnesorganen treten Hautsinnesknospen an den Tentakeln und in der Körperhaut (Synaptiden) auf, an der Basis der Tentakeln der Synaptiden sind pigmentierte Augenflecken beschrieben. Vermutlich alle Holothurien reagieren rasch auf Lichtveränderungen. Besonders auffallend sind die Statocysten der Synaptiden, Elasipoda und Molpadonia. Sie liegen in der Haut in der Nähe des Mundes oder entlang der Längsmuskulatur der Kriechsohle (Elasipoda).

Das Wassergefäßsystem steht nur noch bei wenigen Arten (Elasipoda) über Steinkanal und Hydroporus mit der Außenwelt in Verbindung. Meistens ist der in Ein- und Vielzahl (bis über 100) vorhandene Steinkanal durch einen blasenförmigen Madreporenkörper, der zahlreiche Öffnungen aufweist, abgeschlossen und hängt vom Ringkanal in die Leibeshöhle (Abb. 283). Vom Ringkanal gehen außer den Steinkanälen und 1–50 Polischen Blasen (Abb. 283) fünf Radiärkanäle aus. Diese entsenden Fortsätze in die Mundtentakel und ziehen im Bereich der Radien bis zum After. Sie geben meist mit Ampullen versehene Seitenzweige in die i.a. mit Saugnäpfen versehenen Ambulakralfüßchen ab, die außerordentlich variabel gestaltet und angeordnet sind.

Die Tentakel (5–30, oft 12) dienen der Nahrungsaufnahme und dem Eingraben in den Boden. Sie fangen Sinkstoffe auf oder schaufeln Substrat in den Mund. Bei vielen Dendrochirota kann der gesamte Tentakelapparat in den Mund gebracht werden. Die große Leibeshöhle ist von bewimpertem Peritonealepithel ausgekleidet und enthält viele freie Zellen (Coelomocyten), von denen ein Teil Haemoglobin enthält. In die große Leibeshöhle hinein hängen bei Apoda sog. Wimperurnen, die phagocytierende Zellen enthalten. Andere Apoda besitzen Wimperkeulen oder pulsierende Vorwölbungen, die u.U. der Zirkulation der Coelomflüssigkeit dienen. Das Mesenterium, an dem der Darm aufgehängt ist, ist unvollständig. Im dorsalen Mesenterium liegt die Gonade. An Vorder- und Hinterende sind meistens Coelomräume abgetrennt: Peripharyngealsinus, Perianalsinus. In die Außenwand des Peripharyngealsinus sind ringförmig angeordnete Kalkplatten eingelagert, die nur selten fehlen (*Benthodytes*, *Pelagothuria*, Elasipoda) und an denen die Längsmuskulatur des Körpers und auch der Retraktormuskel des Vorderendes, der allerdings fehlen kann, ansetzen. Von diesem sehr vielgestaltigen Ring (Abb. 283), der entfernt an die Laterne des Aristoteles der Seeigel erinnert, können weit in den Körper hineinziehende Kalkstäbe ausgehen. Axocoel und Axialorgan fehlen den erwachsenen Tieren.

Der Darmkanal ist häufig in 3 Schenkel, 2 ab- und 1 aufsteigenden, gegliedert (Abb. 283). Mitunter ist ein deutlich erweiterter Magen ausgebildet.

Vom cranialen Teil der Enddarmerweiterung («Kloake») entspringen bei Dendrochirota, Aspidochirota und Molpadonia die reichverzweigten, dünnwandigen Wasserlungen (Abb. 283), die sich rhythmisch kontrahieren. Es handelt sich um Atmungsorgane, über deren Wände aber auch exkretbeladene Coelomocyten auswandern. Bei den Elasipoda entsprechen ihnen vermutlich die in Einzahl auftretenden kleinen Kloakalcaeca. Bei einigen Aspidochirota (*Holothuria*, *Mülleria*) gehen von den Hauptstämmen der Wasserlungen weiß oder rötlich gefärbte, unterschiedlich gestaltete Cuviersche Schläuche aus (Abb. 283). Bei Abwehrreaktionen können sie nach Einreißen der Enddarmerweiterung durch den After ausgeworfen werden. Sie verlängern sich aufgrund der Kontraktion der Muskulatur ihrer Wand auf ein Vielfaches der Körperlänge, ihre Oberfläche setzt eine klebrige Substanz frei, so daß sich Feinde, wie z.B. Krebse, in ihnen verfangen können. Bei manchen Arten scheiden sie auch einen Giftstoff ab, der Feinde betäubt. Die Cuvierschen Schläuche werden sehr schnell regeneriert.

Das Blutgefäßsystem ist besonders hoch ent-

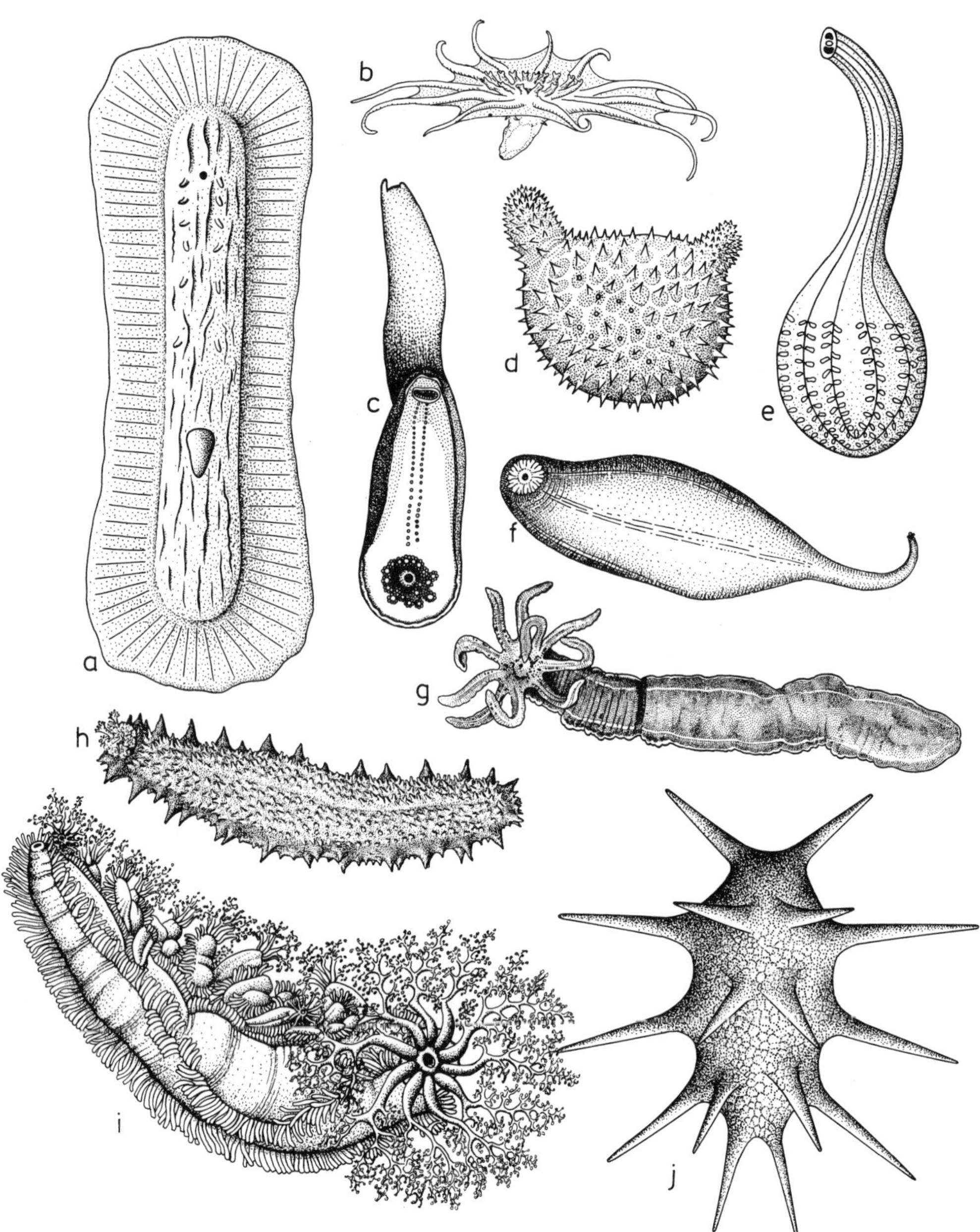

Abb. 284: Holothurienformen. a. *Euphronides* (Elasipoda) lebt in ca. 3000 m Tiefe, Rückenansicht; b. *Pelagothuria* (Elasipoda), pelagische, medusenähnliche Form, die mit dem Mund nach oben schwimmt. Hinter den Tentakeln hat sich eine von Radiärkanälen durchzogene, schirmähnliche Membran ausgebildet (Schultermembran, Randsaum), die das Tier zum Schwimmen befähigt; c. *Psychropotes* (Elasipoda, Tiefsee, Ventralansicht, unten Mund mit Tentakeln); d. *Sphaerothuria* (Dendrochirota, Tiefsee); e. *Rhopalodina* (Dendrochirota, Schlammbewohner); f. *Molpadia* (Molpadida); g. *Rhabdomolgus* (Synaptidae, Sandlückensystem, Nordsee, 5 mm lang); h. *Holothuria* (Aspidochirota); i. *Cucumaria* mit Jungtieren (Brutpflege, Dendrochirota); j. *Deima* (Elasipoda, Tiefsee). Nach Wyville-Thomson, Ludwig, Cuénot, Hérouard, Théel, Becher, Riedl

wickelt. In den Radien verläuft je ein blindendigender Radiärstrang, der von dem Ringgefäß um den Mund ausgeht. Der Darm wird von je einem Dorsal- und Ventralgefäß begleitet. Vom Dorsalgefäß laufen zahlreiche Gefäße, die zum Teil pulsieren (Herzen), auf den Darm zu. Hier bildet sich ein reichgegliederter Plexus kleiner Gefäße, aus denen sich das Blut im Ventralgefäß sammelt. Darm und linke Wasserlunge sind über das Gefäßnetz eng verbunden. Die Lunge wird von einem Netz eigenartiger kapillärer Gefäße, die follikelähnliche Erweiterungen ausbilden, umsponnen, die in ein pulmonales Hauptgefäß drainieren. In den Follikeln finden sich Blutzellen, die hier möglicherweise auf- und abgebaut werden. Die Holothurien sind meist getrenntgeschlechtlich, Zwitter treten mehrfach unter den Apoda auf. Die in Einzahl vorhandene Gonade ist sackförmig oder bildet viele einzelne Schläuche (Abb. 283). Die Ausleitung erfolgt über einen Gonoduct.

Mehrfach kommt Brutpflege vor (wie bei anderen Echinodermen vor allem in Kaltwassergebieten). Sie findet an sehr unterschiedlichen Stellen statt, z.B. in der Tentakelkrone oder in dorsalen Hauttaschen. Eine andere Form der Brutpflege erfolgt in der Leibeshöhle, die Jungen verlassen die Mutter über Enddarm und Kloake. Bei *Taeniogyrus* entwickeln sich die Jungen im Ovar.

Die Entwicklung führt über Auricularia (bilateral-symmetrische Schwimmlarve, Abb. 271), Doliolaria (Schwimmlarve mit mehreren Wimperringen und beginnender Pentamerie des Coeloms) und Pentactulalarven (bildet Tentakel aus und geht zu Bodenleben über). Bei den dotterreichen Eiern brutpflegender Arten ist die Entwicklung oft abgekürzt.

Bei groben Störungen können viele Holothurien fast ihre gesamten Eingeweide ausstoßen (Evisceration), die später regeneriert werden. Synaptiden können ihren Körper in Stücke zerlegen, wobei nur das Vorderende wieder zu einem vollständigen Tier heranwächst.

Holothurien kommen vom Gezeitengebiet bis in die Tiefsee vor. In den tropischen Zonen bilden sie ein sehr bestimmendes Element der Küsten. Bodentiere; zwei Arten pelagisch. Zwergformen im Lückensystem (*Rhabdomolgus ruber*, Helgoland).

Parasiten bzw. Entöken der Holothurien sind abgewandelte Schnecken und Muscheln, Copepoden und Decapoden sowie der Fisch *Carapus*, der im Hauptstamm einer der Wasserlungen lebt (Abb. 361).

System. Eindeutige Reste der Holothurien sind erst seit dem Devon bekannt. Für die spärlichen Fossilfunde ist sicherlich das reduzierte Skelet verantwortlich. Manche Übereinstimmungen mit Echinoidea. Primitiv sind Formen mit äußerlich gut erkennbarer Pentamerie wie die Dendrochirota, abgeleitet Formen mit gut ausgebildeter Kriechsohle. Isoliert sind die Apoda mit vielen Reduktionserscheinungen; ihnen werden manchmal alle übrigen Formen als Actinopoda gegenübergestellt.

Über 1000 Arten, von denen die Synaptiden über 2 m Länge erreichen.

1. Ordnung: Dendrochirota. 10–30 bäumchenartig verzweigte, lange Tentakel, die gemeinsam eingestülpt werden können. Tentakelampullen schwach ausgebildet, Wasserlungen vorhanden, Darmlakunensystem spärlich, büschelförmige Gonaden, keine Statocysten, mit oder ohne Kriechsohle. Vor allem Plankton- und Detritusfresser. Einige der U-förmig gekrümmten Arten mit Hautpanzer (*Echinocucumis*, *Rhopalodina*) werden oft als primitive Formen in eigene Ordnung (Dactylochirotida) gestellt. *Cucumaria* oft in gemäßigten oder kühlen Zonen (arktisch und antarktisch), oft mit Brutpflege, oft im Boden eingegraben, nur Tentakel ragen über die Bodenoberfläche. *Thyonidium* auch in der Ostsee, *Thyone* in der Nordsee, *Psolus* bis Kattegat.

2. Ordnung: Aspidochirota (Aspidochirotida). Unverzweigte Tentakel tragen am Ende Scheiben mit kleinen Fortsätzen, Tentakelampullen meist vorhanden. Teils mit Kriechsohle; Wasserlungen stets, Cuviersche Schläuche manchmal vorhanden (Holothuriidae), Substratfresser.

Holothuriidae: *Holothuria* mit ca. 100 Arten, Flachwasserbewohner der Tropen und Subtropen, in SE-Asien oft gegessen (Trepang, *H. atra*). Ambulakralfüßchen meist auch in Interradien. *Mülleria*.

Stichopodidae: keine Cuvierschen Schläuche. *Stichopus* bis Westeuropa.

Synallactidae: Tiefseebewohner, keine Tentakelampullen, keine Cuvierschen Schläuche. Z.T. mit Randsaum am Körper, *Synallactes*; *Bathyplotes* z.T. zu kurzen Schwimmbewegungen befähigt. *Galatheathuria*, guter Schwimmer mit Hilfe des undulierenden Randsaumes.

3. Ordnung: Elasipoda (Elasipodida). Meist stark abweichend gebaute Tiefseeholothurien (bis ca. 10000 m Tiefe), Körper abgeflacht, Mund an der Unterseite, Tentakel schildförmig oder mit fingerförmigen Fortsätzen, keine Tentakelampullen, oft fehlen auch den Ambulakralfüßchen die Ampullen. Wasserlungen fehlen, Enddarm besitzt oft einen oral gerichteten Blindschlauch. Steinkanal mündet oft noch nach außen. Mitunter Hautlappen ausgebildet (Randsaum oder Schultermembran), die sie zum Schwimmen befähigen. Vermutlich Substratfresser. *Elpidia* (mit zahlreichen Statocysten), von 60 m–9000 m Tiefe, auch im Nordatlantik; *Psychopotes* mit ca. 12 cm langem, flachem Schwanzfortsatz, der umgewandelter Papille entspricht; *Duphronides*, *Euphronides*, *Psychropotes*, *Deima* (Abb. 284).

Hierher werden auch oft die Pelagothuriidae gezählt, pelagische Formen ohne Kalksklerite und mit gallertiger, wasserreicher Körperhaut. Steinkanal mündet nach außen. *Pelagothuria* (Abb. 284) lebt in allen Schichten bis ca. 1000 m Tiefe. *Planktothuria*, Tiefseeform; Körper von dicker gallertiger Hülle umgeben.

4. Ordnung: Molpadonia (Molpadiida). Manche Übereinstimmungen mit Apoda (Konvergenz). Im Boden lebende Substratfresser mit weitgehend rückgebildeten Füßchen und Papillen, z.T. Anker in der Haut. Steinkanal kann noch nach außen münden, Wasserlungen vorhanden, Tentakel schildförmig, z.T. mit kleinen Fortsätzen, Tentakelampullen meist vorhanden. Oft verlängertes, schmales Hinterende, mit dem die Tiere die Substratoberfläche erreichen: Wechsel des Atemwassers und Ausstoßen des Kotsandes. Strandregionen bis Tiefsee (ca. 9000 m). *Acaudina*, *Molpadia* (Abb. 284); *Caudina*.

5. Ordnung: Apoda (Apodida). Keine Füßchen und Papillen, i.a. auch keine Radiärkanäle. Tentakel gefiedert, ohne Ampullen; gut ausgebildete Statocysten; keine Wasserlungen; Darm oft gerade verlaufend; oft Zwitter.

Synaptidae: Haut meist mit Ankern, *Synapta* (Abb. 284) bis über 2 m lang, Strandzone. *Leptosynapta*, bodenlebend, Nordsee; *L. minuta*, ca. 1 cm lang, vivipar, Helgoland; *Rhabdomolgus* 0,5–1 cm lang, Helgoland.

Chiridotidae: z.T. *(Chiridota)* Jugendentwicklung im Coelom der Mutter.

Myriotrochidae: *Myriotrochus*, Norwegen bis Skagerrak, eine pazifische Art im Philippinengraben in bis über 10000 m Tiefe.

V. Chordata (Chordatiere)

Zu den Chordata gehören die Wirbeltiere (Vertebrata), die Acrania, die pelagischen Copelata und die meist festsitzenden Tunicata. Ihre wichtigsten Kennzeichen sind:

1. Die Chorda dorsalis, ein elastischer Stützstab zwischen Rückenmark und Darm. Sie ist unterschiedlich aufgebaut und besteht aus vakuolenreichen Zellen (Vertebrata), Muskelplatten (Acrania), dotterreichen Zellsträngen (Tunicata) oder gallertigem Material, das von einem Plattenepithel umschlossen ist (Copelata). Sie durchzieht den Körper meist mit Ausnahme des Vorderendes. Ontogenetisch entsteht sie aus dem Dach des Urdarms.

2. Das Neuralrohr. Der Hauptnervenstrang liegt dorsal und bildet ein Rohr mit einem von Ependym ausgekleideten, zentralen Hohlraum (Zentralkanal). Er entsteht beim Embryo durch Versenken der Rückenoberfläche, sein Gebiet wird am Rand durch Neuralwülste abgegrenzt, die sich mit ihren Rändern nähern und dann über der versenkten Rückenfläche verschmelzen, zuerst hinten, dann vorn. Der Zentralkanal des Nervenrohrs bleibt beim Embryo oft lange vorn dorsal als Neuroporus offen. Der Vorderteil des Neuralrohrs bildet das Gehirn. Seine Wand enthält außer Nerven- und Gliazellen noch Sinneszellen (Rückenmarksaugen von *Branchiostoma*), die Augenblasen werden stets vom Gehirn gebildet.

3. Canalis neurentericus. Beim Embryo besteht eine Verbindung zwischen dem Hohlraum des Neuralrohrs und dem Darm (Canalis neurentericus). Er entspricht dem Urmund (Blastoporus), der nahe dem späteren Hinterende liegt. Die Neuralwülste umgreifen den Urmund, und so mündet er beim Verschluß des Neuralrohrs nicht mehr nach außen, sondern in dieses.

Abb. 285: Oben: Ascidienbauplan, Dorsalorgan = Epibranchialrinne; unten: verschiedene Ascidienformen. a. *Ciona;* b. *Sycozoa;* c. *Dendrodoa;* d. *Polycitor;* e. *Pyura;* f. *Botryllus;* g. *Microcosmus;* h. *Eugyra.* Nach Delage, Hérouard, Dawydoff ▷

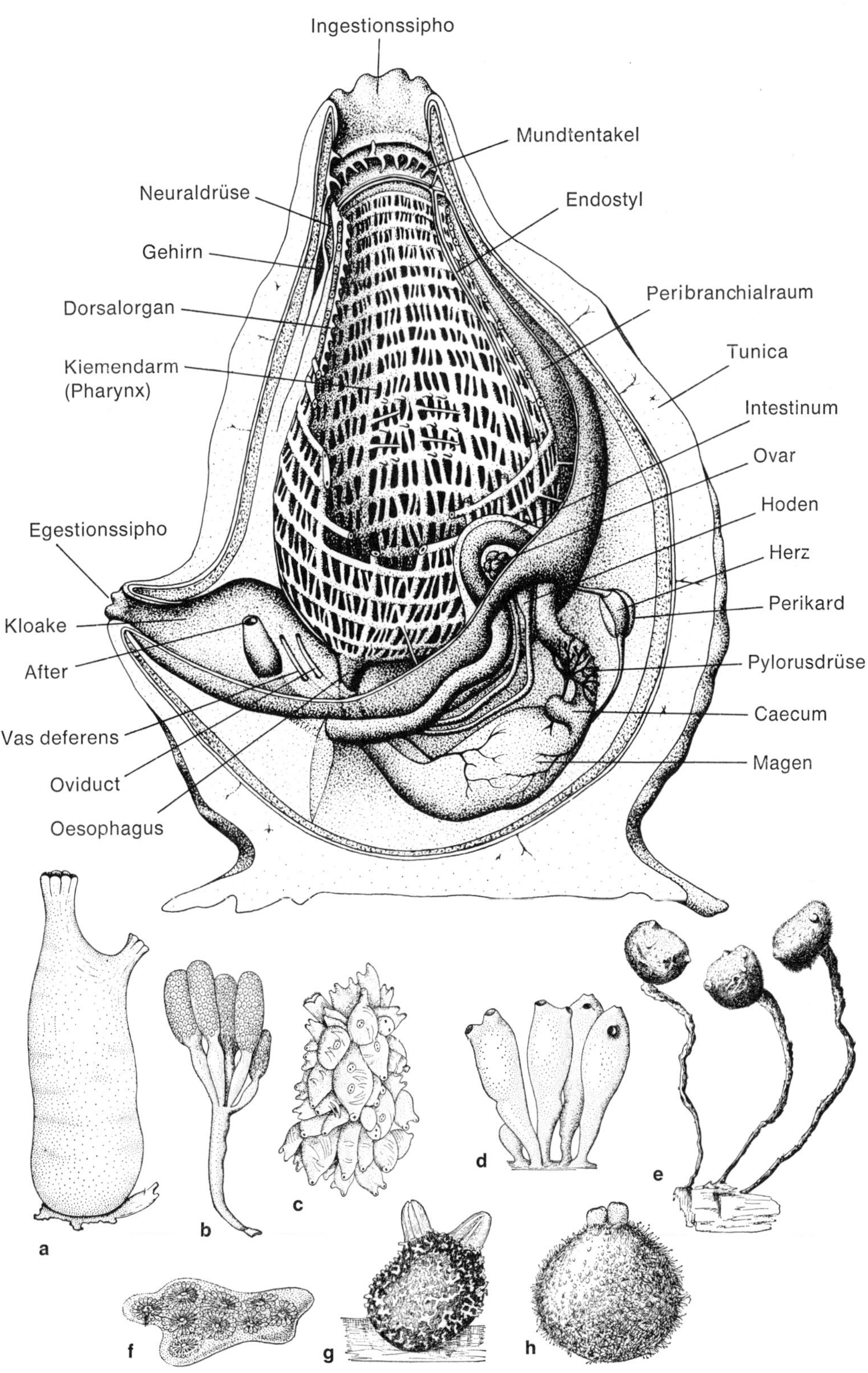
Ingestionssipho
Mundtentakel
Neuraldrüse
Endostyl
Gehirn
Dorsalorgan
Peribranchialraum
Tunica
Kiemendarm
(Pharynx)
Intestinum
Ovar
Hoden
Egestionssipho
Herz
Perikard
Kloake
After
Pylorusdrüse
Caecum
Vas deferens
Magen
Oviduct
Oesophagus
a
b
c
d
e
f
g
h

4. Kiemendarm. Der Vorderdarm ist von Spalten durchbrochen, deren Zahl sehr groß sein kann. Durch sie strömt das Wasser, das durch den Mund aufgenommen wurde, nach außen. Der Kiemendarm dient ursprünglich der Nahrungsaufnahme, er ist primär ein Filterapparat, an dem Nahrungspartikel abgefangen und in Schleim eingebettet in den Darm transportiert werden. Die Chordata sind zunächst «innere Strudler». Ventral bildet der Kiemendarm eine Rinne mit Wimpern und Drüsenstreifen, das Endostyl (Hypobranchialrinne), die bei Wirbeltieren zur Schilddrüse wird. Die altertümliche Ernährungsweise der niederen Chordaten wird bei Vertebraten durch räuberisch carnivoren Nahrungserwerb abgelöst, worin vermutlich höhere Stoffwechselleistungen und Erfolg der Wirbeltiere begründet sind. Der Kiemendarm erhält bei den Vertebraten eine neue Hauptfunktion, er wird bei Fischen Atmungsorgan. Bei Tetrapoden wechselt seine Funktion erneut. Das Herz liegt ventral und pumpt Blut in den Kiemendarm.

Diese Merkmale der Chordata sind vielfach nur im Larven- oder Embryonalstadium erhalten (Chorda der Säuger und Vögel, Kiementaschen der Amnioten).

Die Chordaten stehen isoliert, ihre ontogenetische Entwicklung ist die von Deuterostomiern (Blastoporus in der Afterregion u.a.). Zur Frage ihrer genaueren Herkunft liegen zahlreiche, z.T. sehr verschiedenartige Hypothesen vor. Beinahe jede Tiergruppe wurde irgendwann einmal als Ursprungsgruppe der Chordaten angesehen, so z.B. in jüngerer Zeit wieder die Nemertinen. Verbreiteter war die Ansicht einer Ableitung von Anneliden (Segmentierung, Metanephridien), wobei deren Bauchfläche zur Rükkenfläche der Chordaten werden sollte. Es zeigte sich jedoch, daß die Nephridien ein altes Coelomatenerbe sind, und daß der Segmentierung der beiden Gruppen ganz unterschiedliche Entwicklungsvorgänge zugrunde liegen. Nach einer anderen Hypothese gehen die Chordaten aus sessilen Tentaculaten hervor, wobei zunächst die sessilen Tunicaten entstanden; deren freilebende Larven entwickelten sich unter Beibehalten larvaler Merkmale (Pädogenese) weiter zu Acraniern und Vertebraten.

Recht gut begründet ist die Ansicht einer Abstammung der Chordaten von freilebenden Archicoelomaten, die in Nähe der Hemichordaten wurzeln. Mit diesen teilen sie v.a. den Besitz eines bis in Einzelheiten übereinstimmenden Kiemendarms und des Dorsalnerven. Axo-(Proto-) und Hydro-(Meso-)coel sind v.a. bei Acraniern noch nachweisbar; die Körpersegmentierung der Chordaten beruht wohl auf einer Zerteilung des Somato-(Meta-)coels (s. Einleitung Kapitel Coelomaten). Von Interesse sind auch die Ähnlichkeiten kiemendarmtragender, echinodermenähnlicher fossiler Formen (Calcichordaten) mit Chordaten.

1. Tunicata (Manteltiere)

Die Tunicata sind meist festsitzende Meerestiere. Ihre Zugehörigkeit zu den Chordata zeigt die Larve, die eine Chorda und ein Neuralrohr mit Gehirn besitzt. Die Festheftung an den Untergrund erfolgt bei der Mehrzahl der Tunicaten, den Ascidien, mit der Kehlregion. Dann wandern Mund und After dorsalwärts und münden in einen oft röhrenartigen, kontraktilen Ingestions- bzw. Egestionssipho (Abb. 285).

Bau. Der Körper wird von einem gallertigen Mantel (Tunica) bekleidet. Er besteht aus einer Abscheidung, die sich aus Wasser (75%– über 90%), Protein, Kohlenhydraten und zu einem kleinen Teil auch anderen Verbindungen zusammensetzt. Unter den Kohlenhydraten findet sich eine Form der Cellulose (Tunicin), die möglicherweise an Protein gebunden ist. Die Tunica wird wohl überwiegend von der Epidermis gebildet. In sie wandern oft mesodermale Zellen ein und verleihen ihr einen bindegewebigen Charakter. Diese Zellen beteiligen sich vermutlich zum Teil auch am Aufbau der Tunica. Fortsätze des Mantels befestigen das Tier am Boden.

Entsprechend der sessilen Lebensweise der Ascidien sind Nervensystem und Sinnesorgane vereinfacht. Nach Verschluß des Neuroporus teilt sich bei Ascidien der vordere Teil des Neuralrohrs in 2 röhrenartige Gebilde, von denen sich das rechte zu einem Gehirn mit Licht- und Statoreceptoren entwickelt. Die linke Struktur verliert die Verbindung zum Neuralrohr und wandelt sich zu einem Gang um, der sich mit einem Wimpertrichter in den Pharynx öffnet. Später proliferiert das Gangepithel und bildet die Neuraldrüse, die z.T. circadiane Veränderungen durchmacht und in der hormonale Faktoren gefunden wurden. Bei der Metamorphose bildet sich das Sinneshirn zurück und es geht aus dem Gang ein kompaktes neues Cerebralganglion hervor. Der Komplex Neuraldrüse und Gang wird mit der gesamten Hypophyse der Vertebraten homologisiert. Vergleichbare Strukturen treten auch bei Copelaten auf.

Der weite Mund führt in einen umfangreichen Kiemendarm (Pharynx), dessen Wände oft Tausende von Spalten enthalten und so ein dichtes Sieb bilden. Die hohe Zahl der Spalten erfolgt sowohl durch Vermehrung als auch durch weitgehende Zerteilung der primären Spalten. Bei sekundär freischwimmenden Arten, bei denen auch Mund und After wieder entgegengesetzt liegen, ist die Zahl der Spalten geringer. Ventral durchzieht den Kiemendarm ein Endostyl, dorsal ein schmales Dorsalorgan mit einer Reihe vorspringender Lappen. Das Endostyl (= Hypobranchialrinne) ist eine offene Rinne mit verschiedenen Zellzonen, die sekretorisch aktiv sind und einen Schleim absondern, welcher innen über den Kiemendarm wandert und die Nahrungspartikel auffängt. Diese werden zusammen mit dem Schleim, der aus einem jodhaltigen Mukoprotein besteht, entlang dem Dorsalorgan (= Epibranchialrinne) in Form eines Stranges in den Magen befördert. Der Schleimfilm wird von Kinocilien des Pharynx transportiert. Er liegt z. T. unmittelbar über den Kiemenspalten, z. T. wandert er auf Falten, die in den Innenraum des Pharynx vorspringen. Bei Stolidobranchiata sollen sogar 2 solcher Filme vorkommen: über einem rasch wandernden läuft noch ein langsamerer. Die Filterleistungen sind beträchtlich. *Phallusia* filtert z.B. ca. 175 l Wasser pro 24 Std. Cilienschlag und Schleimproduktion können unterbrochen werden. Im Abstand von Minuten kontrahieren sich viele Ascidien, um unerwünschtes Material aus dem Pharynx auszustoßen und ihn zu reinigen. Das Endostyl der Tunicata – und auch das von *Branchiostoma* – vermag wie die Schilddrüse der Wirbeltiere Jod zu binden.

Das Wasser gelangt durch die Kiemenspalten nicht direkt nach außen, sondern in einen großen Peribranchialraum (Atrium), der in die Kloake übergeht (Abb. 285). Dieser Raum entsteht aus paarigen Taschen oder einer einzigen medianen Tasche (Stolidobranchier), die das Ectoderm der Larven über den ersten Kiemenspalten bildet. Diese verschmelzen dann dorsal zur Kloake und umgreifen seitlich den ganzen Kiemendarm. Der übrige Darm ist klein, oft enthält er einen erweiterten Magen; meist gehen von ihm nährstoffspeichernde (pylorische) Schläuche aus; der Enddarm mündet in die Kloake.

Coelomhöhlen fehlen bis auf einen Hohlraum um das Herz (Pericardhöhle, Abb. 285, 286). Das Herz liegt ventral hinter dem Kiemendarm und treibt Blut in diesen. Merkwürdigerweise erfolgt bei Ascidien von Zeit zu Zeit ein Wechsel in der Richtung des Blutstromes, das Herz pumpt mit einer Reihe von Schlägen das Blut nach vorn, dann eine Zeitlang nach hinten. Die Blutgefäße entsprechen wandlosen Lakunen. Die Blutflüssigkeit enthält verschiedene Amöbocyten; eine Besonderheit sind vanadiumhaltige Verbindungen (Hämovanadium), die in Blutflüssigkeit und Amöbocyten vorkommen; ihre Bedeutung ist unbekannt.

Über dem Herzen ziehen zwei Schläuche entlang (Epicard), die vom Kiemendarm auswachsen und weit in den Körper ziehen können (Abb. 286), auch sie werden vielfach als Coelomreste angesehen, aber ihre Bedeutung ist umstritten. Die 2 Schläuche können verwachsen oder sehr verschieden große Räume bilden; bei *Ciona* gehen aus ihnen die großen Perivisceralsäcke hervor. Bei manchen Arten verlieren sie die Beziehung zum Kiemendarm. Wenn das Epicard einen Coelomrest darstellt, könnte es der Leibeshöhle der Wirbeltiere homolog sein; *Ciona* würde einen primitiven Zustand zeigen. Das Epicard ist oft an Sprossungsvorgängen beteiligt.

Das spärliche Bindegewebe bildet Längs- und Ringmuskeln, die bei sessilen Arten der Kontraktion und Streckung des Tieres (besonders der Siphonen) dienen, bei schwimmenden auch der Fortbewegung (Ausstoßen des Wassers durch die Egestionsöffnungen, z.B. Salpen).

Besondere Exkretionsorgane fehlen, manche Arten bilden durch Anhäufung fester Exkretstoffe in Bindegewebszellen Speichernieren. Bei einigen Arten entstehen harnsäurehaltige blasenartige Gebilde am Darm.

Die Tunicata sind meist Zwitter. Die unpaaren Hoden und Ovarien liegen getrennt im Hinterkörper, selten sind sie zu einer Zwittergonade vereinigt. Samenleiter und Eileiter münden in die Kloake. Die Keimzellen werden meist ins freie Wasser entleert, bisweilen entwickeln sich die Eier im Peribranchialraum *(Dendrodoa)* oder in kloakalen Bruttaschen. Bei einigen, z.B. Salpen, liegt der Embryo an einer Placenta.

Fortpflanzung. Vegetative Vermehrung durch Sprossung ist weit verbreitet. Ort und Art der

Knospenbildung ist sehr verschieden, meist erfolgt sie an Stolonen (Abb. 289). Merkwürdig ist, daß in die Stolonen oder Knospen Stränge von verschiedenen Organen hineinwachsen, vom Kiemendarm, Epicard, Peribranchialraum, Nervensystem, Gonaden, Pericard usw. Hierbei verhalten sich die einzelnen Familien recht verschieden. Obwohl die Embryonen eine Mosaikent-

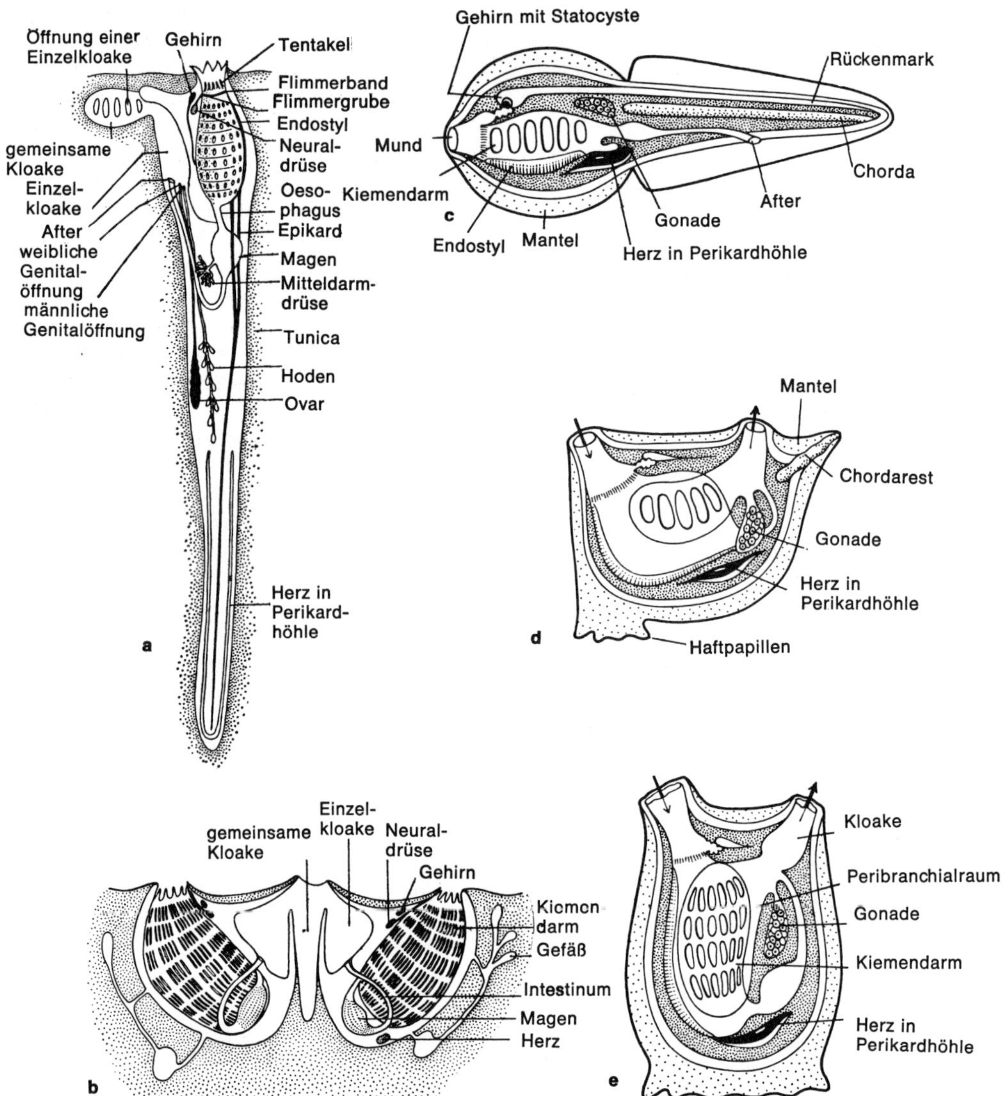

Abb. 286: Ascidien. a. Bauplan einer Polyclinide *(Polyclinum)*, Einzeltier einer Kolonie; von dem langgestreckten basalen Teil mit Epi- und Perikard geht die Knospung aus. b. Schnitt durch eine *Botryllus*kolonie (Coenobium); diese ist von gemeinsamem Blutgefäß mit Blindsäcken umgeben. Der Kiemendarm ist von einem Peribranchialraum umgeben, der wie Darm und Gonaden zunächst in die Kloake der Einzeltiere (Einzelkloake) mündet. Diese Kloaken münden dann über eine gemeinsame Kloake nach außen. c–e. Vereinfachte Darstellung der Umwandlung einer Ascidienlarve (c) zum erwachsenen Tier (e). Der Kiemendarm der Larve besitzt bereits einen Peribranchialraum mit eigener dorsal gelegener Öffnung (nicht eingezeichnet). Pfeile auf d und e geben die Richtung des Wasserstroms an. Nach Grassé, Remane, Storch, Welsch

wicklung haben, ist die Regenerationsfähigkeit groß. Wie andere sessile Organismen degenerieren die Tiere bei ungünstigen Milieubedingungen; nur Anhäufungen von verschiedenen Zellen bleiben als Dauerknospen bestehen, die bei normalen Umweltbedingungen wieder Tiere bilden. Bei geschlechtlicher Vermehrung ist die Befruchtung meist eine äußere. Die Eizellen erhalten im Ovar einen Follikel, dessen Zellen amoeboid auf dem Embryo umherkriechen.

Entwicklung. Die Furchung ist meist total. Schon vor der Furchung kann das Ei verschiedene Plasmabezirke für einzelne Organgruppen (Neuralrohr, Haut, Darm, Chorda, Mesoderm) bilden. Die Organbildung verläuft ähnlich der der Wirbeltiere, nur bilden sich keine Coelomhöhlen im soliden Mesoderm. Dieses zerfällt nur in 2 Partien, eine vordere und eine hintere. Der Körper des Embryos sondert sich bald in einen dicken Kopf und einen dünnen Schwanz, durch dessen Schlag sich die Larve fortbewegt. Diese Larve wird oft als «Kaulquappe» bezeichnet (Abb. 286). Ihr Schwanz entspricht aber dem Hinterrumpf, nicht dem Schwanz der Wirbeltiere. Die Larve zeigt noch folgende Besonderheiten: Der Mund rückt etwas dorsalwärts und vereinigt sich mit dem Neuroporus. Das Vorderende bildet Haftpapillen. Der Pharynx bricht mit zunächst nur wenigen, einfachen Kiemenspalten nach außen durch. Ihre Mündungen versinken jederseits in eine Tasche, die Anlage des Peribranchialraumes. Beide Taschen verschmelzen dorsal zur Kloake. Der After wandert nicht – wie es phylogenetisch offenbar war – dorsalwärts, der ganze Hinterdarm im Schwanz wird vielmehr zurückgebildet, und vom Pharynx wächst ein neuer Darm dorsalwärts und öffnet sich in die Kloake. Das Gehirn ist gut ausgebildet und besteht aus einer vorderen Sinnesblase, die in ihrer Wand ein Auge mit Linse zum Hirnhohlraum und ein einfaches statisches Organ besitzt, das aus einer einfachen keulenförmigen Zelle besteht, die in den Hirnhohlraum ragt und die von Sinnesborsten der Nachbarzellen umgeben ist. Der 2. Hirnteil ist das Medullarganglion (viscerales Gehirn). Das larvale Gehirn wird rückgebildet, das Cerebralganglion des erwachsenen Tieres ist eine Neubildung. Das Neuralrohr wird, soweit es nicht mit dem Schwanz zugrundegeht, zu einem Faserstrang, der vorn in die Neuraldrüse übergeht. Diese öffnet sich durch eine Flimmergrube in den Vorderdarm. Beim Festsetzen wird der Schwanz mit Chorda reduziert und z. T. abgestoßen (Abb. 286). Bisweilen ist die Larve vereinfacht oder fehlt ganz.

Generationswechsel. Mehrfach ist eine Metagenese vorhanden, also ein Wechsel zwischen ungeschlechtlicher und geschlechtlicher Fortpflanzung. Aus dem Ei geht das sterile Oozoid (Cyathozoid) hervor, das durch Knospenbildung die Blastozoide (Ascidiozoide) liefert. Besonders deutlich ist die Metagenese bei den Salpen. Hier ist das Oozoid groß und einzellebend (Abb. 289), die kleineren Blastozoide werden schubweise an einem Stolo gebildet und werden als koloniale Kettensalpen frei (Abb. 289). Sie bilden in jedem Tier 2–4 Eier. Kompliziert ist die Metagenese von *Doliolum* (S. 417). Das Oozoid tendiert zur Reduktion und bleibt bei einigen Gattungen *(Botryllus, Pyrosoma)* auf einem larvalen Stadium stehen, das sich nach Entstehung der ersten Knospen rückbildet (vgl. Bryozoen).

Koloniebildung. Die vegetative Vermehrung führt bei vielen Arten zur Koloniebildung. Die Einzeltiere sind durch einen Stolo verbunden, oft fließt der Mantel zu einer gemeinsamen Masse zusammen, oft ist die Egestionsöffnung vieler Tiere vereinigt, so daß mehrere Tiere rosettenartig um eine Kloake stehen (Abb. 285, 286).

Lebensweise. Die Tunicaten sind meist sessile Tiere des Meeresbodens. Sie bilden an Hartböden oft ganze Schichten, besiedeln aber auch Pflanzen. Einige sind durch Fortsätze des Mantels im Schlamm verankert. Sekundär sind manche freilebend und freibeweglich geworden, die Pyrosomen und Kettensalpen als Kolonie, die Einzelsalpen als Einzeltiere. Die meisten Tunicaten sind Suspensionsfresser, und zwar innere Strudler, die durch die Wimpern ihres Kiemendarms einen Wasserstrom erzeugen und an dem Sieb der Kiemenspalten die Nahrung abfangen. Diese wird in Schleimbänder eingebettet und dem Magen zugeführt. Abweichend verhalten sich vielleicht einige Formen *(Octacnemius* u. a.), die an der Ingestionsöffnung mehrere Tentakel tragen, die Kiemenspalten aber rückgebildet haben.

1. Klasse: Ascidiae (Ascidiacea, Seescheiden)

Bodenlebende, meist sessile Tiere von 0,1 bis über 30 cm Länge, ca. 2000 Arten. Kolonien können mehrere Meter lang werden. Einzellebend (Monascidien) oder koloniebildend (Abb. 285);

die koloniebildenden werden in soziale Ascidien (Tiere hängen nur basal über Stolonen zusammen) und Synascidien (Tiere sind in einheitlichem Mantel zusammengeschlossen) gegliedert. Der Körper ist bei Arten, die als eher primitiv angesehen werden, in drei Regionen gegliedert: vorn gelegene Pharynxregion, Abdominalregion (mit Magen-Darmtrakt) und Postabdominalregion (mit Herz und Gonaden) (Abb. 286a). Der Mehrzahl der Arten fehlt ein Postabdomen, da es zu einer zunehmenden Konzentration der Eingeweide kommt. *Polycitor* ist eine Gattung mit gut ausgeprägtem Abdomen (Abb. 285d), Stolidobranchiata bilden dann noch das Abdomen als eigene Region zurück (Abb. 285g und h). In- und Egestionsöffnung genähert. Tunica gallertig, ledrig oder knorpelig, kann Kalkstacheln enthalten und vermag Jod zu konzentrieren. Generationswechsel selten, z.B. bei Didemniden und Botryllinen. Knospenbildung kann vom Epicard, vom Mesenchym des hinteren Körperendes oder der parietalen Wand des Peribranchialraumes ausgehen.

Ascidien sind ausschließlich marin und bewohnen vor allem die Küstenzonen. Reiche Entfaltung in Korallenriffen. Auf festem oder auch weichem Untergrund. Über 100 Arten in der Tiefsee. Einige sehr kleine Arten leben im Sandlückensystem. 3 große Gruppen.

a. Enterogona (Enterogonea, Enterogena). Körper z.T. noch mit Postabdomen, Abdomen i.a. deutlich ausgebildet. Solitär oder kolonial, z.T. in gemeinsamer Tunica.

1. Ordnung: Aplousobranchiata. Kiemendarm ohne Längsfalten und ohne innere Längsgefäße. Koloniebildend. *Clavelina*, *Sidnyum*, *Amaroucium*, *Polycitor* (Abb. 285), *Didemnum*, *Sycozoa* (Abb. 285).

2. Ordnung: Phlebobranchiata. Kiemendarm meist mit inneren Längsgefäßen, aber ohne durchlaufende Längsfalten. Solitär oder koloniebildend. *Ciona* (Abb. 285), *Corella*, *Perophora*, *Phallusia*, *Ascidia*, *Ascidiella*.

b. Pleurogona (Pleurogonea, Pleurogena). Körper ungegliedert, Eingeweide seitlich am Kiemenkorb.

Ordnung: Stolidobranchiata. Kiemendarm mit inneren Längsgefäßen und meist durchlaufenden Längsfalten. Solitär oder koloniebildend. *Botryllus* (Abb. 285), *Distomus*, *Styela*, *Dendrodoa* (Abb. 285), *Pyura* (Abb. 285), *Microcosmus* (Abb. 285), *Eugyra* (Abb. 285), *Molgula*.

c. Octacnemida. Aberrante, meist abgeflachte Tiefseeformen mit 8 längeren Armen um den Mund; ähneln äußerlich Seesternen, Medusen oder Actinien. Kiemenspalten rückgebildet, ernähren sich carnivor von Nematoden und Crustaceen.

2. Klasse: Thaliacea (Salpen und Feuerwalzen)

Pelagische, meist transparente Tunicaten wärmerer Meeresgebiete. Ingestions- und Egestionsöffnung liegen an den beiden Körperpolen. Kiemendarm und Kloake treffen fast zusammen. Fortbewegung durch Wasserausstoß aus der Kloake. Generationswechsel (Metagenese) stets vorhanden. Oozoid solitär, Blastozoid kolonial. Die drei Ordnungen sind vielleicht nicht näher verwandt, sondern unabhängig aus sessilen Ascidien entstanden. Ca. 40 Arten.

1. Ordnung: Pyrosomida (Feuerwalzen). Kolonien bilden einen hohlen Kegel von Dezimeter bis einige Meter Länge (Abb. 287). Der gemeinsame Mantel enthält verschiedene Mesenchymzellen, die elastische Fasersysteme aufbauen oder Knospen transportieren (Phorocyten), sowie Blutlakunen. Die Ingestionsöffnungen aller Einzeltiere liegen außen, die Egestionsöffnung im Kegelhohlraum (Abb. 287). Kiemen gitterartig. Ringmuskulatur schwach, bildet Sphinkter an In- und Egestionsöffnung. Eine Besonderheit ist ein blutzellbildendes Organ mancher Arten zwischen Oesophagus und Gehirn. Letzteres ist höher entwickelt als bei den Ascidien und besitzt ein Auge mit Cornea, Linse und Pigmentbecher.

Das Ovar bringt zeitlebens nur ein dotterreiches Ei hervor, das sich im Peribranchialraum zu einem Oozoid entwickelt. Das Oozoid bleibt larval und bildet durch Knospung 4 Blastozoide (Abb. 287), die durch weitere Knospung die Kolonie bilden. Diese Knospung geht von einem epicardialen Stolo prolifer aus. Die abgeschnürten Knospen (Blastozoide) können durch Phorocyten an ihren definitiven Platz transportiert werden. Die ältesten Tiere der Kolonie vermehren sich zunächst nur durch Knospung, dann erst reifen die Spermien und noch später das Ei (Proterandrie). Nach Abgabe des Eies werden nur noch Spermien und Knospen gebildet. Die mittleren Tiere zeigen ziemlich gleichzeitig Ei- und Spermienreifung. Die jüngsten

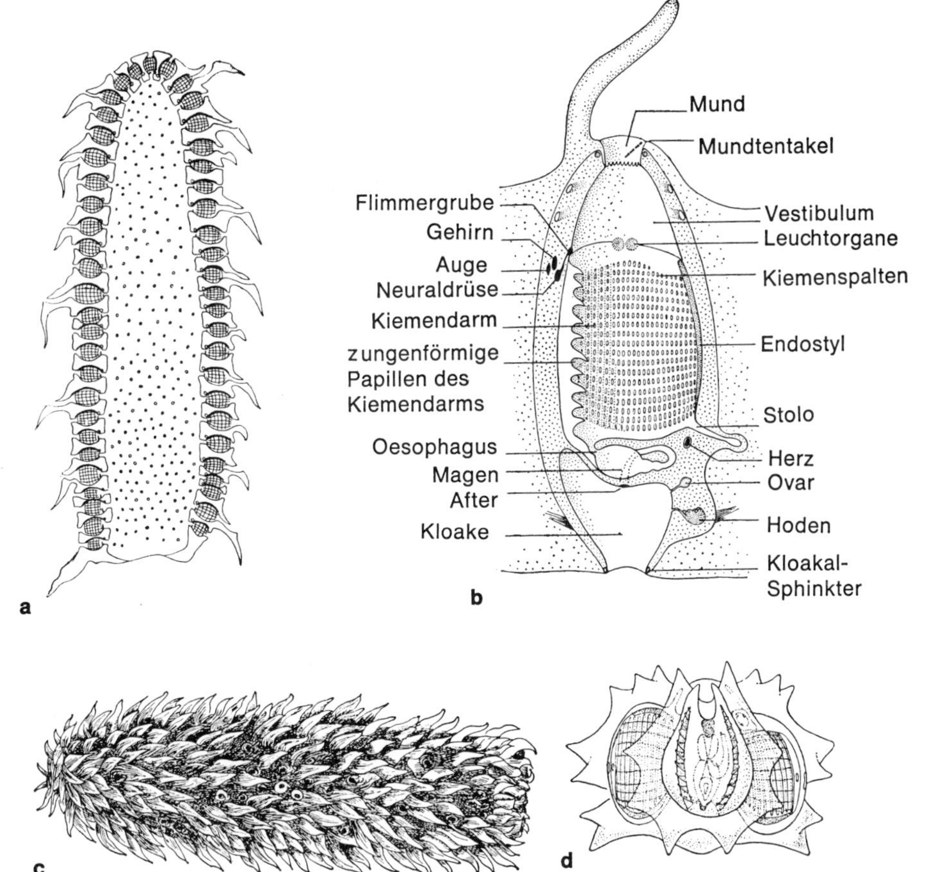

Abb. 287: Pyrosomida. a. Schematischer Sagittalschnitt durch eine *Pyrosoma*-Kolonie. b. Längsschnitt durch ein Einzeltier *(Pyrosoma elegans)*. c. Außenansicht einer *Pyrosoma*-Kolonie. d. *Pyrosoma*larve. Nach Grassé, Grobben, Herdmann, Riedl

Tiere bilden zuerst das Ei (Protogynie). Die Zahl der aufeinanderfolgenden protandrischen, gemischten und protogynen Generationen ist für die einzelnen Arten der einzigen Gattung *Pyrosoma* verschieden.

Bakterien in einem Leuchtorgan produzieren intensives Licht. Die Mikroorganismen werden von den Follikelzellen der Eier aufgenommen und in den Embryo transportiert. Die Leuchtkraft kann sehr hoch sein und nachts sogar die Segel von Schiffen erhellen.

2. Ordnung: Cyclomyaria (Doliolida). Oozoid groß (Ammentier, Abb. 288), tonnenförmig, dünne Tunica. Zwischen Pharynx und Kloake eine Reihe von 8–200 Kiemenöffnungen. Ringmuskeln bilden deutliche, geschlossene Bänder. Statocyste vorhanden. Generationswechsel kompliziert. Die ventral abgeschnürten Knospen werden durch amöboide Trägerzellen (Phorocyten) an der Oberfläche des Tieres zu einem Rückenfortsatz transportiert und dort in 3 Längsreihen aufgestellt (Abb. 288). Die lateralen Knospen werden zu sterilen, die Mutter versorgenden, gestielten Nährtieren (Gasterozoide = Trophozoide), die medianen zu Pflegetieren (Phorozoide Abb. 288). Sie allein bringen durch Knospung die Geschlechtstiere (Gonozoide) hervor und lösen sich mit diesen los. Die Gonozoide (Abb. 288) besitzen Hoden und ein Ovar, in dem 3 Eier gebildet werden. Es wechseln hier also 3 Generationen, von denen die 2. dimorph ist. Aus den Eiern gehen Larven mit Chorda hervor. Nach einer Metamorphose entstehen aus ihnen die Oozoide, die heranwachsen, ihre Eingeweide zurückbilden und nur noch Knospen hervorbringen, bis sie sterben. *Doliolum*, *Doliopsis*.

3. Ordnung: Desmomyaria (Salpida, Salpen). Solitäre Tiere (Oozoide) tonnenförmig (Abb. 289), relativ dicke Tunica, Ringmuskeln des Körpers ventral offen. Im Gehirn ein Auge. Pharynx mit jederseits nur einer Kiemenspalte, die in die Kloake führt. Das Endostyl bildet aus Schleim ein tütenförmiges Gebilde, das Nahrungstiere auffängt und mit seinem spitzen Ende im Oesophagus verschwindet. Am ventralen, spiralig aufgerollten Stolo prolifer entstehen schubweise durch Stolo-Reste miteinander verbundene Kettensalpen (Blastozoide, Sexualtiere Abb. 289). Sie lösen sich in Gruppen ab, die Darmkanäle der Einzeltiere kommunizieren zunächst noch miteinander. Mit zunehmender Reifung verschwindet der verbindende Stolo. Bei einigen Arten bleiben die Einzeltiere über Haftfortsätze zeitlebens verbunden (Cyclosalpen). Diese Blastozoide besitzen oft mehrere

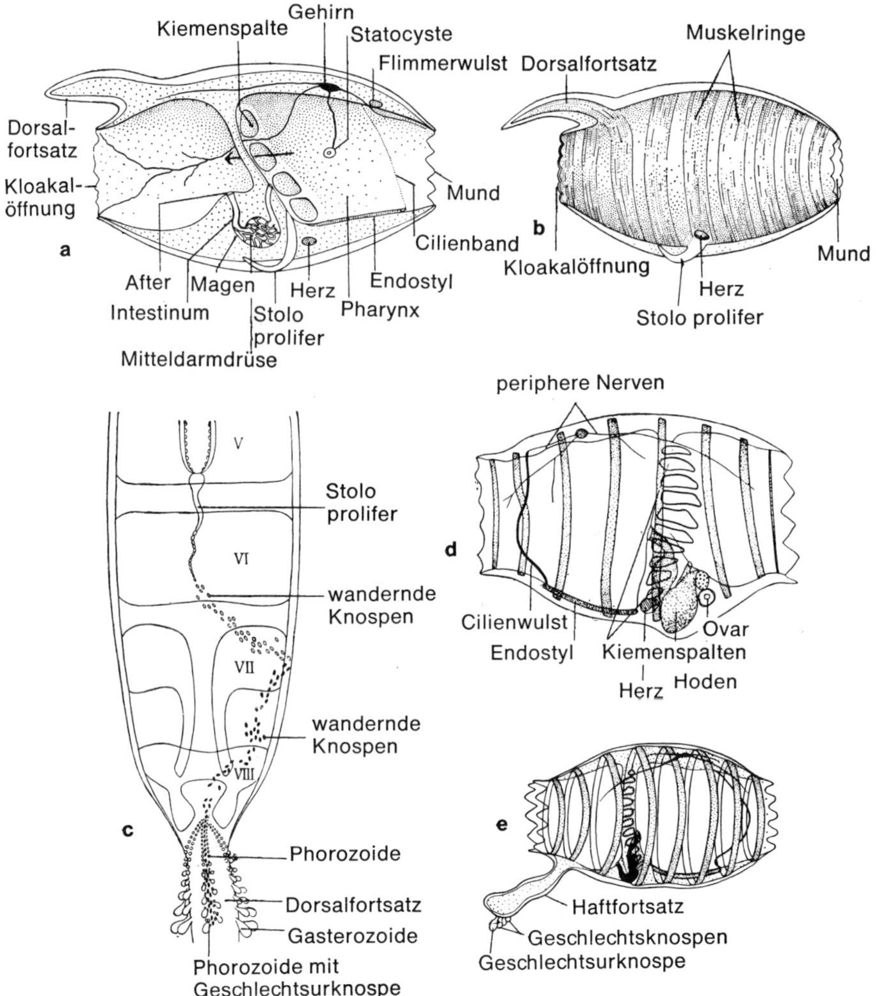

Abb. 288: Cyclomyaria (Doliolida). a. *Doliolum*, Oozoid, Längsschnitt, Pfeil deutet Wasserstrom durch die Kiemenspalten an. b. *Doliolum*, Oozoid, Außenansicht. c. Wanderung der Knospen zum Dorsalfortsatz, V–VIII: Muskelringe. d. Gonozoid *(Doliolum)*. e. Phorozoid mit Geschlechtsknospen. Nach Barrois, Grobben, Grassé

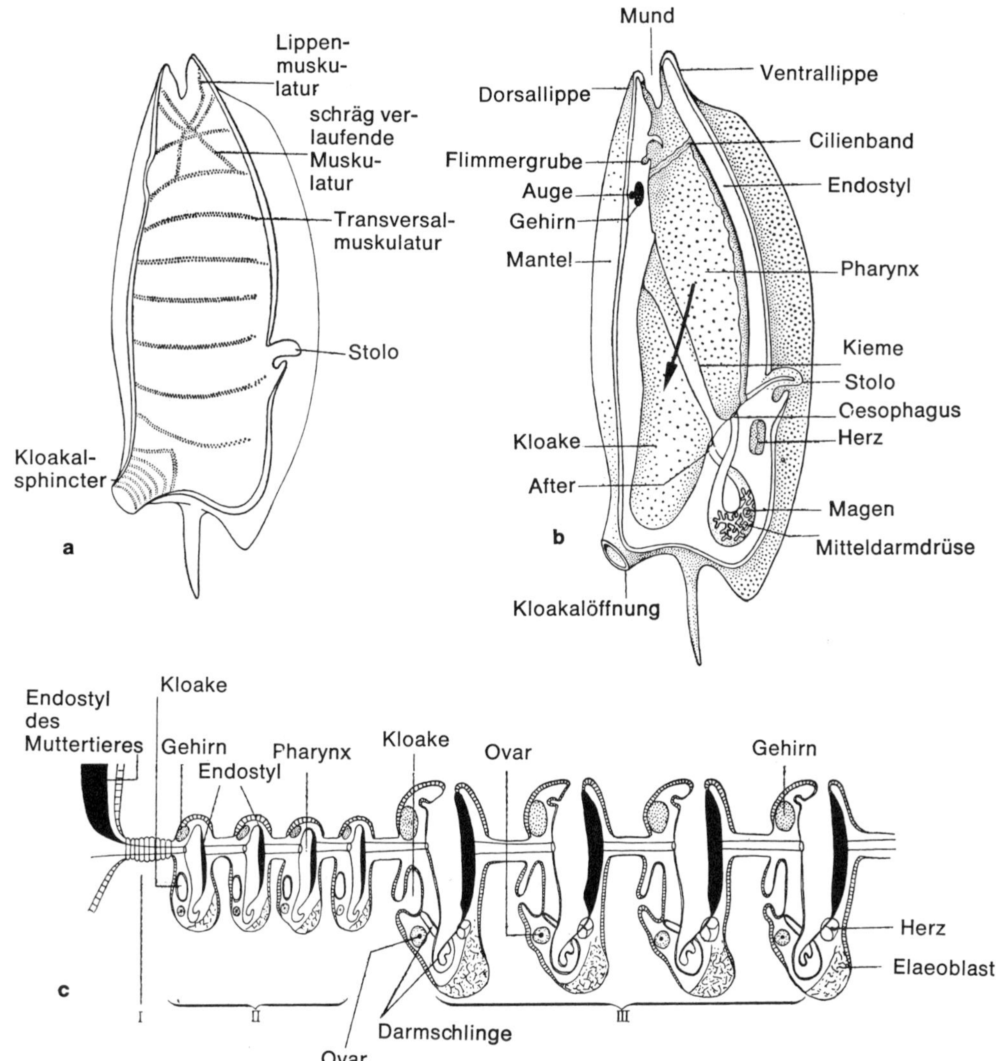

Abb. 289: Desmomyaria (Salpida). a, b. *Thalia democratica;* Oozoid; a. Außenansicht mit Muskulatur; links: Dorsalseite; b. Längsschnitt; links: Dorsalseite; Pfeil: Richtung des Wasserstroms durch Kiemenspalte. c. Drei verschiedene Generationen (I–III) am Stolo prolifer einer Salpe. Nach Brooks, Grassé

Augenflecken im Gehirn und bilden frühzeitig Gonaden aus. Das Ovar entsteht als erstes und bringt i.a. nur ein Ei hervor. Der Embryo entwickelt sich an einer Placenta im Kloakenbereich. Im Embryo läßt sich vorübergehend ein Gewebekomplex nachweisen, der Elaeoblast, der möglicherweise der Chorda entspricht. Entwicklung ohne freischwimmende Larve. *Salpa*, *Thetys*, *Thalia* (Abb. 289), *Cyclosalpa*, *Ihlea* (mit antarktischer Kaltwasserart).

2. Copelata (= Appendicularia, Larvacea)

Die pelagischen Tiere behalten ihren Ruderschwanz mit Chorda (Abb. 290). Sie werden daher oft als geschlechtsreif gewordene (neotene) Ascidienlarven betrachtet, doch haben sie viele eigene Charaktere: Ein von Zellen durchsetzter Mantel fehlt, soll aber bei Larven vorkommen. Statt dessen scheiden Epidermiszellen

(Oikoblasten) ein großes, zellfreies Gallertgehäuse ab, das zugleich durch eingebaute Siebe als Filterapparat dient (Abb. 290) und das bei *Oikopleura* alle 4 Stunden ersetzt wird. Das Tier ist meist völlig von dem Gehäuse umschlossen, kann es aber verlassen und wieder ein neues Gehäuse bauen. Die Fritillariiden können das Gehäuse zum Nahrungserwerb entfalten und anschließend wieder zusammenlegen und unter einer dorsalen Hautfalte (Kapuze) unterbringen. Die Nahrung besteht aus ausgefilterten Planktern und Nannoplankton. *Oikopleura* filtert pro Tag ca. 300 ml durch das Gehäuse, wobei ca. 250000 Kleinorganismen, z.B. Phytoplankton, aus dem Wasser extrahiert werden können. Da das Gehäuse als Sieb dient, ist der Kiemendarm sehr einfach. Nur ein Paar Kiemenspalten ist vorhanden, es fehlen Peribranchialraum und Kloake; Kiemen und Gonaden münden also direkt nach außen. Der Mund ist i. a. von sinneszellentragenden Lippen umgeben. An beiden Seiten des Rumpfes befindet sich je ein innervierter Mechanorezeptor (Langerhans-Receptor, sekundäre Sinneszellen). Das bläschenförmige Gehirn enthält wenige Sinneszellen und Neurone. Ihm folgt ein kompakter dorsaler Nervenstrang, der in den Schwanz zieht und hier einen schmalen Zentralkanal bildet. Am Anfang des Schwanzes liegt im Dorsalnerven das Caudalganglion, dessen Neurone die Schwanzmuskulatur versorgen. Im Zentralkanal des Schwanznerven befindet sich wie bei Tunicatenlarven ein Reissnerscher Faden, der bei *Oikopleura* von einer Zelle gebildet wird. Im Kiemendarm (Abb. 290) liegen: 1. ein ventrales Endostyl, das auch Jod bindet und dem mitunter eine Kiemendrüse, die ebenfalls Schleime hervorbringt, anliegt; 2. eine Flimmergrube unter dem Gehirn, die sich in einen Gang fortsetzt, der während der Embryonalentwicklung aus der Hirnanlage hervorgeht. Der tiefe Abschnitt dieses Ganges ist möglicherweise

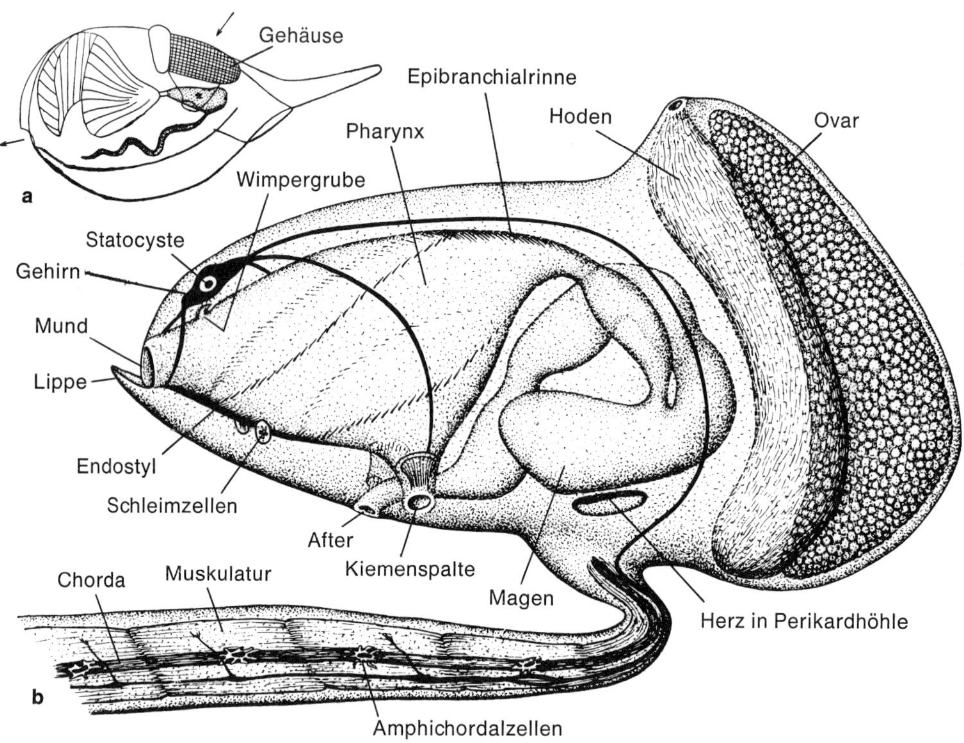

Abb. 290: Copelaten. a. *Oikopleura* (Sternchen) im Gallertgehäuse, dessen komplizierte Filter- und Reuseneinrichtungen nur grob angedeutet sind und dessen Stützelemente elektronenmikroskopisch erkennbare Filamentbündel sind; Pfeile: Richtung des Wasserstroms durch das Gehäuse. b. Bauplan von *Oikopleura*. Nach Lohmann, Riedl

sekretorisch (endokrin) aktiv (vermutlich homolog der Neuraldrüse und ihrem Gang bei Ascidien); 3. 2 nach dorsal führende Wimperbänder; 4. die dorsale Epibranchialrinne. Der Magen ist zweikammerig, in ihn mündet bei *Fritillaria* eine Verdauungsdrüse. Der Darm endet ventral. Rumpf und Schwanz sind deutlich getrennt, der Schwanz ventral gerichtet und um 90° gedreht. Er enthält Chorda, Gefäßlakunen, Gruppen von quergestreiften Muskelzellen und Nervenzellen am Dorsalnerv (Caudalganglien). Neben der Chorda können Amphichordalzellen, unter ihr die vakuolenreichen Subchordalzellen (Reste des Schwanzdarms) auftreten. Der Schwanzschlag erzeugt im *(Oikopleura)* oder außerhalb *(Fritillaria, Kowalevskaia)* des Gehäuses den Wasserstrom. Einige Copelaten besitzen Leuchtvermögen. Dieses beruht auf dem Sekret zweier Drüsen, das an der Körperoberfläche und z. T. auch im Gehäuse abgelagert wird. Die Copelaten sind meist Zwitter (Ausnahme: *Oikopleura dioica)* mit umfangreichen Gonaden. Die Hoden bilden bei Spermienreife Ausführgänge, die Eizellen (Mosaikeier) verlassen den Körper über Bruchstellen, danach sterben die Weibchen. Furchung total und inäqual, frühzeitige Determination, Gastrulation durch Epibolie. Nach Ausbildung des am Hinterende liegenden Schwanzes entsteht eine Schwimmlarve ohne Mund und After mit hochentwickeltem Gehirn. Bei der Metamorphose wandert der Schwanz auf die Ventralseite, die Chorda bildet sich im Rumpf zurück, Mund und After entstehen, das Gehirn erfährt einige Rückbildungen.

Sonst haben die Copelata viele Merkmale mit den erwachsenen Tunicata gemeinsam: Reduktion des Coeloms bis auf ein Pericard, rhythmische Umkehr des Herzschlages und des Bluttransportes; manche mit den Tunicatenlarven: Statocyste und Photoreceptoren im Gehirn, dorsaler Nerv, Chorda. Daß sie neotene Ascidienlarven sind, ist unsicher, ebensogut konnen sie von den freilebenden Vorfahren der Tunicata vor Erwerb des Mantels, Atriums usw. abgeleitet werden. Rumpflänge 0,3–25 mm. Drei Familien.

Oikopleuridae: *Oikopleura*, ca. 15 Arten, kosmopolitisch, Schwanz schmal, Körper eiförmig.

Fritillariidae: *Fritillaria*, mit gestrecktem Körper und sehr breitem Schwanz.

Kowalevskiidae: *Kowalevskaia*, Kiemenspalten langoval, Endostyl und Herz fehlen.

3. Acrania (Leptocardii, Cephalochordata)

Hierher gehört das Lanzettfischchen *Branchiostoma* (Amphioxus). Es ist für das Verständnis der Wirbeltierorganisation eine wichtige Form. Ein Sondercharakter ist die an der Körperspitze beginnende und bis zum Schwanzende reichende Chorda. Primitiver als die Wirbeltiere ist *Branchiostoma* durch: 1. die einschichtige Epidermis; 2. die Lage von Sinnesorganen (Rückenmarksaugen) im Neuralrohr; 3. den Kiemendarm mit zahlreichen, U-förmigen Kiemenspalten und Endostyl; 4. die hohle blindsackartige Leber; 5. das umfangreiche Coelom, das sich ontogenetisch vom Urdarm abfaltet, zahlreiche völlig getrennte Bläschen und im dorsalen Teil noch ein Myocoel bildet; 6. das Fehlen von Knorpel und Knochen; das mesodermale Skelet besteht nur aus faserhaltigem Bindegewebe und einer festen Interzellularsubstanz; es bildet sich aus einer Coelomfalte (Sclerotom), die einen Coelomrest (Sclerocoel) behält; 7. die direkte getrennte Ausmündung der Nieren; 8. das Fehlen der paarigen Extremitäten; statt ihrer sind paarige Längsfalten am Rumpf vorhanden (Metapleuralfalten), die hinter dem Atrioporus (Abb. 291) in eine unpaarige Flossenfalte an Hinterrumpf und Dorsalseite übergehen. Fraglich ist, ob das Fehlen des Herzens primitiv ist, seine Stelle (Sinus venosus) an der Einmündung der Ductus Cuvieri (gemeinsame Cardinalvenen) ist vorhanden, seine Funktion wird durch zahlreiche Kiemenherzen (Bulbilli) ventral an den Kiemenspalten übernommen (Abb. 292). Fraglich ist auch, ob die hohe Zahl der Gonaden primitiv ist; sicher sekundär ist die Entleerung der Keimzellen in den Peribranchialraum durch Bruch der Leibeswand. Sekundär vereinfacht dürfte auch das Gehirn sein. Es ist nicht dicker als das Neuralrohr, enthält aber ein vorderes Bläschen mit terminalem Pigmentfleck, ventralem, sekretorisch aktivem «Infundibularorgan» und verschiedenen Sinnes- und Nervenzellen.

Mit den Tunicaten hat *Branchiostoma* einen Peribranchialraum gemeinsam. Er mündet aber ventral in einem Porus abdominalis. Da er auch anders entsteht, dürfte er sich in beiden Gruppen unabhängig entwickelt haben.

Die adulten durchscheinenden Tiere besitzen fischförmige Gestalt (Abb. 291), beide Körperenden sind zugespitzt («Lanzettfischchen»). Die

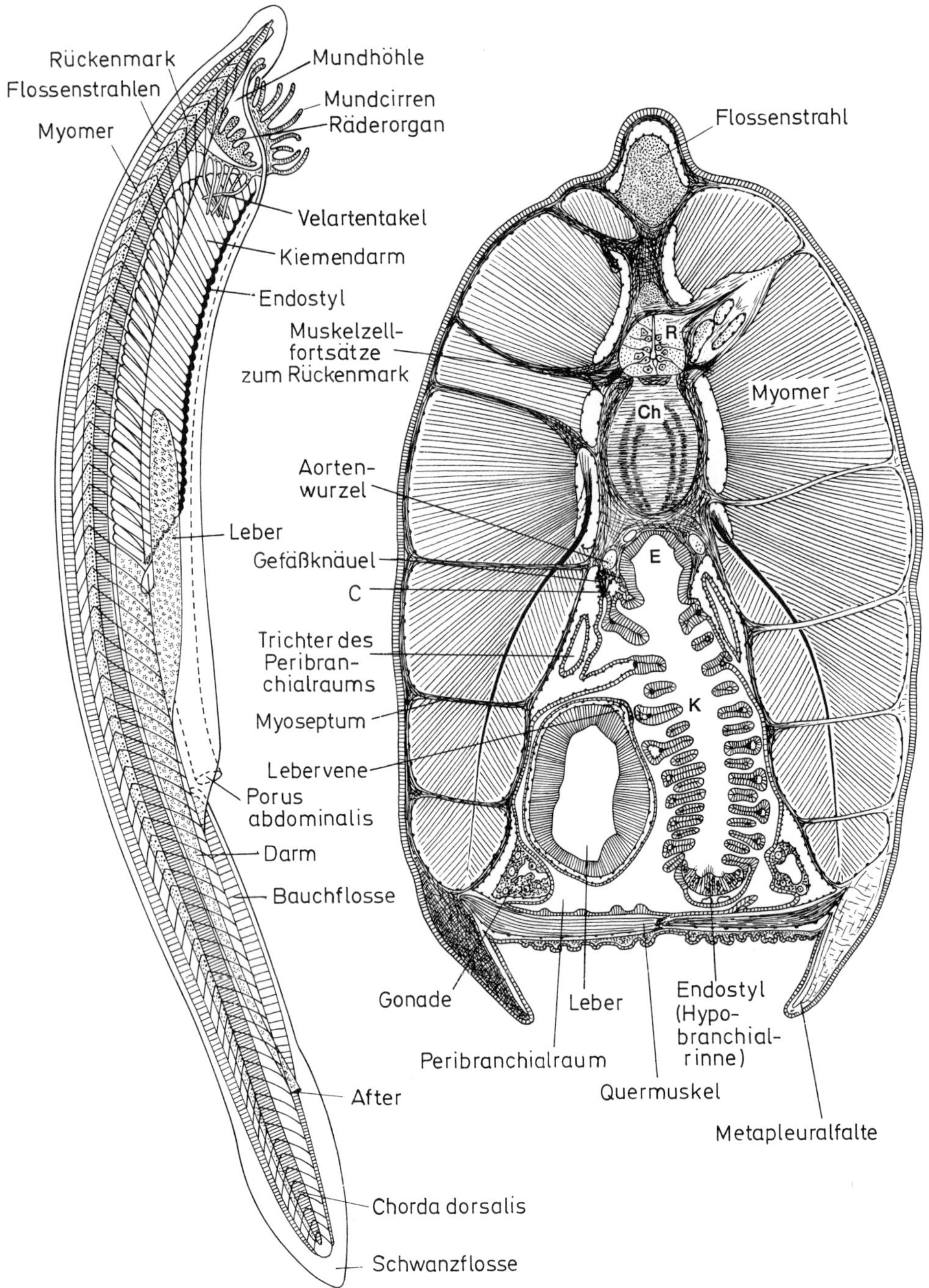

Abb. 291: *Branchiostoma*, links Seitenansicht, rechts Querschnitt; R: Rückenmark, Ch: Chorda, E: Epibranchialrinne, C: Cyrtopodocyten, K: Kiemendarm. Porus abdominalis = Atrioporus. Die Myomere werden auch Myotome genannt. Nach Dawydoff, Franz

Spitze des Vorderendes wird Rostrum genannt. Die unpaaren Flossen werden von den Flossenkästchen gestützt (3–5 pro Myomer), die einen Kegel verformbarer zellfreier Grundsubstanz (Flossenstrahl) enthalten (Abb. 291). Eigenartig ist die Chorda (Abb. 291); sie ist länger als das Neuralrohr und besteht aus hintereinanderliegenden, quergestreiften Muskelscheiben, die von einer festen Faserhülle (Chordascheide) umgeben werden. Die Muskelplatten werden von dorsal innerviert, ihre Kontraktionsgeschwindigkeit ist langsam. Wahrscheinlich dienen sie der Versteifung der Chorda und besitzen eine Funktion beim Schwimmen und Einbohren in den Sand.

Der größte Teil der lateralen Körperwand besteht aus quergestreifter Skeletmuskulatur. Diese bildet auf jeder Seite ca. 60 Blöcke (Myotome, Myomeren), die durch V-förmige (Spitze des V weist nach vorn) Bindegewebssepten (Myosepten, Myocommata) getrennt sind (Abb. 291). Die Anordnung der Muskulatur weist Asymmetrien auf; die Myomeren der beiden Körperseiten liegen sich nicht gegenüber, sondern die linke Seite liegt um eine halbe Myomerbreite vor der rechten. Die Muskulatur enthält schnelle und langsame Fasern; erstere enthalten viele Mitochondrien und wenig Glykogen, letztere viel Glykogen und wenig Mitochondrien. Beide entsenden cytoplasmatische Fortsätze zum Rückenmark. Eine typische motorische Wurzel eines Spinalnerven existiert also nicht.

Alle anderen Muskeln werden als viscerale Muskulatur bezeichnet, sie entstammen nicht – wie die Rumpfmuskulatur – den Myotomen, sondern dem Coelomepithel ventraler Coelompartien. Hierher gehören u. a. der Pterygial- oder Transversalmuskel der ventralen Körperwand, der beim Austausch des Wassers im Atrium eine wichtige Rolle spielt, der Ringmuskel des Velums und die Tentakelbewegungsmuskeln.

Der Darmkanal besteht aus Mundraum, Kiemendarm (Pharynx) und Nährdarm. Die Mundöffnung wird von ca. 30 beweglichen Cirren (Lippententakeln) umstellt (Abb. 293), die eine Reuse bilden, welche das Eindringen grober Partikel in den Mund verhindern. Das Epithel der dorsalen Mundhöhle enthält Bänder von hohen Cilienzellen (Flimmerwülste, Räderorgan), die einen Wasserstrom in Richtung Pharynx erzeugen. Im Dach der Mundhöhle findet sich weiterhin eine Grube (Hatscheksche Grube), die vielleicht einem Vorläufer der Adenohypophyse entspricht. In ihrem Epithel sind immunhistochemisch hormonale Substanzen gefunden worden. (Siehe auch Ascidien und Copelaten mit Neuraldrüsenkomplex in Pharynxdach).

Mundhöhle und Pharynx sind durch ein Septum, das Velum, getrennt, das eine zentrale Öffnung enthält (Enterostom). Diese ist von Velartentakeln (innere Cirren) umgeben.

Der Kiemendarm erstreckt sich über die gesamte vordere Hälfte des Tieres. Seine Wand entspricht einem feinen Gitterkorb, der jederseits von ca. 180 schräggestellten Kiemenspalten (Abb. 291) durchbrochen ist. Während der Entwicklung werden die primären Kiemenspalten wie bei Enteropneusten von dorsal einwachsenden sekundären Kiemenbögen (Zungenbögen) geteilt; die ursprünglichen Kiemenbögen werden primäre oder Hauptbögen genannt. Die Synaptikel bilden Querverbindungen zwischen den Kiemenbögen. Der Kiemendarm wird nach der Metamorphose von seitlich auswachsenden Hautfalten umgeben, die ventral miteinander verwachsen. Daher münden die Kiemenspalten nicht direkt nach außen, sondern in einen Peribranchialraum (Atrium, Abb. 291), der dann ventral medial mit einem Atrioporus nach außen führt. Ventral liegt im Kiemendarm das Endostyl (Hypobranchialrinne, Abb. 291), das einen Schleimfilm produziert, der mit Cilien über die Innenfläche der seitlichen Kiemendarmwände getrieben wird und eingestrudelte Nahrungspartikel festhält. Der mit Nährstoffen beladene Schleimfilm wird dann in der dorsalen Epibranchialrinne (Dorsalorgan, Abb. 291) in den Nährdarm befördert. Das abgefilterte Wasser tritt in den Peribranchialraum über.

Der Nährdarm bildet nach einem kurzen Oesophagus einen nach vorn gerichteten Blindsack aus (Leberblindsack, intestinales Caecum, Abb. 291), dessen Aufgabe in der Bildung von Verdauungsenzymen und in der Speicherung von Fett und Glycogen besteht. Vermutlich ist er auch an der Resorption von Nährstoffen beteiligt und bildet Hormone. Der gesamte Darm ist bewimpert und besitzt nur bei den Larven Muskulatur in seiner Wand. Die im Pharynx gebildeten Schleime werden zum größten Teil unverdaut aus dem Enddarm ausgestoßen. Der Darm ist nur durch ein unvollständiges dorsales Mesenterium an der Körperwand befestigt oder direkt mit ihr verwachsen.

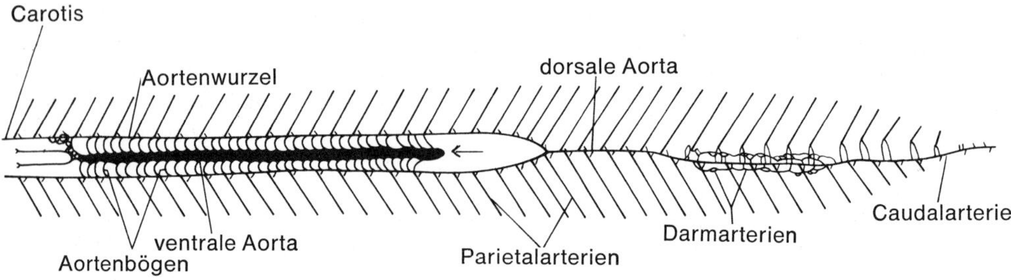

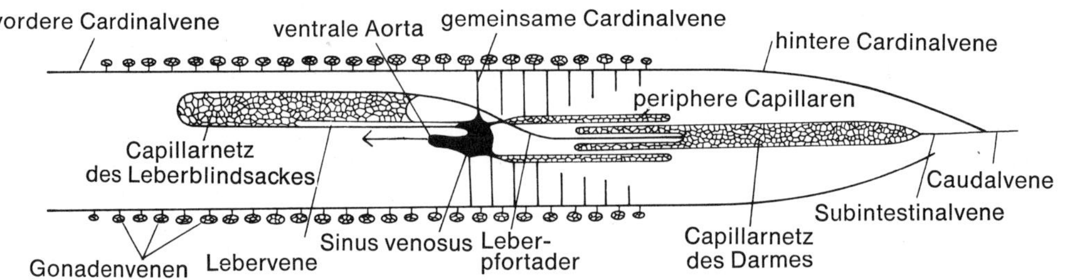

Abb. 292: Kreislaufsystem von *Branchiostoma*, oben Arterien-, unten Venensystem. Beachte die Existenz des Leberpfortadersystems, das mit dem der Wirbeltiere übereinstimmt. Eine Nierenpfortader fehlt bei Amphioxus, statt dessen besitzt er ein Darmpfortadersystem, das bei den Wirbeltieren fehlt; die Subintestinalvene ist also eine Pfortader. Pfeil: Richtung des Blutstroms in der ventralen Aorta. Nach Dawydoff

Das Blutgefäßsystem (Abb. 292) entspricht in der Anordnung seiner Hauptgefäße dem Wirbeltierbauplan. Wie erwähnt fehlt ein echtes Herz, doch ist seine Stelle ventral hinter dem Kiemendarm kenntlich. Aus der Herzregion fließt das Blut unter dem Endostyl in der ventralen Aorta (Endostylarterie = Truncus arteriosus) nach vorn. Von ihr zweigen die Kiemenbogengefäße (Aortenbögen) ab, die in den Hauptbögen basal kontraktil sind (Bulbilli). Diese Gefäße gehen in die dorsale Aorta über, die im Kiemendarmbereich paarig ist (Aortenwurzeln) und die sich nach vorn in die Carotiden fortsetzt, von denen die rechte vorn über der Mundhöhle in ein pulsierendes Gefäßknäuel (Glomus) übergeht. Von der dorsalen Aorta gehen seitlich die Parietalarterien und die Darmarterien ab. Letztere bilden einen capillären Darmplexus, aus dem die Leberpfortader hervorgeht, die sich im Bereich des Leberblindsackes wieder in ein Capillarnetz auflöst. Diese venösen Capillaren gehen in die Lebervene über, welche in den Sinus venosus einmündet. Dieser Gefäßabschnitt entspricht in seiner Lage dem Herzen der Wirbeltiere. In ihn münden links und rechts weiterhin die gemeinsamen Cardinalvenen (Ductus Cuvieri), die die vorderen und hinteren Cardinalvenen (Lateralvenen) aufnehmen, welche vor allem das Blut aus den Rumpfwänden und Gonaden sammeln.

Die Gefäße besitzen über weite Strecken keine Endothelien, sondern entsprechen wandlosen Kanälen in der Grundsubstanz des Bindegewebes, so z.B. in den Kiemenbögen. An vielen Stellen legen sich den Gefäßkanälen von außen Coelomepithelzellen mit Myofilamenten an; hier sind die Gefäße kontraktil. Respiratorische Pigmente fehlen.

Die Zirkulation ist langsam, der Blutdruck niedrig, die Kontraktionen der Hauptgefäße werden als selten und unregelmäßig beschrieben. Manche Gefäße sollen das Blut in beiden Richtungen transportieren. Der Gasaustausch erfolgt vermutlich nicht oder nur zum geringen Teil über die Gefäße des Kiemendarms, sondern vor allem über die Körperoberfläche.

Das Coelom ist beim erwachsenen Tier auf Spalträume und Kanäle eingeengt. Die zwei vorderen Coelomsäckchen sind ungleich und entsprechen wohl dem paarigen Axocoel der Echinodermen und Hemichordaten.

Die Exkretionsorgane (Nierenorgane, Nephridien, Abb. 291) stehen in engem Kontakt mit von der dorsalen Aorta abzweigenden Glomerulargefäßen. Sie liegen dorsal neben dem Kiemendarm und bestehen aus Nierenkanälchen, die in den Peribranchialraum münden, und Cyrtopodocyten, deren den Glomerulargefäßen anliegenden Füßchen eine Filtrationsbarriere bilden. Diese Zellen sind spezialisierte Coelomepithelzellen, zwischen deren basalen Füßchen filtriert wird und die außerdem eine aus langen Mikrovilli bestehende Röhre aufbauen, in deren Innerem eine Kinocilie schlägt. Diese Röhre läuft durch den subchordalen Coelomraum und mündet in das Nierenkanälchen. Etwas isoliert liegt das ähnlich gebaute Nephridium links im Vorderende des Tieres (Abb. 293).

Das Zentralnervensystem der Acranier besteht aus einem rückenmarksähnlichen Neuralrohr, das vorn in einen sehr kleinen, nicht scharf abgegrenzten Gehirnabschnitt übergeht. Es enthält einen schmalen spaltförmigen Zentralkanal (Abb. 291), der sich vorn bläschenförmig erweitert. Der vordere Hirnanteil ist aus hochprismatischen Epithelzellen aufgebaut, der hintere enthält Sinneszellen (Josephsche Zellen, Lichtreceptoren) und Neurone, darunter neuroendokrine, die vermutlich das Gonadenwachstum beeinflussen. Am Boden des Gehirns produzieren die Zellen des Infundibularorgans den Reissnerschen Faden, der durch das Lumen des Zentralkanals bis ans Ende des Rückenmarks zieht, wo er sich auflöst.

Eine ventrale Spinalnervenwurzel fehlt (s. o.). Die gemischte dorsale Wurzel besitzt keine Spinalganglien. Im Verlauf der Fasern, die von ihr ausgehen, liegen jedoch einzelne Perikaryen sensibler Neurone. Die motorischen Fasern der dorsalen Wurzel innervieren die viscerale Muskulatur.

Die Geschlechter sind getrennt. Die Gonaden liegen seitlich vom Kiemendarm (Abb. 291). Sie entstehen in Dissepimenten zwischen Coelomräumen, in die sie hineinwachsen und die sie bis auf einen schmalen Spaltraum verdrängen.

Die Befruchtung findet im freien Wasser statt. Die planktischen Larven (Abb. 294) sind asymmetrisch gebaut und besitzen zunächst nur auf der rechten Seite einfache Kiemenspalten; der larvale Mund, der vielleicht einer Kiemenspalte entspricht, liegt links. Die Larven halten sich tagsüber in Bodennähe, nachts vorwiegend in Nähe der Wasseroberfläche auf.

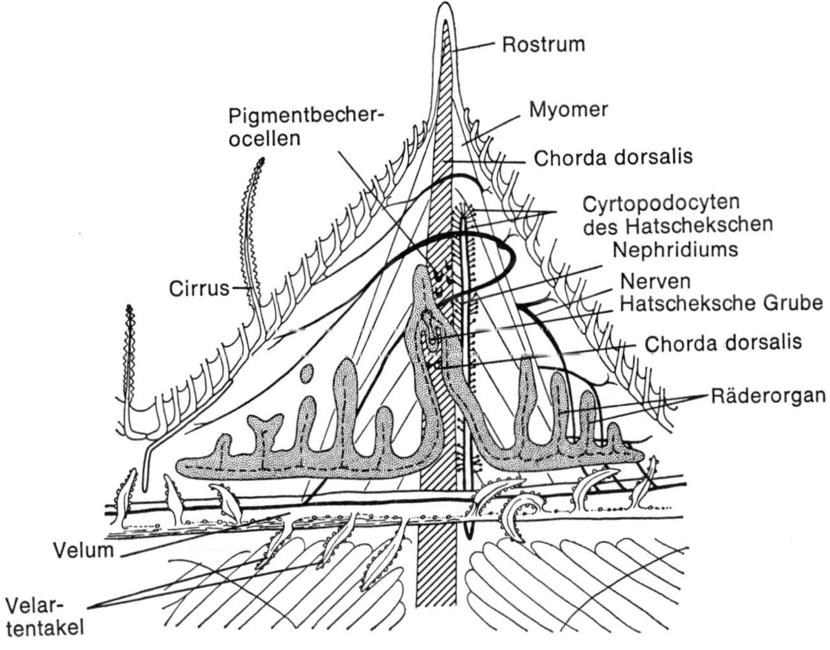

Abb. 293: *Branchiostoma*, Kopf und Munddach von ventral. Nach Franz

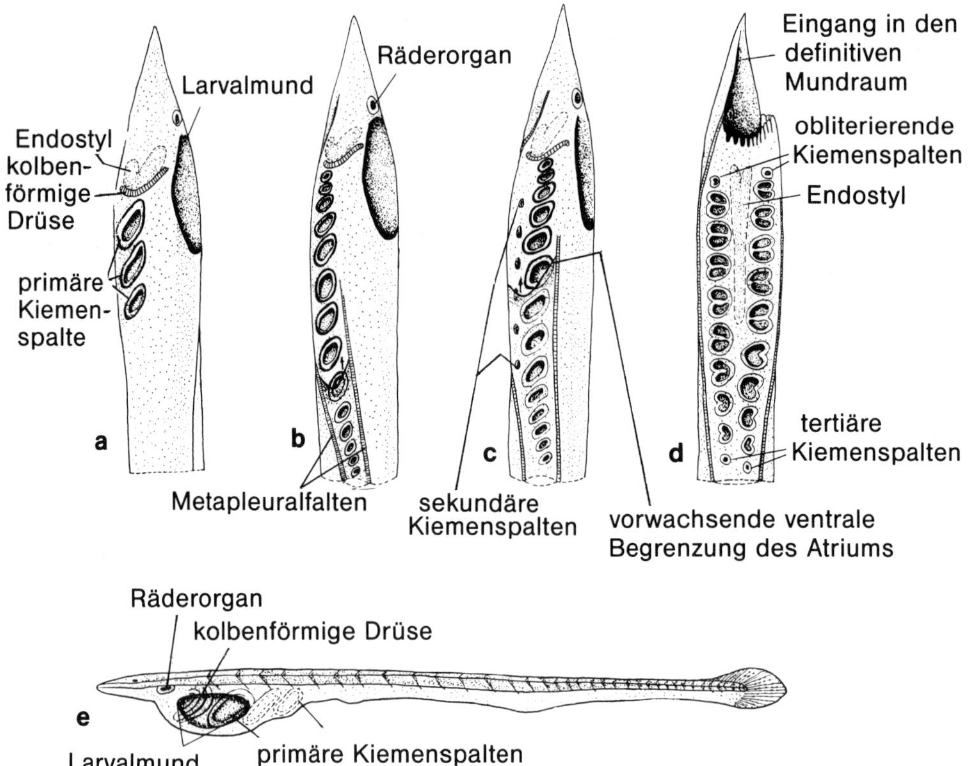

Abb. 294: *Branchiostoma*, Larvenentwicklung. a–d. Ventralansicht; a. Anfang der Larvenperiode; b. Ende der larvalen Wachstumsperiode; c. Beginn der Metamorphose; d. Ende der Metamorphose; e. Seitenansicht, Anfang der Larvalperiode. Nach Délage, Hérouard, Strenger

In einer Metamorphose (Abb. 294) wird die Organisation der Tiere stark verändert: Ausbildung von Kiemenspalten auf beiden Körperseiten, Auswachsen der Metapleuralfalten und Bildung des Atriums, Rückbildung der Darm- und Kiemenbogenmuskulatur, Neubildung eines Mundes u.a. Besonders große Larven (Amphioxides-Larven), die lange Zeit in Praemetamorphose verbleiben und Sondermerkmale aufweisen, z.B. Trennung des Pharynx in Pars nutritoria und Pars respiratoria, können mit Wasserströmen verdriftet werden und dienen der Verbreitung; sie können bereits Gonaden entwickeln (Möglichkeit der Neotenie).

Amphioxus kommt vor allem in feineren und groben Sanden von Flachwassergebieten vor. Vereinzelt tritt er in schlammreichen Sanden auf (z.B. Golf von Mexico, Mississippimündung). In Grobsand lebt er oft völlig eingegraben. Auf schlammigen Böden liegt er seitlich auf der Oberfläche. Ernährung als Suspensionsfresser. Z.T. außerordentlich zahlreich, z.B. *Branchiostoma belcheri* (Ostafrika, N-Australien bis S-Japan), der an der chinesischen Küste (Amoy) sogar wirtschaftlich genutzt (gegessen) wird. 3 Gattungen mit insgesamt 25 Arten.

Branchiostoma (weltweit), symmetrischer Mund, 2 Reihen von Gonaden. *Asymmetron* (weltweit), eine Reihe von Gonaden. *Epigonichthys* (Neuseeland), asymmetrischer Mund.

4. Vertebrata (Craniota, Wirbeltiere)

Der Körper ist in Kopf, Rumpf und Schwanz gegliedert. Der Kopf enthält Gehirn, die großen Sinnesorgane, Mundhöhle und Pharynx; Coelomhöhlen fehlen. Der Rumpf beginnt mit dem ersten Wirbel und endet mit dem After; er

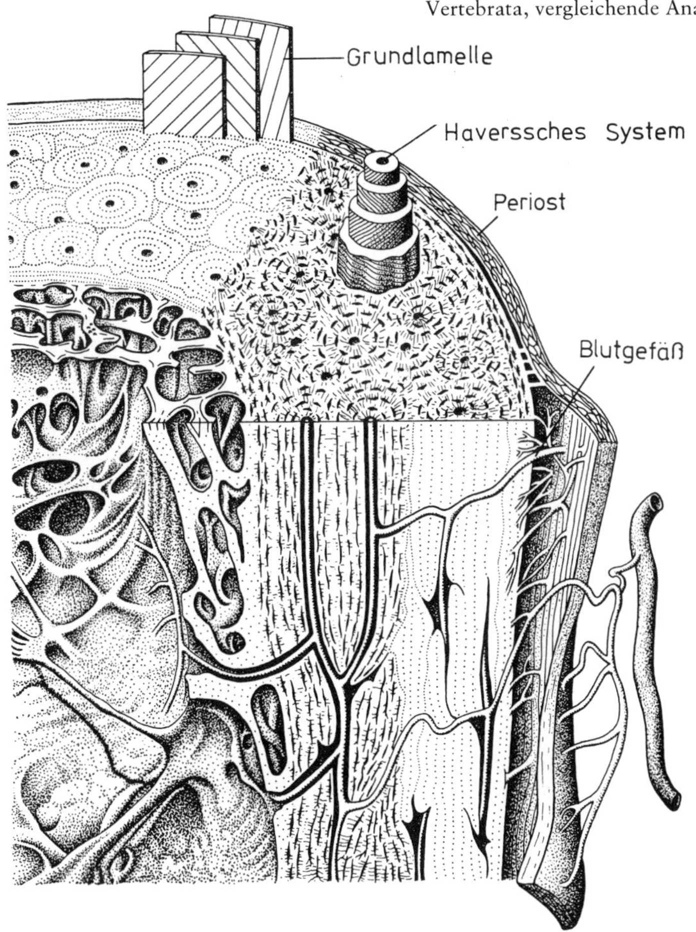

Abb. 295: Schematische Darstellung eines Lamellenknochens eines Säugetiers. Knochensubstanz ist bei dem abgebildeten Röhrenknochen einer Extremität im wesentlichen auf die Randzone beschränkt. Im Innern befindet sich die Markhöhle. Die Knochenlamellen bauen entweder miteinander verbackene röhrenförmige Strukturen mit zentralem Blutgefäß (Haverssche Systeme = Osteone) auf oder bilden den ganzen Knochen umfassende innere und äußere Grundlamellen (= Generallamellen), die die kompakte Außenzone des Knochens begrenzen. Auch das Spangensystem am Rande der Markhöhle besteht aus Lamellenknochen. Nach Benninghoff

enthält die Leibeshöhle und die Hauptmasse der Eingeweide; von ihm geht die Bildung von paarigen oder unpaaren Körperanhängen (Flossen, Extremitäten) aus; der Schwanz enthält keine Eingeweide und Coelomhöhlen, bei wasserlebenden Formen bildet er unpaare Flossen. Bei den Tetrapoden ist die Grenze Rumpf/Schwanz scharf durch den Hinterrand des Sacrums gekennzeichnet. Bei den Amnioten bildet sich zwischen Rumpf und Kopf der Hals aus. Bei Säugern ist der Rumpf durch das Zwerchfell in Thorax (vorn; enthält Herz und Lungen) und Abdomen (hinten; enthält vor allem Magen-Darm-Kanal und Urogenitalorgane) geteilt.

Weitere kennzeichnende Strukturen sind: Knochengewebe; knöcherner oder knorpeliger Schädel; Kiemenbogen und einfache Kiemenspalten; Wirbelsäule, die zunehmend die embryonal stets vorhandene Chorda dorsalis ersetzt; ventrales Herz primär mit 4 hintereinander liegenden Kammern im venösen Blutstrom; Blut mit hämoglobinhaltigen Erythrocyten; komplizierte Leber, komplexe endokrine Organe (Hypophyse, Schilddrüse, Adrenal- und Supraenalkörper usw.); Integument mit mehrschichtiger Epidermis; großes mehrteiliges Gehirn mit mindestens 10 Hirnnerven, Rückenmark mit paarig und metamer angelegten ventralen, motorischen und dorsalen, sensiblen Nerven mit Ganglien, die sich meist nach Austritt aus dem Rückenmark zu Spinalnerven zusammenlagern; 1 Paar Seiten- und unpaare Scheitelaugen, deren Bildung vom Zwischenhirn ausgeht; statische Organe neben dem Gehirn, die einen Hörsinn ausbilden können; bleibende Coelomräume nur im Seitenplattenmesoderm; Coelom bildet einheitliche sekundäre Leibeshöhle, von der sich stets Pericardhöhle und bei einigen Reptilien, den Vögeln und Säugern auch die Pleurahöhlen abgliedern; Fortpflanzung sexuell, einige Fische mit Hermaphroditismus.

Primitiv sind wohl die Nierenkanälchen, die aus Nephridien entstehen und die Ausleitung der männlichen Keimzellen übernehmen; auch die Eileiter entsprechen Nephridien.

Bei der Formenfülle der Wirbeltiere ist es nicht erstaunlich, daß manche dieser Strukturen sekundär zurückgebildet werden, z. B. Knochen, Augen (besonders Scheitelaugen), Kiemenspalten u. a. Wirbeltiere sind seit dem Silur bekannt, ihre erste Entfaltung erfolgte im Süßwasser.

Vor der Darstellung des Systems der Wirbeltiere sollen kurz die kennzeichnenden Skeletstrukturen, das Muskelsystem, wichtige Organe und die Entwicklung vergleichend dargestellt werden.

Skelet

Zwei Skeletgewebe treten bei den Wirbeltieren auf: Knorpel- und Knochengewebe. Knorpel ist verformbar und besteht aus isolierten, abgerundeten Zellen, die in eine Grundsubstanz (Matrix) eingebettet sind, welche u. a. Kollagenfasern und Mucopolysaccharide enthält. Knochengewebe ist im Gegensatz zum Knorpel auf die Wirbeltiere beschränkt. Es setzt sich aus verzweigten Zellen und einer harten Interzellularsubstanz zusammen. Die Festigkeit dieser Interzellularsubstanz geht auf eingelagerte Mineralien, vor allem Hydroxylapatit, zurück. Knochen zeigt i. a. einen komplizierten Bau, der – besonders bei großen Knochen – den jeweils besonderen Druck- und Zugbelastungen entspricht. Besonders hoch differenzierte Knochen finden wir vor allem bei Vögeln, Sauriern und erwachsenen Säugetieren (Abb. 295). Weiterhin enthält Knochen oft Blutgefäße, die im Knorpel meist fehlen. In der Regel ist es so, daß Knochen im Verlauf der Ontogenese den Knorpel ersetzt (wahrscheinlich keine Rekapitulation der Phylogenese). Nur bei Haien bildet sekundär Knorpel das gesamte Skeletgewebe der Adulten, und auch bei manchen Knochenfischen und Amphibien unterbleibt die Verknöcherung teilweise. Entsteht Knochen, indem er ontogenetisch den Knorpel ersetzt, spricht man von Ersatzknochen (chondrale Knochenbildung). Daneben existiert noch eine andere Form der Knochenbildung: der Knochen entsteht direkt aus dem Mesenchym des embryonalen Bindegewebes (desmale Knochenbildung). Solche Knochen werden Deck- oder Hautknochen genannt. Deckknochen bilden meist in der Haut gelegene Skeletstücke, die sich von dem alten Hautschuppenpanzer der Ostracodermen herleiten (sog. Exoskelet). Ersatzknochen bilden das sog. Endoskelet (Wirbelsäule, Neurocranium, Skelet der Extremitäten, Visceralskelet).

Abb. 296: Wirbel, a, b. Bogenstadium des Achsenskelets; a. Seitenansicht, b. Querschnitt. Nur in b ist das bindegewebige Perichordalskelet eingezeichnet; in a sind die Segmentgrenzen durch unterbrochene Linien angegeben. c–e. hemispondyle Wirbelsäule; c. Seitenansicht, die vermutlichen Segmentgrenzen sind durch unterbrochene Linien angegeben; d. Querschnitt in Höhe der Basiventralia, Basidorsalia (Neuralbogen) und des Hypocentrums; e. Querschnitt in Höhe des Pleurocentrums; Interdorsale meist reduziert. f. Zwei Wirbel einer jungen *Amia* (Holosteer), links: monospondyler Wirbelkörper, gebildet durch Verschmelzung der Teilwirbel desselben Segments; rechts: diplospondyler Wirbel. Iv: Interventrale, Bv: Basiventrale, Id: Interdorsale, Bd: Basidorsale, mW: monospondyler Wirbel, dW: diplospondyler Wirbel, bestehend aus zwei Wirbelkörpern. g–l: Haupttypen der Wirbelkörperzusammensetzung; Wirbel im schematischen Querschnitt. Arcocentrale Anteile: punktiert, autocentrale Anteile: senkrecht und waagerecht schraffiert, chordacentrale Anteile: schwarz. g. Wirbelkörper chorda- + auto- + arcocentral: Normaltyp der Selachier; h. auto- + arcocentral: *Amia*, viele Teleosteer; i. chorda- + arcocentral: einige Selachier; j. rein autocentral: viele Amnioten; k. rein arcocentral: Vorderregion vieler Fische; l. auto- + arcocentral: viele Säuger. m, n: Amniotenrippe, m. Vorder-, n. Seitenansicht. T. Tuberculum, C. Dapitulum, Pu. Processus uncinatus, V. Vertebrocostale (Vertebralrippe), I. Intercostale, S. Sternocostale (Sternalrippe), St. Sternum; o Wirbel und Gräten (schwarz) von *Alosa* (Teleosteer), N: Neuralbogen, W: Wirbelkörper, H: Hämalbogen, enG: epineurale Gräte, ecG: epicentrale Gräte, epG: epipleurale Gräte. Nach Bütschli, Remane, Schauinsland ▷

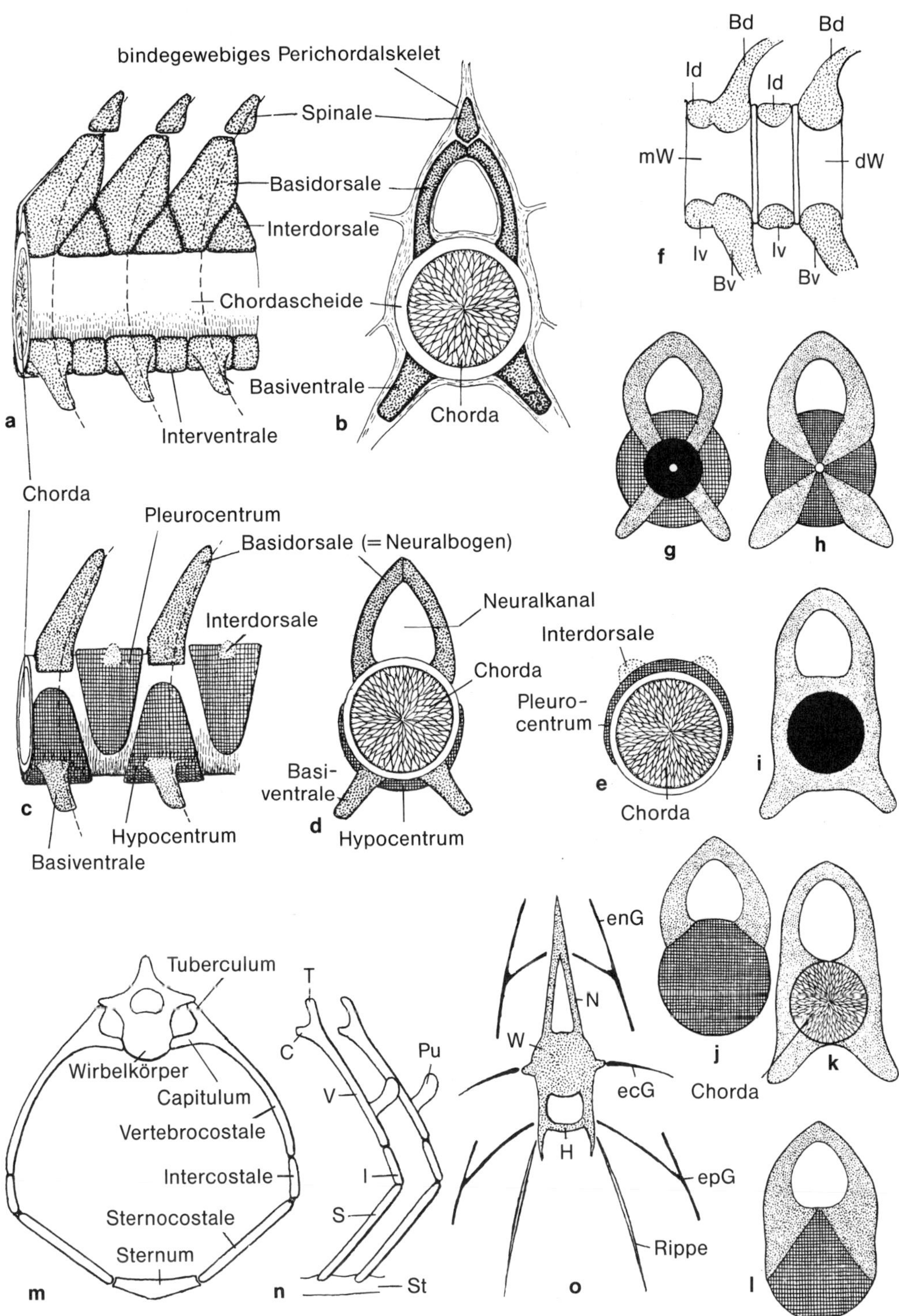
bindegewebiges Perichordalskelet
Spinale
Basidorsale
Interdorsale
Chordascheide
Basiventrale
Interventrale
Chorda
a
b
Bd
Id
mW
dW
Iv
Bv
f
g
h
Chorda
Pleurocentrum
Basidorsale (= Neuralbogen)
Interdorsale
Neuralkanal
Chorda
Interdorsale
Pleuro-
centrum
Basi-
ventrale
Hypocentrum
Basiventrale
c
d
e
i
Tuberculum
T
C
Pu
V
I
S
St
Wirbelkörper
Capitulum
Vertebrocostale
Intercostale
Sternocostale
Sternum
enG
N
W
ecG
H
epG
Rippe
j
k
l
m
n
o

Wirbelsäule

Das Achsenskelet der Wirbeltiere ist aus zwei Komponenten aufgebaut, 1. der entodermalen Chorda dorsalis und 2. dem mesodermalen perichordalen Skelet, das in verschiedenen Gewebeformen (Bindegewebe, Knorpel, Knochen) auftritt. Das Stadium der Wirbelsäule wird erst in mehreren Etappen erreicht.

A. Die Chorda ist der phylogenetisch ältere Teil des Achsenskelets. Ausgangspunkt ist eine durchgehende Chorda (von der Hypophysenregion bis zum Körperende), wie sie noch bei manchen niederen Fischen besteht und embryonal stets angelegt wird. Sie wird dann meist auf die Region zwischen den Wirbeln eingeschnürt und fehlt den erwachsenen Vögeln und Säugern.

B. Das mesodermale, perichordale Skelet entsteht aus Sklerotomen und zeigt große Mannigfaltigkeit und Kompliziertheit (Abb. 296). Es übernimmt schließlich die Funktionen der Chorda und verdrängt diese. Es umhüllt von Anfang an (noch auf dem Bindegewebsstadium) nicht nur die Chorda, sondern auch das dorsal gelegene Neuralrohr und ventral der Chorda liegende Blutgefäße; seitlich steht es mit den Myosepten zwischen den Muskelplatten und der Auskleidung der Leibeshöhle in Beziehung. Histologisch und meist auch ontogenetisch durchläuft das mesodermale Achsenskelet drei Phasen: a) kollagenes Bindegewebe *(Branchiostoma*, sekundär *Myxine)*, b) Knorpel, c) Knochen. Selten wird das Knorpelstadium ausgelassen. Knorpeliges und knöchernes Skelet ersetzen sich meist ontogenetisch und können daher gemeinsam besprochen werden.

Knorpeliges und knöchernes Stadium beginnen phylogenetisch mit kleinen dorsalen und ventralen Skeletstücken, die Bogenelemente (Arcualia) genannt werden; ein eigentlicher Wirbelkörper (Centrum) fehlt noch: aspondyles Stadium (= Bogenstadium).

In einem weiteren Stadium treten mehrere Knochenplatten an der Wand der Chorda auf, die diese mehr oder weniger umschließen, aber noch nicht zu einem einheitlichen Wirbelkörper verschmelzen: hemi- oder temnospondyles Stadium.

Schließlich werden um oder anstelle der Chorda einheitliche Wirbelkörper gebildet: holospondyles Stadium. Es besteht dann die Wirbelsäule aus einzelnen Wirbeln, die aus Körper, Bogenelementen und mannigfachen Fortsätzen aufgebaut sind. Der Übergang vom a- zum hemispondylen Stadium erfolgte bei Fischen vielfach unabhängig, ebenso entstand Holospondylie mehrfach unabhängig.

1. Aspondyles Stadium. Grundschema: In jedem Segment werden jederseits 4 Bogenelemente ausgebildet, 2 dorsale und 2 ventrale: ein dorsales, vorderes Bogenstück (Interdorsale); ein dorsales, hinteres Bogenstück (Basidorsale), umgreift Neuralrohr (Neuralbogen); ein ventrales, vorderes Bogenstück (Interventrale); ein ventrales, hinteres Bogenstück (Basiventrale), umgreift im Schwanz die großen Gefäße (Haemalbogen). Die Interelemente sind meist klein (Abb. 296). Bei Ostracodermen und *Myxine* finden sich keine knorpeligen oder knöchernen Skeletstücke an der Chorda dorsalis, bei Petromyzonten sind kleine knorpelige dorsale Bogenelemente ausgebildet, die vor allem die Wände des Rückenmarkskanals stützen. Die Deutung der Situation bei Agnathen ist schwierig; auf alle Fälle ist die Chorda das wesentliche axiale Skeletelement.
2. Entstehung des Wirbelkörpers. Am Aufbau der Wirbelkörper können sich die Bogenelemente (arcocentraler Anteil) und Kollagen und elastische Fasern enthaltende Chordascheiden (chordacentraler Anteil) beteiligen. Häufig entstehen aber die Körper in der Hauptsache unabhängig von den vorher genannten Anteilen direkt aus perichordalem Gewebe (entweder erst knorpelig und dann knöchern oder gleich knöchern): autocentrale Anteile. Folgende Möglichkeiten der Wirbelkörperbildung existieren: 1) allein chordacentral (Holocephalen), 2) chorda-, arco- und autocentral (Mehrzahl der Selachier), 3) arco- und chordacentral (manche Haie) 4) arco- und autocentral (*Amia*, viele Teleosteer, z. T. Säuger), 5) allein autocentral (Tetrapoden, einige Crossopterygier), 6) allein arcocentral (einige Knochenfische) (Abb. 296). Im einzelnen können sich Probleme bei der Interpretation ergeben, histologisch-embryologische Befunde werden z. T. unterschiedlich gedeutet.

Nicht nur die Grundkomponenten der Wirbelkörper, sondern auch die Formenentwicklung gehen verschiedene Wege. 1) Im hemispondylen Zustand befinden sich meist 2 Halbringe um die Chorda, ventral das Hypo-, dorsal das Pleurocentrum. Das Hypocentrum ist dem Basiventrale angelagert, das Pleurocentrum liegt vor dem Basidorsale (Neuralbogen) und bleibt von ihm getrennt. Jedes Wirbelsäulensegment besteht nun aus 3 Anteilen: a) Hypocentrum und Basiventralia (vorn), b) Pleurocentrum (hinten), c) Neuralbogen (dorsal). Letzterer beteiligt sich nie am Aufbau des Körpers, sondern liegt ihm dorsal auf. 2) Entstehung der Holospondylie aus der Hemispondylie. a) Das Hypocentrum wächst dorsalwärts, das Pleurocentrum ventralwärts. So entstehen 2 Körper pro Segment: primäre Diplospondylie, z.B. bei *Amia* im Schwanz. Diese Körper können ring- oder scheibenförmig sein. Wirbel mit ringförmigem Körper werden oft Hülsenwirbel genannt (manche Teleosteer, Lepospondylier). Hülsenwirbel schnüren dann in ihrer Mitte die Chorda ein und gehen in amphicoele Wirbel (s. u.) über. b) Es entsteht nur 1 Wirbelkörper pro Segment (Monospondylie): 1. durch Verschmelzung zweier Körper (wohl bei Knochenfischen), 2. durch Ausdehnung eines Körpers. Bei den Labyrinthodonta dominiert das Hypocentrum, bei den Amnioten das Pleurocentrum. Bei diesen Tieren wird das Hypocentrum zur Zwischenwirbelscheibe (Säuger) oder Knorpelelementen zwischen den Körpern. Auch die Intervertebralknorpel der Amphibien sind wohl Reste von Wirbelkörpern. Die Evolution der Wirbel innerhalb der Amphibien, der ersten Tetrapoden, wird auf S. 528 beschrieben.

Meist liegen Wirbelgrenze und Myomergrenze alternierend (intermetamere Wirbelkörper), ein Zustand, der sich im Laufe der Embryonalentwicklung herausbildet. Das Gewebe für den Aufbau der Wirbel entstammt dem ventromedianen Teil der Somiten, dem Sklerotom. Auch die Anlage der segmentalen Rumpfmuskulatur entstammt dem Somiten und wird Myotom genannt (s. S. 445). Blieben beide segmentalen Strukturen (Wirbel und Rumpfmuskulatur) auf gleicher Höhe, böte sich ein ineffektiver Angriffspunkt für die Muskulatur. Eine Bewegung der Wirbel gegeneinander ist wohl nur möglich, wenn die Muskulatur die beweglichen Grenzen zwischen den Wirbeln überbrückt. Durch bei den einzelnen Wirbeltieren unterschiedliche Prozesse kommt es dazu, daß sich Wirbelgrenzen und Muskelgrenzen um ein halbes Segment gegeneinander verschieben. Bei Säugetieren entsteht embryonal in der ursprünglichen Wirbelanlage ein Spalt und es verwächst die vordere Hälfte einer ursprünglichen Wirbelanlage mit einer hinteren Hälfte der vorausgehenden ursprünglichen Anlage. Der definitive Intervertebralspalt (Bereich der Zwischenwirbelscheibe) entsteht also in der Mitte des ursprünglichen Wirbelsegments (intrasegmental). Die Muskulatur bleibt in Höhe ihres ursprünglichen Entstehungsortes. Ähnliche Prozesse sind bei anderen Amnioten erkennbar, bei Amphibien ist die Situation noch weniger gut geklärt.

Eine Besonderheit der Chondrichthyes ist, daß ihre knorpeligen Wirbel in oft spezifischen Mustern verkalken (nicht verknöchern) können. Dies ist besonders bei großen Formen zu beobachten; die Wirbel werden durch die Einlagerung der Kalksalze fester.

Folgende Formentypen der Wirbel lassen sich unterscheiden: a) Amphicoel: Wirbelfläche cranial und caudal konkav; primitiv; meist intervertebrale Chordareste. b) Procoel: cranial konkav, caudal konvex. c) Opisthocoel: cranial konvex, caudal konkav. d) Heterocoel: beide Flächen sattelförmig. e) Platycoel (biplan): beide Flächen eben. Selten gibt es noch kompliziertere Formen. Primär erfolgt die Gelenkung zwischen den Wirbelkörpern.

Fortsätze der Wirbel. a) Zygapophysen, Fortsätze, die der Gelenkung hintereinander liegender Wirbel dienen, z.B. dorsale Zygapophysen (Prae- und Postzygapophysen) am Neuralbogen und Zygosphen und Zyganthrum. Diese beiden Fortsätze (oft bei schlangenartigen Formen) bilden ein meist unpaares Zapfengelenk zwischen den Neuralbögen median oberhalb des Neuralrohres, b) Fortsätze an Ansatzstellen der Rippen. c) Dornfortsätze, in der Medianebene gelegen, meist nur dorsal, vom Neuralbogen ausgehend.

Die Wirbelzahl variiert von Art zu Art, selbst innerhalb einer Art können – z. B. bei Fischen – Salzgehalt und Temperatur die Wirbelzahl beeinflussen. Das Maximum liegt bei ca. 435 *(Python)*, geringe Zahlen weisen Anuren und einige Fische auf. Verwachsungen sind häufig, sie treten vor allem am unteren Extremitätenansatz auf: Beckenwirbel vieler Tetrapoden. Im Bereich der Vorderextremität kommt es oft bei Fliegern zu Verwachsungen. Halswirbel verwachsen oft bei schwimmenden und grabenden Arten. Vielfach läßt sich eine Regionenbildung der Wirbelsäule erkennen: Halswirbel, Rückenwirbel (bei Säugern und einigen Reptilien in

Brustwirbel [mit Rippen] und Lendenwirbel [ohne Rippen] geteilt), Sakralwirbel (Beckenanschluß), Schwanzwirbel. Sonderbildungen sind die ersten 2 Halswirbel der Amnioten (Atlas und Epistropheus = Axis) und die Weberschen Knöchelchen mancher Fische. An Atlas (1. Wirbel) und Epistropheus (2. Wirbel) bleibt noch die ursprüngliche Struktur der Doppelkörper erkennbar. Das Hypocentrum des Atlas verknöchert und verwächst mit dem Neuralbogen zu einem Ring, der eine (Sauropsiden) oder zwei (Säuger) Gelenkpfannen für die Gelenkhöcker des Schädels trägt. Das Pleurocentrum des Atlas verwächst aber mit dem folgenden Wirbel, dem Epistropheus, und bildet an ihm das Zahnstück (Processus odontoideus). Da oft das Hypocentrum des Epistropheus verknöchert, enthält dieser Wirbel drei der ursprünglichen Wirbelkörper (Pleurocentrum 1 + Hypocentrum 2 + Pleurocentrum 2), der Atlas nur einen (Hypocentrum 1). Kompliziert wird die Situation noch dadurch, daß ein embryonaler Wirbelkörper zwischen Schädel und Atlas, der Proatlas, mit seinen Anteilen bald mit dem Schädel, bald mit dem Zahn des Epistropheus verwächst.

Bei Fischen und einigen anderen wasserlebenden Wirbeltieren ist das Ende der Wirbelsäule im Bereich der Schwanzflosse entweder nach dorsal abgeknickt (heterozerk) oder nach ventral (hypozerk) oder sie verläuft gerade (diphyzerk). Ist die Schwanzflosse äußerlich symmetrisch, aber der letzte Knochen nach dorsal gerichtet, spricht man von einer homozerken Flosse (Abb. 346).

Rippen (Abb. 296)

Die Rippen sind knorpelig vorgebildete segmentale, meist stabförmige Skeletstücke, die in bindegewebigen Scheidewänden der Seitenrumpfmuskulatur liegen und zentral Anschluß an die Wirbelsäule gewinnen, mit der sie meist gelenkig verbunden sind. Peripher endigen sie frei oder an Sternalgebilden. Ursprünglich lassen sie sich von Kopf bis Schwanz nachweisen, oft sind sie aber auf den mittleren Rumpf beschränkt, wo sie bei Amnioten mit dem Sternum (Brustbein) den Brustkorb bilden. Zwei Rippentypen existieren: obere und untere. Meist ist nur eine Garnitur ausgebildet (bei *Polypterus* beide). Obere Rippen liegen meist im Horizontalseptum zwischen ep- und hypaxonischer Muskulatur (S. 445), untere meist im Grenzbereich zwischen Seitenmuskulatur und Leibeshöhle. Die Rippen der Tetrapoden sind vermutlich obere, die der meisten Fische untere Rippen. Die Amniotenrippe ist primär zweiköpfig und trägt oft einen nach hinten gerichteten Fortsatz (Processus uncinatus). Die für die Atmung nötige Bewegung des Brustkorbes wird durch eine Gliederung der Rippen in zwei oder drei gegeneinander bewegbare Teile (Reptilien, Vögel) oder durch ein nur knorpeliges Verbindungsstück mit dem Brustbein erreicht (Säuger). Unter dem Begriff Bauchrippen (Gastralia) werden stabförmige ventrale Reste des Hautknochenpanzers (*Sphenodon*, Crocodilia u.a.), verstanden.

Die Gräten vieler Teleosteer sind Geschwisterbildungen der Rippen in den Muskelscheidewänden, sie sind nicht knorpelig vorgebildet und können auch die Wirbelsäule erreichen (Abb. 296).

Extremitätengürtel und Extremitäten

Der Fortbewegung der meisten Wirbeltiere dienen 2 Paar Extremitäten (Gliedmaßen), die als Flossen, Arme, Beine oder Flügel ausgebildet sein können. Sie sind über das Zonoskelet (Schulter- und Beckengürtel) am Rumpf befestigt. Diese Gürtelstrukturen dienen weiterhin der Muskulatur der Extremitäten als Ursprung. Der vorn gelegene Schultergürtel (Abb. 297) enthält wie der Schädel zweierlei Knochen: Hautknochen und knorpelig vorgebildete Ersatzknochen. Die alte Hautknochenkapsel des Vorderkörpers bedeckte auch die Region der vorderen Extremitäten, und mit deren zunehmender Beweglichkeit löste sich der Schulterpanzer vom Schädel, blieb aber noch bei vielen Fischen und älteren Amphibien dorsal mit ihm in Kontakt. Deckknochen des Schultergürtels sind dorsal die Cleithra. Sie werden bald reduziert und sind unter den rezenten Tetrapoden nur noch bei Anuren nachweisbar. Lange bleiben die ventralen Deckknochen erhalten. Es sind die paarigen Schlüsselbeine (Claviculae) und die unpaare Interclavicula. Diese verschwindet zuerst. Sie ist bei den Säugern noch bei den Monotremen erhalten. Viele Säuger verlieren auch die Claviculae (Huftiere, Wale) als letzten Knochen des dermalen Schultergürtels.

Umgekehrt nimmt der innere, ersatzknöcherne Schultergürtel an Komplikation zu. Bei

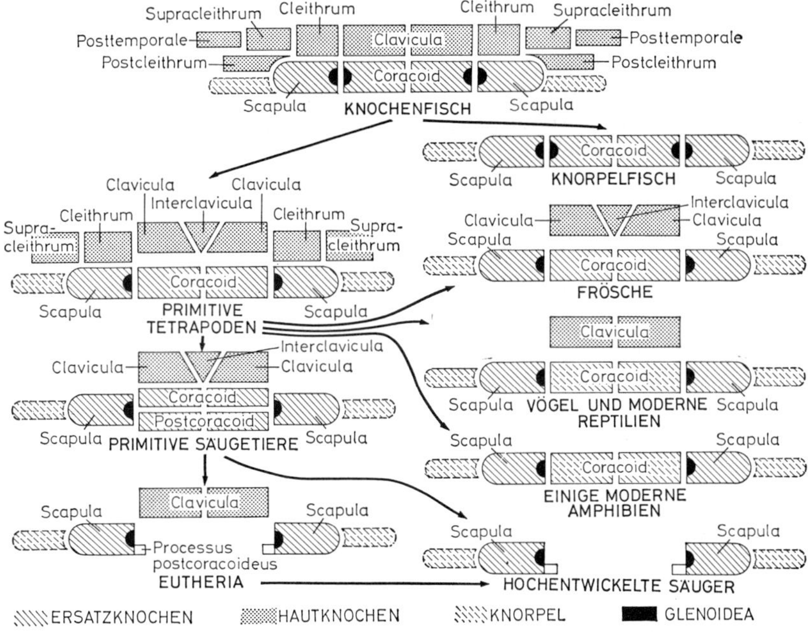

Abb. 297: Evolution des Schultergürtels (schematisch), Ventralansicht. Glenoidea: Gelenkpfanne für den Humerus. Bei manchen Fröschen ist noch ein kleines Cleithrum nachweisbar. Nach Smith

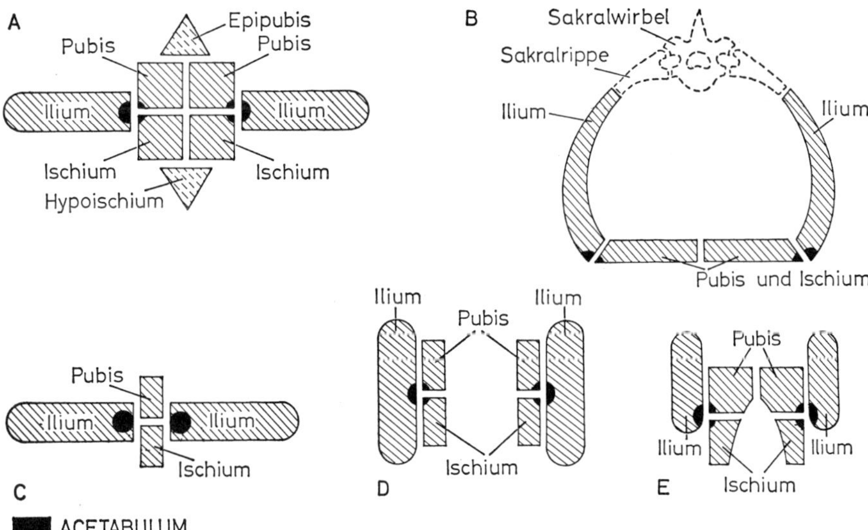

Abb. 298: Evolution des Tetrapoden-Beckengürtels. A: Primitivform; Ventralansicht, Epipubis und Hypoischium treten unregelmäßig auf. B: Primitivform, Querschnitt mit Beziehung zur Wirbelsäule; C: Anura, Reduktion von Pubis und Ischium. D: Vogel, Reduktion von Pubis und Ischium; Pubissymphyse verloren, E: Säuger (Insectivoren, Primaten); Pubissymphyse vorhanden, Ischia auseinandergerückt. Acetabulum: Gelenkpfanne für das Femur. Nach Smith

Fischen ist er meist nur eine Spange, die etwa in ihrer Mitte die Gelenkgrube für den Ansatz der Brustflosse trägt. Der dorsale Teil wird Scapula, der ventrale Coracoid genannt. Die Scapula bleibt sehr konstant, nur wenn der ganze Schultergürtel mitsamt den Vorderextremitäten reduziert wird (Schlangen, Gymnophionen), verschwindet auch sie. Ihre Form wechselt stark, bei Säugern wird sie platt und trägt einen Knochenkamm (Crista) für den Muskelansatz. Sie liegt dorsal den Rippen an, nur bei den Pterosauriern gewinnt sie beweglichen Anschluß an die Wirbelsäule. Das Coracoid der Säuger ist nicht mit dem der Amphibien, Reptilien und Vögel homolog und soll hier Postcoracoid genannt werden. Das Coracoid der Nichtsäuger wird manchmal auch Procoracoid genannt. Bei Therapsiden und Monotremen existieren Procoracoid und Postcoracoid. Bei den meisten Säugern ist das Coracoid (Postcoracoid) zu einem kleinen Fortsatz (Processus postcoracoideus = Proc. coracoideus = Rabenschnabelfortsatz) am Schulterblatt reduziert.

Der Beckengürtel (Abb. 298) enthält nur Knochen des Endoskelets. Bei Fischen ist er ein kleiner Stab, der die Gelenkpfanne (Acetabulum) für das Skelet der Hinterextremität trägt. Bei den Landwirbeltieren wird das Becken Stütze für die Hinterbeine und gewinnt Anschluß an die Wirbelsäule. Das geschieht über eine oder mehrere verkürzte Sakralrippen, an die sich das Darmbein anschließt. Ursprünglich ist nur ein Sakralwirbel vorhanden, an dem das Darmbein (Ilium) des Beckens befestigt ist. Mit zunehmender Aktivität der Hinterbeine verwachsen weitere Bezirke des Darmbeins mit der Wirbelsäule, bis diese Sakralregion bei Vögeln einen weiten Bezirk einnimmt. Ventral enthält der Beckengürtel der Tetrapoden 2 Knochen: vorn das Schambein (Pubis), hinten das Sitzbein (Ischium). Sie sind ventral zu einer Symphyse verwachsen, so daß das gesamte Becken einschließlich Wirbelsäule einen knöchernen Ring bildet, den Eier bei der Ablage und Junge bei der Geburt passieren müssen. Nur bei Vögeln und einigen Kleinsäugern ist die Symphyse geöffnet.

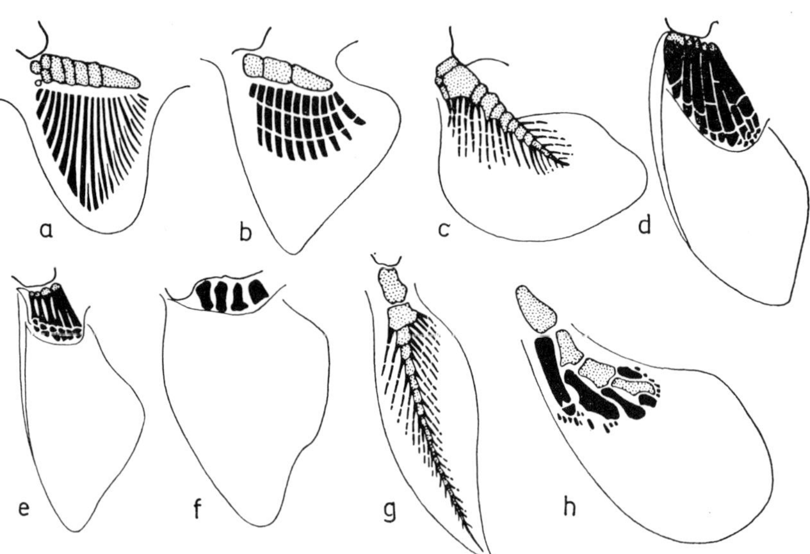

Abb. 299: Brustflossen verschiedener Fische. a. *Cladoselache*, primitiver Hai mit paralleler Anordnung der Radien; b. *Isurus*, höher entwickelter Hai mit schmaler Flossenbasis; die Basalia (punktiert) sind zu größeren Knorpelstücken vereinigt: Pro-, Meso- und Metapterygium; c. *Xenacanthus*, palaeozoischer Hai, mit achsenförmig ausgerichteten Basalia; d. *Cornubiscus* (Actinopterygii, Palaeoniscoidea); e. *Amia* (Holosteer), die Radien sind parallel angeordnet; f. *Serranus* (Teleosteer) mit reduziertem Flossenskelet; g. *Neoceratodus* (Lungenfisch), biseriales Archipterygium; h. *Eusthenopteron*, fossiler Crossopterygier, Anordnung der Flossenskeletanteile ähnelt schon deutlich der der Tetrapoden. Nach Remane, Storch, Welsch

Die Extremitäten (Abb. 299) entstehen aus Falten des Körpers, die unpaar über die Rücken- und die hintere Bauchseite, paarig etwa von der Afterregion ventrolateral cranialwärts ziehen. In diese Falten wandern zur Bildung der paarigen Gliedmaßen Muskelknospen von den Somiten ein, die die Extremitätenmuskulatur bilden. Die älteste Form der Gliedmaßen sind die Seitenlappen (Pleuropterygium). Im basalen Fleischteil liegen zwei Reihen von Knochen oder Knorpeln, die proximalen Basalia, von denen meist eines am Extremitätengürtel gelenkt, und die distalen Radialia. Die häutigen Teile der Flossen tragen als Skelet Elemente des Hautskelets, wie Placoidschuppen oder von ihnen abgeleitete Flossenstacheln, Knochenstrahlen aus verwachsenen Knochenschuppen (Lepidotrichen) oder vom Mesoderm neugebildete weiche Flossenstrahlen. Durch eine Einengung der Ansatzstelle am Rumpf werden diese Flossen vielseitig beweglich. Ihr Fleischanteil mit Muskeln und Innenskelet wird dabei erst auf die Flossenbasis konzentriert (Actinopterygien), oder das Skelet streckt sich mit einer Mittelachse und Seitenstrahlen weit in die Flosse (Archipterygien).

Die Extremitäten der Landwirbeltiere (Tetrapoden), die sich von den Flossen der Crossopterygier ableiten, haben trotz ihrer ganz verschiedenen Funktion als Laufbein, Grabschaufel, Flügel, Flosse einen einheitlichen Bauplan (Abb. 300) und lassen sich in die drei Abschnitte Stylo-, Zeugo- und Autopodium gliedern. Das proximal gelegene Stylopodium besteht nur aus einem Skeletelement, das die Gelenkung zum Zonoskelet übernimmt. Das mittlere Zeugopodium besteht aus 2 Skeletstücken. Das Autopodium liegt distal und setzt sich aus mehreren Anteilen zusammen. Die folgende Zusammenstellung umfaßt die Namen für die einzelnen Skeletelemente der Tetrapodenextremität.

	Vorderextremität		Hinterextremität
Stylopodium	Humerus (Oberarmknochen)		Femur (Oberschenkelknochen)
Zeugopodium	Ulna (Elle) Radius (Speiche)		Tibia (Schienbein) Fibula (Wadenbein)
Autopodium (vorn Hand oder Vorderfuß, hinten Fuß oder Hinterfuß)	Basipodium	Carpus (Handwurzel) setzt sich aus folgenden Handwurzelknochen (Carpalia) zusammen: einer proximalen Reihe (Radiale, Intermedium, Ulnare), 4 in der Mitte gelegenen Centralia u. einer distalen Reihe aus 5 Einzelknochen. Mitunter werden auch nur die distalen Handwurzelknochen «Carpalia» genannt.	Tarsus (Fußwurzel) besteht aus folgenden Fußwurzelknochen (Tarsalia): proximal Tibiale, Intermedium, Fibulare, in der Mitte 4 Centralia und 5 distalen Einzelknochen. Mitunter werden auch nur die distalen Fußwurzelknochen «Tarsalia» genannt.
	Metapodium	5 Mittelhandknochen (Metacarpale 1–5)	5 Mittelfußknochen (Metatarsale 1–5)
	Acropodium	Digitus 1–5 (Finger) jeder Digitus besteht aus einzelnen gelenkig verbundenen Phalangen.	Digitus 1–5 (Zehen) jeder Digitus besteht aus einzelnen gelenkig verbundenen Phalangen.

Von den Wurzelknochen verschmelzen manche in verschiedener Weise, manche werden rückgebildet. Der Mensch hat noch 8 Hand- und 7 Fußwurzelknochen. Im Fuß des Menschen bilden sie Teil eines festen Gewölbes; bei einigen Formen kann sich in ihrem Bereich ein großes, queres Gelenk ausbilden, das Intertarsalgelenk. Bei Vögeln ist es das Hauptfußgelenk. Die proximal von ihm gelegenen Fußwurzelknochen verschmelzen mit der Tibia zum Tibiotarsus, die distal von ihm gelegenen mit den verwachsenen Metatarsalia zum Tarsometatarsus. Die Elemente des Metapodiums sind meist stabförmig; bei Lauftieren verwachsen die der Hinterextremität oft zu einem einheitlichen Knochen (Os canon der Huftiere). Finger und Zehen sind frei. Ihre Zahl beträgt meist 5. Bei primitiven Tetrapoden finden sich noch Andeutungen eines Fingers vor dem 1. Finger (Praepollex) und hinter dem 5. (Postminimus). Bei Lauftieren wird die Zahl der Zehen reduziert, bei Vögeln bis auf 2 (Strauß), bei Säugern bis auf 1 (Pferde, Litopterna).

Amphibien besitzen i.a. nur wenige Phalangen. Bei Reptilien sind die Zahlen an Digitus 3 und 4 i.a. am höchsten (4, 5), bei Säugern trägt der erste Digitus 2, die restlichen 3 Phalangen. Abb. 300 gibt einen Eindruck von der Vielfalt der Tetrapodenextremitäten.

Reptilien und Säuger, die ins Meer zurückgegangen sind und wieder Flossen ausbilden (Wale, Plesio-, Ichthyosaurier), weisen oft eine

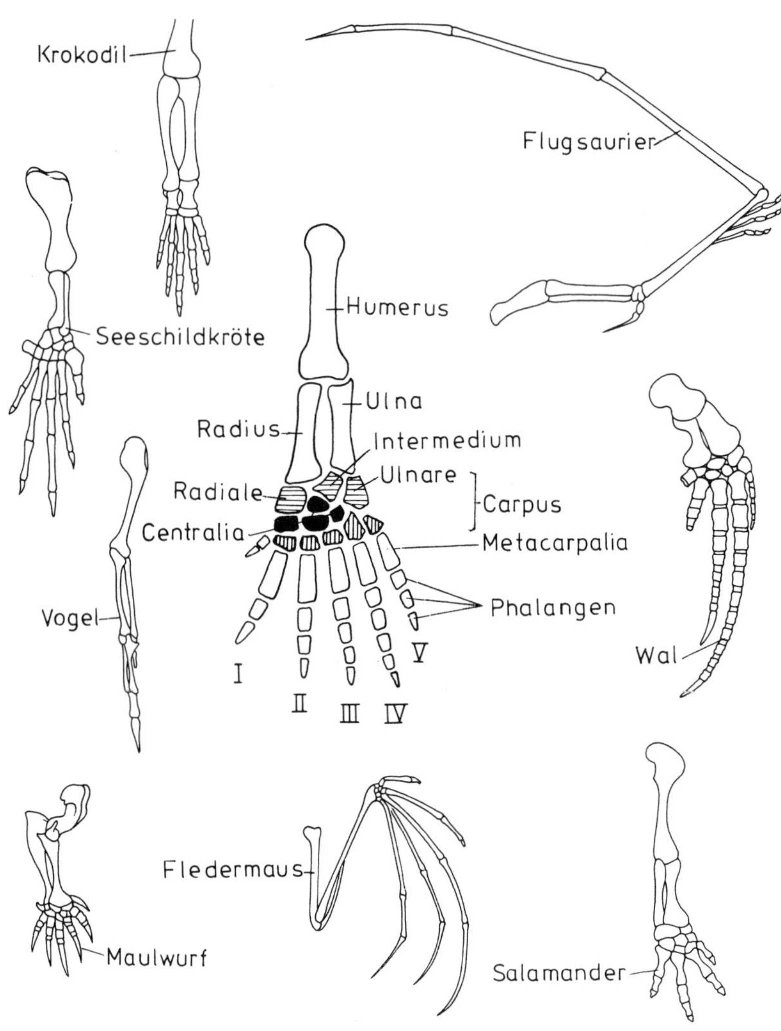

Abb. 300: Tetrapodenextremität. Im Zentrum Schema einer Vorderextremität. I–V: Digiti (Finger). Hinterextremität ist nach dem gleichen Plan gebaut. Peripher: Beispiele für verschieden abgewandelte Vorderextremitäten. Nach Remane, Storch, Welsch

starke Vermehrung der Phalangenzahl auf. Die Ichthyosaurier können sogar die Zahl der Finger erhöhen.

Trotz des einheitlichen Bauplanes treten rasch Unterschiede zwischen Vorder- und Hinterextremitäten auf. Ein wichtiger Unterschied betrifft die Gelenke zwischen Stylo- und Zeugopodium (Knie- und Ellbogengelenk). Das Kniegelenk ist in der Hauptsache ein Scharniergelenk. Im Ellbogengelenk verhalten sich Radius und Ulna nicht gleichsinnig. Der Radius führt nicht nur wie die Elle Scharnierbewegungen aus, sondern ermöglicht auch Drehbewegungen (Pro- und Supination).

Schädel, Schuppen

Der Schädel entsteht auf komplizierten Wegen aus drei verschiedenen Bereichen (Abb. 301):

1. Neurocranium. Es umgibt primär Gehirn und Sinnesorgane.

2. Viscerocranium (Splanchnocranium). Es besteht aus einer Anzahl hintereinanderliegender Spangen, den Visceralbögen, die ursprünglich den Kiemenkorb bilden.

3. Dermatocranium. Ein Knochenmantel dicht unter der Haut umhüllt den ganzen Vorderkörper und bildet auch in der Mundhöhle einen Knochenbelag.

Neuro- und Viscerocranium werden im Embryo knorpelig angelegt (= Primordial- oder Chondrocranium). Die Verknöcherung erfolgt durch Ersatzknochenbildung. Das Dermatocranium entsteht durch direkte Verknöcherung im Bindegewebe der Haut, seine Knochen sind Hautknochen (= Deckknochen).

Bei niederen Gruppen existiert noch ein Oralskelet (Knorpel in der Mundregion), das bei den Cyclostomen mit ihrem Saugmund reich entwickelt ist, bei Haien in den Lippenknorpeln erhalten und noch bei Teleosteern und Amphibienlarven nachweisbar ist.

1. Neurocranium. Ontogenetisch entsteht das Neurocranium aus getrennten, verschiedenartigen Bezirken (Abb. 302):

a) **Parachordalia.** Sie begleiten als paarige Stäbe die Chorda und setzen sich nach hinten in die Anlagen der Wirbelkörper fort. Die Grenze zwischen Wirbelanlagen und Parachordalia ist hier unscharf. Die spätere Grenze Schädel-Wirbelsäule entsteht an verschiedenen Stellen,

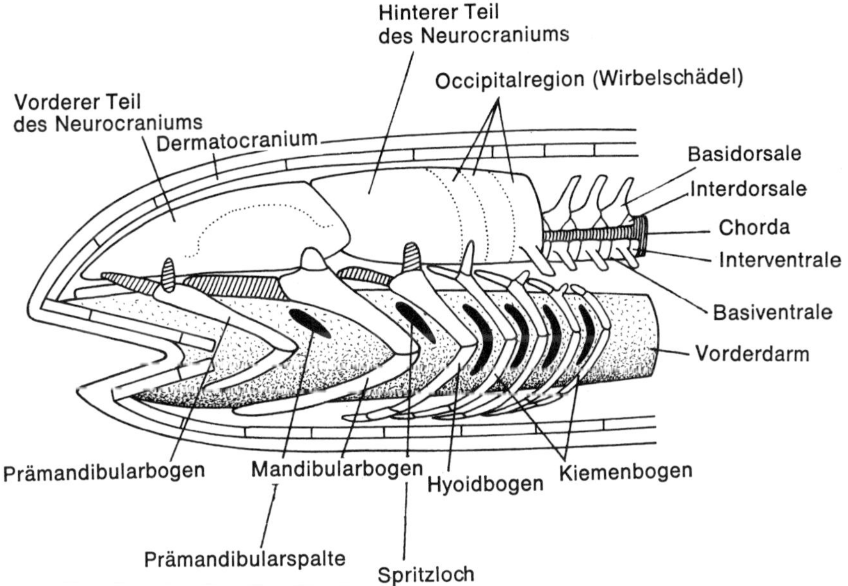

Abb. 301: Grundbauplan des Wirbeltierschädels (v. a. nach Befunden an Crossopterygiern). Das Neurocranium besteht aus zwei gelenkig miteinander verbundenen Anteilen, deren Zuordnung zu den ontogenetisch nachweisbaren Skeletstücken rezenter Formen umstritten ist; caudal lagern sich umgeformte Wirbel an (Wirbelschädel). Die Teile des Viscerocraniums, die in das Neurocranium aufgenommen werden, sind schraffiert gezeichnet. Nach Jarvik, Portmann.

so daß dieser Bereich mit Recht als Wirbelabschnitt des Schädels bezeichnet wird. Das Gehirn wird jedoch nur am Hinterhauptsloch dorsal von einem Bogen umschlossen (Occipitalspange). Die Parachordalia bilden auf späteren Stadien nur eine Knorpelplatte unter dem Schädel, die die Chorda umschließt und basal sogar ein Fenster (Fenestra basicranialis) bilden kann.

b) **Trabeculae.** Vor der Chorda entstehen paarige Knorpelstäbe vor und neben der Hypophyse. Sie entstehen aus dem Ectoderm der Neuralleisten und sind offenbar die oberen Teile des Kieferbogens und des Praemandibularbogens, gehören also zum Visceralskelet und sind sekundär dem Neurocranium angegliedert. Bei primitiven Fischen (Crossopterygier) ist der hintere Teil des Neurocraniums (chordale Region) mit dem vorderen noch durch ein Gelenk verbunden.

c) **Sinnesknorpel.** Die 3 großen Sinnesorgane bilden eigene Knorpel, das Ohr jederseits eine große Masse, die mit den Parachordalia verwächst. Die beiden Ohrknorpel sind über dem Gehirn durch das Tectum synoticum verbunden. Die Augen können Knorpel und sogar Knochenplättchen (Scleralknochen) in der Sclera bilden. Diese verwachsen nicht mit dem Schädel. Die Nasen erhalten umhüllende Knorpelbecher, die mit dem Vorbezirk des Knorpelschädels verwachsen können. Sekundär entstehen noch Knorpel in Ohrmuscheln, Nasenflügeln usw.

Der Übergang in das knöcherne Stadium unterbleibt vollkommen bei den rezenten Chondrichthyes und Dipnoi, weitgehend bei rezenten Amphibien. Reste des Knorpels bleiben auch bei Säugern noch in der Nasenscheidewand. Die Verknöcherung führt bei primitiven Wirbeltie-

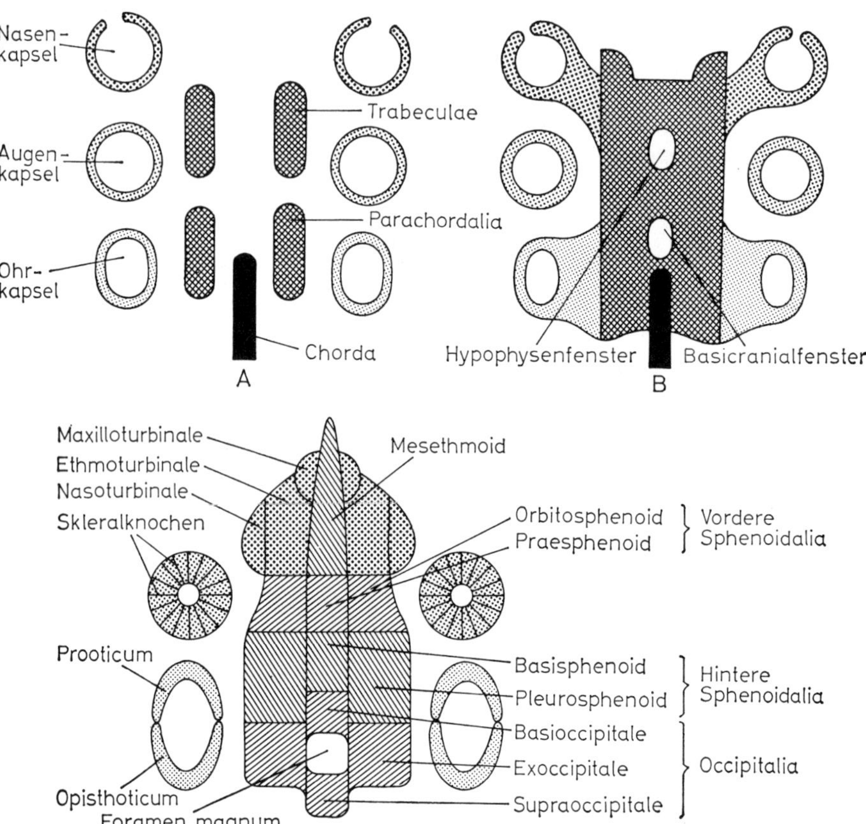

Abb. 302: Oben: Bildung des (platybasischen) Neurocraniums; Kapseln der Sinnesorgane punktiert. A. frühes, B. spätes Stadium. Unten: Schematische Darstellung der Knochen des Amniotenneurocraniums und der Sinneskapseln. Nach Smith

ren meist zu einer einheitlichen oder nur in Vorder- und Hinterstück geteilten Knochenmasse. Bei höheren Wirbeltieren finden wir im Neurocranium eine Reihe einzelner Knochen. Es sind von hinten nach vorn (Abb. 302):

a) Die **Occipitalia.** Sie umgeben das Hinterhauptsloch und bestehen aus dem basalen unpaaren Basioccipitale, den seitlichen Exoccipitalia und dem dorsalen Supraoccipitale. Alle 4 verwachsen bei Säugern im Laufe des Lebens zum Hinterhauptsbein.

b) Die **Sphenoidea (Keilbeine).** Sie liegen an der Schädelbasis vor den Occipitalia und bestehen aus dem unpaaren Basisphenoid, dem vor ihm liegenden Praesphenoid und den seitlichen Orbitosphenoidea und z.T. noch den Pleurosphenoidea (Reptilien). Bei primitiven Tetrapoden liegt vor dem Basisphenoid ein größeres Knochenstück, das Sphenethmoid, das wohl dem Praesphenoid der Säuger oder deren Praesphenoid und Mesethmoid entspricht; z.T. repräsentiert es anscheinend auch nur die Ethmoidalregion.

c) Die **Ethmoidea** im Nasenraum. Bei Knochenfischen treten in dieser vordersten Region des Neurocraniums mehrere Ethmoidea auf. Das typische mediane Siebbein vieler Säuger (Mesethmoid = Ethmoid) trennt Nasen- und Hirnhöhle und ist in der Lamina cribrosa von den Durchtrittsstellen der Riechnerven oft siebartig durchlöchert. Ihm angelagert sind die Nasenmuscheln (Turbinalia). Bei vielen niederen Tetrapoden bleibt die Ethmoidalregion knorpelig oder ist rückgebildet.

d) Die **Otica,** die das Gehör- und Vestibularorgan beherbergen. Sie liegen meist seitlich von der Sphenoidalregion. Meist sind zwei Knochen vorhanden: Prooticum und Opisthoticum. Sie verschmelzen bei Säugern zu einem Knochen.

2. Das **Viscerocranium** besteht aus paarigen Spangen zwischen den Kiemenspalten und bildet den Kiemenkorb (Abb. 303). Seine Teile werden tiefgreifend abgeändert und zu neuen Funktionen verwendet. Ein Kiemenbogen besteht primär aus folgenden Teilen (von dorsal nach ventral): Pharyngo-, Epi-, Cerato-, Hypo- und Basibranchialia. Die Pharyngobranchialia sind doppelt (Supra- und Infrapharyngobranchialia) und treten vorn mit dem Neurocranium in Kontakt. Es ist bekannt, daß der Kieferbogen ein umgewandelter Visceralbogen ist, desgleichen der folgende Hyoidbogen. Sie erhielten die Bezeichnung Visceralbogen 1 und 2, denen als 3. der erste echte Branchialbogen (= Kiemenbogen) folgt.

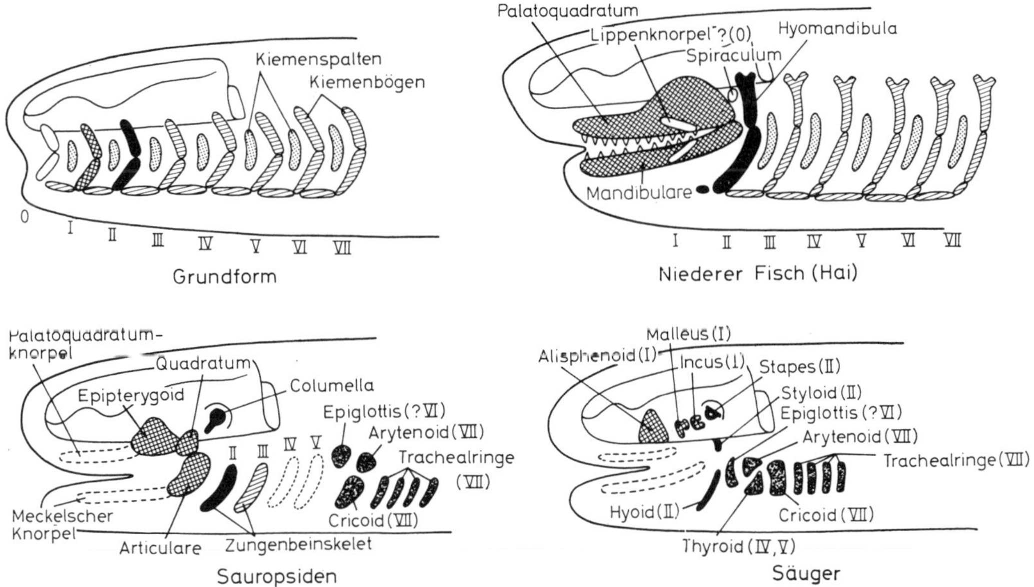

Abb. 303: Entwicklung des Viscerocraniums der Wirbeltiere, Spiraculum = Spritzloch, Prämandibularbogen = weiß, Kieferbogen: Kreuzschraffur, Hyoidbogen: schwarz, typische Kiemenbogen: schraffiert; Derivate der hinteren Kiemenbögen bei Tetrapoden unregelmäßig gepunktelt. Nach Remane, Storch, Welsch

Untersuchungen an fossilen Wirbeltieren ergaben, daß noch vor dem Kieferbogen ein Visceralbogen existierte, der Praemandibularbogen. Dieser liefert ziemlich sicher die Trabeculae am Neurocranium, an deren Aufbau wohl auch der vordere Teil des Kieferbogens beteiligt ist.

I. Der Kiefer- oder Mandibularbogen besteht aus dem oberen Palatoquadratum und dem unteren Mandibulare (= Meckelscher Knorpel). Nicht sie sind primär die Träger der Zähne, sondern die sie bedeckenden Hautknochen; nur bei Haien liegen die Zähne nach Reduktion der Hautknochen auf ihnen. Das Palatoquadratum entspricht dem Epibranchiale (sein Pharyngobranchiale geht offenbar in der Schädelbasis (Trabeculae) auf). In ihm entsteht in der Gelenkregion als Knochen das Quadratum, vor diesem das Epipterygoid, das bei Säugern Teil der Schädelwand wird (Alisphenoid = großer Keilbeinflügel). Bei Knochenfischen sind weitere Ersatzknochen vorhanden (Autopalatinum, Supra- und Metapterygoid). Der untere Kieferbogen, das Mandibulare (entspricht einem Ceratobranchiale) bildet das Articulare als Knochen. Quadratum und Articulare bilden das primäre Kiefergelenk, sie wandern bei Säugern ins Mittelohr und werden zum 2. und 3. Gehörknöchelchen: Amboß (Incus) und Malleus (Hammer) (Abb. 304).

II. Der Hyoidbogen unterliegt in seinem oberen Teil einem starken Funktionswechsel. Die obere Hauptspange (Hyomandibula(re) = Epihyale) wird bei Haien und Actinopterygiern eine Befestigungsstange zwischen dem Neurocranium und dem Kiefergelenk, der sog. Kieferstiel. Bei Actinopterygiern verbindet oft ein zusätzliches Symplecticum das Hyomandibulare mit dem Oberkiefer. Bei Dipnoi und Tetrapoden ist das Hyomandibulare am Schädelkontakt gegabelt.

Bei den Tetrapoden wird dieser Knochen in den Spritzlochkanal, der nun zum Mittelohr eingefaltet wird, einbezogen und zum ersten Gehörknöchelchen, dem Stapes (= Columella) umgestaltet, dessen innerer Teil (Deckplatte) im ovalen Fenster (Fenestra ovalis) der Schädelwand liegt. Das untere Pharyngobranchiale des Hyoidbogens wird dem Neuralschädel eingegliedert. Der untere Teil des Hyoidbogens (= Ceratohyale) wird zunehmend selbständig und bei Tetrapoden zum vorderen Teil (vorderes Horn) des Zungenbeines. Der obere Bezirk legt sich bei manchen Säugern (Mensch) dem Schädel an (Styloid-Fortsatz).

III. Die Branchialbögen entsprechen in ihrer Zahl den Kiementaschen, ihre Zahl wird also in der Phylogenie geringer. Sie verschwinden jedoch mit dem Verlust der Kiemenatmung bei Tetrapoden keineswegs, sondern beteiligen sich am Zungenbein (Os hyoideum). Dieses besteht aus einem unpaaren ventralen Körper, der aus den Basibranchialia gebildet wird, und 2–3 paarigen Hörnern. In der Sauropsiden-Linie werden die Branchialbögen 2 und 3 zunehmend reduziert; in der Säugerlinie gewinnen sie aber eine neue Bedeutung, sie bilden den großen Schildknorpel am Kehlkopf. Auch den Bögen 4 und 5 wird von vielen Autoren die Beteiligung an neuen Strukturen zugeschrieben, 4 soll Kehldeckel (Epiglottis) und 5 den Gießbeckenknorpel (Arytenoid) und das Cricoid bilden, aus dessen Bildungsgewebe sich die knorpeligen Stützringe der Luftröhre (Trachealringe) formieren.

Abb. 304: Entwicklung des Unterkiefers, des Kiefergelenks und der Mittelohrknochen bei Wirbeltieren. ▷ a. Kopf eines Säugerembryos mit primärem Kiefergelenk; Proc. styloideus: Processus styloideus. Das primäre Kiefergelenk liegt zwischen Hammer und Amboß, die bei erwachsenen Säugern Gehörknöchelchen bilden, das sekundäre zwischen Dentale und Squamosum. b–e. Kieferapparat von Haien (b), primitiven Tetrapoden (c), säugerähnlichen Reptilien (d) und Säugern (e). Zuerst wird das Kiefergelenk von Palatoquadratum und Mandibulare gebildet, bei Säugern von Squamosum und Dentale. Der proximale Teil des Palatoquadratums entspricht dem Quadratum, der des Mandibulare dem Articulare. Bei den Säugern bilden Quadratum und Articulare Incus (Amboß) und Malleus (Hammer). Das dritte Gehörknöchelchen, der Stapes (Steigbügel), entspricht dem Hyomandibulare und übernimmt innerhalb der Wirbeltiere als erstes schalleitende Funktion und wird bei den Nichtsäugern Columella genannt. Das Trommelfell der Säuger ist nicht mit dem der Reptilien homolog, sondern entspricht ihm nur in seinem oberen Abschnitt (Shrapnellsche Membran). Chorda tympani: Ast des Nervus facialis, der durch das Mittelohr zieht. f–h. Unterkiefer in der Ansicht von innen. f. primitiver Tetrapode, g. typisches säugerähnliches Reptil, h: hochentwickeltes säugerähnliches Reptil. Beachte die Vergrößerung des Dentale (schwarz) und die Reduktion der anderen Deckknochen. Präarticulare = Goniale = Processus folianus. Nach Portmann

Verbindungen zwischen Visceralbögen und Neurocranium: Die drei vorderen Bögen (o bis II) legen sich dorsal mit doppelter Basis dem Neurocranium an. Nach Reduktion des Praemandibularbogens behalten Kieferbogen und Hyoidbogen zunächst diese Verbindung. Ein solcher «amphistyler» Schädel ist noch bei primitiven Haien vorhanden. Von diesem Zustand führen zwei entgegengesetzte Wege weiter. Entweder wird der Kieferbogen frei beweglich und löst sich vom Neurocranium, dann übernimmt das Hyomandibulare allein seine Verankerung am Schädel. Ein solcher »hyostyler» Schädel entsteht unabhängig bei Haien und Actinopterygiern. Andererseits kann gerade der Kieferbogen, besonders bei harter Nahrung, intensiver am Schädel befestigt werden und mit ihm verwachsen. Ein solcher «autostyler» Schä-

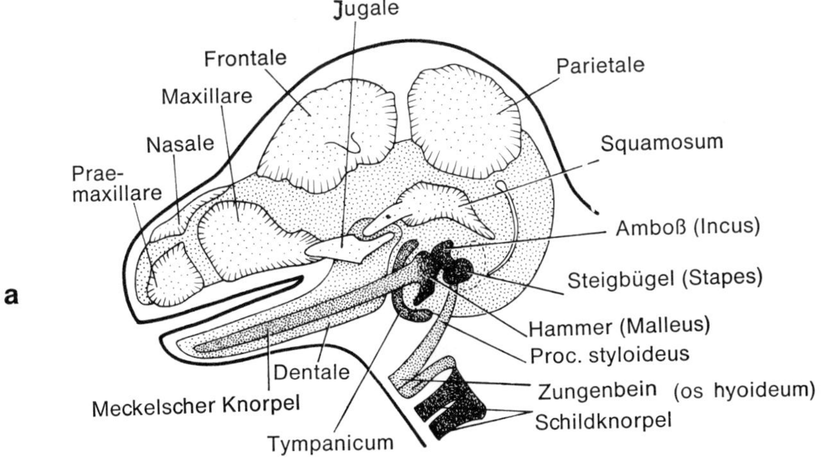

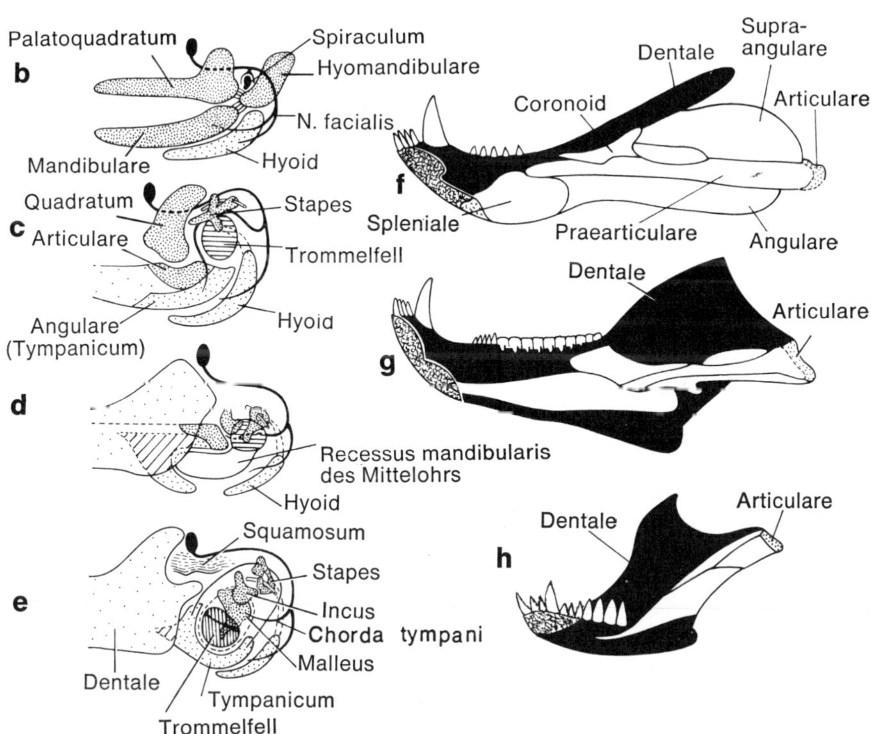

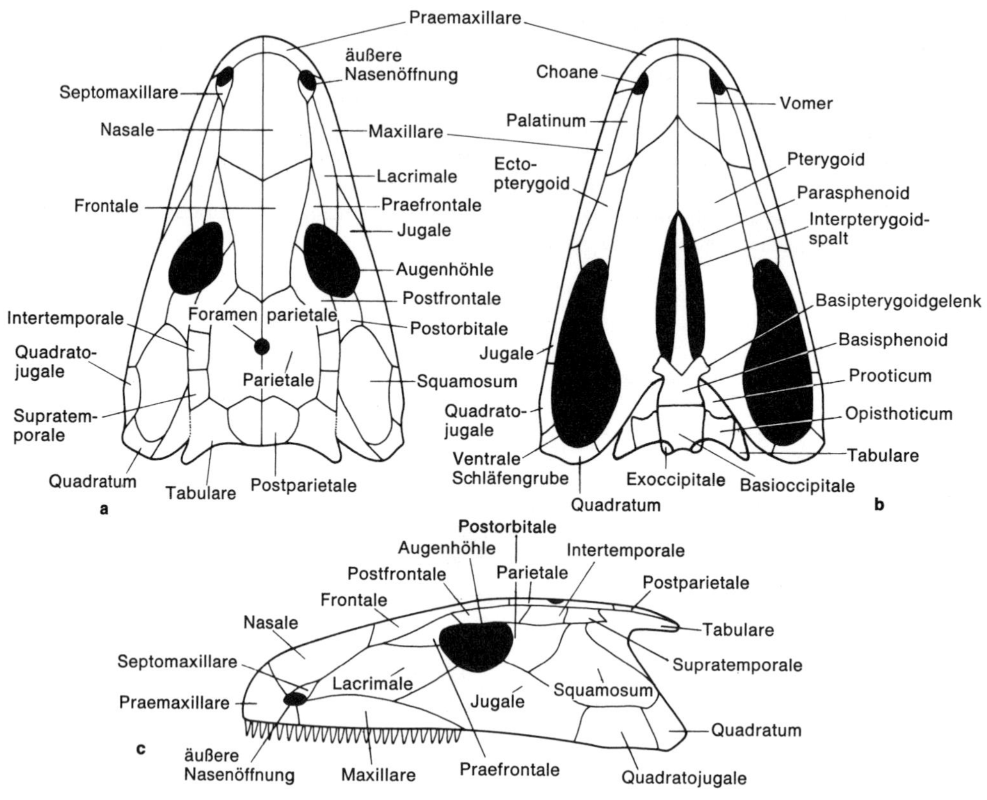

Abb. 305: Tetrapodenschädel, a. Dorsal-, b. Ventral-, c. Lateralansicht. Bei Säugern gehen verloren: Praefrontale, Postfrontale, Postorbitale, Inter- und Supratemporale, Quadratojugale; ihre Eigenständigkeit verlieren durch Verschmelzung mit dem Parietale bei Säugern: Postparietale, Tabulare; unregelmäßig treten bei Säugern auf: Septomaxillare, Parasphenoid, Ectopterygoid. Nach Remane, Storch, Welsch

del entsteht unabhängig und auf verschiedenen Wegen bei den Holocephalen, Dipnoern und Amphibien. Die spezielle Form der Autostylie der Holocephalen heißt Holostylie. Bei höheren Fischen und primitiven Tetrapoden tritt das Basipterygoidgelenk auf, das das Palatoquadratum oder an seiner Stelle Skeletelemente des Munddaches (Endopterygoide (s.u.)) mit der Basis des Neurocraniums verbindet. Bei den Amniota legt sich das Epipterygoid, ein Knochen des Palatoquadratums, dem Neurocranium an und wächst bei den Säugern als Alisphenoid in seine Wand ein. Das Hyomandibulare gewinnt ja bei Tetrapoden als Gehörknöchelchen eine neue Bedeutung, es kann seine Verbindung Kiefergelenk bzw. Quadratum-Neurocranium beibehalten oder wiedererlangen (Synapsida, Schlangen).

3. Das **Dermatocranium** bildet bei den ältesten Wirbeltieren eine Knochenkapsel um Kopf und Vorderrumpf. Sein Fehlen bei den rezenten Haien, Holocephalen und Cyclostomen muß auf sekundärem Verlust beruhen. Es besteht aus einer größeren Anzahl Knochen, die sich im Laufe der Phylogenie vermindert haben. Da hierbei Verschmelzungen und Reduktionen erfolgen, ist die Homologisierung der Knochen innerhalb der Fische oft unsicher. Von den Crossopterygiern und Tetrapoden an verfügen wir aber über ein klares Grundschema, das anhand des Ichthyostegalia-Schädels erläutert werden soll. Das Schädeldach ist geschlossen, nur für die Augen und Nasenhöhlen sind Öffnungen vorhanden, am Hinterrand verrät eine Einbuchtung die Ansatzstelle des Trommelfelles. Die Knochen haben außen oft noch eine

Skulptur, die Kanäle der Seitenlinien markieren sich als Furchen. Die Knochen lassen sich in folgende Gruppen ordnen (Abb. 305):

1. Vier Kieferrandknochen: a) Praemaxillare = Intermaxillare (Zwischenkiefer), b) Maxillare (Oberkiefer), c) Jugale (Jochbein), erreicht die Augenhöhle, oft vom Kieferrand ausgeschaltet, d) Quadratojugale, legt sich an das Quadratum, das zum Visceralskelet gehört, an; a) und b) tragen Zähne.

2. Vier paarige Mittelknochen: a) Nasalia (Nasenbeine), b) Frontalia (Stirnbeine), c) Parietalia (Scheitelbeine) mit der Öffnung der Scheitelaugen, d) Postparietalia.

3. Zwischenreihe vor der Augenhöhle: a) Septomaxillare an der Nasenöffnung, b) Lacrimale (Tränenbein), c) Praefrontale.

4. Doppelte Zwischenreihe hinter der Orbita. a) Postfrontale. b) Postorbitale, beide an der Augenhöhle. c)–e) Intertemporale, Supratemporale und Tabulare oberhalb der Trommelfellregion, f) Squamosum (Schuppenbein), unterhalb derselben. Am Säugerschädel existiert nur noch etwa die Hälfte dieser Knochen. Manche sind ganz verschwunden (Praefrontale, Postfrontale, Postorbitale, Intertemporale, Supratemporale, Quadratojugale, meist auch das Septomaxillare), andere sind schon früh mit anderen Knochen verschmolzen, Postparietale und Tabulare mit dem Supraoccipitale, also einem Knochen des Neurocraniums. Sie sind gemeinsam z.T. noch als «Interparietale» erkennbar.

Die Hautknochen des Gaumendaches bilden große Platten. Median liegt das unpaare Parasphenoid. An den Kieferrand grenzen: a) die paarigen Vomeres (Pflugscharbeine), b) die Palatina (Gaumenbeine), c) die Ectopterygoidea. Alle drei können Zähne tragen. Nach innen schließen sich die großen Endopterygoidea an, meist einfach Pterygoidea* genannt.

Sie treten durch einen Fortsatz (Processus basipterygoideus) mit dem Gehirnschädel, und zwar dem Basisphenoid, in Gelenkverbindung (Basipterygoidgelenk) und reichen ursprünglich nach hinten bis zu Quadratum und Squamosum. Große Lücken, in denen Kaumuskeln liegen, befinden sich vor dem Kiefergelenk, Lücken bilden sich auch zwischen Parasphenoid und den Pterygoidea.

Bei Tieren, deren innere Nasenöffnungen rachenwärts verlängert werden, entsteht oft ein sekundärer knöcherner Gaumen, indem vom Kieferrand Knochenlamellen einwärts wachsen (Säuger, Krokodile). Dann bilden Gaumenplatten des Praemaxillare und Maxillare, die median zusammenstoßen, den Hauptteil des knöchernen Gaumens. Der Vomer wird bei Säugern von ihnen überdeckt, die Pterygoidea begrenzen die Choanen.

Im Unterkiefer liegen dem Mandibulare außen und innen eine Reihe von Knochen auf. Das Dentale nimmt den Kieferrand ein, außen liegen unter ihm 1–3 Splenialia, 1 Angulare, 1 Supraangulare; innen liegen 1–3 Coronoidea, 1 Praearticulare (= Goniale). Die Zähne trägt das Dentale und evtl. die Coronoidea. Auch hier vermindern sich die Knochen im Laufe der Phylogenese. Bei den Säugern bildet allein das Dentale den Unterkiefer, das Angulare löst sich von ihm, umhüllt am Schädel das Mittelohr von unten und trägt das Trommelfell. Hier wird es als Tympanicum bezeichnet. Als kleines Stück kann ein weiterer Deckknochen, das Praearticulare, dem Hammer im Mittelohr ansitzen (Processus folianus). Bei den Säugern bilden also nicht mehr Quadratum und Articulare das Kiefergelenk, sondern Squamosum und Dentale (sekundäres Kiefergelenk). Einige Zeit haben offensichtlich zwei Kiefergelenke neben- (oder hinter-) einander existiert. Eine Reihe von rezenten Vögeln (z.B. Mausvögel *[Colius]*) und Fischen (Scaridae, Papageifische) zeigen, daß dies grundsätzlich möglich ist.

Architektur des Schädels, Schläfenfenster (Abb. 306). Die Knochenmasse des Schädels wird bei wasserlebenden und beweglichen Landtieren stark vermindert, bei Wassertieren durch Verminderung der Knochen und weitgehende Persistenz des Knorpelschädels, bei Landtieren oft durch Auftreten von Lücken im Schädeldach. Die Lücken sind für die Systematik der Amnioten wichtig. Die primitiven Tetrapoden haben ein geschlossenes Schädeldach (anapsid), das z.T. noch bei den Schildkröten vorhanden ist. In der Schläfenregion treten durch Auseinanderweichen der Deckknochen

* Der Name Pterygoidea umfaßt also einerseits knorpelig vorgebildete Knochen des Visceralskelets (Epipterygoid) als auch Hauptknochen des Gaumendachs. Die gleiche Doppelnatur besteht bei den Palatina. Neben den verbreiteten Hautknochen dieses Namens gibt es knorpelig angelegt Autopalatina, die zum oberen Kieferbogen gehören.

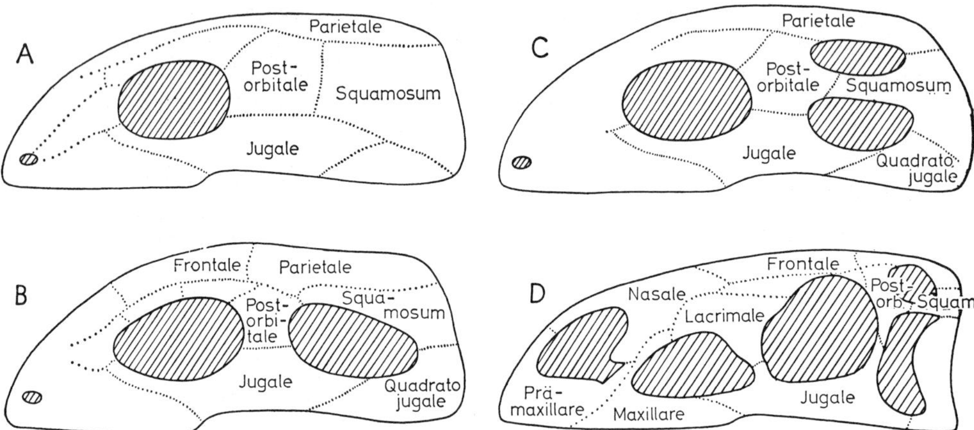

Abb. 306: Schädeltypen der Tetrapoden. A. anapsid, B. synapsid, C. diapsid, D. mit großem Praeorbitalfenster (triapsid), wie z. B. bei vielen Archosauriern; bei diesem Schädeltyp ist oft auch die Nasenöffnung vergrößert; s. auch Abb. 394. Nach Remane, Storch, Welsch

Öffnungen auf, in der Reihe der Säuger ein unteres Schläfenfenster (synapsid), bei den Sauropsida zwei, ein oberes und ein unteres (diapsid). Sind diese Schläfenfenster umfangreich, so werden Teile der Schädelwand zu Jochbögen reduziert. Bei den Säugern bzw. Synapsida gibt es einen, bestehend aus Jugale und Squamosum, bei den Diapsida zwei; der obere wird von Postorbitale und Squamosum, der untere von Jugale und Quadratojugale gebildet. Bei vielen Archosauriern und Vögeln tritt noch ein Praeorbitalfenster auf, so daß das Dermatocranium nur noch aus einem Strebenwerk besteht. Seltener (Ichthyosaurier, Plesiosaurier) existiert ein einzelnes, weiter oben gelegenes Fenster, das unten von Postorbitale und Squamosum und oben vom Parietale begrenzt wird: euryapsider Schädel (Abb. 394).

Das Auftreten der Fenster hat zwei Folgen:

1. Muskeln, die unter dem Schädeldach lagen, können mit ihrer Ansatzstelle um den Fensterrand an die Außenfläche der Hautknochen wandern. Das geschieht mit Kaumuskeln (M. temporalis) bei den Säugern. Sie schieben sich über Squamosum, Parietale und Frontale hinweg, können in der Medianen des Hirnschädels zusammentreffen. Hier ist dann ein Knochenkamm (Crista sagittalis) ausgebildet.

2. Die stabförmigen Knochen können beweglich werden. Das ist am deutlichsten erkennbar am Quadratum bei den Squamata, bei denen nach Auflösung des unteren Jochbogens das Quadratum als Stab vorspringt. Auch bei den Vögeln ist das Quadratum beweglich. Das hat zur Folge, daß das Kiefergelenk je nach der Stellung des Quadratums verschoben werden kann. Auch die Schädelkapsel kann bewegliche Stellen einschalten. Bei Vögeln ermöglicht eine Biegungsstelle zwischen Nasale und Frontale das Bewegen des Oberschnabels. Da keine Muskeln außerhalb dieser Hautknochen liegen, erfolgt das Heben indirekt durch Kaumuskeln. Das untere Ende des Quadratums wird durch sie mit dem Kiefergelenk nach vorn gedreht, und damit schiebt die Verbindungsstange aus Quadratojugale und Jugale den Oberschnabel nach oben. Eine zweite Verbindung zwischen Quadratum und Oberschnabel bilden das Pterygoid und Palatinum. In analoger Weise wird bei Schlangen (Viperidae) das bewegliche Maxillare mit den angewachsenen Giftzähnen durch eine Schiebestange aus Pterygoidea und Palatinum nach vorn gedreht. Das Maxillare inseriert gelenkig am Praefrontale. Überhaupt erreicht bei Schlangen die Isolierung und Beweglichkeit der Schädelknochen ihr Maximum. Können doch auch rechte und linke Kiefer bei der Bewältigung großer Beute auseinanderweichen und selbständig vorgeschoben werden.

Auch hinten können Biegungszonen auftreten (metakinetische Schädel). Auch das bereits erwähnte Basipterygoidgelenk dient der Beweglichkeit des vorderen Schädels.

Auch bei Fischen kommen solche Schädel-

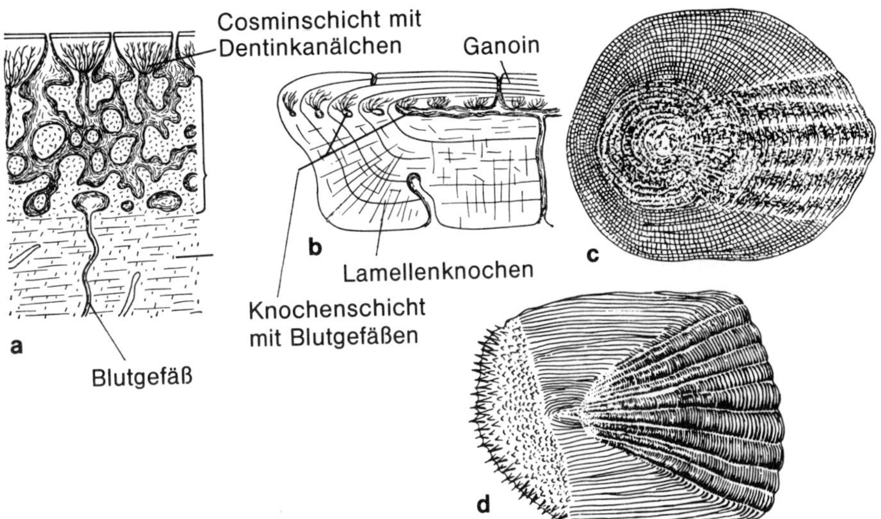

Abb. 307: Fischschuppen. a. Cosmoidschuppe, b. Schuppe eines Palaeoniscoiden mit Ganoin, c. Cycloid-, d. Ctenoidschuppe von Teleosteern. Nach Hyman, Storer, Usinger

strukturen vor. Bei Crossopterygiern ist sogar das Neurocranium in 2 gegeneinander bewegbare Abschnitte geteilt. Selbst die hinteren Deckknochen des Dermatocraniums sind hier durch einen Spalt von den vorderen getrennt. Offensichtlich leitet sich der Schädel der Tetrapoden von einem solchen, durch ein Gelenk quergeteilten Schädel ab (Abb. 301). Bei den Teleosteern isolieren sich Praemaxillaria und Maxillaria. Durch ihre Bewegung kann das Maul vorgestreckt und so eine Saugwirkung erreicht werden.

Die Haut der Fische wird von verschieden gebauten **Schuppen** (Abb. 307, 347) bedeckt. Den ursprünglichsten Schuppentyp besitzen die Placodermen. Sie tragen an der Oberfläche harte, spitze Fortsätze (Dentikel), der Schuppenkörper besteht aus drei Schichten, die denen der Cosmoidschuppen (s. u.) entsprechen. Bei den Chondrichthyes bleiben nur die Dentikel erhalten, die jetzt Placoidschuppen genannt werden (Abb. 340), ihnen entsprechen auch die Zähne der Wirbeltiere. Bei den Choanichthyes wird dagegen die Dentikellage reduziert, es bleiben die drei basalen Schichten bestehen (Cosmoidschuppen, Abb. 307). Sie sind aus einer basalen kompakten lamellierten Knochenlage (Isopedinschicht) aufgebaut, der sich eine hohe gefäßreiche Zone lockerer Knochenbälkchen anschließt. Die obere Lage, die relativ schmale Cosminschicht, ist aus Dentin aufgebaut und enthält in büschelförmiger Anordnung feine Kanälchen (Dentinkanälchen). Die Oberfläche kann von einer dünnen Schmelzschicht bedeckt sein. Bei den Dipnoern ist dieser Schuppentyp zu dünnen Knochenplatten reduziert (Leptoidschuppen). Bei den Actinopterygiern finden wir die kompakten Ganoidschuppen; diese besitzen wieder eine dicke basale Isopedinlage, die gefäßreiche Zone ist aber weitgehend bis völlig reduziert. Bei den primitiven Palaeoniscoiden ist noch die Dentinschicht mit Höhlen, von denen Büschel von Dentinkanälchen ausgehen, erhalten. Die wichtigste Veränderung gegenüber der Cosmoidschuppe besteht in der Ausbildung einer mehrschichtigen, abschließenden Ganoidschicht, deren Härte der des Schmelzes entspricht. Auch dieser Schuppentyp ist meist zu Leptoidschuppen reduziert (moderne Teleosteer)

Muskulatur

Die Muskulatur entsteht embryonal aus 3 Bezirken:

1. aus den Somiten, deren Myotome die Körpermuskulatur bilden = somatische Muskulatur (Abb. 308),

2. aus der Mesodermhülle um den Darm = viscerale Muskulatur,

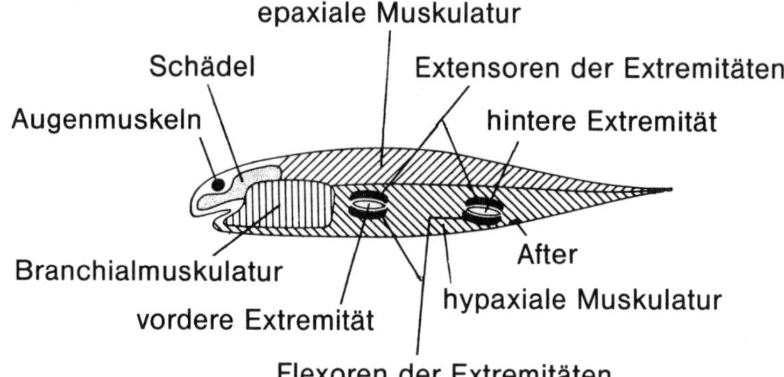

Abb. 308: Schematische Darstellung der somatischen und Kiemenbogenmuskulatur. Nach Smith

3. aus dem Mesoderm der Haut (Dermatom), das aber nur kleine Muskeln wie die Haar- und Federmuskeln liefert. Diese Muskeln, Arrectores pili bzw. plumae, sträuben Haarkleid bzw. Gefieder.

Schließlich entstammen die Muskelzellen mancher Hautdrüsen und die Irismuskulatur des Auges dem Ectoderm (letztere dem Neuroectoderm).

1. Die somatische Muskulatur bildet zunächst eine kompakte Muskellage zwischen der Haut und den Rippen und Wirbeln. Entsprechend ihrer Herkunft ist sie in aneinandergrenzende Abschnitte (Myomeren) gegliedert, die durch Bindegewebe (Myosepten) verbunden sind. Jeder Fisch zeigt diese segmentale Rumpfmuskulatur. Von den Haien an sind die Myomeren noch durch eine horizontale Bindegewebsschicht (Septum horizontale) in einen dorsalen (= epaxialen) und ventralen (= hypaxialen) Bezirk geteilt. Übrigens stehen die Myosepten keineswegs stets vertikal, sondern sind oft eingebogen und gefaltet, so daß im Querschnitt konzentrisch mehrere Myosepten getroffen werden können. Die Myomeren gliedern sich dann in Lagen mit verschiedener Faserrichtung und schließlich in eine große Anzahl isolierter Muskeln, die an Rippen, Wirbeln, Becken, Schulterblatt u. a. ansetzen. Außerdem bilden Myomeren noch Muskelgruppen außerhalb der Rumpfwand. Am wichtigsten sind die Muskeln der Extremitäten. Sie entstehen durch Knospen oder Abwucherungen von den Myomeren. Vom 6.–8. Myotom wandern Muskeln in die Kiemen- und Zungenregion und bilden hier eine Reihe von Muskeln für die Zunge (Lingualis, Genioglossus, Geniohyoideus), die z. T. an Unterkiefer und Zungenbein inserieren. Aus den 3 vorderen Myotomen entstehen die Bewegungsmuskeln des Auges (Recti und Obliqui). Bei Säugern zweigt sich von einigen Rumpfmuskeln (Pectoralis maior und Latissimus dorsi) ein Muskelmantel unter der Haut ab (Panniculus carnosus bzw. Cutaneus maximus), der Zuckungen und Bewegungen von Hautstellen ermöglicht. Bei Primaten ist er rückgebildet.

2. Die viscerale Muskulatur aus i. a. glatten Fasern bildet die Muskelschicht des Darmes, die die peristaltischen Bewegungen des Darmes bewirkt. Sie kann an Muskelmägen stark entwickelt sein (Vögel). Ein besonderes Schicksal erfährt sie aber in der Kiemenregion, wo sie quergestreift ist. Sie bewirkt hier Verengung und Erweiterung der Kiemenspalten und gewinnt z. T. Anschluß an die Visceralbögen, deren Spangen sie gegeneinander bewegt. Mit der Rückbildung der Kiemenspalten verschwindet sie jedoch nicht, sondern übernimmt neue Aufgaben. Am Kieferbogen liefert sie schon bei Fischen die Kaumuskulatur (Adductor und Abductor mandibulae) und bei Säugern die Masseter-, Temporalis-, Pterygoid-, Mylohyoid-Muskeln. Auch am Hyoidbogen bleiben manche Muskeln bestehen (Stapedius am Steigbügel, Stylohyoideus, Digastricus z. T.). Muskeln der Kiemenbögen bleiben als Kehlkopfmuskeln erhalten. Muskeln der Spritzlochregion erobern aber ganz neue Schichten. Ein Muskel breitet sich unter der Haut des Halses aus (Sphincter colli) und hilft zunächst wohl beim Abheben der Hornhaut während der Häutung. Bei Säugern dehnt er sich als Platysma in das Kopfgebiet aus und bewirkt hier Hautbewegungen. Diese Leistung war die Voraussetzung zur «Gebärdensprache» des Gesichtes,

die so viele Stimmungen verrät. Das Platysma differenziert sich dabei zur mimischen Gesichtsmuskulatur um Mund, Augen, Ohren und besteht beim Menschen aus ca. 25 Muskeln. Das Material für den Ausdruck von Freude und Zorn, von Lachen und Lippenbewegungen liefert also ein Muskel der Spritzlochregion. Demgemäß wird die mimische Muskulatur vom Facialis-Nerv innerviert.

Lunge und Schwimmblase

Der Erwerb von Luftatmungsorganen zeigt bei Wirbeltieren 2 Besonderheiten: 1. Sie entstanden schon während des Wasserlebens. 2. Sie bilden sich vom Vorderdarm aus, nicht von der Außenfläche wie bei den Arthropoden. Die 2. Tatsache mag mit dem «Luftschnappen« der Fische zusammenhängen, d.h. mit der Aufnahme von Luftblasen an der Wasseroberfläche bei Atemnot. Dadurch kann sich Luft in Nischen des Vorderdarmes ansammeln.

Der wichtigste Schritt war die Entstehung des Lungen-Schwimmblasenorgans am Beginn der Osteichthyes, vielleicht schon am Beginn der Gnathostomen.

Nach Ausweis der Ontogenie entstanden die Lungen aus einem Paar hinterer Kiementaschen, die ihre Kiemenspalten verloren hatten. Hier sammelte sich geschluckte Luft. Sie wurde sicher zunächst nur zur Notatmung in sauerstoffarmem Wasser gebraucht, wie heute bei den Dipnoern und einigen primitiven Actinopterygiern (z.B. *Amia*). Derartige Luftsäcke entwikkelten sich in 2 Richtungen (Abb. 309):

1. zur Schwimmblase der Fische,
2. zur typischen Lunge der Landwirbeltiere.

Schwimmblase. Die Schwimmblase dient den freischwimmenden Fischen zur Anpassung ihres spezifischen Gewichts an das des umgebenden Wassers, so daß sie frei schweben. Dabei vollziehen sich folgende Umänderungen: Nur einer der beiden Luftsäcke wird zur Schwimmblase (der rechte). Sie wird nach dorsal zwischen Darm und Wirbelsäule verlagert, liegt also oberhalb des Schwerpunktes. Auch die Mündung in den Darm liegt dorsal. Nur ein Teil der Fische behält den Verbindungsgang zum Darm zeitlebens (sog. Physostomen) und kann durch ihn Luft aufnehmen und abgeben. Viele reduzieren ihn im Laufe der ontogenetischen Entwicklung (sog. Physoclisten). Dadurch wird die Schwimmblase zu einem geschlossenen Luftsack. Da aber ihr Gasgehalt je nach der Situation vermehrt oder vermindert werden muß, sind jetzt neue Mechanismen der Gasregulation erforderlich. Gasresorption liegt schon in der ursprünglichen Leistung des Organs als Lunge. Sie wird jetzt oft auf einen Bezirk (Oval) lokalisiert, der von einem Ringmuskel umgeben wird. Neu ist aber die Gassekretion. Sie erfolgt in einem oder mehreren sog. «roten Körpern», in denen aus Blutgefäßen eines Wundernetzes O_2, CO_2 und N_2 in die Schwimmblase abgegeben werden. Auch bei Physoclisten erfolgt die erste Füllung der Blase bei Jungfischen oft durch Luftschlucken

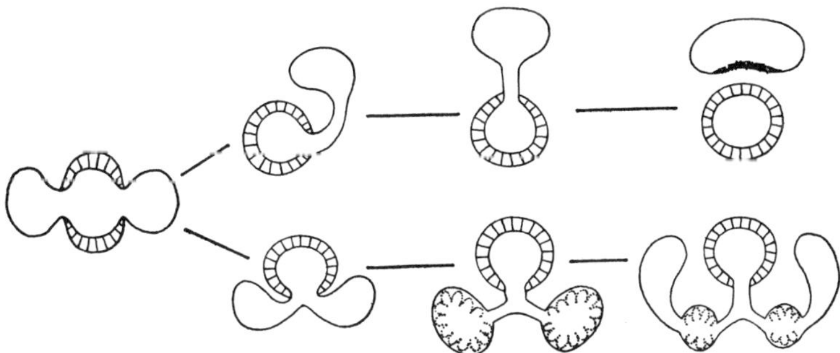

Abb. 309: Evolution des Schwimmblasen-Lungen-Organs. Links: Ausgangsstadium mit zwei seitlichen Aussackungen des Vorderdarms. Obere Reihe: Entwicklung zur Schwimmblase. Verbindungsgang zwischen Darm und Schwimmblase: Ductus pneumaticus; dieser fehlt bei Physoclisten (rechts oben), bei denen ein gasbildendes Epithel ausgebildet ist. Untere Reihe: Entwicklung zur Lunge, deren Innenwand zunehmend kompliziert wird. Bei vielen Reptilien (z.B. Chamäleon) und Vögeln sind zusätzliche Luftsäcke ausgebildet (rechts unten). Nach Remane, Storch, Welsch

(der Gang ist dann noch vorhanden). Die Form der Blase wird sehr verschieden. Sie kann zweigeteilt werden, z.B. bei Weißfischen (Karpfen), und Anhangssäcke und sogar sekundäre Mündungen nahe dem After ausbilden (Heringsfische). Sie kann aber auch zusätzliche Funktionen erwerben: Bei manchen Teleosteern (Ostariophysen) werden Erschütterungen an ihr durch Knöchelchen (Webersche K.) jederseits der vorderen Wirbelsäule auf ein Schädelfenster übertragen, dem Perilymphe des knöchernen Labyrinthes angrenzt. So wird die Schwimmblase über Gehörknöchelchen zum Hilfsorgan des Hörens. Sie kann aber auch Resonator für durch Muskeln erzeugte Laute werden, also Hilfsorgan bei der Lauterzeugung. Merkwürdigerweise wird die Schwimmblase mehrfach rückgebildet, nicht nur bei Bodenfischen, sondern auch bei raschen Schwimmern (Makrelen). Bei dem Crossopterygier *Latimeria* ist sie ein fettreicher Schlauch geworden.

Lunge. Die Lungen werden bei den Tetrapoden das zentrale Atmungsorgan. Die rechte Lunge ist fast immer größer als die linke. Vereinzelt kommt es zur Rückbildung (bei Schlangen der linken Lunge, bei einigen Urodelen fehlen beide). Die Lungen münden ventral mit einem unpaaren Gang, der Trachea (Luftröhre), in den Pharynx (Schlund). Die Trachea ist erst kurz, wird aber mit Ausbildung des Halses lang und verläuft bei Vögeln oft in komplizierten Windungen. Die Trachea wird von Knorpelspangen gestützt, die sich wahrscheinlich vom Kiemenskelet herleiten. Ihre Mündung in den Schlund (Glottis) bildet zunächst einen muskulösen Verschlußapparat und dann den Kehlkopf (Larynx) mit Stimmapparat bei Fröschen, Reptilien und Säugern. Er besitzt Stimmbänder, nach innen vorspringende, schwingende Membranen, und beim Menschen besonders komplizierte Muskulatur. Die Vögel entwickeln einen eigenen Stimmapparat (Syrinx) am Übergang der Trachea in die Bronchien. Er besteht aus dünnen Membranen, meist auch mit eigener Muskulatur, in der Wand der Trachea oder Bronchien. Die Trachea gabelt sich in die Bronchien, die in die Lunge einmünden. Die Lungen selbst komplizieren sich mit den erhöhten Anforderungen an einen gesteigerten Stoffwechsel.

Bei niederen Tetrapoden ist die Lunge oft sackartig, bei Waranen, Schildkröten, Krokodilen, Vögeln und Säugern kommt es zur Rückbildung des zentralen Hohlraums der Lunge. Sie wird schwammartig und von Tausenden bis Millionen blindendigender Bläschen (Alveolen) ausgefüllt. Während in der Lunge mit Alveolen die Luft die Lungen auf demselben Wege verläßt, auf dem sie eintrat, gelingt den Vögeln die Herstellung einer Luftzirkulation durch Ausbildung der Lungenpfeifen (Abb. 400).

Haut (Integument, Abb. 310)

Die Haut der Wirbeltiere besteht aus 2 Schichten, der oberflächlichen, ectodermalen Epidermis und dem mesodermalen Corium (Dermis). Die Epidermis ist stets mehrschichtig; sie bildet bei den Tetrapoden als Verdunstungsschutz eine

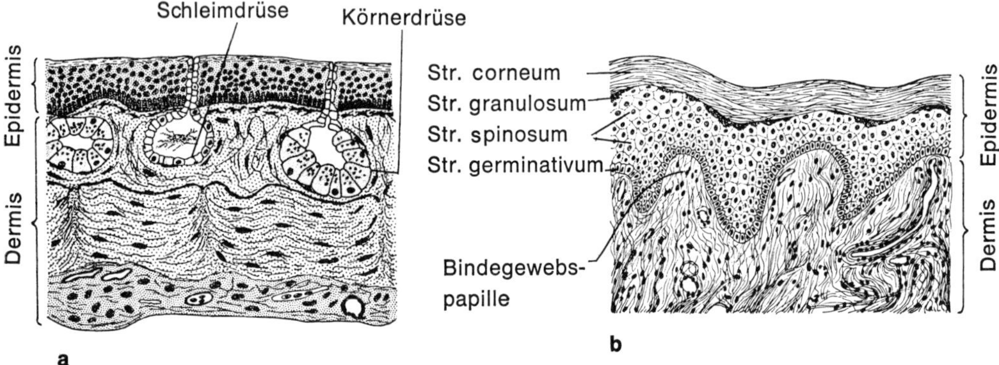

Abb. 310: Typische Hautformen bei Wirbeltieren, a. mit schwach verhornter Epidermis, Amphib, beachte die für die Amphibien typischen großen Hautdrüsen, b. mit verhornter Epidermis, Säuger, siehe auch Abb. 405. Dermis = Corium = Cutis. Nach Smith

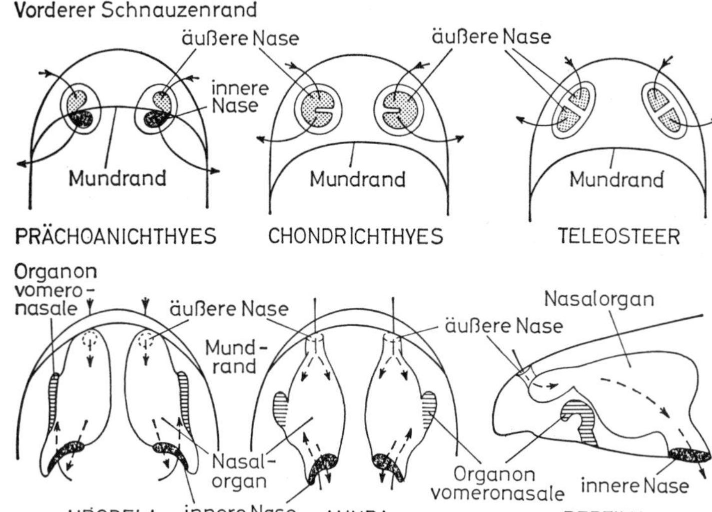

Abb. 311: Schematische Darstellung der Nasenhöhle und des Vomeronasalorgans bei verschiedenen Wirbeltieren. Nach Smith

apikale Hornschicht aus, die allerdings bei Amphibien noch sehr dünn ist. Die Hornschicht besteht aus abgestorbenen Zellen und wird ständig abgeschilfert oder periodisch als Ganzes abgestoßen (Ecdysis, Häutung). Von der Epidermis geht die Bildung zahlreicher Strukturen aus, z.B. Placoid- und Hornschuppen, Federn (S. 571), Haare (S. 593), Hufe, Hornscheiden, Hornbildungen (Nashörner), Nägel und Hautdrüsen. Die Epidermis enthält bei allen Vertebraten innervierte Sinneszellen (Merkel-Zellen); bei Vögeln und Säugern auch im Dienst des immunologischen Systems stehende Zellen (Langerhans-Zellen). Die Hautdrüsen sind bei Fischen noch durch einzelne, aber vielgestaltige Drüsenzellen in der Epidermis repräsentiert. Bei Amphibien entstehen in die Dermis versenkte kleine Drüsen (Schleim- und Körnerdrüsen), die über einen kurzen Gang an der Oberfläche ausmünden. Die Haut der Reptilien und Vögel ist drüsenarm. Bei Säugern sind Hautdrüsen sehr vielgestaltig: Talgdrüsen, Schweißdrüsen, verschiedene Duftdrüsen und Milchdrüsen. Von Hautdrüsen leiten sich auch die Leuchtorgane verschiedener Fische ab.

Das Corium enthält vor allem Kollagen- und elastische Fasern, Gefäße, Nerven, Sinneskörper (freie Nervenendigungen dringen auch in die Epidermis vor), z.T. auch Hautmuskeln. Im Corium entstehen die Hautknochen, von denen sich auch die Knochenschuppen ableiten (Abb. 307, 347).

Sinnesorgane

Aus der großen Zahl der verschiedenen Sinnesorgane sollen im folgenden vorwiegend die großen besprochen werden. Die vielen einfacher gebauten Receptororgane sind bei niederen Wirbeltieren oft noch wenig bekannt, und nur selten treten sie als auffällige Strukturen hervor. Bei den einfacheren Receptoren handelt es sich meist um Nervenzellen im Zentralnervensystem (z.B. Hunger-Durstreceptoren) oder um deren sensible Endigungen in der Haut, an Gefäßen oder in den Eingeweiden. Beispiele sind Berührungs- und Druckreceptoren, wie die Meissnerschen oder Pacinischen Körper oder die Merkelschen Tastscheiben. Größere Temperaturreceptororgane sind am Kopf mancher Schlangen bekannt (S. 545). Elektroreceptoren sind auf die Fische beschränkt, es handelt sich i.a. um Einsenkungen der Haut mit spezifischen Receptorzellen.

Chemoreceptoren. Hierher gehören die Geschmacks- und Riechorgane. Geschmacksreceptoren liegen i.a. in kleinen Gruppen in Mundhöhle und Pharynx. Bei Fischen liegen sie häufig auch in der Haut des Kopfes, auf speziellen Mundtentakeln oder sogar in der Haut des gesamten Körpers. Dem Geschmackssinn sind v.a. der 7. und 9. Hirnnerv zugeordnet.

Riechorgane sind Nase und Jacobsonsches Organ. Sie werden vom 1. Hirnnerven versorgt.

Bei den meisten Fischen sind die Geruchsorgane einfache paarige Gruben (Nasengruben, Nasensäcke) vorn am Kopf. Die Öffnung kann für Ein- und Ausstrom unterteilt sein. Bei Cyclostomen verschmelzen die Nasensäcke zu einer einheitlichen Struktur. Bei Choanichthyes entwickelt die Grube eine Öffnung in die Mundhöhle (innere Nasenöffnung oder Choane). Bei den Tetrapoden entwickeln sich im Nasensack 2 Geruchsorgane, das eigentliche Nasalorgan und das Jacobsonsche Organ (Vomeronasalorgan, Abb. 311). Letzteres fehlt nur einigen Säugern, Schildkröten, Krokodilen und Vögeln. Besonders hochentwickelt ist es bei Squamaten, wo ihm Geruchsstoffe mit der Zunge zugeführt werden können (S. 545). Das Jacobsonsche Organ befindet sich i. a. in Blindtaschen, die sich in Mund- oder Nasenhöhlen öffnen. Das Nasalorgan liegt in der Schleimhaut der Nasenhöhle, z. T. auf gerollten Aufwölbungen, den Nasenmuscheln.

Lichtsinnesorgane. Ursprünglich existieren bei den Wirbeltieren vermutlich 4 Lichtsinnesorgane, vielleicht sogar mehr, deren Bildung immer vom Zwischenhirn ausgeht. Es sind die unpaaren dorsalen Augen (Parietal- (vorn) und Pinealauge) und die Seitenaugen (Abb. 312).

Die unpaaren Augen (Medianaugen) sind einfach gebaut und verfallen oft der Rückbildung, beide zusammen existieren nur selten, z.B. bei Neunaugen und Anuren. Viele Eidechsen und *Sphenodon* besitzen noch ein Parietalauge. Das Pinealorgan bildet sich zur Epiphyse um, einem endokrinen Organ, das Farbzellen und Gonaden beeinflußt. Dem Auftreten eines Medianauges entspricht meist ein Foramen im Schädeldach.

Die Seitenaugen sind komplizierter gebaut und größer als die Medianaugen. Ein typisches Seitenauge ist ein kugelförmiges Organ (Augapfel, Bulbus oculi), dessen Wand aus drei Schichten besteht und in dessen Innerem sich eine transparente gallertige Masse, der Glaskörper, und die Linse befinden (Abb. 313). Die äußere Wandschicht besteht aus festem Bindegewebe, in das Knorpel oder sogar Knochenplättchen (z. B. manche Vögel, Ichthyosaurier) eingelagert sein können. Die mittlere Schicht wird aufgrund ihres Gefäßreichtums Aderhaut (Uvea = Choroidea) genannt. Die innere Schicht ist die Retina (Netzhaut), die sich in der Embryonalzeit aus dem Zwischenhirn entwickelt. Sie läßt i. a. 3 Lagen von Neuronen erkennen (Abb. 314), wobei die äußeren den Lichtreceptoren entsprechen, die vom Licht abgewandt sind; Stäbchen sind für Hell-Dunkel-Sehen, die Zapfen für Farbsehen verantwortlich. Dieses ist bei Teleosteern, Reptilien, Vögeln und Säugern – vor

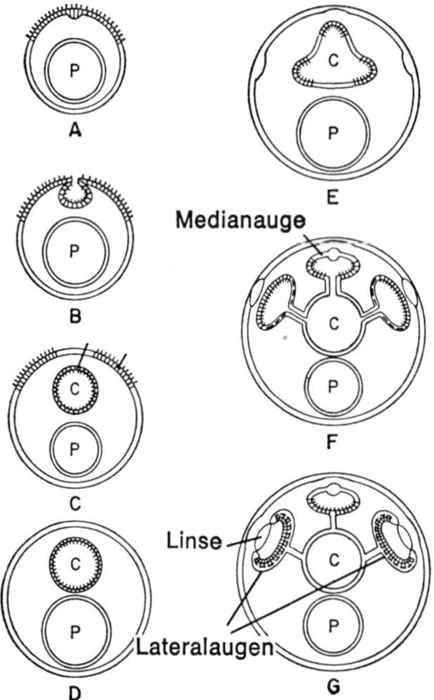

Abb. 312: Schematische Darstellung der Herkunft des Wirbeltierauges. C: Zentralnervensystem (ZNS), P: Pharynx. Lichtsensible Zellen gestrichelt mit kurzem, apikalem Fortsatz. A. Ausgangsstadium, lichtsensible Zellen liegen nur in der Haut, die Receptorfortsätze weisen zum Licht (evertierte Receptoren). B. Ein Teil der Rückenhaut faltet sich ein. C, D. Der Prozeß der Einfaltung ist abgeschlossen. D. Lichtsensible Zellen nur noch im Innern als Teil des Zentralnervensystems (ZNS); Receptorfortsätze weisen in den Hohlraum des ZNS. E. Es kommt zu Ausstülpungen des ZNS, die die lichtsensiblen Zellen enthalten. F. Blasenförmige, mediale und laterale Ausstülpungen des ZNS enthalten die nach wie vor nach innen weisenden Receptoren; hintere Wand der Blase mit kleinen waagerechten Strichen. G. Die lateralen Augenblasen stülpen sich zu einem doppelwandigen Becher ein, der ehemalige Hohlraum der Blase wird zu einem schmalen Spalt reduziert. Nach Smith

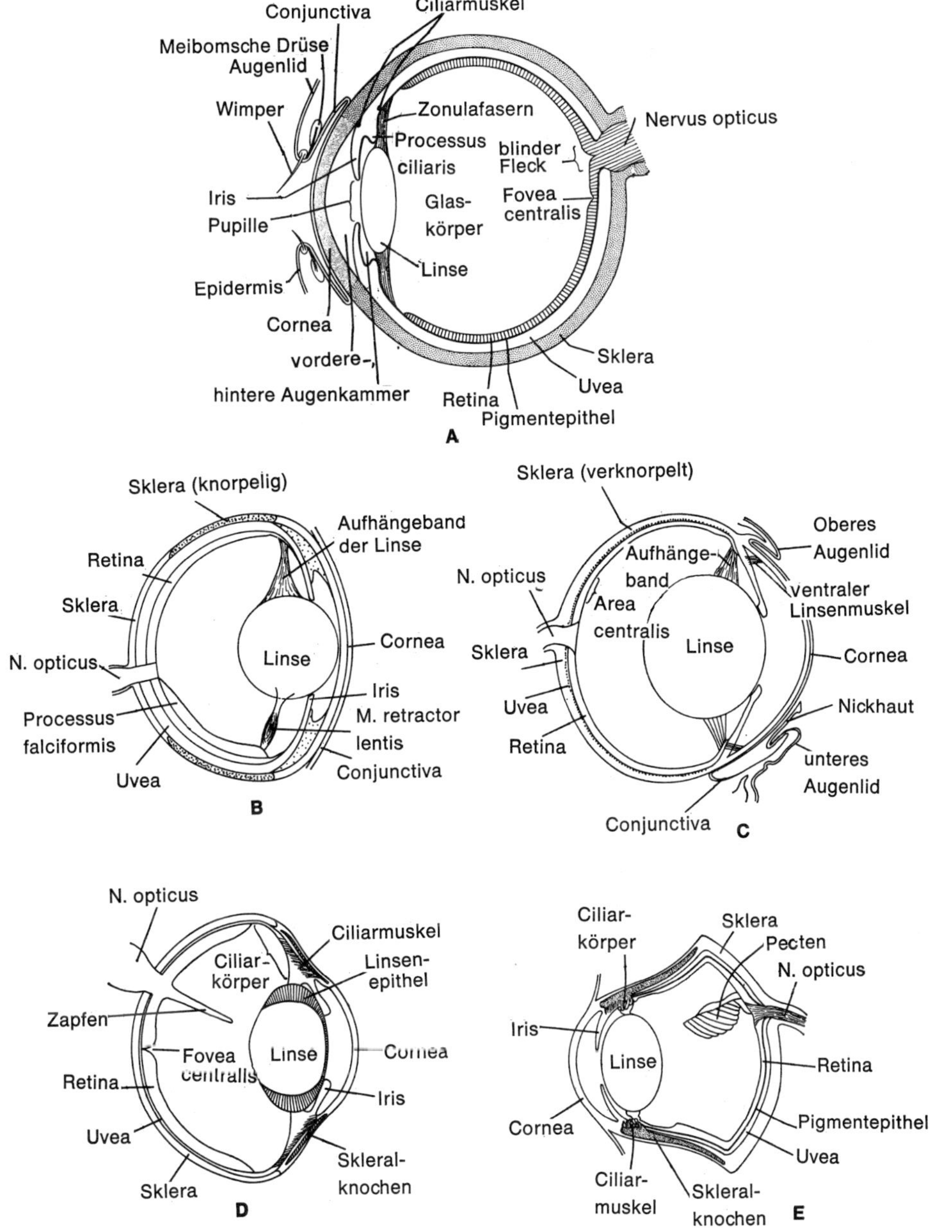

Abb. 313: Augentypen verschiedener Wirbeltiere. A. Säuger, B. Teleosteer, C. Amphib, D. Reptil, E. Vogel. Uvea = Choroidea. Bei Akkommodation wird bei Reptilien, Vögeln und Säugern die Linse verformt, bei Cyclostomen und Knochenfischen wird die Linse retrahiert, bei Knorpelfischen und Amphibien protrahiert. Der Processus ciliaris (Ciliarkörper) wird im wesentlichen vom Ciliarmuskel aufgebaut. Er produziert auch das Kammerwasser, und an ihm setzen die Zonulafasern an. Die Rückseite der Iris wird von den Ausläufern des Pigmentepithels und der Retina gebildet. Nach Walls, Smith

allem den Primaten – nachgewiesen. Die Zapfen sind an Stellen besonders scharfen Sehens konzentriert. Diese liegen in der optischen Achse des Bulbus und heißen Areae centrales und treten meist in Einzahl auf, können aber, besonders bei Vögeln, auch in Zwei- oder Dreizahl vorkommen. Bilden sie eine Vertiefung, spricht man von Foveae centrales. Die Erregung der Receptoren leitet der N. opticus zum Gehirn; er verläßt die Retina am sog. blinden Fleck (Papilla nervi optici), von der aus bei Reptilien und Vögeln ein gefäßreicher Fortsatz (Zapfen der Reptilien, Pecten der Vögel) in den Glaskörper vorspringt. Bei Fischen existiert ein vergleichbarer Fortsatz.

Bei den meisten Wirbeltieren ziehen alle oder sehr viele Nervenfasern aus dem linken Auge in die rechte Hirnhälfte und umgekehrt. Die Überkreuzungsstelle heißt Chiasma opticum. Bei den Säugern zieht dagegen mit zunehmendem stereoskopischen Sehen nur die mediale Hälfte der ableitenden Fasern eines Auges auf die gegenüberliegende Hirnseite; die lateralen Fasern ziehen zur gleichen Hirnseite. Vorn im Auge befindet sich der lichtbrechende Apparat, der vor allem aus den transparenten Strukturen Hornhaut (Cornea) und der Linse mit begleitendem Aufhänge-, Verschiebungs- oder Verformungsapparat besteht (Abb. 313). Vor der Linse liegt die unterschiedlich gefärbte Iris, die ein zentrales Loch veränderbarer Größe enthält (Pupillen). Die Gestalt der Pupille ist in den einzelnen Gruppen sehr variabel: rundlich, oval, schlitzförmig (viele nachtaktive Tetrapoden, die sich tagsüber gegen Licht schützen müssen), rhombisch, herzförmig usw.

Akkommodation (Scharfstellung) erfolgt entweder gemeinsam über Cornea und Linse oder allein über die Linse. Fische können allein mit der Linse akkommodieren. Tetrapoden benutzen i. a. beide Strukturen, wobei sich oft eine Dominanz der Cornea erkennen läßt, deren Kurvatur durch den ringförmigen Ciliarmuskel (Abb. 313) veränderlich ist. Akkommodation über die Linse erfolgt durch Verschiebung der Linse (Anamnier, Schlangen) oder durch Verformung (Amnioten außer Schlangen).

Bei Knochenfischen liegt die Linse i. a. vorn und in Nahsichtstellung; bei Fokussieren auf entfernte Gegenstände wird sie durch einen Teil des Ciliarmuskels (M. retractor lentis) nach hinten gezogen. Bei Cyclostomen existiert ein Cornealmuskel, der die Cornea abflacht und die Linse näher an die Retina schiebt. Bei Elasmobranchiern und Amphibien ist die Linse i. a. hinten und in Fernstellung. Bei Fokussierung auf nahe gelegene Gegenstände wird die Linse durch Kontraktion eines Teils des Ciliarmuskels (M. protractor lentis) nach vorn geschoben. Bei den Amnioten wird die Linse nicht mehr verschoben, sondern ihre Gestalt wird verändert. Bei Nahakkomodation wird sie abgerundet. In Ruhe ist sie abgeflacht und auf Weitsicht gestellt. Bei Reptilien und Vögeln wirkt ein Wulst des Ciliarmuskels direkt auf die Linse ein, so daß diese Kugelgestalt annimmt. Bei Säugern ist die Linse an Zonulafasern aufgehängt. Diese Fasern erschlaffen bei Kontraktion des Ciliarmuskels, und die Linse nimmt aufgrund ihrer Eigenelastizität eine abgerundetere Gestalt an (Nahsicht). Erschlafft der Ciliarmuskel, so erweitert sich der von ihm gebildete Ring, die Zonulafasern spannen sich und die Linse wird abgeflacht (Weitsicht).

Seitenlinienorgan. Dieses System ist auf Fische und die aquatischen Stadien der Amphibien beschränkt und dient der Wahrnehmung von Wasserströmen und Unterschieden des Wasserdruckes. Primär sind die Receptoren (Neuromasten) in Gruben gelegen, dann in Rinnen (Chimären) und schließlich in versenkten Kanälen, die nur noch über porenförmige Öffnungen mit der Außenwelt verbunden sind. Diese Kanäle verlaufen längs der Körperseiten und bilden ein kompliziertes System am Kopf (Abb. 345, 347).

Gleichgewichts- und Gehörorgan (Statoakustisches Organ). Gleichgewichts- und Gehörorgan bilden das Ohr, welches sich oft in drei Teile gliedert: äußeres Ohr, Mittelohr, Innenohr. Von diesen ist das Innenohr phylogenetisch am ältesten. Es leitet sich vom Seitenlinienorgan her. Das Mittelohr entsteht bei Amphibien, seine weitere Evolution steht im Dienst einer Verbesserung des Hörvermögens. Das äußere Ohr entsteht bei Reptilien und umfaßt ebenfalls Einrichtungen, die verbessertem Hören dienen. Hierher gehören der äußere Gehörgang (Krokodile, einige Eidechsen, Vögel, Säuger) und die Ausbildung einer knorpeligen Ohrmuschel (Säuger) oder vergleichbarer Bildungen (Hautlappen, Federbüschel).

Das Mittelohr entsteht aus dem Bereich der 1. Kiemenspalte (S. 439). Es ist ein Raum (Paukenhöhle, Cavum tympani), der nach außen durch das Trommelfell verschlossen ist und in dem die Gehörknöchelchen liegen, deren Ent-

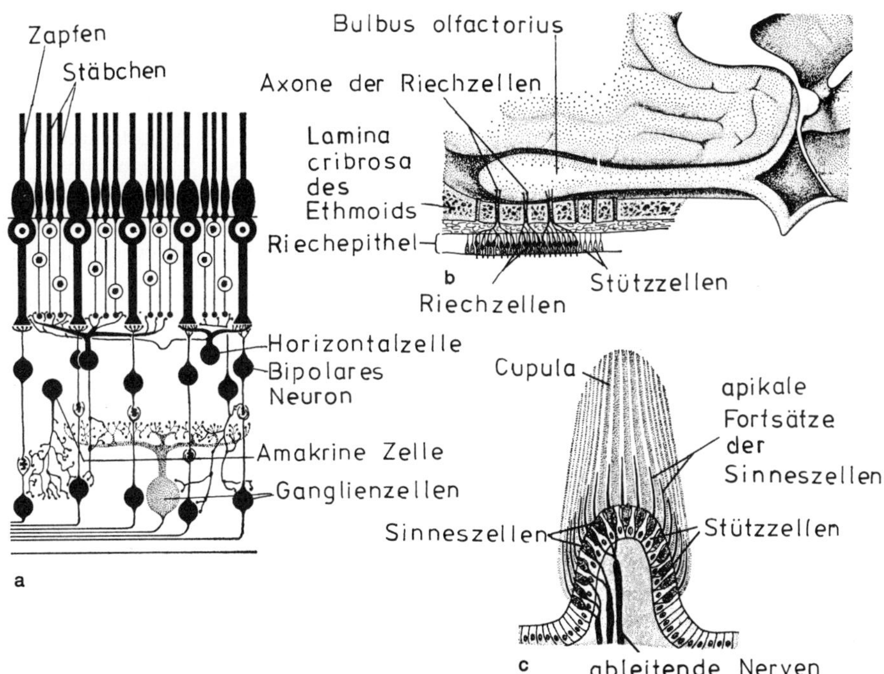

Abb. 314: Feinbau der Hauptsinnesorgane bei Säugern. a. Retina, Lichteinfall von unten. b. Riechepithel, die basalen Fortsätze (= Axone) der Riechzellen treten durch Poren im Ethmoid in den Bulbus olfactorius ein. Oberhalb des Bulbus die mediale Ansicht des vorderen Teils einer Endhirnhemisphaere; rechts 3. Ventrikel und Zwischenhirn. c. Crista ampullaris aus einer Ampulle des Gleichgewichtsorgans. Nach Polyak, Smith, Netter

wicklung auf S. 440 beschrieben wurde. Diese schalleitenden Elemente verbinden Trommelfell und Innenohr. Vom Mittelohr zum Rachen zieht ein Gang (Tuba auditiva, T. pharyngotympanica, Eustachische Röhre), der dem Druckausgleich dient. Trommelfell und Paukenhöhle fehlen Urodelen, Gymnophionen, Schlangen und einigen Anuren und Eidechsen. Der Mittelohrknochen (Columella = Hyomandibulare = Stapes) bleibt jedoch erhalten. Er liegt mit seinem proximalen Ende am ovalen Fenster, das in den Perilymphraum des Innenohrs führt.

Bei Ostariophysen werden dem Innenohr durch die Vermittlung der Weberschen Knöchelchen, die sich von der Wirbelsäule abgliedern, von der Schwimmblase aus Schallwellen zugeleitet. Bei Heringen kommen zwei Fortsätze der Schwimmblase in direkten Kontakt mit dem Innenohr. Kaulquappen einiger Frösche (z.B. *Rana*) besitzen einen stabförmigen Knochen, der Luftschwingungen aus der Lunge auf das Innenohr überträgt.

Das Innenohr liegt in der Ohrkapsel, die aus Pro- und Opisthoticum (= Petrosum incl. Mastoid der Säuger) entsteht. Bei vielen Fischen ist es weitgehend im Knochen eingeschlossen, besitzt aber bei Haien noch eine offene Verbindung nach außen. Bei Amphibien entsteht die Fenestra ovalis, die Verbindung zum Mittelohr. Den hier eintreffenden Schallwellen dient eine 2. Öffnung als Druckausgleich. Bei Amphibien öffnet sich diese zum Hirnraum. Bei Amnioten entsteht als zweite Öffnung die Fenestra rotunda, die zum Mittelohr weist. Diese Öffnungen sind durch elastische Membranen verschlossen.

In einem komplizierten Hohlraumsystem des Knochens (knöchernes Labyrinth) liegt das häutige Labyrinth, das die Receptoren beherbergt und als Flüssigkeit Endolymphe enthält. Zwischen ihm und der Knochenwand liegt der flüssigkeitsreiche, bindegewebige, perilymphatische Raum. Dieser bildet ein Polster für das häutige Labyrinth und überträgt die Erregungen zu dessen Receptoren, sekundären Sinneszellen, die apikal von extrazellulären Substanzen bedeckt werden. Die Receptoren stehen in Gruppen oder Feldern beisammen, die Cristae oder Maculae heißen (Abb. 314).

Bei Teleosteern steht die Perilymphe oft über eine weite Öffnung in Kontakt mit dem Liquor cerebrospinalis der Hirnhaut, mitunter liegt das häutige Labyrinth sogar im Schädelhohlraum. Bei den Tetrapoden verliert die Verbindung Perilymphe–Schädelcavum zunehmend an Bedeutung. Auch vom Endolymphraum zieht ein Fortsatz (Saccus = Ductus endolymphaticus) zum Schädelcavum. Dieser wird i.a. rückgebildet; bei Haien öffnet er sich allerdings nach außen und bei Lungenfischen, Anuren und manchen Eidechsen (Geckos) kann der (geschlossene) Endolymphsack ungewöhnlich groß werden. Bei Fröschen dehnt er sich in den Wirbelkanal aus und bildet an den Spinalganglien die Kalksäckchen, die Reservoire von Calciumsalzen bilden.

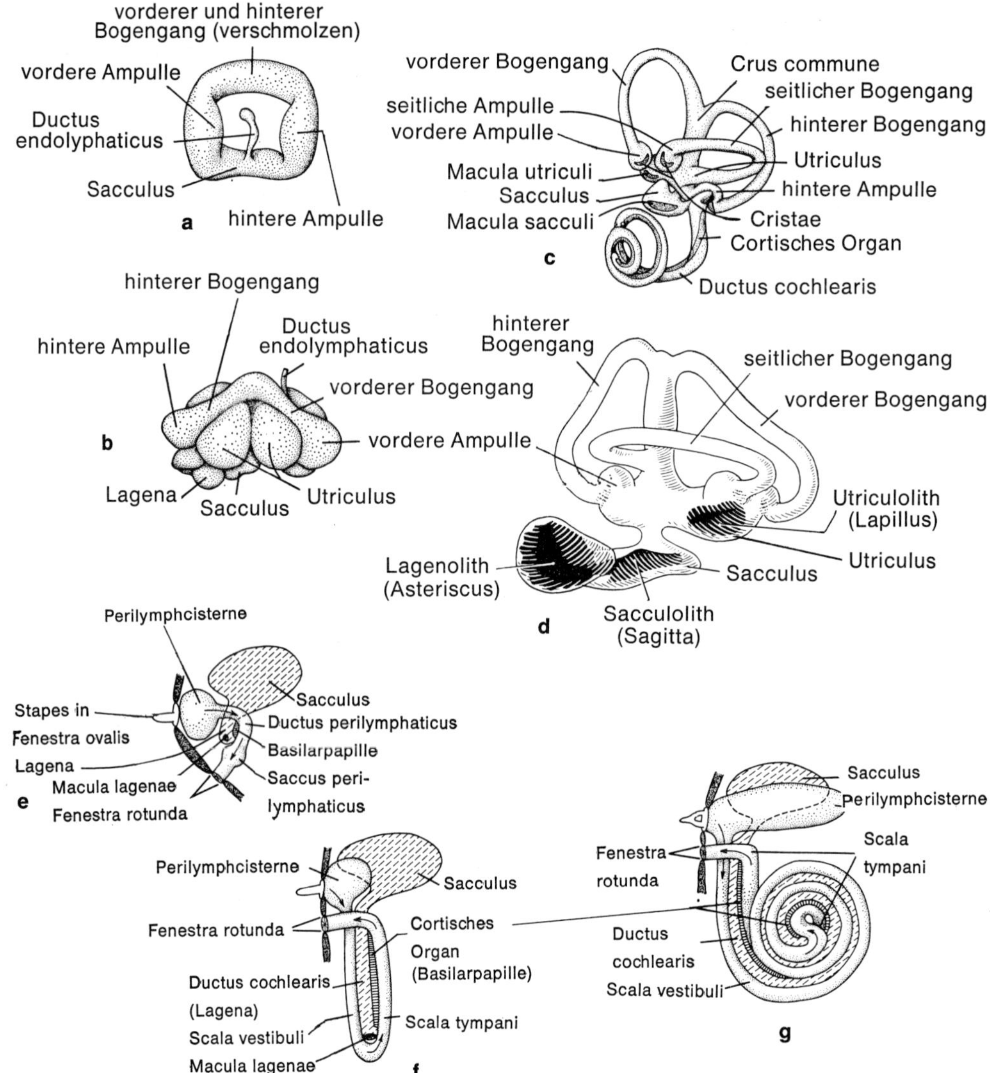

Abb. 315: Verschiedene Formen des häutigen Innenohrs bei Wirbeltieren. a. *Myxine*; b. *Petromyzon*; c. Säuger; d. Teleosteer mit Statolithen; e–g. Entwicklung des Cortischen Organs und der Schnecke, e. Amphib, f. Reptil, g. Säuger. Nach Retzius, Portmann, Romer, Smith

Das primitive häutige Labyrinth umfaßt verschiedene Räume, die aber alle miteinander verbunden sind: 1) den Utriculus, einen zentral gelegenen sackartigen Raum, von dem 2) zwei oder drei Bogengänge ausgehen und 3) den Sacculus, einen weiteren sackartigen Raum. Diese Abschnitte bilden gemeinsam das Vestibulum. Der Utriculus enthält eine Macula utriculi (Lagereception) und bei Fischen sowie Amphibien auch eine Macula neglecta (Hören, Abb. 315).

Alle Gnathostomen besitzen 3 Bogengänge, deren Receptoren auf den Cristae in basalen Erweiterungen der Gänge (Ampullen) liegen. Man unterscheidet einen horizontalen, einen vertikalen vorderen und einen vertikalen hinteren Bogengang, die alle Drehbewegungen recipieren. Neunaugen besitzen nur zwei, *Myxine* sogar nur einen Bogengang, der aber ein Verschmelzungsprodukt des vorderen und hinteren Bogenganges ist (Abb. 315).

Der Sacculus ist möglicherweise der älteste Teil des Vestibulums; bei Elasmobranchiern ist er noch in offener Verbindung mit dem Seewasser, bei den übrigen Wirbeltieren ist diese Verbindung geschlossen und durch den blindendigenden Ductus endolymphaticus ersetzt (s.o.). Die Macula sacculi dient der Lagereception und ist bei Teleosteern oft von besonders großen Kalkkonkrementen (Otolithen) bedeckt. Ein Anhang des Sacculus ist die Lagena, aus der sich später die Cochlea entwickelt. Sie enthält eine Macula lagenae (Lage) und bei Amphibien und Reptilien zusätzlich die Papilla basilaris, die allerdings bei vielen Amphibien durch eine besondere Papilla amphibiorum ersetzt ist.

Bei Krokodilen und Vögeln wächst die Lagena zu einem Schlauch aus, dem Ductus cochlearis; die Papilla basilaris streckt sich und wird zum Cortischen Organ. Der Perilymphraum bildet bei den Amphibien den Ductus perilymphaticus, der bei diesen Tieren den Perilymphraum mit der Schädelhohle verbindet und bei den Amnioten am runden Fenster endet. Der Ductus perilymphaticus umfaßt den Ductus cochlearis schleifenförmig. Bei den Säugern bilden diese Schleifen und der Ductus cochlearis ein gewundenes Gebilde, die Schnecke oder Cochlea.

Nervensystem

Das Nervensystem der Wirbeltiere entsteht wie das der anderen Chordaten durch Einfaltung eines umschriebenen Bezirkes des Ectoderms zu einem Neuralrohr. Dieses Rohr enthält einen flüssigkeitsgefüllten Hohlraum (Neurocoel), der im Bereich des Gehirns die Ventrikel und im Bereich des Rückenmarks den Zentralkanal bildet. Das Rohr gliedert sich dann in einen erweiterten vorderen Anteil, aus dem das Gehirn (Encephalon) entsteht, und einen langgestreckten hinteren Abschnitt, das Rückenmark (Medulla spinalis). Gehirn und Rückenmark bilden zusammen das Zentralnervensystem (ZNS). Alle von ihm ausgehenden oder auf es zulaufenden Nerven sowie außerhalb liegende Ganglien bilden das periphere Nervensystem. Die Anteile sowohl des zentralen als auch des peripheren Nervensystems, die die Eingeweide versorgen, werden als vegetatives (Eingeweide-, autonomes) Nervensystem zusammengefaßt. Ihm gegenüber stehen die Anteile des Nervensystems, die die Haut und die sich von Myotomen ableitende Muskulatur (d.h. im wesentlichen die quergestreifte Skeletmuskulatur) versorgen, und die bisweilen als somatische Anteile des Nervensystems zusammengefaßt werden.

Rückenmark. Im Rückenmark liegt noch eine primitive Form der Anordnung des Nervengewebes vor (Abb. 316): im Innern, um den Zentralkanal herum, liegt graue Substanz, d.h. Perikaryen (Zelleiber) von Neuronen und Nervenfasern, peripher liegt weiße Substanz, d.h. ausschließlich Nervenfasern, die markhaltig oder marklos sein können. Sowohl in grauer als auch weißer Substanz treten Gliazellen und Blutgefäße auf (letztere fehlen im Rückenmark von *Petromyzon*). Das Rückenmark enthält einen Eigenapparat, der aus Neuronen und ihren Fasern besteht, die den Bereich des Rückenmarks nicht überschreiten (Reflexe, Automatismen). Weiterhin enthält es einen Verbindungsapparat, der das Rückenmark mit dem Gehirn verbindet und aus auf- und absteigenden Bahnen besteht. Im Rückenmark der Fische und Amphibien steht der Eigenapparat deutlich im Vordergrund. Besonders bei den Säugetieren nimmt dann der Verbindungsapparat an Umfang und Differenzierung stark zu und besteht aus longitudinalen Bahnen (Tractus), die in der Peripherie der weißen Substanz verlaufen. Ein Teil der in das Rückenmark eintretenden sensiblen Fasern kreuzen nach Umschaltung zur Gegenseite. Unter den vom Gehirn ins Rückenmark absteigenden Bahnen ist bei den Säugern die corticospinale Bahn (Pyramidenbahn) besonders wichtig. Sie endet direkt

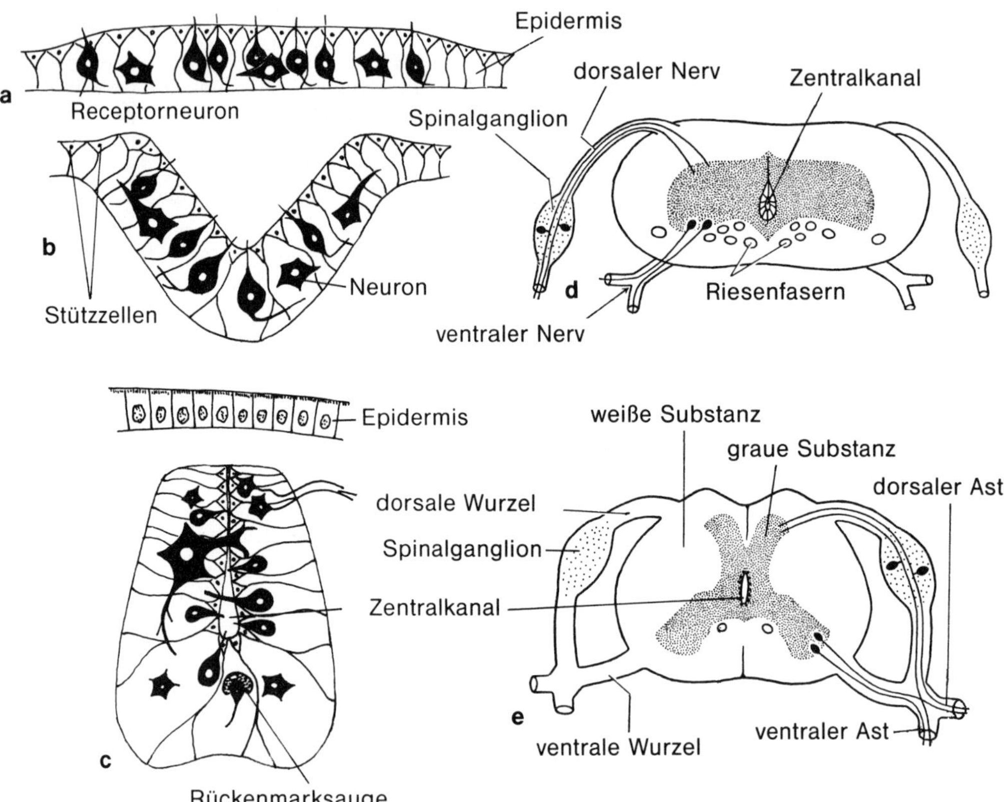

Abb. 316: Entstehung (a–c) und Haupttypen des Rückenmarks (d, e). Das Rückenmark entsteht als Einfaltung eines epithelialen Nervensystems (a), wie es noch bei Hemichordaten und Echinodermen vorkommt; die Neurone und Receptoren liegen zwischen basalen Fortsätzen von Stützzellen; b. Faltenbildung in der Embryonalentwicklung der Wirbeltiere; c. geschlossenes Rohr, Beispiel: *Branchiostoma;* d. Rückenmark eines Neunauges, dorsale und ventrale Spinalnerven bleiben getrennt; e. Rückenmark eines Teleosteers, wie bei den Tetrapoden verschmelzen dorsale und ventrale Spinalnerven, der viscerale Ast ist nicht eingezeichnet (s. Text). Riesenfasern treten bei Cyclostomen und bei embryonalen oder larvalen wasserlebenden Wirbeltieren auf. Nach Portmann

oder indirekt an den Motorneuronen in ventralen Hörnern des Rückenmarks und reift erst postnatal aus. Die graue Substanz zeigt meist eine kennzeichnende Querschnittsfigur (H-Figur, Schmetterlingsfigur), die auf dem Vorkommen von zwei dorsalen und zwei ventralen leistenförmigen Vorsprüngen (Säulen) beruht. Diese werden Hinter- oder Dorsalhörner bzw. Vorder- oder Ventralhörner genannt. Lateral lassen sich i. a. Seitenhörner erkennen. Dieser strukturellen Gliederung entspricht eine funktionelle: Ventral liegen motorische, dorsal sensible Neurone. Innerhalb dieser zwei Gruppen lassen sich viscerale und somatische Nervenzellen unterscheiden, so daß insgesamt vier funktionelle Gruppen existieren, die von ventral nach dorsal folgendermaßen angeordnet sind: somatomotorisch, visceromotorisch, viscerosensibel, somatosensibel. Die visceralen Neurone liegen vorwiegend im Bereich der Seitenhörner.

Vom Rückenmark gehen seitlich in segmentaler Anordnung die Spinalnerven ab, die zum peripheren Nervensystem zählen. Ursprünglich sind es auf jeder Seite zwei Nerven pro Segment: ein ventraler somatomotorischer und ein dorsaler sensibler und visceromotorischer Nerv. Schon bei Knochenfischen und Haien verschmelzen aber diese zwei Nerven in kurzem Abstand vom Rückenmark zu einem Spinalnerven. Die ehemalige Trennung läßt sich aber noch an den stets vorhandenen ventralen und dorsalen Wurzeln erkennen. Bei den höher entwickelten Formen verläßt dann auch ein großer Teil der visceromotorischen Komponente das Rückenmark über die ventrale Wurzel, so daß bei höheren Gruppen die ventrale Wurzel nur motorische und die dorsale ganz überwiegend sensible Fasern enthält. In der dorsalen Wurzel liegt stets das sensible Spinalganglion, eine Ansammlung sensibler Perikaryen. Diese sensiblen Neurone liegen bei larvalen Fischen und Urodelen noch – wie überwiegend bei Acraniern – im Rückenmark (Rohon-Beardsche Zellen). Der Spinalnerv teilt sich nach kurzem Verlauf in drei Äste (Rami). Ein medio-ventraler Ast, der Ramus visceralis, führt zu den Eingeweiden, in seinem Verlauf tritt ein vegetatives Ganglion auf (Umschaltung von erstem auf zweites vegetatives Neuron, Ansammlung von Perikarien des zweiten Neurons). Ein mittlerer Ast (Ramus ventralis) führt zu Haut und Muskulatur der ventralen und seitlichen Körperwand. Ein dorsaler Ast (Ramus dorsalis) erreicht Haut und Muskulatur des Rückens. Die Äste des Spinalnerven sind i.a. gemischte Nerven, d.h. sie enthalten motorische und sensible Fasern. In Höhe der Extremitäten bilden die Spinalnerven Geflechte (Plexus); auch das Rückenmark ist an diesen Stellen deutlich verdickt als Folge einer Konzentration von Nervengewebe, das die Gliedmaßen versorgt. Bei manchen Dinosauriern war der Raum für die sakrale Auftreibung des Rückenmarks (Versorgungsbereich der Beine) vermutlich größer als das Gehirn.

Das Rückenmark der Vögel besitzt im Sakralbereich eine Besonderheit in Form des Glykogenkörpers. Es handelt sich dabei um eine starke Konzentration von fast vollständig mit Glykogen angefüllten Astrocyten, die die dorsale Oberfläche des Rückenmarks aufwölben. Im caudalen Abschnitt des Rückenmarks der Haie und Knochenfische liegt eine Ansammlung neurosekretorischer Nervenzellen, deren Fortsätze zu einem Speicher- und Freisetzungsorgan (Urophyse, Analogon zur Neurohypophyse) ziehen können. Ihr Hormon steht möglicherweise im Dienst der Osmoregulation.

Bei vielen Vertebraten durchzieht das Rückenmark den Wirbelkanal bis zu seinem Ende. Bei einigen Teleosteern, den Anuren und Säugetieren füllt es aber nur einen Teil dieses Kanals aus: So endet es z.B. bei der Wabenkröte in Höhe des 3. Wirbels, beim Seehund im Brustbereich, beim Mondfisch unmittelbar hinter dem Hinterhauptsloch. Den Rest des Wirbelkanals durchzieht als Fortsetzung des Rückenmarks das Filum terminale, ein Bindegewebsstrang.

Hirnnerven. Die vom Gehirn ausgehenden Nerven (Cranialnerven, Hirnnerven) sind einander nicht gleichwertig wie die Spinalnerven. Der Nervus opticus ist beispielsweise ein in die Peripherie verlagerter Teil des Zwischenhirns. Außerdem sind die Hirnnerven innerhalb der Wirbeltiere nicht gleichförmig ausgebildet: Der N. trigeminus besitzt bei Amnioten drei Äste, bei Anamniern dagegen vier. Der vierte Ast versorgt bei diesen meist aquatischen Formen das Seitenliniensystem (s. u.).

Die Hirnnerven der Säuger lassen sich in drei funktionelle Gruppen gliedern: a) sensorisch (sensibel), b) motorisch, c) gemischt. Sensorisch sind N. olfactorius (I), N. opticus (II) und N. statoacusticus (VIII). Sie leiten Informationen von der Riechschleimhaut (I), der Retina (II) und den Receptoren des Innenohrs (VIII) zum ZNS.

Motorisch sind der N. oculomotorius (III), N. trochlearis (IV), N. abducens (VI) und N. hypoglossus (XII). III, IV und VI versorgen die Augenbewegungsmuskulatur, XII die Zungenmuskulatur, III enthält zusätzlich parasympathische Fasern für den Ciliarkörper und die Pupille. In allen Nerven dieser Gruppe sind auch sensible Fasern nachgewiesen. Auch der N. accessorius (XI) ist rein motorisch, entspricht aber keinem eigenen Nerven, sondern einer motorischen Wurzel des N. vagus (X). Alle anderen Hirnnerven sind gemischt. Ihre Aufgabe war ursprünglich die Versorgung der Kiemenbogenregion (Branchialnerven, Kiemenbogennerven). Hierzu zählen die folgenden Nerven: Der N. trigeminus (V) entsteht aus zwei Kiemenbogennerven. Der vordere Anteil, der Nervus ophthalmicus (höhere Vertebraten) bzw. Nervus ophthalmicus profundus (niedere Vertebraten) wird einem prämandibulären Kiemenbogen zugeordnet; der Hauptanteil, der Nervus maxillomandibularis ist der Nerv des Mandibular-(Kiefer)bogens. Er enthält bei Säugern sensible Fasern, die vor allem Gesicht, Zunge und Zähne versorgen; motorisch innerviert er die Kaumuskulatur. Der N. facialis (VII) versorgt primär den Zungenbein-(Hyal)bogen. Bei Säugern erreicht er mit motorischen Fasern die mimische

Muskulatur und einige Halsmuskeln; sensorische Fasern dieses Nerven versorgen vorn gelegene Geschmacksknospen der Zunge, parasympathische Anteile die Mehrzahl der großen exokrinen Drüsen des Kopfes. Der N. glossopharyngeus (IX) ist dem ersten Branchialbogen zugeordnet. Bei Säugern enthält er motorische und sensible Fasern, die den Rachenraum versorgen; außerdem innerviert er die Geschmacksknospen des hinteren Zungenbereichs und parasympathisch einen Teil der Speicheldrüsen. Der N. vagus (X) erreicht den zweiten und die daran anschließenden Branchialbögen und mit vegetativen (parasympathischen) Fasern Darm, Schwimmblase bzw. Lunge und andere Eingeweide. Bei Säugern versorgen motorische Fasern den Kehlkopf, sensible den äußeren Gehörgang, sensorische im Rachen gelegene Geschmacksknospen, parasympathische Hals-, Brust- und oberen Bauchraum. Der N. accessorius (XI) ist ein motorischer Teil des Nervus vagus, der bei Säugern als eigener Nerv die Trapeziusmuskulatur versorgt.

Die Deutung der sensorischen Versorgung des Seitenlinienorgans (Lateralissystems) ist umstritten. Einerseits besteht die Auffassung, daß

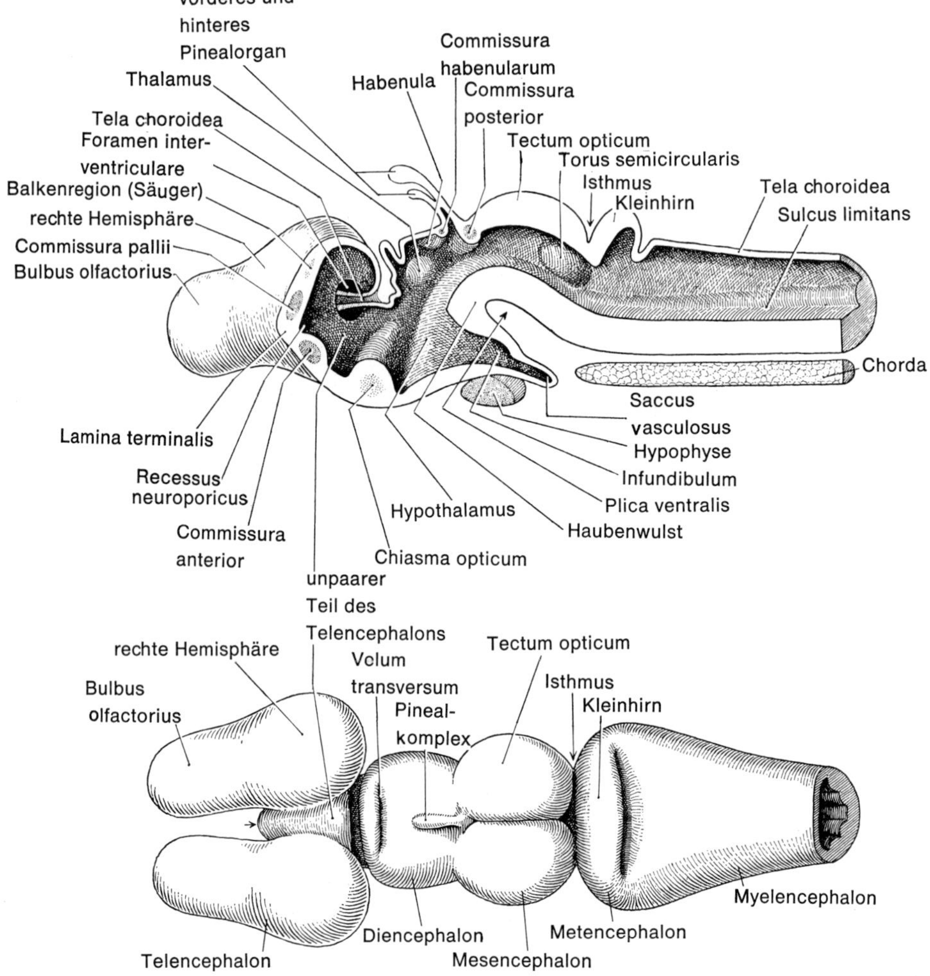

Abb. 317: Bauplan des Wirbeltiergehirns, oben Sagittalschnitt, unten Dorsalansicht. Das Telencephalon besteht aus 2 Hemisphären und einem unpaaren Anteil. Das vordere Pinealorgan wird auch als Parietalorgan, das hintere als Pinealorgan im engeren Sinne (= Epiphyse) bezeichnet. Dieser Bauplan ähnelt besonders dem Gehirn der Amphibien, v. a. dem der Urodelen. Aus Portmann

die Sinneszellen des Lateralissystems von Ästen aller Branchialnerven versorgt werden, andererseits wird das Lateralissystem als altes, dem Octavus (N. VIII) zugehöriges System angesehen. Bei allen Wirbeltieren außer den Cyclostomen und Vögeln existiert ein weiterer Hirnnerv, der N. terminalis, der als dünner Strang von der Nasenhöhle zum Zwischenhirn läuft und vegetative sowie vermutlich sensible Fasern enthält.

Gehirn. Das Gehirn gliedert sich embryonal primär in zwei Abschnitte: das vorngelegene und z. T. nach ventral abgeknickte Prosencephalon (Vorderhirn) und das hintere Rhombencephalon (Rautenhirn). Im Laufe der weiteren Entwicklung teilt sich das Prosencephalon in das vordere Telencephalon (Endhirn) und das dahintergelegene Diencephalon (Zwischenhirn). Das Rhombencephalon bleibt in seinen ventralen Anteilen, die insgesamt Tegmentum heißen, recht einheitlich; dorsal differenziert es sich in das Tectum opticum und das dahinterliegende Cerebellum (Kleinhirn). Unter dem Kleinhirn lagert sich bei Säugern dem Tegmentum ventral die Brücke (Pons) an, die Informationen aus dem Endhirn in das Kleinhirn leitet.

Rein deskriptiv wird das Rhombencephalon der erwachsenen Wirbeltiere oft schematisch in drei Abschnitte zerlegt, das Mesencephalon (Mittelhirn, folgt auf das Zwischenhirn, umfaßt dorsal Tectum opticum und ventral den cranialen Teil des Tegmentums), das Metencephalon (Hinterhirn, umfaßt Kleinhirn, den mittleren Teil des Tegmentums und bei Säugern die Brücke) und das Myelencephalon (= Medulla oblongata = Nachhirn, umfaßt den hinteren Teil des Rhombencephalons, der zum Rückenmark überleitet).

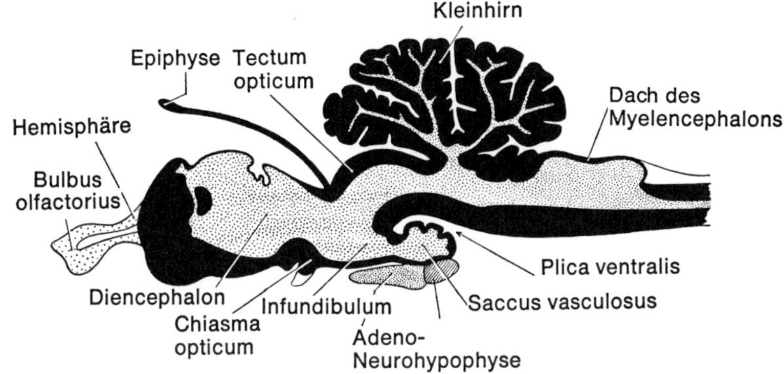

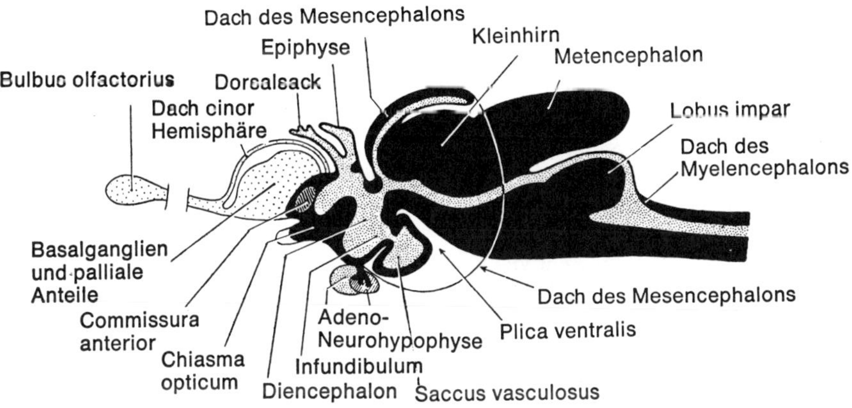

Abb. 318: Gehirne von Fischen (Sagittalschnitte); oben Selachier, unten Teleosteer. Aus Portmann

Das **Telencephalon** umfaßt einen meist kleinen unpaaren Mittelteil und zwei durch Evagination entstehende große Ausstülpungen, die Hemisphären, die zentral Ventrikelräume bergen und an deren Spitzen sich die Bulbi olfactorii abgliedern. Diese nehmen Erregungen aus der Riechschleimhaut auf und leiten sie an das restliche Endhirn weiter. Die Bulbi sind bei primitiven Formen sehr groß, nehmen aber bei höher stehenden Arten an Umfang ab und können stark rückgebildet sein (Wale).

Das Telencephalon erhält nicht nur Zuflüsse aus dem Riechepithel und – wenn vorhanden – aus dem Jacobsonschen Organ. Von Anfang an empfängt es offenbar auch aufsteigende Bahnen anderer Sinnesorgane, besonders der Augen. Es ist also schon bei ursprünglichen Formen nicht nur Riechhirn. Im Laufe der Stammesgeschichte macht das Endhirn eine auffallende Höherentwicklung durch und wird zum dominierenden Kontroll- und Steuerungsapparat, dessen Assoziationsareale immer größeren Raum einnehmen. Die graue Substanz ist zunächst vorwiegend periventrikulär angeordnet. Das Telencephalon der Amphibien zeigt einen besonders ursprünglichen Bau: rostral liegt der Bulbus olfactorius; der dahinter liegende Teil der Hemisphären mit dem in der Tiefe liegenden Grau ist in 4 Längsstränge (Quadranten) gegliedert: dorsal liegen Archipallium (medial) und Palaeopallium (lateral), die gemeinsam das Pallium bilden. Ventral liegt insgesamt das Subpallium, das sich medial in das Septum und lateral in das Basalganglion differenziert (Abb. 320). Bei Reptilien entsteht dorsal zwischen Archi- und Palaeopallium ein weiteres Areal, das Neopallium, das sich dann bei Säugern stark entfaltet und die anderen Palliumsgebiete abdrängt. Ab der Reptilienstufe kommt es zur Verlagerung der grauen Substanz der pallialen Anteile an die Oberfläche des Gehirns (Abb. 320). Es entsteht also eine Rinde (Cortex), deren Feinbau auch zunehmend komplizierter wird (Palaeocortex, Archicortex, Neocortex).

Das Grau der lateralen ventralen Quadranten (Basalganglion) bleibt in der Tiefe. Es erfährt aber auch eine zunehmende Höherentwicklung und engt von unten her das Ventrikellumen ein. Die Septumregion (Septum verum) bildet die mediobasale Hemisphärenwand; dies Gebiet bleibt in seinem Aufbau recht ursprünglich und ist bei vielen Formen umfangreich. Bei höheren Säugern umfaßt es nur einen kleinen Raum.

In eigener Weise differenzieren sich Endhirn der Teleosteer und Vögel. Bei Teleosteern läuft die Formbildung als Eversion ab, wobei die Organanlage nach lateral gedreht wird. Besonders betroffen sind die pallialen Anteile, die neben den subpallialen Gebieten zu liegen kommen. Es entstehen kompakte Neuronenmassen, die von einer dünnen ependymalen Haut bedeckt werden (Abb. 320b).

Bei Vögeln entwickeln sich die dorsalen Bereiche relativ gering und bilden ein kleines Archi- und Palaeopallium. Der dorsal gelegene Wulst wird als Vorstufe des Neopalliums gedeutet (Eulen, Singvögel). Eine starke Vergrößerung und Ausdifferenzierung erfährt das Basalganglion (Corpus striatum), das mit seinen Derivaten zum dominierenden Zentrum des komplexen Verhaltens wird. Die Hirnmasse eines Vogels ist ungefähr zehnmal größer als die eines Reptils gleichen Gewichts. Dies geht auch auf die Vergrößerung des Telencephalons zurück.

Das Telencephalon der Cyclostomen läßt sich zwar auf den Typ des Vertebratengehirnes zurückführen, aber sowohl *Petromyzon* als auch *Myxine* zeigen sehr viele Sonderbildungen (Abb. 321a, b); ihr Endhirn ist offenbar im wesentlichen ein Riechhirn. Bei Chondrichthyes ist die Hemisphärenwand gleichmäßig dick (Gegensatz zu Teleosteern). Die Hemisphären stülpen sich wie bei Petromyzonten eher seitlich aus. In das Telencephalon der Haie ziehen auch Fasern aus dem optischen System und dem Thalamus.

Die Massenzunahme des Telencephalons der Säuger, die vor allem auf die Vergrößerung des Neopalliums zurückgeht, führt zu einem Wachstum dieses Organs nach frontal, dorsal, lateral und occipital. Dadurch werden die anderen Teile des Gehirns z. T. erheblich überdeckt und das Endhirn läßt sich in Frontal-, Parietal-, Temporal- und Occipitallappen gliedern. Diese Wachstumsvorgänge führen nicht nur zur Lappenbildung, sondern offenbar auch zur Ausbildung von Windungen (Gyri) und Furchen (Sulci), z. B. bei Carnivoren, Ungulaten, Walen und Primaten. Einfacher gebaute Endhirne bleiben glatt (lissencephal). Das Palaeopallium, das bei Insectivoren und anderen primitiven Säugern noch recht umfangreich ist, wird vor allem Assoziationsgebiet des olfactorischen Systems. Das Archipallium (Hippocampus und zugehörige Gebiete) kommt dorsomedial zu

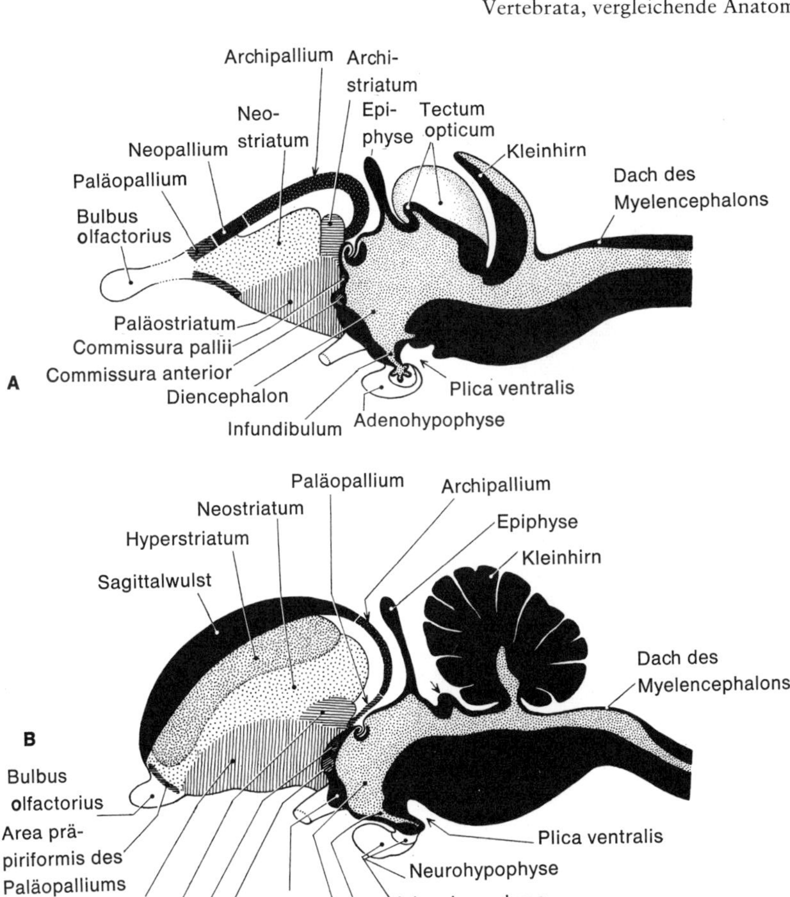

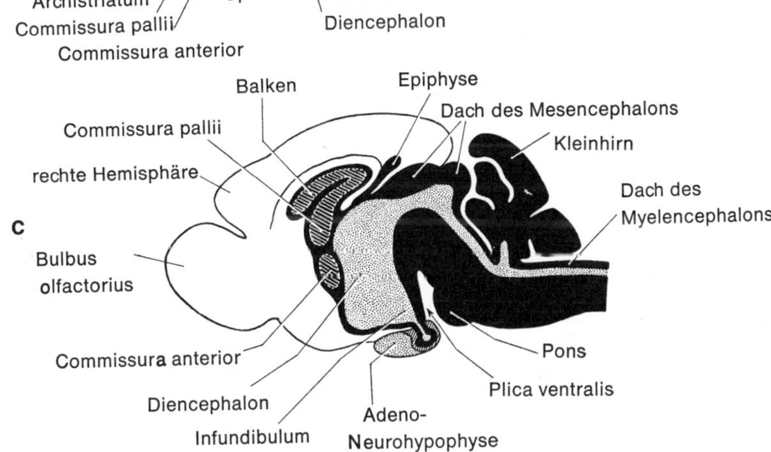

Abb. 319: Tetrapodengehirne (Sagittalschnitte). A. Reptil, B. Vogel, C. primitiver Säuger (Insektivor). Auf B weist der Pfeil auf das Dach des Mesencephalons, das Tectum opticum. Aus Portmann

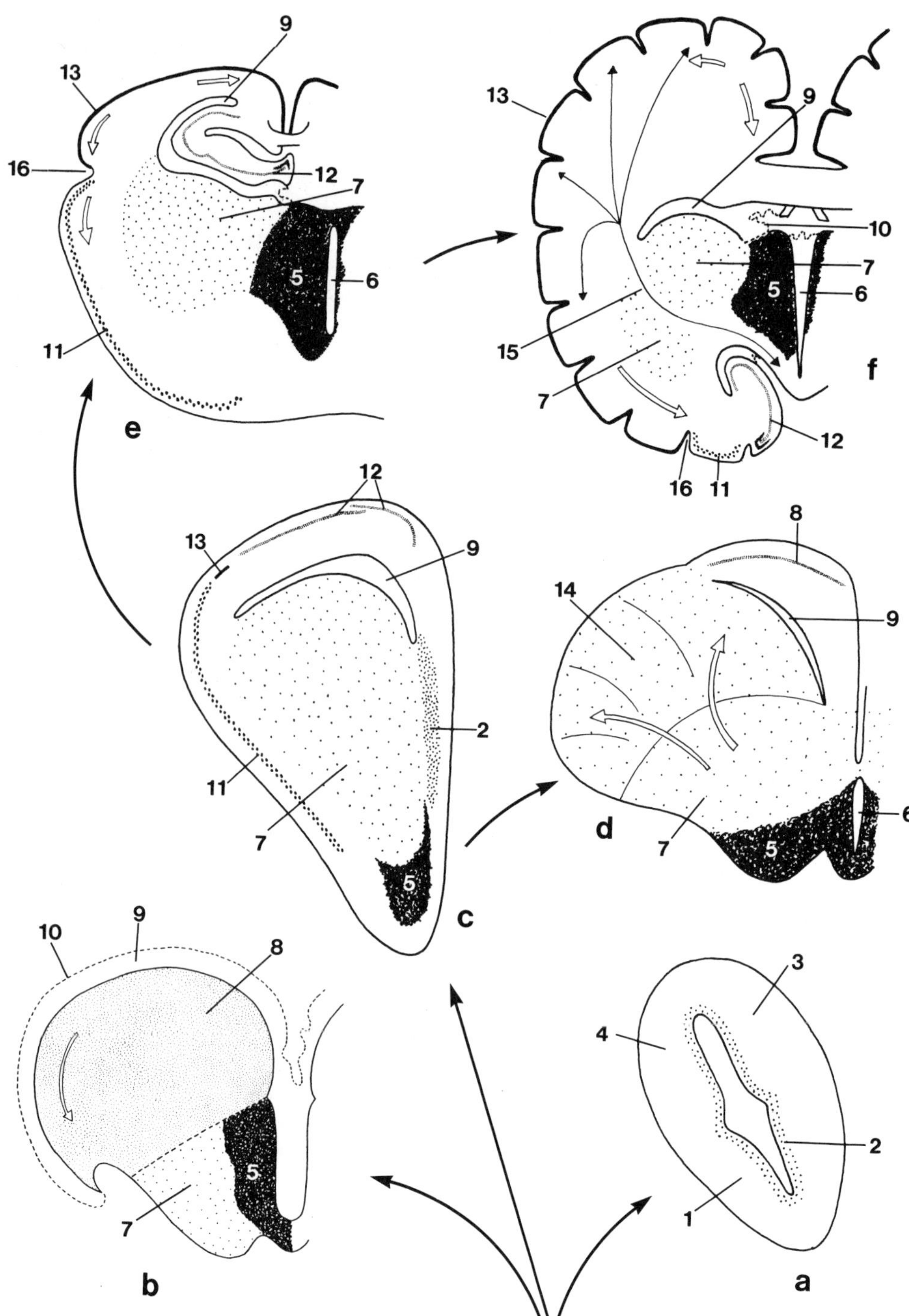

Abb. 320: Entwicklung des Endhirns in verschiedenen Wirbeltiergruppen, erläutert am schematisierten Querschnitt durch eine Hemisphäre des Endhirns. a. Amphib, b. Teleosteer, c. Reptil (Eidechse), d. Vogel, e. niederer Säuger (Insektivor), f. höherer Primat (Mensch). Weiße Pfeile: Wachstumsrichtungen. 1: unterer lateraler Quadrant (Basalganglien), 2: unterer, medialer Quadrant (Septum), 1 + 2: Subpallium, 3: oberer medialer,

liegen. Es erhält unter anderem Informationen aus dem olfactorischen System und ist wichtiger Bestandteil des limbischen Systems. Das Gebiet des Basalganglions, das schon bei Anamniern in reichem Maße differenziert ist, zerfällt bei Säugern in mehrere Kerne, Putamen und Caudatum (= Corpus striatum der Humananatomie), große Teile des Pallidums, Amygdala (Mandelkern). Die erstgenannten Kerne haben vor allem motorische Funktionen. Sie steuern z.B. Bewegungsautomatismen und sind das übergeordnete Zentrum der extrapyramidalen Motorik. Am Aufbau der Amygdala beteiligt sich auch das Palaeopallium. Die Amygdala ist u.a. beteiligt an der Entstehung von Aggression und Fluchtverhalten.

Das **Zwischenhirn** ist ein relativ kleiner Hirnabschnitt, der oft von anderen Teilen überdeckt wird. Es birgt zentral den dritten Ventrikel. Seine dorsale Wand wird Epithalamus, die lateralen Wände Thalamus, der ventrale Teil Hypothalamus genannt. Teile des dorsalen Daches haben sich z.T. zu dünnwandigen, gefäßreichen Ausstülpungen (Paraphyse, Dorsalsack) und zu unpaaren Lichtreceptoren (= Parietal- und Pinealauge) ausgestaltet. Das Pinealauge wird auch Epiphyse oder Pinealorgan genannt. Es ist bei niederen Wirbeltieren mit Lichtsinneszellen ausgestattet; gleichzeitig ist es bei allen Wirbeltieren eine inkretorische Drüse (bei Säugetieren auch Zirbeldrüse genannt). Das vorngelegene Parietalauge (= Parapinealorgan) existiert noch bei Cyclostomen, einigen Eidechsen und *Sphenodon*. Eine besondere Situation liegt bei Anuren vor. Hier schnürt sich vom Pinealorgan ein distaler Teil ab und bildet das unter der Haut liegende Stirnorgan. Es enthält ebenso wie der proximale Teil Lichtreceptoren. Der Thalamus ist wichtige Durchgangs- und Umschaltstelle motorischer und sensorischer Bahnen. Beispiele sind die Corpora geniculata der Seh- und Hörbahn. Dorsal liegt ein weiteres Integrationszentrum der Eingeweidetätigkeit, die Habenula. Im Bereich des Hypothalamus befinden sich neurosekretorische Kerngebiete, höhere Koordinationszentren des autonomen Systems und die Hypophyse. Eine Besonderheit des Zwischenhirns der Knorpel- und vieler Knochenfische ist eine basale, hinter der Hypophyse gelegene, reich mit Blutgefäßen versehene Aussackung, der Saccus vasculosus. Er ist blutgefäßreich und weist besondere Zellen in seiner Wand auf, die u.U. sekretorisch sind oder Stoffe transportieren.

Das Dach des Mesencephalons, das Tectum opticum, ist bei niederen Wirbeltieren das dominante Assoziationszentrum und bei höheren Formen immer noch wichtige Schaltstelle für sensorische Bahnen aus Auge und Innenohr. Es weist i.a. paarige Vorwölbungen auf (Corpora bigemina), die einen komplizierten Schichtenbau zeigen können und bei vielen Vögeln besonders groß sind und sich seitlich ausdehnen (Lobi optici).

Wichtigste dorsale Differenzierung des Metencephalons ist das Kleinhirn, dem Informationen aus dem Innenohr (Gleichgewicht), dem Seitenliniensystem und den Sinnesorganen der Muskulatur (Muskelspindeln) und bei höheren Formen auch aus der Großhirnrinde zugeführt werden. Es ist bei höheren Primaten mit allen motorischen Zentren im Nebenschluß verbunden und erhält direkt oder indirekt Informationen aus allen Sinnesorganen. Aufgrund seiner Verbindungen ist es befähigt, die verschiedenen motorischen Zentren aufeinander abzustimmen und damit Bewegungsabläufe zu koordinieren.

Das Myelencephalon besitzt einen ähnlichen Aufbau wie das Rückenmark. In seiner grauen Substanz enthält es die Kerngebiete zahlreicher Hirnnerven und Teile der Formatio reticularis, in der wesentliche Zentren des autonomen Nervensystems liegen, z.B. Atmungs- und Kreislaufzentrum. Vegetative Zentren sowie mehr oder minder untergeordnete motorische Zentren breiten sich im gesamten Tegmentum aus. Weiterhin liegen hier Regionen, die die Rhyth-

archipallialer Quadrant, 4: oberer, lateraler, palaeopallialer Quadrant, 3 + 4 = Pallium, 5: Zwischenhirn (Thalamus), 6: III. Ventrikel, 7: Basalganglien, 8: Pallium der Knochenfische und rudimentäres Pallium der Vögel, 9: Endhirn-(Seiten-)Ventrikel, 10: Plexus chorioideus des Seitenventrikels, 11: Palaeopallium, 12: Archipallium (Hippocampusformation), 13: Neopallium, 14: Hyperstriatum beim Vogel, 15: neopalliale Projektionsbahnen in der inneren Kapsel, 16: Fissura rhinica (Fissura palaeoneocorticalis). Nach Starck

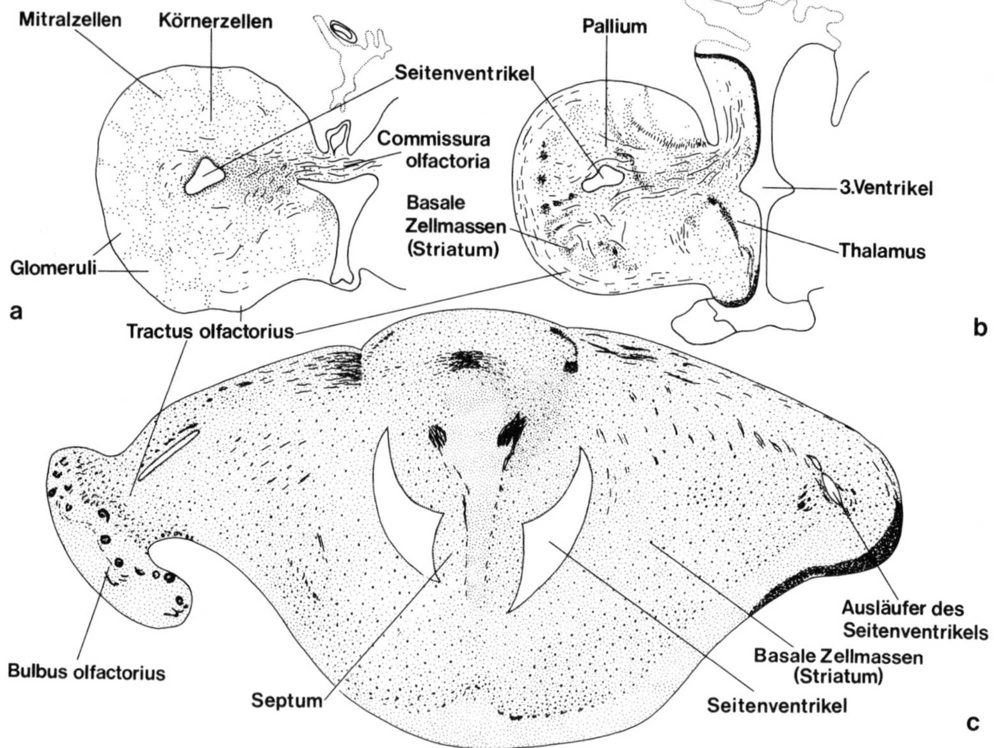

Abb. 321: Histologische Querschnittsbilder durch das Telencephalon von *Lampetra* (Neunauge) (a, b) und *Galea* (Hai, c). Das Telencephalon des Neunauges ist einmal in Höhe des Bulbus olfactorius (a) und einmal weiter proximal (Lobus hemisphaericus, b) geschnitten. Nach Ariens-Kappers und Kuhlenbeck

mik beeinflussen, zum Beispiel Schlaf- und Wachzentren.

Im Gehirn der Wirbeltiere existieren weiterhin zahlreiche übergeordnete Systeme, die Strukturen in verschiedenen Hirnabschnitten umfassen. Ein Beispiel ist das limbische System, zu dem verschiedene Regionen des End- und Zwischenhirns gehören. Hier werden primär Informationen aus dem Riechorgan und den Eingeweiden verarbeitet, später steht es in Beziehung zu Funktionen wie Lernen, Gedächtnis, Aggression, Sexualität, Furcht, Wut u. a.

Vegetatives Nervensystem (Eingeweidenervensystem). Aufgabe des vegetativen Nervensystems ist die Aufrechterhaltung der Homöostase, d. h. eines ausgeglichenen inneren Milieus. Hierher gehören z. B. die Regelung der Körpertemperatur, des Kreislaufes, der Atmung, der Exkretion, der Sekretion und des chemischen Gleichgewichtes der Körperflüssigkeiten. In den Eingeweiden sind es oft die glatten Muskelzellen, auf die das vegetative System einwirkt. Es enthält zentrale und periphere Neurone und läßt sich vor allem funktionell in zwei Anteile gliedern: Das sympathische und das parasympathische System. Eine morphologische Trennung der beiden Anteile ist schwieriger. Beide Komponenten innervieren gemeinsam alle Eingeweideorgane. Funktionell unterschieden sich Sympathicus und Parasympathicus durch antagonistische Wirkung in einem Organ und die Transmitter der postganglionären Neurone; der Sympathicus gibt hier Noradrenalin oder Adrenalin ab; der Parasympathicus Acetylcholin. Viele vegetative Fasern scheinen auch peptiderg zu sein. Parasympathische Nerven verlassen das ZNS über Hirnnerven (N. oculomotorius, N. facialis, N. glossopharyngeus und N. vagus) und bei Knochenfischen und Amnioten auch über sakrale Spinalnerven des Rückenmarkes. Sympathische Nervenfasern treten nur noch aus dem Rückenmark in Hals-, Thorax- und Lumbalbereich aus. Alle vegetativen Fasern werden peripher einmal umgeschaltet. Die

Umschaltung der sympathischen Fasern erfolgt in einer parallel zur Wirbelsäule verlaufenden Ganglienkette (Grenzstrang, Paravertebralganglien, Truncus sympathicus, fehlt bei *Myxine*) die beidseitig ausgebildet und mit den Spinalnerven verbunden ist oder in einer Reihe größerer Ganglien in Nähe der unteren Aorta (Kollateralganglien). Bei Nichtsäugern erstreckt sich der Grenzstrang bis in den Kopf. Die Ganglien des Parasympathicus liegen i.a. in der Nähe oder sogar im Erfolgsorgan. Infolge der Umschaltung in einem Ganglion lassen sich ein präganglionäres Neuron, das sein Perikaryon im Rückenmark oder Rhombencephalon hat, und ein postganglionäres Neuron unterscheiden. Dieses hat sein Perikaryon in dem Ganglion und erreicht mit seinem Axon das Erfolgsorgan. In den Eingeweiden treten i.a. Ganglien auf, die entweder als periphere parasympathische Ganglien gedeutet werden oder einem organeigenen Nervennetz (intramuraler Plexus) zugeordnet werden. Diese Ganglien sind oft peptiderg. Höhere vegetative Zentren liegen in der Medulla oblongata, dem Hypothalamus, dem limbischen System und sogar in der Endhirnrinde.

Der Hypothalamus steuert hormonal und neuronal das Endokrinium; er besitzt Zentren für Temperaturregulation, Appetit, sexuelles Verhalten u.v.a. Er ist mit limbischem System und Endhirnrinde verbunden, so daß vegetative und willkürliche Aktionen koordiniert werden können (vergl. Harnblasenentleerung).

Das vegetative System besitzt auch sensible Fasern, die mit den somatischen dorsal ins Rückenmark eintreten.

Endokrine Organe

Endokrine Organe bilden Hormone. Sie lassen sich in verschiedener Weise gliedern, z.B. nach ihrer embryonalen Herkunft, der chemischen Natur ihrer Sekrete u.a. Auffallend ist, daß sich viele hormonbildende Zellen vom Darmkanal herleiten oder noch direkt mit ihm in Verbindung stehen.

Organe, die ausschließlich Hormone produzieren, sind Adenohypophyse, Schilddrüse, Nebenschilddrüse, Ultimobranchialkörper, Adrenal- und Interrenalorgan (die letzten beiden bilden bei Amnioten die Nebenniere). Organe mit zusätzlicher endokriner Funktion sind Hypothalamus, Gonaden, Pankreas, Darmkanal, Placenta, Leber, Niere, Pinealorgan, Rückenmark (Urophyse, viele Fische) und vermutlich der Thymus. Die Stanniusschen Körper sind endokrine Organe bei Fischen, deren Funktion nicht bekannt ist. Mehrere dieser Organe wurden bereits erwähnt.

Übergeordnete Bedeutung hat die Hypophyse. Dieses Organ zerfällt in 2 Anteile: 1. die Neurohypophyse, die eine Ausstülpung des Zwischenhirns ist und in der hypothalamische Hormone freigesetzt werden und 2. die Adenohypophyse, die sich embryonal von einer ectodermalen Ausstülpung des Munddaches (Rathkesche Tasche) herleitet. Der Hauptbestandteil der Adenohypophyse ist die Pars distalis (Vorderlappen), in der die Mehrzahl der Hormone gebildet wird: Gonadotropine (FSH, LH), Prolactin, schilddrüsenstimulierendes Hormon (TSH), nebennierenrindenstimulierendes Hormon (ACTH), Wachstumshormon (STH) u.a.

Der Zwischenlappen (Pars intermedia) der Adenohypophyse bildet das melanocytenstimulierende Hormon (MSH). Die Funktion des Trichterlappens (Pars tuberalis) ist noch unbekannt.

Interrenal- und Adrenalorgan sind zwei nach Herkunft und Natur ihrer Hormone völlig verschiedene Organe, die sich aber oft durchdringen und dann ein gemeinsames Organ aufbauen: die Nebenniere. Das Interrenalorgan (Nebennierenrinde) entsteht aus der dorsalen Coelomwand und bildet Steroidhormone (Gluco- und Mineralocorticoide, Geschlechtshormone). Das Adrenalorgan (Nebennierenmark) entsteht aus der Neuralleiste (Nervengewebe, das nicht in die Bildung des Rückenmarks und Gehirns eingeht) und bildet Noradrenalin und Adrenalin.

Die Schilddrüse leitet sich stammesgeschichtlich vom Endostyl her, einer schleimbildenden epithelial ausgekleideten Rinne ventral im Pharynx der Tunicaten, Copelaten und Acranier. Eine vergleichbare Struktur tritt im Pharynx der Enteropneusten auf. Ein Endostyl kommt auch bei der Ammocoetes-Larve der Neunaugen vor, und auch in der Embryonalentwicklung der restlichen Wirbeltiere entsteht die Schilddrüse als Derivat des Kiemendarms. Endostyl und Schilddrüse konzentrieren Jod, das an die Aminosäure Tyrosin gebunden wird. Die typischen Schilddrüsenhormone sind Derivate dieser Aminosäure. Bei *Myxine*, adulten Petromyzonten und den meisten Teleosteern ist das Schilddrüsengewebe (Follikel) locker im Pharynxboden und an der ventralen Aorta verstreut. Bei den anderen Vertebraten bildet die Schilddrüse ein kompaktes Organ, das bei Amphibien, einzelnen Reptilien und Vögeln sekundär paarig ist.

Coelom

Coelomräume in den Somiten treten nur teilweise und embryonal auf. Die definitive Leibeshöhle bildet sich im ventralen Mesoderm zwischen zwei Blättern, der äußeren Somato- und der inneren Visceropleura (Splanchnopleura). Die auskleidende Wand der Leibeshöhle heißt Peritoneum. Primär besteht die Leibeshöhle aus 2 gestreckten Hohlräumen beiderseits des Darms, die ober- und unterhalb des Darmrohres aneinandergrenzen. Diese Kontaktzonen bilden die Mesenterien des Darms, die als Aufhängebänder fungieren. Das dorsale Mesenterium legt sich in komplizierte Falten. Das ventrale Mesenterium bildet sich bis auf vorn gelegene Reste zurück, so daß ein einheitlicher Raum entsteht. Von diesem gliedert sich dann durch ein Septum (Septum transversum) die Pericardhöhle ab, welche das Herz beherbergt. Die Pericardhöhle ist bei manchen Fischen noch durch Poren mit dem Rumpfcoelom verbunden, in das bei Amphibien, *Sphenodon* und den meisten Squamaten die Lungen hineinragen (Pleuroperitonealhöhle). Bei Krokodilen, Schildkröten und Waranen wird die Lunge durch das postpulmonale Septum gegen die Darmeingeweide abgegrenzt und liegt in einer eigenen Höhle (Pleurahöhle). Die Peritonealhöhle beherbergt im wesentlichen nur noch Magen und anschließenden Darmtrakt sowie die großen Darmdrüsen.

Das postpulmonale Septum wird bei den Vögeln durch einwachsende Luftsäcke in horizontales und schräges Septum getrennt. Das horizontale Septum trennt die Pleurahöhle von dem Cavum subpulmonale, das kein Coelomraum ist und das die meisten Luftsäcke enthält. Bei Krokodilen, Schildkröten, Waranen und Vögeln liegen die Lungen nicht verschieblich in der Pleurahöhle, sondern verwachsen mit der Rumpfwand. Bei einigen Reptilien und den Vögeln liegt die Leber in einem eigenen Coelomraum. Bei Säugern entsteht unter Einbeziehung des Septum transversum eine Scheidewand, das Zwerchfell (Diaphragma), zwischen Peritonealhöhle einerseits und den vorn gelegenen Pericard- und Pleurahöhlen andererseits. Es wird zum wichtigsten Atemmuskel.

Darmsystem

Das Darmsystem steht in engen entwicklungsgeschichtlichen und strukturellen Beziehungen zu mehreren Organen, vor allem denen der Atmung (Lunge, Kieme).

Besonders eng ist der strukturelle Zusammenhang bei den Kiemen, so daß diese im vorliegenden Abschnitt mit besprochen werden (Lungen, Schwimmblase, S. 447). Auch andere Organe leiten sich strukturell vom Darmsystem ab, z.B. die endokrinen Organe Adenohypophyse und Schilddrüse sowie das Mittelohr der Tetrapoden.

Der Darm läßt sich nach unterschiedlichen Gesichtspunkten gliedern, z.B. in Kopfdarm (Mund bis Pharynx) und Rumpfdarm (Oesophagus bis Enddarm). Verbreitet ist folgende Gliederung: 1) Vorderdarm (Mundhöhle, Kiemendarm oder Pharynx, Oesophagus, Magen), 2) Mitteldarm (Duodenum, Jejunum, Ileum; wird auch «Dünndarm» genannt), 3) Enddarm (Colon mit Blinddarm, Rectum, Kloake). Typische Anhangsdrüsen des Mitteldarms sind Leber und Pankreas, die sich vermutlich aus Blindsäcken des Darmes – wie in Einzahl noch bei *Branchiostoma* vorhanden – entwickeln. Blinddärme (Darmdivertikel) treten in unterschiedlicher Zahl und an unterschiedlicher Stelle auf. Sie sind bei Pflanzenfressern besser entwickelt als bei Fleischfressern. Bei Knochenfischen kann auch der Endteil des Magens Blindschläuche tragen.

Der Darmkanal ist zunächst ein einfaches, gestrecktes Rohr. Die Effektivität der Verdauungs- und Resorptionstätigkeit wird gesteigert durch 1. Verlängerung und Aufknäuelung einzelner Abschnitte, 2. Erweiterung einzelner Teile (vor allem des Magens) oder Ausbildung von Blindschläuchen, 3. Entwicklung innerer Falten oder Vorsprünge.

Die phylogenetische Herkunft des Mundes ist noch umstritten. Embryonal sind er und die Mundhöhle ectodermale Bildungen und entstehen aus einer Einstülpung, die Stomodaeum genannt wird. Pharynx, Oesophagus, Magen, Dünn- und Dickdarm sind samt ihren Anhangsgebilden entodermale Strukturen.

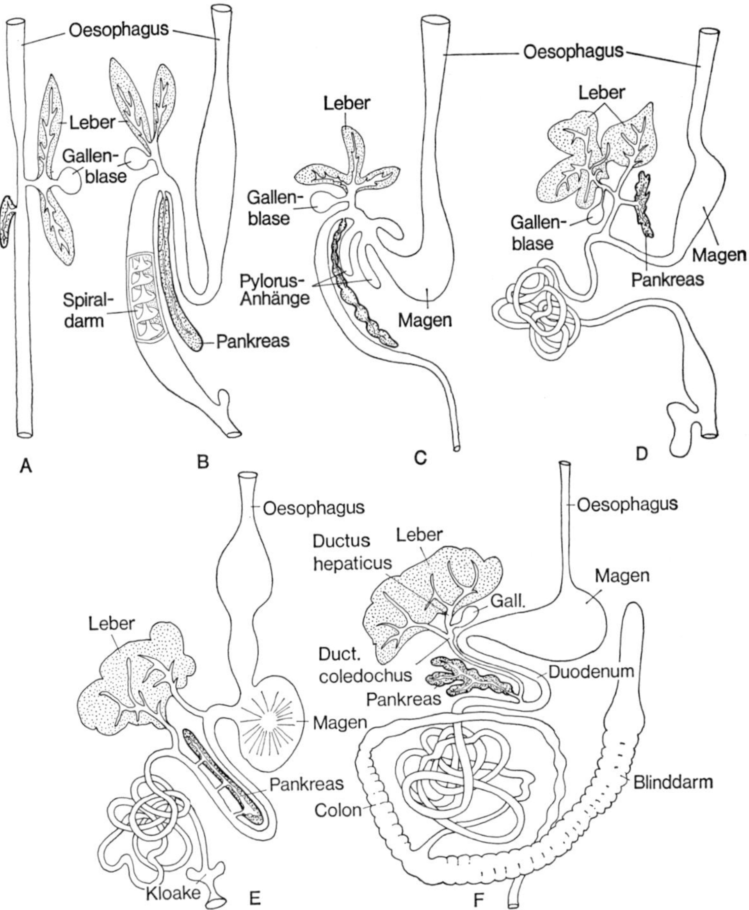

Abb. 322: Magendarmkanal mit den großen Anhangsdrüsen (Leber, Pankreas) bei verschiedenen Wirbeltieren. A. *Myxine* (Cyclostomen), B. Hai, C. Barsch, D. Frosch, E. Taube, F. Kaninchen. Das endokrine Pankreasgewebe liegt bei Cyclostomen und Teleosteern meist vom exokrinen Drüsenteil räumlich getrennt, bei den übrigen Formen ist es in Form der Langerhansschen Inseln in das exokrine Drüsengewebe eingelagert. Beachte beim Darmtrakt des Vogels den Kropf (im distalen Oesophagus), den sich anschließenden Drüsenmagen und vor der Kloake die Blinddärme; der Muskelmagen ist unterschiedlich stark ausgebildet. Bei den Säugetieren ist der Verlauf von Leber- und Pankreas-Ausführgängen besonders variabel. Ebenfalls bestehen in den einzelnen Säugetiergruppen große Unterschiede in bezug auf Größe und Zahl der Blinddärme. Nach Stempell

Mund. Bei manchen Wirbeltieren werden die Mundränder von weichen, beweglichen Haut-Muskel-Strukturen gebildet, den Lippen. Bei *Myxine* tragen sie Tentakel, bei Neunaugen bilden sie ein Saugrohr, bei Vögeln und Schildkröten sind sie zu einem Schnabel umgebildet, der in seiner Funktion das rückgebildete Gebiß ersetzt. Bei Säugern sind die Lippen allgemein hoch entwickelt, durch Einlagerung mimischer Muskulatur bekommen sie besondere Bedeutung für das Sozialleben.

Zunge. Eine typische Zunge existiert nur bei den Tetrapoden. Sie liegt am Mundboden und besitzt ein Skelet (Zungenbein, Os hyoideum), das sich vom Kiemenbogenskelet herleitet. Der fleischige Teil enthält an seiner Oberfläche Geschmacksknospen und oft verschiedene Typen von verhornten Widerhäkchen oder Borsten (Papillae filiformes). Bei vielen Formen kann sie aus dem Mund ausgestülpt werden (z.B. vielen Anuren, Chamäleons, Spechten u.a.). Bei Reptilien und Vögeln ist sie i.a. stark verhornt.

Speicheldrüsen. Die Drüsen der Mundhöhle produzieren eine schleimige Gleitflüssigkeit. Bei Wasserformen sind sie geringer entwickelt als bei Landformen. Bei vielen Arten (Säugern, Vögeln, Anuren) sind im Sekret der Speicheldrüsen Amylasen nachgewiesen. Oft wirkt das Sekret auf andere Organismen toxisch. Hochentwickelte Giftdrüsen besitzen Schlangen; bei Vögeln dient das Sekret gelegentlich zum Nestbau (Segler, Schwalben, u.a.).

Choanen. Bei Choanichthyes und Tetrapoden öffnen sich die Nasen auch in die Mundhöhle: innere Nasenöffnung, Choanen.

Gaumen. Das Dach der Mundhöhle ist der primäre Gaumen. Bei luftatmenden Wirbeltieren besteht die Tendenz, die Mundhöhle zu unterteilen in je einen Raum für Nahrungsaufnahme und Luftstrom. Bei Krokodilen und Säugern ist diese Trennung zum großen Teil durch die Bildung eines horizontalen Knochenseptums in der Mundhöhle (sekundärer Gaumen) verwirklicht. Verhornte Leisten (Barten) stehen bei Mysticeti im Dienste der Nahrungsaufnahme.

Zähne. Die Zähne sind modifizierte Teile des Hautskelets. Sie fehlen noch den Agnathen und entwickeln sich erst mit Ausbildung der Kiefer als spezielle Kauwerkzeuge. Sie sind aber von Anfang an nicht auf die Kiefer beschränkt, sondern können auf verschiedenen Knochen der Mundhöhle auftreten.

Die Hartteile der Zähne bestehen aus einer äußeren ectodermalen Schmelzlage und einer tieferen und dickeren Dentinschicht. Im Zentrum befindet sich die Zahnpulpa mit Blutgefäßen, Nerven und den Odontoblasten, die das Dentin abscheiden. Die Schmelzbildner (Adamantoblasten) sterben im Gegensatz zu den Odontoblasten nach Ablagerung des Schmelzes ab. Schmelz besteht zu ca. 97% aus anorganischem Material (vor allem Hydoxylapatit) Dentin zu ca. 72%. Die Lage der Zähne ist variabel. Bei den Knochenfischen können sie an den Kiemenbögen auftreten, bei Sägehaien und -rochen kommen sie sogar auch außerhalb der Mundhöhle vor. Im Laufe der Entwicklung läßt sich eine Konzentration der Zähne auf die Kieferknochen erkennen, bei Fischen tragen noch fast alle Gaumen- und Kieferknochen Zähne, bei Säugern nur noch Praemaxillare, Maxillare und Dentale.

Während primitive Formen zahlreiche Zähne besitzen, ist deren Zahl bei höheren Gruppen reduziert. Auch innerhalb der einzelnen Ordnungen läßt sich diese Tendenz erkennen, die selten bis zum völligen Fehlen der Zähne führen kann. Zum Fehlen von Zähnen kann auch die oft erkennbare Tendenz zur Verkleinerung der Zähne führen. Nur selten erfolgt sekundär eine Vermehrung der Zahnzahl (Delphine). Einzelzähne können zu Zahnplatten verschmelzen (Lungenfische).

Bei primitiven Wirbeltieren werden die Zähne während des ganzen Lebens ständig neugebildet und ersetzt. Oft erfolgt der Zahnersatz wellenförmig entlang der Zahnreihe. Die Zahl der Zahngenerationen wird dann bei höheren Formen mit zunehmender Zahngröße und komplizierter Zahnbefestigung am Kieferknochen eingeschränkt. Manche Reptilien wechseln die Zähne nur noch in der Jugend (Milchzähne), bei Säugern treten meist noch 2 Zahngenerationen auf. Die üblicherweise vorhandenen 2 Generationen (Milch- und Dauerzähne) erscheinen bei vielen Säugern nicht mehr in voller Zahl, besonders die Dauerzähne. Beim Menschen bilden sich z.B. zunächst die Milchzähne des Vordergebisses und dann langsam im Laufe der Jugend die dazugehörigen hinten gelegenen großen Molaren, von denen der letzte oft nicht mehr durchbricht. Die vorn gelegenen Milchzähne (Schneidezähne, Eckzahn, Praemolaren) werden dann durch Dauerzähne ersetzt. Die Molaren des Dauergebisses erscheinen nicht mehr. Mehrfach fehlen bei Vertebraten Zähne (sekundär) völlig.

Die Zähne können lingual am Kiefer befestigt sein (Pleurodontie), auf der Kante (Acrodontie) oder in Gruben (Alveolen) der Kieferkante (Thekodontie, Abb. 323). Pleuro- und acrodonte Zähne sind mit ihrer Basis am Knochen festgewachsen. Thekodonte Zähne sind mit Hilfe eines kompliziert verspannten Systems von Fasern in der Alveole aufgehängt.

Zähne sind ursprünglich einfache einspitzige Gebilde. Mit unterschiedlicher Lebensweise verändert sich die Zahnform: Mahlzähne sind oft rundlich und abgeflacht (z.B. einige Elasmobranchier und Reptilien), schneidende Zähne besitzen eine scharfe Schneidekante usw. Primär sind alle Zähne in einem Gebiß annähernd gleichförmig; man spricht dann von einem homo- oder isodonten Gebiß. Höhere Formen besitzen unterschiedlich gestaltete Zähne: heterodontes Gebiß. Besonders klar ausgebildet ist die Heterodontie bei den Säugern; sie kommt aber auch bei Fischen und Reptilien vor.

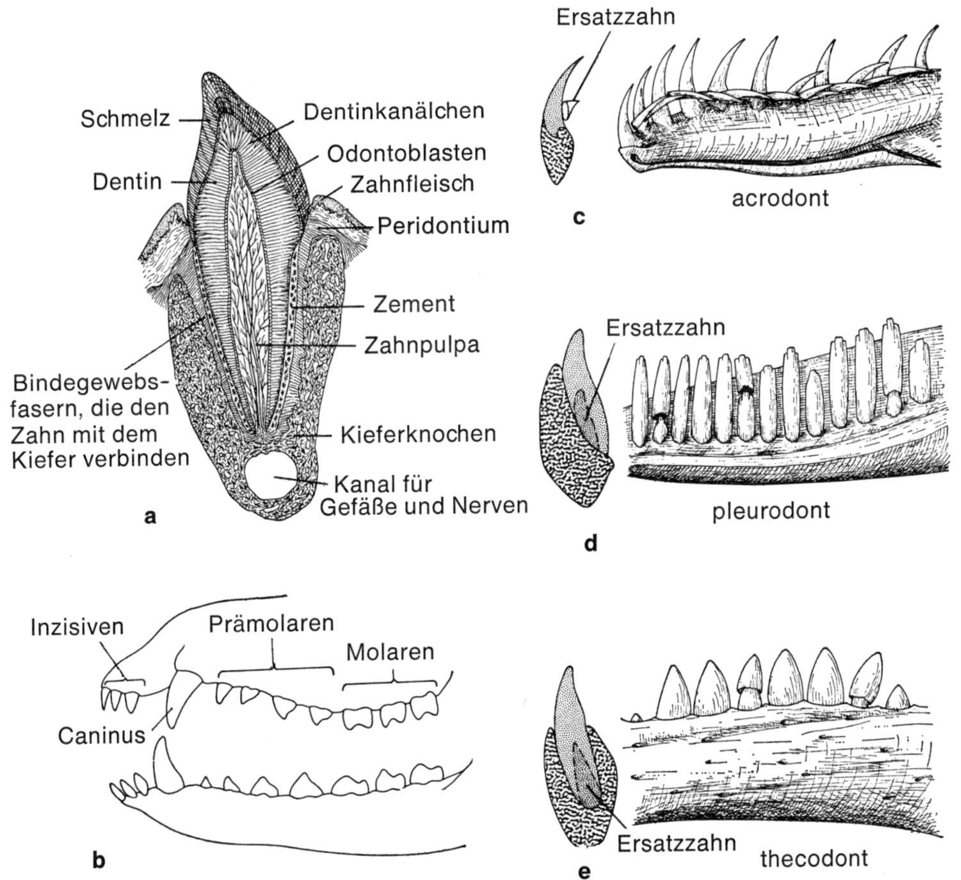

Abb. 323: Wirbeltierzähne. a. Schnitt durch einen Säugerzahn im Kiefer. b. heterodontes Gebiß eines Säugers mit verschiedenen Zahntypen. c–e. verschiedene Formen der Befestigung der Zähne am Kiefer. Nach Bailey, Romer, Smith

Bei Säugern unterscheidet man Schneidezähne (Incisivi, I), Eckzähne (Canini, C), Vorderbackenzähne (Praemolaren, P) und Mahlzähne (Molaren, M, Backenzähne). (Schneidezähne in Praemaxillare; Eckzähne an Grenze Prämaxillare–Maxillare; Praemolaren vorn im Maxillare; werden gewechselt; Molaren hinten im Maxillare; werden nicht gewechselt.) Plazentale Säuger besitzen ursprünglich in jeder Kieferhälfte 3 Schneidezähne, 1 Eckzahn, 4 Praemolaren, 3 Molaren. Die Zahnzahl kann in einer sog. Zahnformel angegeben werden, die ursprünglichen Verhältnisse der Eutheria lauten dann $\frac{3\ 1\ 4\ 3}{3\ 1\ 4\ 3}$. Die Zahlen oberhalb des Bruchstriches beziehen sich auf den Oberkiefer, die unter dem Bruchstrich auf den Unterkiefer. Eine andere Schreibweise ist: I: 3/3, C: 1/1, P: 4/4, M: 3/3.

Pharynx und Kiemen. Der Pharynx ist der Teil des Darmkanals, der von paarigen Kiemenspalten durchbrochen ist. Die Kiemenspalten sind bei Tetrapoden allerdings nur noch embryonal nachweisbar und brechen meist nicht mehr durch. Bei Fischen ist der Pharynx groß, und in seiner Wand liegen die Atmungsorgane, die Kiemen; bei Tetrapoden ist er klein und der Kreuzungspunkt der Nahrungs- und Atmungswege (Rachen).

Die **Kiemen** sind primär ein Nahrungsfilter (Tunicaten, *Branchiostoma*), erst bei Wirbeltieren sind sie Atmungsorgane (Abb. 324). Zunächst sind sie hier sackartige Gebilde mit engem Ein- und Ausgang (Sackkiemen der Cyclostomen) in der Wand des Pharynx.

Cranial und caudal ist die Innenwand der Kiemenkammer in reich vascularisierte Falten

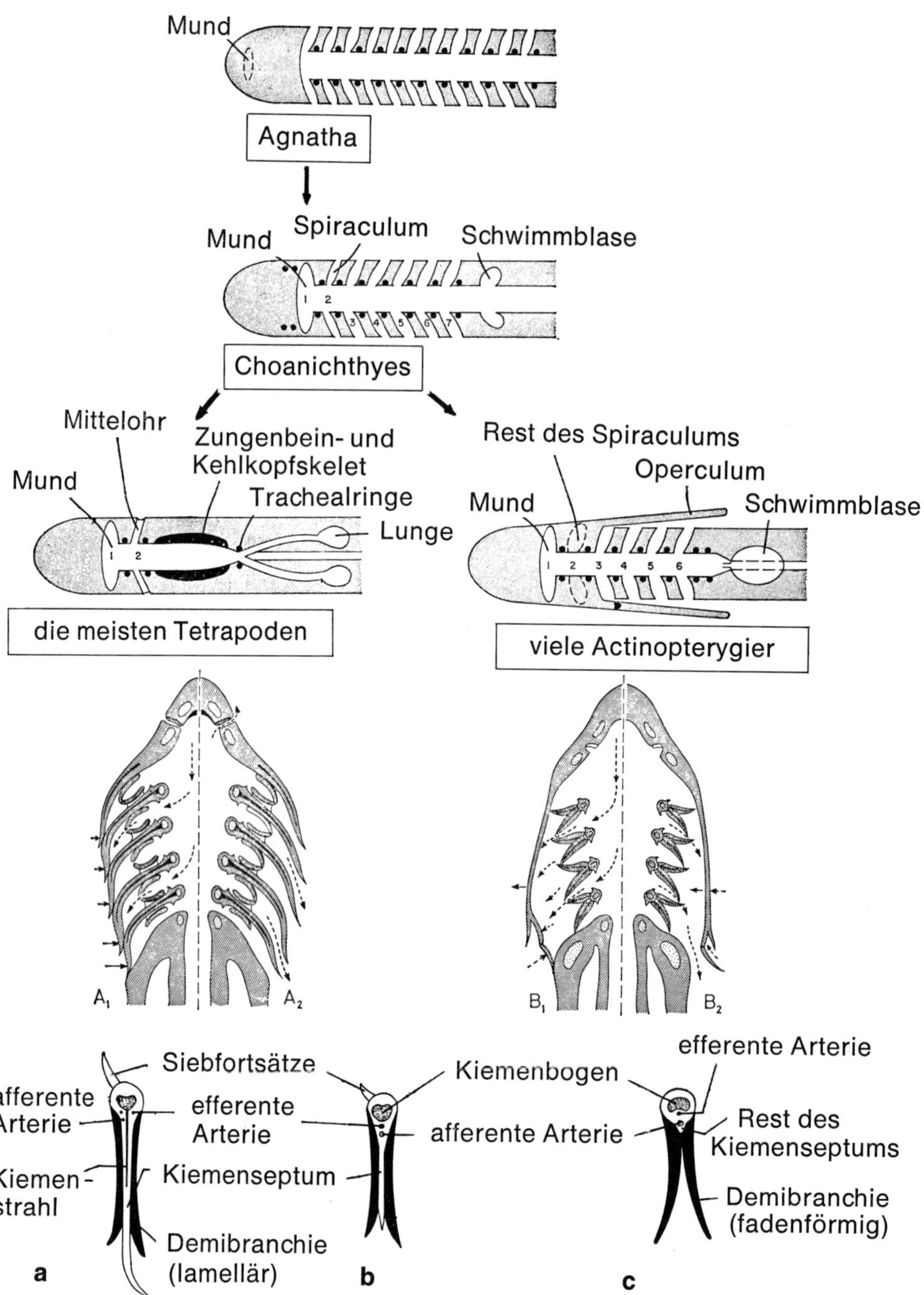

Abb. 324: Oben: Entwicklung der Kiemenregion. Urodelen und Gymnophionen fehlen Mittelohr und Trommelfell, bei den Plethodontiden auch die Lungen. Fortschrittliche Actinopterygier bilden die Schwimmblase zurück. Mitte: Atemmechanismus bei Selachiern und Teleosteern. Horizontalschnitt durch den Kopf. Links: Hai, A_1: Inspiration (Einatmung), A_2: Exspiration. Rechts: Knochenfisch, B_1: Inspiration, B_2: Exspiration. Ausgezogene Pfeile: Bewegungsrichtung von Teilen des Kiemenapparates. Unterbrochene Pfeile: Richtung des Wasserstromes. Unten: Entwicklung des intrabranchialen Kiemenseptums, a. primitiver Zustand (Elasmobranchier), b. Zwischenstufe (Holocephalen), c. Endzustand (Teleosteer). Nach Smith, Weichert

(Kiemenlamellen) geworfen. Zwischen den einzelnen Kiemenkammern liegt das intrabranchiale (nicht interbranchiales) Septum, das die Kiemenbögen enthält. Von diesen gehen lateral kleinere Skeletstücke, die Kiemenstrahlen, aus. Die benachbarten Wände aneinandergrenzender Kiemenkammern bilden eine Einheit, die Kieme oder Holobranchie. Die Lamellen einer Wand bilden gemeinsam eine Demibranchie.

Veränderungen betreffen vor allem Zahl der Kiemen, Ausbildung eines Kiemendeckels (Operculums) und Rückbildung der intrabranchialen Septen (Kiemensepten). Bilden sich die Septen bis auf das Gebiet um den Kiemenbogen zurück, spricht man von Fadenkiemen, weil die Demibranchien i.a. fadenförmig vom Kiemenbogen herabhängen.

Bei den Tetrapoden leiten sich aus dem Gebiet der Kiemenspalten endokrine und lymphatische Organe ab (Nebenschilddrüsen, Thymus, Tonsillen, Carotiskörperchen, ultimobranchiale Körper) (Abb. 325). Aus der ersten Kiemenspalte* entsteht das Mittelohr mit Eustachischer Röhre, dem Verbindungsgang zwischen Mittelohr und Rachen (Abb. 324).

* Beachte, daß die Numerierung der Kiemenspalten uneinheitlich erfolgt. Nach anderer Auffassung geht das Mittelohr aus der 2. Kiemenspalte hervor.

Der Abschnitt vom Oesophagus bis zum Enddarm läßt eine grundsätzliche Übereinstimmung im Wandbau erkennen.

Das Darmrohr wird von einer Schleimhaut (Tunica mucosa) ausgekleidet, die aus dem Darmepithel (Lamina epithelialis), einer Bindegewebslage (Lamina propria mucosae) und meist einer feinen Muskelschicht (Muscularis mucosae) besteht. Es schließt sich eine bindegewebige, lymph- und blutgefäßreiche Schicht an, die Submucosa, worauf die für die Darmperistaltik (Darmbewegungen) verantwortliche Tunica muscularis folgt, die sich aus einer inneren Ring- und einer äußeren Längsmuskel-Lage zusammensetzt. Die erste kann den Darm verengen, die letztere örtliche Verkürzungen hervorrufen. Der größte Abschnitt des Darmes liegt in der sekundären Leibeshöhle und wird daher vom Coelomepithel umgeben, welches zusammen mit einer dünnen Bindegewebslage die Tunica adventitia bildet.

Die autonome Peristaltik des Magendarmtraktes wird durch zwei Nervenplexus bedingt: Den Auerbachschen Plexus myentericus, der zwischen den Muskelschichten des Magens und zwischen Ring- und Längsmuskulatur des Darmes ein Geflecht bildet, und den Meissnerschen Plexus submucosus, der in der Submucosa von Magen, Dünndarm und Enddarm liegt. Von diesen Plexus gehen effektorische Fasern aus, die Muskel- und Drüsenzellen aktivieren.

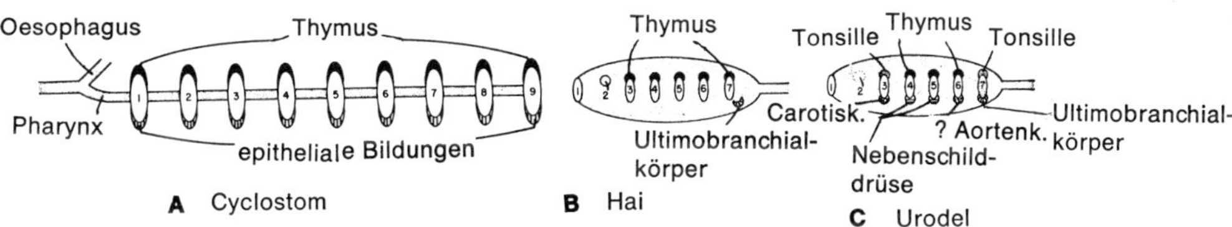

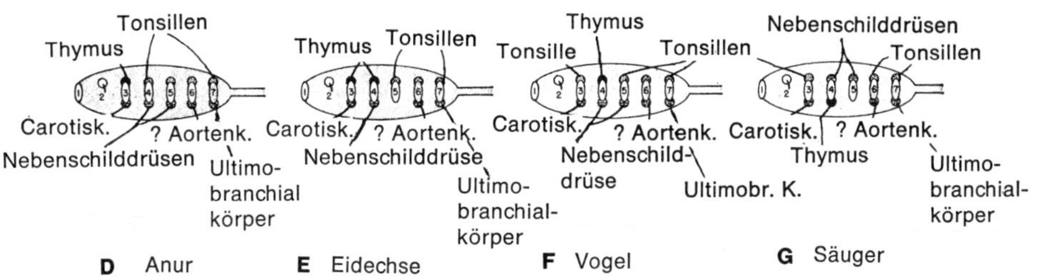

Abb. 325: Kiemenspaltregion und ihre Derivate bei verschiedenen Wirbeltieren. Carotisk. = Carotiskörperchen, Aortenk. = Aortenkörperchen (beide sind Receptororgane), Ultimobr. K. = Ultimobranchialkörper. Nach Smith

Der **Oesophagus** ist ein mehr (Amnioten) oder minder (Fische, Amphibien) langes Rohr, das die Nahrung dem Magen zuführt. Viele Vögel entwickeln im Oesophagus einen Nahrungsspeicher, den Kropf. Bei Tauben bildet er zur Brutzeit ein Sekret (Kropfmilch), mit dem die Jungen gefüttert werden.

Magen. Der Magen ist ein Nahrungsspeicher, der vielleicht erst sekundär Verdauungsfunktionen übernimmt. Seine funktionellen und morphologischen Spezialisierungen sind sehr groß. Die Magenregion mit den Verdauungsdrüsen wird oft Fundusregion genannt, hier werden Salzsäure und Proteasen gebildet. Er ist durch einen Sphinkter (den Pylorus) gegen den Mitteldarm abgegrenzt. Die entsprechende Grenze gegen den Oesophagus ist unschärfer. Bei manchen Fischen (Cyclostomen, Holocephalen, Dipnoern und manchen Teleosteern) fehlt ein eigener Magenabschnitt des Darmrohres. Dies Fehlen ist bei Teleosteern wohl sekundär.

Krokodile und Vögel besitzen einen vorderen Drüsen- und einen hinteren Muskelmagen. Letzterem folgt bei vielen Vögeln noch ein kurzer Drüsenmagen. Der Magen von Wiederkäuern (viele Känguruhs, Kamele, Boviden u. a.) ist meist besonders kompliziert (Abb. 439). Die 4 Magenkammern der Ruminantier heißen Pansen (Rumen), Reticulum (Netzmagen), Omasus (Blättermagen) und Abomasus (Labmagen). Nur letzterer enthält Verdauungsdrüsen. Nicht selten bildet der Magen Blindschläuche, z.B. bei manchen Teleosteern und der blutleckenden Fledermaus *Desmodus*.

Mittel- und Enddarm. Der Mitteldarm ist Hauptort der Resorption. Bei Pflanzenfressern ist er i.a. länger als bei Fleischfressern. Seine innere Oberfläche weist verschiedene Einrichtungen zur Oberflächenvergrößerung auf. Sie trägt verschiedene Falten (Spiralfalte bei Elasmobranchiern, Typhlosolis (rudimentäre Spiralfalte) bei Cyclostomen, Kerckringsche Falten bei manchen Säugern u.a.) und Zotten; die resorbierenden Zellen tragen einen Mikrovillisaum (Bürstensaum). Die Grenze zwischen Mittel- und Enddarm ist oft unscharf (Cyclostomen, Selachier, Lungenfische, viele Teleosteer). Bei manchen Teleosteern und den Amnioten liegt zwischen beiden Teilen eine Klappe. Bei Amnioten liegen an der Grenze oft Blinddärme. Diese haben vielfältige Funktionen, z.B. Gärkammer (Pferde u.a.) und immunologische Aufgaben. Hier kann mit Hilfe von Mikroorganismen zellulosehaltige Nahrung aufgeschlossen werden oder auch Bildung von Vitaminen (B-Gruppe) erfolgen. Mitunter wird der Inhalt der Blinddärme gesondert abgesetzt und dann oral aufgenommen (Caecotrophie, z.B. bei Hyracoidea und Rodentia). Der erste Teil des Säugerdünndarms ist der Zwölffingerdarm (Duodenum). In seiner Wand liegen z.T. die Duodenaldrüsen (Brunnersche Drüsen) und der Ausführungsgang von Leber und Pankreas. Der Enddarm (proximal: Dickdarm = Colon, distal: Mastdarm = Rectum) trägt oft keine Zotten mehr; seine Hauptaufgabe ist die Wasserresorption.

Leber. Die Leber entsteht embryonal als Aussackung des Dünndarms, mit dem sie über den Gallengang verbunden bleibt. Dieser führt das Sekret der Leber, die Galle, ab, die eine Rolle bei der Fettverdauung spielt. Sie übernimmt zahlreiche zusätzliche Aufgaben (Nährstoffspeicherung, Entgiftung, Exkretion, Sekretion von Stoffen in den Blutstrom u.a.). Die Leber erhält nicht nur arterielles, sondern über die Leberpfortader auch venöses Blut, das aus den unpaaren Bauchorganen kommt und ihr z.B. aus dem Dünndarm resorbierte Nährstoffe direkt zuführt.

Pankreas. Das Pankreas (Bauchspeicheldrüse) ist die wichtigste Verdauungsdrüse des Dünndarms. Sie bildet Verdauungsenzyme, die ihm über einen oder mehrere Gänge zugeführt werden. Weiterhin entstehen in den Langerhansschen Inseln des Pankreas die Hormone Insulin und Glucagon.

Rectaldrüse. Diese in den Enddarm mündende Drüse der Haie scheidet Salze aus.

Blutgefäßsystem

Das ursprüngliche Blutgefäßsystem der Wirbeltiere ist bereits geschlossen und besteht aus Herz, Arterien und Venen (Abb. 326). Arterien leiten Blut vom Herzen weg, Venen führen dem Herzen Blut zu. Der O_2-Gehalt spielt bei diesen Namen keine Rolle. Ein Modell für den ursprünglichen Verlauf der Gefäße stellt das Gefäßsystem von *Branchiostoma* dar. Dieses weicht nur in wenigen Punkten von dem im folgenden geschilderten Grundschema ab: Das Herz liegt ventral direkt hinter der Kiemenbogenregion. Von ihm geht die unpaare ventrale

Aorta (Truncus arteriosus) aus, die in der Mittellinie des Körpers verläuft und Blut nach vorn transportiert. Sie teilt sich vorn in zwei äußere Carotiden, die die Kopfregion versorgen. Im Bereich der Kiemenspalten gehen rechtwinkelig von der ventralen Aorta paarweise Aortenbögen ab, die ursprünglich keine respiratorische Funktion besitzen, sondern nur Blut in die dorsale Körperregion bringen. Ihre Zahl ist zunächst groß und beträgt bei den Ostracodermen 10 und bei manchen Cyclostomen 15. Sie münden in die paarigen Wurzeln der dorsalen Aorta ein, die das Blut in die verschiedenen Regionen des Körpers bringt. Die Aortenwurzeln verschmelzen im Bereich der Leber zur Aorta descendens, die im Schwanz in die Caudalarterie übergeht. Die nach vorn gerichteten Abschnitte der Aortenwurzeln versorgen das Gehirn und werden innere Carotiden genannt. Von der Aorta gehen im Bereich der Eingeweide drei unpaare Gefäße ab: die Arteria (A.) coeliaca (zu Magen und Leber), A. mesenterica superior (Dünndarm), A. mesenterica inferior (Dickdarm). Die Gefäße zu Nieren, Gonaden und Körperwand sind paarig.

Es lassen sich schematisch 4 Gruppen von Venen unterscheiden:

1. Ein subintestinales System, das das Blut vom Darm zum Herzen leitet und das ursprünglich mit einem caudalen venösen Ring um die Kloake in Beziehung steht. Mit der Entwicklung der Leber wird die Subintestinalvene in die vorn gelegene Lebervene (V. hepatica) und einen hinteren Gefäßanteil zerteilt. Dieser verliert früh die Beziehung zum Kloakenring und wird dann in seinem Hauptstamm Leberpfortader genannt. Zwischen Leberpfortader und Lebervene vermittelt ein venöses Kapillarnetz in der Leber.

2. Die Cardinalvenen leiten Blut vom Kopf und aus dem dorsalen Teil des Rumpfes sowie i. a. auch von den Extremitäten zum Herzen. Sie werden bei den Tetrapoden langsam durch die Hohlvenen (Vv. cavae) ersetzt. Primär existieren paarige vordere und hintere Cardinalvenen, die dorsal verlaufen und in Höhe des Herzens zu den Ductus Cuvieri (Venae cardinales communes) zusammenfließen. Diese münden in den Sinus venosus des Herzens ein. Bei den Amphibien entwickeln sich aus der vorderen Cardinalvene die innere und die äußere Jugularvene. Der Ductus Cuvieri nimmt mit Entwicklung einer Halsregion einen Längsverlauf an und bildet die Fortsetzung der Jugularvenen. Er wird bei den Tetrapoden i. a. vordere Hohlvene (V. cava anterior) genannt. Auf ihrem Weg zum rechten Vorhof des Herzens nimmt diese die Vena subclavia auf, die aus den Vorderextremitäten kommt. Bei einigen Säugern (einschließlich *Homo sapiens*) wird noch die linke vordere Hohlvene rückgebildet, so daß das gesamte Blut aus Kopf, Hals und Vorderextremitäten über ein Gefäß, die rechte vordere Hohlvene, in den rechten Vorhof geleitet wird. Die hinteren Cardinalvenen sind zunächst einfache paarige Gefäße, die

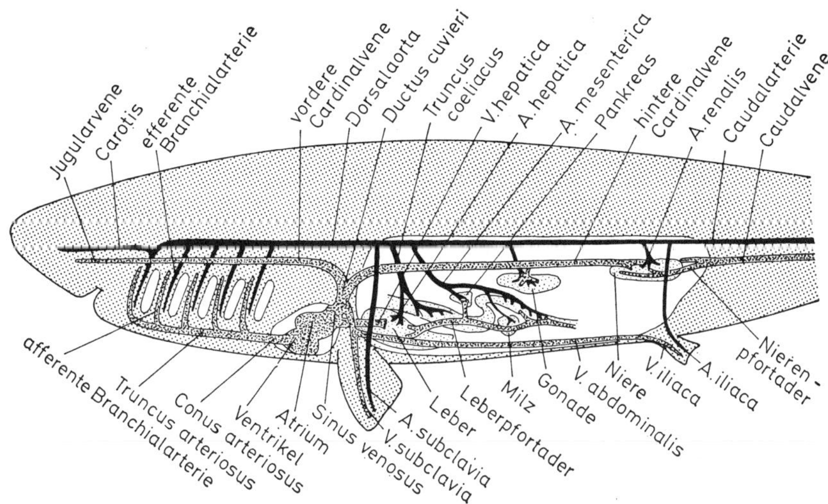

Abb. 326: Blutgefäßsystem eines Haies. Gefäße mit O_2-reichem Blut schwarz, Gefäße mit O_2-armem Blut punktiert. Nach Goodrich

das Blut aus Schwanz, Gonaden, Nieren und hinterer Rumpfwand sammeln. Bei Haien, Knochenfischen, Amphibien, Reptilien und in geringem Maß bei Vögeln bildet sich ein Nierenpfortadersystem. Das Blut aus Schwanz und hinterem Rumpf fließt nun zunächst in einem Capillarsystem durch die Niere und dann erst in die hinteren Cardinalvenen. Dieses Pfortadersystem fehlt den Säugern. Bei den Tetrapoden werden die hinteren Cardinalvenen weiter umgestaltet und langsam durch die unpaare hintere Hohlvene (V. cava posterior), wie sie bei Vögeln und Säugern vorliegt, ersetzt. Dieses Gefäß mündet allein oder zusammen mit der (den) vorderen Hohlvene(n) in den rechten Vorhof. Aus den hinteren Extremitäten fließt das Blut über die Vv. iliacae in die hintere Cardinalvene bzw. untere Hohlvene oder bei manchen Formen in die Abdominalvenen (s. u.).

3. Die unpaare(n) oder paarige(n) Abdominalvene(n) nehmen das venöse Blut aus der ventralen Wand des Körpers auf. Sie verlieren langsam an Bedeutung und münden bei Amphibien und Reptilien in die Leberpfortader. Bei Säugern ist sie embryonal erhalten und bildet die Nabelvene.

4. Die Lungenvenen treten bereits bei Fischen auf. Bei *Polypterus* münden sie wie bei Tetrapoden neben dem Sinus venosus direkt in den Herzvorhof. Der gemeinsame Einstrom venösen (über den Sinus venosus) und arteriellen (über die Lungenvenen) Blutes in den Vorhof löst dann bei den Tetrapoden die Ausbildung einer Trennwand in diesem Herzteil aus.

Herz. Die Entwicklung des Blutherzens geht aus von einem einfachen geraden Rohr über ein gewundenes, gekammertes Organ bei den Fischen bis zu den kompakten zweigeteilten Herzen der Vögel und Säuger (Abb. 327). Unter den rezenten Wirbeltieren besitzt noch *Latimeria* ein gerades, nichtgewundenes Herz.

Bereits bei den ältesten Fischen hat die Haut infolge des sich entwickelnden Knochenpanzers ihre Funktion als Atmungsorgan verloren. Diese Funktion wurde von der Pharynxspaltenregion übernommen, die damit nicht mehr ausschließlich im Dienst der Nahrungsaufnahme steht. Das capillare Netzwerk, das sich jetzt in diesem Bereich ausbildet, macht ein kräftiges Herz erforderlich, das das Blut von der ventralen zur dorsalen Aorta durch die engen Capillaren pumpt. Das Herz der Fische erfüllt 2 Aufgaben: einmal sammelt es das gesamte Blut aus dem Körper und zum zweiten treibt es das Blut mit kräftigem Druck in die Kiemenregion (= Region der Pharynxspalten mit Atmungsfunktion). Diesen beiden Aufgaben entspricht die Gliederung des Fischherzens in vier hintereinanderliegende Abschnitte. Hinten liegt der Sinus venosus, vor ihm das Atrium (Vorhof). Diese 2 Abschnitte sind dünnwandig und sammeln das Blut. Am Atrium können 2 seitliche Ausbuchtungen, die Aurikel, ausgebildet sein. Vor dem Atrium liegen dann der Ventrikel (Herzkammer) und ganz vorn der sehr verschiedengestaltige Bulbus cordis (Conus arteriosus). Diese beiden Abschnitte sind dickwandig, und ihre Muskulatur sorgt für die Kraft, das Blut aus dem Herzen

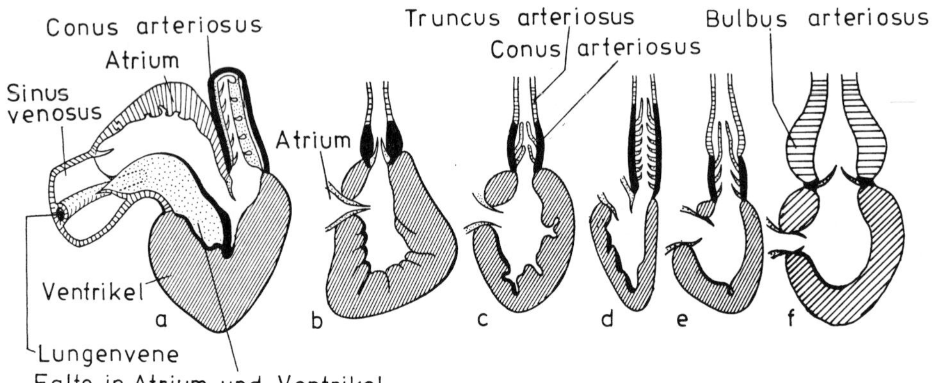

Abb. 327: Herzen verschiedener Fische. a. *Neoceratodus* (Lungenfisch); b. *Petromyzon* (Agnatha); c. *Scyliorhinus* (Hai); d. *Lepisosteus* (Holosteer), e. *Amia* (Holosteer), f. Teleosteer. Atrium nur bei *Neoceratodus* vollständig gezeichnet. Conus arteriosus = Bulbus cordis, Bulbus arteriosus = muskelstarker herznaher Teil des Truncus arteriosus. Nach Wiedersheim, Ihle, van Kampen

auszutreiben. Das ableitende Gefäß ist die ventrale Aorta, die im Anfangsteil meist Truncus arteriosus genannt wird. Der Herzschlag läuft peristaltisch von hinten nach vorn. Die Kontraktionswelle entsteht immer endogen im Sinus venosus.

Das Herz der Fische ist S-förmig gekrümmt, wodurch das Atrium dorsal vor und über dem Ventrikel zu liegen kommt. Diese Lagebeziehung bleibt auch bei den landlebenden Vertebraten erhalten. Zwischen den einzelnen Kammern sind Klappen ausgebildet, die den Rückfluß des Blutes verhindern. Eine größere Zahl solcher Klappen befindet sich im Bulbus cordis. Bei Holosteern und Teleosteern ist dieser Bulbus rückgebildet und z.T. durch einen muskelstarken Bulbus arteriosus ersetzt (verstärkter erster Anteil des Truncus arteriosus). Auch bei Cyclostomen ist der Bulbus cordis schwach.

Beim Übergang vom Wasser- zum Landleben und damit von der Kiemen- zur Lungenatmung lassen sich auch Veränderungen im Bau des Herzens beobachten. Die Umbauten stehen vor allem im Dienst einer Trennung von sauerstoffreichem Blut, das aus den Lungen ins Herz fließt, und kohlendioxidreichem Blut aus dem Körper, das über den Sinus venosus in das Herz fließt. Das Herz der Fische liegt also vollständig im sauerstoffarmen Teil des Blutstromes. Die erste wichtige Veränderung besteht in der Unterteilung des Atriums in 2 Kammern, von denen die rechte das sauerstoffarme Blut aus dem Sinus venosus und die linke das sauerstoffreiche aus den Lungenvenen empfängt. Bei rezenten Lungenfischen und Urodelen ist das Atrium zum Teil, bei Anuren, Reptilien, Vögeln und Säugern völlig in zwei Räume getrennt.

Bereits bei den frühen Tetrapoden, zu denen die rezenten Amphibien zählen, läßt sich eine weitere trennende Einrichtung finden, die aber nicht eine weitgehende Vermischung des Blutes in den vorderen Kammern verhindert. Im Bulbus cordis ist nämlich ein zusätzliches Septum ausgebildet, das den Blutstrom in 2 Richtungen lenkt: 1. in die vorn und ventral gelegenen Gefäße der ventralen Aorta und 2. in das hintere dorsale Gefäßpaar, die Lungenarterien. Das Septum im Bulbus cordis verläuft schraubig; es lenkt die von links und rechts kommenden Blutströme in eine dorsale und ventrale Richtung ab. Weiterhin verliert der Sinus venosus an Wichtigkeit, sein Umfang ist bereits bei den Amphibien reduziert. Für Fische, deren Blutfluß in den Venen durch den höheren Wasserdruck behindert ist, ist eine große aufnehmende Kammer, die wenig Widerstand bietet, wichtig. Bei landlebenden Formen, auf denen nur ein relativ geringer atmosphärischer Druck lastet, ist ein solches Sammelbecken dagegen nicht erforderlich.

Bei den Reptilien lassen sich eine Reihe von Veränderungen gegenüber den vorgehend geschilderten Verhältnissen beobachten.

1. Der Sinus venosus wird weiter reduziert und fehlt sogar als eigener Abschnitt bei einigen Reptilien. Er fehlt aber nie völlig, da er als Ursprung der Erregung der Herzmuskulatur immer wesentlicher Teil der Herztätigkeit bleibt. Das erregungsbildende Gewebe, der sog. Sinusknoten, liegt bei hochentwickelten Reptilien und später auch bei Vögeln und Säugern in der Wand des Atriums als Rest des Sinus venosus in der Nähe der Einmündung der Venen.

2. Der Bulbus cordis verschwindet als eigene Herzkammer. Er bildet jetzt den Anfangsteil der großen Gefäße, die vom Herzen abgehen. Es handelt sich dabei um 2 Hauptgefäße, den mehr dorsal gelegenen Truncus pulmonalis, und den mehr ventral gelegenen Stamm, der zum übrigen Körper führt und der bei den Krokodilen und Squamaten paarig ausgebildet ist. Komplizierte Klappeneinrichtungen sorgen dafür, das der linke Ast dieses zum Körper führenden Gefäßstammes ebenfalls vorwiegend O_2-reiches Blut erhält.

3. Es erfolgt eine teilweise Unterteilung des Ventrikels, wodurch die Trennung der 2 Blutströme weiterhin begünstigt wird. Bei den Krokodilen ist der Ventrikel völlig in 2 Kammern getrennt. Diese Trennung erfolgt jedoch so, daß vom rechten Ventrikel sowohl der Truncus pulmonalis als auch der linke Ast des Körperstammes abgehen. Eigentümlicherweise ist aber dieser Ast durch Klappen, die sich nur in besonderen Notfallsituationen öffnen, fest gegen den rechten Ventrikel verschlossen, so daß er kein sauerstoffarmes Blut aus dem rechten Atrium erhält. Der damit eigentlich funktionslose linke Ast erhält aber trotzdem O_2-reiches Blut, und zwar durch das Foramen panizzae, welches linken und rechten Körperast an ihrer Überkreuzungsstelle kurz oberhalb des Herzens verbindet. Bei Vögeln und Säugern ist die Scheidewand des Ventrikels stets vollständig, so daß O_2-reiches und O_2-armes Blut sich nicht mehr mischen können. Damit ist eine optimale

O_2-Versorgung des Körpers gewährleistet. Bei den Vögeln geht der linke Körperast (Aortenbogen) verloren. Bei den Säugern ist ebenfalls nur ein großes Gefäß, das den Körper mit Sauerstoff versorgt, vorhanden, hier ist es der linke Aortenbogen. Bei Embryonen ist noch ein Foramen zwischen linkem und rechtem Vorhof vorhanden, wodurch der Lungenkreislauf umgangen werden kann. Zwischen allen Herzabschnitten sind Klappen ausgebildet, die einen Rückfluß des Blutes verhindern. Das Herz der Fische, das allein Motor im sauerstoffarmen Teil des Gefäßsystems ist und dem die Aufgabe zukommt, dieses verbrauchte Blut in die Kiemen zu treiben, hat sich also bei den Vögeln und Säugern zu einer Doppelpumpe entwickelt, die zwei voneinander getrennte Kreislaufsysteme – Körper und Lungenkreislauf – antreibt.

Kiemenbogengefäße (Abb. 328). Ausgangspunkt der folgenden Darstellung soll ein Stadium sein, in dem 6 paarige Aortenbögen zwischen der ventralen Aorta und den paarigen dorsalen Aortenwurzeln vermitteln. Auch die ventrale Aorta ist im vorderen Abschnitt paarig und geht in die äußeren Carotiden über. Die Funktion der Aortenbögen besteht auf diesem Stadium nur im Transport des Blutes von ventral nach dorsal. In einem weiteren Stadium übernehmen sie Atmungsfunktionen, gleichzeitig bildet sich in den Wänden der Kiemenspalten ein Capillarnetz für den Gasaustausch aus. Die jeweiligen Aortenbögen, die in den Gewebestreifen zwischen den Spalten verlaufen, werden jetzt in eine zu- und abführende Kiemenarterie geteilt. In einem nächsten Evolutionsschritt teilt sich die abführende Arterie (A. epibranchialis) in 2 Äste, von denen der vordere Arteria praebranchialis und der hintere A. postbranchialis genannt wird. An dieses Stadium schließt sich die Ausbildung von Anastomosen zwischen prae- und postbranchialen Gefäßen benachbarter Spalten an, so daß um eine Kiemenspalte eine einheitliche Gefäßschlinge herumläuft. Vom 6. Epibranchialgefäß zweigt sich bei primitiven Knochenfischen (*Amia*, *Polypterus*), Lungenfischen sowie Tetrapoden die Lungenarterie ab. Bei allen Fischen (Osteichthyes und Chondrichthyes) erfährt die vordere Kiemenregion im Zusammenhang mit der Ausbildung der Kiefer starke Veränderungen, die den 1. und 2. Kiemenbogen und die entsprechende Spalte betreffen (die Zählung erfolgt so, daß die Bögen jeweils hinter den entsprechenden Spalten liegen). Abb. 328 zeigt die Umbauten im Bereich der Kiemenbogenarterien innerhalb der Wirbeltiere. Bei erwachsenen Amphibien sind schließlich die Kiemenspalten verschwunden.

Eine Modifizierung bei vielen Reptilien besteht in der Teilung des Truncus arteriosus in drei Gefäße. Eins davon bildet den gemeinsamen Stamm der Lungenarterien (6. Bogen), der mit dem rechten Ventrikel in Verbindung steht. Die beiden anderen Gefäße gehen auf eine Teilung der verbleibenden Arterie in zwei Gefäße zurück. Hiervon ist eins in Verbindung mit dem linken Ventrikel und setzt sich in den rechten 4. Aortenbogen fort, und das andere steht in Verbindung mit dem rechten Ventrikel und setzt sich in den linken Bogen fort. Die Verbindung von 6. (Lungen-)-Bogen und dorsaler Aorta wird bei neugeborenen Reptilien zum Ligamentum arteriosum (L. botalli) zurückgebildet. Die vorgehend beschriebenen Veränderungen der Reptilien betreffen z.T. auch die Anuren, bei denen z.B. die ventrale Aorta ebenfalls gespalten ist, jedoch in unterschiedlicher Weise (Abb. 328).

Bei Säugern geht ein großer Teil des rechten 4. Bogens verloren (sein Ursprung geht auf im Abgangsstück der rechten A. subclavia), so daß der Körper in der Hauptsache vom linken 4. Bogen versorgt wird. Bei den Vögeln verschwinden der rechte ventrale Aortenstamm, und der Körper wird nur vom rechten 4. Bogen versorgt.

Im Laufe der Evolution der Kiemenbogenarterien sind zwei «Pannen» aufgetreten, die jedesmal durch umfangreiche und aufwendige Kompensationen wieder ausgeglichen wurden:

1. Die Rückführung des mit Sauerstoff beladenen Blutes aus der Lunge in das Herz und nicht in die dorsale Aorta. Kompensation: Ausbildung der Scheidewände und schraubiger Falten («Spiral»falten) im Herzen.

2. Bei den Reptilien Ausbildung von 3 Gefäßen, die Blut aus dem Herzen fortleiten. Dadurch enthält wenigstens eins dieser Gefäße bei den gegebenen anatomischen Umständen gemischtes Blut. Kompensation: Zunächst Ableitung dieses gemischten Blutstromes über umständliche Falten- und Gefäßbildung in die Darmregion (A. coeliaca), in der das Bedürfnis nach Sauerstoff nicht so groß ist wie z.B. im Kopfbereich; schließlich nur Ausbildung von 2 abführenden Gefäßen (je eins aus linkem und rechtem Herzen).

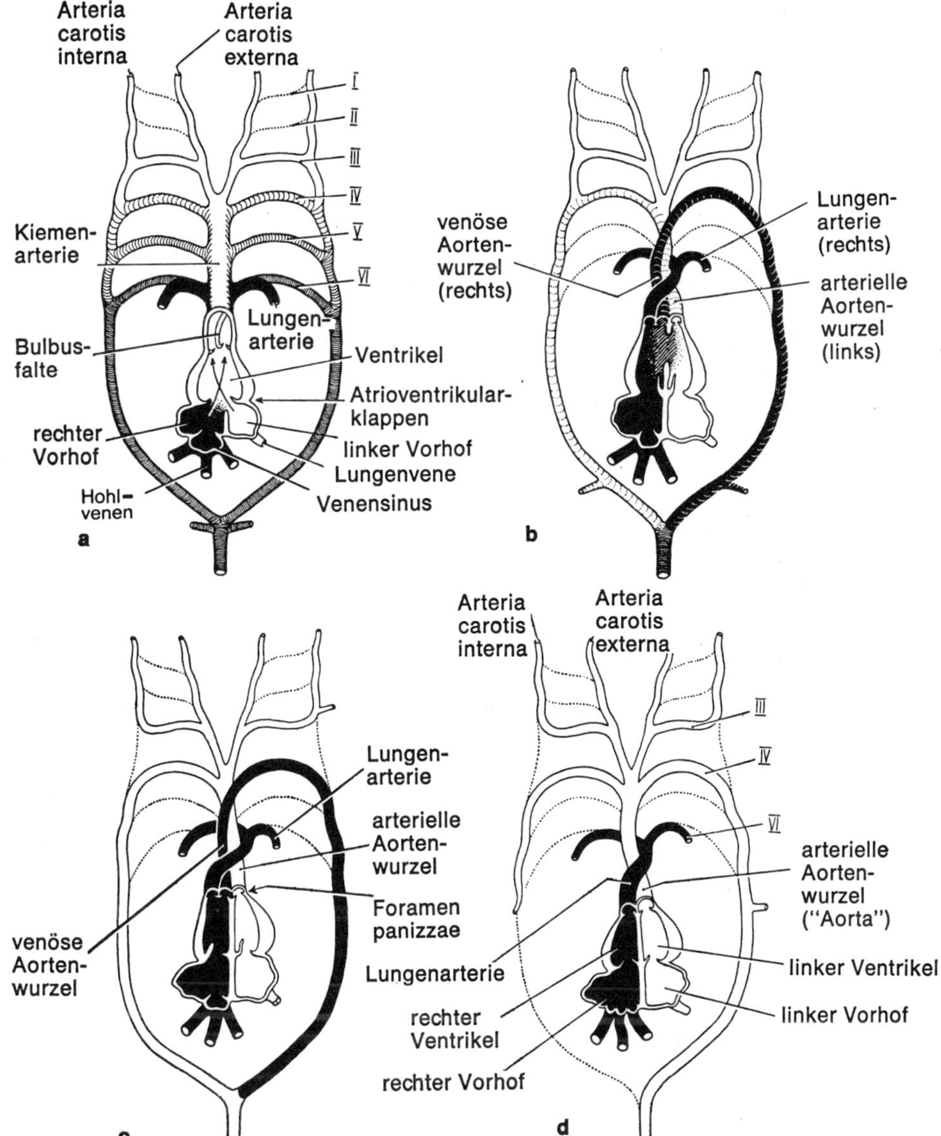

Abb. 328: Herz und Kiemenbogengefäße bei verschiedenen Wirbeltieren. a. Amphib, b. Reptil (Squamata, Chelonia, Rhynchocephalen), c. Krokodil, d. Säuger. I-VI: ursprüngliche 6 Kiemenbogengefäße; der rechte Anteil des IV-Bogens der Säuger wird zur Arteria subclavia. Nach Goodrich, Portmann

Lymphgefäßsystem

Das Lymphgefäßsystem ist im Gegensatz zum Blutgefäßsystem kein Kreislaufsystem, sondern besteht aus blindendigenden Kanälen, die die interstitielle Flüssigkeit der Organe sammeln und dem Blutgefäßsystem zuführen.

Im Bereich des Dünndarmes kommt den Lymphgefäßen zusätzlich die Aufgabe des Abtransportes eines großen Teiles des resorbierten Fettes zu; sie werden hier oft Chylusgefäße genannt. Das Lymphgefäßsystem hat sich erst innerhalb der Vertebraten entwickelt. Seine Ausbildung erfolgt parallel zum ansteigenden

Blutdruck in der Wirbeltierreihe. Es fehlt noch bei den Cyclostomen und vielen Haien. Bei diesen Formen übernimmt das Venensystem die Funktion der Lymphgefäße.

Die Knochenfische besitzen ein Paar subvertebraler Lymphkanäle, die in Herznähe in die vorderen Cardinalvenen münden, und ein Paar lateraler Lymphgefäße, die mit mehr caudal gelegenen Venen in Verbindung stehen.

Bei den Amphibien lassen sich zwei Entwicklungswege beobachten. Bei den Anuren sind umfangreiche Zisternen vorhanden, die die Lymphe sammeln, und das eigentliche Lymphgefäßsystem ist rückgebildet. Bei den Urodelen und Gymnophionen hat die Zahl der Gefäße zugenommen, und Zisternen sind klein und selten. Der Lymphabfluß wird von neurogen schlagenden Lymphherzen beschleunigt, die ursprünglich segmental angelegt waren. Ihre Zahl beträgt bei manchen Gymnophionen bis zu 200; bei Anuren sind es selten 10, meist nur 4, die an der Einmündung der wenigen größeren Lymphkanäle in das Venensystem liegen. Die Lymphherzen stehen im Gegensatz zum Blutherzen ausschließlich unter nervöser Kontrolle.

Bei den Reptilien ist ein gut ausgebildetes Lymphgefäßsystem vorhanden, das an vier Stellen in das Venensystem übergeht – ähnlich wie bei den Knochenfischen. Die Zahl der Lymphherzen ist auf zwei reduziert.

Die Vögel besitzen oft keine Lymphherzen mehr. Eine Neuentwicklung sind die Klappen im Lymphgefäßsystem, die den Flüssigkeitsstrom in eine Richtung lenken. Motor des Lymphstromes sind die Körperbewegungen.

Die Mammalier besitzen ebenfalls keine Lymphherzen, außerdem bildet sich die Zahl der Einmündungen in das Venensystem zurück. Bei der Mehrzahl der Säuger laufen die Lymphgefäße des Körpers zu einem größeren Kanal (dem Ductus thoracicus) zusammen, der oberhalb des Herzens in eine große Vene einmündet.

Blutzellen, Blutzellbildende Organe

Sowohl mit Lymph- als auch mit Blutgefäßen stehen die sehr variablen blutzellbildenden (haemopoetischen) Organe in Beziehung. All diese Organe entstehen aus dem Mesoderm .Sie treten an unterschiedlichen Stellen auf, die meist auch noch bei Embryonen und Adulten verschieden sind. Bei vielen Fischen entstehen Blutzellen in Niere, Leber, Gonaden (Haie), Milz und Kiemendarm. Die Blutzellbildung bei Amphibien erfolgt v.a. in Leber, Milz und auch im strömenden Blut selbst. Neu ist bei Fröschen das rote Knochenmark, das dann bei Amnioten die Hauptaufgabe der Blutzellbildung übernimmt.

Zwei große, aus einer gemeinsamen Stammzelle hervorgehende Gruppen von Blutzellen existieren bei allen Vertebraten:

1. haemoglobinhaltige Erythrocyten (bei Säugern und wenigen anderen Wirbeltieren kernlos), ihre Größe variiert von ca. 80 μm *(Amphiuma)* bis 4 μm *(Tragulus)*. Ihre Zahl nimmt bei den homoiothermen Vertebraten stark zu. Manchen Fischlarven (Glasaal) und den Eisfischen (Chaenichthyiden) fehlt Haemoglobin.

2. weiße Blutzellen (Leukocyten), die sich in granulierte Granulocyten, Lymphocyten, Monocyten und Thrombocyten gliedern lassen. Die Granulocyten (Neutrophile, Eosinophile, Basophile) besitzen einen segmentierten Kern und Einschlüsse, unter denen Lysosomen dominieren. Sie sind ebenso wie Lympho- und Monocyten befähigt, den Blutstrom zu verlassen, im Gewebe zu wandern und meist auch Fremdkörper oder andere Stoffe zu phagocytieren. Lymphocyten übernehmen, z.T. in verwandelter Gestalt, wichtige Aufgaben der zellulären und humoralen Abwehr. Monocyten phagocytieren Fremdkörper. Thrombocyten dienen dem Wundverschluß.

Lymphatische Organe

Von den blutzellbildenden Organen zu unterscheiden sind die lymphatischen Organe, die eine wichtige Rolle bei der Abwehr von Fremdstoffen spielen. Sie bestehen aus einem lockeren reticulären Grundgewebe, in dessen Maschen sich Lymphocyten ansiedeln. Diese Zellen (T- und B-Lymphocyten) übernehmen zahlreiche Abwehraufgaben. Verschiedene reticuläre Zellen assistieren dabei, indem sie den Lymphocyten Antigene präsentieren. Eigene lymphatische Organe sind Thymus, Milz, Lymphknoten (Bursa Fabricii nur bei Vögeln). Wichtig ist auch das reich entwickelte lymphatische Gewebe in der Darmwand (einschließlich Kiemendarm), in den Luft- und ableitenden Harnwegen. Manche lymphatische Organe, vor allem die Milz, bilden auch Blutzellen.

Der Thymus entsteht aus der Kiemendarmregion und ist das erste lymphatische Organ in der Ontogenese. Er prägt die T-Lymphocyten und regt bei vielen Formen die Ausbildung anderer lymphatischer Organe an, vermutlich vermittels eines Hormons. Oft schon in der Jugend bildet sich der Thymus zurück. Er kommt in variabler Gestalt bei allen Gnathostomen vor, sein Vorhandensein bei *Petromyzon* ist unsicher, bei *Myxine* fehlt er.

Die Milz tritt erstmalig bei Cyclostomen auf, sie entspricht hier – und auch bei Lungenfischen – einer Gewebeschicht um den Darm. Bei den anderen Fischen und Tetrapoden ist sie ein abgegrenztes rotes Organ im dorsalen Mesenterium in Nähe des Darmes. Die Milz niederer Formen bildet Blutzellen (auch bei Säugerembryonen), häufig speichert sie Blut, meist ist auch Blutzellenzerstörung (vor allem Erythrocytenabbau) nachgewiesen. Vor allem erfüllt sie Funktionen der Immunität.

Typische Lymphknoten existieren erst bei Säugern und in geringem Ausmaß auch bei Vögeln. Sie gehen aus einfachen Anhäufungen lymphatischen Gewebes hervor, das auch bei den anderen Wirbeltieren auftritt. Sie sind in den Strom der Lymphbahnen eingeschaltet und jeweils bestimmten Körperregionen zugeordnet. In der Rindenzone der Knoten liegen Anhäufungen von Lymphocyten (Lymphfollikel), in denen sich bei Infektionen Reaktionszentren bilden, die Ausdruck der Umwandlung von B-Lymphocyten in antikörperbildenden Plasmazellen sind.

Die Bursa Fabricii ist eine dorsale Ausstülpung der Kloake der Vögel, deren Wand Lymphocyten enthält. Hier werden die B-Lymphocyten geprägt, die sich in antikörperbildende Zellen umwandeln können. Wie der Thymus bildet sich die Bursa schon in der Jugend zurück. Prägung der B-Lymphocyten der Säuger erfolgt im Knochenmark.

Urogenitalsystem

Da zwischen Nieren- und Geschlechtsorganen enge räumliche und entwicklungsgeschichtliche Beziehungen bestehen, werden sie gemeinsam als Urogenitalsystem besprochen.

a. Nieren. Die primitive Wirbeltierniere wird Holonephros genannt. Ein solches Organ erstreckt sich gleichförmig von der Kopf- bis in die Kloakenregion und besteht aus segmentalen Kanälchen (Tubuli), die durch einen gemeinsamen Gang, den primären Harnleiter (= Wolffscher Gang), nach außen münden. Die Kanälchen öffnen sich mit einem Wimpertrichter (Nephrostom) ins Coelom und sind ursprünglich die Ausleitungswege für die Keimzellen, die exkretorische Funktion ist wohl sekundär. Sie entsteht dadurch, daß Blutgefäßknäuel (Glomeruli) in Nähe der Kanälchenöffnungen ein Filtrat in das Coelom abscheiden (äußere Glomeruli). Solche Gefäßknäuel existieren bereits bei *Branchiostoma*. Ein Holonephros kommt nur noch in der Entwicklung von Myxinoidea und Gymnophionen vor, sonst erfährt er vielfache Umwandlungen.

Bei den erwachsenen Formen der Knorpelfische und Amnioten wird der vordere Teil des

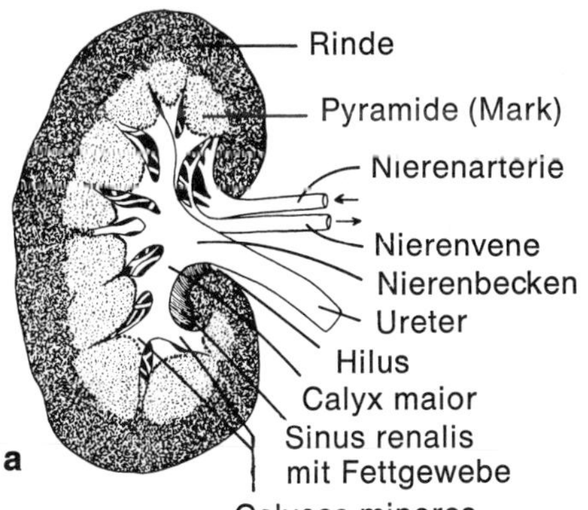

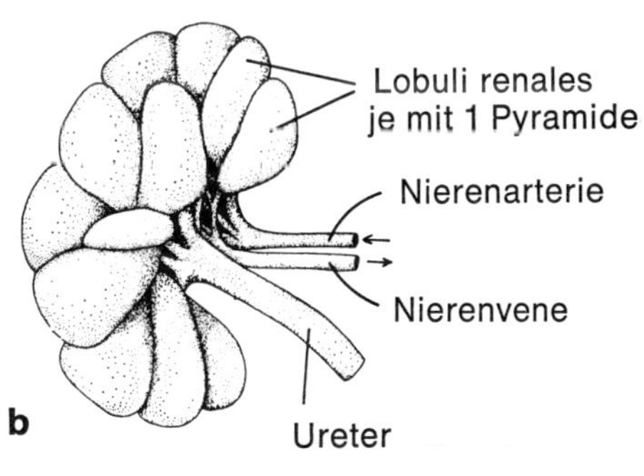

Abb. 329: Niere der Säugetiere. a. Längsschnitt einer Niere vom Schwein (äußerlich ungegliedert), b. Außenansicht einer gegliederten Niere (Bär). Nach Weichert, Walker

Holonephros (Pronephros, Vorniere) stets rückgebildet, embryonal aber noch angelegt. Bei adulten Schleimaalen, einigen Knochenfischen und einigen Amphibienlarven bleibt ein Pronephros erhalten und besteht aus einigen Wimpertrichtern, die in die Leibeshöhle münden. Bei Neunaugen und vielen Knochenfischen bildet die Vorniere der Erwachsenen ein lymphoides Organ. Solche Gebilde sowie bei Larven oder Adulten funktionstüchtige Vornieren werden auch Kopfnieren genannt.

Der hinter dem Pronephros liegende Teil des Holonephros wird jetzt oft Opisthonephros genannt. In seinem Bereich wird die Anzahl der pro Segment gebildeten Tubuli erhöht, die segmentale Organisation geht verloren; offene Verbindungen zur Leibeshöhle fehlen meistens. Das Filtrat aus den Glomeruli wird stets in einen kleinen, von der Leibeshöhle abgegliederten Raum abgeschieden, der Coelomderivat ist und auch Nephrocoel genannt wird. Dieser Raum wird von der Bowmanschen Kapsel begrenzt, sein einziger Ausgang ist das Nierenkanälchen (s. u.).

Der Opisthonephros entwickelt sich bei den einzelnen Wirbeltieren unterschiedlich. Aus verschiedenen Gründen herrscht aber leider keine Einheitlichkeit in der Benennung der Nieren oder ihrer Teile bei den einzelnen Gruppen. So werden z. B. die Nieren der Anamnier auch Meso-, die der Amnioten auch Metanephros genannt.

In den meisten Gruppen werden bei männlichen Tieren der vordere Teil des Opisthonephros und der primäre Harnleiter in den Dienst der Genitalorgane gestellt: Pars sexualis des Opisthonephros, der hintere exkretorische Teil heißt dann Pars renalis des Opisthonephros.

Die Niere (Opisthonephros) der Neunaugen und der meisten Teleosteer ist ein einheitliches Organ. Die Ausleitung des Harns erfolgt durch den primären Harnleiter, die Gonaden gewinnen keine Beziehung zur Niere und diesem Gang. Bei Knorpelfischen und Amphibien werden die Kanälchen im vorderen Teil des Opisthonephros – wie auch bei Amnioten – bei den männlichen Tieren in das Ausleitungssystem des Hodens übernommen; der primäre Harnleiter übernimmt dann also zusätzlich die Ausleitung der Spermien (Harnsamenleiter). Bei männlichen Elasmobranchiern hat die Pars sexualis des Opisthonephros überhaupt keine Nierenfunktion mehr und wird Leydigsche Drüse genannt. Eine Folge dieser Entwicklung ist, daß sich bei Haien, Urodelen und manchen Anuren caudal an der Niere ein neuer Harnleiter ausbildet, der Ureter genannt wird, aber nicht mit dem Ureter der Amnioten homolog ist. Dieser Gang, der auch in Vielzahl auftreten kann, existiert bei vielen Formen gemeinsam mit einem primären Harnleiter, der noch den Harn der cranialen Abschnitte der Niere aufnimmt. Bei einigen Haien, Urodelen und Anuren sind dann beide Systeme getrennt, Spermienleitung übernimmt der primäre Harnleiter, Harnleitung der neue Ureter. Besonders varia-

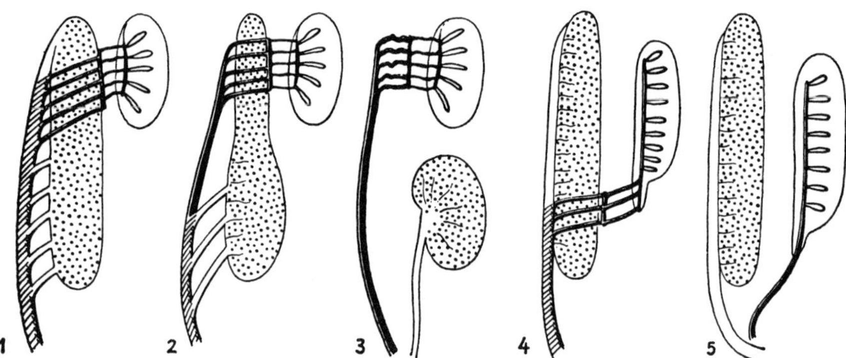

Abb. 330: Schematische Darstellung der Verknüpfung von Gonaden (weiß) und Nieren (punktiert) bei verschiedenen männlichen Wirbeltieren. 1. Ausgangsstadium; 2. Stadium mit Beckenniere (caudaler Opisthonephros), Haie, Urodelen, abführende Kanäle des Hodens (Vasa efferentia) vorn; 3. Stadium, auf dem die Niere einen eigenen, neugebildeten Harnleiter (Ureter) besitzt, Amnioten; 4. Stadium mit hinteren abführenden Kanälen des Hodens, *Lepidosiren;* 5. Stadium mit eigenem abführendem Kanal (Vas deferens) des Hodens, Teleosteer. Nach Remane, Storch, Welsch

bel verhalten sich die Anuren. Auch einige Teleosteer *(Anguilla)* bilden für die caudalen Nierenanteile einen neuen Harnleiter aus (Abb. 330). Auch die Lungenfische zeigen (in ähnlicher Weise wie Teleosteer) die Tendenz zur getrennten Ausleitung, jedoch bleibt caudal stets eine Verbindung Hoden–Niere erhalten, bei *Protopterus* nur noch über ein caudales Nephron.

Die Nieren der erwachsenen Amnioten entsprechen einer kompakten Form eines caudalen Opisthonephros, also einer Pars renalis dieses Organs. Sie besitzen einen eigenen Harnleiter, den Ureter, dessen Anfangsteil bei Säugern in die Niere eingesenkt ist und hier das Nierenbecken bildet.

Die Nieren der Amnioten machen kennzeichnende Stadien in der Embryonalentwicklung durch, die aber nur z.T. die phylogenetische Entwicklung widerspiegeln. Zunächst entsteht eine kurze Tubulusreihe im Bereich der künftigen Halsregion, der Pronephros, mit dem der primäre Harnleiter in Verbindung steht. Diese vorderen Tubuli funktionieren gar nicht oder nur kurze Zeit. Caudal schließt sich dann ein weiteres Tubulussystem an, das zum Opisthonephros gehört und das während der größten Zeit des Embryonallebens der Säuger die Ableitung von Exkreten übernimmt. Diese embryonale Struktur wird Mesonephros (Urniere) oder auch schon Pars sexualis des Opisthonephros genannt, weil sie wie schon erwähnt beim Erwachsenen in das System der Ausführgänge der Hoden übernommen wird. Später (bei Reptilien erst nach der Geburt bzw. dem Schlüpfen, bei Säugern früher) wird auch der Mesonephros ersetzt durch die in der Lendenregion liegende Pars renalis des Opisthonephros.

Diese Niere der erwachsenen Amnioten wird auch Metanephros oder Nachniere genannt. Sie mündet mit einem neuen (sekundären) Harnleiter, dem Ureter, aus, während der primäre Ausführgang, der Pro- und Mesonephros dient, in das Reproduktionssystem übernommen wird.

Bei adulten Säugern ist die Niere ein kompaktes oder gelapptes Organ (Abb. 329). Eine besonders starke Gliederung weist sie bei wasser-

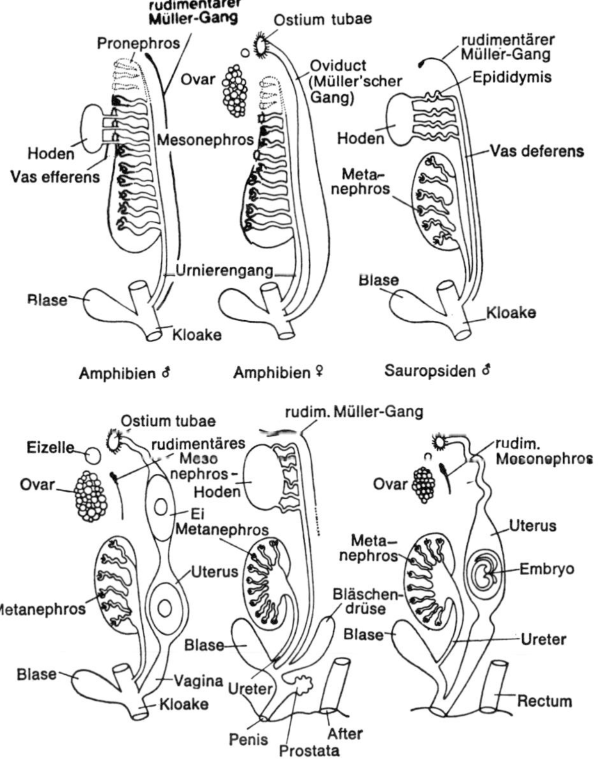

Abb. 331: Urogenitalsysteme von Amphibien und Amnioten

lebenden Säugern, Bären und Boviden auf. Die einzelnen Nieren sind mikroskopisch in Mark und Rinde gegliedert.

Beim weiblichen Geschlecht fehlen die engen Beziehungen zwischen Gonaden und Nieren. Die Eier werden stets über eigene Gänge ausgeführt (Eileiter, Oviduct, Müllerscher Gang), die auch bei männlichen Tieren rudimentär angelegt sein können. Dennoch kommt es auch bei weiblichen Amnioten zur Ausbildung eines Ureters, der primäre Harnleiter ist dann oft noch rudimentär nachweisbar (Gartnerscher Gang). Auch bei vielen weiblichen Haien und Urodelen liegt wie bei Männchen ein Ureter vor.

Die mikroskopische Baueinheit der Nieren aller Wirbeltiere ist das Nephron, das sich aus Nierenkörperchen (Malpighisches Körperchen) und Nierenkanälchen (Nierentubulus) zusammensetzt (Abb. 332). Das Nierenkörperchen besteht aus einem Capillarknäuel (Glomerulus), das von einer doppelten Hülle (Bowmansche Kapsel) umgeben wird. In den Spaltraum (Nephrocoel) zwischen den 2 Blättern wird das Ultrafiltrat abgegeben; aus ihm heraus führt das vielfach gewundene Nierenkanälchen, das dann in den Harnleiter (primär oder sekundär) einmündet. Das Kanälchen besitzt bei den einzelnen Wirbeltiergruppen recht unterschiedlichen Aufbau. Bei den Tetrapoden lassen sich proximale und distale Abschnitte unterscheiden, zwischen denen meist ein Überleitungsstück liegt. Bei Vögeln und Säugern nehmen die Kanälchen

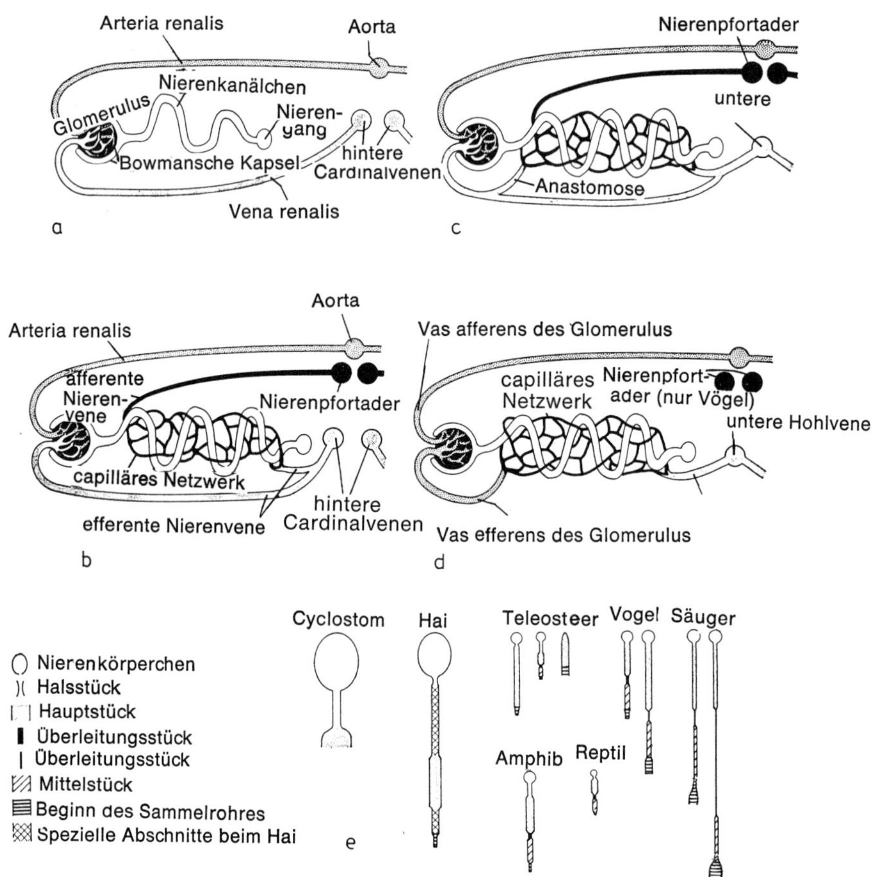

Abb. 332: Nierengefäße und Nephrontypen. a–d. Evolution der Gefäßversorgung des Nephrons. a. Cyclostomen; b. gnathostome, wechselwarme Wirbeltiere, c. hypothetische Übergangsform zwischen b und d; d. homoiotherme Wirbeltiere. e. Nephrontypen bei Wirbeltieren, beachte die unterschiedliche Größe der Nierenkörperchen und der Überleitungsstücke. Nach Smith

einen schleifenförmigen Verlauf (Henlesche Schleife), indem sie von der Rinde ins Mark und wieder zurück in die Rinde ziehen. Hier gehen sie in die sog. Sammelrohre über, die zurück zum Mark laufen und in das Nierenbecken münden. Für die Funktion der Nephrone besonders wichtig ist ihre Verbindung mit dem Blutgefäßsystem (Abb. 332). Die Zahl der Nephrone in der Säugerniere kann bei großen Formen einige Millionen erreichen, bei Amphibien nur einige Tausend. Das beschriebene Nephron ist erst im Laufe der Wirbeltier-Evolution entstanden. Es ist vermutlich aus einem metanephridienähnlichen Tubulussystem hervorgegangen, das mit der Leibeshöhle in offener Verbindung stand. Der Glomerulus hat sein Ultrafiltrat in die Leibeshöhle abgegeben (äußerer Glomerulus). Glomerulus und Coelomoduct haben sich im weiteren Verlauf der Entwicklung von der Leibeshöhle getrennt (Abb. 333). Auch die Tubulusapparate sind in den einzelnen Wirbeltiergruppen recht unterschiedlich gebaut:

a) Bei Elasmobranchiern, Süßwasserteleosteern und Amphibien ist das Malpighische Körperchen und damit die Filtratmenge relativ groß.

b) Bei marinen Teleosteern und Reptilien ist der Glomerulus klein oder kann sogar fehlen (aglomerulärer Typ des Nephrons). Die Wasserabgabe kann entsprechend gering gehalten werden.

c) Bei Vögeln und besonders bei Säugern ist der Glomerulus verhältnismäßig groß. Im Unterschied zu den anderen Gruppen ist zwischen proximalem und distalem Tubulus die Henlesche Schleife eingefügt. Ultrafiltration in großem Umfang ist mit beträchtlicher Rückresorption verbunden. Bei Wüstennagern ist die Rückresorption so effektiv, daß die Aufnahme von Wasser wochen- oder sogar monatelang unterbleiben kann.

Typ a) kommt bei Tieren vor, die in einem Medium leben, welches eine geringere Ionenmenge besitzt als die Körperflüssigkeit. Durch Osmose nehmen die Tiere daher dauernd Wasser auf, welches wieder eliminiert werden muß. Süßwasserfische und Amphibien geben täglich bis zu 30 % des Körpergewichtes an Harn ab. Meeresfische dagegen sind der Entwässerung ausgesetzt, da das umgebende Milieu eine höhere Salzkonzentration aufweist. Das Wasser muß also zurückgehalten, dafür aber Salze abgegeben werden. Der Filtrationsapparat fehlt da-

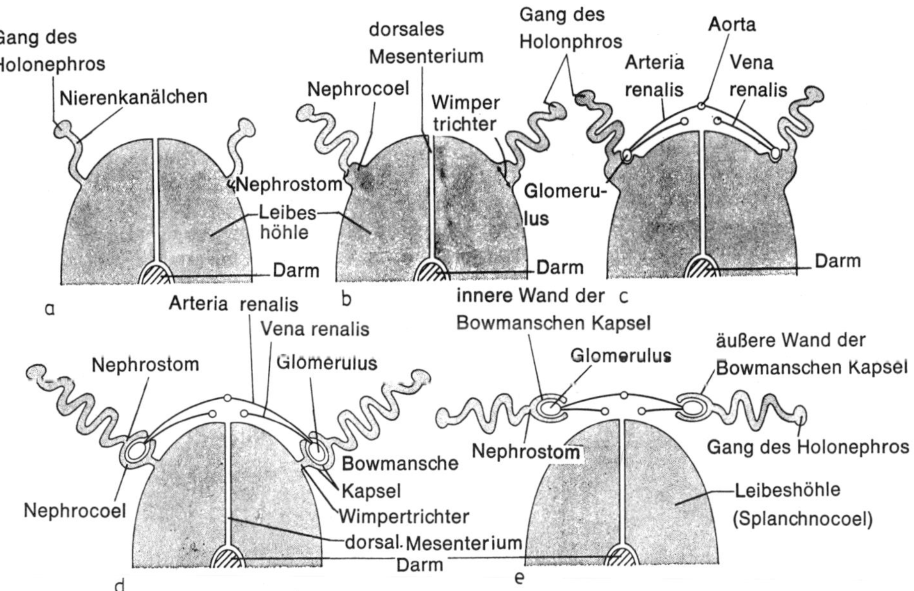

Abb. 333: Evolution des Nierenglomerulus. a. Ausgangsform, b. Wirbeltier ohne Glomerulus in Nähe des Wimpertrichters, Filtration erfolgt in die Leibeshöhle hinein. c. äußerer Glomerulus am Wimpertrichter, d. innerer Glomerulus noch mit Verbindung zur Leibeshöhle. e. innerer Glomerulus ohne Verbindung zur Leibeshöhle. Nach Smith

her oder ist doch rückgebildet. Salze und Exkrete werden dagegen auch an anderen Körperoberflächen eliminiert (Kiemen).

Landwirbeltiere haben ähnliche Probleme wie marine Fische: sie müssen das Wasser in ihrem Körper zurückhalten. Reptilien besitzen ein reduziertes Nierenkörperchen, ähnlich wie die Knochenfische des Meeres. Bei Vögeln und Säugern erreicht die intensive Rückresorption die höchsten Werte im Tierreich. Besondere Verhältnisse sind bei den Haien zu beobachten. Obwohl marin, besitzen sie verhältnismäßig große Glomeruli. Ihr Blut wird durch einen hohen Harnstoffgehalt mit dem Meerwasser isotonisch gehalten. Haie und Teleosteer haben sich also den Meereswasserbedingungen auf verschiedene Weise angepaßt.

Die Funktion der Nieren besteht keineswegs nur in der Exkretabgabe. Vielmehr findet hier eine Regulation des Wasser- und Salzhaushaltes statt. Das Regulationsvermögen tritt zum Beispiel dadurch zutage, daß bei erhöhter Flüssigkeitsaufnahme viel schwach konzentrierter Harn, bei Durst jedoch wenig stark konzentrierter Harn abgegeben wird. Außerdem wirkt die Niere bei der Aufrechterhaltung der Absolutreaktion des Blutes mit, indem sie bei Gefahr der Blutübersäuerung (Acidose) Säuren, bei Gefahr der Verschiebung zum alkalischen Bereich (Alkalose) Alkali im Überschuß abgibt. Daß die Exkretabgabe nur eine und oft untergeordnete Funktion der Niere ist, zeigen viele Knochenfische: Haut und Kiemen geben bei manchen Süßwasserteleosteern bis zu zehnmal mehr Stickstoffverbindungen ab als die Nieren.

b. Genitalorgane. Die Gonaden sind mesodermalen Ursprungs und entstehen medial in Nähe der Nieren. Die Keimzellen entstehen allerdings im Entoderm des caudalen Urdarms und wandern erst sekundär in die Genitalorgane ein. Ein Teil der Genitalanlage geht oft in der Bildung eines Fettkörpers auf.

1. Die männlichen Genitalorgane (Hoden, Testes) liegen meist paarig an der Wand der dorsalen Leibeshöhle. Bei vielen Säugern werden sie periodisch oder dauernd in einen extraabdominalen Hautsack (Scrotum) verlagert (Descensus testium). Die Hoden bestehen aus Samenkanälchen (Tubuli seminiferi), in denen die Spermienbildung erfolgt, und Bindegewebe mit den Leydigschen Zwischenzellen, die androgene Hormone produzieren. Die Ausleitung der Spermien erfolgt über den Ductus deferens. Dieser ist ein eigener Gang (Teleosteer) oder entspricht dem primären Harnleiter (s.S. 480). Besondere Verhältnisse liegen bei den Cyclostomen vor. Zur Zeit der Geschlechtsreife wachsen die Gonaden stark an, die anderen Organe der Leibeshöhle atrophieren mehr oder minder stark. Die Spermien gelangen frei in die Leibeshöhle und werden über sog. Abdominalporen ausgestoßen. Bei Chondrosteern, Lungenfischen, manchen Amphibien u.a. übernimmt noch der primäre Harnleiter den Spermientransport.

Bei den Amnioten bildet der Anfangsteil des Ductus deferens einen geknäuelten Abschnitt (Nebenhoden, Epididymis), der Spermien speichert. Die Ausmündungsstelle des Ductus deferens liegt meist in der Kloake; bei Teleosteern mündet er aber sehr oft selbständig. Bei Säugern erfolgt die Ausmündung von Harn und Geschlechtsprodukten wieder gemeinsam über eine Urethra, nachdem zunächst phylogenetisch eine Trennung erfolgt war. Weiterhin kennzeichnen eine Reihe von Anhangsdrüsen (Bläschendrüsen, Prostata und Cowpersche Drüsen) die ableitenden Geschlechtswege.

2. Die weiblichen Genitalorgane (Ovarien, Eierstöcke) liegen ebenfalls dorsal in der Rumpfwand. Öfter finden sich Asymmetrien, z.B. ist bei Haien und Vögeln meist nur ein Ovar ausgebildet. Die Ovarien sind kompakt (Haie, Säuger) oder enthalten flüssigkeitshaltige Hohlräume (Ovarialhöhle, Amphibien, Reptilien).

Die Eizellen sind von Follikelzellen umgeben. In den Follikeln treten bei Eutheria während der Reifung Hohlräume auf. Weiterhin bildet das Ovar weibliche Geschlechtshormone.

Die Ableitung der reifen Eier erfolgt über Oviducte, die bei den Wirbeltieren Müllersche Gänge genannt werden. Diese sind Neubildungen oder spalten sich während der Entwicklungsgeschichte vom primären Harnleiter ab (Elasmobranchier, Amphibien). Bei Stören sind sie ein Seitenzweig des primären Harnleiters. Der Müllersche Gang besitzt i.a. einen offenen Trichter (Infundibulum), der sich dem Ovar anlegt und die reifen Eier, die durch Platzen der Oberfläche des Ovars frei werden, aufnimmt. Entwicklungsgeschichtlich lassen sich Spuren des Müllerschen Ganges auch bei männlichen Tieren finden (Uterus masculinus, Utriculus prostaticus).

Bei Cyclostomen fehlt ein Müllerscher Gang.

Die Eier gelangen in die Leibeshöhle und werden über Abdominalporen nach außen geleitet. Bei Teleosteern fehlt auch ein Müllerscher Gang; er wird durch einen Gang ersetzt, der sich vom Coelom abfaltet. Das langgestreckte Ovar faltet sich ein und bildet einen inneren Hohlraum, der die Eier zuerst aufnimmt und sie dann in den kurzen neuen Oviduct überführt. Salmoniden entlassen Eier und Spermien frei in die Leibeshöhle, von wo sie über kurze Kanäle ausgeleitet werden. Auch die primitiven Knochenfische entlassen die Eier in die Leibeshöhle, von wo sie aber über einen Müllerschen Gang abgeführt werden. Lungenfische besitzen ebenso wie Amphibien normale Verhältnisse, d.h. die Eier werden direkt vom Müllerschen Gang aufgenommen.

Im Verlaufe des Eileiters treten meist besondere Regionen auf, die an der Hüllenbildung des befruchteten Eies beteiligt sind (Nidamental- = Schalendrüsen u.ä.). Auch Plazentenbildung tritt im Verlauf des Eileiters auf (einige Haie, Amphibien und Reptilien, fast alle Säuger). Bei den Säugern gliedert sich der Müllersche Gang in drei Anteile: 1. die Tuba uterina mit dem Ostium tubae, das die Eier auffängt, 2. den Uterus (Gebärmutter), 3. die proximale Vagina. Bei den Monotremen ähnelt der Eileiter noch dem der Reptilien (Schalendrüsen). Bei Marsupialiern sind linke und rechte Vagina zunächst getrennt, verschmelzen dann aber zu einem unpaaren Raum, dem Sinus vaginalis; in diesen münden die paarigen Uteri. Dieser Sinus dehnt sich bei den Känguruhs zwischen den seitlichen Vaginae nach caudal aus und verschmilzt temporär (bei der Geburt) oder dauernd mit dem Sinus urogenitalis, einem Raum, in den Harn- und Geschlechtsorgane gemeinsam münden und der sich von der Kloake abspaltet (Abb. 411); so entsteht eine dritte Vagina (Pseudovagina). Bei den Eutheria ist nur eine Vagina vorhanden, die Uteri verschmelzen in unterschiedlichem Ausmaß (getrennte Uteri: Uterus duplex (Nager), Uteri nur caudal verschmolzen: Uterus bipartitus (z.B. Carnivoren), Uteri zur Hälfte verschmolzen: Uterus bicornis (z.B. Insektivoren, Perissodactyla), Uteri völlig verschmolzen: Uterus simplex (Simiae, Abb. 415)).

Kloake. Viele Wirbeltiere besitzen hinten ventral am Rumpf eine Kloake, d.h. eine Einsenkung, in die der Darmkanal, die Harn- und die Geschlechtsleiter einmünden. Sie entsteht aus dem ectodermalen Proctodaeum und einem caudalen Darmabschnitt und ist in typischer Form bei Elasmobranchiern, Lungenfischen, Amphibien, Reptilien, Vögeln und Monotremen ausgebildet. Bei den Teleosteern ist sie gering entwickelt oder fehlt sogar; z.T. existiert dann ein Sinus urogenitalis, und der After mündet getrennt (Neunaugen, manche Knochenfische), bei den meisten Teleosteern münden sogar alle drei Systeme getrennt. Auch bei Beuteltieren und Eutheria wird die Öffnung des Darmkanals von der des Urogenitalsystems getrennt.

Kopulationsorgane. Elasmobranchier haben medial an der Bauchflosse einen Anhang, der Mixopterygium oder Pterygopodium genannt wird; gemeinsam bilden diese Anhänge eine Rinne, die die Spermien aufnimmt und die mit einem muskulösen Hilfsapparat, dem Sipho, in Verbindung steht. Dieser erzeugt einen Wasserstrom, der die Spermien vorantreibt. Einige Teleosteer weisen zu Kopulationsorganen umgebildete Afterflossen auf (Gonopodien). Der Frosch *Ascaphus* und Gymnophionen stülpen die Kloake aus. Amnioten besitzen penisartige Bildungen, die bei Schlangen und Eidechsen Hemipenes genannt werden. Es sind paarige Gebilde, die ausstülpbaren Taschen der Kloake entsprechen. Bei Chelonia und Krokodilen finden sich in der Wand der Kloake zwei schwellbare Wülste (Corpora cavernosa penis), an deren Ende eine Verdickung (Glans) liegt. Ein vergleichbares kleineres Organ tritt bei Weibchen auf (Clitoris). Von einem solchen Gebilde leitet sich der Penis der Säuger ab. Die Rinne zwischen den Corpora cavernosa wird geschlossen und mit einem weiteren Schwellkörper (Corpus cavernosum urethrae, Corpus spongiosum) umgeben.

Entwicklung

In der Frühentwicklung der Chordaten lassen sich folgende Tendenzen erkennen: 1. Zunahme der Größe der Eizellen, 2. Zunahme des Dotters, 3. zunehmende Asymmetrie in der Verteilung des Dotters und 4. zunehmende Asymmetrien bei der Furchung.

Zu 1: Eine Ausnahme bilden die Säuger, deren Eizellen klein sind (wohl infolge der Viviparie).

Zu 2. und 3.: Amphibien und primitive Fische haben i.a. mesolecithale Eier (mittlere Dottermengen); Reptilien, Vögel, einige Amphibien sowie viele Teleosteer und die Selachier besitzen polylecithale Eier (viel Dotter); die Eier der Säuger sind sekundär wieder dotterarm.

Zu 4: Bei Amphibien und primitiven Fischen erfolgen die ersten Teilungsschritte noch gleichmäßig durch die ganze Zelle, dann bilden sich aber ein animaler (kleinzelliger) und ein vegetativer (dotterreicher, großzelliger) Pol aus. Bei den Formen mit polylecithalen Eiern erfolgt die Furchung nur noch am animalen Pol, so daß eine sog. Keimscheibe dem Dotter aufliegt.

Die ersten Furchungsschritte ergeben eine Blastula mit einem Hohlraum, der jedoch bei dotterreichen Eiern sehr stark eingeengt ist. Gastrulation (Entoderm-[Urdarm-]bildung) erfolgt bei Arten mit mesolecithalen Eiern durch Einstülpung. Dadurch entsteht ein zweischichtiger Keim mit entodermalem Urdarm, der mit dem Urmund (Blastoporus) nach außen mündet. Die Außenschicht des Embryos wird jetzt Ectoderm genannt. Bei Formen mit dotterreichen Eiern ist die Gastrulation stark abgewandelt und erfolgt durch Delamination (Reptilien, Vögel) oder Einrollung am Rande der Keimscheibe (Selachier).

Als erste Organe treten Darmkanal, Neuralrohr und Chorda dorsalis auf. Der Darmkanal geht unmittelbar aus dem Urdarm hervor. Der Urmund verschließt sich i.a. Mund und After entstehen meist durch Einbuchtungen des Ectoderms, die Stomodaeum (Mundhöhle) und Proctodaeum (Afterregion) genannt werden. Die Entstehung des Stomodaeums erklärt die Existenz vieler Strukturen, die sonst nur im Bereich des Integumentes vorkommen (z.B. Zähne und Geschmacksknospen). Das Neuralrohr entsteht durch Einfaltung eines Ectodermbezirkes (Neuroectoderm), der Gastrula oder Keimscheibe. Dadurch entsteht ein Neuralrohr, das von 2 Neuralleisten flankiert wird. Diese entstammen randlichen Partien des Neuroectoderms, die nicht bei der Bildung des Neuralrohres verbraucht werden.

Die Chorda entsteht ursprünglich als Abfaltung vom Urdarm, später meist zusammen mit dem Mesoderm. Bei *Didelphis* entsteht sie noch vom Entoderm aus.

Das Mesoderm bildet sich als Zellplatte zwischen Ecto- und Entoderm durch Einwanderung von Zellen. Diese nehmen ihren Ausgang oft an der dorsalen Urmundlippe (Amphibien) oder dem Homologon dieser Region. Bei Haien ist das eine Region am hinteren Rand der Keimscheibe, bei Reptilien, Vögeln und Säugern eine Rinne im Ectoderm, der Primitivstreifen.

Das Mesoderm formiert sich in Gestalt von zwei Zellstreifen, die seitlich von Neuralrohr und Chorda liegen. Diese Streifen differenzieren sich im dorsalen Anteil zu segmental gegliederten Blöcken (Somiten); ventral unterbleibt (bis auf Cyclostomen) die Gliederung, die Mesodermmasse wird hier Seitenplatte genannt. Später spalten sich unter Hohlraumbildung die Seitenplatten in 2 Blätter. Das innere (Splanchnopleura) legt sich dem Darm an, das äußere (Somatopleura) der Wand des Körpers. Der Hohlraum zwischen beiden ist das Coelom. Auch im Somiten und Somitenstiel treten oft vorübergehend coelomatische Hohlräume auf (Abb. 334).

Der Bezirk zwischen Somiten und Seitenplattenmesoderm ist der Somitenstiel (= Nephrotom), die Bildungsstelle für das Nierengewebe.

Bei Formen mit mesolecithalen Eiern bleibt der Dotter im Darm, der dadurch zunächst stark aufgeschwollen ist. Bei Arten mit polylecithalen Eiern wird ein Dottersack angelegt, der den Dotter umschließt und über einen Gang mit dem Darmlumen in Verbindung bleibt. Der Sack, der den Dotter umgibt, ist eine sog. Extraembryonalhülle, an seinem Aufbau beteiligen sich bei Fischen und – wenn vorhanden – bei Amphibien alle drei Keimblätter. Bei Reptilien, Vögeln und Säugern wird er nur von Ento- und Mesoderm aufgebaut.

Die Amnioten (Reptilien, Vögel, Säuger) bilden weitere extraembryonale Hüllen aus, die zusammen mit dem Auftreten einer Schale, einer Eiweißschicht und der Ausscheidung von Harnsäure die Voraussetzung für eine erfolgreiche Besiedlung des Landes durch die Wirbeltiere waren.

Die Eierschale der Reptilien ist meist noch weich, bei Vögeln wird in sie Kalk eingelagert, so daß sie ziemlich undurchlässig für Wasser wird. Die Hauptfunktion der Eiweißschicht ist vermutlich Wasserspeicherung. Harnsäure ist ein nichttoxisches Exkretionsprodukt, das ohne schädliche Folgen innerhalb der Eischale abgelagert werden kann.

Bei den Amnioten existieren 4 extraembryonale Hüllen. 1. der Dottersack. Zwei weitere (2. Amnion und 3. Chorion) entstehen durch Emporwachsen einer Leiste, die den Embryo umgibt. Die dorsalwärts wachsende Falte besitzt ein inneres und ein äußeres Blatt, die beide aus Ecto- und Mesoderm bestehen. Die Falten verschmelzen mit ihren Kanten oberhalb des Em-

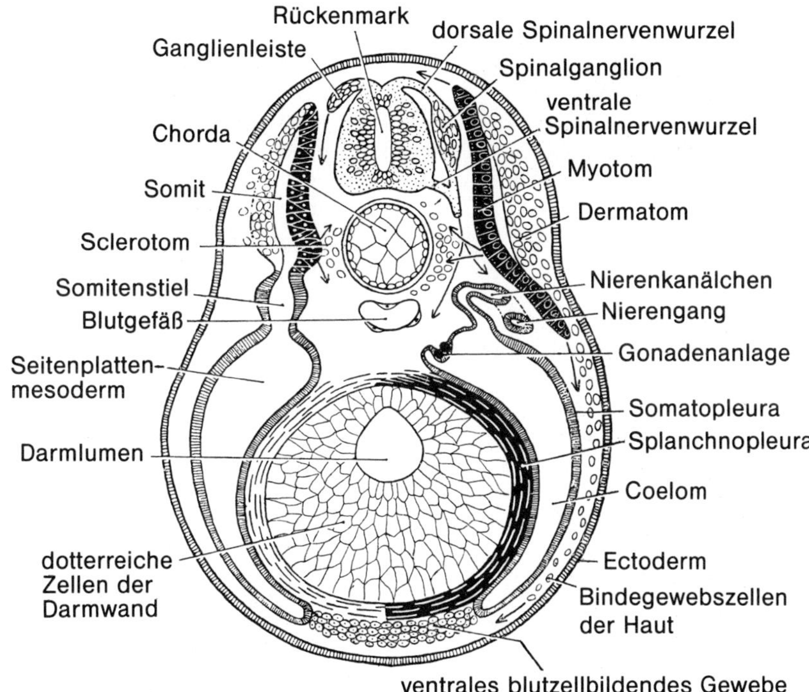

Abb. 334: Querschnitt durch den Rumpf eines typischen Tetrapodenembryos mit Differenzierung des Mesoderms; die Mesodermanteile enthalten ursprünglich alle einen Hohlraum (Myocoel, Nephrocoel, Splanchnocoel). Dieser bildet sich im Bereich von Somit (Myocoel) und Somitenstiel (Nephrocoel) völlig oder weitgehend zurück und bleibt nur im Bereich der Seitenplatten, also um den Darmkanal herum, erhalten und wird dann hier oft allein Coelom genannt. Der Somitenstiel wird auch Nephrotom genannt. Links etwas früheres Stadium als rechts; Pfeile: Richtung auswandernder Zellen. Aus Portmann

bryos, das innere Blatt löst sich vom äußeren. Das innere wird dann Amnion genannt, es umhüllt den Embryo und umgibt ihn mit einem flüssigkeitsgefüllten Raum, der Amnionhöhle; das äußere heißt Chorion (Serosa), es umhüllt den Embryo außerhalb des Amnions und, wenn vorhanden, auch den Dottersack. Das Amnion ist am Nabelstrang mit dem Embryo verbunden, dort wo der Dottersack am Embryo ansetzt und wo auch die 4. extraembryonale Hülle, die Allantois, vom Embryo abgeht. Die Allantois ist eine Ausstülpung des hinteren Darms. Sie legt sich von innen aus dem Chorion an. Ihre Hauptfunktionen sind Exkretspeicherung und Atmung. Letztere Funktion ist möglich durch gut ausgebildete Blutgefäße in ihrer Wand.

Bei den Säugern kommt es mit der echten Viviparie zu Rückbildung mancher dieser Strukturen. Eine Eischale ist nur noch bei Monotremen und in reduzierter Form bei Marsupialiern vorhanden, ebenso fehlt meist die Eiweißschicht, das Hauptexkretionsprodukt ist wieder Harnstoff, der ja vom mütterlichen Blut rasch wieder ausgeschieden werden kann. Der Dottersack wird funktionslos, seine vaskularisierte Wand kann aber Kontakt mit dem Uterus aufnehmen (Dottersackplazenta vieler Beuteltiere). Bei den Eutheria und *Perameles* geht die Plazentabildung von den Gefäßen des Chorions und der Allantois aus (allantoigene Plazenta). Manche Beuteltiere besitzen Plazenten, die sowohl vom Dottersack als auch von der Allantois aufgebaut werden (Abb. 412).

System der Wirbeltiere (Vertebrata)

Die Wirbeltiere wurden und werden oft in 2 große Gruppen gegliedert: Pisces (Fische) und Tetrapoda (Landwirbeltiere). Eine neuere Gliederung teilt die Wirbeltiere in Agnatha (Kieferlose) und Gnathostomata (Kiefermünder).

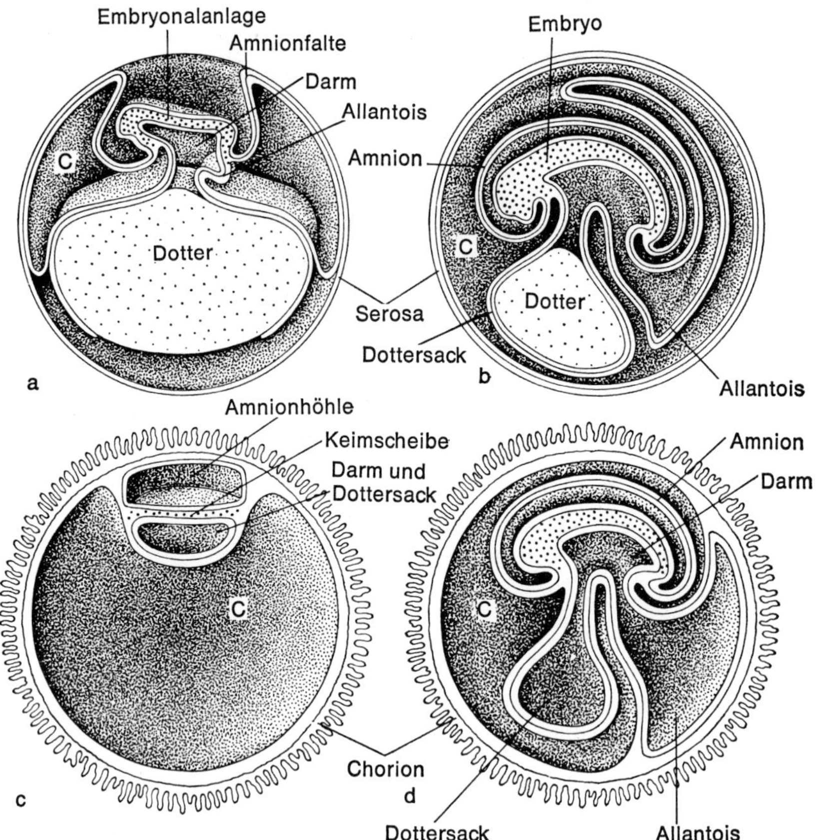

Abb. 335: Embryonalhüllen bei Wirbeltieren. a, b. Bildung der Embryonalhüllen beim Reptil- oder Vogelembryo. Vorderes Körperende des Keimes links. a. Früheres Stadium. Der Embryo hat sich etwas vom Dotter abgehoben. Darm und Dottersack stehen in breiter Verbindung. Der Dotter ist noch nicht vollständig vom Entoderm umwachsen. Vor und hinter dem Embryonalkörper erheben sich die Amnionfalten. Ihre Außenwand wird zum Chorion (Serosa). Ihm ist eine mesodermale Schicht unterlagert. Die Bildung der Allantoisanlage ist angedeutet. b. Älteres Stadium. Die Embryonalhüllen sind ausgebildet, der Dotter ist vollständig in den Dottersack eingeschlossen. c, d. Entwicklung der Embryonalhüllen bei Primaten. Der Embryo gliedert sich früh in eine kleine Zellmasse (Embryoblast) und eine größere Hohlkugel (Trophoblast); der Embryoblast liegt dem Trophoblasten innen an und bildet 2 Hohlräume aus: ventral den entodermalen Dottersack und das Darmlumen, dorsal die ectodermale Amnionhöhle. Zwischen beiden Hohlräumen liegt die Keimscheibe, von der aus sich der zukünftige Organismus entwickelt. Früh schiebt sich zwischen Ecto- und Entoderm Gewebe, das dem Trophoblasten entstammt. Der Trophoblast bildet Zotten (Chorionzotten) aus, die Kontakt mit dem Uterus aufnehmen. Diese Zotten sind bei den einzelnen Säugern unterschiedlich verteilt und meist nur auf bestimmte Regionen (Placentarregion) beschränkt. Der Begriff Chorion wird uneinheitlich gebraucht: außer für Embryonalhüllen auch für Eihüllen (z.B. bei Insekten). Oft werden Chorion und Serosa gleichgesetzt, oft wird auch nur eine Serosa mit Zotten als Chorion bezeichnet. C: extraembryonales Coelom. Nach Romer

Pisces (Fische)

Die alte Klasse der Fische umfaßt alle primär wasserlebenden Wirbeltiere, die als erwachsene Tiere mit Kiemen atmen. Die einzelnen Klassen der Fische sind schon im Devon, z.T. im Silur getrennt, und so ist die Gruppe der Fische gegenüber den Landwirbeltieren (Tetrapoden) eine Basisgruppe, die auch die Ahnen der Tetrapoden enthält (Abb. 336).

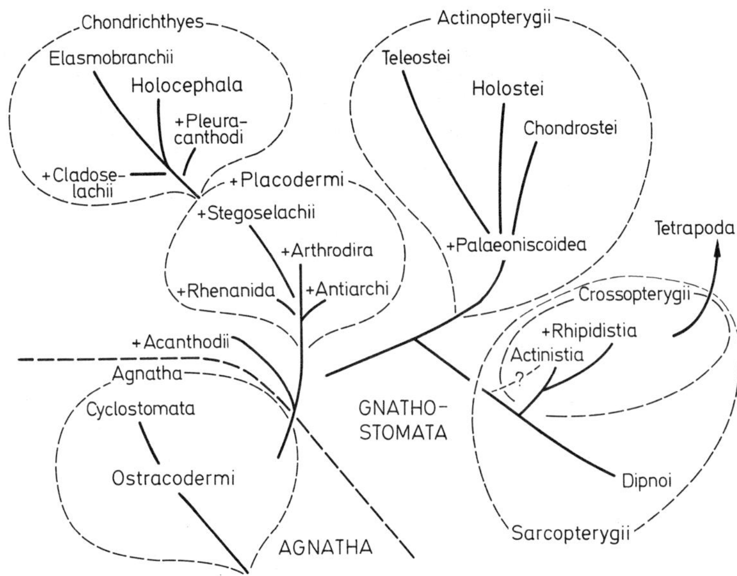

Abb. 336: Stammbaum der Fische. Nach Remane

1. Überklasse: Agnatha (Kieferlose)

Kiefer, die aus Kiemenbögen entstanden sind, fehlen. Der Mund ist ein Saug- oder Schluckmund. Eine unpaare Nasenöffnung; vom Nasenraum erstreckt sich ein Gang bis zur Hypophyse (Nasenhypophysengang, Nasensack, Abb. 338), der in den Pharynx durchbrechen kann. 5–15 Paar Kiemen mit kleinen Öffnungen und erweiterter Kiemenkammer, die epithelbedeckte Falten ausbildet, die Atmung und Exkretion dienen (Beutelkiemen). Nur zwei Bogengänge im Ohrlabyrinth. Paarige Flossen fehlen den rezenten Agnatha, fossile haben aber lappige Vorderflossen oder Seitenfalten. Die Agnatha waren im Palaeozoikum reich entfaltet (Ostracodermi), heute leben nur noch die vereinfachten Cyclostomata (Rundmäuler).

1. Klasse: Ostracodermi

Die Ostacodermen lebten in Silur und Devon. Sie hatten einen ausgedehnten Knochen- und Schuppenpanzer. Man kann drei wichtige Entwicklungslinien unterscheiden:

a) **Osteostraci (Cephalaspida):** Kleine, etwa 30 cm lange, dorsoventral abgeplattete Fische, deren Kopf und Vorderrumpf von einer Kopfkapsel umschlossen wird, die dorsal einen starken Kopfschild bildet (Abb. 337). Am Rumpf regelmäßige Reihen von Knochenplatten. Mit 10 Paar äußeren Kiemenöffnungen auf der Unterseite. Schwanzflosse heterozerk. Anscheinend hatten die Osteostraci große elektrogene Organe am Kopf. *Hemicyclaspis* (Abb. 337), *Cephalaspis*.

b) **Anaspida (Birkeniiformes):** Kleine, spindelförmige Fische mit knöchernen Schuppen am Kopf und Schienenpanzer ähnlich wie Osteostraci am Rumpf (Abb. 337). Bis 15 Paar äußere Kiemenöffnungen. Schwanzflosse hypozerk. *Birkenia* (Abb. 337), *Rhyncholepis*.

c) **Heterostraci (Pteraspida):** Vorderkörper mit großen Knochenplatten bedeckt, dahinter dichter Besatz mit großen Schuppen. Abgeplattet (*Drepanaspis*, Abb. 337) oder spindelförmig (*Anglaspis*, Abb. 337, *Poraspis*). Sie stehen isoliert, hatten paarige Nasenlöcher und keine Nasenhypophysenöffnung. Die Kiemensäcke vereinigen ihre Ausführgänge jederseits zu einem Mündungsporus.

Weiterhin gehören die abgeplatteten **Thelodonti** (Silur-Devon) zu den Ostracodermen.

2. Klasse: Cyclostomata (Rundmäuler)

Diese einzigen rezenten Agnathen sind vereinfachte Formen. Das Fehlen von Knochen,

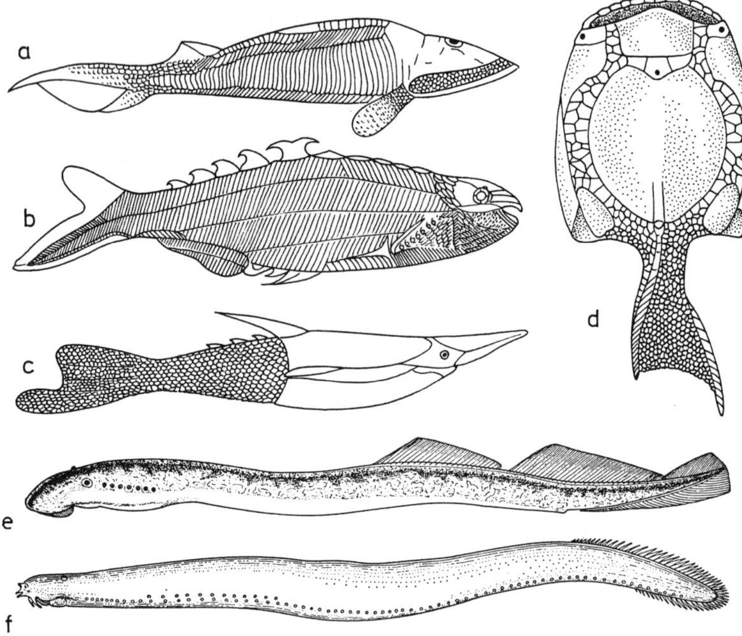

Abb. 337: Agnathen, a–d. Ostracodermen, a. *Hemicyclaspis* (Osteostraci), b. *Birkenia* (Anaspida), c. *Anglaspis*, d. *Drepanaspis* (beide Heterostraci), e. *Petromyzon*, f. *Bdellostoma* (Myxinoidea). Nach Stensiö, Kiaer, Heintz

Schuppen und paarigen Extremitäten ist sekundär. Der Körper ist aalartig. Die Myomeren werden nicht durch ein Septum horizontale geteilt. Die Chorda dorsalis ist persistent, bei Petromyzonten liegen ihr dorsal Bogenelemente an. Vorn setzt sie sich bis zur Hypophyse fort. Die Mundregion ist mit einem muskulösen Saugstempel («Zunge») versehen, der mit Hornzähnen zum Raspeln besetzt ist. Auch der Mundtrichter trägt Hornzähne. Die Gonaden sind unpaar, die Keimzellen fallen in die Leibeshöhle und gelangen durch 1 oder 2 Coelomporen nach außen.

1. Ordnung: Petromyzonta (Hyperoartia, Neunaugen). Nasenhypophysengang hinten geschlossen. Der Mund ist ein Saugmund, mit dem sich die Tiere an Steinen oder Tieren anheften können. Die Mundöffnung wird durch einen ringförmigen Knorpel gestützt. Das Mundepithel ist mit Kreisen von Hornzähnen besetzt (Abb. 338). Der Kiemendarm ist in einen dorsalen Nahrungsgang (Oesophagus) und einen ventralen Kiemengang geteilt. Der Kiemengang ist hinten geschlossen, von ihm gehen die Kiemenspalten aus. Das Kiemenskelet besteht aus einem Netzwerk von Spangen, das sich nicht mit dem Kiemenskelet der anderen Fische vergleichen läßt. Neunaugen leben in Meer und Süßgewässern der gemäßigten Zonen. Die marinen Arten steigen zum Laichen in Süß-oder Brackwasser auf, sind also anadrom.

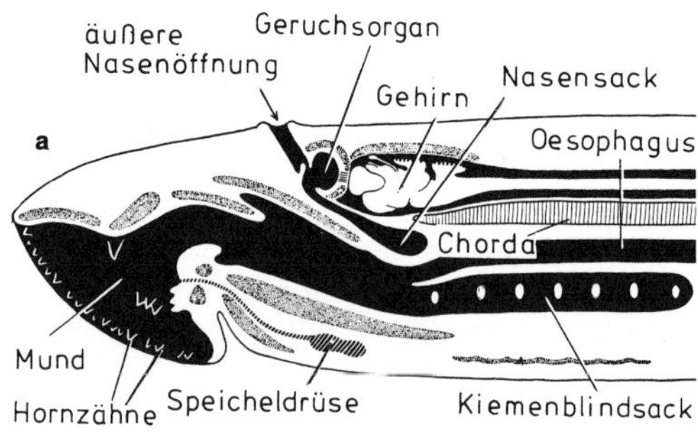

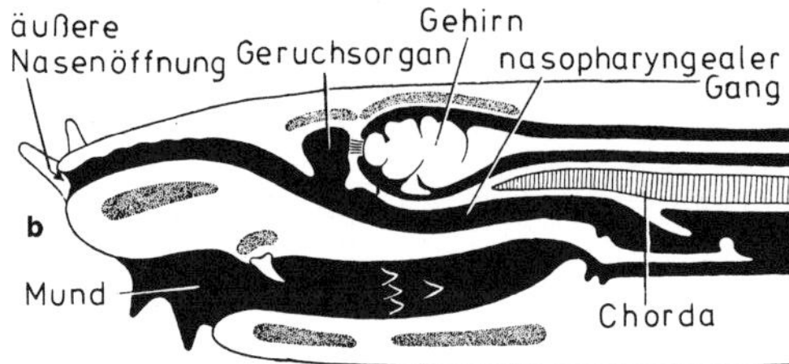

Abb. 338: Sagittalschnitt durch den Kopf von *Petromyzon* (a) und *Myxine* (b). Beachte die durchgehende Verbindung von äußerer Nasenöffnung und Pharynx bei *Myxine*. Nasensack und Nasopharyngealer Gang = Nasenhypophysengang. Nach Portmann

Ihr Laich wird in selbstgefertigten Gruben im Süßwasser abgelegt und klebt hier am Substrat fest. Die Furchung verläuft total-inaequal, die Entwicklung ist indirekt. Die zunächst freischwimmende Larve wühlt sich bei etwa 7 mm Körperlänge im Bodenschlamm ein (Querder, Ammocoetes-Larve). Ihr Kiemendarm ist nicht in zwei Stockwerke gegliedert wie bei den Adulten, er dient wie bei *Branchiostoma* der Nahrungsaufnahme. Nach etwa 4 Jahren erfolgt die mehrere Wochen währende Metamorphose: Die bis dahin einfachen unter der Haut verborgenen Augen werden komplizierter und sichtbar, das Endostyl des Kiemendarmes wird zur Thyroidea, der Darm erlangt seine zweistöckige Gliederung im Kiemendarmbereich, der Mund wird zum Saugmund, die Tiere werden freischwimmend. 39 Arten, davon 35 auf der Nordhalbkugel (Petromyzonidae), die restlichen Arten werden auf 2 Familien (Mordaciidae und Geotriidae) der Südhalbkugel verteilt.

Petromyzon marinus (Meerneunauge, Abb. 337), bis 1 m lang. Blutsauger und Aasfresser an Meeresfischen; Paarung und Laichen im Süßwasser. Ammocoetes lebt 2–5 Jahre in Schlammröhren. Mit 15–20 cm Körperlänge wandern die Jungtiere ins Meer.

Lampetra fluviatilis (Flußneunauge), bis 40 cm lang. Lebensweise ähnlich voriger Art.

Lampetra planeri, bis knapp 20 cm lang, nur im Süßwasser.

2. Ordnung: Myxinoidea (Hyperotreta, Inger, Schleimaale). Nasenhypophysengang mündet hinten in den Darm, so daß Atemwasser durch die Nase aufgenommen werden kann. Mundregion längsgestellt, mit Lippen und Tentakeln, nicht von Ringknorpel gestützt, nur 1 Gaumenzahn im Mundepithel. Augen teilweise reduziert. Kiemenskelet vereinfacht. Beiderseits eine Reihe großer Schleimdrüsen auf der Ventralseite. Verschiedene Venenabschnitte sind kontraktil (Hilfsherzen, z. B. Portal- und Caudalherz).

Die Inger sind rein marin, sie leben von Würmern, toten oder kranken Fischen, deren Leibeswand sie bisweilen durchraspeln und in deren Leibeshöhle sie eindringen können. Die Kiemen können getrennt nach außen münden oder sich jederseits zu einem Atemloch vereinigen wie bei den Heterostraci. Die bis 20 mm langen Eier werden von einer hornigen Schale umgeben, die an einem Pol eine Öffnung (Mikropyle) zum Durchtritt des Spermiums freiläßt und zwei Fäden trägt, mit denen sich zahlreiche Eier zu einem traubigen Gelege verbinden. Die Entwicklung ist direkt. *Myxine*, *Bdellostoma* (Abb. 337 f), *Eptatreta*.

2. Überklasse: Gnathostomata (Kiefermünder)

Diese Gruppe umfaßt alle Wirbeltiere von den Placodermen bis zu den Säugetieren. Mund mit einem Kieferbogen aus Palatoquadratum (Oberkiefer) und Mandibulare (Meckelscher Knorpel, Unterkiefer). Der Kieferbogen ist ein umgewandelter Kiemenbogen (Abb. 303). Höchstens mit 7 Kiemenspalten. Hypophysengang von den paarigen Nasengängen getrennt; er geht von der Mundhöhle aus, schließt sich aber während der Entwicklung. Statisches Organ mit drei Bogengängen. Spermien werden durch die Pars sexualis des Opisthonephros oder ihre Abkömmlinge, Eier meist durch den Müllerschen Gang ausgeleitet.

1. Klasse: Placodermi

Die Placodermen sind auf das Palaeozoikum beschränkt. Sie hatten ihre Blütezeit im Devon, als sie die vorherrschenden Vertebraten der Gewässer waren. Die frühen Formen waren Süßwasserbewohner. Später drangen viele ins Meer vor. Placodermen weisen Beziehungen zu den Chondrichthyes auf.

Kopf und Rumpf sind in einen Knochenpanzer aus Platten eingeschlossen; Kopf- und Rumpfteil werden äußerlich getrennt. Der Kopf kann sogar Gelenke am Hautpanzer ausbilden, Kiemendeckel sind vorhanden. Abgeleitet ist das verbreitete Fehlen echter Zähne an den Kiefern, die dann durch Knochenzacken ersetzt werden. Der Oberkiefer ist eng an den Schädel gebunden (Autostylie). Zwei Paar Extremitäten, das vordere ist bei einer Gruppe (Antiarchi) von Hautknochen umhüllt (Abb. 339), das hintere bisweilen reduziert. Die Chorda ist persistent, Wirbelkörper fehlen, obere und z. T. untere Bogen sind verknöchert. Außer den beiden Hauptgruppen Arthrodira und Antiarchi eine Reihe von Formen mit reduziertem Hautknochenskelet.

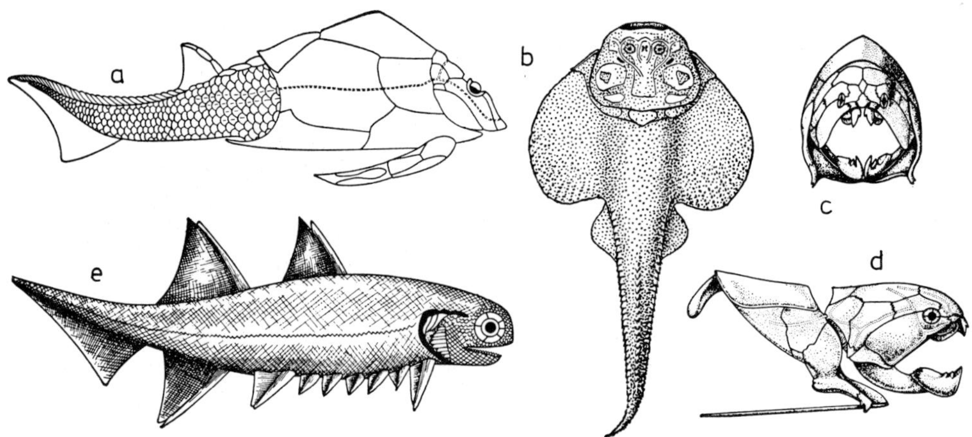

Abb. 339: Placodermen und Acanthodier. a. *Pterichthyodes* (Antiarchi), b. *Gemuendina* (Rhenanida), c, d. *Dunkleosteus* (= *Dinichthys*, Arthrodira), c. Kopf von vorn, d. Kopf u. Hautpanzer des vorderen Rumpfes von der Seite. e. *Climatius* (Acanthodii). Nach Heintz, Gross, Stensiö, Traquair

Coccosteus, 20–45 cm lang, im Devon Europas verbreitet. Riesenformen bis 10 m lang *(Dinichthys, Titanichthys)*, *Gemuendina* (rochenartig abgeplattet, Abb. 339), *Pterichthyodes*, *Bothriolepis* mit Brustflossen, die zu «Armen» mit Hautknochen umgebildet sind (Abb. 339).

2. Klasse: Acanthodii

Kleine, bis 30 cm lange Formen von Silur bis Perm. Kopf und Körper mit Knochenplatten und Schuppen bedeckt, letztere ähneln denen mancher Actinopterygier. Bei hochentwickelten Formen war das Hautskelet stark rückgebildet. Zähne sind bei manchen Arten auf den Kieferknochen vorhanden, ein Deckel schützt die Kiemen. Die Flossen sind häutig, sie werden von großen Flossenstacheln an ihrem Vorderrand gestützt. Merkwürdig ist, daß oft nicht nur 2 Paare, sondern bis 7 Paar Flossen vorhanden sind (Abb. 339). Vielleicht mit Actinopterygii verwandt. *Acanthodes*, *Climatius*.

3. Klasse: Chondrichthyes (Knorpelfische)

Knochen fehlen im Innenskelet; Schädel, Wirbelsäule und Flossenskelet sind knorpelig, allerdings durch Verkalkung oft sehr fest. Dieser Zustand ist durch Reduktion des Knochens erreicht worden. Das Vorderende des Schädels ist oft zu einem Rostrum ausgezogen, das von einem einheitlichen Fortsatz des Schädels oder von mehreren Knorpelstücken gestützt wird (Abb. 340). Primitive Haie haben einen amphistylen, höhere einen autostylen Schädel. Das Hautskelet besteht aus kleinen Placoidschuppen. Sie bestehen aus einer subepidermalen Basalplatte und einem darauf sitzenden Zahn, der die Epidermis durchstößt. Die Oberfläche wird von einem Schmelzüberzug gebildet, das Zentrum besteht aus Dentin, die Basalplatte aus Knochen (Abb. 340). Die Placoidschuppen bedecken bei Haien den ganzen Körper, bei Rochen und Holocephalen sind sie weitgehend rückgebildet, können aber zu großen Stacheln umgebildet sein. An den Kieferrändern bilden sie kräftige Zähne verschiedener Gestalt. Sie werden bei Elasmobranchiern dauernd von innen her ersetzt (Abb. 340).

Die Brustflossen stehen horizontal, sind beim Schwimmen ausgebreitet und dienen als Höhensteuer, bisweilen als «Flügel» (Rochen). Die paarigen Flossen besitzen oft drei am Schultergürtel ansitzende basale Knorpelteile (Pro-, Meso- und Metapterygium), an die sich distal Radialia und Lepidotrichia anschließen (Abb. 340). Pro- und Mesopterygium können reduziert sein. Bei Rochen ist das Propterygium der Brustflossen nach vorn verlängert. Schwanzflosse heterozerk, bei *Chimaera* diphyzerk.

Spezielle Sinnesorgane sind die Lorenzinischen Ampullen am Kopf der Elasmobranchier. Sie ähneln im Aufbau dem Seitenliniensystem

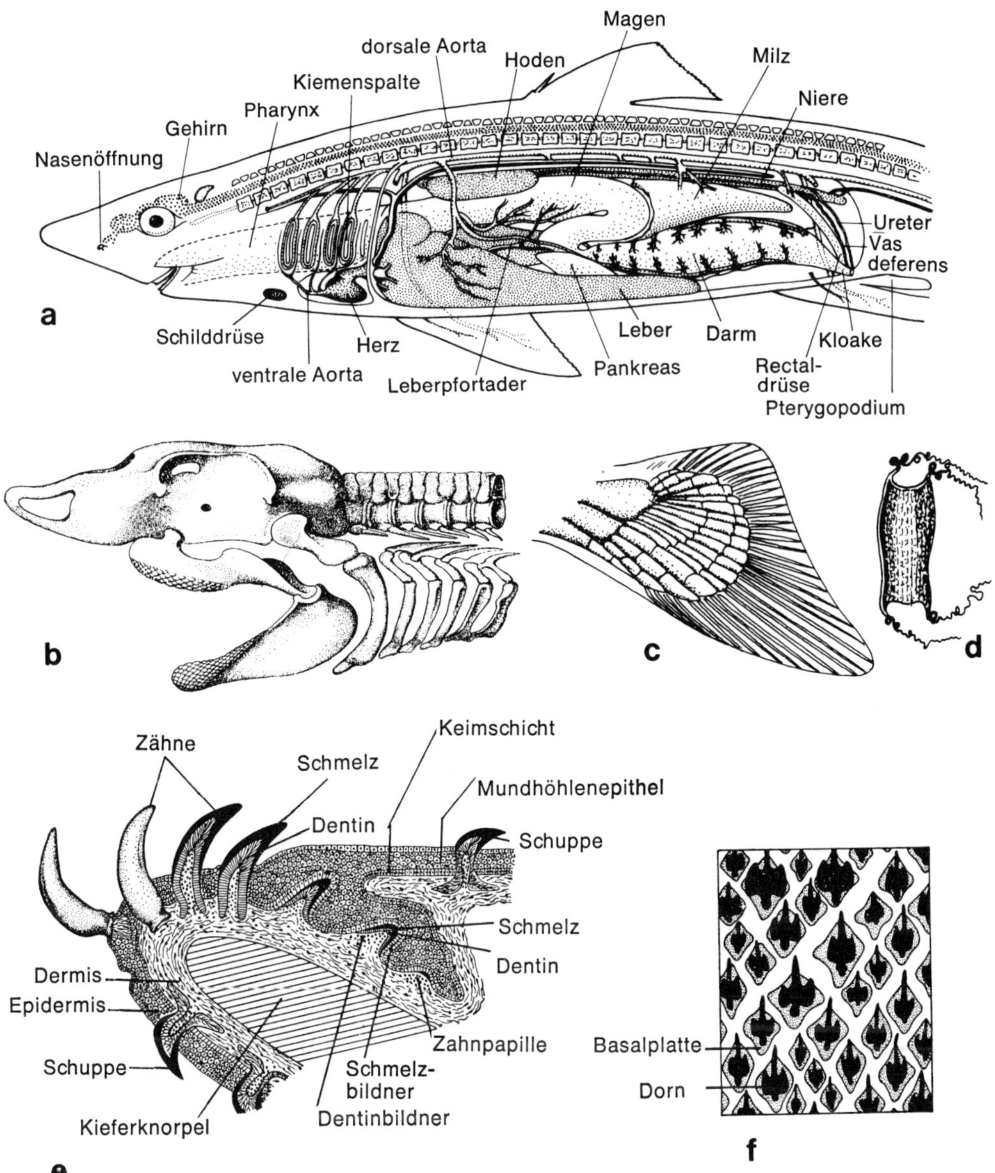

Abb. 340: Haie a. Bauplan, b. Kopf und Kiemenbogenskelet, c. Brustflosse, d. Eikapsel von *Scyliorhinus*. e. Sagittalschnitt durch Kiefer mit Gebiß und Placoidschuppen ,f. Aufsicht auf Placoidschuppen. Zähne und Placoidschuppen differenzieren sich in gleicher Weise und weisen den gleichen Bau auf. Nach Gegenbaur, Norman, Smith

und dienen wohl Elektro-, Thermo- und Mechanoreception. Von der Oberfläche abgeschlossene Hohlräume sind die Savischen Bläschen am Rostrum, die Sinnesorgane unbekannter Funktion darstellen.

Die Zahl der typischen Kiemenspalten beträgt meist 5, selten 6–7. Bei den Elasmobranchiern münden sie frei nach außen, bei den Holocephalen werden sie von einem Deckel überdacht. Die 1. Kiemenspalte ist klein und zu einem

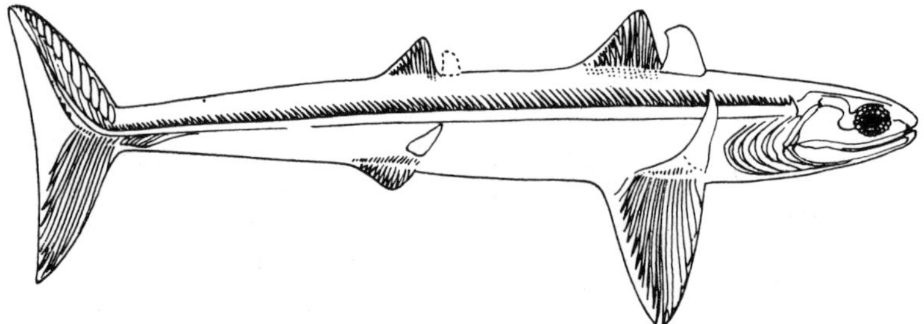

Abb.341: *Cladoselache.* Nach Harris, Dean

Spiraculum (Spritzloch) umgewandelt; sie fehlt adulten Holocephalen. Bei Rochen und Meerengeln ist sie dorsal und hinter den Augen gelegen. Der Darm ist mit einer Spiralfalte versehen, Lungen bzw. Schwimmblasen fehlen. Conus arteriosus mit zahlreichen Klappen.

Die Spermien werden durch den primären Harnleiter (Wolffschen Gang) ausgeleitet, die Eier durch Müllersche Gänge, deren Wimpertrichter allerdings meist zu einer unpaaren Öffnung unter dem Vorderdarm verschmolzen sind.

Vielleicht ist die Mündung des inneren Labyrinths durch einen Kanal (Ductus endolymphaticus) dorsal am Kopf nach außen primitiv. Dieses Merkmal war offenbar schon bei Placodermen vorhanden. Nicht primitiv sind die innere Befruchtung und die Umbildung der Bauchflossen des Männchens zu langen Kopulationsorganen (Mixopterygien, Pterygopodien).

Die Eier sind groß, dotterreich und werden von einer Nidamentaldrüse am Ovidukt mit einer festen Schale versehen, die vielfach mit Verlängerungen an den Ecken ausgestattet ist (Abb. 340), welche der Befestigung am Substrat dienen können.

Der Embryo entwickelt sich mit Dottersack und äußeren Kiemenfäden. Die meisten Arten sind ovovivipar, d. h. das Jungtier schlüpft kurz vor der Geburt im Mutterleib aus der Eikapsel. Bei echter Viviparie erfolgt über längere Zeit Ernährung des Keimes in Erweiterungen des Oviducts über Gefäße der Mutter in Zotten (Trophonemata) oder mit unbefruchteten Eiern. Es kann eine Dottersackplacenta ausgebildet sein.

Die ältesten Formen waren Süßwassertiere, heute sind sie fast ausschließlich marin. Die osmotische Balance wird durch Harnstoffabgabe ins Blut hergestellt. Rezent sind zwei Ordnungen, die Elasmobranchii (Selachii; Haie und Rochen) und Holocephala (Chimären). Beide sind wohl von Placodermen abzuleiten, die Haie von Formen mit reduziertem Hautskelet, die Holocephalen von Bradyodonti, die oft den Placodermen eingereiht werden.

1. Ordnung: Elasmobranchii (Haie und Rochen)

a. Pleurotremata (Haie). Meist spindelförmige Raubfische mit seitlichen Kiemenspalten.

Unter dem Begriff Protoselachii werden einige primitive ausgestorbene Haie zusammengefaßt und den Euselachii, zu denen alle rezenten Formen gehören, gegenübergestellt. Die ältesten bisher bekannten Haie stammen aus Devon *(Cladoselache)* und Karbon *(Xenacanthus)*. Sie hatten bereits ein Knorpelskelet und lebten als Raubfische im Süßwasser. Seit der Trias drangen Haie ins Meer ein.

Cladoselache fehlen Wirbelkörper; der Mund liegt an der Kopfspitze, ein Rostrum fehlt also noch; die Brust- und Bauchflossen sitzen mit breiter Basis am Körper an und enthalten Basalstücke und parallele Radien (Abb. 341). *Xenacanthus* hat dagegen Archipterygien. Unter dem Begriff Hybodontiformes werden weitere Protoselachii zusammengefaßt, die den Euselachii besonders nahestehen. Es sind 1–2 amphicöle Wirbelkörper pro Segment ausgebildet, die die Chorda einschnüren. Die Schnauze ist meist zu einem Rostrum verlängert, so daß der Mund ventral liegt.

System der rezenten Haie:

Chlamydoselachidae: Aalförmig, Mund endständig, kein Rostrum, 6 Kiemenspalten, Chorda nahezu ungegliedert. *Chlamydoselachus anguineus* (Kragenhai, Abb. 342a), ovovivipar, Tragzeit 2 Jahre; bis 2 m lange, weit verbreitete Tiefseeart.

Hexanchidae (Notidanidae, Grauhaie): 6 oder

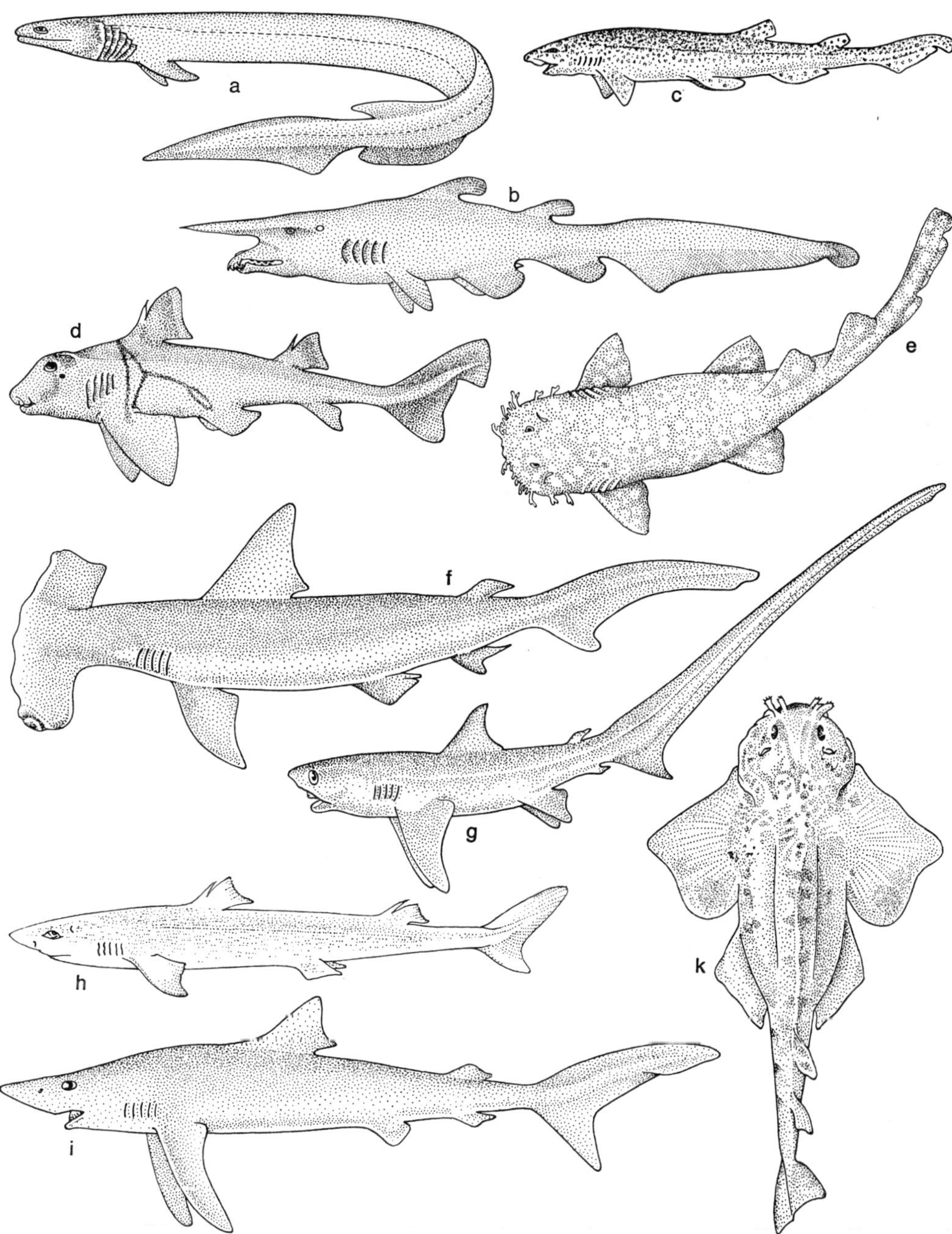

Abb. 342: Verschiedene Haie (Pleurotremata). a. *Chlamydoselachus* (Kragenhai); b. *Mitsukurina* (Nasenhai); c. *Scyliorhinus* (Katzenhai); d. *Heterodontus* (Stierkopfhai); e. *Orectolobus* (Ammenhai); f. *Sphyrna* (Hammerhai); g. *Alopias* (Fuchshai); h. *Squalus acanthias (Acanthias vulgaris)* (Dornhai); i. *Prionace* (Blauhai); k. *Squatina* (Meerengel). Nach de Haas und Knorr, Norman, Riedl

7 Kiemenspalten, ovovivipar. *Hexanchus (Notidanus) griseus* mit 6 Kiemenspalten, kann 8 m Länge erreichen. Weit verbreitet. *Heptanchus* mit 7 Kiemenspalten.

Carchariidae: Spritzlöcher klein, oft fehlend; bringen lebende Junge zur Welt, z. T. mit Dottersackplazenta. *Prionace glauca* (Blauhai), kann in westliche Ostsee eindringen, bis 4 m lang (Abb. 342 i). *Mustelus.*

Scapanorhynchidae: Mit langem Kopffortsatz (Abb. 342 b); die auffallend langen Zähne waren schon aus der Kreide bekannt, als man an einem Tiefseekabel den ersten Zahn eines rezenten Tieres fand. *Mitsukurina owstoni*, bis über 4 m lange Tiefseeform. *Scapanorhynchus* (fossil, Kreide).

Isuridae: *Carcharodon carcharias* (Weiß- oder Menschenhai), bis 11 m lang; in seinem Magen fand man Leiber von zentnerschweren Seelöwen. *Lamna nasus (L. cornubica*, Heringshai); vivipar, wenn Junge im Mutterleib ihren eigenen Dottervorrat aufgebraucht haben, nehmen sie unbefruchtete Eier der Mutter auf. Bei uns stückweise als Kalbfisch oder Haisteak im Handel. Beide Arten weit verbreitet, in Ostsee vordringend.

Alopiidae: Mit außerordentlich langem Oberlappen der Schwanzflosse. Kreisen Fischschwärme ein, wobei sie das Wasser mit der Schwanzflosse peitschen (Drescherhaie). *Alopias* (Fuchshai), bis 6 m lang (Abb. 342 g).

Cetorhinidae (Riesenhaie): Planktonfresser mit stark vergrößerten Kiemenspalten und schlanken Fortsätzen auf den Kiemenbogen, die in den Schlund ragen und als Reusen wirken. Dieser Filterapparat wird während der Wintermonate rückgebildet, dann nehmen die Riesenhaie wohl keine Nahrung auf. Zähne klein.

Cetorhinus (Selache) maximus (Abb. 343 b), bis 14 m lang, erreicht 8000 kg Gewicht, Junge bei Geburt wenigstens 1,5 m lang. Gestrandete, teilweise skeletierte Riesenhaie wurden früher als Seeschlangen angesehen. Vor allem südlich Island, einzeln oder in Schulen.

Rhinocodontidae (Walhaie); mit *Rhincodon typus* (Abb. 343 a), dem größten Fisch, der 20 m Länge erreichen soll. Kiemenreusen und Ernährungsweise ähnlich wie bei Riesenhaien. Tropenmeere. Eine weitere, erst kürzlich bei Hawaii entdeckte, etwa 4,5 m große, planktonfressende Form ist *Megachasma pelagios.*

Orectolobidae: mit sog. Nasolabialgruben auf jeder Kopfseite, die vorn einen Bartfaden tragen. Meist kleine Formen der Küstengewässer, oft bunt gefärbt (Abb. 342 e). Ovovivipar oder ovipar. *Ginglymostoma*, *Orectolobus.*

Scyliorhinidae (Scylliidae): Eierlegend, manche Arten mit Farbmustern (Abb. 342 c). Können z. T. Luft schlucken und treiben dann an der Oberfläche (Schwellhaie). Heimisch: Katzenhaie *(Scyliorhinus, Scyllium)*, 1 m lang, von Bodentieren lebend.

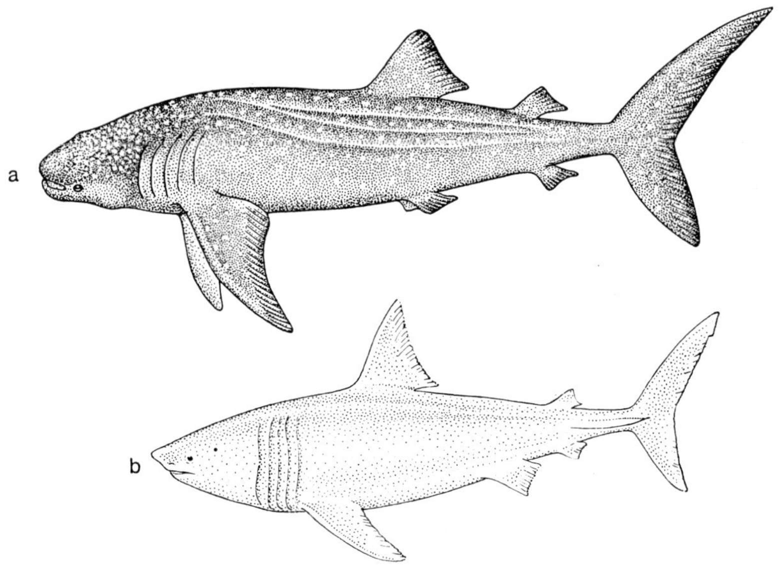

Abb. 343: Die größten Haie. a. *Rhincodon typicus* (Walhai), b. *Cetorhinus maximus* (Riesenhai). Nach Gudger, de Haas und Knorr

Carcharinidae: größte Familie der Haie mit über 60 Arten, z.T. wichtige Lieferanten für Leberöl und Vitamin A. Bringen lebende Junge hervor. Vor allem in tropischen Meeren, z.T. große Wanderungen unternehmend. *Carcharhinus melanopterus* des Indopazifik: geht auch in sehr flaches Wasser. *C. nicaraguensis:* Süßwasserhai im Nikaragua-See.

Sphyrnidae (Hammerhaie): Kopf hammerartig verbreitert (Abb. 342f), Augenabstand kann 1 m betragen. Bringen lebende Jungen zur Welt. Für Menschen gefährlich. *Sphyrna (Zygaena).*

Heterodontidae: mit Pflasterzähnen (Molluscenfresser), gedrungene Gestalt (Abb. 342d), können tagelang in Kopulastellung verharren, legen zylindrische bis kegelförmige Eier. *Heterodontus (Cestracion)* in Indik und Pazifik.

Pristiophoridae (Sägehaie): Oberkiefer verlängert (Säge). «Sägefische» sind unter den Elasmobranchiern zweimal entstanden. Säge-

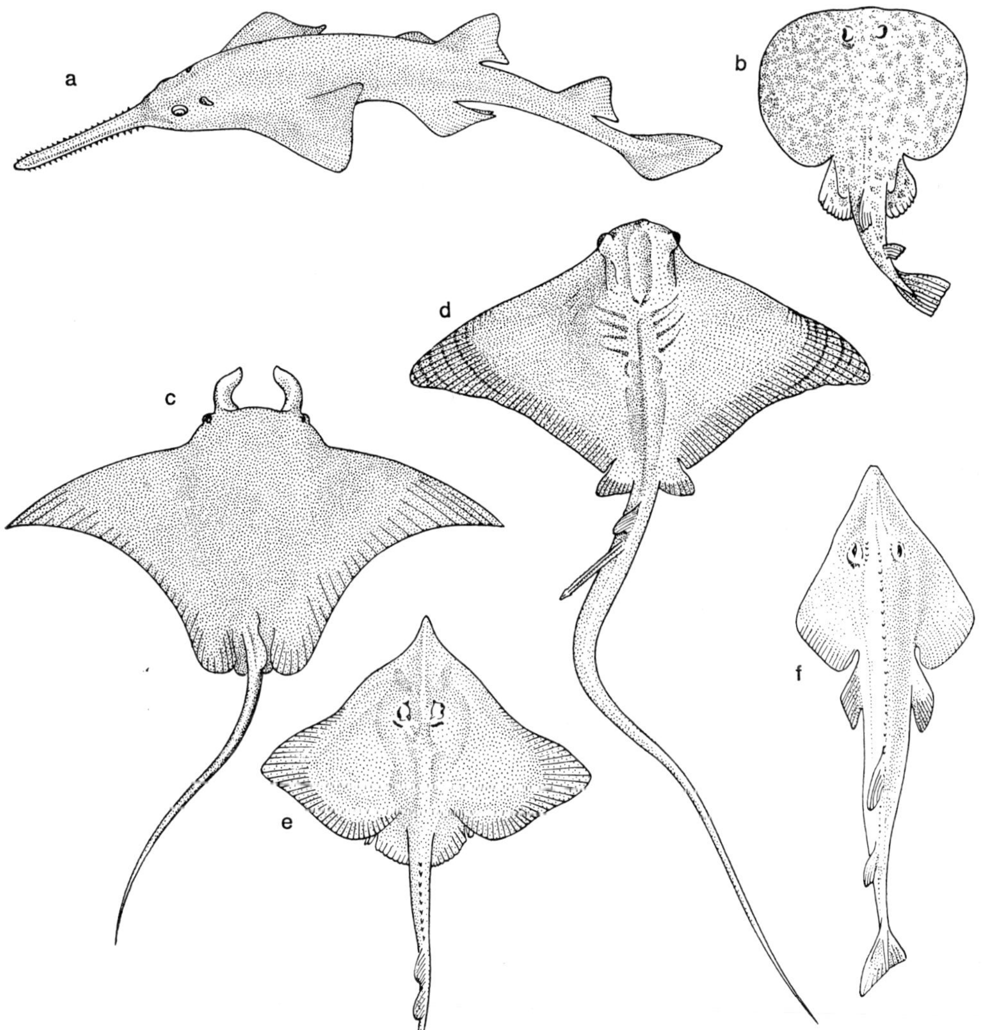

Abb. 344: Rochen. a. *Pristis* (Sägerochen), b. *Torpedo* (Zitterrochen), c. *Manta* (Manta, Teufelsrochen), d. *Myliobatis* (Adlerrochen), e. *Raja*, f. *Rhinobatus* (Geigenrochen). Nach de Haas, Knorr, Luther, Fiedler, Norman

haie haben keine Brustflossen, Sägerochen (Abb. 344a) große, breite Brustflossen, unter denen die Kiemenöffnungen liegen. Indopazifik *Pristiophorus*, *Pliotrema*.

Squalidae: mit kräftigen Stacheln vor Rückenflossen (Abb. 342h), die mit Giftdrüsen in Verbindung stehen; ovovivipar. Häufig im Nordatlantik. *Squalus* (*Acanthias*, Dornhai) etwa 1 m lang, auf Schlammgründen Schwärme von mehreren 1000 Individuen. Im Handel ohne Kopf und Haut als Seeaal, geräucherte Bauchlappen als Schillerlocke. *Etmopterus* (mit Leuchtorganen), kleinste Art 30 cm lang.

Dalatiidae: mit *Somniosus* (Grönlandhai), mehrere m lang.

Squatinidae (Meerengel): Ähnlichkeit mit Rochen (Abb. 342k). Kiemenöffnungen an den Kopfseiten, Schwimmweise haiartig. *Squatina*, bis über 2 m lang.

b. Hypotremata (Batoidea, Rochen). Körper abgeflacht, mit schlankem, abgesetztem Schwanz. Brustflossen stark vergrößert, an Kopfseiten festgewachsen. Rochen bewegen sich verhältnismäßig langsam durch Undulieren ihrer Brustflossen fort, während die pelagischen Rochen diese Flossen wie Flügel auf- und abschlagen. Kiemenöffnungen auf Unterseite. Wasser wird durch Spritzloch (nach dorsal verlagerte erste Kiemenspalte) eingezogen. Meist bodenlebende Formen küstennaher Gebiete. Rochen des offenen Meeres *(Manta)* nehmen Wasser durch Mundöffnung auf. Meist eierlegend, vorwiegend Kleintierfresser.

Pristidae (Sägerochen, Sägefische): Oberkiefer zu langem, zahntragendem Rostrum ausgezogen (Abb. 344a), mit dem der Boden durchwühlt wird. Ovovivipar (Sägezähne sind bei Geburt noch beweglich). Tropen, z. T. auch im Süßwasser, erreichen mehrere m Länge. *Pristis*.

Rhinobatidae (Geigenrochen): Körper langgestreckt (Abb. 344f), auch im Mittelmeer. Ovovivipar. *Rhinobatus* bis 3 m lang.

Torpedinidae (elektrische Rochen, Zitterrochen): mit elektrogenen Organen in Flossen nahe dem Kopf, dienen zur Abwehr und zum Beutefang, entstehen aus Muskeln. In allen Meeren der tropischen und gemäßigten Zonen. Ovovivipar. *Torpedo* (Abb. 344b).

Rajidae: mit über 100 Arten größte Rochenfamilie. Brustflossen erstrecken sich auch nach vorn um den Kopf (Abb. 344e). Rechteckige Eier. Häufigste Rochen der Nordsee. *Raja*, mit schwachen elektrogenen Organen im Schwanz.

Dasyatidae (Trygonidae, Stechrochen): Diese und die folgende Familie mit langem Giftstachel auf dem Schwanz. Bei den Dasyatidae bilden die Brustflossen vor dem Kopf einen abgeflachten, dünnen Saum, bei Myliobatidae eine dicke, fleischige Region.

Dasyatis, auch im Mittelmeer, Giftstachel kann Bein von Menschen durchschlagen. Bei älteren Tieren sind Giftdrüsen oft nicht mehr vorhanden, so daß sie nur mechanische Verletzungen hervorrufen können. *Potamotrygon* in Südamerika im Süßwasser.

Myliobatidae (Adlerrochen): Meist mit Giftstachel, können in Schwärmen auftreten. *Myliobatis* (Abb. 344d).

Mobulidae (Teufelsrochen): Mit einem Paar schlanker Futterlappen am Kopf werden Nahrungstiere ins Maul getrieben (Abb. 344c). *Manta*: Spannweite über 6 m. *Mobula*. Auch im Mittelmeer.

2. Ordnung: Holocephala (Chimären)

Die Holocephalen sind eine rein marine, etwa 30 Arten umfassende Gruppe. Ihr Palatoquadratum ist völlig dem Schädel angegliedert (Holostylie), der Hyoidbogen ist ein normaler Kiemenbogen. Die Kiemen werden von einem Deckel überdacht, dem aber im Unterschied zum Kiemendeckel der Knochenfische Deckknochen fehlen. Spritzlöcher werden nur embryonal angelegt. Wirbelkörper fehlen z. T. den rezenten Arten, waren aber bei fossilen zu mehreren pro Segment ausgebildet. Das Gebiß besteht aus zwei Paar Zahnplatten im Oberkiefer und einem Paar im Unterkiefer, die nicht gewechselt werden. Eine typische Kloake ist nicht vorhanden. Die getrennten Ausmündungsstellen von Gonaden, Nieren und Darm liegen aber dicht zusammen. Das Männchen ist kleiner als das Weibchen, es trägt einen morgensternartigen Fortsatz auf dem Kopf (Abb. 345), der als Halteapparat bei der Kopula dient. Das Weibchen legt bis 30 cm lange Eier ab, die von einer Kapsel umschlossen sind.

Chimaera monstrosa, häufigste Art in Europa, in tieferem Wasser. *Hydrolagus*, *Callorhynchus*.

Die Ahnen der Chimären sind die Bradyodonti, die seit dem Devon bekannt und heute ausgestorben sind. Im Unterschied zu den Chimären trug ihre Haut Placoidschuppen, und ihr aus vielen Zähnen bestehendes Gebiß war kom-

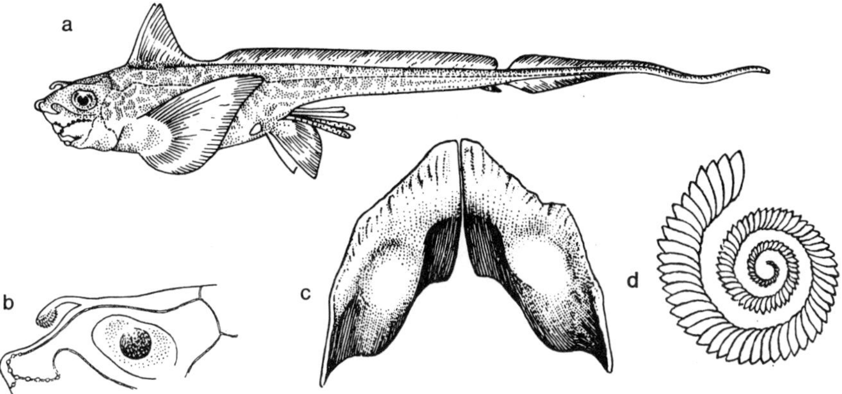

Abb. 345: Chimaeren. a. *Chimaera monstrosa*, b. Oberkopf von *Chimaera* mit Seitenliniensystem und Kopffortsatz, c. Zahnplatten von *Chimaera*, d. Gebiß von *Helicoprion* (Bradyodonti). Nach Moy-Thomas, Bigelow, Schroeder, Norman

pliziert (z.B. bei *Helicoprion* mit spiralig angelegten Zähnen (Abb. 345).

4. Klasse: Osteichthyes (Knochenfische)

Die Ausbildung von Knochen im Skelet trennt diese Klasse nur von den heutigen Knorpelfischen und Agnathen, nicht von deren fossilen Ahnen. Der Schädel wird zunehmend kompliziert, seine zahlreichen Einzelteile können z.T. nicht sicher mit denen des Tetrapodenschädels homologisiert werden.

Der Schwanz kann heterozerk sein (Störe und Löffelstöre), ist aber meist homozerk: Das Ende der Wirbelsäule (Urostyl) ist schräg nach oben gebogen, die Schwanzflosse jedoch äußerlich symmetrisch. Kennzeichnend ist das Lungen-Schwimmblasenorgan (Abb. 309), primär eine paarige, luftgefüllte Ausstülpung des Vorderdarms mit Atemfunktion (Lunge), später ein hydrostatisches Organ (Schwimmblase). Kiemendeckel sind stets vorhanden, sie werden von Hautknochen (Operculare u.a.) gestützt und gehen ventral in eine bewegbare Hautfalte (Branchiostegalmembran) über. Die Kiemenbögen tragen Kiemenblättchen. Die erste Kiemenspalte (Spiraculum) ist klein und meist verschlossen.

Knochenfische, die in sauerstoffarmen Gewässern oder zeitweise im Luftraum leben, haben andere Atemorgane. Mit Hilfe des Lungen-Schwimmblasenorgans atmen die primitiven Holostei und *Polypterus*, einige Teleosteer (z.B. aus den Familien Osteoglossidae, Mormyridae, Characidae) und die Lungenfische.

Die Labyrinthfische haben oberhalb der Kiemen unter den Kiemendeckeln ein accessorisches Luftatmungsorgan. Bei manchen Welsen *(Clarias)* besteht das accessorische Atmungsorgan aus büschelförmigen Kiemenanhängen. Einige Fische atmen auch mit der Mundschleimhaut *(Electrophorus, Periophthalmus)*, Darmatmung ist von verschiedenen Welsen und *Misgurnus* (Abb. 355) bekannt, an dessen Magen sich ein Blindsack anschließt, der als Luftreservoir fungiert. Schließlich kann die Haut ein wichtiges Atemorgan im Luftraum darstellen, so beim Aal.

Primitiver als die Knorpelfische bleiben die meisten Osteichthyes in der äußeren Befruchtung, die erst nach der Ablage der meist polylecithalen Eier erfolgt. Außer Oviparie kommen Ovovivi- und Viviparie vor. Aus verschiedenen Teleosteer-Gruppen sind Zwitter bekannt; Geschlechtsumwandlung erfolgt z.B. bei Cyprinodontidae, Selbstbefruchtung wird von einigen Serranidae angegeben.

Knochenfische sind schon im Devon artenreich und reichen wohl ins Silur zurück. Schon im Devon sind die Hauptlinien getrennt.

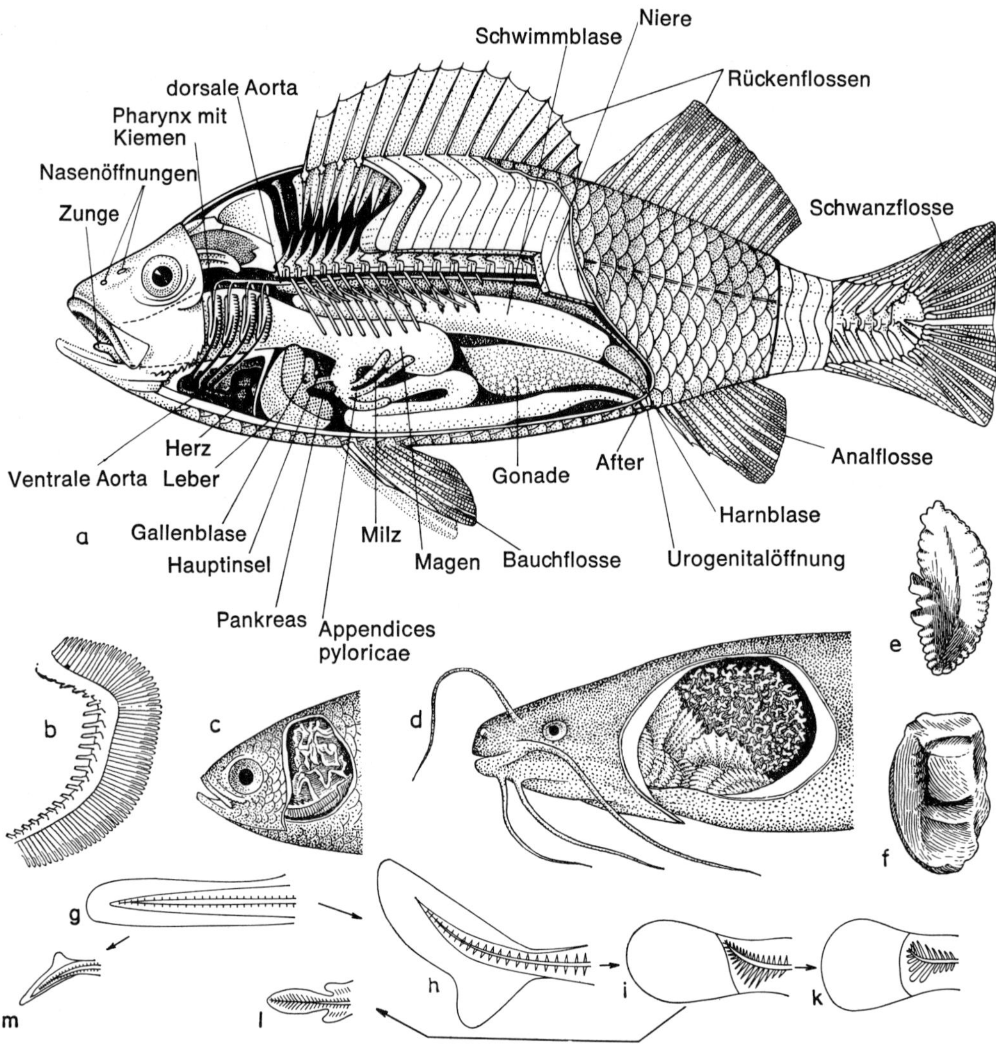

Abb. 346: a. Teleosteerbauplan (Barsch), b. Kiemenbogen eines Barsches *(Perca)*, c, d. accessorische Atmungsorgane, c. *Anabas*, d. *Clarias*, e, f. Otholithen, e. *Gadus*, f. *Sciaena*, g–m. Entwicklung der Schwanzflossen bei Fischen, g. protozerke Schwanzflosse (wirbellose Chordaten), h. heterozerke Schwanzflosse (Chondrichthyes, primitive Ostracodermen), i. verkürzte heterozerke Schwanzflosse (Holosteer), k. homozerke Schwanzflosse (die meisten Teleosteer), l. diphyzerke Schwanzflosse (viele Dipnoer und Crossopterygier, *Polypterus*, Cyclostomen, einige Teleosteer), m. revers heterozerke (hypozerke) Schwanzflosse (einige Ostracodermen). Nach Storer, Usinger, Smith, Norman

a. Actinopterygii (Actinopteri, Strahlenflosser)

In diese Reihe gehören über 99 % der heutigen Fische. Sie sind weit ins freie Wasser vorgedrungen und haben fast alle Lebensräume des Meeres und Süßwassers erobert. Infolge der Erleichterung des Körpers durch die Schwimmblase reduzieren die paarigen Flossen ihre Funktion als Stütz- und Bewegungsorgan und ihre Funktion als Höhensteuer; sie werden beim aktiven Schwimmen meist an den Körper angelegt. Der Fleischteil der Flossen mit Muskeln und Skelet verkürzt sich, vom Skelet bleiben nur noch

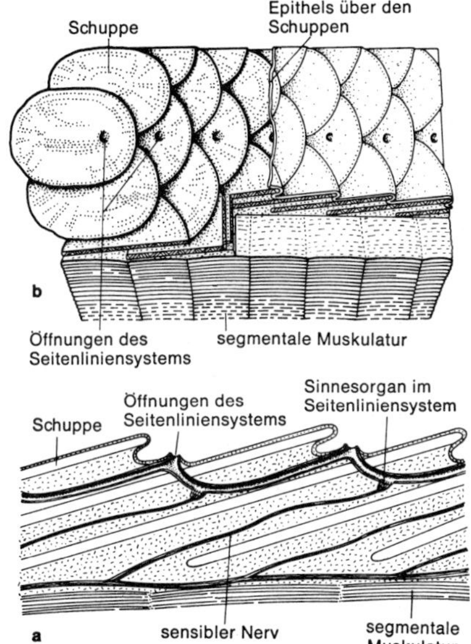

Abb. 347: Teleosteerschuppen. a. Blockdiagramm, Aufsicht auf die Haut, Epidermisepithel, z. T. abpräpariert. b. Schnitt durch die Haut. Nach Storer, Usinger

wenige Radialia und Basalia an der Flossenbasis. Der Hauptanteil der Flossen ist häutig und wird von Flossenstrahlen gestützt.

Der Rumpf ist von Schuppen bedeckt, die in konzentrischen Lagen wachsen. Ihre Außenschicht besteht primär aus einer Ganoinschicht. Sie wird allmählich reduziert und fehlt den Teleosteern. Die Form der Schuppen ist erst rhombisch (*Polypterus*, Abb. 348, *Lepisosteus*, Abb. 350), dann rundlich mit glattem Hinterrand (Cycloidschuppe vieler primitiver Teleosteer, Abb. 307) und schließlich rundlich mit kammartigen Zähnchen am Hinterrand (Ctenoidschuppe) wie bei vielen höheren Teleosteern. Cycloid- und Ctenoidschuppe entstehen in einer Schuppentasche (Abb. 347). Der freie Schuppenteil überragt dachziegelartig die folgende Schuppe. Als mesodermale Gebilde werden diese Schuppen von Epidermis bedeckt. Sekundär können Deckknochen in die Haut eingelagert werden und sogar einen Panzer bilden, z. B. bei Kofferfischen, Panzerwelsen, Seenadeln u. a. Viele Fische haben keine Hartteile in der Haut, sie werden als nackt bezeichnet. In ihrer Epidermis liegen besonders viele Schleimzellen.

Im Labyrinth werden einzelne große Statolithen ausgebildet, deren Jahresringe für die Altersbestimmung der Fische wichtig sind.

Die Actinopterygier sind seit dem Devon artenreich. Ihre Entfaltung läßt eine alte (Chondrostei), eine mittlere (Holostei) und eine neue Schicht (Teleostei) erkennen.

Chondrostei

Die Altschicht der Actinopterygier, die Chondrostei, war im Palaeozoikum vor allem durch die Palaeoniscoidea vertreten. Ihre Schwanzflosse war heterozerk, ihre rhombischen Schuppen trugen einen dicken Ganoinbelag. Aus dieser Altschicht haben sich zwei Gruppen erhalten, Flösselhechte (Polypterini, Cladistia, Brachiopterygii) und die Störe und Löffelstöre (Acipenserini), die primitive und abgeleitete Merkmale aufweisen.

a) **Polypterini (Flösselhechte).** Sie kommen mit wenigen Arten im Süßwasser Afrikas vor. Primitive Merkmale sind die Größe des Fleischteils der paarigen Flossen, wie sie uns noch von

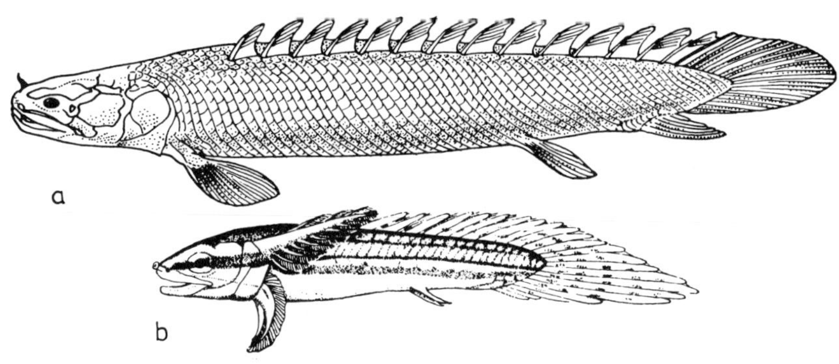

Abb. 348: *Polypterus*, a. adultes Tier, b. Larve, beachte die äußere Kieme. Nach Budgett, Wurmbach

einzelnen palaeozoischen Chondrostei bekannt ist, die paarigen Lungen mit glatter Wandung und die reiche Entwicklung des Dermatocraniums. Ein Spritzloch ist vorhanden, ein Spiraldarm ausgebildet, das Achsenskelet gut verknöchert, der Körper mit Ganoidschuppen bedeckt.

Die Larve (Abb. 348 b) ähnelt der von Dipnoi und Amphibien; sie stützt sich auf die Vorderflossen; die äußeren Kiemen sitzen den verlängerten Kiemendeckeln an, nicht den Kiemenbögen. Parallel zu den Teleostei haben die Hoden ein eigenes Vas deferens und das Achsenskelet starke amphicoele Wirbelkörper entwickelt.

Die Gruppe wird auch mit den Choanichthyes in Zusammenhang gebracht.

Etwa 10 Arten; *Polypterus* (Abb. 348), *Calamoichthys*.

b) Acipenserini (Störe und Löffelstöre). Sie haben noch eine heterozerke Schwanzflosse; auch die Gonaden mit ihren Ausführgängen (Urnierengang und Müllerscher Gang) und der Besitz eines Spritzloches sind primitiv. Die weite Verbreitung von Knorpel im Skelet ist sekundär, wie die stärker verknöcherten Fossilfunde zeigen. Die Schnauze ist zu einem Rostrum ausgezogen, der Mund unterständig. Wie bei den folgenden Actinopterygiern ist eine unpaare Schwimmblase vorhanden, die Wirbelsäule besteht nur aus Bögen, die Chorda ist einheitlich. Das Schuppenkleid ist weitgehend reduziert, es kann durch Reihen von Knochenplatten ersetzt werden. Reduziert sind auch die Zähne, die bei Jungen noch vorhanden sind. Bewohner des Süßwassers und der Meere der Nordhemisphäre.

Die Acipenserini waren nie artenreich und lassen sich über fossile Formen (*Chondrosteus* u. a.) mit den palaezoischen Palaeoniscoidea verknüpfen. 2 Familien.

Acipenseridae (Störe, Abb. 349 a): mit Reihen von Knochenplatten in der Haut. Sie schwimmen dicht über dem Boden; die vor dem Mund gelegenen Barteln zeigen Nahrungstiere an, die durch den vorstülpbaren Mund aufgenommen werden.

Die marinen Arten wandern zum Laichen ins Süßwasser und legen hier ihre zahlreichen Eier ab. Werden diese vor der Ablage aus dem mütterlichen Körper entfernt, können sie zu Kaviar aufbereitet werden. Ein 1000 kg schwerer Hausen liefert 100 kg Kaviar.

Huso (Hausen) und *Acipenser* mit Spritzlöchern, *Scaphirhynchus* und *Pseudoscaphirhynchus* ohne Spritzlöcher.

Huso huso (Hausen), bis über 7 m lang; *Acipenser sturio* (Stör), bis 3 m lang, Haupt-

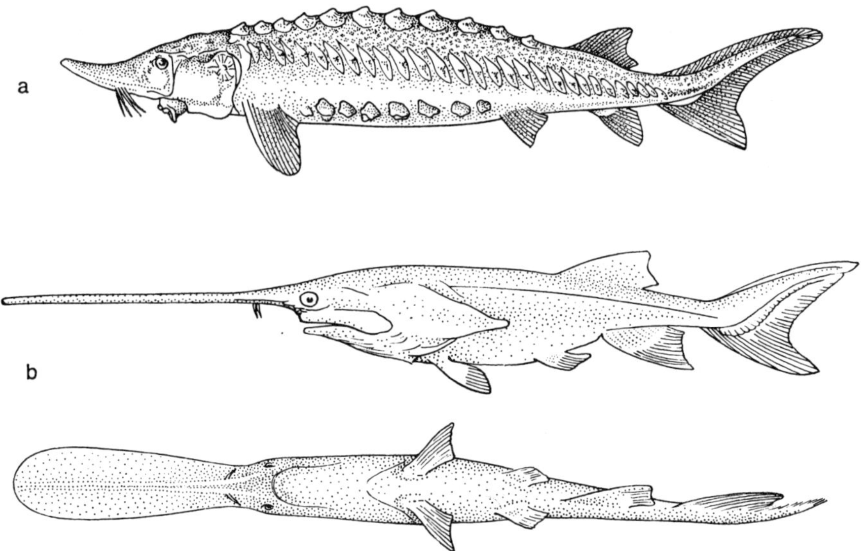

Abb. 349: Chondrostei. a. *Acipenser sturio* (Stör), b. *Polyodon spathula* (Löffelstör), Seiten- und Ventralansicht. Nach Riedl, Klausewitz

lieferant von Kaviar. Der Stör war noch im vergangenen Jahrhundert in der Elbe so häufig, daß er laut «Contract der Hamburger Dienstmägde» den dortigen Hausangestellten höchstens zweimal in der Woche als Speise vorgesetzt werden durfte. *A. ruthenus* (Sterlet). Maximum der Arten im Wolga Kaspi-Gebiet.

Polyodontidae (Löffelstöre): Das Rostrum ist eine lange Platte (Abb. 349b); es fehlt noch bei frisch geschlüpften Tieren, die jungen Stören ähneln. Nahrungsaufnahme mit weit geöffnetem Maul, Nahrung wird mit Kiemenreusen abgefiltert. Knochenplatten fehlen. Süßwasser. *Psephurus*, bis 6 m lang, in China; *Polyodon*, bis 1,8 m, in Nordamerika.

Holostei

Die Mittelschicht der Actinopterygii, die Holostei, war im Mesozoikum in großer Formenfülle vorhanden und ist durch «Subholostei» mit der Altschicht verbunden. Heute leben nur noch zwei Familien im Süßwasser Nordamerikas und Chinas (1 Art). Primitiv sind die Ganoinlage auf den Schuppen, die noch vorhandene Atemfunktion der Schwimmblase, der Rest einer Spiralfalte im Darm, die heterozerke Schwanzflosse und der Besitz eines Conus arteriosus. Fortschrittlich ist die Ausbildung der Wirbelkörper, die bei *Lepisosteus* mit ihren vollen, gelenkenden Wirbeln (opisthocoele W.) unter völliger Verdrängung der Chorda die höchste Stufe unter den Fischen erreicht.

Lepisosteidae (Knochenhechte): Rumpf durch Panzer aus rhombischen, aneinandergrenzenden Schuppen mit dickem Ganoinbelag starr. Conus arteriosus noch mit mehreren Klappenreihen. Schwanzflosse heterozerk. Die Tiere sind Stoßräuber und ähneln in der Körperform dem Hecht. Länge bis über 3 m. *Lepisosteus* (Abb. 350a) mit mehreren Arten, die z.T. ins Meer vordringen können. Nordamerika, 1 Art in China.

Amiidae (Schlammfische): stehen den Teleosteern nahe. Schuppen rund, noch mit dünnem Ganoinbelag. Die Schwanzflosse ist verkürzt heterozerk, fast homozerk. Die Wirbelkörper sind amphicoel und durch Chordareste verbunden; im Hinterkörper kommen je zwei Wirbelkörper auf ein Segment (Diplospondylie). Der Conus arteriosus hat nur wenige Klappen, ein Bulbus arteriosus ist ausgebildet. Der Müllersche Gang ist reduziert, die Eier werden durch einen kurzen Gang mit Trichter ausgeleitet. Die Schwimmblase dient als Atmungsorgan. In der Kreide verbreitet.

Amia calva (Abb. 350b), bis 90 cm lang, fossil auch außerhalb Amerikas. Kann in sauerstoffarme Gewässer vordringen und übersteht auch 24 Stunden im Luftraum. Männchen bauen Nester aus Pflanzenteilen, bewachen Eier und die Jungen kurz nach dem Schlüpfen.

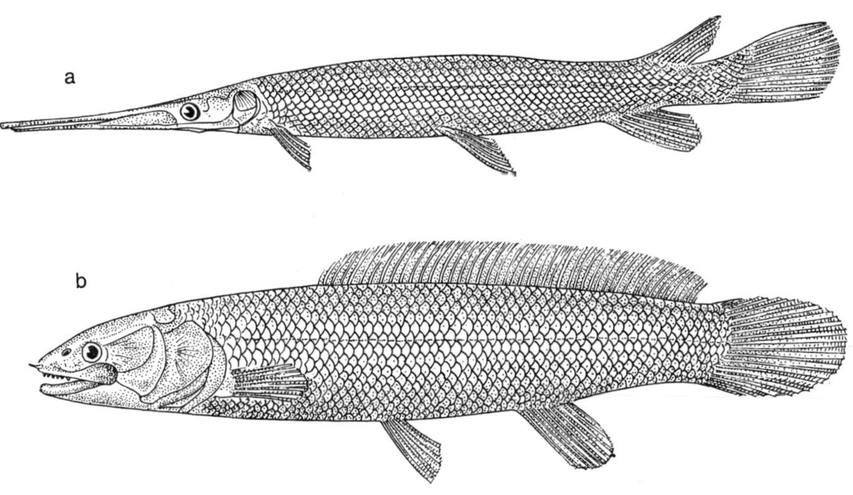

Abb. 350: Holostei. a. *Lepisosteus osseus* (Knochenhecht), b. *Amia calva* (Schlammfisch). Nach Grassé

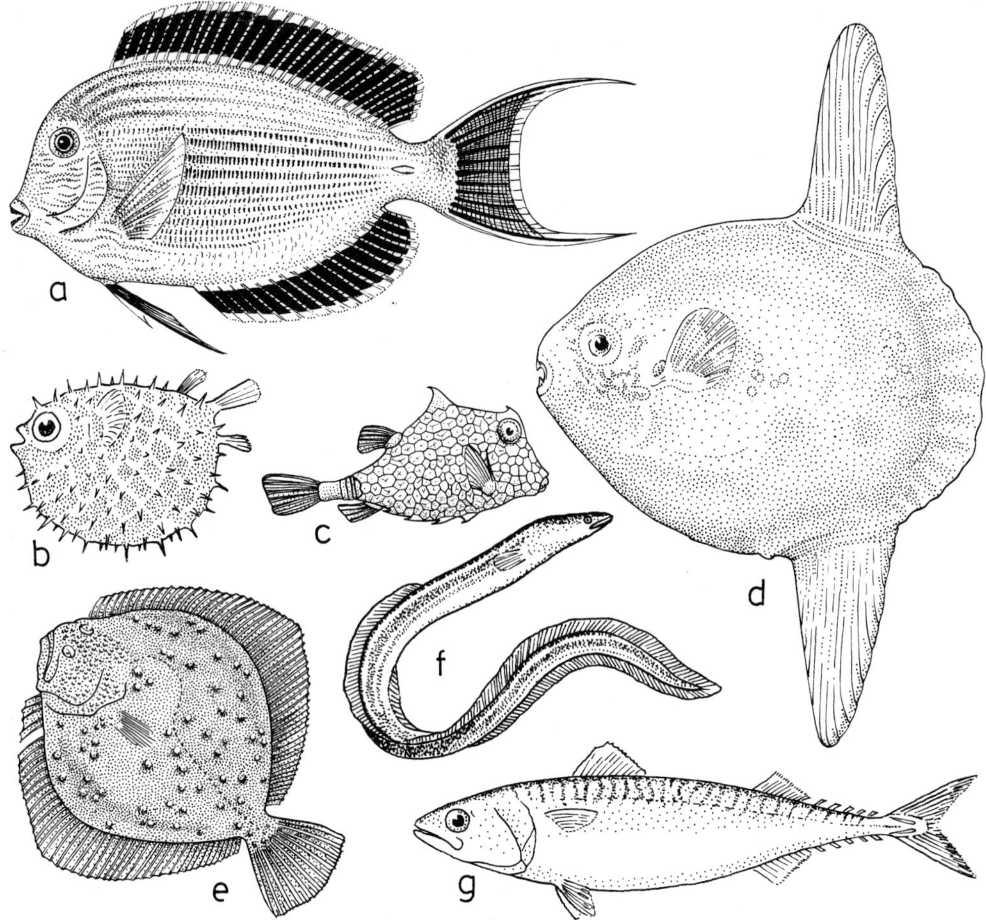

Abb. 351: Verschiedene Teleosteer-Formen. a. *Acanthurus* (Doktorfisch), b. *Chilomycterus* (Igelfisch), c. *Ostracion* (Kofferfisch), d. *Mola* (Mondfisch), e. *Scophthalmus* (Schwarzmeersteinbutt), f. *Anguilla anguilla* (Aal), g. *Scomber scombrus* (Makrele). Nach Greenwood, Norman, Klausewitz, Ran

Teleostei

Diese Gruppe vollzog eine enorme Expansion sowohl in Artenzahl, die ca. 30000 beträgt, als auch in biologischer und ökologischer Anpassung (Abb. 351). Sie haben fast alle Lebensräume des Meeres und des Süßwassers besiedelt. Viele Familien sind in die Tiefsee vorgedrungen und haben hier bizarre Formen mit Leuchtorganen und merkwürdigen Fangapparaten gebildet (Abb. 352); andere können im Fluchtflug in die Luft vordringen wie die «fliegenden» Fische (Exocoetidae). Wieder andere bewohnen die Flüsse von reißenden Stromschnellen, in denen sie sich mit komplizierten Haftapparaten an die Unterlage festheften, bis zur Mündung, und stehende Gewässer bis in austrocknende Tümpel. Vertreter von mehreren Familien sind in unterirdische Gewässer vorgedrungen unter Reduktion der Augen *(Anoptichthys, Caecobarbus* u. a.). Einige sind zu amphibischer Lebensweise übergegangen, z. B. *Periophthalmus.* Ihre Größe reicht von 1 cm bis 10 m. Die Teleosteer beginnen ihre Expansion an der Grenze Jura – Kreide, sie erscheinen also später als die Säugetiere. Holostei sind ihre Ahnen.

Was den Teleostei diese Überlegenheit und Anpassungsfähigkeit verlieh, ist nicht leicht abzuschätzen. Gegenüber den Holostei zeigen sie viele Reduktionen: Verlust der Ganoinschicht der Schuppen, Verminderung der Radien in den paarigen Flossen, der Knochen in Unterkiefer, Wangen und Kehle. Umgekehrt verknöchert das Innenskelet stärker. Die Wirbelsäule besteht aus knöchernen amphicoelen Wirbeln, die durch Chordareste verbunden sind; stets ist je ein Wirbelkörper pro Segment vorhanden. Zusätzliche Verknöcherungen sind die Gräten. Die stets unpaare Schwimmblase erreicht erst hier ihren Höhepunkt als hydrostatisches Organ, sie ermöglicht durch Anpassung ihres Gasgehaltes an die Anforderungen der Umwelt ein «Stehen» im Wasser ohne aufwendige Muskelarbeit. Gesteigert ist die Bewegungsaktivität. Stark entwickelt ist das Gehirn, in ihm erreicht das Kleinhirn eine besonders hohe Entfaltung. Biologisch wichtig ist die Lösung der Hautknochen des Oberkiefers (Maxillare, Intermaxillare) vom Schädel, dadurch ist der Mund nicht nur ein Beißmund, sondern auch ein beweglicher Saugmund, der kleine Nahrungstiere einsaugen kann.

In der sonstigen Anatomie setzen die Telosteer die schon bei *Amia* erkennbare Umformung fort: Die Kiemenscheidewände sind bis auf eine Umhüllung der Kiemenbögen verkürzt, sie tragen dann 2 Reihen von Kiemenblättchen, im Herz ist der Conus arteriosus auf einen Klappenring reduziert, dafür der Bulbus arteriosus stark entwickelt, Hoden und die röhrenförmigen Ovarien haben direkte Ausführgänge (Abb. 330).

Die Fortpflanzung zeigt enorme Verschiedenheiten. Die äußere Befruchtung ist meist erhalten, doch vereinigen sich hierzu Paare oder Laichschwärme. Laichplätze werden oft durch weite Wanderungen erreicht. Sie führen im Extremfalle vom Meer ins Süßwasser (anadrome Fische, z.B. Lachs, Maifisch), seltener vom Süßwasser ins Meer (katadrome Fische, z.B. Aal). Die Eier vieler Meeresfische treiben pelagisch im Meer (Scholle, Dorsch, Sprotte u.a.), einige haben auch pelagische Larven mit verlängerten Flossenstrahlen *(Lophius)* oder blattartige Körperform (Aal). Die Eier werden oft bewacht, gepflegt und verteidigt, vielfach vom Männchen (Stichling). Mehrfach werden die Eier am Körper getragen, wobei die Männchen oft Brutbeutel bilden, z.B. bei Seepferdchen und Seenadeln. Ein merkwürdiger Ort der Brutpflege ist das Maul: Maulbrüter sind mehrfach entstanden, z.B. bei Cichliden. Ins Maul wird auch z.T. das Sperma zur Befruchtung aufgenommen. Innere Befruchtung kommt mehrfach vor: Aalmutter *(Zoarces)*, viele Zahnkärpflinge, bei denen eine vielseitige Ernährung des Embryos im Mutterkörper stattfindet. Als Kopulationsorgane sind bei den Männchen oft Flossenstrahlen der Analflosse ausgebildet (Gonopodium), oder die Urogenitalpapille ist zu einem Pseudopenis verlängert (Cottidae). Eine Extremform sind die Zwergmännchen mancher Pediculaten, die an Weibchen angewachsen sind und durch deren Blut ernährt werden.

Der Nahrungsbereich ist nicht so vielgestaltig. Zwar reicht der Spielraum von Planktonfressern bis zu Raubfischen, die eine Beute größer als sie selbst bewältigen *(Chauliodus)*, doch werden Pflanzen selten gefressen. Sonderfälle sind Korallenfische, die Stücke von Korallen abbeißen (Scaridae, einige Balistidae), die Anglerfische (Lophiidae), die aus isolierten Strahlen der Rückenflosse einen Lockapparat bilden, der bei

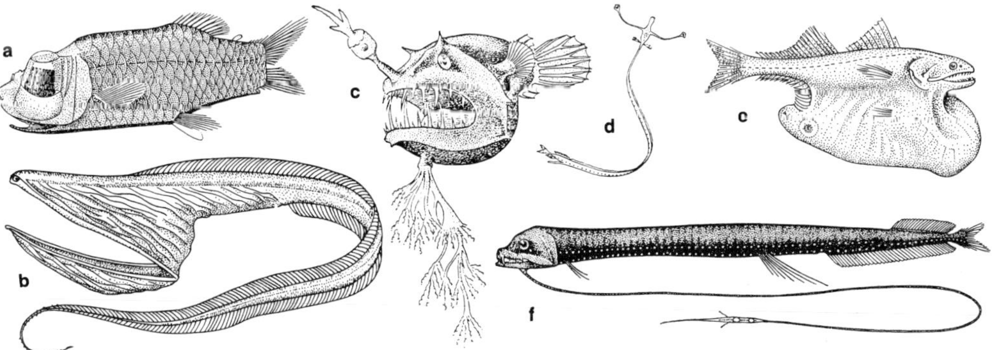

Abb. 352: Tiefseefische. a. *Opisthoproctus* (mit stark vergrößerten Augen), b. *Eurypharynx*, c. *Linophryne*, d. *Idiacanthus* (Jungtier), e. *Chiasmodus* (mit verschlucktem Beutetier), f. *Eustomias*. Nach Greenwood, Klausewitz, Norman, Regan

Tiefseefischen sogar ein Leuchtorgan trägt, der Schützenfisch *Toxotes*, der mit gezielten Wasserschüssen aus dem Mund Insekten, die sich oberhalb des Wassers befinden, herabholt, die Putzer, die das offene Maul größerer Fische nach Nahrungsresten und Parasiten absuchen usw. Echte Filtrierer sind unter den Teleosteern nicht bekannt. Planktonfresser nehmen Nahrungstiere einzeln auf; der Reusenapparat an den Kiemenbögen verhindert ihr Ausschwemmen.

Die Flossen sind in ihrem Skelet und in ihrer Muskelmasse reduziert, und manchen Teleosteern fehlen sie völlig. Besonders die Bauchflossen werden oft klein und rücken nach vorn in die Brust- oder sogar Kehlregion. Die Schwanzflosse wird homozerk. Rücken- und Afterflossen sind an Zahl und Ausdehnung sehr variabel. Die höheren Teleosteer erhalten durch knöcherne Hartstrahlen ein starkes Stützelement in ihren Flossen.

Die Fortbewegung leistet meist der muskulöse Schwanz, doch können verschiedene Flossen an der Fortbewegung beteiligt sein, die Brustflossen als Ruder (*Pantodon*, Labriden, Gasteropelecidae) oder sogar als Schreithebel, z.B. bei Pediculaten und an Land bei *Periophthalmus*, die Rückenflossen durch undulierende Bewegungen bei Seenadeln und Seepferdchen, bei denen der Schwanz ein Wickelschwanz geworden ist. Rücken- und Afterflossen können den Schlag des Hinterendes unterstützen und unter Reduktion des Schwanzes die Hauptträger der Bewegung sein (Mondfisch, *Mola*). Der oftmals entstandene Aal-Typ und der ähnliche Bandfisch-Typ bewegen sich durch seitliche Schlängelung des gesamten Körpers vorwärts, die paarigen Flossen neigen zur Reduktion, Rücken-, After- und Schwanzflossen verschmelzen zu einem Flossensaum. An der Bildung von Haftorganen, wie sie bei Bewohnern bewegten Wassers häufig auftreten, beteiligen sich oft die Bauchflossen, an der dorsalen Saugscheibe des «Schiffshalters» *(Echeneis)* die vorderen Strahlen der Rückenflosse.

Flossenstrahlen können sich von ihrer Flosse isolieren, sie dienen dann als Wehrstacheln (Stichling) oder als Tastfäden (Knurrhahn).

Teleosteer geben mehrfach die Normalhaltung auf. Bekannt ist dies von den Plattfischen. Die pelagische Jugendform ist normal gebaut, beim Übergang zum Bodenleben legen sie sich auf eine Seite, bald die rechte, bald die linke – das kann sogar innerhalb einer Art wechseln (Flundern). Nun wird das Tier asymmetrisch, die unten liegende Seite bleibt hell, die obere ist gefärbt, das Auge der Unterseite wandert auf die Oberseite, die Bezahnung der Kiefer wird verschieden usw. Mit der Bauchseite nach oben schwimmt ein Wels *(Synodontis)*. Auch hier schwimmen die Jungen normal, dann bald Bauch nach unten, bald Bauch nach oben, schließlich dauernd umgekehrt. Vertikal stehen manche aalartigen Fische, die wie Röhrenwürmer im Meeresboden leben. Zeitweise wird die normale Lage bei Igelfischen aufgegeben, wenn sie sich durch Luftaufnahme in einen Magensack zur Kugel aufblasen und bauchoben treiben.

Die Teleostei stellen die wesentliche Grundlage der Fischerei dar (Abb. 353). Der jährliche Weltfischereiertrag von über 70 Millionen Tonnen entfällt zu über 50 % auf etwa 70 Arten, die jeweils 100 000 t übertreffen. Etwa ein Viertel geht auf 10 Arten zurück, über 4 Millionen Tonnen fängt man von einer Art, dem Alaska-Pollack *(Theragra chalcogramma)*.

Die enorme Vielfalt der Teleosteer in ein natürliches System zu bringen, ist noch nicht gelungen, daher findet man recht verschiedene Einteilungen.

Bei vielen primitiven Teleosteern, z.B. Isospondyli und Ostariophysi, sind Darm und Schwimmblase noch durch einen Gang (Ductus pneumaticus) verbunden; man faßt sie als Physostomi zusammen. Bei adulten höheren Teleosteern, z.B. Perciformes und Heterosomata, fehlt diese Verbindung (Physoclisti); die Rückbildung ist mehrfach erfolgt.

Die Formen mit weichen Flossenstrahlen werden Malacopterygii genannt, die mit Hartstrahlen Acanthopterygii (Acanthopteri).

Im folgenden werden die wichtigsten Teleosteer-Ordnungen aufgeführt.

1. Ordnung: Isospondyli (Clupeiformes)

Große Gruppe primitiver Teleosteer mit gleichartigen Wirbeln; Flossen weichstrahlig, Bauchflossen am Hinterkörper abdominal, oft Fettflosse ausgebildet; Seitenlinie kurz, kann auch fehlen; fast immer mit Ductus pneumaticus; vorwiegend marin; zahlreiche wichtige Speisefische; Gliederung in über 30 Familien.

Elopidae: mit Merkmalen, die an Holosteer erinnern. Larve bandförmig und durchsichtig,

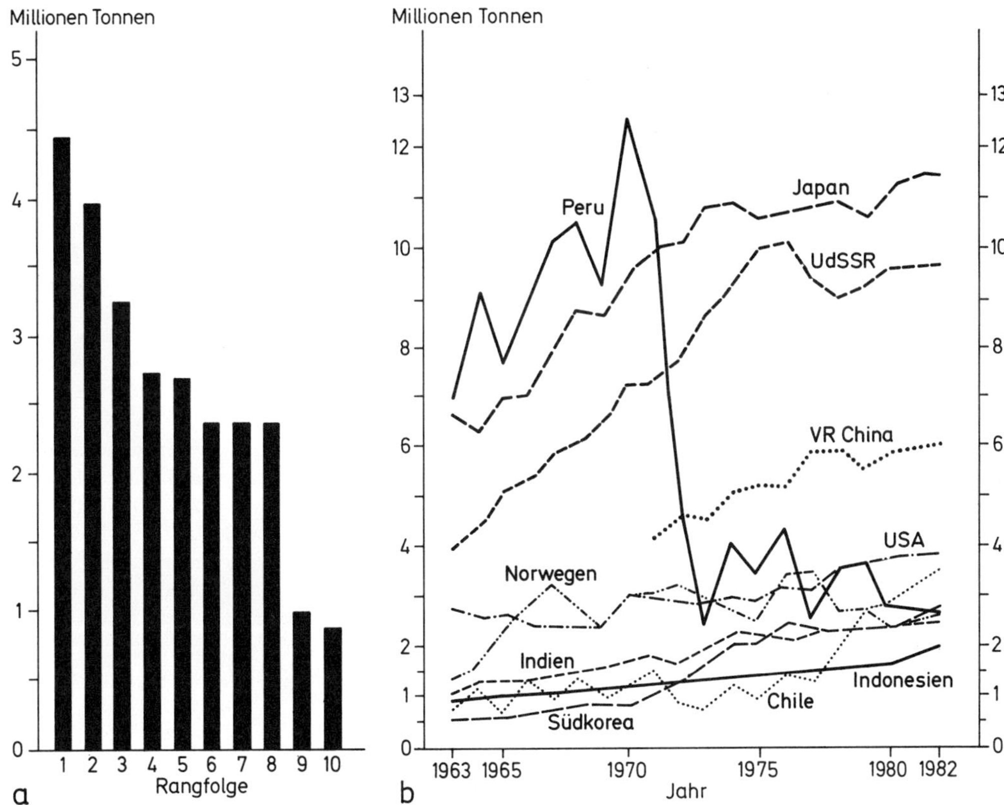

Abb. 353: Graphiken zur Weltfischerei. a. Rangfolge der meistgefangenen Fischarten im Jahr 1982. 1: Alaska-Pollack *(Theragra chalcogramma)*, 2: Japanische Sardine *(Sardinops melanostica)*,3: Südamerikanische Sardine *(Sardinops sagax)*, 4: Atlantischer Kabeljau *(Gadus morhua)*. 5: Chilenischer Stöcker *(Trachurus murphy)*, 6: Spanische Makrele *(Scomber japonicus)*, 7: Lodde *(Mallotus villosus)*, 8: Peru-Sardelle *(Engraulis ringens)*, 9: Atlantischer Hering *(Clupea harengus)*, 10: Sardine *(Sardina pilchardus)*. Diese Rangfolge war in den letzten Jahren nur geringen Veränderungen unterworfen. b. Entwicklung der Fangerträge der ersten 10 Fischereinationen (mehr als 2 Millionen Tonnen pro Jahr) von 1963–1982. Die dramatischen Fangeinbußen von Peru Anfang der 70er Jahre gehen auf Überfischung und Änderungen der ozeanographischen Verhältnisse im Pazifik zurück. Perus umfangreiche Fischerei basierte vorwiegend auf einer Fischart *(Engraulis ringens)*. Nach FAO-Jahrbuch

ähnlich der Aallarve, schrumpft in ihrer Länge, wenn sie zum Jungfisch wird. Meist marin. *Elops*, tropisch subtropisch; *Megalops* (*M. atlanticus*, Tarpun) (Abb. 354a), über 2 m lang, steigt auch in Flüsse auf.

Clupeidae (Heringe): Wirtschaftlich sehr wichtig. Schwarmfische, die vorwiegend von Plankton leben, meist Meeresbewohner, manche wandern in Brack- oder Süßwasser, wenige leben hier dauernd. *Clupea harengus* (Atlantischer Hering), im Handel z. B. als Bückling oder Rollmops; *Sprattus* (Sprotte); *Sardina* (Pilchard, Sardine) ersetzt in gemäßigten und subtropischen Gebieten Hering und Sprotte. Ins Süßwasser wandern bei uns die Finte *(Alosa fallax)* und der Maifisch *(Alosa alosa, A. vulgaris)* ein, um hier abzulaichen (Abb. 354d).

Engraulidae: Kleine Schwarmfische mit unterständigem Maul, werden auch den Clupeidae eingeordnet. *Engraulis enchrasicholus* (Sardelle, Anchovis).

Salmonidae (Lachsfische): Kleine Familie vorwiegend der nördlichen Hemisphäre. Zwischen Rücken- und Schwanzflosse kleine, strahlenlose Fettflosse (Abb. 354c). Räuber oder Kleintierfresser. Zahlreiche Arten werden wegen ihres wohlschmeckenden Fleisches gezüchtet. Ablaichen im Süßwasser, wo die Männchen mancher

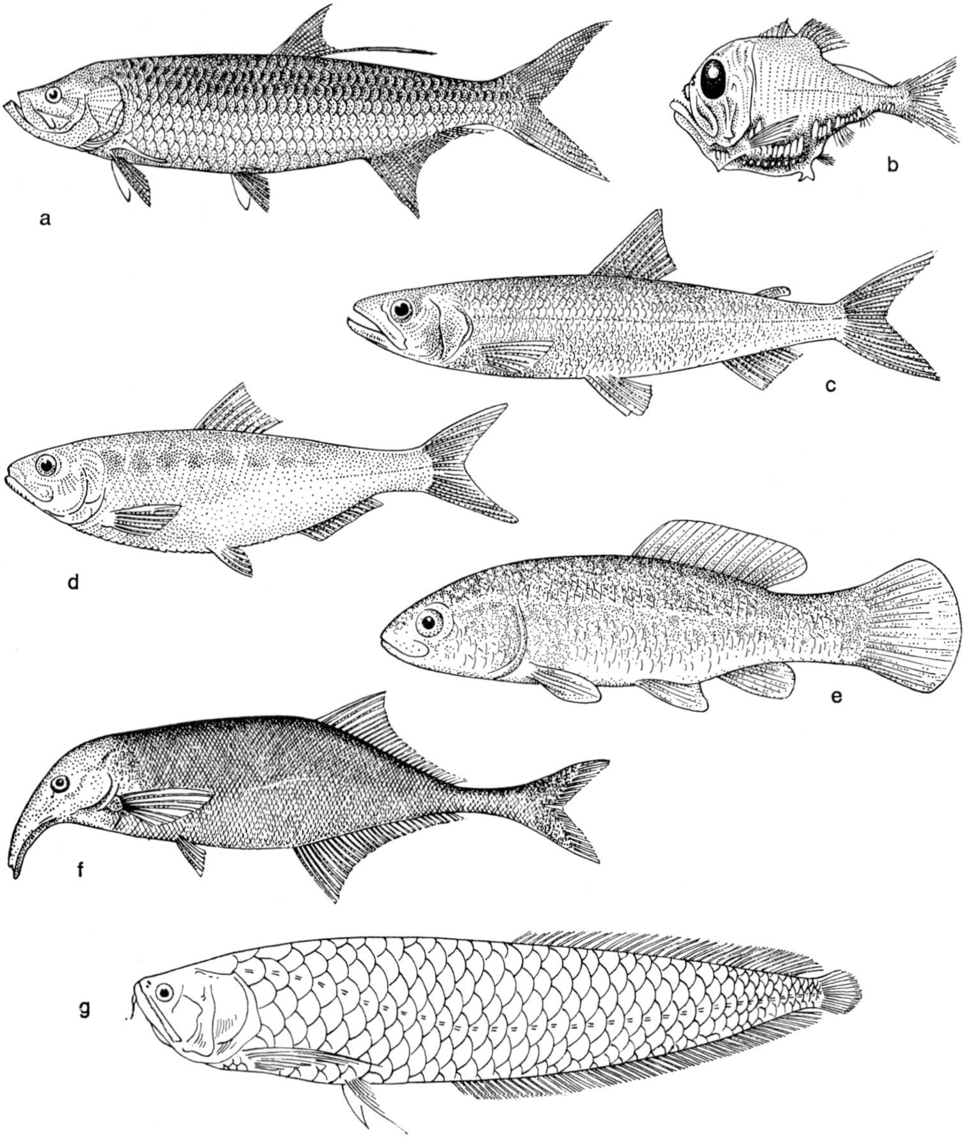

a b c d e f g

Abb. 354: Isospondyli. a. *Megalops* (Tarpun), b. *Argyropelecus* (Silberbeil), c. *Osmerus* (Stint), d. *Alosa* (Finte), e. *Umbra* (Hundsfisch), f. *Gnathonemus* (Nilhecht, Elefantenfisch), g. *Osteoglossum* (Arawana). Nach Grassé, Greenwood, de Haas, Klausewitz, Knorr, Norman

Arten Hakenkiefer ausbilden. Eiablage in Gruben, die im Bachgrund ausgehoben werden. Die Jungen bleiben in der Nestgrube, bis der Dottersack aufgezehrt ist.

Salmo salar (Lachs), bis 1,5 m lang, verbringt die meiste Zeit im Meer. Während der Laichwanderung ins Süßwasser prächtig gefärbt. Nestgrube bis 2 m breit und 0,5 m tief; Eier werden mit Kies zugedeckt, Junge schlüpfen nach 70–200 Tagen und wandern im Verlauf von ein bis mehreren Jahren ins Meer. Als Erwachsene sterben die meisten nach der ersten Laichwanderung. Lachse waren früher in Mitteleuropa nicht selten. *S. hucho* (Donaulachs, Huchen) in Europa bis Sibierien, wandert nicht. *Oncorhynchus* (Pazifiklachs) wandert.

Salmo trutta (Forelle) mit mehreren Formen: Bachforellen leben ständig in der Gebirgsregion von Flüssen; Seeforellen laichen in Fließgewässern und wachsen in Seen heran; Meerforellen bringen einen Teil ihres Lebens im Meer zu.

Salmo gairdneri (*S. irideus*, Regenbogenforelle), stammt aus den amerikanischen Flüssen, die in den Pazifik münden; seit Ende des 19. Jahrhunderts auch in Europa eingeführt. Da raschwüchsig und geringe Ansprüche an den Sauerstoffgehalt stellend, bei uns in Teichwirtschaften gezüchtet. In großem Maß im Handel.

Coregonidae (Renken): Teilen mehrere Merkmale mit den Salmoniden und wurden früher zu diesen gerechnet. *Coregonus* mit zahlreichen Arten in Europa, z.B. Kleine und Große Maräne, Blaufelchen, Schnäpel. Lokal als Speisefische von Wichtigkeit.

Osmeridae (Stinte): Kleine Fische der Küstengewässer gemäßigter und kalter Meere der nördlichen Hemisphäre. Mit Fettflosse. Heimisch: *Osmerus eperlanus* (Abb. 354c), pelagischer Schwarmfisch, laicht im Unterlauf der Flüsse. In tiefen Binnenseen des baltischen Bereichs isolierte Standformen (Binnenstinte). Als Speisefisch unbedeutend, findet Verwendung als Viehfutter und bei Trangewinnung.

Thymallidae (Äschen): Wie Lachse, Renken und Stinte mit kleiner Fettflosse. Fahnenartige, große Rückenflosse schön gezeichnet. Ausschließlich im Süßwasser. In gemäßigten Zonen der Holarktis. *Thymallus* (Äsche), Leitfisch schnellfließender Bäche und Flüsse (Äschenregion) unter der Forellenregion.

Osteoglossidae: Große Fische der Süßgewässer Südamerikas, Afrikas und der malaiisch-australischen Region. Stark hervortretende Schuppen; Brutfürsorge: Maulbrüter oder Nestbauer. *Arapaima gigas* (Arapaima) einer der größten Süßwasserfische, bis 4,5 m lang, Südamerika. Bevorzugte Beute: *Osteoglossum* (Arawana, Abb. 354g) aus derselben Familie. In Afrika: *Clupisudis (Heterotis)*, in Asien und Australien: *Scleropages*.

Pantodontidae: Brust- und Bauchflossen vergrößert; *Pantodon buchholzi* (Schmetterlingsfisch), kann bis 2 m weite Sprünge außerhalb des Wassers ausführen, in Süßgewässern des westlichen Afrikas.

Notopteridae: Besonders lange Afterflosse beginnt hinter dem Kopf; durch ihren undulierenden Schlag Antrieb. Wenige Arten im tropischen Afrika und Asien. *Notopterus*.

Mormyridae (Nilhechte): Stellung im System unklar, einige Merkmale deuten auf Isospondyli, andere auf Ostariophysi, werden daher auch als eigene Ordnung geführt. Mit unterschiedlich gestalteter, oft lang ausgezogener Schnauze (Abb. 354f). Mit elektrogenen Organen, die im Dienst der Orientierung stehen; besitzen unter allen Knochenfischen das größte Kleinhirn. Ausgeprägtes Spielvermögen, können sich stundenlang mit einem Blatt oder dergleichen beschäftigen. *Gnathonemus*, *Marcusenius*. Der bis 2 m lange *Gymnarchus* wird auch in eine eigene Familie gestellt, baut Schaumnest, bewacht Eier und Junge, die äußere Kiemen besitzen.

Weiterhin werden zu den Isospondyli oder in deren Nähe einige Familien gestellt, die vorwiegend Tiefseefische mit Leuchtorganen umfassen.

Sternoptychidae (Tiefseebeilfische): *Argyropelecus* (Silberbeil, Abb. 354b) mit zahlreichen Leuchtorganen auf dem Kopf und an der Bauchseite.

Melanostomiatidae: Mit langem Bartfaden am Kinn, bei *Altimostomias mirabilis* erreicht er die neunfache Länge des Fisches.

Stomiatidae mit *Eustomias* (Abb. 352f).

Idiacanthidae: mit *Idiacanthus*, dessen Larven Augen an langen dünnen Stielen tragen (Abb. 352d).

Chauliodontidae: Erster Halswirbel so lang wie die folgenden fünf zusammen. *Chauliodus*.

Als eigene Ordnung aus der Nähe der Isospondyli sind schließlich die Saccopharyngiformes mit ihrem aalförmigen Körper und riesigem, erweiterungsfähigem Maul zu nennen (Abb. 352) und die Iniomi (Leuchtsardinen), die mehrere Familien umfassen.

In vieler Hinsicht stimmen die folgenden Familien mit den Isospondyli überein; sie werden auch als eigene Ordnung (Haplomi, Esociformes) geführt. Sie sind auf die nördliche Halbkugel beschränkt.

Esocidae (Hechte): entenschnabelartige Schnauze, Stoßräuber, leben vor allem von Fischen, aber auch Amphibien, Wasservögeln und Säugern. *Esox lucius* (Hecht), holarktisch, bis 1,5 m lang, einzige Art in Europa.

Umbridae (Hundsfische): Wenige kleine Arten, werden auch in Aquarien gehalten. *Umbra* (Hundsfisch, Abb. 354e).

Dalliidae: Arktisch; *Dallia* kann längeres Einfrieren ertragen.

In die Nähe der Isospondyli stellt man auch die Chanidae mit der einzigen Art *Chanos*

chanos (Milchfisch). Dieser bis 1,8 m lange Fisch wird seit Jahrhunderten in Ost- und Südostasien in Teichen gehalten, die heute auf den Philippinen und in Indonesien etwa 400000 ha einnehmen.

2. Ordnung: Ostariophysi (Cypriniformes)

Wichtigstes gemeinsames Merkmal ist der Webersche Apparat. Es handelt sich um einen Knochenapparat, der die schallsammelnde Schwimmblase beiderseits der Wirbelsäule mit einem perilymphatischen Raum verbindet, der wiederum an das Labyrinth grenzt. Flossen meist weichstrahlig; Fettflosse kann ausgebildet sein; Bauchflossen – wenn vorhanden – abdominal. Oft mit Bartfäden. Mit Ausnahme von Welsen meist mit Cycloidschuppen. Bei Welsen oft Knochenplatten in der Haut. Ductus pneumaticus vorhanden. Mit über 5000 Arten die umfangreichste Fischordnung und den größten Teil der Süßwasserfische umfassend.

Zwei Unterordnungen: Cyprinoidea (Karpfenähnliche) und Siluroidea (Welse).

a. Cyprinoidea (Karpfenähnliche).

Characidae (Salmler): Deutscher Name wegen der Fettflosse (wie Salmonidae). Meist Schwarmfische; südliche USA bis Südamerika und Afrika.

Als besonders gefährliche Räuber des Amazonas sind die Piranhas (Pirayas) bekannt. Mit ihren scharfen Zähnen können sie selbst aus Alligatoren Stücke herausbeißen. Als Angelschnüre werden daher Leitungsdrähte verwendet. *Pygocentrus*, *Serrasalmo*.

Wegen seiner ungewöhnlichen Brutbiologie wurde die südamerikanische *Copeina arnoldi* (Spritzsalmler) bekannt. Zum Laichen begeben sich die etwa 10 cm langen Fische aus dem Wasser, indem sie an ein über dem Wasser

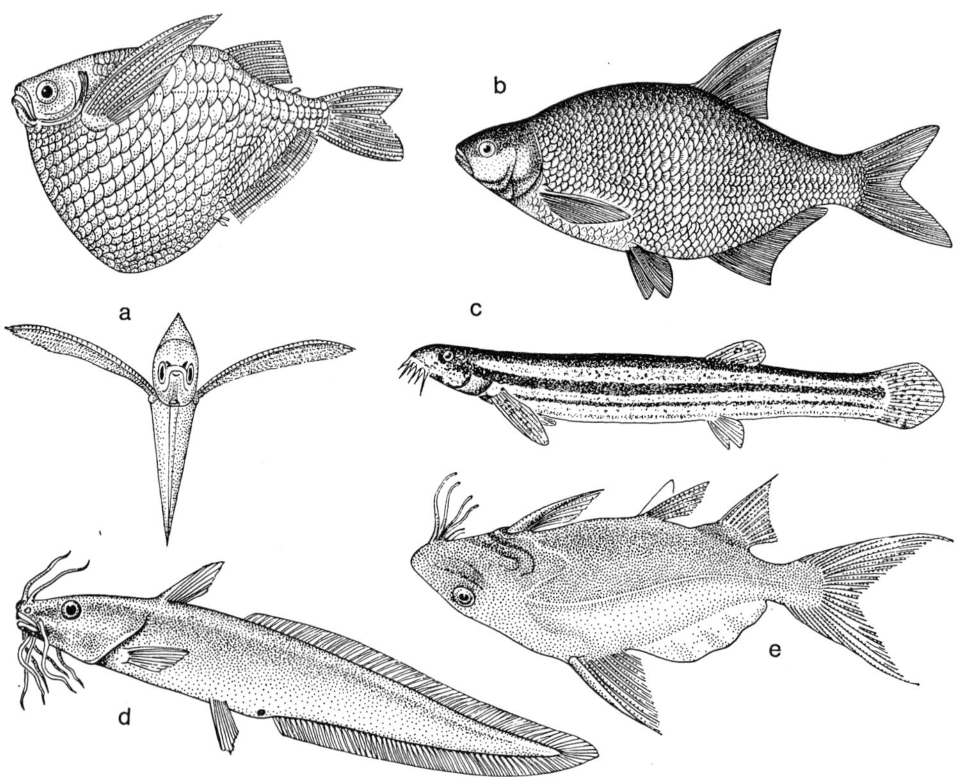

Abb. 355: Ostariophysi. a. *Thoracocharax* (Beilbauch), Seiten- und Vorderansicht, b. *Abramis* (Blei, Brassen, Brachsen), c. *Misgurnus* (Schlammpeitzger), d. *Plotosus* (Korallenwels), e. *Synodontis*. Nach Grassé, Greenwood, Ladiges, Norman, Schultz, Vogt

hängendes Blatt oder einen überhängenden Uferteil springen. Das Weibchen legt hier Eier ab und fällt dann ins Wasser zurück, das Männchen hält sich längere Zeit im Luftraum auf, um die Eier zu besamen. Auch später bleibt es in der Nähe des Geleges und bespritzt es mit Wasser. Auf diese Weise werden schließlich die Jungen ins Gewässer gespült.

Eine Reihe von Characidae und Verwandten, die oft auch in einer Unterordnung (Characoidea) zusammengefaßt werden, gehört zu den beliebtesten Aquarienfischen, z.B. der Neonfisch *(Paracheirodon (Hyphessobrycon) innesi)*, Trauermantelsalmler *(Gymnocorymbus ternetzi)*, Roter von Rio *(Hyphessobrycon flammeus)*, Schmucksalmler *(H. ornatus)*, der schräg mit dem Kopf nach oben im Wasser stehende Schrägsalmler *(Thayeria boehlkei)* u.a.

Seltener sieht man in Aquarien die amerikanischen Beilbauchfische (Gasteropelecidae, Abb. 355a), von denen man einen echten Flug kennt. Mit den Brustflossen können sich die Tiere im Flug aktiv antreiben. Ihr sonderbarer «Bauch» enthält einen stark vergrößerten Schultergürtel.

Gymnotidae (Messeraale): Rücken- und Bauchflossen fehlen. Zentral- und Südamerika. *Electrophorus electricus* (Zitter- oder Elektrischer Aal). Luftatmer.

Cyprinidae (Karpfen- oder Weißfische): Weit verbreitete Fischfamilie, die in Australien und Südamerika fehlt. Oft mit Barteln. Kiefer im allgemeinen ohne Zähne, aber Schlundknochen mit Schlundzähnen. Viele Nutzfische, meist Allesfresser. Zur Laichzeit Veränderung der Haut (Laichausschlag).

Cyprinus carpio (Karpfen), in verschiedenen Formen gezüchtet: Schuppenkarpfen (mit großen Schuppen bedeckt), Spiegelkarpfen (mit einzelnen Schuppen), Lederkarpfen (schuppenlos). Die kalte Jahreszeit verbringt der Karpfen am Boden ohne Nahrungsaufnahme. Einer der wichtigsten genutzten Süßwasserfische, der 1 m Länge und 100 Jahre Alter erreichen kann.

Ähnlich, aber kleiner und ohne Barteln: *Carassius carassius* (Karausche). *C. auratus* (Goldfisch), im 17. Jahrhundert aus Ostasien nach Europa eingeführt, existiert in zahlreichen Zuchtformen, z.B. Schleierschwanz, Teleskopauge u.a.

Rhodeus amarus (Bitterling), Weibchen bildet Legeröhre, mit der Eier in den Ingestionssipho von Muscheln gelegt werden. Die Jungtiere halten sich mit Hilfe von Auswüchsen des Dottersackes an den Kiemenblättchen der Muschel fest; ist dieser aufgebraucht, verlassen sie die Muschel. Zu den kleinsten heimischen Fischen gehört der etwa 8 cm große *Leucaspius delineatus* (Moderlieschen); das Weibchen legt sein Gelege ähnlich wie der Ringelspinner an Pflanzenstengel; das Männchen übernimmt die Brutpflege.

Abramis brama (Brassen, Blei), großer Speisefisch. Nach dieser Art wird die träge fließende Zone unserer Flüsse vor der Mündung Blei-Region genannt.

Tinca tinca (Schleie), besonders geeignet für verschlammte Teiche. *Rutilus (Leuciscus) rutilus* (Plötze, Rotauge), ähnlich *Scardinius erythrophthalmus* (Rotfeder). *Alburnus alburnus* (Uklei); *Idus (Leuciscus) idus* (Aland), mit goldgelber Form (Goldorfe). *Phoxinus phoxinus* (Elritze), *Gobio gobio* (Gründling), *Barbus barbus* (Barbe). Mehrere der aufgeführten heimischen Formen gehören zu größeren Gattungen, die zahlreiche ähnliche Arten enthalten.

Einige pflanzenfressende Cyprinidae, die aus den großen chinesischen Flußsystemen stammen, haben in verschiedenen Gebieten der Erde eine zunehmende Bedeutung in der Aquakultur erlangt. Es sind dies der Gras- oder Amurkarpfen *(Ctenopharyngodon idella)*, der Silberkarpfen *(Hypophthalmichthys molitrix)* und der Marmorkarpfen *(Aristichthys nobilis)*. Der Graskarpfen kann selbst mit Landpflanzen (Gras!) gefüttert werden. Silberkarpfen und Marmorkarpfen nehmen Phytoplankton auf. Die genannten Arten erreichen hohe Produktionswerte, können gemischt gehalten werden (Polykultur) und zur Wasserunkrautbekämpfung (Graskarpfen) bzw. Trophiesteuerung (Phytoplankton-Verzehrer) eingesetzt werden.

In Aquarien werden z.B. folgende Arten gehalten: *Rasbora heteromorpha* (Keilfleckbarbe), *Brachydanio (Danio) rerio* (Zebrabarbe), *B. (D.) albolineatus* (Schillerbarbe), *Esomus lineatus* (Flugbarbe), *Barbus tetrazona* (Sumatrabarbe), *B. conchonius* (Prachtbarbe) und *Tanichthys albonubes* (Kardinalfisch).

Cobitidae (Schmerlen): meist rundlich im Querschnitt, langgestreckt, 6–12 Barteln um das Maul. Einige Schmerlengattungen zeigen unterhalb und vor dem Auge einen oft mehrspitzigen, aufrichtbaren Dorn. Oft mit Darmatmung. *Misgurnus fossilis* (Schlammpeitzger, Abb. 355c), *Noemachilus barbatulus* (Bartgrundel), *Cobitis taenia* (Steinbeißer); in Aquarien *Botia-*

Arten mit großen Unteraugendornen und *Acanthophthalmus* (Dornauge).

Gyrinocheilidae: Äußere Kiemenöffnung in oberen und unteren Abschnitt geteilt; oben strömt Wasser ein, unten aus. Mit dem Mund sind die Tiere festgesaugt, nehmen Algen auf. Südostasien, in Aquarien als Scheibenputzer beliebt. *Gyrinocheilus*.

b. Siluroidea (Welse). Meist mit langen Barteln: Körper oft nackt, bisweilen mit Knochenpanzer, über 2000 Arten. Gliederung oft in gepanzerte und ungepanzerte Familien.

Doradidae: Südamerika; z.T. mit Längsreihe von Knochenplatten an Körperseite. *Doras* kann Landwanderungen unternehmen; *Synodontis* schwimmt auf dem Rücken (Abb. 355e).

Callichthyidae (Panzerwelse): Südamerika; mit zwei Reihen glatter Panzerplatten an den Seiten. *Callichthys*, *Corydoras* (häufig in Aquarien), z.T. mit Brutpflege.

Loricariidae (Harnischwelse): Südamerika; mit dachziegelartig einander überdeckenden Knochenplatten in der Haut. In schnellen Flüssen, auch in Wasserfällen festgesaugt. Kiemenspalten nach ventral verlagert. *Loricaria*.

Ariidae: in Tropen verbreitet. Maulbrüter (meist brüten die Männchen). *Arius*.

Plotosidae (Korallenwelse): Süßwasser und Indopazifik; oft in Schwärmen; Giftdrüsen gefährlich. *Plotosus* (Abb. 355d).

Clariidae: Können zeitweise außerhalb des Wassers leben (accessorisches Atmungsorgan unter Kiemendeckeln). *Heteropneustes*, *Clarias*. Zur Gattung *Clarias* gehören Arten, die in der Aquakultur bisher die höchsten Hektarerträge erreicht haben (in Thailand).

Siluridae: oft große Welse mit breitem Kopf *Silurus glanis* (Europäischer Wels) kann 5 m Länge und 300 kg Gewicht erreichen. Raubfisch. Männchen baut einfaches Nest. *Wallagonia* aus Südostasien erreicht 2 m Länge, gehört zu den gefährlichsten Welsen. Oft wird auch der glasartig durchsichtige *Kryptopterus* in diese Familie gestellt.

Amiuridae (Zwergwelse): Nordamerika; von hier nach Europa eingeführt. *Amiurus (Ameiurus)*.

Pimelodidae: Südamerika; oft mit sehr langen Bartfäden. *Pseudoplatystoma*, *Pimelodus*.

Bagridae (Stachelwelse): in warmen Gebieten verbreitet. *Bagrichthys*.

Trichomycteridae (Parasitenwelse): Südamerika; freischwimmend oder parasitisch an den Kiemen anderer Fische. *Vandellia cirrhosa* (bis 6 cm lang und 4 mm dick) dringt auch in Harnröhre und Vagina von badenden Menschen ein; hier stellen sie die Stacheln ihrer Kiemendeckel auf.

Malapteruridae (Elektrische Welse): Afrika; 1 Art: *Malapterurus electricus*, bis über 1 m lang, mit elektrogenen Organen.

3. Ordnung: Apodes (Aalförmige)

Bauchflossen fehlen, Rücken-, Schwanz- und Afterflosse bilden oft Flossensaum; Schuppen klein oder meist fehlend. Vorwiegend marin, carni- und omnivor; 350 Arten, die in etwa 20 Familien gegliedert werden.

Anguillidae (Aale): Mit winzigen Cycloidschuppen. *Anguilla anguilla* (*A. vulgaris*, Europäischer Flußaal), mit Laichwanderung: Weibchen, die wenigstens 6, und Männchen, die wenigstens 4 Jahre alt sind, verlassen die europäischen Süßgewässer und färben sich goldgelb bis silberfarben um (Blankaal). Sie wandern zur Sargasso-See, wo sie nach einem Jahr ankommen und in etwa 450 m Tiefe laichen und dann sterben. Während dieser Wanderschaft sollen sie keine Nahrung zu sich nehmen. Die Eier treiben zur Oberfläche, aus ihnen entwickelt sich die Leptocephalus-Larve (Abb. 356), die im Laufe von drei Jahren nach Europa zurückkehrt und hier als 6–8 cm langer, streichholzdicker Glasaal ankommt. Nach einer ande-

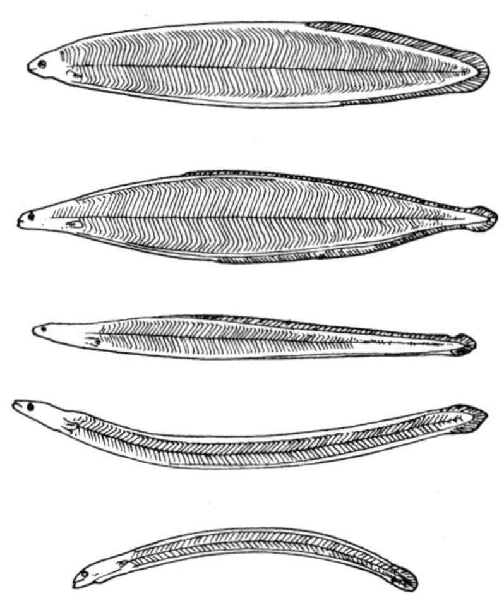

Abb. 356: Jugendentwicklung des Aals

ren Version laichen die Europäischen Aale bereits westlich der Britischen Inseln bzw. sind die Europäischen Aale Abkömmlinge des Amerikanischen Aales *(A. rostrata, A. bostoniensis)*, der in der Bermuda-See laicht. *Anguilla*-Blut enthält ein gefährliches Nervengift, das nicht in Wunden gelangen darf. Beim Kochen wird es zerstört.

Muraenidae (Muränen): 1–4 m lang, ohne Brustflossen, mit spitzen Hakenzähnen, Gaumenschleimhaut mit Giftdrüsen, Blut ebenfalls giftig. *Muraena; Echidna* (mit Mahlzähnen, Molluscenfresser), *Rhinomuraena* (mit Nasenröhren).

Congridae (Meeraale): meist blaß gefärbt, z.B. *Conger conger*, bis 3 m lang, lebt von Fischen, dringt auch in Flußmündungen ein. Heterocongridae mit *Xarifania* (Röhrenaal) in Röhren im Meeresboden. Simenchelidae (Parasitenaale) leben in Tiefen von 1000 m, bohren sich wie *Myxine* in Fische ein, Nemichthyidae (Schnepfenaale) mit nadelartig zugespitzten Kiefern (Oberkiefer aufwärts, Unterkiefer abwärts gebogen, d.h. Maul kann nicht geschlossen werden).

4. Ordnung: Synentognathi

Kiefer meist verlängert, Rücken-, After- und Bauchflossen nach hinten verlagert, Seitenlinie verläuft dicht an der Bauchkante. Eier meist kugelig mit Fortsätzen, werden an treibendem Tang festgeheftet. Marin und limnisch.

Belonidae (Hornhechte): Kiefer pinzettenartig (Abb. 357a). *Belone* (bei uns im Handel, Gräten grün), *Strongylura*, *Potamorrhaphis*.

Hemirhamphidae: Oberkiefer wesentlich kürzer als Unterkiefer (Halbschnäbler). Z.T. ovovivipar. *Hemirhamphus*.

Scomberesocidae (Makrelenhechte): Hochseebewohner, beide Kiefer verlängert. *Scomberesox*, *Cololabis*.

Exocoetidae (Fliegende Fische): Brustflossen

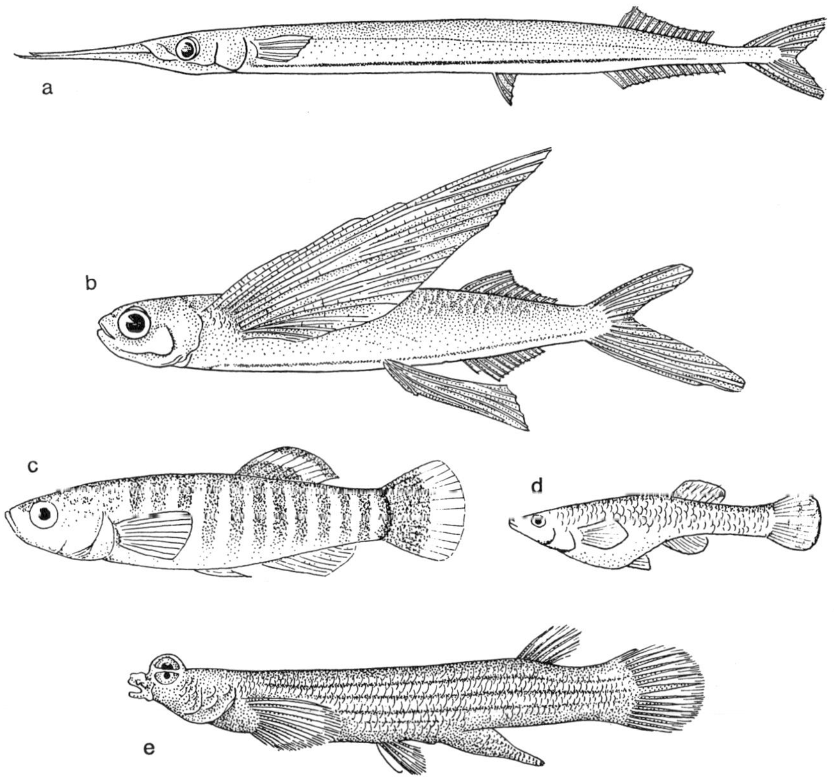

Abb. 357: Synentognathi (a, b) und Microcyprini (c–e). a. *Belone* (Hornhecht), b. *Exonautes*, c. *Aphanius*, d. *Gambusia* (Moskitofisch), e. *Anableps* (Vierauge). Nach Greenwood, Ladiges, Norman, Riedl, Vogt

groß und verbreitert (Abb. 357b), werden beim Flug starr gehalten. Fluggeschwindigkeit kann über 50 km/h liegen. Dauer maximal $\frac{1}{4}$ min. Die Wasseroberfläche wird beim Start mit seitlichen Schwanzschlägen (50/sec) gepeitscht. Jungtiere oft stark abweichend, z.B. mit körperlangen Bartfäden. *Cypselurus*, *Exocoetus*.

5. Ordnung: Microcyprini (Kleinkärpflinge)

Meist kleine Arten, die oft Oberflächennahrung aufnehmen. Ohne Seitenlinie.

Amblyopsidae (Blindfische): z.T. blind, in Höhlen Nordamerikas. *Chologaster; Typhlichthys; Amblyopsis.*

Cyprinodontidae (Eierlegende Zahnkarpfen): im Süß- und Brackwasser warmer Gebiete. *Fundulus heteroclitus* (Zebrakärpfling); *Cyprinodon variegatus* (Edelsteinkärpfling); *Aphanius iberus* (Spanienkärpfling, Abb. 357c); *Oryzias* (Japankärpfling), in Japan genetisches Untersuchungsprojekt); *Aphyosemion; Rivulus.*

Poeciliidae (Lebendgebärende Zahnkarpfen): Männchen mit zu Begattungsorgan umgebildeter Afterflosse. Geschlechtsumwandlung möglich. Neue Welt. *Lebistes (Poecilia) reticulatus* (Millionenfisch, Guppy). *Gambusia affinis* (Moskitofisch) aus Amerika in alle warmen Länder verschleppt, wichtiger Mückenlarvenfresser (Abb. 357d). *Platypoecilus (Xiphophorus) maculatus* (Platy), *Mollienisia velifera* (Segelkärpfling). *Xiphophorus helleri* (Schwertträger). *Xiphophours*-Bastarde sind z.T. mit Wucherungen versehen, die für die Krebsforschung von Bedeutung sind. *Belonesox* (Hechtkärpfling).

Anablepidae (Vieraugen): oft auch zu voriger Familie gestellt; besondere Augenkonstruktion: Cornea und Retina sind horizontal geteilt, oberer Teil sieht in den Luft-, unterer Teil in den Wasserraum. Linse unter Wasser dicker als darüber (Abb. 357e). Ovoviviparie. *Anableps.*

Abb. 358: Solenichthyes. a. *Phyllopteryx* (Fetzenfisch), b. *Aeoliscus* (Messerfisch), c. *Fistularia*. Nach Grassé, Greenwood, Norman

6. Ordnung: Solenichthyes

Zahnlos, Schnauze röhrenförmig («Pipettenmund»), saugen kleine Nahrungsobjekte ein. Oft mit Knochenplatten in der Haut. Eier in Bruttasche.

Syngnathidae (Seenadeln und Seepferdchen): Kiemen büschelförmig (Lophobranchii). Seepferdchen marin, Seenadeln auch limnisch. Im Verlaufe eines oft andauernden «Liebesspieles» werden die Eier vom Weibchen auf das Männchen übertragen: Seenadeln tragen Eier an Hinterleib oder Schwanzstiel in offenen Brusttaschen, Seepferdchen unter dem Schwanz in Brusttasche, die fast in ganzer Länge verschlossen ist. Seenadeln: *Entelurus*, *Syngnathus*, *Nerophis*. Seepferdchen: *Hippocampus* («Pferderaupe»), *Phyllopteryx* (Fetzenfisch, Abb. 358 a).

Centriscidae: mit Plattenpanzer; die indowestpazifischen *Centriscus* und *Aeoliscus* schwimmen in senkrechter Haltung (Abb. 358b). *Macrorhamphosus* im Mittelmeer.

Fistulariidae: *Fistularia*, bis 1,8 m lang, in lockeren Schulen in Korallenriffen, aus der Mitte der Schwanzflosse entspringt ein langer, peitschenförmiger Fortsatz (Abb. 358c). *Aulostoma*, läßt sich von anderen Fischen transportieren.

7. Ordnung: Anacanthini (Gadiformes)

Bauchflossen brust- oder kehlständig, vor den Brustflossen (Abb. 359a). Wichtige marine Nutzfische.

Gadidae: meist 3 Rücken-, 2 Afterflossen. Eier treiben meist im Wasser, Junge oft unter Scyphomedusen Schutz suchend (in westl. Ostsee unter *Cyanea*). Vorwiegend Kaltwasserformen der nördlichen Hemisphäre. *Gadus morhua (G. morrhua, G. callarias)*: Jungstadien und Ostseeformen als Dorsch, Adulte anderer Gebiete als Kabeljau bezeichnet. *Melanogrammus (Gadus) aeglefinus* (Schellfisch), *Pollachius (Gadus) virens* (Köhler, Seelachs). *Merluccius vulgaris* (Seehecht). *Molva vulgaris* (Leng). *Lota lota* (Quappe), einzige Süßwasserart. *Theragra* (S. 506, Abb. 353) mit der ertragreichsten Fischart, dem Alaska-Pollack. Auch andere Gadidae werden intensiv befischt.

Macruridae: Tiefseeformen mit langem, zugespitztem Schwanz. *Macrurus* vor den skandinavischen Küsten.

8. Ordnung: Allotriognathi

Durch speziellen Kieferbau geeint.

Trachypteridae (Bandfische): Kompress, langgestreckt (Abb. 359c), in tiefen Wasserschichten der Hochsee. *Trachypterus* (bis 3 m lang), *Regalecus* (bis 6 m lang).

Lamprididae: Körper hoch, kompress. *Lampris* (2 m lang).

9. Ordnung: Berycomorphi

Am Kopf große mit Schleim gefüllte Höhlungen, die von dünner Haut bedeckt werden.

Abb. 359: a. Anacanthini: *Polachius* (= *Gadus*) *virens* (Köhler), b. Zeomorphi: *Zeus faber* (Petersfisch, Heringskönig), c. Allotriognathi: *Regalecus glesne* (Riemenfisch). Nach Day, Grassé, de Haas, Knorr, Schultz

Marin. *Beryx:* atlantischer Tiefseefisch; *Holocentrum:* meist rotgefärbte Bewohner von Korallenriffen.

10. Ordnung: Zeomorphi

Systematische Stellung unklar. Meist scheibenförmig, marin. *Zeus faber* (Petersfisch, Heringskönig, Abb. 359 b), *Capros aper* (Eberfisch).

11. Ordnung: Percomorphi

Große Ordnung, die in etwa 15 Unterordnungen gegliedert wird, die jedoch unterschiedlich definiert und daher im folgenden nur teilweise aufgeführt werden. 120 Familien. Keine Verbindung von Schwimmblase und Darm, stachelige und weiche Rückenflosse, die oft zu einer verschmolzen sind.

Als ursprünglich innerhalb der Ordnung gelten die ersten Familien, die als Percoidea zusammengefaßt werden.

Serranidae (Zackenbarsche): 3 cm bis über 3 m lang, Gestalt einheitlich (Abb. 360 a). Die größten Arten erreichen bis über 400 kg. Meist Stoßräuber vorwiegend warmer Meere, z.B. in Korallenriffen. *Epinephelus*, *Roccus*, *Serranus*, *Anthias*, *Polyprion*.

Centrarchidae (Sonnenbarsche): In nordamerikanischen Süßgewässern. Bekannte Aquarienfische, z.B. *Enneacanthus gloriosus* (Dia-

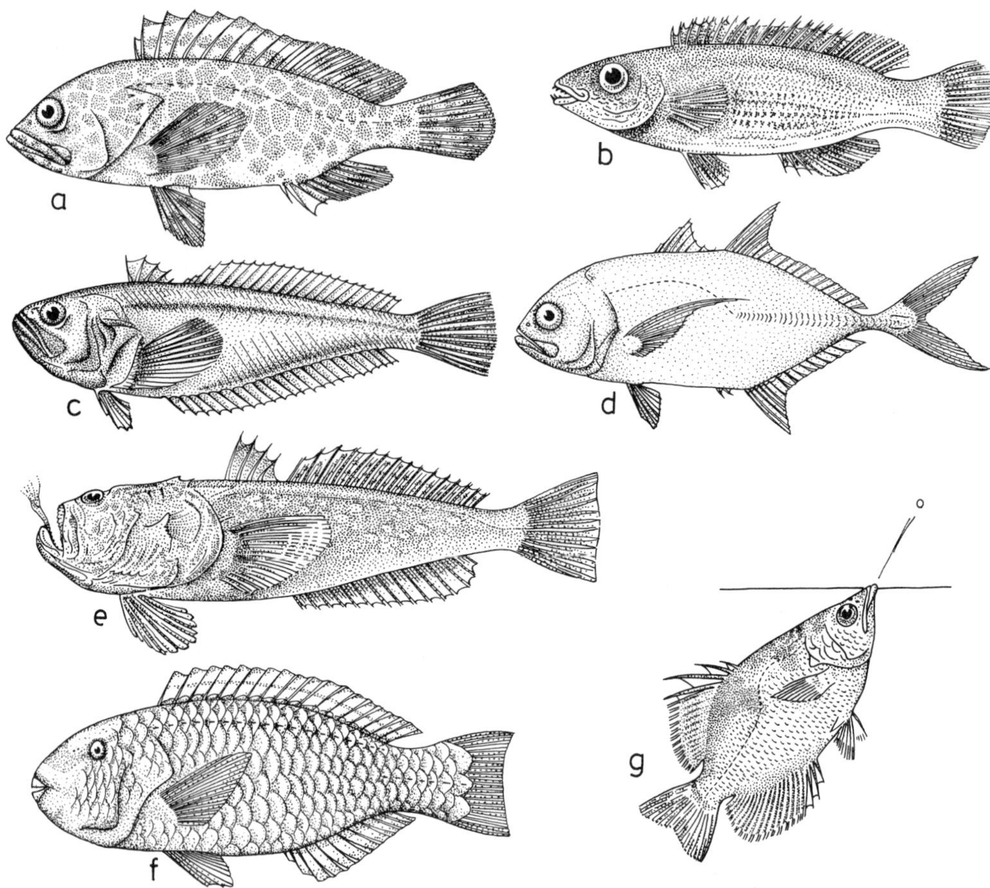

Abb. 360: Percomorphi I: a. *Epinephelus*, b. *Ctenolabrus*, c. *Trachinus* (Petermännchen), d. *Caranx* (Stachelmakrele), e. *Uranoscopus*, f. *Sacrus* (Papageifisch), g. *Toxotes* (Schützenfisch). Nach Grassé, Greenwood, de Haas, Knorr, Norman, Rau

mantbarsch), *Mesogonistius chaetodon* (Scheibenbarsch).

Percidae (Barsche): mit wichtigen Nutzfischen im Süßwasser der nördlichen Hemisphäre. *Perca fluviatilis* (Flußbarsch), lebt in Trupps, Eier werden in bis 1 m langen Schnüren abgelegt. *Lucioperca sandra (L. lucioperca*, Zander), *Gymnocephalus (Acerina) cernua* (Kaulbarsch).

Carangidae (Stachelmakrelen): Seitenlinie oft mit Knochenschildchen. Eier mit Ölkugeln, treiben im Wasser. Vorwiegend in warmen Meeren. *Caranx*; *Naucrates* (Lotsen- oder Pilotenfisch), begleitet z.B. Haie; *Seriola*, *Trachurus*.

Toxotidae (Schützenfische): Südostasien, limnisch. Aus Rinne im Gaumendach wird mit Zungen- und Kiemendeckeldruck Wassertropfen abgeschossen, mit denen Insekten außerhalb des Wassers getroffen werden, die dann herunterfallen (Abb. 360g). *Toxotes*.

Sciaenidae: mit ausgeprägter Lautgebung, meist marin. *Sciaena*.

Sparidae (Meerbrassen): z.T. zwittrig, typisch für Felsgründe z.B. des Mittelmeeres. *Pagellus*, *Sparus*, *Cantharus*, *Box*.

Mullidae (Meerbarben): mit Barteln und großen, locker sitzenden Schuppen. Geschätzter Speisefisch im Mittelmeerraum. *Mullus*.

Lutjanidae (Schnapper): wichtige Nutzfische vor allem im Flachwasser des Indopazifik. *Lutjanus*, *Caesio*.

Chaetodontidae: bunte Formen tropischer Korallenriffe («Schmetterlingsfische»). *Chelmon*, *Forcipiger*, *Heniochus*, *Chaetodon*.

Nandidae: Tropen. Mit dem Blattfisch *(Monocirrhus polyacanthus)* im Amazonas-Gebiet, der in Form und Farbe Wasserpflanzen imitiert.

Labridae (Lippfische): Lebhaft gefärbte Fische vorwiegend warmer Meere mit vorstreckbaren, wulstigen Lippen (Abb. 360b). *Labrus*, *Crenilabrus*, *Ctenolabrus*, *Coris*, *Labroides* bekannter Putzerfisch, reinigt große Fische von Parasiten.

Cichlidae (Buntbarsche): Limnisch und im Brackwasser warmer Gebiete vor allem Amerikas und Afrikas. Im Unterschied zu Percidae jederseits nur 1 Nasenöffnung. Zahlreiche Aquarienfische und Untersuchungsobjekte in Ethologie und Evolutionsbiologie. Differenzierte Brutfürsorge, z.B. Maulbrüter. *Symphysodon* (Diskus-Buntbarsch), *Pterophyllum* (Segelflosser, Skalar), *Haplochromis*, *Apistogramma* (Schmetterlingsbuntbarsch), *Tilapia*, verbreitet als tropischer Aquakulturfisch.

Pomacentridae: Kleine, gedrungene, bunte Fische in Korallenriffen; *Chromis*, *Dascyllus*, *Pomacentrus*, *Abudefduf*, *Premmas*. *Amphiprion* (Anemonenfisch), besonders bekannt wegen Zusammenlebens mit Aktinien (Abb. 37), bedeckt sich mit deren Oberflächenschicht und wird nicht genesselt.

Scaridae (Papageifische): Bewohner von Riffen, mit «Papageischnabel» aus verwachsenen Zähnen. Zermahlen Steinkorallen. Manche Arten nachts am Boden in Schleimhülle, deren Herstellung eine halbe Stunde dauern kann. *Scarus*.

Ammodytidae (Sandaale): aalähnlich, graben sich in Sand ein. *Ammodytes* auch in Nord- und Ostsee. Wichtig für die Industriefischerei (Fischmehlproduktion).

Trachinidae: Wegen ihres Giftes gefürchtet. *Trachinus* (Petermännchen), auch in europäischen Meeren (Abb. 360c).

Uranoscopidae: z.T. mit schwachem, elektrogenem Organ; Stacheln mit Giftdrüsen. Stich kann für Menschen tödlich sein. *Uranoscopus* (Abb. 360e).

In der Unterordnung Notothenioidea werden mehrere Familien zusammengefaßt, die vorwiegend in Antarktisnähe vorkommen und hier etwa 80% der Fischfauna ausmachen. Den Chaenichthyidae fehlen Erythrocyten und Hämoglobin.

Acanthuridae (Doktorfische): An beiden Seiten der Schwanzwurzel liegt ein oft abspreizbarer Dorn. *Acanthurus* (Abb. 351a), *Naso*, *Zebrasoma*. Nahe Korallenriffen.

Die folgenden drei Familien werden in der Unterordnung Scombroidea zusammengefaßt. Es handelt sich meist um gut schwimmende Hochseefische.

Scrombridae: *Scomber scombrus* (Makrele, Abb. 351), wichtiger Speisefisch von Mittelmeer bis Nordkap. Eier mit Ölkugeln, schwimmen. *Pneumatophorus colias* (Mittelmeermakrele): hat im Gegensatz zur Makrele Schwimmblase. *Thunnus thynnus* (Thunfisch), bis 5 m lang *Katsuwonus (Euthymnus) pelamis* (Echter Bonito), *Auxis thazard* (Unechter Bonito). Vertreter dieser Fischfamilie sind besonders beliebte Speisefische, das gilt besonders für den Thunfisch. Die Hälfte des Weltertrages dieser Art entfällt auf Japan, das heute auch die größten Anstrengungen unternimmt, große Scombriden in Kultur zu nehmen. Sashimi (roher Thunfisch) ist eine japanische Delikatesse. *Thunnus* kommt im Pazifik und im Atlantik vor und unternimmt sehr große Wanderungen.

Xiphiidae (Schwertfische): Oberkiefer lang ausgezogen. *Xiphias gladius*, auch an europäischen Küsten, bis 4 m lang.

Istiophoridae: Ähneln Schwertfischen, von diesen aber durch segelartige Rückenflosse unterschieden. *Istiophorus*, bis 6 m lang, Hochseefisch.

Die folgenden beiden Familien werden in die Unterordnung Gobioidea gestellt. Grundfische der Küstengewässer. Marin und limnisch.

Periophthalmidae (Schlammspringer): Indo-Westpazifik. Bei Ebbe außerhalb des Wassers, vor allem in Mangrovegebieten. Stützen sich mit Brustflosse ab. Können senkrecht an Bäumen emporklimmen. Beim Schwimmen sieht der obere Teil des Kopfes oft aus dem Wasser heraus. *Periophthalmus*.

Gobiidae (Grundeln): mit Saugnapf, der aus Bauchflossen und brustständiger Trichtermembran gebildet wird. Hierher gehört das kleinste Wirbeltier, die Zwerggrundel *(Pandaka pygmaea)* aus dem Süßwasser der Philippinen (etwa 1 cm lang). *Gobius*, *Pomatoschistus*, *Coryphopterus*. Bisweilen mit anderen Tieren vergesellschaftet (z.B. in Sandhöhlen mit Decapoden).

In die Nähe der Gobioidea gehören die folgenden 4 Familien, die als Callionymoidea oder Blennioidea zusammengefaßt werden.

Callionymidae: Kleine Kiemenspalte am obe-

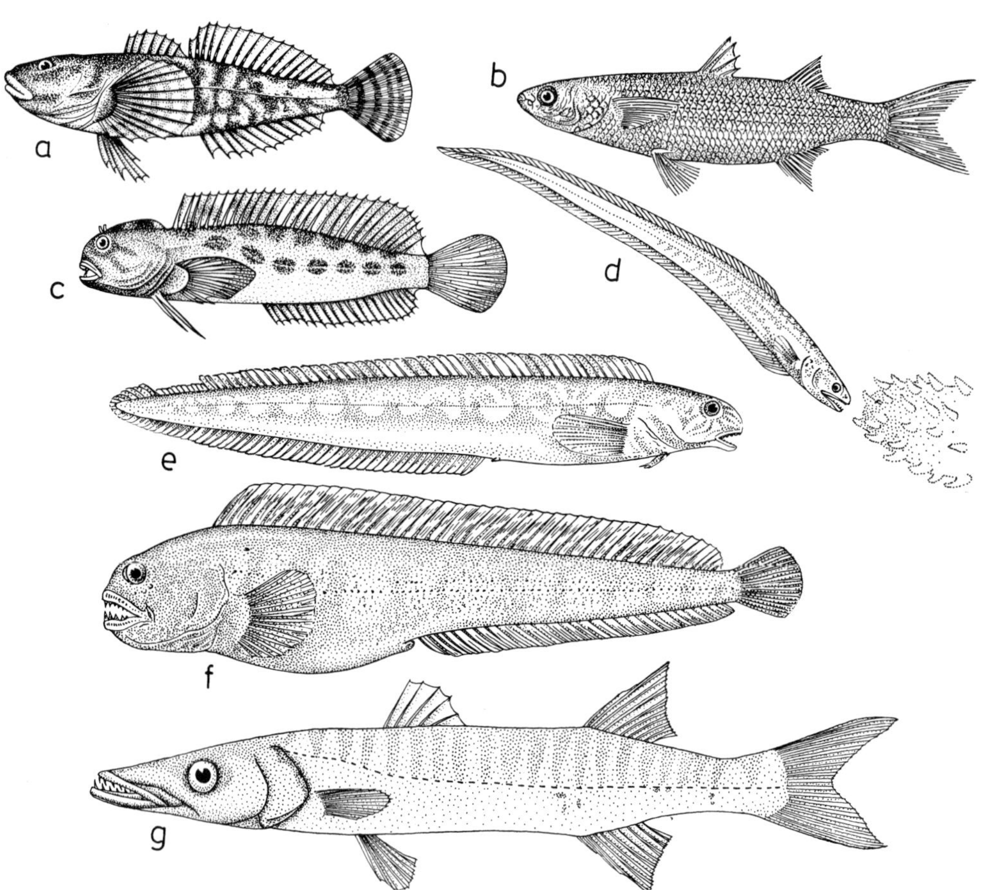

Abb. 361: Percomorphi II. a. *Cottus* (Groppe), b. *Mugil*, c. *Blennius*, d. *Carapus (Fierasfer*, Eingeweidefisch), am Hinterende einer Holothurie, e. *Zoarces* (Aalmutter), f. *Anarrhichas* (Seewolf, Kattfisch), g. *Sphyraena* (Barrakuda). Nach Grassé, de Haas und Knorr, Ladiges, Rau, Vogt

ren Rand des Kiemendeckels. *Callionymus lyra* (Leierfisch) mit intensivem Balzspiel.

Blenniidae (Schleimfische): Schwimmblasenlose kleine Fische der Küstenregion. *Dialommus fuscus*, Galapagos-Inseln, steht senkrecht im Wasser und sieht mit vorderer Augenhälfte in den Luftraum. Augen sind ähnlich unterteilt wie bei Anablepidae, nur rechtwinkelig dazu. *Istiblennius rivulatus* (Indopazifik), tags im Wasser, nachts am Land. *Runula* (Indopazifik) imitiert *Labroides* (Labridae), putzt aber nicht wie dieser, sondern reißt anderen Fischen Stücke aus der Haut. *Blennius*, typisch für die Küstenzone z.B. des Mittelmeeres (Abb. 361 c).

Pholididae: *Centronotus (Pholis) gunellus* (Butterfisch).

Anarrhichidae: Wichtige Nutzfische des Nordatlantik. *Anarrhichas lupus* (Seewolf, Kattfisch), lebt am Boden; bei uns ohne Kopf («furchterregendes» Gebiß) im Handel als Steinbeißer oder Karbonadenfisch.

Zoarcidae: Vivipar. *Zoarces viviparus* (Aalmutter) auch in westlicher Ostsee (Abb. 361 e).

In die Nähe der Blennioidea werden einige kleine, bisweilen als eigene Unterordnung geführte Familien gestellt, z.B. die Fierasferidae (Carapidae) mit *Carapus (Fierasfer)*, der als erwachsenes Tier fast ausschließlich in Seegurken lebt (Abb. 361 d), die Nomeidae, die zwischen Tentakeln von Cnidariern leben und die Ophiocephalidae, Süßwasserfische der Tropen der Alten Welt, die sich auch am Land fortbewegen können und Trockenzeiten im Schlamm überdauern.

Eine Unterordnung hat man für die folgende Familie eingerichtet (Anabantoidea, Labyrinthici).

Anabantidae (Labyrinthfische): Müssen Sauerstoff aus der Luft aufnehmen. Accessorisches Atemorgan aus einem Teil des ersten Kiemenbogens gebildet (Labyrinth). Meist in Süßwasser warmer Gebiete der Alten Welt. Oft Bau von Schaumnestern.

Anabas, Süd- bis Ostasien, unternimmt Landwanderungen. *Betta splendens* (Kampffisch), wird in manchen Gebieten Südostasiens in «Turnierkämpfen» und Wettspielen eingesetzt. *Osphronemus* wird gegessen (bis 60 cm lang). *Helostoma* (Küssender Gurami), *Colisa*, *Trichogaster* (Fadenfische; lange, fadenförmige Bauchflossen mit Geschmacksknospen). *Macropodus* (Paradiesfisch). Z.T. Aquarienfische.

Die folgenden Familien faßt man als Mugiloidea zusammen.

Mugilidae (Meeräschen): Flachwasserformen, die z.T. gegenüber Salzgehaltsschwankungen sehr tolerant sind. *Mugil* (Abb. 361 b).

Sphyraenidae (Barrakudas): für Menschen gefährliche Raubfische vor allem der tropischen Meere.

Atherinidae (Ährenfische): Schwarmfische tropischer und gemäßigter Meere, ähneln oberflächlich Stinten. *Leuresthes tenuis* (Amerikanischer Ährenfisch) mit besonderem Laichverhalten: Weibchen kriechen bei Springflut zu Tausenden auf Sandstrand, Männchen windet sich um Weibchen und besamt die Eier. Zur nächsten Springflut schlüpfen die Jungen. *Atherina*.

12. Ordnung: Scleroparei

Der vordere Knochen des Kiemendeckelapparates, das Praeoperculum, tritt durch einen besonderen Knochen mit den Infraorbitalia in Verbindung. Bauchflossen oft brustständig.

Scorpaenidae: marin, z.T. vivipar, oft mit Giftdrüsen an Stachelbasis, so *Pterois* (Rotfeuerfisch) und der giftigste aller Fische, der Steinfisch *Synanceja* (Indopazifik). *Sebastes* (Rotbarsch), wichtiger Nutzfisch im Nordatlantik. *Scorpaena*.

Triglidae (Knurrhähne): Freie und bewegliche Brustflossenstrahlen, die mit Geschmacksknospen besetzt sind. Lauterzeuger. *Trigla*.

Peristediidae (Panzerknurrhähne): Körper von starken, bedornten Platten umgeben.

Cottidae (Groppen): Bodenlebende Raubfische. *Cottus*, *Myoxocephalus*. Im Süßwasser Mitteleuropas lebt *Cottus gobio*.

Agonidae: In Nord- und Ostsee *Agonus cataphractus* (Steinpicker, Abb. 362 e).

Dactylopteridae: können sich z.T. aus dem Wasser hochschnellen und mit vergrößerten Brustflossen segeln. *Dactylopterus* im Mittelmeer.

Cyclopteridae: Bauchflossen zu Saugnapf umgeformt. *Cyclopterus lumpus* (Seehase, Abb. 362c), mit Reihen von Knochenwarzen. Eier werden als «Deutscher Kaviar» gehandelt. Auch mit Bauchsaugnapf und mit Cyclopteridae verwandt: *Liparis* (Scheibenbauch) der Nordsee.

Gasterosteidae (Stichlinge): Körperseiten meist mit Knochenplatten gepanzert, die ersten

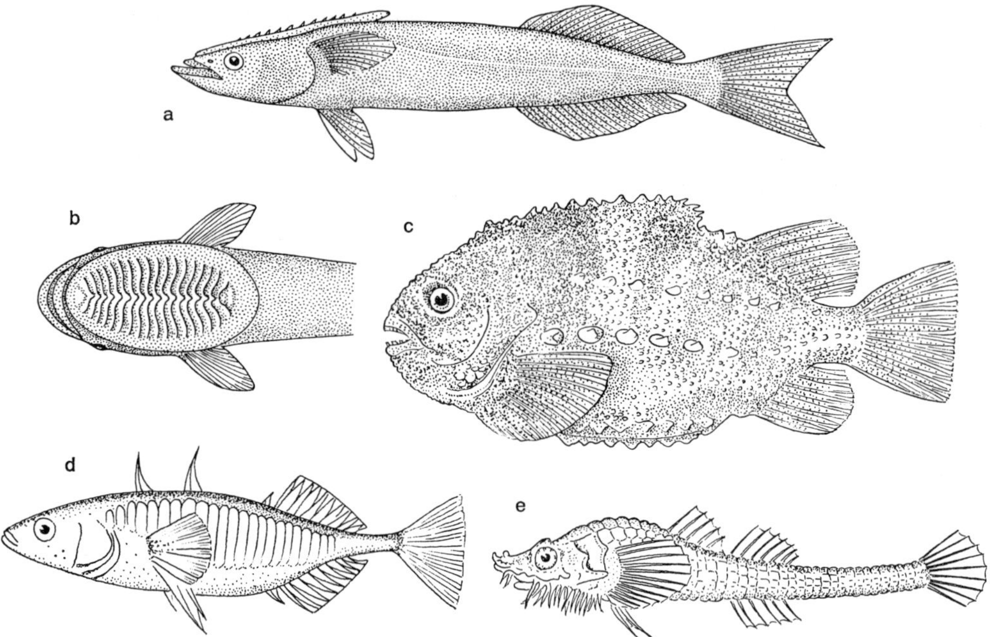

Abb. 362: a, b. *Echeneis remora* (Schiffshalter), a. Seitenansicht, b. Rückenansicht des Kopfes mit Saugplatte, c. *Cyclopterus lumpus* (Seehaase), d. *Gasterosteus aculeatus* (Dreistacheliger Stichling), e. *Agonus cataphractus* (Steinpicker). Nach Greenwood, de Haas, Knorr, Ladiges, Norman, Vogt

Rückenflossenstrahlen stehen frei (Abb. 362 d). Brutpflege; Männchen fertigt Nest an, Weibchen legt Eier hinein, Männchen bewacht das Gelege und befächelt es mit Frischwasser. Können oft zwischen Salz- und Süßwasser wechseln. *Gasterosteus aculeatus* (Dreistacheliger Stichling), *Pungitius (G.) pungitius* (Neunstacheliger St.), *Spinachia* (Seestichling).

13. Ordnung: Discocephali

Vorderende mit dorsaler komplizierter Saugscheibe (Abb. 362 a, b), die aus erstem Teil der Rückenflosse entsteht. Saugen sich an Schiffen, Haien, Schildkröten, Walen u.a. fest.

Echeneidae (Schiffshalter): *Remora*, *Remoropsis*, *Remilegia*, *Echeneis*.

14. Ordnung: Heterosomata (Plattfische)

Asymmetrische, einseitig dem Substrat aufliegende Fische. Bei der Entwicklung der zunächst normal gebauten Larve wandert ein Auge auf die andere Körperseite, bei manchen Arten dreht sich auch das Maul, eine Brustflosse kann verkümmern. Blinde Körperseite gewöhnlich heller als die Seite mit Augen. Mit wertvollen Speisefischen. Meist marin, vorwiegend in kälteren Meeren. Bei den primitiven Psettodidae (*Psettodes* im Indopazifik) ist das Maul noch symmetrisch, das «Wanderauge» liegt auf der Scheitellinie.

Hippoglossus hippoglossus (Hippoglossoides vulgaris, Heilbutt), größter Plattfisch, 2,5 m lang. *Pleuronectes platessa* (Scholle, Goldbutt); *Limanda (Pleuronectes) limanda* (Kliesche); *Platichthys (Pleuronectes) flesus* (Flunder); *Psetta maxima (Rhombus maximus*, Steinbutt); *Solea solea (S. vulgaris*, Seezunge).

Schollen, Flundern, Seezungen und Klieschen verbringen ihre Jugendphase im Wattenmeer. Etwa 80 % der Nordseeschollen – bei uns besonders beliebte Speisefische – finden hier ihre «Kinderstube», weswegen dieses Gebiet besonders geschützt werden sollte. Scholle und Seezunge sind wichtige Grundlage unserer Küstenfischerei.

15. Ordnung: Plectognathi

Kiefer tragen starke Zähne oder sind unmittelbar mit Schmelz überzogen. Kiemenöffnungen klein. Manchmal gepanzert. Eingeweide (vor allem Leber) von einigen Plectognathen sind giftig. Vorwiegend in Tropenmeeren.

Balistidae (Drückerfische): erste Rückenflosse mit drei dicken Strahlen, von denen der erste besonders lang ist. In einer Höhlung seiner Caudalseite kann er einen Fortsatz des zweiten Stachels aufnehmen, wodurch er festgelegt wird. Nur durch Zurücklegen des zweiten Strahls wird er wieder beweglich. Der erste feststellbare Flossenstrahl kann als Waffe dienen bzw. den Fisch zwischen Steinen und Korallenblöcken einkeilen. *Balistes*, *Balistoides*, *Rhinecanthus* (Picassofisch), *Odonus*.

Tetraodontidae (Kugelfische): Können Wasser und Luft schlucken, blähen sich dann stark auf (Name, Abb. 363b). Luftsack als Darmanhang. Schneidezahnähnliche Zähne in Vierzahl (Name). «Genuß» von Kugelfischen kann tödliche Folgen haben. In Japan Fugu-Schulen, wo Entgiftung und Zubereitung gelehrt werden.

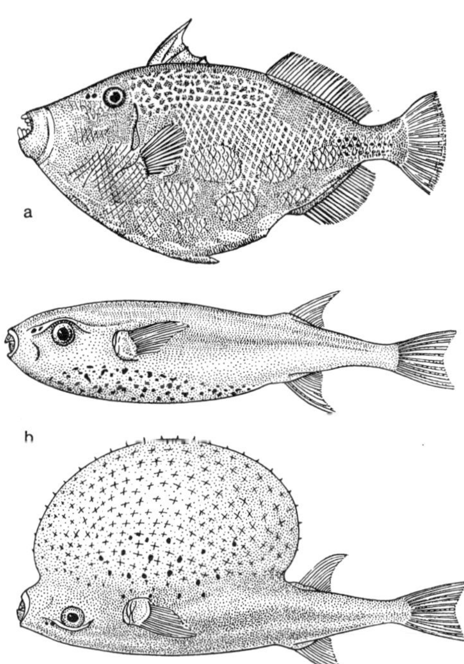

Abb. 363: Plectognathi. a. *Balistoides* (Leopardendrückerfisch), b. *Lagocephalus*, 2 verschiedene Körperhaltungen. Nach Grassé

Gift: Tetrodotoxin (TTX). *Tetraodon*, *Sphaeroides*, *Arothron*.

Diodontidae (Igelfische): ebenfalls fähig, sich kugelförmig aufzublasen. Zähne in Ober- und Unterkiefer völlig verschmolzen, also jeweils nur eine schneidezahnähnliche Platte (Name). Haut mit aufrichtbaren Stacheln besetzt. *Diodon*, *Chilomycterus* (Abb. 351).

Ostraciontidae (Kofferfische): Körper fast vollständig gepanzert. *Ostracion* (Abb. 351).

Molidae: Kurzer, hoher Körper, Schwanz abgestutzt. *Mola* (Mondfisch, Abb. 351), bis 3 m, *Ranzania*.

16. Ordnung: Pediculati (Armflosser)

Bizarre Formen mit großem Kopf und Rumpfvorderteil, Basis der Brustflossen armähnlich verlängert (Abb. 364). Erster Rückenflossenstrahl oft zu Angel mit Köder umgebildet. Skelet z. T. aus Knorpel. Langsame Schwimmer.

Lophiidae: Beute wird mit beweglichem 1. Rückenflossenstrahl vor das Maul gelockt und aufgefressen. Eier der bodenlebenden Fische treiben an der Oberfläche in bis 4 m langen Schleimbändern. Jungtiere im Pelagial. Komplizierter Gestaltwechsel.

Lophius piscatorius (Abb. 364 a), bis 2 m lang. Ohne Kopf und Haut bei uns bisweilen als Forellenstör im Handel.

Antennariidae mit *Histrio* (Sargassofisch), der zwischen treibenden *Sargassum*-Tang lebt (Mimese), Ogcocephalidae (Seefledermäuse, Abb. 364b) und Ceratoidei (Tiefseeanglerfische) mit mehreren Familien, die z. T. Zwergmännchen haben, die an Weibchen festgewachsen leben (Abb. 364 c). *Linophryne*, *Ceratias*.

b. Choanichthyes (Sarcopterygii)

Diese Gruppe enthält die Dipnoi (Lungenfische) und Crossopterygii (Quastenflosser); erstere sind heute mit 3, letztere mit einer Gattung vertreten. Sie besitzen eine Öffnung der Nasenhöhle in den Mund (Choane). Im Venensystem bildet sich eine untere Hohlvene (Vena cava). In den paarigen Flossen bleiben der Fleischteil und sein Innenskelet umfangreich; sie haben eine lange Skeletachse und sind oft Archipterygien. Im übrigen wird der primitive Bauplan gewahrt: Herz mit Conus arteriosus, Aus-

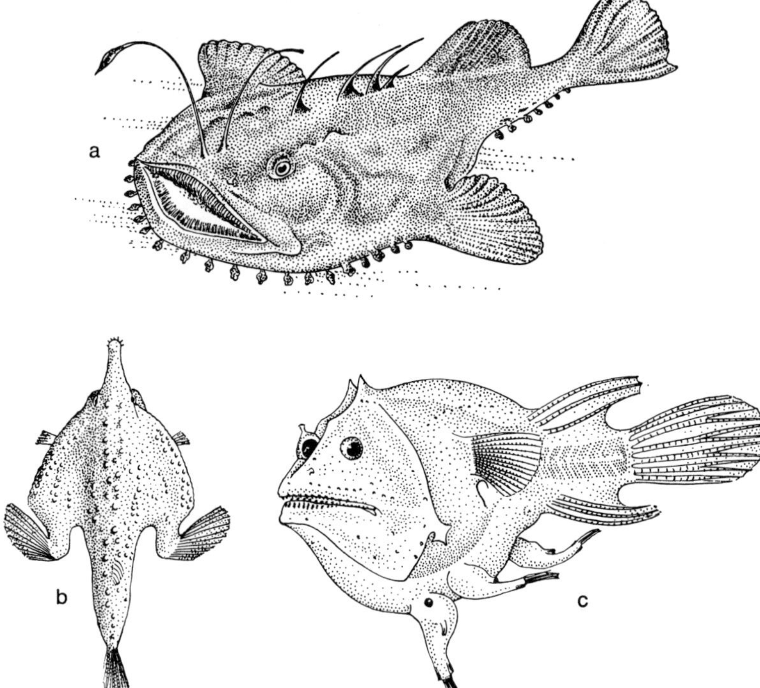

Abb. 364: Pediculati. a. *Lophius piscatorius* (Anglerfisch), b. *Ogcocephalus vespertilio* (Seefledermaus), c. *Edriolychnus*, Weibchen (adult); mit drei Männchen, die am Weibchen angewachsen sind. Nach Bertelsen, Greenwood, Norman

leitung der Spermien durch den Wolffschen, der Eier durch den Müllerschen Gang, äußere Befruchtung, Darm mit Spiralfalte, einfaches Kleinhirn. Die geringe Verknöcherung des Innenskelets der heutigen Formen ist wohl sekundär, da fossile Formen eine reiche Verknöcherung und z.T. sogar Wirbelkörper besaßen.

Dipnoi (Lungenfische). Die Lungenfische haben Ähnlichkeiten mit den Amphibien und damit den Tetrapoden: Lungenatmung (in O_2-armem Wasser, sonst Kiemenatmung); Rückführung des sauerstoffreichen Blutes zum Herzen durch eine Lungenvene, so daß sich O_2-reiches und O_2-armes Blut im Herzen mischen; Besitz einer Längsfalte, die nicht nur Vorkammer, sondern auch die Hauptkammer und den Bulbus arteriosus teilt. Eine Vena cava ist vorhanden. Die Larven haben wie die Amphibienlarven Fiederkiemen, die oben an den Kiemenbogen ansetzen, und ein Haftorgan an der Kehle, das vom Ectoderm gebildet wird.

Trotzdem sind die Dipnoer nicht die Ahnen der Amphibien. Ihr autostyler Schädel ist stark abgewandelt, sie tragen Kopfrippen. Zahnreihen zu speziellen Zahnplatten verschmolzen, ein Paar am Gaumen, ein Paar auf dem Unterkiefer (Spleniale), dazu 2 Zahnschneiden am Vomer. Die Deckknochen der Schädel werden irregulär und z.T. reduziert (Maxillare, Dentale u.a.), die vordere Nasenöffnung ist an den Mundrand gerückt usw. Die Dipnoi lassen sich fossil bis ins Devon verfolgen. Sie waren weltweit verbreitet, aber nie zahlreich. Die ältesten Formen *(Dipterus)* hatten eine heterozerke Schwanzflosse und dicke Schuppen mit Cosmoidlager.

Heute leben noch drei Gattungen (Abb. 365): *Neoceratodus* in Australien, *Protopterus* in Afrika und *Lepidosiren* in Südamerika. *Protopterus* enthält mehrere Arten, die anderen beiden nur je eine. *Lepidosiren* wird etwa 1 m lang, die anderen Gattungen können das Doppelte erreichen.

Neoceratodus hat typische Archipterygien; seine Schuppen sind groß; nur eine Lunge ist ausgebildet; ein Larvenstadium mit äußeren Kiemen fehlt.

Protopterus und *Lepidosiren* haben Extremitäten, die zu biegsamen Stäben umgewandelt

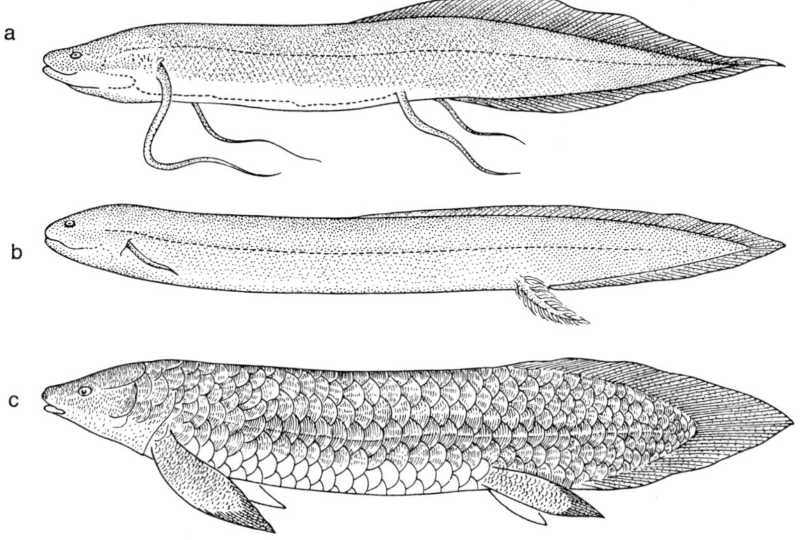

Abb. 365: Lungenfische. a. *Protopterus aethiopicus*, b. *Lepidosiren paradoxa*, c. *Neoceratodus forsteri*. Nach Greenwood, Norman

sind. Die Schuppen sind klein; zwei Lungen sind ausgebildet. Beide Gattungen bauen ein einfaches Nest, das Männchen bewacht Gelege und Jungtiere. Das Larvenstadium ist mit äußeren Kiemen ausgestattet, die bei *Lepidosiren* schnell abgeworfen werden, bei *Protopterus* aber monatelang persistieren können.

Trockenzeiten werden in Schleimkokons verbracht, die von Schlamm umhüllt werden. Während seines Trockenschlafes baut *Protopterus* seine Muskulatur teilweise ab und kann dabei die Hälfte seines Gewichtes verlieren. Die Atmung erfolgt über einen Luftkanal oben im Kokon.

Crossopterygii (**Quastenflosser**). Unter diesem Begriff werden zwei divergente Reihen vereinigt, die ausgestorbenen Rhipidistia und die Actinistia, von denen erst in den 30er Jahren ein lebender Vertreter *(Latimeria)* gefunden wurde. Beiden gemeinsam ist die Zweiteilung des knöchernen Gehirnschädels in einen Vorder- (Ethmosphenoidale) und einen Hinterschädel (Oticooccipitale) mit erhaltener Chorda im hinteren Teil. Beide Hälften sind gelenkig verbunden. Da diese Teile den ontogenetisch getrennten Parachordal- und Trabecularteilen entsprechen, ist ihre Trennung wohl ein primitives Merkmal.

Die von Devon bis Perm lebenden **Rhipidistia** (Abb. 366) waren im Süßwasser verbreitet. Sie sind sicher die Ahnen der Tetrapoden. Die meisten Knochen lassen sich klar identifizieren, so in den Vorderflossen wenigstens Humerus, Radius, Ulna, Radiale, Ulnare und Intermedium. Die Zähne zeigen den gleichen gefälteten Wandbau wie die der ältesten Amphibien (Labyrinthodontia). Es existieren jederseits drei Nasenöffnungen: Ein vorderer Nasengang führt von der Körperoberfläche in die Nase hinein, ein zweiter erstreckt sich von Nasen- zu Augenhöhle und entspricht wohl dem Tränennasengang der höheren Wirbeltiere, ein dritter verbindet Nasen- und Mundhöhle (Choanen). Die Rhipidista waren Räuber; ihnen werden zwei Gruppen zugerechnet:

a. Osteolepiformes mit *Osteolepis*, *Eustenopteron* (Abb. 366), *Megalichthys*, *Rhizodus*, *Panderichthys*. Stammgruppe der Tetrapoden.

b. Porolepiformes. *Holoptychus*.

Die **Actinistia** (Coelacanthini, Abb. 366) begannen im Devon mit Süßwasserbewohnern und waren bis zur Kreide bekannt, als 1938 die kaum abgewandelte *Latimeria chalumnae* vor der südafrikanischen Küste für die Wissenschaft entdeckt wurde. Sie gehört zu einem Zweig, der ins Meer gewandert ist. Die Lunge wurde zur Schwimmblase, die bei *Undina* eine knöcherne Wand hatte und bei *Latimeria* zu einer großen Fettmasse wurde. Das Extremitätenskelet wurde vereinfacht und bildet oft nur einen gegliederten Stab. Einige Charaktere der Actinistia erinnern an die Actinopterygier: Die Nasengrube hat jederseits nur eine vordere und eine hintere Öffnung, Choanen fehlen.

Abb. 366: Crossopterygier. a. *Eustenopteron* (Osteolepiformes, Devon), b. *Latimeria* rezenter Coelacanthier. Nach Jarvik

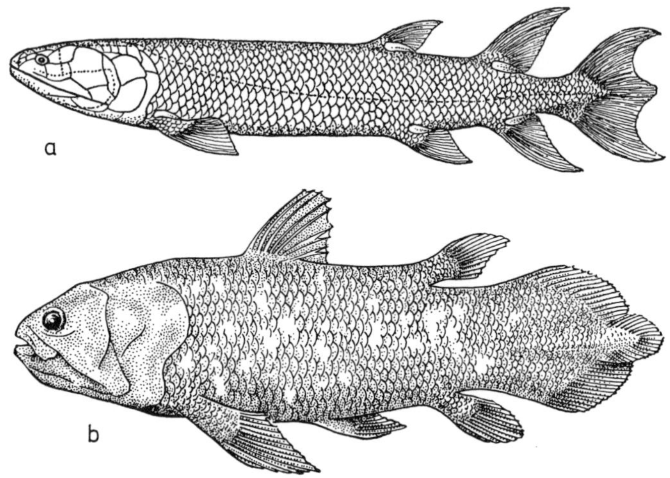

Im Labyrinth liegen große Statolithen – wie allerdings auch bei *Megalichthys*. Das Gehirn ist stark vereinfacht: bei *Latimeria* nimmt es nur $^1/_{100}$ des Volumens der Hirnhöhle des Schädels ein, der übrige Raum wird von einer fettartigen Substanz ausgefüllt. Die Actinistia sind sicher ein isolierter Seitenzweig. Fossil: *Coelacanthus*, *Undina*, *Macropoma*.

Rezent: *Latimeria chalumnae*, bis fast 2 m lang, nur in geringer Individuenzahl bekannt. Lebt auf Felsböden vor der südafrikanischen Ostküste und ernährt sich von kleinen Fischen und Krebsen. Die Eier von *Latimeria* sind mit über 300 g Gewicht die größten aller Knochenfische. Die Jungen ähneln bei der Geburt bereits stark den Adulten. Lange vor der wissenschaftlichen Beschreibung war *Latimeria* den Bewohnern der Komoren bekannt. Sie aßen das Fleisch und benutzten die in ihrem freien Teil bestachelten Cosmoidschuppen zum Aufrauhen der Klebeflächen defekter Fahrradschläuche.

Landwirbeltiere (Tetrapoda)

Die Wirbeltiere gingen bereits im Devon an Land, und zwar – im Gegensatz zu den meisten Wirbellosen – vom Süßwasser aus. Paarige Lungen für Luftatmung brachten sie mit. Tiefgreifend ist aber die Umwandlung der paarigen Extremitäten in Schreitfüße mit festem Innenskelet, mehreren Gelenken und Hand- bzw. Fußwurzelknochen. Für die Bewegung wird die hintere Extremität besonders wichtig. Das Becken gewinnt über Rippen (Sacralrippen) eine feste Verbindung mit der Wirbelsäule. Es besteht aus drei Knochen: Ilium, Ischium, Pubis. Die Wirbelsäule wird ein Tragebogen für den Körper, ihre Neuralbögen treten in gelenkige Verbindung miteinander (Prä-, Postzygapophyse), Wirbelkörper sind stets vorhanden, aber in ihrer Struktur wechselnd. Primitiv bleiben Ausleitung der Eier und der Spermien (Müllerscher Gang und Wolffscher Gang). Rückgebildet werden die Körperteile, die durch das Wasserleben bedingt sind: das Skelet der unpaaren Flossen, die Kiemendeckel mit ihren Hautknochen, die Kiemenspalten oberhalb der Amphibien; die vorderste, der Spritzlochkanal, wird zum lufterfüllten Mittelohr und behält über die Eustachische Röhre die Verbindung mit der Mundhöhle; nach außen wird es durch ein Trommelfell abgeschlossen. Die Schalleitung vom Trommelfell zur Schädelwand wird zuerst durch das Hyomandibulare (= Columella), dann zusätzlich durch Quadratum und Articulare geleistet. Die Tetrapoden stammen von den Rhipidistia unter den Crossopterygiern ab, und zwar von den Osteolepiformes. Es waren wahrscheinlich räuberische, bodenlebende Formen, die zunächst zeitweise das Wasser verließen. Alles spricht dafür, daß die Tetrapoden monophyletisch entstanden sind (Abb. 367).

1. Klasse: Amphibia (Lurche)

Die drei heutigen Amphibienordnungen, Schwanzlurche, Blindwühlen und Froschlurche sind die Reste einer großen palaeozoischen Formenfülle. Die rezenten Formen weisen im

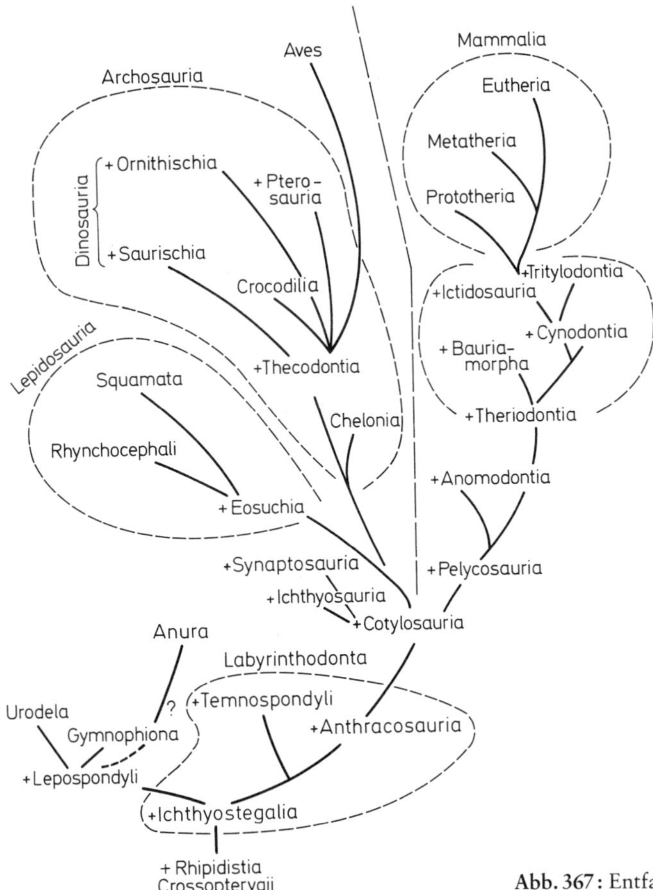

Abb. 367: Entfaltung der Tetrapoden. Nach Remane

Skeletsystem, besonders im Schädel, im Vergleich mit den fossilen Arten viele Reduktionen auf. Wie den Fischen fehlen den Amphibien die Embryonalhüllen, beide Gruppen werden daher oft als Anamnia zusammengefaßt und den Amniota (Reptilien, Vögel, Säuger) gegenübergestellt. Amphibien besitzen noch Seitenlinienorgane und Kiemenspalten; Kiemenblättchen funktionieren während des Larvallebens noch als Wasseratmungsorgane. Primitiv ist auch die äußere Befruchtung vieler Amphibien. Mit den Amnioten teilen sie die allgemeinen Charaktere der Tetrapoden, bewahren aber oft primitive Zustände, z.B. im Gehirn, Gefäßsystem und in der dünnen Hornschicht der Haut. Der Schädel trägt einen oder zwei Gelenkhöcker, die mit dem ersten Wirbel verbunden sind. Die vorderen Wirbel sind nicht zu Atlas und Epistropheus umgebildet. Sonderbildungen der rezenten Amphibien sind die Wirbelkörper, die aus dem vorderen Körper (Hypocentrum) und nicht aus dem hinteren (Pleurocentrum) entstehen wie bei den Amnioten, ferner die Haut mit ihren sackförmigen, vielzelligen Gift- und Schleimdrüsen.

Entfaltung der Amphibien. Amphibien sind seit dem Oberen Devon überliefert. Die frühen Formen, die Ichthyostegalia, waren z.T. große Tiere mit starker Verknöcherung des gesamten Schädels und Schultergürtels, voller Garnitur der Hautknochen, unpaarem Gelenkkopf des Schädels und Austrittsöffnungen für alle 12 Hirnnerven. Die modernen Amphibien sind also in der Verknöcherung reduziert, ihr paariger Gelenkkopf entstand durch Reduktion des mittleren Teils aus einem unpaaren, und auch die Tatsache, daß heute nur noch die Hirnnerven I–X die Schädelwand passieren, ist abgeleitet.

Zwei große Gruppen fossiler Amphibien

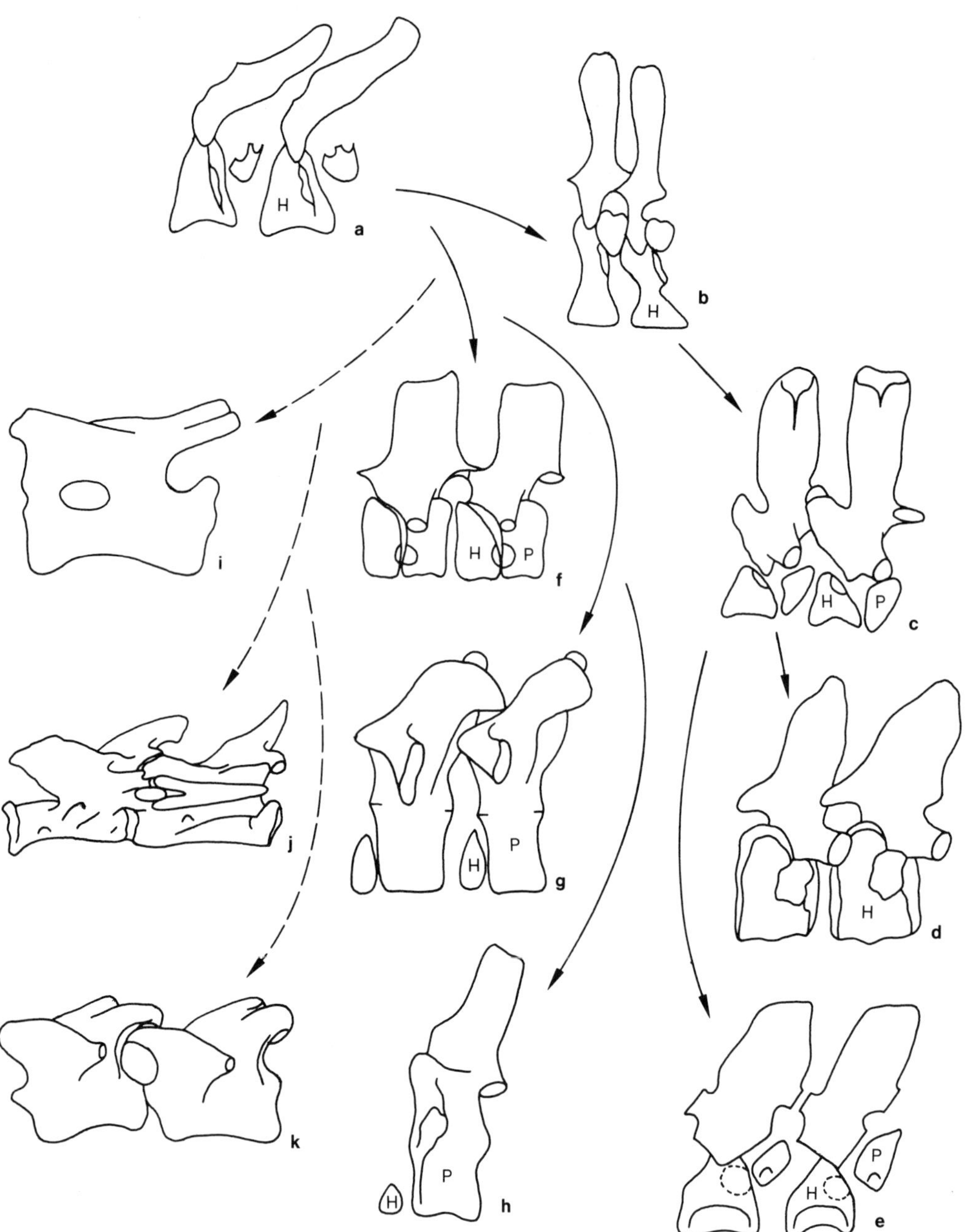

Abb. 368: Phylogenese der Wirbeltypen. a. Ausgangstyp, Crossopterygier *(Eusthenopteron)*; b. *Ichthyostega* (Pleurocentrum wohl knorpelig); c. *Eryops* (rhachitomer Typ); d. *Mastodonosaurus* (stereospondyler Typ); e. *Lyriocephalus* (neorhachitom, Hypocentrum überwiegend); f. *Archeria* (embolomer); g. *Seymouria* (Pleurocentrum überwiegt); h. *Sphenodon* (primitives Amniotenstadium); i. *Cardiocephalus* (lepospondyl); j. *Salamandra*; k. *Rana*. H: Hypocentrum, P: Pleurocentrum. Nach Jarvik, Starck, Williams, Williston

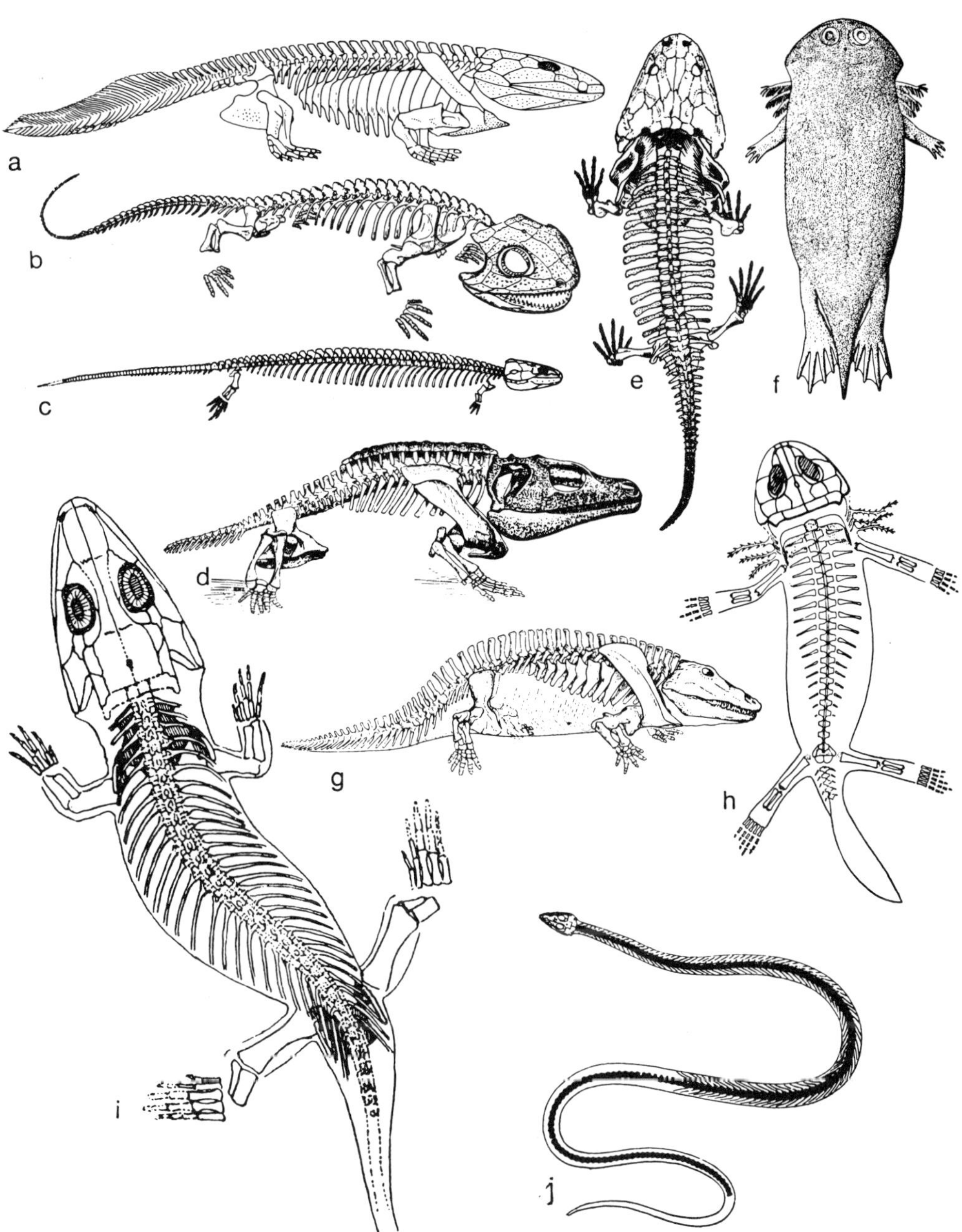

Abb. 369: Fossile Amphibien. a. *Ichthyostega* (Ichthyostegalia), b. *Discosauriscus* (Seymouriamorpha), c. *Microbrachis* (Microsauria), d. *Cacops* (Rhachitomi), e. *Metoposaurus* (Stereospondylia), f. *Gerrothorax*, neotener Plagiosaurier, g. *Eryops* (Rhachitomi), h. *Branchiosaurus*, Larve (Rhachitomi) i. *Diplovertebron* (Anthracosauria), j. *Ophiderpeton* (Aistopoda). Nach Bullmann, Fritsch, Jarvik, Nilsson, Sawin, Spinar, Watson, Whittard, Williston

lassen sich unterschieden, die Labyrinthodontia und Lepospondyli; ihnen können als Lissamphibia die rezenten Formen gegenübergestellt werden. Im einzelnen ist das System der fossilen Amphibien nicht unumstritten, und auch zur Ableitung der modernen Amphibien aus den Altformen gibt es unterschiedliche Auffassungen.

a. Labyrinthodontia. Devon bis Trias. Der Name bezieht sich auf die starke Faltung der Zahnoberfläche, die auch bei Crossopterygiern auftritt. Als Basisgruppe gehört hierher die Ordnung der **Ichthyostegalia** (Abb. 369) mit der ursprünglichen *Elpistostege* und höheren Formen wie *Ichthyostega*. An Fische erinnernd und besonders primitiv sind die knöchernen Flossenstrahlen in den Schwanzflossen und die kleinen Knochen des Kiemendeckels. Äußeres und inneres Nasenloch liegen nahe beieinander am Kieferrand. Die Wirbel lassen sich als protorhachitom beschreiben. Das relativ kleine keilförmige Pleurocentrum ist wie bei Crossopterygiern wohl meist noch knorpelig (Abb. 368).

Oberhalb der Ichthyostegalia lassen sich die Labyrinthodontia zwei Ordnungen zuweisen, den Temnospondyli und Anthracosauria, die sich vor allem im Bau ihrer Wirbel unterscheiden. Als primitiv wurde lange ein Wirbeltyp angesehen, dessen Wirbelkörper aus gleichgroßen Hypo- und Pleurocentra bestand: embolomerer Wirbel. Neue Funde zeigen aber, daß im frühen Karbon auch schon rhachitome Wirbel (großes Hypocentrum, kleines dorsales Pleurocentrum, großer Neuralbogen) nachweisbar sind. Da auch die primitiven Ichthyostegalia rhachitomähnliche Wirbel besaßen, ist der rhachitome Wirbel vermutlich als ursprünglich anzusehen. Bei den abgeleiteten stereospondylen Wirbeln besteht der Wirbelkörper nur aus einem Hypocentrum.

Temnospondyli. Die Rhachitomi sind eine Gruppe primitiver Temnospondyli. Zu ihnen gehören zahlreiche Gattungen in Karbon und Perm (z. B. *Loxomma*, *Edops* und *Eryops*). Die Choanen bleiben außen am Gaumen, im Gaumen bilden sich große Lücken zwischen den Pterygoidea.

Die Stereospondyli sind die Fortsetzung der Rhachitomi im Mesozoikum bis in den Jura (Lias). Die Hypocentren werden zu massigen Wirbelkörpern, die die Chorda dorsalwärts drängen. Die Pleurocentren bleiben erst knorpelig und verschwinden dann zwischen den Wirbelkörpern. Der Schädel war meist stark abgeflacht, einige Formen waren vermutlich neoten (Kiemen vorhanden). *Mastodonsaurus*, *Cyclotosaurus*, *Plagiosaurus*.

Zwischen Rhachitomi und Stereospondyli vermitteln strukturell die Trematosauria, Fischfresser, die in der Unteren Trias ins Meer vorgedrungen sind.

Die **Anthracosauria** führen zu den Reptilien. Bei ihnen dehnt sich das Pleurocentrum langsam aus und verdrängt das Hypocentrum, bis es schließlich alleiniger Wirbelkörper wird. Ihre Entwicklung vollzieht sich in Karbon und Perm. Eine frühe Form ist *Pholidogaster*. Besser bekannt sind die Embolomeri mit 2 etwa gleichgroßen Wirbelkörpern pro Segment *(Eogyrinus, Palaeogyrinus)*. Die inneren Nasenlöcher rükken medianwärts, die Gaumenknochen bleiben breit, der Condylus des Kopfes ist unpaar.

Für besonders wichtig werden die Solenodonsauridae *(Diplovertebron, Gephyrostegus, Solenodonsaurus)* gehalten, weil sie oder ähnliche frühere Formen gut die Vorfahren der Reptilien sein können. Von ihnen lassen sich primitive echte Reptilien (Captorhinomorpha) ableiten. Ihre Wirbel besitzen schon große Pleurocentra, der Schädel ist wie bei Reptilien langgestreckt und ziemlich hoch.

Weitere Anthracosauria, die Seymouriamorpha *(Seymouria, Kotlassia)* weisen ebenfalls viele Merkmale auf, die an Reptilien erinnern. Sie werden heute aber meist noch für Amphibien gehalten, u. a. weil sie Seitenlinienorgane und kiementragende Larven besaßen.

b. Lepospondyli. Der Wirbelbau weicht von dem der anderen palaeozoischen Amphibien ab, dennoch ist es sehr wahrscheinlich, daß auch die Lepospondylier sich von primitiven Labyrinthodontiern herleiten. Pro Segment ist ein hülsenförmiger Wirbel ausgebildet, das Hypocentrum. Ihm sitzt ein breiter, z. T. die Chorda überdachender Neuralbogen auf, der oft mit ihm verschmilzt. Gleiche Wirbel treten bei Urodelen und Gymnophionen auf. 3 Ordnungen bildeten eine Fülle von kleinen Arten, die die Sümpfe und Gewässer der Steinkohlenzeit bevölkerten.

Die Aistopoda (Abb. 369) umfassen schlangenartige Formen mit reduzierten oder fehlenden Extremitäten; ähnliche Typen treten bei den Nectridea auf, zu denen weiterhin Arten mit grotesken, nach hinten weisenden Fortsätzen am Schädel zählen. Auch die Microsauria (Abb. 369) hatten meist reduzierte Beine.

c. Lissamphibia. Von Lepospondyli wurden oft die rezenten Urodelen und Gymnophionen abgeleitet, vor allem wegen des Wirbelbaues. Die Vorfahren der Anuren sollten dagegen in der Gruppe der Rhachitomi zu suchen sein. Jetzt sieht man in den rezenten Amphibien oft wieder eine Einheit, die Lissamphibia. Diese sind u.a. durch viele Übereinstimmungen im Schädelbau, in der Anlage des Neurocraniums, in der Zahnform (mit mechanisch schwacher Zone an der Basis der Krone), im Bau des Ohres (verbreitetes Auftreten von zwei Mittelohrknochen: Stapes und Operculum, Papilla amphibiorum im Innenohr) in der Hirnstruktur, in der Anatomie von Carpus und Tarsus und im histologischen Aufbau vieler Organe, z.B. der Haut und ihrer Drüsen geeint. Bei allen rezenten Formen ist die Hautatmung gut entwickelt, bei Fröschen führt eine Arteria cutanea magna venöses Blut zur Haut, bei Urodelen ist die Mundhöhle oft stark vaskularisiert. Bei allen Lissamphibien kommt eine Metamorphose beim Übergang von Larven- zu Erwachsenenstadium vor, die wohl von gleichartigen endokrinen Mechanismen gesteuert wird. Weiterhin zeigen Aufbau der blutbildenden Organe, z.B. Milz und Leber, sowie das Blutbild bei den rezenten Amphibien viele Übereinstimmungen.

Unter dem Begriff Urodelomorpha werden Urodelen und Gymnophionen zusammengefaßt (z.T. auch einschließlich der Lepospondyli). Nur ein hülsenförmiger Wirbel ist pro Segment

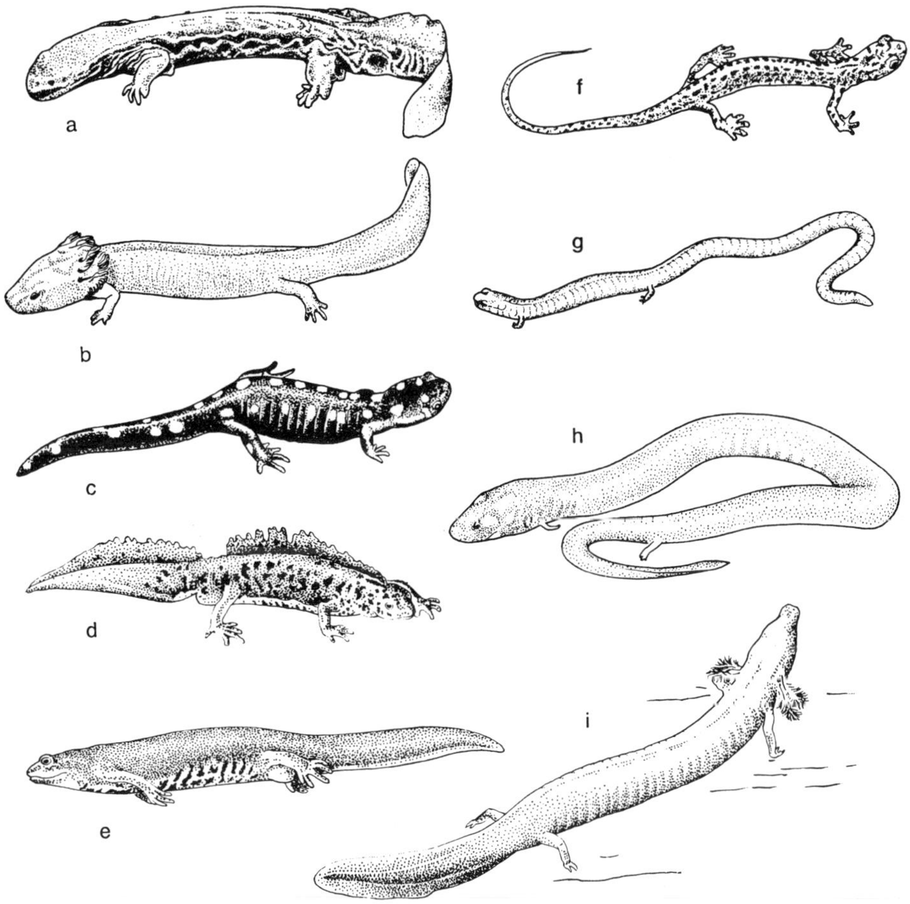

Abb. 370: Urodelen. a. *Cryptobranchus* (Cryptobranchidae) Schlammteufel; b. *Necturus* (Proteidae) Furchenmolch; c. *Ambystoma* (Ambystomatidae) Querzahnmolch; d, e. *Triturus cristatus* (Salamandridae) Kammolch, d. Männchen, e. Weibchen; f. *Eurycea* (Plethodontidae); g. *Batrachoseps* (Plethodontidae) Wurmsalamander; h. *Amphiuma* (Amphiumidae) Aalmolch; i. *Proteus* (Proteidae) Grottenolm. Nach Noble, Schmeil

verknöchert, das Hypocentrum. Ihm sitzt ein breiter, z.T. die Chorda überdachender Neuralbogen auf, der oft mit ihm verschmilzt. Das Pleurocentrum bleibt knorpelig und bildet nur bei hochstehenden Urodelen einen Gelenkkopf am Wirbelkörper.

1. Ordnung: Urodela (Abb. 370)

Die Urodelen besitzen innerhalb der rezenten Amphibien viele ursprüngliche Merkmale, z.B. in Hinsicht auf Körperform und Hirnmorphologie.

Molche und Salamander haben die typische Körperform der Urodelen: flachen Kopf, langen Rumpf und Schwanz, kurze, einander ähnliche Extremitäten (Abb. 370). Einige Urodelen haben einen aalartigen Körper. Das Skelet bleibt teilweise knorpelig, Deckknochen fehlen im Schultergürtel völlig und sind im Schädel gering an Zahl. Trommelfell und Mittelohr sind verschwunden, Augen meist klein. Wasserlebende Formen auch als erwachsene Tiere mit Seitenliniensystem. Wirbelkörper mit Neuralbogen fest verwachsen, meist amphicoel. Abweichend sind die kurzen doppelköpfigen Rippen, sie sitzen oberhalb der Arteria vertebralis an einem besonderen Rippenträger. Nur bei primitiven Formen (Hynobiidae und Cryptobranchidae) findet äußere Befruchtung statt, sonst setzt das Männchen bei einem Balzspiel gallertartige Spermatophoren mit Spermienstiftchen auf den Boden, die vom Weibchen aufgesucht und in die Kloake aufgenommen werden. Nicht selten erfolgt eine Übergabe der Spermatophoren direkt von Kloake zu Kloake.

Einige Typen des Balzspieles lassen sich unterscheiden. Bei *Euproctus* greift das Männchen das Weibchen mit dem Schwanz und legt die Spermatophoren in oder nahe der Kloake ab. Bei den Salamandern *Pleurodeles* und *Tylototriton* ergreift das Männchen das Weibchen von unten (Amplexus) und führt es zur abgelegten Spermatophore. Bei anderen Molchen ergreift das Männchen das Weibchen von oben, und die Geschlechter trennen sich zur Ablage der Spermatophore; das Weibchen wird dann veranlaßt über die Spermatophore zu schwimmen. Der enge Kontakt zwischen den Geschlechtern wird als Anpassung an fließende Berggewässer aufgefaßt.

Am einfachsten ist das Verhalten von *Triturus*, der in ruhigen Gewässern lebt. Männchen und Weibchen stehen sich zunächst mit der Schnauze gegenüber. Das Männchen bildet dann Duftstoffe, die dem Weibchen mit dem Schwanz zugewedelt werden. Anschließend erfolgt das Absetzen der Spermatophore. Danach wird das Weibchen über diese geführt und nimmt sie in seine Kloake auf.

Das Begattungsverhalten der Plethodontiden weist Anpassungen an das Landleben auf; hier spielen Duftdrüsen an Kinn und dorsaler Schwanzwurzel eine wichtige Rolle beim einleitenden Balzspiel; das Männchen führt das Weibchen schließlich über die abgelegte Spermatophore. Bei *Amphiuma* werben mehrere Weibchen um ein Männchen, das die Spermatophore direkt in die weibliche Kloake überträgt.

Die Eier mit Gallerthülle werden meist an Pflanzen abgelegt. Die im Wasser lebenden Larven ähneln weitgehend den Erwachsenen; sie sind durch lange äußere Kiemen, Kiemenspalten, ein paariges Sinnes- und Haftorgan am Kopf (Rusconische Häkchen) und echte Zähne gekennzeichnet (Abb. 372). Die Plethodontidae besitzen Landlarven mit Kiemen und großem Dottervorrat, sie machen kein Wasserstadium durch. Einige Arten sind lebendgebärend (Alpensalamander). Die Urodelen sind noch stark ans Wasser gebunden, dort verbringen sie fast alle ihre Larvalzeit und dort erfolgen meist auch Befruchtung und Eiablage.

Mehrere Gattungen leben, oft unter Beibehaltung larvaler Merkmale, besonders der Kiemen, dauernd im Wasser (*Proteus*, *Typhlomolge*, *Amphiuma*, *Andrias*, *Cryptobranchus* u.a.). Daneben kommen bei manchen Arten einzelne Tiere vor, die als Larven im Wasser heranwachsen und hier geschlechtsreif werden (Neotenie; z.B. manche Molche). Heute leben Urodelen vorwiegend in Süßgewässern der nördlichen Hemisphäre; der größte Artenreichtum findet sich in Nordamerika. *Ambystoma subsalsum* lebt im Brackwasser (Mexiko); einige Plethodontidae (*Bolitoglossa*) findet man in Amerika auch südlich des Äquators im oberen Amazonasgebiet.

Systematik. Man unterscheidet acht Familien, die in 4–5 Unterordnungen zusammengefaßt werden, mit 550 Arten.

1. Cryptobranchoidea. Urtümliche Gruppe: äußere Befruchtung, Eier oft in Gallertsäcken oder -strängen.

Hynobiidae (Winkelzahnmolche): Mittel-

und Ostasien, mehrere Arten in Japan, oft in Gebirgsbächen (bis 4000 m), salamanderähnliche Gestalt, Lungen können fehlen. *Hynobius; Pachypalaminus; Onychodactylus; Ranodon.*

Cryptobranchidae (Riesensalamander), im Wasser lebend mit larvalen Merkmalen, Kiemen bilden sich aber bei Erwachsenen zurück. *Andrias (Megalobatrachus)*, bis 1,5 m lang, mit 2 Arten (China, Japan), von Ausrottung bedroht; im Tertiär auch in Europa; *Cryptobranchus* (Schlammteufel, Nordamerika), Männchen bewachen im Nest Laich mehrerer Weibchen.

2. Sirenoidea (Meantes, Armmolche). Aalähnlich, ohne Hintergliedmaßen und ohne Becken; Erwachsene haben Lungen und Kiemen sowie Kiemenspalten; Kiefer mit Hornscheiden an Stelle von Zähnen; Maxillare fehlt; Männchen ohne Kloakendrüsen (vermutlich keine Spermatophorenbildung); wenn Gewässer austrocknen, überdauern Sirenoidea in Schlammhöhlen; Hautdrüsen produzieren einen Schleimkokon, der den Körper vor Austrocknung schützt. Nordamerika: *Siren*, *Pseudobranchus*.

3. Salamandroidea. Artenreiche Kerngruppe der Urodelen (ca. 200 Arten), Haut glatt oder rauh, z. T. neotene Arten, vor allem bei Höhlenbewohnern.

Salamandridae (Salamander und Molche): *Pleurodeles* und *Tylototriton* sind Primitivformen; *Salamandra*, *Mertensiella*, *Chioglossa* und *Salamandrina* sind die höchstentwickelten Formen mit einem Trend zum Landleben, *Salamandra atra* ist vivipar; *Triturus*, *Cynops*, *Hypselotriton*, *Paramesotriton*, *Neurergus*, *Notophthalmus*, *Taricha*, *Euproctus* und *Pachytriton* (ständig im Wasser).

Amphiumidae (Aalmolche): aalähnlich, sehr schwache Extremitäten mit 2–3 Zehen, bis 1 m lang, wasserlebend, unvollständige Metamorphose, Kiemenlöcher bleiben erhalten, größte Erythrocyten bei Wirbeltieren, Weibchen bewachen Gelege. *Amphiuma*, Nordamerika.

Proteidae (Olme): wasserlebende, neotene Formen mit äußeren Kiemen und kleinen Extremitäten; Lungen vorhanden; Schädel weitgehend knorpelig; einige Deckknochen des Gesichtsschädels fehlen (Maxillare, Nasale, Praefrontale); Balzverhalten und Spermatophore von *Proteus* weisen Übereinstimmungen mit *Triturus* auf. *Proteus* (Grottenolm), Augen rückgebildet, unter der Haut, reduzierte Zahnzahl, Höhlen des dinarischen Karstes; *Necturus* (Furchenmolch), oberirdische Gewässer Nordamerikas, nicht näher mit *Proteus* verwandt, wird auch in eigener Unterordnung geführt.

4. Ambystomatoidea (Amblystomoidea, Querzahnmolche). Ambystomatidae: Nordamerika, breiter Kopf, deutliche Rippenfurchen, seitlich abgeflachter Schwanz, Gaumenzähne in Querreihen am Mundhöhlendach. Als Erwachsene meist am Land, nur zur Paarung und Eiablage im Wasser, manche Arten z. T. mit neotenen Larven (z. B. *Ambystoma tigrinum)*, Axolotl *(Ambystoma mexicanum* und *Dicamptodon copei)* im Freiland stets neoten. *Dicamptodon* in und am Wasser, mit Lautäußerungen; *Ryacotriton; Ryacosiredon; Ambystoma*, artenreiche Gattung.

Plethodontidae: Lungen fehlen, drüsige Furche vom äußeren Nasenloch zum Oberlippenrand, Lippen können bei Männchen Tentakel bilden. Artenreichste Gruppe (180 Arten), fast nur Neue Welt. *Hydromantes* auch in Höhlen Sardiniens und Liguriens. Oft außerordentlich langgesteckte Tiere, Eier werden im Wasser oder an Land abgelegt; z. T. ohne wasserlebende Larven, auch die europäische Art legt Eier. Zunge bei manchen Arten pilzförmig gestielt und ausschleuderbar; *Gyrinophilus; Pseudotriton; Eurycea; Typhlotriton* als Erwachsene blind; *Typhlomolge*, blind; *Haideotriton*, neoton, blind; *Plethodon; Aneides; Hydromantes* (Europa und Nordamerika); *Batrachoseps* kurze Extremitäten, 4-zehige Füße; *Bolitoglossa; Oedipina; Parvimolge; Thorius; Desmognathus* (bei Mundöffnung werden Oberkiefer und Schädel nach oben aufgerichtet), u. a.

2. Ordnung: Gymnophiona (Apoda, Caecilia, Blindwühlen)

Tropische, meist unterirdisch lebende, wurmförmige Amphibien mit gut verknöchertem Schädel und bezahnten Kiefern; Zähne vielgestaltig, oft schlank und zweispitzig. Sie sind Raubtiere, die sich von Würmern, Insekten, Fröschen, kleinen Schlangen u. a. ernähren; z. T. noch Knochenschuppen in der geringelten Haut. Viele Sondermerkmale sind Anpassungen an die wühlende Lebensweise: Extremitäten einschließlich Schulter- und Beckengürtel fehlen,

Augen reduziert, liegen meist unter der Haut, z.T. sogar unter den Schädelknochen, Kloake mündet terminal, Schwanz reduziert oder fehlend. Oberkiefer mit zwei ausstülpbaren Tentakeln. Diese entspringen der Wand eines Ganges, der die Höhle des Jacobsonschen Organs mit der Außenwelt verbindet. Möglicherweise fächeln die Bewegungen der Tentakel dem gut entwickelten Sinnesepithel des Jacobsonschen Organs Duftstoffe zu. Relativ großes Telencephalon, kleines Pinealorgan. Linke Lunge meist rückgebildet. *Typhlonectes* mit 2 sehr großen Lungen, die sich bis zum Körperende erstrecken und sicherlich auch hydrostatische Funktion haben. Auffallend große gelappte Leber. Innere Befruchtung; die ausstülpbare Kloake des Männchens dient als Begattungsorgan. Die Eier werden oft im Boden abgelegt und vom Muttertier bewacht (Abb. 371). Die Larve mit großen äußeren Kiemen bleibt in der Eihülle. Beim oder vor dem Schlüpfen werden die Kiemen rückgebildet. Die Larven leben dann entweder einige Zeit im Wasser oder bleiben im Boden. Die wasserlebenden Larven besitzen offene Kiemenspalten, die bei der Metamorphose verschlossen werden. Viele Arten sind lebendgebärend, die zarthäutigen Jungen ernähren sich oral von einem fettreichen Sekret des Uterus. Oft spezielles Larvalgebiß mit Zähnchen, die mehrere gebogene Spitzen besitzen. *Typhlonectes* lebt völlig im Wasser. Verbreitung: Mittel- und Südamerika, Zentralafrika, Seychellen, Indien bis Indonesien und Philippinen. Vier Familien:

Ichthyophiidae: Adulte terrestrisch, kurze Schwänze, mit kleinen Knochenschuppen in der

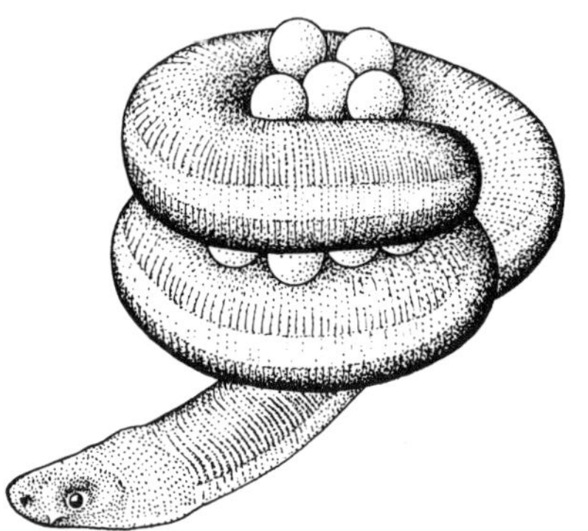

Abb. 371: Weibliche Gymnophione *(Ichthyophis)*, die unterirdische, in Embryonalkapseln eingeschlossene Embryonen bewacht. Nach Sarasin

Dermis; 2–4 Sekundärfalten pro Körpersegment. Bei der süd- und südostasiatischen *Ichthyophis* bewacht das Weibchen in einer Erdhöhle 20 oder mehr dotterreiche Eier (Fig. 371). Die Eier nehmen Wasser auf und schwellen auf das Doppelte der ursprünglichen Größe an. Die Embryonen entwickeln sich in der Eihülle zu kiementragenden Larven (3–4 cm lang). Nach dem Schlüpfen verlieren die Larven die Kiemen und führen ein weitgehend aquatisches Leben. Nach ca. 2 Jahren machen sie eine unauffällige Metamorphose durch (Verschluß der Kiemenspalte, Rückbildung des Flossensaumes am Schwanz) und nehmen die grabende terrestrische Lebensweise der Adulten auf. Süd- und Südost-Asien, Südamerika. *Ichthyophis*, *Rhinatrema*, *Caudacaecilia*, *Epicrionops*.

Typhlonectidae: aquatisch, Körperende ruderschwanzartig umgebildet, Kiemen der intrauterin lebenden Larven sind vaskularisierte Lappen (Abb. 372 o). Südamerika: *Typhlonectes*.

Caeciliidae: Größte Familie (vermutlich künstliche Gruppe) mit ca. 100 Arten und 27 Gattungen. Schwanz undeutlich, z. T. mit Knochenschuppen. Adulte terrestrisch, Larven oft aquatisch. *Gymnopis* und *Geotrypetes* mit Viviparie, Metamorphose im Oviduct. Südamerika, Afrika, Asien. *Siphonops. Hypogeophis*, *Caecilia*, *Chthonerpeton*, *Schistometopum*, *Dermophis*.

Scolecomorphidae: Adulte mit sehr langen Tentakeln; Augen unter Schädelknochen, Stapes fehlt; Embryonen z.T. mit großen verzweigten Kiemen, Afrika, *Scolecomorphus*.

3. Ordnung: Anura (Salientia, Ecaudata, Froschlurche)

Die Anuren sind mit über 2600 Arten die größte und über alle Erdteile verbreitete Ordnung der rezenten Amphibien. Ihr Bau (Abb. 373) ist durch die Ausbildung des Sprungvermögens gekennzeichnet: Verlängerung der Hintergliedmaßen, Fußwurzel lang mit Intertarsalgelenk, Schwanz reduziert, seine Wirbel sind zu einem Knochenstab (Urostyl) verschmolzen, Beckengürtel mit stabförmigen Darmbeinen (Ilia), die als Stoßstange wirken. Beim Krötentyp, der mehrfach unabhängig entstand, ist das typische Sprungvermögen wieder rückgebildet. Sind die Coracoidknorpel getrennt und überlappen sich, spricht man von arciferen Schultergürteln; sind sie verwachsen, von firmisternen (Abb. 374); es existieren viele Übergangsformen. Präsakralwirbel auf 5–9 reduziert, Rippen bei primitiven Formen *(Ascaphus, Leiopelma)* noch als kurze Elemente an einigen Querfortsätzen von Brustwirbeln nachweisbar, meist sind die Anlagen von Rippenresten mit diesen verwachsen. Amphicoele (primitiv), pro- und opisthocoele Wirbel. Die Wirbelgelenke bilden sich im knorpeligen Intervertebralkörper aus, bei den Amphicoela unterbleibt die Bildung eines solchen Gelenkspalts, die knöchernen Centra sind also hier durch ungeteilte Knorpelstücke verbunden. Trotz der Einstellung des Körperbaues auf die springende Bewegung sind Anuren zu vielen Anpassungen fähig, zum vollen Leben im Wasser *(Xenopus, Pipa)*, zu grabender Lebensweise *(Scaphiopus, Pelobates, Breviceps)*, zum Leben auf Bäumen *(Hyla, Rhacophorus)*; einige Formen sind sogar durch große Hände und Füße mit Hautflächen zwischen Fingern und Zehen zu kurzem Gleitflug fähig *(Rhacophorus reinwardti)*. *Chiroleptes* lebt z. T. unterirdisch in australischen Trockengebieten, kann rasch größere Wassermengen aufnehmen und speichern. Relativ primitiv innerhalb der rezenten Amphibien bleiben die Anuren durch die häufige Bewahrung von Mittelohr und Trommelfell, durch die meist äußere Befruchtung, bei der das Männchen das Weibchen bei einer Paarung in Achsel- oder Lendenregion umklammert. Nur *Ascaphus* bildet aus der Kloake ein Kopulationsorgan. Anuren sind im Gegensatz zu Urodelen stimmfreudig und quaken oft in riesigen Chören. Die Lauterzeugung erfolgt im Kehlkopf und wird durch äußere oder innere Schallblasen verstärkt. Nahrungsaufnahme meistens mittels einer klebrigen Schleuderzunge, die bei den aquatischen Aglossa fehlt.

Eine eigenartige Sonderentwicklung zeigen die geschwänzten Larven (Kaulquappen, Abb. 372). Das 1. Stadium gleicht mit seinen äußeren Kiemen noch der normalen Amphibienlarve, die kehlständigen Haftorgane sind sogar noch besonders primitiv. Im 2. Stadium erhält aber der Mund meist hornige Kiefer und wird von Reihen von Hornzähnen umgeben. Jederseits wächst eine Hautfalte von hinten her über die Kiemenregion; vereinigt bilden sie dann einen Peribranchialraum, der durch ein Atemloch (fälschlich Spiraculum genannt) meist ventral oder linksseitig ausmündet. Die Falte überwächst auch die Anlagen der Vorderbeine, die zunächst in den Peribranchialraum wachsen. 4 Haupttypen der Kaulquappen sind für die Systematik verwendet worden. Typ I (Aglossa): 2 Peribranchialräume mit je einem Atemloch, ohne hornige Kiefer und Zähne; Typ II (Microhylidae): 1 Peribranchialraum mit medianem ventralen Atemloch, ohne hornige Kiefer und Zähne. Typ III *(Ascaphus)*: wie Typ II, aber mit Hornkiefern und -zähnchen. Typ IV (Anomocoela, Ranidae, Procoela): wie Typ III, Atemloch aber links gelegen. Der Schwanz trägt unterschiedlich hohe Flossensäume, manche Kaulquappen besitzen Lungen als hydrostatisches Organ *(Hyla versicolor)*; um den Mund herum können faltige Hautsäume ausgebildet sein, die der Wasseroberfläche aufliegen und der Nahrungsbeschaffung dienen *(Microhyla*, Strudler); einen röhrenförmigen Saugmund besitzen *Hyla*-Arten, bei *Hemisus* tragen die Lippen Sinnesfäden. Die Kiemen sind faden-, teller- oder glockenförmig *(Gastrotheca)*, z.T. sehr groß (Schwimm- und Atmungsorgane, *Hyla rosenbergi, Leptodactylus*); in schnellfließenden Gewässern können Kaulquappen Saugnäpfe ausbilden *(Staurois)*, auch vergrößerte Lippen dienen der Festheftung (*Rana*-Arten). Viele carnivore, z.T. kannibalische Larven besitzen kräftige Kiefer und Zähne (einige Hylidae und Microhylidae). *Hylodes* und *Borborocoetes* besitzen abgeflachte Larven, die in der Spritzzone von Gebirgsbächen und Wasserfällen über nasse Steine rutschen.

Die Eier werden i. a. in Klumpen oder Schnüren im Wasser abgelegt. Manche Raniden und Microhyliden besitzen dagegen Eier mit Schwebevorrichtungen. Viele Arten treiben Brutfürsorge: Eier werden in Bodengängen (viele Brevicipitinae) oder in Schaumnestern (Rhacophoriden, manche Bufoniden) abgelegt, Blätter werden über den Eiern zusammengefaltet (*Hyla*-Arten). *Pipa* trägt die Eier in einzelnen Hautkammern auf dem Rücken; *Phyllobates*-Männchen tragen die Larven auf dem Rücken an Gewässer; südamerikanische Baumfrösche *(Cryptobatrachus, Notodelphis, Gastrotheca)* tragen die Eimasse frei oder in Hauttaschen auf dem Rücken. Bei *Rhinoderma* entwickeln sich die Larven im Kehlsack des Männchens; *Nectophrynoides* ist vivipar. Manchen Microhylidae, Ranidae, Bufonidae u.a. fehlen freie Larvenstadien.

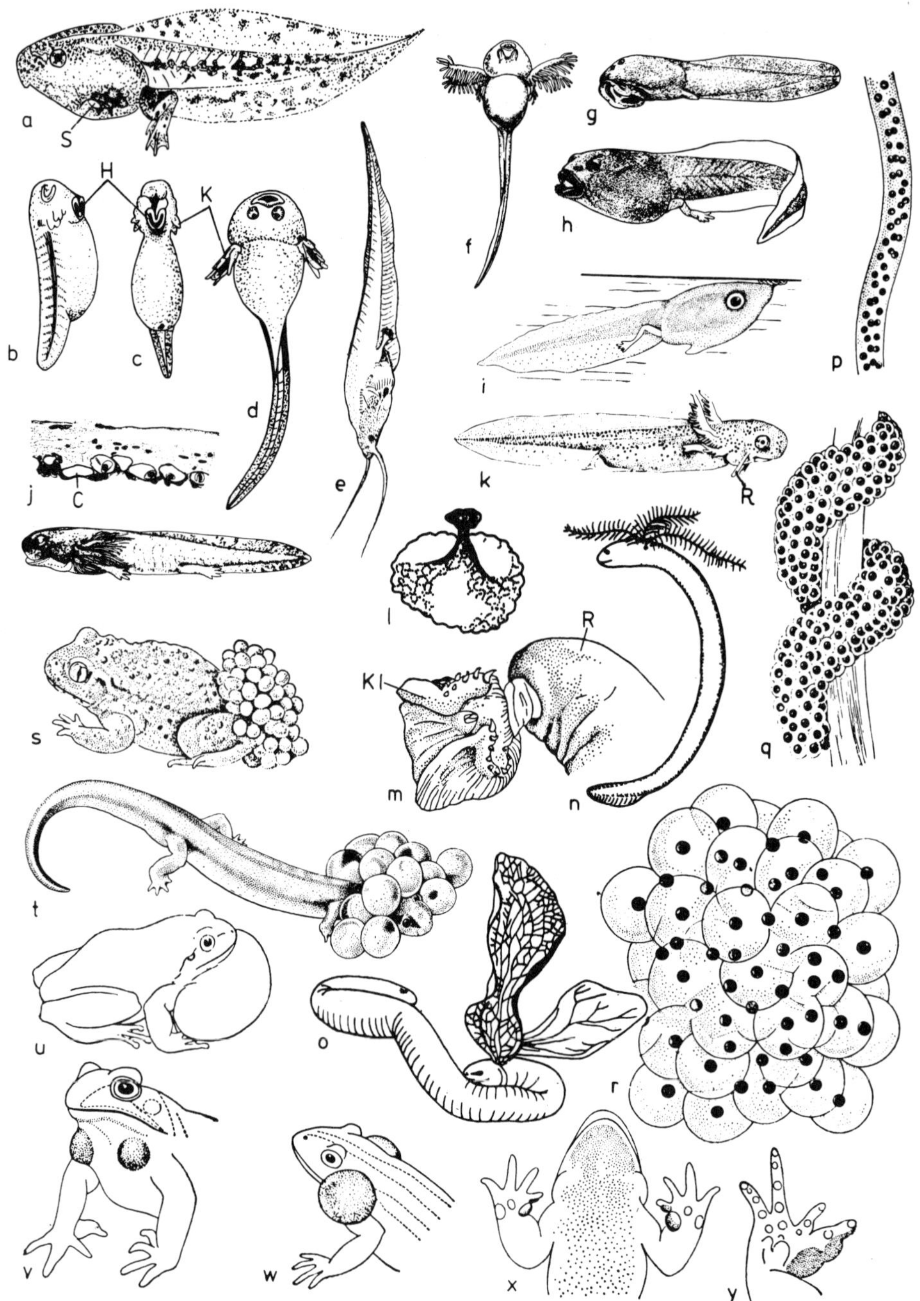

Abb. 372: Amphibienentwicklung und -fortpflanzung. a–i. Kaulquappen von Anuren. a. Kaulquappe des Wasserfroschs. S: Atemloch, b–d. junge Kaulquappenstadien von *Rana esculenta*, in denen die Kiemen (K) noch frei sind, H: Haftorgane, e. *Xenopus*, schwebt mit Kopf nach unten im Wasser, f. *Hyla rosenbergi*, sehr große Kiemen; g. *Ascaphus*, Mund bildet Saugnapf; h. *Ceratophrys*, kannibalisch, kräftige Kiefer; i. *Microhyla achatina*, nimmt mit breiten Lippen Nahrung von der Wasseroberfläche auf; j. *Salamandra salamandra*, oben Wand des Oviducts eines trächtigen Weibchens, beachte die zahlreichen Capillaren (C), unten Larve aus dem Oviduct eines trächtigen Weibchens, lange fädige Kiemen, die Nährstoffe aufnehmen; k. junge Larve

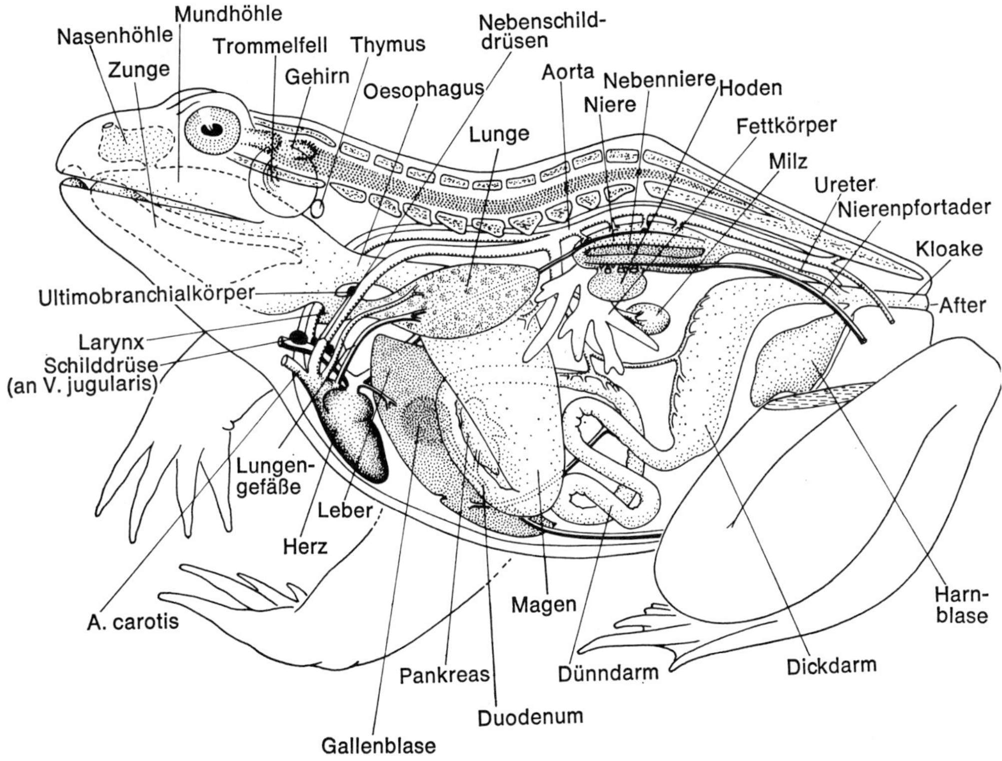

Abb. 373: Anurenbauplan. Nach Storer, Usinger

Nach dem Larvenstadium machen die Kaulquappen eine Umwandlung (Metamorphose) zum adulten Frosch durch. Dabei werden rasch der Schwanz eingeschmolzen, der Darm umgebaut, die Kiemen reduziert und der Mund erweitert.

Froschschenkel werden in vielen Ländern als Delikatesse angesehen. *Rana catesbeiana* ist eine der Arten, die zu Speisezwecken in Farmen gezüchtet wird.

Systematik. Ein natürliches System der Froschlurche gibt es bisher nicht. Aus der Fossilgeschichte der Anuren ist *Triadobatrachus (= Protobatrachus)* aus triassischen Ablagerungen Madagaskars von Interesse; seine Deutung ist jedoch umstritten. Er besaß bereits einen typischen Froschschädel, während das postcraniale Skelet noch vergleichsweise unspezialisiert ist. Zahlreiche verschiedene Klassifikationen existieren, gegen jede wurden Einwände vorgebracht. Parallelbildungen sind sehr häufig. Wichtige Merkmale für die Systematik sind: Bau der Wirbelsäule, des Schultergürtels, Anordnung von Muskelgruppen, Larventypen u.a. Oft wird auch das Verhalten von Kopfganglien für die Systematik herangezogen: Leiopelmatiden und Discoglossiden besitzen getrennte Trigeminus- und Facialisganglien,

von *Ambystoma mexicanum*, R: Rusconisches Häkchen; l. Spermatophore von *Notophthalmus;* m. Kopulationsorgan (Kl: ausgestülpte Kloake) eines männlichen *Scolecomorphus* (Gymnophione), R: hinteres Ende des Rumpfes; n. ganz junge Larve von *Ichthyophis*, o. Larve von *Typhlonectes* (Gymnophione), riesige Kiemen; p–r. Laich verschiedener Anuren, p. *Pelodytes punctatus*, q. *Bufo bufo*, r. *Rana temporaria*, s. Männchen der Geburtshelferkröte *(Alytes)* mit Laich; t. Weibchen von *Desmognathus fuscus* mit Laich; u–w. Schallorgane bei Anurenmännchen, u. Laubfrosch *(Hyla arborea)*, v. *Rana temporaria*; w. *Rana esculenta*; x–y. Haftstrukturen an den Armen und Händen männlicher Anuren, die dem Festhalten am Weibchen dienen, x. *Discoglossus pictus*, y. *Rana temporaria*. Nach Boulenger, Noble, Mertens, Perrier, Smith, Sarasin, Bishop

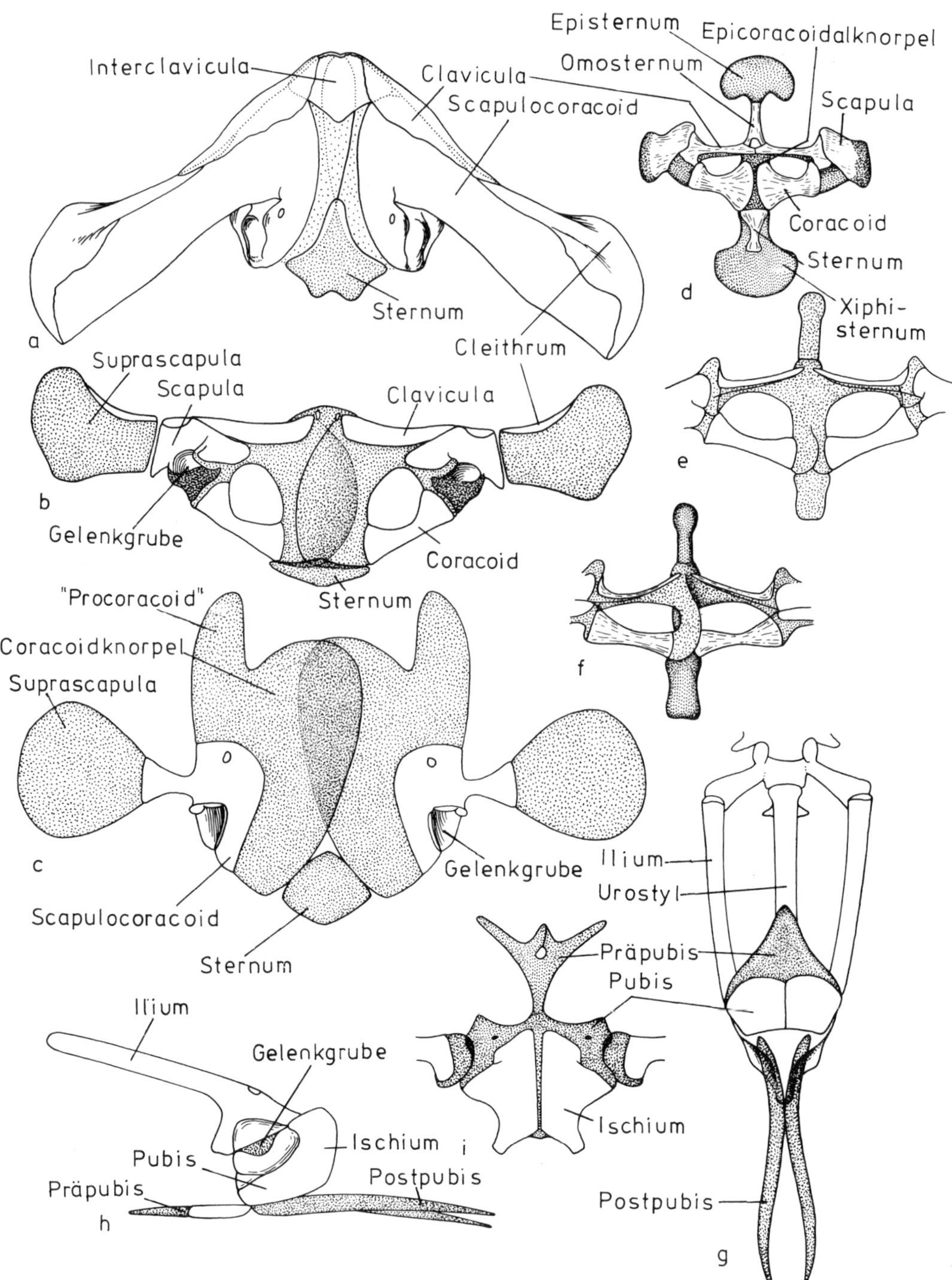

Abb. 374: Schulter- und Beckengürtel verschiedener Amphibien. Knorpel punktiert, Knochen weiß oder unregelmäßig gestichelt. a–c. Reihe mit Zunahme des Knorpelgewebes im Schultergürtel. a. *Erxops* (Labyrinthodontier), im ersatzknöchernen Schultergürtel liegt noch ein ungeteiltes Skeletelement vor, das Scapulocoracoid. b. *Ascaphus* (primitiver Frosch), die Suprascapula ist ein knorpelig bleibender Teil der Scapula, das

was – ebenso wie die freien Rippen – ein Primitivmerkmal ist. Bei allen anderen Anuren sind diese Ganglien verschmolzen, ein spezielles abgeleitetes Merkmal. Im folgenden werden 6 Unterordnungen unterschieden.

1. Amphicoela. Vermutlich künstliche Sammelgruppe primitiver Formen. Körper der amphicoelen Wirbel durch knorpelige, ungeteilte Intervertebralkörper verbunden, 9 präsakrale Wirbel, Rudimente von 2 Schwanzmuskeln vorhanden, arciferer Schultergürtel. *Leiopelma* (Neuseeland), Eier werden an Land abgelegt, kein freies Kaulquappenstadium. *Ascaphus* (nordwestliche USA) lebt in Gebirgsbächen, innere Befruchtung mit Hilfe der ausgestülpten Kloake, Kaulquappen können sich mit dem Mund an Steinen festsaugen (Abb. 372, 375).

2. Aglossa. Isolierte und spezialisierte Gruppe; mindestens seit Jura mit Eigenentwicklung. Ophisthocoele Wirbel. Stark ans Wasserleben angepaßt, z. T. mit Seitenlinienorganen; Zunge fehlt; Nahrungsaufnahme mittels eines eigenartigen Saug-Schnappmechanismus, dessen morphologisches Äquivalent ein spezialisierter, großer hyolaryngealer Apparat ist. *Xenopus* mit stark beweglichem Becken ohne eigentliches sacroiliakales Gelenk. *Pipa* (Wabenkröte), nördliches Südamerika; Eier entwickeln sich in Zellen (Waben) der Rückenhaut des Weibchens, kein freies Larvenstadium, Jungfrösche verlassen nach ca. 100 Tagen die Waben. *Xenopus* (Krallenfrosch), Afrika südlich der Sahara, Labortier, früher oft zum Schwangerschaftstest benutzt, Kaulquappen mit langen Mundtentakeln, schweben fast senkrecht (Kopf nach unten) im Wasser. *Hymenochirus*, *Pseudohymenochirus*, Westafrika.

3. Opisthocoela (Opisthoglossa). Opisthocoele Wirbel. Discoglossidae: scheibenförmige Zunge, Adulte mit freien Rippen und beweglichen Augenlidern. Alte Welt. *Alytes* (Geburtshelferkröte), Mittel- und Südeuropa. Männchen nimmt dem Weibchen nach Besamung die Eischnüre ab, wickelt sie sich um die Beine und trägt sie einige Wochen umher; die Kaulquappen werden ins Wasser entlassen. *Bombina* (Unken), Europa bis China, aquatische Formen mit bunter Unterseite. *Barbourula*, aquatisch, Philippinen. *Discoglossus*, froschähnlich, westliches Mittelmeergebiet. Rhinophrynidae: mit *Rhinophrynus*, Mittelamerika, unsichere Stellung im System; keine freien Rippen, Füße als Grabwerkzeuge spezialisiert. Am 1. Zeh kräftige Hornkante, Nahrung u. a. Termiten.

4. Anomocoela. Ohne Rippen. Sacralwirbel procoel, mit Urostyl (Schwanzstab) verwachsen oder über einen oder zwei *(Pelodytes)* Condylen mit ihm gelenkig verbunden. Pelobatidae: 8 praesacrale Wirbel, die entweder einheitlich procoel (Pelobatinae) oder amphicoel mit freien Intervertebralscheiben (Megophrynae) sind. *Pelobates* (Knoblauchkröte), Europa, N. Afrika, glatte Haut, Fußinnenseite mit Grabschaufel, Kaulquappen z. T. räuberisch. *Megophrys* (Zipfelfrosch), Südost-Asien, mit langen weichen Hautzipfeln über den Augen und an der Nase. Larven mit Trichtermund, dessen breiter Rand auf der Wasseroberfläche liegt (Schwimmapparat), zahlreiche verwandte südostasiatische Gattungen. *Pelodytes* (oft in eigene Familie gestellt), SW Europa, Kaukasus.

5. Diplasiocoela. Artenreiche, weltweit verbreitete und vielgestaltige Gruppe. Sacralwirbel vorn konvex und hinten mit zwei Condylen für das Urostyl (Sooglossinae, 1 Condylus), 8 freie Wirbel 1–7 procoel, 8 amphicoel; vereinzelt nur procoele Wirbel (*Arthroleptis*, viele Microhylidae). Nie freie Rippen. 4 Familien: Ranidae, Grundgruppe; von ihnen einerseits Rha-

Coracoid bleibt in den medianen, sich überlappenden Teilen auch knorpelig. Die Nomenklatur der Anteile des Schultergürtels ist bei Amphibien verwirrend und uneinheitlich, speziell in Bezug auf die Elemente des Endoskelets Coracoid (Procoracoid) und Scapula. Große Teile dieser Elemente bleiben knorpelig und können dann neue Namen erhalten. Verbreitet ist der Begriff Epicoracoid für bestimmte knorpelige Bereiche. c. *Ambystoma* (Salamander), knöchern ist nur noch der einheitliche Bereich der Gelenkgrube, der hier Scapulocoracoid genannt wird; «Procoracoid» – nach vorn gerichteter Fortsatz des Coracoidknorpels (nicht homolog mit dem oft Procoracoid genannten Coracoid der Amphibien und Sauropsiden), d. firmisternaler Schultergürtel von *Rana*. Das Sternum der Anuren ist in einen cranialen und einen caudalen Teil zerlegt; der knöcherne Anteil des cranialen heißt Omosternum, der knorpelige Episternum, der knorpelige Anteil des caudalen Teils heißt auch Xiphisternum, der knöcherne wird auch allein Sternum genannt, e, f. arciferale Schultergürtel, e. *Sminthillus*, f. *Eleutherodactylus*, g. Ventral-, h. Lateralansicht des Beckengürtels eines Frosches *(Ascaphus)*, i. Ventralansicht des Beckengürtels eines Salamanders *(Tylototriton)*. Nach Goin und Goin, Gregory

cophoridae, andererseits Microhylidae abgeleitet; von Microhylidae leiten sich die Phrynomeridae ab.

Ranidae («echte Frösche»): vorwiegend Alte Welt, aber Dendrobatinae und z. B. auch *Rana* in Neuer Welt. Arthroleptinae (Afrika), Männchen oft mit stark verlängertem 3. Finger; Waldböden; *Arthroleptis* (legt Eier an Land ab), *Schoutedenella*, *Cardioglossa*, Sooglossinae, Seychellen, Larven von *Sooglossus* entwickeln sich auf dem Rücken der Männchen; *Nesomantis*. Dendrobatinae (Baumsteiger- oder Färberfrösche), neotropische Waldbewohner. Hautdrüsen mit Gift, das von Indianern zum Vergiften von Pfeilspitzen benutzt wurde, Männchen führen Kommentkämpfe aus; *Dendrobates*, *Phyllobates*. Astylosterninae, westafrikanische Waldfrösche mit *Astylosternus robustus*, dem Haarfrosch, bei dessen Männchen sich haarähnliche Hautfortsätze zur Brutzeit entwickeln, die Gefäße enthalten und der Atmung dienen (die Lungen sind relativ klein). Phrynopsinae, Afrika. Raninae, weltweit mit vielen Arten, allein *Rana* mit ca. 200. *R. goliath* (Afrika), größter Frosch (über 40 cm lang), *R. catesbeiana* (Nord-Amerika), *R. cancrivora*

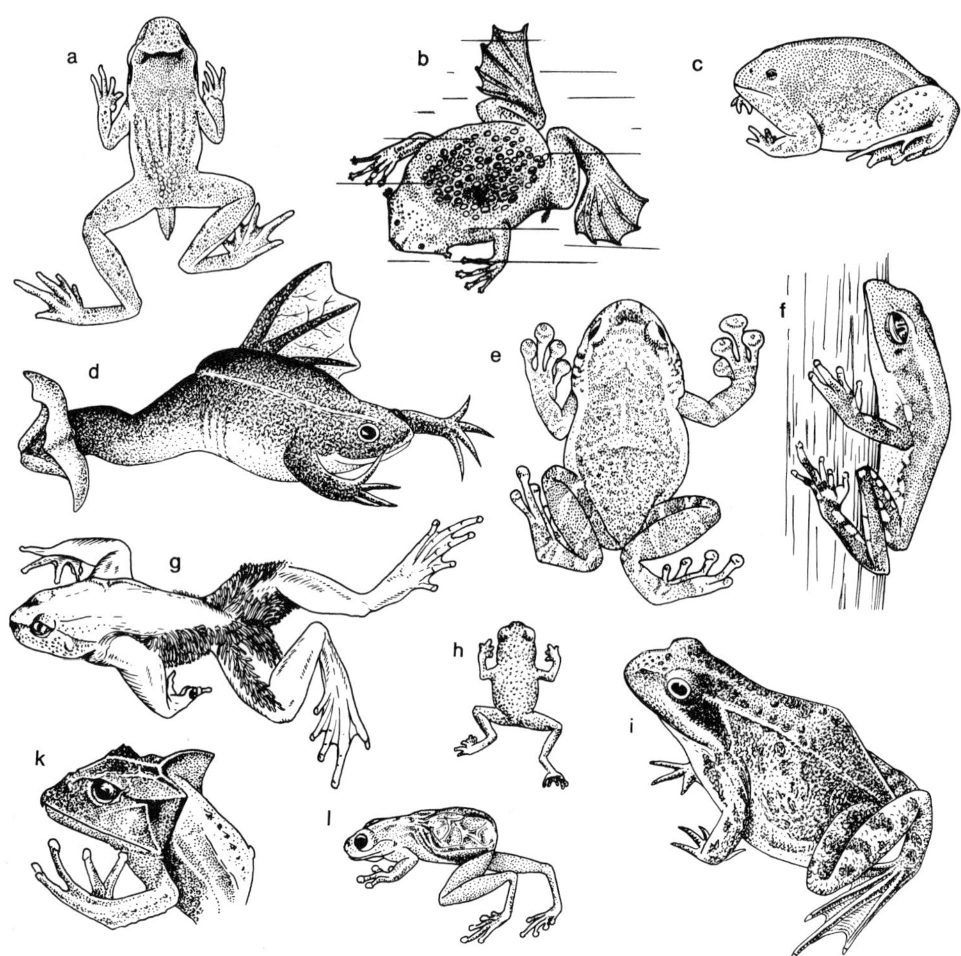

Abb. 375: Anurenformen. a. *Ascaphus*, Männchen mit stark verlängerter Kloake, die äußerlich einem kurzen Schwanz ähnelt. b. *Pipa* (Wabenkröte), c. *Rhinophrynus* (Bufonidae), d. *Xenopus* (Krallenfrosch), e. *Platyhyla* (Brevicipitinae), f. *Phyllomedusa* (Hylidae), g. *Astylosternus* (Ranidae), Männchen, h. *Oreophrynella* (Brachycephalinae), i. *Rana* (Ranidae), k. *Hemiphractus* (Hylidae), l. *Gastrotheca* (Hylidae). Nach Allyn, Noble

(Südost-Asien), Süß- und Salzwasserart; in Mitteleuropa: Braunfrösche *(Rana temporaria, R. arvalis, R. dalmatina)* und Grünfrösche *(R. esculenta, R. ridibunda) R. esculenta* wird neuerdings als Mischform zwischen *R. ridibunda* und *R. lessonae* angesehen. Petropedetinae, Afrika. Cornuferinae, Afrika bis Ostasien, Australien, Salomonen- und Fidschiinseln; zahlreiche Arten; Salomonen mit besonders reicher Anurenfauna; Finger und Zehenspitzen meist verbreitert, z. T. sogar mit Saugnäpfen; Ursprungsgruppe der Rhacophoridae; *Staurois*, Südost-Asien, lebt in Gebirgsbächen, Larve mit Saugnapf hinter dem Mund; *Cornufera*-Arten legen Eier an Land ab; direkte Entwicklung.

Rhacophoridae (Polypedatidae): Afrika, Süd- bis Ostasien, meist Baumfrösche mit Saugnäpfen an den Finger- und Zehenspitzen, *Rhacophorus reinwardti* u. a. mit häutigen Membranen zwischen den Zehen (Flugfrösche): Knorpelstücke zwischen den distalen Phalangen. Eier werden typischerweise in Schaummasse an Blättern über Gewässern abgelegt. Manche Formen mit direkter Entwicklung. In Afrika *Hyperolius, Kassina, Chiromantis* u. a.

Microhylidae: Sehr vielgestaltige Gruppe oft kleiner Frösche, die vermutlich in Südost-Asien entstanden und sich bis Neuguinea, Amerika und Afrika ausbreitet, oft flache, kurze Köpfe, Zähne fehlen oft, Schultergürtel manchmal reduziert.

Viele Parallelbildungen innerhalb der Gruppe (Zahnverlust, Verlust der ventralen Anteile des Schultergürtels, Anpassungen an das Baumleben, grabende Lebensweise u. a.) erschweren die Gliederung der Familie. Primitive Formen mit Anklängen an Ranidae *(Dyscophus*, Madagaskar; *Calluella*, Südost-Asien u. a.). Larven typischerweise mit medianem Atemloch und ohne Hornzähne und Kiefer. 7 Unterfamilien, darunter Cophylinae aus Madagaskar mit vielen Entwicklungslinien (Graber, Baumbewohner u. a.), Microhylinae (Indien bis Celebes und Mandschurei, USA bis Argentinien) mit *Microhyla* und *Kaloula*, Brevicipitinae (Afrika) mit meist grabenden Formen, die Eier im Boden ablegen.

Phrynomeridae: Afrika, baumlebende Formen mit Knorpelstücken zwischen Endphalangen (wie Rhacophoridae und Hylidae).

6. Procoela. Procoele Wirbel, gelegentlich freie Intervertebralscheiben; Urostyl über Doppelcondylus mit Sacralwirbel verbunden, selten sind Urostyl und Sacralwirbel verschmolzen. Nie freie Rippen. Weltweit, sehr formenreich, 6 Familien.

Pseudidae: aquatische südamerikanische Frösche, vermehrte Phalangenzahl (wie auch bei wasserlebenden Reptilien und Säugern), *Pseudis* mit über 25 cm langen Larven (Adulte ca. 7 cm lang).

Bufonidae (Kröten): weltweit; Tendenz zur Reduktion der Wirbelzahl. Maxillarzähne fehlen. Männchen von *Bufo* mit Bidderschem Organ (rudimentären Ovarien). *Bufo* mit großen «Parotis»drüsen und rauher, warziger Haut. Die Parotisdrüsen bilden weißliches giftiges Sekret, das in Mundhöhle und Rachen eines Räubers Entzündungen, Übelkeit, Herzarrhythmien u. ä. verursacht. Überlebende solcher Vergiftungen greifen Kröten kaum wieder an. *B. blombergi*, größte Kröte, bis 30 cm, Kolumbien. In Mitteleuropa *B. bufo* (Erdkröte), *B. viridis* (Wechselkröte), *B. calamita* (Kreuzkröte). *Nectophrynoides* (Ostafrika und Guinea) lebendgebärend und mit innerer Befruchtung, aus wenigen dotterreichen Eiern entwickeln sich im Uterus freie Stadien (ohne Kiemen, Festheftungsorgan und Hornkiefer), die ein Sekret der Uterusschleimhaut mit dem Mund aufnehmen. Die 2–16 Jungen sind bei der Geburt $^1/_3$ so groß wie die Mutter. Geburt erfolgt mit Hilfe der aufgeblasenen Lungen und der Bauchmuskulatur.

Atelopodidae: Bunte Formen Mittel- und Südamerikas, *Atelopus, Brachycephalus*.

Hylidae (Laubfrösche): Leiten sich von Bufoniden ab. Oft baumlebend mit Haftnäpfen an Fingern und Zehen. Mehrere 100 Arten, außer *Hyla* alle Neue Welt. *Hyla* mit zahlreichen Arten vor allem in Neuguinea und Australien, in Europa *H. arborea* (Laubfrosch); Kopfhaut öfter mit Verknöcherungen *(Hemiphractus* u. a.), z. T. mit helmartigen Bildungen *(Pternohyla)*; *Amphignathodon* als einziges Anur mit echten Zähnen am Dentale. *Phyllomedusa* mit opponierbarem Daumen und innerem Zeh. Meist aquatische Kaulquappen. *Hyla faber*, Kaulquappe mit riesigen Kiemen, mit denen sie an der Oberfläche kleiner Wasserlöcher hängen. Kaulquappen mancher *Hyla*-Arten in Bromeliaceen, wo sie andere Kaulquappen fressen. *Hemiphractus*-Weibchen (Südamerika) trägt Eier frei auf dem Rücken, *Gastrotheca* und *Notodelphis* (Süd-Amerika) in Hauttaschen.

Leptodactylidae: australische Region, Mittel-

und Südamerika, nur *Heleophryne* in Afrika. *Leptodactylus* (Süd-Amerika) legt Eier in Nest ab. *Sminthillus* (Kuba), 12 mm, kleinster Frosch, Weibchen legt ein dotterreiches Ei am Boden ab, das sich direkt entwickelt. *Rhinoderma* (Darwinfrosch): Chile. Eier werden an Land abgelegt und von mehreren Männchen bewacht. Nach einiger Zeit nimmt jedes Männchen einige Eier mit der Zunge auf und lagert sie in Rachentaschen ab, wo sich die Jungen über die Larvenstadien entwickeln; sie verlassen die Bruttasche als Jungfrösche.

Centrolenidae: meist leuchtend grüne Baumfrösche Mittel- und Südamerikas. *Teratohyla*, *Centrolenella*.

Ceratophryidae: großmäulige, krötenähnliche Formen Südamerikas; fressen oft andere Frösche, *Ceratophrys*, *Lepidobatrachus*.

Amniota (Nabeltiere)

Alle höheren Wirbeltiere – Reptilien, Vögel, Säugetiere – bilden eine Einheit, die unter anderem durch folgende entwicklungsgeschichtlichen Merkmale gekennzeichnet ist: Der Embryo gliedert sich in Kern- und Hüllenembryo (Abb. 335). Aus dem Kernembryo geht der definitive Organismus hervor. Der Hüllenembryo entsteht aus einer Ringfalte, die zu einer Doppelhülle um den Keim auswächst. Die Hüllen werden auch Embryonalmembranen oder «Eihäute» genannt. Die äußere Membran (Serosa oder Chorion) liegt unmittelbar unter der Eischale, die vom Ovidukt produziert wird. Die innere (Amnion) umschließt einen Flüssigkeitsraum, die Amnionhöhle, in der der Kernembryo sich wie in einem Mikroaquarium entwickelt. Die dritte Embryonalmembran ist die Allantois. Sie entsteht als Ausstülpung des Enddarmes, schiebt sich zwischen Amnion und Chorion und legt sich innen dem Chorion an. Als 4. Embryonalhülle kann der Dottersack angesehen werden, eine entodermale Bildung, die schon bei den niederen Vertebraten ausgebildet ist. Reptilien, Vögel und Säuger werden wegen des Besitzes des Amnions auch als Amnioten bezeichnet, die niederen Wirbeltiere (Fische, Amphibien) auch als Anamnier. Die Ausbildung von Embryonalhüllen und Eischale ermöglicht den Amnioten sich unabhängig vom äußeren Wasser in verschiedenen Lebensräumen des Landes zu entwickeln. Der Reichtum an Dotter (polylecithale Eier) zwingt die Jungen nicht, frühzeitig als Larven zu schlüpfen. Sie kommen in einem reiferen Zustand aus dem Ei.

Die Wirbelkörper entsprechen dem Pleurocentrum; das Hypocentrum ist nur bisweilen ventralwärts verknöchert, es wird zu einer Zwischenwirbelscheibe (Bandscheibe der Säuger) oder bildet Gelenke an den Wirbelkörpern. Die beiden vordersten Wirbel werden zu Atlas und Epistropheus (Axis): Das Pleurocentrum des 1. Wirbels verschmilzt mit dem 2. Wirbel zum Epistropheus.

Seitenlinienorgane fehlen. Kiementaschen werden noch angelegt, doch fehlen Kiemenblättchen und meist Kiemenspalten. Der Truncus arteriosus vor dem Herzen wird in 2 oder 3 Teile zerlegt.

Aufgrund des unterschiedlichen Verhaltens der großen Gefäßstämme werden 2 große Gruppen errichtet: **Sauropsida**, zu denen alle rezenten Reptilien und die Vögel gehören, und **Theropsida**, zu denen die säugerähnlichen Reptilien und die Säuger gehören. Bei den Sauropsiden trägt der rechte Aortenbogen die Carotiden, der Truncus arteriosus wird in drei Längsgefäße gespalten, die Lungenarterie und zwei Aortenwurzeln; im Gehirn entwickeln sich die Basalganglien stark. Bei den Theropsiden trägt der linke Aortenbogen die Carotiden, der Truncus wird meist in zwei Gefäße, Lungenarterie und eine Aortenwurzel, zerlegt; im Gehirn entwikkelt sich das Pallium besonders stark.

Die Epidermis bildet eine Hornschicht mit Schuppen aus, die aber bei Vögeln und Säugern reduziert werden. Es ist jedoch auch möglich, daß die paläozoischen Amphibien zusätzlich zu dem bekannten Hautknochenpanzer bereits Hornschuppen besaßen, dann wäre die Haut der rezenten Amphibien sekundär vereinfacht. Vor allem die Ausbildung der Embryonalhüllen und die damit verbundene Unabhängigkeit vom Wasser während der Entwicklung ermöglichte den Amnioten die Eroberung des Landes.

Die Sondermerkmale sind in der Stammesgeschichte nacheinander erschienen. Zuerst erfolgte die Ausdehnung des Pleurocentrums zum Wirbelkörper, sie ist schon bei *Gephyrostegus* (Labyrinthodontia) im Karbon sichtbar. Es folgte die Umbildung der beiden 1. Wirbel zu Atlas und Axis. Sie ist bei den permischen Seymouriamorpha bereits erkennbar, die anatomisch viele Merkmale von Reptilien zeigen. Sie besitzen aber noch Seitenlinien und Larven mit äußeren Kiemen. Da wir die wichtigsten Charaktere (Bildung von Amnion und Serosa, die schon während des Wasserlebens entstanden sein können, Entstehung der Allantois und Umbildung des Truncus arteriosus) an Fossilien nicht erkennen können, ist die Diskussion, ob manche Formen noch Amphibien oder schon Reptilien waren, ohne Bedeutung; Reptilien gibt es seit dem Karbon.

2. Klasse: Reptilia (Kriechtiere)

Die Unterschiede zwischen rezenten Amphibien und Reptilien beruhen im wesentlichen auf der Weichteilanatomie und der Fortpflanzungsweise – einige davon sind bereits aufgezählt. Da Weichteile fossil meist nicht erhalten sind, hat man sich bemüht, auch Besonderheiten des Skelets heranzuziehen. Unter diesen Merkmalen kennzeichnen folgende die frühen Reptilien: Vorkommen von Tabulare und Supratemporale, Verlust des Intertemporale, seitlicher Fortsatz des Pterygoids, Tympanum hinter dem Quadratum, meist 2 proximale Tarsalia, meist glatte Zähne (nur Limnosceliden und Ichthyosaurier haben noch labyrinthodonte Zähne); meist besitzen die frühen Reptilien ein schwereres und stärker verknöchertes Skelet als die palaeozoischen Amphibien; 1 Condylus.

Die Haut der Reptilien besitzt eine verhornte Epidermis, die meist Schuppen ausbildet, und in der Dermis oft noch Knochenplatten (Krokodile, Schildkröten, manche Eidechsen u. a.). Die verhornten Teile der Epidermis verhindern Austrocknung und bilden einen schützenden Panzer. Sie bestehen aus gut gegeneinander abgrenzbaren Schichten, deren auffälligste α- und β-Schichten heißen wegen ihres Verhaltens im Röntgenstrahlbrechungs-Muster. Die verhornten Zellen in der α-Schicht enthalten 8 nm Keratinfilamente, die in der β-Schicht 3 nm Keratinfilamente. α-Keratin kommt vor allem in beweglichen dehnbaren Anteilen des Epidermispanzers vor, β-Keratin in nicht-biegsamen Anteilen, die vor allem dem Schutz dienen. Im Ruhezustand zwischen den Häutungen besteht die Epidermis von basal nach apikal aus 1.) ein oder 2 Schichten lebender Zellen, 2.) der α-Schicht, 3.) der Mesosschicht (einer Übergangsschicht, in der sich die Desmosomen zurückbilden), 4.) der β-Schicht und abschließend 5.) dem dünnen Oberhäutchen, das oft Stacheln ausbildet. Die Epidermis der Schildkröten hat im Bereich des Panzers außer den basalen lebenden Zellen nur eine apikale β-Schicht, an den übrigen Teilen des Körpers nur eine α-Schicht. In den verhornten Teilen der Epidermis der Krokodile zeigen sich manche Besonderheiten, z. B. durchmischen sich am Rande der Schuppen Zellen mit α- und β-Filamenten, im Zentrum der Schuppen ähneln die Zellen dagegen denen in den β-Schichten bei Eidechsen.

Hautdrüsen sind selten. Die wenigen Hautdrüsen stehen im Dienst der Fortpflanzung (z. B. Moschusdrüsen der Krokodile an Kiefern und Kloake); Eidechsen besitzen holokrine Schenkeldrüsen (Schenkelporen, Femoralporen), die möglicherweise auch eine Funktion bei der Fortpflanzung haben (sie sind bei Männchen besser ausgebildet als bei Weibchen und bilden sich bei Kastration zurück). Die Hornschicht wird periodisch im Ganzen oder in Stücken abgestoßen und erneuert. Dies erfolgt bei Schildkröten und Krokodilen – wie auch bei Amphibien – durch einfache Ablösung der obersten Schichten. Bei der Brückenechse und Squamaten dagegen entsteht vor der Häutung unter der alten Epidermis eine neue Epidermisgeneration mit den Vorstufen aller Schichten der alten Epidermis. Die Zellage des zukünftigen Oberhäutchens formt spitze Fortsätze aus, die sich mit den Basalzellen der alten Epidermis (jetzt helle Schicht genannt) eng verzahnen. Unmittelbar vor der Häutung kommt es zu ausgeprägten Veränderungen in der hellen Schicht, es entstehen hier u. a. sich ständig vergrößernde Keratohyalingranula (fehlten in der ruhenden Epidermis der Squamaten), die Zellen verhornen also und die Desmosomen verschwinden. Es löst sich dann die alte Epidermis zwischen dem neuen Oberhäutchen und der hellen Schicht ab. Im Mundraum münden mehr und größere Drüsen als bei den Amphibien, die Giftdrüsen der Schlangen sind solche modifizierten Speicheldrüsen. Eine Zunge ist stets vorhanden, aber nur bei den Squamaten hochentwickelt und ausstreckbar. Die Zähne sind meist gleichförmig (homodont), einspitzig und auf mehrere Knochen des Mundraumes verteilt. Seltener treten verschiedene Zahntypen auf (Mahlzähne zum Zerkleinern harter Nahrung, *Dracaena*, Placodontier; hohe, z. T. ausgehöhlte Giftzähne bei Schlangen, u. a.). Die Zähne werden häufig gewechselt und sind auf der Kante der Kieferknochen (acrodont) oder innen seitlich am Kiefer (pleurodont) befestigt. Seltener stehen sie wie bei Säugern in Gruben der Kiefer (thecodont, Krokodile).

Der Darmkanal mündet noch in eine Kloake. Die Lunge ist einfach und amphibienähnlich (Lepidosaurier) oder komplizierter und schwammig (Archosaurier). Das Stimmvermögen ist meist gering oder fehlt. Das Herz ist 3kammerig, nur bei Krokodilen 4kammerig. 3 Gefäße (Truncus pulmonalis, linker und rechter Aortenbogen) führen das Blut aus dem Herzen ab. Die Niere der Adulten ist ein Opisthonephros mit Ureter (Metanephros), der Wolffsche Gang ist nur Samenleiter und bildet Anhangsdrüsen aus. Kopulationsorgane sind meist vorhanden, sie fehlen *Sphenodon*. Eier polylecithal. Ovi-, Ovovivi- und Viviparie mit Plazentabildung (einige Squamaten). Wie bei Vögeln und Säugern sind 12 Paar Hirnnerven ausgebildet, oft ein zusätzlicher Nervus vomeronasalis. Das Gehirn ist höher entwickelt als das der Amphibien und besitzt schon ein Neopallium, das Tectum opticum ist noch groß Das Auge enthält meist einen Conus papillaris, der dem Pecten des Vogelauges entspricht.

Entfaltung der Reptilien. An der Basis der Reptilien und damit aller Amnioten steht die Ordnung der Stammreptilien (**Cotylosauria**), Landtiere mit geschlossenem (anapsidem) Schädeldach. Diese Formen lebten in Karbon und Perm bis zum Ende der Trias und schließen sich an karbonische Anthracosaurier an. Sie weisen neben dem anapsiden Schädel weitere primitive Merkmale auf: vollständiger Schultergürtel, langer Schwanz, ein Condylus occipitalis und kurze kräftige Extremitäten. Die Zentralgruppe der Cotylosaurier sind die Captorhinomorpha (Abb. 376), die vermutlich Ursprung aller höheren Reptilien sind. Ein Sondermerkmal mancher Formen sind die oft auffällig großen Zähne im Prämaxillare und der leicht schnabelartig über den Unterkiefer gebogene Oberkiefer. *Captorhinus*, *Labidosaurus*, *Limnoscelis* (innen mit labyrinthodonten Zähnen), *Romeria*. Isoliert stehen die Diadectomorpha, relativ große und plumpe Formen mit schwerem, kräftigem Skeletbau. Eigenartig ist der große Stapes, der teilweise mit dem verknöcherten Trommelfell verwachsen ist. Das Gebiß besitzt Mahlzähne (möglicherweise Pflanzenfresser). Sie werden gelegentlich noch als Amphibien betrachtet, die zu den Seymouriamorpha gehören *(Diadectes)*. Die dritte Gruppe, die Procolophonia, besitzt bereits einen höher entwickelten Extremitätenbau. Bei ihnen standen die Extremitäten nicht mehr seitlich ab, sondern waren mehr vertikal ausgerichtet und dem Körper genähert. *Procolophon* und *Paraeiasaurus*.

Oberhalb der Cotylosaurier lassen sich drei Hauptentwicklungslinien und einige Nebenlinien erkennen, die zusammen eine große Formenfülle hervorbringen und die Reptilien zur beherrschenden Tiergruppe des Mesozoikums werden lassen. Auf die Trennung aller Formen oberhalb der Stammreptilien in Sauropsida (Archosaurier, Lepidosaurier, Vögel) und Theropsida (Synapsida, Säuger) wurde bereits hingewiesen. Die Anwendung dieser Trennung auf fossile Arten ist jedoch fraglich, da sie vor allem auf Einzelheiten der Weichteilanatomie beruht.

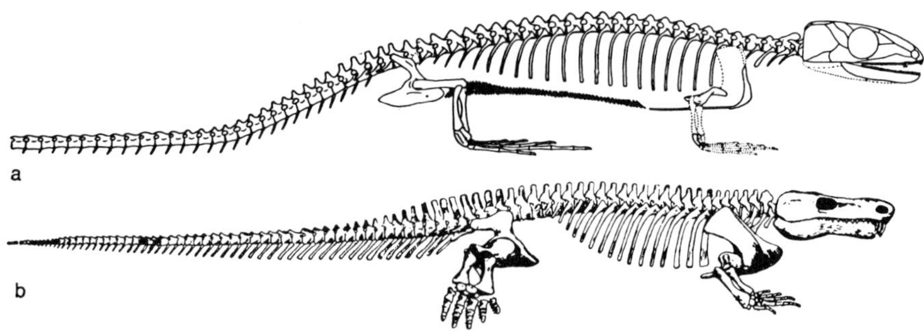

Abb. 376: Primitive Reptilien. Captorhinomorpha. a. *Hylonomus*, ältestes bekanntes Reptil (frühes Pennsylvanian), b. *Limnoscelis*. Nach Carrol, Williston

a. Lepidosauria

Diese Gruppe umfaßt rezent Brückenechse, Eidechsen und Schlangen. Die Zähne bleiben an den Knochen angewachsen, die Herzkammer ist nicht vollständig geteilt, das Parietalauge bleibt oft erhalten. Die Extremitäten stehen mit Oberarm und Oberschenkel seitlich vom Rumpf ab. Fortbewegung schlängelnd, oft ist der Schlangentyp entstanden. Weit verbreitet ist die Fähigkeit, den Schwanz an vorgebildeten Stellen abzustoßen und zu regenerieren. Der Schädel ist ursprünglich diapsid.

1. Ordnung: Eosuchia

Perm, Trias. Ursprungsgruppe der Squamaten. Meist noch diapsider Schädel *(Youngina)*, bei *Prolacerta* ist aber der untere Jochbogen bereits rückgebildet. Einige aquatische Formen (marin und limnisch) mit langer Schnauze *(Thalattosaurus, Champsosaurus)*.

2. Ordnung: Rhynchocephalia

Seit Trias; zu dieser Zeit auch Hauptentfaltung der Gruppe, die aber nie artenreich war. Rezent nur *Sphenodon punctatus* (Abb. 377), die Brückenechse (Tuatara), ein lebendes Fossil einiger kleiner Inseln vor der Nordinsel Neuseelands. Im Mesozoikum waren die Rhynchocephalia weltweit verbreitet. *Sphenodon (= Hatteria)* ähnelt äußerlich einer mittelgroßen (50–80 cm) Eidechse, z. B. einer Agame; die innere Anatomie weist jedoch unterschiedliche Merkmale auf, von denen viele primitiv sind. Schädel mit 2 Jochbögen und Schläfenfenstern; Praemaxillare nach vorn abwärts gekrümmt. Kopulationsorgane fehlen. Zähne nicht nur auf Maxillare, Praemaxillare, Palatinum, Dentale, sondern spurenweise auch auf dem Vomer. Primitiv ist das gut entwickelte Parietalauge. Wie bei Eidechsen kann der autotomierte Schwanz regeneriert werden.

Brückenechsen leben tagsüber in selbstgegrabenen Erdlöchern oder in den Höhlen von Sturmvögeln, nachts gehen sie auf Nahrungssuche (Insekten, Vogeleier und Vogelküken). *Sphenodon punctatus* ist bei relativ niedrigen Temperaturen aktiv, und seine Körpertemperatur ist meist niedriger als die der Umgebung. Die Durchschnittstemperatur des Körpers liegt bei 10° C. Die Embryonalentwicklung im Ei dauert ca. 12–15 Monate, das Wachstum erfolgt sehr langsam, die Tiere werden wohl erst nach ca. 20 Jahren geschlechtsreif.

Abb. 377: *Sphenodon.* Nach Haeckel

3. Ordnung: Squamata (Eidechsen und Schlangen)

Heute mit ca. 5700 Arten die führende Reptilienordnung. Am Schädel wird der untere Jochbogen aufgelöst, gelegentlich auch der obere, besonders bei Schlangen und schlangenähnlichen Eidechsen. Das Quadratum steht isoliert am Schädel und wird gegen ihn beweglich. Wirbel meist procoel. Zähne seitlich an Kieferknochen angewachsen (pleurodont) oder auf der Kante der Kieferknochen stehend (acrodont). Auch Knochen des Munddaches oft mit Zähnen. Haut mit Hornschuppen, z.T. auch mit Hautknochen (Blindschleiche, Krustenechsen, Skinke u.a.). Hornschuppen liegen meist dachziegelartig übereinander. Sie sind in oft arttypischen Mustern angeordnet. Das Aussehen der einzelnen Schuppen variiert stark (z.T. mit Geschlechtsdimorphismus), sie können Höcker, Dornen, höckerartige Strukturen, Kiele usw. bilden; an Kopf und Ventralseite sind sie oft besonders groß. Bei den meisten Schlangen ist die Bauchseite von einer Längsreihe verbreiterter Ventralschilder (Bauchschienen) bedeckt, die der Fortbewegung dienen; Schuppen können Sinnesflecken und feine Borsten tragen (manche Agamen), die Sinnesfunktion haben. Periodisch wird das Hornschuppenkleid gewechselt, als Ganzes (Schlangen, manche Geckos) oder felderweise (viele Eidechsen). Die Häutung kündet sich meist durch Trübung der Cornea an.

Haut mit verschiedenen Farbzellen in der Dermis, die allein oder im Zusammenspiel die Färbung der Tiere bedingen. Farbwechsel beruht vor allem auf Bewegungen der Melaningranula in den Melanophoren. Besonders ausgeprägte Fähigkeit zum Farbwechsel besitzen Chamäleons, Agamen, Leguane und einige Taggeckos; er wird i.a. durch Veränderungen des Lichtes, der Wärme und des Erregungszustandes der Tiere ausgelöst. Bei Chamäleons beeinflußt vor allem das Nervensystem die Melanophoren, bei *Anolis* übt das Adenohypophysenhormon MSH den Haupteinfluß aus. Die Haut ist arm an Drüsen (Rückendrüsen bei *Natrix*-Arten, Nakkendrüsen anderer Schlangen, Schenkeldrüsen vieler Eidechsen). Meist sind diese Drüsen holokrin. Bei vielen Squamaten (vor allem bei Agamen, Leguanen und Chamäleons) bildet die Haut Falten, Kehllappen, Halskrausen, Rückenkämme, Kopfanhänge usw. aus. Beim Kammchamäleon ist der Rückenkamm wie bei manchen Pelycosauriern durch Fortsätze der Wirbel gestützt. Die Helme mancher Chamäleons, Agamen und Leguane werden i.a. von Knochenleisten der Parietalia gebildet. Schnauzenanhänge kommen in großer Vielfalt auch bei Agamen, Leguanen, Chamäleons und außerdem bei einzelnen Schlangen vor. Die Schwanzklapper (Rassel) der Klapperschlangen besteht aus locker übereinandergreifenden Hornkegeln, die aus Häutungen stammen.

Die Zunge ist oft gespalten und dient primär der Übertragung von Geruchsstoffen an das Jacobsonsche Organ, das vom Nasenraum isoliert ist und in die Mundhöhle mündet.

Charakteristisch sind die paarigen vorstülpbaren Penes (Hemipenes) an der Kloake, die keinem der Begattungsorgane anderer Wirbeltiere homolog sind. Sie sind sehr vielgestaltig und können Falten, Papillen, Stacheln usw. tragen. Das Sperma kann im weiblichen Genitaltrakt Monate, vereinzelt sogar Jahre am Leben gehalten werden. Der Kloakenspalt steht quer.

Verhältnismäßig häufig werden die Gliedmaßen zurückgebildet, das geschieht nicht nur bei den Schlangen, sondern auch bei Eidechsen, z.B. den Schleichen und manchen Skinken und Amphisbaenen.

Nur wenige Arten leben im Wasser, das Fluchtraum (manche Lacertiden und Agamen) oder sogar ausschließlicher Lebensraum sein kann; das Meer wird selten besiedelt (*Amblyrhynchus*, Seeschlangen).

Die Nahrung besteht oft aus Kleintieren, seltener werden Warmblüter (Schlangen), Aas (manche Warane) oder Pflanzen verzehrt (manche Leguane und Agamen). Nahrungsspezialisten sind z.B. *Dracaena* (Schnecken), *Dasypeltis* und *Elachistodon* (beide fressen Eier) und *Amblyrhynchus* (frißt bestimmte Algen).

Die Eier haben kalkige oder pergamentartige Schalen. Viele Arten sind lebendgebärend, meist aber nur ovovivipar (z.B. Waldeidechse und Blindschleiche), echte Viviparie mit Plazentabildung ist relativ selten. Primitive Plazenten bei rückgebildeter Eischale finden sich bei einigen Geckos, Agamen, Skinken, Seeschlangen, bei der Kreuzotter u.a. Hochentwickelte Plazenten mit gefäßreichen Zotten oder Falten besitzen z.B. einige australische Skinke und die Erzschleiche *Chalcides*. Es existieren allein Dottersackplazenten (*Tiliqua*) oder gemeinsame Dottersack- und Allantoisplazenten (*Chalcides*).

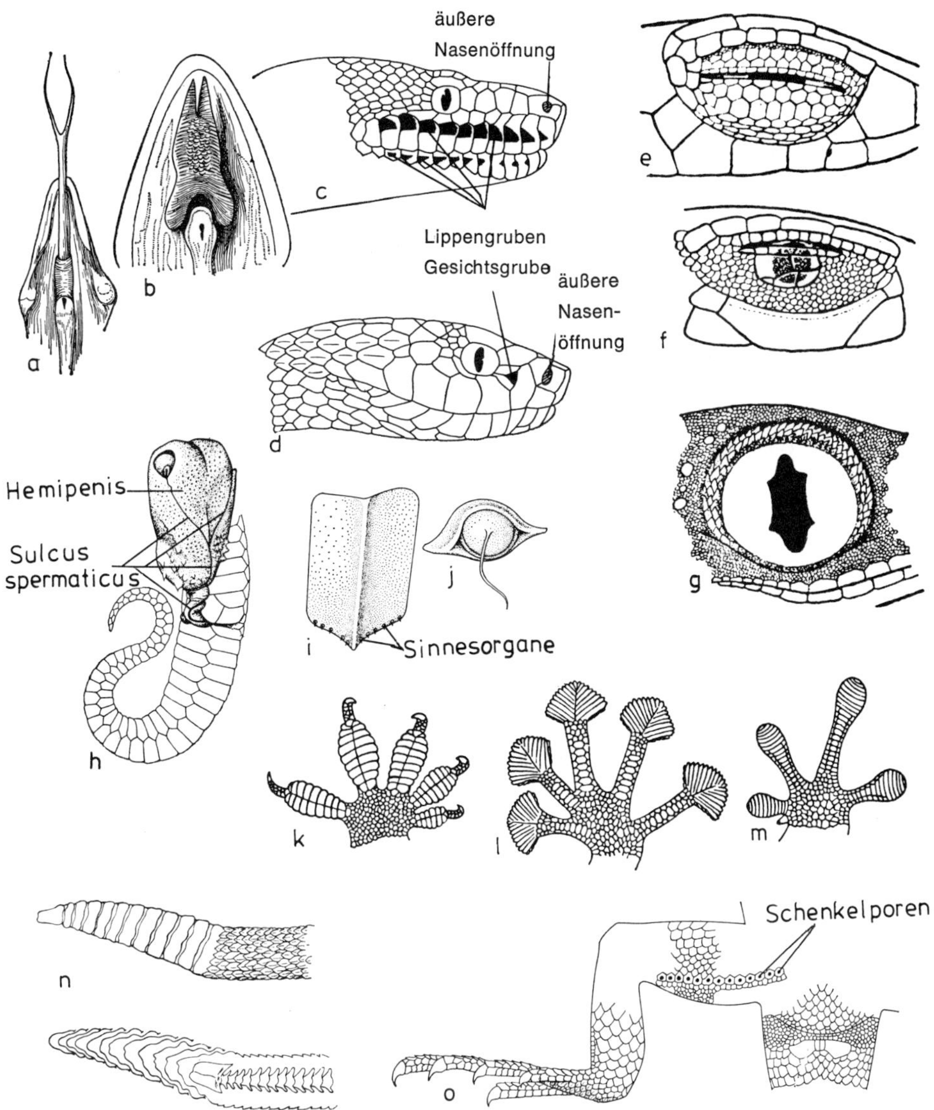

Abb. 378: Verschiedene anatomische Merkmale von Squamaten. a. Zunge einer Schlange, b. einer Echse (Skink), c, d. Grubenorgane an Schlangenköpfen, c. Lippengruben einer *Boa*, die vielleicht Thermoreceptoren beherbergen. d. Gesichtsgrube einer Grubenotter; der Grube entspricht eine Höhlung im Maxillare. In der Tiefe der Grube liegt eine Membran, die sehr empfindliche Thermoreceptoren enthält, mit deren Hilfe die Grubenotter Beutetiere sehr gut lokalisieren kann. Die Receptoren sind mitochondrienreiche sensible Nervenendigungen, die zum Nervus trigeminus gehören. e–g. Augenlider von Echsen, e. normales Augenlid *(Zonosaurus)*, f. unteres Augenlid mit transparentem Fenster *(Eremias)*, g. Brille, d.h. verwachsene transparente Augenlider *(Hemidactylus)*, h. Hemipenis einer Schlange, i, j. Sinnesorgane mit Fortsätzen am hinteren Rand einer Agamenschuppe, i. ganze Schuppe, j. einzelnes Sinnesorgan vergrößert, k, l, m. Füße verschiedener Geckos, k. *Hemidactylus*. l. *Ptyodactylus*. m. *Phelsuma*. Distal tragen die Finger und Zehen unterschiedlich gestaltete Haftstrukturen, mit deren Hilfe die Tiere selbst an glatten Wänden senkrecht emporlaufen können. Sie werden von mikroskopisch feinen Hornhäkchen aufgebaut. n. Schwanzende einer Klapperschlange, oben: Außenansicht, unten Längsschnitt, o. Schenkelporen einer Eidechse. Nach Angel, Grassé, Haempel, Hilzheimer, Rochon-Duvigneaud, Smith

Xanthusia frißt sogar wie viele Säuger Embryonalhüllen (Nachgeburt). Die Grenzen zwischen Eiablage, Ovoviviparie und Viviparie sind oft nicht scharf. Viele Eidechsen legen ihre Eier im Boden ab und decken sie zu. Manche Schlangen legen ihre Eier in Dunghaufen (Ringelnatter), deren Wärme die Entwicklung beschleunigt, manche Warane und Tejus legen sie in Termitenbauten.

Viele Weibchen bebrüten ihre Gelege (z.B. einige Schlangen und *Ophisaurus*), *Eumeces* wendet und beleckt die Eier und hilft den Jungen beim Schlüpfen, manche Kobras bauen Nester oder Brutbauten, die sie bewachen.

Manche kaukasische Felseneidechsen *(Lacerta saxicola)*, Geckos, Leguane und Tejus *(Cnemidophorus)* vermehren sich gelegentlich parthenogenetisch.

Wie die Brückenechse haben viele Squamaten die Fähigkeit zur Regeneration, vor allem der Haut und des Schwanzes. Dieser kann an vorgebildeten Bruchstellen, die durch einen Wirbel verlaufen, abgestoßen werden (Autotomie). Das Regenerat ist oft einfacher gebaut als das ursprüngliche Organ. Bei *Lacerta*-Arten wächst das Schwanzregenerat um ca. 2 mm pro Tag. Echsen ohne natürliche Bruchstellen, wie die Warane und Schlangen, regenerieren abgebrochene Schwänze nicht oder nur schlecht.

Einige besondere Verteidigungsmethoden seien kurz erwähnt: Absonderung von Schadstoffen (Speicheldrüsengift der Speikobras, Sekret der Nacken- und Rückendrüsen von Nattern, Blutabsonderung aus Nickhaut *(Phrynosoma)* oder aus dem Mund (*Tropidophis*, Zwergboa), Autotomie des Schwanzes, auffälliges Warnverhalten (Aufrichten der Halskrause von *Chlamydosaurus*, Aufrichten des Vorderkörpers und Abspreizen des Nackenschildes bei Kobras).

Die Lacertilia als Grundgruppe der Squamata zweigten sich vermutlich in der Trias von **Eosuchiern** ab. *Kuehneosaurus* war eine spezialisierte, gleitende Echse (ähnlich *Draco*) der oberen Trias. Viele der rezenten Familien lassen sich bis in die Kreide zurückverfolgen. Eine Gruppe bis 12 m langer mariner Lacertilia waren die **Mosasaurier** der oberen Kreide. Sie besaßen flossenförmige Extremitäten und ernährten sich vermutlich von Fischen; tieftauchende Arten besaßen verknöcherte Trommelfelle. Die Schlangen spalteten sich wahrscheinlich erst am Ende des Mesozoikums von Lacertiliern (Waranen) ab. Boiden existierten bereits in der späteren Kreide, jedoch entstanden die meisten modernen Schlangen erst im späten Känozoikum.

1. Unterordnung: Lacertilia (Eidechsen). Primitive Gruppen, unterer Jochbogen fehlt stets, oberer oft noch vorhanden, Extremitäten zwar gelegentlich rückgebildet, aber Reste der Extremitätengürtel noch fast immer vorhanden. Trommelfell fast immer, Parietalauge oft erhalten. Meist mit beweglichen Augenlidern und Nickhaut; bei einigen Formen transparente Stelle (Fenster) im unteren Augenlid, seltener verwachsen transparente Augenlider zur sog. Brille (Abb. 378). Unterkiefer mit fester Symphyse, Schädelknochen meist noch fest verbunden. Schwanzwirbel oft mit Bruchlinie. Meist Fähigkeit zur Autotomie des Schwanzes. Besiedeln zahlreiche Lebensräume von Wüstengebieten bis ins Meer. Oft boden- oder baumlebend. Unterirdische Formen bilden oft die Extremitäten zurück. *Draco* ist Gleitflieger, der Strecken bis zu 18 m zurücklegen kann. Auffallend ist, daß einige Arten auf 2 Beinen rennen können (z.B. einige Teiiden und Agamen). Viele Großformen (Leguane, Warane) bedroht durch sinnlose Verfolgung zur Herstellung von Lederwaren.

a. Familiengruppe Gekkota: Weltweit verbreitet, vorwiegend tropische Länder. Jochbögen fehlen im allgemeinen. Fleischige, oft einheitliche Zunge. Amphi- oder procoele Wirbel.

Gekkonidae (Geckos): Meist kleine und stimmfreudige Dämmerungs- oder Nachttiere mit großen Augen. Meist senkrechte Pupille; Augen oft von transparenter Brille bedeckt. Meist gute Kletterer; Finger und Zehen oft, Schwanz selten mit Haftvorrichtungen, Wirbel meist noch amphicoel. Männchen oft mit Postanalsäcken (Gruben unbekannter Funktion) hinter der Kloakenöffnung. In Anschwellungen des Schwanzes kann Fett gespeichert werden. Eublepharinae: mit normalen Augenlidern, Bodenbewohner, ohne Haftlamellen an den Füßen, Tropen. Diplodactylinae: Lebendgebärend, Australien, Neuseeland. Gekkoninae: Größte Unterfamilie mit ca. 50 Gattungen; *Gekko; Hemidactylus; Gymnodactylus; Phyllodactylus;* Taggeckos sind *Gonatodes* (Amerika), *Lygodactylus* (Afrika) und *Phelsuma* (Madagaskar). Einige Wüstenbewohner mit «Sandschwimmhäuten». In Südeuropa *Tarentola.* Sphaerodactylinae: stimmlos, Neotropis.

Pygopodidae (Flossenfüße): Schlangenähnliche Bodentiere, Vorderextremitäten fehlen, Hinterextremitäten als kleine Anhänge erhalten. Augen von Brille bedeckt; *Aprasia; Lialis;* Australische Region.

Xantusiidae (Nachtechsen): Eidechsenähnlich; Jochbogen vorhanden; Augen von Brille bedeckt; vivipar, mit Plazenta; *Xantusia; Klauberina;* südliche USA, Mittelamerika.

b. Familiengruppe Iguania: Große, vielgestaltige Gruppe, oft mit stacheligen oder häutigen Rücken- und Schwanzkämmen, Hörnern, Helmen, Kehlfalten oder -säcken usw. Oberer Jochbogen vorhanden, Zähne pleuro- oder acrodont. Wirbel procoel, immer 6 Halswirbel, einfache ungespaltene Zunge, normale gut entwickelte Augenlider, rundliche Pupillen. Keine Tendenz zur Gliedmaßenreduktion. 2 ähnliche Familien, die neuweltlichen Iguanidae und die altweltlichen Agamidae mit vielen parallelen Anpassungstypen, z. B. an Wüste oder Baumleben.

Iguanidae (Leguane): Größte Echsenfamilie der Neuen Welt, ca. 50 Gattungen, nur *Chalarodon* und *Oplurus* auf Madagaskar und *Brachylophus* auf polynesischen Inseln. Zähne pleurodont. Spleniale im Unterkiefer gut ausgebildet. Bis über 1,8 m lang (Grüner Leguan). *Anolis*, artenreichste Gattung (160 Arten), Augen oft unabhängig voneinander beweglich;

Abb. 379: Lacertilierformen. a. *Tarentola* (Gekkonidae) Mauergecko; b. Fußunterseite von *Tarentola*, c. *Lacerta* (Lacertidae) Zauneidechse; d. *Cnemidophorus* (Teidae) Schienenechse; e. *Anguis* (Anguidae) Blindschleiche; f. *Amphisbaena* (Amphisbaenidae) Doppelschleiche; g. *Scincus* (Scincidae) Apothekerskink. Nach Grzimek, Schmeil

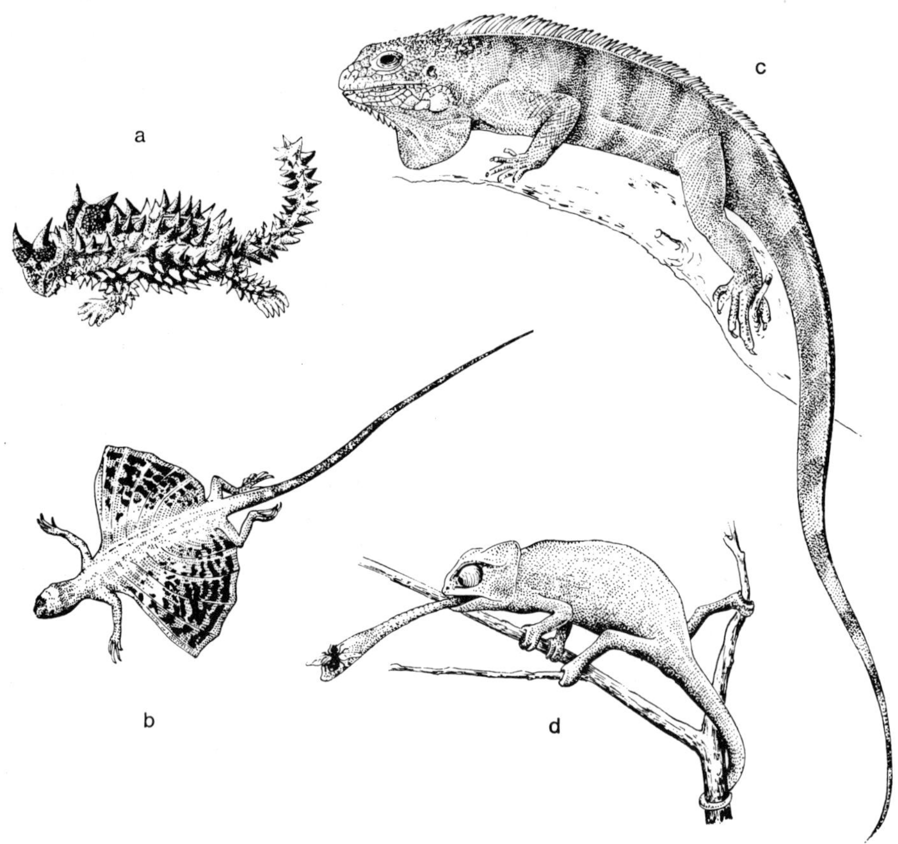

Abb. 380: Lacertilierformen. a. *Moloch* (Agamidae) Dornteufel; b. *Draco* (Agamidae) Flugdrachen; c. *Iguana* (Iguanidae) Leguan; d. *Chamaeleo* (Chamaeleonidae) Chamäleon. Nach Grzimek, Schmeil

Iguana (Grüner Leguan); *Basiliscus; Liolaemus* (Erdleguan); *Holbrookia* (Taubleguan); *Phrynosoma* (Krötenechse) mit hornigem Stachelkleid; *Ctenosaura* (Schwarzer Leguan); auf den Galapagos-Inseln *Conolophus* (Drusenkopf) und *Amblyrhynchus* (Meerechse); ersterer lebt von Kakteentrieben, Blättern und Beeren, letzterer taucht im tiefen Wasser nach Algen.

Agamidae (Agamen): Zähne acrodont, verschiedene Zahntypen (incisiven-, caninus-, molarenähnliche Zähne), Spleniale rückgebildet. Meist kleine oder mittelgroße Formen. Lyrakopfagamen *(Cophotis, Lyriocephalus, Ceratophora); Chlamydosaurus* (Kragenechse); *Phrynocephalus* (Krötenköpfe); *Uromastix* (Dornschwanz); *Calotes; Gonocephalus; Hydrosaurus* (bis 90 cm); *Moloch; Agama; Leiolepis* (Schmetterlingsagamen) und *Draco* mit durch Rippen abspreizbaren Hautsäumen der Flanken; aber nur *Draco* (Flugdrachen) mit Gleitflug. Die Flugbewegung ist eine abwärts führende Spirale, Landung mit Kopf nach oben.

c. Familiengruppe Rhiptoglossa (Chamäleons): Meist baumlebende Formen mit kurzem, seitlich abgeplattetem Körper und Greifschwanz. Schädel oft mit Hörnern, Helmen usw. Acrodonte Zähne. Oberer Jochbogen vorhanden; nur 3 Cervicalwirbel. Hände und Füße sind Greifzangen. An den Händen weisen 3 miteinander verbundene Finger nach außen und 2 nach innen; an den Füßen umgekehrt (Zygodactylie). Die dicken mit kleinen Körnerschuppen bedeckten Augenlider sind bis auf einen zentralen Schlitz verwachsen. Augen unabhängig voneinander bewegbar. Ohröffnungen fehlen. Lauern Beutetieren auf, die sie mit langer Schleuderzunge fangen. Schwanz nicht automierbar. Lunge mit Luftsäcken, Eier in Erdgruben abgelegt, vereinzelt Ovoviviparie. Leiten sich vermutlich von Agamen ab und können auch in die Iguania eingegliedert werden.

Chamaeleonidae: Ca. 80 Arten, fast alle in Afrika und Madagaskar, *Chamaeleo chamaeleon* auch in Südspanien und Portugal, 3 Arten in Südwest-Asien und Indien. *Chamaeleo; Rhampholeon* (blattähnlich); *Brookesia* (auch bodenlebend); *Evoluticauda* (nur 3 cm lang); *Leandria.*

d. Familiengruppe Scincomorpha. Überwiegend bodenlebende, kleine bis mittelgroße Formen. Auffallend häufig Tendenz zur Rückbildung der Extremitäten und Entwicklung von schlangenähnlichen Arten, die meist unterirdisch leben. Zähne pleurodont, Jochbogen oft erhalten, 6 Halswirbel. Einfache Zunge. Kosmopolitisch. 7 Familien.

Scincidae (Glattechsen, Skinke): Weitverbreitete, meist kleine Tiere mit glatten, glänzenden Schuppen. Rumpf langgestreckt, Extremitäten kurz. Schläfenöffnung weitgehend von Auswuchs der Postfrontalia bedeckt, Jochbogen nur bei schlangenförmigen Arten aufgelöst. Öfter Hautknochen. Schenkelporen fehlen, oft Fenster im unteren Augenlid, z. T. Ausbildung von Brillen *(Ablepharus).* Leben oft in oberen Bodenschichten. Es finden sich alle Übergangsstadien der Extremitätenreduktion bis zum völligen Fehlen, selbst in einer Gattung. Mehr als 600 Arten, vor allem in Australien, der orientalischen Region und Afrika. *Lygosoma* (ca. 250 Arten); *Mabuya; Eumeces; Ablepharus* (mit Johannisechse), bis Ungarn; *Trachysaurus* (Tannenzapfenskink, Australien); *Tiliqua* (Blauzungenskink, vivipar, Australien); *Neoseps* und *Ophiomorus* leben in lockerem Sand; *Scincus (S. officinalis*, Apothekerskink, wird oder wurde als Heilmittel und Aphrodisiacum gebraucht, Nord-Afrika, Arabien); *Chalcides* (Walzenskink), Mittelmeergebiet, vivipar mit Plazenta.

Die Arten der folgenden Familien ähneln Schlangen, ihre Stellung im System ist unsicher.

Anelytropsidae: Seltene schlangenähnliche Eidechsen ohne Schultergürtel und Jochbogen. Mexiko.

Dibamidae: schlangenförmige Tiere, Augen unter der Haut, Südost-Asien.

Feylinidae: schlangenförmige Tiere mit reduzierten Augen und fehlenden äußeren Ohröffnungen, Äquatorialafrika.

Cordylidae: Verschiedengestaltige kleine Echsenfamilie. Extremitäten vorhanden oder rückgebildet; *Cordylus* (Gürtelschweife); *Gerrhosaurus* (Schildechsen); Afrika, südl. der Sahara.

Lacertidae (Halsbandeidechsen, «echte» Eidechsen): Meist kleine, agile und langschwänzige Formen, Extremitäten nie rückgebildet. Jochbogen vorhanden, aber Hautknochen bedecken die Schläfenöffnung und verwachsen mit den Schädelknochen. Seitliche Zähne oft mit 2 oder 3 Höckern. Schenkelporen meist vorhanden. Gelegentlich Fenster im unteren Augenlid. Meist bodenlebend bis in Halbwüsten *(Eremias, Scapteira)*, selten Baumbewohner *(Gastrophilis);* in Südeuropa neben *Lacerta*-Arten, z. B. *L. lepida* (mit 75 cm größte Lacertide), *Psammodromus, Algyroides, Acanthodactylus;* in Mitteleuropa 1. *Lacerta agilis* (Zauneidechse), 2. *Lacerta vivipara* (Wald-, Moor- oder Bergeidechse), ovovivipar; in Skandinavien bis über 70° nördlicher Breite; im Gebirge bis über 3000 m Höhe), 3. *Lacerta muralis* (Mauereidechse). Alte Welt außer Australien, vor allem Afrika. 4. *L. viridis* (Smaragdeidechse, an einigen Stellen Süddeutschlands.

Teiidae (Schienenechsen, Tejus): Nur in der Neuen Welt, vor allem Südamerika, wo sie die nahe verwandten und oft ähnlichen Lacertiden vertreten. Bis über 1 m groß *(Tupinambis, Tejovaranus, Dracaena);* mehrfach Reduktion der Extremitäten. Zahnform noch vielgestaltiger als bei Halsbandeidechsen, z. B. *Dracaena* (Krokodilteju) mit abgerundeten, breiten Zähnen zum Zerbrechen von Schneckenhäusern. Manche der großen Tejus legen Eier in Termitenbauten ab. *Echinosaurus* (Stachelteju, geckoähnlich); *Scolecosaurus* und *Bachia*, Bodenwühler mit «Brille». *Ameiva* (*Lacerta* ähnlich), *Cnemidophorus* (Rennechsen, bis südl. USA, z. T. parthenogenetisch).

e. Familiengruppe Diploglossa: Gut entwikkelte Hautknochen, häufig schlangenförmig, äußere Nasenöffnung rund oder oval, feste Unterkiefer, Schwanz kann regeneriert werden.

Anguinidae (Schleichen): Eidechsen mit *(Gerrhonotus)* oder ohne Extremitäten *(Ophisaurus, Anguis).* In Südeuropa *Ophisaurus apodus* (Scheltopusik, bis 1 m lang, neben Kloake noch Hinterbeinrudimente), in Mitteleuropa *Anguis fragilis* (Blindschleiche, lebendgebärend); vorwiegend im tropischen Amerika.

Anniellidae: Leben unterirdisch, besitzen aber

Abb. 381: Lacertilierformen. a. *Varanus* (Varanidae) Waran; b. *Heloderma* (Helodermatidae) Krustenechse; c. *Lanthanotus* (Lanthanotidae) Taubwaran. Nach Grzimek, Harrison

gut ausgebildete Augen. Beinlos, feste Schädel ohne Jochbögen. Kalifornien.

Xenosauridae (Höckerechsen): Zwischen feinen Hautschuppen größere Tuberkel, normale Extremitäten. *Xenosaurus*, Mittelamerika; *Shinisaurus* (China, fängt Kaulquappen und Fische).

f. Familiengruppe Platynota: Unterkieferknochen relativ locker, Tendenz zur Bildung eines Gelenkes im Unterkiefer. Äußere Nasenöffnung schlitzförmig. Schwanz kann nicht autotomiert werden, Extremitäten immer gut ausgebildet. Die 3 Familien bestehen nur aus je einer Gattung.

Helodermatidae (Krustenechsen): Plumpe, bis 90 cm lange Echsen der Trockengebiete Mexikos und der südwestlichen USA. Giftdrüsen im Unterkiefer, Gift lähmt Atemzentrum der Beutetiere. Zähne mit Rinnen. Jochbögen fehlen, große Hautknochen. Höckerig-perlartige Schuppen. Nachtaktiv, in Dürrezeiten leben sie unterirdisch von ihrem Fettspeicher im Schwanz. *Heloderma suspectum* und *H. horridum*.

Varanidae (Warane): Meist recht große Tiere, der Komodowaran Indonesiens erreicht 3 m Länge. Oberer Jochbogen vorhanden, relativ langer Hals mit 9 Halswirbeln; Nahrung und Fortbewegungsweisen sehr vielgestaltig; meist Lauftiere, viele können aber auch schwimmen, tauchen und in Bäumen klettern. *Varanus* mit ca. 30 Arten. Alte Welt, vor allem Süd- und Südost-Asien und Australien.

Lanthanotidae (Taubwarane): *Lanthanotus borneensis*, Nordborneo, gilt als lebendes Fossil.

Er ist vermutlich ein direkter Abkömmling der Aigialosaurier der Kreide. Äußere Gehöröffnung rückgebildet. Im unteren Augenlid ein Fenster. Oberer Jochbogen fehlt, 9 Halswirbel, Beine kurz, vermutlich nachtaktiv und amphibisch oder unterirdisch.

2. **Unterordnung: Amphisbaenia (Annulata, Ringelechsen).** Meist kleinere unterirdische Formen mit rückgebildeten Extremitäten (nur *Bipes* hat noch kurze Vorderextremitäten). Schwanz kurz, Haut geringelt. Vorder- und Hinterende ähnlich («Schlangen mit 2 Köpfen»); können vorwärts, rückwärts und vertikal schlängeln. Hinterhauptscondylus doppelt. Äußere Ohröffnungen fehlen, Augen bei Adulten unter der Haut, Schädel sehr fest und ohne Jochbögen, nur linke Lunge funktionstüchtig; Zähne pleuro- oder acrodont.

Trogonophidae: *Trogonophis*, lebendgebärend, Nord-Afrika, Südwest-Asien.

Amphisbaenidae: Vorwiegend in den Tropen Südamerikas, doch auch in Afrika und im Mittelmeergebiet *(Blanus)*, *Rhineura* (Mittelamerika bis Florida) bis 50 cm, *Monopeltis* (Afrika), bis 70 cm lang.

3. **Unterordnung Serpentes (Ophidia, Schlangen).** Die Schlangen sind mit den Waranen verwandt. Ihre Besonderheiten sind: In Anpassung an große Beutetiere wird der Kieferapparat in bewegliche Spangen aufgelöst; linke und rechte Kieferhälften sind nicht verwachsen, so daß sie voneinander unabhängig unter Dehnung des verbindenden Bandapparates nach außen bewegt und vorgeschoben werden können (Abb. 382). Die Schlange kann sich so durch abwechselndes Vorschieben der rechten und linken Kieferhälfte über die Beute, z.B. einen Frosch oder eine Maus, hinweghangeln. Im Extremfall (Vipern) ist das Maxillare mit den Giftzähnen so beweglich, daß dieser Knochen bei Öffnung des Mundes aufgerichtet werden kann (nicht muß), so daß die Spitzen der Giftzähne nach vorn weisen und in das Opfer eingestoßen werden können. Die Wirbel besitzen wie die mancher Eidechsen 2 zusätzliche Gelenke, die von besonderen Fortsätzen, Zygosphen und Zygantrum, gebildet werden. Der Körper der Schlangen besitzt meist keine Extremitäten und Extremitätengürtel, nur primitive Schlangen *(Python, Boa)* haben noch Stummel der Hinterbeine neben der Kloake und Reste des Beckengürtels. Trotz dieser Vereinfachung des Bewegungsapparates sind die Schlangen zu einer Vielfalt von Bewegungen fähig, sie leben auf Bäumen, auf dem Boden, in dichtem Gestrüpp, unterirdisch, im Wüstensand, im Wasser, sie können an Baumstämmen emporklettern und kurze Sprünge ausführen *(Eryx)*. Die querverlaufenden Hornschuppen (Hornschienen) der Bauchseite, die recht beweglichen Rippen und die hochdifferenzierte Muskulatur der Leibeswand sind für die Fortbewegung besonders wichtig. Das Auge ist wie bei manchen Eidechsen (Skinke, Geckos) durch eine Brille geschützt. Diese entsteht durch Verwachsung der durchsichtig gewordenen Augenlider. Augen ohne Fovea centralis; Columella vorhanden, aber Trommelfell und Mittelohr fehlen. Jacobsonsches Organ hochentwickelt, Zunge kann Duftstoffe auffangen, die in diesem Organ geprüft werden. Die Streckung des Körpers bedingt wie bei Gymnophionen Asymmetrie der Organe. Die linke Lunge wird schrittweise rückgebildet, die rechte wird hinten zu einem dünnwandigen Luftschlauch, ihr Vorderteil verwächst mit der Trachea zur sog. Tracheallunge. Diese besitzt ventral Knorpelstücke wie eine typische Trachea und dorsal Alveolen. Nieren und Gonaden liegen hinter- und nicht nebeneinander. Die Gallenblase befindet sich hinter der Leber.

Von besonderer Bedeutung für die Systematik der Schlangen ist die Bezahnung (Abb. 382, 383). Ursprünglich (heute noch bei *Python*) bilden die Zähne einfache Reihen auf Prämaxillare, Maxillare, Pterygoid, Palatinum und Dentale. Die Zähne sind gleichartig spitz und weisen etwas nach hinten. Die Zähne auf dem Prämaxillare bilden sich bei den meisten Schlangen zurück, auf den anderen Knochen bleiben sie erhalten und behalten ihre einfache Form. Sie reduzieren aber ihre Zahl, und einzelne Zähne spezialisieren sich. Einmal bilden sich einzelne stärker rückwärtsgebogene und verlängerte Zähne, zum anderen entstehen gefurchte oder ausgehöhlte Giftzähne. Die typischen Giftzähne besitzen eine außen-seitlich oder vorn gelegene Rinne (Glyphe) oder einen durch Einfaltung entstandenen Hohlkanal, mit deren Hilfe das Gift in die Beutetiere injiziert werden kann. Die ausgehöhlten Zähne haben an ihrer Basis eine Öffnung, durch die das Gift in den Kanal eintreten, und nahe ihrer Spitze eine Öffnung, durch die es wieder austreten kann. Schlangen mit hochentwickelten, äußerlich glatten und von einem inneren Kanal durchbohrten Giftzähnen werden solenoglyph genannt (z.B. Viperiden), Schlangen ohne Gift-

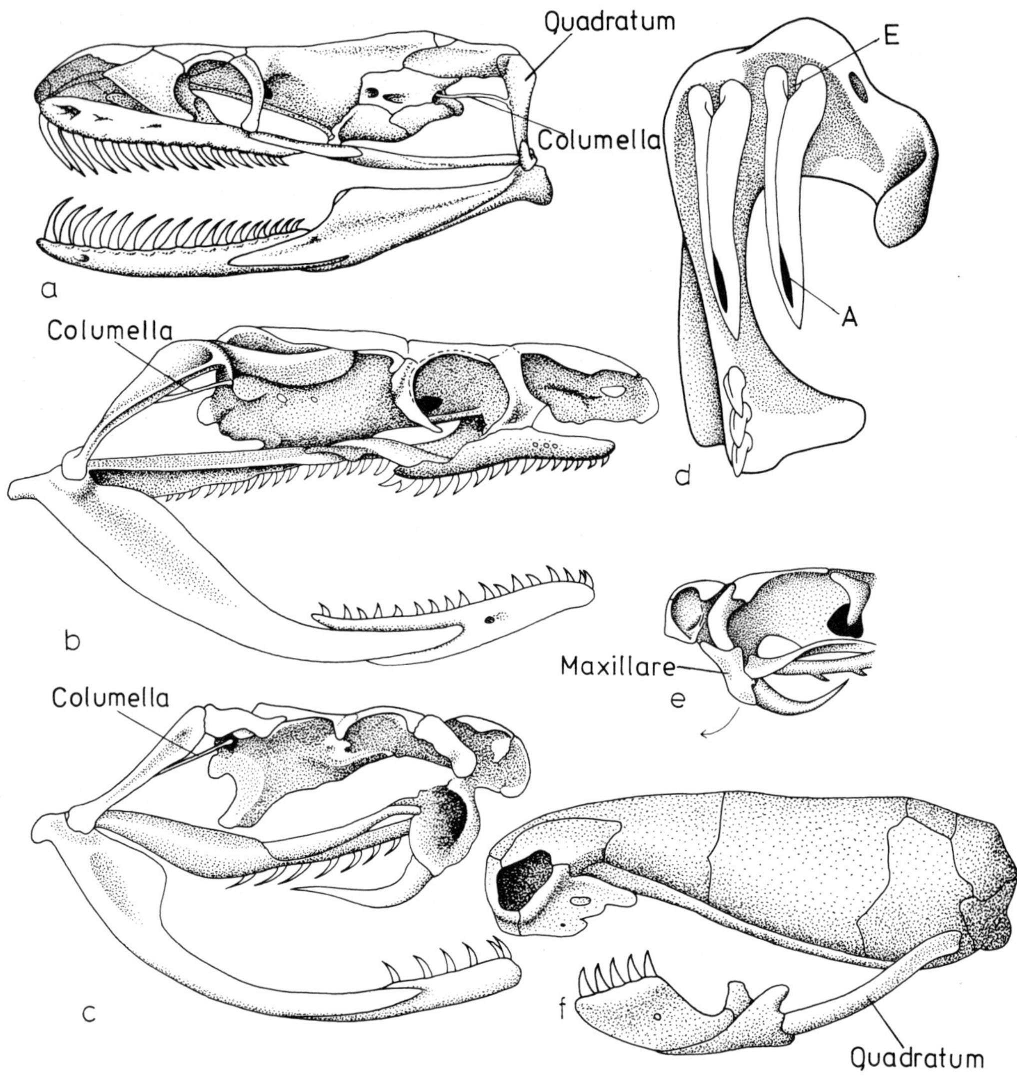

Abb. 382: Schlangenschädel. a. *Python* (Boidae), b. *Drymarchon* (Colubridae), c. *Crotalus* (Klapperschlange, Viperidae); d. Ventralansicht des linken Oberkiefers von *Ophiophagus* (Königskobra) mit 2 Giftzähnen, E: Eintritts-, A: Austrittsöffnung für das Gift, die ursprünglich offene Rinne ist zu einem Hohlkanal geschlossen. e. Oberkiefer einer Viper mit eingeschlagenem Giftzahn, Pfeil deutet Rotationsbewegung des Oberkiefers mit Giftzahn an. f. *Leptotyphlops* (Leptotyphlopidae), Beispiel für kompakten Schädel einer unterirdisch lebenden Art. Nach Anthony, Bogert, Boulenger, Edmund, Goin, Smith

zähne aglyph (z.B. Boidae). Der Giftkanal ist bei Schlangen, die ihr Gift dem Beutetier oder Feind entgegenspeien, besonders kompliziert gebaut (z.B. manche Kobras).

Die Anordnung der Maxillarzähne spielt in der Evolution der Schlangen eine wichtige Rolle (Abb. 383). Ursprünglich sind die Zähne gleichartig (isodont) und etwas zurückgeneigt. Von solchen Formen lassen sich mehrere Linien ableiten, die einzelne vergrößerte Zähne (einfach, gefurcht oder tubulär) aufweisen; häufig tritt ein Diastema auf. Die modifizierten Zähne liegen entweder vorn, in der Mitte oder hinten. Das Gebiß ist dann pro-, meso- oder opisthomegadont, wenn diese Zähne einfach gebaut sind; es ist pro-, meso- oder opisthoglyphodont, wenn diese Zähne eine Rinne besitzen oder tubulär sind. Es können mehrere gefurchte Zähne auftreten; bei den hochentwickelten Arten (Viperiden, Crotaliden, manche Elapiden) gibt es meist nur 1 oder 2 solcher Giftzähne pro Maxillare, andere Zähne fehlen an diesem Knochen. Bei den Vipern befindet sich ein großer Giftzahn vorn auf dem drehbaren Maxillare. Schlangen mit promegadontem Gebiß werden proterodont genannt, solche mit proglyphodontem Gebiß proteroglyph. Entsprechend gibt es opisthodonte und opisthoglyphe Schlangen. Auch der vorn gelegene solenoglyphe Zahn der Vipern leitet sich von einem Gebiß ab, in dem die spezialisierten Zähne hinten lagen; bei diesen Schlangen ist das Maxillare vorn reduziert (Abb. 382). Die Giftzähne werden wie die anderen Zähne gewechselt, vor Ausfall verwächst der Nachfolger mit dem Kieferknochen und nimmt Kontakt mit dem Gang der Giftdrüse auf. Bei hochentwickelten promegadonten und proglyphodonten Formen werden die hinteren Zähne rückgebildet, bei opisthomegadonten und opisthoglyphen die vorderen. Keine Schlange ist zahnlos. *Emydocephalus* (Hydrophiidae) jedoch hat alle Zähne bis auf 2 Giftzähne reduziert, möglicherweise in Zusammenhang mit der Nahrung, die aus Fischeiern besteht.

Das Gift der Schlangen wird in der Parotisdrüse nahe dem Mundwinkel gebildet. Alle Schlangen besitzen diese Drüse, aber nicht bei allen bildet sie ein giftiges Sekret. Allerdings sind Speicheldrüsen auf Grund der Bildung von ver-

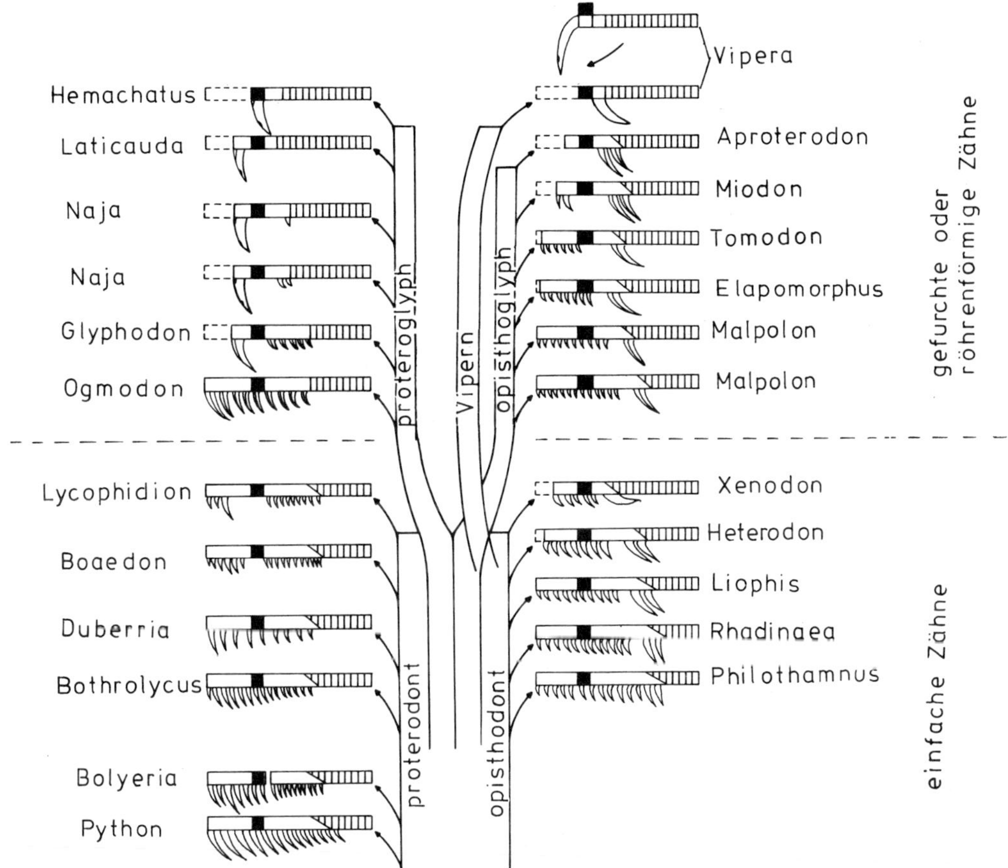

Abb. 383: Anordnung der Maxillarzähne in verschiedenen Schlangengruppen. Ektopterygoid: vertikal schraffiert; Region, in der Maxillare und Frontale in Kontakt stehen: schwarz. Linke Bildhälfte: Schlangen, bei denen sich die vorderen Zähne vergrößern und spezialisieren. Rechts sind Schlangen mit spezialisierten hinteren Zähnen dargestellt. Nach Anthony, Edmund

dauenden Eiweißstoffen prädisponiert, sich in Giftdrüsen umzuwandeln. Im Gift einer Schlange lassen sich verschiedene Stoffe nachweisen. Nach der Wirkung werden folgende Gifte unterschieden: 1. Gifte, die Gewebe einschließlich Blutkörpern und Blutgefäßen zerstören (Cytolysine, Haemorrhagine, Haemolysine). 2. Anticoagulantien, die die Blutgerinnung aufheben und heftige Blutungen auslösen können. 3. Coagulantien, die Verklumpung des Blutes auslösen. 4. Gifte, die auf das Nervensystem einwirken (Neurotoxine), besonders auf das Atmungs- und Herzzentrum. Meist enthält das Gift auch Hyaluronidase, die seine Ausbreitung beschleunigt. Haemorrhagische Stoffe treten öfter bei Vipern auf, neurotoxische bei Kobras und Verwandten. Das Gift einer Schlange kann auf Beutetiere sehr unterschiedlich wirken; das Gift der indischen Kobra wirkt z.B. auf Kaninchen stärker als auf Hunde, diese sind wiederum viel anfälliger als Mungos.

Heute existieren ca. 2700 Schlangenarten, die auf gut 10 Familien und 3 Familiengruppen verteilt werden. Rund zwei Drittel der Arten entfallen auf 1 Familie, die Colubridae, die jedoch noch ungenügend bekannt ist und möglicherweise eine Sammelgruppe darstellt. Parallelbildungen im Gebiß erschweren die Aufstellung des natürlichen Systems. Schlangen kommen auf allen Kontinenten vor; am zahlreichsten sind sie in den Tropen der Alten Welt.

a. Familiengruppe Henophidia: Enthält eine Reihe konservativer Formen und abgeleitete, meist unterirdische Arten. Foramen opticum zwischen Frontale und Parietale. Sehr oft sind Reste des Beckengürtels und der Hinterextremitäten erhalten. 5 Familien.

Boidae (Riesenschlangen): Hierher zählen die längsten Schlangen, die um 10 m erreichen *(Python, Eunectes)*. Seit der Kreide nachgewiesen. Ursprüngliche Merkmale: Reste des Bekkens und der Oberschenkel, die als 2 neben der Kloakenöffnung liegende Sporne äußerlich erkennbar sind (bei Männchen größer als bei Weibchen) und eine Rolle bei der Kopulation spielen; meist zwei funktionstüchtige Lungen, keine Giftzähne; Zähne oft noch auf allen ursprünglich zahntragenden Knochen, Unterkiefer mit Coronoid. Viele Arten bevorzugen den Aufenthalt auf Bäumen und im Wasser. Viele der kleineren Formen leben subterran *(Eryx, Lichanura, Charina, Calabaria)*. Jagen vor allem Kleinsäuger, Vögel und Eidechsen. Töten ihre Beute durch Erdrosselung. Unverdauliche Nahrungsreste werden wie bei Waranen als Gewölle ausgewürgt. Ovovivipar und ovipar. Mehrere Unterfamilien.

Boinae vor allem in Neuer Welt, Pythoninae in Alter Welt; Boas ovovivipar, Pythons ovipar, Weibchen bewachen und bebrüten durch Muskelwärme meist 2–3 Monate lang das Gelege, das aus max. 100 Eiern bestehen kann. Viele Formen mit Lippengruben (Abb. 378 c). *Eunectes, Boa, Python, Sanzinia* (Madagaskar).

Bolyeriinae: Beckengürtel und hintere Extremitäten fehlen, Maxillare geteilt, nur Round Island bei Mauritius, *Bolyeria* (ausgerottet), *Casarea*.

Erycinae: kurzschwänzig, klein, vor allem unterirdisch, mit *Eryx* (Sandboa) auch in Südost-Europa, *Engyrus*, Melanesien und Polynesien; *Charina*, Nord-Amerika.

Loxoceminae: *Loxocemus*, mit großer linker Lunge, unterirdisch, Mittelamerika.

Aniliidae (Rollschlangen): Kleine Gruppe unterirdisch lebender kleiner Schlangen, runder Körper, kleine Augen bisweilen von Kopfschildern überdeckt. Sehr fester Schädel, Beckenrudiment mit äußerlich sichtbaren Oberschenkelresten (Afterspornen), Süd-Amerika, Südost-Asien. *Anilius, Anomochilus, Cylindrophis*.

Uropeltidae (Schildschwänze): Kleine bunte Wühlschlangen mit zugespitztem Kopf, dessen Augen i.a. unter Kopfschildern liegen und der infolge besonderer Kopfgelenke ungewöhnlich beweglich ist; Schwanz kurz, endet stumpf oder erscheint wie schräg abgeschnitten. Am Schwanzende entweder eine große flache Schuppe oder einige gekielte oder dornige Schuppen. Schädel sehr fest; Beckenreste, linke Lunge und Brille fehlen. Feuchte Regionen, Süd-Indien, Ceylon, Burma.

Xenopeltidae: nur *Xenopeltis*, Südost-Asien, nachtaktiv. Schädel fest, kleine Reste des Beckengürtels und der Hinterextremitäten.

Acrochordidae (Warzenschlangen): Plumpe, bis 2 m lange Schlangen, Ventral- und Kopfschuppen nicht vergrößert, i.a. mit Tuberkeln. Beckenreste fehlen. Nur eine Lunge. Wasserlebende Fischfresser, oft im Meer. Beim Tauchen werden die inneren Nasenöffnungen verschlossen. Ovovivipar. Indien bis Australien. *Acrochordus, Chersydrus*.

b. Familiengruppe Scolecophidia (Typhloidea): Kleine, meist unterirdisch wühlende Schlangen. Wirbel ohne Processus spinosus,

Foramen opticum vom Frontale umgeben. Meist noch Reste des Beckengürtels, Leber meist viellappig (wie bei Gymnophionen). Nur ein Paar Thymusorgane (sonst 2 Paare).

Typhlopidae: Meist kleine, unterirdisch lebende Arten; glatter, von vorn bis hinten gleich dicker Rumpf, sehr kurzer Schwanz. Augen rückgebildet, liegen unter großen Kopfschildern; kleiner Mund; feste Schädelkapsel; Maxillare steht quer zum Schädel, trägt als einziger Knochen Zähne (manchmal nur 2). Nur 1 Oviduct. Nahrung Insekten; ca. 200 Arten, in warmen Ländern verbreitet. 2 Gattungen: *Ramphotyphlops*, *Typhlops*. *T. vermicularis* auf dem Balkan.

Leptotyphlopidae: Ähneln äußerlich und in Lebensweise den Typhlopiden. Schädelkapsel fest, Zähne nur am Dentale, kleiner Mund. Becken- und Hinterextremitätenreste vorhanden. Nur 1 Oviduct. Brille fehlt den rückgebildeten Augen. Nahrung vor allem Termiten, die ausgesaugt werden; ca. 50 Arten, 1 Gattung *(Leptotyphlops)*. Vor allem trockenere Gebiete Südost-Asiens, Afrikas und Amerikas.

Anomalepidae: unterirdisch, klein, Ober- und Unterkiefer mit Zähnen, Beckenrest fehlt meistens, linkes Oviduct kann fehlen. Primitiv ist das auf sie beschränkte Vorkommen eines Jochbeines. *Anomalepsis* u. a., Mittel- und Südamerika.

c. Familiengruppe Caenophidia (Xenophidia): Hierher gehört die große Mehrzahl der rezenten Schlangen. Sehr vielgestaltig und in zahlreichen Lebensräumen (terrestrisch, baumlebend, unterirdisch, in Süß- und Salzwasser). Nur eine Carotis, nur rechte Lunge vorhanden, beweglicher Schädel, keine Becken und Extremitätenreste, Foramen opticum fast immer von Frontale, Parietale und Parasphenoid umgeben, hierher auch die Giftschlangen, von denen aber nur wenige dem Menschen schaden. Systematische Gliederung noch umstritten.

Colubridae (Nattern): Größte und vielgestaltigste Schlangenfamilie. Meist breite Bauchschuppen, Zähne meist auf Maxillare, Pterygoid, Palatinum und Dentale, oft aglyphe Zähne und keine Giftdrüsen, selten opisthoglyphe Formen mit Giftdrüsen. Das Gift wird durch kauende Bewegungen in das Beutetier gebracht. Meistens werden Beutetiere durch Erdrosselung getötet. Viele Formen fressen alle Tiere, die sie überwältigen können, andere sind Nahrungsspezialisten. *Lampropeltis* frißt vor allem andere Schlangen, *Dasypeltis* Eier, *Pareas* und *Dipsas* Schnecken, *Homalops* Fische und Frösche. Terrestrische Formen meist ovi-, aquatische meist ovovivi- oder vivipar. *Thamnophis* besitzt z. B. eine Plazenta.

Xenoderminae: Schuppen meist nebeneinander und nicht überlappend, aglyphe Zähne, oft nachtaktiv, Südost-Asien. *Xenoderma*, *Achalinus* u. a.

Lycodontinae (Wolfszahnnattern): Nordamerika, Afrika, Süd- und Südostasien. *Lycophidion*, *Boaedon*.

Pareinae: kleine Formen mit breiten Köpfen und großen Augen. Aglyphe Zähne; Nahrung: kleine Tiere wie Schnecken, die sie mit den Zähnen aus dem Gehäuse ziehen können. Meist nachtaktiv. Südost-Asien. *Pareas* u. a.

Dipsadinae: ähnlich Pareinae, auch schnekkenfressend, Mittel- und Südamerika. *Dipsas* u. a.

Calamarinae: Kleine i.a. unterirdische Schlangen, aglyphe Zähne, Foramen opticum zwischen Frontale und Parasphenoid. Südost-Asien. *Calamaria* u. a.

Sibynophinae: Kleine elegante Schlangen mit Gelenk im Unterkiefer; aglyphe einheitliche Zähne, Südost-Asien *(Sibynophis)* und Mittelamerika.

Xenodontinae: Vergrößerte, aber ungefurchte hintere Zähne. Fressen hauptsächlich Kröten. Amerika. *Xenodon*, *Lystrophus* u. a.

Dasypeltinae: Fingerdicke, eierfressende Schlangen; sehr kleine Zähne; Unterkieferknochen sehr locker miteinander verbunden, Hypapophysen (basale Fortsätze) der Halswirbel sehr lang, ragen in den Oesophagus, wo sie die verschluckten Eier zerbrechen. Die leere Eierschale wird ausgewürgt. *Dasypeltis* (tropisches und südliches Afrika), *Elachistodon* (mit einem oder zwei gefurchten und vergrößerten hinteren Zähnen, Indien).

Aparallactinae: Unterirdische Schlangen mit vorn gelegenen gefurchten Zähnen, die aber vermutlich mit opisthoglyphen Zähnen homolog sind. Afrika, Mittlerer Osten. *Homorelaps* u. a.

Homalopsinae: Opisthoglyphe Schlangen mit aquatischen, terrestrischen und baumlebenden Formen. Die Wasserformen (*Enhydris*, *Herpestes*, *Cerberus*, *Erpeton* u. a.) können die äußeren Nasenöffnungen verschließen und besitzen kleine ventrale Schuppen. Meist nachtaktiv; die terrestrischen Formen wurden früher oft in eine eigene Unterfamilie (Boiginae) gestellt. Tropisches Amerika, Afrika, Südost-Asien, Nord-Australien.

Natricinae: Artenreiche Gruppe, die nur in Südamerika fehlt. Aquatische und terrestrische, aglyphe und opisthoglyphe, ovi- bis vivipare Arten. *Natrix*, meist an Wasser gebundene Nattern, die Fische und Frösche fressen. In Mitteleuropa. 1) *N. natrix* (Ringelnatter), bis 1,5 m lang. Eier werden in modernden Blatthaufen oder Misthaufen abgelegt; bei Gefahr werden die Stinkdrüsen entleert; beißt nicht, stößt mit dem Kopf. 2) *N. tesselata* (Würfelnatter). *Thamnophis* (Strumpfbandnattern, «garter snakes»), vivipar, Nord-Amerika.

Colubrinae: Schwer von voriger Gruppe abzugrenzen, ebenfalls große kosmopolitische Unterfamilie: *Coluber* (Zornnatter, bis 3 m lang, Süd-Europa), *Elaphe* mit *E. longissima* (Äskulapnatter) auch in Mitteleuropa, manche *Elaphe*-Arten fressen Eier und besitzen wie *Dasypeltis* verlängerte Hypapophysen, *Chrysopelea* («fliegende Schlange»), baumlebende Form, die durch die Luft gleiten kann, *Dispholidus*, kann dem Menschen gefährlich werden. *Coronella* (Schlingnattern, Glattnattern), Mittel- und Südeuropa, *Malpolon* (Eidechsennatter), Südeuropa.

Elapidae (Giftnattern): In diese Familie werden die giftigen Kobras, Mambas, Kraits, Korallenschlangen und Seeschlangen gestellt. Giftzähne liegen vorn im Kiefer (proteroglyphe Formen). Giftzähne, von Kanal durchbohrt, bleiben, im Gegensatz zu denen der Vipern, stets in gleicher Stellung; die verschmolzenen Ränder der eingesunkenen Giftrinne als Längsnaht sichtbar.

Hinter dem funktionellen Giftzahn mehrere nachwachsende Giftzähne und einige aglyphe Zähne. Die Zahnzahl nimmt innerhalb der Familie ab, ursprüngliche Formen *(Demansia*, Australien) besitzen noch bis 17 Zähne, die Kobras 2–5, die Korallenschlangen nur noch 1–2 Zähne pro Oberkieferhälfte. Gifte meist neurotoxisch.

Elapinae: gesamte Subtropen und Tropen, vor allem in Australien, in Europa fossil aus Mio- und Pliozän *(Palaeonaja)*. Mehrere Arten (*Ophiophagus*, *Bungarus* u.a.) fressen Schlangen. *Naja naja* (Indische Kobra, Brillenschlange) mit typischem Drohverhalten: Der Hinterrumpf wird eingerollt, der Vorderrumpf erhoben und die Rippen des Halses abgespreizt. Durch ihren Biß sterben in Indien, Ceylon und Burma (die Länder mit den meisten Todesfällen durch Schlangenbisse) zahlreiche Menschen. Die Brillenzeichnung fehlt manchen Unterarten. Speikobras in Afrika (z.B. *Hemachatus*) und Asien (*Naja*-Arten) können ihr Gift in die Augen ihrer Feinde spritzen; *Denisonia* (vivipar, Australien); *Ophiophagus hannah* (Süd- und Südost-Asien, Königskobra, bis 5,5 m lang); *Bungarus* (Kraits, im Querschnitt dreieckig, helldunkel gebändert); *Boulengerina* (afrikanische Wasserkobras); *Dendroaspis* (Mamba, Afrika); *Oxyuranus* (Taipan, Australien); *Acanthophis* (Todesotter, Indonesien, Australien); *Maticora* (Giftdrüsen reichen bis zum Ende des 1. Körperdrittels, SE Asien); *Micrurus* (Korallenschlangen Amerikas).

Hydrophiinae (Echte Seeschlangen): Ins Meer gegangener Zweig der Elapiden, vereinzelt in Inlandlagunen und Seen. Mundhöhle und Kloake mit Atmungsfunktion. Die Lunge ist außerordentlich lang und reicht bis zum After. Körper oft seitlich abgeflacht, äußere Nasenöffnungen können meist verschlossen werden, Zunge relativ kurz, ventrale Schuppen meist klein oder rückgebildet, ovi- oder ovovivipar. Primitive Formen (z.B. *Laticauda*) legen Eier an Land ab und besitzen noch relativ breite Bauchschuppen. Sehr wirksames Gift. Oft in Küstennähe; Indopazifik. *Pelamis* von Madagaskar bis Pazifikküste Amerikas; *Lapemis*, *Microcephalophis*, *Enhydrina*, *Astrotia* u.a.

Viperidae (Ottern, Vipern, Grubenottern): Ähneln strukturell den Elapiden, Schädel und Giftinjektionsapparat besonders hoch entwikkelt. Erst seit Miozän bekannt. Solenoglyphe Formen, infolge des verkürzten Maxillare liegen die Giftzähne vorn. Maxillare hoch und drehbar mit Praefrontale und Ectopterygoid verbunden. Giftzahn in Ruhe nach hinten geneigt, bei Biß wird Maxillare nach vorn gedreht und der Zahn aufgerichtet. Nach dem raschen Biß und der Giftinjektion zieht sich die Schlange meist zurück und wartet die Giftwirkung ab. Elapiden halten i. a. die Beute fest. Meist haemorrhagische Gifte, Pupille rund.

Atractaspinae (Erdvipern): Unterirdische Formen mit schmalem Kopf und großen Giftzähnen und Giftdrüsen. Afrika, Arabien. *Atractaspis*.

Viperinae (echte Vipern): kräftige Tiere mit kurzen Schwänzen und oft breiten Köpfen, bis 2 m lang *(Bitis gabonica)*, die Männchen mancher Arten, z. B. der Kreuzotter, führen im späten

Frühjahr Rivalitätskämpfe aus. Eurasien, Afrika. Kreuzotter *(Vipera berus)*, Wiesenotter (Spitzkopfotter, *V. ursinii*), Aspisviper *(V. aspis)*, Sandotter *(V. ammodytes)* in Mitteleuropa, alle mit Plazenta; *Echis* (Sandrasselotter), Nord-Afrika bis Indien, *Cerastes* (Hornviper), Nordafrika, Südwest-Asien, *Atheris* (Baumotter), Afrika, *Bitis* (Puffotter), Afrika, *Azemiops* (elapidenähnlich), *Causus*, Krötenviper (Afrika).

Crotaline (Grubenottern): mit wärmerecipierenden Grubenorganen am Kopf (Abb. 378 d). Auch Viperinae besitzen sehr temperaturempfindliche Receptoren, deren Lokalisation aber noch unklar ist. Z. T. sehr giftig, ovi- oder ovovivipar, Männchen mit Rivalitätstänzen. Osteuropa bis Indonesien, Mehrzahl der Arten in der Neuen Welt. *Agkistrodon* (Dreiecksköpfe), südliches Europa bis Java,

Abb. 384: Verschiedene Schlangenformen. a. *Dendroaspis* (Grüne Mamba, Elapidae), b. *Acrantophis* (Madagaskar-Boa). c. *Microencephalophis* (Seeschlange), d. *Naja haje* (Uräusschlange), e. *Vipera aspis* (Aspisviper), f. *Crotalus* (Klapperschlange), g. *Typhlops* (Typhlopidae), h. *Uropeltis* (Uropeltidae), i. *Elaphe* (Natter). Nach Allyn, Grzimek

Nord-Amerika, vereinzelt Aasfresser; *Lachesis* (Buschmeister), bis 3,75 m lang, Süd-Amerika; *Trimeresurus* (Lanzenschlange), Mittel- und Süd-Amerika; *Sistrurus* (Zwergklapperschlangen) Nord- und Mittel-Amerika; *Crotalus* (Klapperschlange) Amerika.

b. Archosauria

Die Archosaurier sind die beherrschende Reptiliengruppe des Mesozoikums. Kennzeichnend sind: der diapside Schädel (unabhängig von dem der Lepidosaurier erworben) und die Tendenz zum bipeden Gang, die mit zahlreichen Veränderungen in Becken- und Extremitätenskelet verbunden ist. Im Schädel tritt oft ein Fenster vor der Orbita auf (Antorbitalfenster, dadurch «triapsider» Schädel). Ein Parietalauge fehlt i.a. Im Unterkiefer erscheint ein Fenster zwischen Dentale, Angulare und Supraangulare. Am Ende des Mesozoikums starben fast alle Archosaurier aus.

1. Ordnung: Chelonia (Testudines, Schildkröten)

Die Stellung der Schildkröten ist nicht unumstritten. Oft werden sie v. a. wegen des Schädelbaus zusammen mit den Cotylosauriern als «Anapsida» zusammengefaßt. Viele anatomische und serologische Merkmale deuten aber auf Archosaurierverwandtschaft hin. Eigenmerkmale sind:

1) Der Körper ist von einem vorn und hinten offenen Panzer umschlossen, der einen tiefgehenden Einfluß auf Fortbewegungsweise und innere Anatomie ausübt und der aus einer Knochen- und einer Hornschicht besteht (Abb. 385). Die Knochen sind Hautknochen und werden Platten genannt; ihre Zahl beträgt circa 60; ursprünglich waren sie wahrscheinlich segmental Wirbeln und Rippen zugeordnet. Der dorsale Teil des Panzers (Carapax) besteht aus den median gelegenen Neuralia, die mit den Dornfortsätzen der Wirbelsäule verwachsen, den Costalia, die mit den Rippen verwachsen, und den seitlichen Marginalia. Der ventrale Teil des Panzers (Plastron) – über die Marginalia mit dem Carapax fest verbunden – besteht vorn aus den abgeflachten Claviculae (Epiplastron) und der unpaaren Interclavicula (Endoplastron) sowie 3 weiteren Knochenpaaren (Hyo-, Hypo- und Xiphiplastron), die aus Bauchrippen entstanden. Die den Knochenplatten aufliegenden Hornschilde decken sich nicht mit diesen. Bei Trionychiden und adulten *Dermochelys* ist der Hornpanzer durch eine dicke ledrige Haut ersetzt. Der Carapax ist bei landlebenden Formen meist hochgewölbt, eine Ausnahme ist die afrikanische *Malacochersus*, deren Panzer flach, dünn und elastisch ist. Diese Tiere leben in felsigen Regionen und können sich in Spalten zurückziehen. Wasserschildkröten haben meist flachere Panzer. *Dermochelys* bildet den Carapax zurück, er besteht aus Hunderten kleiner Knochenstücke. In verschiedenen Gruppen wird der Knochenpanzer reduziert, vor allem im Plastron (viele Wasserschildkröten). Von den Trionychiden wird vermutet, daß der ursprüngliche Knochenpanzer zum großen Teil durch eine Neubildung ersetzt wird (epithecaler Panzer). Einige Formen bilden im Panzer Quergelenke aus, die die vordere und/oder hintere Öffnung zuschließen können: *Kinixys* im Carapax, *Cuora*, *Terrapene*, *Kinosternon* u.a. im Plastron.

2) Zahnlose Kiefer, die mit einem Hornschnabel bedeckt sind; nur triassische Schildkröten besaßen noch Zähne in Alveolen.

3) Ein kleiner sekundärer Gaumen.

4) Reduktion von Schädelknochen.

5) Der Extremitätengürtel liegt unter den Rippen.

6) Schwammige Lunge mit eigenen Muskeln zur Ausatmung.

Primitiv sind 1. das oft geschlossene Schädeldach (anapsid), das jedoch bei vielen Formen von hinten und/oder unten her eingekerbt wird, so daß ein Jochbogen entsteht, der auch noch verschwinden kann (Abb. 385). 2. Die geringe Differenzierung von Atlas und Epistropheus, die sogar weitgehend gleichartig sein können (Pleurodira). Die Wirbel sind ursprünglich amphicoel; es kommt aber, besonders im Halsbereich, zu einer großen Vielfalt an Wirbelformen (pro-, opisthocoel, bikonvex, bikonkav, platycoel u.a.), die auch systematisch ausgewertet wird. 3. Art und Weise der Fortpflanzung: alle Schildkröten sind ovipar, die Eier werden i.a. in selbstgegrabenen Erdlöchern verscharrt.

Eine Reihe spezieller anatomischer Merkmale teilen die Schildkröten mit anderen Archosauriern, was die Weichteile betrifft, speziell mit den Krokodilen, den einzigen rezenten typischen

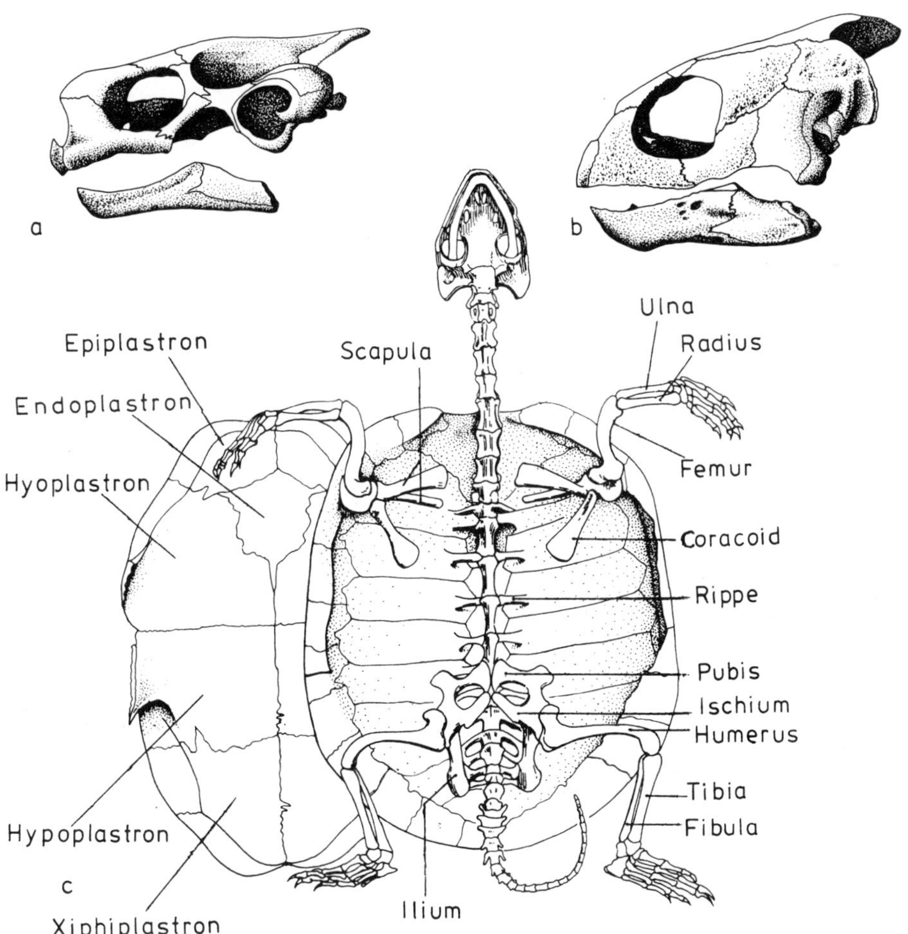

Abb. 385: Schildkrötenskelet. a. Schädel einer landlebenden Schildkröte *(Kinixis)*, deren Temporalregion nur noch zu einem geringen Teil überdacht ist. b. Schädel einer Meeresschildkröte *(Caretta)* mit überdachter Temporalregion. c. Skelet der Sumpfschildkröte *(Emys)*, Plastron entfernt, links Ventralansicht der Knochenplatten des Plastrons. Nach Boulenger, Claus

Archosauriern, und z. T. sogar mit Vögeln, die sich ja auch von Archosauriern herleiten: 1. Bau der Nasenhöhle und speziell des Jacobsonschen Organs, das klein ist und eine Rinne am Boden der Nasenhöhle bildet; eine Concha nasalis ist bei Embryonen nachweisbar, bei Erwachsenen fehlt sie oder ist schwach ausgebildet. 2. Sekundäre Arteria subclavia entspringt der Carotis und nicht, wie bei Lepidosauriern, den Aortenbögen, 3. Aortenbögen entspringen linker und rechter Herzkammer (bei Lepidosauriern nur der linken). 4. Unpaarer schwellbarer Penis mit dorsaler, offener Samenrinne und Corpus fibrosum (auch bei Vögeln). 5. Eigener Muskel am Augenbulbus, der die Nickhautsehne bedient (M. pyramidalis, auch bei Vögeln). 6. Struktur des Zungenbeins. 7. Feinbau der schwammigen Lunge, die sogar als Vorstadium der Vogellunge angesehen werden kann. 8. Bau des Kleinhirns. 9. Einzelheiten der Embryonalentwicklung des Neurocraniums. 10. Längsverlaufender Kloakenspalt. 11. Auch serologisch und 12. im Feinbau des Knochengewebes stehen die Schildkröten den Krokodilen näher als den anderen Reptilien.

Die Schildkröten haben sich wohl früh (Perm) von den anderen Archosauriern getrennt, vor Ausbildung des für die Archosaurier typischen «triapsiden» Schädels. Abgesehen von einem Abdruck eines Panzers aus dem Perm sind die Schildkröten von der Trias an überliefert *(Triassochelys)*. Trotz ihres spezialisierten Baues haben sie viele Lebensräume besiedelt, das Land, das Süßwasser und mehrfach das Meer. Ursprünglich ist wohl die amphibische Lebensweise.

Viele Schildkrötenarten sind heute in ihrem Bestand bedroht. Besonders gefährdet sind die großen Meeresschildkröten, deren Ausrottung zumindest z. T. zu befürchten ist.

1. Unterordnung: Pleurodira (Halswender). Bei Einziehen des Kopfes wird der Hals seitlich unter die Ränder des Panzers gelegt. Halswirbel mit kräftigen Dorn- und Seitenfortsätzen für die Halsmuskulatur. Becken mit Knochenpanzer verwachsen. Schädeldach meist hinten und unten eingekerbt. Süßgewässer der Südkontinente (Südamerika, Südafrika mit Madagaskar, Australien), alte Gruppe.

Pelomedusidae: *Pelomedusa*, *Pelusios*, Panzer bis 30 cm lang, Afrika; *Podocnemis*, Panzer bis 80 cm lang, Madagaskar, Südamerika.

Chelidae: Relativ langhalsig, Kiefer schwach, Panzer bis 40 cm lang, 10 Gattungen, Australien, Neuguinea, Südamerika. *Chelus* (Matamata), Südamerika, mit bizarren Hautfortsätzen an Hals und Kopf und schnorchelartigem Nasenrüssel; *Chelodina*, Australien; *Hydromedusa* (Abb. 386 e), Südamerika.

2. Unterordnung: Cryptodira (Halsberger). Hals wird beim Einziehen des Kopfes vertikal S-förmig gekrümmt. Halswirbel mit stark rückgebildeten Seitenfortsätzen, an letzten Halswirbeln Dornfortsätze sehr niedrig; Schädeldach meist tief von hinten eingekerbt. Becken nicht mit Panzer verwachsen.

a. Familiengruppe Testudinoidea. Mehrzahl der rezenten amphibischen und terrestrischen Schildkröten mit nicht oder wenig modifizierten Extremitäten.

Abb. 386: Verschiedene Schildkrötenformen. a. *Testudo*, b. *Emys*, c. *Eretmochelys*, d. *Carettochelys*, e. *Hydromedusa*, f. *Chelus*. Nach Allyn, Grzimek

Dermatemydidae: Nur 1 rezente Art, *Dermatemys mawii*, Mittelamerika; flacher Panzer, aquatisch.

Chelydridae (Schnappschildkröten): Kleine, aquatische Neuweltgruppe mit der großen Geierschildkröte *(Macroclemys)*, USA, bis 1,4 m lang, und der Schnappschildkröte *(Chelydra)*, Nordamerika bis Ecuador, bis 1 m lang, großköpfig, kräftige, hakenförmige Kiefer; lauert auf Beute mit geöffneten Kiefern, wobei die rote, wurmähnlich sich bewegende Zunge als Köder dient.

Kinosternidae: Plastron *(Kinosternon)* mit zwei Quergelenken, die bei der Moschusschildkröte *Sternotherus* nur angedeutet sind, sonst mit Rückbildungstendenz des Plastrons *(Claudius, Staurotypus)*; Süßgewässer der Neuen Welt, vorwiegend Mittelamerikas.

Testudinidae: Artenreichste rezente Schildkrötenfamilie, Sumpf- und Landschildkröten.

Platysterninae (Großkopfschildkröten): Kopf sehr groß und mit Hakenkiefern, kann nicht zurückgezogen werden; in Gebirgsbächen, können gut klettern und finden sich auch auf Bäumen, 1 Art *(Platysternon megacephalum)*, Südost-Asien.

Emydinae (Sumpfschildkröten): Vorwiegend amphibische Gruppe, die nur in Australien und Afrika südlich der Sahara fehlt. Panzer oft flach, Schläfenregion des Schädels nicht überdacht; ca. 25 Gattungen, davon mindestens 17 in Ostasien. Einige Arten mit kompliziertem Balzspiel. *Emys* und *Clemmys* in Europa, *E. orbicularis* (Europäische Sumpfschildkröte) auch in Mitteleuropa; *Terrapene* (amerikanische Dosenschildkröten) terrestrisch, Panzer kann durch bewegliche Plastronhälften völlig verschlossen werden; *Batagur*, sehr große Art Südost-Asiens, *Pseudemys* (Schmuckschildkröten), *Chrysemys* (Zierschildkröte) und *Graptemys* (Höckerschmuckschildkröte), Neue Welt, vor allem Nordamerika, *Cuora* (orientalische Dosenschildkröten) mit Quergelenk im Plastron, Südost-Asien.

Testudininae (echte Landschildkröten): Plumpe, breite Extremitäten, Finger und Zehen bis auf die Krallen verwachsen, pro Finger nicht mehr als 2 Phalangen; Hinterextremitäten säulenförmig, Schläfendach hinten eingekerbt. Carapax meist hochgewölbt, Panzerlänge 12 cm *(Testudo kleinmanni)* bis 1,5 m *(Testudo gigantea*, Seychellen und *T. elephantopus*, Galapagosinseln). 9 Gattungen, vorwiegend Alte Welt ohne Australien, in der Neuen Welt nur wenige Arten *(Gopherus* und *Testudo*-Arten). *Testudo* weit verbreitet, in Süd-Europa *T. graeca*, *T. hermanni*, *T. marginata*; *Kinixys*, hinterer Carapax mit Quergelenk, auch in Gewässern, Afrika; *Malacochersus* (Spaltenschildkröte), Afrika; *Homopus*, Süd-Afrika; *Pyxis*, Madagaskar.

b. Familiengruppe Chelonoidea: große, bis über 1 m lange Meeresschildkröten, legen Eier an Land ab. Extremitäten in Flossenpaddeln umgewandelt, vordere dienen der Fortbewegung, hintere der Steuerung. Schädeldach kaum mit Einkerbungen. Alle sind infolge der Verfolgung durch den Menschen bedroht.

Cheloniidae: *Caretta* (Unechte Karettschildkröte), *Chelonia* (Suppenschildkröte), *Eretmochelys* (Karettschildkröte, liefert Schildpatt), *Lepidochelys* (Bastardschildkröte). Alle kommen in allen wärmeren Meeren der Erde vor und dringen auch ins Mittelmeer ein.

c. Familiengruppe Dermochelyoidea: Marine Schildkröten ohne Hornschilder, Knochenpanzer durch zahlreiche kleine Hautknochen, die in einer dicken ledrigen Haut liegen, ersetzt. Extremitäten zu Ruderflossen umgebildet, die vorderen sind sehr lang, die hinteren breit und kürzer und durch einen Hautsaum mit dem kurzen Schwanz verbunden. Schädeldach hinten eingekerbt.

Dermochelyidae: Nur 1 Art, die Lederschildkröte *(Dermochelys coriacea)*. Rückenhaut mit 7, Bauchhaut mit 5 niedrigen Leisten, die von den Hautknochen gebildet werden. Rippen und Wirbel frei. Größte Schildkröte, bis über 2 m lang. Spannweite der Vorderextremitäten über 3 m, Gewicht über 500 kg. Alle wärmeren Meere, selten. Wird wegen ihres Gehaltes an öligen Fetten gejagt.

d. Familiengruppe Carettochelyoidea: Hornschilde fehlen, Knochenpanzer von ledriger Haut bedeckt, Schwimmextremitäten, Schädeldach hinten eingekerbt, Schnauze mit Nasenrüssel.

Carettochelyidae: Nur 1 Art, *Carettochelys insculpta*, Neuguinea, Nordaustralien, geht ins Brackwasser.

e. Familiengruppe Trionychoidea: Hornschilder fehlen, Knochenpanzer teilweise rückgebildet, Carapax und Plastron nicht fest verbunden. Fleischige Lippen; Nasenrüssel; Schädeldach hinten tief eingekerbt. Trionychidae (Weichschildkröten): Bis fast 1 m große Süßwasserformen, die gelegentlich auch an Meeresküsten vorkommen; mit weichledriger Haut auf dem Knochenpanzer; kleine oberständige Augen; können stundenlang unter Wasser liegen. *Trionyx*, Nord-Amerika, Afrika, Asien (bis Türkei); *Dogania*, *Chitra* und *Pelochelys*, Südost-Asien bis Neuguinea. *Lissemys* (Indien, Burma), *Cyclanorbis* und *Cycloderma* (beide Afrika) mit Hautklappen, die die eingezogenen Hinterbeine bedecken.

2. Ordnung: Thecodontia

Grundgruppe aller Archosaurier oberhalb der Chelonia. Oft Thekodontie. Trias. 4 Unterordnungen. 1. Proterosuchia, primitiv, quadruped. 2. Pseudosuchia (*Euparkeria* u.a., Abb. 391) Zentralgruppe, eidechsenähnlich, oft bereits mit Andeutung der Bipedie, 3. Aetosauria, meist gepanzert. 4. Phytosauria, weltweit verbreitet, ähneln habituell Krokodilen, Nasenöffnung steht jedoch erhöht fast zwischen den Augen.

3. Ordnung: Crocodilia (Krokodile)

Mittelgroße bis große Reptilien (Abb. 387) mit massigem Kopf und langer Schnauze, kurzen Extremitäten und kräftigem, seitlich abgeflachtem Ruderschwanz. Leiten sich wahrscheinlich von bipeden Formen ab, ontogenetisch läßt sich noch zeigen, daß die Hinterbeine erst größer sind als die Vorderbeine, Pubis nicht am Acetabulum beteiligt, Clavicula fehlt. Schädel mit 2 Jochbögen und Schläfenfenstern. Großer sekundärer knöcherner Gaumen, Zähne stehen in Alveolen (Thekodontie); Haut mit Horn- und Knochenschuppen (auch im oberen Augenlid Knochenschuppe). Die verschließbaren äußeren Nasenöffnungen liegen leicht erhöht an der Schnauzenspitze. Das Trommelfell ist von beweglichen Hautfalten geschützt. Kloakenöffnung wie bei Schildkröten längsverlaufend. Einfacher Penis. Hochentwickeltes Gehirn mit Neocortex. Herz vierkammerig, linkes und rechtes Herz bis auf das verschließbare Foramen panizzae an der Basis der Aortenbögen vollständig getrennt. Wie bei Vögeln ist oft ein Muskelmagen ausgebildet. Amphibische Lebensweise, Eiablage an Land, Eier werden oft von Weibchen bewacht. Ungünstige Perioden können im Schlamm eingegraben überdauert werden, z.B. bei Kälte in Nord-Amerika. Fleisch-, z.T. Aasfresser. Langschnauzige Formen (*Tomistoma*, *Gavialis*) leben vorwiegend von Fischen, andere Arten erbeuten oft Landtiere, die ins Wasser gezerrt und ertränkt werden. Erwachsene haben nur den Menschen als Feind, der sie in vielen Gegenden stark dezimiert oder sogar ausgerottet hat. 2 Entwicklungsrichtungen: Formen mit breiter, relativ kurzer Schnauze und Formen mit langer Schnauze und Unterkiefersymphyse. Leiten sich von triassischen Thecodontiern ab. Protosuchia sind verbindende Formen aus der Späten Trias.

Mesosuchia: Jura, Kreide, Hinterbeine noch relativ lang, sekundärer knöcherner Gaumen noch weniger entwickelt als bei rezenten Formen, Antorbitalfenster oft noch vorhanden. Zahlreiche marine Arten mit Ruderfüßen und Schwanzflosse.

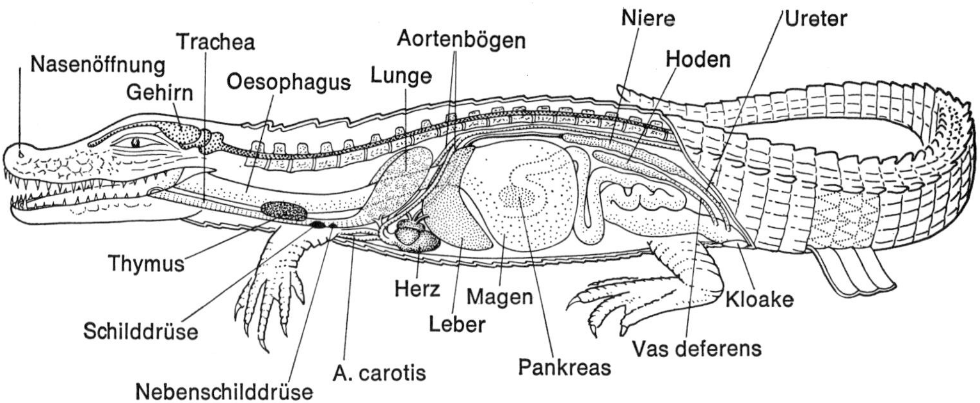

Abb. 387: Krokodilbauplan. Nach Storer, Usinger

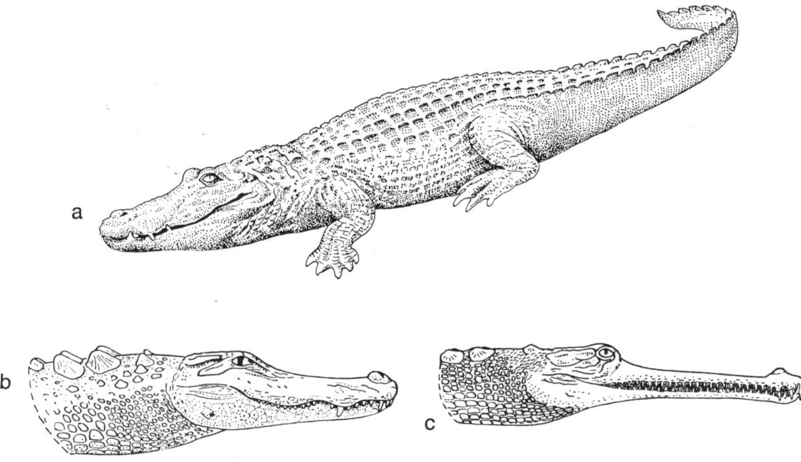

Abb. 388: Krokodile. a. *Crocodylus* Nilkrokodil; b. *Alligator*, c. *Gavialis*, Gavial. Nach Herter und Schmeil

Sebecosuchia: Eigenlinie (Kreide, Tertiär) mit hohem schmalem Schädel.

Eusuchia: hochentwickelte Krokodile, rezent folgende Familien.

Crocodylidae: Süß- und Salzwasser, ruffreudig. Alle rezenten Krokodile sind in ihrem Bestand stark gefährdet (Gewinnsucht der Leder- und Andenkenindustrie u. a.). *Crocodylus*, breit- *(C. palustris)* und schmalschnauzige *(C. cataphractus)* Arten, *C. porosus* (Leistenkrokodil) bis 8,5 m lang von S- über SE-Asien bis N-Australien; oft in Farmen gehalten. Amerika, Afrika, Asien, Australien; *Osteolaemus*, Stumpfkrokodil, Afrika; *Tomistoma*, Sundagavial, stark verlängerte schmale Schnauze; Malaya, Sumatra, Borneo. Die breitschnauzigen Neuweltgattungen *(Alligator* [mit einer chinesischen Art, *Alligator sinensis*], *Caiman*, *Melanosuchus*, *Palaeosuchus)* werden öfter in eine eigene Familie oder Unterfamilie gestellt; jedoch sind keine tiefgreifenden Unterschiede zu den anderen Krokodilen vorhanden.

Gavialidae: Auch die Errichtung dieser Familie ist umstritten. Nur 1 Art, der Gangesgavial *(Gavialis gangeticus)* im nördlichen Indien und Burma; sehr lange und schmale Schnauze, vor allem Fischfresser, vereinzelt bis 7 m lang.

4. Ordnung: Pterosauria (Flugsaurier)

Jura, Kreide; Funde stammen fast alle aus marinen Ablagerungen, so daß vermutet wird, daß sie vor allem fliegende Bewohner der Meere waren. Typischer Archosaurierschädel, aber wie bei Vögeln Tendenz zum Verschmelzen der Knochennähte. Große Augen, Zähne, wenn vorhanden, kräftig und manchmal nach vorn gerichtet, kurzer Rumpf, Schwanz unterschiedlich lang. Sternum mit Kamm. Wie Fledermäuse Flughautflieger, Armskelet mit luftgefüllten Hohlräumen. Dermale Schultergürtelknochen (Clavicula etc.) fehlen, nur Scapula und Coracoid vorhanden. Bei einigen Pterosauriern erreicht die Scapula sogar eine Grube an der Seite einiger verschmolzener Rückenwirbel. Hauptstütze der Flügel ist der 4. Finger, die ersten drei sind kurz und tragen Krallen, der 5. ist rückgebildet. Schlanke, relativ schwache Beine, die kaum ein normales Gehen ermöglicht haben. Die Flügelkonstruktion war relativ einfach und erlaubte den Tieren vermutlich kein so geschicktes Fliegen, wie es von den Vögeln bekannt ist. Die große Flughaut, die nur von einem Finger gestützt wurde (bei Fledermäusen von 4 Fingern), erlaubte wohl vorwiegend einen Gleit- und Segelflug: möglicherweise hielten sich die Tiere nicht am Boden auf, sondern hingen wie Flughunde an Zweigen oder Felsvorsprüngen. Die Endhirnhemisphären waren relativ groß, die Riechanteile reduziert. Wie bei Vögeln waren die Hemisphären des Mittelhirndaches zur Seite gedrängt. Möglicherweise waren die Tiere homoiotherm und besaßen vollständig getrennte Herzhälften. Der Körper war mit Schlauchschuppen («Haaren») bedeckt.

1. Unterordnung: Rhamphorhynchoidea. Jura; langer Schwanz, meist zahlreiche Zähne (Abb. 389, 391).

2. Unterordnung: Pterodactyloidea. Kreide;

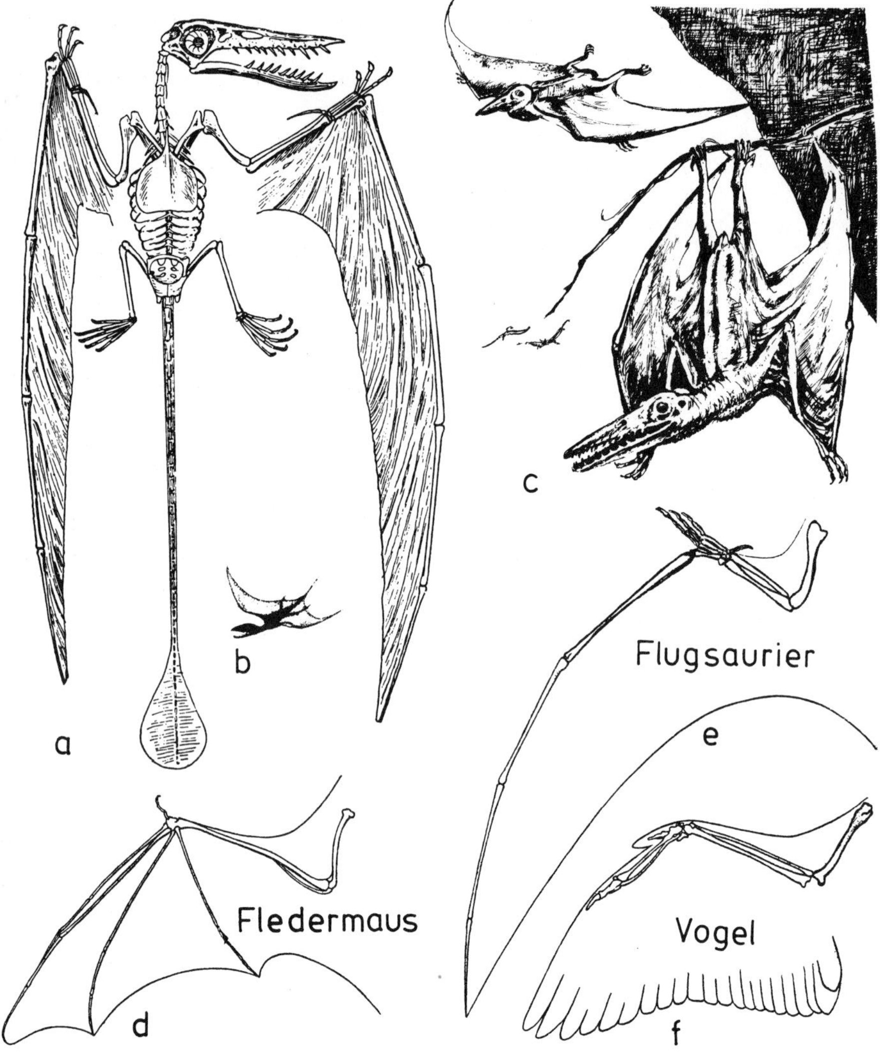

Abb. 389: a–c. Flugsaurier. a. *Rhamphorhynchus*, b. *Dimorphodon*, c. *Pterodactylus*; b, c. Rekonstruktionen fliegender und ruhender Tiere, d–f. Flügel fliegender Wirbeltiere. Nach Parker, Simpson, Swinton, Zittel

sperlingsgroß bis 15 m Spannweite. *Ctenochasma* mit auffallend vielen und zarten Zähnen, mit denen u.U. Nahrung ausgeseiht wurde. *Pteranodon*, bis 8 m Spannweite, eigenartiger Schädel mit langem, nach hinten geneigtem Knochenfortsatz und langem, zahnlosem Schnabel (Abb. 391). *Pterodactylus*, singvogelgroß.

Die beiden folgenden Ordnungen, Saurischia und Ornithischia, bilden z.T. sehr große Formen aus. Sie werden als **Dinosaurier** bezeichnet.

5. Ordnung: Saurischia

Dreistrahliges Becken (Abb. 390) wie bei Thecodontiern: Ilium verbindet sich mit Sacralwirbeln, Pubis weist schräg nach vorn unten, Ischium nach schräg hinten, der Schädel besaß i.a. große Antorbitalfenster, die primitiven Formen waren biped und carnivor, jedoch entstanden auch große quadrupede, amphibisch lebende Pflanzenfresser.

1. Unterordnung: Theropoda: Biped, carnivor, Spättrias, Jura, Kreide. Familiengruppe Coelurosauria: zu Beginn i.a. kleine, langschwänzige Formen mit vogelartigen Füßen. *Struthiomimus* aus der Kreide war straußengroß und ähnelte auch habituell diesen Vögeln. Die Hand besaß 3 vermutlich gegeneinander bewegliche Finger; diese Form war (ausnahmsweise unter Dinosauriern) zahnlos und besaß vermutlich einen Hornschnabel. Möglicherweise lebten diese Tiere als Eierdiebe. Eine eigene Gruppe bilden die Carnosaurier, oft sehr große Formen. *Antrodemus* war ca. 11 m lang und besaß ein kleines Horn auf den Nasalia. In Parallele zu den Vögeln waren die 3 Metatarsalia zu einem soliden Knochen verschmolzen. *Spinosaurus* besaß bis ca. 2 m lange Dornfortsätze der Rückenwirbel. *Tyrannosaurus* aus der Kreide Nordamerikas war ca. 16 m lang und ca. 6 m hoch und damit vermutlich das größte carnivore Landtier überhaupt. Die Arme dieser und verwandter Großformen waren reduziert und besaßen oft nur 2 Finger. Die Zähne waren bis 15 cm lang und gesägt. Nahrung vermutlich Sauropoden (Abb. 390, 391).

2. Unterordnung: Sauropoda (Sauropodomorpha): Jura, Kreide, sekundär quadrupede Formen, deren Vorderextremitäten immer kleiner als die Hinterextremitäten sind. Pflanzenfresser von z.T. ungewöhnlich großen Ausmaßen, hierher gehören die größten landlebenden Tiere überhaupt. Der Schädel bleibt relativ klein, die äußeren Nasenöffnungen waren oft erhöht und lagen zwischen den Augen.

Diese Tatsache läßt, ebenso wie die hochgelegenen Augen und das große Körpergewicht, vermuten, daß diese Tiere amphibisch lebten. Die Zähne waren oft an Zahl reduziert, die Kiefer schwach, möglicherweise bestand die Nahrung aus weichen Wasserpflanzen. Das Gehirn war auffallend klein, im Sakralbereich des Rückenmarks lag wohl eine um ein Mehrfaches größere Auftreibung zur Versorgung der plumpen Hinterextremitäten. Die großen Rükkenwirbel bestanden aus einem Knochenspan-

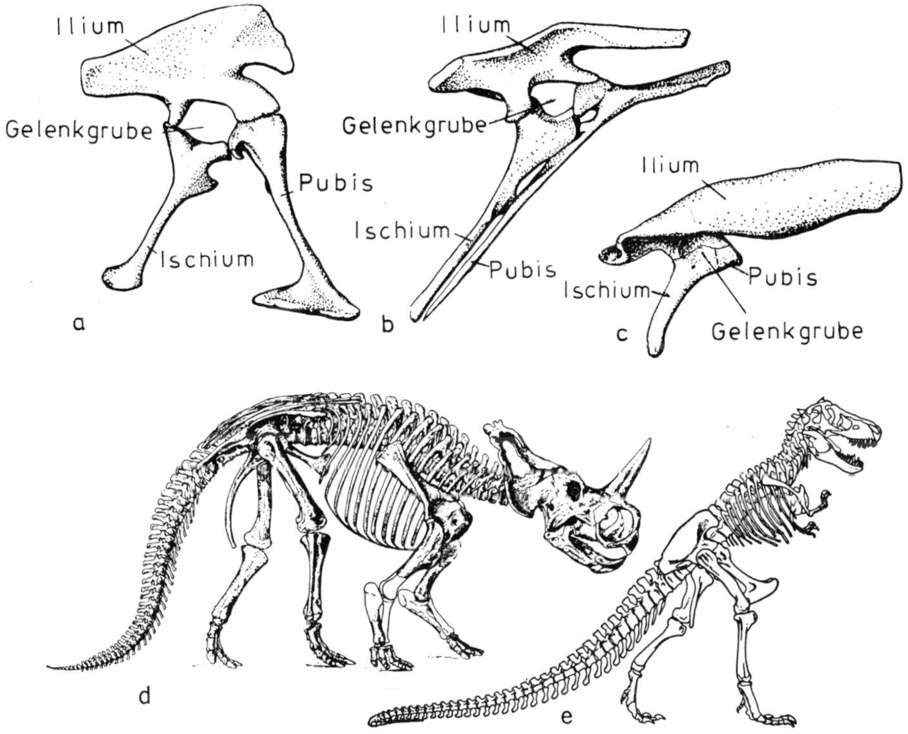

Abb. 390: a–c. Dinosaurierbecken, a. Saurischier *(Antrodemus = Allosaurus)*, b, c. Ornithischier, b. *Thescelosaurus* (mit nach vorn gerichtetem Fortsatz des Pubis [Präpubis]), c. *Ankylosaurus*. d. Ornithischier (Ceratopside), e. Saurischier *(Tyrannosaurus)*. Nach Brown, Gilmore, Romer

genwerk, in dessen Zwischenräumen sich vermutlich Luftsäcke (wie bei Vögeln) befanden. *Apatosaurus* (= *Brontosaurus*, Abb. 391), war ca. 23 m lang und wog ca. 30 Tonnen. *Diplodocus* war ca. 30 m lang, aber wahrscheinlich leichter. *Brachiosaurus* war vermutlich die größte Form, ca. 26 m lang und ca. 50 Tonnen schwer – ungewöhnlich war ferner, daß die Vorderextremitäten sehr lang waren. Thero- und Sauropoden starben am Ende des Mesozoikums aus, möglicherweise infolge von Klimaveränderungen, die den Sauropoden den Lebensraum nahmen und damit die Theropoden ihrer Beute beraubten.

6. Ordnung: Ornithischia

Becken vierstrahlig, Ilium und Ischium waren ähnlich angeordnet wie bei Saurischiern, das Pubis besitzt aber 2 Fortsätze, einen nach hinten unten und einen nach vorn außen gerichteten.

Ornithischier erreichten nicht die Größe der Saurischier, aber entwickelten sehr viel mehr Typen als diese (Abb. 391). Der bipede Gang war selten so weit entwickelt wie bei Saurischiern, viele Linien geben ihn auf und werden wieder quadruped. Alle Formen waren herbivor mit Zähnen, die zum Zerkleinern der Pflanzenteile geeignet waren. Im Vorderbereich der Kiefer fehlen die Zähne oft, statt dessen ist dann ein Hornschnabel ausgebildet. Im Unterkiefer tritt vorn ein Prädentale auf, welches eine Sonderbildung dieser Dinosaurier ist. Die Schädelfenster sind oft relativ klein und z. T. verschlossen.

1. **Unterordnung: Ornithopoda:** Jura, Kreide; bipede Formen, deren Vorderextremitäten jedoch nicht so stark reduziert wurden wie bei den Theropoden. Bei *Camptosaurus* (bis ca. 6 m lang, Abb. 391) sind sie um ⅓ kürzer als die Hinterbeine. Selten *(Hypsilophodon)* sind noch Zähne im Vorderkieferbereich vorhanden. Eine bekannte Großform aus der Kreide Europas ist *Iguanodon*, dessen Daumen zu einem kräftigen Dorn (Verteidigungswaffe) umgebildet war. *Psittacosaurus* und *Protiguanodon* hatten kräftige hohe Schnäbel. *Troodon* besaß einen hohen massiven und verzierten Knochenkamm auf dem Kopf. Eine weitere Gruppe bilden die weltweit verbreiteten Entenschnabelsaurier (Trachodontier oder Hadrosaurier). Sie erreichten Größen von ca. 10 m, ihre Füße waren 3zehig und mit Hufen versehen (bei den anderen Ornithopoden waren die Füße i. a. 5zehig, wobei allerdings die Zehen 2–4 größer waren als die Zehen 1 u. 5, und trugen meist Krallen). Vermutlich lebten diese Formen amphibisch und besaßen Schwimmhäute zwischen den Phalangen. Der Kopf bildete vorn einen breiten flachen Schnabel aus. Das Backengebiß bestand aus mehreren Längsreihen dicht beieinanderliegender blattartiger Zähne, bei einigen Formen waren gleichzeitig ca. 2000 Zähne in der Mundhöhle funktionstüchtig. Oft waren Knochenkämme oder -vorsprünge am Schädel ausgebildet, häufig von Prämaxillare und Nasale gebildet und die äußere Nasenöffnung umfassend. Möglicherweise steht ihre Entwicklung in Zusammenhang mit der halb aquatischen Lebensweise (Verlagerung der äußeren Nasenöffnung nach oben und Ausbildung von Luftkammern).

2. **Unterordnung: Stegosauria:** Quadrupede Formen mit Knochenschutzpanzer. *Stegosaurus* z. B. mit 2 Reihen 3eckiger Knochenplatten entlang der dorsalen Mittellinie (Abb. 391).

3. **Unterordnung: Ankylosauria:** Plumpe abgeflachte Formen mit kräftigem Knochenpanzer, der den gesamten Rücken bedeckte, und abgeleiteter Beckenstruktur (reduziertes Pubis) (Abb. 391).

4. **Unterordnung: Ceratopsida:** Diese quadrupede Dinosauriergruppe erscheint erst spät in der Oberen Kreide und war durch Horn- und Leistenbildungen am Schädel gekennzeichnet. Leisten am Hinterhaupt bedeckten Hals- und Schulterregion (Abb. 390, 391). *Triceratops* besaß 3 Hörner.

c. Theromorpha (Theropsida, Synapsida, säugerähnliche Reptilien)

Seit dem Karbon läßt sich die artenreiche Reihe der Theromorpha verfolgen, die schließlich in die Säuger einmündet. Sie entstammt den Cotylosauriern, also der Basisgruppe der Reptilien, und zwar den Captorhinomorpha. Im Perm bildeten sie die beherrschende Reptiliengruppe, am Ende der Trias starben sie aus, nachdem sich aus ihnen die Säuger entwickelt hatten. Kennzeichnend ist der Schädel, der das eine, auch für Säuger typische Schläfenfenster besitzt, das unten von einem Jochbogen aus Jugale und Squamosum begrenzt wird (synapsider Schädel). Oben wird es von Postorbitale und

Abb. 391: Mesozoische Reptilien, Rekonstruktionen der Körpergestalt. a. *Plesiosaurus* (Jura, Sauropterygia), b. *Cymbospondylus* (Trias, Ichthyosauria), c. *Ichthyosaurus* (Jura, Ichthyosauria), d. *Ankylosaurus* (Kreide, Ornithischia), e. *Trachodon* (Kreide, Ornithischia), f. *Gorgosaurus* (Kreide, Saurischia), g. *Protoceratops* (Kreide, Ornithischia), h. *Triceratops* (Kreide, Ornithischia), i. *Tyrannosaurus* (Kreide, Saurischia), j. *Camptosaurus* (Kreide, Ornithischia), k. *Brontosaurus* (Jura, Saurischia), l. *Stegosaurus* (Jura, Ornithischia), m. *Ornitholestes* (Kreide, Saurischia), n. *Scelidosaurus* (Jura, Ornithischia), o. *Euparkeria* (Trias, Thecodontia), p. *Mesosaurus* (Perm, Mesosauria), q. *Coelophysis* (Trias, Saurischia), r. *Rhamphorhynchus* (Jura, Pterosauria), s. *Pteranodon* (Kreide, Pterosauria), t. *Youngina* (Trias, Eosuchia), u. *Dimetrodon* (Perm, Pelycosauria), v. *Edaphosaurus* (Perm, Pelycosauria), w. *Ophiacodon* (Karbon, Perm, Pelycosauria), x. *Cynognathus* (Trias, Therapsida). Nach Carr

Squamosum begrenzt. Es ist ursprünglich klein und seitlich gelegen, vergrößert sich aber bei den höheren Formen, dehnt sich nach oben aus und kann das Parietale erreichen. Das Pinealauge war meist vorhanden. Im Schultergürtel treten 2 Coracoide (ein neues hinteres Postcoracoid und das alte vorn gelegene Procoracoid) auf. Die älteren und primitiveren Formen werden in der Ordnung Pelycosaurier zusammengefaßt, die höheren bilden die Ordnung der Therapsida.

Pelycosauria (manchmal auch allein Theromorpha genannt). Späteres Karbon und Perm Nord-Amerikas und Europas. Zahlreiche Familien primitiv gebauter Reptilien, unter denen es Fleisch- und Pflanzenfresser gab. Ursprüngliche Formen wie *Varanosaurus* waren klein und eidechsenähnlich, andere erreichten Größen bis ca. 4 m. Auffällig ist, daß verschiedene Gattungen extrem lange Dornfortsätze entwickelten, die vermutlich ein großes Rückensegel stützten. 3 Unterordnungen: Ophiacodontia (carnivor *Varanosaurus*, Abb. 392, *Ophiacodon*, Abb. 391); Sphenacodontia (carnivor, *Dimetrodon*, Abb. 391, 392); Edaphosauria (meist herbivor, niedrige abgerundete Zähne, vereinzelt mit zahnbesetzten Kauplatten im Mund, *Edaphosaurus*, Abb. 391).

Therapsida. Sehr vielgestaltige Gruppe mit mehreren hundert Gattungen vor allem des späteren Perms und der Trias. Leiten sich vermutlich von den Sphenacodontia ab und bilden zwei Hauptgruppen (Unterordnungen), die von der Primitivgruppe Phthinosuchia ausgehen.

1. Die **Anomodontia** entwickeln große, plumpe Formen, oft Herbivoren. Der obere Anteil des Kiefergelenks wird zunehmend auf einen vertikalen Stiel des Schädels, der vom Squamosum gebildet wird, gestellt; das Kiefergelenk liegt dadurch sehr tief. Eine Gruppe, die Dicynodontier, reduzierten das Gebiß und besaßen einen kräftigen von Hornscheiden bedeckten Schnabel, ähnlich dem der Schildkröten und Vögel. Sie starben ohne Nachkom-

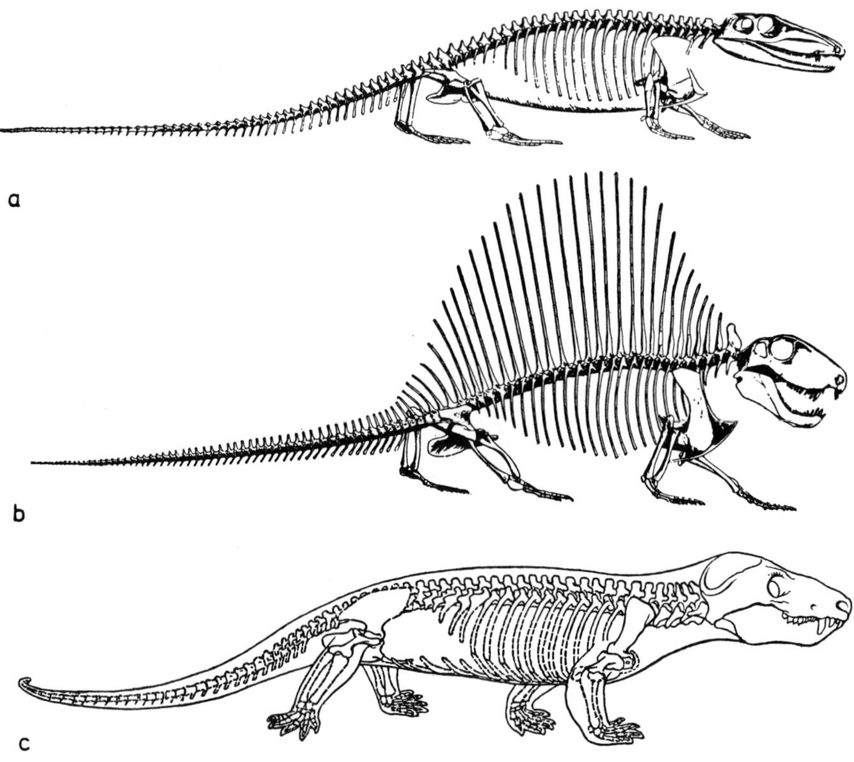

Abb. 392: Synapside Reptilien. a, b. Pelycosaurier, a. *Varanosaurus*, primitive Form, b. *Dimetrodon*, diese Form besaß extrem lange Dornfortsätze der Rumpfwirbelsäule, c. *Cynognathus*, typischer, höherer Cynodontier. Nach Camp, Gregory, Romer

men aus. Dinocephalia, Dromasauria, Dicynodontia.

2. Die **Theriodontia** nähern sich zunehmend den Säugern. Diese Annäherung erstreckt sich auf die Vorherrschaft des Dentale im Unterkiefer, die Bildung eines sekundären Gaumens vom Säugertyp, das Einrücken des Vomers in die für Säuger typische Lage in der Nasenscheidewand, die Bildung kompliziert gebauter Zähne und eines einmaligen Zahnwechsels, die Form des Beckens, des Schultergürtels, die Anordnung der Extremitäten, die nicht mehr vom Körper abstehen, sondern neben und unter den Körper gerückt werden, wobei das Ellenbogengelenk nach hinten und das Kniegelenk nach vorn weist, u.a. Diese Umänderungen lassen sich auf folgende biologische Besonderheiten zurückführen: Verarbeitung der Nahrung durch Kauen in der Mundhöhle mit entsprechender Muskulatur und neue Art der Fortbewegung durch Einwärtsverlagerung der Extremitäten. Bei solchen biologisch bedingten Umkonstruktionen sind Parallelentwicklungen nicht selten. Die Annäherung an den Fußbau der Säuger erfolgt bei einer Gruppe, den Bauriamorpha, schneller als bei einer anderen, den Cynodontia. Erstere reduzieren die Gliederzahl der Zehen rasch auf 2.3.3.3.3, während letztere noch lange die alte Zahl 2.3.4.5.3 bewahren. Im Schädelbau nähern sich die Cynodontier etwas stärker den Säugern als die Bauriamorpha. Der Kaumuskel (M. masseter) wandert mit seinem Ansatz ganz auf das Dentale über und gibt so das Angulare für die neue Funktion als Knochenring um das Trommelfell frei.

2 Entwicklungszweige mit mehreren Familiengruppen lassen sich unterscheiden. Der erste beginnt mit den Gorgonopsia und führt über die Cynodontia vermutlich zu den Tritylodontia und Ictidosauria. Der zweite beginnt mit den Theriocephalia und führt zu den Bauriamorpha. Wahrscheinlich waren alle Formen carnivor.

Die Gorgonopsia weisen noch primitive Merkmale auf (kein sekundärer knöcherner Gaumen, Palatinum noch mit Zähnen, noch 1 Condylus u.a.). Die Cynodontia besitzen bereits einen sekundären knöchernen Gaumen, ein stark vergrößertes Dentale, 2 Condylen, aber noch eine Knochenspange hinter der Orbita. *Cynognathus* (Abb. 391, 392), *Thrianoxodon*. Einem späteren Seitenzweig der Cynodontia gehört *Probainognathus* an, eine Form, die wie *Diarthrognathus* (s.u.) neben einem Quadratoartikulargelenk ein Squamosodentalgelenk (also doppeltes Kiefergelenk) besaß.

Die noch recht primitiven Theriocephalia ähneln den Gorgonopsia, sind aber oft größer und führen zu den Bauriamorpha, einer recht

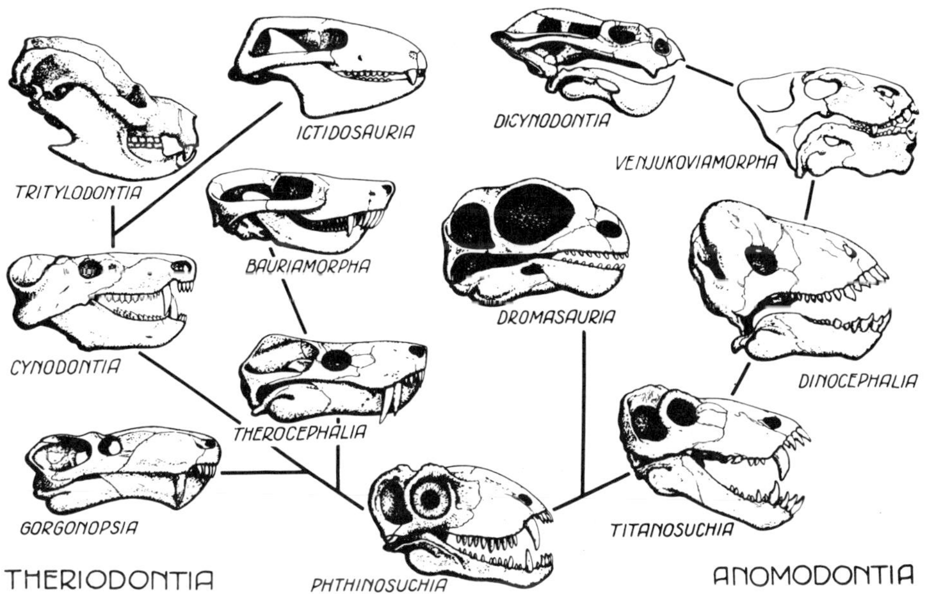

Abb. 393: Hypothetische Verwandtschaftsbeziehungen der Therapsiden. Siehe auch Text. Nach Romer

hochentwickelten Gruppe mit vielen Parallelbildungen zu den Cynodontia; die Orbita war hinten bereits zur Schläfengrube geöffnet. *Bauria*.

Tritylodontier und Ictidosaurier zeigen die größte Annäherung an die Säuger, zu denen die Tritylodontier mit *Tritylodon* auch zunächst gerechnet wurden. Heute ist durch besseres Fundmaterial, z.B. von *Bienotherium* und *Oligokyphus*, bekannt, daß es sich bei den Tritylodontiern noch um Therapsiden handelte. Das Dentale reicht zwar dicht an das Kiefergelenk heran, bildet es aber noch nicht. Säugermerkmale sind: Die Backenzähne sind mehrwurzelig, Prae- und Postfrontale fehlen, Wirbelkörper nicht mehr amphicoel, sondern biplan, Opistropheus mit Zahn. Diese Tiere lebten in der Oberen Trias und im Jura und wurden in vielen Erdteilen gefunden. Als eigentliche Ahnen der Säuger scheiden sie durch die hohe Spezialisierung des Gebisses aus: vorn befinden sich einige Inzisiven, von denen die 2. meist sehr groß sind, es folgen ein weites Diastema und eine Reihe von gleichartigen Backenzähnen, deren Krone 2–4 Reihen von Höckern trägt; auch die Verknüpfung mit Cynodontiern ist unsicher. Eher sind die Ictidosaurier ancestral, die aus der späten Trias Südafrikas stammen. Nur eine Gattung, *Diarthrognathus*, ist genauer bekannt. Diesem Tier fehlten die Gebißspezialisationen der Tritylodontier, und es besaß ein doppeltes Kiefergelenk, innen das primäre zwischen Quadratum und Articulare, außen das sekundäre zwischen Squamosum und Dentale. *Diarthrognathus* und *Probainognathus* bilden also echte Zwischenform zwischen Reptilien und Säuger.

Die folgenden drei Gruppen lassen sich keiner der großen Linien einordnen und stehen vorläufig gleichberechtigt neben diesen.

d. Die **Mesosauria** waren wasserlebende Formen des späten Karbons und des Perms. Sie hatten eine lange Schnauze mit vielen schmalen Zähnen (Fischfang), einen Ruderschwanz und kräftige Hinterextremitäten (Abb. 391).

e. Die **Ichthyosauria** (Fischsaurier, Abb. 391, 394) waren meist große Reptilien des Mesozoikums mit vielen Anpassungen an das Wasserleben: Umwandlung der Extremitäten zu Flossen, häutige Rückenflosse, Schwanzflosse (hypozerk), fischförmige Körpergestalt, lange spitze Schnauze, große Augen mit Skleralring, Nasenöffnungen weit zurückliegend, Pinealauge vermutlich vorhanden, hochgelegenes (oberes) Schläfenfenster, auffallend kräftiger Stapes (auch die Wale besitzen modifizierte Ohrkno-

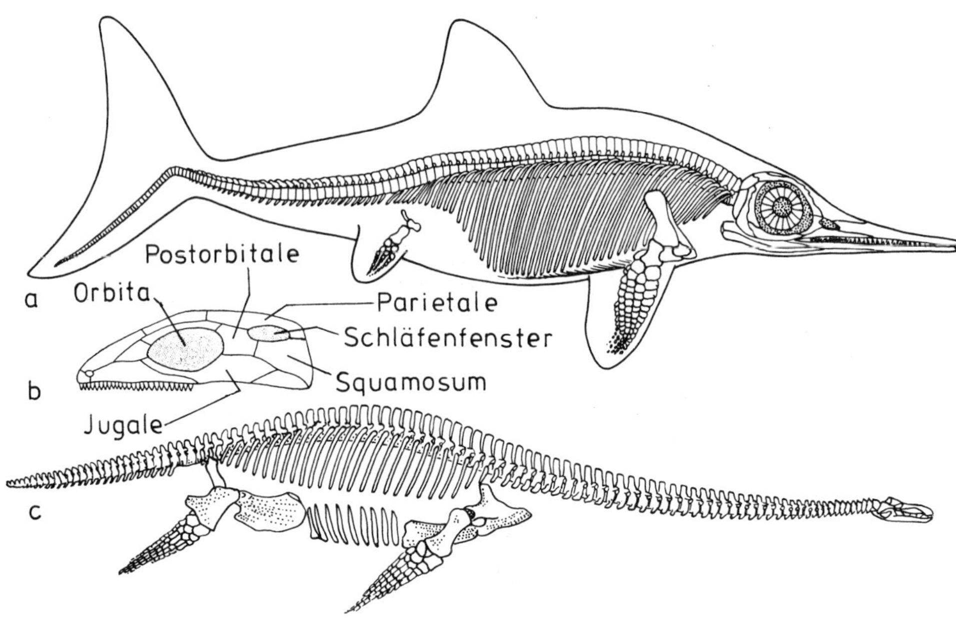

Abb. 394: a. Skelet und Umriß eines Ichthyosauriers, b. Schädel eines euryapsiden Reptils, Skelet eines Plesiosauriers. Nach Andrews, Romer

chen). Zähne i.a. labyrinthodont. *Omphalosaurus*, kurzer kräftiger Schädel mit runden knopfartigen Zähnen, vermutlich Molluscenfresser; *Ophthalmosaurus; Ichthyosaurus; Eurhinosaurus* mit kurzem Unter- und verlängertem Oberkiefer (wie Schwertfisch). Lebendgebärend; Zähne in Knochenrinnen der Kiefer. Nach neuen Untersuchungen entspricht das Schläfenfenster dem der Synaptosauria.

f. Die **Synaptosauria** (**Euryapsida**) sind durch ihr hochgelegenes Schläfenfenster, das von Postorbitale, Parietale und Squamosum umrandet wird, gekennzeichnet (Abb. 394), 3 Ordnungen: 1. Die Araeoscelidia sind eine Basisgruppe oft eidechsenähnlicher kleiner Formen, Perm, Trias. 2. Die Sauropterygia umfassen Plesiosaurier und Nothosaurier, aquatische mesozoische Reptilien mit vielen Anpassungen an das Wasserleben. Bei Plesiosauriern (Abb. 394) waren die Extremitäten zu langen, paddelartigen Flossen umgestaltet. Die Bauchrippen sind i.a. kräftig entwickelt, so daß der Rumpf von einem Skeletkorb umgeben wird. Die Plesiosaurier erreichen eine Länge von ca. 15 m, der Körper war breit und flach, die Ruderextremitäten lang und kräftig, der Hals oft sehr lang, der Schwanz relativ kurz. Zähne in Alveolen, Schädel variabel gestaltet. 3. Die Placodontier waren kräftige, z.T. schwer gepanzerte Formen mit sehr flachen großen Zähnen, die auf Molluscennahrung schließen lassen.

3. Klasse: Aves (Vögel)

Die Vögel sind ein homoiothermer Zweig der Archosaurier. Sie entwickelten eine neue Art des Fliegens, die ihnen eine Ausbreitung in viele Lebensräume ermöglichte. Während die Flügelfläche der Pterosaurier und Fledermäuse aus lebendem Gewebe aufgebaut ist, das von Blutgefäßen versorgt wird und die Hinterbeine einschließt, bestehen die Vogelflügel zum großen Teil aus Federn, d.h. sehr leichten Gebilden aus toten, verhornten Zellen, die eine feine Regulation der Luftströmung und des Luftdurchtritts gestatten und die Hinterbeine für Laufen, Springen, Hüpfen, Schwimmen, Klettern und Ergreifen von Beute frei lassen. Finger sind im Gegensatz zum Fledermausflügel als Stütze für den Federflügel nicht notwendig (Abb. 389).

Gefieder. Federn entstehen zunächst aus Epidermisverdickungen, die sich später einsenken und in die eine gefäßreiche Bindegewebspapille hineinragt (Abb. 395). Diese füllt während der Entwicklung die gesamte Federanlage aus (Federpulpa), zieht sich aber nach Abschluß des Wachstums zurück. Die Epidermiszellen der Federanlage ordnen sich in Säulen an, die den späteren Rami entsprechen; an ihnen formieren sich wiederum Zellreihen, die die Radien bilden. Umgeben wird die auswachsende Feder von einer Hornscheide der Federanlage. Die gesamte definitive Feder besteht aus toten verhornten Zellen.

Von den verschiedenen Federtypen sollen die folgenden kurz beschrieben werden.

1. Konturfedern (Pennae, Abb. 395) begrenzen die Gestalt eines Vogels und bilden die Körperbedeckung (Körperkonturfedern) und Flugfedern (am Flügel Schwungfedern, am Schwanz Steuerfedern). Eine typische Konturfeder besitzt eine harte Längsachse (Federkiel, Scapus) und die von ihr ausgehende Federfahne (Vexillum). Der untere Teil des Kiels ist frei und steckt in der Haut; er wird Federspule (Calamus) genannt. Die Federspule ist hohl und enthält Reste aus der Wachstumszeit, die Federseele. Am unteren Ende der Spule befindet sich der untere, am oberen der obere Nabel (Umbilicus). Der distale Teil des Federkiels, der die Fahne trägt, heißt Federschaft (Rhachis). Die Fahne setzt sich aus den Federästen (Rami) zusammen. Von diesen gehen wiederum zwei Reihen kleinerer Verästelungen aus, die Federstrahlen (Radii). Die vorderen Federstrahlen, die zur Federspitze zeigen, weisen kleine Häkchen (Hamuli) auf und werden Hakenstrahlen genannt. Die hinteren tragen eine krempenartige Strukturierung, mit denen sich die Hamuli verbinden, und heißen Bogenstrahlen. Durch diese Verhakung entsteht die glatte Fläche der Fahne der Konturfeder.

2. Dunenfedern. Pelzdunen (Plumae) haben einen schlaffen Schaft und eine weiche Fahne, deren Radien nicht verhakt sind. Sie sitzen unter den Konturfedern und dienen dem Kälteschutz. Bei Pelikanen bilden sie auch das Halsgefieder. Nestlingsdunen bilden das erste Federkleid. Ihre Rami gehen nicht von einem Schaft, sondern vom Spulenende aus. Es handelt sich bei diesen Dunen um transformierte Spitzen der oberen Radien der definitiven Federn (Pelzdunen oder Konturfedern). Puderdunen sind vermutlich spezialisierte Konturfedern und sind besonders

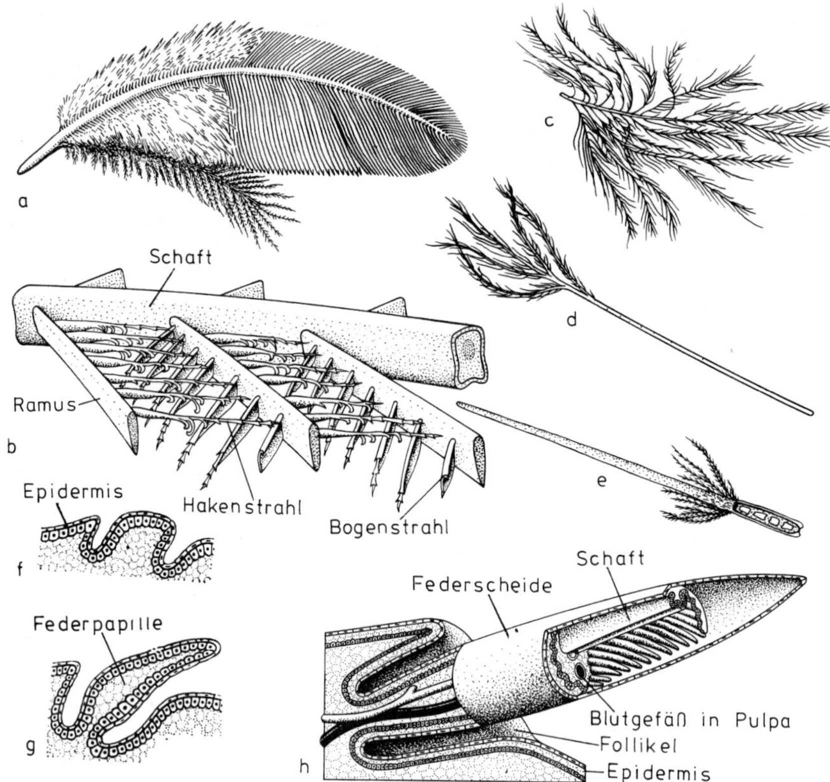

Abb. 395: Federn. a. Konturfeder mit doppelter Fahne, b. schematische Darstellung des Aufbaus der Fahne einer Konturfeder, c. Dunenfeder, d. Fadenfeder, e. «Borste», f–h. Federentwicklung, f, g. Frühstadien, h. Feder vor dem Durchbruch. Außen befindet sich eine epidermale Hülle, deren innere Schicht sich zu Längsleisten differenziert, aus denen Rami und Strahlen hervorgehen, auch die äußere Schicht verhornt (Federscheide) und bricht beim Durchbruch auf. Im Innern der Anlage ist die Pulpa mit Gefäßen. Nach Storer, Usinger

gut bei Reihern und Papageien entwickelt. Sie bestehen aus Calamus und einigen langen seidigen Filamenten, die in feine Keratinpartikel zerfallen. Diese Puderpartikel machen das Gefieder unbenetzbar.

Außerdem existieren Federtypen, die einen stark vereinfachten Bau aufweisen. Fadenfedern (Filoplumae) sind z.B. spezialisierte haarförmige Federn. Sie haben entweder noch eine ganz lockere kleine Fahne an der Spitze und kommen an der Basis von Konturfedern vor, oder sie besitzen keine Fahne und ähneln oft einem langen Haar. Sie treten häufig in der Nackenregion auf und können einen Schopf bilden. Die Borsten an Mund, Nasenöffnung und Augen (z.B. Augenwimpern der Hornraben) vieler Vögel entsprechen spezialisierten Konturfedern mit oft noch vorhandener basaler Fahne.

Primitive Federn besitzen allgemein 2 Schäfte (Abb. 395), einen äußeren, der der typischen Feder entspricht, und einen inneren, den Afterschaft, der dem oberen Umbilicus entspringt. Bei Emus und Kasuaren sind die beiden annähernd gleich groß, bei den meisten anderen Vögeln ist der Afterschaft klein oder fehlt sogar (z.B. bei Tauben). Viele Hühnervögel besitzen relativ große Afterschäfte. Die Schwungfedern (Remiges), die an der Hand befestigt sind, heißen Handschwingen, die am Vorderarm (Ulna) inserierenden Armschwingen (Abb. 396). Ihre Zahl ist i.a. für die einzelnen Familien typisch. Die Federgruppe, die der Daumen (Pollex) trägt, heißt Alula, sie spielt eine wichtige Rolle bei Flugmanövern. Am Humerus setzen selten Flugfedern an. Die Zahl der Schwanzfedern ist i.a. gerade, die Mehrzahl der Vögel besitzt 12, einige

(Segler, Kolibris, viele Kuckucke u. a.) haben 10, viele Hühnervögel mehr (bis 32). Bei Straußen, Pinguinen und Anhimiden wachsen die Konturfedern gleichmäßig über den Körper verteilt, bei den meisten Vögeln stehen sie nur in bestimmten Regionen (Federfluren, Pterylae); die dazwischenliegenden konturfederfreien Abschnitte heißen Federraine oder Apteria (Abb. 396); diese sind normalerweise völlig von den Federn der Pterylae überdeckt. Die Anordnung der Pterylae ist systematisch wichtig.

Das erste Gefieder ist beim Schlüpfen ausgebildet oder wird während der ersten Tage gebildet (Pelikane u. a.). Das Gefieder wird vor Erreichen des Adultzustandes i. a. noch mehrfach gewechselt (gemausert). Danach wird das Gefieder oft einmal im Jahr gewechselt (bei manchen Arten zwei- oder sogar dreimal). Der Federwechsel (Mauser) umfaßt 2 Vorgänge: Federverlust (Ecdysis) und Federneubildung (Endysis). Viele Zugvögel wechseln die Federn nach der Brutzeit noch im Brutgebiet, andere (Schwalben, Bienenfresser) wechseln sie erst im Winterquartier. Die Art des Federwechsels verläuft in den einzelnen Familien sehr unterschiedlich. Oft wird die Flugfähigkeit dadurch nicht eingeschränkt. Viele Wasservögel (Entenvögel, Rallen, Alken) verlieren aber alle Schwungfedern gleichzeitig; Weibchen der Nashornvögel (Bucerotidae) verlieren alle Flügel- und Schwanzfedern gleichzeitig, manche sogar alle Konturfedern; während dieser Zeit sind sie in der Bruthöhle mit den Eiern eingemauert und werden vom Männchen mit Futter versorgt.

Das Nestlingsdunenkleid wird i. a. von einem meist schlichter gefärbten Juvenilgefieder abgelöst (Pinguine, die meisten Eulen u. a. besitzen 2 Dunenkleider), das oft nur kurze Zeit getragen wird; es folgen erstes Winterkleid und erstes Brutkleid, die vom 2. Winterkleid abgelöst werden. Viele Entenmännchen legen nach der Brutzeit ein Ruhekleid an, das dem der Weibchen ähnelt; nach einem bis mehreren Monaten bilden sie das Winterkleid aus, das dem Hochzeitskleid entspricht. Ein Ruhekleid ist auch von Bienenfressern, Nektarvögeln u. a. bekannt.

Die Farbe des Gefieders beruht auf dem Vorkommen von Pigmenten, auf oberflächlichen Federstrukturen, auf einer Kombination beider Phänomene oder auf sog. Kontaktfarben (z. B. Anlagerung von Eisenoxiden). Zu den Pigmenten gehören Melanine (dunkel-gelbe, braune, schwarze Farbtöne), Karotinoide (Gelb, Rot), Porphyrine (Grün, Rot, Rosa). Strukturfarbe ist z. B. Weiß (Totalreflexion). Blau ist entweder Interferenzfarbe oder entsteht, wenn ein trübendes Medium (feine Partikel oder Lufteinschlüsse im Keratin) vor absorbierendem Melanin liegen. Das Rosa der Flamingos ist auf Karotinoide in der Nahrung zurückzuführen, die in die wachsenden Federn eingelagert werden. Farbwechsel kann weiterhin durch Abstoßen peripherer Federteile erfolgen.

Fliegen. Die Bewegung der Flügel erfolgt durch eine größere Zahl von Flugmuskeln, die bei guten Fliegern ein Drittel bis die Hälfte des Körpergewichts ausmachen und die physiologisch besonders leistungsfähig sind. Wichtig sind 1) der Musculus (M.) pectoralis maior, der den Flügel senkt und die Flügelvorderkante nach unten dreht, 2) der M. supracoracoideus, der den Flügel hebt und 3) der M. deltoideus, der hebt, die Flügelvorderkante nach oben dreht und das Ellenbogengelenk beugt. Festigkeit und Verwindbarkeit des Flügels sind von einem hochentwickelten Bandapparat abhängig.

Entscheidend für das Verständnis des Vogelfluges ist die Tatsache, daß alle Flügel nach dorsal aufgewölbt sind. Diese Wölbung ist körpernah am stärksten ausgeprägt. Der von vorn auf den Flügel treffende Luftstrom teilt sich an dessen Vorderkante: der Weg der Luft, die entlang der Oberseite strömt, ist weiter als der entlang der Unterseite; oben muß daher die Luft schneller strömen als an der Unterseite, damit die beiden Luftströme gleichzeitig an der Hinterkante des Flügels ankommen. Schnelle Strömung oben und langsamere Strömung unten erzeugen eine hebende Kraft, die sich aus dem Sog (Unterdruck) der Oberseite und einem gleichzeitig entstehenden Überdruck der Unterseite zusammensetzt (Abb. 396). Die hebende Kraft wächst mit der Größe der Flügelfläche und der Geschwindigkeit des Fluges. Sie wirkt im rechten Winkel zur Anströmung (Querkraft) und zieht den Vogel nach oben und vorn. Die Richtung kann durch unterschiedliche Einstellung der Flügelebene verändert werden.

Luftwiderstand entsteht auf mehrfache Weise und zieht den Vogel nach unten. Interessant ist der Widerstand, der beim Druckausgleich zwischen Ober- und Unterseite des Flügels entsteht. Dieser Ausgleich findet an den Flügelspitzen statt, deren Gestalt besonders variabel ist. Schlanke, spitze Flügel erzeugen in dieser Hin-

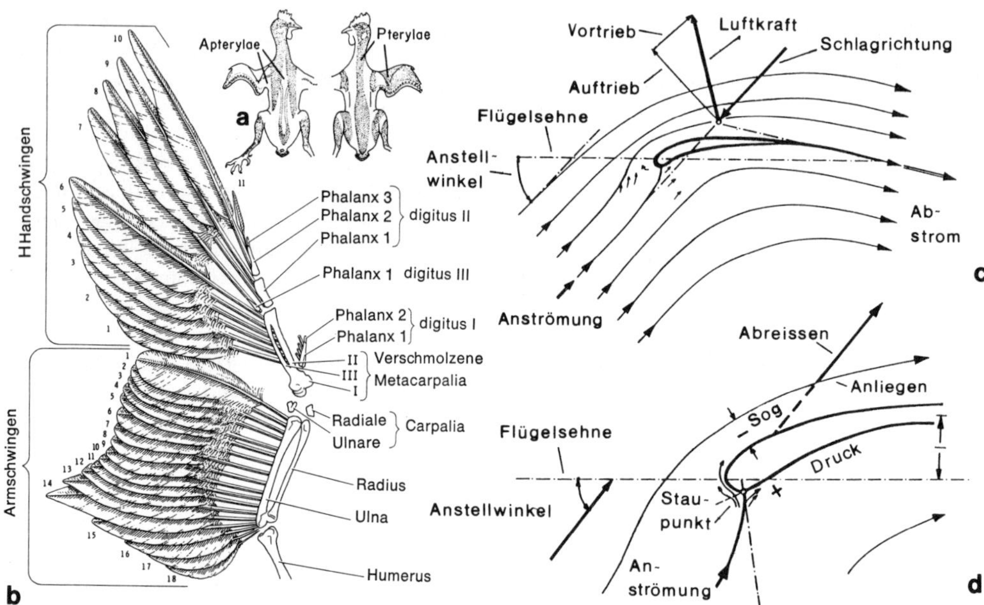

Abb. 396: Vogelflügel. a. Pterylen und Apterylen (Apterien) bei einem Huhn. b. Flügelknochen und Flügelfedern, Ansicht von unten. c, d. Auftrieb und Luftströmung am Flügel. c. Flügelschlag bringt Anströmung hervor. Je größer der Anstellwinkel und je stärker die Flügelwölbung über der Flügelsehne, desto kräftiger der Auftrieb. d. Die anströmende Luft teilt sich am Vorderrand des Flügels am Staupunkt; auf der Oberseite entsteht ein Sog, auf der Unterseite ein Überdruck. An der Stelle der höchsten Strömungsgeschwindigkeit besteht die Gefahr, daß die laminare Strömung abreißt. Nach Nietsch, van Tyne, Berger, Wray, Hertel, Kummer

sicht besonders wenig Widerstand. Erwünscht ist Widerstand beim Abbremsen des Fluges. Der Flügel wird mit der Hinterkante abgekippt, die Luftströmung reißt infolge hoher Geschwindigkeit an der Dorsalseite des Flügels ab, es entstehen Wirbelbildungen der Luft und der Auftrieb wird unterbrochen.

Auf- und Vortrieb entstehen sowohl beim Segeln und Gleiten als auch beim aktiven Flug mit Ab- und Aufschlag der Flügel. Beim aktiven Flug erzeugen Vögel ihren eigenen Schlagwind. Für die Fortbewegung ist der Abschlag besonders wichtig. Er führt beim Geradeausflug steil nach unten, von wo dann auch der Schlagwind kommt. Bei Flugbeginn kommt es i. a. zu deutlicher Verwindung des Flügels – besonders des distalen Teiles, der dann im wesentlichen den Vortrieb erzeugt. Der körpernahe proximale Flügelteil erfährt weniger Verwindung und besorgt vor allem den Auftrieb. Mittels besonderer Schlagtechnik können Vögel in der Luft stehen (Kolibris, Turmfalke beim Rütteln, u. a.).

Bau. Die Epidermis der Vögel ist relativ lipidreich – möglicherweise übernimmt sie als ganzes die Funktion der Talgdrüsen der Säugetiere. Die einzigen typischen Drüsen der verhältnismäßig dünnen Haut sind Drüsen am äußeren Gehörgang und die Bürzeldrüse, mit deren Sekret die Federn gefettet werden. Die chemische Zusammensetzung der komplexen Lipide dieser Drüsen weist für die einzelnen Vogelgruppen jeweils spezifische Unterschiede auf und kann für die Systematik verwertet werden. Die funktionelle Bedeutung dieser Unterschiede ist noch unklar. Die Bürzeldrüsen fehlen öfter (Strauß, Emu, Kasuar, Kormorane, Trappen, einige Papageien, Tauben, Spechte u. a.). In der Haut verschiedener Vögel (Pelikane, Tölpel u. a.) treten luftgefüllte Räume auf, die mit dem Luftsacksystem in Verbindung stehen und gefüllt und geleert werden können.

Ober- und Unterkiefer sind von einer stark verhornten, harten Epidermis bedeckt (Schnabel), die z. T. in einzelne Felder gegliedert ist (*Fratercula*, *Procellaria*) oder am Schnabelrand ein feines Rillensystem ausbildet, das im Dienste der Nahrungsaufnahme steht (Entenvögel).

Anatomisch sind folgende Merkmale wichtig

(Abb. 397): Nur der rechte Aortenbogen ist vorhanden, die Herzkammern und damit arterieller und venöser Kreislauf sind völlig getrennt. Kleine Vögel besitzen ein relativ großes Herz, bei Kolibris entspricht sein Gewicht 2,4% des Gesamtkörpergewichtes. Auch der Herzschlag ist bei kleineren Formen schneller als bei größeren (Kolibris 615/min, Tauben 135/min). Das Lymphgefäßsystem ist gut ausgebildet, öfter noch mit Lymphherzen bei Adulten. Die Thermoregulation ist gut entwickelt, die Körpertemperatur relativ hoch (um 41 °C). Im Zentralnervensystem sind Telencephalon, Mittelhirndach und Kleinhirn besonders entwickelt. Im Telencephalon sind, vermutlich im Zusammenhang mit dem reichentwickelten Instinktverhalten, die Basalganglien besonders mächtig ausgebildet. Die großen Sehhügel des Mittelhirns sind nach seitwärts verlagert. Im sakralen Bereich des Rückenmarks ist häufig ein Glykogenkörper ausgebildet, der aus glykogengefüllten Gliazellen besteht.

Unter den Sinnesorganen sind die Augen besonders hoch differenziert. Sie besitzen oberes und unteres Lid und eine Nickhaut, sind relativ groß und z.T. völlig (Eulen) oder fast unbeweglich; nur bei Pinguinen, Pelikanen, Kormoranen, Möwen und Nashornvögeln sind sie normal beweglich. Die 6 okulomotorischen Muskeln sind vorhanden, aber oft reduziert. Dieses wird kompensiert durch ungewöhnlich starke Beweglichkeit der Halswirbelsäule (bei Eulen ist sie um 270° drehbar). In der Sclera befindet sich ein Scleralring aus Knochen- oder Knorpelplatten.

Die Zapfen der Retina enthalten oft rote,

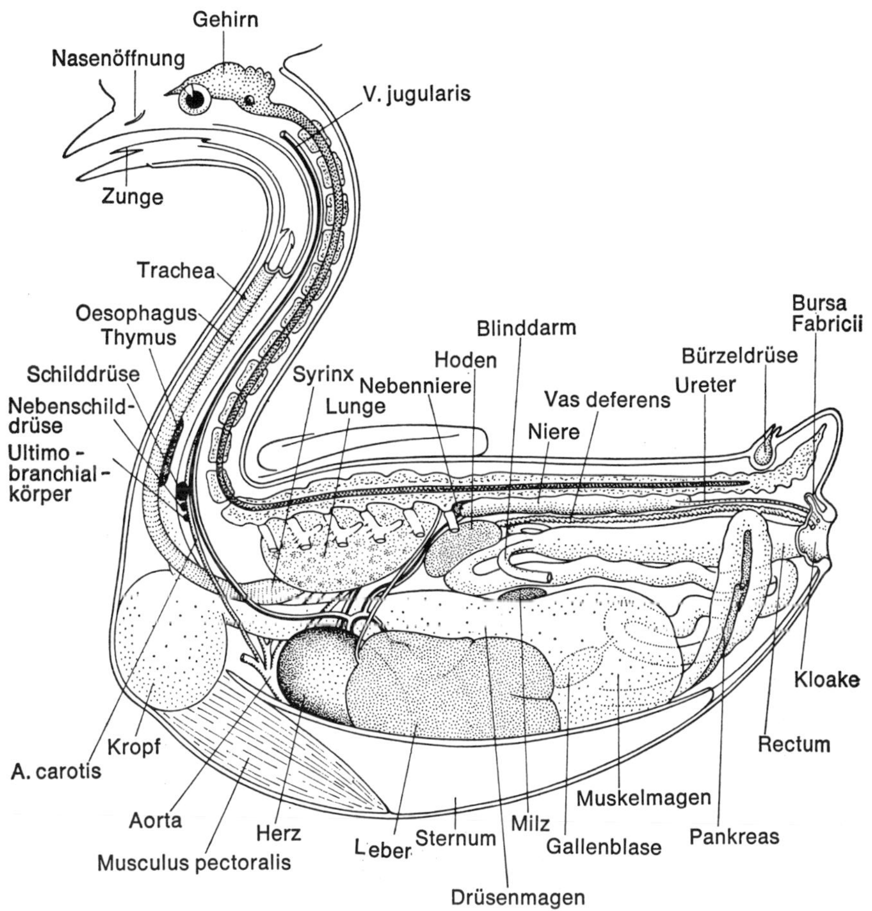

Abb. 397: Bauplan eines Vogels (Huhn). Nach Storer, Usinger

orangefarbige, gelbe oder farblose Öltropfen (letztere oft bei Nachtvögeln). Die Lichtreceptoren stehen sehr dicht, und ihre Verknüpfung mit den Bipolaren ist häufig 1:1. Die Area centralis, die Stelle schärfsten Sehens, ist kreisförmig oder bandartig (manche Wüstenvögel), oder zwei kreisförmige Areae sind durch ein Band verbunden. Gelegentlich findet sich eine sehr unterschiedlich gestaltete Einsenkung (Fovea) in einer Area, oft sind es 2 Foveae, eine zentrale und eine temporale (Abb. 398). Die zentrale dient dem monokularen, die laterale dem binokularen Sehen (Schwalben, Eisvögel, Tölpel u.a.). Das Pecten, eine i.a. gefaltete, gefäß- und pigmentreiche Struktur, die dem Augenhintergrund entspringt und in den Glaskörper hineinragt, dient vor allem der Ernährung der Retina, weitere Funktionen (Schattenwurf u.a.) werden vermutet. Die Akkomodationsmuskeln sind wie bei Reptilien quergestreift. Akkomodation erfolgt durch Formveränderung der Linse.

Amphibische Vögel (z.B. Taucher und Kormorane) besitzen Besonderheiten des dioptrischen Apparates: kleine Cornea, deren Krümmung verändert werden kann, Nickhaut mit durchsichtigem Fenster, die als Kontaktlinse dient. Außer bei manchen Pinguinen ist bei den meisten Formen ein gewisses Ausmaß an binokularem Sehen möglich (am besten wohl bei Eulen).

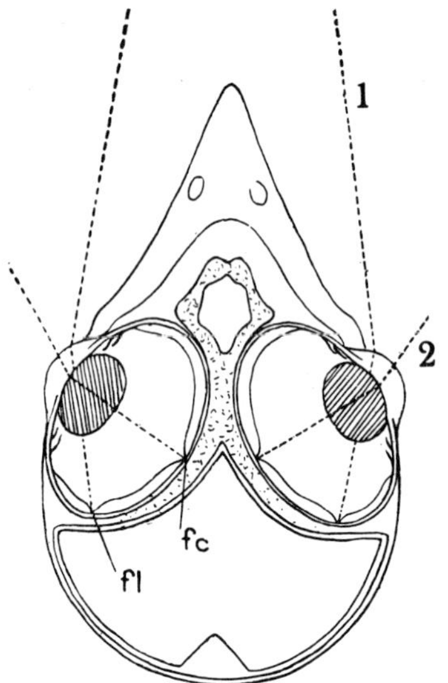

Abb. 398: Frontalschnitt durch den Kopf eines Taggreifvogels, der durch die beiden Foveae führt. f.c.: fovea centralis, f.l.: fovea lateralis, 1. optische Achse für binoculares Sehen, 2. optische Achse für monoculares Sehen. Nach Rochon-Duvigneaud

Die Cochlea ist bei Singvögeln und bei Vögeln, die Beute mit dem Gehör lokalisieren, relativ lang. Einige höhlenbewohnende Vögel *(Collocalia, Steatornis)* orientieren sich wenigstens teilweise mit dem Echolotsystem. Der Riechsinn ist unterschiedlich gut entwickelt. Ausdehnung des Riechepithels, anatomische Ausgestaltung der Nasenhöhle, Größe des Bulbus olfactorius und der sekundären olfactorischen Gebiete im Gehirn schwanken von Gattung zu Gattung. Die phylogenetisch alten Gruppen haben tendenzweise die besser entwickelten olfaktorischen Systeme als die jüngeren Gruppen, besonders gut entwickelt ist das System z.B. beim Kiwi. Für manche Arten ist nachgewiesen, daß sie sich nach dem Geruchssinn orientieren können, z.B. der amerikanische Truthahngeier *(Cathartes aura)*. Auch bei vielen Sturmvögeln ist wahrscheinlich, daß sie Beute (Eissturmvogel) oder Nistplätze mit Hilfe des olfaktorischen Sinnes auffinden. Geschmacksknospen kommen meist nur in geringer Zahl vor. Druckreceptoren sind zahlreich, z.B. an Schnabel, Basis der Konturfedern u.a. (Grandrysche, Herbstsche Körperchen). Schnabel und Zunge sind entsprechend der unterschiedlichen Lebensweise sehr vielgestaltig. Zähne fehlen allen rezenten Arten. Die meisten Vögel besitzen mehrere Speicheldrüsen, Spechte sehr große Glandulae picorum (eine Mandibulardrüse); Segler benutzen Speicheldrüsensekret zum Nestbau; der Kleiber *(Sitta)* kann sein Speicheldrüsensekret ebenfalls beim Bau der Brutstätte verwenden. Im unteren Oesophagus ist bei Hühnern, Tauben, Papageien, einigen Finken, Kleidervögeln, Icteriden u.a. ein permanenter Kropf ausgebildet, bei anderen Formen ist dieser Oesophagusabschnitt dehnbar.

Der Magen ist i.a. in Drüsen- und Muskelmagen aufgeteilt, denen oft noch ein kleiner Drüsenmagen folgt. Bei einigen Tangaren ist der Muskelmagen sehr stark rückgebildet, bei einigen fruchtfressenden Dicaeiden stellt er ein Divertikel des Drüsenmagens dar. Dünn- und Dickdarm sind durch eine Valvula ileocaecalis getrennt. Am Übergang zum Dickdarm sind i.a. 2 Blinddärme mit besonderer Bakterienflora (Vitaminbildung, zellulosespaltende Enzyme) ausgebildet. Der Dickdarm ist meist kurz, bei manchen Formen *(Struthio)* dagegen lang und

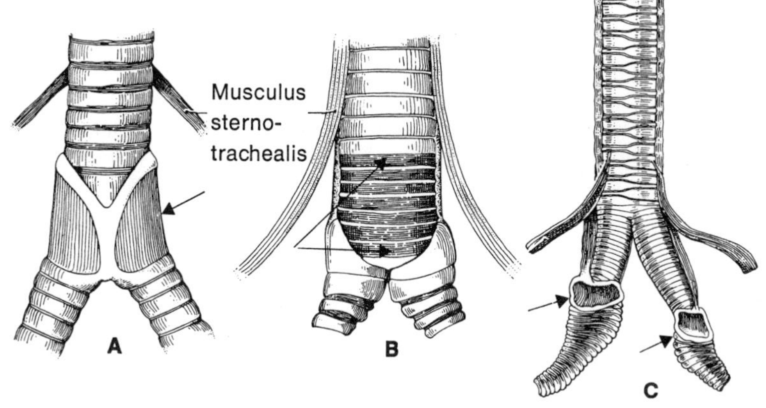

Abb. 399: Verschiedene Syrinxtypen. A. Tracheo-bronchialer Syrinx *(Neodrepanis)*, B. Trachealer Syrinx *(Conopophaga)*, C. Bronchialer Syrinx *(Steatornis)* Die Pfeile weisen auf schwingende Membranen. Nach verschiedenen Autoren aus van Tyne und Berger

aufgeknäuelt. Die Gallenblase fehlt vielen Arten, vereinzelt kann ihr Vorkommen individuell variieren. Die Kloake bildet dorsal die Bursa Fabricii aus (lymphatisches Organ, in dem B-Lymphocyten determiniert werden, die sich in Plasmazellen umwandeln können).

In der langen Luftröhre, die z. T. gewunden verläuft (Kraniche, manche Schwäne), entsteht an der Gabelstelle der Trachea ein mit eigener Muskulatur versehenes Stimmorgan, die Syrinx, die nur selten fehlt (z. B. bei Geiern, Straußen, Störchen) und deren Hauptbestandteil schwingende Membranen zwischen den Tracheal- bzw. Bronchealknorpelringen sind (Abb. 399). Die Syrinx kann tracheal (auf die Trachea beschränkt; Kuckucke u.a.), bronchial (einige Neuweltpasseriformes) oder tracheobronchial (die meisten Vögel) sein.

Das Atmungsorgan ist in die relativ starre, weitgehend mit der Rumpfwand verwachsene Lunge und die mit ihr verbundenen Luftsäcke gegliedert. Letztere sind blasebalgartige Einrichtungen zur Ventilation der Lungen. Abb. 400 gibt einen Eindruck vom komplizierten Aufbau der Luftwege in der Vogellunge, in der sich ein phylogenetisch älterer (Palaeopulmo) und ein jüngerer Anteil (Neopulmo) unterscheiden lassen. Kiwi und Pinguine besitzen nur eine Palaeopulmo, bei Hühnern und Singvögeln ist die Neopulmo am höchsten entwickelt. Der besondere Aufbau der Vogellunge ermöglicht die physiologisch vorteilhafte unidirektionale Durchströmung der Mehrzahl der Parabronchien bei In- und Exspiration.

Vögel, die ihre Nahrung dem Meer entnehmen (z. B. Pinguine, Möwen), aber auch manche limnischen und terrestrischen Arten, besitzen oberhalb der Augen Natriumchlorid ausscheidende Salzdrüsen.

Harnsäure ist das wesentliche Exkretionsprodukt. Der Harn ist sehr konzentriert; ihm wird noch in der Kloake Wasser entzogen.

Die Niere ist meist dreilappig, eine Harnblase fehlt.

Adulte Weibchen besitzen meist nur ein funktionstüchtiges Ovar (das linke), bei manchen Greifen (Falken, Weihen, Habichten) haben 50 % oder mehr der Weibchen 2 Ovarien, ebenfalls sind 2 Ovarien nicht selten bei einigen Papageien. Die normalerweise rudimentären rechten Ovarien können experimentell bei Herausnahme des linken heranwachsen und funktionstüchtig werden. Der Oviduct sezerniert für die Eier Albumen, Membranen, Schale und Pigmente. Bei Männchen sind 2 funktionstüchtige Hoden vorhanden. Während der Brutzeit bilden sich die Endabschnitte der Ductus deferentes zu Samenblasen (Glomerula seminalia) um, die bei Sperlingsvögeln so groß werden können, daß sie die gesamte Kloakenregion nach außen vorwölben.

Kopulationsorgane, die sich vom Boden der Kloake entwickeln, sind bei Straußen, Kasuaren, Emus, Kiwis und Enten gut entwickelt und können von eigenen Muskeln ausgestülpt und retrahiert werden. Einfachere Penes kommen vereinzelt bei einer Reihe von Vogelfamilien vor. Die Spermienübertragung erfolgt durch Aneinanderpressen der Kloaken.

Hauptkennzeichen des Skelets (Abb. 401) sind leichtes Gewicht und Festigkeit. Festigkeit wird erreicht durch Verschmelzen von Knochen in Schädel, Thorax, Sacrum und Extremitäten. Leichtes Gewicht ist die Folge der Rückbildung des Knochenmarks und der Pneumatisierung vieler Knochen.

Am Schädel fällt die Vergrößerung der Hirnkapsel auf, die beiden Schläfenfenster der Archosaurier werden dadurch und durch Knochenreduktion aufgelöst. Ähnlich wie bei Squamaten wird das Quadratum beweglich, der Jochbogen aus Jugale und Quadratojugale wird eine Schubstange, die den Oberschnabel an seiner Biegungsstelle heben kann (besonders deutlich bei Papageien). Die beweglichen Wirbel besitzen Sattelgelenke. Mit dem Kreuzbein verschmelzen Rumpf- und Schwanzwirbel zu einem großen Synsacrum. Der caudale Teil der Wirbelsäule,

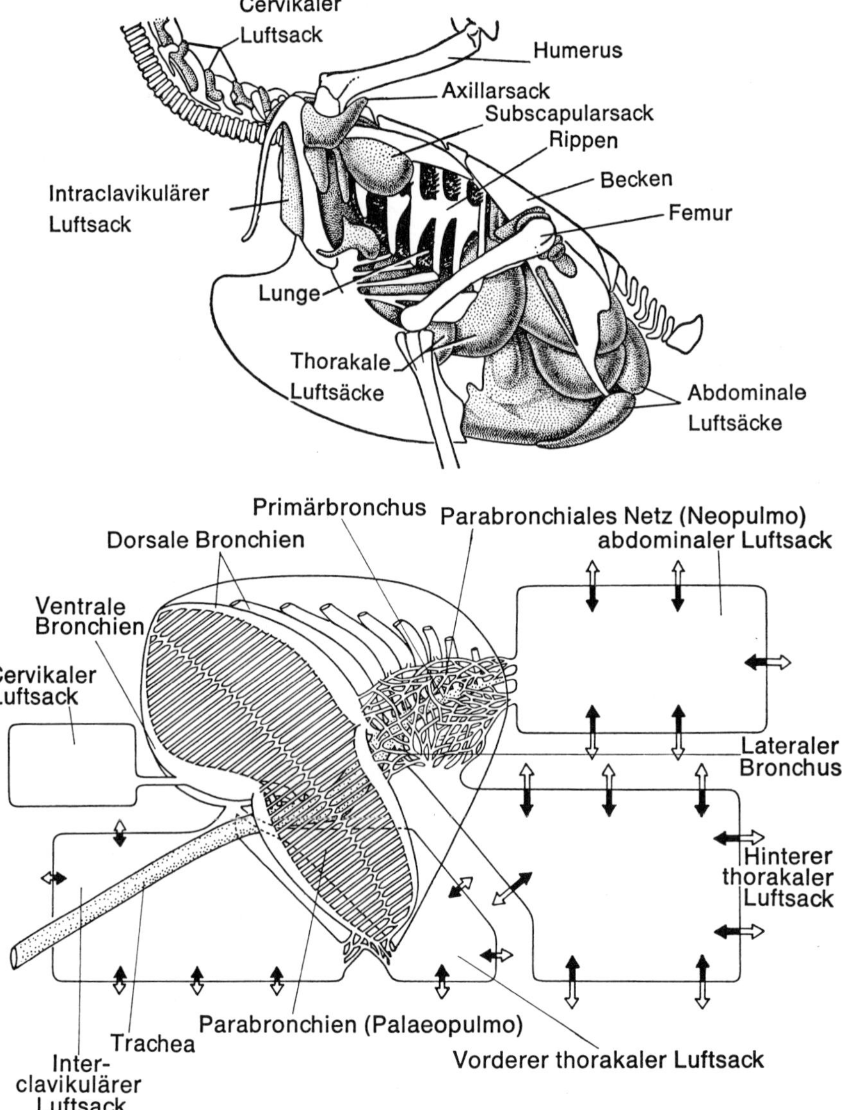

Abb. 400: Vogellunge und Luftsacksystem. a. Atmungssystem einer Taube, b. Schematische Darstellung einer Lunge mit Palaeopulmo und kleiner Neopulmo sowie ihrer Verbindung mit den großen Luftsäcken (Störche, Kraniche, Kormorane). Die Pfeile kennzeichnen die Exkursionsmöglichkeiten der Luftsäcke. Nach Müller und Duncker

das Pygostyl, entsteht durch Verschmelzen einiger Wirbel. Bei vielen Familien (Tauben, Kranichen u.a.) verschmelzen 2–5 Rumpfwirbel zum Os dorsale (= Notarium), dem caudal ein oder mehr freibewegliche Wirbel folgen.

Außer bei einigen Papageien, Tukanen u.a. verschmelzen die beiden Claviculae zur Furcula. Die Claviculae fehlen oder sind reduziert, z.B. bei vielen flugunfähigen Vögeln, einigen Papageien und Tauben. Das Coracoid (Procoracoid) ist ein kräftiger Knochen, der den Schultergürtel mit dem Brustbein verbindet, die Scapula ist schmal. Im Handskelet sind die verbliebenen 3 Metacarpalia mit distalen Carpalia zu einem Carpometacarpus verschmolzen. Die Rippen sind durch Hakenfortsätze (Processus uncinati) verbunden. Die letzten Halswirbel tragen oft kurze Rippen. Im Fuß fehlen freie Wurzelknochen; die proximalen verschmelzen mit der Tibia zu einem Tibiotarsus, die distalen mit den meist verwachsenen Mittelfußknochen zu einem Tarsometatarsus. Das scheinbare Fersengelenk der Vögel ist also ein Intertarsalgelenk. Im Flügelskelet bleiben einige Handwurzelknochen frei, die distalen verschmelzen mit den Metacarpalia. Die drei erhalten gebliebenen Finger tragen selten Krallen, der 1. bleibt abspreizbar und trägt den Daumenfittich (Alula), der 2. und 3. sind vereinfacht. Als Ansatzstelle der Flugmuskeln ist das Brustbein stark vergrößert und trägt bei flugfähigen Vögeln einen Kamm (Carina, Crista).

Systematisch wichtig ist die Struktur der Füße. Vögel besitzen i.a. 4 Zehen, einer (Hallux) ist nach hinten gerichtet, 3 nach vorn. Der Hallux liegt bei Rallen und Kranichen relativ hoch und

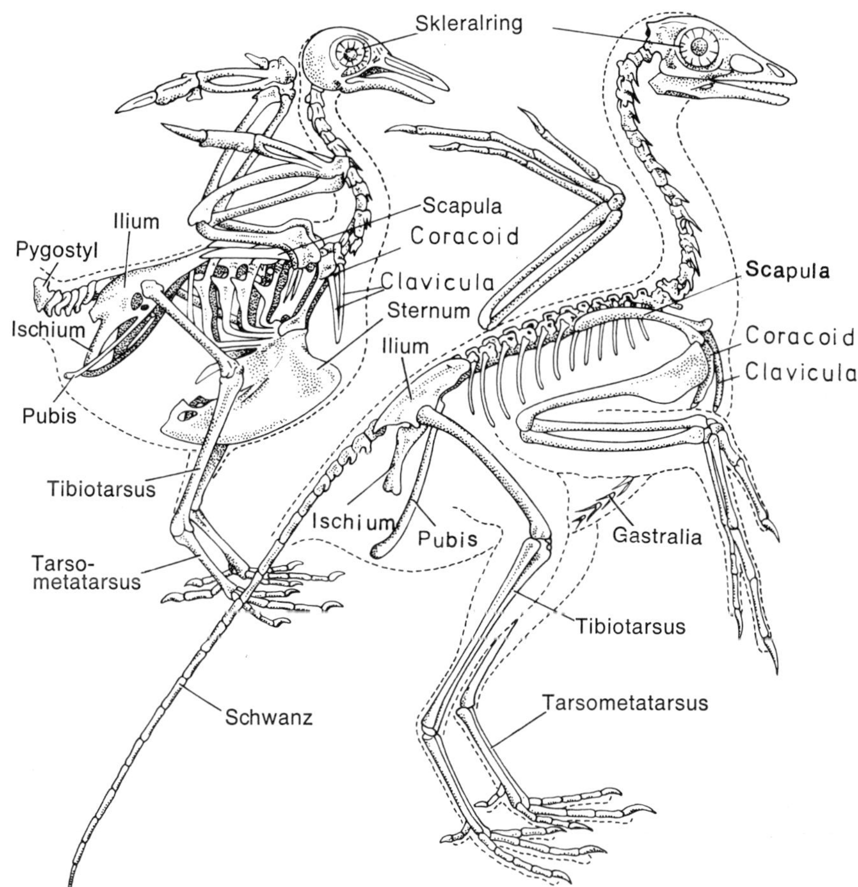

Abb. 401: Vergleich des Skelets einer Taube (links) mit dem rekonstruierten Skelet von *Archaeopteryx*. Nach Heilmann

berührt den Boden nicht. Viele Laufvögel, Baumkletterer, Alken u. a. besitzen nur 3 Zehen, der Strauß nur 2 (III, IV). Bei zygodaktylen Füßen (Spechte, Tukane, Kuckucke und Papageien) sind Zeh II und III nach vorn, Zeh I und IV nach hinten gerichtet. Eulen, Turakos und der Fischadler sind fakultativ zygodaktyl. Bei heterodaktylen Füßen sind Zehen I und II nach hinten, III und IV nach vorn gerichtet (Trogonidae). Schwimmvögel, Möwen und Seeschwalben besitzen i. a. Schwimmhäute zwischen den vorderen Zehen; Kormorane und Pelikane zwischen allen 4 Zehen; Lappentaucher und Wassertreter weisen seitliche Lappen an den Zehen auf; die Wasseramsel schwimmt wie auch andere Vögel, z. B. Alken, mit Hilfe der Flügel.

Lebensweise. Vögel besitzen i. a. Territorien (z. B. Nist-, Nahrungs- und Paarungsterritorien). Hierunter versteht man ein bestimmtes Areal, das von einem Vogel (i. a. dem Männchen) wenigstens während eines Teils der Brutzeit gegen Angehörige derselben Art verteidigt wird. Territorien werden nicht nur durch angedrohten oder tatsächlichen Angriff verteidigt, sondern auch durch den Gesang oder die bloße Anwesenheit.

Paarbildung. Die Dauer der Verbindung ist unterschiedlich lang.

1. Die Geschlechter treffen sich nur während der Kopulation (einige Paradiesvögel, Kampfläufer, Laubenvögel, manche Hühnervögel).

2. Die Geschlechter bleiben einige Tage zusammen, oft bis zum Beginn des Brütens (manche Kolibris, Beutelmeisen, Wassertreter).

3. Die Geschlechter bleiben Wochen oder Monate zusammen, sie trennen sich, wenn die Eier gelegt sind (die meisten Enten).

4. Die Geschlechter bleiben die gesamte Brutzeit zusammen, meist bis die Jungen großgezogen sind (sehr viele Arten).

5. Die Geschlechter bleiben das ganze Leben zusammen (manche Gänse, vermutlich manche Eulen, Greifvögel, Tannenhäher, Kleiber, Haubenlerchen, Leierschwänze u. a.).

Zwischen den aufgeführten Gruppen gibt es Übergänge.

Die Mehrheit der Vögel ist monogam. Polygyne Arten (ein Männchen kopuliert mit mehreren Weibchen) sind z. B. der Ringfasan und die große Rohrdommel. Bei manchen Arten sind nur einzelne Männchen polygyn (Trauerschnäpper, Zaunkönig u. a.). Polyandrisch sind einige Laufhühnchen, Odinshühnchen, Mornellregenpfeifer u. a., andere weisen überhaupt keine bestimmte Paarbildung auf.

Enten, viele Hühnervögel, Tauben, manche Spechte und die meisten Passeriformes brüten im Jahr nach ihrer Geburt (sie können dabei etwas jünger als ein Jahr sein); Gänse, viele Greife und Eulen, viele Möwen, Segler u. a. brüten im Alter von 2 Jahren, größere Greife und Störche im Alter von 4–6 Jahren, Albatrosse oft noch später.

Nester. Die meisten Vögel bauen für eine Brut 1 Nest; nur wenige Arten, vor allem größere Greifvögel, benutzen dasselbe Nest mehrere Jahre. Der Nistplatz kann vom Weibchen (Fasanen) oder vom Männchen (Star, Haussperling) ausgewählt werden. Beide Geschlechter bestimmen ihn bei Tauben und Krähen gemeinsam.

Folgende Möglichkeiten des Nestbaues bestehen: 1) beide Geschlechter bauen das Nest (Eisvögel, Spechte); 2) das Weibchen baut und das Männchen bringt das Nistmaterial (viele Tauben); 3) das Weibchen baut ohne Hilfe des Männchens (Kolibris, Töpfervögel u. a.); 4) das Weibchen baut, und beide Geschlechter sammeln Nistmaterial (Kolkrabe, Saatkrähe); 5) das Männchen baut, und das Weibchen liefert das Nistmaterial (Fregattvögel); 6) allein das Männchen baut (einige Würger und Weber); 7) kein Nest wird gebaut (Tropikvögel, Brachschwalben, Alken, Nachtschwalben). Nestbau und Nistverhalten sind sehr vielgestaltig. Einige Besonderheiten sollen kurz erwähnt werden. Königs- und Kaiserpinguine halten z. B. ein Ei auf ihren Füßen und bebrüten es hier aufrecht stehend. Die Megapodiden vergraben ihre Eier im Sand oder in sich zersetzenden Haufen von Pflanzenteilen. Das turmartige Nest des Fettschwalms besteht aus Früchten und Kot, *Collocalia* baut sein Nest aus Speicheldrüsensekreten, der Palmsegler Afrikas baut ein vertikales Nest mit schmalem, unterem Rand an Palmenblättern, die Eier werden an diese Unterlage festgeleimt, die Vögel brüten in vertikaler Haltung. Schneidervögel und manche anderen Vögel nähen die Ränder eines oder mehrerer Blätter zusammen und bauen ihr Nest in die entstandene Höhlung. Manche Tyrannen verjagen andere Vögel von eben fertiggestellten Nestern und benutzen sie für sich. Viele Formen brüten in Nestern, die von anderen Arten gebaut und benutzt waren; manche Rallen und Wasserhühner bauen zwei Nester, eins zum Brüten und eins, in das die Jungen nach dem Schlüpfen überführt werden.

Eine Reihe von Vögeln nistet zusammen in Kolonien mit Artgenossen oder Tieren anderer Arten, manche kleineren Vögel nisten in den Horsten von größeren Arten, andere (Papageien, Eisvögel) bauen ihr Nest in Termitenhügeln, manche Passeriformes in Nähe von Hymenopterennestern.

Gelege. Viele Vögel legen wie die Reptilien weiße Eier (Albatrosse, Papageien, Eulen, Eisvögel, Spechte u. a.); diese Farbe findet man also bei vielen Höhlenbrütern und auch öfter bei in warmen Gebieten lebenden Formen. Häufiger sind pigmentierte Eier. Die Pigmente der Eischalen werden den Eiern im unteren Oviduct zugefügt (oft wohl von Amöbocyten) und ähneln den Blut- oder Gallenpigmenten. Die Zahl der Eier in einem Gelege variiert von 1 bis 20. Viele Vögel entwickeln während der Brutzeit Brutflecken, die durch Verlust der Dunenfedern und Zunahme der Hautblutgefäße gekennzeichnet sind. Bei der Mehrzahl der Vogelarten scheinen beide Geschlechter zu brüten, es folgen die Arten, wo allein das Weibchen brütet, bei nur wenigen Arten brütet allein das Männchen. Die Brutdauer reicht von 11 Tagen bis zu 12 Wochen. Beim Schlüpfen sind die Jungen entweder so weit entwickelt, daß sie selbständig das Nest verlassen können (Nestflüchter), oder sie werden in einem relativ hilflosen Zustand geboren und müssen gewärmt und gefüttert werden (Nesthocker). In diesem Zustand besitzen sie entweder haarartige Dunenfedern oder sind völlig nackt. Das Ei wird vom Embryo mit der Eischwiele (fälschlich Eizahn) geöffnet. Vogel-, vor allem Hühnereier, stellen eine wichtige Nahrungsquelle der Menschen dar. Die Jahresproduktion beläuft sich derzeit auf etwa 30 Millionen Tonnen und entspricht damit etwa der Hälfte der Seefisch-Anlandungen.

Die Nesthocker weisen im Schnabel i. a. besondere Markierungen auf, die beim Sperren gezeigt werden. Die Gewichtszunahme der Jungen kann u. a. bei Passeriformes sehr schnell erfolgen, so daß sie voll befiedert nach 2 Wochen das Nest verlassen können. Beim Mauersegler wurde beobachtet, daß die tägliche Gewichtszunahme 7–8 g betragen kann. Die Jungvögel sind beim Schlüpfen im wesentlichen poikilotherm, der homoiotherme Zustand wird i. a. noch im Nest erreicht.

Einige Nestlinge werden nicht nur von ihren Eltern, sondern auch zusätzlich von anderen Vögeln gefüttert; bei Arten, die mehrfach im Jahr brüten, z. B. von älteren Geschwistern.

Brutparasitismus. In 5 Familien sind Brutparasiten entstanden, bei Anatiden, Cuculiden, Indicatoren, Icteriden und Ploceiden, bei Cuculiden und Ploceiden zweimal unabhängig voneinander. Die Brutparasiten legen ihre Eier in die Nester anderer Arten. Eine besondere Anpassung der parasitischen Indicatorenarten sind hakenartige Schnäbel der Jungen, mit denen sie die Jungen des Wirtes töten.

Gesang. Verschiedene Formen von Lauten und Gesängen werden unterschieden, sie haben meist die Funktion der sozialen Kommunikation. Territorialgesänge sollen z. B. einen Geschlechtspartner anlocken und einen Vogel gleichen Geschlechts abschrecken, sie sind mitunter individuell verschieden (Nachtigall); Signalgesänge koodinieren die Aktivität von Vögeln. Die Funktion einiger Gesangsarten ist aber noch unbekannt.

In vielen Fällen singt nur das Männchen, es gibt aber auch Arten, bei denen beide Geschlechter singen. Bei manchen Sperlingsvögeln und Kuckucken singen Männchen und Weibchen gleichzeitig oder abwechselnd, dabei können gleiche oder verschiedene Strophen vorgetragen werden. Manche Arten besitzen unterschiedliche Morgen- und Abendgesänge. Einfache Gesänge sind ererbt. Bei vielen Arten ist ein einfacher Jugendgesang ererbt, der volle Gesang wird später aus Umweltlauten aufgebaut; dabei können arteigene und fremde Laute eingefügt werden. Bekannte Sänger mit vielen fremden Gesangsanteilen sind die Spötter. Das Extrem bilden die brutparasitierenden Witwen Afrikas, die den Gesang ihrer jeweiligen Eltern vollkommen übernehmen.

Untersuchungen an einzelnen Singvogelarten ließen erkennen, daß der Gesang der Vögel von mehreren untereinander verbundenen Hirnkernen im Telencephalon (vorderes Neostriatum, kaudaler Kern im ventralen Hyperstriatum, Nucleus robustus im Archistriatum), Tectum opticum und bestimmten Anteilen des Kerngebietes des Nervus hypoglossus beeinflußt und kontrolliert wird. Letzterer Nerv versorgt über eigene Äste die Syrinx. Fast alle Kerngebiete, die sich dem Gesang zuordnen lassen, binden Testosteron. Bei jungen männlichen Zebrafinken bewirken Läsionen im Kern des vorderen Neostriatums ausgeprägte Störungen in der Ausbildung des Gesanges, bei Adulten wird der Gesang durch entsprechende Läsionen nicht mehr beeinträchtigt. In der Entwicklung des Gesanges spielt auch normales Hörvermögen eine entscheidende Rolle. Hierauf weisen experimentelle Verhaltens- und elektrophysiologische Befunde hin. Letztere zeigen direkte Beeinflussung des Gesangskernes im ventralen Hyperstriatum durch auditorische Nervenfasern.

Vogelzug. In allen Erdteilen gibt es Zug- und Standvögel. Letztere sind seßhaft und verlassen ihr Brutgebiet nicht, erstere unternehmen i.a. zweimal im Jahr ausgedehnte Wanderungen. Beide Gruppen sind nicht scharf voneinander getrennt. Zwischen ihnen vermitteln die Strichvögel, die in wenig gerichteter Form umherstreifen. Standvögel Mitteleuropas sind z.B. Elster und Haussperling. Formen mit wenig ausgeprägtem Zugverhalten sind z.B. die Meisen, hier können aber vor allem Jungvögel Wanderungen unternehmen. Solche Zugbewegungen von Jungvögeln (Zwischenzug) sind oft ungerichtet (Möwen, Reiher), können aber Vorzugsrichtungen erkennen lassen (Stare). Der Zwischenzug dient der Ausnutzung des Nahrungsreichtums in einem größeren Gebiet. Unterschiedliches Zugverhalten findet sich selbst innerhalb einer Art; nördliche Populationen können wandern, südliche können Standvögel sein (Stare).

Nur wenige Arten benutzen schmale Wanderwege, also Zugstraßen, meist erfolgt der Zug über eine breite Front, besonders übers Meer oder über Ebenen. Besondere geographische Verhältnisse (Leitlinien) können jedoch diese breite Front wieder verengen. Für viele Arten ist die Küste eine solche Leitlinie.

Leitlinien bieten oft infolge von Aufwinden Möglichkeiten des kräftesparenden Segelfluges. Das Ausnutzen von Aufwinden ist auch beim Überfliegen von Wüsten bekannt. Die Sonnenstrahlung des Tages, die einer kühleren Nacht folgt, verursacht Aufsteigen warmer Luftmassen, in denen kreisende Vögel sich emporschrauben können.

Unabhängig von möglichen kürzeren Ablenkungen durch Leitlinien ist die Zugrichtung meist klar bestimmt. Viele nord- und mitteleuropäische Arten ziehen auf dem Herbstzug nach Südwesten oder Westen. Für manche Arten ist die südwestliche Richtung auf Europa beschränkt und ändert sich südlich des Mittelmeeres. Dies betrifft z.B. Arten, die in Südafrika überwintern. Manche Arten machen vor dem äquatorialen Waldgürtel Afrikas halt (viele Grasmücken). Der Weiße Storch *(Ciconia ciconia)* ist eine der bekannten Arten, die in Europa nicht nur nach Südwesten, sondern auch nach Südosten abziehen. Der Südwestweg wird von nordwesteuropäischen Tieren benutzt, die Mehrzahl der europäischen Störche benutzt den Südost-Weg in das südöstliche Südafrika. Arten, die Europa nicht verlassen, weichen erst spät im Sommer oder Herbst aus ihren Brutgebieten vor einem ungünstigen Klima zurück («Wetterzieher»). Europäische Arten, die Zentral-, Ost- und Südafrika erreichen, verlassen ihre Heimat oft recht früh im Sommer, ohne daß unmittelbar ein Nahrungsmangel vorliegt («Instinktzieher»).

Die längsten Zugwege legen Seeschwalben zurück. Bekannt ist die Küstenseeschwalbe, die aus der Arktis – auch der nordamerikanischen – an die Küsten Westeuropas zieht. Von hier geht es an der westafrikanischen Küste bis nach Südafrika und in die Antarktis. Die Antarktis wird auch entlang der Ostküste Südamerikas erreicht, die z.T. von den Kapverdischen Inseln angeflogen wird. Tiere aus Ostsibirien und Alaska erreichen die Antarktis entlang der amerikanischen Westküste. Vermutlich wird das Winterquartier Antarktis vor der Rückkehr sogar völlig umflogen. Auch Singvögel können Ozeane regelmäßig überqueren. Ein Beispiel ist der Grönländische Steinschmätzer, der nach Westeuropa zieht und im tropischen Afrika überwintert. Vermutlich folgt dieser Steinschmätzer der Richtung der Einwanderung nach Grönland, die von Europa aus erfolgte. Er zieht also im Herbst ständig in seine alte Heimat zurück. Beispiele, daß Zugwege historische Einwanderungswege rekapitulieren, sind zahlreich. So ziehen viele eurasische Arten, die ihr Brutgebiet bis an den Pazifischen Ozean ausgebreitet haben, zunächst westwärts und biegen dann erst nach Süden um und wandern nach Afrika, obwohl das tropische Südost-Asien sehr viel dichter liegt. Es gibt aber auch Beispiele für die Eröffnung neuer Zugwege nach Ausdehnung des Brutareals.

Herbst- und Frühjahrszug können über die gleichen Wege erfolgen, seltener über verschiedene (Schleifenzug).

Auch die Vögel der südlichen Halbkugel wandern – wegen des günstigen Klimas allerdings in geringem Ausmaß. So wandern manche südafrikanischen Arten im Winter nach Zentralafrika, neuseeländische Arten können nach Australien oder nördlich gelegene Südseeinseln ziehen. Auch in Zentralafrika unternehmen Vögel Wanderungen. Dies betrifft vor allem Savannenvögel, die vor der Trockenheit ausweichen und in die Zone der Regenwälder wandern. Einige Ozeanvögel, die auf der Südhalbkugel brüten, erreichen im Südwinter den Nordatlantik bis in Höhe von Südgrönland.

Die Fluggeschwindigkeit ist meist nicht sehr hoch. Vom Storch weiß man, daß er am Tag i. a. ca. 120 km zurücklegt. Viele Arten scheinen aber schneller zu ziehen, doch dürften Tageswerte von 200–300 km kaum überschritten werden. Der Frühjahrszug erfolgt i. a. rascher als der Herbstzug.

Die Zughöhe liegt bei Kleinvögeln meist unter 300 m, Enten fliegen in 1–500 m Höhe, Greifvögel vereinzelt über 1000 m. Ebenso wie die Geschwindigkeit ist die Zughöhe natürlich stark von Witterungsbedingungen abhängig. Kraniche wurden in ca. 3000 m Höhe festgestellt, Gänse in 4000 m; Gänse können über den Himalaya sogar in 9600 m Höhe ziehen.

Oft ziehen Vögel in Gemeinschaften (Ausnahme z. B. Kuckuck, Pirol), die sogar mehrere Arten umfassen können. Das Rufverhalten solcher Schwärme ist unterschiedlich, manche Arten geben – vor allem Nachtzieher und unter den Tagesziehern z. B. Gänse – ständig Rufe ab, was vermutlich dem Zusammenhalt des Schwarmes dient (Kontaktrufe), andere wandern schweigsam, z. B. Tauben.

Neben Arten, die entweder nur nachts (viele Enten und Limicolen) oder tags (Schwalben, Greifvögel) ziehen, gibt es auch Formen, die tags und nachts ziehen, z. B. Lerchen. Die biologische Zweckmäßigkeit des Nachtzuges liegt vor allem in einer Schutzwirkung vor Feinden und erlaubt diesen Tieren tagsüber zu fressen. Weiterhin ist nachts die Wärmeabgabe größer. (Wärme entsteht beim Dauerflug in ungewöhnlich starkem Ausmaß, so daß die Gefahr der Überhitzung besteht, besonders bei Flatterfliegern.)

Eine Reihe von Vögeln unternimmt sehr unregelmäßige Wanderungen (Invasionsvögel). Die Ursache ist Nahrungsmangel. Große Invasionen werden durch den «Gedrängefaktor» (zu dichte Besiedlung eines Gebietes) und i. a. nicht durch Nahrungsmangel ausgelöst (z. B. bei Seidenschwänzen). Solche großen Invasionen enden meist als Katastrophe.

Eine besondere Form des Zuges ist der Mauserzug. Er wird von Arten unternommen, die alle Handschwingen gleichzeitig mausern und daher eine Zeitlang flugunfähig sind. Bevor diese Flugunfähigkeit einsetzt, suchen diese Vögel möglichst geschützte Gebiete auf, z. B. das offene Meer oder größere Seen. Besonders gut bekannt ist der Mauserzug der Enten. Diese Tiere legen oft Tausende von Kilometern zurück, um ein ruhiges Mausergebiet zu erreichen.

Orientierung. Zahlreiche Beobachtungen und vor allem Verfrachtungsexperimente beweisen die Existenz eines Richtungssinnes bei Vögeln. Verfrachtete Vögel sind imstande, aus allen Richtungen zur Brustelle zurückzufinden, sind also nicht nur auf die Zugrichtung eingestellt. Mehrfach ist circumannuale Periodik der Zugdisposition nachgewiesen, die durch Photoperiode als Zeitgeber reguliert wird.

Versuche mit Staren zeigten, daß diese sich mit Hilfe des Sonnenstandes orientieren. Da die Zugrichtung bei verändertem Sonnenstand gleichbleibt, sind sie also in der Lage, die Stellungsänderung der Sonne mit Hilfe eines sehr feinen Zeitsinnes zu kompensieren. Stare verlieren die Orientierung, wenn der Himmel ganz bedeckt ist. Nachtzieher orientieren sich wohl am Erdmagnetfeld oder an Sternbildern. Beobachtungen an amerikanischen Singvögeln lassen vermuten, daß manche Nachtwanderer der Sonne des späten Nachmittags Informationen für die Orientierung in der kommenden Nacht entnehmen. Es besteht die Möglichkeit, daß diese Vögel sich direkt an der Lage der Sonne, oder indirekt am Polarisationsmuster des Dämmerungslichtes orientieren. Insgesamt werden mehrere verschiedene Formen der Orientierung unterschieden:

1. Führung durch erfahrene Tiere, jüngere lernen den Weg erst kennen (Gänse, Störche). Die erwachsenen Tiere besitzen andere Orientierungsmöglichkeiten.

2. Optische Orientierung (vor allem Tagwanderer, die sich an Leitlinien orientieren).

3. Orientierung nach ererbtem Richtungssinn, der den Vogel auf bestimmte Richtung einstellt. Beruht auf Sonnen- oder Sternenkonstellation. Wird von «innerer» Uhr kontrolliert. Ist mit Fähigkeit der Richtungsänderung verbunden, die ebenfalls erblich fixiert ist. Oft mit 2) und 4) verbunden.

4. Orientierung mittels eines echten navigatorischen Sinnes zur Erfassung der geographischen

Position, Vogel kann Richtungsveränderungen, z. B. durch Wind, berichtigen. Besonders entwickelt bei Vögeln, die einförmige Strecken (Meer, Wüsten, Steppen) überqueren.

Für Brieftauben spielt wahrscheinlich der Geruchsinn – möglicherweise vor allem die Leistungsfähigkeit der sekundären olfaktorischen Zentren im Gehirn – eine wesentliche Rolle für das Heimfindevermögen. Ebenfalls soll die Wahrnehmung des geomagnetischen Feldes am Heimfindevermögen beteiligt sein. Die Mechanismen dieser Wahrnehmung des Erdmagnetismus sind allerdings noch nicht bekannt. Es wurde aber bei Tauben (und auch bei Chitonen, Bienen und Delphinen) natürlich vorkommendes Magnetit (eine magnetische Eisenverbindung) gefunden, und es existieren verschiedene Modelle, wie diese magnetischen Verbindungen – in Zellmembranen eingebaut – Erregungen in Neuronen oder Rezeptorzellen auslösen könnten.

Der Zugtrieb ist eine periodische Erscheinung mit Jahres- (Frühjahr, Herbst) und Tagesrhythmus (Tag, Nacht). Außerhalb dieser «sensiblen» Zeiten ruht der Zugbetrieb.

Im Frühjahr besteht ein enger Zusammenhang zwischen Zug- und Fortpflanzungstrieb. Die Entwicklung der Geschlechtsorgane ist von der Lichtmenge abhängig (sexuelle Photoperiodizität). Die Kette: Zunehmendes Licht – Entwicklung der Geschlechtsorgane – Zugtrieb gilt aber nur auf der nördlichen Erdhalbkugel, und auch hier liegen die Verhältnisse im einzelnen sehr kompliziert und treffen in dieser Form nur für den Frühjahrszug zu. Da Vögel auch im Herbst und auch kastrierte Vögel ziehen, werden Zugtrieb und Fortpflanzungstrieb wohl getrennt ausgelöst.

Für die Auslösung des Zuges sind von verschiedenen Forschern auch Hormone (vor allem Thyroxin und Prolactin) verantwortlich gemacht worden, deren Abgabe aber vermutlich auch unter der Kontrolle von Hypothalamus und Licht stehen.

Vor Beginn des Zuges wird ein umfangreiches Fettdepot angelegt, dem die Energie für den Flug entnommen wird. Es besteht eine Korrelation zwischen der angelegten Fettmenge und der Weite des Zuges. Der nordamerikanische Kolibri *Archilochus colubris* deponiert im Herbst 2 g Fett, was Brennstoff für ca. 1500 km ergibt.

Systematik (Abb. 402–404). Die Vögel entstammen Thekodontiern oder vielleicht theropoden Saurischiern. Sie entstanden in der Jura-Zeit und bildeten in der Kreide schon zahlreiche marine Formen aus. Es sind bisher fast 40 mesozoische Gattungen bekannt.

Einschließlich der fossilen Formen werden drei oder vier Unterklassen unterschieden: 1. Archaeornithes (mit *Archaeopteryx*), 2. Odontornithes (mit *Ichthyornis*, *Hesperonis* u. a.) und 3. Neornithes (alle rezenten Arten und ihre unmittelbaren ausgestorbenen Verwandten. Kürzlich wurde für Vögel aus der Kreide Südamerikas die 4. Unterklasse der Enantiornithes errichtet.

A. Archaeornithes (Abb. 401)

Archaeopteryx: ältester Vogel (Jura Solnhofens), mehrere Funde; Schnabel hoch und kräftig, kleine Zähne in Ober- und Unterkiefer mit Schmelzkappe, Flügel abgerundet und breit wie bei Hühnern. 3 Metacarpalia, nicht verschmolzen; 3 Finger mit 2, 3 und 4 Phalangen, deren letzte jeweils mit einer Kralle, 1. und 3. Finger vermutlich beschuppt, 2. Finger mit Federn. Beine etwas länger als Flügel; wie bei modernen Vögeln Intertarsalgelenk, Tibiotarsus vorhanden. Langer Hallux nach hinten gerichtet, 3 Zehen nach vorn. 15 Paar Federn entspringen seitlich am Schwanz. Wohl baumbewohnend ähnlich heutigen Musophagidae.

B: Odontornithes

In der Kreide (Nord-Amerika, Europa, Australien) entwickelten sich zahlreiche Wasservögel (Landvögel haben vermutlich auch existiert, sind bisher nicht sicher nachgewiesen). In der späteren Kreide nimmt die Zahl der Funde zu. Aus Nord-Amerika stammt *Ichthyornis*, dessen Skelet dem eines mittelgroßen Alken ähnelt; die dieser Gattung ursprünglich zugeordneten zahntragenden Kiefer gehören nach neueren Untersuchungen zu einem Mosasaurier *(Clidastes)*. *Hesperornis* ähnelt einem Seetaucher, ist mit diesem aber nicht näher verwandt. Die Kiefer tragen Zähne; eine fehlende Symphyse und ein Gelenk im Unterkiefer (zwischen Spleniale und Angulare) erlaubten vermutlich das Verschlingen großer Beutetiere. Die Flügel waren rückgebildet.

C: Neornithes

Bereits aus der Spätkreide sind Kormorane, Pelikane, Rallen, Wasserläufer, Flamingos, Ibisse u. a. bekannt. Im Tertiär nimmt die Zahl der Vogelfamilien stark zu. Am Ende des Eozäns waren vermutlich alle rezenten Ordnungen bereits vorhanden. Zu Beginn des Tertiärs erfolgte eine Radiation von Wasservögeln und von nichtpasserinen Waldbewohnern. Eine zweite Radiation erfolgte im Miozän mit Wasser- und Landvögeln, am Ende des Miozäns waren fast alle Passeriformes vorhanden. Die rezenten Vogelarten entstanden überwiegend im Pleistozän. Die Avifauna des späten Pleistozäns war reicher (ca. 10600 Arten) als die heutige (ca. 8660 Arten).

Heute existieren ca. 95 nichtpasserine Familien mit ungefähr 3500 Arten und ca. 50 Familien der Passeriformes mit gut 5000 Arten. Die großen nicht flugfähigen Laufvögel (Strauße, Kasuare, Emus, Nandus, Kiwis) bilden wahrscheinlich zusammen mit den Steißhühnern eine eigene Verwandtschaftsgruppe, die neben eher primitiven Merkmalen spezielle Übereinstimmungen im Bau von Kiefer- und Tarsalregion aufweisen. Diese Vögel sind wohl sekundär flugunfähig und lassen sich in einer eigenen Überordnung (Palaeognathae) zusammenfassen und den restlichen Vögeln (Neognathae, «Carinathen») gegenüberstellen. Im übrigen bestehen hinsichtlich des natürlichen Systems der Vögel noch viele Unsicherheiten.

I Palaeognathae (Vomer groß artikuliert mit Palatina und Pterygoiden).

1. Struthioniformes (Strauße): 1 Art. Heute nur noch in Steppen und Savannen Afrikas südlich der Sahara, erst vor kurzem im Vorderen Orient und Arabien ausgerottet. Flugunfähig, leben i.a. in kleinen Gruppen mit 1 Männchen und mehreren Weibchen. In das Nest legen i.a. mehrere Weibchen ihre Eier, von denen eins 1100–1600 g wiegt. Bebrütung vorwiegend durch ein Männchen, das auch die Führung der Jungen übernimmt. Weitgehend omnivor, oft besteht die Nahrung aus Sukkulenten. Größte und schwerste lebende Vögel, Scheitelhöhe bis über 2,50 m, erreichen Gewicht von 150 kg. Die kurzen Flügel tragen Schmuckfedern, die vom Männchen bei der Balz zur Schau gestellt werden. Schlüsselbeine fehlen, Fuß nur mit 2 Zehen (3. und 4.). Kräftiger Muskelmagen mit vielen Steinen zum Zerreiben der harten Nahrung. Männchen besitzt retrahierbaren Penis.

2. Rheiformes (Nandus): 2 Arten in Südamerika; bis 1,40 m hoch, flugunfähig, Füße mit 3 Zehen.

3. Casuariiformes (Kasuare, Emus): Kasuare (Casuariidae), 3 Arten, schwere Laufvögel mit kräftigen Beinen und 3 Zehen; 2. Zeh mit dolchartigem Nagel, der als Waffe dient. Schwarzes Gefieder, Jugendkleid braun, Kopf und Hals nackt, kräftig blau, rot und gelb gefärbt mit lappigen Anhängen; auf dem Kopf von Hornschicht bedeckter knöcherner Helm. Nordaustralien, Neuguinea und benachbarte Inseln. Leben von Früchten u.a. pflanzlicher Nahrung sowie von Kleintieren. Männchen übernimmt Brutgeschäft und Betreuung der Jungen. Weibchen größer und lebhafter gefärbt als Männchen (Abb. 402b).

Emus (Dromiceidae): 1 Art *(Dromiceius = Dromaius)* Steppen und Savannen Australiens, strähniges Gefieder, nackte, blaue Hautstelle an Kopf und Halsseiten, Flügel stark rückgebildet, wie Kasuare flugunfähig, Nahrung vor allem vegetarisch (Beeren), Brutpflege fast allein durch das Männchen. Stark verfolgt (Abb. 402c).

4. Dinornithiformes. Apterygidae (Kiwis): 3 Arten in Neuseeland (Abb. 402f); flugunfähige Laufvögel mit «haarigem» Gefieder und rückgebildeten Flügeln. Kleiner Kopf mit langem Schnabel, an dessen Spitze die Nasenlöcher liegen. Kleine Augen, Kleinhirn und Lobi optici klein. Füße mit 4 Zehen. Nachtaktive Waldvögel, die ihre Nahrung vorwiegend olfaktorisch auffinden (Würmer, Insektenlarven). Nur das Männchen brütet. Dinornithidae (Moas), Neuseeland, nach Ankunft des Menschen ausgestorben.

5. Aepyornithiformes (Elefantenvögel): Madagaskar, erst nach Ankunft des Menschen ausgestorben, flugunfähig, legten größte bekannte Vogeleier (1 Ei entsprach über 10000 Kolibrieiern oder 7 Straußeneiern).

6. Tinamiformes (Steißhühner): Süd- und Mittelamerika. Bodenvögel; tropischer Regenwald, Pampas, Busch, Hochsteppen. Schlechte Flieger, oft dämmerungsaktiv, Nahrung vorwiegend Früchte, Samen, z. T. auch Kleintiere, Brutpflege durch das Männchen (Abb. 402e).

II Neognathae (Vomer oft relativ klein, kein direkter Kontakt zwischen Vomer und Pterygoiden).

1. Gaviiformes (Seetaucher): 4 Arten, nördliche Holarktis, große Tauchvögel, zwischen den Zehen Schwimmhäute (Abb. 402g).

2. Podicipediformes (Lappentaucher): weltweite Verbreitung, kleine bis mittelgroße Tauchvögel. Zehen mit seitlichen Lappen.

3. Procellariiformes (Röhrennasen): mit Albatrossen (Diomedeidae), Sturmvögeln

a
b
c
d
e
f
g
h
i
j
k
l

(Procellariidae), Sturmschwalben (Hydrobatidae, Abb. 402d), Tauchsturmvögeln (Pelecanoididae). Marin, vorwiegend Südhalbkugel. Viele Formen wandern im Südwinter in den Bereich der Nordhalbkugel. Spannweite des Wanderalbatrosses 3,50 m. Schnabel von mehrteiliger Hornscheide bedeckt, röhrenförmige Nasenaufsätze. Füße mit Schwimmhäuten. Legen i.a. nur 1 Ei, Brutpflege durch Männchen und Weibchen. Sturmvögel bilden im Magen ein Öl, mit dem die Jungen gefüttert werden. Die kleinen Pelecanoididae tauchen, ähnlich wie Alken, indem sie sich mit Hilfe der Flügel unter Wasser fortbewegen.

4. Sphenisciformes (Pinguine): Leiten sich von Procellariformes ab. 16 flugunfähige Arten. Kalte Meere der Südhalbkugel, Küsten der Antarktis und Südkontinente, 1 Art auf Galapagos. Nahrung: Fische, Crustaceen, Tintenfische. Außerhalb der Brutzeit Wanderungen auf dem Meer, meist Koloniebrüter (Abb. 402a).

5. Pelecaniformes (Ruderfüßler): mit Tropikvögeln (Phaetontidae), Pelikanen (Pelecanidae), Tölpeln (Sulidae), Kormoranen (Phalacrocoracidae Abb. 402h), Schlangenhalsvögeln (Anhingidae), Fregattvögeln (Fregatidae). Alle 4 Zehen sind durch Schwimmhäute verbunden, geräumiger Drüsenmagen. Wasserlebende Fischfresser. Auf den Galapagosinseln lebt eine flugunfähige Kormoranart *(Phalacrocorax nana)*.

6. Ciconiiformes (Schreitvögel): mit Ardeidae (Reihern), Cochleariidae (Kahnschnabel), Balaenicipitidae (Schuhschnabel), Scopidae (Schattenvögeln, Hammerkopf), Ciconiidae (Störchen), Threskiornithidae (Ibissen Abb. 402j, Löfflern). Die Zugehörigkeit der Phoenicopteridae (Flamingos) zu dieser Ordnung, die i.a. langhalsige, langbeinige und langschnäblige Formen umfaßt, die oft an Gewässern leben, ist umstritten. Die Reiher und Störche sind weltweit verbreitet, die Ibisse kommen vorwiegend in tropischen und subtropischen Zonen vor. Der sehr starke Rückgang des Weißstorchs in Mitteleuropa hat viele Gründe: Trockenlegung der Feuchtgebiete, Hochspannungsleitungen, Ausdehnung der Wüstenregionen in Afrika (größere Wanderungsstrecken ohne Nahrung), unerfahrene Jungvögel gehen über den riesigen Gasfackeln in der algerischen Sahara zugrunde, u.a. Kahnschnabel (Süd- und Mittelamerika) und Schuhschnabel (Zentralafrika) besitzen sehr breite Schnäbel, der Schuhschnabel (Abu Markub) frißt zum großen Teil Lungenfische; der Hammerkopf besitzt einen hohen komprimierten Schnabel und lebt im Südwesten Arabiens, in Afrika sowie Madagaskar und baut kennzeichnende große überdachte Nester, meist auf Bäumen. Marabus sind Aasfresser. Flamingos leben in alkalischen Seen oder Brackwasserlagunen. Sie ernähren sich von Diatomeen, Blaualgen und Kleintieren, die mit dem umgekehrt ins flache Wasser gehaltenen Schnabel durch dessen Randlamellen ausgeseiht werden. Die Jungen werden in den ersten Tagen mit bluthaltigem Sekret gefüttert.

7. Accipitriformes (Greife und Geier): Vermutlich keine monophyletische Gruppe; die Neuweltgeier lassen sich sogar als eigene Ordnung neben die Accipitriformes stellen (s.u.). *Sagittarius* (Sekretär, Sagittariidae) und *Pandion* (Fischadler, Pandionidae) nehmen Sonderstellungen ein. Accipitridae (Bussarde, Adler, Habichte, Weihen, Milane, Altweltgeier, u.a.) sind deutlich von den Falken, Falconidae abgesetzt, die anatomische Übereinstimmungen mit den Eulen erkennen lassen. Weitere Forschung ist erforderlich, um Parallelbildungen und Homologien in der Gruppe der Greifvögel herauszuarbeiten. Im allgemeinen handelt es sich um Fleisch- oder Aasfresser. Es kommen aber auch viele Nahrungsspezialisten darin vor. So lebt z.B. *Gypohierax* (der Geierseeadler) von Früchten der Ölpalme, der Wespenbussard gräbt Hymenopterennester auf und *Rosthramus* frißt Süßwasserschnecken.

8. Cathartidiformes (Neuweltgeier): Mit Andenkondor *(Vultur)*, dem größten rezenten flugfähigen Vogel – Spannweite 3,60 m – und dem vom Aussterben bedrohten Kalifornischen Kondor *(Gymnogyps)*. Truthahngeier *(Cathartes)* mit sehr gutem Riechvermögen.

Abb. 402: Vertreter verschiedener Vogelfamilien. a. *Aptenodytes* (Spheniscidae) Königspinguin; b. *Casuarius* (Casuaridae) Kasuar; c. *Dromiceius* (Dromiceiidae) Emu; d. *Oceanites* (Hydrobatidae) Sturmschwalbe; e. *Rhynchotus* (Tinamidae) Steißhuhn; f. *Apteryx* (Apterygidae) Kiwi; g. *Gavia* (Gaviidae) Seetaucher; h. *Phalacrocorax* (Phalacrocoracidae (Kormoran); i. *Falco* (Falconidae) Wanderfalke; j. *Eudocimus* (Threskiornithidae), Ibis; k. *Anhima* (Anhimidae) Hornwehrvogel; l. *Leipoa* (Megapodiidae) Großfußhuhn. Nach van Tyne und Berger

9. **Anseriformes (Entenvögel)**: mit Anhimidae (Wehrvögeln, Abb. 402k) und Anatidae (Sägern, Enten, Gänsen und Schwänen). Meist Tauch- und Schwimmvögel mit Schwimmhäuten zwischen den Zehen, die bei Anhimidae und der Spaltfußgans *(Anseranas)* jedoch rückgebildet sind. Die Wehrvögel sind sumpfbewohnende truthahngroße, hühnerähnliche Vögel Südamerikas, die am Vorderflügel Sporne ausgebildet haben. Die weltweit verbreiteten Anatiden besitzen meist einen breiten, vorn abgerundeten Schnabel mit seitlichen Hornlamellen.

10. **Galliformes (Hühnervögel)**: mit Megapodidae (Großfußhühnern, Abb. 402 l), Cracidae (Hokkohühnern), Tetraonidae (Rauhfußhühnern), Phasianidae (Hühnern, Fasanen, Abb. 403 a), Numididae (Perlhühnern), Meleagrididae (Truthühnern), Opisthocomidae (Schopfhühnern). Meist Bodenvögel mit sehr mannigfaltiger Lebensweise. Die Großfußhühner der australischen Region besitzen ungewöhnliche Brutpflege, die Eier werden in heißem Sand oder Lavaasche verscharrt oder in einem komposthaufenähnlichem Hügel, der vom Männchen gebaut wurde, abgelegt; das Männchen sorgt durch Zu- und Abdecken von Material für eine Regulierung der Brutwärme. Die Jungen schlüpfen fast flugfähig und erfahren keine Betreuung durch die Eltern. Die mittel- und südamerikanischen Hokkohühner leben in Bäumen von Blättern und Früchten. Die Rauhfußhühner der nördlichen Gebiete der Erde besitzen bis an die Zehen befiederte Füße. Die vielgestaltigen, weit verbreiteten Phasianiden mit scharrenden Laufbeinen, Männchen meist mit Prachtkleid. Die Perlhühner Afrikas sind nacktköpfig mit Scheitelhelm oder -haube. Von den nord- und mittelamerikanischen Truthühnern stammt die domestizierte Pute ab. Die südamerikanischen Schopfhühner (1 Art, Hoatzin) ernähren sich von harten Blättern. Die Jungen klettern bald nach dem Schlüpfen mit Füßen und Flügelkrallen im Gezweig. Die Hoatzins werden z. T. auch in eine eigene Ordnung (Opisthocomiformes) gestellt.

11. **Gruiformes (Kranichverwandte)**: In dieser Ordnung wird eine Reihe sehr verschiedenartiger Familien zusammengefaßt, die hier nur z. T. aufgeführt werden. Die Mesoenatidae (Stelzenrallen) Madagaskars sind starengroße Bodenvögel, die offenbar nie fliegen. Turnicidae (Laufhühnchen der Subtropen und Tropen der Alten Welt einschl. Südspaniens) besitzen polyandrische Weibchen, die Reviere besetzen und balzen. Die Jungen werden von den Männchen betreut. Gruidae (Kraniche) groß, langbeinig und langhälsig, Nordamerika, Eurasien, Australien und Afrika, Sumpf- und Steppengebiete. Psophiidae (Trompetenvögel, Südamerika). Die weltweit verbreiteten, artenreichen Rallidae (Rallen, Abb. 403 b) leben in Sümpfen, Mangroven, tropischen Wäldern und auch Trockengebieten, sie sind oft dämmerungs- und nachtaktiv. Einzelne flugunfähige Formen. Binsenhühner (Heliornithidae), Tropen Amerikas, Asiens und Afrikas, Schwimmvögel mit Lappenfüßen. Cariamidae: langbeinige, schlecht fliegende Laufvögel der Steppen- und Buschgebiete Südamerikas. Otidae (Trappen): mittel- bis sehr große Laufvögel Afrikas, Eurasiens und Australiens, die gut fliegen können. In Europa 2 Arten (Groß- und Zwergtrappe), Männchen mit auffallender Balz.

12. **Charadriformes (Larolimicolae)**: Watvögel (Limicolen), Alken, Möwen. Zahlreiche Familien; darunter Jacanidae (Blatthühnchen): bewohnen schwimmende Wasserpflanzen in den Tropen, sehr lange dünne Zehen, z. T. polyandrisch. Austernfischer, Regenpfeifer (Abb. 403c), Schnepfen, Säbelschnäbler, Wassertreter, Triele und Brachschwalben umfassen die häufigsten Watvögel. Der Reiherläufer *(Dromas)* der Küsten des Roten Meeres und des Indischen Ozeans legt ein Ei in selbstgegrabene Höhle, die Jungen sind im Gegensatz zu denen der anderen Watvögel Nesthocker. Thinacoridae (Höhenläufer): hochalpine Andenzone. Chionididae (Scheidenschnäbel): Küsten der Subantarktis. Stercorariidae (Raubmöwen) mit der arktischen und antarktischen großen Raubmöwe, jagen

Abb. 403: Vertreter verschiedener Vogelfamilien. a. *Lophura* (Phasianidae) Silberfasan; b. *Rallus* (Rallidae) Ralle; c. *Eudromias* (Charadriidae) Mornellregenpfeifer; d. *Columba* (Columbidae) Taube; e. *Cacatua* (Psittacidae) Kakadu; f. *Geococcyx* (Cuculidae) Rennkuckuck; g. *Pulsatrix* (Strigidae) Kauz; h. *Podargus* (Podargidae) Schwalm; i. *Hemiprocne* (Hemiprocnidae) Baumsegler; j. *Ocreatus* (Trochilidae) Kolibri; k. *Colius* (Coliidae) Mausvogel; l. *Trogon* (Trogonidae) Trogon; m. *Coracias* (Coraciidae) Racke; n. *Leptosomus* (Leptosomatidae) Kurol; o. *Indicator* (Indicatoridae) Honiganzeiger; p. *Rhamphastos* (Rhamphastidae). Tukan. Nach van Tyne und Berger

a
b
c
d
e
f
g
h
i
j
k
l
m
n
o
p

anderen Seevögeln die Nahrung ab. Laridae (Möwen und Seeschwalben): weltweit verbreitet, gute Flieger, lange, schlanke Flügel, Füße mit Schwimmhäuten. Möwen sind Allesfresser, die die Nahrung mit dem Schnabel von der Oberfläche aufnehmen, Seeschwalben sind meistens Stoßtaucher, die Fische erbeuten. Rhynchopidae (Scherenschnäbel): Tropen, Subtropen; mit verlängertem Unterschnabel, der beim Flug durch die Wasseroberfläche fährt. Alcidae (Alken): nördliche Nordhalbkugel auf Felsklippen am Meer oder in Höhlen pflanzenbewachsener Abhänge in Meeresnähe, meist in großen Kolonien. Bis auf den ausgerotteten Riesenalk sind alle Formen flugfähig; benutzen beim Tauchen die Flügel. Schnabel spitz, dolchförmig (Lumme, Gryllteiste) oder messerförmig schmal abgeflacht (Tordalk) z.T. mit sehr hoher Basis (Papageitaucher) oder kurz und spitz (Krabbentaucher).

13. Columbiformes (Taubenvögel): mit Pteroclidae (Flughühnern) und den artenreichen Tauben (Columbidae, Abb. 403d). Schnabel an der Basis von weicher Wachshaut umgeben. Gefieder mit Puderdunen. Saugen Wasser mit dem Schnabel auf. Columbidae, einheitliche Familie, weltweit verbreitet, mit Schwerpunkt in den Tropen, meist sehr gute Flieger. Zahntaube mit Hornzähnen; Krontaube, schwerer Bodenvogel Neuguineas. Die Jungen (meist 2) werden mit einem Kropfsekret gefüttert. Den Taubenvögeln werden i.a. auch die erst vor relativ kurzer Zeit ausgerotteten Dronten (Dodos, Inseln des indischen Ozeans) zugerechnet. Nach anderer Auffassung leiten sie sich von Rallen ab.

14. Psittaciformes (Papageien): sehr artenreiche und vielgestaltige Ordnung mit Loris, Sittichen, Aras, Kakadus (Abb. 403e) u.a. 2 Zehen nach vorn, 2 nach hinten gerichtet. Sehr kräftiger Schnabel, der beim Klettern als Greiforgan benutzt wird, Oberschnabel stark beweglich, meist schnelle Flieger, dickfleischige Zunge, bei nektarleckenden Loris mit pinselförmigem Borstenbesatz. Buntes Gefieder, oft mit Grüntönen, vorwiegend in den Tropen. Meist gesellig und Baumvögel, einzelne Bodenvögel.

15. Cuculiformes (Kuckucksvögel): mit Musophagidae (Turakos) und Cuculidae (Kuckukken); mit je 2 nach vorn und nach hinten gerichteten Zehen. Turakos, langschwänzige tauben- bis hühnergroße Vögel Afrikas mit abgerundeten Flügeln. Kuckucke weltweit verbreitet, Mehrzahl in den Tropen. Baum- und Bodenvögel (Abb. 403f). Ernährung: Insekten (oft Raupen), Früchte. Viele Arten sind in unterschiedlichem Ausmaß Brutparasiten. Manche besetzen nur fremde Nester, andere legen Eier zu denen anderer Vögel, einige entfernen außerdem Eier oder Junge des Wirtsvogels.

16. Strigiformes (Eulen): mit Tytonidae (Schleiereulen) und Strigidae (eigentliche Eulen), weiches, lockeres Gefieder, weit nach vorn gerichtete Augen, Innenohren oft unsymmetrisch und verschieden groß, Hakenschnabel, Füße mit kräftigen Krallen. Schleiereulen (11 Arten) mit Federkranz, der das Gesicht einrahmt, weltweit verbreitet, nächtlich lebend. Strigidae ebenfalls weltweit, vorwiegend dämmerungs- und nachtaktiv (Abb. 403g).

17. Caprimulgiformes (Nachtschwalben): mit Podargidae (Schwalmen, Abb. 403h), Steatornithidae (Fettschwalmen), Caprimulgidae (Nachtschwalben) u.a. Schlanke, oft langflügelige Dämmerungs- und Nachtvögel, vereinzelt auch tagaktiv; mit weichem Gefieder, kurzen Füßen und weiter Mundöffnung, *Steatornis* (Südamerika) z.T. mit akustischer Orientierung, Fruchtfresser, Jungvögel fettreich. Schwalme recht groß, Insektenfresser, Südost-Asien, Australien. Nachtschwalben meist kleiner, weltweit, fehlen in kalten Gebieten. Vereinzelt Winterschlaf.

18. Coraciiformes: mit Alcedinidae (Eisvögeln), Todidae (Todis), Meropidae (Bienenfressern), Coraciidae (Racken, Abb. 403m), Upupidae (Wiedehopfen), Phoeniculidae (Baumhopfen), Bucerotidae (Nashornvögeln) sowie einzelnen madagassischen Gruppen, z.B. den Leptosomatidae (Abb. 403n). Oft sehr buntgefärbte Höhlenbrüter und Kleintierfresser. Eisvögel, weltweit verbreitet mit Schwerpunkt in den Tropen und Subtropen, kräftiger Keilschnabel, mit dem sie die Beute ergreifen, der sie auf Pfählen oder Zweigen sitzend oder rüttelnd auflauern, häufig an Wasser gebunden. Die kleinen eisvogelähnlichen Todis kommen auf den Großen Antillen vor. Bienenfresser leben meist gesellig in warmen Gebieten der Alten Welt, häufig in Trockengebieten, elegante gute Flieger, die Insekten erbeuten; Racken leben in warmen und gemäßigten Gebieten der Alten Welt, sind dohlengroß und besitzen ein prächtiges Gefieder mit türkisblauen, violetten, rotbraunen und grünen Tönen. Lauern oft von Warte auf Beute. Wiedehopf (1 Art) mit aufrichtbarer Federhaube, Eurasien, Afrika. Die starengroßen afrikanischen Baumhopfe klettern an Stämmen und Ästen und ernähren sich vorwiegend von Insekten. Die Nashornvögel sind mittelgroß bis groß (Länge bis 1,60 m) und besitzen einen auffallend großen Schnabel, der oft eine helmartige Auftreibung trägt, sowie einen langen Schwanz. Leben in Wäldern und Steppen Afrikas, Süd- und Südost-Asiens und auf den Südseeinseln bis zu den Salomonen. Baumvögel mit elsterartigem Flug, nur der Hornrabe *(Bucorvus)* Afrikas ist Bodenvogel. Weibchen wird bei fast allen Arten während der Brutzeit in einer Baumhöhle eingemauert (Abu Garn). Wahrscheinlich besteht ein etwas engerer Zusammenhang zwischen Coraciiformes, Nachtschwalben und Eulen.

19. **Apodiformes** (**Macrochires, Micropodiformes**): mit Apodidae (Seglern), Hemiprocnidae (Baumseglern, Abb. 403i), Trochilidae (Kolibris, Abb. 403j). Starke Verkürzung des Oberarms, Flügel mit kurzen Arm- und langem Handteil, sehr lange äußere Handschwingen, sehr kurze Füße. Apodidae mit kurzem Schnabel und breiter Mundöffnung, kurze Füße mit vier nach vorn gerichteten Klammerzehen. Schnelle Dauerflieger. Bei den Salanganen Südost-Asiens *(Collocalia)* Nester ganz aus Speichelsekreten (Schwalbennestersuppe). Salangane orientieren sich wenigstens z. T. akustisch. Die Baumsegler Südost-Asiens bauen kleine Nester an Zweigen von Blättern, legen nur 1 Ei; Kolibris sind spezialisierte Blütenbesucher, z. T. sehr kleine Arten, oft metallisch glänzendes Gefieder. Gute Flieger, Fähigkeit zum Schwirrflug auf der Stelle; Nahrung: Nektar, Kleininsekten, Spinnen. Verfallen unterhalb bestimmter Außentemperaturen nachts in Ruhestarre mit herabgesetztem Stoffwechsel. Süd- und Nordamerika bis Alaska.

20. **Coliiformes** (**Mausvögel**): langschwänzige, kleine, graubraune Vögel (Abb. 403k), die meist in Trupps im Gezweig umherklettern, Ost-, Zentral- und Südafrika. Doppeltes Kiefergelenk.

21. **Trogoniformes** (**Trogons**): circumtropische mittelgroße Frucht- und Insektenfresser, breite kurze Flügel, langer Schwanz, prächtiges Gefieder (Abb. 403l). Hierher gehört auch der von Indianern Mittelamerikas seit altersher verehrte Quetzal *(Pharomachrurus mocina)*.

22. **Piciformes** (**Spechtartige**): mit Capitonidae (Bartvögeln), Indicatoridae (Honiganzeigern), Ramphastidae (Tukanen, Abb. 403 p), Picidae (Spechten), Jyngidae (Wendehälsen, Abb. 404a) u. a. Bartvögel sind Baumbewohner Lateinamerikas, Afrikas und Süd- und Südost-Asiens. Indicatoridae (Honiganzeiger, Abb. 403o): meisen- bis starengroß, Afrika, Südost-Asien, leben in Wäldern und Savannen von Insekten, oft von Bienen, auch von Bienenwachs, das von Bakterien verdaut wird; einige Arten sind Brutparasiten; ihren Namen haben sie erhalten, weil sie den Menschen und den Honigdachs *Mellivora capensis* zu Bienennestern führen. Tukane: Lateinamerika; Waldbewohner, die sich von Kleintieren und Früchten ernähren. Riesiger Schnabel, oft mit grellen Farben. Die artenreichen Spechte besitzen i. a. einen meißelartigen Hackschnabel, mit dem sie Bruthöhlen in Baumstämme bauen und Nahrung aufsuchen. Ein keilförmiger Stützschwanz (außer Wendehals, Abb. 404a) und stark gekrümmte, spitze Krallen sind weitere Anpassungen an das Leben an Bäumen. Bei vielen Formen weit vorstreckbare Zunge. Mehrere Formen nehmen Nahrung, Ameisen und Termiten auch am Boden auf; alle Kontinente außer Australien.

23. **Passeriformes** (**Sperlingsvögel**): mit zahlreichen Familien, die nur z. T. aufgeführt werden. Vier größere Gruppen lassen sich unterscheiden, die Eurylaimi mit den Breitmaulvögeln (Afrika bis Indonesien), die Tyranni (vor allem neuweltliche Singvögel), die Menurae (Leierschwänze und Dickichtvögel Australiens) und die Passeres (Hauptgruppe, vor allem altweltlich). Besonders variabel sind Schnabel, Flügel und Füße gestaltet, alle Formen sind Nesthocker, die sperren. Zu den Tyranni gehören die artenreichen Furnariidae (Töpfervögel) Lateinamerikas, die oft riesige Nester aus Erde und Pflanzenteilen bauen. Aus der größeren Zahl lateinamerikanischer Familien sollen noch die Formicariidae (Ameisenvögel) erwähnt werden, die öfter den Zügen von Wanderameisen folgen; die Cotingidae (Schmuckvögel) mit oft sehr buntem Gefieder, Haubenbildungen, Hautlappen, mit Felsenhahn *(Rupicola)*, Glöckner *(Procuias)* und Kotinga *(Cotinga)*, und die sehr artenreichen Tyrannen (Tyrannidae, Abb. 404b). Die wichtigsten Familien der Passeres sind: Alaudidae (Lerchen, weltweit), Hirundinidae (Schwalben, weltweit), Motacillidae (Stelzen, weltweit), Pycnonotidae (Bülbüls, Afrika bis Australien), Laniidae (Würger, weit verbreitet, fehlen in Australien und Südamerika); Bombycillidae (Seidenschwänze, Holarktis); Troglodytidae (Zaunkönige, Amerika, Nord-

Abb. 404: Vertreter verschiedener Vogelfamilien. a. *Jynx* (Jyngidae) Wendehals; b. *Tyrannus* (Tyrannidae) Tyranne; c. *Parus* (Paridae) Meise; d. *Henicorhina* (Troglodytidae) Zaunkönig; e. *Turdus* (Turdidae) Singdrossel; f. *Sylvia* (Sylviidae) Mönchsgrasmücke; g. *Terpsiphone* (Muscicapidae) Paradiesfliegenschnäpper; h. *Pastor* (Sturnidae) Rosenstar. Nach van Tyne und Berger

afrika, Eurasien, Abb. 404d), Muscicapidae (weltweit mit vielen Gruppen, die oft als eigene Familien geführt werden: Drosseln Abb. 404e, Grasmücken Abb. 404f, Fliegenschnäpper, Abb. 404g, u. a.), Paridae (Meisen, fehlen in Australien und Südamerika, Abb. 404c), Sittidae (Kleiber, Nordamerika, Eurasien, Nordafrika, Australien), Certhiidae (Baumläufer, Nordamerika, Eurasien, Nordafrika), Nectariniidae (Nektarvögel, Afrika, Südost-Asien, Australien), Emberizidae (Ammernverwandte, die großen Kontinente, hierher auch die Geospizini (Darwinfinken)), Tanagridae (Tangaren, Amerika), Drepanididae (Kleidervögel, Hawaii), Fringillidae (Finken, weltweit) Ploceidae (Webervögel, weltweit, hierher auch die Witwen, Afrika, und Sperlinge, heute weltweit), Sturnidae (Stare, fehlen in Südamerika, Abb. 404h), Oriolidae (Pirole, Alte Welt), Corvidae (Raben, Krähen, Häher usw., weltweit), Ptilonorhynchidae (Laubenvögel, Australien, Neuguinea) und die Paradisaeidae (Paradiesvögel, Australien, Neuguinea). Die Laubenvögel sind drosselgroß, busch- und waldbewohnende Tiere mit auffallendem Nestbau- und Brutverhalten. Die Männchen der meisten Arten bauen aus Zweigen, Gräsern und Moos verschiedenartige Balzplätze, Tennen, Lauben, Gänge, Türme (bis über 1 m hoch), die mit Steinchen, Glasstücken, Schneckenschalen, Beeren, Blüten u. a. ausgeschmückt werden. Werkzeuge zum Bemalen der Lauben gebrauchen Blauschwarzer Laubenvogel und Gärtnervogel. Brutpflege nur durch die Weibchen. Die Paradiesvögel sind durch die ungewöhnlichen Prachtkleider der Männchen mit auffallenden Farben, z. T. riesigen Schmuckfedern, buntgefärbten, unbefiederten Hautpartien usw. gekennzeichnet; die Männchen führen auf Balzbäumen oder am Boden prächtige Balzspiele auf. Brutpflege meist allein durch die Weibchen.

4. Klasse: Mammalia (Säugetiere, Säuger)

Die rezenten Säugetiere sind durch eine Vielzahl von Merkmalen von den übrigen Wirbeltieren unterschieden:

1. Besitz echter Haare (Pila, Abb. 405). Haare sind epidermale Gebilde, die im wesentlichen aus toten, verhornten Zellen bestehen und mit einem Wurzelteil (Radix) in die Haut eingesenkt sind. Die Haarwurzel ist basal verdickt und umfaßt eine gefäßhaltige Bindegewebspapille. Im Bereich der Wurzel besteht das Haar, solange es wächst, noch aus lebenden Zellen, die sich hier teilen und langsam verhornen. Der feinere Bau der Haare unterscheidet sich bei den einzelnen Säugern und oft auch an einem Individuum beträchtlich, von weichen Hornfäden bis zu langen Mähnen- und Schweifhaaren oder Borsten und echten Stacheln *(Tachyglossus*, Igel, Stachelschwein) usw. Sinnesfunktion kommt großen Tasthaaren zu, die von venösen Bluträumen (Sinus) umgeben sind und daher Sinushaare heißen und reich mit sensiblen Nervenendigungen versehen sind. Die Haare werden periodisch gewechselt; hierbei spielen endogene Rhythmik oder die Jahreszeiten (Sommer-, Winterfell) eine auslösende Rolle. Selten lebt ein Haar mehrere Jahre (Kopfhaare von *Homo sapiens*). Die Haarfarbe beruht auf eingelagertem Melanin und Totalreflexion. Das Fellmuster kann tarnend wirken, aber auch die Funktion von Signalen haben. Haare fehlen weitgehend bei Walen, Elefanten, Sirenen u. a. Hornschuppen sind noch relativ häufig, wenn auch oft nur auf bestimmte Regionen (oft Schwanz) beschränkt und im Zustand der Rückbildung. Sekundär haben z. B. die Schuppentiere *(Manis)* wieder ein vollständiges Schuppenkleid ausgebildet (Abb. 425).

2. Schlauch- oder traubenförmige Hautdrüsen. Hautdrüsen sind bei Säugern reicht entwickelt; sie spielen eine wichtige Rolle in den Beziehungen der Artgenossen (Duftdrüsen) und im Körperhaushalt (Thermoregulation, Exkretion u. a.). Im einzelnen läßt sich eine Fülle von Bauprinzipien erkennen (holo-, apo- und ekkrine Extrusion, tubulär, alveolär u. a.). Die holokrinen Talgdrüsen stehen oft in Beziehung zu Haaren und liefern ein fettiges Sekret, das

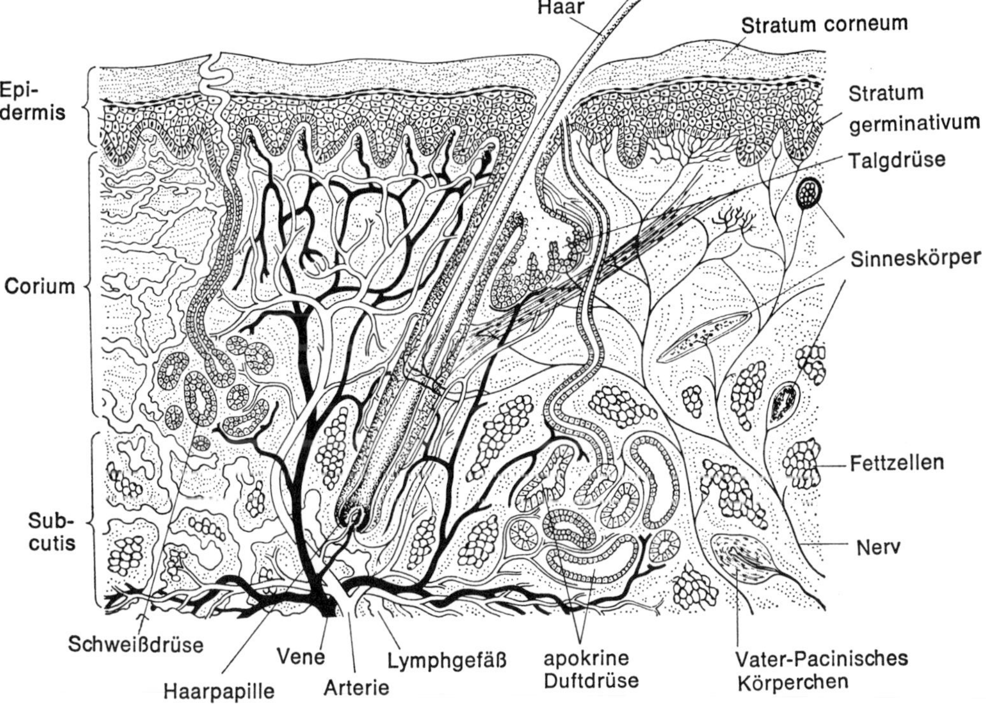

Abb. 405: Schematische Darstellung des Aufbaues der Säugetierhaut. Links sind vor allem die Lymphgefäße, in der Mitte die Blutgefäße und rechts die Nervenendigungen eingezeichnet. Bei den Sinneskörpern handelt es sich um unterschiedlich strukturierte Receptorgane, deren Funktion nicht immer gesichert ist. Bekannt sind die Vater-Pacinischen Körperchen, die Druckreceptoren sind. Nach Waldeyer

diese geschmeidig macht. Drüsen, die dem Zusammenleben dienen, finden sich z. B. am Kopf (Präorbitaldrüsen der Artiodactylen), um den After herum, an den Genitalorganen und an den Füßen.

Ein besonders kennzeichnendes Hautdrüsenorgan ist die Milchdrüse (Mamma), eine nutritive Drüse, deren Sekret erste Nahrung der Jungtiere ist. Ihr Bau ähnelt ursprünglich (Monotremen) dem einer gewundenen apokrinen Duftdrüse. Bei den Monotremen münden diese Drüsen an der Basis längerer Haare aus, die vom Jungtier abgeleckt werden. Bei den übrigen Säugern münden die Einzeldrüsen an einer Zitze aus, ein besonders entwickeltes Muskelsystem kann die Milch in den Mund des Jungen einspritzen (vor allem bei Marsupialiern). Bei den Marsupialiern sind mehrere Zitzen ausgebildet, um die herum sich oft ein Brutbeutel ausbildet. Bei den Eutheria bilden die Anlagen der Milchdrüsen zuerst zwei Epidermisleisten (Milchleisten) längs der seitlichen Rumpfwand. In ihr differenzieren sich dann die einzelnen Drüsenorgane. Die Zahl der Zitzen schwankt zwischen 2 und 22 *(Centetes)*. Bei Unpaarhufern, Paarhufern und Walen sind die

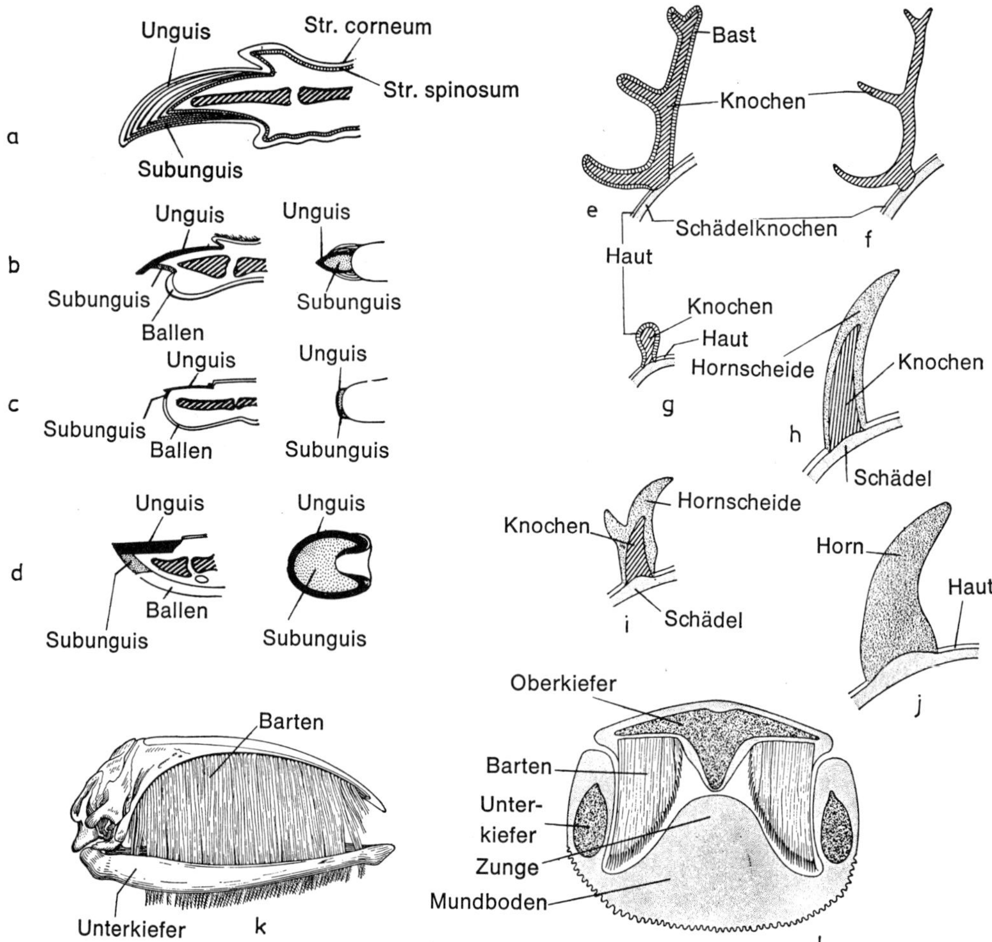

Abb. 406: Hautgebilde der Säuger. a–d. Krallen-, Nagel- und Hufbildungen. a. Reptilienkralle, b–d: links Längsschnitt, rechts Ansicht von unten, b. Säugerkralle, c. Nagel (Affe), d. Huf (Pferd), e–j. Horn- und Geweihbildungen. e–f. Hirsche; e. jüngeres Stadium mit Hautüberzug (Bast) der in die Kopfhaut übergeht. f. fertiges Geweih. g. Giraffe. h. Bovide, i. *Antilocapra*, j. Nashorn. k–l. Barten eines Bartenwals. k. Seitenansicht eines Schädels mit Barten. l. Querschnitt durch die Schnauzenregion. Nach verschiedenen Autoren aus Smith

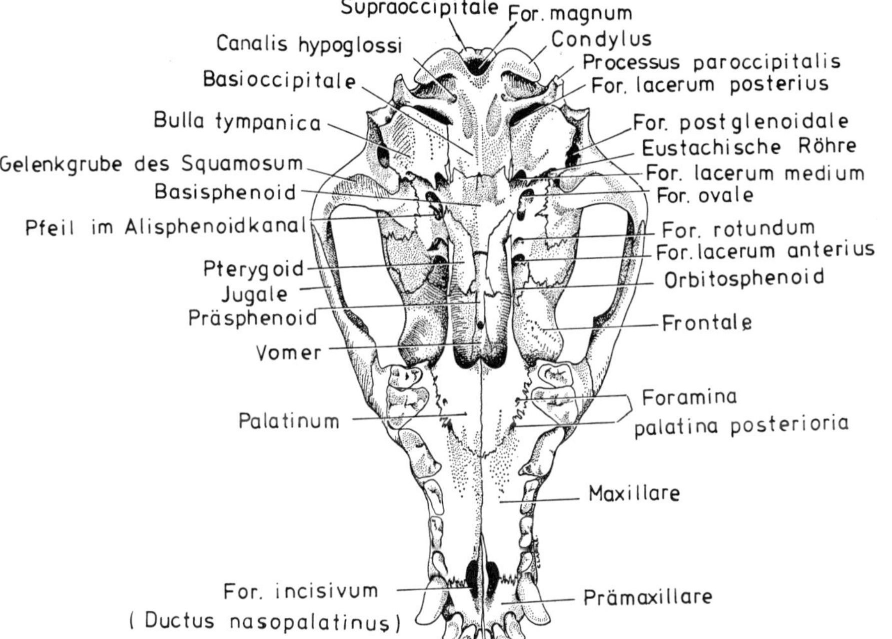

Abb. 407: Hundeschädel, Seitenansicht (oben) und Schädelbasis (unten). I: Inzisiven (Schneidezähne), C: Caninus (Eckzahn), PM: Prämolaren, M: Molaren. Durch folgende Foramina (For.) treten folgende Nerven (N) bzw. Gefäße: For. infraorbitale: ein Ast des N. trigeminus (N. infraorbitalis), For. stylomastoideum: N. facialis; For. ovale: ein Ast des N. trigeminus (N. mandibularis); For. lacerum anterius: N. oculomotorius, N. trochlearis, N. abducens und ein Trigeminusast (N. ophthalmicus); For. opticum: N. opticus; For. rotundum: ein Trigeminusast (N. maxillaris); For. mentale: ein Trigeminusast (N. mentalis); For. magnum: Rückenmark; For. lacerum posterius: N. glossopharyngeus, N. vagus, N. accessorius; For. lacerum medium: Carotis interna; For. palatina posterioria: Äste des N. trigeminus, die den Gaumen sensibel versorgen; Canalis hypoglossi: N. hypoglossus. Im Alisphenoidkanal verläuft die Carotis externa. Nach Chapman und Barker

Milchdrüsen auf die Genitalregion beschränkt, bei Primaten, Fledermäusen, Sirenen(Meerjungfrauen!), Elefanten und Xenarthra sind sie brustständig.

Die chemische Zusammensetzung der Milch schwankt auch sehr stark. Der Gehalt an Eiweiß beträgt z.B. beim Menschen 1,6 %, beim Pferd 2 %, bei Rindern 3,5 %, bei Ziegen 4,3 %, bei Schweinen 5,9 %, bei Schafen 6,5 %, bei Hunden 7,1 %, bei Kaninchen 10,4 %, bei Walen 11 %. Bei vielen Säugern werden dem Jungtier über die erste Milch auch Antikörper übertragen. Besonders fettreich (um 40 %) ist die Milch der Robben und Wale.

Milch ist ein wichtiges Nahrungsmittel vieler Menschen. Weltweit produziert die Landwirtschaft derzeit zwischen 400 und 500 Millionen Tonnen pro Jahr.

3. Besondere Entwicklung der Hautmuskulatur im Kopfbereich (mimische Muskulatur).

4. Im Schädel entsteht ein sekundäres Kiefergelenk aus Dentale und Squamosum. Das primäre Kiefergelenk aus Articulare und Quadratum wandert ins Mittelohr, so daß dem einen ursprünglichen Gehörknöchelchen (Columella = Stapes = Steigbügel) noch zwei weitere hinzugefügt werden, der Hammer (Malleus = Articulare) und der Amboß (Incus = Quadratum). Ein kleiner Hautknochen des Reptilienunterkiefers, das Präarticulare (= Goniale), wandert mit ins Mittelohr und bildet einen Fortsatz am Hammer. Das Trommelfell wird von einem ringförmigen Knochen, dem Tympanicum, umschlossen, der oft zu einem Knochenrohr unter dem Mittelohr auswächst und einen Teil des äußeren Gehörganges bildet. Das Tympanicum entstammt ebenfalls dem Unterkiefer und ist dem Angulare homolog. Eine knorpelige Ohrmuschel ist vorhanden, kann aber sekundär fehlen (z.B. bei Walen). Zum Aufbau des Säugerschädels vgl. Abb. 407.

5. Der 4. und 5. Kiemenbogen bilden den Schildknorpel, der den Sauropsiden fehlt.

6. Im Endhirn entwickelt sich das Pallium, vor allem das Neopallium, sehr stark; das Mittelhirndach mit seinen vier Hügeln wird klein. Die umfangreichen Endhirnhemisphären sind durch eine vordere Kommissur und bei den Eutheria auch durch den Balken (Corpus callosum) verbunden.

7. Vom vierkammerigen Herzen geht nur ein Aortenbogen aus, und zwar der linke (bei Vögeln der rechte).

8. Das Zwerchfell wird zum wichtigsten Atemmuskel und bildet eine muskulöse Platte zwischen Brust- und Bauchhöhle.

9. Mammalier sind ovipar (Monotremen) oder vivipar (Marsupialia und Eutheria). Im letzteren Falle durchläuft der Embryo wenigstens einen Teil seiner Entwicklung im Uterus der Mutter, mit dem er meist durch eine Plazenta mehr oder weniger innig verbunden ist (Abb. 411).

10. Die Körpertemperatur wird meist in engen Grenzen konstant gehalten, kann aber z.B. bei Winter- oder Trockenschläfern jahreszeitlich

Abb. 408: Säugetierzähne und Gebiß. a–d. Molaren jurassischer Mammalier. a. Triconodonter oberer Molar, oben Seitenansicht von außen, unten Aufsicht. b. Symmetrodonter oberer Molar, oben Seitenansicht von außen, unten Aufsicht. c. Oberer Molar eines Pantothers, oben Seitenansicht von außen, unten Aufsicht. d. Unterer Molar eines Pantothers, oben Seitenansicht von innen, Mitte Aufsicht, unten Seitenansicht von außen. Die Molarenkrone besteht im wesentlichen aus 3 Höckern, die das sog. Trigonid bilden, beachte entstehendes Talonid. e. Kronenaufsicht eines rechten oberen Molaren, eines primitiven Säugers (*Omomys*, Tarsioidea, Paleozän). Die Haupthöcker (Para-, Meta- und Protoconus) bilden das Trigon. f. Kronenaufsicht eines linken unteren Molaren von *Omomys*. Die Höcker tragen im Unterkiefer die Endung -id. Para-, Meta- und Protoconid bilden das Trigonid. Das Talonid hat sich vergrößert und bildet 2 größere Höcker: Hypo- und Endoconid. g. Oberer Molar mit 4 Haupthöckern, neuentstanden ist der Hypoconus, dadurch vergrößert sich die Kaufläche (*Hyracotherium*, eozänes Pferd). h. Rechte obere Molaren eines paleozänen Zalambdodonten. i. Molaren (Aufsicht und Seitenansicht) von *Desmostylus* (Desmostylia). j. Kronen- und Seitenansicht eines Insectivors (*Diacodon*, Erinaceidae), oben rechte Oberkieferzähne, unten linke Unterkieferzähne, beachte die deutliche Trennung der Molaren in Trigonid und Talonid. k. Gebiß eines pliozänen Menschenaffen, oben Oberkiefer (Schneidezähne fehlen), unten Unterkiefer. l. Selenodonte Zähne (Oberkiefer, miozänes Artiodactyl). m. Bunodonte Zähne (Unterkiefer, pliozänes Schwein). n–o. Lophodonte Zähne. n. Bilophodonter Molar von *Dinotherium* (Proboscidea, Miozän). o. Polylophodonter Molar eines Indischen Elefanten. p–r. Spezialisierte Gebißformen. p. Multituberculata *(Ptilodus)*. q. *Smilodon*, pleistozäner Säbeltiger. r. Rodentier *(Geomys)* mit Nagegebiß, Unterkiefer nur mit Inzisivus und Molaren. Nach verschiedenen Autoren aus Romer und Weber

schwanken oder auch noch von der Außentemperatur abhängig sein (z. B. Faultiere, Fledermäuse).

11. Das Gebiß ist in Inzisiven, Canini, Praemolaren und Molaren gegliedert. Die Krone der oberen Molaren trägt ursprünglich drei Höcker (Trigon), denen sich auf verschiedene Weise ein vierter zugesellt (Abb. 408). Die unteren Molaren tragen zunächst ebenfalls drei Höcker (Trigonid); die Krone vergrößert sich jedoch bald um einen umfangreicheren Auswuchs, das Talonid, dessen Randpartien sich auch in Höcker gliedern und dessen zentrale Grube den oberen Haupthöcker aufnimmt. Zur Nomen-

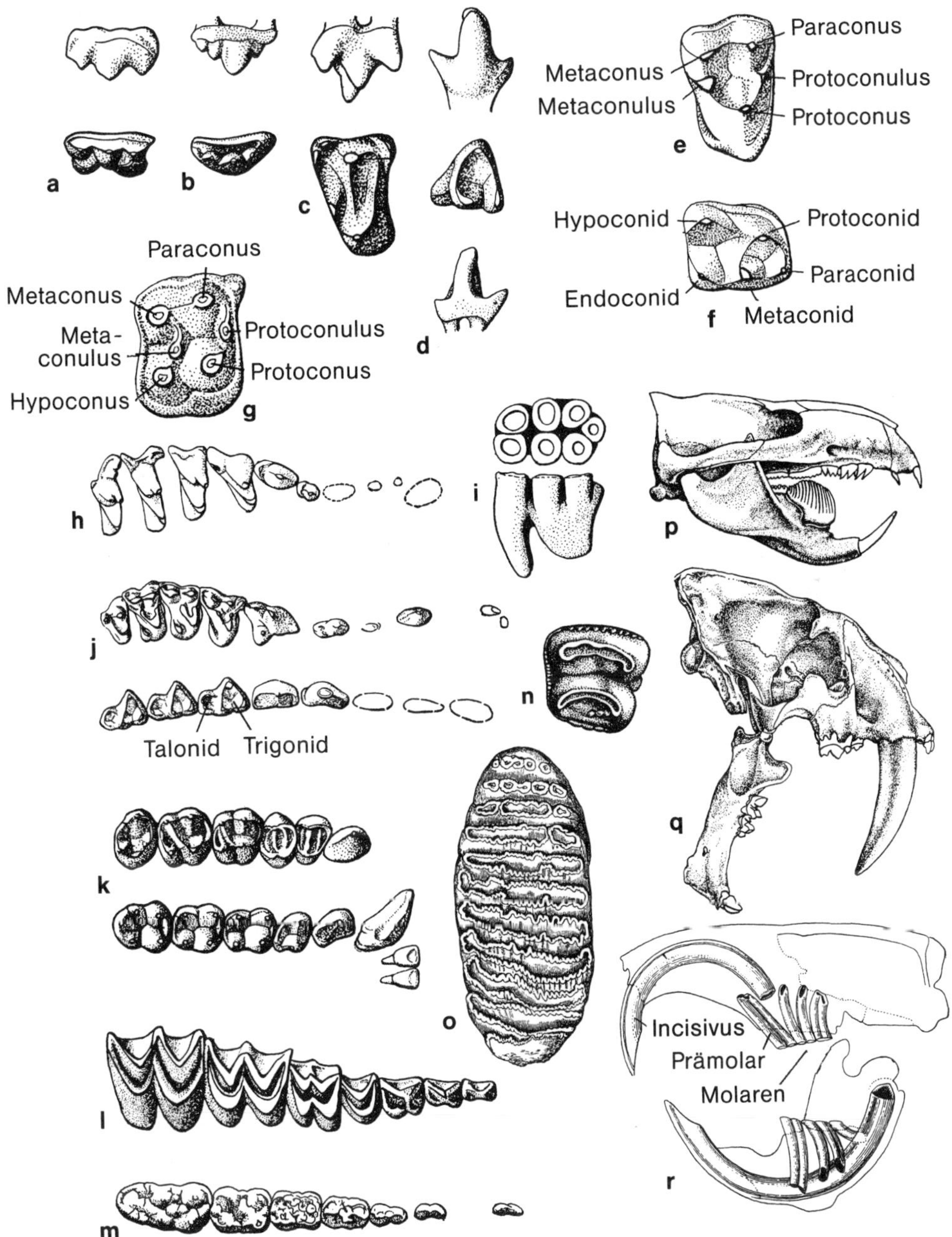

klatur und den Hauptmolarentypen siehe Abb. 408. Die Krone kann sekundär vereinfacht sein (Zahnwale) oder zunehmend kompliziert und vergrößert werden (vor allem bei Pflanzenfressern). Molaren mit kegelförmigen Höckern (Schweine) heißen bunodont, bilden die Höcker Querjoche, spricht man von lophodonten Zähnen (viele Pflanzenfresser, Meerkatzen u. a.), formen sich die Höcker zu halbmondförmigen Gebilden um, werden die Zähne selenodont genannt (Ruminantier). Niedrigkronige Zähne heißen brachyodont, hochkronige hypselodont (= hypsodont, viele Huftiere).

Viele Merkmale, die heute für Säuger charakteristisch sind, bildeten sich schon bei den ausgestorbenen Reptilvorfahren aus, z.B. das doppelte Gelenk des Hinterhauptes, dem zwei Gelenkpfannen am Atlas entsprechen, das Drehgelenk zwischen Atlas und Epistropheus, das gegliederte Brustbein zwischen den Rippen, der knöcherne sekundäre Gaumen aus Prämaxillare, Maxillare und Palatinum, die Arbeitsteilung im Gebiß mit Schneide-, Eck- und mehrwurzeligen Backenzähnen, der einmalige Zahnwechsel mit Milch- und Dauergebiß, der Verlust zahlreicher Schädelknochen (Praefrontale, Postfrontale, Quadratojugale, Inter- und Supratemporale u. a.) sowie aller Unterkieferknochen außer dem Dentale und den ins Mittelohr verlagerten Articulare und Praearticulare sowie dem Angulare.

Die Säuger treten in der Oberen Trias auf, also früher als Teleosteer und Vögel. Ihre Verbindung zu den Reptilien ist über Formen wie *Diarthrognathus* (S. 570) gesichert. Über 100 Millionen Jahre blieben die Säuger eine nebensächliche kleine Gruppe, die sich früh in mehrere Linien aufspaltete. Die starke Entfaltung begann in der Kreide und führte im Tertiär zum Zeitalter der Säuger. Seit dem Pleistozän läßt sich ein deutlicher Rückgang in der Artenmannigfaltigkeit erkennen, zumindest bei den großen Arten.

Die systematische Gliederung der mesozoischen Säuger beruht vor allem auf der Struktur von Zähnen und Kieferteilen und ist daher noch mit vielen Unsicherheiten behaftet. Aufgrund des Baues der Schädelseitenwand wird jetzt oft eine frühe Zweiteilung der Säuger vermutet:

1. Prototheria im weiteren Sinne: kleines Alisphenoid, große Teile der Schädelseitenwand werden von einem breiten Fortsatz des Petrosums gebildet. Hierzu werden die Triconodonten, Docodonten, Multituberculaten und oft auch die Monotremen gerechnet.

2. Theria: Schädelseitenwand besteht vor allem aus Alisphenoid und Squamosum. Hierher lassen sich die Symmetrodonta, die Pantotheria, die Marsupialia und Eutheria zählen.

1. Prototheria

Ordnung: Triconodonta. Spättrias bis Untere Kreide. Zahnformel bis 4–1–4–5. Molaren abgeflacht mit drei niedrigen hintereinanderliegenden Höckern. Interclavicula. *Sinoconodon, Amphilestes, Morganucodon.*

Ordnung: Docodonta. Jura, Kronenfläche der Molaren vergrößert, annähernd viereckiger Umriß. *Docodon.*

Ordnung: Multituberculata. Jura bis Eozän. Erinnern in Schädelstruktur und Gebiß an Nager, waren vermutlich herbivor. Große Nagezähne waren durch ein Diastema von den langgestreckten Backenzähnen getrennt, die zwei oder drei Reihen kleiner Höcker trugen. Oft waren im Unterkiefer ein oder mehr Prämolaren mit scharfer, gesägter Kante vorhanden. *Plagiaulax, Ptilodus, Pentacosmodon.*

Ordnung: Monotremata (Kloakentiere). Innerhalb der rezenten Säuger isoliert stehende, primitive Formen der australischen Region. Ursprüngliche Merkmale, die oft noch an die Verhältnisse bei Reptilien erinnern, sind Kloake, Bau der Geschlechtsorgane (Penis in Kloake, Harnröhre öffnet sich an der Basis des Penis, Eileiter münden getrennt in Kloake, Ovarien und Hoden intraabdominal an der Niere, u. a.), Oviparie, polylecithale Eier, partielle Furchung, Bau der Eihüllen, die bei *Ornithorhynchus* verkalkt sind, einfache Milchdrüsen ohne Zitzen, im Schultergürtel Interclaviculare, Procoracoid und Coracoid; Schädel mit Postorbitale; Halsrippen *(Tachyglossus)*; im Gehirn Corpus callosum nur als Commissura dorsalis, Cochlea beschreibt nur $^3/_4$-Windung eines Kreises, dazu weitere primitive Merkmale in fast allen Organen. Eigenmerkmale sind: das rückgebildete Gebiß, die z.T. mit Hornscheiden bedeckten Kiefer, die fehlenden Magendrüsen; Fersensporn mit Giftdrüsen (bei adulten Weibchen rückgebildet), das Stachelkleid und wahrscheinlich auch der Brutbeutel bei Schnabeligeln. Auffallend sind das kleine Alisphenoid und ein großer Fortsatz des Petrosums, der einen Teil

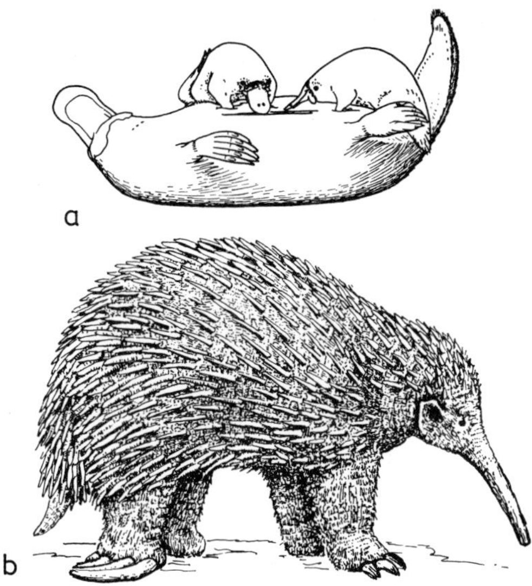

Abb. 409: Monotremen. a. *Ornithorhynchus anatinus* (Schnabeltier), Weibchen mit Jungen, die Milch aufnehmen. b. *Zaglossus bruynii* (Langschnabeligel). Nach Hartig und Grassé

der Schädelwand bildet; ob es sich bei diesen beiden Merkmalen um primitive oder Sondercharaktere handelt, ist noch nicht sicher zu entscheiden. Zwei rezente Familien (Abb. 409).

Ornithorhynchidae (Schnabeltiere): einzige Art: *Ornithorhynchus anatinus*, wasserlebend und in unterirdischen Bauten am Wasser, mit breitem Schnabel und hornigen Kauplatten sowie mit Schwimmhäuten, Jungtiere noch mit vielhöckrigen Zähnen, die an die Zähne der Docodontier erinnern, sogar einzelne Milchzähne. Gelege: 1–3 Eier, Eier rundlich (bis 16 mm lang), werden von Muttertier bebrütet, Jungtiere schlüpfen nach 7–10 Tagen. Australien, Tasmanien.

Tachyglossidae (Schnabeligel, Ameisenigel): Termiten- und Ameisennahrung, an Myrmecophagie angepaßt, lange protraktile Zunge, keine Zähne, kräftige Grabkrallen, mit vorübergehend angelegtem Brutbeutel, der vermutlich nicht dem Marsupium der Beuteltiere homolog ist, nur 1 Ei (bis 17 mm lang), das im Brutbeutel ausgebrütet wird. *Tachyglossus* (= *Echidna*, Kurzschnabeligel), *Zaglossus* (= *Proechidna*, Langschnabeligel), Australien, Tasmanien, Neuguinea.

2. Theria

a. Zwei mesozoische Ordnungen

Ordnung: Symmetrodonta. Obere Trias bis Untere Kreide. Molaren mit dreieckigem Umriß und 3 Haupthöckern. *Spalacotherium*, *Kuehneotherium*.

Ordnung: Pantotheria. Jura bis Untere Kreide. Grundgruppe für Marsupalier und Eutheria. Unterkiefer mit Processus angularis, Zahnformel: 4 Inzisiven, 1 Caninus, 4 Prämolaren, mehrere (bis 8) Molaren, Unterkiefermolaren mit dreieckigem Hauptanteil, der aber wie bei höheren Säugern einen Auswuchs (Talonid) trägt, wodurch die Kaufläche vergrößert und die Effektivität der Zahnleisten vergrößert wird. *Amphitherium*, *Dryolestes*.

b. Marsupialia (Metatheria, Didelphia, Beuteltiere)

Marsupialia und Eutheria leiten sich gemeinsam von jurassischen Pantotheria ab. Vermutlich entstanden die Marsupialia in der Unterkreide. Im Tertiär entwickelten sie eine besonders reiche Fauna in Südamerika mit insecti-, carni- und herbivoren Formen. Die bekannteste Gruppe dieser tertiären südamerikanischen Beuteltiere sind die Borhyaenidae, von denen *Tylacosmilus* sogar ein Säbelzahngebiß entwickelte. Heute nur noch wenige Arten in der Neuen Welt sowie eine größere Formenfülle in der australischen Region, die jedoch durch den Menschen der Neuzeit bedroht ist.

Die Beuteltiere verhalten sich in einigen Merkmalen gegenüber den Eutheria primitiv: Gehirnbau, einige Merkmale des Genitaltraktes, Gebiß zunächst mit hoher Zahnzahl $\frac{5-1-3-4}{4-1-3-4}$. Gefäßsystem mit Ductus Cuvieri und oft zwei Venae azygos, Stapes z. T. noch wie Columella gestaltet, Retina mit Doppelzapfen (d. h. Sinneszellen mit zwei Außensegmenten) und farbigen Öltropfen in den Receptoren. Aus solchen relativ ursprünglichen Kennzeichen sollten keine Schlüsse auf evolutive Unterlegenheit gegenüber den Eutheria gezogen werden. Auch früher oft für primitiv gehaltene physiologische Eigenarten (Temperaturregulation, Stoffwechselrate u. a.) sind offensichtlich spezielle, vorteilhafte Anpassungen. Die Körpertemperatur ist oft etwas niedriger (34–36 °C) als bei den Eutheria, wird aber meist innerhalb enger Grenzen konstant gehalten. Manche Arten weisen typische tageszyklische Temperaturschwankungen auf. Die Stoffwechselrate ist im allgemeinen niedriger als bei den Eutheria. Diesem Befund entspricht ein etwas langsamerer Herzschlag, eine niedrigere Schilddrüsenaktivität, ein geringerer Stickstoffbedarf u. a. Die Vorteile dieses Stoffwechsels liegen in einem geringeren Nahrungsbedarf und länger anhaltenden Nährstoffreserven im Körper. Möglicherweise erfolgen auch das Wachstum und der Ablauf nervöser Mechanismen langsamer als bei vielen Eutheria.

Sondermerkmale betreffen vor allem den Bau der Genitalorgane, die Embryonalentwicklung und das verbreitete Vorkommen des Marsupiums (= Beutels; die bei vielen Formen vorkommenden Namensanteile pera-, phascolo- und thylaco- beziehen sich auf die Existenz des Beutels). Weitere Kennzeichen sind: Epipubis (Beutelknochen) im Beckengürtel, Paukenhöhle wird von Alisphenoidfortsatz bedeckt, Unterkieferwinkel fast immer mit einwärts gebogenem Fortsatz, Lacrimale auch außerhalb der Orbita; nur ein Zahn, der P 3 (oft als P 4 bezeichnet), wird gewechselt, es können jedoch weitere Milchzähne auftreten, die aber früher verlorengehen und nicht ersetzt werden; bei vielen Känguruhs erstreckt sich der Durchbruch der Molaren über einen Zeitraum von einigen Jahren, bei älteren Tieren werden letzter Prämolar und erster Molar ausgestoßen, und die hinteren Molaren rücken nach vorn; Fuß bei Diprotodontiern (einschließlich Perameloidea) mit verschmolzenen Zehen II und III (Syndactylie); Großzehe oft reduziert (Abb. 410).

Der Beutel ist eine Hautbildung mit eigener Muskulatur, die die Region der Brustdrüsen umwächst. Er kann fehlen oder rückgebildet sein, manche entwickeln ihn nur während des Säugens. Selten tritt er andeutungsweise auch bei Männchen auf (*Chironectes*, *Notoryctes*). Der Beutel kann sich nach vorn oder hinten öffnen. Die Hoden liegen vor dem Penis, der oft an der Spitze zweigespalten ist.

Einige Arten besitzen ungewöhnliche Geschlechtschromosomen, Männchen z. B. XY_1Y_2 oder X_1X_2Y, Weibchen $X_1X_1X_2X_2$.

Der weibliche Genitaltrakt besteht ursprünglich aus 2 Müllerschen Gängen, die getrennt in den Sinus urogenitalis münden. Die unteren Abschnitte der Müllerschen Gänge sind als Vagina, die mittleren als Uteri, die oberen als Eileiter ausgebildet. Eigenartig ist der Verlauf der 2 Vaginae (Name: Didelphia = Doppelscheider). Sie verlaufen meist bogenförmig und berühren sich nach unterschiedlich weitem Verlauf median. An der Kontaktstelle können sich die trennenden Wandanteile während der Tragzeit oder ständig (*Trichosurus*, *Pseudocheirus*, *Tarsipes*, *Acrobates* u. a.) auflösen, und es entstehen hier 2 oder 1 gemeinsamer nach vorn gerichteter Blindsack (Medianvagina, Sinus vaginalis, Mittelscheide). Bei der Geburt wird die Wand dieses Blindsackes vorn durchbrochen und die Jungen erreichen

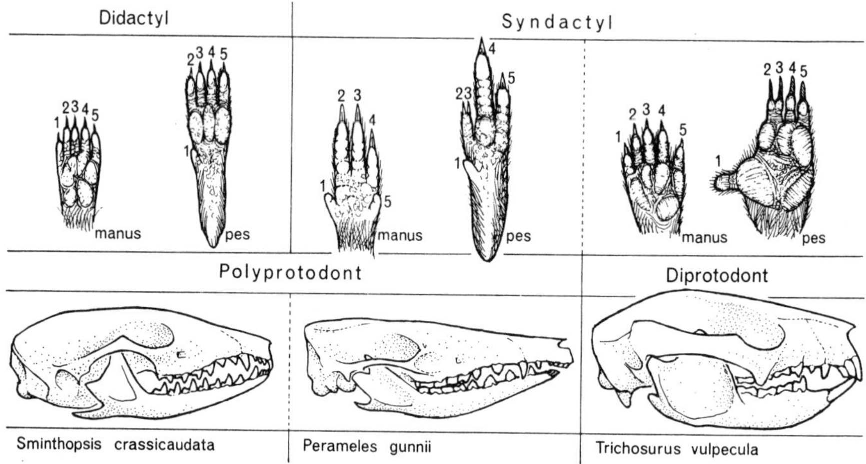

Abb. 410: Sohlenansicht der linken Hand (manus) und des linken Fußes (pes) didactyler und syndactyler Beuteltierarten sowie Seitenansicht des Schädels derselben Arten, um die poly- und diprotodonte Gebißform zu zeigen. Nach Jones, Tyndale-Biscoe, Wood

durch einen neugebildeten Kanal (Pseudovagina) den Sinus urogenitalis unter Umgehung der lateralen Vagina direkt. Im einzelnen existieren viele Abweichungen von diesem Grundschema: Riesige seitliche Vaginalblindsäcke bei Perameliden, gemeinsamer Endabschnitt der Vagina (viele Känguruhs), persistierende mediane Pseudovagina nach der 1. Geburt *(Tylogale, Macropus)*, Ausbildung einer echten medianen Vagina (zusätzlich zu den zwei seitlichen) vor der 1. Geburt *(Wallabia)*, die Blindsäcke der Vagina bilden ein Receptaculum seminis, die Geburt erfolgt durch die seitlichen Vaginae (*Potorous*, *Bettongia*; Abb. 411).

Die Eizellen sind relativ groß und bei der Ovulation von einer dünnen Schicht (Zona pellucida) umgeben, eine Corona radiata fehlt. Nach der Befruchtung kommt es zur Ausbildung einer zusätzlichen Mucopolysaccharidschicht, der sich abschließend eine keratinöse 3. Schicht auflagert, welche den Eutheria fehlt, die aber wohl der lederigen Schicht der Monotremeneier homolog ist. Bei einigen Arten umgibt diese Schicht den Embryo während der ganzen Entwicklungszeit im Uterus, bei anderen löst sie sich nach einiger Zeit auf. Die Amnionbildung erfolgt wie bei Monotremen und Reptilien. Die Allantois ist meistens klein und nicht an der Plazenta beteiligt (außer bei *Perameles*, s.u.). Der Dottersack ist gut entwickelt und bildet eine Plazentaregion. Normalerweise ist der Kontakt zwischen Embryo und Mutter auf verzahnte Mikrovilli von Uterusschleimhaut und Dottersackepithel beschränkt. Es kann aber auch embryonales Gewebe in das Endometrium eindringen und den Embryo fester verankern. Die Gefäßwände von Embryo und Mutter bleiben stets erhalten. *Perameles* besitzt Dottersack- und Allantoisplazenta. Die plazentaren Bildungen der Beuteltiere sind nicht so leistungsfähig und komplex gebaut wie die der Eutheria. Erst deren effektivere Plazenta ermöglichen längere Tragzeiten und eine relativ weit fortgeschrittene Reife bei der Geburt. Abb. 412 zeigt Embryonalhäute und Plazentabildungen bei Marsupialiern.

Die Intrauterinzeit beträgt 8 bis 40 Tage. Speziell bei Didelphiden, Dasyuriden und Macropodiden ist sie deutlich kürzer als bei gleichgroßen Eutheria. Bei der Geburt sind die Marsupialier noch sehr unreif; das Wachstum erfolgt vorwiegend im Beutel, den das neugeborene Tier entlang einer Spur, die die Mutter mit der Zunge entlang des Bauchfells legt, selber aufsucht. Bei der Geburt sehen alle Marsupialier relativ ähnlich aus und besitzen auffallend gut entwickelte Hautgefäße. Die Lunge ist noch sehr klein. Die Jungen saugen sich an den Zitzen fest,

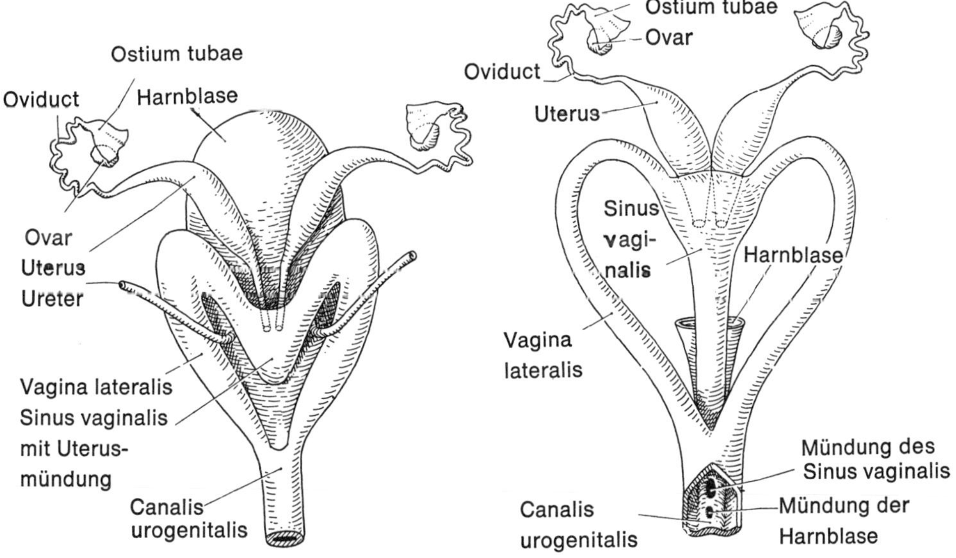

Abb. 411: Genitaltrakt weiblicher Beuteltiere; Dorsalansicht, links *Didelphis* (nordamerikanisches Opossum), rechts *Macropus* (Känguruh). Nach Grassé, Portmann

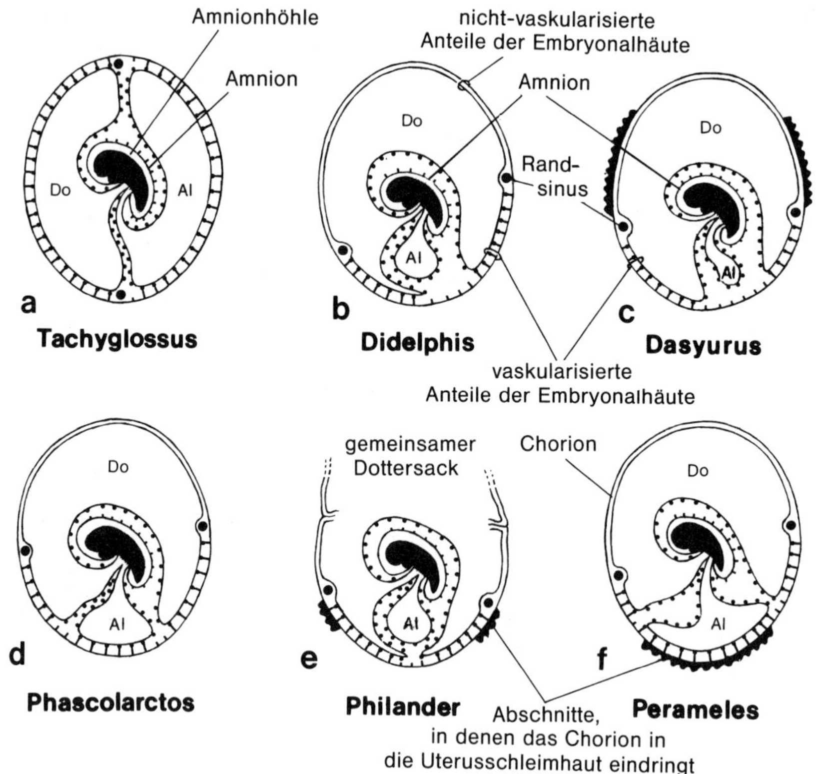

Abb. 412: Anordnung der Embryonalhäute und Plazentaregionen bei Monotremen (a) und verschiedenen Beuteltieren (b–f). Beachte die große Vielfalt bei den Beuteltieren. Bei *Tachyglossus* bilden Allantois (Al) und Dottersack (Do) vascularisierte (mit Blutgefäßen versehene) Partien aus, die noch von einer Schale umgeben werden. Bei *Didelphis* bleibt i.a. auch eine dünne Schale erhalten; nur der Dottersack bildet eine Plazentaregion. *Dasyurus*, *Philander* und *Perameles* besitzen zottenähnliche Regionen, die in die Uterusschleimhaut eindringen. Randsinus: Randgefäß, das die Plazentaregion begrenzt. Nach Tyndale-Biscoe

die weit in den Rachenraum ragen, ohne die Atmung zu behindern. Die Aufnahme der Milch geschieht mittels eines durch Zungenbewegungen in Gang gehaltenen Pumpsaugens, an dem das Kiefergelenk nicht beteiligt ist. Dieses wird nach der Geburt sogar ruhiggestellt, um die Umbauten, die mit dem Wechsel vom primären zum sekundären Kiefergelenk verbunden sind, zu erleichtern. Bei Geburt besitzen Marsupialier noch das primäre Kiefergelenk. Die Laktationszeit kann recht lange andauern. Dabei ändert die Milch ihre Zusammensetzung. Auffällig ist immer ihr niedriger Zucker- und oft hoher Eiweiß- und Fettgehalt. Vielfach werden 2 unterschiedlich alte Junge an verschiedenen Zitzen gesäugt, wobei die zugehörigen Drüsen unterschiedliche Milch produzieren. Bei manchen Formen bleiben die Jungen bis zu 250 Tage im Beutel, die Saugzeit im engeren Sinne kann 65 Tage und länger betragen; danach verlassen die Jungtiere den Beutel gelegentlich.

System. Die systematische Beurteilung der Beuteltiere erfolgt immer noch verschiedenartig. Auch serologische Untersuchungen schafften keine Klarheit, besonders hinsichtlich der umstrittenen Stellung der Peramelidae. Serologisch stehen sie den Dasyuridae relativ nahe, die Spezialisationen im Fußbau weisen auf Verwandtschaft mit Phalangeriden. *Tarsipes* steht serologisch sehr isoliert.

Merkmale, die in der Systematik der Marsupialier eine wichtige Rolle spielen, sind Bezahnung und Fußbau. Normale (hohe) Zahl der Inzisiven wird als polyprotodont, Reduktion der unteren Inzisiven auf 2 oder 1 als diprotodont bezeichnet. Die unteren Inzisiven sind im diprotodonten Gebiß vergrößert und meißelförmig. Polyprotodontie ist ein ursprüngliches Merkmal. Wenn 2. und 3. Zehe zu einer Putzklaue verwachsen, spricht man von Syndactylie, was ein abgeleitetes Merkmal ist. Besonders schwer zu beurteilen ist die Stellung der Perameliden, deren Gebiß polyprotodont, deren Fuß aber syndactyl ist. Da die Zusammenfassung zu größeren Gruppen (Polyprotodontia, Diprotodontia o. ä.) besonders umstritten ist, werden im folgenden nur eine Reihe von Überfamilien nebeneinandergestellt. Ohne Frage sind die Didelphiden die Kerngruppen mit vielen ursprünglichen Merkmalen.

1. Didelphoidea. Seit der Kreide (Nordamerika, Europa [schon von Cuvier 1812 aus den Gipsen von Montmartre beschrieben]) bekannt. Heute nur noch in Süd- und Mittelamerika, nur *Didelphis* bis Nordamerika. Die Einwanderung nach Mittel- und Nordamerika erfolgte erst im Pleistozän; *Didelphis marsupialis* (Abb. 413) erreichte bisher Südkanada. Meist Waldbewohner. Zahnformel: I: 5/4, C: 1/1, P: 3/3, M: 4/4: Beutel fehlt öfter (*Marmosa* u. a.). Als einzige Beuteltiere leben *Chironectes* und *Lutreolina* amphibisch.

2. Caenolestoidea. Hierher gehören heute nur noch die kleinen mausähnlichen Caenole-

Abb. 413: Verschiedene Beuteltiere mit polyprotodontem Gebiß. a. *Notoryctes* (Notoryctidae). b. *Dasyurops* (Dasyuridae). c. *Caenolestes* (Caenolestidae). d. *Phascogale* (Dasyuridae). e. *Thylacinus* (Thylacinidae). f. *Sminthopsis* (Dasyuridae). g. *Sarcophilus* (Dasyuridae). h. *Myrmecobius* (Myrmecobiidae). i. *Didelphis* (Didelphidae), weibliches Tier auf dem Rücken liegend, Beutel mit menschlicher Hand geöffnet, im Beutel zwei Junge sichtbar. Nach Carrington, Grassé, Troughton

stiden der Gebirgswälder der Anden. Der Beutel ist fast völlig rückgebildet, sonst aber viele Primitivmerkmale, z. B. die hohe Inzisivenzahl (fast immer 4 pro Kieferhälfte). Mittlere untere Inzisiven stark verlängert, Fossilformen mit nagerähnlichem Gebiß. Nahrung vermutlich kleine Vögel und Eier. *Caenolestes* (Abb. 413).

3. Dasyuroidea. Australische Region. Dasyuridae: polyprotodont, mit sehr unterschiedlichen Lebensformtypen: *Phascogale* (Pinselschwanzbeutler) rattenähnlich, arboricol; *Murexia* (Beutelmäuse), Neuguinea, arboricol; *Antechinomys* (Springbeutelmaus) mit Sprungbeinen, bipeder Hüpfer; *Antechinus*, maus- und rattenähnliche Typen; *Phasocolosorex*, spitzmausähnlich; *Dasyurus*, hörnchenähnlich; *Sminthopsis*, mausähnlich; *Sarcophilus* (Beutelteufel, Abb. 413). Thylacinidae: *Thylacinus* (Beutelwolf, Abb. 413), hundeähnlich, galt lange als ausgerottet, soll wieder gesehen sein. Myrmecobiidae (Ameisenbeutler). Nahrung vor allem Ameisen und Termiten, vereinfachte Backenzähne, Beutel fehlt sekundär. *Myrmecobius* (Abb. 413).

Abb. 414: Syndactyle Beuteltiere. a. *Phascolarctos* (Phalangeridae), b. *Trichosurus* (Phalangeridae), c. *Phalanger* (Phalangeridae), d. *Petaurus* (Phalangeridae), e. *Tarsipes* (Phalangeridae), f. *Perameles* (Peramelidae), g. *Vombatus* (Vombatidae), h. *Caloprymnus* (Macropodidae), i. *Petrogale* (Macropodidae), j. *Hypsiprymnodon* (Macropodidae), k. *Thylogale* (Macropodidae), l. *Dendrolagus* (Macropodidae). Nach Grassé, Troughton

4. Notoryctoidea (Beutelmulle). Systematische Stellung infolge vieler Sondermerkmale schwer erkennbar. Diese Merkmale beruhen auf der unterirdischen Lebensweise: Augenatrophie, Fehlen des äußeren Ohres, verhornter Nasenschild, intraabdominale Hoden, verschmolzene hintere Halswirbel, 3. und 4. Finger mit kräftiger Grabklaue, Insektenfresser. Ähnlich dem Maulwurf von rastloser Tätigkeit, kann aber plötzlich in winterschlafähnlichen Zustand verfallen. *Notoryctes* (Beutelmull, Abb. 413), Trockengebiete Mittelaustraliens.

5. Perameloidea. Systematische Stellung umstritten, Gebiß polyprotodont, Hinterfüße syndaktyl, daher möglicherweise primitive «Diprotodontier». Viele Sondermerkmale, wie z. B. die allantoide Plazenta und die Tendenz zur Reduktion von Fingern. Proportionen der Extremitäten erinnern an Känguruhs. *Chaeropus* (Kaninchenbeutler) mit nur 2 funktionsfähigen Fingern (II. und III.) an der Vorderextremität und nur einem kräftigen Zeh an der hinteren (die verschmolzenen Zehen II und III bilden ein kleines Putzorgan). Auf Neuguinea (*Peroryctes*, *Echymipera* u. a.) und Ceram (*Rhynchomeles*) Waldbewohner, in Australien (*Perameles*-Beuteldachs, *Thylacomys* und *Chaeropus*) in offenen Landschaften.

6. Vombatoidea. Phascolarctidae: *Phascolarctos* (Koalabär = Beutelbär), Hand bildet Greifzange mit opponierbaren Fingern, und viele andere Sonderbildungen, Nahrung Eukalyptusblätter. Vombatidae (Wombats); bodenbewohnende, grabende Tiere, Zähne mit Dauerwachstum, nur noch je ein Inzisiv in einer Kieferhälfte. *Vombatus*, im Pleistozän Riesenformen.

7. Phalangeroidea. *Cercaërtus*, *Acrobates* (mausgroßer Flugbeutler); *Petaurus* (hörnchengroßer Flugbeutler); *Schoinobates* (Gleitflieger), *Pseudocheirus* (mit Greifschwanz); *Trichosurus*, *Phalanger* (artenreich bis Celebes); *Burramys* (mit sägezahnartig vergrößertem Prämolarenpaar). Nahrungsspezialist ist *Tarsipes* (Nektarfresser mit großem Magenblindsack). Im Pleistozän starb der große Beutellöwe (*Tylacoleo*) aus.

8. Macropodoidea (Känguruhs): verkürzte Vorderbeine, verlängerte Hinterbeine, meist hüpfend-springende Fortbewegungsweise. Bei einheitlichem Typus große habituelle und ökologische Mannigfaltigkeit, Pflanzenfresser, mit einem Magen, der anatomisch und funktionell dem der Ruminantier ähnelt. Bakterien besorgen den fermentativen Abbau der Zellulose u. a. zu flüchtigen Fettsäuren (v. a. Essig-, Propion- und Buttersäure), die bereits im Magen weitgehend resorbiert werden. Stickstoff, den die Bakterien für ihre Proteinsynthese benötigen, wird nicht nur mit der Nahrung zugeführt, sondern entstammt Harnstoff, der beim Stoffwechsel der Känguruhs anfällt. Er gelangt über verschluckten Speichel und aus Blutgefäßen der Magenwand in das Magenlumen. Das Eiweiß der Bakterien kann dann wieder vom Wirtsorganismus, dem Känguruh, genutzt werden («Harnstoffzyklus»). Harnstoff kann auch in der Niere zurückgehalten werden. Dadurch wird auch Wasser gespart, das für die Ausscheidung des Harnstoffs benötigt würde. Im Unterkiefer 1 großer Inzisivus, im Oberkiefer oft 3. Letzter Prämolar meist vergrößert und schneidend. Tendenz zur Rückbildung der Großzehe. *Hypsiprymnodon* (Moschusrattenkänguruh), rattengroße Primitivform, Großzehe noch vorhanden, läuft oft noch auf allen vieren. *Potorous* (Kaninchenkänguruh) und *Bettongia* (Bürstenkänguruh), Großzehe fehlt, Fortbewegung hüpfend und auf allen vieren, Schwanz mit Greiffunktion. Hinterbeine relativ kurz. Die typischen Känguruhs, die ca. 40 hunde- bis menschengroße Arten umfassen, besitzen relativ lange und kräftige Hinterbeine, Großzehe fehlt. *Dendrolagus* (Baumkänguruh) sekundär baumlebend, Australien, Neuguinea; *Dorcopsis*, Waldbewohner Neuguineas; *Thylogale*, *Petrogale* (Felskänguruh); *Peradorcas* kann Molaren praktisch beliebig oft wechseln, gleichzeitig 4–6 Molaren und ein nachwachsender in jedem Kieferquadranten; *Setonyx* (Kurzschwanzkänguruhs), *Macropus* (Großkänguruhs) mit verlängertem Gesichtsschädel. Ausgestorben sind die Kurzkopfkänguruhs, die im Pleistozän über 3 m hohe Riesenformen hervorbrachten. Ebenfalls nur fossil das nashorngroße *Diprotodon*.

c. Eutheria (Placentalia)

Die Eutheria haben sich im Tertiär explosiv zur führenden Gruppe der Säuger entwickelt. Aus der Oberen Kreide sind nur einige Reste von Insectivoren bekannt, z. B. *Deltatheridium*, *Pappotherium*, *Zalambdalestes* und *Procerberus*, doch muß zu dieser Zeit schon die Aufspaltung in die Hauptordnungen erfolgt sein.

Ein Schlüsselmerkmal der Eutheria ist der in

der Embryonalentwicklung auftretende Trophoblast, der wesentlichen Anteil am Aufbau der sehr effektiven Plazenta hat, an der sich auch die Allantois beteiligt. Oft zeigt der Uterus noch Anzeichen der ursprünglichen Duplizität (Abb. 415). Hoden meist extraabdominal im Hautsack hinter dem Penis. Die Jungen auf einem späteren Entwicklungsstadium geboren als die der Marsupialier; ein Beutelstadium, in dem die Jungen an den Zitzen festgeheftet sind, fehlt. Zwar gibt es Nesthocker, die ohne Fell und mit geschlossenen Augen geboren werden und daher zunächst in einem Lager betreut werden (Raubtiere, Kaninchen, manche Nager), daneben aber viele Nestflüchter, deren Junge bald nach der Geburt laufen und sehen können (Huftiere, Meerschweinchen u.a.). Die Zeit der Betreuung der Jungen durch die Eltern, vor allem die Mutter, ist bei den höheren Formen, z.B. den Simiern, recht lang. Die neopalliale Rinde erfährt eine zunehmende Faltung (Höhepunkt sind Pongiden, Hominiden, Delphine, Elefanten und viele Huftiere). Die Zahnformel war ursprünglich 3–1–4–3. Inzisiven, Canini und Praemolaren werden gewechselt. Tympanicum ringförmig, röhrenartig oder zu einer Bulla aufgebläht, die die Mittelohrknochen umschließt. Bei manchen Säugern beteiligt sich am Aufbau der Bulla ein zusätzliches Entotympanicum. Abb. 416 zeigt den Bauplan eines Vertreters der Eutheria (Katze).

System. Auch das System der Eutheria bietet noch viele Unsicherheiten. Versuche, die einzelnen Säugerordnungen zu größeren Einheiten zusammenzufassen, sind bisher nicht besonders überzeugend. Unbestritten ist die Sonderstellung der Xenarthra. Starken Schwankungen unterliegt die Bewertung der Insectivoren, die hier als Ordnung nur Leptictoidea, Erinacoidea und Soricoidea umfassen. In anderen Systemen umfassen die Insectivoren die ersten 5 der folgenden Ordnungen. Oft werden unter dem Begriff Insectivoren auch nur die ersten beiden Ordnungen geeint. Für alle diese verschiedenen Auffassungen lassen sich Argumente heranziehen. Die Situation ist offensichtlich noch nicht abschließend zu beurteilen. Ähnliche Beispiele ließen sich auch bei anderen Säugetieren beibringen.

1. Ordnung: Zalambdodonta

Sehr altertümliche und isoliert stehende Säugetiere, die durch eigenen zalambdodonten (V-förmigen) Molarentyp (Abb. 408) gekennzeichnet sind, wobei nicht auszuschließen ist, daß dieser sich 2 oder 3 mal unabhängig entwickelt hat. Tenrecs besitzen noch eine Kloake.

Chrysochloridae (Goldmulle, Abb. 417f.): maulwurfähnliche Wühler in leichten Böden, viele Sondermerkmale in Anpassung an wühlende Lebensweise, verkümmerte Augen, 2. und 3. Finger mit Grabklaue und Hornschild auf der

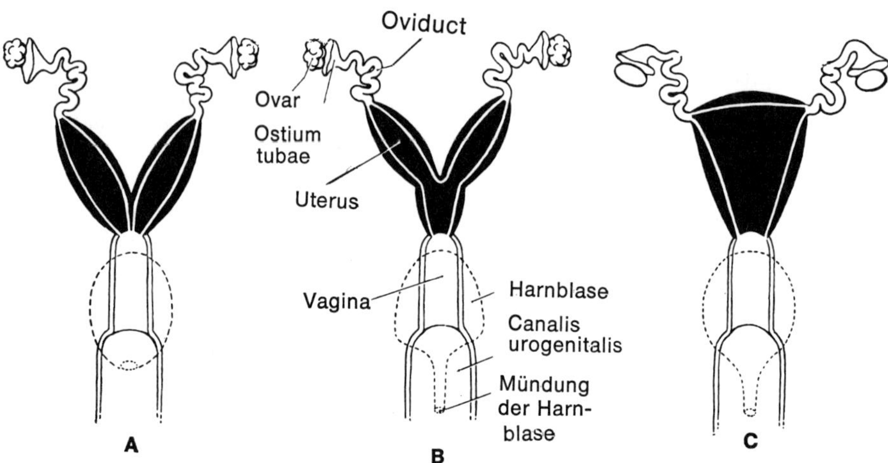

Abb. 415: Häufige Uterustypen bei Eutheria. a. Uterus duplex (viele Nager, Dermopteren, *Orycteropus*, manche Fledermäuse), b. Uterus bicornis (Insectivora, Perissodactyla, viele Wiederkäuer und Halbaffen, Wale, Seekühe), c. Uterus simplex (höhere Primaten). Nach Portmann

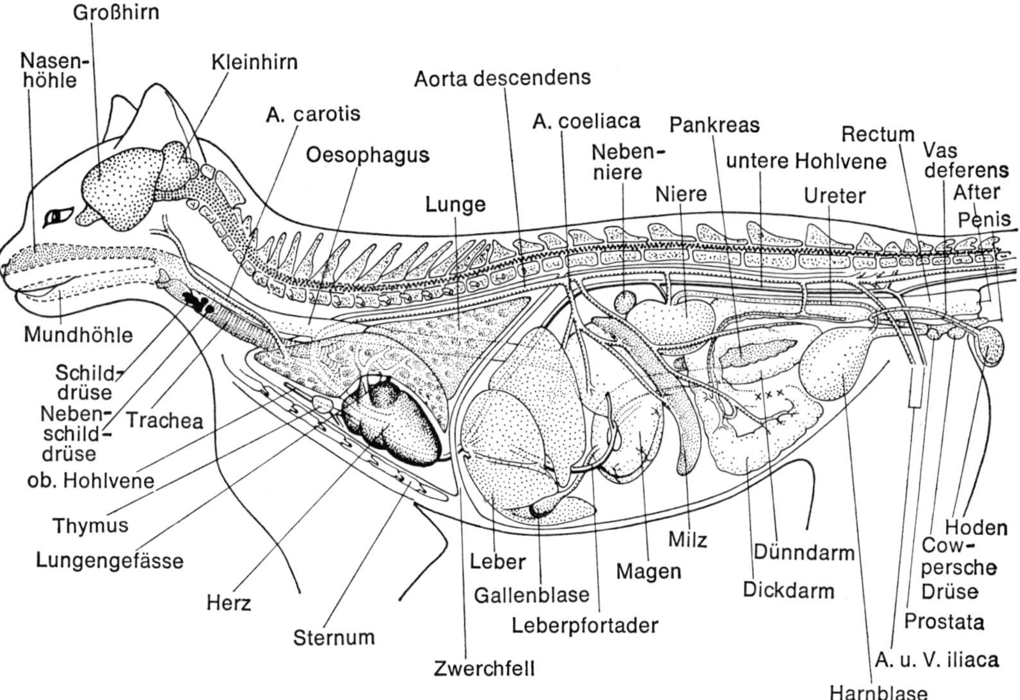

Abb. 416: Bauplan der Eutheria (Katze). Nach Storer, Usinger

Nase. Stark verkürztes Gehirn, Fell mit Metallglanz. Gebißformel meist 3–1–3–3. Nahrung: Insekten, Lumbriciden. Afrika, südlich der Sahara, *Cryptochloris*, *Chrysochloris*, *Chrysospalax*, *Amblysomus*, *Eremitalpa*.

Tenrecidae (Centetidae, Borstenigel, Abb. 417 e). Relativ artenreich, 30 Arten) Gruppe auf Madagaskar, die verschiedene Lebensformtypen hervorgebracht hat, nachtaktiv, z. T. mit Echolotorientierung. Einzelne Arten mit Stacheln, andere kurzhaarig.

Hohe Zahl an Jungtieren in einem Wurf (bis 22); *Setifer* mit Stacheln, igelähnlich; *Hemicentetes*, Stacheln am Rücken; *Echinops; Dasogale; Oryzorictes* (Reiswühler, maulwurfartig); *Microgale* (spitzmausähnlich); *Limnogale* (wasserlebend mit Schwimmhäuten), *Geogale*.

Potamogalidae: otternähnliche Wasserbewohner West- und Zentralafrikas mit langem, seitlich abgeplattetem Schwanz, keine Schwimmhäute, Gebiß 3–1–3–3; Insekten-, Krebs-, Fisch- und Amphibienfresser. *Potamogale*, *Micropotamogale*.

Solenodontidae (Schlitzrüßler): mit rüsselartig verlängerter Nase, I_2 mit tiefer Innenseitenfurche (Rinnenzahn: Solenodon). Gebiß: 2–1–4–3. *Solenodon*, Cuba, Haiti (Abb. 417 a).

2. Ordnung: Insectivora

Stammgruppe der plazentalen Säuger mit vielen primitiven Merkmalen (Schädel, Gebiß, Gehirn, Jacobsonsches Organ, Gliedmaßen, Schultergürtel u. a.). Dilambdodonte (W-förmige) Molaren. Seit der Kreide überliefert, heute noch fast 400 meist kleinere Arten.

Unterordnung: Leptictoidea. Kreide bis Oligozän, älteste und ursprünglichste Gruppe, oft noch vollständige Gebißformel (3–1–4–3).

Leptictidae, Zalambdalestidae (reduziertes Gebiß).

Unterordnung: Erinaceoidea. Fossil seit Paleozän nachgewiesen. In der Grube Messel bei Darmstadt wurde *Pholidocercus* aus dem Eozän gefunden, der in die Nähe der Rattenigel gestellt wird. Rezent nur Erinaceidae (Igel). Alte Welt außer Australien.

Abb. 417: Primitive Eutheria. a. e. f. Zalambdodonta, b. d. Macroscelidea, c. Scandentia. a. *Solenodon* (Solenodontidae), b. *Elephantulus* (Macroscelidea). c. *Ptilocercus* (Scandentia), d. *Rhynchocyon* (Macroscelidea). e. *Setifer* (Tenrecidae). f. *Amblysomus* (Chrysochloridae). Nach Bourliere, Heim de Balsac in Grassé

Echinosoricinae (Rattenigel, Haarigel) mit vielen primitiven Merkmalen: meist vollständiges Gebiß, kaum differenzierte Zähne des Vordergebisses, langer Gesichtsschädel, kein Stachelkleid, meist langer Schwanz, rezent nur SE-Asien, fossil auch Amerika, Europa, Afrika, *Echinosorex*, *Hylomys*, *Podogymnura*, *Neotetracus*. Erinaceinae, moderne Igel mit Stachelkleid und spezialisierter Hautmuskulatur, verkürztem Gesichtsschädel, Differenzierung des Vordergebisses; I_3 und einige Prämolaren fehlen. Reduktion des Schwanzes. In gemäßigtem Klima Winterschläfer, Eurasien, Afrika *Erinaceus*, *Hemiechinus* (Abb. 418 a), *Paraechinus* (letztere 2 großohrig). Allein in Mitteleuropa gehen jedes Jahr ca. 1 Million Igel im Straßenverkehr zugrunde.

Unterordnung Soricoidea. Spitzmäuse und Maulwürfe, kleine Formen.

Soricidae (Spitzmäuse). Aktive, v. a. insectivore Kleinsäuger, die sehr verschiedene Lebensräume besiedeln und terrestrische, grabende, semiaquatische und gelegentlich kletternde Typen hervorgebracht haben. Sondermerkmale sind die verlängerte Schnauze, die vergrößerten vorderen Schneidezähne in Ober- und Unterkiefer, kleine Canini, reduziertes Prämolarengebiß, z. T. giftiges Speicheldrüsensekret, ungewöhnlich hohe Stoffwechselrate. Weltweit verbreitet, fehlen in Australien und großen Teilen Südamerikas. Ca. 280 Arten.

Soricinae (Rotzahnspitzmäuse): *Sorex*, *Microsorex*, *Neomys* (halbaquatisch), *Blarina;* Crocidurinae (Weißzahnspitzmäuse), *Myo-* und *Surdisorex*, primitive aethiopische Formen, *Sylvisorex*, *Scutisorex* (Afrika, hintere Brust- und Lendenwirbel seitlich durch Exostosen vergrößert, bis 25 cm lang), *Suncus* (*S. etruscus*, teilt sich mit *Sorex minutissimus* und der Fledermaus *Craseonycteris tonglonyai* (Thailand) den Ruhm, das kleinste Säugetier zu sein), *Crocidura* (Abb. 418 b), *Chimarrogale* und *Nectogale*, aquatisch *Anourosorex* (Wühlspitzmaus).

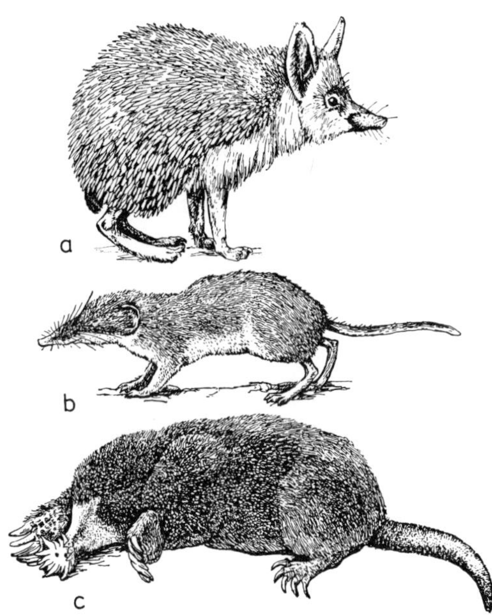

Abb. 418: Insectivoren im engeren Sinne. a. *Hemiechinus* (Erinaceidae), b. *Crocidura* (Soricidae), c. *Condylura* (Talpidae). Nach Grassé

Talpidae (Maulwürfe): Gebiß bleibt gegenüber den Spitzmäusen primitiver, in Zusammenhang mit der grabenden Lebensweise treten im Extremitäten- und Schultergürtelskelet Sondermerkmale auf. Schnauze gelegentlich rüsselartig verlängert oder mit Kranz tentakelförmiger Hautfortsätze, Augen klein mit Reduktionsmerkmalen, oft unter der Haut. Leben meist in kompliziertem System unterirdischer Gänge mit einer Hauptkammer. Eurasien, Nordamerika. Ca. 30 Arten, *Uropsilus*, sichtbare Ohrmuschel, langer Schwanz, spitzmausartige Lebensweise; *Desmana* (Südrußland) und *Galemys* (Pyrenäen), langer Rüssel und Schwanz, Hinterfüße mit Schwimmhaut, an und in Gewässern, *Talpa* (Maulwurf, Eurasien), wie bei folgenden Gattungen mit zu Grabschaufeln umgestalteten Händen, legt im Winter Vorratsspeicher mit gelähmten Beutetieren an; *Parascaptor* (Ostasien), *Condylura* (Sternmull, Nordamerika [Abb. 418c]).

3. Ordnung: Macroscelidea (Rüsselspringer)

Den Insektivoren nahestehende Ordnung mit primitiven Charakteren (4 Prämolaren, Jacobsonsches Organ). Sondermerkmale: das hochentwickelte Gehirn, der hochentwickelte Lichtsinn und die verlängerten Hinterextremitäten (Tibia und Fibula distal verschmolzen). 1. Finger und Zeh oft reduziert. Bewohner Afrikas, von Trockengebieten bis zum Regenwald. Tag- und Dämmerungstiere mit rüsselähnlicher Schnauze. Maus- bis rattengroß, ungesellig. 21 Arten. *Nasilo*, *Elephantulus* (Abb. 417b) *Macroscelides*, *Petrodromus*, *Rhynchocyon* (Renner, kein Hüpfer, Abb. 417d). Werden oft gemeinsam mit Spitzhörnchen als Menotyphla zusammengefaßt, weil bei ihnen Blinddarm (Caecum) erhalten ist. Neben Übereinstimmungen, die vor allem auf dem ähnlich hohen Evolutionsniveau beruhen, existieren aber tiefgreifende Unterschiede (Plazentation, Serologie, Feinbau des Gehirns u.a.).

4. Ordnung: Scandentia (Spitzhörnchen)

In ihrer systematischen Stellung umstrittene Ordnung mit besonderen Beziehungen zu Macrosceliden, Insectivoren und Primaten. Eichhörnchenähnliche Krallenkletterer, tagaktiv, auch bodenlebend. Gestreckter Schädel mit reduziertem Vordergebiß, relativ großen Inzisiven und kleinen Canini; im Unterkiefer bilden die Inzisiven eine kammähnliche Struktur. Daumen abduzierbar, aber nicht wie bei höheren Primaten opponierbar. Caecum nicht bei allen Formen vorhanden. Relativ hochentwickeltes Gehirn, aber kleine Fissura sylvii (bei Primaten groß), hochentwickelter Lichtsinn. Serologie und Fortpflanzungsbiologie sprechen auch gegen direkte Einordnung in Primaten. 18 Arten, Indien, Südost-Asien. *Ptilocercus* (primitiv: große Lobi olfactorii, Schuppen an Schwanzwurzel, Gebiß; Malaya, Sumatra, Borneo, Abb. 417c), *Tupaia*, *Anathana*, *Dendrogale*, *Urogale*.

5. Ordnung: Primates

Zu den Primaten gehören Halbaffen, Affen und der Mensch. Das Endhirn wird bei ihnen zunehmend vergrößert, im Körperbau bewahren sie aber eine Reihe primitiver Merkmale, so daß sie oft nicht ans Ende der Säuger gestellt werden, sondern im Anschluß an die Insectivoren besprochen werden, von denen sie auch abstammen. Primitiv sind, besonders im Vergleich mit Huftieren, die 5 Strahlen von Hand und Fuß, die Selbständigkeit von Radius und Ulna, Tibia und Fibula, das stets vorhandene Schlüsselbein und der relativ einfache Blinddarm. Fast stets sind alle Zahntypen vorhanden, also Schneide-, Eckzähne, Prämolaren und Molaren. Die beiden letztgenannten Zahnformen tragen Höcker oder Querleisten.

Viele Sonderentwicklungen erklären sich aus dem Leben in Bäumen, das sicher ursprünglich vorhanden gewesen war und noch heute für die Mehrzahl der Arten charakteristisch ist. Die Augen wandern aus der Seitenlage nach vorn, so daß zunehmend binokulares Sehen ermöglicht wird. Unter den Menschenaffen ist dies besonders beim Orang-Utan der Fall, bei dem der Raum zwischen den Augen stark eingeengt ist, sonst bei den nächtlich lebenden *Tarsius* und *Aotes*, deren Augenhöhlen stark vergrößert sind. Bei ihnen stoßen die Augenhöhlen im Nasenraum zusammen und sind nur durch eine dünne Scheidewand getrennt. Gegen die Schläfengrube sind die Augenhöhlen durch eine Knochenspange und bei Affen und *Tarsius* sogar durch eine Scheidewand abgegrenzt, so daß nur ein schmaler Spalt Augenhöhle und Schläfengrube verbindet.

Das Riechorgan verkümmert zunehmend, sowohl in der Zahl der Nasenmuscheln als auch besonders in der Ausdehnung des Riechepithels. Beides ist bei Halbaffen noch relativ gut entwickelt, bei Affen und Mensch stärker eingeschränkt.

Hände und Füße sind primär Greiforgane. Der 1. Strahl nimmt eine Sonderstellung ein, die große Zehe ist fast stets opponierbar und ermöglicht einen festen Griff (Ausnahme Mensch). Die Hand ist in ihrer Greiffunktion vielgestaltiger: Sie kann den Daumen den übrigen Fingern opponieren, sie kann aber auch die Finger einrollen und eine Hakenhand bilden. Das ist besonders bei hangelnden und frei durchs Geäst springenden Arten der Fall (Orang-Utan, *Ateles*, *Colobus*), dann sind die Finger verlängert, der Daumen bleibt klein und kann reduziert werden *(Colobus, Ateles)*. Das Greifen mit gespreiztem Daumen hat verschiedene Gradstufen. Bei *Tarsius* und den Krallenaffen ist der Daumen nicht opponierbar, bei manchen Platyrhinen nur bedingt, hier können sogar 2 Finger (1. und 2.) gegen die äußeren eine Klammer bilden, z.B. bei *Callicebus* ähnlich wie bei manchen Beuteltieren. Meist aber gestattet der abgespreizte Daumen mit den übrigen Fingern einen gemeinsamen Zugriff, bei Halbaffen ist der lange Finger der Gegenspieler des Daumens, und bei langsamen Greifkletterern unter den Lorisidae (Potto, *Arctocebus)* sind der 2. und 3. Finger rückgebildet. Bei den Altweltaffen besteht meist noch ein Feingriff zwischen Daumen und Zeigefinger. Der Fuß ist stets ein Greiffuß mit opponierbaren großen Zehen, die selten etwas reduziert sind (Orang-Utan). Finger und Zehen tragen Nägel, nur ausnahmsweise sind Krallen vorhanden, beim Fingertier am 3. Finger, sonst bei Halbaffen an der 2. oder 3. Zehe. Die Krallen der Krallenäffchen nehmen im Bau eine Zwischenstellung zwischen typischen Krallen und Nägeln ein und sind wahrscheinlich aus Nägeln entstanden.

Die Organe der Fortpflanzung zeigen primitive und fortschrittliche Merkmale. Fortschrittlich sind bei den Männchen die Lage der Hoden (stets außerhalb der Leibeshöhle) und der hängende Penis (P. pendulus), der oft einen Penisknochen enthält. Meist wird nur ein Junges geboren, doch kommen Zwillings- und Mehrlingsgeburten vor. Bei Krallenäffchen werden vorwiegend Zwillinge geboren und bei Mausmakis *(Microcebus)* 2–3 Junge. Es sind zwei bruständige Zitzen vorhanden, bei Halbaffen aber auch mehrfach noch ein Paar bauchständige. Der weibliche Genitalapparat wechselt von primitiven zu hochentwickelten Organen. Der Uterus ist bei Halbaffen noch zweihörnig (U. bicornis), bei Affen einfach (U. simplex). Die Placenta ist bei Halbaffen excl. *Tarsius* und *Galagao demidovii* noch epitheliochorial, diffus und löst sich bei der Geburt vom Uterusgewebe (adeciduat); bei Affen und *Tarsius* haemochorial, mit 1 oder 2 Scheiben von Zotten (discoidal) und nimmt bei der Geburt Bezirke der Uteruswand mit (decidual). Die Primaten sind «Traglinge», das Junge ist eine Zeit an der Brust der Mutter angeklammert und wird später auf dem Rücken getragen, bei Krallenäffchen vom Männchen.

Die Primaten kommen fast ausschließlich im Tropengürtel vor, nur wenige Arten überschreiten die Wendekreise, den nördlichen in Asien und Afrika vor allem Makaken, im Süden Afrikas Paviane u. a. Eine Anpassung an kalte Klimate vollzog erst der Mensch in der letzten Eiszeit, sowohl der Neandertaler in Europa als auch besonders der rezente *Homo s. sapiens*, der bis in die Arktis vor-

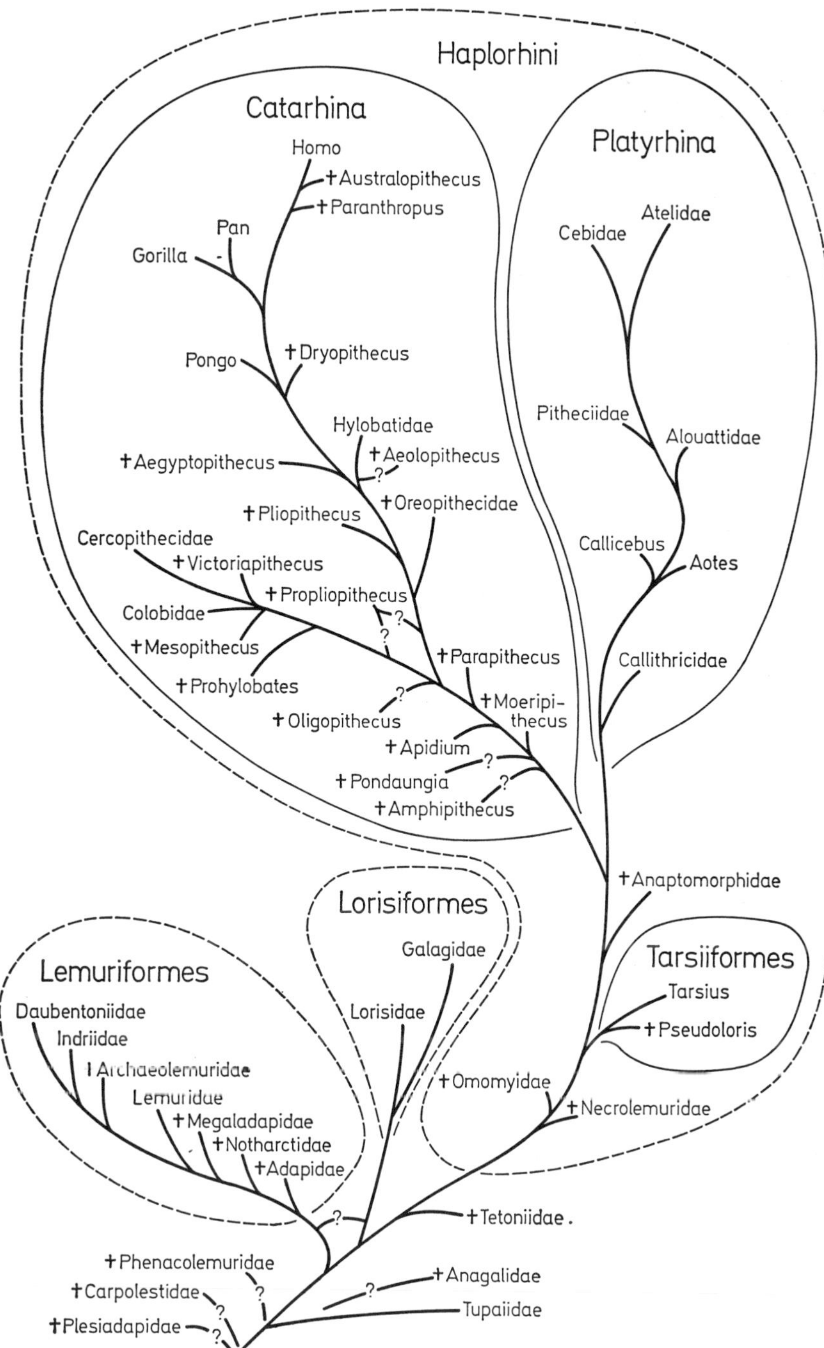

Abb. 419: Primatenstammbaum. Catarhina und Platyrhina (auch Catarrhina und Platyrrhina) bilden die Gruppe der Simiae. Die meisten Familien der Platyrhina werden auch als Unterfamilien geführt. Nach Remane

drang. Über 95% der Arten leben im tropischen Wald, alle Affen Südamerikas und alle Halbaffen sowie der größte Teil der Altweltaffen. Innerhalb des Waldes bevorzugen sie verschiedene Etagen, die Baumkronen *Colobus*, größere Formen halten sich vorwiegend am Boden auf, z.B. Mandrill und Gorilla. Manche Arten sind in Savannen und Felsgebiete vorgedrungen. In Savannen lebt die Grüne Meerkatze. In Felsgebiete dringen manche Paviane ein, z.B. *Papio hamadryas*, und einzelne Populationen von *Presbytis entellus*.

Die Bewegung ist sehr vielgestaltig; Makaken können vierbeinig und bisweilen zweibeinig laufen, an Ästen hängen mit Armen und Beinen oder nur an einem Extremitätenpaar, sie können schwimmen usw. In dieser individuellen Vielfalt ist meist nur ein Bewegungstyp die Norm, und er bestimmt den Körperbau. Verbreitet sind quadrupede Läufer und Springer mit normalen Gliedmaßenproportionen (Makaken, Meerkatzen); bei vorwiegend vertikal an Ästen kletternden Arten werden die Beine verlängert, und ihre Bewegung wird am Boden und auf horizontalen Ästen biped springend. Hierher gehören die Indris und *Tarsius*, bei denen die springende Bewegung die Norm wird. Der Extremtyp eines Hanglers sind die Gibbons. Südamerikanische Affen *(Ateles, Alouatta)* verwenden ihren Schwanz als Greiforgan (5. Hand!) und können an ihm hängen. Erstaunlich ist, wie viele Primaten fähig sind, auf den Beinen biped zu laufen, das gilt für alle Menschenaffen einschließlich Gibbons, *Ateles* u.a.

Die Primaten sind meist omnivor, viele bevorzugen Früchte, nehmen aber auch Insektenlarven u.a. Vorwiegend Blätterfresser sind *Gorilla* und die Schlankaffen (Colobidae). Schimpansen jagen gelegentlich kleine Affen und Antilopen.

Das Sozialleben der Primaten variiert von Art zu Art. Neben vorwiegend Einzelgängern (Orang-Utan) gibt es kleine Familienverbände (Gibbons), Harems mit mehreren Weibchen (Mantelpaviane) und stärker gegliederte Verbände (Makaken, Paviane).

Primaten sind eine alte Tiergruppe. Tarsiiformes sind bereits aus der Kreide bekannt. Im Eozän Europas und Nordamerikas existierten eine Fülle von Formen. Ein Teil gehörte zu den Lemuriformes, z.B. *Notharctus*, *Adapis*, andere zu den Tarsiiformes *(Pseudoloris, Necrolemur)*. Daneben leben primitive Primaten *(Omomys)*, darunter vereinzelt Vorfahren der Simiae (*Anaptomorphus-Washakius*-Gruppe). Außerdem gibt es eine Fülle von Formen und Spezialisierungen im Gebiß. Mehrfach werden die inneren Schneidezähne stark vergrößert (Plesiadapidae, Carpolestiden u.a.), oder der hintere Prämolar wird groß und spezialisiert. Diese reiche und weitverbreitete Primatenfauna verschwindet mit Ausgang des Eozäns fast völlig. Im Oligozän existierte eine recht vielgestaltige Fauna in Afrika (Fayum), hier fand man eine Reihe von echten Affen, darunter bereits einen Pongiden *(Aegyptopithecus)*. Im Miozän dominieren in der Alten Welt Menschenaffen, die heute so artenreiche Gruppe der Hundsaffen entfaltete sich erst spät. Da im Alttertiär die Entfernung zwischen Afrika und Südamerika viel geringer als heute war, sind Primaten vielleicht von Afrika aus nach Südamerika eingewandert, da sich Ahnen der heutigen südamerikanischen Affen unter den eozänen Primaten Nordamerikas nicht nachweisen lassen.

System. Heute existieren 4 Gruppen von Primaten, deren systematischer Rang unterschiedlich beurteilt wird:

1. Lemuriformes (Lemuroidea), 2. Lorisiformes (Lorisoidea), 3. Tarsiiformes (Tarsioidea) und 4. Simiae (Anthropoidea). Meist werden 1 bis 3 als Halbaffen zusammengefaßt. 1 und 2 sind sicher verwandt, wie viele anatomische Merkmale zeigen. Die Tarsiiformes (3) sind von Beginn isoliert und haben manche Merkmale mit den Simiae gemeinsam, z.B. Fehlen eines drüsigen Streifens zwischen Nase und Mund, frühe Verwachsungen der Frontalia, discoidale, haemochoriale Placenta u.a., daher werden Lemuroidea und Lorisoidea neuerdings als Strepsirhini (mit drüsigem Hautstreifen zwischen Nase und Lippe) und Tarsioidea und Simiae als Haplorhini (ohne drüsige, feuchte Haut zwischen Nase und Lippe) zusammengefaßt. Diese Einteilung ist wahrscheinlich besser als die in Halbaffen und Affen.

1. Lemuriformes. Nur auf Madagaskar und einigen benachbarten Inseln. Im Eozän waren sie in Europa und Nordamerika verbreitet. Zweite Zehe mit Kralle, Gehirn weniger differenziert als bei den Affen, Riechorgan und Riechhirn meist umfangreicher als bei diesen. Der Uterus ist zweihörnig (U. bicornis). Das ringförmige Tympanicum mit dem Trommelfell liegt innerhalb der knöchernen Gehörblase (Bulla). Die Spitzhörnchen, S. 609, zeigen ein ähnliches Verhalten, sie wurden daher oft den Lemuroidea eingereiht, aber die Bulla entsteht bei ihnen aus einem anderen Knochen, dem Entotympanicum, bei den Lemuroidea aus dem Felsenbein = Petrosum. Tasthaare am Kopf.

Lemuridae: Die Vorderzähne des Unterkiefers (Schneidezähne und Eckzähne) sind meist stiftförmig nach vorn geneigt und bilden einen Kamm. Die oberen Schneidezähne sind oft klein, weichen in der Mitte auseinander und lassen der Zunge mit ihrer starken Unterzunge eine Öffnung. Die oberen Eckzähne sind groß, die vorderen Prämolaren meist hoch und ohne Antagonisten. Maus- bis katzengroß. Am Vorderarm Tasthaare und Drüsen, deren Sekret zur Markierung verwendet wird. 3 Prämolaren. *Cheirogaleus*, *Phaner*, *Microcebus*, Mausmakis (Abb. 421) mit manchen primitiven Merkmalen. *Lemur* mit 5 Arten; *Lepilemur*, obere Inzisiven fehlen meist; abweichend *Hapalemur*.

Indriidae: Vorwiegend Vertikalkletterer. Mittelgroße Tiere. Hinterbeine verlängert, am Boden biped hüpfend. 2 Prämolaren im Dauergebiß, unterer Eckzahn fehlt. Nur ein paar brustständige Zitzen. Rezent nur 4 Arten. *Indri*, Kopf-Rumpflänge bis 90 cm, Schwanz kurz. *Propithecus* (Abb. 421), 2 Arten, Schwanz lang. *Avahi (Lichanotus)* kleinere Art.

Daubentoniidae: Eine Art *(Daubentonia = Chiromys madagascariensis)*. Schneidezähne nagezahnähnlich, lang, dauernd wachsend, Schmelz nur an der Vorderseite. Eckzähne und Prämolaren fehlen im Dauergebiß bis auf den oberen P^4. Hand mit langem Mittelfinger mit Kralle. Er dient zum Hervorholen von Nahrung. Nur ein Paar hintere Zitzen.

Subfossil und vielleicht vom Menschen ausgerottet existierte eine Reihe großer Arten (bis zur Große eines Schimpansen). Den Lemuridae steht *Megaladapis* nahe. Zahlreich sind Indriidae mit *Archaeoindris*, *Palaeopropithecus* u. a. Die Familie Archaeolemuridae weist auffallende Parallelen zu Makaken auf mit den meißelförmigen Schneidezähnen, den zweijochigen (bilophodonten) Molaren u. a. Die eozänen Lemuriformes (Adapidae, Notharctidae) hatten ein normales Gebiß mit z. T. noch 4 Prämolaren.

2. Lorisiformes. Sie leben in Afrika und Südasien. Das Tympanicum liegt nicht in der Bulla, sondern bildet einen kurzen knöchernen äußeren Gehörgang. Das Ethmoid reicht bis in die Augenhöhle. Die Nierensammelröhre mündet, wie bei *Tarsius*, auf einer platten Papille, nicht wie bei Lemuroidea mit zahlreichen getrennten Öffnungen. Lorisidae. Greifkletterer ohne Springvermögen, sehr langsame Bewegungen. Schwanz kurz. Die Greifhand reduziert schrittweise den Zeigefinger. In Asien *Loris*, Südindien und Ceylon; *Nycticebus* (Abb. 421), Südostasien von Bengalen bis Java und Borneo. In Afrika: *Perodicticus* (Potto), Dornfortsätze von Halswirbeln treten aus dem Fell heraus; von der Goldküste bis Uganda. *Arctocebus*, Zentralafrika. Jede Gattung hat nur eine Art.

Galagidae (Buschbabies): Langschwänzige Springer mit manchen Parallelen zu *Tarsius:* Hinterbeine lang, in der Fußwurzel Calcaneus und Naviculare verlängert. Ohren groß, faltbar; Körperlänge ca. 30 cm, in Afrika südlich der Sahara, *Galago*.

3. Tarsiiformes. Viele Ähnlichkeiten mit Affen. Hinterbeine lang. Calcaneus und Naviculare verlängert. Tibia und Fibula distal verwachsen. Finger und Zehen mit Endballen, Zeh 2 und 3 mit Krallen. Augen groß (Abb. 420), wenig beweglich, dafür Kopf weit drehbar (ähnlich den Eulen). Schneidezähne mit Spitzen, die inneren groß, im Unterkiefer allein vorhanden.

Abb. 420: *Tarsius spectrum*

a
b
c
d
e
f
g
h
i
j
k

Molarenbau primitiv. Körpergröße bis 16 cm. 3 Arten in Südost-Asien von den Philippinen bis Sumatra und Timor. Im Eozän von Nordamerika und Europa zahlreiche Gattungen, davon *Pseudoloris* ähnlich spezialisiert wie *Tarsius*.

4. Simiae (= **Anthropoidea, Affen**). Natürliche Gruppe. Endhirn groß, überdeckt das Kleinhirn, dorsal mit Sulcus interparietalis und centralis. Riechhirn und Nasenmuscheln gering entwickelt. Augenhöhle und Schläfengrube durch eine Knochenwand bis auf einen engen Spalt getrennt. Primitive Merkmale finden sich an den Extremitäten, z.B. an Hand- und Fußwurzelknochen. Der Mittelfinger ist der längste. Zahnreihe geschlossen, nur zwischen oberem Eckzahn und den Schneidezähnen meist eine Lücke (Diastema). Oberer und unterer Eckzahn bilden mit den vorderen Prämolaren eine Funktionseinheit. Der untere vordere Prämolar besitzt meist einen nach vorn gerichteten Fortsatz, der dem oberen Eckzahn als Gegenlager oder -schneide dient. Gesicht weitgehend nackt, die mimische Muskulatur ist reich entwickelt und gestattet eine Gesichtszeichensprache. Uterus einheitlich (U. simplex). Placenta haemochorial. Zotten auf 1 oder 2 Scheiben beschränkt, discoidal, Menstruation vorhanden. Stets nur 2 brustständige Zitzen.

Platyrhina (Platyrhini, Breitnasen). Nur in Süd- und Mittelamerika. Alle Arten Baumbewohner. Primitivmerkmale der Neuweltaffen: der Besitz von 3 Prämolaren, das Tympanicum bildet nur einen kurzen Gehörgang. Der Hand fehlt der Feingriff von Daumen und Zeigefinger. Die Nasenlöcher sind seitwärts gerichtet, der Zwischenraum zwischen ihnen meist breit (Name!).

Callithricidae (Krallenäffchen): kleine Formen (Kopf-Rumpflänge ca. 15–30 cm). Krallenkletterer. Die Krallen sind wohl umgewandelte Nägel. Im Gebiß Reduktionen, der 3. Molar fehlt meist, den oberen Molaren fehlt der 2. Innenhöcker (Hypoconus). Endhirn glatt. Primitiv ist der Besitz von Tasthaaren. Meist Zwillingsgeburten, das Männchen trägt das Junge auf seinem Rücken. Ca. 40 Arten. Vielfältig gefärbt, oft mit Haarbüscheln. *Callithrix (Hapale*, Abb. 421), *Cebulla*, *Saguineus*, *Leontideus*. *Callimico* mit primitiven Merkmalen: 3 Molaren, Krallen noch nagelähnlich.

Cebidae: 3 Molaren, Nägel an Fingern und Zehen. Kopf-Rumpflänge ca. 25–70 cm. Endhirn meist reich an Furchen. Die ca. 100 Arten sind in Gebiß, Schädel und Gliedmaßen recht verschieden. Primitive Gattungen sind *Callicebus* (Springaffe) und der einzige nachtlebende Affe *Aotes (Aotus)* mit großen Augen. Besonders Schädel und Gebiß von *Callicebus* sind ursprünglich. Die *Callicebus*-Arten und *Aotes* könnten durchaus in je eine eigene Familie gestellt werden, das gleiche ließe sich auch für die folgenden Unterfamilien der Cebidae diskutieren. Bei den Pitheciinae ist der Schwanz kein Greiforgan, sondern schlaff und oft buschig. Im Gebiß sind die Schneidezähne, besonders die unteren, nach vorn geneigt und fast stiftförmig. *Pithecia*, *Cacajao*, *Chiropotes* (Abb. 421).

Die drei folgenden Gruppen haben einen Greifschwanz, an dem sie hängen und mit dem sie sogar Gegenstände tragen können. Er hat nahe der Spitze eine nackte Taststelle.

Die Alouattinae mit *Alouatta* (Brüllaffen) erzeugen ihre Laute mit einem stark entwickelten Kehlkopf und einem aufgeblasenen Zungenbein als Resonanzkörper. Vorwiegend Blätterfresser. Die Cebinae mit *Cebus* (Kapuzineraffen) und *Saimiri* (Totenkopfäffchen) haben einen breiten kurzen Gaumen und kleine Molaren. Die Spinnenäffchen Atelinae haben lange Extremitäten und sind Hangler (Brachiatoren). Die Hand ist eine Hakenhand mit kleinem oder fehlendem Daumen. *Ateles*, *Brachyteles*, *Lagothrix* (Abb. 421).

Catarhina (Catarhini, Schmalnasen) Altweltaffen. Afrika excl. Madagaskar, Asien bis Ja-

Abb. 421: Vertreter verschiedener Primatenfamilien. a. *Nycticebus* (Plumplori) Lorisidae, SE-Asien; b. *Microcebus* (Mausmaki) Lemuridae, Madagaskar; c. *Propithecus* (Sifaka) Indriidae, Madagaskar; d. *Chiropotes satanas* (Satansaffe) Pitheciinae, S-Amerika; e. *Lagothrix* (Wollaffe) Atelinae, S-Amerika; f. *Callithrix humeralifer* (Pinseläffchen), Callithricidae, S-Amerika; g. *Cercopithecus diana* (Dianameerkatze) Cercopithecidae, West-Afrika; h. *Rhinopithecus* (Stumpfnasenaffe) Colobidae, China; i. *Hylobates lar* (Weißhandgibbon) Hylobatidae, SE-Asien; j. *Pygathrix nemaeus* (Kleideraffe, Indochina); k. *Pongo pygmaeus* (Orang-Utan), Pongidae, Borneo, Sumatra. Nach Vallois

pan, Celebes und Timor, in Europa auf Gibraltar durch Neueinführung ergänzt. Nur 2 Prämolaren, insgesamt 32 Zähne. Vorderer unterer Prämolar (excl. Mensch) zweiwurzelig, Krone vorn mit größerem Widerlager für den oberen Eckzahn. Tympanicum bildet einen knöchernen Gehörgang. Die Gehörblase (Bulla) fehlt. Abb.419 weist auf die Fülle fossiler Catarhina hin.

a. Cercopithecoidea (= Cynomorpha, Hundsaffen). Vierfüßige Läufer oder Springer. Brustkorb ventral kielförmig, Brustbein (Sternum) schmal, Brust- und Lendenwirbel 18–20. Haare der Unterarme handwärts gerichtet. Diesen primitiven Merkmalen steht das spezialisierte Gebiß gegenüber. Die Molaren haben zwei Querjoche (bilophodont), die Eckzähne sind, besonders bei den Männchen, sehr groß. Die beiden vorderen Molaren tragen im Unterkiefer nur 4 Höcker. Zwei Untergruppen. 1. Colobidae, Blätter- oder Schlankaffen, Languren, vorwiegend Blattfresser, Magen etwas gekammert, Backentaschen fehlen. Daumen kurz bis fehlend. In Afrika die *Colobus*arten. In Südasien mehrere Gattungen mit ca. 20 Arten, besonders in Indonesien; Nasenaffe *Nasalis* Borneo; Stumpfnasenaffen *Rhinopithecus* Hinterindien bis Tibet und China. Hauptgattung *Presbytis*, hierher auch der indische Hulman oder Hanuman *(P. entellus)*. *Simias*, mit Stupsnase, Mentawi-Inseln (Indonesien); *Pygathrix* (Kleideraffe), Indochina, Hainan; 2. Cercopithecidae, mit Backentaschen. Cercopithecinae. Zähne klein, letzterer unterer Molar nur 4 Höcker. Nur in Afrika. Gattung *Cercopithecus* mit 23 Arten, *Erythrocebus* in besonders ausgeprägtem Maße an das Bodenleben der Savanne angepaßt. Macacinae mit Makaken und Pavianen haben gleichfalls Backentaschen. Untere dritte Molaren mit fünftem Höcker. Mit 26 Arten über Afrika, Südasien bis Japan und Celebes verbreitet. Primitiv und vorwiegend baumlebend ist *Cercocebus* in Zentralafrika. Die Paviane *(Papio)* sind weitgehend bodenlebend, auch der große waldbewohnende Mandrill *(Mandrillus)*. Der Mantelpavian *Papio hamadryas* auch in Südarabien. Der abweichende *Theropithecus* ist Felsbewohner. Die Makaken in Nordafrika, Gibraltar (Magot *Macaca sylvana*) und von Indien (Rhesus *M. mulatta*) bis Japan und Celebes. Der Javaneraffe *M. irus (fascicularis)* ernährt sich gerne von Krabben.

b. Hominoidea, Menschenaffen und Mensch. Die artenarme Gruppe ist gekennzeichnet durch ventral abgeplatteten Brustkorb mit breitem Sternum, fehlenden Schwanz (nur einige Schwanzwirbel sind vorhanden), vergrößertes Gehirn. Im Gebiß noch primitive Merkmale: Molaren mit Schrägleiste (Crista obliqua), Prämolaren einfacher als bei Cercopithecoidea. Die Haare am Unterarm sind schulterwärts gerichtet. Orang-Utan und Gorilla mit starkem Sexualdimorphismus.

Hylobatidae, Gibbons. Hochentwickelte Hangler (Brachiatoren) mit stark verlängerten Armen. Sie laufen biped. Eckzähne in beiden Geschlechtern säbelförmig. Von Hinterindien bis Java *Hylobates* (Abb. 421; 6 Arten), *Symphalangus* (1 Art) mit großem Kehlsack.

Pongidae. Höhere Menschenaffen. Mit Lufträumen im Stirnbein (Stirnhöhlen). Sie bauen Nester in Bäumen für die Übernachtung. Alle rezenten Pongiden, die nächsten Verwandten des Menschen, sind in ihrer Existenz in hohem Maße bedroht. Vernichtung ihres Lebensraumes und Vordringen des Menschen rauben ihnen die Lebensgrundlage. Der Orang-Utan *(Pongo pygmaeus)* hat neben einigen primitiven Merkmalen (Muskulatur, isoliertes Centrale in der Handwurzel bis ins hohe Alter) viele Spezialisationen: Daumen und große Zehe stehen weit hinten und sind klein, die Augenhöhlen sind nahe zusammengerückt, die Stirnhöhlen weitgehend reduziert, vom Kehlkopf gehen große, luftgefüllte Kehlsäcke aus. Einzeln lebender Greifhangler. Früher von Südchina bis Java verbreitet, heute nur noch auf Borneo und Sumatra, von der Ausrottung bedroht.

Die folgenden Gattungen haben ebenso wie der Mensch gut entwickelte Stirnhöhlen und kein freies Centrale. Der Gorilla lebt in diskontinuierlicher Verbreitung in Äquatorialafrika. Es gibt Flachland- und Bergformen. Hand und Fuß denen des Menschen am nächsten. Lebt von Blättern und Früchten. Aufenthalt vielfach am Boden, alte Männchen schlafen auch dort. Größter Primat. Höhe bis 2 m, Gewicht bis über 4 Zentner.

Der Schimpanse *(Pan)* lebt in 2 Arten in Mittelafrika, von Liberia bis zum Tanganjika-See. Nördlich des Kongo *(Pan troglodytes)*, südlich des Kongo der Zwergschimpanse *(Pan paniscus)*. Sie sind mehr Springhangler mit gestrecktem Becken und einer Hakenhand mit langen Fingern. Weibchen mit starker Schwellung in der Genitalregion zur Empfängniszeit, ähnlich vielen Hundsaffen. Höhe ca. 1 m. Geschlechtsunterschiede geringer als bei den anderen Pongiden.

Besonders der Schimpanse hat im Versuch hohe Intelligenzleistungen gezeigt, er kann einsichtig handeln, er kennt nicht nur einen Werkzeuggebrauch, sondern in geringem Maß auch eine Werkzeugherstellung. Zerkaute Blätter dienen als Schwamm für die Aufnahme von Wasser aus Baumhöhlen, Zweige wurden für den Termitenfang zurechtgemacht.

Eine sprachliche Verständigung zwischen Mensch und Schimpansen gelang Gardener durch Anwendung der Zeichensprache, die für Taubstumme ausgearbeitet war.

Hominidae. Sie sind heute nur durch die eine Art *Homo sapiens* vertreten. In ihrem Bau, in den Blutreaktionen, in der Aminosäurensequenz des Hämoglobins u. a. schließen sie sich so eng an die Pongiden an, daß an einer nahen Verwandtschaft nicht gezweifelt werden kann. Alle Versuche, den Menschen weitab von den Pongiden isoliert aus primitiven Formen herzuleiten, haben keine wissenschaftlichen, sondern psychologische Gründe. Natürlich kommt eine Ableitung von rezenten Pongiden nicht in Frage. Die ersten Umbildungen sind durch den Übergang zum bipeden Laufen bedingt und betreffen den Fuß. Die große Zehe ist nicht abgespreizt, das «Rennen» erfolgt durch Aufsetzen nur des Vorderfußes, die Mittelfußknochen, besonders die inneren, werden hochgestellt und schaffen dadurch ein Fußgewölbe. Die Fußwurzelknochen lagern sich um. Das Becken wird breit, niedrig und gewölbt. Entsprechend der aufrechten Haltung verlagert sich das Hinterhauptloch (Foramen magnum) basalwärts am Schädel. Eine zweite Umbildungsreihe betrifft das Gebiß. Die Eckzähne werden klein, die vorderen unteren Prämolaren reduzieren ihr Widerlager für den oberen Eckzahn.

Systematisch werden die Hominiden in zwei Unterfamilien gegliedert, die Australopithecinen und die Homininen. Die Australopithecinen sind die ältere Gruppe, von denen nach heutigem Wissensstand 4 bis 5 Millionen Jahre alte Fossilfunde vorliegen; sie starben im Mittelpleistozän aus und sind sicher nur aus Afrika belegt. Alle Funde werden oft in nur eine Gattung gestellt: *Australopithecus*. Nach anderer Auffassung lassen die z.T. recht unterschiedlichen Skeletstücke, vor allem der Schädel, eine Gliederung in mindestens zwei Gattungen, *Australopithecus* und *Paranthropus*, zu. *Australopithecus* ist die ältere, grazilere und ursprünglichere Form, die auch der Ausgangsform der Homininen recht nahe steht. *Paranthropus* (und auch der mitunter als eigene Gattung geführte «*Zinjanthropus*» Ostafrikas) ist phylogenetisch jünger und robuster. Im Folgenden sind einige der Besonderheiten der Australopithecinen aufgeführt. Sie vergrößerten das Gehirn nur wenig, der Inhalt ihres Schädelraumes übertrifft geringfügig den der Menschenaffen. Sie verkleinerten rasch Schneide- und Eckzähne, schränkten also die Beißfunktion ein, vergrößerten aber die Molaren, verstärkten also die Kauleistung. Dementsprechend sind die Ansätze der Kaumuskeln erweitert, die der Temporalismuskeln stoßen bei *Paranthropus* von rechts und links auf dem Scheitel zusammen und bilden einen Knochenkamm (Crista sagittalis), analog dem der Pongiden. Neben diesen Sondermerkmalen haben fast alle Knochen Merkmale, in denen sie sich den Pongiden nähern. Das gilt vom Becken und besonders vom Gesichtsschädel.

Zu den Homininen gehört nur die Gattung *Homo*, die sich durch viele Funde ca. 2 Millionen Jahre zurückverfolgen läßt. Im Gegensatz zu den Australopithecinen läßt sich eine eindrucksvolle Vergrößerung des Gehirns beobachten. In ca. 1,5 Millionen Jahren hat sich das Hirnvolumen verdoppelt. Es gibt einige noch etwas ältere Fossilfunde *(«Homo» habilis, «Telanthropus»)* aus Afrika, die jetzt oft den Homininen zugeordnet werden, weil sie die Sondermerkmale der Australopithecinen nicht oder abgeschwächt aufweisen. Diese Einordnung ist aber wegen des nicht ausreichenden Fundmaterials noch unsicher. Die erste sichere Art von *Homo* ist *H. erectus*. Zu ihr gehören die früher als *Pithecanthropus*, *Sinanthropus*, *Atlanthropus*, Heidelberger, *H. leakei* bezeichneten Funde. Er war über die Alte Welt von Java, bis Nordchina, Mitteleuropa, Afrika verbreitet, vergrößerte allmählich das Gehirn. Späte Nachkommen sind Ngandong- und Rhodesia-Mensch. Aus einer Form des *H. erectus* entwickelte sich der *H. sapiens*. In der mittleren Zwischeneiszeit ist er in Europa durch die Funde von Steinheim, Swanscombe u. a. vertreten. Der klassische Neandertaler ist eine Unterart, *H. s. neanderthalensis*, die sich als erste einem kalten Klima anpaßte und bis in die erste Hälfte der Würmeiszeit lebte. Er war in Europa und Vorderasien verbreitet.

Vor ca. 40000–50000 Jahren begann aus einem noch unbekannten Zentrum die Expansion des *Homo s. sapiens*, dem alle heutigen Menschen angehören. Er kannte früh als Waffe Pfeile und Bogen, schuf Plastiken und Wandmalereien. Zu ihm gehören die Eiszeitjäger der Cromagnons, er besiedelte bald die Alte Welt und Australien, drang vor ca. 30000 Jahren über die damals trockene Beringstraße in mehreren Wellen nach Amerika vor und besiedelte selbst die unwirtlichen Gebiete der Arktis.

6. Ordnung: Chiroptera (Fledermäuse)

Nach den Nagern artenreichste Säugetierordnung (fast 1000 Arten). Einheitliche alte Gruppe (seit Alttertiär) mit vielen ursprünglichen Merkmalen (Molarenform, Darm, Gehirn). Sondermerkmale und für den Erfolg der Gruppe verantwortlich sind die Entstehung eines aktiven Flatterfluges und die Herausbildung eines Orientierungsapparates mit Ultraschall. Die Flügel bestehen aus einer häutigen Flughaut, die von der verlängerten Vorderextremität einschließlich 4 sehr langer Finger gestützt wird (Abb. 389). 1. Finger kurz mit Kralle, dient – ebenso wie Saugnäpfe an Daumen und Fuß bei einigen Arten *(Thyroptera, Myzopoda)* – der Festheftung. Die Flughaut umfaßt mehrere Bereiche. In der wenig behaarten Flughaut können Falten und Taschen mit Drüsen entstehen, sie ist reich an elastischen Faserzügen und besitzt eine eigene Muskulatur (wichtig beim Zusammenfalten der Flügel). Großes Schulterblatt, Sternum mit cristaähnlichem Fortsatz. In Ruhe meist kopfunter mit den Füßen an Zweigen oder Felsvorsprüngen (Abb. 422).

Orientierung nach Echolotprinzip v.a. bei Microchiropteren; Tiere senden Töne im Ultraschallbereich aus und nehmen deren Echo mit den Ohren auf. Dadurch Beutejagd in der konkurrenzarmen Dämmerung und Nacht möglich. Laute werden im großen Kehlkopf gebildet und durch Mund oder Nase ausgestoßen. Viele z.T. bizarre Strukturen an Nase und Ohren (Abb. 422) in Zusammenhang mit der Echolotpeilung; im Gehirn starke Vergrößerung der akustischen Zentren.

Schädel und Gebiß vielgestaltig, was durch unterschiedliche Ernährungsweise erklärt werden kann. Milchzähne oft mit Haken zur Festheftung am Fell der Mutter. Beckengürtel ohne knöcherne Symphyse.

Zungenspitze der Blütenbesucher bürstenähnlich mit sehr langen, nach hinten gerichteten Papillae filiformes. Magen einfach, mit Caecum (Fruchtfresser) oder sehr langem, schmalen Blindschlauch (Blutlecker). Blinddärme nur selten vorhanden. Hoden zur Fortpflanzungszeit in temporärem Cremasterscrotum. Penis ähnlich dem der Primaten, oft mit Knochen. Manche Arten mit Begattung im Herbst, Spermien werden im Uterus gespeichert, Ovulation im Frühjahr. Sonst Begattung während der Ovulation, bei Tieren der gemäßigten Zonen im Herbst oder Frühjahr; erfolgt die Befruchtung schon im Herbst (in Mitteleuropa nur bei *Miniopterus*), dann kann bei kalten Temperaturen die Embryonalentwicklung verzögert werden; bei tropischen Formen oft rasche Entwicklung. Meist ein Junges (selten bis 4), Junge meist getragen, mit langer Pflegezeit, selten früh lauffähig (Bulldogfledermaus). Die labile Körpertemperatur und die Winterruhe bei Formen der gemäßigten Zonen werden meist als sekundäre Anpassungen aufgefaßt.

Viele Fledermäuse führen saisonbedingte Wanderungen aus. Tagsüber Schlafgruppen (bis zu 1 Million Tiere) in Höhlen. Verschiedene Ernährungstypen: Fruchtfresser (Megachiropteren, einige Phyllostomatiden), Nektar- und Pollenfresser (Glossophaginae, einige Megachiropteren, z.T. Blütenbestäuber: chiropterogame Blüten), Blütenfresser (einige Pteropinae), Insektenfresser (Mehrzahl der Chiropteren), Arten, die vorwiegend Wirbeltiere (andere Fledermäuse, Vögel, Eidechsen u.a.) fressen *(Megaderma)*, Froschfresser *(Trachops)*, Fischfresser (Fische werden mit den Füßen ergriffen, Abb. 422), Blutlecker (*Desmodus*, *Diaemus*, *Diphylla*, Südamerika, Abb. 422).

Unterordnung: Megachiroptera (Flughunde). Gruppe mit primitiven Merkmalen (gestreckter Schädel [Abb. 422], normaler Zwischenkiefer, Kralle am 2. Finger, der noch dreigliedrig ist, Nasen und Ohren ohne Anhänge, u. a.). Spezialisierungen betreffen das reduzierte Gebiß (Zahnzahl und Zahngestalt), die schwache Kaumuskulatur, die großen hochentwickelten Augen, Rückbildung des Schwanzes. Orientierung meist mit den Augen, bei Höhlenbewohnern auch Echolotpeilung mit Zungenschlag und Ultraschall *(Rousettus)*. Meist große Tiere, *Pteropus*

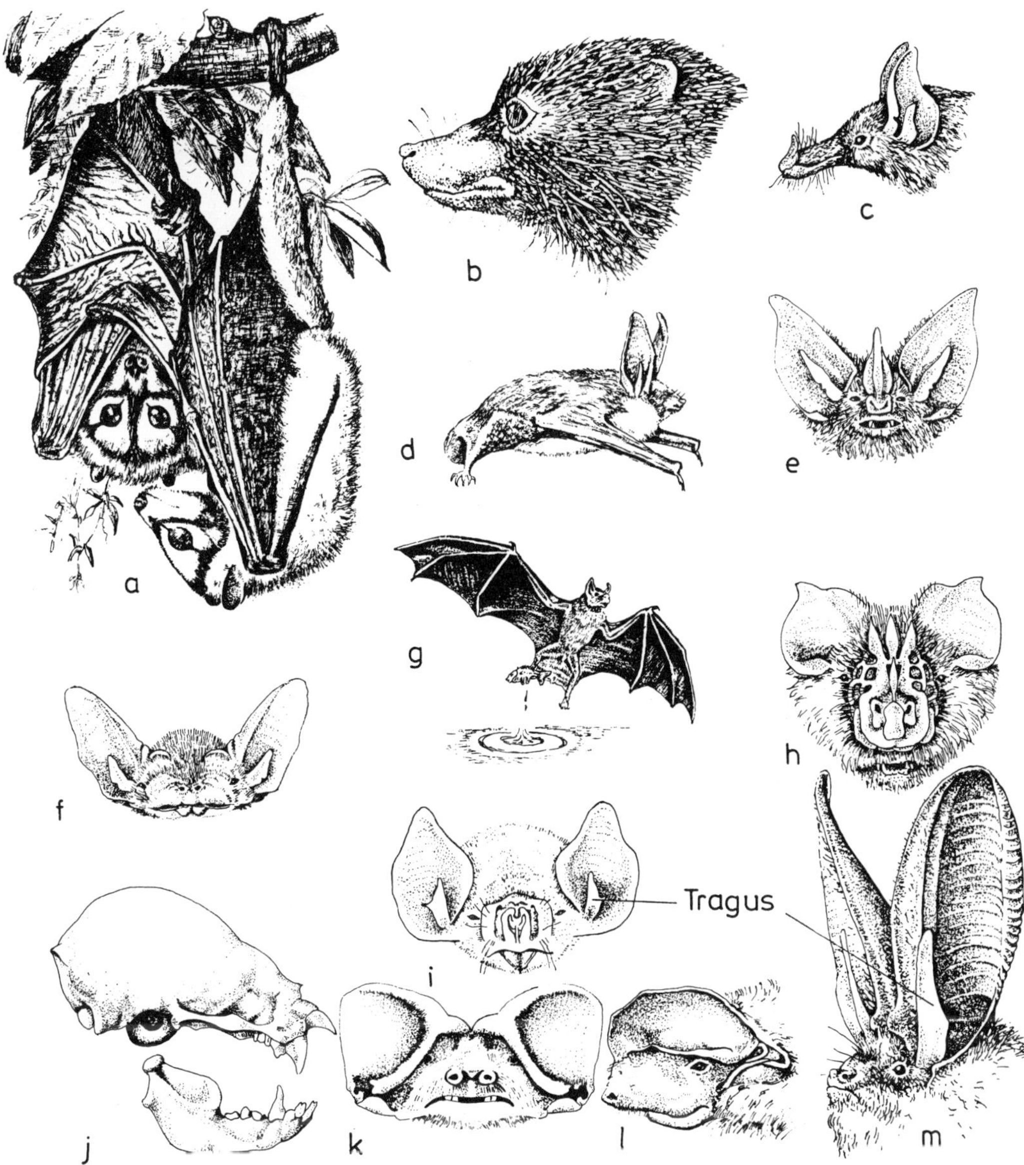

Abb. 422: Chiropteren. Beachte die unterschiedliche Gestalt des Kopfes und der Nasenaufsätze, die überwiegend im Dienste der Echolotpeilung stehen. Die Ultraschallaute der Microchiropteren entstehen im Kehlkopf, werden bei Rhinolophoidea (h) durch den Nasentrichter, bei Vespertilionoidea (m) durch die Mundöffnung ausgestoßen; beachte die unterschiedliche Nasenstruktur. a. *Pteropus* (Flughund, Pteropidae) in Ruheposition, b. Kopf von *Pteropus*, c. *Leptonycteris* (Phyllostomatidae, Glossophaginae), d. *Myotis* (Vespertilionidae), e. *Mimon* (Phyllostomatidae), f. *Saccopteryx* (Emballonuridae), Desmodontidae), die Nasenstrukturen dieser Art tragen Thermoreceptoren, g. *Noctilio* (Noctilionidae) beim Fischfang, h. *Triaenops* (Hipposideridae), i. *Desmodus* (Phyllostomatoidea, Desmodontidae), j. Schädel von *Desmodus;* die Vorderzähne einschließlich der Canini besitzen Schneidekanten, mit denen in die Haut der Beutetiere eingeschnitten wird; das austretende Blut wird aufgeleckt. k., l. *Eumops* (Molossidae) Kopf von vorn und seitlich, m. *Plecotus* (Vesperitilionidae), Ohreingang mit großem Deckel (Tragus). Nach van den Brink, Carrington, Grassé

vampyrus (Malaiischer Flugfuchs oder Kalong) mit 150 cm Spannweite größtes Chiropter. Tropen und Subtropen der Alten Welt. 150 Arten. Flugfüchse (= Kurzzungenflughunde) *Pteropus*, *Rousettus*, *Cynopterus;* Langzungenflughunde, in der Hauptsache Pollen- und Nektarfresser, kleinere Arten *(Macroglossus)*, Röhrennasenflughunde mit röhrenartiger äußerer Nase und gut ausgebildetem Schwanz, Celebes bis Nordaustralien *(Nyctimene)*, Kurzbeinflughunde *(Harpyonycteris)*, Celebes, Philippinen.

Unterordnung: Microchiroptera. Fossilfunde reichen weiter zurück als bei Megachiroptera und sind formenreicher (ca. 840 Arten) als diese. Kurzer Gesichtsschädel, Nase oft mit komplizierten häutigen Aufsätzen, Ohren z. T. sehr groß. 2. Finger zweigliedrig ohne Kralle, gelegentlich Haftscheiben, weltweit verbreitet.

4 Hauptgruppen: Rhinolophoidea, Phyllostomatoidea, Vespertilionoidea, Emballonuroidea.

Rhinolophoidea: Nase mit unterschiedlich komplizierten Aufsätzen, schlagen in Ruhestellung Flügel um den Körper. Verschiedene Formen der Echolotorientierung. Alte Welt. Megadermatidae (sehr große median verschmolzene Ohren), Nycteridae, Hipposideridae, Rhinolophidae (Hufeisennasen), *Rhinolophus* auch in Mitteleuropa.

Phyllostomatoidea: sehr formenreich mit Nasenaufsätzen, Neue Welt. Insekten-, fleisch-, frucht-, nektar- und pollenfressende Arten und Blutlecker. Phyllostomatidae (Blattnasen). Desmodontidae (Vampire).

Vespertilionoidea (Glattnasen): einfache Nasen, artenreich, weltweit; Natalidae, Furipteridae, Thyropteridae (hängen kopfoben, Saugscheiben an Daumen und Fußgelenk), Myzopodidae mit Haftscheiben, Vespertilionidae *(Nyctalus*, *Myotis*, *Plecotus*, *Pipistrellus* auch in Mitteleuropa), Mystacinidae (jagen, wie auch manche andere Fledermäuse, geschickt im Laufen am Boden, klettern auch an Baumstämmen), Molossidae (Bulldogfledermäuse, freier Schwanz, geschickte Flieger und Läufer, *Tadarida* auch Südeuropa).

Emballonuroidea: keine oder sehr kleine Nasenaufsätze, Schwanz frei, weltweit (warme Gebiete), Rhinopomatidae, Emballonuridae, Noctilionidae (*Noctilio*, Fisch-, Krebs- und Insektenfresser, tropisches Amerika).

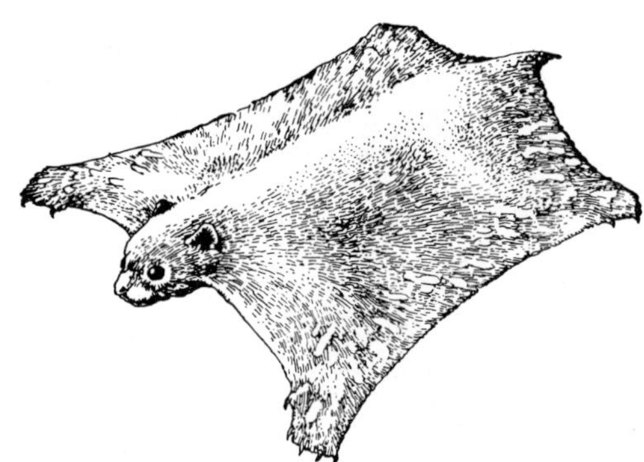

Abb. 423: *Cynocephalus* (Pelzflatterer) im Gleitflug. Nach Grassé

7. Ordnung: Dermoptera (Riesengleitflieger, Pelzflatterer)

Ein Seitenzweig, der sich früh von den Insektivoren abgespalten hat (Fossilfunde schon aus Paläozän), mit Gemisch primitiver und spezialisierter Merkmale.

Auffallendstes Merkmal sind die seitlichen Flughäute, die sich vom Kopf bis zum Schwanz ausspannen und die die Extremitäten einschließlich der Zehen umfassen (Abb. 423). Sie gestatten einen Gleit- und Fallschirmflug (bis 70 m) ähnlich dem einiger Nager (z. B. *Pteromys*) und Beuteltiere *(Acrobates)*. Untere Inzisiven sind Kammzähne (funktionell dem Unterkieferkamm der Lemuren und Pitheciinae vergleichbar). Lange, schlanke, 5zehige Extremitäten. Hoden extraabdominal in Scrotum, 2 Paar bruständige Mammae. Gleiche Zahl der Milch- und Dauerzähne. Pflanzenfresser. *Cynocephalus*, Südost-Asien.

8. Ordnung: Xenarthra (Zahnarme)

Früh isolierte und vielgestaltige, weitgehend auf die Neue Welt (Südamerika) beschränkte Gruppe. Primitiv sind: Parasphenoid, Os nariale (= Septomaxillare) und meist ringförmiges Tympanicum am Schädel; Gehirnbau; der weibliche Genitaltrakt und die unvollkommene Homoiothermie. Sondermerkmale betreffen Gebiß, Wirbelsäule und Hautstrukturen. Das Gebiß fehlt (Ameisenbären) oder ist vereinfacht. Bei Faultieren ist die Zahnzahl auf 4–5 pro Kieferhälfte reduziert, bei Gürteltieren sind die Zähne sekundär homodont und oft vermehrt

(*Priodontes* besitzt insgesamt ca. 100 Zähne). Das Milchgebiß ist meist unterdrückt. Cervicalwirbel z. T. vermehrt, z. T. mit Halsrippen, z. T. verschmolzen. Lenden- und hintere Brustwirbel mit zusätzlichen Gelenken (Fremdgelenken, Name); bei Dasypodidae verschmelzen die Sacralwirbel mit den Lumbalwirbeln zu einem Block. Bis zu 25 Rippen *(Choloepus)*: höchste Zahl bei Säugern. Gürteltiere mit Hautpanzer, der aus Knochen- und Hornschilden besteht. Extremitäten zu kräftigen Grabwerkzeugen oder Greifhaken umgebildet. Bei Ameisen- und Termitenfressern (Ameisenbären) lange Zunge, große Speicheldrüsen und Muskelwülste im Magen zum Zerkleinern der Nahrung. Magen bei den Pflanzenfressern (Faultiere) mit Blindsäcken. Auch die Augen oft mit Besonderheiten (Cornea mit Gefäßnetzen, Retina ohne Gefäße). Bei *Dasypus* Polyembryonie (bis zu 12 gleichgeschlechtliche Embryonen aus 1 befruchtetem Ei). Faultiere mit sehr niedriger Stoffwechselrate und Schilddrüsenaktivität sowie mit unregelmäßiger Atmung – sie nehmen mitunter minutenlang keine neue Luft auf. *Zaedyus* mit Winterschlaf.

Unterordnung: Cingulata (Loricata). Dasypodidae (Gürteltiere, Abb. 424): mit Hautpanzer, Bodentiere, grabende Allesfresser. Dasy-

Abb. 424: Xenarthra. a. *Dasypus* (Gürteltier), b. *Chlamyphorus*, c. *Myrmecophaga* (Großer Ameisenbär), d. *Bradypus* (Dreizehenfaultier), e. *Glyptodon* (Pleistozän Südamerikas). Nach Grassé, Romer

podinae (Laufgürteltiere): Hautpanzer mit unterschiedlicher Zahl gürtelförmiger Schilderreihen in der Mitte des Panzers. *Dasypus* (bis südliche USA, Abb. 424 a), nachtaktiv, kann sich rasch eingraben. *Tolypeutes*, igelgroß, kann sich kugelförmig zusammenrollen; *Priodontes* (Riesengürteltier), *Cabassus*, *Euphractus* und *Chaetophractus* (Borstengürteltiere), *Zaedyus* (Zwerggürteltier). Chlamyphorinae (Gürtelmulle): rattengroße Wühler mit sehr kleinen Augen, Panzer bei *Chlamyphorus* (Abb. 424 b) als Hautduplikatur, die von der Rückenmittellinie ausgeht und den Seitenwänden lose aufliegt; *Burmeisteria*, normaler Panzer. In der Eiszeit Riesenformen.

Peltephilidae: ausgestorbene gehörnte Gürteltiere mit kräftigem Gebiß.

Glyptodontidae: erst zu Beginn der Jetztzeit ausgestorbene gepanzerte Formen mit kurzem hohem Schädel mit abwärtsgerichtetem Jochbogenfortsatz, Abb. 424 e. Riesenformen in der Eiszeit.

Unterordnung: Pilosa (Faultiere). Bradypodidae (Baumfaultiere): mit 2 recht unterschiedlichen Gattungen. Dicht behaarte baumlebende Blattfresser mit sehr langsamen Bewegungen, die aber auch schwimmen können. Arme länger als Beine. Schwanz reduziert. Komplizierter Magen. Xenarthrale Wirbelgelenke gering entwickelt. Leben i. a. einzeln, geben vermutlich Töne im Ultraschallbereich von sich. Mittel- und Südamerika. *Choloepus*, Hand mit 2 Krallen; *Bradypus*, Hand mit 3 Krallen (Abb. 424 d).

In Tertiär und Pleistozän bodenlebende, z. T. sehr große Faultiere (Gravigrada). Einzelne überlebten bis in historische Zeit (*Megatherium*, *Megalonyx*).

Unterordnung: Vermilingua. Langschwänzige Xenarthra mit langer Eigenentwicklung; heute nur noch eine Familie: Myrmecophagidae: mit 3 Arten, deren Spezialisierungen (Zahnlosigkeit, komplizierter Zungenapparat, Speicheldrüsen u. a.) mit der Ernährungsweise (Ameisen- und Termitenfresser) zusammenhängen. Mittel- und Südamerika. *Myrmecophaga* (Großer Ameisenbär, Abb. 424 c) meist bodenlebend; *Tamandua* (Kleiner Ameisenbär) boden- und baumlebend, *Cyclopes* (Zwergameisenbär) meist baumlebend mit Greifschwanz. Im Eozän z. B. auch in Mitteleuropa vorkommend (*Eurotamandua* wurde in der Grube Messel bei Darmstadt gefunden).

9. Ordnung: Pholidota (Schuppentiere)

Körper mit epidermalen Hornschuppen bedeckt, nur am Bauch und an den Innenseiten der Beine Haare; neben primitiven Kennzeichen (Gehirn, großes Nickhautrudiment, epitheliochoriale Plazenta u. a.) viele anatomische Sondermerkmale, die in Zusammenhang mit der Ernährungsweise (Myrmecophagie) stehen. Grabkrallen an Vorderextremitäten, Zahnlosigkeit, sehr lange Zunge, sehr große Speicheldrüsen, stark verlängerter Gesichtsschädel, Hornzähnchen und Reibeplatten im Magen u. a. Bodentiere und Kletterer. Afrika, Süd- bis Südost-Asien.

Manidae (Schuppentiere), *Manis*, Abb. 425, 7 Arten. Fossil auch im Tertiär Europas (z. B. *Eomanis*, Eozän, Grube Messel bei Darmstadt).

Abb. 425: *Manis gigantea* (großes afrikanisches Schuppentier). Nach Grassé

10. Ordnung: Taeniodonta

Alttertiäre Säuger (Nord-Amerika) mit grabender Lebensweise. Vordergebiß stark vergrößert, Zahnschmelz bis auf bandförmige Streifen (Name) oder völlig reduziert. *Psittacotherium*, *Conoryctes*.

11. Ordnung: Rodentia (Nagetiere)

Größte Säugetierordnung (1700 Arten) mit Nagezähnen und spezifischer Ausbildung der Massetermuskulatur (Abb. 426). Lediglich ein Schneidezahnpaar in Ober- und Unterkiefer, Schmelz nur auf der Vorderseite. Schneidezähne und z. T. auch Backenzähne mit Dauerwachstum. Backenzähne mit Höckern oder aus diesen entstandenen Querleisten, im Dauergebiß oft nur 1 Prämolar und 3 Molaren. Primäre Pflanzenfresser. Condylus des Dentale longitudinal, 1–22 Junge, Nesthocker (*Rattus*) oder Nestflüchter (Meerschweinchen). Oft komplizierte Sozialstrukturen, in denen Duftstoffe (Phero-

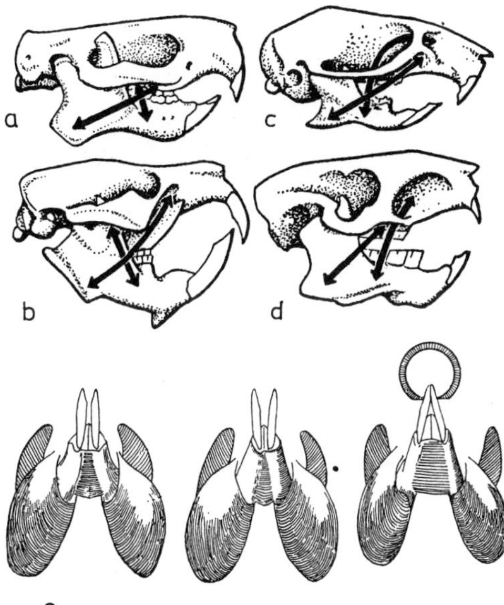

Abb. 426: Verlauf der oberflächlichen und tiefen Anteile des Masseters bei verschiedenen Rodentiern (kräftige Pfeile). Zunehmende Tendenz der Massetermuskulatur, durch das Foramen infraorbitale hindurchzutreten. a. Protrogomorpher Typ. Der Masseter entspringt hauptsächlich vom unteren Rand des Jochbogens. b. Sciuromorpher Typ. Der oberflächliche Anteil entspringt von der Außenseite des Schädels vor der Orbita. c. Myomorpher Typ. Der Ursprung des tiefen Anteils verlagert sich in das Foramen infraorbitale. d. Hystricomorpher Typ. Tiefer Anteil läuft durch ein großes Foramen vor der Orbita und entspringt am Vorderschädel. e. Bewegliche Unterkieferhälften beim Eichhörnchen. Durch Kontraktion eines querlaufenden Muskels werden die Vorderenden der Schneidezähne auseinandergedrängt, was beim Aufsprengen harter Schalen sinnvoll wird. Nach Romer, Weber

mone) eine wichtige Rolle spielen. Bodengeher, Schnelläufer, bipede Hüpfer, Springer, Wühler, Gräber, Schwimmer, Kletterer, Gleitflieger. Unterirdische Wühler mit Reduktion von Augen und Ohren *(Spalax)*. Gleitflieger mit Flughaut. All diese Lebensformen sind mehrfach entstanden. Weltweit in allen Lebensräumen. In mehreren Linien existieren Winter- (Siebenschläfer, Murmeltiere) oder Sommerschläfer. Seit Paleozän nachgewiesen *(Paramys)*, leiten sich vielleicht von primitiven Insektivoren ab, die Beziehungen zu frühen Primaten hatten.

Verschiedene Klassifikationen, die entweder auf Zahnstrukturen, Bau des Dentale oder Ausbildung der Kaumuskulatur beruhen. Die klassischen Unterordnungen Sciuro-, Myo- und Hystricomorpha werden i.a. nur noch als Stadiengruppen aufgefaßt. Im folgenden werden 7 Unterordnungen unterschieden (Abb. 427, 428); die 19 Überfamilien entsprechen vermutlich natürlichen Gruppen, sie werden aber ausdrücklich nur aufgeführt, wenn sie mehrere Familien enthalten. Die vielen Parallelbildungen erschweren die systematische Gliederung.

Unterordnung: Protrogomorpha. Paramyidae: älteste bekannte Nager, Stammgruppe aller anderen Nagetiere. Schneidezähne schon typisch, Backenzähne noch niedrig und bunodont. Masseter setzt an Unterseite des Jochbogens an.

Aplodontidae: mit *Aplodontia rufa* (Abb. 427b), dem Bergbiber, einer rezenten Art mit mehreren ursprünglichen Merkmalen (primitive Masseterstruktur, Reproduktionsbiologie u. a.), daneben spezielle Anpassungen an grabende Lebensweise. Feuchte Bergregionen der Westküste Nordamerikas. *Epigaulus* (Abb. 428j) aus dem Pliozän.

Unterordnung: Sciuromorpha (Hörnchenverwandte). Sciuridae (Hörnchen), bisweilen noch 2 P in einem Oberkieferast, buno- bis lophodonte M. Anterodorsal vergrößerter Masseter. Weltweit außer Australien, maus- bis murmeltiergroß, ca. 250 Arten (Abb. 427a). Baum- oder Bodenbewohner. Flughörnchen (Petauristinae) mit seitlicher Flughaut, die von einem Knorpelstab, der vom Carpus ausgeht, gestützt wird. Einige Arten auch mit hinterer Flughaut, die Femora mit Schwanz verbindet. Erdhörnchen terrestrisch mit ausgedehnten Gangsystemen; Murmeltiere in den Alpen bis 2700 m, im Himalaya bis 5000 m; Ziesel, Präriehunde; einige Arten insektivor (z.B. *Rhinosciurus*, Südost-Asien).

Ctenodactylidae: Recht isoliert im System, Kammfinger oder Gundis Nordafrikas (Abb. 427f). Name bezieht sich auf Borsten über den Krallen. Backenzähne dauernd nachwachsend.

Castoridae (Biber): Kräftige Nagetiere (über 1m groß) mit Anpassungen an das Wasserleben. Schwimmhäute an den Hinterfüßen, Schwanz distal unbehaart und abgeplattet, äußere Nasenöffnung und Gehörgang können verschlossen werden. Bauen Dämme und Wohnungen, können sogar größere Bäume fällen. Die Wohnburgen erreichen 2 m Höhe und 3,5 m Durchmes-

Abb. 427: Rodentierformen. a. *Sciurus* (Sciuridae), b. *Aplodontia* (Aplodontidae), c. *Castor* (Castoridae) mit 2 Arten: *C. fiber* (Eurasien) und *C. canadensis* (N.amerika). d. *Peromyscus* (Cricetidae), e. *Rattus* (Muridae), f. *Ctenodactylus* (Ctenodactylidae), g. *Zapus* (Zapodidae), h. *Cricetus* (Cricetidae), i. *Gerbillus* (Cricetidae), j. *Dipodomys* (Heteromyidae), k. *Geomys* (Geomyidae), l. *Heterocephalus* (Bathyergidae), m. *Eliomys* (Gliridae), n. *Pygeretmus* (Dipodidae), o. *Spalax* (Spalacidae), p. *Ondatra* (Cricetidae); 1905 in Europa eingeschleppt. Nach Burt, Grassé, Grossenheider, Dekeyser

ser, sie sind von Wasser umgeben, ihre Eingänge liegen immer unter der Wasseroberfläche. Sie sind sehr solide gebaut und werden jahrelang benutzt. *Castor*, 2 Arten (Abb. 427c).

Heteromyidae (Taschenmäuse): Amerika, meist in Trockengebieten, kleinere Formen, oft mit verlängerten Hinterextremitäten und hüpfender Fortbewegungsweise, Känguruhratten und -mäuse *(Dipodomys* [Abb. 427j], *Microdipodops)* springen bis 2,5 m weit; langer Schwanz, große Augen und Ohren, Backentaschen innen behaart, nachtaktiv, leben in komplizierten unterirdischen Gangsystemen.

Geomyidae (Taschenratten): Amerika, kräftige, oft hamstergroße, solitär lebende unterirdische Wühler mit kleinen Augen und Ohren. Backentaschen innen behaart, münden außerhalb der Mundhöhle seitlich vom Mundwinkel nach außen (Abb. 427k).

Unterordnung: Theridomorpha. Masseter mit einem Anteil, der durch Foramen infraorbitale zieht, nur 1 rezente Familie. Anomaluridae (Dornschwanzhörnchen); arboricol, Afrika, meist mit Flughaut, die von Knorpelstab, der vom Ellenbogen ausgeht, gestützt wird (Abb. 428h). Gleitflieger. Schwanzunterseite mit großen, spitzen Hornschuppen (Kletterstütze). Fruchtfresser, z.B. Ölpalmenfrüchte.

Unterordnung: Gliromorpha (Schläferartige). Gliridae (Bilche, Schläfer), meist nachtaktiv, Waldlandbewohner, Afrika, Europa, Vorderasien. *Muscardinus* (Haselmaus) und *Glis* (Siebenschläfer), *Dryomys* (Baumschläfer), *Eliomys* (Gartenschläfer, Abb. 427m). Seleviniidae (Salzkrautbilche) Wüstenbewohner Kasachstans.

Unterordnung: Myomorpha: Keine natürliche Einheit, gemeinsam sind Bau des Masseters (Abb. 426) und die buno- bis lophodonten Backenzähne. Artenreichste Nagergruppe (über 1000 Arten).

Cricetidae (Wühler): kleine (Wühlmäuse) bis mittelgroße (Bisamratte) Formen mit mehreren Unterfamilien: Hesperomyinae (Neuweltmäuse) sehr formen- und artenreich, mit Reisratte *Oryzomys*, der genetisch und ökologisch vielfach untersuchten Gattung *Peromyscus* (Abb. 427d) und der fischfressenden *Ichthyomys*. Cricetinae (Hamster): Wühler und Vorratssammler Europas, Asiens und Afrikas; *Cricetus* (Abb. 427h), *Mesocricetus* (Goldhamster). Myospalacinae (Mullmäuse): Mittel- und Ostasien, unterirdische Formen mit kleinen Augen und fehlendem äußeren Ohr, kräftigen Nägeln an den Fingern der Hände und flachem Schädel mit großen Inzisiven, graben mit Händen oder Nagezähnen. Die Nesomyinae (Inselmäuse) vertreten die echten Mäuse auf Madagaskar mit vielen Parallelbildungen zu diesen. Lophiomyinae (Mähnenratten), Afrika, langhaarig mit hoher Rückenmähne, mit knöchernem Dach über der Fossa temporalis. Dendromurinae (Baummäuse), z.T. arboricol, mit opponierbarem Daumen, Afrika. Microtinae mit Wühlmäusen (z.B. Feldmaus *Microtus arvalis* und Schermaus *Arvicola terrestris*). Die phytophage *Arvicola terrestris* ist die schädlichste Mäuseart in Obstgärten Europas. Sie lebt unterirdisch und frißt vorwiegend frische Wurzeln, legt ein weitverzweigtes Gangsystem an (bis 80 m lang und 50 cm tief) und wirft Erdhaufen auf. Innerhalb des Baues liegt das kugelige Nest, in dessen Nähe befinden sich Vorratskammern. 3–4 Würfe/Jahr mit je 2–5 Jungen. Neigt zu Massenvermehrungen. Bisamratte (*Ondatra*, Abb. 427p), Lemmingen *(Lemmus)*, Mullemmingen *(Ellobius))*, u.a. Gerbillinae (Rennmäuse, Abb. 427i); verlängerte Hinterextremitäten, Trockengebiete Asiens und Afrikas. Hierher vielleicht auch die Stachelbilche, Süd- und Südost-Asien, die oft auch in einer eigenen Familie zusammengefaßt werden (Platacanthomyiden).

Muridae (Mäuse): Alte Welt (einschließlich Australien), ca. 500 Arten, zwergmaus- *(Micromys)* bis kaninchengroß *(Phloeomys)*, vorwiegend herbivor, aber auch viele omnivore Arten.

Mehrere Unterfamilien, Murinae (echte Mäuse), lang- und kurzschwänzige, laufende, springende, schwimmende und kletternde Arten, glatt- oder stachelhaarig. In Mitteleuropa *Rattus norvegicus* (Wanderratte) und *R. rattus* (Hausratte, Abb. 427e), *Apodemus agrarius* (Brandmaus), *A. flavicollis* (Gelbhalsmaus), *A. sylvaticus* (Waldmaus), *Mus musculus* (Hausmaus und Ährenmaus). *Phloeomys*, Südasien bis Neuguinea. Meist baumbewohnende, größere Arten. Rhynchomyinae (Nasenratten): Philippinen, spitzmausähnlich mit spitzer Schnauze, reduziertem Gebiß, vermutlich carnivor. Hydromyinae (Schwimmratten oder Wassermäuse): Neuguinea, einige Arten auch in Australien, Tasmanien, auf Salomonen und Philippinen. Reduziertes Gebiß (*Mayermys*, Neuguinea nur noch mit einem Backenzahn in jeder Kieferhälfte). Nahrung: Molluscen, Krebse, Fische, Frösche, Vogeleier.

Abb. 428: Rodentierformen. a. *Dasyprocta* (Dasyproctidae), b. *Dinomys* (Dinomyidae), c. *Myocastor* (Myocastoridae), wird in Pelztierfarmen gezüchtet. d. *Rhizomys* (Rhizomyidae), e. *Chinchilla* (Chincillidae), wird auf Farmen als Pelztier gezüchtet, f. *Erethizon* (Erethizontidae), g. *Pedetes* (Pededitae), h. *Anomalurus*, arborikol, mit Flughaut, die durch Knorpelstab gestützt wird (Anomaluridae), i. *Dolichotis* (Caviidae), j. *Epigaulus* (Pliozän, Mylagaulidae) gehörnte Form, k. *Atherurus* (Hystricidae), l. *Ctenomys* (Ctenomyidae). Nach Burt, Grassé, Grossenheider

Rhizomyidae (Wurzelratten): Afrika, Süd- und Südost-Asien, unterirdische Wühler mit normal ausgebildeten Augen und Ohrmuscheln. Bambusratten (*Rhizomys*, Abb. 428 d), Rohrratten *(Cannomys)*, *Tachyorcytes*.

Spalacidae (Blindmäuse): Osteuropa, östliches Mittelmeergebiet, N.afrika. Unterirdisch lebende Tiere mit reduzierten Augen (liegen unter der Haut), fehlenden Ohrmuscheln, äußerlich fehlendem Schwanz und dichtem, weichen Fell (Abb. 427 o). Nasenschild. Ihre Anwesenheit ist an großen Erdhaufen (bis 2 m Durchmesser) erkennbar.

Zapodidae (Hüpfmäuse): verlängerte Hinterbeine (Abb. 427 g), langschwänzig, holarktisch, Birkenmaus *(Sicista)* auch in Deutschland.

Dipodidae (Springmäuse), stark verlängerte Hinterbeine (Abb. 427 n), große Augen und Ohren, langschwänzig, altweltliche Nachttiere, Steppen, Wüstengebiete.

Unterordnung: Caviomorpha. Natürliche Gruppe, Neue Welt. Übereinstimmungen (Masseterstruktur, Backenzahnmuster, Fusion von Malleus und Incus) mit einigen altweltlichen Formen, den Hystricidae, lassen an Verwandtschaft der altweltlichen Stachelschweine mit Caviomorphen denken.

Erethizontidae (Baumstachler, Abb. 428 f): stehen etwas isoliert. Kurze bis mittelgroße Körperstacheln, z.T. von langen Haaren bedeckt, Baumtiere, Schwanz meist als Greifschwanz ausgebildet.

Octodontidae (Trugratten): Bodenwühler.

Echimyidae (Stachel- oder Lanzenratten), Bodenbewohner, Gräber, Kletterer (Fingerratten), Schwimmer. Oberseitenhaare als flache Borsten.

Myocastoridae: mit der amphibischen Biberratte = Nutria *(Myocastor coypus*, Abb. 428 c), z.T. in Farmen gezüchtet.

Capromyidae (Baum- oder Ferkelratten): plump, nacktschwänzig, meist Boden- oder Baumbewohner.

Ctenomyidae (Kammratten): Bodenwühler, Borstenhaarkamm an Hinterfußzehen, dient Fellreinigung (Abb. 428 l).

Abrocomidae (Chinchillaratten): in Bodengängen oder Felsspalten.

Chinchillidae (Hasenmäuse): große Augen und Ohren, buschiger Schwanz, feines weiches Fell. Nachttiere, *Chinchilla* als Farmtier gehalten (Abb. 428 e).

Caviidae (Meerschweinchen und Maras): Boden- oder Felsbewohner, Meerschweinchen kurzbeinig; Maras, hochbeinig, hasenartig (Abb. 428 i).

Hydrochoeridae (Wasserschweine): schweinegroß aber stumpfschnauzig. Hinterfüße mit Schwimmhäuten, bewohnen Ufer von Gewässern.

Dasyproctidae (Agutis): Bodenbewohner, bis 80 cm groß, relativ hochbeinig, großköpfig (Pacas) oder mit kleinerem Kopf (eigentliche Agutis, Abb. 428 a). Zehen hufähnlich.

Dinomyidae (Pakaranas): bis 80 cm groß und plump, meerschweinchenähnlich (Abb. 428 b).

Unterordnung: Hystricomorpha. Nur mit altweltlichen Formen, deren Zugehörigkeit zu dieser Unterordnung z.T. unsicher ist. Massetermuskulatur «hystricomorph» (Abb. 426).

Hystricidae (Erdstachelschweine): bis dachsgroße Bodentiere. Körper mit langen oder kürzeren Stacheln bedeckt, die aufrichtbar sind. *Hystrix* (auch Süd-Europa), *Atherurus*, Abb. 428 k, *Trichys* (Pinselstachler, primitiv, einfache Stacheln).

Thryonomyidae (Rohrratten): Bodenbewohner, meist in Wassernähe, Afrika.

Petromuridae (Felsenratten): felsige Trockengebiete Südwest-Afrikas.

Bathyergidae (Sandgräber): unterirdische Wühler, bis mardergroß, meist dichtes weiches Fell, nur *Heterocephalus glaber* (Abb. 427 l) ist fast nackt (Nacktmull). Kleine oder verkümmerte Augen und Ohren. Abweichend angeordnete Kaumuskulatur. Graben mit Nagezähnen *(Georhychus)* oder Händen *(Bathyergus)*; Afrika.

Unklar die Stellung der Pedetidae (Springhasen), Steppen Ost- und Südafrikas, kaninchengroße Tieren mit kräftigen Hinterextremitäten und großem, buschigen Schwanz; biped hüpfend. 1 Art: *Pedetes cafer* (Abb. 428 g).

12. Ordnung: Carnivora (Raubtiere)

Trotz großer Formenvielfalt natürliche Gruppe, seit Paleozän (Miaciden) nachgewiesen. Die früher oft als Urraubtiere angesehenen Creodonta werden heute i.a. als Sammelgruppe primitiver Placentalier angesehen, die zu verschiedenen Stämmen gehören. Die Übereinstimmungen mancher Formen, z.B. Oxyaenoidea, mit Carnivoren sind vermutlich Konvergenzen. Dennoch findet sich verbreitet die Auffassung, daß auch die Carnivoren in den Creodontiern wurzeln. Die rezenten Carnivoren lassen sich in Fissipedier (Landraubtiere) und Pinnipedier (Robben) gliedern; die Pinnipedier leiten sich von Fissipediern, speziell Formen aus der Bärenverwandtschaft, her, dafür sprechen serologische Übereinstimmungen.

Unterordnung: Fissipedia (Landraubtiere). Wiesel- bis bärengroß, 220 Arten. Zehen mit Krallen (selten verkümmert: Ottern); Sohlen-, Halbsohlen- oder Zehengänger. Eckzahn groß, Prämolaren spitzkronig, Molaren schmal und spitz (z.B. Katzen) oder breitkronig-niedrighöckerig bei Arten mit Pflanzenkost. Brechscherenapparat P^4/M_1. Uterus bicornis oder duplex. Gürtelplacenta. 4–14 Zitzen, 1–15 Lagerjunge. Tragzeit 40–120 Tage. Manche Bären und Marder mit Vortragszeit und eigentlicher Tragzeit (insgesamt ca. 12 Monate). Vor allem Fleischfresser, aber auch Pflanzen-, Gemischtkost- und Kleintierfresser. Die systematische Gliederung ist umstritten. Die zahlreichen Familien lassen sich in 3 Gruppen zusammenfassen.

Familiengruppe: Arctoidea. Ursprünglichste rezente Carnivoren mit Bären, Pandas, Waschbären und, etwas isoliert, den Marderartigen.

Ailuridae: mit *Ailurus* (Kleiner Panda), omnivor, Nepal bis Setschuan.

Procyonidae (Kleinbären): heterogene neuweltliche Gruppe, marder- bis dachsgroß, Schwanz meist lang und buschig, Molaren breitkronig; 9 Arten; *Potos* (Wickelbär) mit Greifschwanz, *Bassaricyon* (Schlankbär), *Bassariscus* (Katzenfrett), lebendes Fossil, *Procyon* (Waschbär, Abb. 429a), *Nasua* (Nasenbär), *Nasuella* (Zwergnasenbär).

Ursidae (Bären): Große Tiere mit kurzem Schwanz, bis 3 m groß. Molaren breitkronig; Zehen mit langen Krallen; Zehenzahl 5; Sohlengänger; meist omnivor. Halten in gemäßigten und kalten Regionen Winterruhe (nicht Winterschlaf). 8 Arten: *Ursus arctos* (Braunbär) holarktisch; *U. americanus* (Schwarzbär = Baribal), Nordamerika. *U. (Thalarctos) maritimus*, Eisbär, nur carnivor, Arktis. *Tremarctos* (Brillenbär, Abb. 429d), Südamerika; *Selenarctos* (Kragenbär), Zentral-Ost-Asien; *Helarctos* (Malaienbär), Südost-Asien: *Melursus* (Lippenbär), Vorderindien, Ceylon. Auch der vom Aussterben bedrohte Große Panda *(Ailuropoda)* kann aufgrund vieler anatomischer Übereinstimmungen den Ursiden zugezählt werden. Sondermerkmale sind: er ernährt sich weitgehend von Bambusblättern, an der Hand besitzt er ein gegen die 5 Finger opponierbares Sesambein, mit dessen Hilfe Bambuszweige gehalten werden können.

Mustelidae (Marder): Niedrigbeinige, oft schlanke Tiere. Im Oberkiefer 1, im Unterkiefer 1–2 breitkronige Molaren; 24 Gattungen, 63 Arten, darunter *Mustela* (Wiesel), holarktisch, mit *M. nivalis* (Mauswiesel), *M. erminea* (Hermelin, Abb. 429c), *M. lutreola* (Nerz). *M. putorius* (Waldiltis), *Martes* (Marder), holarktisch, mit *M. foina* (Steinmarder), *M. martes* (Baummarder), *M. zibellina* (Zobel), *Gulo* (Vielfraß), holarktisch, *Mellivora* (Honigdachs), Vorderasien, Afrika; *Meles* (Dachs), Eurasien; *Mydaus* (Stinkdachs), Süd- und Südost-Asien; *Melogale* (Sonnendachs), Südost-Asien: *Mephitis* (Streifenskunk), Amerika; *Lutra* (Otter, Abb. 429e), *Aonyx* (Fingerotter), Asien, Afrika; *Enhydra* (Seeotter), Nordpazifikküste, Seeigel- und Muschelfresser.

Familiengruppe: Cynofeloidea. Hunde- und Katzenartige. Obwohl diese Tiergruppen viele Unterschiede aufweisen, lassen sie sich unter Einbeziehung fossiler Formen aufgrund von Ähnlichkeiten der Schädelbasis und Ohrregion doch etwas näher zusammenstellen. Dies geschieht unter Vorbehalt, da die Katzen auch Beziehungen zu Viverriden zeigen. Canidae (Hunde): bodenlebende Lauftiere, oft in Erdbauten, Schnauze i. a. spitz, Zehengänger, Daumen meist vorhanden, Großzehe fehlend. Das Gebiß ist verhältnismäßig ursprünglich; Ausnahme *Otocyon* als Insektenfresser mit 4 kleinen Prämolaren und 4 Molaren; Laufraubtiere, größere Arten meist Hetzräuber; ca. 110 Arten. *Canis* (Wölfe, Schakale), weltweit, *Chrysocyon* (Mähnenwolf), Süd-Amerika; *Nyctereutes* (Marderhund), Ostasien, in europ. UdSSR ausgesetzt, westwärts wandernd; *Speothos* (Waldhund), Mittel- und Süd-Amerika; *Lycaon* (Hyänenhund, Abb. 429b), Großwildhetzer, Afrika; *Cuon* (Rothund) Süd- und Ost-Asien; *Otocyon* (Löffelhund), sehr große Ohren, Afrika; *Urocyon* (Graufuchs), Amerika; *Vulpes* (echte Füchse).

Felidae (Katzen): ursprünglich Baumtiere, daher primär kurze Schnauze, große und nach vorn gerichtete Augen, meist rückziehbare Krallen. In Ober- und Unterkiefer nur 1 Molar. 35 Arten: *Felis* (Wildkatzen), Afrika, Eurasien; *Puma*, Amerika; *Leopardus* (Ozelot-

Abb. 429: Fissipedier. a. *Procyon* (Waschbär, Procyonidae) Nord- und Mittelamerika, in Europa z.T. verwildert, anpassungsfähiger Allesfresser, kann seine Nahrung zum Wasser tragen und mit den Händen waschen, b. *Lycaon* (Hyänenhund, Canidae), c. *Mustela* (Hermelin, Mustelidae), d. *Tremarctos* (Brillenbär, Ursidae), e. *Lutra* (Otter, Mustelidae) mit vielen Anpassungen ans Wasserleben (verschließbare Ohren, Schwimmhäute stromlinienförmige Gestalt. *Lutra lutra* ist in Mitteleuropa sehr selten geworden infolge Nachstellung durch den Menschen sowie Störung und Verschmutzung ihrer Lebensräume. f. *Leopardus pardalis* (Ozelot, Felidae), g. *Mungos* (Herpestidae). Nach Bourliere in Grassé und Mohr

katzen, Abb. 429f), Süd-Amerika; *Neofelis* (Nebelparder), Süd-Asien; *Herpailurus* (Wieselkatze), Amerika, z.T. Pflanzenfresser; *Lynx* (Luchse), holarktisch; *Caracal* (Wüstenluchs), Afrika, Vorderasien; *Uncia* (Schneeleopard), Zentralasien; *Panthera*, mit *P. leo* (Löwe), Afrika, Asien; *P. pardus* (Leopard), Afrika, Asien; *P. tigris* (Tiger) Süd- und Ost-Asien; *P. onca* (Jaguar), Süd- und Mittelamerika. *Acinonyx* (Gepard), hochbeinig, Schnelläufer, Afrika, Vorderasien. Als primitive Form kann die madagassische *Cryptoprocta* den Feliden zugeordnet werden. Sie weist aber auch viele Übereinstimmungen mit Viverriden auf.

Familiengruppe: Herpestoidea. Viverridae: Schwanz lang, oft buschig; Krallen oft rückziehbar. Molaren relativ breit und spitzhöckerig, oft Baumtiere, Alte Welt, 72 Arten. *Genetta* (Ginsterkatze) auch in Süd-Europa; *Viverra* (Zibetkatzen), Afrika, Süd-Asien; *Paradoxurus* (Musangs) Süd- und Südost-Asien: *Paguma* (Larvenroller) Süd-Asien; *Arcticitis* (Binturong), Süd- und Südost-Asien; *Galidictis* (Breitstreifenmungo), Madagaskar.

Herpestidae (Ichneumons): Afrika, SW-Spanien, Süd-Asien; *Mungos* (Abb. 429) *Suricata*, *Herpestes* (Mungo).

Hyaenidae (Hyänen): leiten sich von Schleichkatzen her. Meist sehr starke Backenzähne (Knochenzerbeißen), P_3 vergrößert sich auf Kosten des M_1. *Crocuta* (Fleckenhyäne), Afrika südlich der Sahara, Weibchen mit penisartiger Clitoris und Scrotaltaschen; *Hyaena*, (Streifenhyäne), Nord- und Ostafrika, Kleinasien bis Indien; *H. brunnea* (Strandwolf), Süd-Afrika. *Proteles* (Erdwolf), verkümmerte Backenzähne, Termiten- und Ameisenfresser, südliches bis mittleres Afrika.

Unterordnung Pinnipedia (Flossenfüßer, Robben). Seit Miozän nachgewiesene, von arctoiden Fissipediern abstammende und ans Wasserleben angepaßte Carnivoren, deren Extremitäten zu Flossen umgewandelt sind. Hinterbeine bilden Schwanzflosse, Schwanz reduziert. Die Haut zeigt viele Anpassungen an das Wasserleben: dicke Haut mit oft kaum verhornter, bis 1 mm hoher Epidermis und umfangreichem Unterhautfettgewebe (beim Walroß bis 5 cm dick); die Haare wachsen in Gruppen von 4 bis ca. 20; dabei ist ein Haar besonders lang und kräftig, während die anderen weicher sind und wellig verlaufen (Unterwolle); ihre hohe Zahl bei den Pelzrobben macht den Wert von deren Fellen aus. Luftblasen in der Unterwolle sind ein wichtiger Wärmeisolator. Vor der Paarungszeit wird das Fell gewechselt, gleichzeitig läßt sich bei vielen Robben eine Häutung der Epidermis beobachten. Große Sinushaare an der Schnauze. Nasen- und Ohrenöffnungen verschließbar, Ohrmuschel fehlend oder klein, große Augen. Backenzähne schmal und spitz, Tendenz zur Gleichförmigkeit (Homodontie). Niere und Leber viellappig; After und Vulva in gemeinsamer verschließbarer Hauttasche; Uterus bicornis. Meist 1 Junges, 10–12 Monate Tragzeit, Geburten an Land oder auf Eisschollen, Neugeborenes voll behaart, mit offenen Augen, bald schwimmfähig, z.T. Echo- und Ultraschallpeilung. Ca. 30 Arten.

Die Verbreitung der Robben wird stark von Meeresströmen bestimmt. Sie bevorzugen meist Kaltwassergebiete und kommen daher vor allem in Nordatlantik, Nordpazifik, in antarktischen Gewässern und an den Westküsten der Südkontinente vor. Eine der wenigen Ausnahmen bildet die Mönchsrobbe (Karibische See, Mittelmeer u.a.).

Otarioidea: primitivere Robbengruppe (Abb. 430a, b). Hinterextremitäten mit flossenähnlichen Füßen, die nach vorn gewendet werden können, Flossen unbehaart, Hals lang; marin.

Otariidae (Seelöwen und Pelzrobben): kleines äußeres Ohr, kurzer freier Schwanz, Hoden in Scrotum. Seelöwen *(Otaria)*, *Eumetopias*, *Neophoca*, *Phocarctos*, *Zalophus*, kurzer Pelz mit gering entwickelter Unterwolle, kurze Schnauze; Pelzrobben *Callorhinus*, *Arctocephalus*, Abb. 430b), längerer Pelz mit dichter Unterwolle, spitze Schnauze.

Odobenidae (Walrösser): äußeres Ohr fehlt, Schwanz liegt in Hautfalte, beide Geschlechter mit stark verlängerten oberen Eckzähnen, die zeitlebens wachsen, Schalentierfresser, innere Hoden. Nordpazifik, Nordatlantik. *Odobenus* (Walroß), 1 Art (Abb. 430a).

Phocoidea: spezialisiertere Robbengruppe (Abb. 430c). Die zu Flossen umgewandelten Hinterextremitäten können nicht mehr nach vorn gewendet werden, Flossen behaart; Hals kurz; marin, Brack- und Süßwasser.

Phocidae (Seehunde): bis 6,5 m lang, 18 Arten. *Monachus* (Mönchsrobben), mit primitiven Merkmalen, warme Meere, Hawaii, Karibische See, Mittelmeer, Schwarzes Meer; *Lobodon*, (Krabbenfresserrobbe), Antarktis, ernährt sich überwiegend von Krill, bildet derzeit noch

Abb. 430: Robben. a. *Odobenus* (Walroß), b. *Arctocephalus* (Südamerikanischer Seebär), c. *Lobodon* (Krabbenfresser). Nach Nishiwaki

relativ große Populationen; *Hydrurga* (Seeleopard), Antarktis; *Leptonychotes* (Weddellrobbe), extrem an das antarktische Leben angepaßt, kann sehr tief und anhaltend (20–30 min, in Extremsituationen über 60 min) tauchen; *Phoca* (Seehund), circumpolar, auch Ostsee; *Pusa* (Ringelrobben), klein, auch Ostsee, Seen in Finnland und UdSSR bis Kaspisee und Baikalsee, Junges auf Eis; *Pagophilus* (Sattelrobbe) circumpolar; *Halichoerus* (Kegelrobbe), Nordatlantik, auch Nord- und Ostsee; *Cystophora* (Klappmütze), Nordatlantik, Nase verlängert und aufblasbar; *Mirounga* (See-Elefanten), größte Robben, Nase aufblasbar und verlängert, Südhalbkugel und Südkalifornien, Guadeloupe.

13. Ordnung: Lagomorpha (Hasen)

Seit langem isolierte Gruppe, die sich aus den Huftieren nahestehenden primitiven Säugern entwickelt hat. Nicht mit Rodentia verwandt, Nagegebiß und andere Merkmale sind parallel entstanden. Behaarte Sohlen, große Augen, Ohren oft sehr groß, Schwanz kurz oder fehlend. 2 Paar obere Inzisiven (das 3. fällt gleich nach Geburt aus); der 2. obere Inzisivus bleibt klein und rückt hinter den 1., der ganz von Schmelz umgeben ist (bei Rodentieren auf Inzisiven Schmelz nur auf der Vorderseite) und dauernd nachwächst. Der knöcherne Gaumen bildet eine enge Querbrücke. Einfacher Magen, spiralig aufgerollter Blinddarm; 2 Kotsorten: weicher Blinddarmkot (vitaminreich, wird wieder aufgenommen) und harter Darmkot. 66 Arten (Abb. 431).

Leporidae (Hasen und Kaninchen): Kaninchen mit Erdbauten, Nesthocker, bei Geburt nackt und blind; Hasen oft Nestflüchter. Kaninchen durch Menschen weltweit verbreitet, oft durch Massenentwicklung schädlich. *Lepus* mit Feld- und Schneehasen in unserem Gebiet. Seit Ende der 70er Jahre starker Rückgang der Feldhasen in Europa durch Straßenverkehr, Land-

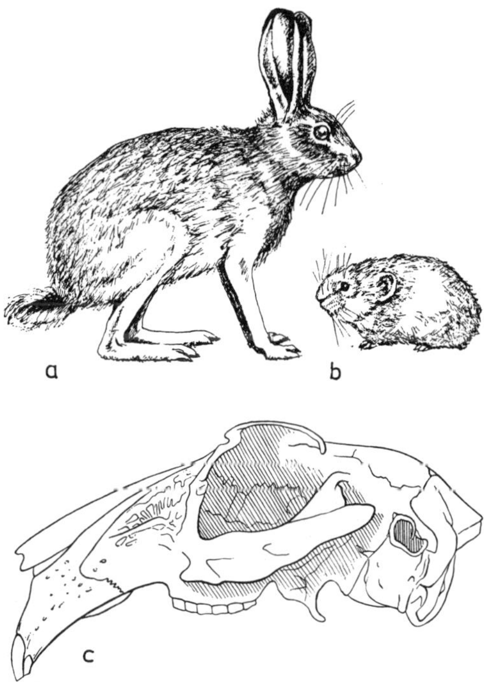

Abb. 431: Leporidae. a. *Lepus*, b. *Ochotona* (Pfeifhase, Ochotonidae), c. Schädel in Seitenansicht (*Oryctolagus*). Beachte den kleinen 2. Inzisiven hinter dem großen Nagezahn der linken Seite. Nach Burt, Grossenheider, Peyer

maschinen, Krankheiten, Monokulturen, Hunger. *Oryctolagus cuniculus* (Wildkaninchen), erst im Mittelalter wieder in Mitteleuropa eingeführt, domestiziert; *Sylvilagus* (Baumwollschwanzkaninchen), Amerika, mit 13 Arten, darunter 1 sumpfbewohnende; *Nesolagus* (Sumatrakaninchen).

Ochotonidae (Pfeifhasen): ähneln Meerschweinchen, Nord- und Mittelasien, Nordamerika; tagaktiv, gesellig, Halbwüsten bis Waldland und Felsgebiete, in Erdbauten oder Felsspalten, *Ochotona*.

14. Ordnung: Condylarthra (Urhuftiere)

Alttertiäre Säuger mit ursprünglichen Merkmalen. Arctocyonidae und Mesonychidae (auch als Creodonta angesehen) erinnern an Raubtiere. Phenacodontidae: Ahnen der folgenden fünf Ordnungen, vermutlich auch anderer Huftiere. *Phenacodus* (Abb. 432).

15. Ordnung: Tillodontia

Alttertiär, Schneidezähne wie bei Nagetieren.

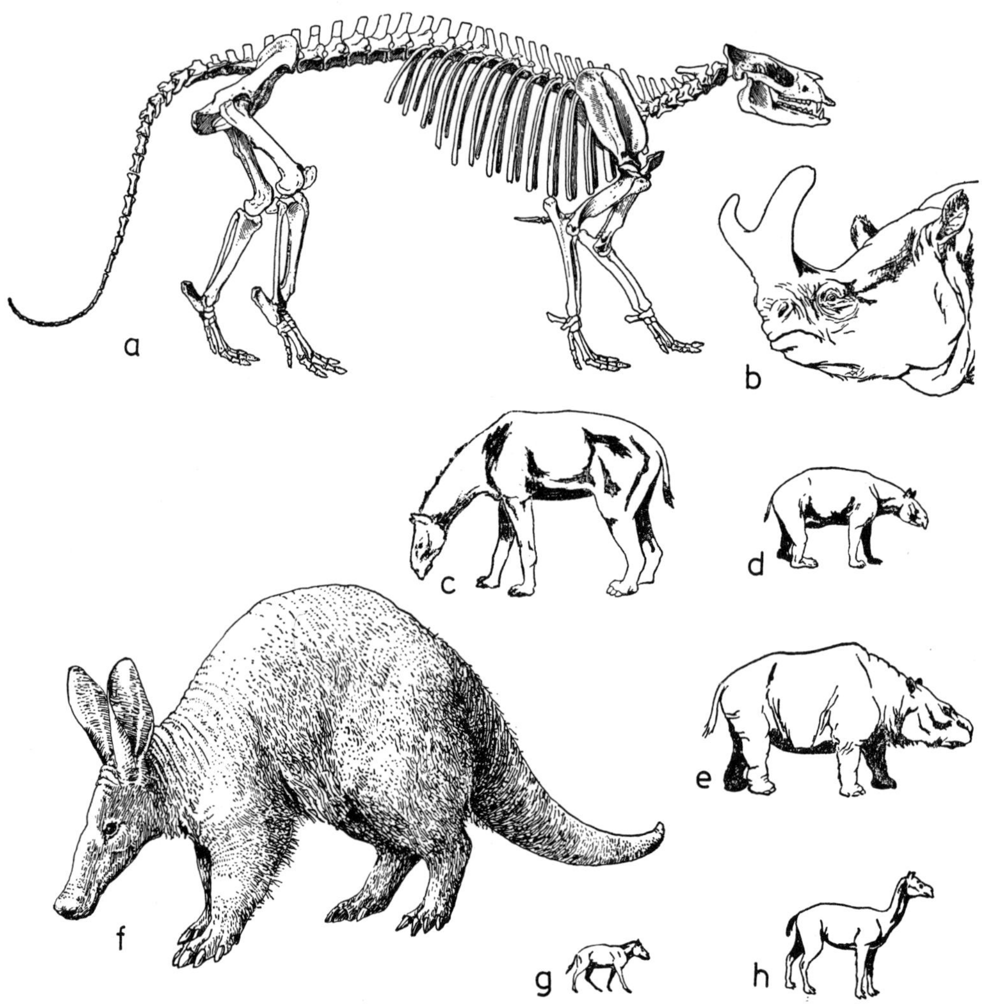

Abb. 432: Altertümliche Huftiere. a. Skelet von *Phenacodus* (Condylarthra), b. Brontotheriide (Perissodactyla), c. Chalicotheriide (Ancylopoda), d. Homalodotheriide (Notoungulata), e. Toxodontide (Notoungulata), f. *Orycteropus* (Tubulidentata), g. pferdeähnliches Litoptern, h. kamelähnliches Litoptern. Nach Osborn, Simpson und Grassé

16. Ordnung: Tubulidentata (Erdferkel)

Heute nur noch 1 Art, *Orycteropus afer* (Abb. 432), Afrika, südlich der Sahara; schweinegroß, spärlich behaart; Vorder- und Hinterfüße kräftige Grabwerkzeuge mit Nagelhufen. Eigenartiges Gebiß, Inzisiven und Eckzähne fehlen, Backenzähne wurzellos, dauerwachsend und aus 1000 bis 1500 zementverkitteten feinen Dentinröhrchen bestehend, kein Schmelz. Lange klebrige Zunge, Termiten- und Ameisenfresser nachtaktiv, tagsüber in Erdbauten.

17. Ordnung: Litopterna

Ausgestorbene südamerikanische Huftierordnung, die im Extremitätenskelet konvergent zu den Pferden (Abb. 433) Einzehigkeit ausbildete (Toatherinen). Das Gebiß bleibt primitiver, zeigt aber auch Anklänge an das Pferdegebiß (Molarisierung der Prämolaren, Diastema, Hypsodontie, Abb. 432).

18. Ordnung: Notungulata

Formenreiche, ausgestorbene südamerikanische Huftiere (Abb. 432). Meist drei- oder vierzehig, aber auch zwei- und fünfzehige Formen. Notioprogonia, primitive Formen; Toxodonta; Thypotheria; Hegetotheria, z.T. nashorngroß, Eckzähne z.T. sehr groß, z.T. vermutlich mit Rüssel (Homalodotheriidae).

19. Ordnung: Perissodactyla (Unpaarhufer)

Im Tertiär reich entwickelte Huftiergruppe, heute nur noch drei Familien mit wenigen Arten. In den Extremitäten ist der mittlere Strahl von Hand und Fuß (3. Mittelhand- bzw. Mittelfußknochen mit 3. Finger) stark entwickelt und trägt die Last des Körpers. Die seitlichen Finger sind schwächer oder fehlen (Abb. 433). Endphalangen tragen Nagelhufe oder Hufe. Backenzähne bilden geschlossene Reihe ähnlicher Zähne mit quadratischem Umriß, selenolophodont und plicident, Pflanzenfresser, Kopf groß mit auffällig beweglichen Lippen.

Unterordnung: Ceratomorpha (Tapire und Nashörner). Tapire und Nashörner gehen auf eine gemeinsame Grundgruppe zurück, Extremitäten bleiben primitiv, Hand mit 3–4, Fuß mit 3 Zehen.

Tapiridae (Tapire): schweineähnliche Gestalt, fossil reich entwickelt, z.T. Lauftiere *(Lophiodon)*. Oberlippe und Nase rüsselartig, kurzes anliegendes Fell. Primitive Merkmale: Hand mit 4 Zehen, Gebiß vollständig, Backenzähne niedrigkronig. Spezialisationen betreffen Schädelgestalt, molarisierte Prämolaren, caniniformen I^3, Rüssel. Jungtiere mit geflecktem Fell, Erwachsene einfarbig braun (südamerikanische Formen) oder schwarzweiß (Schabrackentapir). Einzellebend in Wäldern. Die 4 rezenten Arten werden auf eine *(Tapirus)* oder auf mehrere

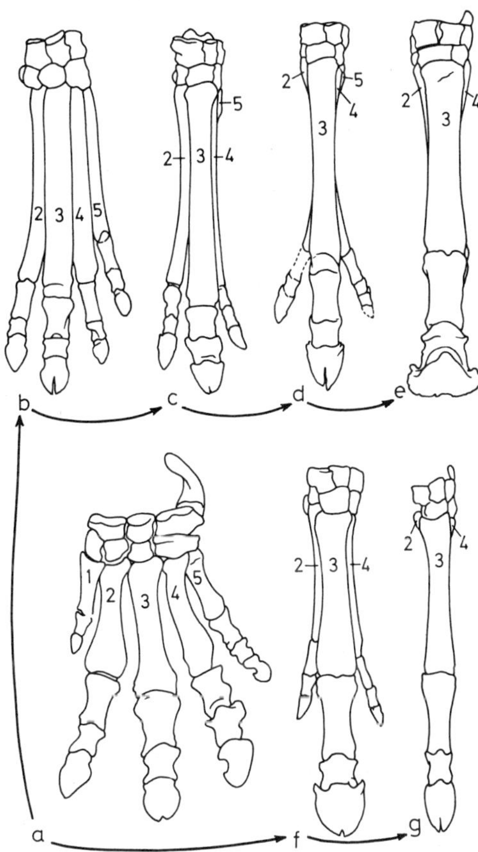

Abb. 433: Entwicklung der Vorderextremitäten vom eozänen Urhufer *Phenacodus* zu rezenten Pferden (b–e) sowie zu miozänen südamerikanischen pferdeähnlichen Formen (Litopterna, f, g). 1–5. Metacarpale a. *Phenacodus*, b. *Eohippus*, c. *Miohippus*, d. *Parahippus*, e. *Equus*, f. *Diadiaphorus*, g. *Thoatherium*. Nach Gregory

Gattungen verteilt. Schabrackentapir (Abb. 434a), Malaya, Sumatra; übrige Formen in Süd- und Mittelamerika.

Rhinocerotidae (Nashörner). Bis über 4 m lange großköpfige Formen, Vorderextremität noch mit drei Zehen. Sondermerkmale: Reduktion des Vordergebisses. Molarisierte Prämolaren, dicke wenig behaarte Haut mit z.T. plattenartigen Partien, die durch Falten getrennt sind; am Kopf epidermale Hörner; Gras- und Laubfresser. Heute nur noch 5 Arten, die fast alle von Ausrottung bedroht sind, vor allem die asiatischen Arten (Abb. 435). *Dicerorhinus* (= *Didermocerus) sumatrensis* (Sumatra-Nashorn) früher in ganz Süd-Asien, heute sehr zurückgedrängt; relativ stark behaart und dünnhäutig; verwandt mit Wollnashorn der Eiszeit. *Rhinoceros unicornis* (Indisches Panzernashorn), früher in Nordindien verbreitet, heute noch in Nepal und Assam. *Rhinoceros sondiacus* (Javanashorn) früher von Hinterindien bis Java, heute nur noch vereinzelt. *Ceratotherium* (Breitmaulnashorn) und *Diceros* (Spitzmaulnashorn), beide in Afrika.

Indricotheriidae: Ausgestorbene, z.T. hornlose Riesenformen mit verlängertem Hals. *Baluchitherium, Paraceratherium* (Abb. 434b).

Unterordnung: Hippomorpha. Pferde und Brontotherien, die auf gemeinsame Wurzel zurückgehen.

Equidae (Pferde): seit Eozän bekannt. *Hyracotherium* (= *Eohippus)* mit vierfingerigen und dreizehigen Extremitäten. Abb. 436 zeigt die Entwicklung der Pferde. Rezente Arten (8) mit einzehigen Extremitäten (3. Zeh), Rundhuf, meißelförmigen Schneidezähnen, hochkronigen Backenzähnen, Diastema zwischen Schneide- und Backenzähnen; Eckzähne können fehlen; noch am Ende des Tertiärs weltweit verbreitet (exl. Australien). Savannen-, Steppen-, Halbwüstenbewohner; Gras- und Kräuterfresser. Heute eine Gattung: *Equus.* Dazu: Esel, Wildform noch in Nordost-Afrika; Halbesel, Artenzahl umstritten (1–3), fast ausgerottet, Mittelasien; Pferde und Zebras, Reste der Wildpferde noch in der Mongolei, 3 Zebraarten in Afrika mit großen Verhaltensunterschieden.

Brontotheriidae: mit Riesenformen, die bizarre Knochenhörner am Schädel trugen, Fußskelet bleibt primitiv, starben schon im älteren Tertiär aus (Abb. 432b).

20. Ordnung: Ancylopoda

Hauptfamilie Chalicotheriidae. Unpaarhufer mit verlängerten Vorderextremitäten, die Hufkrallen trugen. Verschwanden erst im Pleistozän (Abb. 432c).

Die folgenden ausgestorbenen Huftierordnungen (20–24) gehen vermutlich ebenfalls auf alttertiäre Urhuftiere zurück.

21. Pantodonta. Mit plumpen Extremitäten und meist hufartigen Phalangen. **22. Dinocerata.** Zum Teil Großformen mit bizarren Knochen-

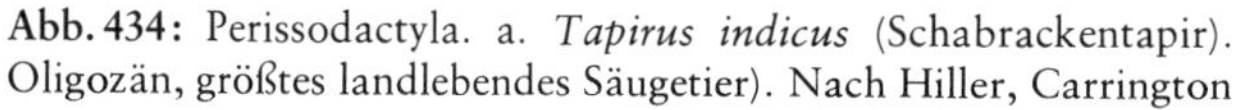

Abb. 434: Perissodactyla. a. *Tapirus indicus* (Schabrackentapir). b. *Paraceratherium* (Indricotheriidae, Oligozän, größtes landlebendes Säugetier). Nach Hiller, Carrington

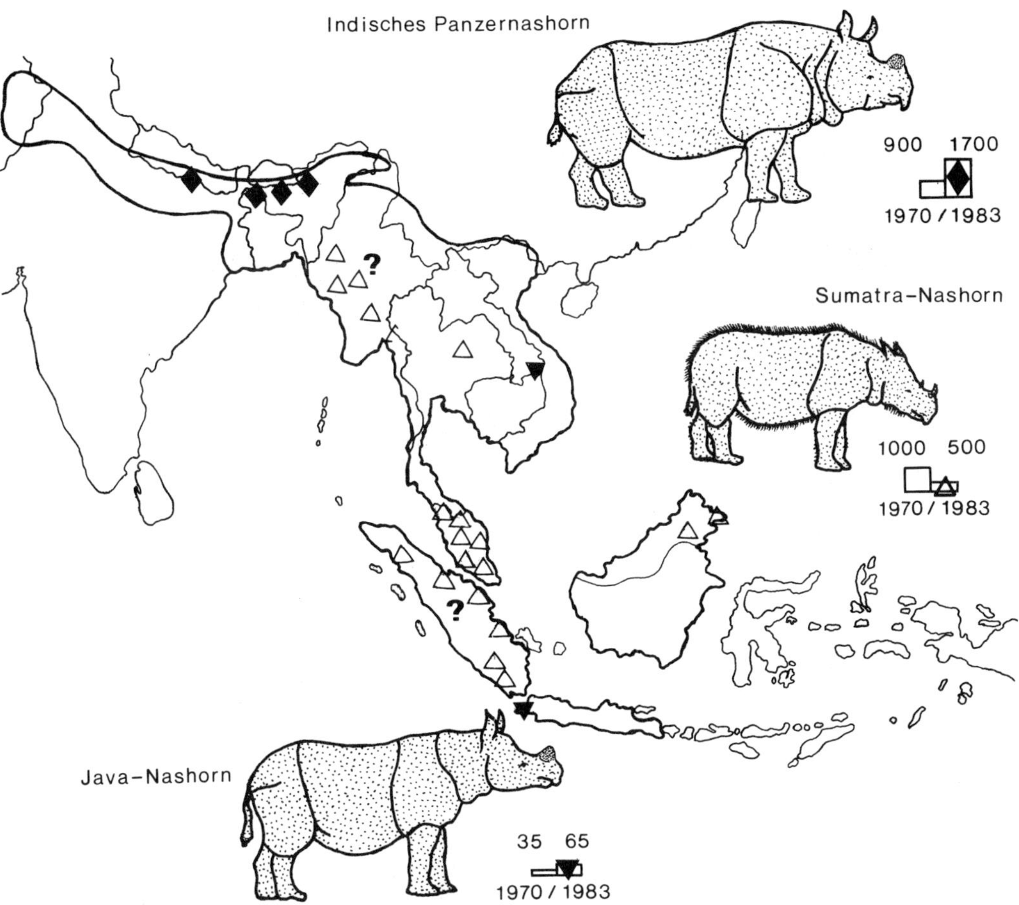

Abb. 435: Verbreitung der asiatischen Nashörner. Mit kräftiger Linie umrandet: ehemaliges Verbreitungsgebiet. Derzeitige Verbreitung durch Symbole dargestellt: schwarzes Dreieck: Java-Nashorn *(Rhinoceros sondaicus)*; helles Dreieck: Sumatra-Nashorn *(Dicerothinus sumatrensis)*; schwarzer Rhombus: Indisches Panzernashorn *(Rhinoceros unicornis)*. Häufigkeitszahlen 1970 und 1983 geschätzt. Nach Martin

fortsätzen am Schädel, Extremitäten fünfzehig. **23. Xenungulata.** Nur im Paleozän Südamerikas. **24. Pyrotheria.** Alttertiär Südamerikas; in Unter- und Oberkiefer stoßzahnähnliche Incisiven; Rüssel; elefantenähnliche Pflanzenfresser. **25. Desmostylia.** Aquatische, flußperdgroße Huftiere mit Stoßzähnen.

Die folgenden vier Säugetierordnungen werden als Subungulaten zusammengefaßt, sie sind vermutlich mit den vorausgegangenen 5 Ordnungen verwandt. Die rezenten Vertreter sind einander recht unähnlich (Elefanten, Seekühe, Klippschliefer), sind aber durch serologische und anatomische Gemeinsamkeiten, z.B. vergrößerte Schneidezähne – des Extrem stellen die Stoßzähne des Elefanten dar – geeint.

26. Ordnung: Sirenia (Seekühe)

Robbengroße, ans Wasserleben angepaßte Huftiere mit walzenförmigem Körper, der mit großer horizontal gestellter Schwanzflosse endet. Weitere Merkmale, die auf die aquatische Lebensweise zurückzuführen sind, sind flossenartige Vorderextremitäten, meist völlig reduzierte Hintergliedmaßen, fast unbehaarte Haut, Fehlen einer Halsregion, Ausdehnung der Lungen nach caudal, schräg gestelltes Zwerchfell, Reduktion der äußeren Ohren, kompakter Knochenbau, von der Schädelwand isoliertes Tympano-Perioticum. Weitere Sondermerkmale betreffen Schädel und Gebiß: Kopf mit abgeknickter Schnauze, Vordergebiß durch

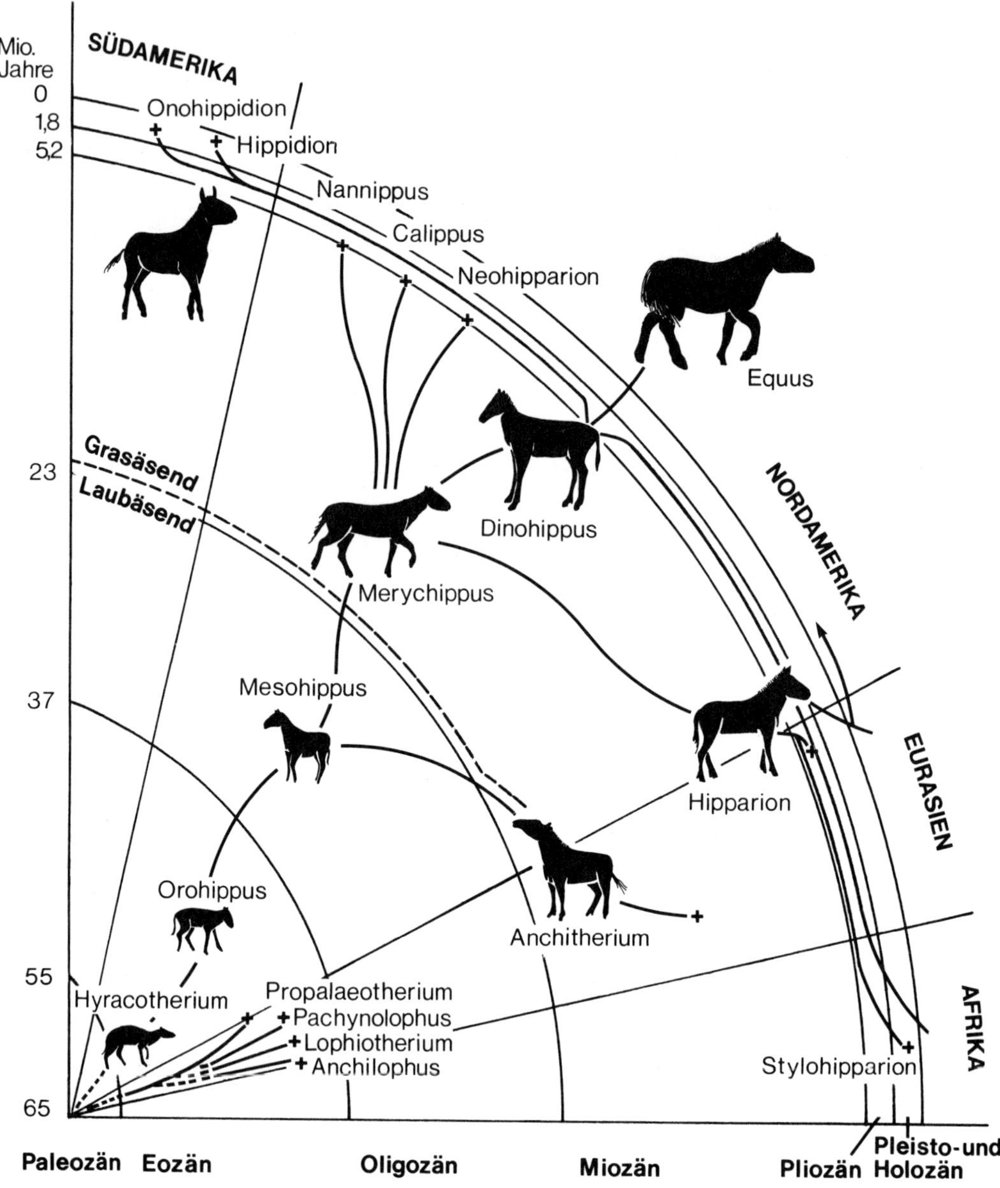

Abb. 436: Stammesgeschichte der Pferde. Die Entwicklung der Pferde vollzog sich hauptsächlich in Nordamerika; immer wieder erreichten aber Entwicklungslinien die Alte Welt. Die Urpferde (Hyracotherien) wurden sowohl in Europa als auch in Nordamerika gefunden, die nordamerikanischen Formen werden auch in einer eigenständigen Gattung *Eohippus* zusammengefaßt. Zwei Entwicklungstrends fallen besonders auf: 1) die kontinuierliche Rückbildung der Seitenzehen bis der Mittelzeh allein die Last des Körpers trägt und die Hauptrolle bei der Fortbewegung spielt (die ersten einzehigen Pferde traten vor ca. 5 Millionen Jahren mit *Dinohippus* auf); 2) im mittleren Miozän entstehen relativ rasch hochkronige Zähne, was parallel zur Ausbildung der Grasländer Nordamerikas erfolgt. Die Gattung *Equus* entstand in Nordamerika und starb hier erst vor einigen tausend Jahren aus. Die Gattung überlebte in Eurasien und Afrika und wurde erst zu Beginn des 17. Jahrhunderts durch Europäer nach Amerika zurücktransportiert. Nach Franzen

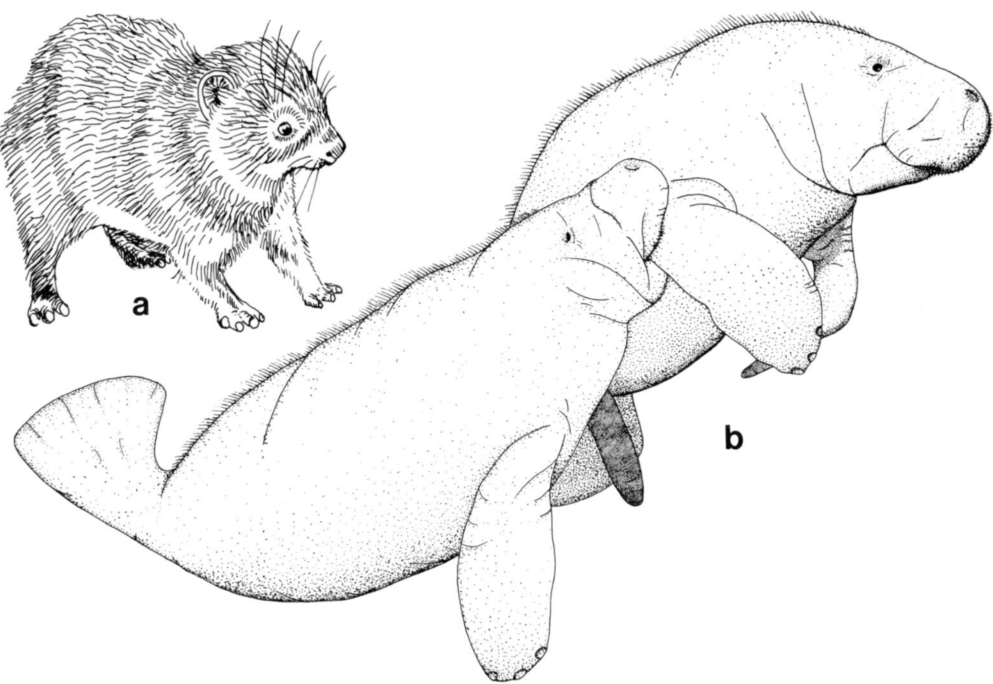

Abb. 437: a. *Procavia* (Klippschliefer). b. Weibliche Seekuh *(Trichechus manatus)* mit säugendem Jungtier (links). Nach Hiller, Mohr

Hornplatten ersetzt, Hintergebiß aus 3–10 Zähnen, die langsam von hinten nach vorn wandern, wo sie ausfallen.

Dugongmännchen mit kräftigen stoßzahnähnlichen Schneidezähnen. Endhirn mit ungewöhnlich großen Ventrikeln. Zwei brustständige Mamillen (Seejungfrauen, Sirenen). Träge, gesellige Weidetiere, die Wasserpflanzen fressen; Flachküsten und Süßgewässer. Geschlechtsreife mit 7–8 Jahren, Tragzeit ca. 14 Monate. Stark im Rückgang begriffen, durch Einengung des Lebensraumes, Verletzungen durch Motorboote, direkte Verfolgung (z. B. werden die großen Schneidezähne der Dugongmännchen zu Zigarettenspitzen u. ä. verarbeitet).

Dugongidae: bis ca. 3 m lang, Schwanzflosse zweizipfelig, 7 Halswirbel; *Dugong (Halicore)*, Rotes Meer bis Australien.

Verwandt mit den Dugongs sind die 1741 entdeckten und 1767 ausgerotteten Rhytinidae gewesen. *Rhytina gigas* (Stellersche Seekuh, Borkentier) war bis 7,5 m lang und bis 4 t schwer. Sie besaß eine dicke borkenähnliche Haut. Nordpazifik.

Trichechidae (Manatis): bis 4,5 m lang, Schwanzflosse abgerundet (Abb. 437 a), 6 Halswirbel. 3 Arten, Karibisches Meer, Südamerika, Westafrika, Tschadsee. *Trichechus (Manatus)*.

27. Ordnung: Proboscidea (Rüsseltiere)

Heute größte Landsäugetiere mit nur noch 2 oder 3 Arten in Afrika und Süd- und Südost-Asien. Ein oberer Schneidezahn (I^2) stets zu Stoßzahn vergrößert. Reiche Entfaltung im Tertiär, weltweit exclusive Australien, starker Artenrückgang im Pleistozän.

Moeritheriidae: Eozän; Seitenzweig langgestreckter Formen, die auch Anklänge an die Sirenen zeigen (Abb. 438).

Gomphotheriidae, vielgestaltig, zunächst meist stark vergrößerte obere und untere zweite Inzisiven, dann oft Reduktion der unteren und Ausbildung eines elefantenähnlichen Zustandes mit nur oberen, z. T. grotesk langen Stoßzähnen; meist niedrigkronige Backenzähne, Rüssel vorhanden. In Amerika erst Ende der Eiszeiten ausgestorben.

Stegodontidae: elefantenähnlich, niedrigkronige Backenzähne, Prämolaren fehlen, im Pleistozän ausgestorben.

Elephantidae (Elefanten): leiten sich von Mastodonten ab, bisher nur aus dem Quartär bekannt, hochkronige Backenzähne mit zahlreichen Querlamellen (bis 27 beim Mammut). Bei rezenten Formen nur noch 3 Milch- und 3 Dauermolaren, die mit zunehmender Abkauung im Kiefer nach vorn rücken. Von den Dauermolaren immer nur einer in Funktion.

Stoßzähne dauerwachsend, schmelzlos, bis 3 m. Schulterhöhe bis 4 m; Gewicht bis 6 t. Kopf groß, Nase und Oberlippe zu langem muskulösen Rüssel umgebildet (Abb. 438). Augen klein, Ohrmuscheln groß, senkrechte säulenartige Beine. 5 Zehen an Vorder- und Hinterextremitäten, meist jedoch nur 3–4 mit Nagelhuf, digitigrad mit Fußpolstern. Haut bei Erwachsenen fast haarlos. Stark gefurchtes Großhirn; langer Penis, in Ruhe schleifenförmig in Tasche. 2 brustständige Zitzen, meist 1 Junges, Tragzeit 20–22 Monate, gesellige Pflanzenfresser, Lebensalter bis 60 Jahre, besonders in Asien als Nutztier gehalten.

Mammuthus (Mammut), Kaltsteppenform, vor ca. 10 000 Jahren ausgestorben. *Loxodonta*, flache Stirn, sehr große Ohrmuscheln, Rüssel mit 2 fingerartigen Fortsätzen, Afrika. *Elephas maximus* (indischer Elefant), hohe Stirn, mittelgroße Ohren, Rüssel mit einem fingerförmigen Fortsatz. Früher von Kleinasien bis Mittelchina, heute nur noch in Indien und Ceylon bis Sumatra. Wegen ihres Elfenbeins tötet man vor allem afrikanische Elefanten nach wie vor in großem Maßstab. Hauptimporteur ist Hong Kong; verarbeitet werden derzeit etwa 750 t/Jahr.

Zwei weitere ausgestorbene Proboscidiergruppen sind die Dinotherien, sehr große Formen mit abgeknicktem Unterkiefer und Unterkieferstoßzähnen, und Barytherien.

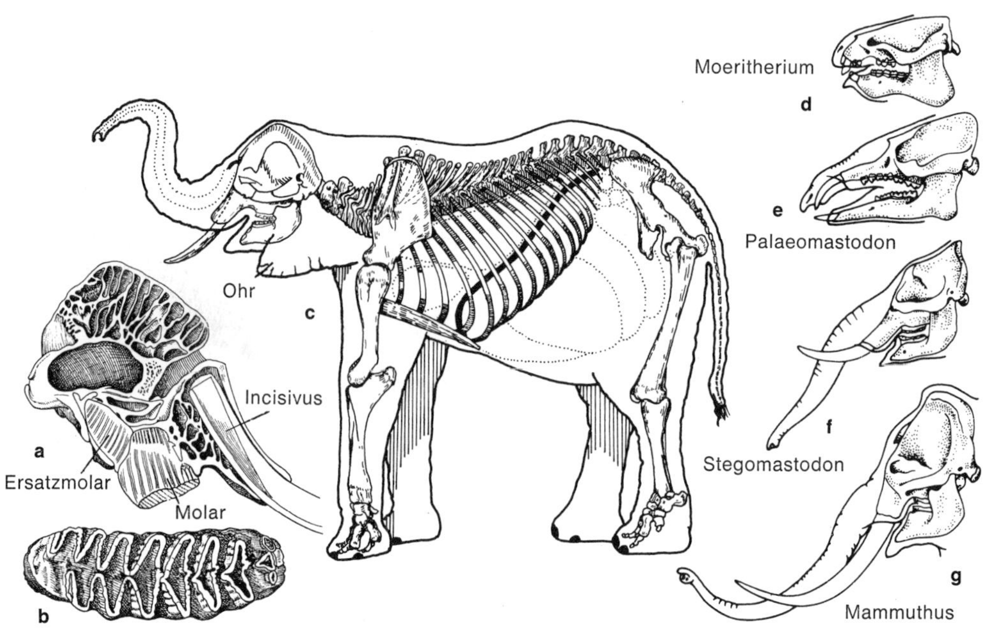

Abb. 438: Proboscidea. a. Längsschnitt durch den Schädel eines Elefanten. Beachte die pneumatisierten (mit Lufträumen versehenen) Knochen. b. Kronenoberfläche eines Molaren *(Loxodonta)*. c. Skelet eines afrikanischen Elefanten mit Körperumriß. Die dunkle Linie im unteren Bereich der Rippen: Zwerchfell; punktierte Linien: Lage der Baucheingeweide. d–g. Entstehung des Rüssels und der Stoßzähne. *Moeritherium* (Eozän); *Palaeomastodon* (Oligozän), *Stegomastodon* (Plio-, Pleistozän), *Mammuthus* (Pleistozän). Nach Frade, Hofer und Smith, Thenius

28. Ordnung: Hyracoidea (Schliefer)

An Kaninchen erinnernde Huftiere, die innerhalb der Subungulaten enge Beziehungen zu den Proboscidiern, z.B. hinsichtlich der großen dauerwachsenden oberen Inzisiven, aufweisen. Eigenmerkmale betreffen paarige Blinddärme, Endhirnfurchen, Placenta, Gefäßsystem, Putzkralle u.a. Primitiv ist vermutlich der Zahnbau mit weit in den Schmelz hineinragenden Dentinröhrchen (wie bei Marsupialiern). Einige Übereinstimmungen im Gebiß und Extremitätenskelet mit den Perissodactyla sind gemeinsame Primitivmerkmale. Zumeist Pflanzenfresser, Magen zweiteilig, Wiederkäuer. Im Tertiär formenreich (mit bis nashorngroßen, tridactylen Arten), heute nur noch wenige Arten in Afrika und Vorderasien. Fels- und Baumbewohner. *Dendrohyrax*, Mittelafrika, *Heterohyrax*, Ost- bis Südafrika, *Procavia* (Klippschliefer, Abb. 437a), Afrika, Arabien, Palästina (Kaninchen der Bibel).

29. Ordnung: Embrithopoda

Nur 1 Gattung: *Arsinoitherium*, nashorngroß, Oligozän Ägyptens, Anatoliens und Osteuropas. Vollständiges Gebiß, fünfzehige Extremitäten. 2 Paar großer Schädelhörner, große Nasalia, kleine Frontalia, Pflanzenfresser.

30. Ordnung: Artiodactyla (Paarhufer)

Einheitliche Gruppe mit Sondermerkmalen im Extremitätenskelet: Zehe 1 fehlt, Zehen 2 und 5 reduziert oder fehlend, Zehen 3 und 4 verstärkt und verlängert, tragen Hauptlast des Körpers; ihre Endphalangen mit Hornhufen. Zehen 2 und 5 berühren bei normaler Fortbewegung meist nicht den Boden (Ausnahmen: Flußpferde, Rentier). Längsachse der Extremitäten läuft durch eine Linie zwischen Zehe 3 und 4. In der Vorderextremität wird der Radius zunehmend größer, sein distales Ende gelenkt mit 3 Carpalia (Scaphoid, Lunatum, Triquetrum), bei Perissodactyla nur mit Scaphoid und Lunatum. Ulna mitunter bis auf Olecranon reduziert. In der Hinterextremität wird die Tibia zunehmend wichtiger (Fibula weitgehend rückgebildet), der große Talus bildet je eine Gelenkfläche mit Naviculare und Cuboid. Metacarpalia und Metatarsalia 3 und 4 verschmelzen in unterschiedlichem Ausmaß zum Kanonenbein. Metacarpalia und Metatarsalia 2 und 5 meist unbedeutend oder fehlend (Abb. 439).

Schädel meist gestreckt, Augenhöhle oft gegen Schläfengrube durch Knochenspange abgegrenzt. Bei vielen Wiederkäuern Präorbitalgrube (mit großer Drüse) und Ethmoidallücke am Schädel vor dem Auge. Tendenz zur Ausbildung von Geweihen oder Hörnern.

Mehrheitlich Pflanzenfresser mit verschieden stark gekammerten Mägen.

Herzskelet knorpelig oder knöchern, meist 2 Paar inguinale Mammae (Tendenz zur Euterbildung), nur bei *Sus* mehrere abdominale Mammae. Molaren buno- oder selenodont.

Herkunft noch unsicher; möglicherweise von Urhuftieren, jedoch fehlen fossile Reihen wie bei den Unpaarhufern, deren Herkunft aus den Condylarthra gut belegt ist.

System noch mit vielen Unsicherheiten. Meist Gliederung in 3 Unterordnungen: Suiformes (Nonruminantia), Tylopoda und Ruminantia (im engeren Sinne). Die Suiformes sind eine Sammelgruppe, Tylopoda und Ruminantia (im engeren Sinne) stehen einander näher und werden auch gemeinsam als Ruminantia (im weiteren Sinne) bezeichnet. Heute noch 9 Familien mit ca. 150 Arten. Im Tertiär sehr viel größere Formenfülle.

Unterordnung: Suiformes. Ursprüngliche Gruppe. Primitive Merkmale sind: meist relativ gut entwickelte Zehen 2 und 5, die hinter 3 und 4 rücken, Augenhöhle hinten offen, bei Flußpferden allerdings durch Spange gegen Schläfengrube abgesetzt, relativ vollständiges Gebiß, Darmtrakt mit unterschiedlich stark gekammertem Magen, keine Wiederkäuer, Pflanzen- oder Allesfresser. Eigenmerkmale: große Canini (Waffen), bunodonte Molaren.

Hippopotamidae (Flußpferde): Plumpe bis 4,5 m große, amphibisch lebende Pflanzenfresser, Haut fast nackt, breiter Gesichtsschädel; hochentwickeltes, relativ reichgefurchtes Gehirn. Magen stark gekammert, 3. Finger etwas stärker als 4. Afrika südlich der Sahara; *Choeropsis* (Zwergflußpferd, Abb.436 a), primitivere Gattung (Fuß, geringere Anpassungen ans Wasserleben), *Hippopotamus* (Nilpferd), früher in der Alten Welt weit verbreitet.

Familiengruppe Suoidea: Bunodonte, insgesamt relativ primitive Paarhufer mit verlängertem Gesichts- und kurzem hohen Hirn-

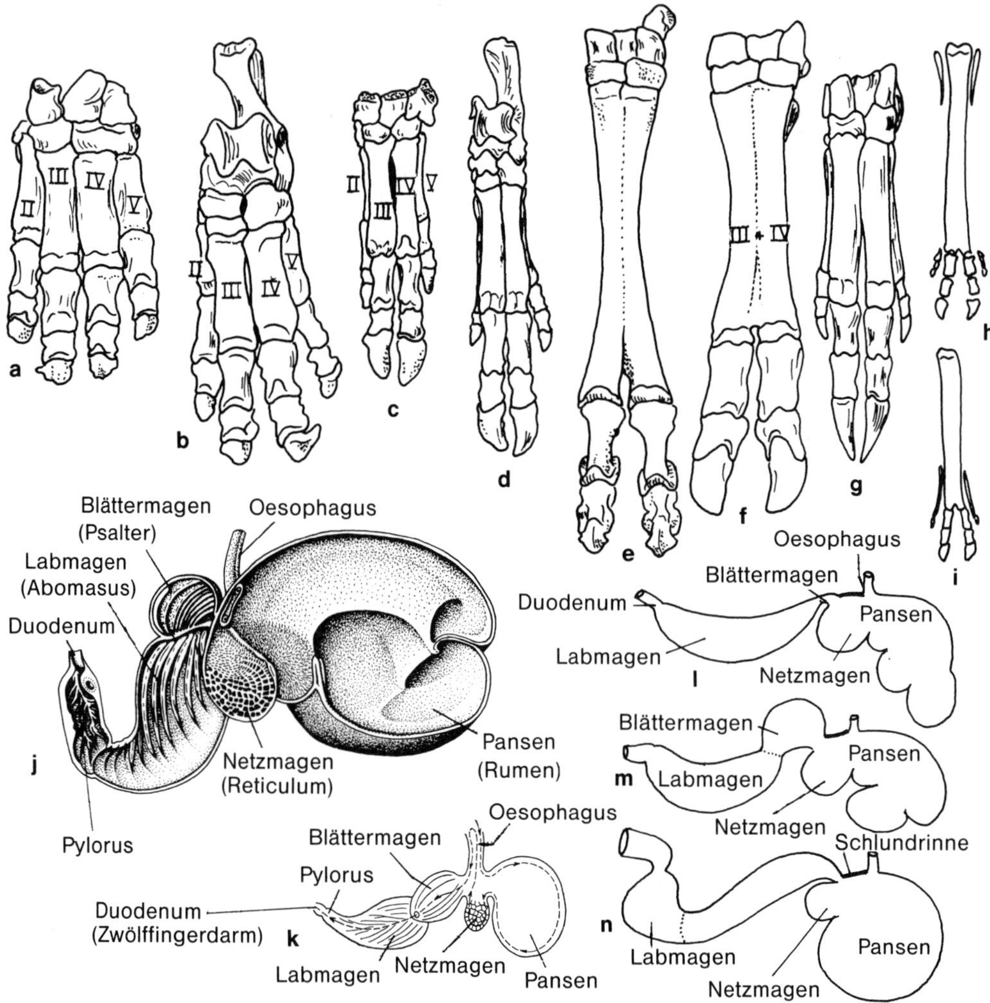

Abb. 439: a–i. Extremitäten von Artiodactylen. a, b. *Hippopotamus*, a. Vorder-, b. Hinterfuß; c, d. *Sus*, c. Vorder-, d. Hinterfuß, e. Vorderfuß, Kamel; f. Vorderfuß, Rind; g. Vorderfuß, Tragulide *(Hyemoschus)*, h. Vorderfuß, Hirsch, i. Vorderfuß, Reh. j–n. Wiederkäuermagen. j. Längsschnitt durch einen Rindermagen. k. Längsschnitt durch einen Bovidenmagen; Pfeile deuten den Weg der aufgenommenen Nahrung an. l. Außenansicht eines Tragulidenmagens, m. Außenansicht eines Bovidenmagens, n. Außenansicht eines Kamelmagens. Psalter = Psalterium = Omasus; Netzmagen = Haube. Nach Grassé, Hilzheimer, Smith, Romer

schädel. Bei Suiden noch rudimentäre Daumenmuskeln, bei Embryonen noch Metacarpale I. Unterschiedlich gekammerte Mägen. 2 Familien mit verschiedenen Entwicklungstendenzen: Tayassuidae und Suidae. Tayassuidae (Nabelschweine) mit spezialisierten Extremitäten (Reduktion der 5. Zehe des Fußes u. a.), Suidae mit Besonderheiten in Schädel und Gebiß.

Suidae: Gesellige Pflanzen- oder Allesfresser; Männchen mit spezialisierten oberen Canini, die wurzellos sind und gedreht verlaufen; verlängerte 3. Molaren. Gestreckte Schnauze mit Rüsselscheibe, Gesicht z. T. mit Höckern, Warzen oder Haarbüscheln usw. Heute nur noch 8 Arten: *Potamochoerus* (Flußschweine), Afrika südlich der Sahara; *Sus* (Wildschweine), Europa, Asien bis Neuguinea, Nordafrika; *Phacochoerus* (Warzenschwein, Abb. 440 c), reduziertes Gebiß (obere Inzisiven und alle Prämolaren fehlen), Afrika südlich der Sahara;

Abb. 440: Artiodactylenformen. a. *Choeropsis* (Zwergflußpferd, Hippopotamidae), b. *Lama* (Vicuna, Camelidae). 2 *Lama*arten in Südamerika *L. guanicoe* (Guanako) und *L. vicugna* (Vicugna, abgebildet), beide sind weitgehend ausgerottet. Es gibt aber 2 domestizierte Formen, Lama und Alpaka, die auf eine (Guanako) oder zwei Wildformen zurückgeführt werden, das Lama auf das Guanako, das Alpaka auf das Vicugna. c. *Phacochoerus* (Warzenschwein, Suidae), d. *Tragulus (Moschiola)* (Zwergböckchen, Tragulidae). Nach Mohr und Frechkop

Hylochoerus (Riesenwaldschwein), mittleres Afrika; *Babyrousa* (Hirscheber), relativ komplizierter Magen, hoher oberer Caninus, kleine Rüsselscheibe, Celebes und benachbarte Inseln.

Tayassuidae (Nabelschweine): Magen komplizierter gebaut als bei Suiden, erinnert an Wiederkäuermagen, molarisierte Prämolaren, Vordergebiß konservativer als bei Suiden, Gesichtswarzen usw. fehlen, äußerer Schwanz fehlt, Nabeldrüse (= Duftdrüse am Rücken). *Tayassu* südliches Nord-Amerika bis Argentinien, *Catagonus*, Paraguay.

Oreodontidae: umfangreiche tertiäre Gruppe.

Unterordnung: Tylopoda (Schwielensohler). Große bis mittelgroße Tiere. Sondermerkmale: nicht durchbohrte Processus transversi der Halswirbel, I^2 und I^1 fehlen (im Milchgebiß noch vorhanden), Canini spitz und durch Diastema von Inzisiven getrennt, gespaltene, bewegliche große Oberlippe, große Hautdrüsen am Hinterkopf, Füße mit Sohlenpolstern, Cuboid und Naviculare getrennt, Extremitätenstrahlen 1, 2 und 5 völlig verschwunden, Zwerchfellknochen vorhanden, ovale, plane Erythrocyten in sehr hoher Zahl (bis 19 000 000/mm^3), Magen mehrkammerig (3 vordere Räume: Rumen, Reticulum, schlauchförmiger Vordermagen sowie der hinten gelegene Labmagen), Rumen und Reticulum mit zahlreichen Taschen («Wasserzellen»), die allerdings nicht der Wasserspeicherung dienen. Wiederkäuer. Kamele sind ungewöhnlich gut an Hitze angepaßt. Ihre Gewebe sind generell relativ unempfindlich gegen Wasserverlust, ihr spezieller Pelz ist guter Hitzeschutz und außerdem schwankt ihre Körpertemperatur bis zu 6 Grad am Tag, wodurch Wasser, das sonst zur Thermoregulation eingesetzt werden müßte (Schweiß) gespart wird. Die Fettspeicher sind Energiereserven.

Heute nur noch wenige Arten. Kamele *(Camelus)* mit 2 Fetthöckern auf dem Rücken, Zentralasien; domestiziert das Trampeltier (2 Höcker) und Dromedar (1 Höcker); Kleinkamele *(Lama)* in Südamerika (Abb. 440b). Im Tertiär weit verbreitet.

Unterordnung: Ruminantia. Der Magen ist vierkammrig: Rumen, Reticulum, Omasus, Abomasus. Drüsen nur im Abomasus; schneidezahnähnlicher unterer Caninus, an die drei unteren Inzisiven angelehnt, obere Inzisiven fehlen, Verschmelzung von Cuboid und Naviculare zum Cubonaviculare. I. a. wird aufgrund des verschiedenen Magenbaues angenommen, daß sich das Wiederkauen bei Kamelen und Ruminantia (s. str.) unabhängig voneinander entwickelt hat. Heute noch ca. 140 Arten.

Eine primitive Reliktgruppe, die im Tertiär weit verbreitet war, sind die Tragulina mit den Tragulidae (Zwerghirschen, Abb. 440d): hasengroß, zahlreiche ursprüngliche Merkmale: ohne Geweihbildungen, niedrigkronige Molaren, Magen ohne Omasus, keine Tränengruben, gehen auf vier Zehen. Eigenmerkmale: obere Canini der Männchen dolchartig, Einzelheiten des Fußskelets u. a. *Hyemoschus* (Hirschferkel), Westafrika; *Tragulus* (Kantschil), Südasien.

Die folgenden Formen besitzen stark reduzierte Metacarpalia bzw. -tarsalia 2 und 5 oder haben diese völlig rückgebildet. Sie leiten sich von primitiven Traguliden ab und werden als Pecora zusammengefaßt.

Moschidae (Moschushirsche): nur noch eine Art, *Moschus moschiferus*, Ostasien; viele ursprüngliche Merkmale: kein Geweih, dolchartiger oberer Caninus der Männchen, keine Tränengrube u. a.

Cervidae: Männchen meistens mit Geweih, das gewechselt wird, bei Ren auch Weibchen geweihtragend. Obere Canini oft verkümmert. Am Vorderfuß Zehen 2 und 5 unterschiedlich groß und mit erhalten gebliebenen unteren oder oberen Mittelhandknochenenden (tele- oder plesiometacarpal), am Hinterfuß keine Mittelfußknochen der Zehen 2 und 5. Stirnbein mit Knochenfortsätzen (Rosenstöcke), 32 Arten. Mehrere Unterfamilien, Hydropotinae mit Wasserreh *(Hydropotes)*, das noch primitive Merkmale aufweist: fehlendes Geweih, dolchartige obere Canini, China. Muntiacinae (Muntjakhirsche): klein, Männchen mit kurzem Geweih und verlängerten oberen Canini; *Muntiacus* (Muntjak), Süd- bis Ost-Asien; *Elaphodus* (Schopfhirsch), Burma, China. Odocoileinae (Trughirsche). Obere Canini klein oder fehlend. *Capreolus* (Reh). Rehe haben in Waldgebieten Mitteleuropas offenbar wesentlich zu hohe Populationsdichten erreicht. Sie sind zu einem beträchtlichen Teil mangelhaft ernährt, obwohl sie durch Verbiß an jungen Triebspitzen schon vielerorts schädigend auftreten. Verglichen mit anderen Wiederkäuern haben Rehe einen verhältnismäßig kleinen Magen und sind auf leicht verdauliche Nahrung angewiesen, die beim Äsen aus dem Pflanzenangebot herausgesucht wird. Ausrottung der Feinde (Wolf, Luchs)

Abb.441: Artiodactylenformen. a. *Antilocapra* (Gabelbock, Antilocapridae), b. *Elaphurus* (Davidshirsch, Cervidae), c. *Okapia* (Okapi, Giraffidae), d. Capra (Bezoarziege, Bovidae). Nach Mohr

durch Menschen und Umstrukturierung der Wälder (viele Lichtungen, d.h. erreichbare junge Triebe) haben den Populationsaufbau ermöglicht. *Odocoileus* (Amerikahirsche), *Mazama* (Spießhirsche, Pudus) z.T. nur hasengroß, bis auf das Reh (Eurasien) amerikanische Arten. Alcinae (Elche): eine Art *(Alces)*, Holarktis; Rangiferinae (Rentiere): eine Art *(Rangifer)*, holarktisch, domestiziert. Cervinae (Echthirsche): *Elaphurus* (Davidshirsch, Abb. 441 b), China, *Cervus* (12 Arten, *C. axis*, *C. nippon*, *C. dama*, *C. unicolor*, *C. elaphus* u.a.), Holarktis, Südost-Asien. Im Pleistozän Eurasiens mehrere Arten von Riesenhirschen.

Giraffidae (Giraffen): Bis fast 6 m hohe, langbeinige und meist langhalsige Formen, die sich von primitiven Hirschen herleiten. Mehrere Sondermerkmale, eigenartige Körperproportionen, hautbedeckte knöcherne Schädelfortsätze, keine Ethmoidallücke. Laubfresser Afrikas, 2 Arten: *Okapia* (Okapi, Abb. 441 c), nur mittellanger Hals, Regenwälder im Kongogebiet; *Giraffa* (Giraffe) sehr langer Hals, jedoch nur 7 Halswirbel, Savannengebiete südlich der Sahara. Fossil im Tertiär Eurasiens *Helladotherium* und *Sivatherium* mit gegabelten Hörnern.

Antilocapridae (Gabelböcke). Isolierte Gruppe mit dem gazellenähnlichen nordamerikanischen Gabelbock (*Antilocapra*, Abb. 437 a). Am Schädel Knochenzapfen, dessen Haut von periodisch gewechselter Hornscheide bedeckt wird, im Jungtertiär viel formenreicher.

Bovidae (Rinderartige). Gegenwärtig formenreichste Ruminantier. Meist Bewohner offener Landschaften, hypsodontes Gebiß, obere Inzisiven und Canini fehlen, unterer Caninus schneidezahnähnlich. Am Schädel Knochenzapfen, die zeitlebens von Hornscheide bedeckt sind. Haarkleid oft mit Sonderbildungen (Bärte, Schöpfe, Kragen, Mähnen u.a). Schweißdrüsen nur in der Maulgegend. Afrika, Nord-Amerika, Eurasien. Systematische Gliederung noch im Fluß. Ca. 100 Arten. Boselaphinae: ältere, etwas isolierte Gruppe, *Boselaphus* (Nilgauantilope), Vorderindien, *Tetracerus* (Vierhornantilope), Vorderindien. Bovinae (Wildrinder), *Anoa* (Gemsbüffel), ursprüngliche Art, Celebes; *Bubalus* (Wasserbüffel) Süd- bis Ost-Asien, domestiziert; *Syncerus* (Kaffernbüffel), Afrika; *Bison* (Bison), Nord-Amerika; Wisent, Europa; *Bos*, Gaur, Banteng, Südost-Asien; Yak, Zentralasien; Ur, 1627 ausgerottet, Nord-Afrika, Europa und Teile Asiens. Ur ist Stammform der Hausrinder; Stammvater von Balirind und Gayal sind Banteng und Gaur, auch der Yak wurde domestiziert. Tragelaphinae: Afrika; Buschböcke, Nyalas, Bongo, Sumpfantilope, Kudus, Elenantilope u.a. Cephalophinae (Ducker): Afrika; kleine Formen mit einigen ursprünglichen Merkmalen; Gehörn kommt meist bei beiden Geschlechtern vor. Gazellinae: schlanke Formen mit meist bogig nach hinten geschwungenem Gehörn, Afrika, Asien, Hirschziegenantilope, Springbock, Lama-, Giraffen-, Dorcas-, Tibetgazelle u.a. Neotraginae (Böckchen): Afrika; kleine Formen (Dikdiks, Klippspringer u.a.). Reduncinae (Wasser- und Riedböcke): Afrika. Hippotraginae (Pferde- und Säbelantilopen): *Oryx*, Westasien, Afrika. Alcephalinae (Kuhantilopen und Gnus): Afrika. Caprinae: (Böcke), Eurasien, Nord-Amerika, Nord-Afrika: Gemsen, Schneeziegen, Goral, Serau, Takin, Wildziegen und Steinböcke, Mähnenschaf, Wildschaf, Moschusochse *(Ovibos)*. Das Wildschaf *(Ovis ammon)* ist Stammvater des Hausschafes, des ältesten domestizierten Tieres (9000 v. Chr., Irak); die Bezoarziege (*Capra aegagrus*, Abb. 441 d) ist die Wildform der Hausziege. Pantholopinae: Tschiru *(Pantholops)*, Tibet. Saiginae: *Saiga*, Mittelasien.

31. Ordnung: Cetacea (Wale)

Am stärksten dem Wasserleben angepaßte Säugetiere, die auch die Jungen im Wasser zur Welt bringen; fischförmige Gestalt, Hautflossen (Schwanz- und oft Rückenflosse, Buckelwal auch mit Afterflosse), bis auf einzelne Sinneshaare unbehaart. Vorderextremitäten auch flossenförmig, mit vermehrter Phalangenzahl. Hinterextremitäten rückgebildet. Haut mit bis zu 35 cm dicker Speckschicht (Panniculus adiposus), darunter Hautmuskelschlauch (Panniculus carnosus). Kleine Augen (bei Gangesdelphin verkümmert), Nasenlöcher stirnwärts verschoben, z.T. verschmolzen. Nur eine Zahngeneration; bei Bartenwalen Zähne nur embryonal, werden durch verhornte Gaumenleisten (Barten, Fischbein) ersetzt, die bis über 4 m lang werden können. Bei Zahnwalen sehr vielgestaltiges Gebiß: beim Narwalmännchen meist nur ein Oberkieferschneidezahn als langer Stoßzahn ausgebildet; Schnabelwale mit nur 2 größeren Unterkiefereckzähnen, bei Delphinen bis zu ca. 250 gleichartige, einspitzige Zähne.

Gehirn auf hohem Evolutionsniveau, besonders Zahnwale mit hochentwickeltem Telencephalon; reiche Furchung, komplizierter Schichtenbau der Rinde. Das hochentwickelte Telencephalon geht vermutlich primär auf stark vergrößerte akustische Zentren zurück. Orientierung mit Ultraschall bei Zahnwalen. Äußerer Gehörgang sehr eng, z. T. obliteriert. Eustachische Röhre mit großen luftgefüllten Divertikeln. Felsenbein und Tympanicum (Bulla) verschmelzen und sind mehr oder weniger durch Binde- und Fettgewebe von der Schädelkapsel isoliert.

Gekammerter Magen; Zitzen in Bauchtaschen; ruhender Penis spiralig eingezogen, Hoden bauchständig; 1 Junges nach 10–16-monatiger Tragzeit. Hochentwickeltes Sozialleben; in allen Meeren, z. T. im Brackwasser und in großen Flüssen. 9 Familien, 38 Gattungen, 78 Arten (Abb. 442).

Die Anpassungen ans Wasserleben lassen die verwandtschaftlichen Beziehungen zu den übrigen Säugern nur schwer erkennen. Die Ähnlichkeiten mit Seekühen beruhen auf Konvergenz. Die Herkunft von quadrupeden Landsäugern zeigen viele rudimentäre Organe (Ohrmuskeln, Beckenknochen usw.) und das Erscheinen von Hinterextremitäten in der Embryonalentwicklung. Anatomisch, karyologisch und serologisch weisen sie viele Übereinstimmungen mit primitiven Paarhufern auf (Magen, Urogenitalsystem, Plazenta, Spermien u.a.).

Palaeontologisch bestehen Beziehungen der Urwale zu primitiven Huftieren. Die beiden rezenten Gruppen (Odonto- und Mysticeti) haben sich vermutlich früh getrennt.

Unterordnung: Archaeoceti (Urwale). Seit Untereozän bereits völlig dem Wasserleben angepaßt; gestreckter Schädel, primitives Gehirn mit großem Cerebellum, Gebißformel wie primitive Säuger (3–1–4–3).

Einige Formen entwickeln sich in Richtung Mysticeti. Verbindende Formen zu den Odontoceti fehlen noch. Im Alttertiär ausgestorben, *Basilosaurus*, *Zeuglodon*.

Unterordnung: Mysticeti (Bartenwale). Primitive Merkmale sind: oft freie Halswirbel, Reste von Hinterextremitäten, Bulbi und Tractus olfactorii noch rudimentär erhalten (Mikrosmatiker), 2 getrennte äußere Nasenöffnungen u.a. 6–30 m lang, Gewicht bis zu 110 t, Kopf groß bis $^1/_3$ des Körpers ausmachend. Unterkiefer länger als Oberkiefer, Zähne nur embryonal, Barten (Planktonreusen), große Nasalia. Plankton- oder Fischfresser (Kleinkrebse, Flügelschnecken). Alle Meere, 10 Arten.

Eschrichtiidae (Grauwale): bis 15 m lang, ursprünglichste Gruppe. *Eschrichtius*, Nordpazifik.

Balaenidae (Glattwale): Bis 20 m lang. 400 bis 800 bis 4,5 m lange Barten, Ober- und Unterkiefer gewölbt; keine Kehlfurchen; verschmolzene Halswirbel. *Balaena* (Grönlandwal), 20 m, fast ausgerottet, *Eubalaena* (Nordkaper), fast ausgerottet, *Caperea* (Südmeere).

Balaenopteridae (Furchenwale): Bis 30 m lang, 500–950 1 m lange Barten, Kehlbereich mit Furchen; Rückenflosse; *Megaptera* (Buckelwal), lange (4 m) Brustflosse, Furchen und Höcker am Kopf; *Balaenoptera* mit *B. musculus* (Blauwal), größtes Tier, gefährdet; *B. borealis* (Seiwal).

Unterordnung: Odontoceti (Zahnwale). Primitiv im Besitz des Gebisses, sonst viele fortgeschrittene Charaktere: hochentwickeltes Gehirn, Bulbi und Tractus olfactorii fehlen (Anosmatiker). 68 Arten. Asymmetrischer Schädel, nur eine äußere Nasenöffnung u.a.

Squalodontidae: Oligozän-Miozän. Grundgruppe.

Platanistidae und Iniidae (Flußdelphine): rezente Familien mit primitiven Merkmalen: Haare, einfacheres Gehirn, freie Halswirbel u.a. Leben in größeren tropischen Flüssen. Nahrung: Krebse, Bodenfische; kurze Tauchzeiten; 2–3 m lang.

Platanistidae (= Susuidae): Becken fehlt z. T. völlig *Platanista* (Ganges), *Stenodelphis* (La Plata).

Iniidae, *Inia* (Amazonas, Orinoko), *Lipotes* (Yangtse und Tung-ting-See).

Ziphiidae (Schnabelwale): Zahnzahl i.a. reduziert bei Vergrößerung von Einzelzähnen. *Tasmacetus*, primitiv, noch ca. 90 Zähne; *Berardius*, *Mesoplodon*, *Ziphius*, *Hyperoodon* (Entenwal, Dögling).

Physeteridae (Pottwale): Mit Ziphiiden verwandt, Zähne nur im Unterkiefer; *Kogia* (Zwergpottwal); *Physeter* (Pottwal), bis 22 m lang, Vorderkopf mit Walratöl gefüllt, Gehirn sehr hoch entwickelt, größtes Säugetiergehirn, bis 1000 m tief tauchend, Nahrung: Tintenfische.

Monodontidae (Gründelwale): Bewohner flacher Küstengewässer des Nordens; *Delphinapterus* (Weißwal, Beluga) viele Zähne; *Monodon* (Narwal), Gebiß meist auf 1 linksseitigen Stoßzahn (bis 2,5 m lang) beschränkt, der dem Schneidezahn entspricht, nur beim Männchen.

Stenidae (Brackwasserdelphine): Ursprüngliche Delphine mit Beziehungen zu den Flußdelphinen, *Steno*.

Delphinidae (Delphine): Schnelle, spielfreudige Tiere mit hoher Intelligenz. *Orcinus* (Schwertwal), greift größere Wale an, *Orcaella* (Irawadi-Delphin), *Globicephala* (Grindwal), *Lagenorhynchus*, *Lagenodelphis* (Borneodelphin), *Tursiops*, *Stenella*, *Delphinus*.

Phocoenidae (Braunfische, Schweinswale): spatelförmig abgeflachte kleine Zähne, *Neomeris*, Ostasien auch große Flüsse, *Phocoena*, auch Nord- und Ostsee.

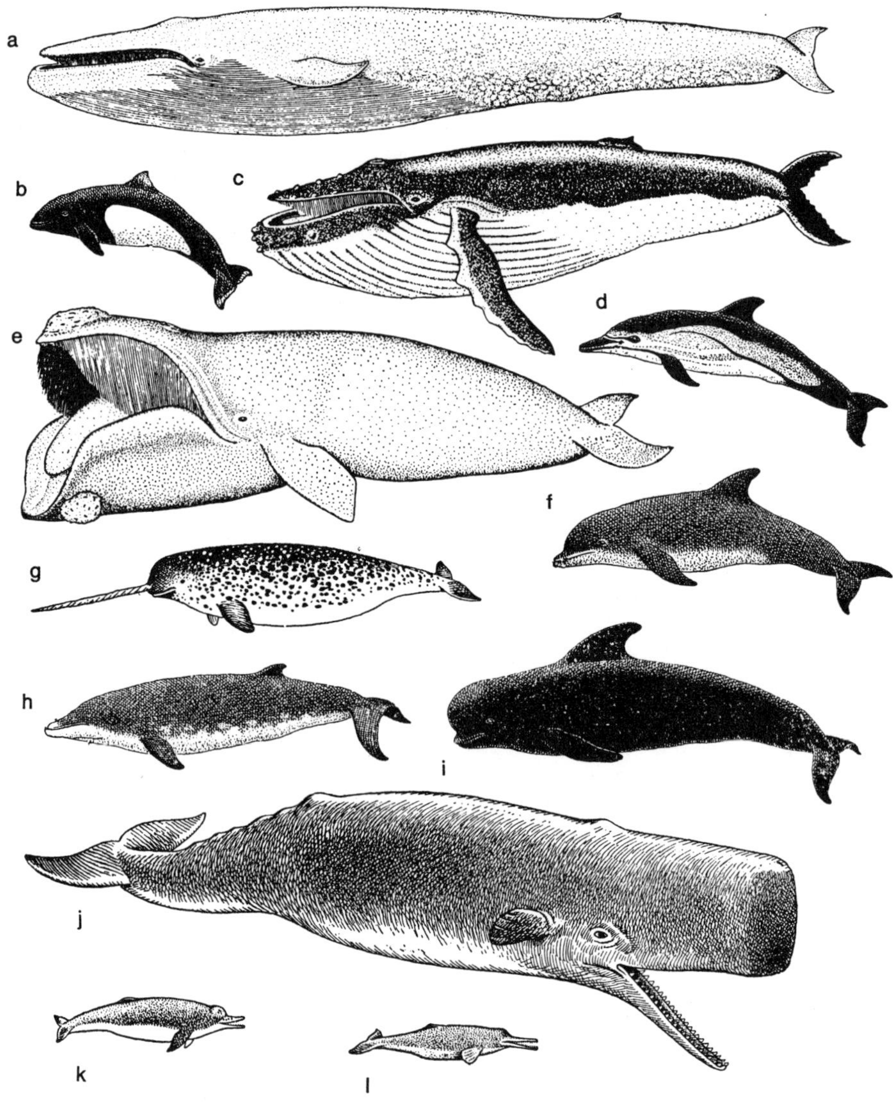

Abb. 442: Wale. a. *Balaenoptera* (Blauwal), b. *Phocoenoides* (pazifischer Schweinswal), c. *Megaptera* (Buckelwal), d. *Delphinus* (Delphin), e. *Eubalaena* (Nordkaper), f. *Tursiops* (Gr. Tümmler), g. *Monodon* (Narwal), h. *Mesoplodon* (Zweizahnwal), i. *Globicephala* (Grindwal), j. *Physeter* (Pottwal), k. *Inia* (Amazonasdelphin), l. *Platanista* (Gangesdelphin). Nach Burt, Grassé, Grossenheider, Murr

Literatur

Im folgenden sind vorwiegend neuere Buchveröffentlichungen aufgeführt, die zum vertieften Studium herangezogen werden können. In ihnen finden sich Literaturverzeichnisse, die zur Originalliteratur führen.

Hand- und Bestimmungsbücher, die das ganze Tierreich oder große Teile betreffen:

Barnes, R. D.: Invertebrate Zoology. W. B. Saunders. Philadelphia. 1980.
Brehm-Bücherei (Die Neue B.-B.). A. Ziemsen Verlag, Wittenberg Lutherstadt. Zahlreiche Monographien.
Brohmer, P., Tischler, W., Schaefer, M.: Fauna von Deutschland. Quelle und Meyer, Heidelberg. 1984.
Bronn, H. G.: Klassen und Ordnungen des Tierreichs. Walter de Gruyter + Co., Berlin. 1825 bis heute.
Brown, C. H.: Structural Materials in Animals. Pitman Publ. Belfast. 1975.
Cheng, T. C.: General Parasitology. Academic Press, London. 1973.
Conway Morris, S. u. a. (Hrsg.): The Origins and Relationships of Lower Invertebrates, Oxford University Press. 1985.
Florkin, M., Scheer, B. T.: Chemical Zoology. Mehrere Bände. Academic Press, London. Seit 1967.
Frank, W.: Parasitologie. Ulmer, Stuttgart. 1976.
Grassé, P. P., Tuzet, P., Poisson, R.: Traité de Zoologie. 17 Bände Masson, Paris, 1952ff.
Grzimeks Tierleben. 13 Bände. Kindler, München. 1968–1972.
Halstead, B. W.: Poisonous and venomous marine animals of the world. Darwin, Princeton. 1978.
Hyman, L. H.: The Invertebrates. 6 Bände. McGraw-Hill. New York. 1940–1967.
Kaestner, A.: Lehrbuch der Speziellen Zoologie. G. Fischer, Stuttgart und VEB G. Fischer, Jena. 1954–1984.
Keilbach, R.: Die tierischen Schädlinge Mitteleuropas. VEB G. Fischer, Jena, 1966.
Knaurs Tierreich in Farben. 7 Bände. Droemer-Knaur, München. 1956–1961.
Kükenthal, W., Krumbach, T.: Handbuch der Zoologie, vielbändig. W. de Gruyter, Berlin. 1923 bis heute.
Lehmann, U., Hillmer, G.: Wirbellose Tiere der Vorzeit. dtv/Enke, München/Stuttgart. 1980.
Matthes, D.: Tiersymbiosen und ähnliche Formen der Vergesellschaftung. G. Fischer, Stuttgart. 1978.
Möller, H., Anders, K.: Krankheiten und Parasiten der Meeresfische. H. Möller, Kiel. 1983.
Müller, A. H.: Lehrbuch der Paläozoologie. 3 Bände. VEB G. Fischer Jena, 1957–1981.
Parker, S. P.: Synopsis and Classification of Living Organisms. 2 Bände. McGraw Hill, New York. 1982.
Riedl, R.: Fauna und Flora des Mittelmeeres. Parey, Hamburg. 1983.
Sims, R. W., Hollis, D. (Hrsg.): Animal Identification. Brit. Mus. (Nat. Hist.). J. Wiley, London. 1983.
Streble, H., Krauter, D.: Das Leben im Wassertropfen. Kosmos, Stuttgart. 1978.
Stresemann, E.: Exkursionsfauna von Deutschland. Volk und Wissen, Berlin. 1974.
Urania Tierreich. 6 Bände. Urania, Berlin. 1966–1969.
Wells, S. M., Pyle, R. M., Collins, N. M.: The IUCN Invertebrate Red Data Book. IUCN, Gland. 1983.

Protozoa:

Grell, K. G.: Protozoologie. Springer, Heidelberg. 1968 (erweiterte englische Ausgabe 1973).
Hausmann, K.: Protozoologie. Thieme, Stuttgart. 1985.
Ragan, M. A., Chapman, D. J.: A Biochemical Phylogeny of the Protists. Academic Press, London. 1978.

Porifera:

Bergquist, P. R.: Sponges. Hutchinson, London. 1978.
Fry, W. G.: The Biology of the Porifera. Symp. zool. soc. London 25. Academic Press, London. 1970.
Harrison, F. W., Cowden, R. P.: Aspects of Sponge Biology. Academic Press, London. 1976.
Simpson, T. L.: Cell Biology of Sponges. Springer, Berlin. 1984.

Cnidaria:

Muscatine, L., Lenhoff, H. M.: Coelenterate Biology. Academic Press, London. 1974.
Rees, W. J.: The Cnidaria and their Evolution. Symp. zool. Soc. London 17. Academic Press, London. 1966.
Schuhmacher, H.: Korallenriffe. Ihre Verbreitung, Tierwelt und Ökologie. Bayerischer Landwirtschaftsverlag, München. 1976.
Tardent, P., Tardent, R.: Developmental and Cellular Biology of Coelenterates. Elsevier, Amsterdam. 1980.
Wood, E. M.: Corals of the World. T. F. H. Publ. Inc. Redhill, Surrey. 1983.

Tentaculata:

Larwood, G. P.: Living and Fossil Bryozoa. Academic Press, London. 1973.
Rudwick, M.: Living and Fossil Brachiopods. Hutchinson University Library, London. 1970.
Ryland, J. S.: Bryozoans, Hutchinson University Library, London. 1970.
Woolacott, R. M., Zimmer, R. L.: Biology of Bryozoans. Academic Press, London. 1972.

Plathelminthes:

Erasmus, D. A.: The Biology of Trematodes. W. Arnold. London. 1972.
Gibson, R.: Nemerteans. Hutchinson University Library, London. 1972.
Riser, N. W., Morse, M. P.: Biology of the Turbellaria. McGraw-Hill, New York. 1974.
Smyth, J. D.: The Physiology of Trematodes. Oliver and Boyd, Edinburgh. 1966.
Smyth, J. D.: The Physiology of Cestodes. Oliver and Boyd, Edinburgh, 1969.
Wardle, R. A., McLeod, J. A., Radinovsky, S.: Advances in the Zoology of Tapeworms, 1950–1970. Univ. Minnesota Press, Minneapolis. 1974.

Aschelminthes:

Croll, N. A., Mattews, B. E.: Biology of Nematodes. Blackie, Glasgow. 1977.
Maggenti, A.: General Nematology. Springer, Heidelberg. 1981.
Nicholas, W. L.: The Biology of Free-Living Nematodes. Oxford University Press. 1984.
Nickle, W. R.: Plant and Insect Nematodes. Marcel Dekker AG, Basel. 1984.
Voigt, M., Koste, W.: Rotatoria. Die Rädertiere Mitteleuropas. 2 Bände, Gebr. Borntraeger, Berlin. 1978.
Webster, J. M.: Economic Nematology. Academic Press, London. 1972.
Zuckerman, B. M.: Nematodes as biological models. 2 Bände. Academic Press, London. 1980.

Mollusca:

Dance, P., Cosel, R. v.: Das große Buch der Meeresmuscheln. Ulmer, Stuttgart. 1977.
Fretter, V., Peake, J.: Pulmonates. Academic Press, London, 2 Bände. 1975.
Götting, K. J.: Malakozoologie. Grundriß der Weichtierkunde. G. Fischer, Stuttgart. 1974.
Kerney, M. P., Cameron, R. A. D., Jungbluth, J. H.: Die Landschnecken Nord- und Mitteleuropas. Parey, Hamburg. 1983.
Lehmann, U.: Ammoniten. Enke, Stuttgart. 1976.
Messenger, J. B., Nixon, M.: The Biology of Cephalopods. Symp. zool. Soc. London 38. Academic Press, London. 1977.
Purchon, R. D.: The Biology of the Mollusca. Pergamon, Oxford. 1968.
Wells, M. J.: Octopus. Chapman and Hall, London. 1978.
Wilbur, K. M., Yonge, C. M.: Physiology of Mollusca. 2 Bände. Academic Press, London. 1964/1966.

Annelida:

Dales, R. P.: Annelids. Hutchinson Univ. Library, London. 1963.
Mill, P. J.: Physiology of Annelids, Academic Press, London. 1978.
Satchell, J. E.: Earthworm ecology. Chapman and Hall, London. 1983.
Sawyer, R. T.: Leech Biology and Behaviour. Oxford University Press (3 Bd.). 1985.

Arthropoda:

Askew, R. R.: Parasitic Insects. Heinemann, London. 1971.
Bliss, D. E.: The Biology of Crustacea (mehrbändig). Academic Press, London. 1982.
Blower, J. G.: Myriapoda. Symp. zool. Soc. London 32. Academic Press, London. 1974.
Foelix, R.: Biologie der Spinnen. Thieme, Stuttgart. 1979.
Fritzsche, G., Geiler, H., Sedlag, U.: Angewandte Entomologie. G. Fischer, Stuttgart. 1968.
Gupta, A. P.: Arthropod Phylogeny. Van Nostrand Reinhold Company, London. 1979.
Jacobs, W., Renner, M.: Taschenlexikon zur Biologie der Insekten. G. Fischer, Stuttgart. 1974.
King, P. E.: Pycnogonids. Hutchinson, London. 1973.
Krantz, G. W.: A Manual of Acarology. Oregon State Univ. Book Stores, Corvallis. 1978.
Merrett, P.: Arachnology. Symp. zool. Soc. London 42. Academic Press, London. 1978.
Pfadt, R. E.: Fundamentals of applied Entomology. Mac Millan, New York. 1978.
Rockstein, M.: The Physiology of Insecta. 6 Bände. Academic Press, London. 1973–1974.
Schram, F. R.: Crustacean phylogeny. Balkema Publishers, Rotterdam. 1983.

Sutton, S. L., Holdich, D. M.: The Biology of Terrestrial Isopods. Oxford University Press. 1985.
Warner, G. F.: The Biology of Crabs. Elek Science. London 1977.
Weber, H., Weidner, H.: Grundriß der Insektenkunde. G. Fischer, Stuttgart. 1974.
Wigglesworth, V. N.: The Principles of Insect Physiology. Methuen & Co. Ltd., London. 1965.
Wilson, E. O.: The Insect Societies. Harvard University Press, Cambridge, Massachusetts. 1971.

Pogonophora:

Ivanov, A. V.: Pogonophora. Academic Press, London. 1963.

Echinodermata:

Boolootian, R. A.: Physiology of Echinodermata. Interscience Publishers, New York. 1966.
Jangoux, M., Lawrence, J. M.: Echinoderm studies. Balkema Publishers, Rotterdam. 1983ff.
Millott, N.: Echinoderm Biology. Symp. zool. Soc. London. Academic Press, London. 1967.
Nichols, D.: Echinoderms. Hutchinson University Library, London. 1966.

Chordata:

Barrington, E. J. W.: The Biology of the Hemichordata and Protochordata. Oliver and Boyd, Edinburgh. 1965.
Berril, N. J.: The Origin of the Vertebrates. Oxford University Press, London. 1955.
Bolk, L., Göppert, E., Kallius, E., Lubosch, W.: Handbuch der Vergleichenden Anatomie der Wirbeltiere. 6 Bände, Urban und Schwarzenberg, Berlin. 1931–1939.
Goodrich, E. S.: Studies on the Structure and Development of Vertebrates I, II. Dover, New York. 1958.
Gregory, W. K.: Evolution emerging. Macmillan Company, New York. 1951.
Kämpfe, L., Kittel, R., Klapperstück, J.: Leitfaden der Anatomie der Wirbeltiere. VEB G. Fischer, Jena. 1980.
Pearson, R., Pearson, L.: The Vertebrate Brain. Academic Press, London. 1976.
Portmann, A.: Einführung in die vergleichende Morphologie der Wirbeltiere. Schwabe, Basel. 1969.
Romer, A. S.: Vertebrate Paleontology. University of Chicago Press, London. 1966.
Romer, A. S., Parsons, T. S.: Vergleichende Anatomie der Wirbeltiere. Parey, Hamburg. 1983.
Starck, D.: Vergleichende Anatomie der Wirbeltiere, 3 Bände. Springer, Berlin. 1978/83.

Pisces:

Bone, Q., Marshall, N. B.: Biologie der Fische. G. Fischer, Stuttgart 1985.
Hardistry, M. W., Potter, J. C.: The biology of lampreys. 2 Bände. Academic Press, London. 1972.
Hoar, W. S., Randall, D. J.: Fish Physiology, 6 Bände. Academic Press, London. 1969–1971.
Ladiges, W., Vogt, D.: Die Süßwasserfische Europas bis zum Ural und Kaspischen Meer. Parey, Hamburg. 1965.
Moy-Thomas, J. A., Miles, R. S.: Palaeozoic Fishes. W. B. Saunders Co., Philadelphia. 1971.
Nelson, J. S.: Fishes of the World. Wiley and Sons, London. 1976.
Norman, J. R., Greenwood, P. H.: A History of Fishes. Ernest Benn Ltd. London. 1975.

Amphibia:

Deuchar, E. M.: Xenopus. John Wiley & Sons, Chichester. 1975.
Moore, J. A., Lofts, B.: Physiology of the Amphibia, 3 Bände. Academic Press, London. 1964.
Noble, G. K.: The Biology of the Amphibia. Dover, New York. 1954.
Taylor, E. H.: The Caecilians of the World. University of Kansas Press, Lawrence. 1968.

Reptilia:

Arnold, E. N., Burton, J. A.: Reptiles and Amphibians of Britain and Europe. Collins, London. 1978.
Bellairs, A.: Die Reptilien, Enzyklopädie der Natur. Bd. 11. Edition Rencontre, Lausanne. 1971.
Gans, C., Bellairs, A., Parsons, T. S., Dawson, W. R., Tinkle, D. W.: Biology of the Reptilia. Academic Press. London. 7 Bände. 1969–1979.
Goin, C. J., Goin, O. B.: Introduction to Herpetology. W. H. Freeman Company, San Francisco. 1975.
Porter, K. P.: Herpetology. W. B. Saunders Co., Philadelphia. 1972.

Aves:

Dorst, J.: Das Leben der Vögel. I, II. Die Enzyklopädie der Natur Bd. 12, 13. Editions Rencontre, Lausanne. 1971/72.
Dorst, J.: Die Vögel in ihrem Lebensraum. Die Enzyklopädie der Natur Bd. 14. Editions Rencontre, Lausanne. 1972.

Farner, D.S., King, J.R.: Avian Biology. 5 Bände. Academic Press. 1975.
Piiper, J.: Respiratory Function in Birds, Adult and Embryonic. Springer, Berlin. 1978.
Sturkie, P.D.: Avian Physiology. Springer, Berlin. 1976.
van Tyne, J., Berger, A.J.: Fundamentals of Ornithology. John Wiley & Sons, New York. 1978.

Mammalia:

Clutton-Brock, T.H.: Primate Ecology. Academic Press, London. 1977.
Griffiths, M.: Echidnas. Pergamon Press, Oxford. 1968.
Harrison, R.J.: Functional anatomy of marine mammals. 2 Bände. Academic Press, London. 1972.
Hill, W.C.O.: Primates. Comparative Anatomy and Taxonomy. University Press, Edinburgh. 8 Bände. 1953–1974.
Kermack, D.M., Kermack, K.A.: Early Mammals. Academic Press, London. 1971.
Kooyman, G.L.: Weddell Seal, consummate diver. Cambridge University Press. Cambridge. 1981.
Luckett, W.P., Szalay, F.S.: Phylogeny of the Primates. A multidisciplinary approach. Plenum Press, New York. 1975.
Matthews, L.H.: Die Säugetiere. Die Enzyklopädie der Natur, Bd. 15, Editions Rencontre, Lausanne. 1971.
Tyndale-Biscoe, H.: Life of Marsupials. Edwards Arnold, London. 1973.

Sachregister

F

H

I

J

K

M

N

O

P

S

T